소방기계시설의 설계 및 시공실무

제5판

김엽래 지음

도서출판 동화기술

/머/리/말/

건축물의 대형화 및 초고층화는 최근 대부분 선진국의 추세이다. 이러한 추세에 맞춰 가스, 전기, 유류 등 에너지 사용이 급증하고 인류 문화생활은 점점 편리해지고 있다. 그러나 이러한 편리함 속에 인류 문명은 또 다른 여러 가지 문제에 직면하고 있다. 이 중 건축물의 화재 안전 부분이 큰 비중을 차지하고 있는데, 이에 대한 대책이 필수적이고 중요한 문제로 대두되고 있다.

본 교재는 건축물의 화재 안전을 위한 분야인 소방분야 중 소방기계시설설계 및 시공실무에 관하여 다루고 있다.

화재안전기준은 성능(기본)기준과 기술(상세)기준으로 이원화하여 개정되었다. 기술이나 환경이 변화해도 반드시 유지될 필요가 있는 성능기준은 고시 형식으로 하고, 성능기준을 만족하는 구체적인 방법·수단·사양 등을 정하는 기술기준은 공고 형식으로 정해 운영한다.

- 성능기준 : 화재안전 확보를 위하여 재료, 공간 및 설비 등에 요구되는 안전성능으로서 소방청장이 고시로 정하는 기준
- 기술기준 : 성능기준을 충족하는 상세한 규격, 특정한 수치 및 시험방법 등에 대한 기준으로서 행정안전부령으로 정하는 절차에 따라 소방청장의 승인을 받은 기준

이를 기초로 출제문제를 분석하였으며, 소방설비기사 및 산업기사(기계분야) 국가기술자격증 취득을 준비하는 수검자들에게 도움이 될 수 있도록 과거 25여 년간의 출제경향과 앞으로의 출제경향을 분석하여 교재의 내용을 구성하였다. 아울러 현장에서 적용되는 소방기계시설의 내용에 관한 부분도 빠짐없이 수록하여 수검자들이 소방설비기사 및 산업기사(기계분야) 시험에 완벽하게 대비할 수 있도록 하였다.

소방설비기사 및 산업기사(기계분야)를 준비하는 모든 수검자들이 본 교재를 이용하여 성실히 준비한다면 소방분야의 자격증 취득이 가능할 것으로 믿으며, 이를 위하여 열심히 준비하시는 분들의 성공을 기원하는 바이다.

끝으로 이 교재를 출판하기까지 도움을 주신 도서출판 동화기술에 진심으로 감사드린다.

저자 김엽래

소방설비(기계분야) 출제기준(실기)

자격종목	소방설비기사(기계분야)		
○ 직무내용 : 소방설비의 설계, 공사, 감리 및 점검업체 등에서 소방설비 설계 도서류를 작성하거나 소방설비 도서류를 바탕으로 공사 및 감리업무를 수행하고 완공된 소방설비의 점검 및 유지관리업무와 소방계획수립을 통해 소화, 화재통보 및 피난 등의 훈련을 실시하는 방화관리자로서의 소방산전관련 주요사항을 수행하는 직무 ○ 수행준거 : 1. 소방기계시설의 구성요소에 대한 조작과 특성을 설명할 수 있다. 2. 소방시설의 시스템을 설계할 수 있다. 3. 소방시설의 배치계획 및 설계서류 작성 및 적산을 수행할 수 있다. 4. 소방시설의 작동 및 유지관리 업무를 수행할 수 있다. 5. 소방시설 시공 실무를 수행할 수 있다.			
실기검정방법	필답형	시험시간	2시간 30분

실기과목명	주요항목	세부항목
소방기계시설 설계 및 시공 실무	1. 소방기계시설설계	1. 작업분석하기 2. 소방기계시설 구성하기 3. 소방시설의 시스템 설계하기 4. 소방시설의 배치계획 및 설계서류 작성하기
	2. 소방기계시설시공	1. 소방기계시설 시공하기
	3. 소방기계시설 감리	1. 설계도서 검토하기 2. 시공 검측하기 3. 감리일지 작성하기
	4. 소방기계시설 유지관리	1. 소방시설의 작동 및 유지관리 하기 2. 소방기계 시설의 유지보수 및 시험점검 하기

※ **일러두기** : 본 교재는 소방설비 이론 및 실무능력을 배양하기 위한 도서로서 다툼의 기준으로 사용할 수 없음.

응시자격

- 기사 : 다음의 어느 하나에 해당하는 사람
  1. 산업기사 등급 이상의 자격을 취득한 후 응시하려는 종목이 속하는 동일 및 유사 직무분야에서 1년 이상 실무에 종사한 사람
  2. 기능사 자격을 취득한 후 응시하려는 종목이 속하는 동일 및 유사 직무분야에서 3년 이상 실무에 종사한 사람
  3. 응시하려는 종목이 속하는 동일 및 유사 직무분야의 다른 종목의 기사 등급 이상의 자격을 취득한 사람
  4. 관련학과의 대학졸업자 등 또는 그 졸업예정자
  5. 3년제 전문대학 관련학과 졸업자 등으로서 졸업 후 응시하려는 종목이 속하는 동일 및 유사 직무분야에서 1년 이상 실무에 종사한 사람
  6. 2년제 전문대학 관련학과 졸업자 등으로서 졸업 후 응시하려는 종목이 속하는 동일 및 유사 직무분야에서 2년 이상 실무에 종사한 사람
  7. 동일 및 유사 직무분야의 기사 수준 기술훈련과정 이수자 또는 그 이수예정자
  8. 동일 및 유사 직무분야의 산업기사 수준 기술훈련과정 이수자로서 이수 후 응시하려는 종목이 속하는 동일 및 유사 직무분야에서 2년 이상 실무에 종사한 사람
  9. 응시하려는 종목이 속하는 동일 및 유사 직무분야에서 4년 이상 실무에 종사한 사람
  10. 외국에서 동일한 종목에 해당하는 자격을 취득한 사람

- 산업기사 : 다음의 어느 하나에 해당하는 사람
  1. 기능사 등급 이상의 자격을 취득한 후 응시하려는 종목이 속하는 동일 및 유사 직무분야에서 1년 이상 실무에 종사한 사람
  2. 응시하려는 종목이 속하는 동일 및 유사 직무분야의 다른 종목의 산업기사 등급 이상의 자격을 취득한 사람
  3. 관련학과의 2년제 또는 3년제 전문대학졸업자 등 또는 그 졸업예정자
  4. 관련학과의 대학졸업자 등 또는 그 졸업예정자
  5. 동일 및 유사 직무분야의 산업기사 수준 기술훈련과정 이수자 또는 그 이수예정자
  6. 응시하려는 종목이 속하는 동일 및 유사 직무분야에서 2년 이상 실무에 종사한 사람
  7. 고용노동부령으로 정하는 기능경기대회 입상자
  8. 외국에서 동일한 종목에 해당하는 자격을 취득한 사람

  ※ 세부사항은 한국산업인력공단 1644-8000으로 문의바람.

/목/차/

Chapter 01 | 소화기구 및 자동소화장치

Chapter 02 | 소화설비

Chapter 05 | 소화활동설비

Chapter 06 | 방재안전

Chapter 07 | 부록

CHAPTER 01

소화기구 및 자동소화장치

1 소화기구의 정의

소화기구란 소화기, 간이소화용구, 자동확산소화기 3가지로 구분하며, 특정소방대상물의 방호공간, 장치, 장비 등에서 화재가 발생한 경우 초기에 화재를 진압할 수 있는 가장 간편한 기구로서 물 또는 소화약제 등을 이용하여 사람이 직접 조작하거나 자동으로 약제를 방출할 수 있는 것을 말한다.

2 소화기

1) 소화기의 정의

물이나 소화약제를 압력에 의하여 방사하는 기구로서 사람이 조작하여 소화하는 것(소화약제에 의한 간이소화용구를 제외한다)을 말한다.

2) 소화기의 종류

(1) 가압방식에 따른 분류

① 축압식소화기

본체용기 중에 소화약제와 함께 소화약제의 방출원이 되는 압축가스(질소 등)를 봉입한 방식의 소화기를 말한다.

소화기 용기 내부에 소화약제의 방사원이 되는 질소(N_2) 또는 이산화탄소(CO_2)를 소화약제와 함께 혼합 저장하는 방식의 소화기로서 소화기의 용기 내부의 압력을 지시하는 지시압력계(지시압력 0.7～0.98 MPa)가 부착되어 있다.

- 재충진(Recharge) : 노랑, 정상 : 녹색, 과충진(Overcharge) : 적색

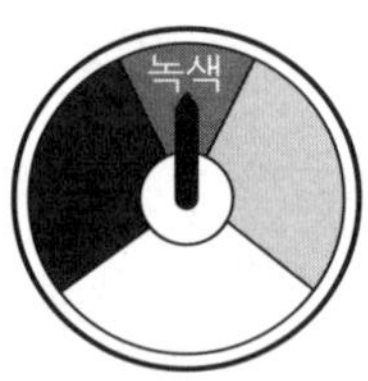

지시압력계 바늘이 녹색범위를 가리키고 있는지 확인한다.

▮그림 1.1 지시압력계(지시압력 0.7～0.98 MPa)

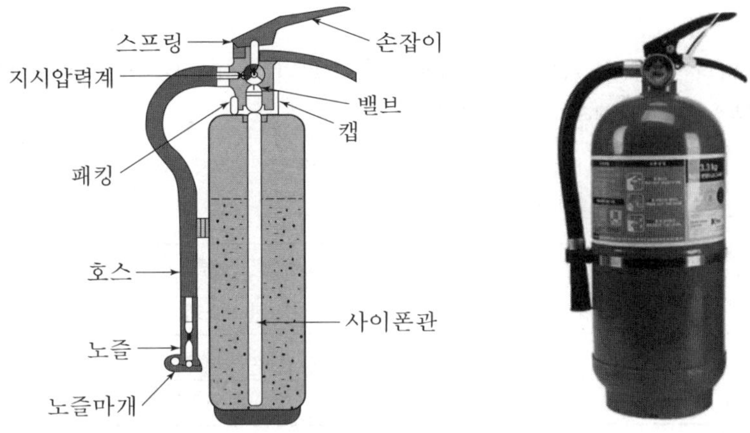

■그림 1.2 축압식소화기

② 가압식소화기

소화약제의 방출원이 되는 가압가스를 소화기 본체용기와는 별도의 전용용기에 충전하여 장치하고 소화기 가압용가스용기의 작동봉판을 파괴하는 등의 조작에 의하여 방출되는 가스의 압력으로 소화약제를 방사하는 방식의 소화기를 말한다. 그러나 1999년 국내 생산이 중단되었으며, 현재 사용하지 않는다.

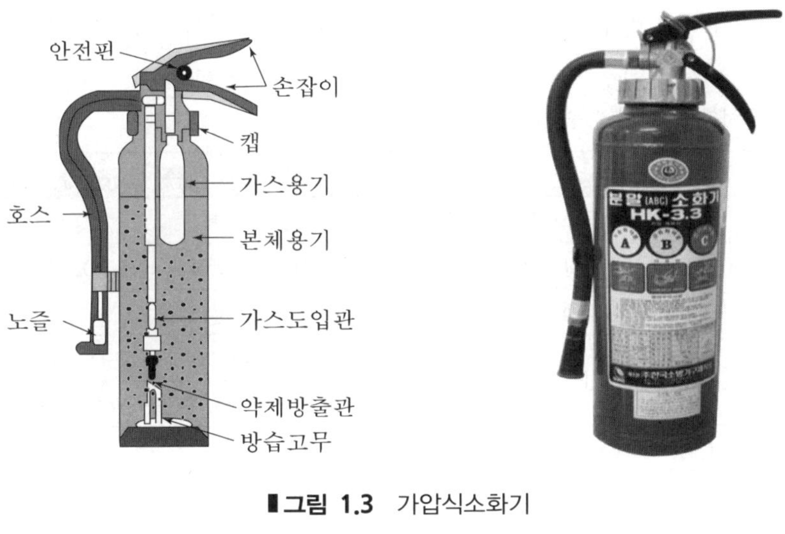

■그림 1.3 가압식소화기

(2) 능력단위에 따른 분류

① 소형소화기

A급화재용소화기 또는 B급화재용소화기는 능력단위의 수치가 1 이상이어야 한다.

② 대형소화기

능력단위의 수치는 A급화재에 사용하는 소화기는 10단위 이상, B급화재에 사용하는 소화기는 20단위 이상이어야 한다.

표 1.1 대형소화기의 소화약제 종류별 중량

소화기 종류	중량	소화기 종류	중량
물소화기	80 L 이상	이산화탄소소화기	50 kg 이상
강화액소화기	60 L 이상	분말소화기	20 kg 이상
할론소화기	30 kg 이상	포소화기	20 L 이상

(3) 소화약제에 의한 분류

화재의 종류와 사용 장소의 특성에 따라 선택할 수 있으며, 현재 형식승인을 받은 소화약제는 다음과 같다.

① 수계소화약제 : 산알칼리, 강화액, 포, 물·침윤소화약제
② 가스계소화약제 : 이산화탄소, 할론소화약제, 할로겐화합물 및 불활성기체소화약제
③ 분말소화약제 : 인산염류, 중탄산염류소화약제
④ 기타소화약제 : 고체에어로졸화합물, 마른 모래, 팽창질석·팽창진주암 등

표 1.2 소화약제별 소화기의 종류

구 분			주 성 분
수계소화기	물소화기		H_2O + 침윤제 첨가
	산·알칼리소화기		A제 : $NaHCO_3$, B제 : H_2SO_4
	강화액소화기		K_2CO_3
	포 소화기	화학포	A제 : $NaHCO_3$, B제 : $Al_2(SO_4)_3$
		기계포	AFFF (수성막포), FFFP (막형성 불화단백포)
가스계소화기	CO_2 소화기		CO_2
	Halon 소화기	1211	CF_2ClBr
		1301	CF_3Br
분말계소화기	인산염류		$NH_4H_2PO_4$ (제일인산암모늄)
	중탄산염류		$NaHCO_3$ 또는 $KHCO_3$

3) 자동확산소화기

화재 시 화염이나 열에 의하여 자동으로 소화약제를 방출하여 소화하는 장치를 말한다. 화재를 감지한 후 소화약제를 자동적으로 방사하여 국소적으로 소화시키는 장치이며, 구성은 감지부, 방출구, 방출도관으로 구성되어 있다.

■그림 1.4 자동확산소화기

3 간이소화용구

소화기 및 자동소화장치를 제외한 소화능력단위 1단위 이하의 소화용구로서 화재발생 초기단계에서 사용하지 않으면 소화효과를 기대하기 어려우며 일반적으로 1회용으로 제작되는 보조 소화용구이다. 간이소화용구의 종류에는 투척용 소화용구, 에어졸식 소화용구 및 소화약제 외의 것을 이용한 간이소화용구로 구분된다.

1) 투척용 소화용구

용기(원통형 모양)는 경질유리 및 합성수지류로 화재지역에 투척시 쉽게 깨지도록 되어 있으며, 소화약제는 무기산염인 요소, 암모늄염, 알칼리금속염, 알칼리토금속염 등을 봉입하여 사용한다.

2) 에어졸식 소화용구

사람이 조작하여 압력에 의해 방사하는 기구로서 소화능력단위 수치가 1단위 미만이고, 소화약제 중량은 0.7 kg 미만이며, 한 번 사용한 후에는 다시 사용할 수 없는 소화용구를 말한다.

에어졸식 소화용구는 보호카바 및 안전핀을 제거한 후 누름핀을 손가락으로 누르면 약제방출관(싸이폰관)을 통화여 노즐을 거쳐 소화약제가 방출되는 구조이다. 소화약제는 주로 할론 1211을 사용하며 분말(ABC, BC), 강화액 및 침윤제 등의 소화약제를 사용한다.

3) 소화약제 외의 것을 이용한 간이소화용구

(1) 팽창질석

알루미늄・마그네슘・철의 수산화규산염으로 된 점토광물이다. 회백색 또는 갈색이며, 진주광택이 난다. 산(酸)에 쉽게 분해되고, 양이온 교환능력이 크다. 가열하면 팽창한다. 사문암 지대에서 산출된다. 다공질이며, 흡수능력이 좋아서 내열재료 및 방음재로서 널리 이용되고 있다.

(2) 팽창진주암

암석이 작은 진주 모양의 조각으로 부서지는 동심원 또는 소용돌이 모양의 균열을 가지는데 이와 같은 균열 구조를 진주상이라고 하며, 이는 점성이 큰 용암이나 마그마의 냉각시의 수축 또는 냉각 후의 가수(加水)로 인한 팽창 때문에 생긴 것으로 보고 있다.

표 1.3 팽창질석, 팽창진주암 능력단위

구 분		능력단위
팽창질석, 팽창진주암	160 L (1포) + 삽	1.0단위

(3) 마른 모래

습기가 없이 충분히 건조된 모래를 의미하여, 원활한 소화작업을 위하여 반드시 삽을 함께 비치해야 한다.

표 1.4 마른모래 능력단위

구 분		능력단위
마른모래	50 L (1포) + 삽	0.5단위

그림 1.5 여러 가지 간이소화용구

4 자동소화장치

자동소화장치는 주거용 주방자동소화장치, 상업용 주방자동소화장치, 캐비닛형 자동소화장치, 가스자동소화장치, 분말자동소화장치, 고체에어로졸자동소화장치 6가지 형태로 구분되며 감지기 등에 의하여 화재를 감지하면 자동으로 약제를 방사하는 고정된 소화장치로서 형식승인이나 성능인증을 받아 유효설치 범위(설계방호체적, 최대설치높이, 방호면적 등) 이내에 설치하여 소화하는 것을 말한다.

1) 자동소화장치의 종류

(1) 주거용 주방자동소화장치

주거용 주방에 설치된 열발생 조리기구의 사용으로 인한 화재 발생 시 열원(전기 또는 가스)을 자동으로 차단하며 소화약제를 방출하는 소화장치를 말한다.

(2) 상업용 주방자동소화장치

상업용 주방에 설치된 열발생 조리기구의 사용으로 인한 화재 발생 시 열원(전기 또는 가스)을 자동으로 차단하며 소화약제를 방출하는 소화장치를 말한다.

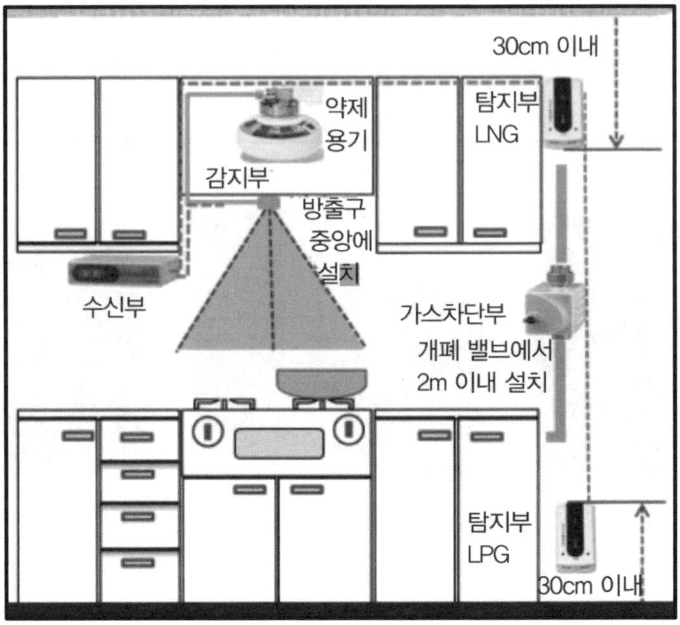

▮그림 1.6 주거용 주방자동소화장치

(3) 캐비닛형 자동소화장치

열, 연기 또는 불꽃 등을 감지하여 소화약제를 방사하여 소화하는 캐비닛형태의 소화장치를 말한다.

▮그림 1.7 캐비닛형 자동소화장치

(4) 가스 자동소화장치

열, 연기 또는 불꽃 등을 감지하여 가스계 소화약제를 방사하여 소화하는 소화장치를 말한다.

(5) 분말 자동소화장치

열, 연기 또는 불꽃 등을 감지하여 분말의 소화약제를 방사하여 소화하는 소화장치를 말한다.

(6) 고체에어로졸 자동소화장치

열, 연기 또는 불꽃 등을 감지하여 에어로졸의 소화약제를 방사하여 소화하는 소화장치를 말한다.

2) 자동소화장치 면제

자동소화장치(주거용 주방자동소화장치는 제외한다)를 설치하여야 하는 특정소방대상물에 물분무등소화설비를 화재안전기준에 적합하게 설치한 경우에는 그 설비의 유효범위에서 설치가 면제된다.

5 소화기의 능력단위 시험기준

소화기의 능력을 표시하는 것으로는 소화능력단위가 사용된다. A급, B급 화재 소화능력시험을 실시한 결과에 의해서 능력단위를 인정하고 C급 화재에 대한 능력단위는 지정하지 않고 방사된 약제가 전기절연성이면 C급 화재에 적응되는 것으로 표시된다. K급소화기는 K급 화재용 소화기의 소화성능시험에 적합하여야 하며, 능력단위는 지정하지 않는다.

소화기 설치의 기준은 소요대수가 아닌 소요단위수로서 산정하며, 이때 기준이 되는 소화기의 능력단위는 최소 1단위 이상으로 능력단위의 시험은 A급과 B급으로 구분한다. A급의 단위산정은 제1소화시험, B급의 단위산정은 제2, 제3소화시험으로 실시하며, 이러한 소화기의 능력단위의 산정기준 및 시험방법은 다음과 같다.

1) 능력단위산정기준

(1) A급 화재

가. 능력단위 : 소화기의 A급 화재에 대한 능력단위의 수치는 [그림 1.8]에 의한 제1소화시험에 의해 실시한다.

나. 제1소화시험 : 다음 (가)~(바)까지의 정해진 바에 의해 실시하며 판정은 (사)의 기준에 의한다.

(가) 다음과 같은 [그림 1.8]의 제1모형 또는 제2모형을 사용한다(단, 제2모형은 2개 이상 사용해서는 안 된다).

(나) 모형의 배열방법은 [그림 1.9]와 같이 한다.

(다) 연소대에 제1모형 3.0 L, 제2모형 1.5 L의 휘발유를 넣어 최초의 제1모형으로부터 순차적으로 점화한다.

(라) 소화는 최초의 모형에 점화한 후 3분 후에 개시하되 점화의 순서대로 행한다. 이 경우 그 모형에 잔염이 있다고 인정될 경우에는 다음 모형에 대한 소화를 계속할 수 없다.

(마) 소화기를 조작하는 자는 적합한 작업복을 착용할 수 있다.

(바) 소화는 무풍의 상태(풍속 0.5 m/sec 이하)에서 실시해야 한다.

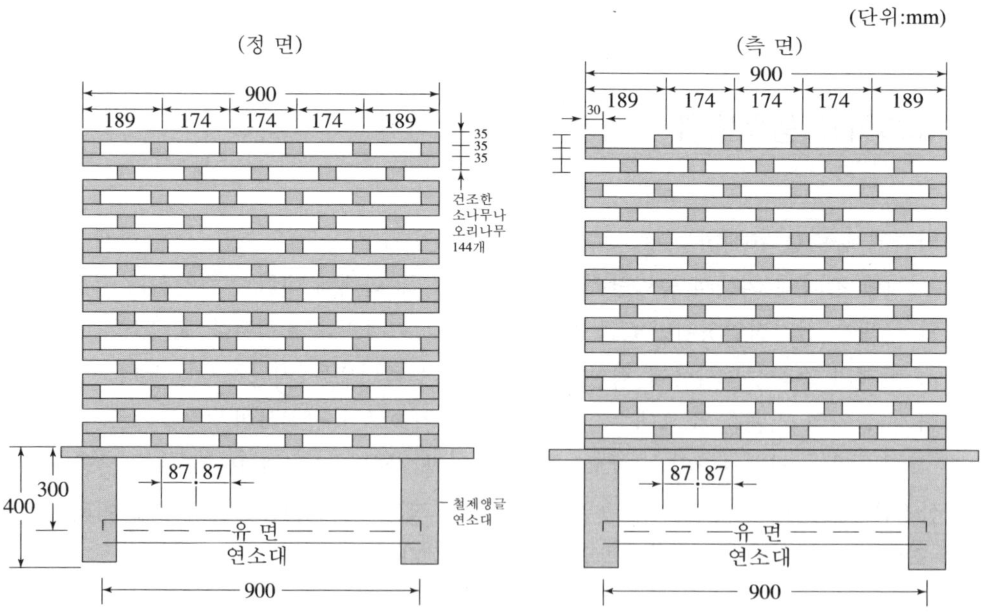

제1모형(2단위 모형)

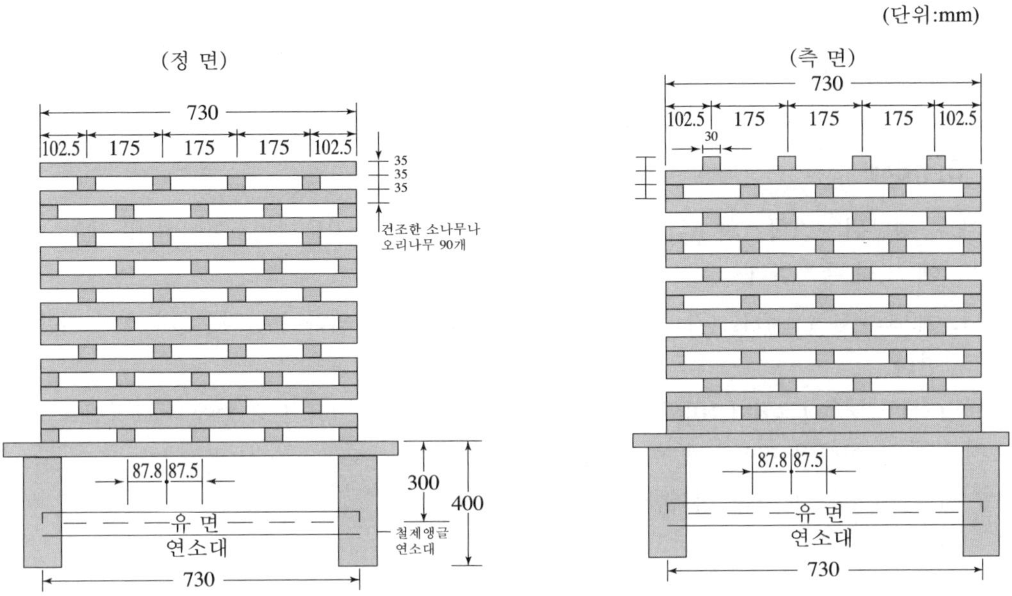

제2모형(1단위 모형)

▮그림 1.8 A급 화재 능력단위 시험모형

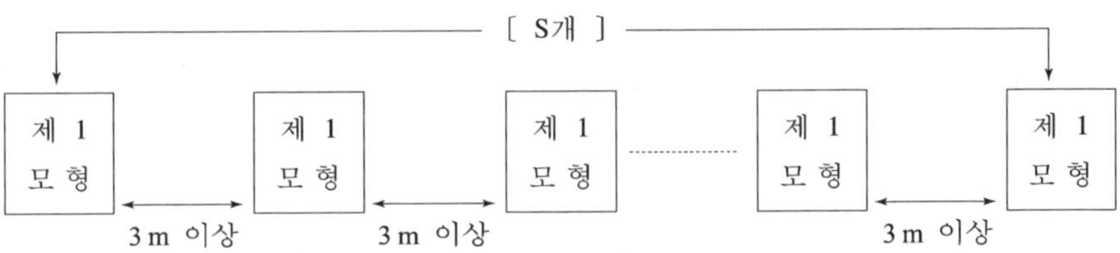

S (임의의 수치를 말함)개의 제1모형을 사용할 경우의 배열

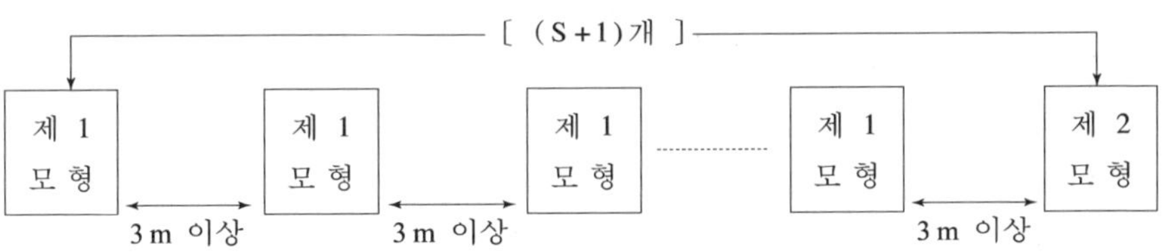

S개의 제1모형 및 1개의 제2모형을 사용할 경우의 배열

▮그림 1.9 보통화재 능력단위 시험모형의 배열

(사) 소화제 방사종료 후 잔염(殘炎)이 없어야 하며, 방사완료 후 2분 이내에 재연하지 아니한 경우 그 모형은 완전히 소화된 것으로 판정한다.

다. 단위수 산정 : 소화시험을 한 A급 화재 소화기 소화능력단위의 수치는 S개의 제1모형을 완전히 소화한 것은 2S로, S개의 제1모형과 1개의 제2모형을 완전히 소화한 것은 2S+1로 한다.

(2) B급화재

가. 능력단위 : 소화기의 B급 화재에 대한 능력단위의 수치는 제2소화시험 및 제3소화시험에 의해 측정한다.

나. 제2소화시험 : 다음 (가)~(라)호까지의 정해진 바에 의하며 판정은 (마)호의 기준에 의한다.

(가) 모형은 [그림 1.10]의 형상을 가진 것으로 다음의 [표 1.5] 중에서 모형번호 수치가 1 이상인 것을 1개 이상 사용한다.

(나) 소화는 모형에 점화한 후 1분 후에 개시한다.

(다) 조작자는 방화복을 착용하지 아니해야 한다.

(라) 소화는 무풍의 상태에서 실시한다.

(마) 소화제의 방사 완료 후 1분 이내에 재연하지 않을 경우는 그 모형은 완전 소화된 것으로 판정한다.

다. 제3소화시험 : 다음의 (가)~(바)까지 정해진 바에 의하여 실시하며 판정은 (사)의 규정에 의한다.

(가) 제2소화시험에서 그 소화기가 완전히 소화한 모형번호 수치의 1/2 이하인 것을 2개 이상 5개 이하 사용한다.

(나) 모형의 배열방법은 모형의 수치가 큰 모형부터 작은 모형순으로 한다. 평면상태에서 일직선으로 배열하고, 모형과 모형간의 간격을 상호 인접한 모형 중 그 번호의 수치가 큰 모형의 한변 길이 이상으로 한다.

(다) 모형에 불을 붙이는 순서는 모형번호 수치가 큰 것부터 순차로 하되 시간 간격을 두지 않고 점화한다.

(라) 소화기는 최초의 모형에 점화 1분 후에 시작하되 점화순으로 실시하며 잔염이 있다고 인정될 경우에는 다음 모형에 대한 소화를 계속할 수 없다.

(마) 소화기를 조작하는 자는 방화복을 착용하지 아니해야 한다.

(바) 소화는 무풍의 상태에서 실시해야 한다.

(사) 소화제의 방사완료 후 1분 이내에 재연하지 않는 경우는 그 모형은 완전히 소화된 것으로 판정한다.

라. 단위수 산정 : 제2소화시험 및 제3소화시험을 실시한 B급화재에 대한 능력단위 수치는 제2소화시험에서 완전히 소화한 모형번호의 수치와 제3소화시험에서 완전히 소화한 모형번호 수치의 합계 수와의 산술평균치로 한다. 이 경우 산술평균치에서 1 미만의 끝자

리는 버린다.

소화기의 단위수 산정 및 적응성 여부 등은 소화기 능력단위시험에 의거 결정한다.
1. C급은 A급이나 B급과 같은 단위수의 구분이 없다.
2. B급은 단위의 경우 10단위 이하는 각 수치별로 능력단위가 있으나, 10단위를 초과할 경우는 짝수 단위만 있다.

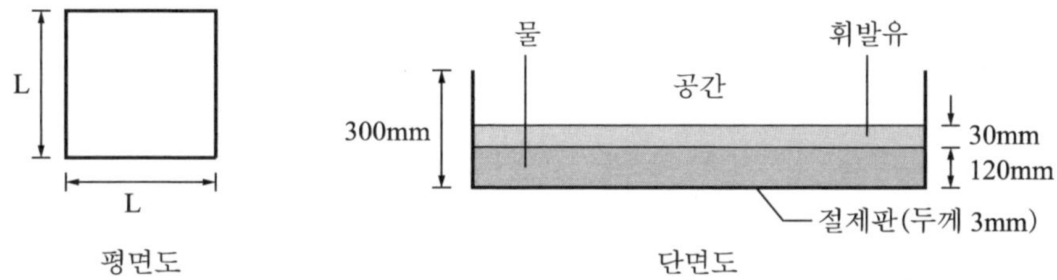

그림 1.10 유류화재 능력단위 시험모형

표 1.5 모형의 종류

모형번호 수치 (T)	연소 표면적 (m^2)	한 변의 길이 L (cm)	모형번호 수치 (T)	연소 표면적 (m^2)	한 변의 길이 L (cm)
0.5	0.1	31.6	8	1.6	126.5
1	0.2	44.7	9	1.8	134.1
2	0.4	63.3	10	2.0	141.3
3	0.6	77.5	12	2.4	155.0
4	0.8	89.4	14	2.8	167.4
5	1.0	100.0	16	3.2	178.9
6	1.2	109.5	18	3.6	189.7
7	1.4	118.3	20	4.0	200.0

주) 모형은 표의 형상을 가진 것으로 하고 표에 기재하는 종류 중 모형번호 수치가 1 이상의 것을 1개 사용할 것

(3) C급 화재 전기전도성

C급 화재 소화기의 전기전도성은 다음의 이격거리(소화기 방사노즐 선단과 금속판 중심의 이격거리를 말한다) 및 전압을 가한 상태에서 소화약제를 방사하는 경우 통전전류가 0.5 mA 이하이어야 한다.

가. 이격거리 50 cm인 경우 AC (35 ± 3.5) kV
나. 이격거리 90 cm인 경우 AC (100 ± 10) kV

2) 소화기구 능력단위

(1) 기본 소요단위

▮표 1.6 특정소방대상물에 따른 소화기구의 능력단위기준

특정소방대상물	소화기구의 능력단위
1. 위락시설	해당 용도의 바닥면적 30 m^2 마다 능력단위 1단위 이상
2. 공연장・집회장・관람장・문화재・장례식장 및 의료시설	해당 용도의 바닥면적 50 m^2 마다 능력단위 1단위 이상
3. 근린생활시설・판매시설・운수시설・숙박시설・노유자시설・전시장・공동주택・업무시설・방송통신시설・공장・창고시설・항공기 및 자동차 관련 시설 및 관광휴게시설	해당 용도의 바닥면적 100 m^2 마다 능력단위 1단위 이상
4. 그 밖의 것	해당 용도의 바닥면적 200 m^2 마다 능력단위 1단위 이상

주) 소화기구의 능력단위를 산출함에 있어서 건축물의 주요구조부가 내화구조이고, 벽 및 반자의 실내에 면하는 부분이 불연재료・준불연재료 또는 난연재료로 된 특정소방대상물에 있어서는 위 표의 기준면적의 2배를 해당 특정소방대상물의 기준면적으로 한다.

(2) 추가 소요단위

부속용도로 사용하는 부분에 대하여는 [표 1.7]의 소화기구 및 자동소화장치를 추가로 설치한다.

(3) 적응성

소방대상물에 따라 [표 1.8]의 적응성 있는 소화기를 설치한다.

▮표 1.8 소화기구의 소화약제별 적응성

소화약제 구분 / 적응대상	가스			분말		액체				기타			
	이산화탄소소화약제	할론소화약제	할로겐화합물 및 불활성기체소화약제	인산염류소화약제	중탄산염류소화약제	산알칼리소화약제	강화액소화약제	포소화약제	물・침윤소화약제	고체에어로졸화합물	마른모래	팽창질석・팽창진주암	그 밖의 것
일반화재(A급 화재)	-	○	○	○	-	○	○	○	○	○	○	○	-
유류화재(B급 화재)	○	○	○	○	○	○	○	○	○	○	○	○	-
전기화재(C급 화재)	○	○	○	○	○	*	*	*	*	○	-	-	-
주방화재(K급 화재)	-	-	-	-	*	-	*	*	*	-	-	-	*
금속화재(D급 화재)	-	-	-	-	*	-	-	-	-	-	○	○	*

주) "*"의 소화약제별 적응성은 「소방시설 설치 및 관리에 관한 법률」 제37조에 의한 형식승인 및 제품검사의 기술기준에 따라 화재 종류별 적응성에 적합한 것으로 인정되는 경우에 한한다.

■표 1.7 부속용도별로 추가하여야 할 소화기구 및 자동소화장치

<table>
<tr><th colspan="4">용 도 별</th><th>소화기구의 능력단위</th></tr>
<tr><td colspan="4">1. 다음 각 목의 시설. 다만, 스프링클러설비 · 간이스프링클러설비 · 물분무등소화설비 또는 상업용 주방자동소화장치가 설치된 경우에는 자동확산소화기를 설치하지 않을 수 있다.
가. 보일러실 · 건조실 · 세탁소 · 대량화기취급소
나. 음식점(지하가의 음식점을 포함한다) · 다중이용업소 · 호텔 · 기숙사 · 노유자시설 · 의료시설 · 업무시설 · 공장 · 장례식장 · 교육연구시설 · 교정 및 군사시설의 주방. 다만, 의료시설 · 업무시설 및 공장의 주방은 공동취사를 위한 것에 한한다.
다. 관리자의 출입이 곤란한 변전실 · 송전실 · 변압기실 및 배전반실(불연재료로 된 상자안에 장치된 것을 제외한다)</td><td>1. 해당 용도의 바닥면적 25 m^2 마다 능력단위 1단위 이상의 소화기로 할 것. 이 경우 나목의 주방에 설치하는 소화기 중 1개 이상은 주방화재용 소화기(K급)로 설치해야 한다.
2. 자동확산소화기는 해당 용도의 바닥면적을 기준으로 10m^2 이하는 1개, 10 m^2 초과는 2개 이상을 설치하되, 보일러, 조리기구, 변전설비 등 방호대상에 유효하게 분사될 수 있는 위치에 배치될 수 있는 수량으로 설치할 것</td></tr>
<tr><td colspan="4">2. 발전실 · 변전실 · 송전실 · 변압기실 · 배전반실 · 통신기기실 · 전산기기실 · 기타 이와 유사한 시설이 있는 장소. 다만, 제1호 다목의 장소를 제외한다.</td><td>해당 용도의 바닥면적 50 m^2 마다 적응성이 있는 소화기 1개 이상 또는 유효설치방호체적 이내의 가스 · 분말 · 고체에어로졸 자동소화장치, 캐비넷형자동소화장치(다만, 통신기기실 · 전자기기실을 제외한 장소에 있어서는 교류 600V 또는 직류 750V 이상의 것에 한한다)</td></tr>
<tr><td colspan="4">3. 「위험물안전관리법시행령」 별표 1에 따른 지정수량의 1/5 이상 지정수량 미만의 위험물을 저장 또는 취급하는 장소</td><td>능력단위 2단위 이상 또는 유효설치방호체적 이내의 가스 · 분말 · 고체에어로졸 자동소화장치, 캐비넷형자동소화장치</td></tr>
<tr><td colspan="2" rowspan="2">4. 「화재의 예방 및 안전관리에 관한 법률 시행령」 별표 2에 따른 특수가연물을 저장 또는 취급하는 장소</td><td colspan="2">「화재의 예방 및 안전관리에 관한 법률 시행령」 별표 2에서 정하는 수량 이상</td><td>「화재의 예방 및 안전관리에 관한 법률 시행령」 별표 2에서 정하는 수량의 50배 이상마다 능력단위 1단위 이상</td></tr>
<tr><td colspan="2">「화재의 예방 및 안전관리에 관한 법률 시행령」 별표 2에서 정하는 수량의 500배 이상</td><td>대형소화기 1개 이상</td></tr>
<tr><td colspan="2" rowspan="2">5. 「고압가스안전관리법」 · 「액화석유가스의 안전관리 및 사업법」 및 「도시가스사업법」에서 규정하는 가연성가스를 연료로 사용하는 장소</td><td colspan="2">액화석유가스 기타 가연성가스를 연료로 사용하는 연소기기가 있는 장소</td><td>각 연소기로부터 보행거리 10 m 이내에 능력단위 3단위 이상의 소화기 1개 이상. 다만, 상업용 주방자동식소화기가 설치된 장소는 제외한다.</td></tr>
<tr><td colspan="2">액화석유가스 기타 가연성가스를 연료로 사용하기 위하여 저장하는 저장실(저장량 300 kg 미만은 제외한다)</td><td>능력단위 5단위 이상의 소화기 2개 이상 및 대형소화기 1개 이상</td></tr>
<tr><td rowspan="3">6. 「고압가스안전관리법」 · 「액화석유가스의 안전관리 및 사업법」 또는 「도시가스</td><td rowspan="3">저장하고 있는 양 또는 1개월 동안 제조 ·</td><td rowspan="2">200 kg 미만</td><td>저장하는 장소</td><td>능력단위 3단위 이상의 소화기 2개 이상</td></tr>
<tr><td>제조 · 사용하는 장소</td><td>능력단위 3단위 이상의 소화기 2개 이상</td></tr>
<tr><td>200 kg 이상
300 kg 미만</td><td>저장하는 장소</td><td>능력단위 5단위 이상의 소화기 2개 이상</td></tr>
</table>

사업법」에서 규정하는 가연성가스를 제조하거나 연료 외의 용도로 저장·사용하는 장소	사용하는 양		제조·사용하는 장소	바닥면적 50 m^2 마다 능력단위 5단위 이상의 소화기 1개 이상
		300 kg 이상	저장하는 장소	대형소화기 2개 이상
			제조·사용하는 장소	바닥면적 50 m^2 마다 능력단위 5단위 이상의 소화기 1개 이상
7. 마그네슘 합금 칩을 저장 또는 취급하는 장소				금속화재용 소화기(D급) 1개 이상을 금속재료로부터 보행거리 20 m 이내로 설치할 것

※ 비고 : 액화석유가스·기타 가연성가스를 제조하거나 연료 외의 용도로 사용하는 장소에 소화기를 설치하는 때에는 해당 장소 바닥면적 50 m^2 이하인 경우에도 해당 소화기를 2개 이상 비치해야 한다.

6 소화기구의 특징

(1) 소화약제 방출(방사)호스의 부착

소화기의 종류별 소화약제의 충전량이 다음과 같은 경우 호스를 부착하지 않아도 된다.

① 할론소화기 : 소화약제의 충전량이 4 kg 미만

② 이산화탄소소화기 : 소화약제의 충전량이 3 kg 미만

③ 분말소화기 : 소화약제의 충전량이 1 kg 미만

(2) 자동차용소화기

다음의 소화기는 자동차용소화기로 사용할 수 있다.

① 포소화기 : 자동차의 진동 등에 의해서 소화약제가 외부로 방출되지 않도록 방지조치가 되어 있는 경우

② 이산화탄소소화기

③ 할론소화기 : 할론 1301, 할론 1211 및 할론 2402 소화약제가 충전되어 있는 경우

④ 분말소화기

⑤ 강화액소화기 : 안개 또는 구름모양의 무상(霧狀)으로 방사하는 경우

(3) 소화기의 사용온도

소화기의 본체용기 내부에 충전되어 있는 소화약제의 성상(특성)에 따라 [표 1.9]의 사용온

도 범위 내에서 사용해야 한다.

표 1.9 소화기의 종류별 사용온도 범위

소화기의 종류	사용온도 범위(℃)	소화기의 종류	사용온도 범위(℃)
물	0～+40	분말	−20～+40
포	0～+40	강화액	−20～+40
이산화탄소	−30～+40	산알칼리	0～+40
할론화합물	0～+40		

7 소화기구의 적용대상물

(1) 소화기구

① 연면적 33 m^2 이상인 것. 다만, 노유자 시설의 경우에는 투척용 소화용구 등을 화재안전기준에 따라 산정된 소화기 수량의 2분의 1 이상으로 설치할 수 있다.

② ①에 해당하지 않는 시설로서 가스시설, 발전시설 중 전기저장시설 및 국가유산

③ 터널

④ 지하구

(2) 자동소화장치

다음에 해당하는 특정소방대상물 중 후드 및 덕트가 설치되어 있는 주방이 있는 특정소방대상물로 한다. 이 경우 해당 주방에 자동소화장치를 설치해야 한다.

① 주거용 주방자동소화장치를 설치해야 하는 것 : 아파트 등 및 오피스텔의 모든 층

② 상업용 주방자동소화장치를 설치해야 하는 것

가. 판매시설 중 「유통산업발전법」 제2조 제3호에 해당하는 대규모점포에 입점해 있는 일반음식점

나. 「식품위생법」 제2조 제12호에 따른 집단급식소

③ 캐비닛형 자동소화장치, 가스자동소화장치, 분말자동소화장치 또는 고체에어로졸자동소화장치를 설치해야 하는 것 : 화재안전기준에서 정하는 장소

④ 자동소화장치(주거용・상업용 주방자동소화장치는 제외)를 설치해야 하는 특정소방대

상물에 물분무등소화설비를 화재안전기준에 적합하게 설치한 경우에는 그 설비의 유효범위(해당 소방시설이 화재를 감지 · 소화 또는 경보할 수 있는 부분)에서 설치가 면제된다.

8 설치기준

(1) 소화기구

① 소화기는 다음의 기준에 따라 설치할 것

가. 특정소방대상물의 각 층마다 설치하되, 각층이 2 이상의 거실로 구획된 경우에는 각 층마다 설치하는 것 외에 바닥면적이 33 m^2 이상으로 구획된 각 거실에도 배치할 것

나. 특정소방대상물의 각 부분으로부터 1개의 소화기까지의 보행거리가 소형소화기의 경우에는 20 m 이내, 대형소화기의 경우에는 30 m 이내가 되도록 배치할 것. 다만, 가연성물질이 없는 작업장의 경우에는 작업장의 실정에 맞게 보행거리를 완화하여 배치할 수 있다.

② 능력단위가 2단위 이상이 되도록 소화기를 설치해야 할 특정소방대상물 또는 그 부분에 있어서는 간이소화용구의 능력단위가 전체 능력단위의 2분의 1을 초과하지 않게 할 것 다만, 노유자시설의 경우에는 그렇지 않다.

③ 소화기구(자동확산소화기를 제외한다)는 거주자 등이 손쉽게 사용할 수 있는 장소에 바닥으로부터 높이 1.5 m 이하의 곳에 비치하고, 소화기에 있어서는 "소화기", 투척용소화용구에 있어서는 "투척용소화용구", 마른모래에 있어서는 "소화용모래", 팽창질석 및 팽창진주암에 있어서는 "소화질석"이라고 표시한 표지를 보기 쉬운 곳에 부착할 것. 다만, 소화기 및 투척용소화용구의 표지는 「축광표지의 성능인증 및 제품검사의 기술기준」에 적합한 축광식표지로 설치하고, 주차장의 경우 표지를 바닥으로부터 1.5 m 이상의 높이에 설치할 것

④ 자동확산소화기는 다음 각 목의 기준에 따라 설치할 것

가. 방호대상물에 소화약제가 유효하게 방출될 수 있도록 설치할 것

나. 작동에 지장이 없도록 견고하게 고정할 것

(2) 자동소화장치

① 주거용 주방자동소화장치

가. 소화약제 방출구는 환기구(주방에서 발생하는 열기류 등을 밖으로 배출하는 장치를 말한다. 이하 같다)의 청소부분과 분리되어 있어야 하며, 형식승인 받은 유효설치 높이 및 방호면적에 따라 설치할 것

나. 감지부는 형식승인 받은 유효한 높이 및 위치에 설치할 것

다. 차단장치(전기 또는 가스)는 상시 확인 및 점검이 가능하도록 설치할 것

라. 가스용 주방자동소화장치를 사용하는 경우 탐지부는 수신부와 분리하여 설치하되, 공기보다 가벼운 가스를 사용하는 경우에는 천장 면으로부터 30 cm 이하의 위치에 설치하고, 공기보다 무거운 가스를 사용하는 장소에는 바닥 면으로부터 30 cm 이하의 위치에 설치할 것

마. 수신부는 주위의 열기류 또는 습기 등과 주위온도에 영향을 받지 않고 사용자가 상시 볼 수 있는 장소에 설치할 것

② 상업용 주방자동소화장치

가. 소화장치는 조리기구의 종류별로 성능인증 받은 설계 매뉴얼에 적합하게 설치할 것

나. 감지부는 성능인증 받는 유효높이 및 위치에 설치할 것

다. 차단장치(전기 또는 가스)는 상시 확인 및 점검이 가능하도록 설치할 것

라. 후드에 방출되는 분사헤드는 후드의 가장 긴 변의 길이까지 방출될 수 있도록 소화약제 방출 방향 및 거리를 고려하여 설치할 것

마. 덕트에 방출되는 분사헤드는 성능인증 받는 길이 이내로 설치할 것

③ 캐비닛형 자동소화장치

가. 분사헤드(방출구)의 설치 높이는 방호구역의 바닥으로부터 형식승인을 받은 범위 내에서 유효하게 소화약제를 방출시킬 수 있는 높이에 설치할 것

나. 화재감지기는 방호구역 내의 천장 또는 옥내에 면하는 부분에 설치하되 「자동화재탐지설비 및 시각경보장치의 화재안전기술기준(NFTC 203)」 감지기에 적합하도록 설치할 것

다. 방호구역 내의 화재감지기의 감지에 따라 작동되도록 할 것

라. 화재감지기의 회로는 교차회로방식으로 설치할 것. 다만, 화재감지기를 「자동화재탐지설비 및 시각경보장치의 화재안전기술기준(NFTC 203)」 2.4.1 단서의 각 감지기로 설치하는 경우에는 그렇지 않다.

마. 교차회로 내의 각 화재감지기회로별로 설치된 화재감지기 1개가 담당하는 바닥면적은 「자동화재탐지설비 및 시각경보장치의 화재안전기술기준(NFTC 203)」에 따른 바닥면적으로 할 것

바. 개구부 및 통기구(환기장치를 포함한다. 이하 같다)를 설치한 것에 있어서는 소화약제가 방출되기 전에 해당 개구부 및 통기구를 자동으로 폐쇄할 수 있도록 할 것. 다만, 가스압에 의하여 폐쇄되는 것은 소화약제 방출과 동시에 폐쇄할 수 있다.

사. 작동에 지장이 없도록 견고하게 고정할 것

아. 구획된 장소의 방호체적 이상을 방호할 수 있는 소화성능이 있을 것

④ 가스식, 분말식, 고체에어로졸식 자동소화장치

가. 소화약제 방출구는 형식승인 받은 유효설치범위 내에 설치할 것

나. 자동소화장치는 방호구역내에 형식승인 된 1개의 제품을 설치할 것. 이 경우 연동방식으로서 하나의 형식을 받은 경우에는 1개의 제품으로 본다.

다. 감지부는 형식승인된 유효설치범위 내에 설치해야 하며 설치장소의 평상시 최고주위온도에 따라 다음 표에 따른 표시온도의 것으로 설치할 것. 다만, 열감지선의 감지부는 형식승인 받은 최고주위온도범위 내에 설치해야 한다.

설치장소의 최고주위온도	표시온도
39℃ 미만	79℃ 미만
39℃ 이상 64℃ 미만	79℃ 이상 121℃ 미만
64℃ 이상 106℃ 미만	121℃ 이상 162℃ 미만
106℃ 이상	162℃ 이상

라. "다"에도 불구하고 화재감지기를 감지부를 사용하는 경우에는 ③ "나"부터 "마"까지의 설치방법에 따를 것

(3) 이산화탄소 또는 할론을 방출하는 소화기구(자동확산소화장치를 제외한다)는 지하층이나 무창층 또는 밀폐된 거실로서 그 바닥면적이 20 m^2 미만인 장소에는 설치할 수 없다. 다만, 배기를 위한 유효한 개구부가 있는 장소인 경우에는 그렇지 않다.

9 소화기의 감소

(1) 소형소화기를 설치해야 할 특정소방대상물 또는 그 부분에 옥내소화전설비·스프링클러설비·물분무등소화설비·옥외소화전설비 또는 대형소화기를 설치한 경우에는 해당 설비의 유효범위의 부분에 대하여는 소화기의 3분의 2 (대형소화기를 둔 경우에는 2분

의 1)를 감소할 수 있다. 다만, 층수가 11층 이상인 부분, 근린생활시설, 위락시설, 문화 및 집회시설, 운동시설, 판매시설, 운수시설, 숙박시설, 노유자시설, 의료시설, 업무시설(무인변전소를 제외한다), 방송통신시설, 교육연구시설, 항공기 및 자동차관련시설, 관광 휴게시설은 그렇지 않다.

(2) 대형소화기를 설치해야 할 특정소방대상물 또는 그 부분에 옥내소화전설비·스프링클러설비·물분무등소화설비 또는 옥외소화전설비를 설치한 경우에는 해당 설비의 유효범위 안의 부분에 대하여는 대형소화기를 설치하지 않을 수 있다.

출제 및 예상문제

01 소화기의 종류 중 축압식 소화기와 가압식 소화기의 차이점을 쓰시오.

정답 ① 축압식 소화기 : 소화기의 용기 내부에 소화약제와 함께 압축공기 또는 불연성가스를 축압시켜 그 압력에 의해 방출되는 방식
② 가압식 소화기 : 소화약제의 방출원이 되는 압축가스를 압력 봄베 등의 별도의 용기에 저장했다가 가스의 압력에 의해 방출되는 방식

해설 분말소화기는 소화기 본체 내부에 충전되어 있는 소화약제를 외부로 방사시키는 구조에 따라 가압식 소화기와 축압식 소화기로 구분한다.
① 가압식 소화기 : 가압식 분말소화기의 본체 용기는 축압식 분말소화기의 본체 용기와 같이 대부분 강판(소형 소화기의 경우에는 알루미늄 또는 합성수지 등)에 의해서 제조되고 있으며, 본체 용기 내부는 소화약제 등에 의해서 부식되지 않도록 내식도장이 되어 있다. 또한 본체 용기 내부에는 규정량의 소화약제가 충전되어 있다.
② 축압식 소화기 : 축압식 분말소화기의 본체 용기는 대부분 강판으로 제조되고 있으며, 용기 내부는 소화약제 등에 의해서 부식되지 않도록 내식도장이 되어 있다. 용기 내부에는 소화약제와 함께 압력원(방사원)인 질소가스가 충전되어 있으며, 항상 용기 내의 압력을 지시하는 지시압력계가 부착되어 있다. 또한 축압식 분말소화기에 부착되어 있는 지시압력계의 지시압력 범위는 0.7～0.98 MPa로 녹색으로 표시되어 있다.

02 간이소화용구의 능력단위에 대하여 간단히 설명하시오.

정답

간이소화용구		능력단위
마른모래	삽을 상비한 50 L 이상의 것 1포	0.5단위
팽창질석 또는 팽창진주암	삽을 상비한 80 L 이상의 것 1포	0.5단위

03 소화기의 설치기준을 쓰시오.

정답 ① 특정소방대상물의 각 부분으로부터 1개의 소화기까지의 보행거리가 소형 소화기의 경우에는 20 m 이내, 대형 소화기의 경우에는 30 m 이내가 되도록 배치한다. 다만, 가연성 물질이 없는 작업장의 경우에는 작업장의 실정에 맞게 보행거리를 완화하여 배치할 수 있다.
② 특정소방대상물의 각 층마다 설치하되, 각 층이 2 이상의 거실로 구획된 경우에는 '①'의 규정에 따라 각층마다 설치하는 것 외에 바닥면적이 33 m^2 이상으로 구획된 각 거실에도 배치한다.

04 주거용 주방자동소화장치의 설치기준을 쓰시오.

정답 ① 소화약제 방출구는 환기구(주방에서 발생하는 열기류 등을 밖으로 배출하는 장치를 말한다. 이하 같다)의 청소부분과 분리되어 있어야 하며, 형식승인 받은 유효설치 높이및 방호면적에 따라 설치할 것

② 감지부는 형식승인 받은 유효한 높이 및 위치에 설치할 것

③ 차단장치(전기 또는 가스)는 상시 확인 및 점검이 가능하도록 설치할 것

④ 가스용 주방자동소화장치를 사용하는 경우 탐지부는 수신부와 분리하여 설치하되, 공기보다 가벼운 가스를 사용하는 경우에는 천장 면으로부터 30 cm 이하의 위치에 설치하고, 공기보다 무거운 가스를 사용하는 장소에는 바닥 면으로부터 30 cm 이하의 위치에 설치할 것

⑤ 수신부는 주위의 열기류 또는 습기 등과 주위온도에 영향을 받지 않고 사용자가 상시 볼 수 있는 장소에 설치할 것

05 수동식 소화기의 대형 소화기에 있어서 소화약제 충전량은 각각 얼마인지 쓰시오.

(가) 물 소화기
(나) 강화액 소화기
(다) 할론 소화기
(라) 이산화탄소 소화기
(마) 분말 소화기
(바) 포소화기

정답 (가) 80 L 이상
(나) 60 L 이상
(다) 30 kg 이상
(라) 50 kg 이상
(마) 20 kg 이상
(바) 20 L 이상

해설 ● 소화기의 종류별 소화약제 충전량

소화기의 종류	소화약제의 충전량	소화기의 종류	소화약제의 충전량
물	80 L	이산화탄소	50 kg
포	20 L	할론	30 kg
분말	20 kg	강화액	60 L
		산·알칼리	80 L

비고) 위의 표에서 대형 소화기란 소화기에 충전하는 소화약제의 양(kg, L)이 규정량 이상 충전된 것을 말하며, 소형 소화기란 규정량 미만의 소화약제의 양(kg, L)이 충전된 것을 말한다.

06 다음 그림은 분말소화기의 구조이다. 물음에 답하시오.

(가) 각 부분의 명칭을 기입하시오.
(나) 가압방식에 의한 분류상의 종류는?
(다) 소화기의 소화약제 주성분의 명칭은?
(라) 사용온도는?
(마) 지시압력계의 녹색범위 압력은?

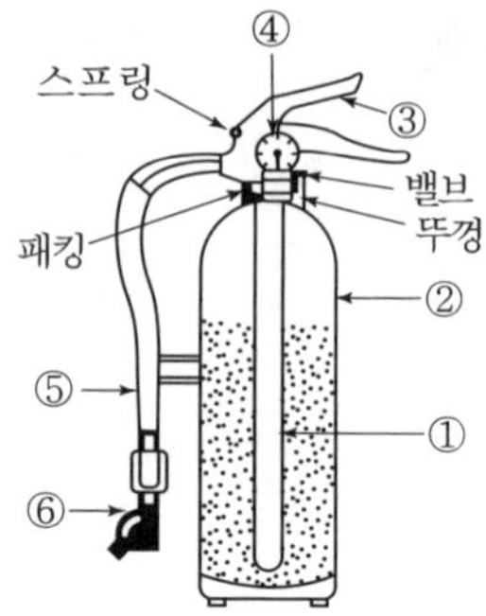

정답 (가) ① 사이펀관 ② 용기본체
③ 레버(손잡이) ④ 지시압력계
⑤ 호스 ⑥ 노즐
(나) 축압식
(다) 제일인산암모늄(제3종)
(라) −20～40℃ 이하
(마) 0.7～0.98 MPa

07 소화기의 감소기준을 쓰시오.

정답 ① 소형소화기를 설치하여야 할 특정소방대상물 또는 그 부분에 옥내소화전설비・스프링클러설비・물분무등소화설비・옥외소화전설비 또는 대형소화기를 설치한 경우에는 해당 설비의 유효범위의 부분에 대하여는 소화기의 3분의 2 (대형소화기를 둔 경우에는 2분의 1)를 감소할 수 있다. 다만, 층수가 11층 이상인 부분, 근린생활시설, 위락시설, 문화 및 집회시설, 운동시설, 판매시설, 운수시설, 숙박시설, 노유자시설, 의료시설, 업무시설(무인변전소를 제외한다), 방송통신시설, 교육연구시설, 항공기 및 자동차관련 시설, 관광 휴게시설은 그렇지 않다.
② 대형소화기를 설치하여야 할 특정소방대상물 또는 그 부분에 옥내소화전설비・스프링클러설비・물분무등소화설비 또는 옥외소화전설비를 설치한 경우에는 해당 설비의 유효범위안의 부분에 대하여는 대형소화기를 설치하지 않을 수 있다.

08 장소에 요구되는 소화기구의 능력단위 선정에 있어서 숙박시설의 바닥면적이 500 m^2인 장소에 소화기구를 설치할 때 소화기구의 능력단위는 최소 얼마인가?

정답 5단위

해설 $\frac{500}{100} = 5$단위

09 다음은 주거용 주방자동소화장치의 설치기준이다. 주어진 보기에서 골라 빈칸에 알맞은 말을 넣으시오.

> [보기]
> 감지부, 바닥, 방출구, 수신부, 제어부, 차단장치, 천장, 10, 20, 30, 50

(가) (①)은(는) 상시 확인 및 점검이 가능하도록 설치할 것
(나) 소화약제 (②)은(는) 환기구의 청소부분과 분리되어 있어야 할 것
(다) 가스용 주방자동소화장치를 사용하는 경우 탐지부는 (③)와(과) 분리하여 설치하되, 공기보다 가벼운 가스를 사용하는 경우에는 (④)면으로부터 (⑤)cm 이하의 위치에 설치하고, 공기보다 무거운 가스를 사용하는 장소에는 (⑥)면으로부터 (⑤)cm 이하의 위치에 설치할 것

정답 (가) ① 차단장치
(나) ② 방출구
(다) ③ 수신부
④ 천장
⑤ 30
⑥ 바닥

해설 소화기구의 설치기준

(1) 소화기의 설치기준
능력단위가 2단위 이상이 되도록 소화기를 설치하여야 할 특정소방대상물 또는 그 부분에 있어서는 간이소화용구의 능력단위가 전체 능력단위의 1/2을 초과하지 않을 것

(2) 주거용 주방자동소화장치의 설치기준
① 가스용 주방자동소화장치를 사용하는 경우 탐지부는 수신부와 분리하여 설치할 것

사용가스	탐지부 위치
LNG (공기보다 가벼운 가스)	천장면에서 30 cm 이하
LPG (공기보다 무거운 가스)	바닥면에서 30 cm 이하

② 소화약제 방출구는 환기구의 청소부분과 분리되어 있어야 하며, 형식승인을 받은 유효설치높이 및 방호면적에 따라 설치할 것
③ 감지부는 형식승인을 받은 유효한 높이 및 위치에 설치할 것
④ 차단장치(전기 또는 가스)는 상시 확인 및 점검이 가능하도록 설치할 것
⑤ 수신부는 주위의 열기류 또는 습기 등과 주위온도에 영향을 ㅂ다지 않고 사용자가 상시 볼 수 있는 장소에 설치할 것

10 지하 1층 용도가 판매시설로서 본 용도로 사용하는 바닥면적이 3,000 m^2일 경우 이 장소에 분말소화기 1 개의 소화능력단위가 A급 화재 기준으로 3단위의 소화기로 설치할 경우 본 판매장소에 필요한 분말소화기의 개수는 최소 몇 개인가?

정답 10개

해설 특정소방대상물별 소화기구의 능력단위기준

특정소방대상물	소화기구의 능력단위
1. 위락시설	해당 용도의 바닥면적 30 m^2마다 능력단위 1단위 이상
2. 공연장 · 집회장 · 관람장 · 문화재 · 장례식장 및 의료시설	해당 용도의 바닥면적 50 m^2마다 능력단위 1단위 이상
3. 근린생활시설 · 판매시설 · 운수시설 · 숙박시설 · 노유자시설 · 전시장 · 공동주택 · 업무시설 · 방송통신시설 · 공장 · 창고시설 · 항공기 및 자동차 관련 시설 및 관광휴게시설	해당 용도의 바닥면적 100 m^2마다 능력단위 1단위 이상
4. 그 밖의 것	해당 용도의 바닥면적 200 m^2마다 능력단위 1단위 이상

(주) 소화기구의 능력단위를 산출함에 있어서 건축물의 주요구조부가 내화구조이고, 벽 및 반자의 실내에 면하는 부분이 불연재료 · 준불연재료 또는 난연재료로 된 특정소방대상물에 있어서는 위 표의 기준면적의 2배를 해당 특정소방대상물의 기준면적으로 한다.

판매시설로서 내화구조이고 불연재료 · 준불연재료 · 난연재료인 경우가 아니므로
바닥면적 100 m^2마다 1단위 이상이므로

$$\frac{3000\,\text{m}^2}{100\,\text{m}^2} = 30\text{단위}$$

3단위 소화기를 설치하므로

$$\text{소화기 개수 } \frac{30\text{단위}}{3\text{단위}} = 10\text{개}$$

11 소방시설 설치 및 관리에 관한 법률 시행령상 자동소화장치를 설치해야 하는 특정소방대상물 및 주거용 주방자동소화장치의 설치대상에 관한 다음 (   ) 안을 완성하시오.

(2024년 출제)

> 자동소화장치를 설치해야 하는 특정소방대상물은 다음의 어느 하나에 해당하는 특정소방대상물 중 (①) 및 덕트가 설치되어 있는 주방이 있는 특정소방대상물로 한다. 이 경우 해당 주방에 자동소화장치를 설치해야 한다.
>
> • 주거용 주방자동소화장치를 설치해야 하는 것 : (②) 및 (③)의 모든 층

정답 ① 후드
② 아파트 등
③ 오피스텔

해설 자동소화장치를 설치해야 하는 특정소방대상물
다음의 어느 하나에 해당하는 특정소방대상물 중 후드 및 덕트가 설치되어 있는 주방이 있는 특정소방대상물로 한다. 이 경우 해당 주방에 자동소화장치를 설치해야 한다.
(1) 주거용 주방자동소화장치를 설치해야 하는 것 : 아파트 등 및 오피스텔의 모든 층
(2) 캐비닛형 자동소화장치, 가스자동소화장치, 분말자동소화장치 또는 고체에어로졸자동소화장치를 설치해야 하는 것 : 화재안전기술기준에서 정하는 장소

12 장소에 요구되는 소화기구의 능력단위 선정에 있어서 숙박시설의 바닥면적이 500m^{2}인 장소에 소화기구를 설치할 때 소화기구의 능력단위는 최소 얼마인가? (단, 건축물의 주요구조부는 비내화구조이다)

(2024년 출제)

정답 5단위

해설 능력단위(NFTC 101 2.1.1.2)

특정소방대상물	바닥면적(1단위)	내화구조이고 불연재료, 준불연재료, 난연재료인 경우
• 위락시설	30 m^2	60 m^2
• 공연장, 집회장 • 관람장, 문화재 • 장례시설(장례식장), 의료시설	50 m^2	100 m^2
• 근린생활시설, 판매시설 • 숙박시설, 노유자시설 • 전시장 • 공동주택, 업무시설 • 방송통신시설, 공장 • 창고, 항공기 및 자동차관련시설 • 관광휴게시설	100 m^2	200 m^2
• 그 밖의 것	200 m^2	400 m^2

건축물의 주요구조부는 비내화구조이므로 바닥면적 100 m^{2}마다 1단위 이상을 적용하면

$$\frac{500\,\text{m}^2}{100\,\text{m}^2} = 5\text{단위}$$

13 물 또는 다른 소화약제를 사용하는 자동소화장치의 종류 5가지를 쓰시오. (2022년 출제)

정답 ① 주거용 주방자동소화장치 ② 상업용 주방자동소화장치
③ 캐비닛형 자동소화장치 ④ 가스자동소화장치
⑤ 분말자동소화장치

해설 자동소화장치의 종류

종류	정 의
주거용 주방자동소화장치	주거용 주방에 설치된 열발생 조리기구의 사용으로 인한 화재발생시 열원(전기 또는 가스)을 자동으로 차단하며 소화약제를 방출하는 소화장치
상업용 주방자동소화장치	상업용 주방에 설치된 열발생 조리기구의 사용으로 인한 화재발생시 열원(전기 또는 가스)을 자동으로 차단하며 소화약제를 방출하는 소화장치
캐비닛형 자동소화장치	열, 연기 또는 불꽃 등을 감지하여 소화약제를 방사하여 소화하는 캐비닛형태의 소화장치
가스자동소화장치	열, 연기 또는 불꽃 등을 감지하여 가스계 소화약제를 방사하여 소화하는 소화장치
분말자동소화장치	열, 연기 또는 불꽃 등을 감지하여 분말의 소화약제를 방사하여 소화하는 소화장치
고체에어로졸 자동소화장치	열, 연기 또는 불꽃 등을 감지하여 에어로졸의 소화약제를 방사하여 소화하는 소화장치

14 지하 2층, 지상 1층인 특정소방대상물 각 층에 A급 3단위 소화기를 국가화재안전기준에 맞도록 설치하고자 한다. 다음 조건을 참고하여 건물의 각 층별 최소 소화기구를 구하시오. (2023년 출제)

[조건]
① 각 층의 바닥면적은 2000 m^2이다.
② 지하 1층, 지하 2층은 주차장 용도로 쓰며, 지하 2층에 보일러실 150 m^2을 설치한다.
③ 지상 1층은 업무시설이다.
④ 전 층에 소화설비가 없는 것으로 가정한다.
⑤ 건물구조는 내화구조가 아니다.

(가) 지하 2층
(나) 지하 1층
(다) 지상 1층

정답 (가) 13개 (나) 7개 (다) 7개

해설 (가) 지하 2층

- 주차장

  소화기구의 능력단위기준에서 주차장은 바닥면적 100 m^2마다 1단위 이상(내화구조가 아님)

  $$소화기\ 능력단위 = \frac{2000\,m^2}{100\,m^2} = 20단위$$

  $$소화기\ 개수 = \frac{20단위}{3단위} = 6.6 ≒ 7개$$

- 보일러실

  $$소화기\ 능력단위 = \frac{150\,m^2}{25\,m^2} = 6단위$$

  ▌부속용도별로 추가하여야 할 소화기구

바닥면적 25 m^2마다 1단위 이상	바닥면적 50 m^2마다 1단위 이상
① 보일러실 · 건조실 · 세탁소 · 대량화기취급소 ② 음식점(지하가의 음식점 포함) · 다중이용업소 · 호텔 · 기숙사 · 노유자시설 · 의료시설 · 업무시설 · 공장 · 장례식장 · 교육연구시설 · 교정 및 군사시설의 주방(단, 의료시설 · 업무시설 및 공장의 주방은 공동취사를 위한 것) ③ 관리자의 출입이 곤란한 변전실 · 송전실 · 변압기실 및 배전반실(불연재료로 된 상자 안에 장치된 것 제외)	발전실 · 변전실 · 송전실 · 변압기실 · 배전반실 · 통신기기실 · 전산기기실 · 기타 이와 유사한 시설이 있는 장소

  $$소화기\ 개수 = \frac{6단위}{1단위} = 6개$$

  ∴ 총 소화기 개수 = 7개 + 6개 = 13개

(나) 지하 1층

- 주차장

  소화기구의 능력단위기준에서 주차장은 바닥면적 100 m^2마다 1단위 이상(내화구조가 아님)

  $$소화기\ 능력단위 = \frac{2000\,m^2}{100\,m^2} = 20단위$$

  $$소화기\ 개수 = \frac{20단위}{3단위} = 6.6 ≒ 7개$$

(다) 지상 1층

- 업무시설

  업무시설로서 내화구조가 아니므로 바닥면적 100 m^2마다 1단위 이상

  $$소화기\ 능력단위 = \frac{2000\,m^2}{100\,m^2} = 20단위$$

  $$소화기\ 개수 = \frac{20단위}{3단위} = 6.6 ≒ 7개$$

15 바닥면적이 30 m × 20 m인 다음의 장소에 분말소화기를 설치할 경우 각각의 장소에 필요한 분말소화기의 소화능력단위를 구하시오(단, 공연장은 건축물의 주요구조부가 내화구조이고, 벽 및 반자의 실내에 면하는 부분이 불연재료로 되어 있다).

(가) 위락시설
(나) 판매시설
(다) 공연장

정답 (가) 20단위
(나) 6단위
(다) 6단위

해설 (가) 위락시설로서 특별한 조건이 없으므로 바닥면적 30 m^2마다 1단위 이상

$$\frac{(30\times 20)\text{m}^2}{30\text{m}^2}=20\text{단위}$$

(나) 판매시설로서 특별한 조건이 없으므로 바닥면적 100 m^2마다 1단위 이상

$$\frac{(30\times 20)\text{m}^2}{100\text{m}^2}=6\text{단위}$$

(다) 공연장으로 내화구조이고 불연재료이므로 바닥면적 100 m^2마다 1단위 이상

$$\frac{(30\times 20)\text{m}^2}{2\times 50\text{m}^2}=6\text{단위}$$

16 다음 장소에 2단위 분말소화기를 설치할 경우 소화기개수를 구하시오.

(2022년 출제)

(가) 숭례문(문화재), 바닥면적 400 m^2
(나) 전시장, 바닥면적 950 m^2

정답 (가) 4개
(나) 5개

해설 (가) 문화재로서 내화구조, 불연재료・준불연재료・난연재료인 경우가 아니므로 바닥면적 50 m^2마다 1단위 이상

$$\frac{400\ \text{m}^2}{50\ \text{m}^2}=8\ \text{단위}$$

2단위소화기를 설치하므로 소화기개수 $=\frac{8\text{단위}}{2\text{단위}}=4\text{개}$

(나) 전시장으로서 내화구조, 불연재료・준불연재료・난연재료인 경우가 아니므로 바닥면적 100 m^2마다 1단위 이상

$$\frac{950\ \text{m}^2}{100\ \text{m}^2}=9.5 \fallingdotseq 10\ \text{단위}$$

2단위소화기를 설치하므로 소화기개수 $=\frac{10\text{단위}}{2\text{단위}}=5\ \text{개}$

17 위락시설의 평면도이다. 소형 수동식 분말소화기를 설치할 경우의 소화능력단위를 계산하고, 소화기를 배치하시오(단, 5단위 소화기이다).

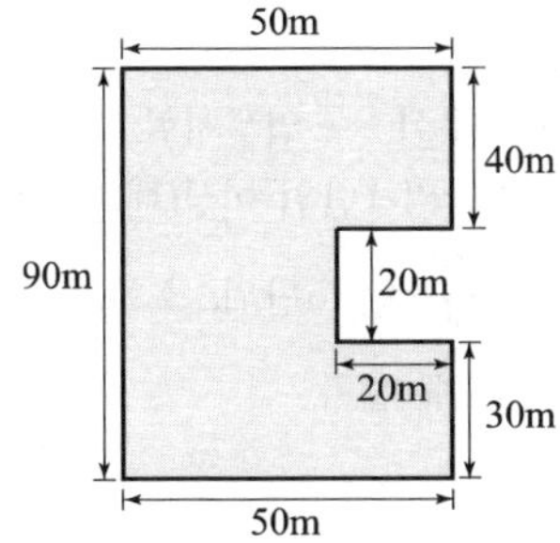

정답 위락시설 30 m^2마다 소화능력단위 1단위 이상, 소형소화기 보행거리 20 m 이내이므로

① 전체면적 $= 90\times50-20\times20 = 4{,}500-400 = 4{,}100\ m^2$

② 소화능력단위 $= \dfrac{4{,}100}{30} = 137$단위

③ 소화기 개수 $= \dfrac{137}{5} = 27.4 = 25$개

5단위 소형 소화기 28개를 보행거리 20 m 이내로 배치

18 조건을 참고하여 건물 각 층의 소화기의 설치 개수를 산정하시오.

[조건]
① 지하 1, 2층 주차장 건물이고, 1~3층 사무실 용도로 쓰는 건물이다.
② 지하 2층에 보일러실 100 m^2이 설치되어 있다(주차장 용도는 1400 m^2이다).
③ 층당 바닥면적은 1500 m^2이다.
④ 내화구조가 아니고 건물에 설치하는 소화기는 A급 소화기 능력단위 3단위 설치한다.

(가) 지하 1층
(나) 지하 2층
(다) 지상 1~3층 사무실

정답 (가) 5개
(나) 7개
(다) 15개

해설 (가) 지하 1층, 2층 주차장 → 자동차관련시설

100 m^2마다 능력단위 1단위 이상(내화구조가 아니기 때문에 2배를 적용하지 않는다)

지하 1층 : $\dfrac{1500}{100} = 15$단위, 소화기 개수 $= \dfrac{15}{3} = 5$개

(나) 지하 2층 : $\frac{1500}{100}=15$단위, 소화기 개수 $=\frac{15}{3}=5$개

(부속용도별추가 : 보일러실 $\frac{100}{25}=4$단위, 소화기 개수 $=\frac{4}{3}=2$개)

5 + 2 = 7개 설치

(다) 지상 1~3층 사무실 → 업무시설

100 m^2마다 능력단위 1단위 이상(내화구조가 아니기 때문에 2배를 적용하지 않는다)

지상 1~3층 : $\frac{1500}{100}=15$단위, 소화기 개수 $=\frac{15}{3}=5$개

5개 × 3개층 = 15개 설치

19 그림의 내용과 같은 아파트에 2단위 분말소화기 및 자동소화장치 등 필요한 소화기구를 설계하라.

[조건]

1. 건축물의 주요구조부가 내화구조이고, 벽 및 반자의 실내에 면하는 부분이 불연재료로 되어 있으며
2. 지상 1층부터 26층은 아파트, 지하 1층은 주차장이다.
3. 지하 1층 주차장에는 스프링클러설비, 1~15층에는 옥내소화전, 16~26층에는 스프링클러설비가 설치되어 있다.

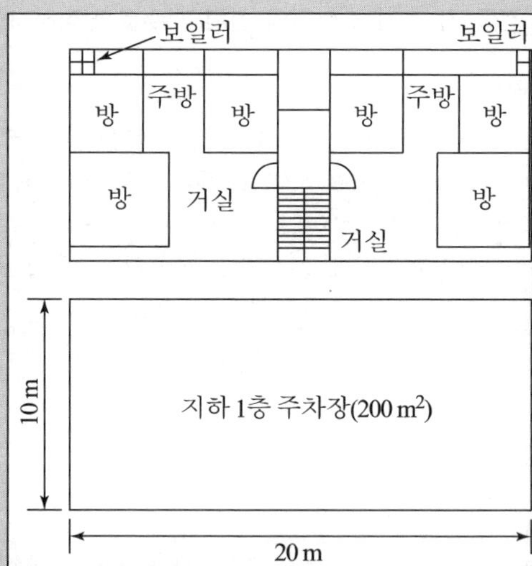

[아파트 1개층의 평면도(150m²)]

해설 ① 아파트의 1개층에 대하여 필요한 소화기의 능력단위를 계산하면, NFSC 101 별표3에서 기준면적이 100 m^2이며, 내화구조이므로 기준면적의 2배인 200 m^2가 설계의 기준면적이 된다.

$$\text{필요한 소화기능력단위} = \frac{\text{바닥면적(사용면적)}}{\text{기준면적}} = \frac{150\ m^2}{200\ m^2} = 0.75\ \text{단위}$$

② 아파트의 1개층에는 면적으로는 0.75단위가 필요하지만 각 세대별 소화기 1개가 필요하다.

③ 아파트는 소화기감소의 대상에 포함되지 않는다.

④ 아파트의 1~26층에는 각층별 2단위소화기 2개씩 필요하며, 지하 1층 주차장은

$$\text{소화기 능력단위} = \frac{\text{바닥면적(사용면적)}}{\text{기준면적}} = \frac{200\ m^2}{200\ m^2} = 1\ \text{단위}$$

아파트와 마찬가지로 2단위소화기 1개가 필요하지만 보행거리를 충족하기 위해서는 2개가 필요하다(주차장의 중앙에 1개를 두면 대각선의 보행거리는 20 m가 넘으므로 2개가 필요하다)

⑤ 1~26층 주거용 주방 자동소화장치는 1개층에 2세대이므로
주거용 주방 소화장치 개수 = 2 × 26 = 52개

⑥ 보일러실에 설치되는 자동확산소화기
자동확산소화기 개수 = 2 × 26 = 52개

● 산정소화기수량

층수	소화기	주방용 자동 소화 장치	자동 확산 소화 장치
B1	2		
1	2	2	2
2	2	2	2
3	2	2	2
4	2	2	2
5	2	2	2
6	2	2	2
7	2	2	2
8	2	2	2
9	2	2	2

층수	소화기	주방용 자동 소화 장치	자동 확산 소화 장치
10	2	2	2
11	2	2	2
12	2	2	2
13	2	2	2
14	2	2	2
15	2	2	2
16	2	2	2
17	2	2	2
18	2	2	2
19	2	2	2

층수	소화기	주방용 자동 소화 장치	자동 확산 소화 장치
20	2	2	2
21	2	2	2
22	2	2	2
23	2	2	2
24	2	2	2
25	2	2	2
26	2	2	2
계	54	52	52

20 다음 소방대상물 각 층에 A급 3단위 소화기를 화재안전기술기준에 맞도록 설치하고자 한다. 다음 조건을 참고하여 각 물음에 답하시오. (2024년 출제)

[조건]
① 각 층의 바닥면적은 30m × 40m이다.
② 주요구조부는 내화구조이고 실내 마감은 난연재료이다.
③ 지상 1층은 단설 유치원(아동관련시설), 지상 2~3층은 한의원(근린생활시설)에 해당한다.
④ 전층에 소화설비가 없는 것으로 가정한다.
⑤ 간이소화용구는 A급 1단위를 설치하고 간이소화용구는 지상 1층에만 설치하며 지상 1층 소화기 소화능력단위의 1/2로 한다.

(가) 지상 1~3층 소화기의 소화능력단위 합계
(나) 지상 1층 단설 유치원에 설치해야 하는 간이소화용구 개수
(다) 지상 2~3층 한의원에 설치해야 하는 소화기 개수
(라) 간이소화용구의 종류 4가지를 쓰시오.

정답 (가) 18단위
(나) 3개
(다) 4개
(라) ① 에어로졸식 소화용구 ② 투척용 소화용구
③ 소공간용 소화용구 ④ 소화약제 외의 것을 이용한 간이소화용구

해설 (가) 지상 1~3층 소화기
- 주요구조부는 내화구조이고 실내 마감은 난연재료이므로 바닥면적 $200\,m^2$마다 1단위 이상
- 소화기 능력단위 $= \dfrac{30\,m \times 40\,m}{200\,m^2} = 6$단위
- 3개층이므로 6단위 × 3개층 = 18단위

(나) 지상 1층 단설 유치원
- 주요구조부는 내화구조이고 실내 마감은 난연재료이므로 바닥면적 $200\,m^2$마다 1단위 이상
- 소화기 능력단위 $= \dfrac{30\,m \times 40\,m}{200\,m^2} = 6$단위
- $\dfrac{6단위}{2} = 3$단위(조건 ⑤에 의해 2로 나눔)
- $\dfrac{3단위}{1단위} = 3$개(조건 ⑤에서 1단위 소화기를 설치한다고 했으므로 1단위로 나눔)

(다) 지상 2~3층 한의원
- 주요구조부는 내화구조이고 실내 마감은 난연재료이므로 바닥면적 $200\,m^2$마다 1단위 이상
- 소화기 능력단위 $= \dfrac{30\,m \times 40\,m}{200\,m^2} = 6$단위(소수점 발생시 절상)

- $\frac{6단위}{3}$ = 2단위
- 2개 × 2개층 = 4개

(라) 간이소화용구의 종류

① 에어로졸식 소화용구
② 투척용 소화용구
③ 소공간용 소화용구
④ 소화약제 외의 것을 이용한 간이소화용구 : 마른모래, 팽창질석, 팽창진주암

21 소화기의 능력단위에 있어서 A, B급 화재능력시험 방법을 설명하시오.

정답 (1) A급 화재능력시험

① 제1모형(A－2) : 소화능력단위(A급 2단위)
㉠ 소나무(오리나무) : 30 × 35 × 900 mm : 144개(수분 15%)
㉡ 휘발유 : 3 L
㉢ 불을 붙이고 3분 후 소화기로 소화, 분사 완료 후 2분 이내 다시 불붙지 않을 때 완전소화로 한다.

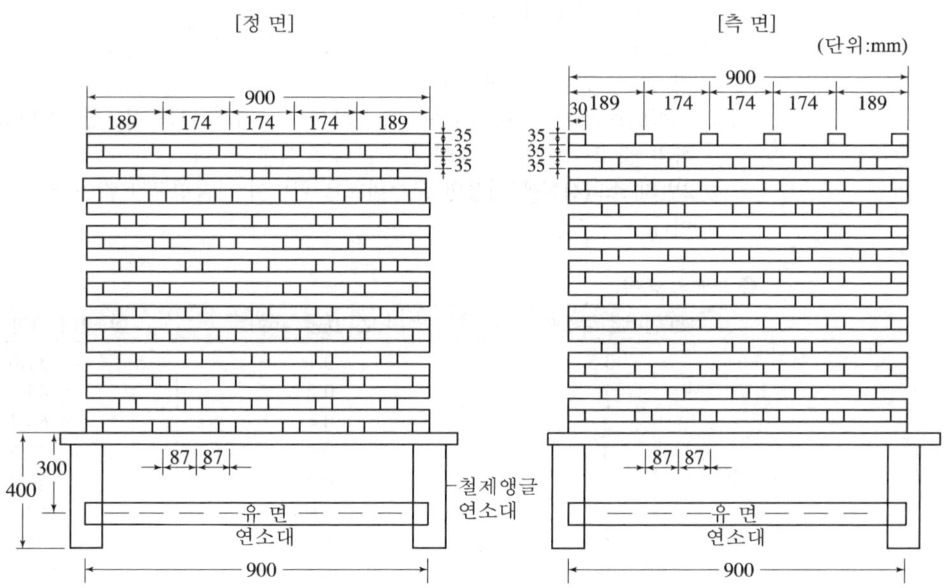

제1모형(2단위 모형)

② 제2모형(A－1) : 소화능력단위(A급 1단위)
㉠ 소나무(오리나무) : 30 × 35 × 730 mm : 90개(수분 15%)
㉡ 휘발유 : 1.5 L
㉢ 불을 붙이고 3분 후 소화기로 소화, 분사 완료 후 2분 내 다시 불붙지 않을 때 완전소화로 한다.

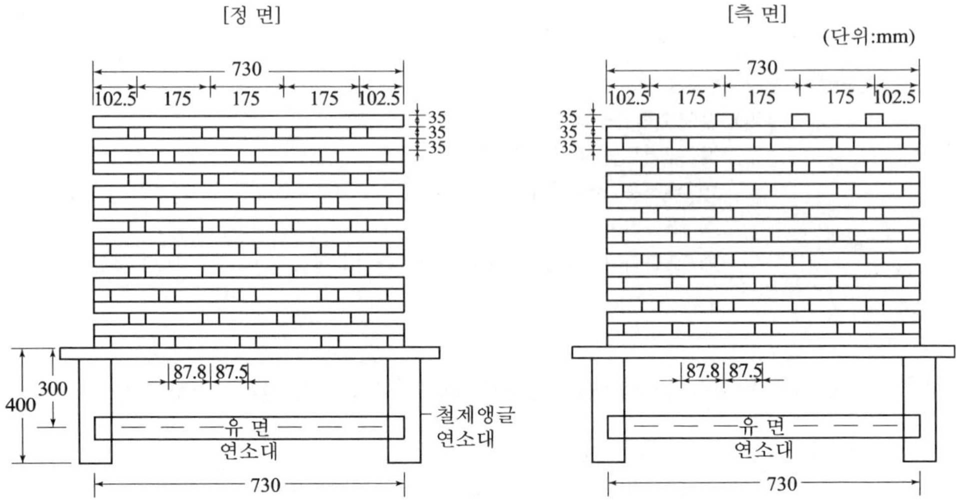

제2모형(1단위 모형)

(2) B급 화재능력시험

① 모형의 종류 : 16개 연소대 사용

② 연소대 모형 : 한 변의 길이 31.6, 44.7, … , 200 cm

③ 모형번호 : 0.5, 1, 2, 3, … , 20

④ 불을 붙이고 1분 후 무풍상태에서 소화기로 소화, 분사완료 후 1분 내 다시 불붙지 않을 때 완전소화로 한다.

⑤ 모형번호의 연소대를 사용하여 소화시험을 하고 처음 사용한 모형번호의 1/2 이하의 것 2～5개를 사용해 한 번 더 소화시험한다.

⑥ 2번의 소화시험에 사용한 모형번호를 합하여 산술평균한 값이 B급 소화능력단위이다.

모형의 종류

모형번호 수치(T)	연소 표면적(m^2)	한 변의 길이 : L(cm)
0.5	0.1	31.6
1	0.2	44.7
2	0.4	63.3
3	0.6	77.5
4	0.8	89.4
5	1.0	100.0
6	1.2	109.5
7	0.4	118.3
8	1.6	126.5
9	1.8	134.1
10	2.0	141.3
12	2.4	155.0
14	2.8	167.4
16	3.2	178.9
18	3.6	189.7
20	4.0	200.0

㈜ 모형은 표의 형상을 가진 것으로 하고 표에 기재하는 종류 중 모형번호 수치가 1 이상인 것을 1개 사용한다.

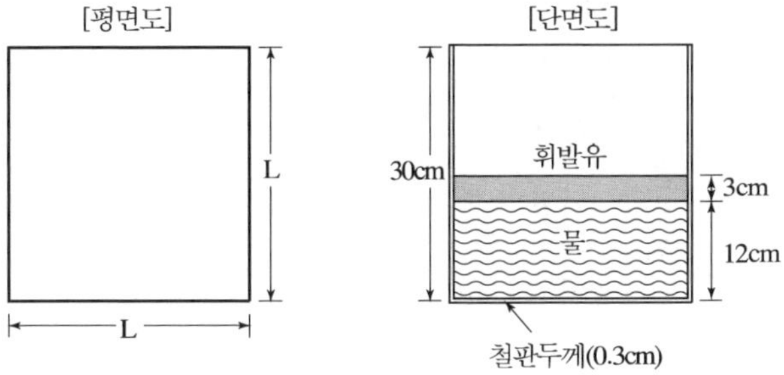

● 유류화재 능력단위시험 모형

22 학교의 강의실에 대한 소형소화기의 설치개수를 구하고자 한다. 주어진 조건을 참고하여 다음 각 물음에 답하시오. (2022년 출제)

[조건]

① 해당층에 설치하는 소화기는 A급 능력단위 3단위로 설치한다.

② 출입문은 각 실의 중앙에 있다.

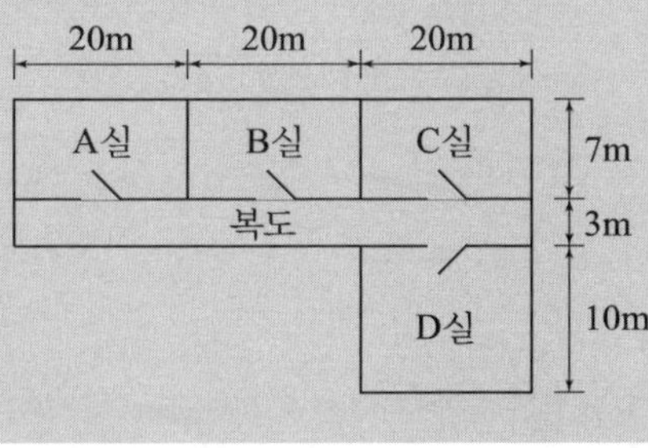

(가) 면적기준으로 각 실별 필요한 분말소화기의 최소개수를 산정하시오(단, 복도는 배제하고 보행거리 기준은 고려하지 않는다).

(나) 보행거리에 따른 복도에 설치하여야 할 소화기의 개수를 쓰시오(단, 복도 끝에는 소화기가 1개씩 배치되어 있다).

(다) (가), (나)를 모두 고려하였을 때 소화기의 총 개수를 산정하시오.

정답 (가) 6개

(나) 4개

(다) 10개

해설 (가) 학교는 그 밖의 것으로서 내화구조이고 불연재료・준불연재료・난연재료인 경우가 아니므로 바닥면적 200 m^2마다 1단위 이상이므로

$$\frac{(20\,m \times 7\,m) \times 3실 + (20\,m \times 10\,m)}{200\,m^2} = 3.1 ≒ 4단위$$

3단위 소화기를 설치하므로

$$소화기개수 = \frac{4단위}{3단위} = 1.3 ≒ 2개$$

바닥면적 33 m^2 이상의 구획된 실에 추가로 각각 배치하므로 A, B, C, D실 모두 33 m^2 이상이기 때문에 각 실마다 1개씩 설치하여 4개이므로

∴ 2개 + 4개 = 6개

(나) 단서에서 복도 끝에 소화기가 1개씩 배치

A급 3단위 소화기로서 10단위 미만이므로 소형소화기이고, 보행거리 20 m 이내마다 설치

∴ 복도에는 4개 소화기 설치

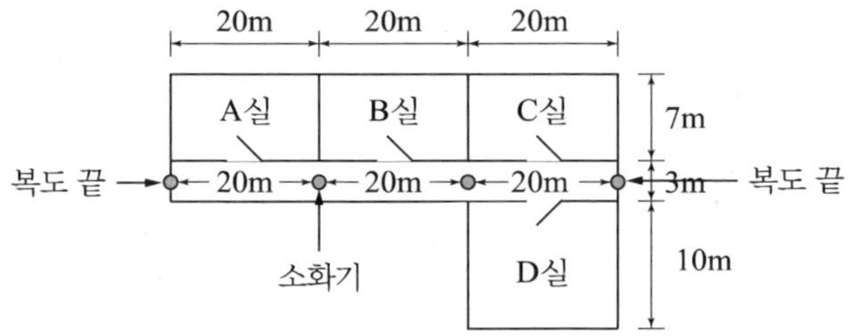

(다) 소화기의 총 개수

6개 + 4개 = 10개

CHAPTER 02

소화설비

2.1 옥내소화전설비

1 옥내소화전설비의 개요

옥내소화전설비는 건축물에 화재가 발생하는 경우 화재 발생 초기에 자체 관리자 또는 재실자에 의하여 신속하게 화재를 진압할 수 있도록 건축물 내에 설치하는 고정식, 수동식의 물(수계)소화설비이다.

옥내소화전설비는 일반적으로 수원, 가압송수장치, 배관, 방수구, 제어반 등으로 구성되어 있다. 구성요소 중 옥내소화전방수구·관창·결합금속구·소방호스·기동용수압개폐장치 등은 형식승인대상품목으로 형식승인 및 제품검사에 합격한 제품을 사용해야 한다. 또한, 표시등·소화전함·소방용내화전선·소방용내열전선·개폐표시형밸브·소방용스트레이너·소방용압력스위치·소방용릴리프밸브·소방용푸트밸브·소방용합성수지배관·송수구 등은 성능시험대상품목으로 제품승인 및 제품시험에 합격한 제품을 사용해야 한다.

2 가압송수장치 분류

옥내소화전설비에 규정된 방사조건으로 물을 공급하는 방식으로 본 기준에서는 고가수조방식 및 압력수조방식, 펌프방식, 가압수조방식을 이용하는 방식으로 분류하고 있다.

(1) 고가수조의 낙차를 이용한 가압송수장치

고가수조는 건축물의 옥상 또는 별도의 구축물 등에 설치되는 수원을 말하며, 높이에 따른 낙차압력을 이용하여 옥내소화전설비에 규정된 방사조건으로 물을 공급하기 위해서는 방호대상물에 설치되는 옥내소화전 방수구의 위치보다 수원의 위치가 높아 중력에 의한 자연낙차압력을 이용하여 급수할 수 있는 위치에 설치되어야 한다. 또한, 동절기 난방이 안 되는 장소에 설치되는 경우에는 동파방지조치를 해야 한다.

(2) 압력수조를 이용한 가압송수장치

압력수조는 대형 압력탱크를 이용하여 옥내소화전설비에 규정된 방사조건으로 물을 공급하는 가압송수장치로서, 압력수조방식은 압력탱크 내에 물을 압입하고 압력탱크 내의 압축된 공기압력에 의하여 송수하는 방식이다. 이 방식은 압력탱크의 설치장소에 따르는 이점이 있지만 압력탱크 용량의 약 2/3 정도만 사용할 수 있고 방수와 동시에 수압이 감소되기 때문에 저수량의 모두를 유효수량으로 볼 수 없어 설계 시에 충분한 양의 수원을 확보할 수 있도록 해야 한다.

(3) 펌프를 이용하는 가압송수장치

가압송수장치로서 전동기를 이용한 펌프방식은 대다수의 특정소방대상물에 설치되며, 소방펌프를 이용하는 가압송수장치는 펌프는 원심력을 이용하여 방수구에서 방수압력과 방수량을 소요되는 만큼 가압수를 발생시키는 장치로서 가장 많이 사용한다.

(4) 가압수조를 이용한 가압송수장치

수조에 있는 소화수를 고압의 공기 또는 불연성기체(가압가스)로 가압시켜 송수하는 원리로서 수조, 가압용기, 제어반, 압력조정장치 등으로 구성되며 가압수조의 압력은 옥내소화전설비의 방수량 및 방수압이 20분 이상, 층수가 30층 이상 49층 이하는 40분 이상, 50층 이상은 60분 이상 유지되어야 한다.

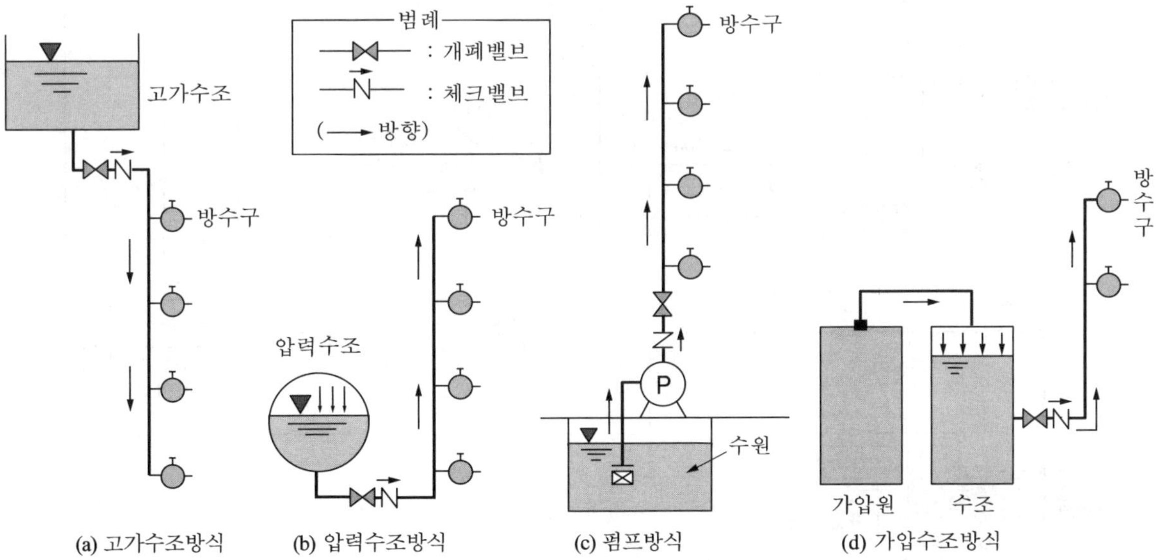

그림 2.1 가압송수방식

3 계통도

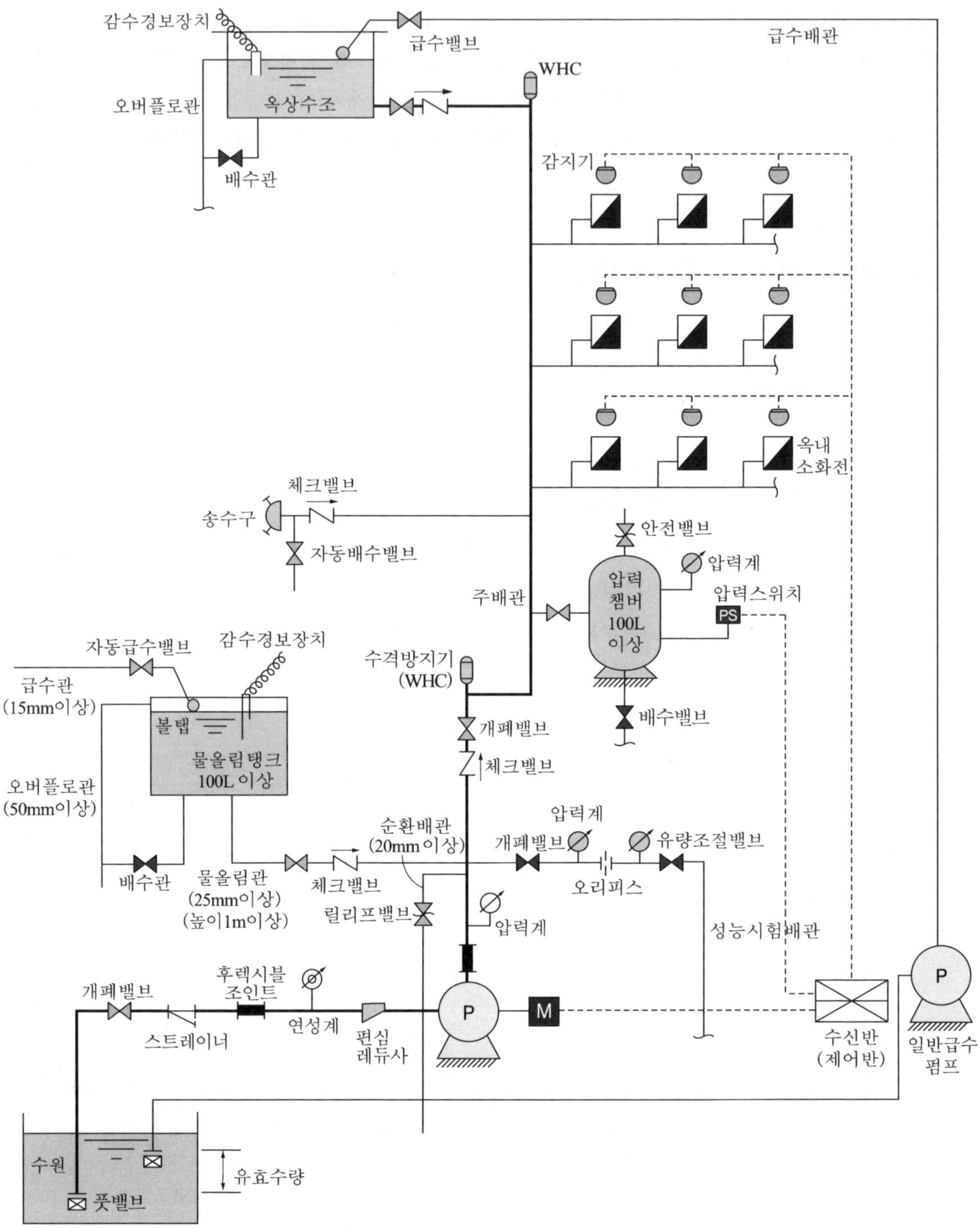

■그림 2.2 옥내소화전설비 계통도

4 적용대상물

1) 설치대상물

옥내소화전설비를 설치해야 하는 특정소방대상물은 다음의 어느 하나에 해당하는 것으로 한다. 다만, 위험물 저장 및 처리 시설 중 가스시설, 지하구 및 업무시설 중 무인변전소(방재실 등에서 스프링클러설비 또는 물분무등소화설비를 원격으로 조정할 수 있는 무인변전소로 한정한다)는 제외한다.

표 2.1 옥내소화전설비 설치대상물

<table>
<tr><th colspan="2">특정소방대상물</th><th colspan="2">적 용 기 준</th></tr>
<tr><td rowspan="4">용도별</td><td>연면적 적용(지하가 중 터널 제외)</td><td>3천 m^2 이상</td><td rowspan="4">전층 설치</td></tr>
<tr><td>바닥면적 적용
지하층·무창층(축사 제외) 또는 4층 이상</td><td>600 m^2 이상</td></tr>
<tr><td rowspan="2">위에 해당되지 아니하는 근린생활시설, 판매시설, 운수시설, 의료시설, 노유자시설, 업무시설, 숙박시설, 위락시설, 공장, 창고시설, 항공기 및 자동차 관련 시설, 교정 및 군사시설 중 국방·군사시설, 방송통신시설, 발전시설, 장례시설 또는 복합건축물</td><td>연면적 1천 5백 m^2 이상</td></tr>
<tr><td>지하층·무창층 또는
층수가 4층 이상인 층 중
바닥면적이 300 m^2 이상인 층</td></tr>
<tr><td colspan="2" rowspan="2">지하가 중 터널</td><td>터널길이</td><td>1천 m 이상</td></tr>
<tr><td>예상교통량, 경사도 등
터널의 특성</td><td>행정안전부령으로 정하는 터널</td></tr>
<tr><td colspan="2">옥상 설치 차고 또는 주차장</td><td>차고, 주차 용도면적</td><td>200 m^2 이상</td></tr>
<tr><td colspan="2">위에 해당하지 않는 공장 또는 창고시설</td><td>특수가연물을 저장, 취급</td><td>750배 이상</td></tr>
</table>

2) 방수구의 설치제외

불연재료로 된 특정소방대상물 또는 그 부분으로서 다음 해당하는 곳에 옥내소화전 방수구를 설치하지 않을 수 있다.

① 냉장창고 중 온도가 영하인 냉장실 또는 냉동창고의 냉동실
② 고온의 노(爐)가 설치된 장소 또는 물과 격렬하게 반응하는 물품의 저장 또는 취급소
③ 발전소, 변전소 등으로 전기시설이 설치된 장소
④ 식물원, 수족관, 목욕실, 수영장(관람석부분 제외) 또는 그 밖의 이와 비슷한 장소
⑤ 야외음악당, 야외극장 또는 그 밖의 이와 비슷한 장소

5 수원

1) 수원의 양

① 옥내소화전설비의 수원은 그 저수량이 옥내소화전의 설치개수가 가장 많은 층의 설치개수(2개 이상 설치된 경우에는 2개)에 2.6 m^3을 곱한 양 이상이 되도록 해야 한다.

$$\text{수원의 양} = \text{소화전개수(최대 2개)} \times 130\ \text{L/min} \times 20\ \text{min 이상}$$

$$Q = N \times 2.6\text{m}^3 \text{ 이상}$$

여기서, Q : 필요한 수원의 수량(m^3)

N : 옥내소화전 설치개수가 가장 많은 층의 설치개수(설치개수 최대 2개)

수원양 산출에 있어서 30층 이상 고층건축물은 화재 시 진압 및 인명구조 활동에 한계가 있어, 옥내소화전설비의 신뢰성을 확보하기 위해서 층별로 최소 방수시간을 다르게 규정하였다.

② 30층 이상, 층고가 120 m 이상의 고층건물의 수원은 그 저수량이 옥내소화전의 설치개수가 가장 많은 층의 설치개수(5개 이상 설치된 경우에는 5개)에 5.2 m^3를 곱한 양 이상이 되도록 해야 한다.

③ 층수가 50층 이상인 초고층 건축물의 경우에는 7.8 m^3를 곱한 양 이상이 되도록 해야 한다.

※ 호스릴옥내소화전설비

호스릴옥내소화전설비는 옥내소화전설비와 유사하지만, 호스 부분이 릴 형태로 제작된 것으로서, 노약자 또는 비전문가도 쉽게 사용할 수 있는 구조의 설비이다.

표 2.2 호스릴옥내소화전설비와 옥내소화전설비의 비교

구 분	옥내소화전설비	호스릴옥내소화전설비
노즐선단 방수압력	0.17 MPa 이상	0.17 MPa 이상
방 수 량	130 LPM 이상	130 LPM 이상
호스구경	40 mm 이상	25 mm 이상
주배관 구경	50 mm 이상	32 mm 이상
가지배관 구경	40 mm 이상	25 mm 이상
방수구 배치(수평거리)	25 mm 이하	25 mm 이하
수원의 수량	설치수(2개 이상인 경우 5) × 2.6 m^3	설치수(2개 이상인 경우 5) × 2.6 m^3

표 2.3 옥내소화전의 수원의 양

소화전 설치개수	1개	2개
수원의 양	2.6 m^3 이상	5.2 m^3 이상

② 수원은 산출된 유효수량 외 1/3 이상을 옥상수조(옥내소화전설비가 설치된 건축물의 주된 옥상)에 설치해야 한다. 다음에 해당하는 경우에는 그렇지 않다.

$$\text{옥상수조 수원의 양} = N \times 2.6\,\mathrm{m}^3 \times 1/3 \ \text{이상}$$

가. 지하층만 있는 건축물
나. 자연낙차압을 이용한 고가수조를 가압송수장치로 설치한 옥내소화전설비
다. 수원이 건축물의 최상층에 설치된 방수구보다 높은 위치에 설치된 경우
라. 건축물의 높이가 지표면으로부터 10 m 이하인 경우
마. 주펌프와 동등 이상의 성능이 있는 별도의 펌프로서 내연기관의 기동과 연동하여 작동되거나 비상전원을 연결하여 설치한 경우
바. 기동장치로서 기동용수압개폐장치 또는 이와 동등 성능이 있는 것을 설치한 경우
사. 가압수조를 가압송수장치로 설치한 옥내소화전설비

2) 수조의 설치기준

① 점검에 편리한 곳에 설치
② 동결방지조치를 하거나 동결의 우려가 없는 장소에 설치
③ 수조의 외측에 수위계를 설치한다. 다만, 구조상 불가피한 경우에는 수조의 맨홀 등을 통하여 수조 내에 물의 양을 쉽게 알 수 있도록 해야 한다.
④ 수조의 상단 바닥보다 높은 때에는 수조의 외측에 고정식 사다리를 설치
⑤ 수조가 실내에 설치된 때에는 그 실내에 조명설비를 설치
⑥ 수조의 밑부분에는 청소용 배수밸브 또는 배수관을 설치
⑦ 수조의 외측의 보기 쉬운 곳에 "옥내소화전설비용 수조"라고 표시한 표지를 해야 한다. 이 경우 그 수조를 다른 설비와 겸용하는 때에는 그 겸용되는 설비의 이름을 표시한 표지를 함께 해야 한다.
⑧ 옥내소화전펌프의 흡수배관 또는 옥내소화전설비의 수직배관과 수조의 접속부분에는 "옥내소화전설비용 배관"이라고 표시한 표지를 해야 한다. 다만, 수조와 가까운 장소에 옥내소화전펌프가 설치되고 옥내소화전펌프에 "옥내소화전펌프"라고 표지를 설치한 때에는 그렇지 않다.

6 가압송수장치

가압송수장치는 일반 소방펌프를 사용하여 불특정 화재를 대상으로 하는 것이 아니고, 물을 사용해서 소화하는 특정대상대상물의 소화설비에 관한 것이다. 물의 토출구에서의 송수압력과 방수량을 소요되는 만큼 얻을 수 있는 가압수를 발생시키는 장치이다.

1) 가압송수장치의 종류

소화설비에 사용하는 가압송수장치는 다음과 같다.

① 펌프방식
② 고가수조방식
③ 압력수조방식
④ 가압수조방식

2) 펌프방식

전동기 또는 내연기관에 따른 펌프를 이용하는 가압송수장치는 다음에 따라 설치해야 한다. 다만, 가압송수장치의 주펌프는 전동기에 따른 펌프로 설치해야 한다.

(1) 기동방식

기동장치로는 기동용수압개폐장치 또는 이와 동등 이상의 성능이 있는 것을 설치할 것. 다만, 학교·공장·창고시설로서 동결의 우려가 있는 장소에 있어서는 기동스위치에 보호판을 부착하여 옥내소화전함 내에 설치할 수 있다.

가. 자동기동방식

기동용수압개폐장치를 사용하며, 일반적으로 100 L용 압력탱크에 압력스위치를 조합하여 시스템을 구성한다. 평시에는 배관 계통 내에 충압펌프로 충수된 물과 압력챔버 내의 가압공기로 인해 일정압력이 유지되고 소화전 개방 및 소화용수 방출로 압력저하 됨을 감지하여 자동적으로 펌프를 기동하는 방식으로 설계한다.

나. 수동기동방식(원격기동방식)

ON-OFF버튼을 이용하여 펌프를 원격으로 기동하는 방식

(2) 설치위치

가. 쉽게 접근할 수 있고 점검하기에 충분한 공간이 있는 장소로서 화재 및 침수 등의 재해로 인한 피해를 받을 우려가 없는 곳에 설치해야 한다.

나. 동결방지 조치를 하거나 동결의 우려가 없는 장소에 설치해야 한다.

(3) 방수압 및 방수량

가. 특정소방대상물의 어느 층에 있어서도 당해층의 옥내소화전(2개 이상 설치된 경우에는 2개의 옥내소화전)을 동시에 사용할 경우 각 소화전의 노즐선단에서의 방수압력이 0.17 MPa 이상이고, 방수량이 130 L/min 이상이 되는 성능의 것으로 할 것. 다만, 하나의 옥내소화전을 사용하는 노즐선단에서의 방수압력이 0.7 MPa을 초과할 경우에는 호스접결구의 인입측에 감압장치를 설치해야 한다.

※ 노즐선단압 : 노즐선단에서의 압력이 0.7 MPa를 초과할 경우 조작이 어렵고, 인체의 안전상 문제가 있음

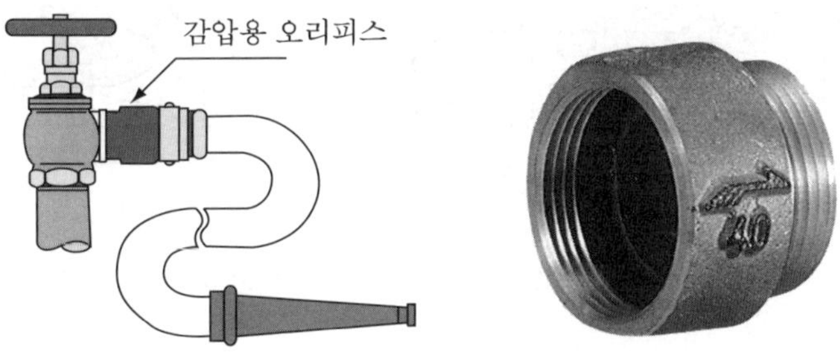

▮그림 2.3 감압용 오리피스

나. 펌프의 1분당 토출량은 옥내소화전이 가장 많이 설치된 층의 설치개수(옥내소화전이 2개 이상 설치된 경우에는 2개)에 130 L/min를 곱한 양 이상이 되도록 할 것

$$\text{펌프 토출량 } Q = N \times 130(\mathrm{L/min}) \text{ 이상}$$

여기서, N : 소화전 설치 개수(최대 2개)

다. 방수압과 방수량과의 관계

$$Q\,(\mathrm{L/min}) = 0.653 \times d^2 \sqrt{10p}$$

여기서, Q : 방수량(L/min)
d : 내경(min)
p : 방수압(MPa)

(4) 펌프흡입측

펌프 흡입측 배관 내의 부속품과 그 기능은 다음과 같다.

가. 풋밸브 : 풋밸브는 수조 내에 설치되며 이물질 여과기능과 소화수의 역류를 방지하는 역할을 한다.

나. 개폐밸브 : 흡입측에 설치된 개폐밸브는 점검 및 유수흐름을 차단하며, 개폐표시형 밸브를 사용한다.

다. 스트레이너 : 풋밸브에서 여과한 소화수를 2차적으로 여과시킨다.

라. 후렉시블조인트 : 펌프 및 전동기에서 발생한 진동 및 충격을 배관에 전달되지 않도록 탄성효과로서 차단한다.

마. 연성(진공)계 : 펌프 흡입압을 측정한다.

바. 편심레듀사 : 펌프의 흡입구와 흡입배관이 다를 경우에 배관 내 공기고임 발생과 공동현상(cavitation)이 발생되지 않도록 하며, 또한 마찰손실을 적게 하기 위하여 설치한다.

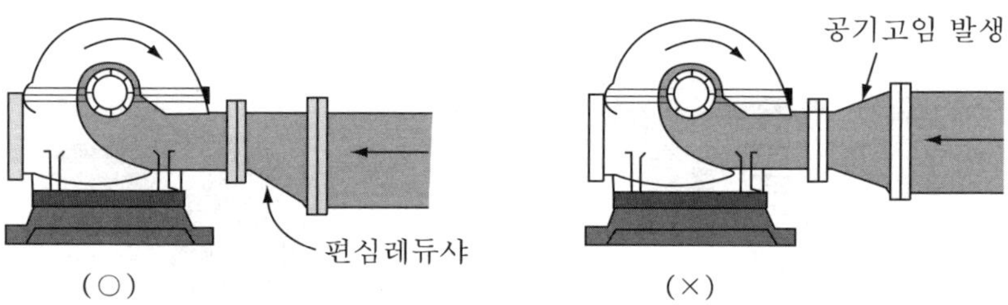

그림 2.4 편심레듀셔 설치

(5) 관부속품 및 기기

가. 풋밸브(Foot valve)

풋밸브는 수원이 펌프의 위치보다 낮은 경우에 설치되는 것으로서 흡수구와 임펠러 사이의 배관에 물을 채워 주기위하여 흡수구의 끝부분에 역류방지 기능이 있고 이물질이 흡입되는 것을 방지하기 위하여 여과망이 부착되어 있는 밸브이다.

체크밸브가 고장이 발생되면 펌프 기동시 흡입배관이 비어 있게 되어 펌프가 정상적으로 흡입이 되지 않는 결과를 초래할 수 있다. 또한 여과망의 입자가 너무 촘촘하면 임펠러로 흡입이 잘되지 않아 펌프의 흡입성능을 현저하게 저하시키므로 여과망의 크기는 12.7 mm를 넘지 않게 하되 너무 촘촘하지 않도록 해야 한다.

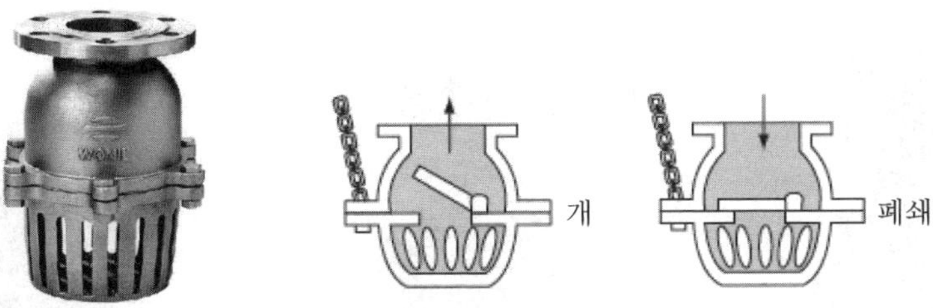

▮그림 2.5 풋밸브

나. 탬퍼스위치(Tamper switch)

주밸브의 요크(Tork)에 설치하여 밸브의 개폐상태를 중앙수신반에 전달하는 것으로 개폐표시형밸브, 즉 OS & Y밸브(Outside screw & york gate valve)의 밸브 핸들에 설치되어 밸브의 정상상태를 중앙감시반에서 확인할 수 있도록 하는 스위치이다.

▮그림 2.6 탬퍼스위치 설치 예

다. 개폐밸브류

㉮ OS & Y밸브(Outside screw & york gate valve)

스크루가 밸브봉의 나사에 의하여 상하로 이동되어 밸브를 개폐한다. 서지에 대한 안정성은 좋으나 스크루에 이물질이 걸리면 완전한 밸브의 개폐가 되지 않는 단점이 있다. 일반적으로 게이트밸브라고 한다.

㉯ 앵글밸브(Angle valve)

엘보와 글러브밸브를 조합한 형식으로 유체의 흐름방향을 직각(90°)으로 변환시킨다. 소형밸브로서 주로 옥내·외소화전 방수구 및 스프링클러설비의 유수검지장치, 배수밸브 등에 주로 사용된다.

㉰ 체크밸브(Check valve)

유체의 흐름을 한쪽 방향으로만 흐르게 하며 역류방지 목적으로 설치한다.

(a) 개폐표시형밸브 (b) 앵글밸브 (c) 스모렌스키 체크밸브

▮그림 2.7 각종 밸브류

라. 스트레이너(Strainer)

밸브나 펌프 등의 앞에 설치하여 물속의 이물질을 제거하며, 수시로 청소하여 교환하여 주어야 한다.

㉮ Y형 스트레이너

원통형의 금속망을 배관에 45° 경사로 설치한 것으로서 유체의 마찰손실을 적게 하기 위하여 망의 안쪽에서 바깥쪽으로 흐르게 되어 있다. 또한, 밑부분에 플러그를 설치하여 여과된 불순물을 제거하게 되어 있다.

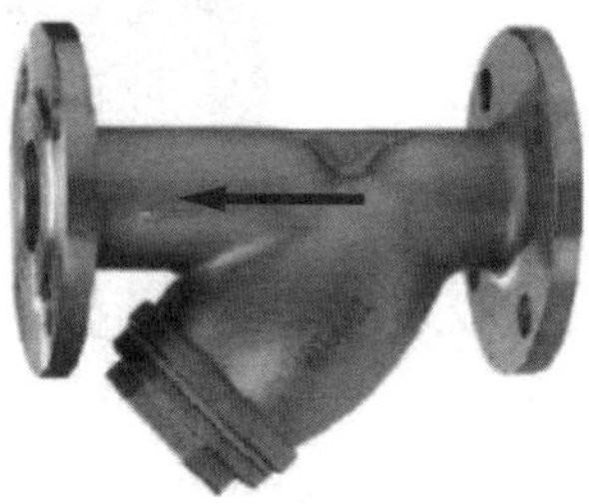

▮그림 2.8 Y형 스트레이너

㉯ U형 스트레이너

원통형의 금속망을 배관에 수직으로 설치하며, 망의 안쪽에서 바깥쪽으로 흐른다. Y형에 비하여 유체에 대한 손상은 크나 보수점검이 쉬워 오일스트레이너로 많이 사용된다.

㉰ V형 스트레이너

배관에 금속여과망을 V자형으로 설치하며 유체의 먼지 등이 여과되며 유체는 수평으로 흐르게 되어 Y형 또는 U형보다 마찰저항이 적다.

주) 유체에 대한 마찰저항의 크기 : U형 > Y형 > V형

마. 후렉시블조인트(Flexible joint)

펌프의 토출측과 흡입측에 직결 설치하며, 주로 펌프의 진동 및 유체의 흐름시 급격한 압력차에 의한 충격을 흡수하기 위한 것으로서 펌프 가까이에 설치하는 것이 좋다.

그림 2.9 후렉시블조인트

바. 수격방지기(Water Hammer Chamber, WHC)

수격방지장치는 입상관의 최상부나 수평주행배관과 교차배관이 맞닿는 곳에 설치하여 신축성이 없는 배관 내에서 가압송수장치로부터 처음 송수될 때 발생되는 강한 워터해머링에 의한 충격을 줄여주는 쿠션 역할을 하게 되는데, 이것은 습식 스프링클러에만 국한되는 것이 아니고 모든 스프링클러설비에 적용되는 부품이다.

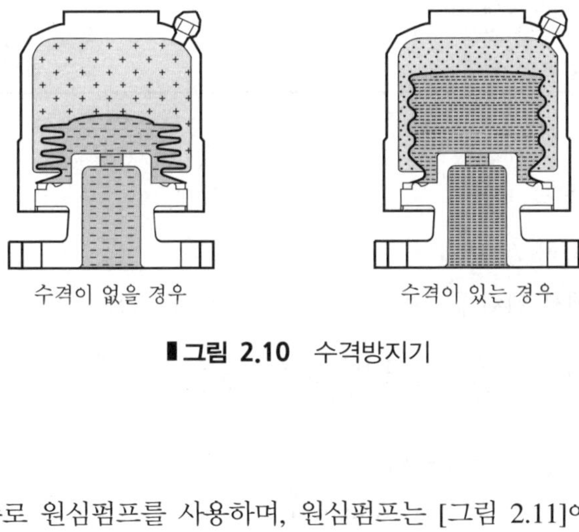

그림 2.10 수격방지기

(6) 펌프

소방용 펌프는 주로 원심펌프를 사용하며, 원심펌프는 [그림 2.11]에서와 같이 볼류트펌프(Volute pump)와 터빈펌프(Turbine pump)의 2종류가 사용되고 있다. 두 펌프의 특징으로 볼류트펌프는 임펠러 주위의 물의 안내날개가 없으며, 터빈펌프는 물의 안내날개가 있는 것이 특징이다.

가압송수장치는 부식 등으로 인한 펌프의 고착을 방지할 수 있도록 다음 기준에 적합한 것으로 한다. 다만, 충압펌프는 제외한다.

가. 임펠러는 청동 또는 스테인리스 등 부식에 강한 재질을 사용할 것

나. 펌프축은 스테인리스 등 부식에 강한 재질을 사용할 것

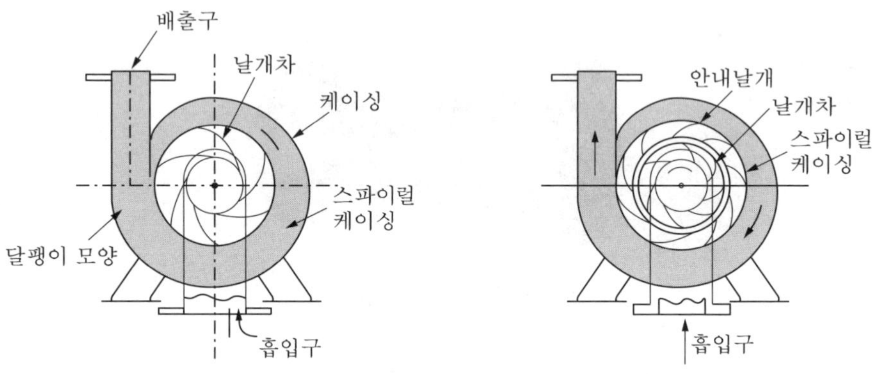

(a) 볼류트펌프 (b) 터빈펌프

그림 2.11 원심펌프

표 2.4 펌프특성

볼류트펌프	터빈펌프
임펠러의 안내날개 없음 송출 유량이 많음 송수 압력이 낮음	임펠러에 안내날개 있음 송출 유량이 적음 송수 압력이 높음

(7) 전동기(Motor) 용량

가. 펌프의 수동력(L_w)

펌프에 의해서 액체에 주어지는 동력을 말하며, 다음 식을 이용하여 계산할 수 있다.

$$L_w = \frac{\gamma QH}{102} = \frac{1,000\,QH}{102}\ [\mathrm{kW}]$$

여기서, L_w: 수동력(kW)

γ : 물의 비중량(kg_f/m^3)

Q : 유량(m^3/s)

H : 양정(m), 1 kW = 102 kg_f · m/s, 1 HP = 75 kg_f · m/s

나. 펌프의 축동력(L_s)

펌프운전에 필요한 동력으로서 펌프 내에 생기는 손실동력분만큼 수동력보다 크게 된다. 펌프의 전 효율을 E라 하면 다음과 같은 식으로 표현할 수 있다.

$$E = \frac{L_w}{L_s},\ \text{즉}\ L_s = \frac{L_w}{E},\ L_s = \frac{\gamma QH}{E \cdot 102}\ [\text{kW}]$$

여기서, γ : 1,000 kg_f/m^3 = 9,800 N/m^3
Q : 유량(m^3/s)
H : 전양정(m)

일반적으로 Q를 m^3/min으로 나타내므로

$$L_s = \frac{1{,}000 \times Q \times H}{E \times 102 \times 60}[\text{kW}] = \frac{1{,}000 \times Q \times H}{6{,}120 \times E} = \frac{0.163 \times Q \times H}{E}[\text{kW}]$$

여기서, Q : 유량(m^3/min)
H : 전양정(m)
E : 펌프의 효율(전효율 = 기계효율 × 수력효율 × 체적효율)

다. 전동기 용량 계산

$$P\ [\text{kW}] = \frac{0.163 \times Q \times H}{E} \times K$$

여기서, 전달계수 K는 모터(Motor)에 의해 발생되는 동력이 축에 의해 펌프 측에 전달될 때 발생하는 손실을 감안하여 보정하는 계수로서 일반적으로 다음과 같다.

- 전동기 직결 : 1.1
- 전동기 이외의 원동기[내연기관(엔진펌프) 등에 의한 것을 말함] : 1.15~1.20

(8) 압력계 및 연성계(진공계)

가. 펌프의 토출측에는 압력계를 흡입측에는 연성계 또는 진공계를 설치할 것. 단, 수원의 수위가 펌프의 위치보다 높거나 수직회전축 펌프의 경우에는 연성계 또는 진공계를 설치하지 않을 수 있다.

나. 압력계는 펌프의 토출압을 측정하며, 연성계(진공계)는 펌프의 흡입측의 압력을 측정한다. 압력계, 진공계는 부르동관 압력계라고 하며 압력계는 정(+)의 게이지압력을 측정하는 것이며, 진공계는 부(−)의 게이지압력을 측정하고 연성계는 정 및 부의 게이지압력을 측정한다.

㉮ 압력계 : 펌프의 토출측에 설치하여 펌프의 토출압력을 나타낸다.

㉯ 진공계 : 펌프의 흡입측에 설치하여 펌프의 흡입압력을 나타낸다(0~76 cmHg).

㉰ 연성계 : 펌프의 흡입측에 설치하여 펌프의 흡입력을 나타낸다. 토출압력도 측정할 수 있다.

▮표 2.5 압력계 및 연성계(진공계)

구 분	압력계	진공계	연성계
측정값	양의 게이지압 측정	음의 게이지압 측정	양·음의 게이지압 측정
관련사진			
펌프설치위치	토출측	흡입측	토출측 또는 흡입측

(9) 펌프성능시험배관

가. 가압송수장치에는 정격부하운전시 펌프의 성능을 시험하기 위한 배관을 설치한다. 다만, 충압펌프의 경우에는 그렇지 않다.

나. 펌프의 성능은 체절운전시 정격토출압력의 140%를 초과하지 않고, 정격토출량의 150%로 운전 시 정격토출압력의 65% 이상이 되어야 한다.

다. 성능시험배관은 펌프의 토출측에 설치된 개폐밸브 이전에서 분기한다. 유량측정장치를 기준으로 전단 직관부에 개폐밸브를 후단 직관부에는 유량조절밸브를 설치한다.

라. 유량측정장치는 성능시험배관의 직관부에 설치하되, 펌프의 정격토출량의 175%까지 측정할 수 있는 성능이 있어야 한다.

정격토출압력은 당해 설비의 양정계산시 총양정을 10 : 1로 환산한 압력(kg_f/cm^2)이며, 정격토출량은 당해 설비에 필요한 펌프의 분당토출량(L/min)이다.

$$Q = 0.653\,D^2\sqrt{p} = 0.653\,D^2\sqrt{10p'} = K\sqrt{p} = K\sqrt{10p'}$$

여기서, Q : L/min (분당 토출량)

D : mm (관경)

K : 방출계수

p : kg_f/cm^2 (방수압)

p' : MPa (방수압)

마. 성능시험배관 관경 구하는 방법

$$Q = 0.653\,D^2\sqrt{10\,p'}$$

펌프에서 150% 토출량일 때 65% 이상 토출압력을 가져야 한다.

따라서,

$$D = \sqrt{\frac{Q \times 1.5}{0.653\sqrt{10p' \times 0.65}}}$$

바. 펌프성능시험배관에 의한 유량측정 방법

㉮ 압력계에 의한 방법

압력계를 설치한 측정 설비는 [그림 2.12]와 같이 오리피스(orifice) 전후에 압력계를 설치하여 $p_1 - p_2$의 압력차를 측정하여 펌프의 토출유량을 산출한다.

$$Q = A\,V \text{ 에서 } Q = \frac{\pi}{4}d^2\sqrt{2g\left(\frac{p_1 - p_2}{\gamma}\right)}$$

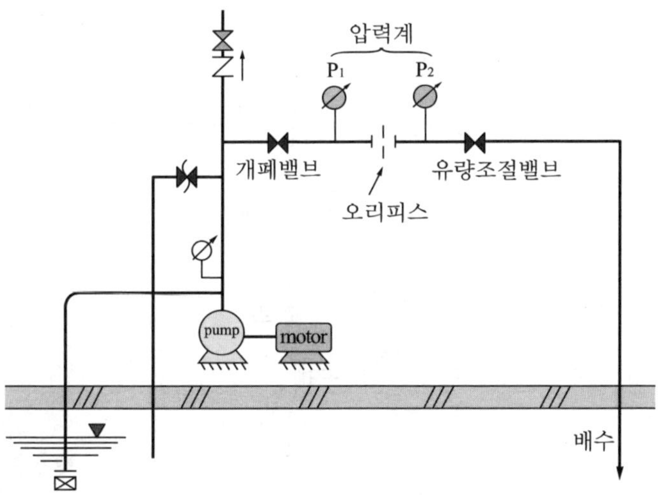

▮그림 2.12 압력계에 의한 방법

㉯ 유량계에 의한 방법

개폐밸브와 유량측정장치 사이의 직관부 거리(L_1) 및 유량측정장치와 유량조절밸브 사이의 직관부 거리(L_2)는 해당 유량측정장치 제조사의 설치사양에 따르고, 성능시험배관의 호칭지름은 유량측정장치의 호칭지름에 따른다.

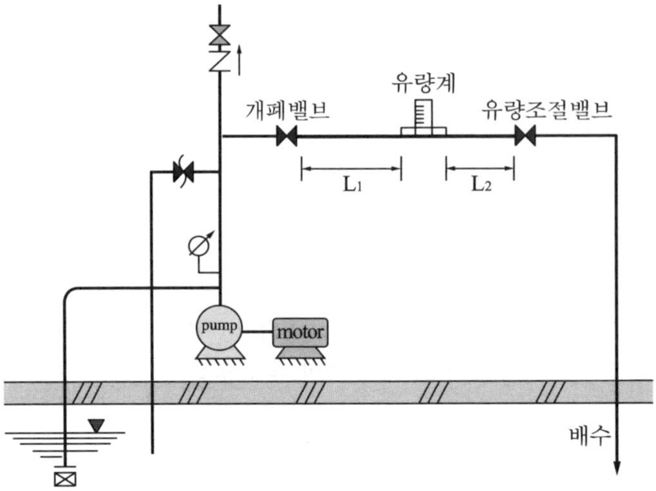

■그림 2.13 유량계에 의한 방법

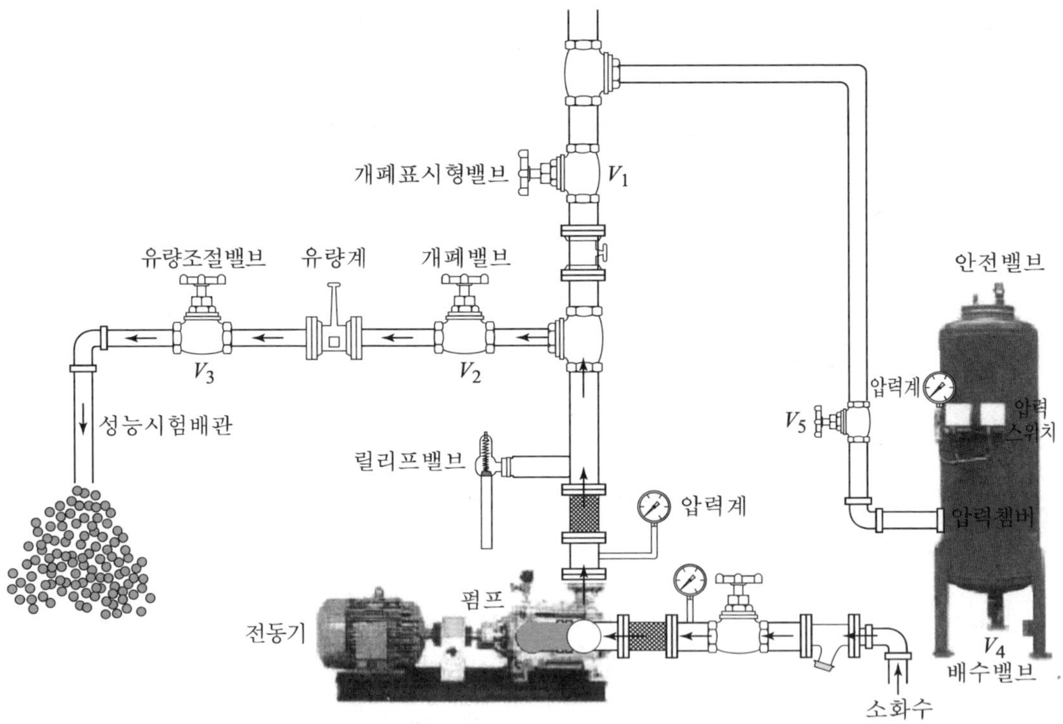

■그림 2.14 펌프성능시험배관

사. 펌프성능시험

㉮ 체절운전(무부하시험, No Flow Condition)

펌프의 토출(송수)측 배관에 있는 주밸브와 유량조절밸브가 잠긴 상태로서 펌프에서 토출되는 가압수의 출구가 없는 상태의 운전이며, 이때의 양정은 정격양정의 140% 미만이 되어야 한다.

㉯ 정격부하운전(정격부하시험, Rated Load)

펌프를 기동한 상태에서 유량조절밸브를 개방하여 유량계의 유량이 정격유량상태(100%)일 때의 운전상태

㉰ 최대운전(피크부하시험, Peak Load)

유량조절밸브를 개방하여 토출량이 150%가 되었을 때 토출측과 흡입측의 차압이 정격양정의 65% 이상이 되는지 확인한다.

옥내소화전 2개 설치시 유량 240 L/min, 토출압 0.7 MPa인 펌프를 성능시험시

- 체절운전의 경우 펌프 토출압은 0.98 MPa까지 상승하나 0.84 MPa에서 릴리프밸브가 작동한다.
- 정격운전시 정격유량 240 L/min에서 토출압 0.7 MPa이 된다.
- 펌프의 정격 토출량이 150% 증가시 토출압은 0.455 MPa으로 감소하였다.

표 2.6 펌프성능시험 예시

구분	체절운전	정격운전 (100%)	정격유량의 150% 운전	적 정 여 부
토출량 (L/min)	0	520	780	1. 체절운전시 토출압은 정격토출압의 140% 미만(○) 2. 정격운전시 토출량과 토출압이 규정치 이상(○) 3. 정격토출량 150%에서 토출압이 정격 토출압의 65% 이상(○)
토출압 (MPa)	0.98	0.7	0.455	

※ 릴리프밸브 작동압력 : 0.84 MPa

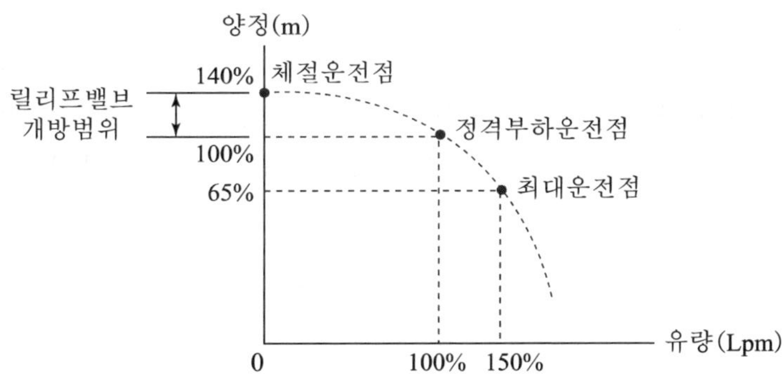

그림 2.15 펌프의 성능곡선

(10) 순환배관

가. 가압송수장치에는 체절운전시 수온의 상승을 방지하기 위한 체크밸브와 펌프사이에 순환배관을 설치한다. 단, 충압펌프의 경우에는 그렇지 않다.

나. 순환배관은 펌프의 토출측 체크밸브 이전에서 분기시켜 20 mm 이상의 배관으로 설치하며 배관상에는 개폐밸브를 하여서는 안 된다. 체절운전시 체절압력 미만에서 개방되는 릴리프밸브(Relief valve)를 설치해야 한다.

다. 릴리프밸브 [그림 2.16]은 밸브캡을 지지하고 있는 스프링이 열려 올라가 압력이 방출하여 펌프 내의 체절운전시 공회전에 의한 수온상승을 방지하기 위해 설치하는 안전밸브이다.

- 릴리프밸브 조정방법
  - 조절볼트를 조이면(시계방향으로 돌림, 스프링의 힘 세짐) : 릴리프밸브 작동압력이 높아진다.
  - 조절볼트를 풀면(반시계방향으로 돌림, 스프링의 힘 약해짐) : 릴리프밸브 작동압력이 낮아진다.

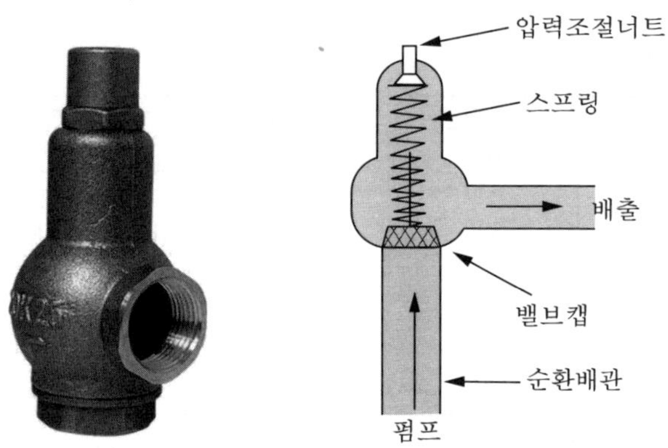

▮그림 2.16 릴리프밸브

라. 체절운전

펌프 토출측의 배관이 모두 잠긴 상태, 즉 물이 전혀 방출되지 않고 펌프가 계속 작동되어 압력이 최상한 점에 도달하여 더 이상 올라갈 수 없는 상태에서 펌프가 공회전하는 운전이다.

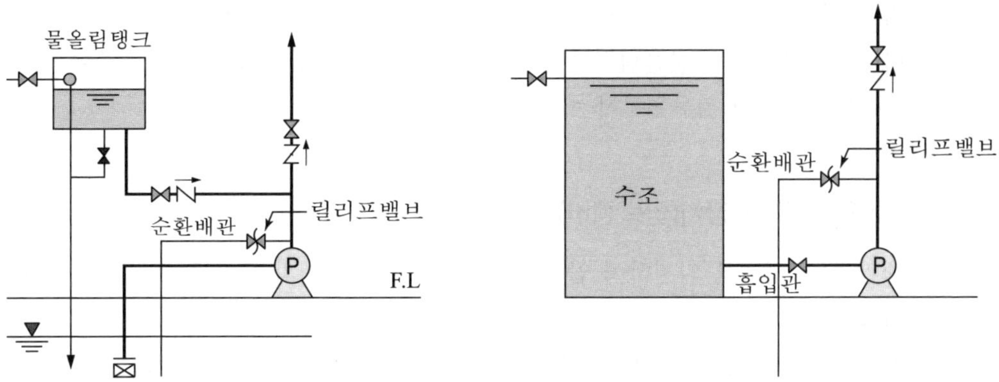

(a) 저수조 (b) 지상수조

그림 2.17 순환배관 설치

(11) 물올림장치(호수조, priming tank)

수원의 수위가 펌프보다 낮은 위치에 있는 가압송수장치에는 다음의 기준에 따른 물올림장치를 설치해야 한다.

가. 물올림장치에는 전용의 탱크를 설치할 것

나. 탱크의 유효수량은 100 L 이상으로 하되, 구경 15 mm 이상의 급수배관에 따라 해당 탱크에 물이 계속 보급되도록 할 것

주요 구성요소는 물올림탱크(호수조), 자동급수배관, 오버플로우관, 배수관, 감수경보장치, 볼탭, 밸브 등으로 구성한다(그림 2.18).

가. 자동급수배관 : 구경 15 mm 이상, 볼탭에 의하여 누수발생시 자동급수

나. 오버플로어관 : 구경 50 mm 이상, 유효수량 이상의 물을 배수

다. 물올림탱크 : 유효수량 100 L 이상 물탱크

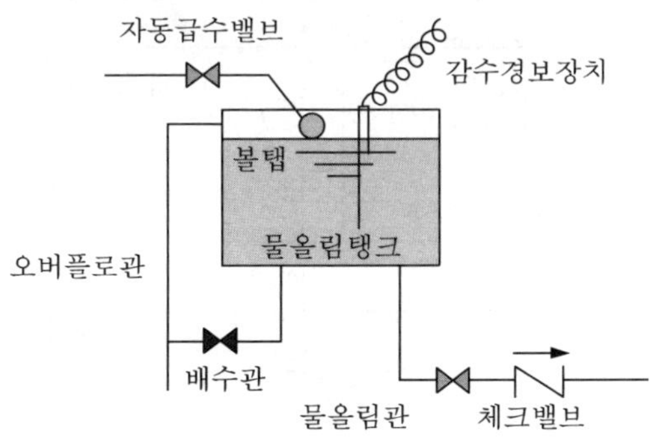

그림 2.18 물올림장치

라. 물올림관 : 구경 25 mm 이상, 높이 1 m 이상에 설치 펌프에 물을 공급하는 배관

마. 감수경보장치 : 물올림탱크 내의 물이 탱크용량의 1/2 이하시 감시 제어반에 감수신호를 보내어 자동경보하는 장치

(12) 기동용수압개폐장치(압력챔버)

배관 내의 압력을 감지하여 압력이 떨어지면 압력스위치가 작동, 주펌프와 충압펌프를 가동시킨다.

가. 기동장치로는 기동용수압개폐장치 또는 동등 이상의 성능이 있는 것을 설치한다. 단, 아파트·업무시설·학교·전시시설·공장·창고시설 또는 종교시설(옥상수조를 설치한 대상은 제외) 등으로서 동결의 우려가 있는 장소에 있어서는 기동스위치에 보호판을 부착하여 옥내소화전함 내에 설치할 수 있다.

나. 기동용수압개폐장치(압력챔버)를 사용할 경우 그 용적은 100 L 이상의 것으로 한다.

다. 기동용수압개폐장치를 기동장치로 사용할 경우에는 다음의 기준에 의한 충압펌프를 설치한다. 단, 옥내소화전이 각층에 1개씩 설치된 경우로서 소화용 급수펌프로도 상시 충압이 가능하고 다음 (가)의 성능을 갖춘 경우에는 충압펌프를 별도로 설치하지 않을 수 있다.

(가) 펌프의 정격토출압력은 그 설비의 최고위 호스접결구의 자연압보다 적어도 0.2 MPa이 더 크도록 하거나 가압송수장치의 정격토출압력과 같게 한다.

(나) 펌프의 정격토출량은 정상적인 누설량보다 적어서는 아니되며, 옥내소화전설비가 자동적으로 작동할 수 있도록 충분한 토출량을 유지해야 한다.
충압펌프기동압 = 자연압 + 0.2 MPa

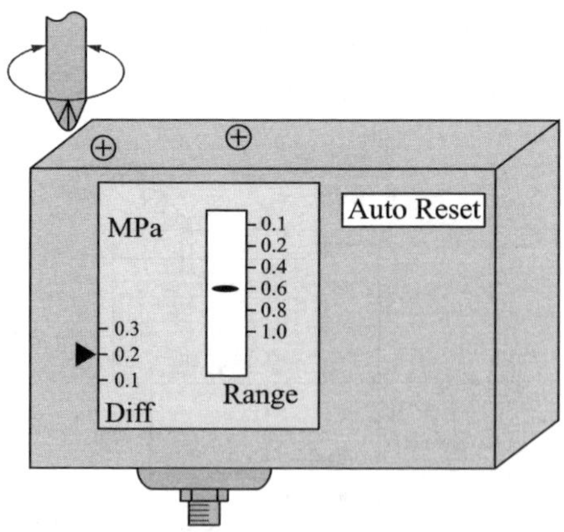

■그림 2.19 압력스위치의 조정 예

라. 주펌프의 압력스위치 설정

압력스위치(Pressure Switch)에는 Range와 Diff의 눈금이 있으며 압력스위치 상단부의 나사를 이용하여 조정하게 되어있다.

- Range : 펌프의 정지점
- Diff : 펌프의 정지점과 기동점의 차이로 펌프가 Range 위치일 경우 Diff 만큼 압력이 떨어지면 펌프는 다시 기동하게 된다.

  주펌프 기동압 = Range − Diff

예시) Range를 1 MPa, Diff를 0.3 MPa으로 설정했다면 펌프가 기동되어 압력이 1 MPa가 되면 펌프가 정지되고 0.7 MPa에서 재작동된다.

마. 충압펌프의 압력설정

- 주펌프의 Range와 Diff 설정압력 사이에 정한다.

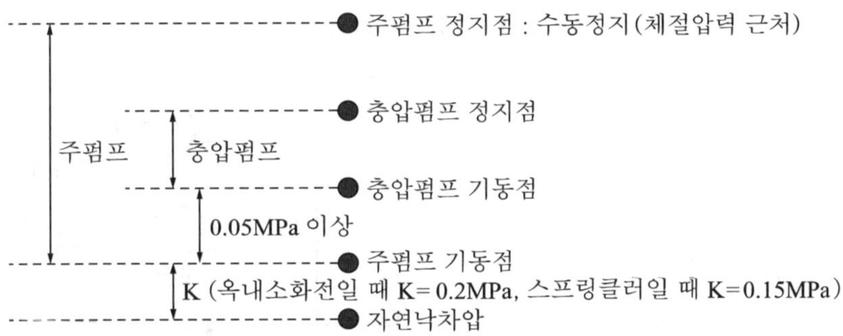

그림 2.20 주펌프 및 충압펌프 압력설정 예시

(13) 가압송수장치 표지

가압송수장치에는 "옥내소화전 펌프"라고 표시한 표지를 해야 한다. 이 경우 그 가압송수장치를 다른 설비와 겸용하는 때에는 그 겸용되는 설비의 이름을 표시한 표지를 함께 해야 한다.

가압송수장치가 기동이 된 경우에는 자동으로 정지되지 않도록 할 것. 다만, 충압펌프의 경우에는 그렇지 않다.

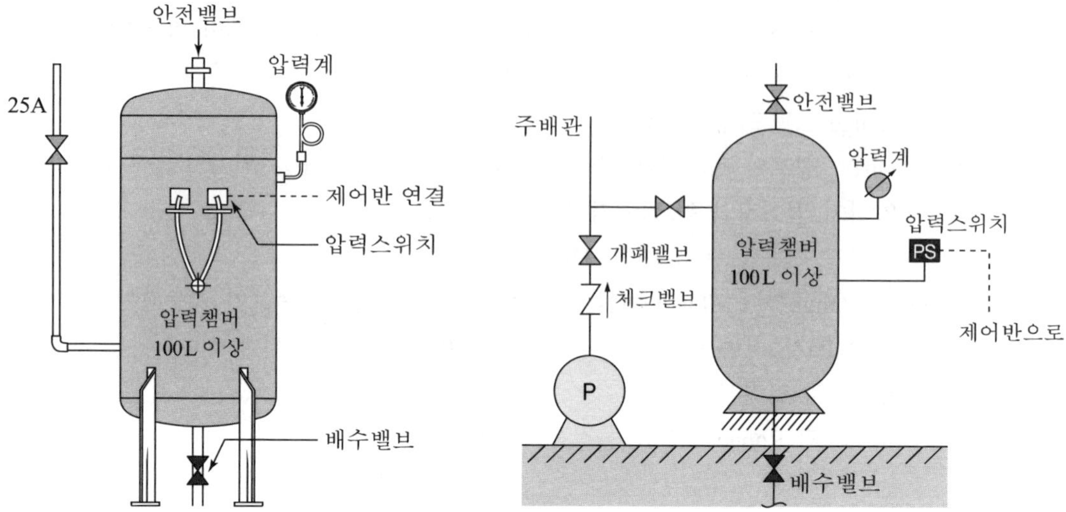

■그림 2.21 기동용수압개폐장치 예

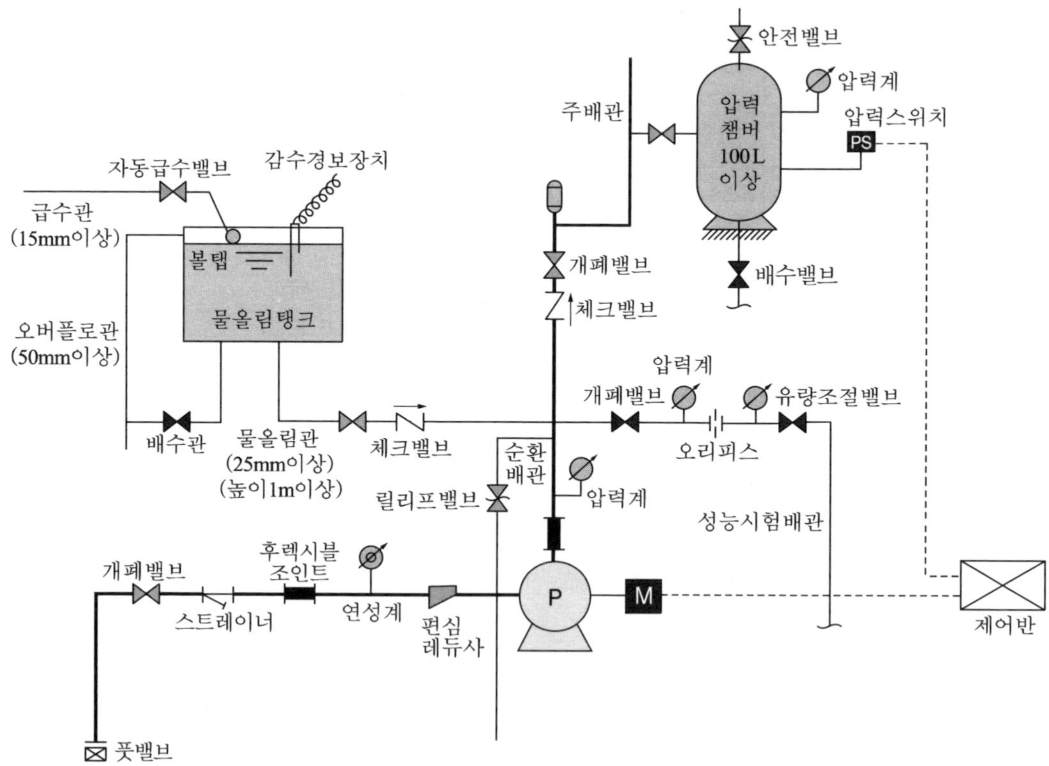

■그림 2.22 가압송수장치

(14) 내연기관을 사용하는 경우

내연기관을 사용하는 경우에는 다음 각 목의 기준에 적합한 것으로 해야 한다.

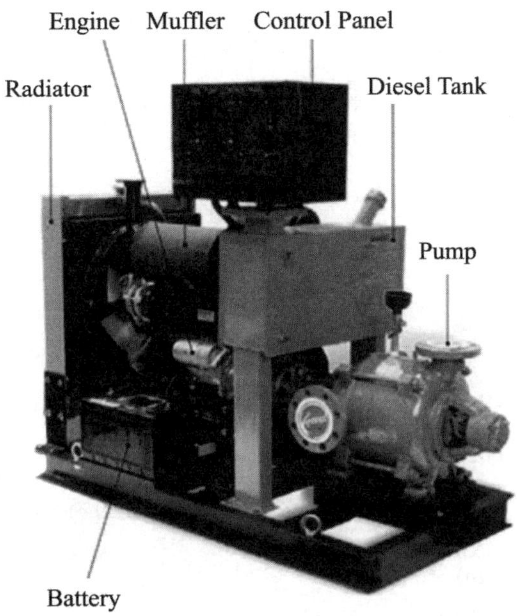

▮그림 2.23 내연기관에 의한 엔진펌프 예

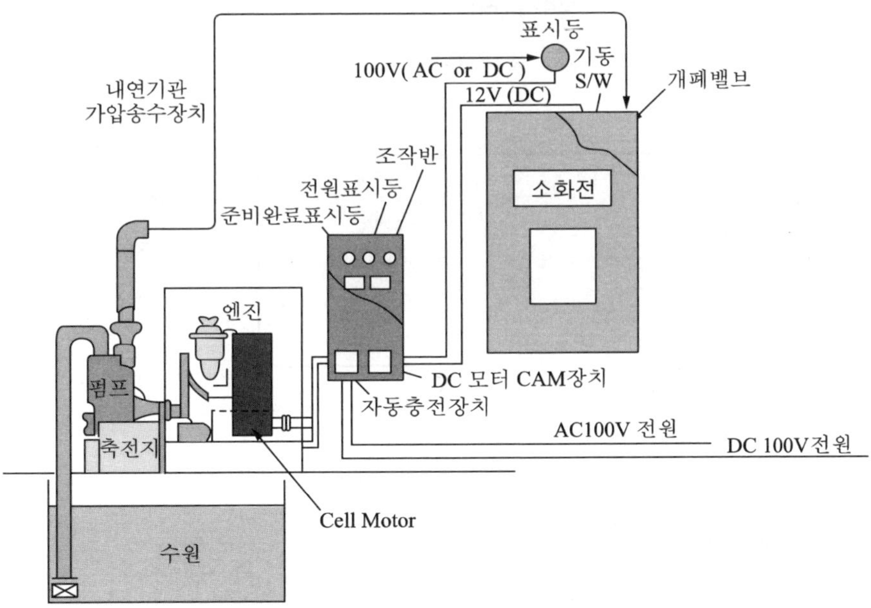

▮그림 2.24 내연기관을 이용한 펌프

가. 내연기관의 기동은 기동용수압개폐장치 또는 이와 동등 이상의 성능이 있는 것을 설치하거나 또는 소화전함의 위치에서 원격조작이 가능하고 기동을 명시하는 적색등을 설치할 것
나. 제어반에 따라 내연기관의 자동기동 및 수동기동이 가능하고, 상시 충전되어 있는 축전지설비를 갖출 것
다. 내연기관의 연료량은 펌프를 20분(층수가 30층 이상 49층 이하는 40분, 50층 이상은 60분) 이상 운전할 수 있는 용량일 것

3) 전양정

(1) 펌프방식

펌프의 토출압력을 이용하여 가압송수하는 방식으로 전양정은 다음 식에 따라 계산하여 나온 수치 이상 유지되도록 한다.

$$H = h_1 + h_2 + h_3 + 17\text{m}$$ (호스릴 옥내소화전설비 포함)

여기서, H : 전양정(m)
h_1 : 실양정(흡입양정+토출양정)(m)
h_2 : 배관의 마찰손실수두(m)
h_3 : 호스의 마찰손실수두(m)
17 m : 노즐선단의 방수압 환산수두

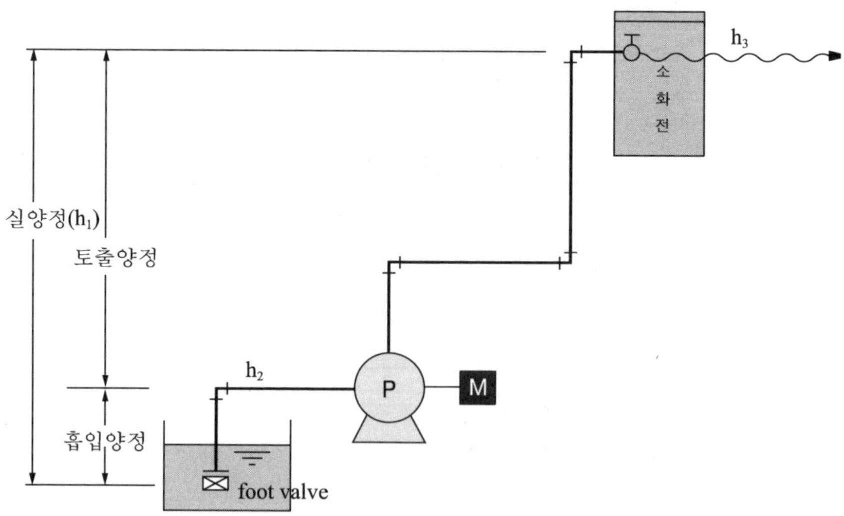

▮그림 2.25 펌프방식 전양정

(2) 고가수조방식

고가수조는 자연낙차를 이용한 가압송수장치로서 자연낙차수두(수조의 하단으로부터 최고층에 설치된 소화전 호스 접결구까지의 수직거리를 말한다)는 다음의 식에 따라 계산하여 나온 수치 이상 유지되도록 한다.

고가수조에는 수위계, 급수관, 배수관, 오버플로우관(Overflow pipe) 및 맨홀을 설치한다.

$$H = h_1 + h_2 + 17\text{m} \text{ (호스릴 옥내소화전설비 포함)}$$

여기서, H : 필요한 낙차(m)
h_1 : 배관의 마찰손실수두(m)
h_2 : 호스의 마찰손실수두(m)
17 m : 노즐선단의 방수압 환산수두

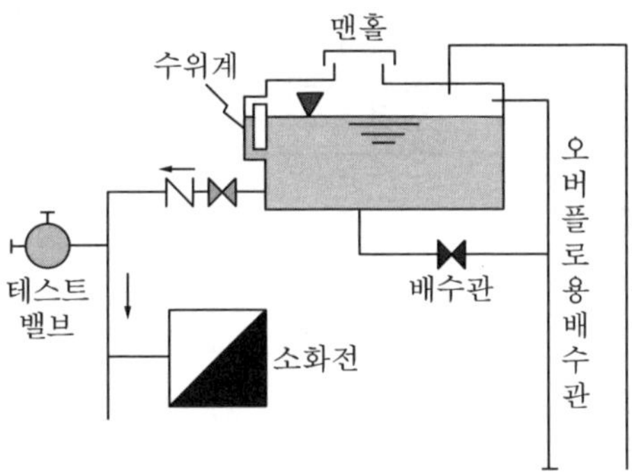

▮그림 2.26 고가수조방식

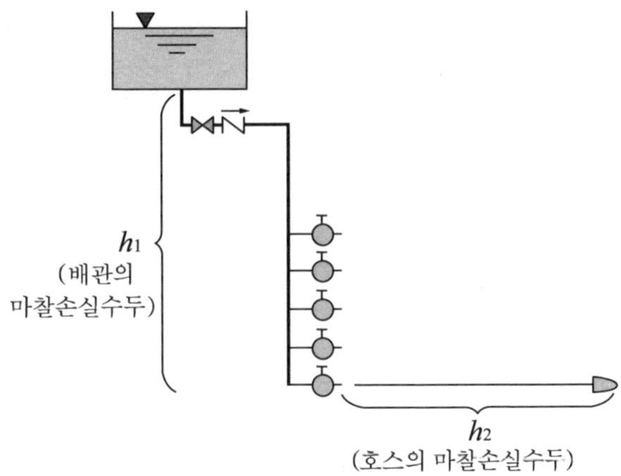

▮그림 2.27 마찰손실수두

(3) 압력수조방식

압력수조 내 물을 압입하여 송수하는 가압송수장치로서 수조내의 압력 산정에 있어 다음의 식에 따라 계산하여 나온 수치 이상 유지되도록 한다.

압력수조에는 수위계, 급수관, 배수관, 급기관, 맨홀, 압력계, 안전장치 및 압력저하 방지를 위한 자동식 공기압축기(Air compressor)를 설치한다.

$$P = P_1 + P_2 + P_3 + 0.17\,\text{MPa} \text{ (호스릴 옥내소화전설비를 포함)}$$

여기서, P : 전압력(MPa)
P_1 : 낙차의 환산수두압(MPa)
P_2 : 배관의 마찰손실수두압(MPa)
P_3 : 호스의 마찰손실수두압(MPa)
0.17 MPa : 노즐선단의 방수압

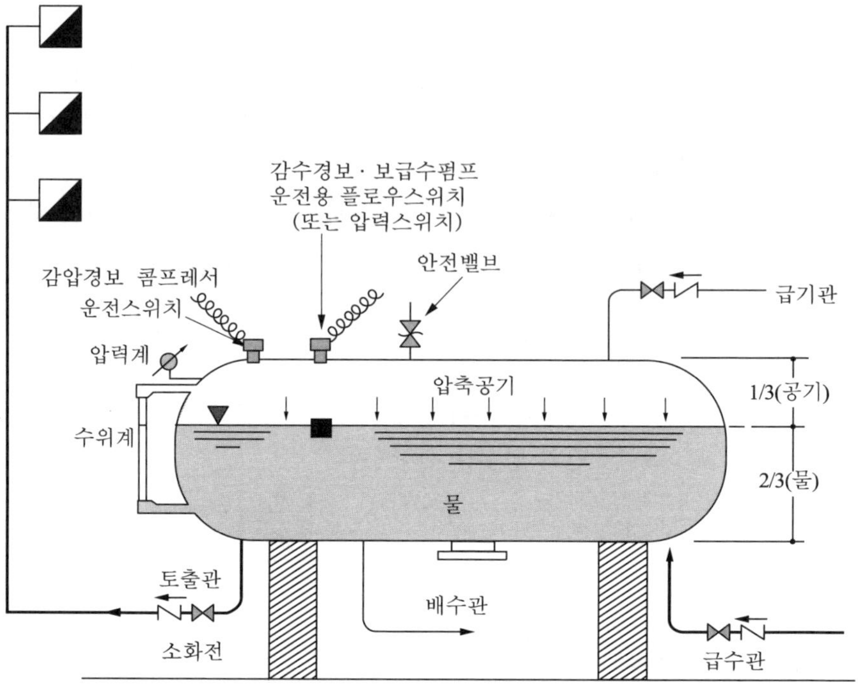

▮그림 2.28 압력수조방식

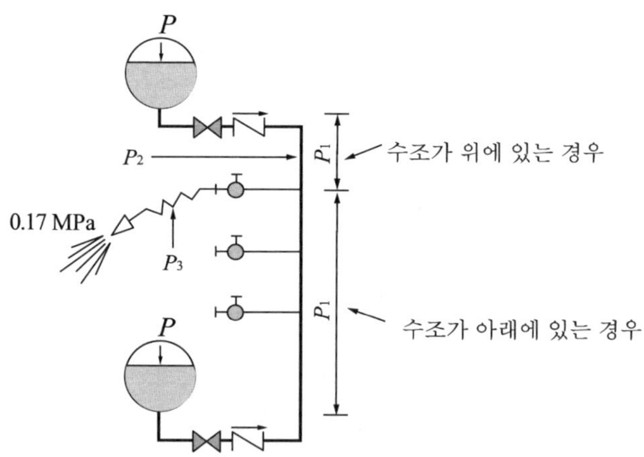

▮그림 2.29 마찰손실압력

(4) 가압수조방식

가압수조에 있는 물을 고압의 공기 또는 가압가스를 이용하여 가압송수하는 방식이다.

가. 가압수조는 방수량 및 방수압이 20분 이상 유지되도록 할 것

나. 가압수조 및 가압원은 방화구획된 장소에 설치할 것

다. 소방청장이 정하여 고시한 기준에 적합한 것으로 설치할 것

$$P = P_1 + P_2 + P_3 + 0.17\,\text{MPa}$$

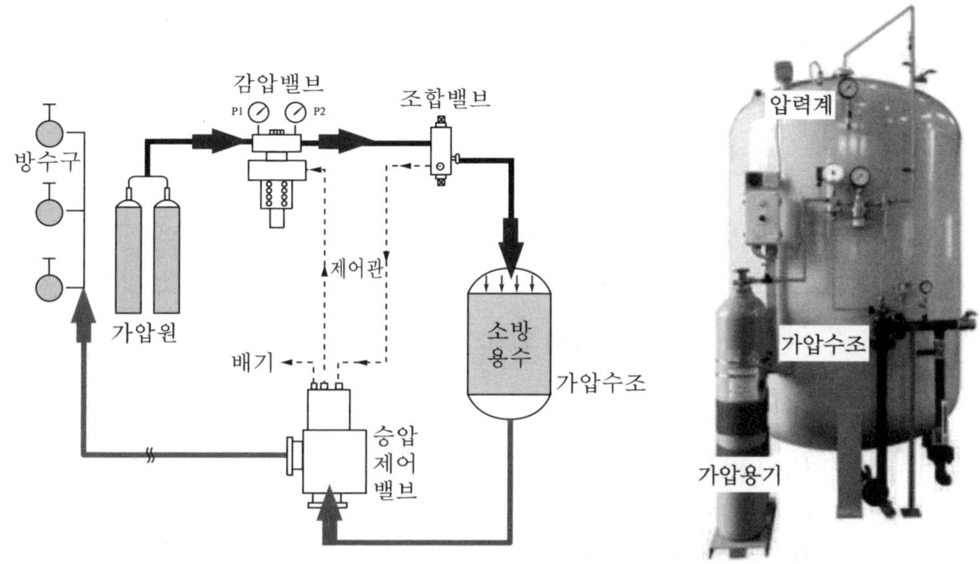

그림 2.30 가압수조의 예

4) 펌프의 유효흡입수두(Net Positive Suction Head, NPSH)

펌프의 유효흡입수두는 유체가 흡입배관 및 부속을 지나서 펌프의 임펠러 내로 흐르게 하는 압력수두를 말한다. 수원이 펌프보다 아래에 있을 경우 흡입수두는 대기압 (−) 낙차이며, 수원이 펌프보다 위에 있을 경우에는 흡입수두는 대기압 (+) 정압이 된다.

펌프흡입측 플랜지의 펌프운전 시의 압력계 눈금은 수원이 펌프보다 아래에 있을 경우 (−)가 되지만 절대압력으로 환산하면 (+)가 되기 때문에 NPSH (Net Positive Suction Head)라고 한다. 이 NPSH는 펌프설계와 용량 및 속도와의 함수로서 펌프제조업체에 의하여 주어지며, 순수필요흡입수두(NPSH Required : $NPSH_R$)라고 한다.

한편, 펌프 이외의 조건, 즉 유체의 포화증기압, 낙차, 흡입배관의 마찰손실 등은 펌프가 유체를 이송하는 데 장애요인으로서, 대기압에서 이러한 장애요인을 뺀 것을 순수유효흡입수두 ($NPSH_{Available}$: $NPSH_A$)라고 한다. 즉, 펌프가 유체를 계속해서 이송하기 위해서는 대기압 − 흡입시의 장애요인 ≥ $NPSH_R$ 의 조건이 성립해야 한다.

이를 수식으로 표현하면,

$$\text{NPSH}_\text{A} = P_a - P_{vp} - H_s - H_f \ \geq \ \text{NPSH}_\text{R}$$

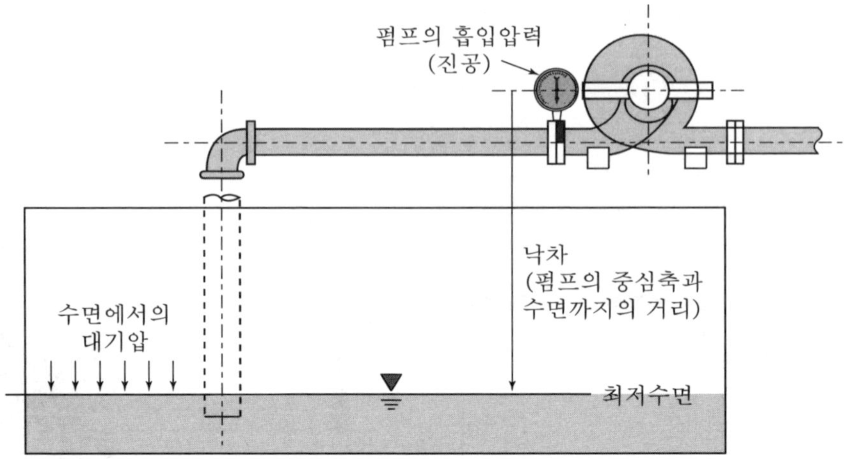

▮그림 2.31 유효흡입수두 예

여기서, P_a : 대기압

P_{vp} : 유체의 포화증기압

H_s : 낙차

H_f : 흡입배관의 마찰손실

또한, 펌프의 공동현상(Cavitation) 없이 펌프를 운전하기 위해서는 $NPSH_A \geq NPSH_R \times 1.3$ 이 되도록 권장하고 있다. 따라서, 펌프의 원활한 흡입을 위해서는 가급적 $NPSH_A$ 값을 크게 확보해야 한다.

7 배관

① 배관과 배관이음쇠는 다음 각 호의 어느 하나에 해당하는 것 또는 동등 이상의 강도·내식성 및 내열성을 국내·외 공인기관으로부터 인정받은 것을 사용하여야 하고, 배관용 스테인리스강관(KS D 3576)의 이음을 용접으로 할 경우에는 알곤용접방식에 따른다.

가. 배관 내 사용압력이 1.2 MPa 미만일 경우에는 다음 각 목의 어느 하나에 해당하는 것

㉮ 배관용 탄소강관(KS D 3507)

㉯ 이음매 없는 구리 및 구리합금관(KS D 5301). 다만, 습식의 배관에 한한다.

㉰ 배관용 스테인리스강관(KS D 3576) 또는 일반배관용 스테인리스강관(KS D 3595)

㉣ 덕타일 주철관(KS D 4311)

나. 배관 내 사용압력이 1.2 MPa 이상일 경우에는 다음 각 목의 어느 하나에 해당하는 것

① 압력배관용 탄소강관(KS D 3562)

② 배관용 아크용접 탄소강강관(KS D 3583)

② ①에도 불구하고 다음 각 호의 어느 하나에 해당하는 장소에는 소방청장이 정하여 고시한 「소방용합성수지배관의 성능인증 및 제품검사의 기술기준」에 적합한 소방용 합성수지배관으로 설치할 수 있다.

가. 배관을 지하에 매설하는 경우

나. 다른 부분과 내화구조로 구획된 덕트 또는 피트의 내부에 설치하는 경우

다. 천장(상층이 있는 경우에는 상층바닥의 하단을 포함한다. 이하 같다)과 반자를 불연재료 또 준불연재료로 설치하고 그 내부에 습식으로 배관을 설치하는 경우

※ 참고 : 소방용 합성수지관

소방용합성수지배관이라 함은 소방설비에 사용되는 합성수지재료를 사용한 배관과 이음관을 말한다.

가. 사용이유 : 강관의 시공 난이성, 부식, 스케일 등의 문제로 인해 제한적인 범위 내에서 합성수지계 배관이 사용

나. 종류

- CPVC (Chlorinated Poly Vinyl Choride) 배관 : 염소화 염화비닐 수지
- GRE (Glass Fiber Reinforced Epoxy Pipe)배관 : 섬유질보강 열경화성 수지

다. 적용소화설비

- 옥내소화전설비
- 옥외소화전설비
- 스프링클러설비
- 간이스프링클러설비
- 물분무설비 등

③ 급수배관은 전용으로 해야 한다. 다만, 옥내소화전의 기동장치의 조작과 동시에 다른 설비의 용도에 사용하는 배관의 송수를 차단할 수 있거나, 옥내소화전설비의 성능에 지장이 없는 경우에는 다른 설비와 겸용할 수 있다.

④ 펌프의 흡입측 배관은 다음 각 호의 기준에 따라 설치해야 한다.

가. 공기고임이 생기지 아니하는 구조로 하고 여과장치를 설치할 것

나. 수조가 펌프보다 낮게 설치된 경우에는 각 펌프(충압펌프를 포함한다)마다 수조로부터 별도로 설치할 것

⑤ 펌프의 토출측 주배관의 구경은 유속이 4 m/s 이하가 될 수 있는 크기 이상으로 하여야 하고, 옥내소화전 방수구와 연결되는 가지배관의 구경은 40 mm (호스릴 옥내소화전설비의 경우 25 mm) 이상으로 하여야 하며, 주배관 중 수직배관의 구경은 50 mm (호스릴 옥내소화전설비의 경우 32 mm) 이상으로 해야 한다.

⑥ 연결송수관설비의 배관과 겸용할 경우의 주배관은 구경 100 mm 이상, 방수구로 연결되는 배관은 구경 65 mm 이상의 것으로 해야 한다.

⑦ 펌프의 성능은 체절운전시 정격토출압력의 140%를 초과하지 않고 정격토출량의 150%로 운전시 정격토출압력의 65% 이상이 되어야 하며, 펌프의 성능시험배관은 다음의 기준에 적합해야 한다.

가. 성능시험배관은 펌프의 토출측에 설치된 개폐밸브 이전에서 분기하여 설치하고 유량측정장치를 기준으로 전단직관부에는 개폐밸브를, 후단직관부에는 유량조절밸브를 설치할 것

나. 유량측정장치는 성능시험배관의 직관부에 설치하되, 펌프의 정격토출량의 175% 이상 측정할 수 있는 성능이 있어야 한다.

⑧ 가압송수장치의 체절운전시 수온의 상승을 방지하기 위하여 체크밸브와 펌프사이에서 분기한 구경 20 mm 이상의 배관에 체절압력 미만에서 개방되는 릴리프밸브를 설치해야 한다.

⑨ 동결방지조치를 하거나 동결의 우려가 없는 장소에 설치해야 한다. 다만, 보온재를 사용할 경우에는 난연재료성능 이상의 것으로 해야 한다.

⑩ 급수배관에 설치되어 급수를 차단할 수 있는 개폐밸브(옥내소화전 방수구는 제외)는 개폐표시형으로 해야 한다. 이 경우 펌프의 흡입측 배관에는 버터플라이밸브 외의 개폐표시형밸브를 설치해야 한다.

※ 참고 : 개폐표시형밸브

개폐표시형밸브에는 바깥나사 게이트밸브(Outside Screw & Yoke Gate Valve, 줄임말로 OS & Y Gate Valve)와 열림 및 닫힘표시형 버터플라이밸브가 있다.

가. 바깥나사 게이트 밸브(OS & Y Gate Valve)

밸브의 스템(stem)이 밸브 개방 시에 위로 올라오고, 밸브 폐쇄 시에 아래로 내려가

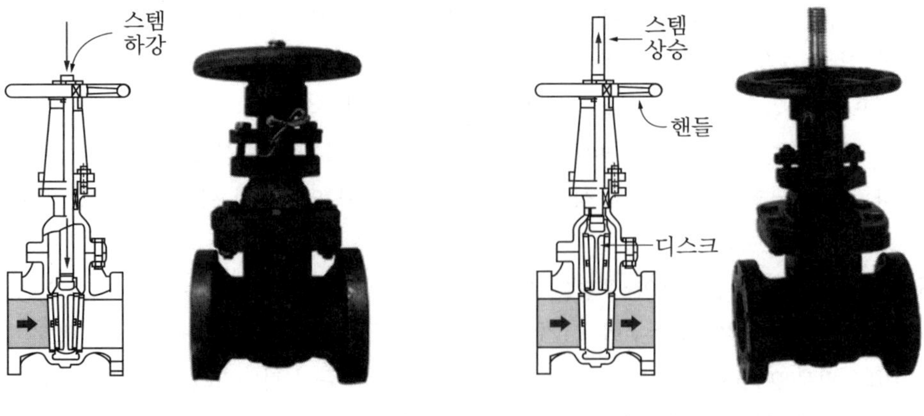

▌그림 2.32 개폐표시형밸브(OS & Y Gate Valve) 폐쇄 및 개방상태

서 밸브의 열림, 닫힘 상태를 육안으로 쉽게 확인할 수 있다.

나. 열림 및 닫힘표시형 버터플라이밸브(Indicating Butterfly Valve)
밸브 몸체의 상부에 열림, 닫힘 표시기가 있어 외부에서 육안으로 확인이 가능하다. 밸브 조작방법에 따라 기어식과 레버식으로 구분되며 밸브 내부에 디스크가 회전하여 배관의 개폐역할을 한다. 개폐조작이 편리하여 설치공간이 협소한 곳에 주로 사용하지만 밸브가 완전히 개방되어도 내부 중앙에 디스크가 존재하여 유체의 흐름을 방해하여 마찰손실이 크므로 흡입측에는 사용하지 않는다.

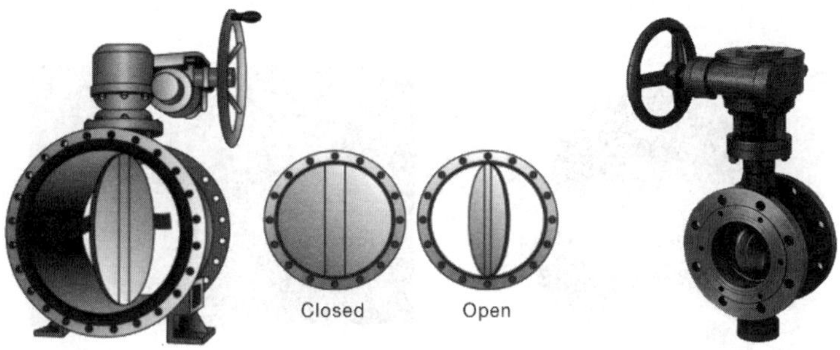

▮그림 2.33 버터플라이밸브

⑪ 배관은 다른 설비의 배관과 쉽게 구분이 될 수 있는 위치에 설치하거나, 그 배관표면 또는 배관 보온재표면의 색상은 「한국산업표준(배관계의 식별 표시, KS A 0503)」 또는 적색으로 식별이 가능하도록 소방용설비의 배관임을 표시해야 한다.

⑫ 분기배관을 사용할 경우에는 소방청장이 정하여 고시한 기술기준에 적합한 것으로 설치해야 한다.

8 송수구

옥내소화전설비에는 소방차로부터 그 설비에 송수할 수 있는 송수구를 다음 각 호의 기준에 의하여 설치해야 한다.

① 송수구는 소방차가 쉽게 접근할 수 있는 잘 보이는 장소에 설치하되 화재층으로부터 지면으로 떨어지는 유리창 등이 송수 및 그 밖의 소화작업에 지장을 주지 아니하는 장소에 설치할 것

② 송수구로부터 주배관에 이르는 연결배관에는 개폐밸브를 설치하여서는 안 된다. 단, 스

프링클러설비, 물분무소화설비, 포소화설비 또는 연결송수관설비의 배관과 겸용하는 경우에는 그렇지 않다.

③ 지면으로부터 높이가 0.5 m 이상 1 m 이하의 위치에 설치해야 한다.

④ 구경 65 mm의 쌍구형 또는 단구형으로 해야 한다.

⑤ 송수구의 가까운 부분에 자동배수밸브(또는 직경 5 mm의 배수공) 및 체크밸브를 설치해야 한다. 이 경우 자동배수밸브는 배관 안의 물이 잘 빠질 수 있는 위치에 설치하되, 배수로 인하여 다른 물건 또는 장소에 피해를 주지 아니해야 한다.

⑥ 송수구는 이물질을 막기 위해 마개를 씌울 것

▮그림 2.34 옥내소화전 송수구

※ 참고사항

1) 압력과 허용응력과의 관계로 산출하는 방법

- 중력단위 SCHEDULE NO $= 10 \times \frac{P}{S}$

  여기서, P : 최대사용압력(kg/cm^2)
  S : 허용인장응력(kg/mm^2)

- SI단위 SCHEDULE NO $= 1000 \times \frac{P}{S}$

  여기서, P : 최대사용압력(MPa)
  S : 허용인장응력(N/mm^2)

위의 식에 의하여 산출된 값보다 큰 값의 번호를 선정한다.

SPPS의 경우 종류는 2종 및 3종의 2종류가 있으며, 2종의 경우 인장강도는 3.8 MPa (38 kg/cm^2) 이상, 항복점은 2.2 MPa (22 kg/cm^2) 이상이며, 3종의 경우 인장강도는 4.2 MPa (42 kg/cm^2) 이상, 항복점은 2.5 MPa (25 kg/cm^2) 이상이다.

2) 배관의 두께 산출하는 방법

SPPS의 관두께는 다음 식으로 구할 수 있으며, 계산된 두께를 기준으로 그 값 이상의 두께를 가진 스케줄번호의 관을 선택한다.

• 중력단위 $t = \left(\frac{P}{S} \times \frac{D}{175} + 2.54 \right)$

여기서, t : 관의 두께(mm)
P : 최대사용압력(kg/cm^2)
D : 관의 외경(mm)
S : 허용인장응력(kg/mm^2)

• SI단위 $t = \left(\frac{P}{S} \times \frac{D}{1.75} + 2.54 \right)$

여기서, t : 관의 두께(mm)
P : 최대사용압력(MPa)
D : 관의 외경(mm)
S : 허용인장응력(N/mm^2)

9 배관마찰손실수두

※ 배관길이당 압력강하 계산식

배관의 마찰손실에 대한 압력강하를 하젠－윌리암스 식에 의하여 구한다.

[Hazen－William's 식]

$$P_m = 6.053 \times 10^4 \times \frac{Q^{1.85}}{C^{1.85} \times D^{4.87}} \times L$$

여기서, P_m : 마찰손실에 따른 압력강하(MPa)
Q : 유량(L/min)
D : 관의 내경(mm)
C : 관의 조도계수
L : 등가길이(m)

하젠－윌리암스 식은 실험식이므로 다음 조건에 사용한다.

- 유체는 물이다.
- 물의 비중량은 1,000 kgf/m^3 = 9,800 N/m^3 = 62.4 lb/ft^3이다.
- 물의 온도 범위는 7.2～24℃ = 45～75 °F이다.
- 유속은 1.5～5.5 m/s = 5～18 ft/s 범위이다.

▮표 2.7 배관손실 계산에 필요한 참고자료

• 호스의 마찰손실수두(100 m당)

호칭지름 유량(L/min)	40		50		65	
	마호수	고무내장호스	마호스	고무내장호스	마호스	고무내장호스
130	26 m	12 m	7 m	3 m		
350					10 m	4 m

• 관부속품의 등가길이(m)

관경	90° Elbow	45° Elbow	분류 Tee	직류 Tee	Gate 밸브	Ball 밸브	Angle 밸브	Check 밸브
25 mm	0.90	0.54	1.50	0.27	0.18	7.5	4.5	2.0
32 mm	1.20	0.72	1.80	0.36	0.24	10.5	5.4	2.5
40 mm	1.50	0.90	2.10	0.45	0.30	13.5	6.5	3.1
50 mm	2.10	1.20	3.00	0.60	0.39	16.5	8.4	4.0
65 mm	2.40	1.50	3.60	0.75	0.48	19.5	10.2	4.6
80 mm	3.00	1.80	4.50	0.90	0.63	24.0	12.0	5.7
100 mm	4.20	2.40	6.30	1.20	0.81	37.5	16.5	7.6
125 mm	5.10	3.00	7.50	1.50	0.99	42.0	21.0	10.0
150 mm	6.00	3.60	9.00	1.80	1.20	49.5	24.0	12.0
200 mm	6.50	3.70	14.0	4.00	1.40	70.0	33.0	15.0

주) 1. 위 표의 elbow, tee는 나사접합을 기준으로 한 것임(용접의 경우는 일반적으로 손실을 작게 적용한다).
2. Reduceer는 45° elbow와 같다.
3. Coupling은 직류 T와 같다.
4. Union, Flange, Socket은 손실수두가 미소하여 생략한다.
5. Auto 밸브(포소화설비), Globe 밸브는 Ball 밸브와 같다.
6. Alarm 밸브, Foot 밸브 및 Strainer는 Angle 밸브와 같다.

• 직관의 마찰손실수두(등가길이 100 m당)

유량 (L/min)	관 호칭지름(mm)						
	40	50	65	80	100	125	150
130	14.7	5.10	1.72	0.71	0.17	0.059	0.024
260	54.0	18.4	6.20	2.57	0.63	0.212	0.086

• E・K의 값

펌프의 구경(mm)	펌프의 효율	동력의 종류	전달계수
40 50～65	0.40～0.45 0.45～0.55	전동기 직결	1.1
80 100 125～150	0.55～0.60 0.60～0.65 0.65～0.70	전동기 이외의 원동기	1.15～1.20

10 안전진단 및 점검방법

옥내소화전 소화설비에 대한 안전진단 및 점검에 필요한 사항은 분야별로 취급해야 할 내용이 많이 있겠으나, 본 책자에서는 가압송수장치에 대한 일반적인 내용만을 다룬다.

1) 펌프의 성능시험

(1) 체절압력 운전시험

소화펌프의 토출측으로 물을 방수하지 않는 상태로 운전을 하면 토출측의 관로가 모두 폐쇄되어 있어 펌프는 물을 전혀 토출하지 못하고 공회전하게 된다. 이때의 운전상태를 체절운전상태라 하며 펌프는 체절압력에 도달하게 된다.

가. 펌프의 토출측 주밸브 V_1을 잠근다.

나. 성능시험배관 상의 밸브 V_2, V_3를 잠근다(평상시 잠근 상태임).

다. 동력제어반(MCC판넬)에서 충압펌프의 운전선택스위치를 수동 또는 정지위치로 한다.

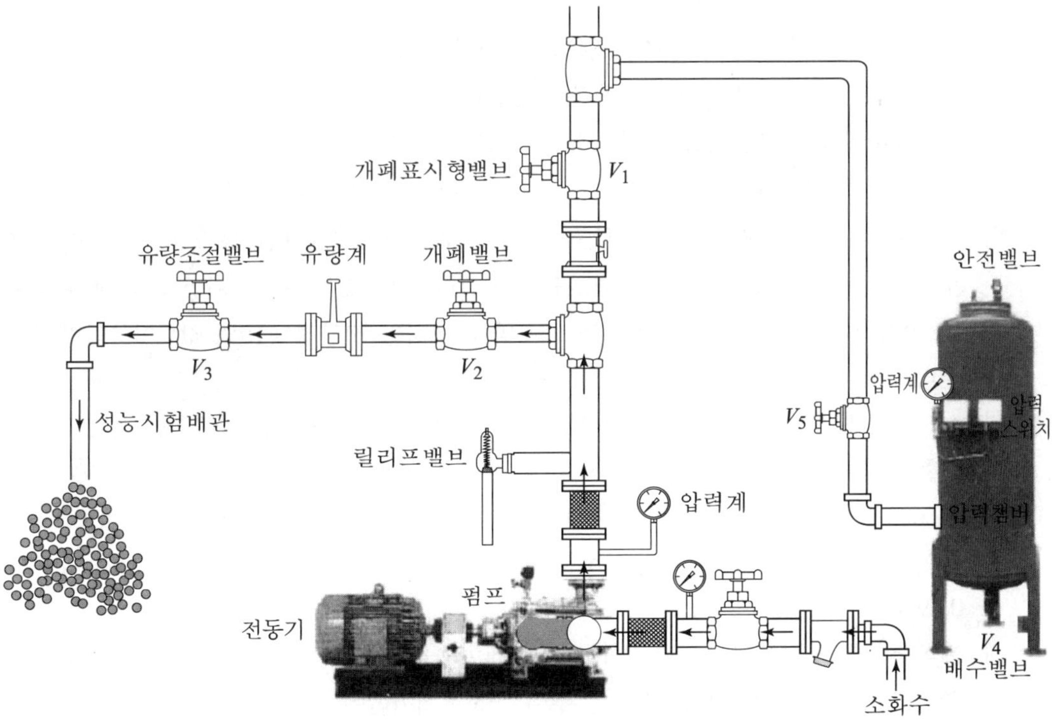

■그림 2.35 펌프의 성능시험

라. 압력챔버의 배수밸브 V_4를 개방하고 주펌프가 기동되면 V_4를 잠근다.

마. 릴리프밸브가 개방될 때의 압력을 압력계에서 읽고 그 값이 체절압력 미만인지 확인한다.

(2) 릴리프밸브 압력조정방법

가. 동력제어반에서 주펌프 및 충압펌프의 운전선택스위치를 수동의 위치로 한다.

나. [그림 2.35]에서 주밸브 V_1을 잠근다.

다. 성능시험배관상의 밸브 V_2, V_3를 개방한다.

라. 동력제어반에서 주펌프를 수동으로 기동시킨다.

마. 펌프가 기동되면 밸브 V_2를 서서히 잠그면서 펌프 토출측의 압력계 지침이 체절압력 미만이 되도록 한다.

바. 릴리프밸브 캡을 열고 조정나사를 스패너로 반시계 방향으로 돌려서 순환배관으로 물이 흐르는 것이 확인되면 펌프를 수동으로 정지시킨다.

사. 성능시험배관의 밸브 V_2, V_3를 완전히 잠그고 주밸브 V_1을 개방한다.

아. 동력제어반에서 충압펌프 및 주펌프의 운전선택스위치를 자동으로 한다.

(3) 유량측정시험

가. [그림 2.35]에서 펌프 토출측 주밸브 V_1을 잠근다.

나. 성능시험배관상의 밸브 V_2를 완전 개방한다.

다. 동력제어반에서 충압펌프 운전선택스위치를 수동 또는 정지위치로 한다.

라. 압력챔버의 배수밸브 V_4를 개방하고 주펌프가 기동되면 V_4를 잠근다.

마. 성능시험배관의 유량조절밸브 V_3를 서서히 개방하여 유량계를 통과하는 유량이 정격토출유량(펌프 사양에 명시)이 되도록 조정한다. 정격토출유량이 되었을 때 펌프 토출측 압력계를 읽어 정격토출압력(펌프 사양에 명시된 전양정 ÷ 10의 값) 이상인지 확인한다.

바. 성능시험배관의 유량조절밸브 V_3를 조금 더 개방하여 유량계를 통과하는 유량이 정격토출유량의 150%가 되도록 조정한다(예, 펌프 토출유량이 400 L/min인 경우, 400 × 1.5 = 600 L/min임). 이때 펌프 토출측 압력계의 확인된 압력은 정격토출압력의 65% 이상이어야 한다(예, 전양정이 60 m인 펌프의 경우 60 m ÷ 10 × 0.65 = 3.9 kg_f/cm^2 = 0.39 MPa 이상이어야 함).

사. 펌프토출측 주밸브 V_1을 개방하고, 성능시험배관상의 밸브 V_2, V_3를 서서히 잠근다.

아. 주펌프는 설정압력에 도달되면 정지한다. 동력제어반에서 충압펌프 운전선택스위치를 자동으로 한다.

2) 방수압력의 측정방법

최상층부분의 소화전설치 개수를 동시에 개방하여 방수압을 측정하였을 때 각각의 소화전에서 0.17 MPa의 압력으로 130 L/min의 토출량 이상이 계측되어야 한다. 수압측정은 피토(Pitot) 게이지를 사용하는데 [그림 2.36]과 같이 노즐선단에서 노즐구경의 0.5배 떨어진 부분에 피토관 입구를 수류의 중심선과 일치하도록 대면, 방출압이 게이지상에 지시침에 의해서 계기된다. 방출구의 구경과 방수압을 알게 되면 유량산출식에 의하여 산정이 되는데 산출식은 노즐의 유량뿐만 아니라 배관의 유량산출에 공용된다.

유량산출식 $Q = 0.653D^2\sqrt{10P}$

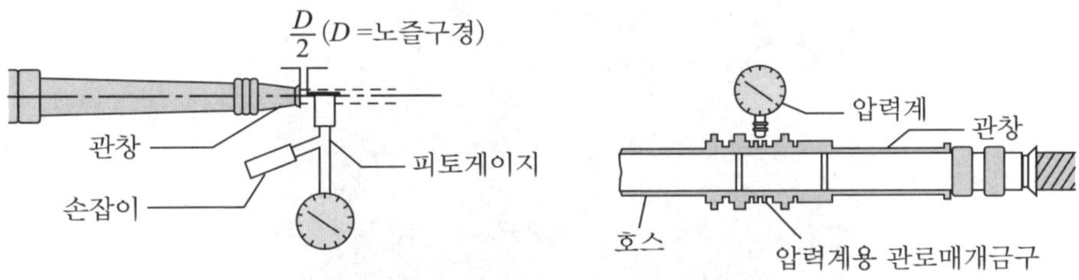

그림 2.36 방수압 측정방법

그림 2.37 방수압 측정기기

11 옥내소화전함 및 방수구

1) 옥내소화전함 기준

① 옥내소화전함은 소방청장이 정하여 고시한 기술기준에 적합한 것으로 설치하되 밸브의 조작, 호스의 수납, 문의 개방 등은 사용에 장애가 없도록 설치한다. 연결송수관의 방수구를 같이 설치하는 경우 또한 같다.

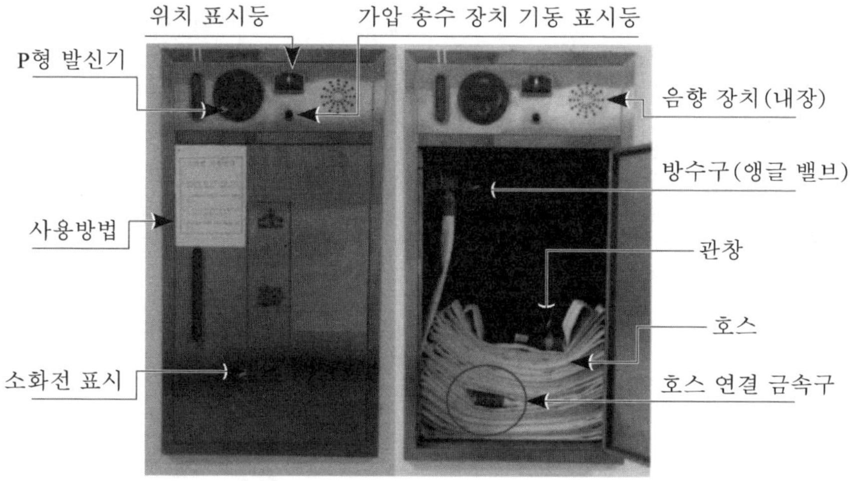

▮그림 2.38 옥내소화전함

▮그림 2.39 호스릴옥내소화전

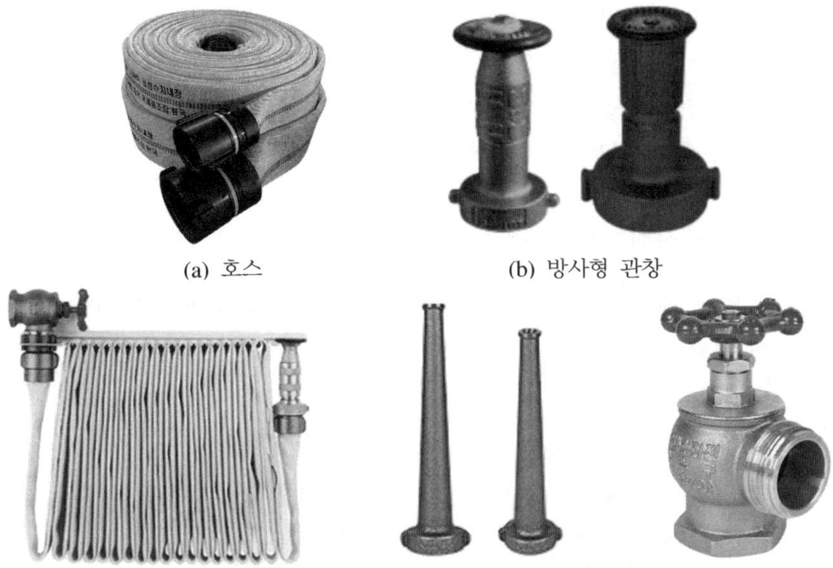

(a) 호스 (b) 방사형 관창

(c) 앵글밸브 및 호스걸이 (d) 직사형 관창 (e) 앵글밸브

▮그림 2.40 소화전함 내 구성부품

② 기둥 또는 벽이 설치되지 아니한 대형공간의 경우는 다음의 기준에 따라 설치할 수 있다.

가. 호스 및 관창은 방수구의 가장 가까운 장소의 벽 또는 기둥 등에 함을 설치하여 비치할 것

나. 방수구의 위치표지는 표시등 또는 축광도료 등으로 상시 확인이 가능토록 할 것

2) 방수구 기준

① 특정소방대상물의 층마다 설치하되, 당해 특정소방대상물의 각 부분으로부터 하나의 옥내소화전 방수구까지의 수평거리가 25 m (호스릴 옥내소화전설비를 포함한다) 이하가 되도록 한다. 다만, 복층형구조의 공동주택인 경우에는 세대의 출입구가 설치된 층에만 설치할 수 있다.

② 바닥으로부터의 높이가 1.5 m 이하가 되도록 한다.

③ 호스는 구경 40 mm (호스릴 옥내소화전설비의 경우 25 mm) 이상의 것으로서 특정소방대상물의 각 부분에 물이 유효하게 뿌려질 수 있는 길이로 설치한다.

④ 호스릴 옥내소화전설비의 경우 그 노즐에는 노즐을 쉽게 개폐할 수 있는 장치를 부착한다.

⑤ 방수구의 설치제외

불연재료로 된 특정소방대상물 또는 그 부분으로서 다음에 해당하는 곳에는 옥내소화전 방수구를 설치하지 않을 수 있다.

가. 냉장창고 중 온도가 영하인 냉장실 또는 냉동창고의 냉동실
나. 고온의 노가 설치된 장소 또는 물과 격렬하게 반응하는 물품의 저장 또는 취급 장소
다. 발전소·변전소 등으로서 전기시설이 설치된 장소
라. 식물원·수족관·목욕실·수영장(관람석 부분을 제외한다) 또는 그 밖의 이와 비슷한 장소
마. 야외음악당·야외극장 또는 그 밖의 이와 비슷한 장소

설치위치는 피난계단의 복도에 설치하는 것이 우선이며 전실에는 후순위이다. 전실 또는 계단실에 설치시 소화 및 피난에 지장을 주며 전실은 제연설비의 급기 가압의 상실이 우려된다.

▮그림 2.41 방수구(앵글밸브)

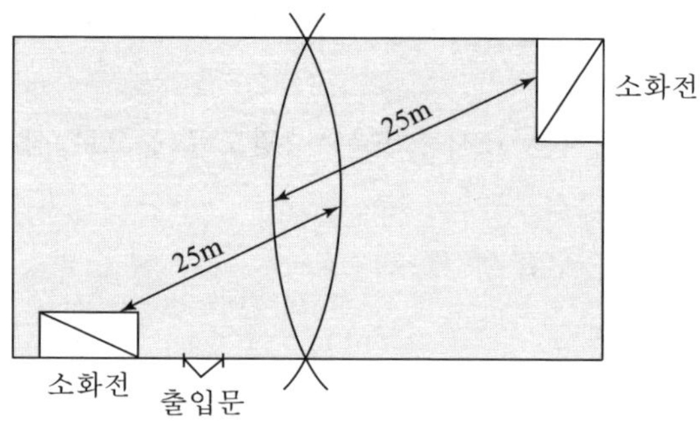

(a) 옥내소화전 방수구의 방호범위

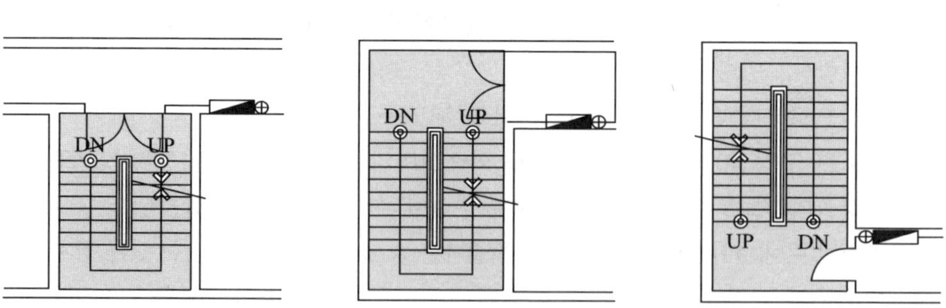

(b) 소화전 설치예(피난계단의 경우)

▮그림 2.42 방호범위 및 소화전 설치예

3) 표시등 기준

① 옥내소화전설비의 위치를 표시하는 표시등은 함의 상부에 설치하되, 소방청장이 고시한 기술기준에 적합한 것으로 한다.

② 가압송수장치의 기동을 표시하는 표시등은 옥내소화전함의 상부 또는 그 직근에 설치하되 적색등으로 한다. 다만, 자체소방대를 구성하여 운영하는 경우, 기동표시등을 제외할 수 있다.

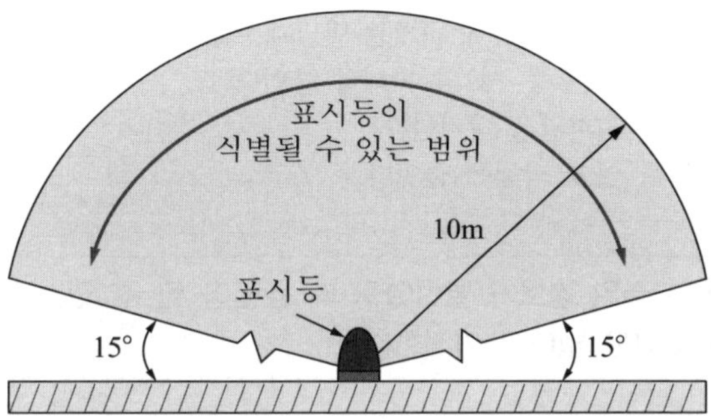

▮그림 2.43 위치 표시등

4) 옥내소화전설비의 함 가까이 보기 쉬운 곳에 그 사용요령을 기재한 표지판을 붙여야 한다. 표지판을 함의 문에 붙이는 경우에는 문의 내부 및 외부 모두에 붙여야 한다. 이 경우, 사용요령은 외국어와 시각적인 그림을 포함하여 작성해야 한다.

출제 및 예상문제

01 옥내소화전설비에서 노즐 선단 방수압력의 상한값과 상한값을 규정한 이유를 3가지로 요약하여 쓰시오.

정답 (1) 상한값 : 0.7 MPa

(2) 이유

① 진화작업시 노즐에 미치는 반발계수를 작게 하므로 소화작업자의 안전을 도모한다.
② 기물 파손 등 제2의 피해를 줄인다.
③ 호스의 파열을 방지한다.
④ 물로 인한 피해를 줄인다.

02 물올림 탱크의 저수위 경보가 발하였을 때 원인이 될 수 있는 경우 3가지만 쓰시오. (단, 전기적인 고장은 없다고 가정한다.)

정답 ① 배수밸브가 열려있는 경우
② 자동급수장치의 고장으로 급수가 차단된 경우
③ 펌프로 물올림 배관 이음부가 누설되는 경우
④ 풋밸브에 이물질이 끼어 완전히 개방된 경우

03 그림은 소방시설 도시기호이다. 보기를 참고하여 각각의 명칭을 쓰시오.

[보기] 플랜지, 캡, 티, 90° 엘보, 45° 엘보, 유니온, 크로스, 플러그

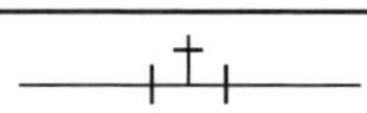	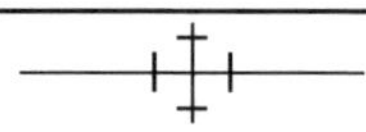		
(가)	(나)	(다)	(라)

정답 (가) 티　　(나) 크로스
(다) 플러그　　(라) 캡

04 옥내소화전설비, 옥외소화전설비, 스프링클러설비 등 수계소화설비의 펌프 흡입측 배관에 개폐밸브를 설치할 때 버터플라이밸브를 사용하지 않는 이유를 2가지만 쓰시오.

(2024년 출제)

정답 ① 유효흡입양정 감소로 공동현상이 발생
② 밸브의 순간적인 개폐로 수격작용이 발생

05 소방용 호스 2가지를 쓰시오.

정답 ① 소방용 아마호스
② 소방용 고무 내장 호스

06 충압 펌프의 설치 이유를 쓰시오.

정답 배관 내 압력을 감지한다. 압력감소 시 압력을 보충하여 항상 정상적인 압력을 유지시키기 위함.

07 기동용 수압개폐장치(압력챔버)에 설치되는 압력스위치에 표시되어 있는 DIFF와 RANGE가 의미하는 것을 쓰시오.

정답 ① DIFF : 펌프의 작동정지점에서 기동점과의 압력차이
② RANGE : 펌프의 작동정지점

08 배관부속의 등가길이란 무엇을 뜻하는지 쓰시오.

정답 엘보, 티, 리듀서, 밸브류 등 관 부속품(관 이음쇠)의 동일한 구경과 동일한 유량에 대해 같은 마찰손실에 상당하는 직관의 길이를 등가길이라고 하며 일명 상당관장 또는 등가관장이라고도 한다.

09 기동용 수압개폐장치 중 압력챔버의 기능 3가지를 쓰시오. (2022년 출제)

정답 ① 수격작용 방지
② 배관 내의 압력저하시 충압펌프 또는 주펌프의 자동기동
③ 배관 내의 순간적인 압력변동으로부터 안정적인 압력검지

10 소화펌프 기동시 일어날 수 있는 맥동현상(surging)의 정의 및 방지대책 2가지를 쓰시오. (2024년 출제)

(가) 정의
(나) 방지대책

정답 (가) 진공계·압력계가 흔들리고 진동과 소음이 발생하며 펌프의 토출유량이 변하는 현상
(나) ① 배관 중에 불필요한 수조 제거
② 풍량 또는 토출량을 줄임

해설 맥동현상(surging)

구분	설 명
정의	유량이 단속적으로 변하여 펌프 입출구에 설치된 진공계·압력계가 흔들리고 진동과 소음이 발생하며 펌프의 토출유량이 변하는 현상
발생원인	① 배관 중에 수조가 있을 때 ② 배관 중에 기체상태의 부분이 있을 때 ③ 유량조절밸브가 배관 중 수조의 위치 후방에 있을 때 ④ 펌프의 특성곡선이 산모양이고 운전점이 그 정상부일 때
방지대책	① 배관 중에 불필요한 수조를 없앤다. ② 배관 내의 기체(공기)를 제거한다. ③ 유량조절밸브를 배관 중 수조의 전방에 설치한다. ④ 운전점을 고려하여 적합한 펌프를 선정한다. ⑤ 풍량 또는 토출량을 줄인다.

11 관부속품에 대한 다음 각 물음에 답하시오.

(가) 물올림장치의 순환배관에 설치하는 안전밸브를 쓰시오.
(나) 설비된 배관 내의 이물질 제거(여과)기능을 하는 것을 쓰시오.
(다) 관 내 유체의 흐름방향을 변경시킬 때 사용되는 밸브를 쓰시오.
(라) 밸브의 개폐상태 여부를 용이하게 육안 판별하기 위한 밸브를 쓰시오.
(마) 성능시험배관의 유량계의 후단에 설치하여야 하는 밸브를 쓰시오.
(바) 배관 연결부분에 가스킷(gasket)을 삽입하고 볼트로 체결하는 관이음방법을 쓰시오.

정답 (가) 릴리프밸브
(나) 스트레이너
(다) 앵글밸브
(라) 개폐표시형밸브
(마) 유량조절밸브
(바) 플랜지이음

12 옥내소화전설비에서 순환배관과 성능시험배관을 설치하는 목적은 무엇인가?

(가) 순환배관의 설치목적
(나) 성능시험배관의 설치목적

정답 (가) 체절운전시 수온의 상승방지
(나) 체절운전시 정격토출입력의 140%를 초과하지 않고, 정격토출량의 150%로 운전시 정격토출압력의 65% 이상이 되는지를 확인하기 위하여

13 그림은 소화펌프의 계통도 중 성능시험배관 주위도면을 나타낸다. 도면을 보고 다음 각 물음에 답하시오.

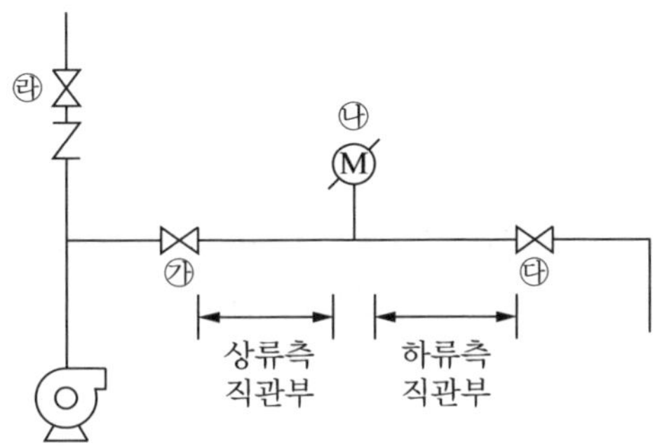

(가) ㉮~㉰의 명칭을 쓰시오.

㉮	㉯	㉰

(나) ㉱는 밸브의 개폐상태를 육안으로 용이하게 식별하기 위한 밸브이다. 이 밸브의 명칭을 쓰시오.
(다) ㉮와 ㉯ 사이 및 ㉯와 ㉰ 사이에 일정한 거리를 두는 이유를 쓰시오.
(라) ㉯는 펌프의 정격토출량의 몇 %까지 측정할 수 있는 성능이 있어야 하는지 쓰시오.

정답 (가)

㉮	㉯	㉰
개폐밸브	유량계	유량조절밸브

(나) 개폐표시형밸브(OS Y Valve)
(다) 정상적인 유량측정이 가능하도록 하기 위해
(라) 175%

14 수계소화설비 가압소수장치의 펌프성능시험을 하고자 한다. 양정이 80 m, 토출량이 800 L/min일 때 다음 각 물음에 답하시오. (2022년 출제)

(가) 체절운전시 양정(m)을 구하시오.
(나) 150% 운전시 양정(m)을 구하시오.
(다) 펌프성능곡선을 그리시오(체절점, 100% 운전점, 150% 운전점 표기).

정답 (가) 112 m

(나) 52 m

(다)

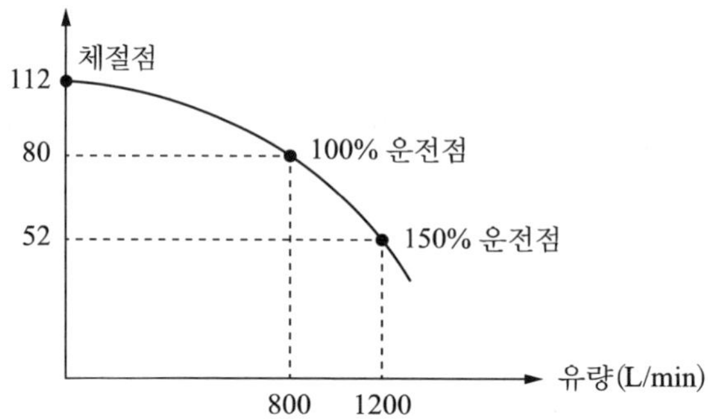

해설 (가) 체절운전시 양정 = 정격토출양정 × 1.4 = 80 m × 1.4 = 112 m

(나) 150% 운전시 양정 = 정격토출양정 × 0.65 = 80 m × 0.65 = 52 m

(다)

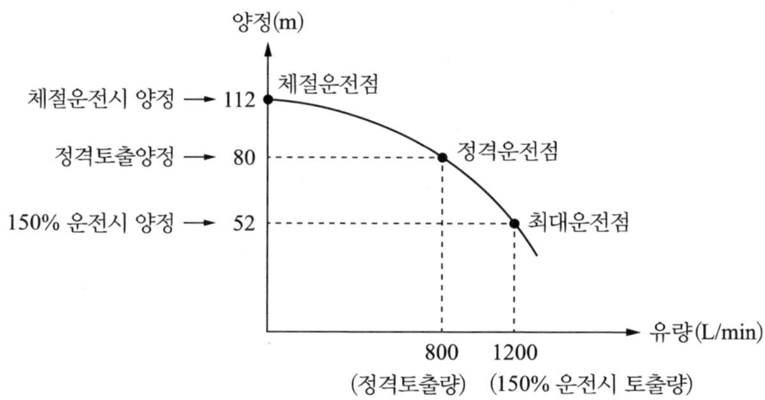

- 1200 L/min : 150% 운전시 토출량 = 800 L/min × 1.5 = 1200 L/min

15 다음은 10층 건물에 설치한 옥내소화전설비의 계통도이다. 각 물음에 답하시오.
(2022년 출제)

[조건]
① 배관의 마찰손실수두는 40 m (소방호스, 관부속품의 마찰손실수두 포함)
② 펌프의 효율은 65%이다.
③ 펌프의 여유율은 10%를 적용한다.

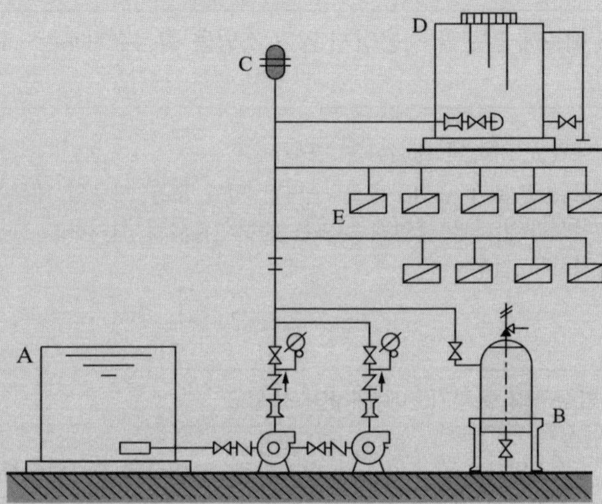

(가) A∼E의 명칭은 무엇인가?
(나) D에 보유하여야 할 최소유효저수량(m^3)을 구하시오.
(다) B의 주된 기능을 쓰시오.
(라) C의 설치목적이 무엇인지 쓰시오.
(마) 펌프의 전동기용량(kW)을 계산하시오.

정답 (가) A : 소화수조 B : 압력챔버
C : 수격방지기 D : 옥상수조
E : 옥내소화전(발신기세트 옥내소화전 내장형)
(나) 1.73 m^3
(다) 배관 내의 순간적인 압력변동으로부터 안정적인 압력검지
(라) 배관 내의 수격작용 방지
(마) 4.09 kW

해설 (나) 옥상수원의 저수량

$$Q' \geq 2.6N \times \frac{1}{3} = 2.6 \times 2\text{개} \times \frac{1}{3} = 1.733 \fallingdotseq 1.73\,\text{m}^3$$

(마) ① 펌프의 토출량(유량)

$$Q = N \times 130\,\text{L/min} = 2\text{개} \times 130\,\text{L/min} = 260\,\text{L/min} = 0.26\,\text{m}^3/\text{min}$$

② 펌프의 전양정

$H = h_1 + h_2 + h_3 + 17 = 40 + 17 = 57\,\text{m}$

③ 전동기의 용량

$$P = \frac{0.163QH}{\eta}K = \frac{0.163 \times 0.26\,\text{m}^3/\text{min} \times 57\,\text{m}}{0.65} \times 1.1$$

$$= 4.088 \fallingdotseq 4.09\,\text{kW}$$

16 소화설비의 배관에 강관을 사용하지 않고 소방용 합성수지배관으로 설치할 수 있는 경우를 3가지 쓰시오.

정답
① 배관을 지하에 매설하는 경우
② 다른 부분과 내화구조로 구획된 덕트 또는 피트의 내부에 설치하는 경우
③ 천장과 반자를 불연재료 또는 준불연재료로 설치하고 그 내부에 습식으로 배관을 설치하는 경우

17 옥내소화전 방수구의 설치기준에 대하여 쓰시오.

정답
① 특정소방대상물의 층마다 설치하되, 당해 특정소방대상물의 각 부분으로부터 하나의 옥내소화전 방수구까지의 수평거리가 25 m (호스릴 옥내소화전설비의 경우에는 15 m) 이하가 되도록 한다. 단, 지하가 중 터널의 경우에는 옥내소화전 방수구를 주행방향의 측벽길이 50 m 이내마다 설치할 수 있다.
② 바닥으로부터의 높이가 1.5 m 이하가 되도록 한다.
③ 호스는 구경 40 mm (호스릴 옥내소화전설비의 경우에는 25 mm) 이상의 것으로 특소방대상물의 각 부분에 물이 유효하게 뿌려질 수 있는 길이로 설치한다.
④ 호스릴 옥내소화전설비의 경우 그 노즐을 쉽게 개폐할 수 있는 장치를 부착해야 한다.

18 옥내소화전설비의 방수구 설치 예외의 경우를 쓰시오.

정답 불연재료로 된 특정소방대상물 또는 그 부분으로서 다음의 어느 하나에 해당하는 곳에는 옥내소화전 방수구를 설치하지 않을 수 있다.

1. 냉장창고 중 온도가 영하인 냉장실 또는 냉동창고의 냉동실
2. 고온의 노가 설치된 장소 또는 물과 격렬하게 반응하는 물품의 저장 또는 취급 장소
3. 발전소 · 변전소 등으로서 전기시설이 설치된 장소
4. 식물원 · 수족관 · 목욕실 · 수영장(관람석 부분을 제외한다) 또는 그 밖의 이와 비슷한 장소
5. 야외음악당 · 야외극장 또는 그 밖의 이와 비슷한 장소

19 옥내소화전설비의 수원은 산출된 유효수량의 $\frac{1}{3}$ 이상을 옥상에 설치해야 한다. 설치 예외 사항을 추가로 3가지 쓰시오.

- 지하층만 있는 건축물
- 고가수조를 가압송수장치로 설치한 옥내소화전설비
- (　　　　　　　　　　　　　　　　　　　　)
- (　　　　　　　　　　　　　　　　　　　　)
- (　　　　　　　　　　　　　　　　　　　　)

정답 ① 수원이 건축물의 지붕보다 높은 위치에 설치된 경우
② 건축물의 높이가 지표면으로부터 10 m 이하인 경우
③ 가압수조를 가압송수장치로 설치한 옥내소화전설비

해설 1. 지하층만 있는 건축물
2. 자연낙차압을 이용한 고가수조를 가압송수장치로 설치한 옥내소화전설비
3. 수원이 건축물의 최상층에 설치된 방수구보다 높은 위치에 설치된 경우
4. 건축물의 높이가 지표면으로부터 10 m 이하인 경우
5. 주펌프와 동등 이상의 성능이 있는 별도의 펌프로서 내연기관의 기동과 연동하여 작동되거나 비상전원을 연결하여 설치한 경우
6. 기동장치로서 기동용수압개폐장치 또는 이와 동등 성능이 있는 것을 설치한 경우
7. 가압수조를 가압송수장치로 설치한 옥내소화전설비

20 소화설비에서 수조의 수위가 펌프보다 낮은 경우 펌프의 흡입측 배관에 진공계(연성계)를 설치한다. 이러한 진공계(연성계)의 설치 이유를 간단히 쓰시오.

정답 펌프의 흡입수두를 알기 위해서이다.

해설 진공계 압력이 76 mmHg이면
흡입수두는

$$\frac{76}{760}\times 1.0332 = 0.10332\ \text{kgf/cm}^2 = 0.010332\ \text{MPa}$$

흡입수두 $= 0.10332 \times 10 = 1.0332\ \text{m}$

21 소화설비에서 물올림장치 중 순환배관에 설치하는 릴리프밸브의 작동압력은 체절압력 미만이다. 만약 안전밸브의 설정압력을 높게 설정한다면 어떤 현상이 발생하는지 쓰시오.

정답 펌프 가동 시 체절압력 미만에서 릴리프밸브가 작동하지 않으면 펌프 내 물의 운동에너지가 열에너지로 바뀌면서 수온이 상승하여 설비의 약한 부분이 파손될 수 있으며, 과열로 인해 펌프가 손상될 수 있다.

22 그림은 소화펌프로 사용하는 원심펌프 흡입측 배관의 도면 일부이다. 그림과 같이 연결할 경우 발생현상 및 개선사항을 쓰시오.

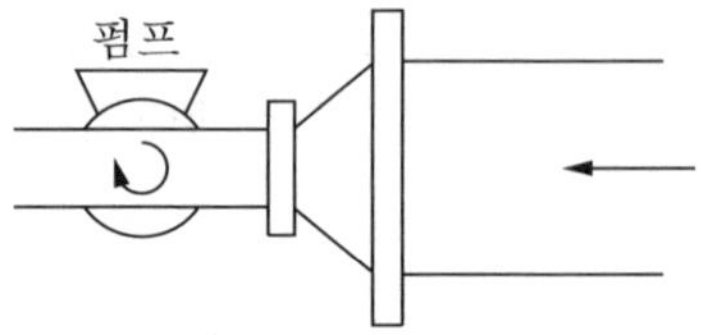

정답 ① 발생현상 : 배관흡입측의 공기고임현상(공동현상)
② 개선사항 : 배관흡입측에 편심리듀셔 사용

23 탬퍼 스위치(tamper switch)에 대하여 간단히 설명하시오.

정답 개폐표시형밸브에 부착되어 평상시에는 개폐표시형의 개폐상태를 수신반에 표시해 줌.

24 관 부속류 또는 배관방식 등에 관한 다음의 KS 규격 배관 도시기호 명칭을 쓰시오.

(가) 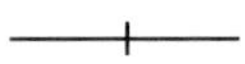
(나) 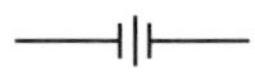
(다) 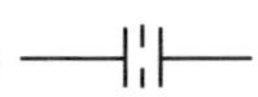
(라) 
(마) 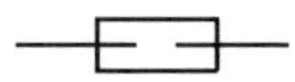
(바) 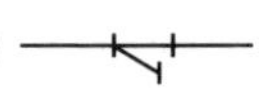

정답 (가) 나사이음
(나) 유니온
(다) 오리피스
(라) 캡
(마) 슬리브 이음
(바) 스트레이너(Y형)

25 동일성능의 소화펌프 2대를 병렬로 연결하여 운전하였을 경우 펌프운전 특성곡선을 1대의 특성곡선과 비교하여 다음 그래프 위에 나타내시오. (2024년 출제)

[조건]
① 저항곡선을 포함할 것
② 저항곡선을 이용하여 펌프 1대의 특성곡선과 펌프 2대의 병렬특성곡선의 유량을 Q_1, Q_2로, 양정은 H_1, H_2로 표시하도록 할 것
③ 특성곡선과 저항곡선에는 "1대의 특성곡선", "2대의 특성곡선", "저항곡선"이라는 명칭을 쓰도록 할 것

정답

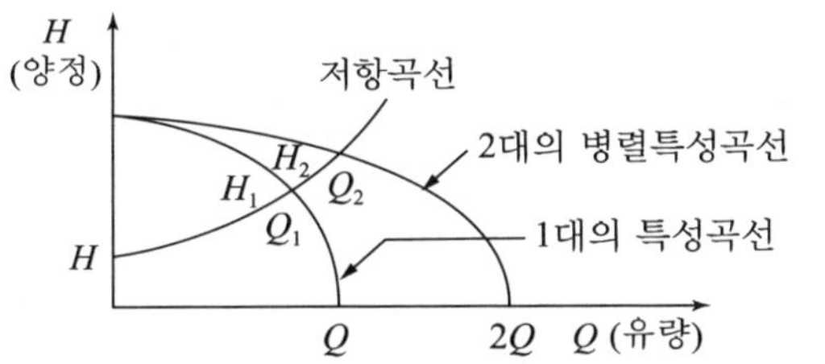

해설 펌프의 운전

직 렬 운 전	병 렬 운 전
① 토출량(유량) : Q ② 양정 : $2H$ ③ 토출압 : $2P$	① 토출량(유량) : $2Q$ ② 양정 : H ③ 토출압 : P
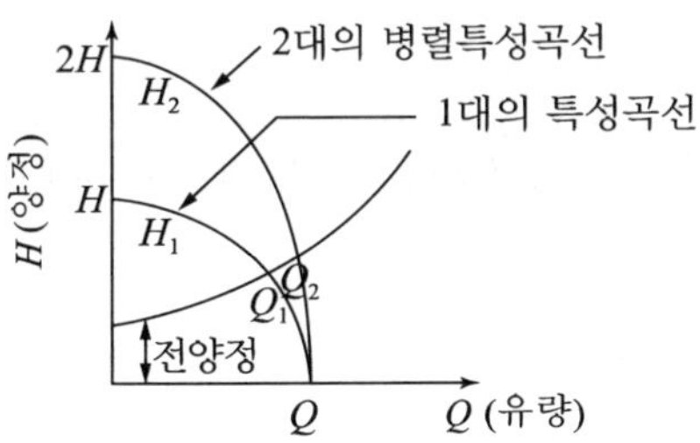	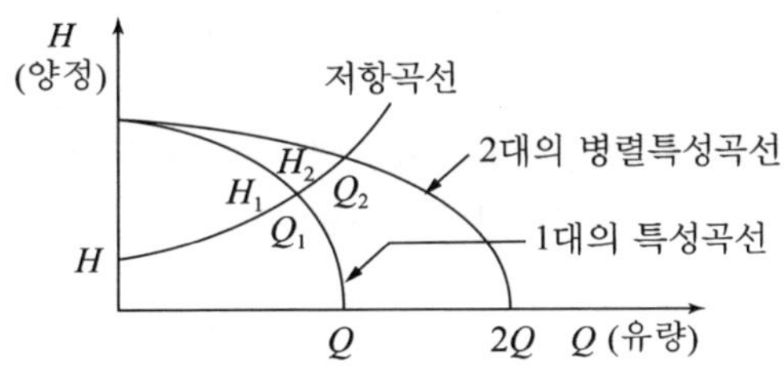

26 소방시설 설계도에서 표시하는 기호(symbol)를 도시하시오.

(가) 옥내소화전배관　　(나) 맹후렌지
(다) Y형 스트레이너　　(라) 모터싸이렌
(마) 중계기　　(바) Foot밸브

정답 (가) 

(나) 

(다) 

(라) 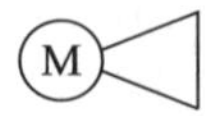

(마) 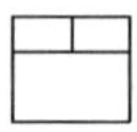

(바) 

27 수원의 수위가 펌프보다 낮을 때 풋밸브로 부터 펌프 흡입구까지 설치된 부속류를 도시하고, 그 기능을 각각 설명하시오.

정답

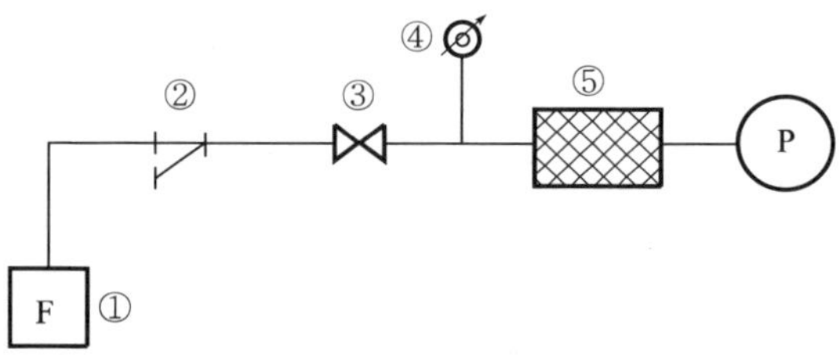

① 체크기능과 여과기능
② 물속에 포함된 불순물 제거(여과기능)
③ 풋밸브 고장 수리 점검 또는 교체 스트레이너의 청소 또는 교체시 펌프로부터의 유수 차단 기능
④ 흡입배관상의 양정을 나타내는 기능
⑤ 풋밸브의 작동 및 정지 시 펌프 내에 미치는 충격을 완화시키는 기능

28 그림과 같이 소방대 연결송수구와 체크밸브 사이에 자동배수장치(auto drip)를 설치하는 이유를 간단히 설명하시오.

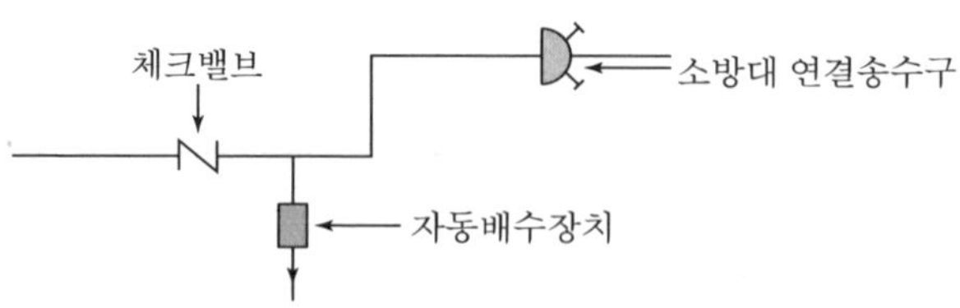

정답 배관 내에 고인 물을 자동으로 배수시켜 배관의 동파 방지

29 다음은 수계소화설비의 성능시험배관에 대한 사항이다. 조건을 참고하여 각 물음에 답하시오. (2024년 출제)

[조건]
① 펌프 토출측 배관에는 진동 방지를 위해 플렉시블 조인트를 설치할 것
② 평상시 성능시험배관의 개폐밸브 및 유량조절밸브는 폐쇄상태로 둘 것
③ 소방시설 자체점검사항 등에 관한 고시에 명시된 도시기호를 사용하여 도면을 완성할 것

(가) 펌프의 토출측 배관에서 개폐표시형 밸브까지와 성능시험배관의 관부속품 및 계측기를 사용하여 도면을 완성하시오.

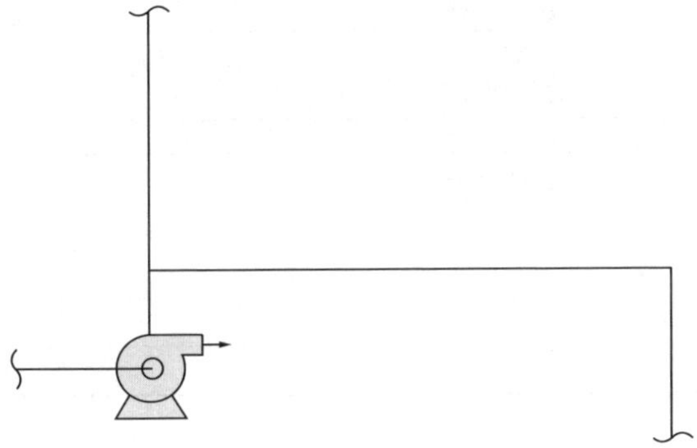

(나) 펌프성능시험의 종류 3가지와 판정기준을 각각 작성하시오(단, 판정기준은 정격토출압력과 정격토출량을 기준으로 작성할 것).

정답 (가)

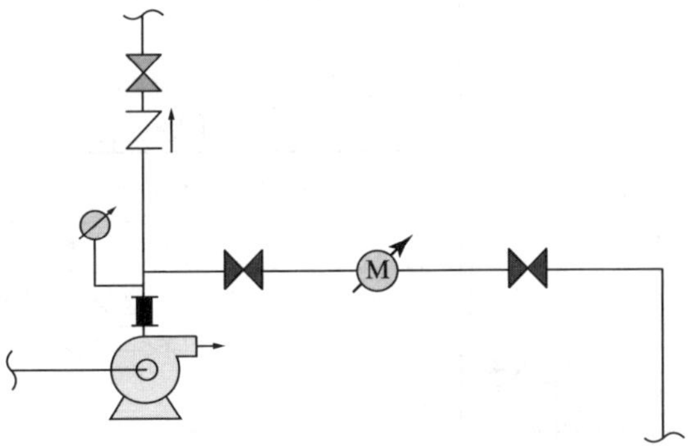

(나) ① 무부하시험 : 체절압력이 정격토출압력의 140% 이하인지 확인
② 정격부하시험 : 유량계 유량이 정격유량일 때 압력계 압력이 정격토출압력 이상되는지 확인
③ 피크부하시험 : 유량계 유량이 정격토출량의 150%일 때 압력계 압력이 정격양정의 65% 이상되는지 확인

30 다음 그림은 옥내소화전설비의 계통도를 나타내고 있다. 보기를 참고하여 이 계통도에서 잘못 설치된 부분 4가지를 지적하고 수정방법을 쓰시오. (2023년 출제)

[보기]
① 도면상에 ( ) 안의 수치는 배관 구경을 나타낸다.
② 가까운 곳에 있는 부분을 수정할 때는 다음 예시와 같이 작성하도록 한다.
- 옳은 예

틀린 부분	수정 부분
XX의 A와 B	위치를 변경하여 설치

- 잘못된 예(1가지만 정답으로 인정)

틀린 부분	수정 부분
XX의 A XX의 B	B A

틀린 부분	수정 부분

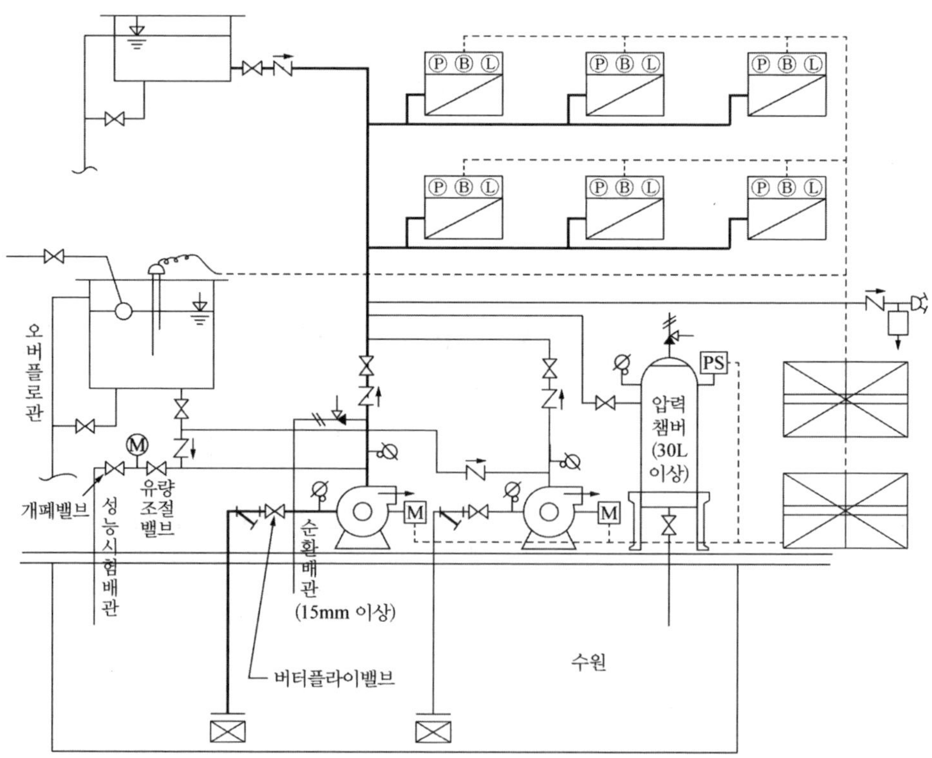

정답

틀린 부분	수정 부분
순환배관 15 mm 이상	순환배관 20 mm 이상
압력챔버 30 L 이상	압력챔버 100 L 이상
성능시험배관의 유량조절밸브와 개폐밸브	위치를 변경하여 설치
버터플라이밸브	버터플라이밸브 이외의 개폐표시형 밸브 설치

해설

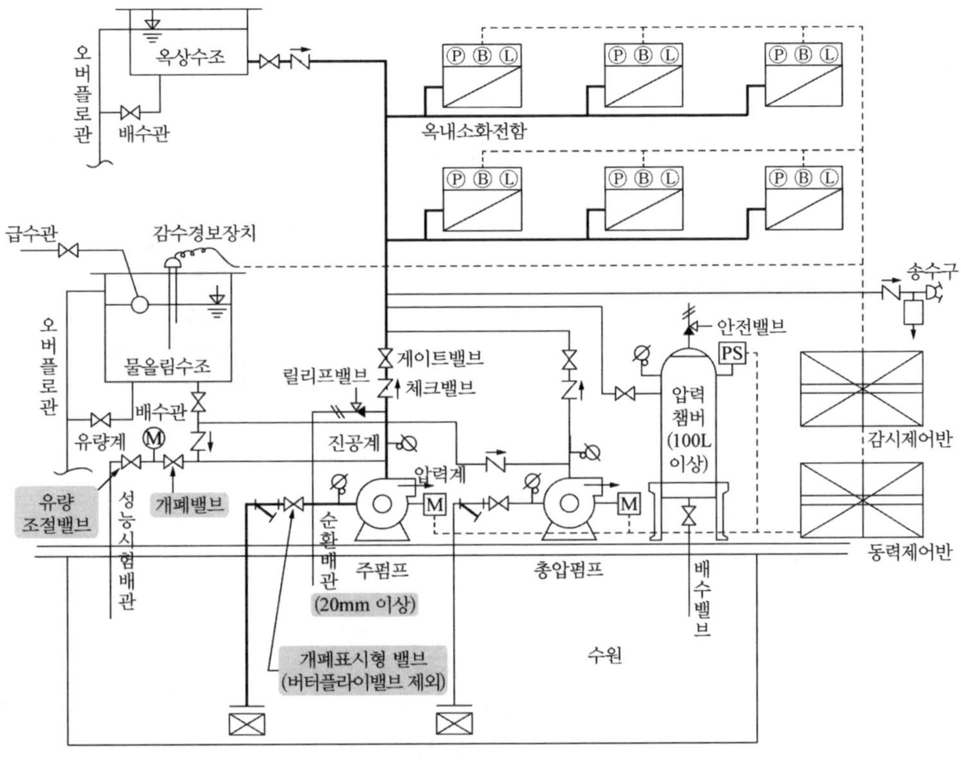

31 다음 조건을 기준으로 옥내소화전설비에 대한 물음에 답하시오. (2023년 출제)

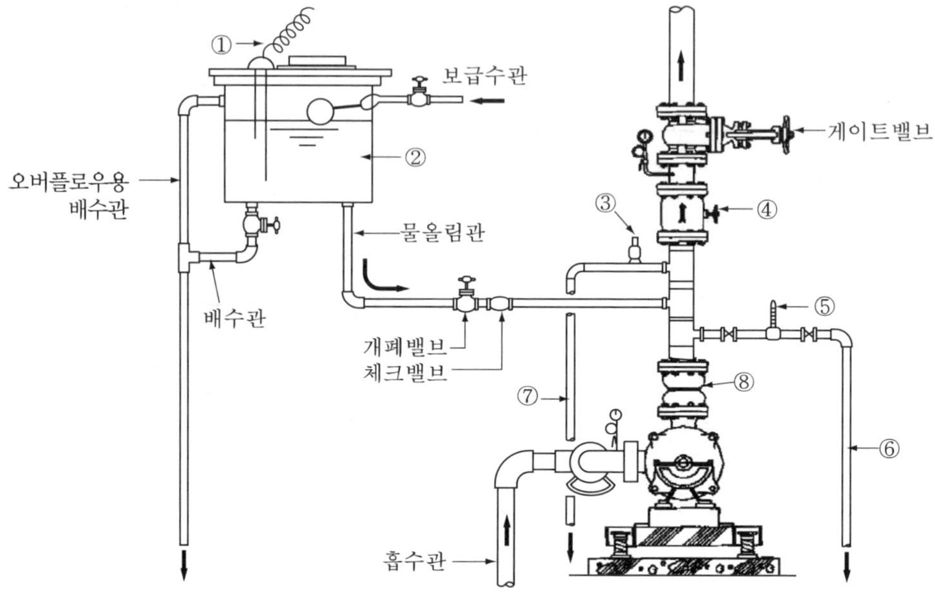

(가) 그림에서 ①, ②, ③, ④, ⑤, ⑥, ⑦, ⑧번의 명칭을 기입하시오.
(나) 펌프의 정격토출압력이 1 MPa일 때, 기호 ③은 최대 몇 MPa에서 개방되도록 해야 하는지 구하시오.
(다) 기호 ②에 연결된 급수배관의 최소구경(mm) 기준을 쓰시오.
(라) 기호 ②의 최소용량(L)을 쓰시오.

정답 (가)

번호	명칭
①	감수경보장치
②	물올림수조
③	릴리프밸브
④	체크밸브
⑤	유량계
⑥	성능시험배관
⑦	순환배관
⑧	플렉시블 조인트

(나) $1 \times 1.4 = 1.4$ MPa
(다) 15 mm
(라) 100 L

해설 (나) 릴리프밸브의 작동압력은 체절압력 미만으로 설정하여야 한다.
체절압력은 정격토출압력(정격압력)의 140% 이하이므로
릴리프밸브의 작동압력(개방압력) = 정격토출압력 × 1.4 = 1 MPa × 1.4 = 1.4 MPa

(다), (라) 용량 및 구경

구 분	설 명
급수배관 구경	15 mm 이상
순환배관 구경	20 mm 이상(정격토출량의 2~3% 용량)
물올림관 구경	25 mm 이상(높이 1 m 이상)
오버플로관 구경	50 mm 이상
물올림수조 용량	100 L 이상
압력챔버의 용량	100 L 이상

32 다음은 펌프의 성능에 관한 내용이다. 각 물음에 답하시오. (2022년 출제)

(가) 옥내소화전설비가 4개 설치된 11층 건물의 특정소방대상물에 설치된 펌프의 성능시험표이다. 해당 성능시험표의 빈칸을 채우되 계산과정까지 쓰시오(단, 정격토출양정은 40.5 m이다).

체절운전	150% 운전
–	토출량 (②) L/min
양정 (①) m	토출양정 (②) m

(나) 펌프의 성능곡선이 다음과 같을 때 이 펌프는 화재안전기준에서 요구하는 성능을 만족하는지 여부를 판정하시오(단, 이유를 쓰고 '적합' 또는 '부적합'으로 표시하시오).

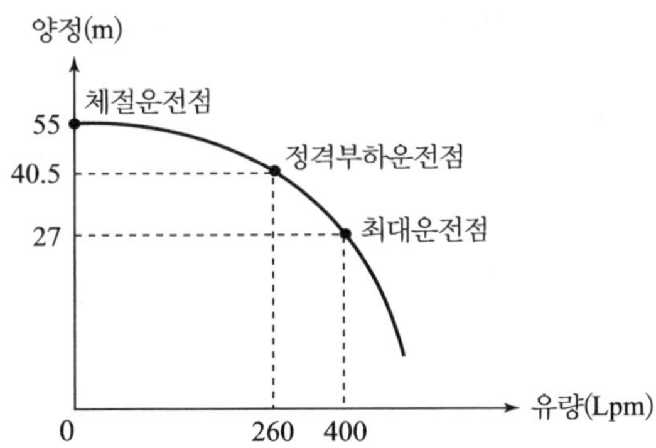

정답 (가) ① 56.7 m

② 390 L/min

③ 26.33 m

(나) 체절운전시 양정은 56.7 m 이하, 150% 운전시 토출량은 390 L/min 이상, 토출양정은 26.33 m 이상이므로 적합

해설 (가) 체절점, 설계점, 150% 유량점

체절점(체절운전점)	설계점	150% 유량점(운전점)
정격토출양정 × 1.4	정격토출양정 × 1.0	정격토출양정 × 0.65

① 체절양정 = 정격토출양정 × 1.4 = 40.5 m × 1.4 = 56.7 m 이하

② 150% 운전유량

펌프의 최소유량 $Q = N \times 130\,\mathrm{L/min} = 2 \times 130\,\mathrm{L/min} = 260\,\mathrm{L/min}$

150% 운전유량 = 정격토출량 × 1.5 = 260 L/min × 1.5 = 390 L/min 이상

③ 150% 토출양정 = 정격토출양정 × 0.65 = 40.5 m × 0.65 = 26.325

≒ 26.33 m 이상

(나)

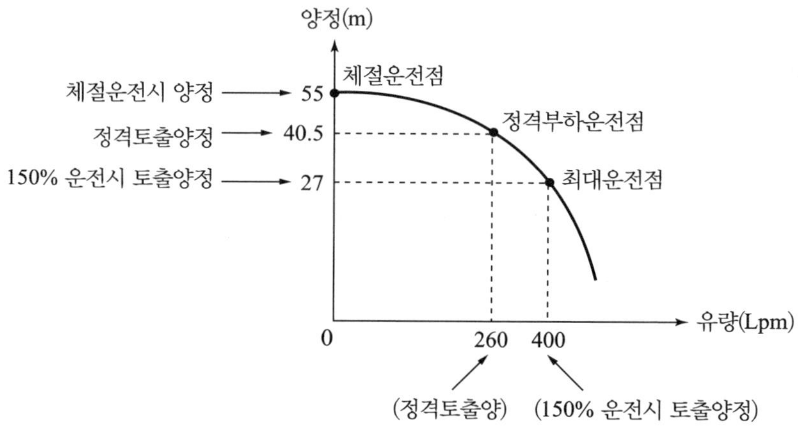

- 성능곡선에서 체절운전시 양정은 55 m (56.7 m 이하이면 적합)이므로 적합
- 성능곡선에서 150% 운전시 토출량은 400 L/min (390 L/min 이상이면 적합)이므로 적합
- 성능곡선에서 150% 운전시 토출양정은 27 m (26.33 m 이상이면 적합)이므로 적합

33 다음은 펌프의 성능시험에 대한 계통도이다. 체절운전, 정격부하운전, 최대 부하운전의 성능시험방법을 쓰시오(단, $V_1 \sim V_3$ 밸브의 개폐 및 폐쇄상태를 포함하여 작성한다.

(2024년 출제)

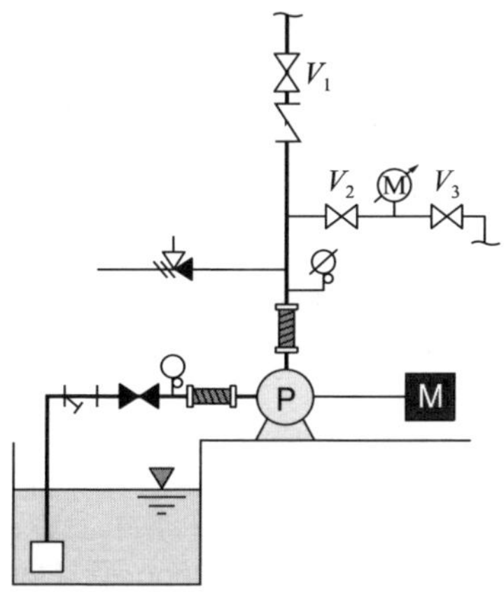

(가) 체절운전
(나) 정격부하운전
(다) 최대 부하운전

정답 (가) ① 펌프토출측 개폐밸브(V_1) 폐쇄
② 성능시험배관 개폐밸브(V_2), 유량조절밸브(V_3) 폐쇄
③ 펌프기동

(나) ① 개폐밸브(V_2) 개방
② 유량조절밸브(V_3)를 개방하여 유량계의 유량이 정격유량상태(100%)일 때 압력계의 압력이 정격압력 이상이 되는지 확인

(다) 유량조절밸브(V_3)를 더욱 개방하여 유량계의 정격토출량의 150%가 되었을 때 압력계의 압력이 정격양정의 65% 이상이 되는지 확인

해설 펌프성능시험

구분	운 전 방 법	확 인 사 항
체절운전	① 펌프토출측 개폐밸브(V_1) 폐쇄 ② 성능시험배관 개폐밸브(V_2), 유량조절밸브(V_3) 폐쇄 ③ 펌프 기동	① 체절압력이 정격토출압력의 140% 이하인지 확인 ② 체절운전시 체절압력 미만에서 릴리프밸브가 작동하는지 확인
정격부하운전	① 펌프 기동 ② 개폐밸브(V_2) 개방 ③ 유량조절밸브(V_3)를 개방하여 유량계의 유량이 정격유량상태(100%)일 때	압력계의 압력이 정격압력 이상이 되는지 확인
최대 운전	유량조절밸브(V_3)를 더욱 개방하여 유량계의 정격토출량의 150%가 되었을 때	압력계의 압력이 정격압력의 65% 이상이 되는지 확인

34 옥내소화전설비의 소화전함을 열고 호스 노즐을 통하여 20분간 방수하면서 받아낸 물의 양을 측정해보니 3,000 L이었다. 이 노즐에서의 방수압은 얼마인가? [단, 이 노즐의 K (방수계수)는 100이다]

정답 $P = 0.225\text{MPa}$

$$Q = 0.653d^2\sqrt{10P} = K\sqrt{10P} = \frac{3,000}{20} = 150\ \text{L/min}$$

$$P = \frac{(Q/K)^2}{10} = \frac{(150/100)^2}{10} = 0.225\ \text{MPa}$$

여기서, Q : 분당토출량(L/min)
d : 관지름(mm)
P : 방수압(MPa)

35 압력탱크에 설치되어 있는 압력스위치에 Range를 1 MPa에 설정하고 Diff를 0.3 MPa에 설정했을 때 압력이 얼마 이하가 되면 펌프가 자동으로 기동하는가?

정답 펌프 기동 = Range압 − Diff압 = 1 − 0.3 = 0.7 MPa

해설 ① Range : 펌프의 작동 정지점
② Diff : 펌프의 작동압력과 정지압력의 차압
③ 펌프는 Range 압력에서 Diff에 설정된 압력만큼 떨어지면 기동된다.

36 어느 소방대상물의 4층에 5개, 5층에 6개의 옥내소화전이 설치되어 있다. 전양정이 130 m이고, 펌프의 효율이 60%, 전달계수 1.1인 전동기의 동력[kW]을 계산하시오.

정답 10.1 kW

해설 전동기 용량

$$P(\text{kW}) = \frac{\gamma QH}{102E}K = \frac{1,000 \times \frac{0.26}{60} \times 130}{102 \times 0.6} \times 1.1 = 10.1\ \text{kW}$$

$$Q = 2 \times 130\ \text{L/min} = 260\ \text{L/min} = \frac{0.26}{60}\ \text{m}^3/\text{s}$$

※ 참고 : $P(\text{HP}) = \dfrac{\gamma QH}{76E}K$

여기서, Q : 용량(m^3/s)
H : 전양정(m)
γ : 물의 비중(1000 kgf/m^3)
K : 전달계수
E : 펌프효율
1 kW = 102 kgf · m/s (HP = 76 kgf · m/s, PS = 75 kgf · m/s)

37 옥내소화전을 3층에 2개, 4층에 5개를 설치하였다. 펌프의 성능시험배관의 지름(안지름)은 얼마 이상으로 해야 하는가? (단, 전양정은 30 m이고, 관경은 32A, 40A, 50A, 65A, 80A, 100A 중에서 선택하시오)

정답 32A 이상

해설 ① 체절운전시험

② 정격운전시험

③ 150% 토출량시험(피크부하시험) : 150% 토출량일 때 65% 이상 압력유지

$Q=0.653d^2\sqrt{10P}$ 에서 150% 토출량시험 적용

$P=30\,\text{m}=0.3\,\text{MPa}$

$Q=2\times 130\,\text{L/min}=260\,\text{L/min}$

$$d=\sqrt{\frac{Q\times 1.5}{0.653\sqrt{10P\times 0.65}}}=\sqrt{\frac{260\times 1.5}{0.653\sqrt{10\times 0.3\times 0.65}}}$$

$=20.68\,\text{mm}$

∴ 주어진 관경 32A 사용

38 최상층 옥내소화전 노즐 방사압이 0.3 MPa, 배관 및 호스의 마찰손실수두가 5 m이면 고가수조의 높이는 얼마인가? (단, 흡입양정은 무시한다)

정답 35 m

해설 양정 $H=h_1+h_2+30\,\text{m}=30\,\text{m}+5\,\text{m}=35\,\text{m}$

39 펌프 흡입측에 설치된 연성계가 320 mmHg일 때 이론유효흡입수두는 몇 m인가? (단, 대기압은 760 mmHg이다)

정답 5.98m

해설 흡입수두(H_s) : $320\,\text{mmHg}=\dfrac{320\,\text{mmHg}}{760\,\text{mmHg}}\times 10.332\,\text{m}=4.3503\,\text{m}$

포화증기압(H_v), 마찰수두(H_L) : 주어지지 않았으므로 무시

흡입 NPSH_{av}는

$\text{NPSH}_{\text{av}}=H_a-H_v-H_s-H_L=10.332\,\text{m}-4.3503\,\text{m}\fallingdotseq 5.98\,\text{m}$

40 내경 20 cm인 강관 내를 물이 3.6 m^3/min으로 흐르고 있을 때의 유속은 몇 [m/s]인가?

정답 1.911 m/s

해설 $Q=AV$이므로

$$\therefore V=\frac{Q}{A}$$

여기서, Q : 유량(m^3/s)

V : 유속(m/s)

A : 단면적(m^2)

문제에서 $Q=3.6\,m^3/min=0.06\,m^3/s$

$d=20\,cm=0.2\,m$

$$A=\frac{\pi}{4}\times(0.2)^2=0.0314\,m^2$$

$$\therefore V=\frac{0.06}{0.0314}=1.911\,m/s$$

41 어느 펌프가 양정 60 m, 회전수가 1,770 rpm일 때, 양정을 100 m로 할 경우 회전수는 얼마가 필요한가?

정답 2,285.06 rpm

해설 상사의 법칙에서

$$\frac{H_2}{H_1}=\left(\frac{N_2}{N_1}\right)^2,\quad \frac{100}{60}=\left(\frac{N_2}{1,770}\right)^2$$

$$\therefore N_2=\sqrt{\frac{100}{60}}\times1,770=2,285.06\,rpm$$

양정은 회전수의 2승에 비례한다.

42 표준대기압 상태에서 물을 흡입할 수 있는 이론상 최대높이는 몇 m인가?

정답 10.34 m

해설 $P=\gamma h$

여기서 P : 압력 [kPa] 또는 [kN/m^2]

γ : 비중량(물의 비중량 9.8 kN/m^3)

h : 높이[m]

$$\therefore h=\frac{P}{\gamma}=\frac{101.325\,kN/m^2}{9.8\,kN/m^3}\fallingdotseq 10.34\,m$$

※ 표준대기압

$$\begin{aligned}1\,atm=760\,mmHg &= 1.0332\,kgf/cm^2\\ &= 10.332\,mH_2O\,(mAq)\\ &= 101.325\,kPa\,(kN/m^2)\\ &= 1013\,mbar\\ &= 14.7\,psi\,(lbf/in^2)\end{aligned}$$

43 옥내소화전이 각 층당 1개씩 설치된 설비에서 펌프 토출측 주배관의 구경은 몇 mm인가? (단, 유속은 4 m/s, 연결송수관과 방수구는 연결되지 않았다고 가정한다)

정답 50 mm

해설 $Q = AV = \frac{\pi D^2}{4} V$

여기서, Q : 유량[m^3/s]
A : 단면적[m^2]
V : 유속[m/s]
D : 내경[m]

배관의 내경 D는

$$D = \sqrt{\frac{4Q}{\pi V}} = \sqrt{\frac{4 \times 0.13/60}{\pi \times 4}} ≒ 0.02626\ \text{m}$$
$$= 26.26\ \text{mm}$$

위의 식에 대입하면 D 값은 23.24 mm로 배관의 내경은 32 mm이지만 펌프토출측 주배관은 50 mm 이상을 적용하여야 하므로 50 mm를 선정한다.
Q : 130 L/min (옥내소화전 1개의 방수량)

배관 내의 유속

설 비		유속
옥내소화전설비		4 m/s 이하
스프링클러설비	가지배관	6 m/s 이하
	기타의 배관	10 m/s 이하

관경(호칭경)

관경[mm]	25	32	40	50	65	80	90	100	125	150	200	250	300

다음의 조건에서는 아래와 같이 답해야 한다.

구 분	구경
주배관 중 수직배관인 경우 펌프토출측 주배관	50 mm 이상
연결송수관인 방수구가 연결된 경우 (연결송수관설비의 배관과 겸용할 경우)	100 mm 이상

화재안전기준에서 주배관 중 수직배관을 50 mm 이상으로 해야 한다고 규정하고 있으므로 수직배관이 50 mm 이상이면 펌프토출측 주배관도 당연히 50 mm 이상으로 해야 한다.

44 소화펌프는 상사의 법칙에 의하면 펌프의 임펠러 회전속도에 따라 유량, 양정, 축동력이 변화한다. 어느 소화펌프의 전양정이 150 m이고 토출량이 30 m³/min로 운전하다가 소화펌프의 회전수를 증가시켜 토출량이 40 m³/min로 변환되었을 때의 전양정은 몇 m인지 계산하시오.

정답 $150 \times \left(\frac{40}{30}\right)^2 = 266.666 \fallingdotseq 266.67\,\text{m}$

$\therefore$ 266.67 m

해설 $Q_2 = Q_1\left(\frac{N_2}{N_1}\right)$

$\frac{Q_2}{Q_1} = \frac{N_2}{N_1}$

좌우로 이항하면

$\frac{N_2}{N_1} = \frac{Q_2}{Q_1}$ ………………………………… ①

$\left(\text{①식의 } \frac{N_2}{N_1} = \frac{Q_2}{Q_1} \text{ 를 ②식에 대입}\right)$

$H_2 = H_1\left(\frac{N_2}{N_1}\right)^2$ ………………………… ②

$= H_1\left(\frac{Q_2}{Q_1}\right)^2 = 150\,\text{m} \times \left(\frac{40\,\text{m}^3/\text{min}}{30\,\text{m}^3/\text{min}}\right)^2$

$= 266.666 \fallingdotseq 266.67\,\text{m}$

45 어느 배관의 인장강도가 20 kgf/mm²이고 내부압력이 40 kgf/cm²일 때 스케줄 번호(Sch. No)는 얼마인가? (단, 안전율=5이다)

정답 100

해설 스케줄 번호(Schedule No)$= 10 \times P/S$

여기서, P : 최대 허용압력(kg/cm²)

S : 허용인장응력(kg/mm²)

$S = \frac{\text{인장강도}}{\text{안전율}} = \frac{20}{5} = 4\,\text{kg/mm}^2$

$\therefore$ 스케줄 번호(Schedule No)$= 10 \times \frac{P}{S} = 10 \times \frac{40}{4} = 100$

46 펌프의 직경 1 m, 회전수 1750 rpm, 유량 750 m^3/min, 동력 100 kW로 가압송수하고 있다. 펌프의 효율 75%, 정압 50 mmAq, 전압 80 mmAq일 때 다음 각 물음에 답하시오(단, 펌프의 상사법칙을 적용한다). (2023년 출제)

(가) 회전수를 2000 rpm으로 변경시 유량(m^3/min)을 구하시오(단, 펌프의 직경은 1 m이다).
(나) 펌프의 직경을 1.2 m로 변경시 동력(kW)을 구하시오(단, 회전수는 1750 rpm으로 변함이 없다).
(다) 펌프의 직경을 1.2 m로 변경시 정압(mmAq)을 구하시오(단, 회전수는 1750 rpm으로 변함이 없다).

정답 (가) 857.14 m^3/min
(나) 248.83 kW
(다) 72 mmAq

해설 (가) 유량 $Q_2 = Q_1\left(\frac{N_2}{N_1}\right)\left(\frac{D_2}{D_1}\right)^3 = 750\,\text{m}^3/\text{min} \times \left(\frac{2000\,\text{rpm}}{1750\,\text{rpm}}\right) \times \left(\frac{1\,\text{m}}{1\,\text{m}}\right)^3$

$= 857.142 \fallingdotseq 857.14\,\text{m}^3/\text{min}$

(나) 축동력 $P_2 = P_1\left(\frac{N_2}{N_1}\right)^3\left(\frac{D_2}{D_1}\right)^5 = 100\,\text{kW} \times \left(\frac{1750\,\text{rpm}}{1750\,\text{rpm}}\right)^3 \times \left(\frac{1.2\,\text{m}}{1\,\text{m}}\right)^5$

$= 248.832 \fallingdotseq 248.83\,\text{kW}$

(다) 정압 $H_2 = H_1\left(\frac{N_2}{N_1}\right)^2\left(\frac{D_2}{D_1}\right)^2 = 50\,\text{mmAq} \times \left(\frac{1750\,\text{rpm}}{1750\,\text{rpm}}\right)^2 \times \left(\frac{1.2\,\text{m}}{1\,\text{m}}\right)^2$

$= 72\,\text{mmAq}$

유량, 양정, 축동력

유량	양정(정압 또는 전압)	축동력(동력)
회전수에 비례하고 직경(관경)의 세제곱에 비례한다.	회전수의 제곱 및 직경(관경)의 제곱에 비례한다.	회전수의 세제곱 및 직경(관경)의 오제곱에 비례한다.
$Q_2 = Q_1\left(\frac{N_2}{N_1}\right)\left(\frac{D_2}{D_1}\right)^3$ 또는 $Q_2 = Q_1\left(\frac{N_2}{N_1}\right)$	$H_2 = H_1\left(\frac{N_2}{N_1}\right)^2\left(\frac{D_2}{D_1}\right)^2$ 또는 $H_2 = H_1\left(\frac{N_2}{N_1}\right)^2$	$P_2 = P_1\left(\frac{N_2}{N_1}\right)^3\left(\frac{D_2}{D_1}\right)^5$ 또는 $P_2 = P_1\left(\frac{N_2}{N_1}\right)^3$

47 다음 조건을 참조하여 해발 1000 m에 설치된 펌프에 공동현상이 일어나는지 여부를 판정하시오(단, 중력가속도는 반드시 9.2 m/s^{2}를 적용할 것). (2023년 출제)

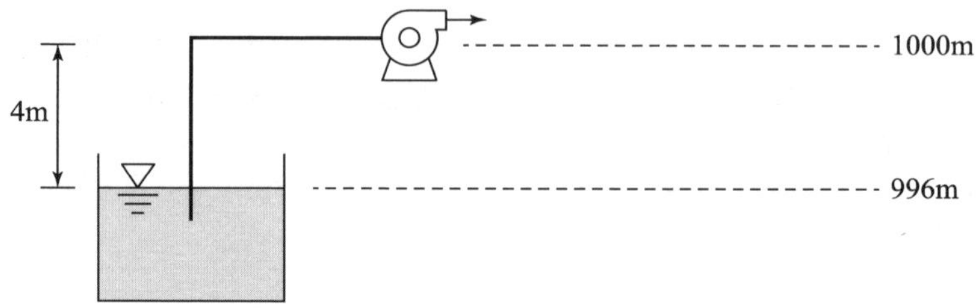

[조건]
① 배관의 마찰손실수두 : 0.5 m
② 해발 0 m에서의 대기압 : 1.033 × 10^5 Pa
③ 해발 1000 m에서의 대기압 : 1.901 × 10^5 Pa
④ 물의 증기압 : 2.334 × 10^3 Pa
⑤ 필요흡입양정은 4.5 m이다.

정답 $\gamma = 1000 \times 9.8 = 9800\,\mathrm{N/m^3}$

$$\mathrm{PSH_{av}} = \frac{0.901 \times 10^5}{9800} - \frac{2.334 \times 10^3}{9800} - 4 - 0.5 \fallingdotseq 4.455\,\mathrm{m}$$

∴ 필요흡입양정보다 유효흡입양정이 작으므로 공동현상 발생

해설 (1) 비중량 $\gamma = \rho g = 1000\,\mathrm{N \cdot s^2/m^4} \times 9.8\,\mathrm{m/s^2} = 9800\,\mathrm{N/m^3}$

(2) 수두 $H = \dfrac{P}{\gamma}$

여기서, H : 수두(m)

P : 압력(Pa 또는 N/m^2)

γ : 비중량(N/m^3)

(3) 표준대기압

1 atm = 760 mmHg = 1.0332 kg$_f$/cm^2
= 10.332 mH$_2$O (mAq)
= 14.7 PSI (lb$_f$/in^2)
= 101.325 kPa (kN/m^2) = 101325 Pa (N/m^2)
= 1013 mbar

1 Pa = 1 N/m^{2}이므로

대기압수두(H_a) : $H = \dfrac{P}{\gamma} = \dfrac{0.901 \times 10^5\,\mathrm{N/m^2}}{9800\,\mathrm{N/m^3}}$

- 대기압수두(H_a)는 펌프가 위치해 있는 곳, 즉 해발 1000 m에서의 대기압을 기준으로 한다. 해발 0 m에서의 대기압은 적용하지 않음.

수증기압수두(H_v) : $H = \frac{P}{\gamma} = \frac{2.334 \times 10^3 \text{N/m}^2}{9800 \text{N/m}^3}$

흡입수두(H_s) : 4 m (그림에서 펌프 중심~ 수원 표면까지의 수직거리)

마찰손실수두(H_L) : 0.5 m

수조가 펌프보다 낮으므로 유효흡입양정은

$$\text{NPSH}_{\text{av}} = H_a - H_v - H_s - H_L = \frac{0.901 \times 10^5 \text{N/m}^2}{9800 \text{N/m}^3} - \frac{2.334 \times 10^3 \text{N/m}^2}{9800 \text{N/m}^3}$$

$$= 4 \text{m} - 0.5 \text{m} \fallingdotseq 4.455 \text{m}$$

$4.455 \text{m} \ (\text{NPSH}_{\text{av}}) < 4.5 \text{m} \ (\text{NPSH}_{\text{re}})$ = 공동현상 발생

48 소화펌프가 회전수 600 rpm, 유량 36000 m³/s, 축동력 7.5 kW, 양정 50 m로 가압 송수하고 있다. 다음 각 물음에 답하시오. (2022년 출제)

(가) 양정 70 m를 얻기 위한 소화펌프의 회전수(rpm)를 구하시오.
(나) 양정 70 m가 만족되었을 때 축동력(kW)을 구하시오.

정답 (가) 709.93 rpm
(나) 12.42 kw

해설 (가) 회전수 N_2는

$$H_2 = H_1 \left(\frac{N_2}{N_1} \right)^2$$

$$N_2 = N_1 \sqrt{\frac{H_2}{H_1}} = 600 \text{rpm} \times \sqrt{\frac{70 \text{m}}{50 \text{m}}} = 709.929 \fallingdotseq 709.93 \text{rpm}$$

(나) 축동력 P_2는

$$P_2 = P_{1_1} \left(\frac{N_2}{N_1} \right)^2 = 7.5 \text{kW} \times \left(\frac{709.93 \text{rpm}}{600 \text{rpm}} \right)^3 = 12.423 \fallingdotseq 12.42 \text{kW}$$

▌유량, 양정, 축동력

유량	양정	축동력
회전수에 비례하고 직경(관경)의 세제곱에 비례한다.	회전수의 제곱 및 직경(관경)의 제곱에 비례한다.	회전수의 세제곱 및 직경(관경)의 오제곱에 비례한다.
$Q_2 = Q_1 \left(\frac{N_2}{N_1} \right) \left(\frac{D_2}{D_1} \right)^3$ 또는 $Q_2 = Q_1 \left(\frac{N_2}{N_1} \right)$	$H_2 = H_1 \left(\frac{N_2}{N_1} \right)^2 \left(\frac{D_2}{D_1} \right)^2$ 또는 $H_2 = H_1 \left(\frac{N_2}{N_1} \right)^2$	$P_2 = P_1 \left(\frac{N_2}{N_1} \right)^3 \left(\frac{D_2}{D_1} \right)^5$ 또는 $P_2 = P_1 \left(\frac{N_2}{N_1} \right)^3$

49 매 초당 3000 N의 물이 내경 300 mm인 소화배관을 통하여 흐르고 있는 경우 다음 각 물음에 답하시오.

(가) 소화배관 내 물의 평균유속[m/s]을 구하시오.
(나) 소화배관 내 물의 평균유속을 9.74 m/s로 할 경우 소화배관의 관경[m]을 구하시오.

정답 (가) $\dfrac{3000}{\dfrac{\pi \times 0.3^2}{4} \times 9800} = 4.33\,\mathrm{m/s}$ ∴ 4.33 m/s

(나) $\sqrt{\dfrac{3000}{\dfrac{\pi}{4} \times 9.74 \times 9800}} = 0.2\,\mathrm{m}$ ∴ 0.2 m

해설 중량유량(weight flow rate)

$$G = AV\gamma = \frac{\pi D^2}{4} V\gamma$$

(가) 평균유속 V는

$$V = \frac{G}{\dfrac{\pi D^2}{4}\gamma} = \frac{3000\,\mathrm{N/s}}{\dfrac{\pi \times (0.3\,\mathrm{m})^2}{4} \times 9800\,\mathrm{N/m^3}} = 4.33\,\mathrm{m/s}$$

(나) 관경 D는

$$G = \frac{\pi D^2}{4} V\gamma$$

$$\frac{G}{\dfrac{\pi}{4} V\gamma} = D^2$$

$$D = \sqrt{\frac{G}{\dfrac{\pi}{4} V\gamma}} = \sqrt{\frac{3000\,\mathrm{N/s}}{\dfrac{\pi}{4} \times 9.74\,\mathrm{m/s} \times 9800\,\mathrm{N/m^3}}} = 0.2\,\mathrm{m}$$

50 지름이 10 cm인 소방호스에 노즐구경이 3 cm인 노즐팁이 부착되어 있고, 1.5 $\mathrm{m^3/min}$의 물을 대기 중으로 방수할 경우 노즐(Nozzle)을 소방호스에 부착시키기 위한 플랜지볼트에 작용하고 있는 힘(kN)을 구하시오(단, 물의 비중량은 9800 $\mathrm{N/m^3}$이다).

(2022년 출제)

정답 4.07 kN

해설 플랜지볼트에 작용하는 힘

$$F = \frac{\gamma Q^2 A_1}{2g} \left(\frac{A_1 - A_2}{A_1 A_2} \right)^2$$

여기서, F : 플랜지볼트에 작용하는 힘(N)
γ : 비중량(물의 비중량 9800 $\mathrm{N/m^3}$)
Q : 유량($\mathrm{m^3/s}$)

A_1 : 소방호스의 단면적(m^2)

A_2 : 노즐의 단면적(m^2)

g : 중력가속도(9.8 m/s^2)

D_1 : 소방호스의 지름(mm)

D_2 : 노즐구경(m)

$$F = \frac{9800\,\mathrm{N/m^3} \times (1.5\,\mathrm{m^3}/60\,\mathrm{s})^2 \times \frac{\pi}{4} \times (0.1\,\mathrm{m})^2}{2 \times 9.8\,\mathrm{m/s^2}} \times \left(\frac{\frac{\pi}{4} \times (0.1\,\mathrm{m})^2 - \frac{\pi}{4} \times (0.03\,\mathrm{m})^2}{\frac{\pi}{4} \times (0.1\,\mathrm{m})^2 \times \frac{\pi}{4} \times (0.03\,\mathrm{m})^2} \right)^2$$

$\fallingdotseq 4067\,\mathrm{N} \fallingdotseq 4.067\,\mathrm{kN} \fallingdotseq 4.07\,\mathrm{kN}$

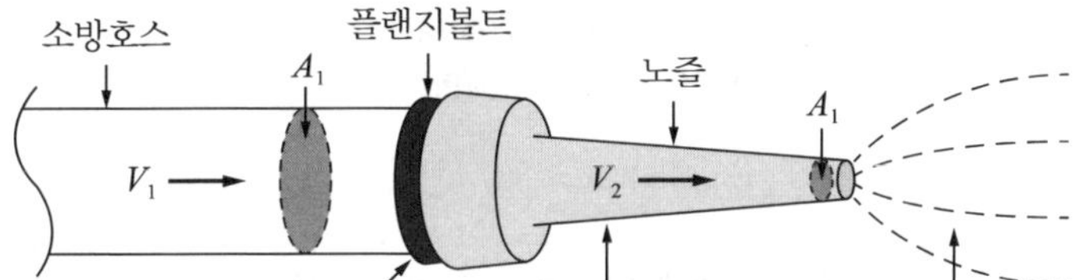

구분	공식	기호
플랜지볼트에 작용하는 힘	$F = \frac{\gamma Q^2 A_1}{2g} \left(\frac{A_1 - A_2}{A_1 A_2} \right)^2$	F : 플랜지볼트에 작용하는 힘(N) γ : 비중량(물의 비중량 9800 N/m^3) Q : 유량(m^3/s) A_1 : 소방호스의 단면적(m^2) A_2 : 노즐의 단면적(m^2) g : 중력가속도(9.8 m/s^2)
노즐에 걸리는 반발력 (운동량에 따른 반발력)	$F = \rho Q V$ $= \rho Q (V_2 - V_1)$	F : 노즐에 걸리는 반발력(N) (운동량에 따른 반발력) ρ : 밀도(물의 밀도 1000 $N \cdot s^2/m^4$) Q : 유량(m^3/s) V, V_1, V_2 : 유속(m/s)
노즐을 수평으로 유지하기 위한 힘	$F = \rho Q V_2$	F : 노즐을 수평으로 유지하기 위한 힘(N) ρ : 밀도(물의 밀도 1000 $N \cdot s^2/m^4$) V_2 : 노즐의 유속(m/s)
노즐의 반동력	$R = 1.57 P D^2$	R : 반동력(N) P : 방수압력(MPa) V_2 : 노즐구경(mm)

51 (　) 안에 알맞은 답을 써 넣으시오.

[조건]
- 주펌프의 토출량은 1200 L/min, TDH (Total Dynamic Head) = 1 MPa
- 충압펌프의 토출량은 80 L/min, TDH = 1 MPa
- 각 압력 스위치는 0.05 MPa의 차이를 둔다.

주펌프의 기동압력	(　①　) MPa
충압펌프의 기동압력	(　②　) MPa
충압펌프의 정지압력	(　③　) MPa
주펌프의 정지압력	1.05 MPa

정답 ① 주펌프의 기동압력 : 0.9 MPa
② 충압펌프의 기동압력 : 0.95 MPa
③ 충압펌프의 정지압력 : 1 MPa

52 내경이 25 mm인 배관에 분당 180 L로 정상류가 흐를 때의 속도수두는 얼마인가? (단, g =9.8 m/s^{2}이다)

정답 1.91 m

해설 $Q = AV = \frac{\pi d^2}{4} V$

$\therefore\ V = \frac{4 \times 0.18}{\pi \times 0.025^2 \times 60} = 6.115\ \mathrm{m/s}$

속도수두 $= \frac{V^2}{2g} = \frac{6.115^2}{2 \times 9.8} = 1.9078 \fallingdotseq 1.91\,\mathrm{m}$

$\therefore$ 1.91m

53 일직선으로 된 소방 노즐에서 300 L/min의 유량이 방출되고 있다. 관의 지름은 2인치, 노즐 끝의 지름은 1인치이다. 노즐 끝에서 발생하는 국부손실수두와 국부손실압력[kPa]은 얼마인가? (단, d/D=1/2=0.5이고, 단위는 [kPa], 미소손실계수 K는 5.5이다)

정답 ① 27.32 m
② 267.74 kPa

해설 ① 국부손실수두$(h) = K\frac{V_2^2}{2g} = 5.5 \times \frac{(9.87)^2}{2 \times 9.8} = 27.32\,\mathrm{m}$

② 국부손실압력$(P) = \gamma \cdot h = 9800\,\mathrm{N/m^3} \times 27.32\,\mathrm{m} = 267{,}736\,\mathrm{N/m^2} = 267{,}736\,\mathrm{Pa}$
$= 267.736\,\mathrm{kPa}$

$$[\because V_2 = \frac{Q_2}{A_2} = \frac{0.3/60}{\frac{\pi(0.0254)^2}{4}} = 9.87\,\text{m/s}]$$

54 900 L/min의 유체가 구경 30 cm이고, 길이 3000 m 강관 속을 흐르고 있다. 비중 0.85, 점성계수가 0.103 N·s/m^2일 때 다음 각 물음에 답하시오. (2023년 출제)

(가) 유속(m/s)을 구하시오.
(나) 레이놀즈수를 구하고, 층류인지 난류인지 판단하시오.
(다) 관마찰계수와 Darcy-Weisbach식을 이용하여 관마찰계수와 마찰손실수두(m)를 구하시오.

정답 (가) 0.21 m/s
(나) ① 레이놀즈수 : 519.9
② 층류
(다) ① 관마찰계수 : 0.12
② 마찰손실수두 : 2.7 m

해설 (가) 유속

$$Q = \left(\frac{\pi D^2}{4}\right) V$$

$$V = \frac{Q}{\frac{\pi D^2}{4}} = \frac{0.9\,\text{m}^3/60\,\text{s}}{\frac{\pi \times (0.3\,\text{m})^2}{4}} = \frac{0.9\,\text{m}^3 \div 60\,\text{s}}{\frac{\pi \times (0.3\,\text{m})^2}{4}} = 0.212 \fallingdotseq 0.21\,\text{m/s}$$

(나) 레이놀즈수

$$Re = \frac{DV\rho}{\mu} = \frac{DV}{v}$$

여기서, Re : 레이놀즈수
D : 내경(m)
V : 유속(m/s)
ρ : 밀도(kg/m^3)
μ : 점도(kg/m·s) = (N·s/m^2)
v : 동점성계수$\left(\frac{\mu}{\rho}\right)$ (m^2/s)

레이놀즈수 $Re = \frac{DV\rho}{\mu} = \frac{0.3\,\text{m} \times 0.21\,\text{m/s} \times 850\,\text{N}\cdot\text{s}^2/\text{m}^4}{0.103\,\text{N}\cdot\text{s}^2/\text{m}^2} = 519.902 \fallingdotseq 519.9$

$\rho = s \times \rho w = 0.85 \times 1000\,\text{N}\cdot\text{s}^2/\text{m}^4 = 850\,\text{N}\cdot\text{s}^2/\text{m}^4$

(다) ① 관마찰계수 $f = \frac{64}{Re} = \frac{64}{519.9} = 0.123 \fallingdotseq 0.12$

② 관마찰손실수두 $H = \frac{flV^2}{2gD} = \frac{0.12 \times 3000\,\text{m} \times (0.21\,\text{m/s})^2}{2 \times 9.8\,\text{m/s}^2 \times 0.3\,\text{m}} = 2.7\,\text{m}$

55 ①번 방향으로 물이 114 m^3/hr로 흐르고 있다. ②번 지점에서의 유량(L/min)과 속도(m/s)는 얼마인가?

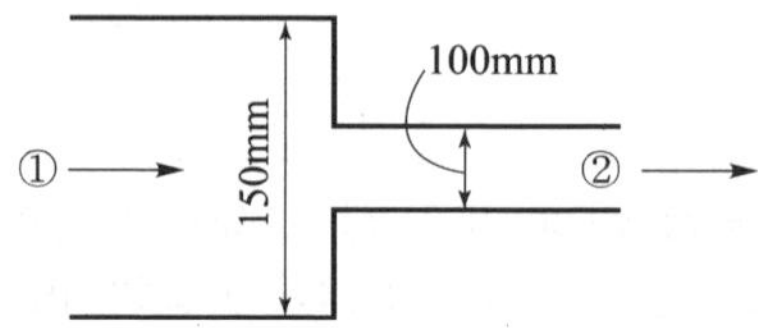

정답 ① 유량 : $Q = 1{,}900\ \mathrm{L/min}$

② 속도 : $V_2 = 4.03\ \mathrm{m/s}$

해설 $Q = A_1 V_1 = A_2 V_2$ (연속방정식)

① $Q = 114\ \mathrm{m^3/h} = 0.03167\ \mathrm{m^3/s} = 1{,}900\ \mathrm{L/min}$

② $V_2 = \dfrac{Q}{A_2} = \dfrac{0.03167 \times 4}{\pi \times 0.1^2} = 4.03\ \mathrm{m/s}$

56 지름이 500 mm 배관 끝에 지름이 25 mm인 노즐이 부착되어 있고 이 노즐에서 분당 300 L의 물이 방출되고 있다. 노즐 끝에서 발생하는 압력손실[kPa]을 구하시오(단, 노즐의 부차적 손실계수는 5.5이다).

정답 286.56 kPa

해설 $H = K\dfrac{V_2^2}{2g}$

여기서, H : 돌연축소관에서의 손실수두[m]

K : 손실계수

V_2 : 축소관 유속[m/s]

g : 중력가속도(9.8 m/s^2)

축소관 유속 V_2는

$$V_2 = \frac{Q}{A} = \frac{300\,\mathrm{L/min}}{\frac{\pi}{4}(0.025\,\mathrm{m})^2} = \frac{0.3\,\mathrm{m^3}/60\,\mathrm{s}}{\frac{\pi}{4}(0.025\,\mathrm{m})^2} = 10.2\,\mathrm{m/s}$$

돌연축소관에서의 손실수두 H는

$$H = K\frac{V_2^2}{2g} = 5.5 \times \frac{(10.2\,\mathrm{m/s})^2}{2 \times 9.8\,\mathrm{m/s^2}} = 29.22\,\mathrm{m}$$

$10.332\,\mathrm{m} = 101.325\,\mathrm{kPa}$이므로

$$\frac{29.22\,\mathrm{m}}{10.332\,\mathrm{m}} \times 101.325\,\mathrm{kPa} = 286.56$$

57 다음은 옥내소화전설비에 대한 그림이다. 각 물음에 답하시오.

[조건] 마찰손실수두 10 m, 수원량은 20% 더함.

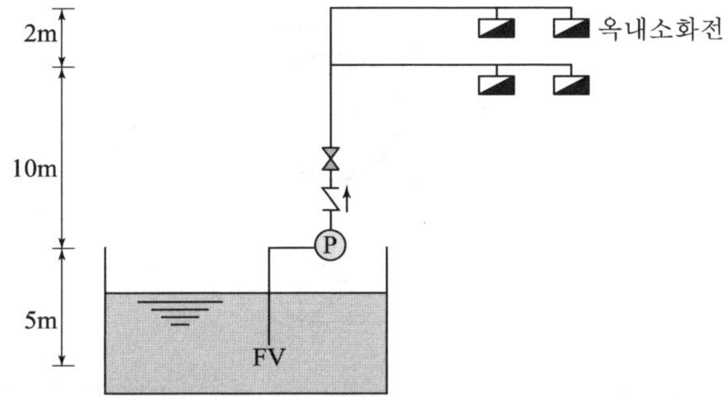

(가) 수원의 수량은 얼마인가?
(나) 펌프의 토출량은 얼마인가?
(다) 펌프의 전양정은 얼마인가?

정답 (가) 수원량 $= 2 \times 130\ \mathrm{L/min} \times 20\ \mathrm{min} \times 1.2 = 5{,}200\ \mathrm{L} \times 1.2 = 6{,}240\,\mathrm{L} = 6.24\,\mathrm{m}^3$

옥상수조 수원량 $= 6.24 \times \dfrac{1}{3} = 2.08\ \mathrm{m}^3$

(나) 펌프토출량 $= 2 \times 130\ \mathrm{L/min} = 260\ \mathrm{L/min}$

(다) 전양정 $H = h_1 + h_2 + h_3 + 17\ \mathrm{m} = (5 + 10 + 2) + 10\ \mathrm{m} + 17\ \mathrm{m} = 44\,\mathrm{m}$

58 그림은 옥내소화전설비의 가압송수장치이다. 그림 및 조건을 참고하여 다음 각 물음에 답하시오. (2022년 출제)

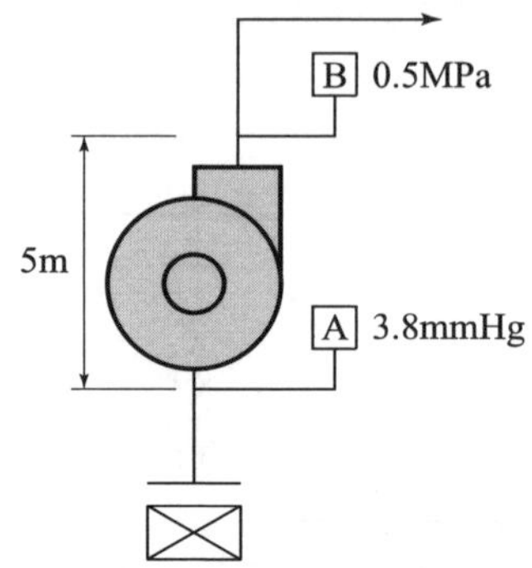

[조건]
① 옥내소화전은 층마다 2개씩 설치한다.
② 펌프흡입관의 관경은 65 mm, 토출관의 관경은 100 mm이다.
③ 물의 비중량은 9.8 kN/m^3이다.

(가) A, B의 도시기호를 그리고 압력측정범위를 쓰시오.

구분	A	B
도시기호		
압력측정범위		

(나) 펌프흡입관 및 토출관의 유속(m/s)을 구하시오.
① 흡입관 유속
② 토출관 유속

(다) 펌프의 전수두(m)를 구하시오.

(라) 펌프의 동력(kW)을 구하시오.

정답 (가)

구 분	A	B
도시기호		
압력측정범위	대기압 이상 및 이하	대기압 이상

(나) ① 흡입관 유속 $V_1 = 1.31$ m/s
② 토출관 유속 $V_2 = 0.55$ m/s

(다) 73.17 m

(라) 3.1 kW

해설 (가)

구 분	압력계	진공계	연성계
도시기호			
압력측정범위	대기압 이상 및 이하	대기압 이하	대기압 이상 및 이하
설치위치	펌프의 토출측	펌프의 흡입측	펌프의 흡입측

(나) ① 옥내소화전설비 펌프토출량

펌프토출량 $Q = N \times 130\,\text{L/min} = 2\text{개} \times 130\,\text{L/min} = 260\,\text{L/min}$

$= 0.26\,\text{m}^3/\text{min} = 0.26\,\text{m}^3/60\,\text{s}$

② 유속

$$Q = AV = \left(\frac{\pi D^2}{4}\right)V$$

펌프흡입관 유속

$$V_1 = \frac{Q}{\dfrac{\pi D_1^2}{4}} = \frac{0.26\,\text{m}^3/60\,\text{s}}{\dfrac{\pi \times (0.065\,\text{m})^2}{4}} = 1.305 \fallingdotseq 1.31\,\text{m/s}$$

펌프토출관 유속

$$V_2 = \frac{Q}{\dfrac{\pi D_2^2}{4}} = \frac{0.26\,\text{m}^3/60\,\text{s}}{\dfrac{\pi \times (0.1\,\text{m})^2}{4}} = 0.551 \fallingdotseq 0.55\,\text{m/s}$$

(다) 베르누이방정식

$$\text{흡입측 수두 } H_1 = \frac{V_1^2}{2g} + \frac{P_1}{\gamma} + Z_1$$

$$= \frac{(1.31\,\text{m/s})^2}{2 \times 9.8\,\text{m/s}^2} + \frac{\dfrac{3.8\,\text{mmHg}}{760\,\text{mmHg}} \times 101.325\,\text{kN/m}^2}{9.8\,\text{kN/m}^3} + 0$$

$= 0.139\,\text{m}$

- P_1 : 그림에서 $3.8\,\text{mmHg} = \dfrac{3.8\,\text{mmHg}}{760\,\text{mmHg}} \times 101.325\,\text{kN/m}^2$

59 안지름이 각각 300 mm와 450 mm의 원관이 직접 연결되어 있다. 안지름이 작은 관에서 큰 관 방향으로 매초 230 L의 물이 흐르고 있을 때 돌연확대부분에서의 손실은 얼마인가? (단, 중력가속도는 9.8 m/s^2이다)

정답 0.17 m

해설 (1) 유량

$$Q = AV = \left(\frac{\pi D^2}{4}\right)V$$

여기서, Q : 유량(m^3/s)
A : 단면적(m^2)
V : 유속(m/s)
D : 지름(내경)(m)

축소관 유속 V_1은

$$V_1 = \frac{Q}{A_1} = \frac{230\,\mathrm{L/s}}{\left(\frac{\pi \times 0.3^2}{4}\right)\mathrm{m}^2} = \frac{230 \times 10^{-3}\,\mathrm{m^3/s}}{\left(\frac{\pi \times 0.3^2}{4}\right)\mathrm{m}^2} = 3.253 \fallingdotseq 3.25\,\mathrm{m/s}$$

확대관 유속 V_2는

$$V_2 = \frac{Q}{A_2} = \frac{230\,\mathrm{L/s}}{\left(\frac{\pi \times 0.45^2}{4}\right)\mathrm{m}^2} = \frac{230 \times 10^{-3}\,\mathrm{m^3/s}}{\left(\frac{\pi \times 0.45^2}{4}\right)\mathrm{m}^2} = 1.446 \fallingdotseq 1.45\,\mathrm{m/s}$$

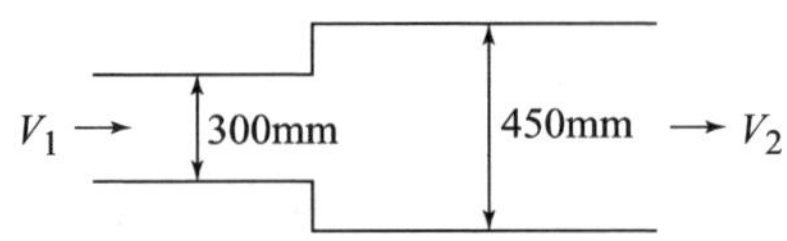

돌연확대관

(2) 돌연확대관에서의 손실

$$H = K\frac{(V_1 - V_2)^2}{2g}$$

여기서, H : 손실수두(m)
K : 손실계수
V_1 : 축소관 유속(m/s)
V_2 : 확대관 유속(m/s)
g : 중력 가속도(9.8 m/s^2)

돌연확대관에서의 손실 H는

$$H = K\frac{(V_1 - V_2)^2}{2g} = 1 \times \frac{(3.25 - 1.45)^2\,\mathrm{m^2/s^2}}{2 \times 9.8\,\mathrm{m/s^2}} = 0.165 \fallingdotseq 0.17\,\mathrm{m}$$

※ 손실계수(K)는 문제에 주어지지 않았으므로 1로 본다.

60 6층 업무용 건축물에 옥내소화전설비를 화재안전기술기준에 따라 설치하려고 한다. 다음 조건을 참고하여 각 물음에 답하시오. (2024년 출제)

[조건]
① 풋밸브에서 초고위 옥내소화전 앵글밸브까지의 낙차는 24m, 배관마찰손실수두는 8m이다.
② 펌프의 효율은 55%이다.
③ 펌프의 전달계수 K값은 1.1로 한다.
④ 각 층당 소화전은 3개씩이다.
⑤ 소방호스의 마찰손실수두는 7.8m이다.

(가) 수원의 최소 유효저수량(m^3)을 구하시오(단, 옥상수조의 수원은 제외한다).
(나) 펌프의 총 양정(m)을 구하시오.
(다) 펌프의 최소 유량(m^3/min)을 구하시오.
(라) 펌프의 모터동력(kW)을 구하시오.

정답 (가) 5.2 m^3
(나) 56.8 m
(다) 0.26 m^3/min
(라) 4.81 kW

해설 (가) 저수조의 저수량
$Q=2.6N$ (30층 미만, N : 최대 2개)
$Q=5.2N$ (30∼49층 이하, N : 최대 5개)
$Q=7.8N$ (50층 이상, N : 최대 5개)
여기서, Q : 저수조의 저수량(m^3)
N : 가장 많은 층의 소화전개수
수원양 $Q=2.6N=2.6\times 2=5.2\,\text{m}^3$

(나) 전양정
$H=h_1+h_2+h_3+17$
여기서, H : 전양정(m)
h_1 : 소방호스의 마찰손실수두(m)
h_2 : 배관 및 관부속품의 마찰손실수두(m)
h_3 : 실양정(흡입양정+토출양정)(m)
펌프의 전양정 $H=h_1+h_2+h_3+17=7.8\,\text{m}+8\,\text{m}+24\,\text{m}+17=56.8\,\text{m}$

(다) 유량(토출량)
$Q=N\times 130\,\text{L/min}$
여기서, Q : 유량(토출량)(L/min)
N : 가장 많은 층의 소화전개수(최대 2개)
펌프의 최소 유량 $Q=N\times 130\,\text{L/min}=2\times 130\,\text{L/min}$
$=260\,\text{L/min}=0.26\,\text{m}^3/\text{min}$

(라) 모터동력(전동력)

$$P = \frac{0.163QH}{\eta}K$$

여기서, P : 전동력(kW)

Q : 유량(m^3/min)

H : 전양정(m)

K : 전달계수

η : 효율

펌프의 모터동력(전동력) $P = \frac{0.163QH}{\eta}K = \frac{0.163 \times 0.26\,m^3}{0.55} \times 1.1$

$= 4.814 \fallingdotseq 4.81\,kW$

61 옥내소화전의 개폐밸브를 열고 유량과 압력을 측정해보니 다음 조건과 같았다. 이 소화전에서 유량을 200 Lpm으로 하려면 압력(P_2)은 얼마가 되어야 하는가?

[조건]
- 관창에서의 압력(P_1) : 0.17 MPa
- 관창에서의 유량(Q_1) : 130 Lpm

정답 0.402 MPa

해설 $Q_1 = K\sqrt{10P_1} = 0.653\,d^2\sqrt{10P_1}$

$$\therefore K = \frac{Q_1}{\sqrt{10P_1}} = \frac{130}{\sqrt{10 \times 0.17}} = 99.705 \fallingdotseq 99.71$$

$Q_2 = K\sqrt{10P_2}$ 이므로 $\sqrt{10P_2} = \frac{Q_2}{K}$

$$10 \times P_2 = \left(\frac{Q_2}{K}\right)^2 = \left(\frac{200}{99.71}\right)^2 = 4.023\text{ MPa}$$

$$\therefore P_2 = \frac{1}{10} \times 4.02 = 0.402\text{ MPa}$$

62 그림을 보고 다음 각 물음에 답하시오.

[조건] • P_1 : 12.1 kPa • P_2 : 11.5 kPa
• P_3 : 10.3 kPa • 유량 : 5 L/s

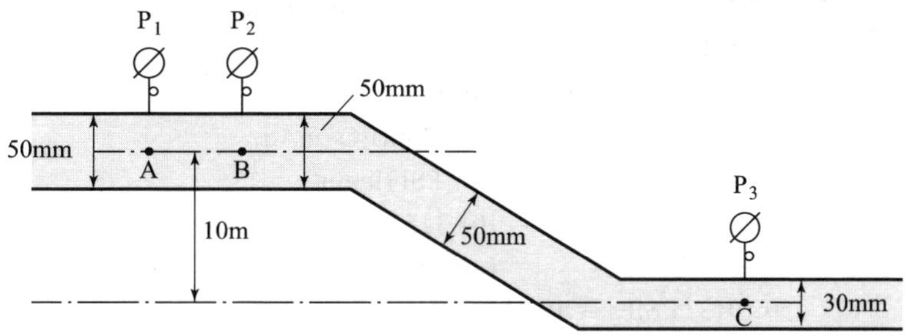

(가) A지점의 유속[m/s]을 구하시오.
(나) C지점의 유속[m/s]을 구하시오.
(다) A지점과 B지점간의 마찰손실[m]을 구하시오.
(라) A지점과 C지점간의 마찰손실[m]을 구하시오.

정답 (가) 2.55 m/s (나) 7.07 m/s
(다) 0.06 m (라) 7.9 m

해설 $Q = AV$

$$\therefore V = \frac{Q}{A}$$

(가) $V_A = \dfrac{5\times10^{-3}}{\left(\dfrac{\pi\times0.05^2}{4}\right)} ≒ 2.55\,\text{m/s}$

(나) $V_C = \dfrac{5\times10^{-3}}{\left(\dfrac{\pi\times0.03^2}{4}\right)} ≒ 7.07\,\text{m/s}$

(다) $\dfrac{V_1^2}{2g}+\dfrac{P_1}{\gamma}+Z_1 = \dfrac{V_2^2}{2g}+\dfrac{P_2}{\gamma}+Z_2+\Delta H$

$$\cancel{\frac{(2.55\text{m/s})^2}{2\times9.8\text{m/s}^2}}+\frac{12.1\text{kN/m}^2}{9.8\text{kN/m}^3}+\cancel{10\text{m}} = \cancel{\frac{(2.55\text{m/s})^2}{2\times9.8\text{m/s}^2}}+\frac{11.5\text{kN/m}^2}{9.8\text{kN/m}^3}+\cancel{10\text{m}}+\Delta\text{H}$$

$$\frac{12.1\text{kN/m}^2}{9.8\text{kN/m}^3}-\frac{11.5\text{kN/m}^2}{9.8\text{kN/m}^3} = \Delta\text{H}$$

$$\therefore \Delta H = 0.061\text{m} ≒ 0.06\text{m}$$

(라) $\dfrac{V_1^2}{2g}+\dfrac{P_1}{\gamma}+Z_1 = \dfrac{V_3^2}{2g}+\dfrac{P_3}{\gamma}+Z_3+\Delta H$

$$\frac{(2.55\text{m/s})^2}{2\times9.8\text{m/s}^2}+\frac{12.1\text{kN/m}^2}{9.8\text{kN/m}^3}+10\text{m} = \frac{(7.07\text{m/s})^2}{2\times9.8\text{m/s}^2}+\frac{10.3\text{kN/m}^2}{9.8\text{kN/m}^3}+0\text{m}+\Delta H$$

$$\therefore \Delta H = 7.9\,\text{m}$$

63 옥내소화전설비를 작동시켜 호스의 관창으로부터 살수하면서 피토게이지를 사용하여 선단의 방수압을 측정하였더니 0.25 MPa이었다. 이 노즐의 선단으로부터 방사되는 순간의 물의 유속은 몇 m/s인가?

정답 22.35 m/s

해설 (1) 표준대기압

$$1\text{ atm} = 760\text{ mmHg} = 1.0332\text{ kg}_f/\text{cm}^2$$
$$= 10.332\text{ mH}_2\text{O (mAq)}$$
$$= 14.7\text{ PSI (lbt/in}^2)$$
$$= 101.325\text{ kPa (kN/m}^2) = 101{,}325\text{ Pa (N/m}^2)$$
$$= 1{,}013\text{ mbar}$$

0.101325 MPs = 10.332 m

$$H = 0.25\,\text{MPa} = \frac{0.25\text{ MPa}}{0.101325\,\text{MPa}} \times 10.332\,\text{m} = 25.492 ≒ 25.49\text{ m}$$

(2) 토리첼리의 식

$$V = \sqrt{2gH}$$

여기서, V : 유속(m/s)

g : 중력가속도(9.8 m/s^2)

H : 높이(m)

$$V = \sqrt{2gH} = \sqrt{2 \times 9.8\,\text{m/s}^2 \times 25.49\,\text{m}} = 22.351 ≒ 22.35\,\text{m/s}$$

64 내경이 40 mm, 길이가 50 m인 배관에 유속이 0.2 m/s로 흐르고 있다. 레이놀즈수가 1200일 때 달시방정식을 이용하여 마찰손실수두[m]를 구하시오(단, 비중량은 9800 N/m^{3}이다).

정답 $f = \dfrac{64}{1200} = 0.053 ≒ 0.05$

$$H = \frac{0.05 \times 50 \times 0.2^2}{2 \times 9.8 \times 0.04} = 0.127 ≒ 0.13\,\text{m}$$

∴ 0.13 m

해설 (1) 관마찰계수

$$f = \frac{64}{Re}$$

여기서, f : 관마찰계수

Re : 레이놀즈수

관마찰계수 f는

$$f = \frac{64}{Re} = \frac{64}{1200} = 0.053 ≒ 0.05$$

(2) 달시－웨버(Darcy-Weisbach)의 식

$$H = \frac{\Delta p}{\gamma} = f\,\frac{l}{D}\,\frac{V^2}{2g}$$

여기서, H : 마찰손실(마찰손실수두)[m]
Δp : 압력차[Pa] 또는 [N/m²]
γ : 비중량(물의 비중량 9800 N/m³)
f : 관마찰계수
l : 길이[m]
V : 유속[m/s]
g : 중력가속도(9.8 m/s²)
D : 내경[m]

65 A의 유량이 50 L/s이고, C관의 마찰손실은 2 m이며, B의 유량이 19 L/s일 때 C의 유량과 직경을 구하시오[단, 하젠－윌리암스 식을 적용하고 C (조도)는 200이다].

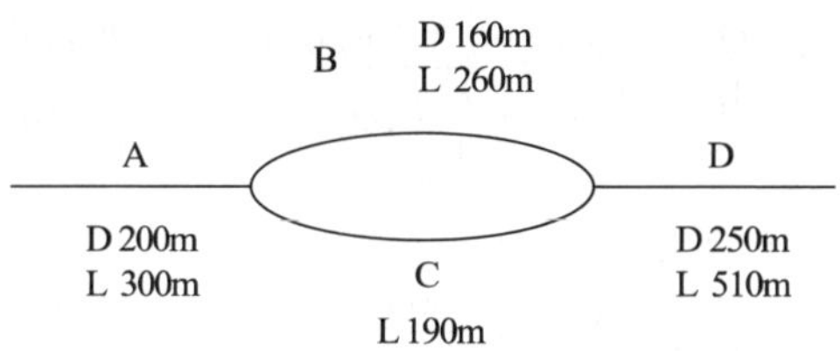

정답 (1) 유량 1,860 L/min
(2) 직경 148.92 mm

해설 (1) $Q_A = Q_B + Q_C$

$\therefore\ Q_C = Q_A - Q_B = 50 - 19 = 31\ \mathrm{L/s} = 1860\,\mathrm{L/min}$

(2) 직경

하젠－윌리암스 식

$$\Delta P_m = 6.053 \times 10^4 \times \frac{Q^{1.85}}{C^{1.85} \times D^{4.87}} \times L$$

여기서 ΔP_m : 압력손실[MPa]
C : 조도
D : 관의 내경[mm]
Q : 관의 유량[L/min]
L : 관의 길이[m]

$$D = \sqrt[4.87]{6.053 \times 10^4 \times \frac{Q^{1.85}}{C^{1.85} \times \Delta P_m} \times L}$$

$$= \sqrt[4.87]{6.053 \times 10^4 \times \frac{(31\ \mathrm{L/s})^{1.85}}{200^{1.85} \times 2\ \mathrm{m}} \times 190}$$

$$= \sqrt[4.87]{6.053 \times 10^4 \times \frac{(31\ \mathrm{L}/\frac{1}{60}\mathrm{min})^{1.85}}{200^{1.85} \times 0.02\ \mathrm{MPa}} \times 190}$$

$\fallingdotseq$ 148.92 mm

66 지름 40 mm인 소방호스 끝에 부착된 선단구경이 13 mm인 노즐로부터 300 L/min로 방사될 때 다음 각 물음에 답하시오.

(가) 소방호스에서의 유속[m/s]을 구하시오.
(나) 노즐선단에서의 유속[m/s]을 구하시오.
(다) 방사시 노즐의 운동량에 의한 반발력[N]을 구하시오.

정답 (가) 3.98 m/s
(나) 37.67 m/s
(다) 168.45 N

해설 유량 $Q = AV = \left(\frac{\pi}{4}D^2\right)V$

(가) 소방호수의 평균유속 V_1은

$$V_1 = \frac{Q}{A_1} = \frac{Q}{\frac{\pi}{4}D_1^2} = \frac{300\ \mathrm{L/min}}{\frac{\pi}{4}\times(40\ \mathrm{mm})^2} = \frac{0.3\ \mathrm{m^3/60s}}{\frac{\pi}{4}\times(0.04\ \mathrm{m})^2} ≒ 3.98\ \mathrm{m/s}$$

(나) 노즐의 평균유속 V_2은

$$V_2 = \frac{Q}{A_2} = \frac{Q}{\frac{\pi}{4}D_2^2} = \frac{300\ \mathrm{L/min}}{\frac{\pi}{4}\times(13\ \mathrm{mm})^2} = \frac{0.3\ \mathrm{m^3/60s}}{\frac{\pi}{4}\times(0.013\ \mathrm{m})^2} ≒ 37.67\ \mathrm{m/s}$$

(다) 운동량에 의한 반발력

$$F = \rho Q(V_2 - V_1)$$
$$= 1000\ \mathrm{N\cdot s^2/m^4} \times 0.3\ \mathrm{m^3/60s} \times (37.67 - 3.98)\ \mathrm{m/s} = 168.45\ \mathrm{N}$$

67 다음 그림과 조건을 참조하여 펌프의 유효흡입양정(NPSH)을 계산하시오(단, 대기압은 표준대기압으로 한다).

[조건]
- 물의 온도는 20℃이고, 수증기압은 0.015 MPa이다.
- 배관의 마찰손실수두는 3 m이다.

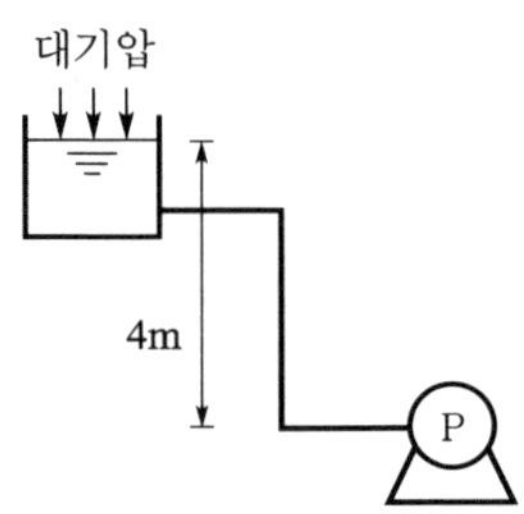

정답 9.83 m

해설 유효흡입양정(NPSH) $= 10.332\ \mathrm{m} - 1.5\ \mathrm{m} + 4\ \mathrm{m} - 3\ \mathrm{m} = 9.832\ \mathrm{m}$

68 다음 조건을 보고 해당 펌프의 유효흡입양정(NPSH)을 구하시오.

[조건]
- 해발 1,000 m인 산 위에 펌프가 설치되어 있다.
- 산 위에서의 대기압은 0.9180×0.1 MPa이다.
- 하부에서의 대기압은 1.0332×0.1 MPa이다.
- 마찰손실은 0.7 m, 펌프 설치장소 주위에서의 포화증기압은 0.0238×0.1 MPa이다.
- 풋밸브에서 펌프까지의 높이는 4 m이다.

정답 유효흡입양정(NPSH)
= 대기압 환산수두 − 포화증기압 환산수두 − 흡입측 실양정 − 마찰손실수두
= 9.18 m − 0.238 m − 4 m − 0.7 m
= 4.242 m

69 수면이 펌프보다 1 m 낮은 지하수조에서 0.3 m^3/min의 물을 이송하는 원심펌프가 있다. 흡입관과 송출관의 구경이 각각 100 mm, 송출구 압력계가 0.1 MPa일 때 이 펌프에 공동현상이 발생하는지 여부를 판별하시오. (단, 흡입측의 손실수두는 0.5 m이고, 흡입관의 속도수두는 무시하고 대기압은 표준대기압, 물의 온도는 20℃, 이때의 포화수증기압은 2340 Pa, 물의 비중량은 9789 N/m^3이다. 필요흡입양정은 1 m이다)

(2024년 출제)

정답 $H_a = 10.332\,\text{m}$

$H_v = \dfrac{2340}{9789} = 0.239\,\text{m}$

$H_s = 1\,\text{m}$

$H_L = 0.5\,\text{m}$

$\text{NPSH}_{av} = 10.332 - 0.239 - 1 - 0.5 = 8.593\,\text{m}$

∴ 필요흡입양정이 유효흡입양정보다 크므로 공동현상 발생

해설 대기압수두(H_a) : $H_a = 10.332\,\text{m}$ [표준대기압(표준기압)을 적용]

수증기압수두(H_v) : $H_v = \dfrac{P}{\gamma} = \dfrac{2340\,\text{N/m}^3}{9789\,\text{N/m}^3} = 0.239\,\text{m}$

흡입수두(H_s) : 1 m (수원의 수면~펌프 중심까지의 수직거리)

마찰손실수두(H_L) : 0.5 m

- 2340 Pa = 2340 N/m^2 (1 Pa = 1 N/m^2)
- 흡입측 손실수두 = 마찰손실수두(H_L)

수조가 펌프보다 낮으므로 흡입 NPSH_{av}는

$\text{NPSH}_{av} = H_a - H_v - H_s - H_L = 10.332\,\text{m} - 0.239\,\text{m} - 1\,\text{m} - 0.5\,\text{m} = 8.593\,\text{m}$

∴ 11 m (NPSH_{re}) > 8.593 m (NPSH_{av}) = 공동현상 발생

70 어느 건물의 근린생활시설에 옥내소화전설비를 각 층에 4개씩 설치하였다. 다음 각 물음에 답하시오(단, 유속은 4 m/s이다).

(가) 가압송수장치의 토출량[L/min]은?
(나) 토출측 주배관에서 배관의 최소구경은?
(다) 펌프의 성능시험을 위한 유량측정장치의 최대측정유량[L/min]은?
(라) 소방호스 및 배관의 마찰손실수두가 10 m이고, 실양정이 25 m일 때 정격토출량의 150%로 운전시의 최소양정[m]은?
(마) 중력가속도가 9.8 m/s^{2}일 때 체절압력[MPa]은?
(바) 성능시험배관의 유량계의 선단 및 후단에 설치하여야 하는 밸브를 쓰시오.

정답 (가) 260 L/min (나) 50 A
(다) 455 L/min (라) 33.8 m
(마) 0.71 MPa (바) 선단 : 개폐밸브, 후단 : 유량조절밸브

해설 (가) 옥내소화전설비 가압송수장치의 토출량

$Q = N \times 130 = 2 \times 130 = 260\ \text{L/min}$

(나) 유량

$$D = \sqrt{\frac{4Q}{\pi V}} = \sqrt{\frac{4 \times 0.26\ \text{m}^3/60\text{s}}{\pi \times 4\ \text{m/s}}} \fallingdotseq 0.03713\ \text{m} = 37\ \text{mm}$$

주배관은 50 mm 이상이므로 50 mm

(다) 유량측정장치의 최대측정유량 = 펌프의 정격토출량 × 1.75

최대측정유량 = 260 L/min × 1.75 = 455 L/min

(라) $H = h_1 + h_2 + h_3 + 17$

여기서, H : 전양정[m]
h_1 : 소방호스의 마찰손실수두[m]
h_2 : 배관의 마찰손실수두[m]
h_3 : 실양정(흡입양정 + 토출양정) [m]

전양정 $H = 10 + 25 + 17 = 52\ \text{m}$

최소양정 = $52 \times 0.65 = 33.8\ \text{m}$

(마) $P = \gamma h$

여기서, P : 정격토출압력[Pa]
γ : 비중량[N/m^3]
h : 높이[m]

$\gamma = \rho g$

여기서, ρ : 밀도(물의 밀도 1000 kg/m^3)
g : 중력가속도[m/s^2]

$$P = \gamma h = (\rho g)h = 1000\ \text{kg/m}^3 \times 9.8\ \text{m/s}^2 \times 52\ \text{m}$$
$$= 509600\ \text{kg/m} \cdot \text{s}^2 = 0.5096\ \text{MPa}$$

체절압력 [MPa] = 정격토출압력[MPa] × 1.4
= 0.5096 MPa × 1.4 = 0.713 ≒ 0.71 MPa

71 최상층의 옥내소화전 방수구까지의 수직높이가 85 m인 24층 건축물의 1층에 설치된 소화 펌프의 정격토출압력은 1.2 MPa이고, 옥내소화전설비의 말단 방수구 요구압력이 0.27 MPa 이며, 펌프의 기동 설정 압력은 0.8 MPa이다. 마찰손실을 무시할 경우 다음 물음에 답하시오.

(가) 펌프사양(양정)의 적합성 여부
(나) 펌프의 자동 기동 여부

정답 (가) $85+27=112\text{ m} < 120\text{ m}$

∴ 적합

(나) 자동 기동 불가

해설 (가) 정격토출압력을 정격토출양정으로 환산하면 1.2 MPa = 120 m

말단 방수구 요구압력을 말단 방수구 요구압력수두로 환산하면 0.27 MPa = 27 m

필요한 양정 = 수직높이 + 말단 방수구 요구압력수두 = 85 m + 27 m = 112 m

필요한 양정 ≤ 정격토출양정이면 적합한 펌프이므로

112 m < 120 m이므로 적합

(나) 1 MPa = 100 m

수직높이(자연압) 85 m = 0.85 MPa

펌프는 자연압인 0.85 MPa은 되어야 자동 기동하는데 문제에서 기동 설정 압력이 0.8 MPa이므로 이 펌프는 자연 기동이 불가하다.

72 내경이 80 mm인 배관 내를 390 L/min로 물이 흐르고 있을 때 다음 물음에 답하시오.

(가) 평균유속(m/s)은 얼마인가?
(나) 질량유량(kg/s)은 얼마인가?
(다) 중량유량(N/s)은 얼마인가?

정답 (가) 1.29 m/s

(나) 6.48 kg/s

(다) 63.55 N/s

해설 (가) 연속방정식 $Q=AV=\dfrac{\pi}{4}d^2\cdot V$에서

$d=80\text{ mm},\ Q=390\text{ L/min}=0.39\text{ m}^3/\text{min}=0.0065\text{ m}^3/\text{sec}$

평균유속 $V=\dfrac{4Q}{\pi d^2}=\dfrac{4\times 0.0065\text{ m}^3/\text{s}}{\pi(0.08\text{ m})^2}=1.293\text{ m/s}$

(나) 질량유량(kg/s)

$$M=\rho AV=\rho\left(\frac{\pi d^2}{4}\right)V=1{,}000\text{ kg/m}^3\times\frac{\pi(0.08)^2}{4}\times 1.29\text{ m/s}=6.484\text{ kg/s}$$

(다) 중량유량(N/s)

$$G=\gamma AV=\gamma\left(\frac{\pi d^2}{4}\right)V=9{,}800\text{ N/m}^3\times\frac{\pi(0.08)^2}{4}\times 1.29\text{ m/s}=63.545\text{ N/s}$$

73 가압송수장치로 펌프방식을 설치하려고 한다. 정격토출압력 2 MPa, 정격토출량 520 L/min일 때 다음 각 물음에 답하시오.

(가) 체절운전 시 허용최고압력[MPa]을 구하시오.
(나) 토출량이 780 L/min일 때 최소압력[MPa]을 구하시오.

정답 (가) 2×1.4 = 2.8 MPa

∴ 2.8 MPa

(나) $520 : \sqrt{2} = 780 : \sqrt{x}$

$520^2 : 2 = 780^2 : x$

$x = \dfrac{2 \times 780^2}{520^2} = 4.5\,\text{MPa}$

∴ 4.5 MPa

해설 (가) 체절압력[MPa] = 정격토출압력[MPa] × 1.4

= 2 MPa × 1.4 = 2.8 MPa

(나) $Q = K\sqrt{10P}$

여기서, Q : 방출량(토출량)[L/min]

K : 방출계수

P : 방수압[MPa]

토출량 $Q = K\sqrt{10P} \propto \sqrt{P}$

$Q : \sqrt{P} = Q' : \sqrt{P'}$

$520\,\text{L/min} : \sqrt{2\,\text{MPa}} = 780\,\text{L/min} : \sqrt{P'}$

$(520\,\text{L/min})^2 : (\sqrt{2\,\text{MPa}})^2 = (780\,\text{L/min})^2 : (\sqrt{P'})^2$

$P' = \dfrac{2 \times 780^2}{520^2} = 4.5\,\text{MPa}$

74 수평으로 곧게 설치되어 있는 40 m 길이의 파이프에 유량 600 L/min의 물이 흐를 때 다음 물음에 답하시오(단, 레이놀즈수는 1,200, 관 지름은 65 mm이며 배관의 인입쪽 수압계는 0.8 MPa를 가리키고 있다).

(가) 달시-바이스바흐 방정식을 이용한 손실수두는 얼마인가?
(나) 배관 출구에서의 수압은 얼마인가?

정답 (가) 15.2 m

(나) 0.648 MPa

해설 (가) $h_L = f \times \dfrac{L}{d} \times \dfrac{V^2}{2g}$

① 마찰계수 $(f) = \dfrac{64}{Re} = \dfrac{64}{1{,}200} = 0.0533$

② $V=\dfrac{Q}{A}=\dfrac{0.01\ \mathrm{m^3/s}}{\dfrac{\pi}{4}\times 0.065^2\ \mathrm{m^2}}=3.0135\ \mathrm{m/s}$

$\therefore h_L=f\times\dfrac{L}{d}\times\dfrac{V^2}{2g}=0.053\times\dfrac{40}{0.065}\times\dfrac{(3.0135)^2}{2\times 9.8}$

$=15.197\ \mathrm{m} \fallingdotseq 15.2\ \mathrm{m}$

(나) 출구압 = 토출압 − 마찰손실압

= $0.8-0.152=0.648\ \mathrm{MPa}$

75 어느 배관의 인장강도가 240 MPa이고, 최고사용압력이 3.6 MPa이다. 이 배관의 스케줄수(schedule NO.)는 얼마인가? (단, 배관의 안전율은 5이고, Sch NO.는 10, 20, 30, 40, 50, 60, 80, 100 중에서 최소규격으로 산정한다)

(2024년 출제)

정답 80

해설 안전율 $=\dfrac{\text{인장강도}}{\text{재료의 허용응력}}$

재료의 허용응력 $=\dfrac{\text{인장강도}}{\text{안전율}}=\dfrac{240\,\mathrm{MPa}}{5}=48\,\mathrm{MPa}$

스케줄수(schedule NO.) $=\dfrac{\text{최고사용압력}}{\text{재료의 허용응력}}\times 1000=\dfrac{3.6\,\mathrm{MPa}}{48\,\mathrm{MPa}}\times 1000=75$

∴ 주어진 배관의 스케줄수 최소규격은 80으로 한다.

※ 배관두께

$t=\left(\dfrac{P}{s}\times\dfrac{D}{1.75}\right)+2.54$

여기서, t : 배관두께(mm)

P : 최고사용압력(MPa)

s : 재료의 허용응력(N/mm^2)

D : 외경(mm)

76 지름 40 mm인 소방호스 끝에 부착된 선단구경이 13 mm인 노즐로부터 300 L/min로 방사될 때 다음 각 물음에 답하시오. (2024년 출제)

(가) 소방호스에서의 유속(m/s)을 구하시오.
(나) 노즐선단에서의 유속(m/s)을 구하시오.
(다) 방사시 노즐의 운동량에 따른 반발력(N)을 구하시오.

정답 (가) 3.98 m/s
(나) 37.67 m/s
(다) 168.45 N

해설 (가), (나) 유량

$$Q = AV = \left(\frac{\pi}{4}D^2\right)V$$

여기서, Q : 유량(m^3/s)
A : 단면적(m^2)
V : 유속(m/s)
D : 직경(m)

(가) 소방호스의 평균유속 V_1는

$$V_1 = \frac{Q}{A_1} = \frac{Q}{\frac{\pi}{4}D_1^2}$$

$$= \frac{300\,\mathrm{L/min}}{\frac{\pi}{4}\times(400\,\mathrm{mm})^2} = \frac{0.3\,\mathrm{m^3}/60\,\mathrm{s}}{\frac{\pi}{4}\times(0.4\,\mathrm{m})^2}$$

$$= 3.978 \fallingdotseq 3.98\,\mathrm{m/s}$$

(나) 노즐의 평균유속 V_2는

$$V_2 = \frac{Q}{A_2} = \frac{Q}{\frac{\pi}{4}D_2^2}$$

$$= \frac{300\,\mathrm{L/min}}{\frac{\pi}{4}\times(13\,\mathrm{mm})^2} = \frac{0.3\,\mathrm{m^3}/60\,\mathrm{s}}{\frac{\pi}{4}\times(0.013\,\mathrm{m})^2}$$

$$= 37.669 \fallingdotseq 37.67\,\mathrm{m/s}$$

(다) 운동량에 따른 반발력 F

$$F = \rho Q(V_2 - V_1)$$

$$= 1000\,\mathrm{N\cdot s^2/m^4} \times 0.3\,\mathrm{m^3}/60\,\mathrm{s} \times (37.67 - 3.98)\,\mathrm{m/s}$$

$$= 168.45\,\mathrm{N}$$

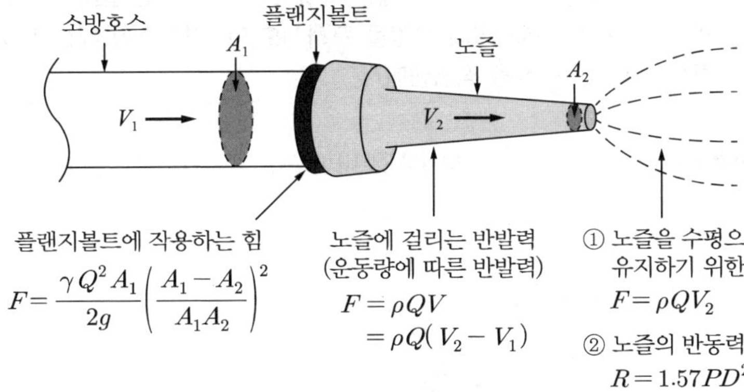

(1) 플랜지볼트에 작용하는 힘

$$F=\frac{\gamma Q^2 A_1}{2g}\left(\frac{A_1-A_2}{A_1A_2}\right)^2$$

여기서, F : 플랜지볼트에 작용하는 힘(N)
γ : 비중량(물의 비중량 9800 N/m^3)
Q : 유량(m^3/s)
A_1 : 소방호스의 단면적(m^2)
A_2 : 노즐의 단면적(m^2)
g : 중력가속도(9.8 m/s^2)

(2) 노즐에 걸리는 반발력(운동량에 따른 반발력)

$$F=\rho QV=\rho Q(V_2-V_1)$$

여기서, F : 노즐에 걸리는 반발력(운동량에 따른 반발력)(N)
ρ : 밀도(물의 밀도 1000 N・s^2/m^4)
Q : 유량(m^3/s)
$V,\ V_2,\ V_1$: 유속(m/s)

(3) 노즐을 수평으로 유지하기 위한 힘

$$F=\rho QV_2$$

여기서, F : 노즐을 수평으로 유지하기 위한 힘(N)
ρ : 밀도(물의 밀도 1000 N・s^2/m^4)
V_2 : 노즐의 유속(m/s)

(4) 노즐의 반동력

$$R=1.57PD^2$$

여기서, R : 반동력(N)
P : 방수압력(MPa)
D : 노즐구경(mm)

77 길이가 1 km, 내경이 100 mm인 배관 내에 물이 3 m/s로 흐르고 있다. 레이놀즈수가 2000일 때 배관 내의 표면거칠기 C값을 구하시오(단, 마찰손실 계산은 Darcy-Weisbach의 식과 하젠-윌리암스 식을 적용한다).

정답 $Q=\frac{\pi\times 0.1^2}{4}\times 3=0.0235619\,\mathrm{m^3/s}=23.5619\,\mathrm{L}\Big/\frac{1}{60}\,\mathrm{min}=1413.714\,\mathrm{L/min}$

$$f=\frac{64}{2000}=0.032$$

$$h_L=f\frac{l}{D}\frac{V^2}{2g}$$

$$\Delta P=\gamma h_L=\gamma f\frac{l}{D}\frac{V^2}{2g}$$

$$\Delta P=\frac{9800\times 0.032\times 1000\times 3^2}{2\times 9.8\times 0.1}=1440000\,\mathrm{Pa}=1.44\,\mathrm{MPa}$$

$$\Delta P=6.053\times 10^4\times\frac{Q^{1.85}}{C^{1.85}\times D^{4.87}}$$

$$C=\left(6.053\times 10^4\times\frac{1413.714^{1.85}}{1.44\times 100^{4.87}}\times 1000\right)^{\frac{1}{1.85}}=101.476\fallingdotseq 101.48$$

$\therefore$ 101.48

78 수평으로 된 소방배관에 레이놀즈수가 1800으로 소화수가 흐르고 있다. 배관 내 유량은 350 L/min이며, 해당 배관의 길이는 150 m이고, 관의 지름은 100 mm이다. 이때 배관의 출발점이 압력이 0.75 MPa이라면 끝점의 압력[MPa]을 구하시오.

정답 0.74 MPa

해설 (1) 배관의 마찰손실수두

① 유속

$$Q=AV$$

$$\frac{0.35}{60}=\frac{\pi}{4}\times 0.1^2\times V$$

$$V=0.74\,\mathrm{m/s}$$

② 마찰손실수두

$$h_L=f\times\frac{L}{D}\times\frac{V^2}{2g}=\frac{64}{1800}\times\frac{150}{0.1}\times\frac{0.74^2}{2\times 9.8}=1.49\,\mathrm{m}$$

(2) 끝점의 압력

$$P=0.75-\left(\frac{1.49}{10.332}\times 0.101325\right)=0.74\,\mathrm{MPa}$$

79 소방호스 25인치에 노즐 1.25인치가 연결되어 있고, 유량 0.01 m^3/sec로 물을 수직벽면에 분사할 때 수직벽면에 작용하는 힘[N]을 구하시오(단, 물의 밀도는 1000 kg/m^3이고, 벽면에서의 유체의 속도는 0이다).

정답 $1.25 \times 0.0254 = 0.03175\,\text{m}$

$$A = \frac{\pi \times 0.03175^2}{4} = 7.917 \times 10^{-4}\,\text{m}^2$$

$$V = \frac{0.01}{7.917 \times 10^{-4}\,\text{m}^2} = 12.631\,\text{m/s}$$

$$F = 1000 \times 7.917 \times 10^{-4} \times (12.631 - 0)^2 = 126.309 \fallingdotseq 126.31\,\text{N}$$

$\therefore$ 126.31 N

해설 수직벽면에 작용하는 힘 F는

$$F = \rho A(V-u)^2$$
$$= 1000\text{N} \cdot \text{s}^2/\text{m}^4 \times 7.917 \times 10^{-4}\text{m}^2 \times (12.631\,\text{m/s})^2$$
$$= 126.309 \fallingdotseq 126.31\,\text{N}$$

80 수면이 펌프보다 1 m 낮은 지하수조에서 0.3 m^3/min의 물을 이송하는 원심펌프가 있다. 흡입관과 송출관의 구경이 각각 10 mm, 송출구 압력계가 0.1 MPa일 때 이 펌프에 공동현상이 발생하는지 여부를 판별하시오(단, 흡입측의 손실수두는 0.5 m이고, 흡입관의 속도수두는 무시하고 대기압은 표준대기압, 물의 온도는 20℃이고, 이때의 포화수증기압은 2,340 Pa, 비중량은 9,789 N/m^3이다. 필요흡입양정은 11 m이다).

정답 필요흡입양정보다 유효흡입양정이 작으므로 공동현상 발생

해설 표준대기압

1 atm = 760 mmHg = 1.0332 kg_f/cm^2
= 10.332 mH_2O (mAq)
= 14.7 PSI (lbt/in^2)
= 101.325 kPa (kN/m^2) = 101,325 Pa (N/m^2)
= 1,013 mbar

1 Pa = 1 N/m^2이므로

대기압수두(H_a) : $H = \dfrac{P}{\gamma} = \dfrac{101{,}325\text{ N/m}^2}{9{,}789\text{ N/m}^3} = 10.3509\text{ m}$

(문제에 주어지지 않았을 때는 표준대기압을 적용한다.)

수증기압수두(H_v) : $H = \dfrac{P}{\gamma} = \dfrac{2{,}340\text{ N/m}^2}{9{,}789\text{ N/m}^3} = 0.239\text{ m}$

흡입수두(H_s) : 0.5 m

수조가 펌프보다 낮으므로 흡입 NPSH는

$$\text{NPSH} = H_a - H_v - H_s - H_L = 10.3509\,\text{m} - 0.239\,\text{m} - 1\,\text{m} - 0.5\,\text{m} = 8.611\,\text{m}$$

81 옥내소화전에 관한 설계시 다음 조건을 읽고 답하시오. (2024년 출제)

[조건]
① 건물규모 : 5층×각 층의 바닥면적 2000 m^2
② 옥내소화전수량 : 총 30개(각 층당 6개 설치)
③ 소화펌프에서 최상층 소화전 호스접결구까지의 수직거리 : 20 m
④ 소방호스 : 40 mm×15 m (아마호스)×2개
⑤ 호스의 마찰손실 : 호스 100 m당 26 m
⑥ 배관 및 관부속품의 마찰손실수두 합계 : 40 m

(가) 옥상에 저장하여야 하는 소화수조의 용량(m^3)을 구하시오.
(나) 펌프의 토출량(L/min)을 구하시오.
(다) 펌프의 전양정(m)을 구하시오.
(라) 펌프를 정격토출량의 150%로 운전시 정격토출압력(MPa)을 구하시오.
(마) 소방펌프 토출측 주배관의 최소 관경을 다음 〈보기〉에서 선정하시오(단, 유속은 최대유속을 적용한다).
〈보기〉 25 mm, 32 mm, 40 mm, 50 mm, 65 mm, 80 mm, 100 mm

정답 (가) 1.73 m^3
(나) 260 L/min
(다) 84.8 m
(라) 0.55 MPa 이상
(마) 50 mm

해설 (가) 옥내소화전설비(옥상수원)

옥상저수량 $Q = 2.6N \times \dfrac{1}{3} = 2.6N \times 2 \times \dfrac{1}{3} = 1.733 \fallingdotseq 1.73\,\mathrm{m}^3$

(나) 펌프토출량 $Q = N \times 130\,\mathrm{L/min} = 2 \times 130\,\mathrm{L/min} = 260\,\mathrm{L/min}$

(다) 전양정 $H \geq h_1 + h_2 + h_3 + 17$

여기서, H : 전양정(m)
h_1 : 소방호스의 마찰손실수두(m)
h_2 : 배관 및 관부속품의 마찰손실수두(m)
h_2 : 실양정(흡입양정+토출양정) (m)

h_1 : (15 m × 2개) × $\dfrac{26}{100}$ = 7.8 m

전양정 $H = h_1 + h_2 + h_3 + 17 = 7.8 + 40 + 20 + 17 = 84.8\,\mathrm{m}$

(라) 정격토출량의 150% 운전시 정격토출압력(150%, 유량점)
= 정격토출압력 × 0.65 = 84.8 m × 0.65 = 0.848 MPa × 0.65
= 0.551 ≒ 0.55 MPa 이상

(마) $Q = \dfrac{\pi D^2}{4} V$ 에서 배관의 내경 D 는

$$D = \sqrt{\frac{4Q}{\pi V}} = \sqrt{\frac{4 \times 260\,\mathrm{L/min}}{\pi \times 4\,\mathrm{m/s}}} = \sqrt{\frac{4 \times 0.26\,\mathrm{m}^3/60\,\mathrm{s}}{\pi \times 4\,\mathrm{m/s}}} \fallingdotseq 0.037\,\mathrm{m} = 37\,\mathrm{mm}$$

내경 37 mm 이상되는 배관은 40 mm이지만 토출측 주배관의 최소 구경은 50 mm 이다.

• 배관 내의 유속

설 비		유 속
옥내소화전설비		4 m/s 이하
스프링클러설비	가지배관	6 m/s 이하
	기타의 배관	10 m/s 이하

82 그림과 같은 배관을 통하여 유량이 80 L/s로 흐르고 있다. B, C관의 마찰손실수두는 3 m로 같다. B관의 유량은 20 L/s일 때 C관의 내경(mm)을 구하시오. (2022년 출제)

[단, 하젤-윌리암스 식 $\frac{\Delta P}{L} = 6.053 \times 10^4 \times \frac{Q^{1.85}}{C^{1.85} \times D^{4.87}}$, ΔP는 압력손실(MPa), L은 배관의 길이(m), Q는 유량(L/min), 조도계수 C는 100이며, D는 내경(mm)을 사용한다]

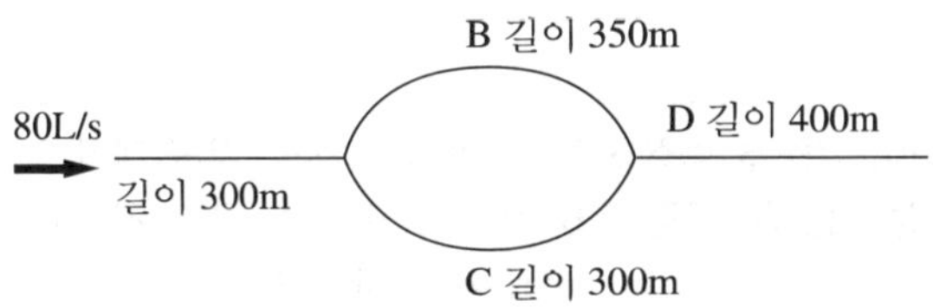

정답 $Q = 80 - 20 = 60\,\text{L/s}$

$$D = \sqrt[4.87]{6.053 \times 10^4 \times \frac{(60 \times 60)^{1.85}}{100^{1.85} \times 0.029} \times 300} \fallingdotseq 249.75\,\text{mm}$$

∴ 249.75 mm

해설 (1) 유량

전체유량 = B의 유량 + C의 유량

80 L/s = 20 L/s + C

(80 − 20) L/s = C의 유량

60 L/s = C의 유량

C의 유량 = 60 L/s

(2) 직경

하젠-윌리암의 식(Hazen-William's formula)	
$\Delta P_m = 6.053 \times 10^4 \times \frac{Q^{1.85}}{C^{1.85} \times D^{4.87}} \times L$	$\Delta P_m = 6.053 \times 10^4 \times \frac{Q^{1.85}}{C^{1.85} \times D^{4.87}}$
여기서, ΔP_m : 압력손실(MPa) C : 조도 D : 관의 내경(mm) Q : 관의 유량(L/min) L : 관의 길이(m)	여기서, ΔP_m : 단위길이당 압력손실(MPa/m) C : 조도 D : 관의 내경(mm) Q : 관의 유량(L/min)

$$D^{4.87} = 6.053 \times 10^4 \times \frac{Q^{1.85}}{C^{1.85} \times \Delta P_m} \times L$$

$$D = \sqrt[4.87]{6.053 \times 10^4 \times \frac{Q^{1.85}}{C^{1.85} \times \Delta P_m} \times L}$$

$$= \sqrt[4.87]{6.053 \times 10^4 \times \frac{(60\,\mathrm{L/s})^{1.85}}{100^{1.85} \times 3\,\mathrm{m}} \times 300\,\mathrm{m}}$$

$$= \sqrt[4.87]{6.053 \times 10^4 \times \frac{\left(60\,\mathrm{L}/\frac{1}{60}\,\mathrm{min}\right)^{1.85}}{100^{1.85} \times 0.029\,\mathrm{MPa}} \times 300\,\mathrm{m}}$$

$$= \sqrt[4.87]{6.053 \times 10^4 \times \frac{[(60 \times 60)\,\mathrm{L/min}]^{1.85}}{100^{1.85} \times 0.029\,\mathrm{MPa}} \times 300\,\mathrm{m}}$$

$$\fallingdotseq 249.75\,\mathrm{mm}$$

10.332 m = 101.325 kPa = 0.101325 MPa

$$3\,\mathrm{m} = \frac{3\,\mathrm{m}}{10.332\,\mathrm{m}} \times 0.101325\ \mathrm{MPa} = 0.029\ \mathrm{MPa}$$

83 압력계에 의하여 유량을 측정하기로 하였다. 1차측 압력계가 0.7 MPa, 2차측 압력계가 0.4 MPa이다. 성능시험배관구경은 65 mm, 오리피스 구경 25 mm, 오리피스 계수 0.65, 물의 비중량 9780 N/m^3일 때 유량(L/min)을 구하시오.

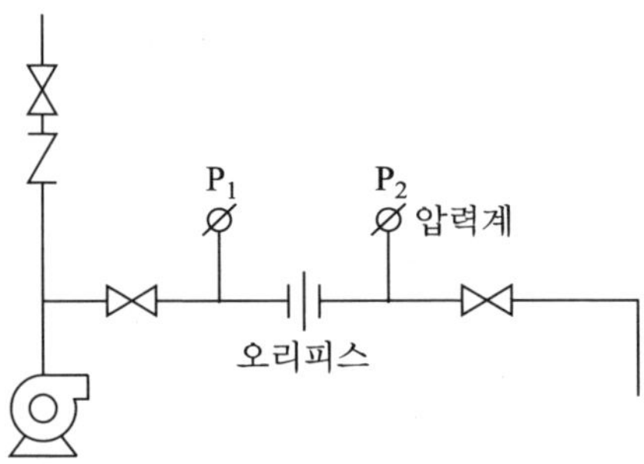

정답

$$A_1 = \frac{\pi \times 0.065^2}{4} = 3.318 \times 10^{-3}\,\mathrm{m}^2$$

$$A_2 = \frac{\pi \times 0.025^2}{4} = 4.908 \times 10^{-4}\,\mathrm{m}^2$$

$$Q = 0.65 \times \frac{4.908 \times 10^{-4}}{\sqrt{1 - \left(\frac{4.908 \times 10^{-4}}{3.318 \times 10^{-3}}\right)^2}} \times \sqrt{2 \times 9.8 \times \frac{7 \times 10^5 - 4 \times 10^5}{9780}}$$

$$= 7.9093 \times 10^{-3}\,\mathrm{m}^3/\mathrm{s}$$

$$= (7.9093 \times 60)\,\mathrm{L/min}$$

$$= 474.558 \fallingdotseq 474.56\,\mathrm{L/min}$$

∴ 474.56 L/min

해설 $Q = CA_2V_2$

$$= C \times \frac{A_2}{\sqrt{1-\left(\frac{A_2}{A_1}\right)^2}} \times \sqrt{2g\frac{P_1-P_2}{\gamma}}$$

$$= 0.65 \times \frac{4.908\times10^{-4}\,\text{m}^2}{\sqrt{1-\left(\frac{4.908\times10^{-4}\,\text{m}^2}{3.318\times10^{-3}\,\text{m}^2}\right)^2}} \times \sqrt{2\times9.8\,\text{m/s}^2\times\frac{7\times10^5\,\text{N/m}^2-4\times10^5\,\text{N/m}^2}{9780\,\text{N/m}^3}}$$

$$= 7.9093\times10^{-3}\,\text{m}^3/\text{s}$$

$$= 7.9093\,\text{L/s}$$

$$= 7.9093\,\text{L}\Big/\frac{1}{60}\,\text{min}$$

$$= (7.9093\times60)\,\text{L/min}$$

$$= 474.558 \fallingdotseq 474.56\,\text{L/min}$$

84 다음 그림에서 게이지의 압력은 얼마인가? (단, [MPa]로 나타내시오)

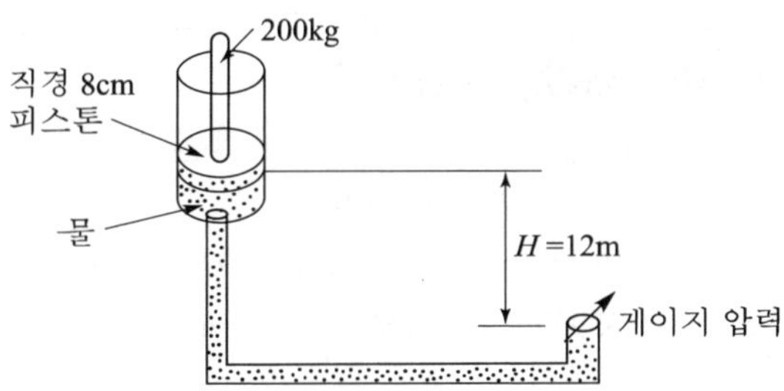

정답 0.518 MPa

해설 $P_1 = \frac{F}{A}$

여기서, P_1 : 피스톤으로 눌리는 압력

F : 누르는 힘

A : 피스톤의 단면적

$$P_1 = \frac{200}{\frac{\pi}{4}\times8^2} = 3.97887\,\text{kgf/cm}^2 = 0.398\,\text{MPa}$$

$P_2 = \gamma \cdot H$

여기서, P_2 : 피스톤 끝에서 게이지까지의 수압

γ : 물의 비중량

H : 높이

$$P_2 = 1{,}000\,\text{kgf/m}^3\times12\,\text{m} = 12{,}000\,\text{kgf/m}^2 = 1.2\,\text{kgf/cm}^2 = 0.12\,\text{MPa}$$

$$\therefore P = P_1 + P_2 = 0.398 + 0.12 = 0.518\,\text{MPa}$$

85 흡입측 배관 마찰손실수두가 2 m일 때 공동현상이 일어나지 않는 수원의 수면으로부터 소화펌프까지의 설치높이는 몇 m 미만으로 하여야 하는지 구하시오(단, 펌프의 요구흡입수두($NPSH_{re}$)는 7.5 m, 흡입관의 속도수두는 무시하고 대기압은 표준대기압, 물의 온도는 20℃이고 이때의 포화수증기압은 2340 Pa, 비중량은 9800 N/m^{3}이다).

정답 $\frac{101.325}{9.8} - \frac{2.34}{9.8} = -H_s - 2 = 7.5$

$H_s \fallingdotseq 0.6\,\text{m}$

$\therefore$ 0.6 m

해설 (1) 수두

$$H = \frac{P}{\gamma}$$

대기압수두(H_a) : $H = \frac{P}{\gamma} = \frac{101.325\,\text{kN/m}^2}{9.8\,\text{kN/m}^3} = 10.3392\,\text{m}$

[단서 조건에 의해 표준대기압(표준기압)을 적용한다]

수증기압수두(H_v) : $H = \frac{P}{\gamma} = \frac{2.34\,\text{kN/m}^2}{9.8\,\text{kN/m}^3} = 0.2387\,\text{m}$

흡입수두(H_s) : ? m (수원의 수면으로부터 소화펌프까지의 설치높이)

마찰손실수두(H_L) : 2 m

(2) 흡입 $NPSH_{av}$

$NPSH_{av} = H_a - H_v - H_s - H_L$

$7.5\text{ m} = 10.3392\text{ m} - 0.2387\text{ m} - H_s - 2\text{ m}$

$H_s = 10.3392\text{ m} - 0.2387\text{ m} - 7.5\text{ m} - 2\text{ m} \fallingdotseq 0.6\text{ m}$

86 펌프성능시험을 하기 위하여 오리피스를 통하여 시험한 결과, 수은주의 높이가 500 mm이다. 이 오리피스가 통과하는 유량(L/s)을 구하시오(단, 속도계수는 0.97이고, 수은의 비중은 13.6, 중력가속도는 9.81 m/s^{2}이다). (2023년 출제)

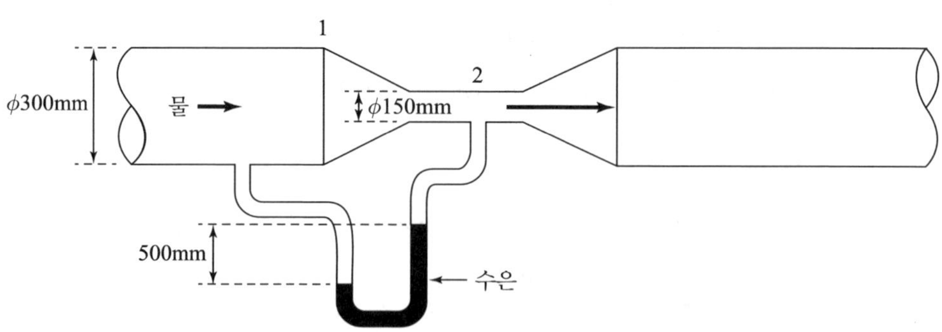

정답 189.35 L/s

해설 $Q = C_v \dfrac{A_2}{\sqrt{1-m^2}} \sqrt{\dfrac{2g(\gamma_s - \gamma_w)}{\gamma_w} R}$

(1) 개구비 $m = \dfrac{A_2}{A_1} = \left(\dfrac{D_2}{D_1}\right)^2 = \left(\dfrac{150\,\mathrm{mm}}{30\,\mathrm{mm}}\right)^2 = 0.25$

(2) 물의 비중량 $\gamma_w = \rho_w g = 1000\,\mathrm{N\cdot s^2/m^4} \times 9.81\,\mathrm{m/s^2} = 9810\,\mathrm{N/m^3}$

(3) 수은의 비중 $\gamma_w = s \times \gamma_w = 13.6 \times 9810\,\mathrm{N/m^3} = 133416\,\mathrm{N/m^3}$

(4) 오리피스 면적 $A_2 = \dfrac{\pi D_2^2}{4} = \dfrac{\pi \times (0.15\,\mathrm{m})^2}{4} = 0.017\,\mathrm{m^2}$

여기서, A_2 : 출구면적($\mathrm{m^2}$)

D_2 : 출구직경(m)

(5) 유량 Q

$Q = C_v \dfrac{A_2}{\sqrt{1-m^2}} \sqrt{\dfrac{2g(\gamma_s - \gamma_w)}{\gamma_w} R}$ 또는 $Q = CA_2 \sqrt{\dfrac{2g(\gamma_s - \gamma_w)}{\gamma_w} R}$

여기서, Q : 유량[$\mathrm{m^3/s}$]

C_v : 속도계수($C_v = C\sqrt{1-m^2}$)

C : 유량계수($C = \dfrac{C_v}{\sqrt{1-m^2}}$)

A_2 : 오리피스 면적[$\mathrm{m^2}$]

g : 중력가속도($\mathrm{m/s^2}$)

γ_s : 수은의 비중량($\mathrm{N/m^3}$)

γ : 물의 비중량($\mathrm{N/m^3}$)

R : 마노미터 읽음(수은주의 높이)[mHg]

m : 개구비

※ 유량 Q

$$Q = C_v \frac{A_2}{\sqrt{1-m^2}} \sqrt{\frac{2g(\gamma_s - \gamma_w)}{\gamma_w} R}$$

$$= 0.97 \times \frac{0.017\,\mathrm{m^2}}{\sqrt{1-0.25^2}} \sqrt{\frac{2 \times 9.81\,\mathrm{m/s^2} \times (133416 - 9810)\,\mathrm{N/m^3}}{9810\,\mathrm{N/m^3}} \times 0.5\,\mathrm{m}}$$

$$\fallingdotseq 0.189345\,\mathrm{m^3/s} = 189.35\,\mathrm{L/s}$$

87 다음 그림은 어느 배관의 평면도로 화살표 방향으로 물이 흐르고 있다. 배관 AEFD의 유량과 관경을 산출하시오.

[조건]

- 하젠－윌리엄스 식을 적용한다.
- 배관의 조도(C)는 120이다.
- 배관(ABCD)의 길이는 260 m, 직경은 160 mm이다.
- 배관(AEFD)의 길이는 190 m이다.

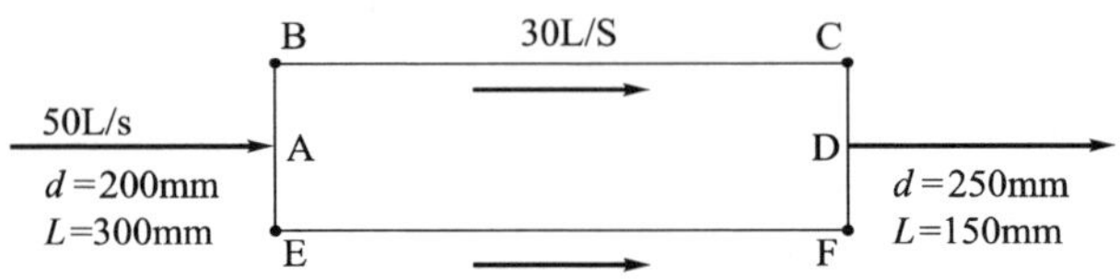

정답 (1) 20 L/s

(2) 128.60 mm

해설 (1) 총 유량은 각 관로의 유량의 합이다.

$$Q(\text{AEFD}) = Q_T - Q(\text{ABCD}) = 50\text{ L/s} - 30\text{ L/s} = 20\text{ L/s}$$

(2) 각 관로 마찰손실은 경로와 관계없이 일정하다.

$$\Delta P_{(\text{ABCD})} = \Delta P_{(\text{AEFD})}$$

$$\frac{Q_{(\text{ABCD})}{}^{1.85} \times L_{(\text{ABCD})}}{d_{(\text{ABCD})}{}^{4.87}} = \frac{Q_{(\text{AEFD})}{}^{1.85} \times L_{(\text{AEFD})}}{d_{(\text{AEFD})}{}^{4.87}}$$

$$\therefore d_{(\text{AEFD})} = \left(\frac{20^{1.85} \times 190}{30^{1.85} \times 260}\right)^{\frac{1}{4.87}} \times 160 = 128.60\text{ mm}$$

88 그림과 같은 병렬관로에서 ①, ② 관로의 마찰계수는 0.03으로 같고, 총 유량 Q는 0.04 m^3/s일 때, 각 관로의 유량 Q_1, Q_2는 몇 (m^3/s)인가? (단, Darcy–Weisbach 식 사용)

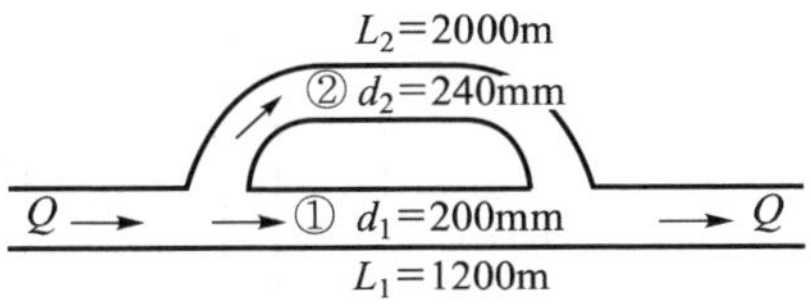

정답 $Q_1 = 0.022\ \mathrm{m^3/s}$

$Q_2 = 0.018\ \mathrm{m^3/s}$

해설 $Q_T = Q_1 + Q_2$ ·········· 식 ①

$h_{L_1} = h_{L_2}$ ·················· 식 ②

식 ②에서

$$f \cdot \frac{L_1}{d_1} \cdot \frac{V_1^2}{2g} = f \cdot \frac{L_2}{d_2} \cdot \frac{V_2^2}{2g}$$

$$V_1^2 = \frac{L_2 \times d_1}{L_1 \times d_2} \times V_2^2$$

$$V_1 = \sqrt{\frac{2{,}000 \times 0.2}{1{,}200 \times 0.24}} \times V_2 = 1.1785 \times V_2$$ ··· 식 ①에 대입

$$Q_T = Q_1 + Q_2 = A_1 V_1 + A_2 V_2$$

$$0.04 = \left(\frac{\pi}{4} \times 0.2^2 \times 1.1785 \times V_2\right) + \left(\frac{\pi}{4} \times 0.24^2 \times V_2\right) = 0.0822\,V_2$$

$$V_2 = 0.4866\ \mathrm{m/s}$$

$$A_1 V_1 = A_2 V_2$$

$$V_1 = \frac{A_2 V_2}{A_1}$$

$$V_1 = 1.1785 \times 0.4866 = 0.5735\ \mathrm{m/s}$$

$$\therefore Q_2 = \frac{\pi}{4} \times 0.24^2 \times 0.4866 = 0.022\ \mathrm{m^3/s}$$

$$Q_1 = Q_T - Q_2 = 0.04 - 0.02 = 0.018\ \mathrm{m^3/s}$$

89 다음 그림과 같은 수문에 작용하는 힘(N)과 작용점(m)을 각각 구하시오.

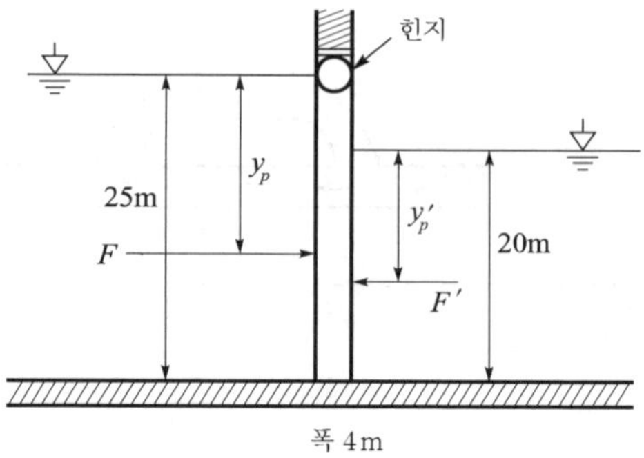

정답 (1) ① 12,250,000 N

② 16.67 m

(2) ① 7,840,000 N

② 18.33 m

해설 (1) ① 수문 왼쪽에 걸리는 힘

$$F=\gamma \bar{h} A=9{,}800\times 12.5\times(25\times 4)=12{,}250{,}000\,\text{N}$$

② 수문 왼쪽의 작용점

$$y_P=25\times\frac{2}{3}=16.67\text{ m}$$

$$\left(y_P=\bar{h}+\frac{I_G}{\bar{h}A}=\frac{2}{3}h\right)$$

(2) ① 수문 오른쪽에 걸리는 힘

$$F=\gamma \bar{h} A=9{,}800\times 10\times(20\times 4)=7{,}840{,}000\,\text{N}$$

② 수문 오른쪽의 작용점

$$y_P=5+\left(20\times\frac{2}{3}\right)=18.33\text{ m}$$

$$\left(y_P=\bar{h}+\frac{I_G}{\bar{h}A}=\frac{2}{3}h\right)$$

90 다음 그림에서 어느 배관 평면도에서 분당 $0.3\,m^3$의 물이 흐르고 있을 때 Q_1, Q_2의 유량(L/min)은 얼마인가?

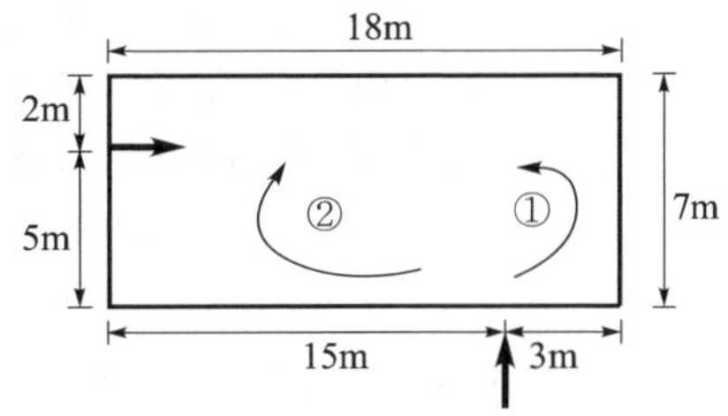

[조건]
- 배관의 구경은 40 mm로 한다.
- 기타는 무시한다.
- 하젠-윌리엄스 식을 사용하여 구한다.

$$\Delta P = 6\times 10^4 \frac{Q^2}{C^2\times d^5}$$

여기서, ΔP : 배관 1 m당 마찰손실압력[MPa]
Q : 배관 내 유수량[L/min]
C : 조도[C=120]
d : 배관의 안지름[mm]

정답 ① $Q_1 = 134.87\,\text{L/min}$
② $Q_2 = 165.13\,\text{L/min}$

해설 (가정)
각 관로의 마찰손실은 경로와 관계없이 일정하다.
- $\Delta P_1 = \Delta P_2$ … 각 관로의 마찰손실은 경로와 관계없이 일정하다.
- Q(총 유량) $= Q_1 + Q_2$ … 총 유량은 각 관로 유량의 합이다.

$$\Delta P_1 = \frac{6\times 10^4 \times Q_1^2}{120^2\times 40^5}\times(3+7+18+2) = 1.22\times 10^{-6}\times Q_1^2$$

$$\Delta P_2 = \frac{6\times 10^4 \times Q_2^2}{120^2\times 40^5}\times(15+5) = 8.138\times 10^{-7}\times Q_2^2$$

$$\therefore 1.22\times 10^{-6}\times Q_1^2 = 8.138\times 10^{-7}\times Q_2^2$$

$$\therefore Q_1 = \sqrt{\frac{8.138}{12.2}}\times Q_2 = 0.816730788\,Q_2$$

$$\therefore Q = Q_1 + Q_2$$

$$300 = 0.816730788\,Q_2 + Q_2$$

$$\therefore Q_2 = 165.13\,\text{L/min},\; Q_1 = 134.87\,\text{L/min}$$

91 직사각형 주철 관로망에서 A지점에서 0.7 m^3/s 유량으로 물이 들어와서 B와 C지점에서 각각 0.3 m^3/s와 0.4 m^3/s의 유량으로 물이 나갈 때 관 내에서 흐르는 물의 유량 Q_1, Q_2, Q_3는 각각 몇 m^3/s인가? (단, 관마찰손실 이외의 손실은 무시하고 d_1, d_2 관의 관마찰계수는 $f_{12}=0.025$, d_3, d_4의 관에 대한 관마찰계수는 $f_{34}=0.028$이다. 각각의 관의 내경은 $d_1=0.4\text{m}$, $d_2=0.4\text{m}$, $d_3=0.322\text{m}$, $d_4=0.322\text{m}$이며, Darcy–Weisbach의 방정식을 이용하여 유량을 구한다) (2022년 출제)

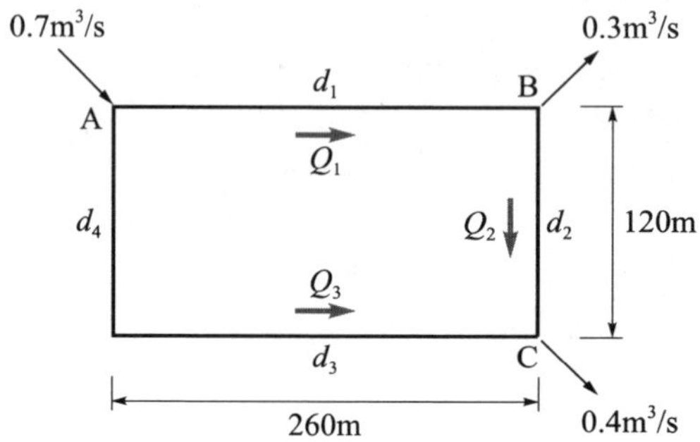

정답 $Q_1=0.48\text{m}^3/\text{s}$

$Q_2=0.18\text{m}^3/\text{s}$

$Q_3=0.22\text{m}^3/\text{s}$

해설 $0.7\text{m}^3/\text{s}=Q_1+Q_3$

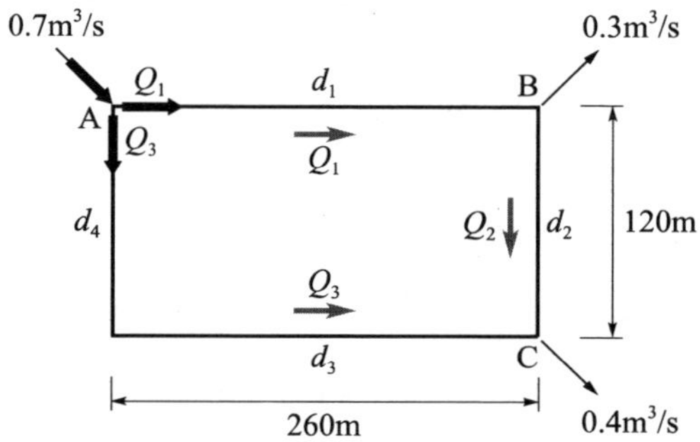

$Q_1=0.3\text{m}^3/\text{s}+Q_2$

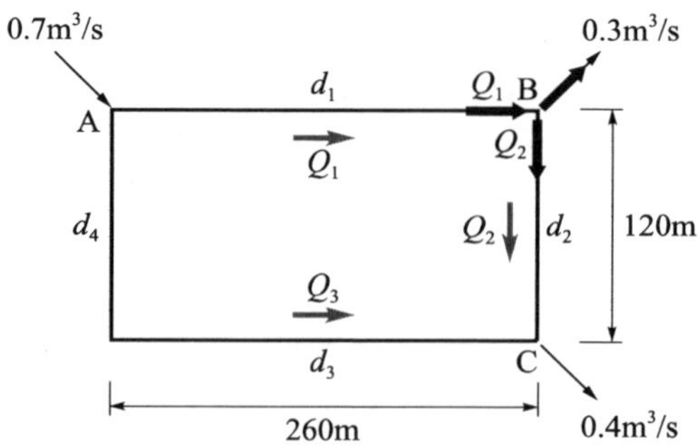

A점을 기준으로 H_1과 H_2는 방향이 같고, H_3는 반대이므로 같은 방향을 +, 반대방향을 −로 놓으면 $H_1+H_2-H_3=0$ 또는 $H_1+H_2=H_3$

여기서, H : 마찰손실(수두) (m)

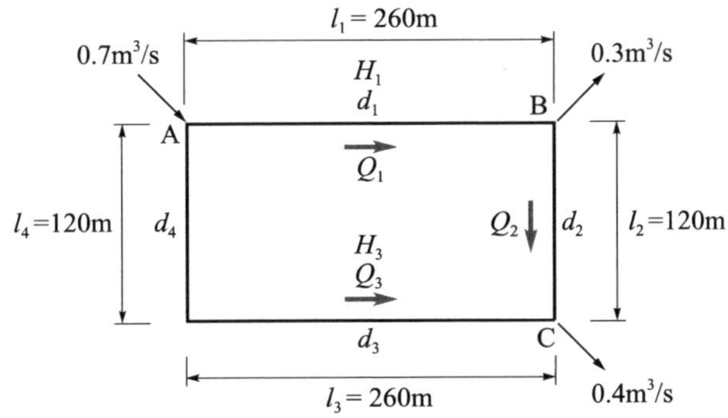

마찰손실(수두) H는

$$H=\frac{flV^2}{2gd}=\frac{fl\left(\frac{Q}{\frac{\pi d^2}{4}}\right)^2}{2gd}$$

d_1관의 마찰손실(수두) H_1은

$$H_1=\frac{f_{12}\,l_1\left(\frac{Q_1}{\frac{\pi d_1^2}{4}}\right)^2}{2gd_1}=\frac{0.025\times260\,\text{m}\times\left(\frac{Q_1}{\frac{\pi\times(0.4\,\text{m})^2}{4}}\right)^2}{2\times9.8\,\text{m/s}^2\times0.4\,\text{m}}$$

$$=52.502Q_1^2 \fallingdotseq 52.5Q_1^2$$

d_2관의 마찰손실(수두) H_2는

$$H_2=\frac{f_{12}\,l_2\left(\frac{Q_2}{\frac{\pi d_2^2}{4}}\right)^2}{2gd_2}=\frac{0.025\times120\,\text{m}\times\left(\frac{Q_2}{\frac{\pi\times(0.4\,\text{m})^2}{4}}\right)^2}{2\times9.8\,\text{m/s}^2\times0.4\,\text{m}}$$

$$=24.231Q_2^2 \fallingdotseq 24.23Q_2^2$$

d_3관의 마찰손실(수두) H_3는

$$H_3=\frac{f_{34}\,(l_3+l_4)\left(\frac{Q_3}{\frac{\pi d_3^2}{4}}\right)^2}{2gd_3}=\frac{0.028\times(260+120)\,\text{m}\times\left(\frac{Q_3}{\frac{\pi\times(0.322\,\text{m})^2}{4}}\right)^2}{2\times9.8\,\text{m/s}^2\times0.322\,\text{m}}$$

$$=254.229Q_3^2 \fallingdotseq 254.23Q_3^2$$

$H_1 \quad + \quad H_2 \quad - \quad H_3 \quad = 0$

$52.5Q_1^2 + 24.23Q_2^2 - 254.23Q_3^2 = 0$

- $Q_1 = 0.3\text{m}^3/\text{s} + Q_2 \rightarrow \boxed{Q_2 = Q_1 - 0.3\text{m}^3/\text{s}}$
- $0.7\text{m}^3/\text{s} = Q_1 + Q_3 \rightarrow \boxed{Q_3 = 0.7\text{m}^3/\text{s} - Q_1}$

$52.5Q_1^2 + 24.23(Q_1 - 0.3)^2 - 254.23(0.7 - Q_1)^2 = 0 \rightarrow$ Q_1을 x로 표기하면

$52.5x^2 + 24.23\underline{(x-0.3)^2} - 254.23\underline{(0.7-x)^2} = 0$

- 수학 : $(a-b)^2 = a^2 - 2ab + b^2$

$52.5x^2 + 24.23\underline{(x - 0.6x + 0.09)} - 254.23\underline{(x^2 - 1.4x + 0.49)} = 0$

$-177.5x^2 + 341.384x - 122.392 = 0$

$0 = 177.5x^2 - 341.384x + 122.392$

- $ax^2 + bx + c = 0$
- 근의 공식 $x = \dfrac{-b \pm \sqrt{b^2 - 4ac}}{2a}$

$$x = \frac{-b \pm \sqrt{b^2-4ac}}{2a}$$

$$= \frac{-(-341.384) \pm \sqrt{(-341.384)^2 - 4 \times 177.5 \times 122.392}}{2 \times 177.5}$$

$= 1.45\text{m}^3/\text{s}$ 또는 $0.476\text{m}^3/\text{s} \fallingdotseq 0.48\text{m}^3/\text{s}$

$\therefore \; Q_1 = 0.48\text{m}^3/\text{s}, \; Q_1 = 1.45\text{m}^3/\text{s}$

- 전체유량이 0.7 m^3/s이므로 1.45 m^3/s는 될 수 없으므로 0.48 m^3/s 선정

$Q_2 = Q_1 - 0.3\text{m}^3/\text{s} = 0.48\text{m}^3/\text{s} - 0.3\text{m}^3/\text{s} = 0.18\text{m}^3/\text{s}$

$Q_3 = 0.7\text{m}^3/\text{s} - Q_1 = 0.7\text{m}^3/\text{s} - 0.48\text{m}^3/\text{s} = 0.22\text{m}^3/\text{s}$

92 그림과 같은 배관에 물이 흐를 경우 배관 ①, ②, ③에 흐르는 각각의 유량(L/min)을 구하시오(단, A, B 사이의 배관 ①, ②, ③의 마찰손실수두는 각각 10 m로 동일하며 마찰손실 계산은 다음의 Hazen-William's식을 사용한다. 그리고 계산결과는 소수점 이하를 반올림하여 반드시 정수로 나타내시오). (2022년 출제)

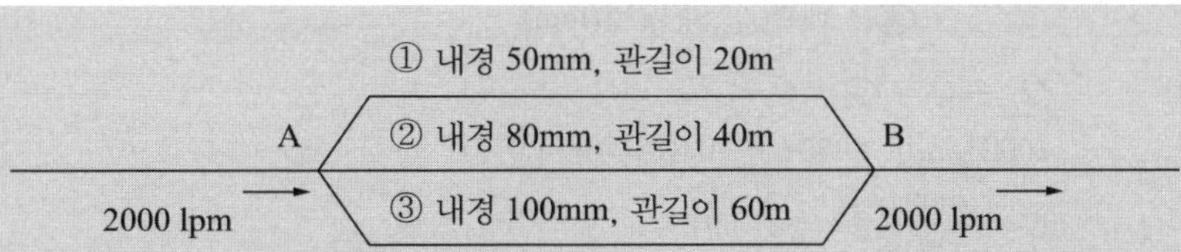

$$\Delta P = 6.053 \times 10^4 \times \frac{Q^{1.85}}{C^{1.85} \times D^{4.87}} \times L$$

여기서, ΔP : 마찰손실압력(MPa/m)
Q : 유량(L/min)
C : 관의 조도계수(무차원)
D : 관의 내경(mm)
L : 배관의 길이(m)

(가) 배관 ①의 유량(L/min)
(나) 배관 ②의 유량(L/min)
(다) 배관 ③의 유량(L/min)

정답 (가) 294 L/min
(나) 698 L/min
(다) 1008 L/min

해설
- ΔP를 10 m = 0.098 MPa로 적용
- ΔP(마찰손실압력) : 1 MPa ≒ 100 m이므로 문제에서 마찰손실 10 m = 0.1 MPa로 계산해도 정답

① $$Q_1^{1.85} = \frac{(50\,\text{mm})^{4.87} \times 0.098\,\text{MPa} \times C^{4.85}}{6.053 \times 10^4 \times 20\,\text{m}}$$

$$Q_1 = \sqrt[1.85]{\frac{(50\,\text{mm})^{4.87} \times 0.098\,\text{MPa} \times C^{4.85}}{6.053 \times 10^4 \times 20\,\text{m}}} \fallingdotseq 4.355C$$

② $$Q_2^{1.85} = \frac{(80\,\text{mm})^{4.87} \times 0.098\,\text{MPa} \times C^{4.85}}{6.053 \times 10^4 \times 40\,\text{m}}$$

$$Q_2 = \sqrt[1.85]{\frac{(80\,\text{mm})^{4.87} \times 0.098\,\text{MPa} \times C^{4.85}}{6.053 \times 10^4 \times 20\,\text{m}}} \fallingdotseq 10.319C$$

③ $$Q_3^{1.85} = \frac{(100\,\text{mm})^{4.87} \times 0.098\,\text{MPa} \times C^{4.85}}{6.053 \times 10^4 \times 60\,\text{m}}$$

$$Q_3 = \sqrt[1.85]{\frac{(100\,\text{mm})^{4.87} \times 0.098\,\text{MPa} \times C^{4.85}}{6.053 \times 10^4 \times 60\,\text{m}}} \fallingdotseq 14.913C$$

$Q_T = Q_1 + Q_2 + Q_3$

여기서, Q_T : 전체유량(pm)

Q_1 : 배관 ①의 유량(lpm)

Q_2 : 배관 ②의 유량(lpm)

Q_3 : 배관 ③의 유량(lpm)

$Q_T = Q_1 + Q_2 + Q_3$

$2000\,\text{lpm} = 4.355C + 10.319C + 14.913C$

$C = \dfrac{2000\,\text{lpm}}{29.587} ≒ 67.597$

$\therefore\ Q_1 = 4.355C = 4.355 \times 67.597 = 294.3 ≒ 294\,\text{L/min}$

$Q_2 = 10.319C = 10.319 \times 67.597 = 697.5 ≒ 698\,\text{L/min}$

$Q_3 = 14.913C = 14.913 \times 67.597 = 1008 ≒ 1008\,\text{L/min}$

93 다음 그림을 보고 Q_2 및 V_2를 구하시오.

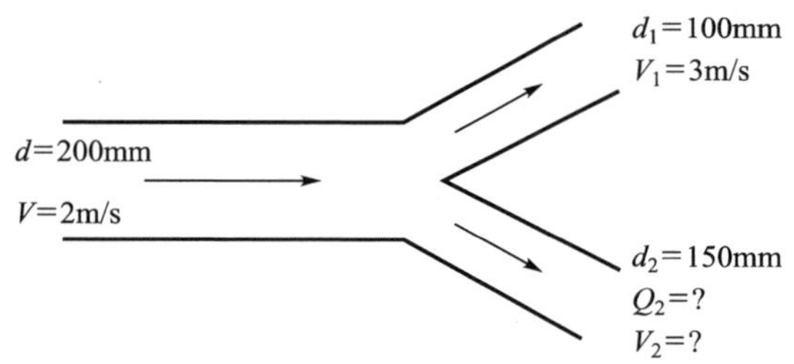

정답 (1) $Q_2 = 0.04\,\text{m}^3/\text{s}$

(2) $V_2 = 2.22\,\text{m/s}$

해설 (2) $Q_T = Q_1 + Q_2$

$Q_T = \dfrac{\pi}{4} \times 0.2^2\,\text{m}^2 \times 2\,\text{m/s} = 0.0628\,\text{m}^3/\text{s}$

$Q_1 = \dfrac{\pi}{4} \times 0.1^2\,\text{m}^2 \times 3\,\text{m/s} = 0.0235\,\text{m}^3/\text{s}$

$Q_2 = Q_T - Q_1 = 0.0628 - 0.0235 = 0.0393\,\text{m}^3/\text{s} ≒ 0.04\,\text{m}^3/\text{s}$

$Q_2 = A_2 V_2$

$\therefore\ V_2 = \dfrac{4Q_2}{\pi d^2} = \dfrac{4 \times 0.0393}{\pi \times 0.15^2} ≒ 2.22\,\text{m/s}$

94 그림은 어느 배관의 평면도이며, 화살표 방향으로 물이 흐르고 있다. 배관 Q_1 및 Q_2를 흐르는 유량을 각각 계산하시오(단, 주어진 조건을 참조할 것). (2024년 출제)

[조건]

① 하젠-윌리엄스 공식은 다음과 같다고 가정한다.

$$\Delta P = 6 \times 10^4 \times \frac{Q^2}{C^2 \times D^5} \times L$$

여기서, ΔP : 배관 마찰손실압력(MPa)
Q : 배관 내의 유수량(L/min)
L : 배관의 길이(m)
C : 조도
D : 배관의 내경(mm)

② 헤드의 규정방사압과 방사량은 화재안전기술기준에 따른다.
③ 엘보(90°)의 등가길이는 1 m이다.
④ 조건에 주어지지 않은 부속품은 고려하지 않는다.
⑤ 루프(loop)배관의 호칭구경은 모두 동일하다.

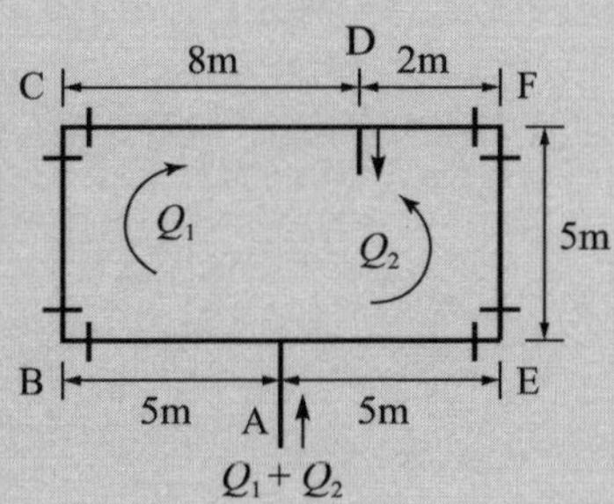

(가) Q_1 (계산과정 및 답) :
(나) Q_2 (계산과정 및 답) :

정답 (가) Q_1 = 37.26 L/min
(나) Q_2 = 42.74 L/min

해설 (1) 배관 ABCD 간에는 90° 엘보가 2개 있으므로
이것의 등가길이는 1 m×2개=2 m

$$\Delta P_{ABCD} = 6 \times 10^4 \times \frac{Q_1^2}{C^2 \times D^5} \times L_1$$

$$= 6 \times 10^4 \times \frac{Q_2^2}{C^2 \times D^5} \times (5+5+8+2)$$

(2) 배관 AEFD 간에는 90° 엘보가 2개 있으므로
이것의 등가길이는 1 m × 2개=2 m

$$\Delta P_{AEFD} = 6 \times 10^4 \times \frac{Q_2^2}{C^2 \times D^5} \times L_2$$

$$= 6 \times 10^4 \times \frac{Q_2^2}{C^2 \times D^5} \times (5+5+2+2)$$

(3) $\Delta P_{ABCD} = \Delta P_{AEFD}$

$25Q_1^2 = 19Q_2^2$

$Q_2 = \sqrt{\frac{25}{19}Q_1^2} = 1.147Q_1$

$Q_1 + Q_2 = 80\,\text{L/min}$

$Q_1 + 1.147Q_1 = 80\,\text{L/min}$(위에서 $Q_2 = 1.147Q_1$)

$Q_1(1+1.147) = 80\,\text{L/min}$

$Q_1 = \frac{80\,\text{L/min}}{1+1.147} = 37.261 \fallingdotseq 37.26\,\text{L/min}$

$Q_1 + Q_2 = 80\,\text{L/min}$

$Q_2 = 80\,\text{L/min} - Q_1 = (80-37.26)\,\text{L/min} = 42.74\,\text{L/min}$

95 그림과 같은 벤투리미터(venturi-meter)에서 입구와 목(throat)의 압력차(kPa)를 구하시오. (단, 송출계수=0.86, 입구지름=36cm, 목지름=13cm, 물의 비중량=9.8kN/m³, 유량=5.6m³/min이다) (2024년 출제)

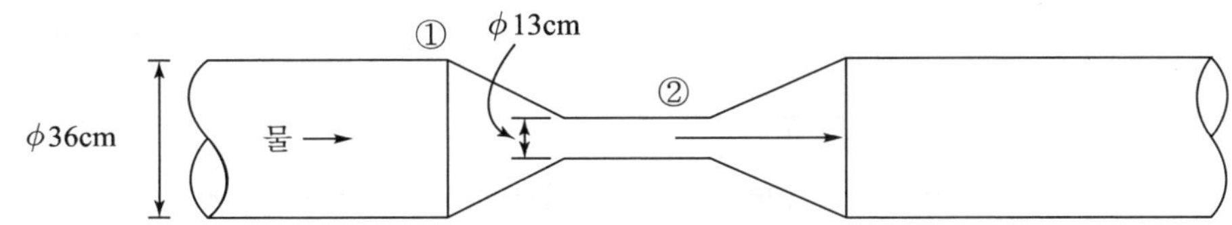

정답 32.86 kPa

해설 (1) 유량 $Q = CAV = C\left(\frac{\pi D^2}{4}\right)V$

여기서, Q : 유량(m^3/s)
C : 노즐의 흐름계수(송출계수)
A : 단면적(m^2)
V : 유속
D : 내경(m)

유속 $V_1 = \dfrac{Q}{C\left(\dfrac{\pi D_1^2}{4}\right)V} = \dfrac{5.6\,m^3/60\,s}{0.86 \times \dfrac{\pi \times (0.13\,m)^2}{4}}$

$\fallingdotseq 8.176\,m/s$

(2) 베르누이 방정식 $\dfrac{V_1^2}{2g} + \dfrac{P_1}{\gamma} + Z_1 = \dfrac{V_2^2}{2g} + \dfrac{P_2}{\gamma} + Z_2$

여기서, V_1, V_2 : 유속(m/s)
P_1, P_2 : 압력(증기압)(kPa)
Z_1, Z_2 : 높이(m)
g : 중력가속도($9.8\ m/s^2$)
γ : 비중량(물의 비중량 $9.8\ kN/m^3$)

수평관이므로 위치수두는 동일하다.
($Z_1 = Z_2$)

$$\frac{P_1 - P_2}{\gamma} = \frac{V_2^2 - V_1^2}{2g}$$

$$P_1 - P_2 = \frac{V_2^2 - V_1^2}{2g} \times \gamma = \frac{(8.17\,m/s)^2 - (1.066\,m/s)^2}{2 \times 9.8\,m/s} \times 9.8\,kN/m^3$$

$= 32.855\,kN/m^2 \fallingdotseq 32.86\,kPa$

96 다음 그림과 같은 벤투리관을 설치하여 관로를 유동하는 물의 유속을 측정하고자 한다. 액주계에는 비중 13.6인 수은이 들어 있고 액주계에서 수은의 높이차가 500 mm일 때 흐르는 물의 속도(V_1)는 몇 m/s인가? (단, 피토정압관의 속도계수는 0.97이며, 직경 300 mm관과 직경 150 mm관의 위치수두는 동일하다. 또한 중력가속도는 9.81 m/s^{2}이다)

(2023년 출제)

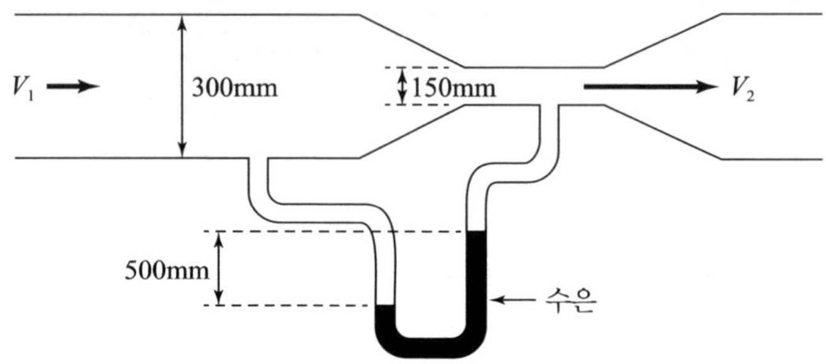

정답 2.78 m/s

해설 (1) 비중량 $s = \dfrac{\gamma_s}{\gamma}$

수은 비중량 $\gamma_s = \rho_s g$

$$13.6 = \frac{\gamma_s}{9.81\,\text{kN/m}^3}$$

$\gamma_s = 13.6 \times 9.81\,\text{kN/m}^3 = 133.416\,\text{kN/m}^3$

물 비중량 $\gamma = \rho g$

$$\gamma = \rho g = 1000\,\text{N}\cdot\text{s}^2/\text{m}^4 \times 9.81\,\text{m/s}^2$$
$$= 9810\,\text{N/m}^3 = 9.81\,\text{kN/m}^3$$

(2) 벤투리미터의 속도식

$$V_2 = \frac{C_v}{\sqrt{1-m^2}}\sqrt{\frac{2g(\gamma_s - \gamma)}{\gamma}R}$$
$$= C\sqrt{\frac{2g(\gamma_s - \gamma)}{\gamma}R}$$

여기서, V_2 : 물의 속도(m/s)

C_v : 속도계수

g : 중력가속도(9.8 m/s^2)

γ_s : 비중량(수은의 비중량) (kN/m^3)

γ : 비중량(물의 비중량) (kN/m^3)

R : 마노미터 읽음(수은주 높이차) (mHg)

C : 유량계수(노즐의 흐름계수, $C = \dfrac{C_v}{\sqrt{1-m^2}}$)

m : 개구비$\left[\dfrac{A_2}{A_1}=\left(\dfrac{D_2}{D_1}\right)^2\right]$

여기서, A_1 : 입구면적(m^2)

A_2 : 출구면적(m^2)

D_1 : 입구직경(m)

D_2 : 출구직경(m)

$$m : \left(\frac{D_2}{D_1}\right)^2=\left(\frac{150\,\text{mm}}{300\,\text{mm}}\right)^2=0.25$$

물의 속도 V_2는

$$V_2=\frac{C_v}{\sqrt{1-m^2}}\sqrt{\frac{2g(\gamma_s-\gamma)}{\gamma}R}$$

$$=\frac{0.97}{\sqrt{1-0.25^2}}\sqrt{\frac{2\times 9.81\,\text{m/s}^2\times(133.416-9.81)\,\text{kN/m}^3}{9.81\,\text{kN/m}^3}\times 0.5\,\text{mHg}}$$

$$=11.137\,\text{m/s}$$

(3) 유량 Q

$$Q=AV=\left(\frac{\pi D^2}{4}\right)V\quad(Q=A_1V_1=A_2V_2)$$

여기서, Q : 유량(m^3/s)

A : 단면적(m^2)

V : 유속(m/s)

D : 내경(m)

$$V_1=\frac{A_2}{A_1}V_2=\frac{\frac{\pi}{4}D_2^2}{\frac{\pi}{4}D_1^2}V_2=\frac{D_2^2}{D_1^2}V_2\left(\frac{150}{300}\right)^2\times 11.137$$

$$=2.78\,\text{m/s}$$

97 그림과 같은 관에 유량이 100 L/s로 40℃의 물이 흐르고 있다. ②점에서 공동현상이 발생하지 않도록 하기 위한 ①점에서의 최소 압력(kPa)을 구하시오(단, 관의 손실은 무시하고 40℃ 물의 증기압은 55.324 mmHg abs이다).

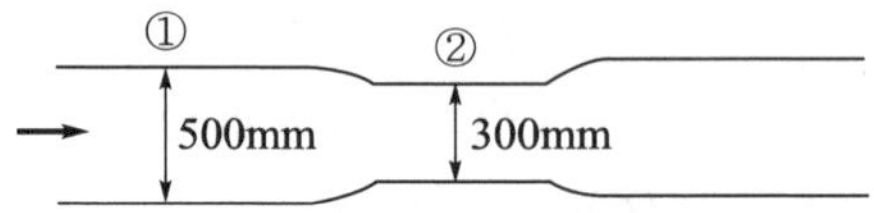

정답 8.25 kPa

해설 (1) 유속 $V_1 = \dfrac{Q}{\left(\dfrac{\pi D_1^2}{4}\right)} = \dfrac{0.1\,\text{m}^3/\text{s}}{\dfrac{\pi \times (0.5\,\text{m})^2}{4}} = 0.509\,\text{m/s}$

유속 $V_2 = \dfrac{Q}{A_2} = \dfrac{Q}{\left(\dfrac{\pi D_2^2}{4}\right)} = \dfrac{0.1\,\text{m}^3/\text{s}}{\dfrac{\pi \times (0.3\,\text{m})^2}{4}} \fallingdotseq 1.414\,\text{m/s}$

(2) 베르누이 방정식

$$\frac{V_1^2}{2g} + \frac{P_1}{\gamma} + Z_1 = \frac{V_2^2}{2g} + \frac{P_2}{\gamma} + Z_2 \ (Z_1 = Z_2)$$

$$\frac{V_1^2}{2g} + \frac{P_1}{\gamma} = \frac{V_2^2}{2g} + \frac{P_2}{\gamma}$$

$$P_1 = \frac{\gamma}{2g}(V_2^2 - V_1^2) + P_2$$

$$= \frac{9.8\,\text{kN/m}^3}{2 \times 9.8\,\text{m/s}} \times [(1.414\,\text{m/s})^2 - (0.509\,\text{m/s})^2] + 55.324\,\text{mmHg}$$

$$= \frac{9.8\,\text{kN/m}^3}{2 \times 9.8\,\text{m/s}} \times [(1.414\,\text{m/s})^2 - (0.509\,\text{m/s})^2] + \frac{55.324\,\text{mmHg}}{760\,\text{mmHg}} \times 101.325\,\text{kPa}$$

$$= 8.246 \fallingdotseq 8.25\,\text{kN/m}^2 = 8.25\,\text{kPa}$$

98 연결송수관설비가 겸용된 옥내소화전설비가 설치된 5층 건물이 있다. 옥내소화전이 1~4층에 4개씩, 5층에 7개일 때 조건을 참고하여 다음 각 물음에 답하시오.

(2023년 출제)

[조건]

① 실양정은 20m, 배관의 마찰손실수두는 실양정의 20%, 관부속품의 마찰손실수두는 배관마찰손실수두의 50%로 본다.

② 소방호스의 마찰손실수두값은 호스 100m당 26m이며, 호스길이는 15m이다.

③ 배관의 내경

호칭경	15A	20A	25A	32A	40A	50A	65A	80A	100A
내경(mm)	16.4	21.9	27.5	36.2	42.1	53.2	69	81	105.3

④ 펌프의 효율은 60%이며, 전달계수는 1.2이다.

⑤ 성능시험배관의 배관직경 산정기준은 정격토출량의 150%로 운전시 정격토출압력의 65% 기준으로 계산한다.

(가) 펌프의 전양정(m)을 구하시오.

(나) 펌프의 성능곡선이 다음 그림과 같을 때 이 펌프는 화재안전기준에서 요구하는 성능을 만족하는지 여부를 판정하시오(단, 이유를 쓰고 '적합' 또는 '부적합'으로 표시하시오).

(다) 펌프의 성능시험을 위한 유량측정장치의 최대 측정유량(L/min)을 구하시오.

(라) 토출측 주배관에서 배관의 최소 구경을 구하시오(단, 유속은 최대 유속을 적용한다).

(마) 펌프의 동력(kW)을 구하시오.

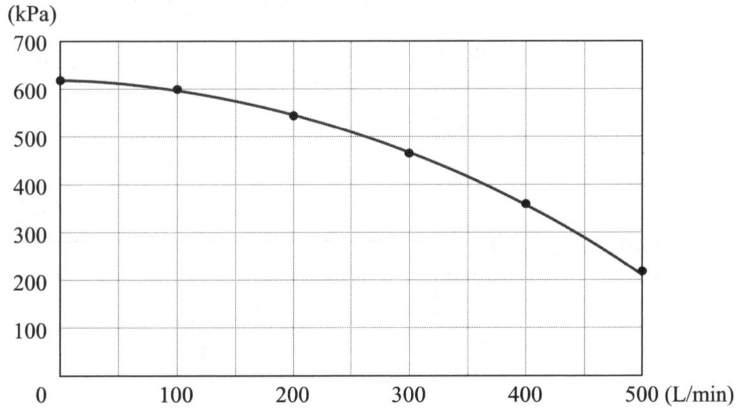

정답 (가) 46.9 m

(나) 약 375 KPa로 304.85 KPa 이상이므로 적합

(다) 455 L/min

(라) 100 A

(마) 3.98 kW

해설 (가) 전양정

$H \geq h_1 + h_2 + h_3 + 17$

여기서, H : 전양정(m)

h_1 : 소방호스의 마찰손실수두(m)

h_2 : 배관 및 관부속품의 마찰손실수두(m)

h_3 : 실양정(흡입양정 + 토출양정) (m)

h_1 : $15\,\text{m} \times \dfrac{26}{100} = 3.9\,\text{m}$

h_2 : 배관의 마찰손실수두 = 실양정 × 20% = 20 m × 0.2

h_2 : 관부속품의 마찰손실수두 = 배관의 마찰손실수두 × 50% = 4 m × 0.5

h_3 : 20 m

전양정 $H = h_1 + h_2 + h_3 + 17$

$= 3.9\,\text{m} + [(20\,\text{m} \times 0.2) + (4\,\text{m} \times 0.5)] + 20\,\text{m} + 17$

$= 46.9\,\text{m}$

(나) ① 150% 운전유량

옥내소화전 정격유량(정격토출량)

$Q = N \times 130\,\text{L/min}$

여기서, Q : 유량(토출량) (L/min)

N : 가장 많은 층의 소화전개수

펌프의 정격토출량 $Q = N \times 130\,\text{L/min} = 2 \times 130\,\text{L/min} = 260\,\text{L/min}$

150% 운전유량 = 정격토출량 × 1.5 = 260 L/min × 1.5 = 390 L/min

정격토출압력 = 46.9 m ≒ 0.469 MPa = 469 kPa

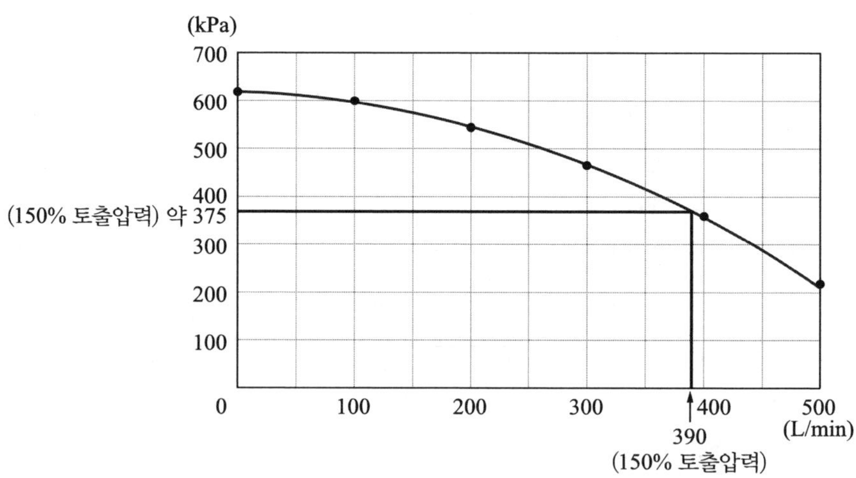

• 위 그래프에서 150% 운전유량 390 L/min일 때 토출압력은 약 375 kPa가 되어 150% 토출압력 304.85 kPa 이상이 되므로 적합함.

(다) 유량측정장치의 최대 측정유량 = 펌프의 정격토출량 × 1.75

= 260 L/min × 1.75 = 455 L/min

(라) $Q=\frac{\pi D^2}{4}V$에서 배관의 내경 D는

$$D=\sqrt{\frac{4Q}{\pi V}}=\sqrt{\frac{4\times 260\,\mathrm{L/min}}{\pi\times 4\,\mathrm{m/s}}}=\sqrt{\frac{4\times 0.26\,\mathrm{m^3}/60\,\mathrm{s}}{\pi\times 4\,\mathrm{m/s}}}$$

$\fallingdotseq 0.037\,\mathrm{m}=37\,\mathrm{mm}$

- 배관 내의 유속 $V=4\,\mathrm{m/s}$
- 배관의 내경

호칭경	15A	20A	25A	32A	40A	50A	65A	80A	100A
내경(mm)	16.4	21.9	27.5	36.2	42.1	53.2	69	81	105.3

- 내경 37 mm 이상이므로 호칭경은 40A이지만 연결송수관설비가 겸용이므로 100A 선정

(마) 전동기의 용량

$$P=\frac{0.163QH}{\eta}K=\frac{0.163\times 0.26\mathrm{m^3/min}\times 46.9\,\mathrm{m}}{0.6}\times 1.2$$

$=3.975 \fallingdotseq 3.98\,\mathrm{kW}$

99 다음 그림은 어느 옥내소화전설비의 설계도이다. 다음 주어진 조건을 이용하여 각 질문에 답하시오.

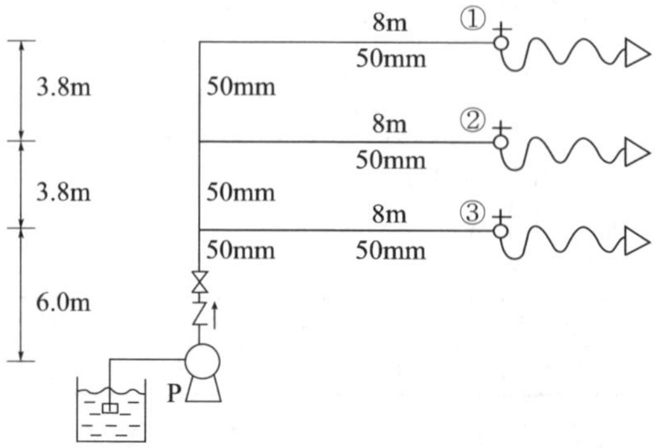

[조건]

- 펌프의 소요 정격 토출량은 130 L/min이고, 호스의 길이는 15 m이다.
- 옥내소화전 최상층 ①에서 옥내소화전 호스 노즐 선단에서의 방사량은 130 L/min이다.
- 이 상태에서는 호스 길이 100 m당 마찰손실수두가 15 m이고, 마찰손실수두의 크기는 유량의 제곱에 비례한다.
- 밸브 및 관 부속품에 대한 각 등가길이는 다음과 같다.
  앵글밸브(40A) : 6.5 m, 90° 엘보(50A) : 2.1 m, 분류 티(50A) : 3.0 m
  직류 티(50A) : 0.6 m, 게이트밸브(50A) : 0.39 m, 체크밸브(50A) : 8.4 m
- 배관의 마찰손실의 압력은 다음 식을 적용한다.

$$\Delta P = 6 \times 10^4 \frac{Q^2}{C^2 \times d^5}$$

(단, d의 경우 50A는 53A로, 40A는 42A로 하고, C값은 120이다)
- 펌프의 양정은 일정하다.
- 펌프 흡입측 마찰손실수두의 정압, 동압 등은 무시한다.

(가) 최고위 앵글밸브의 호스 접결구에서 노즐 선단까지의 마찰손실수두는 얼마인가?
(나) 최고위 앵글밸브에서의 마찰손실압력은 얼마인가?
(다) 펌프 토출구로부터 최고위 앵글밸브 입구까지 관의 총 등가길이는 얼마인가?
(라) 펌프 토출구로부터 최고위 앵글밸브 입구까지 마찰손실압력은 얼마인가?
(마) 펌프모터의 소요동력은 얼마인가?(단, 효율은 0.55, 전달계수는 1.1이다.)
(바) 옥내소화전 ③을 조작하여 방수하였을 때의 방수량을 Q (L/min)이라고 할 때,
① 소화전 호스를 통하여 일어나는 마찰손실압력은 어떤 식으로 표현하는가?
② 당해 앵글밸브 입구로부터 펌프 토출구까지의 마찰손실압력(MPa)은 얼마인가?
③ 당해 앵글밸브의 마찰손실압력(MPa)은 얼마인가?

정답 (가) 2.25 m

(나) 0.0035 MPa

(다) 33.69 m

(라) 0.00567 MPa

(마) 1.44 kW

(바) ① $1.33\times10^{-4}\times Q^2$

② $2.57\times10^{-7}\times Q^2$

③ $2.07\times10^{-7}\times Q^2$

해설 (가) $15\text{ m}\times\dfrac{15}{100}=2.25\text{ m}$

(나) $6\times10^4\times\dfrac{130^2}{120^2\times42^5}\times6.5=0.0035\text{ MPa}$

(다) 배관$=6+3.8+3.8+8=21.6$ m

관 부속품 = (90° 엘보) 1 × 2.1 + (직 티) 2 × 0.6 + (게이트밸브) 1 × 0.39
+ (체크밸브) 1 × 8.4
= 12.09 m

등가길이 = 배관 + 관 부속품 = 21.6 + 12.09 = 33.69 m

(라) $6\times10^4\times\dfrac{130^2}{120^2\times53^5}\times33.69=0.00567\text{ MPa}$

(마) $P=\dfrac{1{,}000\times0.13\times33.767}{102\times60\times0.55}\times1.1=1.438\text{ kW}$

$H=h_1+h_2+h_3+17\text{m}=(6+3.8+3.8)+(0.567+0.35)+2.25+17$
$=33.767\text{m}$

(바) ① 마찰손실수두의 크기는 유량의 제곱에 비례(소화전 호스)

$130^2:2.25=Q^2:\Delta P\rightarrow\Delta P=\dfrac{2.25Q^2}{130^2}=1.33\times10^{-4}\times Q^2$

② 배관길이 : 14 m, 등가길이 11.79 m로 총 길이 25.79 m

$6\times10^4\dfrac{Q^2}{120^2\times53^5}\times25.79=2.57\times10^{-7}\times Q^2$

등가길이 $=8.4+0.39+3=11.79\text{m}$

③ $6\times10^4\dfrac{Q^2}{120^2\times42^5}\times6.5=2.07\times10^{-7}\times Q^2$

100 다음 조건과 같은 배관의 A지점에서 B지점으로 50 N/s의 소화수가 흐를 때 A, B 각 지점에서의 평균속도를 계산하시오(단, 비중은 1.2). (2022년 출제)

[조건]
① 배관의 재질 : 배관용 탄소강관(KS D 3507)
② A지점 : 호칭지름 100, 바깥지름 114.3 mm, 두께 4.5 mm
③ B지점 : 호칭지름 80, 바깥지름 89.1 mm, 두께 4.05 mm

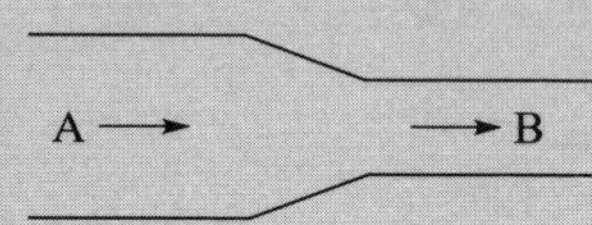

정답

$D_4 = 114.3 - (4.5 \times 2) = 105.3\,\text{mm} = 0.1053\,\text{m}$

$\gamma = 9800 \times 1.2 = 11760\,\text{N/m}^3$

$$V_A = \frac{50}{\frac{\pi \times 0.1053^2}{4} \times 11760} = 0.488 \fallingdotseq 0.49\,\text{m/s}$$

$D_D = 89.1 - (4.05 \times 2) = 81\,\text{mm} = 0.081\,\text{m}$

$$V_B = \frac{50}{\frac{\pi \times 0.081^2}{4} \times 11760} = 0.825 \fallingdotseq 0.83\,\text{m/s}$$

∴ A지점 평균속도 = 0.49 m/s
B지점 평균속도 = 0.83 m/s

해설

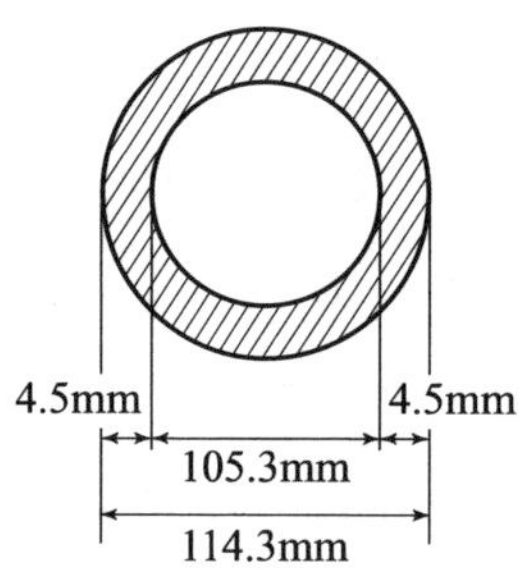

A지점

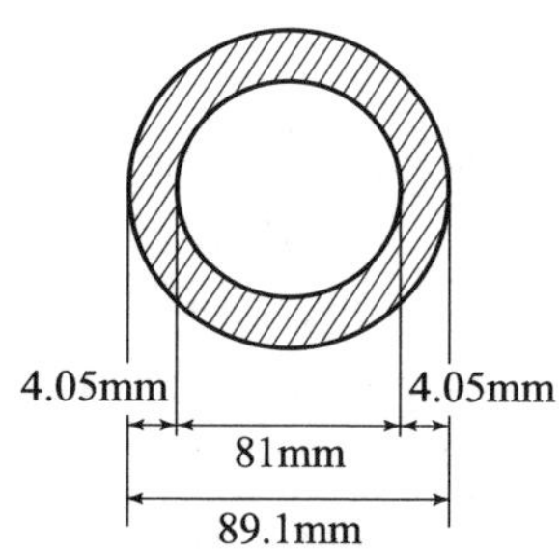

B지점

- 중량유량(Weight flowrate)

$$G = AV\gamma = \frac{\pi D^2}{4} V\gamma$$

여기서, G : 중량유량(N/s 또는 kg_f/s)
A : 단면적(m^2)
V : 유속(평균유속) (m/s)
γ : 비중량(소화수의 비중량 11760 N/m^3)
D : 내경(관경) (m)

A지점 유속 $V_A = \dfrac{G}{\dfrac{\pi D_A^2}{4}\gamma}$

$$= \frac{50\,\text{N/s}}{\dfrac{\pi \times (0.1053\,\text{m})^2}{4} \times 11760\,\text{N/m}^3}$$

$$= 0.488\,\text{m/s} \fallingdotseq 0.49\,\text{m/s}$$

- 소화수의 비중량

  $\gamma = \gamma_w \times S = 9800\,\text{N/m}^3 \times 1.2 = 11760\,\text{N/m}^3$

- 내경을 적용한다.

B지점 유속 $V_B = \dfrac{G}{\dfrac{\pi D_B^2}{4}\gamma}$

$$= \frac{50\,\text{N/s}}{\dfrac{\pi \times (0.081\,\text{m})^2}{4} \times 11760\,\text{N/m}^3}$$

$$= 0.825\,\text{m/s} \fallingdotseq 0.83\,\text{m/s}$$

101 다음 그림은 어느 물소화설비의 송수펌프 계통을 나타낸 것이다. 다음 물음에 답하시오.

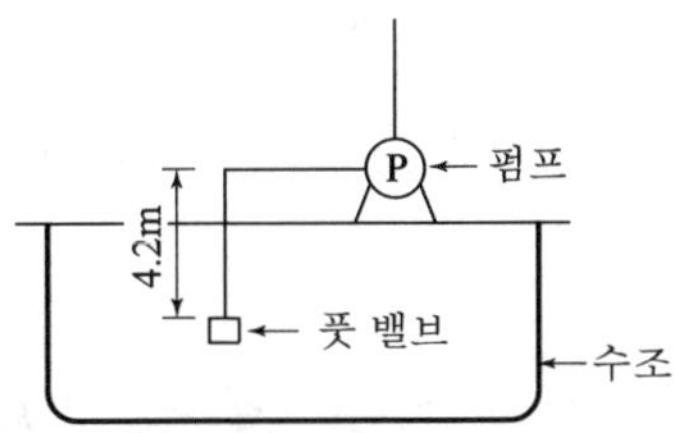

[조건]

- 25℃에서의 수증기압 : 0.001 MPa
- 펌프의 사용 최대 송수량 : 1,200 L/min
- 흡입배관의 총 등가길이는 20 m이며, 흡입관 구경은 100 mm이다.
- 조도는 120이다.(단, 설계기준온도는 25℃이며, 대기압은 0.103 MPa, 물의 밀도는 1 g/cm³, 펌프 운전시 배관에서의 속도수두는 무시한다)

(가) 하젠-윌리엄스 식을 이용한 흡입배관에서 마찰손실압은 얼마인가?

(나) NPSH_{av}은 얼마인가?

(다) NPSH_{av}와 NPSH_{re}의 개념적 차이를 쓰시오.

정답 (가) 0.016 MPa

(나) 4.4 m

(다) ① $NPSH_{av}$(Available Net Positive Suction Head)

이용 가능한 유효흡입양정으로 펌프의 특성과는 관계없이 펌프를 설치하는 주변 조건 및 환경에 따라 결정되는 값으로 물이 대기압에 의해 펌프 속으로 유입될 때 순수하게 남아 있는 에너지(수두)를 말한다.

② $NPSH_{re}$(Required Net Positive Suction Head)

필요한 유효흡입양정으로 펌프의 특성에 따라서 펌프가 가지고 있는 고유한 값으로 펌프 흡입구에서 회전차 입구까지의 손실양정이다.

③ 공동현상이 발생한 계기점은 $NPSH_{av} = NPSH_{re}$이며, 공동현상이 발생하지 않는 영역은 $NPSH_{av} \geq NPSH_{re}$이다.

해설 (가) $\Delta P = 6.053 \times 10^4 \times \dfrac{(1{,}200)^{1.85}}{(120)^{1.85} \times (100)^{4.87}} \times 20 = 0.016\ \text{MPa} = 16{,}000\,\text{N/m}^2$

마찰손실수두$(\Delta h) = \dfrac{\Delta P}{\gamma} = \dfrac{16{,}000\ \text{N/m}^2}{9{,}800\ \text{N/m}^3} \fallingdotseq 1.6\ \text{m}$

$\Delta P\,(\text{MPa}) = 6.053 \times 10^4 \times \dfrac{Q^{1.85}}{C^{1.85} d^{4.87}} \times L$

여기서, Q : 유량(L/min)

C : 조도

d : 내경(mm)

L : 등가길이(m)

ΔP : 손실압력(MPa)

(나) 유효흡입양정($NPSH_{av}$) = (10.3 − 0.1 − 4.2 − 1.6) m = 4.4 m

102 펌프성능시험을 하기 위하여 오리피스를 통하여 시험한 결과 수은주의 높이가 25 mm이다. 이 오리피스가 통과하는 유량(L/min)을 구하시오(단, 수은의 비중은 13.6, 중력가속도는 9.8 m/s^{2}이다). (2024년 출제)

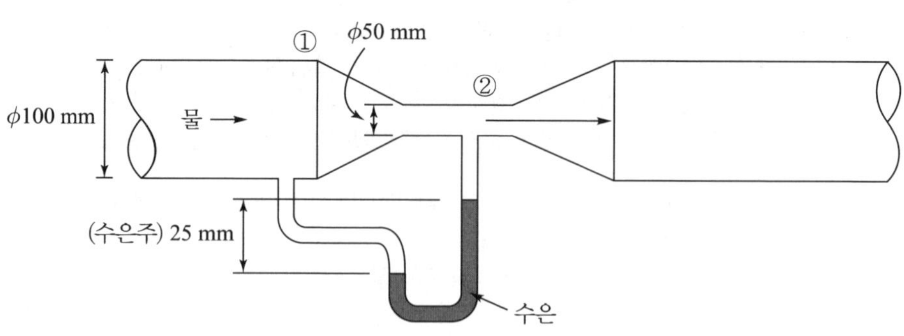

정답 (가) $m = \left(\frac{50}{100}\right)^2 = 0.25$

$\gamma_w = 1000 \times 9.8 = 9800\,\text{N/m}^3$

$\gamma_s = 13.6 \times 9800 = 133280\,\text{N/m}^3$

$A_2 = \frac{\pi \times 0.05^2}{4} \fallingdotseq 0.001\,\text{m}^2$

$Q = \frac{0.001}{\sqrt{1-0.25^2}}\sqrt{\frac{2\times 9.8\times(133280-9800)}{9800}\times 0.025}$

$\fallingdotseq 0.002566 = 2.566 = (2.566\times 60)$

$= 153.96\,\text{L/min}$

답 : 153.96 L/min

해설 유량 $Q = C_v\frac{A_2}{\sqrt{1-m^2}}\sqrt{\frac{2g(\gamma_s-\gamma_w)}{\gamma_w}R}$ 또는 $Q = CA_2\sqrt{\frac{2g(\gamma_s-\gamma_w)}{\gamma_w}R}$

여기서, Q : 유량(m^3/s)

C_v : 속도계수($C_v = C\sqrt{1-m^2}$)

C : 유량계수($C = \frac{C_v}{\sqrt{1-m^2}}$)

A_2 : 출구면적(m^2)

g : 중력가속도(m/s^2)

γ_s : 수은의 비중량(N/m^3)

C_w : 물의 비중량(N/m^3)

R : 마노미터 읽음(수은주의 높이, m)

m : 개구비

유량 $Q = C_v\frac{A_2}{\sqrt{1-m^2}}\sqrt{\frac{2g(\gamma_s-\gamma_w)}{\gamma_w}R}$

$= \frac{0.001\,\text{m}^2}{\sqrt{1-0.25^2}}\sqrt{\frac{2\times 9.8\,\text{m/s}^2\times(133280-9800)\,\text{N/m}^3}{9800\,\text{N/m}^3}\times 0.025\,\text{m}}$

$\fallingdotseq 0.002566\,\text{m}^3/\text{s}$

$= 2.566\,\text{L/s} = (2.566\times 60)\,\text{L/min}$

$= 153.96\,\text{L/min}$

103 어느 소방대상물에 옥내소화전을 각 층당 5개씩 설치하고자 한다. 다음 조건에 따라 물음에 답하시오.

[조건]
- 풋밸브에서 최상층의 소화전 방수구까지의 수직높이는 30 m이다.
- 소방용 호스의 마찰손실은 100 m당 26 m로 한다(15 m×2본).
- 배관 및 관 부속류의 마찰손실은 실양정의 30%로 한다.
- 연결송수관설비는 겸용으로 사용되었다.
- 전동기는 효율 60%인 것을 사용한다.

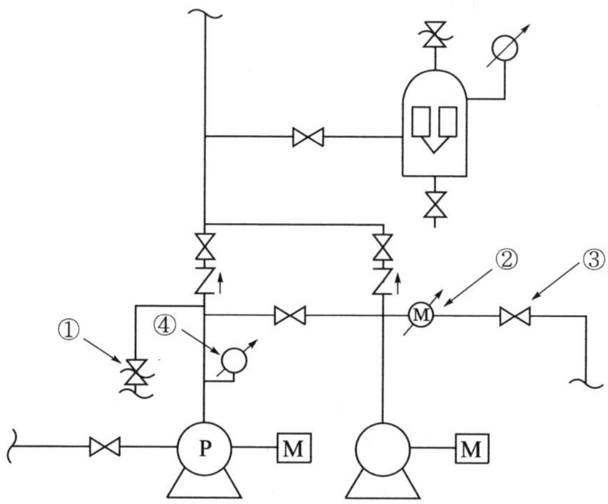

(가) 수원의 양(m^3)은 얼마인가?
(나) 펌프의 토출량(m^3/min)은 얼마인가?
(다) 주배관의 구경을 다음 표에서 선정하시오(단, 유속은 3 m/s 이하로 한다).

50A	65A	80A	100A	125A	150A

(라) 양정(m)은 얼마인가?
(마) 전동기 동력(kW)은 얼마인가?
(바) 성능시험배관의 관지름은 얼마인가?
(사) 각 부(①~④)의 명칭을 쓰시오.
(아) 위의 그림에서 ②, ④의 설치 이유를 쓰시오.

정답 (가) 유효수량 : 5.2 m^3 이상
옥상수조 : 1.73 m^3 이상
(나) 0.26 m^3/min 이상
(다) 100A
(라) 63.8 m
(마) 4.52 kW
(바) 17.12 mm 이상
(사) ① 릴리프 밸브
② 유량 측정 장치
③ 유량 조절 밸브
④ 압력계
(아) ②의 설치이유 : 펌프의 성능시험시 토출량을 알기 위하여
④의 설치이유 : 펌프 기동시 펌프의 토출압력을 알기 위하여

해설 (가) 2개 × 2.6 m^3/개 = 5.2 m^3 이상 …… 유효수량

$5.2\ m^3 \times \frac{1}{3} = 1.73\ m^3$ ……………… 옥상수조

(나) $2 \times 130\ L/min \times 10^{-3} = 0.26\ m^3/min$
(다) 연결송수관 겸용 설비이므로 화재안전기준에 의해 100 A 선정

$$Q = AV = \frac{\pi}{4} d^2 V$$

$$\therefore\ d = \sqrt{\frac{4Q}{\pi V}} = \sqrt{\frac{4 \times 0.26/60}{\pi \times 3}} = 0.043\,\text{m} = 43\,\text{mm}$$

(라) 전양정 $H = 30\text{m} + 9\text{m} + 7.8 + 17\text{m} = 63.8\text{m}$ ($\therefore\ P = 0.638$ MPa)

(마) 동력 $= \dfrac{1000 \times 0.26 \times 63.8}{102 \times 60 \times 0.6} = 4.52\,\text{kW}$

(바) $Q = 0.653\,d^2\sqrt{10P}$

방수량 150%에서 방수압 65%이므로
$1.5Q = 0.653d^2\sqrt{0.65 \times 10 \times P}$

$$d = \sqrt{\frac{1.5Q}{0.653\sqrt{0.65 \times 10 \times P}}} = \sqrt{\frac{1.5 \times 260}{0.653\sqrt{0.65 \times 10 \times 0.638}}}$$

$\therefore\ d = 17.12\,\text{mm}$ 이상

104 어느 건물의 근린생활시설에 옥내소화전설비를 각 층에 4개씩 설치하였다. 다음 각 물음에 답하시오(단, 유속은 4 m/s이다).

(가) 가압송수장치의 토출량[L/min]을 구하시오.

(나) 토출측 주배관에서 배관의 최소구경을 구하시오.

호칭구경	15A	20A	25A	32A	40A	50A	65A	80A	100A
내경[mm]	16.4	21.9	27.5	36.2	42.1	53.2	69	81	105.3

(다) 펌프의 성능시험을 위한 유량측정장치의 최대측정유량[L/min]을 구하시오.

(라) 소방호스 및 배관의 마찰손실수두가 10m이고 실양정이 25m일 때 정격토출량의 150%로 운전시의 최소양정[m]을 구하시오.

(마) 중력가속도가 9.8 m/s^{2}일 때 체절압력[kPa]을 구하시오.

정답 (가) 2 × 130 = 260 L/min

∴ 260 L/min

(나) $\sqrt{\dfrac{4\times 0.26/60}{\pi\times 4}} ≒ 0.037\,\text{m} = 37\,\text{mm}$ (유량 $Q = AV$)

∴ 50A

(다) 260 × 1.75 = 455 L/min

∴ 455 L/min

(라) H = 10 + 25 + 17 = 52 m

52 × 0.65 = 33.8 m

(마) 1000 × 9.8 × 52 = 509600 Pa = 509.6 kPa

509.6 × 1.4 = 713.44 kPa

∴ 713.44 kPa

해설 (라) 전양정 $H = h_1 + h_2 + h_3 + 17$

여기서, H : 전양정[m]

h_1 : 소방호스의 마찰손실수두[m]

h_2 : 배관 및 관부속품의 마찰손실수두[m]

h_3 : 실양정(흡입양정 + 토출양정)[m]

전양정 $H = h_1 + h_2 + h_3 + 17 = 10\,\text{m} + 25\,\text{m} + 17 = 52\,\text{m}$

정격토출량 150% 운전시의 양정 = 전양정 × 0.65

(마) $P = \gamma h = (\rho g)h = 1000\,\text{kg/m}^3 \times 9.8\,\text{m/s}^2 \times 52\,\text{m}$

$= 509600\,\text{kg/m}\cdot\text{s}^2$

$= 509600\,\text{Pa}$

$= 509.6\,\text{kPa}$

체절압력 = 정격토출압력 × 1.4 = 509.6 kPa × 1.4

= 713.44 kPa

105 그림의 개방된 고가수조에서 물을 방수할 때 ②지점에서의 방출압력은 몇 kPa인지 구하시오(단, 대기는 표준대기압 상태이고, 배관 안지름은 100 mm, 배관길이는 250 m, 방출유량은 2500 L/min, 총마찰손실수두는 7 m이며, 방출압력은 계기압력으로 구한다).

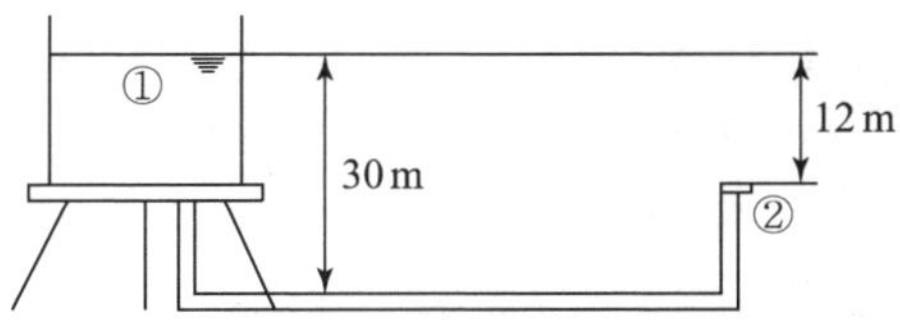

정답 34.93 kPa

해설 (1) 방출유속 V_2는

$$V_2 = \frac{4Q}{\pi D^2} = \frac{4 \times 2500\,\mathrm{L/min}}{\pi \times (0.1\,\mathrm{m})^2} = \frac{4 \times 2.5\ \mathrm{m^3/60s}}{\pi \times (0.1\,\mathrm{m})^2} \fallingdotseq 5.305\,\mathrm{m/s}$$

(2) 수정베르누이 방정식

$$\frac{V_1^2}{2g} + \frac{P_1}{\gamma} + Z_1 = \frac{V_2^2}{2g} + \frac{P_2}{\gamma} + Z_2 + \Delta H$$

여기서, V_1, V_2 : 유속(m/s)
P_1, P_2 : 압력[(kN/m^2) 또는 (kPa)]
Z_1, Z_2 : 높이
g : 중력가속도(9.8 m/s^2)
γ : 비중량(물의 비중량 9.8 kN/m^3)
ΔH : 손실수두(m)

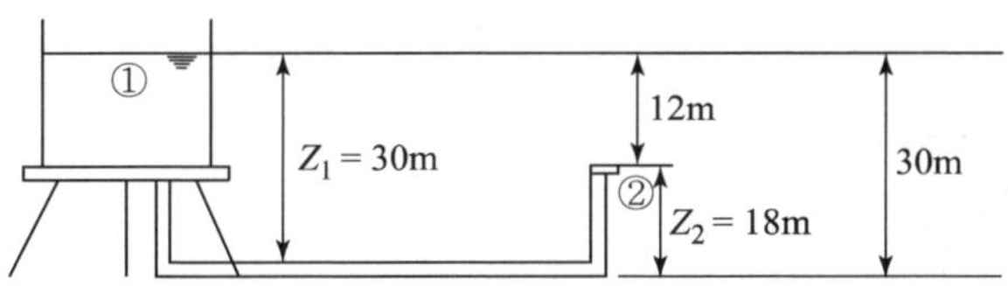

$$\frac{V_1^2}{2g} + \frac{P_1}{\gamma} + Z_1 = \frac{V_2^2}{2g} + \frac{P_2}{\gamma} + Z_2 + \Delta H \ (V_1 = 0,\ P_1 = 0)$$

$$\frac{0^2}{2g} + \frac{0}{\gamma} + 30\,\mathrm{m} = \frac{(5.305\,\mathrm{m/s})^2}{2 \times 9.8\,\mathrm{m/s}} + \frac{P_2}{9.8\,\mathrm{kN/m^3}} + 18\,\mathrm{m} + 7\,\mathrm{m}$$

$$30\,\mathrm{m} - \frac{(5.305\,\mathrm{m/s})^2}{2 \times 9.8\,\mathrm{m/s}} - 18\,\mathrm{m} - 7\,\mathrm{m} = \frac{P_2}{9.8\,\mathrm{kN/m^3}}$$

$$3.5641\,\mathrm{m} = \frac{P_2}{9.8\,\mathrm{kN/m^3}}$$

$$3.5641\,\mathrm{m} \times 9.8\,\mathrm{kN/m^3} = P_2$$

$$34.928\,\mathrm{kN/m^2} \fallingdotseq P_2$$

$$P_2 = 34.928\,\mathrm{kN/m^2} = 34.93\,\mathrm{kN/m^2} = 34.93\,\mathrm{kPa}$$

106 펌프를 이용하여 지하탱크의 물을 매 시 22.4 m^3의 비율로 소화설비의 2차 수원으로 사용하기 위하여 옥상 물탱크에 양수하는 경우 다음 물음에 답하시오.

[조건]
- 유체의 유속 2 m/s이다.
- 실연장 배관길이는 90 m, 실양정은 45 m이다.
- 엘보(90°) 5개, 게이트밸브 1개, 체크밸브, 풋밸브를 각 1개씩 사용한 것으로 한다.

▌관 이음식의 종류 및 밸브류의 국부저항 상당관 길이(m)

관 지름(mm)	90° 엘보	45° 엘보	게이트밸브	체크밸브	풋밸브
40	1.50	0.90	0.30	13.5	13.5
50	2.10	1.20	0.39	16.5	16.5
65	2.40	1.50	0.48	19.5	19.5
80	3.00	1.80	0.60	24.0	24.0

㈜ 양수관 마찰저항 : 1 m당 마찰손실수두 80 mmAq

(가) 펌프의 토출측 주배관의 구경은 몇 (mm) 이상으로 해야 하는가? (단, 위의 표에서 선정한다)
(나) 밸브류 및 관 이음쇠의 등가길이(m)는 얼마인가?
(다) 총 관길이 = 총 등가길이는 몇 (m)인가?
(라) 전체 손실수두는 몇 (m)인가?
(마) 펌프의 전양정은?
(바) 펌프의 축동력(kW)은 얼마인가? (단, 펌프의 효율은 50%, 기타는 무시한다)

정답 (가) 65 mm
(나) 51.48 mm
(다) 141.48 m
(라) 11.32 m
(마) 56.32 m
(바) 6.85 kW

해설 (가) $Q = A \cdot V = \dfrac{\pi d^2}{4} \cdot V$

여기서, Q : 토출량(m^3/s)
A : 단면적(m^2)
V : 유속(m/s)
d : 구경(m)

$d = \sqrt{\dfrac{4Q}{\pi \cdot V}} = \sqrt{\dfrac{4 \times 22.4/3{,}600}{\pi \times 2}} = 0.06293\,\text{m} = 62.93\,\text{mm}$ 이상이어야 한다.

∴ 표에서 주어진 파이프의 규격이 40 A, 50A, 65A, 80A이므로 65 mm가 적당하다.

(나) 등가길이는 65 mm 관지름에서 찾으면 된다.
① 90° 엘보(65A) = 5개 × 2.4 m/개 = 12 m
② 게이트밸브(65A) = 1개 × 0.48 m/개 = 0.48 m

③ 체크밸브(65A) = 1개 × 19.5 m/개 = 19.5 m

④ 풋밸브(65A) = 1개 × 19.5 m/개 = 19.5 m

∴ 밸브류 및 관 이음쇠의 상당관 길이(m)

= ① + ② + ③ + ④ = 12 m + 0.48 m + 19.5 m + 19.5 m = 51.48 m

※ 상당관 길이 = 등가길이는 같은 의미로서 관 이음쇠의 마찰손실값을 같은 규격의 직관길이로 환산해 놓은 값(길이)

(다) 총 등가길이 = 실연장 배관길이 + 밸브류 및 관 이음쇠의 상당관 길이

= 90m + 51.48 m = 141.48 m

(라) 전체 손실수두는 총 관의 길이에 양수관 마찰저항을 곱해 주면 된다.

80 mmAq = 0.08 mAq이므로 전체 손실수두는

= 141.48 m × 0.08 mAq = 11.3184 mAq = 11.32 mAq

(마) 전양정 = 실양정 + 전체 손실수두 = 45 m + 11.32 m = 56.32 m

(바) 축동력$(P) = \dfrac{0.163 \times Q \times H}{E} \times K$

여기서, P : 펌프의 축동력(kW)

Q : 토출량(m^3/min)

H : 전양정(m)

K : 전달계수

E : 펌프 효율

$Q = 22.4\ m^3/h = \dfrac{22.4}{60}\ m^3/min$

∴ 축동력$(P) = \dfrac{0.163 \times \dfrac{22.4}{60} \times 56.32}{0.5} = 6.854\ kW$

107 다음 그림과 같은 소방대상물에 옥내소화전을 설치할 경우의 (가) 수원의 양(m^3), (나) 펌프의 양정(m), (다) 전동기 용량(kW)은 얼마인가? (단, 펌프의 효율은 55%이며, 전달계수는 1.1로 한다)

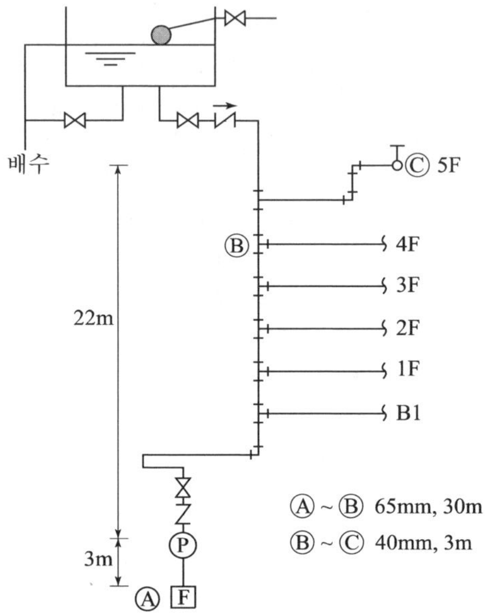

[조건]

- 층수 : 지하 1층, 지상 5층
- 연면적 : 6,000 m^2 (바닥면적 층별 1,000 m^2)
- 소화전 호스 : 15 m짜리 2본
- 구조 : 가로 40 m, 세로 25 m이며 중앙에 피난계단이 있다.
- 소화전은 4층에 2개 그 밖의 층은 1개
- A~B간 길이 30 m, 구경 65 mm (소수 넷째자리에서 반올림 할 것)
- B~C간 길이 3 m, 구경 40 mm (소수 넷째자리에서 반올림 할 것)
- 호스는 아마호스를 사용하는 것으로 한다.

▌관지름과 유수량

사용 관지름(mm)	소화전 개수	관이 담당하는 허용수량(L/min)
40	1개	130
50	2개	260
65	3개	390
80	4개	520
100	5개	650

▌ 관 이음쇠·밸브류 등의 마찰손실수두에 상당하는 등가길이(m)

관 이음쇠·밸브의 호칭경(mm)	90° 엘보	45° 엘보	90° (분류)	커플링 90° T (직류)	게이트 밸브	볼밸브	앵글 밸브
12	0.60	0.36	0.90	0.18	0.12	4.50	2.4
20	0.75	0.45	1.20	0.24	0.15	6.00	3.6
25	0.90	0.54	1.50	0.27	0.18	7.50	4.5
32	1.20	0.72	1.80	0.36	0.24	10.5	5.4
40	1.5	0.9	2.1	0.45	0.30	13.8	6.5
50	2.1	1.2	3.0	0.60	0.39	16.5	8.4
65	2.4	1.3	3.6	0.75	0.48	19.5	10.2
80	3.0	1.8	4.5	0.90	0.60	24.0	12.0
100	4.2	2.4	6.3	1.20	0.81	37.5	16.5
125	5.1	3.0	7.5	1.50	0.99	42.0	21.0
150	6.0	3.6	9.0	1.80	1.20	49.5	24.0

(1) 이 표의 엘보, 티는 나사접합의 관 이음쇠에 적합하다.
(2) 이경 소켓, 푸시는 대략 이 표의 45° 엘보와 같으며 작은 쪽에서 계산한다.
(3) 체크밸브, 풋밸브는 표의 앵글밸브와 같다.
(4) 소화전은 그 구조와 형상에 따라 표의 유사한 밸브와 같다.
(5) 나머지는 손실수두가 근소하므로 생략한다.

▌ 소화용 호스의 마찰손실수두(호스 100 m당)

유량(L/min) \ 구경 종별	호스의 호칭(mm)					
	40		50		65	
	아마호스	고무내장 호스	아마호스	고무내장 호스	아마호스	고무내장 호스
130	26	12	7	3	-	-
350	-	-	-	-	10	4

▌ 직관의 마찰손실수두(관길이 100 m)

유량(L/min)	관의 호칭경(mm)						
	40	50	65	80	100	125	150
	마찰손실수두						
130	13.32	4.15	1.23	0.53	0.14	0.05	0.02
260	47.84	14.90	4.40	1.90	0.52	0.18	0.08
390		31.60	3.34	4.02	0.10	0.38	0.17
520			15.65	6.76	1.86	0.64	0.28
650				10.37	2.84	0.99	0.43
780					3.98	1.38	0.60

정답 (가) 6.93 m^3 이상
(나) 54.69 m
(다) 4.64 kW

해설 (가) 옥내소화전 수원의 양(m^3) = 가장 많은 층의 설치 개수(최대 2개)×2.6 m^3 이상

∴ 유효수량 $= 2 \times 2.6\ m^3 = 5.2\ m^3$ 이상

옥상수조 $= 5.2\ m^3 \times 1/3 = 1.73\ m^3$ 이상

$5.2\ m^3 + 1.73\ m^3 = 6.93\ m^3$

(나) 펌프의 양정

$H = h_1 + h_2 + h_3 + 17\ m$

여기서, H : 전양정(m)

h_1 : 양정(흡입양정 + 토출양정)(m)

h_2 : 배관의 마찰손실수두(m)

h_3 : 소방용 호스의 마찰손실수두(m)

17 m : 노즐 선단의 방수압력 환산수두

• $h_1 = 3 + 22 = 25\ m$

• h_2

– A~B구간(B 포함) 구경 65 mm, 유수량 260 L/min

직관 = 30 m

관 부속품 풋밸브 1개 × 10.2 = 10.2 m

체크밸브 1개 × 10.2 = 10.2 m

게이트밸브 1개 × 0.48 = 0.48 m

90° 엘보 4개 × 2.4 = 9.6 m

90° T(직류) 5개 × 0.75 = 3.75 m

$64.23\ m \times \dfrac{4.4}{100} = 2.8261\ m$ ∴ 2.826 m

– B~C간 구경 40 mm, 유수량 130 L/min

직관 = 3 m

관 부속품 90° T(분류) 1개 × 2.1 = 2.1 m

90° 엘보 2개 × 1.5 = 3 m

앵글밸브 1개 × 6.5 = 6.5 m

$14.6\ m \times \dfrac{13.32}{100} = 1.945\ m$ ∴ 1.945 m

• h_3 = 소방용 호스 마찰손실수두 구경 40 m, 아마호스 2본(15 m × 2) = 30 m

$30\ m \times \dfrac{26}{100} = 7.8\ m$

$H = h_1 + h_2 + h_3 + 17\ m$

$\therefore H = 25 + (2.826 + 1.945) + 7.8 + 17 = 54.571\ m$

(다) 전동기 용량(kW)

$$P\,(kW) \geq \frac{0.163 \times Q \times H}{E} \times K$$

여기서, Q : 펌프의 토출량(m^3/min) H : 전양정(m)

E : 펌프효율 K : 전달계수

$$\therefore P \geq \frac{0.163 \times 0.26 \times 54.571}{0.55} \times 1.1 = 4.625\ kW$$

108 지상 4층 건물의 각 층에 옥내소화전이 3개 설치되어 있다. 다음 조건을 참조하여 물음에 답하시오.

[조건]
- 지하 1층에 펌프실이 위치하고 있다.
- 용도는 업무시설이다.
- 실양정은 20 m이며, 실양정의 20%가 흡입관으로부터 마지막 소화전까지의 마찰손실수두이며, 호스에서의 마찰손실수두는 5 m이다.
- 펌프 효율은 60%이며, 전달계수는 1.1이다.
- 옥상에 옥상수조가 있다.

(가) 수원의 저수량은 얼마인가?
(나) 옥상수조의 저수량은 얼마인가?
(다) 가압송수장치로 사용하는 3가지 방식을 쓰시오.
(라) 펌프의 토출량(L/min)은 얼마인가?
(마) 옥내소화전함의 재질과 문짝 면적은 얼마인가?
(바) 옥내소화전 방수구 설치 기준 3가지를 쓰시오.
(사) 펌프를 이용하는 가압송수장치의 기동방식 2가지를 쓰시오.
(아) 전양정(m)은 얼마인가?
(자) 펌프의 소요동력(kW)은 얼마인가?
(차) 주배관의 관지름을 산출하여 규격을 선정하시오.

정답 (가) 5.2 m^3 이상
(나) 1.73 m^3 이상
(다) ① 전동기 또는 내연기관에 의한 펌프를 이용하는 방식
② 고가수조의 자연낙차압력을 이용하는 방식
③ 압력수조를 이용하는 방식
④ 가압수조를 이용하는 방식
(라) 260 L/min 이상
(마) 소방청장이 정하여 고시된 기술기준에 적합한 것
(바) ① 소방대상물의 층마다 설치하되, 하나의 소방대상물의 각 부분으로부터 하나의 옥내소화전 방수구까지 수평거리가 25 m 이하가 되도록 할 것
② 바닥으로부터의 높이가 1.5 m 이하가 되도록 할 것
③ 호스의 구경이 40 mm 이상의 것으로 소방대상물의 각 부분으로부터 물이 유효하게 뿌려질 수 있는 길이로 할 것
(사) 수동기동방식(ON – OFF방식), 자동기동방식(기동용 수압개폐방식)
(아) 46 m
(자) 3.58 kW
(차) 50 A

해설 (가) 옥내소화전 저수량 $= 2 \times 2.6 = 5.2\ \mathrm{m^3}$

(나) 옥상수조의 저수량 $= 5.2 \times \dfrac{1}{3} = 1.73\ \mathrm{m^3}$ (유효수량 외 1/3 이상)

(라) 펌프의 토출량 $= 2 \times 130 = 260\ \mathrm{L/min}$

(아) $H = h_1 + h_2 + h_3 + 17\ \mathrm{m} = 20 + (20 \times 0.2) + 5 + 17\ \mathrm{m} = 46\ \mathrm{m}$

(자) 전동기 소요동력 $= \dfrac{1{,}000 \times 260 \times 10^{-3} \times 46 \times 1.1}{102 \times 60 \times 0.6} = 3.58\ \mathrm{kW}$

(차) $Q = 2 \times 130\,\mathrm{L/min} = 260\,\mathrm{L/min} = \dfrac{0.26}{60}\ \mathrm{m^3/s}$

$Q = AV = \dfrac{\pi}{4} d^2 \times V$

$\therefore d = \sqrt{\dfrac{4Q}{\pi V}} = \sqrt{\dfrac{4 \times 0.26}{\pi \times 4 \times 60}} = 0.0371\ \mathrm{m} = 37.1\ \mathrm{mm}$

따라서, 주배관 최소관경이 50 mm이므로 50A로 선정

109 옥내소화전에 관한 설계시 다음 조건을 읽고 답하시오.

[조건]

- 건물 규모 : 3층×각 층의 바닥면적 1,200 m^2이다.
- 옥내소화전 수량은 총 12개(각 층당 4개 설치)이다.
- 소화펌프에서 최상층 소화전 호스 접결구까지의 수직거리는 15 m이다.
- 소방 호스 : ϕ40 mm×15 m (고무 내장)
- 호스의 마찰손실수두값(호스 100 m당)

구분	호스의 호칭 구경(mm)					
	40		50		60	
유량(L/min)	마호스	고무내장 호스	마호스	고무내장 호스	마호스	고무내장 호스
130	26 m	12 m	7 m	3 m	-	-
350	-	-	-	-	10 m	4 m

- 배관 및 관부속의 마찰손실수두 합계 : 30 m
- 배관의 내경

호칭경	15A	20A	25A	32A	40A	50A	65A	80A	100A
내경(mm)	16.4	21.9	27.5	36.2	42.1	53.2	69	81	105.3

- 펌프의 동력전달계수

동력전달방식	전달계수
전동기	1.1
전동기 이외의 것	1.2

- 펌프의 구경에 따른 효율(단, 펌프의 구경은 펌프의 토출측 주배관의 구경과 같음)

펌프의 구경	펌프의 효율(E)
40	0.45
50～65	0.55
80	0.60
100	0.65
120～150	0.70

(가) 소방펌프의 ① 정격유량과 ② 정격양정은 얼마인가? (단, 흡입양정은 무시한다)

(나) 소방펌프 토출측 주배관의 최소 관지름은 얼마인가?

(다) 소방펌프를 디젤 엔진으로 구동할 경우 필요한 엔진의 동력(PS)은 얼마인가?

(라) 펌프의 최대 체절압력은 얼마인가?

(마) 만일 가장 먼 거리에 있는 옥내소화전 노즐과 가장 가까운 곳의 옥내소화전 노즐의 방사압력 차이가 0.4 MPa이고, 펌프에서 제일 먼 거리에 있는 옥내소화전 노즐에서의 방사압력이 0.17 MPa, 유량이 130 L/min일 경우 펌프에서 가장 가까운 소화전에서의 방사유량은 얼마인가?

(바) 유량측정장치는 몇 [L/min]까지 측정이 가능해야 하는가?

(사) 옥상에 저장해야 하는 소화수의 용량은 몇 [m^3]인가?

정답 (가) ① 260 L/min 이상

② 63.8 m

(나) 50A 이상

(다) 8.04 PS

(라) 0.89 MPa

(마) 238 L/min

(바) 455 L/min

(사) 1.73 m^3 이상

해설 (가) 정격유량 : 2개 × 130 L/min · 개 = 260 L/min ≒ 0.26 m^3/min

$$H = h_1 + h_2 + h_3 + 17\,\text{m}$$

$$H = \left(15 \times \frac{12}{100}\right) + 30 + 15 + 17 = 63.8\ \text{m}$$

(나) $Q = AV = \frac{\pi}{4} d^2 V$

$$\therefore d = \sqrt{\frac{4Q}{\pi V}} = \sqrt{\frac{4 \times 0.26}{\pi \times 4 \times 60}} = 0.037\ \text{m} = 37\,\text{mm}\,(50\ \text{mm 이상})$$

(다) $\frac{1{,}000 \times 0.26 \times 63.8}{75 \times 60 \times 0.55} \times 1.2 = 8.04\ \text{PS}$

1PS = 75 kg · m/s, 펌프 구경이 50A이므로 펌프효율은 0.55

(라) 체절압력 = 전압력의 140%에 해당되므로

$0.638 \times 1.4 = 0.89\ \text{MPa}$

(마) $Q = K\sqrt{10p}$

$130 = K\sqrt{10 \times 0.17}$

$\therefore K = 99.7$

$Q = 99.7 \times \sqrt{10 \times 0.57} = 238\ \text{L/min}$

(바) 펌프 성능시험장치에서 유량측정장치의 용량은 펌프 토출유량의 175%까지 측정할 수 있어야 하므로

$260\ \text{L/min} \times 1.75 = 455\ \text{L/min}$

(사) 옥상수조의 저수량은 유효수량의 $\frac{1}{3}$이므로

$2\text{개} \times 2.6\ \text{m}^3/\text{개} \times \frac{1}{3} = 1.73\ \text{m}^3$

110 그림과 같이 6층 건물(철근콘크리트 건물)에 1층부터 6층까지 각 층에 1개씩 옥내소화전을 설치하고자 한다. 이 그림과 주어진 조건을 이용하여 다음 각 물음에 답하시오.

(2024년 출제)

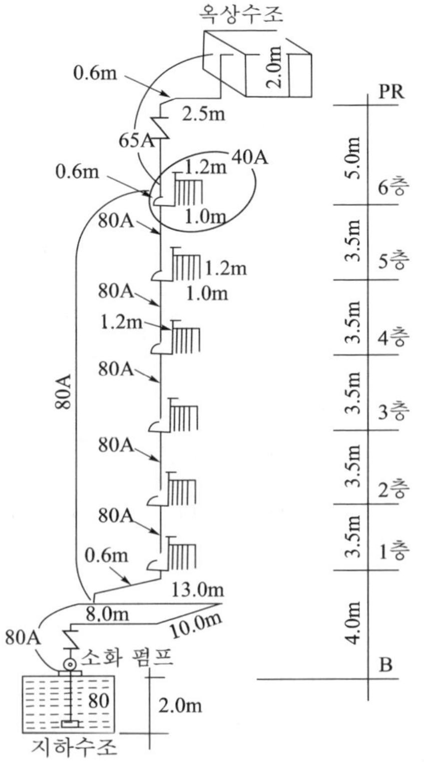

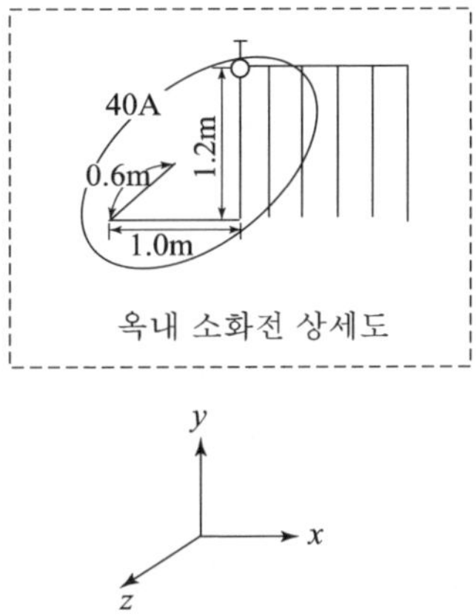

[조건]

① 소화펌프에서 옥내소화전 바닥(티)까지의 거리는 다음과 같다(위 그림 참조).
   ㉠ 수직거리 : 2.7+0.3+1=4.0 m
   ㉡ 수평거리 : 8+10+13+0.6=31.6 m
② 옥내소화전 바닥(티)에서 옥내소화전 바닥(티)까지의 거리는 3.5 m이다(위 그림 참조).
③ 엘보는 모두 90° 엘보를 사용한다.
④ 펌프의 효율은 55%이며 펌프의 축동력 전달효율은 100%로 계산한다.
⑤ 호스의 길이 15 m, 구경 40 mm의 마호스 2개를 사용한다.
⑥ 티(80×80×80A)에서 분류되어 40A 배관에 연결할 때는 리듀서(80×40A)를 사용한다.
⑦ 직관의 마찰손실은 다음 표를 참조할 것

직관의 마찰손실(100 m당)

구경 \ 유량(L/min)	130	260	390	520
40A	14.7 m	-	-	-
50A	5.1 m	18.4 m	-	-
65A	1.72 m	6.20 m	13.2 m	-
80A	0.71 m	2.57 m	5.47 m	9.20 m

⑧ 관이음 및 밸브 등의 등가길이는 다음 표를 이용할 것

관이음 및 밸브 등의 등가길이

관이음 및 밸브의 호칭구경 [mm(in)]	90° 엘보	45° 엘보	90° T (분류)	커플링 90° T (직류)	게이트 밸브	글로브 밸브	앵글 밸브
	등가길이(m)						
$40\left(1\frac{1}{2}\right)$	1.5	0.9	2.1	0.45	0.30	13.5	6.5
50(2)	2.1	1.2	3.0	0.60	0.39	16.5	8.4
$65\left(2\frac{1}{2}\right)$	2.4	1.5	3.6	0.75	0.48	19.5	10.2
80(3)	3.0	1.8	4.5	0.90	0.60	24.0	12.0
400(4)	4.2	2.4	6.3	1.20	0.81	37.5	16.5
125(5)	5.1	3.0	7.5	1.50	0.99	42.0	21.0
150(6)	6.0	3.6	9.0	1.80	1.20	49.5	24.0

※ 체크밸브와 풋밸브의 등가길이는 이 표의 앵글밸브에 준한다.

⑨ 호스의 마찰손실수두는 다음 표를 이용할 것

호스의 마찰손실두수(100 m당)

유량(L/min) \ 구경	호스의 호칭구경					
	40 mm		50 mm		65 mm	
	마호스	고무내장호스	마호스	고무내장호스	마호스	고무내장호스
130	26 m	12 m	7 m	3 m	-	-
350	-	-	-	-	10 m	4 m

(가) 펌프의 송수량(L/min)은?

(나) 수원의 소요저수량(m^3)은?

(다) 다음 순서대로 전양정을 구하시오.

① 소방호스의 마찰손실수두(m)는?

② 배관의 마찰손실수두(m)에 대한 표를 완성하시오.

호칭구경	직관의 등가길이	마찰손실수두
80A	직관 :	
40A	직관 :	
합계		

③ 관부속품의 마찰손실수두(m)에 대한 표를 완성하시오.

호칭구경	관부속품의 등가길이	마찰손실수두
80A	관부속품 :	
40A	관부속품 :	
합계		

④ 펌프의 실양정(m)은?

⑤ 펌프의 전양정(m)은?

(라) 전동기의 소요출력(kW)은?

정답 (가) 130 L/min

(나) 3.47 m^3

(다) ① 7.8 m

②

호칭구경	직관의 등가길이	마찰손실수두
80A	직관 : 2+4+31.6+(3.5×5) =55.1 m	$55.1\times\frac{0.71}{100}=0.391\fallingdotseq 0.39\,\text{m}$
40A	직관 : 0.6+1.0+1.2=2.8 m	$2.8\times\frac{14.7}{100}=0.411\fallingdotseq 0.41\,\text{m}$
합계		0.39+0.41=0.8 m

③

호칭구경	관부속품의 등가길이	마찰손실수두
80A	[관부속품] 풋밸브 : 1개 ×12.0=12.0 m 체크밸브 : 1개×12.0=12.0 m 90°엘보 : 6개×3.0=18.0 m 90°T(직류) : 5개×0.9=4.5 m 90°T(분류) : 1개×4.5=4.5 m 소계 : 51 m	$51\times\frac{0.71}{100}=0.362\fallingdotseq 0.36\,\text{m}$
40A	[관부속품] 90°엘보 : 2개×1.5=3.0 m 앵글밸브 : 1개×6.5=6.5 m 소계 : 9.5 m	$9.5\times\frac{14.7}{100}=1.396\fallingdotseq 1.4\,\text{m}$
합계		0.36+1.4=1.76 m

④ 24.7 m

⑤ 52.06 m

(라) 2.01 kW

해설 (가) $Q = N \times 130\,\mathrm{L/min}$

여기서, Q : 펌프의 송수량(L/min)

N : 가장 많은 층의 소화전 개수(최대 2개)

(나) 지하수조의 양 $Q_2 = 2.6N = 2.6 \times 1 = 2.6\,\mathrm{m^3}$

옥상수조의 양 $Q_3 = 2.6N \times \dfrac{1}{3} = 2.6 \times 1 \times \dfrac{1}{3} \fallingdotseq 0.87\,\mathrm{m^3}$

수원의 소요저수량 = 지하수조의 양 + 옥상수조의 양

$= Q_2 + Q_3 = 2.6\,\mathrm{m^3} + 0.87\,\mathrm{m^3} = 3.47\,\mathrm{m^3}$

(다) ① h_1 : 소방호스의 마찰손실수두 $= 15\,\mathrm{m} \times 2$개 $\times \dfrac{26}{100} = 7.8\,\mathrm{m}$

호스의 마찰손실두수(100 m당)

유량 (L/min) \ 구분	호스의 호칭구경					
	40 mm		50 mm		65 mm	
	마호스	고무내장호스	마호스	고무내장호스	마호스	고무내장호스
130	26 m	12 m	7 m	3 m	-	-
350	-	-	-	-	10 m	4 m

②, ③ h_2 : 배관 및 관부속품의 마찰손실수두

호칭구경	유량	관부속품의 등가길이	m당 마찰손실	마찰손실수두
80A	130 L/min	직관 : 2+4+31.6+(3.5×5) =55.1m [관부속품] 풋밸브 : 1개 ×12.0=12.0 m 체크밸브 : 1개×12.0=12.0 m 90˚엘보 : 6개×3.0=18.0 m 90˚T(직류) : 5개×0.9=4.5 m 90˚T(분류) : 1개×4.5=4.5 m 소계 : 106.1 m	$\dfrac{0.71}{100}$	$106.1\mathrm{m} \times \dfrac{0.71}{100}$ $= 0.753$ $\fallingdotseq 0.75\mathrm{m}$
40A	130 L/min	직관 : 0.6+1.0+1.2=2.8m [관부속품] 90˚엘보 : 2개×1.5=3.0 m 앵글밸브 : 1개×6.5=6.5 m 소계 : 12.3 m	$\dfrac{14.7}{100}$	$12.3\mathrm{m} \times \dfrac{14.7}{100}$ $= 1.808$ $\fallingdotseq 1.81\mathrm{m}$
합계			2.56 m	

111 어느 노유자시설에 설치된 호스릴옥내소화전설비의 주펌프를 시운전하였더니 정격운전점에서 축동력은 4.5 kW이었으며 이때 회전수가 1300 rpm이었다. 다음의 조건을 참조하여 법정 최소방수량과 최소방수압을 확보하기 위하여 이 펌프의 회전수(rpm)를 얼마로 변경하여야 하는지를 계산하시오.

> [조건]
> ① 호스릴옥내소화전의 층별 설치개수는 지하층 2개, 지상 1층 및 2층 4개, 3층 3개, 4층 2개이다.
> ② 호스릴옥내소화전의 방수구는 바닥으로부터 1 m의 높이로 설치되어 있다.
> ③ 수조의 흡수면으로부터 펌프까지의 수직거리는 4 m이다.
> ④ 펌프로부터 4층 바닥까지의 높이는 15 m이다.
> ⑤ 배관 및 호스의 마찰손실을 실양정의 30%를 적용한다.
> ⑥ 펌프의 효율은 60%이다.

정답 1140.68 rpm

해설 펌프의 축동력 $P_s\,(\mathrm{kW}) = \dfrac{\gamma \times \mathrm{Q} \times \mathrm{H}}{102 \times \eta}$ 이다.

정격토출량(Q)을 구하면 가장 많이 설치된 호스릴옥내소화전의 설치개수가 2개이므로

$Q = 130\,\mathrm{L/min} \times 2 = 260\,\mathrm{L/min} = 0.26\,\mathrm{m^3/min}$

전양정 $H=$ 흡입양정 + 토출양정 + 배관 및 호스의 마찰손실수두 + 방수압 환산수두 이므로

$H = 4\,\mathrm{m} + (15\,\mathrm{m} + 1\,\mathrm{m}) + (20\,\mathrm{m} \times 0.3) + 17\,\mathrm{m} = 43\,\mathrm{m}$

$$P_s = \frac{1000 \times 0.26 \times 43}{102 \times 60 \times 0.6} = 3.04\,[\mathrm{kW}]$$

축동력은 3.04 kW가 되어야 한다.

펌프의 상사법칙에서 축동력과 회전수의 상관관계는 $\dfrac{L_2}{L_1} = \left(\dfrac{N_2}{N_1}\right)^3$ 이므로

$$\frac{3.04\,\mathrm{kW}}{4.5\,\mathrm{kW}} = \left(\frac{\mathrm{N_2}}{1300\,\mathrm{rpm}}\right)^3,\ N_2 = \left(\frac{3.04}{4.5}\right)^{\frac{1}{3}} \times 1300\,\mathrm{rpm} = 1140.68\,\mathrm{rpm}$$

112

다음은 층수가 10층인 특정소방대상물에 옥내소화전설비에 관한 설명이다. 다음 물음에 답하시오.

> [조건]
> ① 옥내소화전이 가장 많이 설치된 층의 설치개수는 4개이다.
> ② 펌프로부터 최고위 호스 접결구까지의 높이는 40 m이다.
> ③ 배관(관부속 포함) 손실은 실양정의 50% 및 소방호스의 마찰손실수두는 7.8 m이다.

(가) 펌프의 토출량[L/min]을 구하시오.
(나) 지하수원량[m^3]을 구하시오.
(다) 펌프의 전양정[m]을 구하시오.
(라) 펌프의 성능시험 시 최대유량일 경우 압력[MPa]은 얼마 이상이어야 하는지를 구하시오.
(마) 펌프의 주배관의 구경[mm]을 구하시오.
(바) 노즐에서 방사압력 0.2 [MPa]에서 200 [L/min] 유량이 방출될 경우 방사압력이 0.4 [MPa]일 경우 방출계수 K를 구하고 유량[L/min]을 구하시오.
(사) (바)의 방수시험을 실시한 노즐의 구경[mm]을 구하시오.

정답 (가) $Q = N \times 130\,\text{L/min} = 2 \times 130\,\text{L/min} = 260\,\text{L/min}$

(나) 수원양 $= 2 \times 130\,\text{L/min} \times 20\,\text{min} = 5200\,\text{L} = 5.2\,\text{m}^3$

(다) $H = 40 + 20 + 7.8 + 17 = 84.8\,\text{m}$

(라) $H =$ 전양정 $\times 0.65 = 84.8\,\text{m} \times 0.65 = 55.12\,\text{m} = 0.55\,\text{MPa}$

(마) $D = \sqrt{\dfrac{4Q}{\pi V}} \times 1000 = \sqrt{\dfrac{4 \times 0.26}{\pi \times 60 \times 4}} \times 1000 = 37.14\,\text{mm}$ (최소구경 50 mm 사용)

(펌프토출측 주배관 유속은 최대 4 m/s이다)

(바) ① 방출계수 $K = \dfrac{Q_1}{\sqrt{10P_1}} = \dfrac{200}{\sqrt{10 \times 0.2}} = 141.421$

② 방수압력이 0.4 MPa일 경우 방수량

$Q_2 = K\sqrt{10P_2} = 141.421 \times \sqrt{10 \times 0.4} = 282.842\,\text{L/min}$

(사) 노즐의 구경

$$d = \sqrt{\frac{Q}{0.653\sqrt{10P}}} = \sqrt{\frac{282.84}{0.653 \times \sqrt{10 \times 0.4}}} = 14.7\,\text{mm}$$

113 다음과 같은 탱크에서 물이 노즐을 통해 분출될 때 분출속도[m/s]를 구하시오.

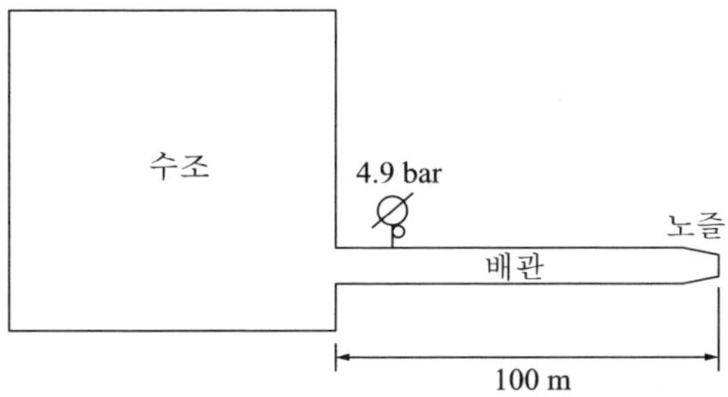

[조건]
① 방수구의 구경은 60 mm, 노즐의 구경은 20 mm이다.
② 노즐의 손실은 무시한다.
③ 배관의 길이는 100 m이며, 배관의 마찰손실계수는 0.025이다.

정답 25.55 m/s

해설 $A_1 V_1 = A_2 V_2$

$$V_1 = \left(\frac{20}{60}\right)^2 \times V_2 = 0.111 \times V_2$$

$$\frac{P_1}{\gamma} + \frac{V_1^2}{2g} + Z_1 = \frac{P_2}{\gamma} + \frac{V_2^2}{2g} + Z_2 + h_L \ (Z_1 = Z_2,\ P_2 = 0)$$

$$\frac{P_1}{\gamma} + \frac{V_1^2}{2g} = \frac{V_2^2}{2g} + h_L$$

$$h_L = f\frac{L}{D}\frac{V}{2g}$$

$$h_L = 0.025 \times \frac{100}{0.06} \times \frac{V_1^2}{2 \times 9.8} = 0.025 \times \frac{100}{0.06} \times \frac{(0.111 \times V_2)^2}{2 \times 9.8} = 0.0262 \times V_2^2$$

10.332 mAq = 1.01325 bar = 760 mmHg = 101.325 kPa

(4.9 bar ÷ 1.013 bar) × 10.332 mAq = 49.98 m

$$49.98 + \frac{(0.111 \times V_2)^2}{2 \times 9.8} = \frac{V_2^2}{2 \times 9.8} + 0.262 \times V_2^2$$

$$V_2 = 25.55\,\mathrm{m/s}$$

114 다음의 직경 12 m인 수조에서 물 전부가 빠져나가는데 소요되는 시간[h]을 구하시오(단, 토리첼리 정리를 이용하여 계산한다).

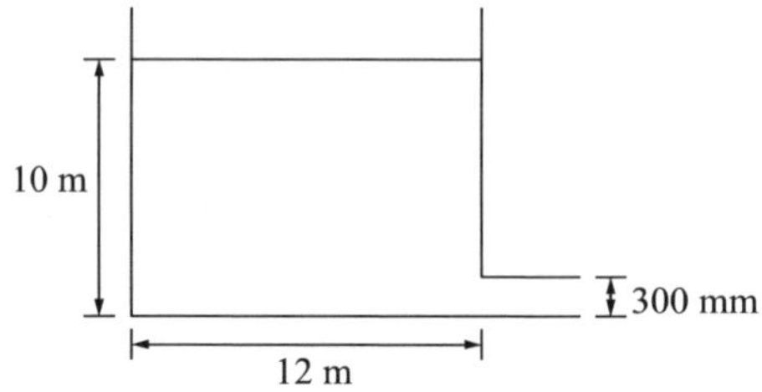

정답 63.49 h

해설 $t = \dfrac{A_1}{CA_2} \times \dfrac{2}{\sqrt{2g}} \times (\sqrt{H_1} - \sqrt{H_2})$

$$t = \dfrac{\dfrac{\pi}{4} \times 12^2}{\dfrac{\pi}{4} \times 0.03^3} \times \dfrac{2}{\sqrt{2 \times 9.8}} \times (\sqrt{10} - \sqrt{0}) = 2285714\,[\mathrm{s}] = 63.49\,[\mathrm{h}]$$

115 그림과 같은 옥내소화전설비를 다음 조건과 화재안전기준에 따라 설치하려고 한다. 각 물음에 답하시오.

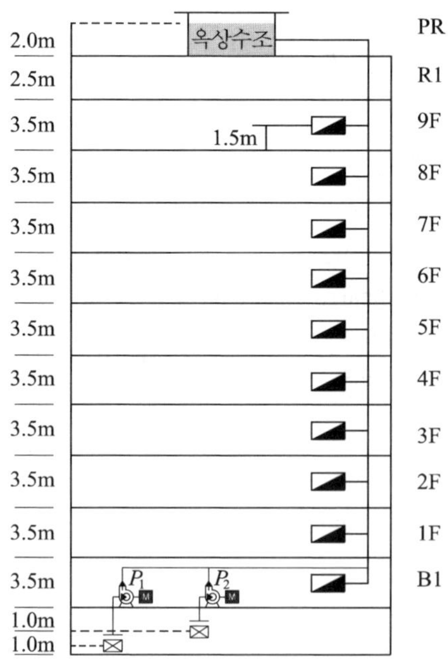

[조건]

① P_1는 옥내소화전펌프, P_2는 일반용 펌프이다.
② 펌프의 풋밸브로부터 9층 옥내소화전함 호스접결구까지의 마찰손실 및 저항손실수두는 실양정의 25%로 한다.
③ 펌프의 효율은 70%이다.
④ 옥내소화전의 개수는 각 층당 2개씩이다.
⑤ 소방호스의 마찰손실수두는 7.8 m이다.
⑥ 펌프 P_1의 풋밸브와 바닥면과의 간격은 0.2 m이다.

(가) 펌프의 최소유량[L/min]을 구하시오.
(나) 저수조의 최소유효저수량[m^3]을 구하시오.
(다) 펌프의 양정[kPa]을 구하시오.
(라) 펌프의 축동력[kW]을 구하시오.

정답 (가) 260 L/min
(나) 5.2 m^3
(다) 669.81 kPa
(라) 4.14 kW

해설 (가) 펌프의 최소유량

$$Q = N \times 130\,\mathrm{L/min} = 2 \times 130\,\mathrm{L/min} = 260\,\mathrm{L/min}$$

(나) 저수량

$$V = N \times 130\,\mathrm{L/min} \times 20\,\mathrm{min} = 2 \times 130 \times 20 = 52000\,\mathrm{L} = 5.2\,\mathrm{m^3}$$

(다) 펌프의 양정

$$\text{실양정} = (1-0.2)+1+3.5\times 9+1.5 = 34.8\,\mathrm{m}$$

$$H = 7.8 + (34.8\times 0.25) + 34.8 + 17 = 68.3\,\mathrm{m}$$

$$\frac{68.3\,\mathrm{m}}{10.332\,\mathrm{m}} \times 101.325\,\mathrm{kPa} = 669.81\,\mathrm{kPa}$$

(라) 축동력

$$P = \frac{\gamma QH}{102E} = \frac{1000\times 0.26\times 68.3}{102\times 60\times 0.7} = 4.14\,\mathrm{kW}$$

116 35층의 복합건축물에 옥내소화전설비와 옥외소화전설비를 설치하려고 한다. 조건을 참고하여 다음 각 물음에 답하시오. (2023년 출제)

[조건]
① 옥내소화전은 지상 1층과 2층에는 각각 10개, 지상 3층~35층은 각 층당 2개씩 설치한다.
② 옥외소화전은 5개를 설치한다.
③ 옥내소화전설비와 옥외소화전설비의 펌프는 겸용으로 사용한다.
④ 옥내소화전설비의 호스 마찰손실압은 0.1 MPa, 배관 및 관부속의 마찰손실압은 0.05 MPa, 실양정 환산수두압력은 0.4 MPa이다.
⑤ 옥외소화전설비의 호스 마찰손실압은 0.15 MPa, 배관 및 관부속의 마찰손실압은 0.04 MPa, 실양정 환산수두압력은 0.5 MPa이다.

(가) 옥내소화전설비의 최소토출량(L/min)을 구하시오.
(나) 옥외소화전설비의 최소토출량(L/min)을 구하시오.
(다) 펌프의 최소저수량(m^3)을 구하시오(단, 옥상수조는 제외한다).
(라) 펌프의 최소토출압(MPa)을 구하시오.

정답 (가) 650 L/min
(나) 700 L/min
(다) 40 m^3
(라) 0.94 MPa

해설 (가) 토출량 $Q_1 = N \times 130$
여기서, Q_1 : 가압송수장치의 토출량(L/min)
N : 가장 많은 층의 소화전개수(30층 미만 : 최대 2개, 30층 이상 : 최대 5개)
가압송수장치의 토출량 $Q_1 = N \times 130\,\text{L/min} = 5 \times 130\,\text{L/min} = 650\,\text{L/min}$
∴ 최소토출량 = 650 L/min
(30층 이상이므로 N=최대 5개 적용)

(나) 옥외소화전설비 유량 $Q_2 = N \times 350$
여기서, Q_2 : 가압송수장치의 토출량(유량) (L/min)
N : 옥외소화전 설치개수(최대 2개)
가압송수장치의 토출량 Q_2는
$Q_2 = N \times 350 = 2 \times 350 = 700\,\text{L/min}$

(다) 옥내소화전설비의 수원저수량
$Q = 2.6N$ (30층 미만, N : 최대 2개)
$Q = 5.2N$ (30~49층 이하, N : 최대 5개)
$Q = 7.8N$ (50층 이상, N : 최대 5개)
수원의 저수량 $Q_1 = 5.2N = 5.2 \times 5 = 26\,\text{m}^3$
옥외소화전 수원의 저수량 $Q_2 = 7N$
여기서, Q_2 : 옥외소화전 수원의 저수량(m^3)

N : 옥외소화전개수(최대 2개)

수원의 저수량 $Q_2 = 7N = 7 \times 2 = 14\,\text{m}^3$

$\therefore\ Q = Q_1 + Q_2 = 26\,\text{m}^3 + 14\,\text{m}^3 = 40\,\text{m}^3$

펌프의 최소저수량은 두 설비의 저수량을 더한 값을 적용한다.

(라) 토출압력

옥내소화전설비의 토출압력

$P = P_1 + P_2 + P_3 + 0.17$

여기서, P : 필요한 압력(토출압력) (MPa)

P_1 : 소방호스의 마찰손실수두압(MPa)

P_2 : 배관 및 관부속품의 마찰손실수두압(MPa)

P_3 : 낙차의 환산수두압(MPa)

펌프의 토출압력 P는

$P = P_1 + P_2 + P_3 + 0.17 = 0.1\,\text{MPa} + 0.05\,\text{MPa} + 0.4\,\text{MPa} + 0.17 = 0.72\,\text{MPa}$

- 0.1 MPa, 0.05 MPa, 0.4 MPa : 조건 ④에서 주어진 값

옥외소화전설비의 토출압력

$P = P_1 + P_2 + P_3 + 0.25$

여기서, P : 필요한 압력(토출압력) (MPa)

P_1 : 소방용 호스의 마찰손실수두압(MPa)

P_2 : 배관의 마찰손실수두압(MPa)

P_3 : 낙차의 환산수두압(MPa)

펌프의 토출압력 P는

$P = P_1 + P_2 + P_3 + 0.25 = 0.15\,\text{MPa} + 0.04\,\text{MPa} + 0.5\,\text{MPa} + 0.25 = 0.94\,\text{MPa}$

- 0.15 MPa, 0.04 MPa, 0. MPa : 조건 ⑤에서 주어진 값
- 펌프의 최소토출압은 두 설비의 토출입력 중 큰 값을 적용한다.

117 옥내소화전설비와 스프링클러설비가 설치된 아파트에서 조건을 참고하여 다음 각 물음에 답하시오. (2023년 출제)

[조건]

① 계단실형 아파트로서 지하 2층(주차장), 지상 12층(아파트 각 층별로 2세대)인 건축물이다.
② 각 층에 옥내소화전 및 스프링클러설비가 설치되어 있다.
③ 지하층에는 옥내소화전 방수구가 층마다 3조씩, 지상층에는 옥내소화전 방수구가 층마다 1조씩 설치되어 있다.
④ 아파트의 각 세대별로 설치된 스프링클러헤드의 설치수량은 12개이다.
⑤ 각 설비가 설치되어 있는 장소는 방화벽과 방화문으로 구획되어 있지 않고, 저수조, 펌프 및 입상배관은 겸용으로 설치되어 있다.
⑥ 옥내소화전설비의 경우 실양정 50 m, 배관마찰손실은 실양정의 15%, 호스의 마찰손실수두는 실양정의 30%를 적용한다.
⑦ 스프링클러설비의 경우 실양정 52 m, 배관마찰손실은 실양정의 35%를 적용한다.
⑧ 펌프의 효율은 체적효율 90%, 기계효율 80%, 수력효율 75%이다.
⑨ 펌프 작동에 요구되는 동력전달계수는 1.1을 적용한다.

(가) 주펌프의 최소 전양정(m)을 구하시오(단, 최소 전양정을 산출할 때 옥내소화전설비와 스프링클러를 모두 고려해야 한다).
(나) 옥상수조를 포함하여 두 설비에 필요한 총 수원의 양(m^3) 및 최소 펌프 토출량(L/min)을 구하시오.
(다) 펌프 작동에 필요한 전동기의 최소 동력(kW)을 구하시오.
(라) 스프링클러설비에는 감시제어반과 동력제어반으로 구분하여 설치하여야 하는데, 구분하여 설치하지 않아도 되는 경우 3가지를 쓰시오.
- ( )에 따른 가압송수장치를 사용하는 스프링클러설비
- ( )에 따른 가압송수장치를 사용하는 스프링클러설비
- ( )에 따른 가압송수장치를 사용하는 스프링클러설비

정답 (가) 89.5 m
(나) 수원의 양 : 28.26 m^3, 최소 펌프 토출량 : 1060 L/min
(다) 31.5 kW
(라) ① 내연기관
② 고가수조
③ 가압수조

해설 (가) ① 옥내소화전설비의 전양정

$h_3 = 50\,\text{m}$

$h_1 = 50\,\text{m} \times 0.3 = 15\,\text{m}$

$h_2 = 50\,\text{m} \times 0.15 = 7.5\,\text{m}$

전양정 $H = h_{1+}h_2 + h_3 + 17 = 15\,\text{m} + 7.5\,\text{m} + 50\,\text{m} + 17 = 89.5\,\text{m}$

② 스프링클러설비의 전양정

$h_1 = 52\,\text{m}$

$h_2 = 52\,\text{m} \times 0.35 = 18.2\,\text{m}$

관부속품의 마찰손실수두는 주어지지 않았으므로 무시

전양정 $H = h_1 + h_2 + 10 = 18.2\,\text{m} + 52\,\text{m} + 10 = 80.2\,\text{m}$

∴ 옥내소화설비 전양정, 스프링클러설비 전양정 두 가지 중 큰 값인 89.5 m 적용

(나) ① 옥내소화전설비의 수원량

저수조의 저수량 $Q = 2.6N = 2.6 \times 2 = 5.2\,\text{m}^3$

옥상수원의 저수량 $Q' = 2.6N = 2.6 \times \dfrac{1}{3} = 2.6 \times 2 \times \dfrac{1}{3} = 1.733\,\text{m}^3$

② 스프링클러설비의 수원량

▌저수조의 저수량

특정소방대상물		폐쇄형 헤드의 기준개수
지하가・지하역사		30
11층 이상		
10층 이하	공장(특수가연물), 창고시설	
	판매시설(백화점 등), 복합건축물(판매시설이 설치된 것)	
	근린생활시설, 운수시설	20
	8 m 이상	
	8 m 미만	10
공동주택(아파트 등)		10 (각 동이 주차장으로 연결된 주차장 : 30)

수원의 저수량 $Q = 1.6N = 1.6 \times 10 = 16\,\text{m}^3$

아파트이므로 기준개수는 10개

옥상수원의 저수량 $Q = 1.6N = 2.6 \times \dfrac{1}{3} = 1.6 \times 10 \times \dfrac{1}{3} = 5.33\,\text{m}^3$

수원의 저수량은 두 설비의 저수량을 더한 값이므로 총 저수량은

총 저수량 $= 5.2\,\text{m}^3 + 1.733\,\text{m}^3 + 16\,\text{m}^3 + 5.33\,\text{m}^3 = 28.263 ≒ 28.26\,\text{m}^3$

③ 옥내소화전설비의 토출량

펌프의 토출량 $Q = N \times 130\,\text{L/min} = 2 \times 130\,\text{L/min} = 260\,\text{L/min}$

④ 스프링클러설비의 토출량

펌프의 토출량 $Q = N \times 80\,\text{L/min} = 10 \times 80\,\text{L/min} = 800\,\text{L/min}$

∴ 총 토출량 Q = 옥내소화전설비 + 스프링클러설비

$= 260\,\text{L/min} + 800\,\text{L/min} = 1060\,\text{L/min}$

(다) ① 전효율

펌프의 전효율 $\eta_T = \eta_m \times \eta_h \times \eta_v = 0.9 \times 0.8 \times 0.75 = 0.54$

여기서, η_T : 펌프의 전효율

η_v : 체적효율

η_m : 기계효율

η_h : 수력효율

② 동력

펌프의 동력 $P = \frac{0.163QH}{\eta}K = \frac{0.163 \times 1060\,\mathrm{L/min} \times 89.5\,\mathrm{m}}{0.54} \times 1.1$

$= \frac{0.163 \times 1.06\,\mathrm{m^3/min} \times 89.5\,\mathrm{m}}{0.54} \times 1.1 = 31.5\,\mathrm{kW}$

(마) 감시제어반과 동력제어반으로 구분하여 설치하지 않아도 되는 경우

스프링클러설비
① 내연기관에 따른 가압송수장치를 사용하는 스프링클러설비 ② 고가수조에 따른 가압송수장치를 사용하는 스프링클러설비 ③ 가압수조에 따른 가압송수장치를 사용하는 스프링클러설비

2.2 옥외소화전설비

1 개요

옥외소화전설비는 건물의 1, 2층과 옥외설비 및 기타의 장치에서 발생하는 화재의 진압 또는 인접 건축물로의 연소확대를 방지할 목적으로 설치하는 수동식 고정소화설비이다.

옥외소화전설비 수원, 가압송수장치, 배관, 옥외소화전함(옥외소화전방수구, 관창, 호스, 결합금속구, 표시등 등)으로 구성되어 있다. 옥내소화전설비와 대동소이하고 소화작업의 순서도 같다. 단지, 대화재 또는 주위 건물까지 소화활동에 대처하여야 하기 때문에 옥내소화전설비보다 방수압이 높고 방수량도 많게 하여 소화능력을 제고시켰으며, 계통도는 [그림 2.44]와 같다.

2 옥외소화전 종류

옥외소화전설비의 종류는 방수구(개폐장치)의 설치위치가 지상에 있느냐 아니면 지하에 있느냐에 따라 지상식과 지하식으로 구분한다.

1) 지상식

건물 외벽 주위의 지반보다 0.5~1 m 이하의 곳에 소화전 몸체인 호스접결구를 설치하고 개폐장치(방수구)는 지상에서 제어할 수 있도록 설치되어 있어 입관식 또는 스탠드식이라고도 한다.

밸브 몸체는 지하에 설치하는 것으로 본 방식은 지상 상부에 물이 체류하게 되면 동결의 우려가 있기 때문에 소화전을 사용한 후에 밸브를 폐쇄하면 밸브의 옆에 설치된 배수밸브(지하)가 개방되어 입상관(개폐밸브 상부) 내의 물이 배수되도록 되어 있다. 배수는 흙속에 침투시켜서 하는 것이기 때문에 소화전 하부의 주위는 자갈 채우기를 하는 등 배수가 용이하도록 설치해야 한다.

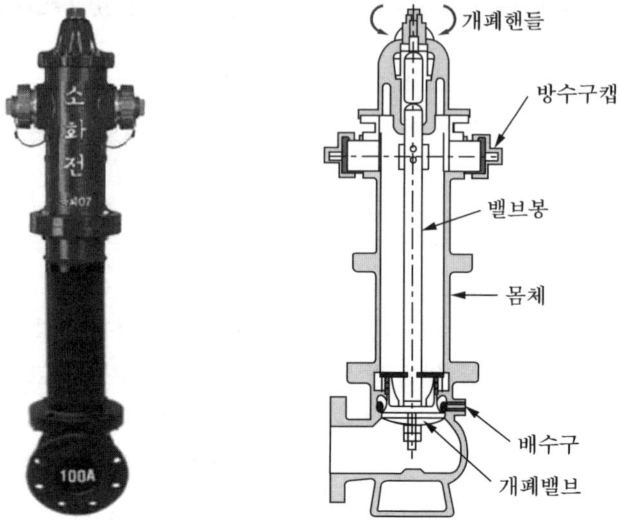

그림 2.45 지상식 옥외소화전

2) 지하식

소화전 상부의 밸브 개방장치(밸브봉, 캡)가 건물 주위의 지표면에서 지하 0.6 m 이내에 설치되어 지상에서 개폐기구를 이용하여 개방할 수 있도록 되어 있는 매립식 또는 지하식이라 한다. 즉, 지상식은 방수구가 지상에 설치되어 있는 반면에 지하식은 방수구가 지면 하에 설치되어 있는 방식이다.

지하에 설치하는 호스의 접결구는 지반밑 0.3 m 이내의 위치에 설치해야 한다. 대부분의 경우 지상식으로 설치되며 건물 외벽의 지반에서 1.5 m 이하의 곳에 소화전을 배치하는 측벽식이 있으나 이 방식은 지상식과 설치방법은 동일하므로 별도로 구분하지 않는 것이 일반적이다. 옥외소화전설비의 지상식과 지하식 소화전설비의 설치는 [그림 2.45, 2.46]과 같다.

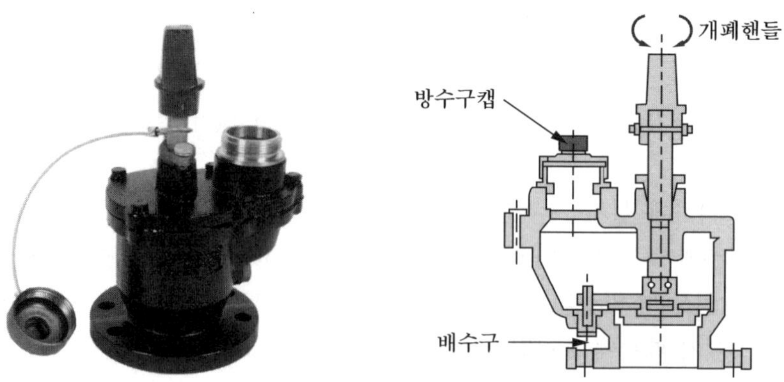

그림 2.46 지하식 옥외소화전

3 계통도

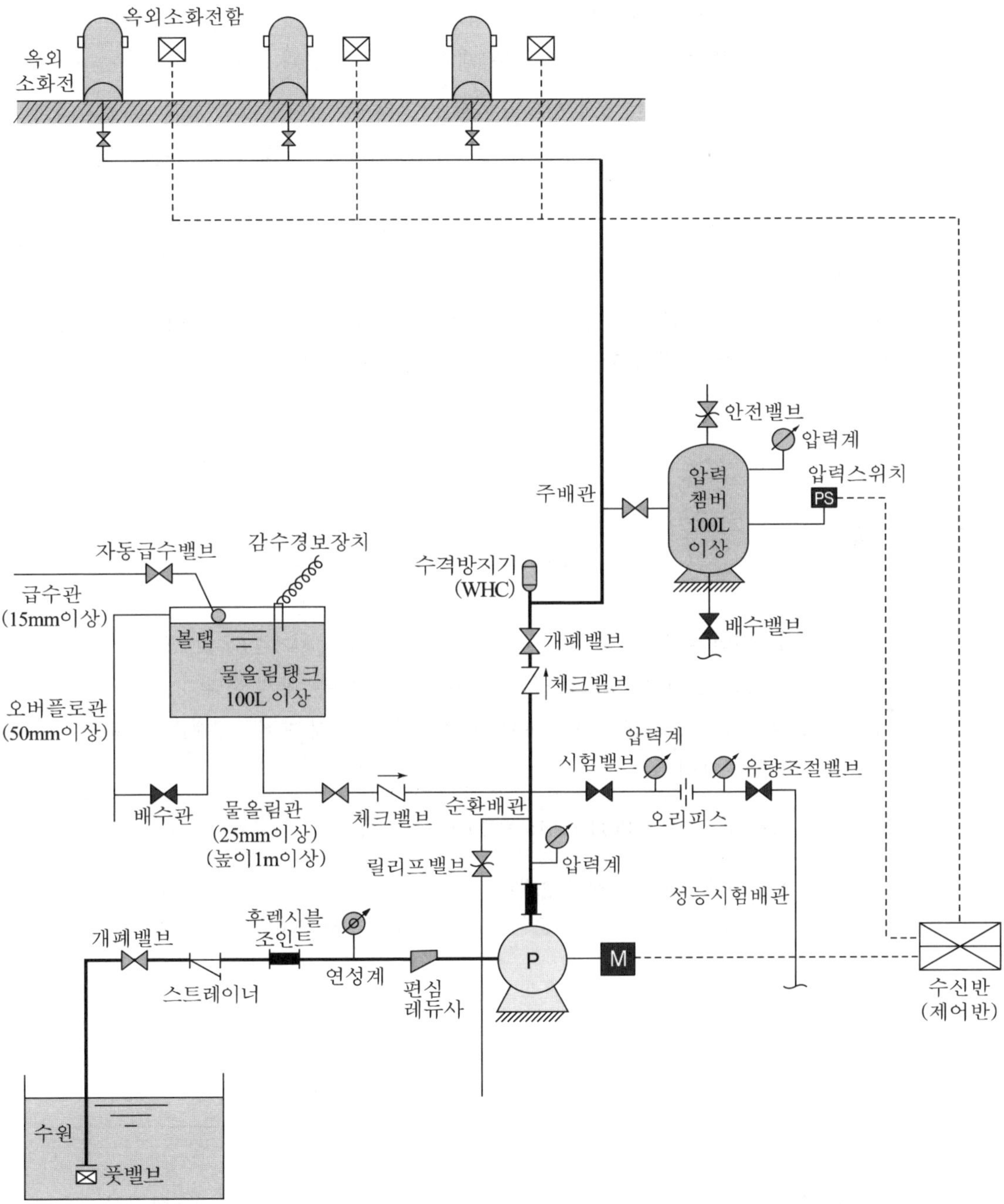

그림 2.44 옥외소화전설비의 계통도

4 적용대상물

옥외소화전설비를 설치하여야 하는 특정소방대상물(아파트 등, 위험물 저장 및 처리 시설 중 가스시설, 지하구 또는 지하가 중 터널은 제외한다)은 다음과 같다.

① 지상 1층 및 2층의 바닥면적의 합계가 9천 m^2 이상인 것. 이 경우 같은 구(區) 내의 둘 이상의 특정소방대상물이 총리령으로 정하는 연소(延燒) 우려가 있는 구조인 경우에는 이를 하나의 특정소방대상물로 본다.

② 문화유산 중 「문화유산의 보존 및 활용에 관한 법률」 제23조에 따라 보물 또는 국보로 지정된 목조건축물

③ ①에 해당하지 않는 공장 또는 창고시설로서 「화재의 예방 및 안전관리에 관한 법률 시행령」에서 정하는 수량의 750배 이상의 특수가연물을 저장・취급하는 것

5 수원

① 옥외소화전설비의 수원은 그 저수량이 옥외소화전의 설치개수(옥외소화전이 2개 이상 설치된 경우에는 2개)에 7 m^3를 곱한 양 이상이 되도록 해야 한다.
수원의 용량은 규정방수량 350 L/min으로 옥외소화전 개수(최대 2개)를 20분간 방수하는 양 이상으로 해야 한다.

$$\text{수원양} = N \times 350\,\text{L/min} \times 20\,\text{min} \;\; \text{이상}$$

여기서, N : 옥외소화전수(최대 2개)

② 옥외소화전설비용 수조의 설치기준은 옥내소화전설비용수조에 준용한다.

6 가압송수장치

옥외소화전설비의 가압송수장치는 종류 및 구비조건 등에 대하여 옥내소화전설비와 동일하며, 다음의 기준을 따라야 한다.

① 쉽게 접근할 수 있고 점검하기에 충분한 공간이 있는 장소로서 화재 및 침수 등의 재해로 인한 피해를 받을 우려가 없는 곳에 설치할 것
② 동결방지조치를 하거나 동결의 우려가 없는 장소에 설치할 것
③ 특정소방대상물의 옥외소화전(2개 이상 설치된 경우에는 2개의 옥외소화전)을 동시에 사용할 경우, 각 소화전의 노즐선단에서의 방수압력이 0.25 MPa 이상이고 방수량이 350 L/min 이상이 되는 성능의 것으로 할 것. 다만, 하나의 옥외소화전을 사용하는 노즐선단에서의 방수압력이 0.7 MPa을 초과할 경우에는 호스접결구의 인입측에 감압장치를 설치해야 한다.
④ **그 밖의 가압송수장치의 펌프, 펌프 흡입측 및 토출측, 성능시험배관, 순환배관, 기동용수압개폐장치, 물올림장치 등과 내연기관 설치에 관하여는 옥내소화전설비의 규정을 준용해야 한다. "옥내소화전"은 "옥외소화전"으로, "옥내소화전 펌프"는 "옥외소화전 펌프"로 보고, "130 L"는 "350 L", "17 m"는 "25 m", "0.17 MPa"은 "0.25 MPa"으로 본다.**

1) 펌프방식

펌프의 토출압력을 이용하여 가압송수하는 방식이다.

① 특정소방대상물의 옥외소화전(2개 이상 설치된 경우에는 2개의 옥외소화전)을 동시에 사용할 경우, 각 소화전의 노즐선단에서의 방수압력이 0.25 MPa 이상이고 방수량이 350 L/min 이상이 되는 성능의 것으로 할 것. 다만, 하나의 옥외소화전을 사용하는 노즐선단에서의 방수압력이 0.7 MPa을 초과할 경우에는 호스접결구의 인입측에 감압장치를 설치해야 한다.
② 펌프의 1분당 토출량은 옥외소화전이 가장 많이 설치된 층의 설치개수(옥외소화전이 2개 이상 설치된 경우에는 2개)에 350 L를 곱한 양 이상이 되도록 한다.

$$Q = N \times 350 \text{ (L/min) 이상}$$

여기서, N : 소화전 설치개수(최대 2개)

③ 펌프 및 전동기를 이용한 가압송수방식의 전양정은 다음의 식에 의하여 산출한 수치 이상이 되도록 한다.

$$H = h_1 + h_2 + h_3 + 25\,\text{m}$$

여기서, H : 전양정(m)
h_1 : 실양정(m)
h_2 : 배관의 마찰손실수두(m)

h_3 : 호스의 마찰손실수두(m)
25 m : 노즐선단의 방수압 환산수두

2) 고가수조방식

고가수조의 자연낙차압을 이용하여 가압송수하는 방식이다.
고가수조에는 수위계, 급수관, 배수관, 오버플로우관(Overflow pipe) 및 맨홀을 설치한다.

$$H = h_1 + h_2 + 25\,\mathrm{m}$$

여기서, H : 필요한 낙차(m)
h_1 : 배관의 마찰손실수두(m)
h_2 : 호스의 마찰손실수두(m)
25 m : 노즐선단의 방수압 환산수두

3) 압력수조방식

압력수조에 물을 압입하고 공기압축기를 이용하여 가압송수하는 방식이다.
압력수조에는 수위계, 급수관, 배수관, 급기관, 맨홀, 압력계, 안전장치 및 압력저하 방지를 위한 자동식 공기압축기(Air compressor)를 설치한다.

$$P = P_1 + P_2 + P_3 + 0.25\,\mathrm{MPa}$$

여기서, P : 필요한 압력(MPa)
p_1 : 낙차의 환산수두압(MPa)
p_2 : 배관의 마찰손실수두압(MPa)
p_3 : 호스의 마찰손실수두압(MPa)
0.25 MPa : 노즐선단의 방수압(MPa)

4) 가압수조방식

가압수조에 있는 물을 고압의 공기 또는 가압가스를 이용하여 가압송수하는 방식이다.

① 가압수조는 방수량 및 방수압이 20분 이상 유지되도록 할 것
② 가압수조 및 가압원은 방화구획된 장소에 설치할 것
③ 소방청장이 정하여 고시한 기준에 적합한 것으로 설치할 것

7 배관

① 호스접결구는 지면으로부터 높이가 0.5 m 이상 1 m 이하의 위치에 설치하고, 특정소방대상물의 각 부분으로부터 하나의 호스접결구까지의 수평거리가 40 m 이하가 되도록 설치해야 한다.

② 호스는 구경 65 mm의 것으로 해야 한다.

③ **그 밖의 옥외소화전설비 배관의 설치에 관하여는 옥내소화전설비의 규정을 준용해야 한다. 이 경우 "옥내소화전설비"는 "옥외소화전설비"로 각각 본다.**

8 옥외소화전함

1) 옥외소화전함 기준

① 옥외소화전 마다 5 m 이내의 장소에 소화전함을 설치해야 한다.

가. 옥외소화전이 10개 이하 설치된 때에는 옥외소화전 마다 5 m 이내의 장소에 1개 이상의 소화전함을 설치해야 한다.

나. 옥외소화전이 11개 이상 30개 이하 설치된 때에는 11개의 소화전함을 각각 분산하여 설치해야 한다.

다. 옥외소화전이 31개 이상 설치된 때에는 옥외소화전 3개마다 1개 이상의 소화전함을 설치해야 한다.

② 옥외소화전설비의 함은 소방청장이 정하여 고시한 「소화전함 성능인증 및 제품검사의 기술기준」에 적합한 것으로 설치하되 밸브의 조작, 호스의 수납 등에 충분한 여유를 가질 수 있도록 할 것. 연결송수관의 방수구를 같이 설치하는 경우에도 또한 같다.

③ 옥외소화전설비의 소화전함 표면에는 "옥외소화전"이라고 표시한 표지를 한다.

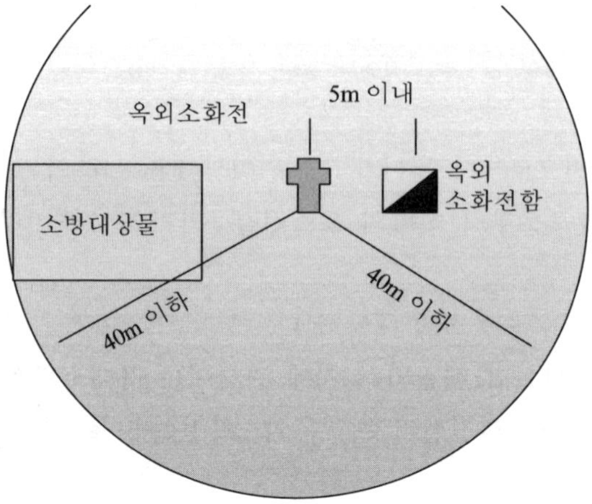

▮그림 2.47 옥외소화전의 수평거리

2) 표시등 기준

① 옥외소화전설비의 위치를 표시하는 표시등은 함의 상부에 설치하되, 소방청장이 고시하는 「표시등의 성능인증 및 제품검사의 기술기준」에 적합한 것으로 할 것

② 가압송수장치의 기동을 표시하는 표시등은 옥외소화전함의 상부 또는 그 직근에 설치하되 적색등으로 할 것. 다만, 자체소방대를 구성하여 운영하는 경우(소방자동차와 자체소방대원의 규모) 가압송수장치의 기동표시등을 설치하지 않을 수 있다.

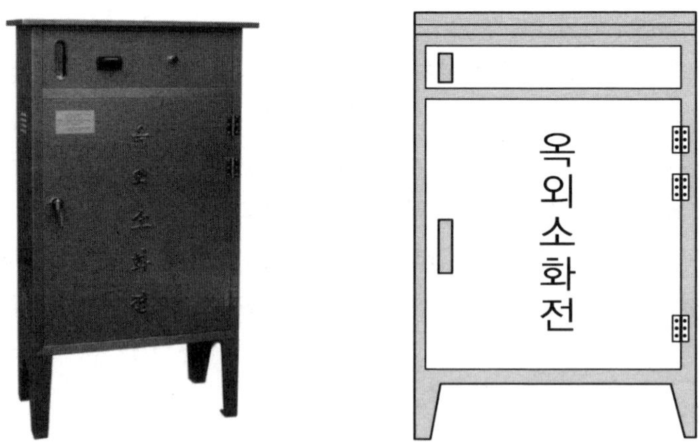

▮그림 2.48 옥외소화전함

출제 및 예상문제

01 옥외소화전함은 소화전에서 어느 정도 거리에 설치해야 하는가?

정답 5 m 이내

02 소방대상물 소화설비로 옥외소화전설비를 설치하였다. 옥외소화전을 4개씩 설치하도록 설계하려 할 때 가압송수장치의 최소 수원의 양(m^3)은 얼마인가?

정답 14 m^3 이상

해설 2개 × 7 m^3/개 = 14 m^3

03 어느 공장에 옥외소화전이 40개가 설치되어 있다. 소화전함은 몇 개 이상 설치해야 하는가?

정답 14개 이상

해설 소화전함의 개수

① 소화전 10개 이하시 : 매 소화전마다 설치(5 m 이내)

② 소화전 11개 이상 30개 이하시 : 11개를 분산하여 설치

③ 소화전 31개 이상시 : 소화전 3개마다 1개 이상 설치

∴ 31개 이상이므로

$N \div 3 = 40 \div 3 = 13.333 = 14$개

04 어떤 옥외소화전의 노즐 방사압력을 피토게이지로 측정하였더니 압력이 0.55 MPa이었다. 방수량 Q (m^3/min)는 얼마인가? (단, 노즐구경은 19 mm)

정답 0.55 m^3/min

해설 방수량 $Q = 0.653 \times d^2 \times \sqrt{10P}$

$= 0.653 \times 19^2 \times \sqrt{10 \times 0.55}$

$= 552.843\ \mathrm{L/min}$

$= 0.553\ \mathrm{m^3/min}$

05 옥외소화전설비에 대한 다음 물음에 답하시오.

(가) 주요 구성요소를 5가지 쓰시오.
(나) 최소 방수압력(MPa)과 방수량(L/min)은 얼마인가?
(다) 펌프방식의 전양정 산출식을 쓰고 설명하시오.
(라) 수평거리(유효반경)는 얼마인가?
(마) 호스의 구경은 얼마인가?
(바) 최소 노즐 구경은 얼마인가?

정답 (가) 수원, 가압송수장치, 소화전함, 배관, 호스 및 노즐

(나) ① 방수압력 : 0.25 MPa
② 방수량 : 350 L/min 이상

(다) $H \geq h_1 + h_2 + h_3 + 25(\text{m})$

여기서, H : 전양정(m)
h_1 : 소방용 호스의 마찰손실수두(m)
h_2 : 배관의 마찰손실수두(m)
h_3 : 실양정(m)
25 m : 노즐 선단의 방수압력 환산수두(m)

(라) 40 m 이하
(마) 65 mm
(바) 18.4 mm

해설 (바) $Q = 0.653d^2\sqrt{10P}$

$$\therefore d = \sqrt{\frac{Q}{0.653\sqrt{10P}}} = \sqrt{\frac{350}{0.653\sqrt{10 \times 0.25}}} = 18.4\text{ mm}$$

06 옥외소화전설비의 화재안전기술기준과 관련하여 다음 ( ) 안의 내용을 쓰시오. (2023년 출제)

옥외소화전설비의 방수량은 (①) L/min이고, 방수압은 (②) MPa이다. 호스접결구는 지면으로부터 높이가 (③) m 이상 (④) m 이하의 위치에 설치하고 특정소방대상물의 각 부분으로부터 하나의 호스접결구까지의 수평거리가 (⑤) m 이하가 되도록 설치하여야 한다.

정답 ① 350　② 0.25
③ 0.5　④ 1
⑤ 40

해설 옥외소화전설비

옥외소화전	호스접결구
특정소방대상물의 옥외소화전(2개 이상 설치된 경우에는 2개의 옥외소화전)을 동시에 사용할 경우 각 소화전의 노즐선단에서의 방수압력이 0.25 MPa 이상이고, 방수량이 350 L/min 이상이 되는 성능의 것으로 할 것(단, 하나의 옥외소화전을 사용하는 노즐선단에서의 방수압력이 0.7 MPa을 초과할 경우에는 호스접결구의 인입측에 감압장치 설치)	호스접결구는 지면으로부터 높이가 0.5 m 이상 1 m 이하의 위치에 설치하고 특정소방대상물의 각 부분으로부터 하나의 호스접결구까지의 수평거리가 40 m 이하가 되도록 설치

07 그림은 어느 특정소방대상물을 방호하기 위한 옥외소화전설비의 평면도이다. 다음 각 물음에 답하시오. (2024년 출제)

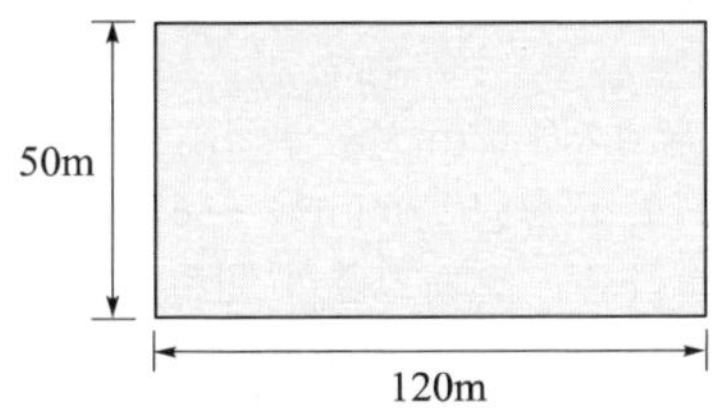

[조건]
① 가로 120m, 세로 50m이며 2층 건물이다.
② 지상 1, 2층의 바닥면적의 합계는 12000m^{2}이다.
③ 옥외소화전마다 그로부터 5m 이내 장소에 소화전함을 설치한다.

(가) 특정소방대상물의 각 부분으로부터 하나의 호스접결구까지의 수평거리는 몇 m 이하인지 쓰시오.
(나) 옥외소화전의 최소설치개수를 구하시오.
(다) 수원의 저수량(m^3)을 구하시오.
(라) 가압송수장치의 토출량(Lpm)을 구하시오.

정답 (가) 40m 이하
(나) 5개
(다) 14m^3
(라) 700 Lpm

해설 (가), (나) 옥외소화전은 특정소방대상물의 층마다 설치하되 수평거리 40m 이하마다 설치하여야 한다. 수평거리는 반경을 의미하므로 직경은 80m가 된다. 그러므로 옥외소화전은 건물 내부에 설치할 수 없으므로 그 설치개수는 건물의 둘레길이를 구한 후 직경 80m로 나누어 절상하면 된다.

$$\text{옥외소화전 설치개수} = \frac{\text{건물의 둘레길이}}{80\,\text{m}}(\text{절상}) = \frac{120\text{m}\times 2\text{개} + 50\text{m}\times 2\text{개}}{80\text{m}}$$

$$= 4.2 \fallingdotseq 5\text{개}(\text{절상})$$

(다) $Q=7N$

여기서, Q : 수원의 저수량(m^3)

N : 옥외소화전 설치개수(최대 2개)

수원의 저수량 Q는

$Q=7N=7\times2=14\,m^3$

(라) $Q=N\times350$

여기서, Q : 가압송수장치의 토출량(유량)(L/min)

N : 옥외소화전 설치개수(최대 2개)

가압송수장치의 토출량 Q는

$Q=N\times350=2\times350=700\,L/min=700\,Lpm$

08

소방대상물에 옥외소화전 7개를 설치하였다. 다음 각 물음에 답하시오.

(2024년 출제)

(가) 지하수원의 최소 유효저수량(m^3)을 구하시오.

(나) 가압송수장치의 최소 토출량(L/min)을 구하시오.

(다) 옥외소화전의 호스접결구 설치기준과 관련하여 다음 ( ) 안의 내용을 쓰시오.

> 호스접결구는 지면으로부터 높이가 (①)m 이상 (②)m 이하의 위치에 설치하고, 특정소방대상물의 각 부분으로부터 하나의 호스접결구까지의 수평거리가 (③)m 이하가 되도록 설치하여야 한다.

① : ② : ③ :

정답 (가) $14\,m^3$

(나) 700 L/min

(다) ① 0.5

② 1

③ 40

해설 (가) 옥외소화전 수원의 저수량

$Q=7N$

여기서, Q : 옥외소화전 수원의 저수량(m^3)

N : 옥외소화전 개수(최대 2개)

수원의 저수량 $Q=7N=7\times2=14\,m^3$

(나) 옥외소화전 가압송수장치의 토출량

$Q=N\times350\,L/min$

여기서, Q : 옥외소화전 가압송수장치의 토출량(L/min)

N : 옥외소화전 개수(최대 2개)

가압송수장치의 토출량

$Q=N\times350\,L/min=2\times350\,L/min=700\,L/min$

여기서, N : 소화전 개수(최대 2개)

09 지상 10층의 소방대상물에 옥외소화전을 5개 설치하였다. 다음 조건에 따라 각 물음에 답하시오.

[조건]
- 실양정은 40 m, 배관 및 관 부속품 마찰손실수두는 20 m이다.
- 호스는 길이 40 m의 고무내장 호스를 사용한다.
- 펌프 효율은 55%, 전달계수는 1.1로 한다.

▌소방용 호스의 마찰손실수두(호스 100 m당)

유량(L/min) \ 구경 종별	호스의 호칭(mm)					
	40		50		65	
	아마호스	고무내장 호스	아마호스	고무내장 호스	아마호스	고무내장 호스
130	26	12	7	3	-	-
350	-	-	-	-	10	4

(가) 수원의 저수량은 몇 (m^3)인가?
(나) 펌프의 토출량(m^3/min)은 얼마인가?
(다) 펌프의 전양정(m)은 얼마인가?
(라) 펌프의 전동기 용량(kW)은 얼마인가?
(마) 소화전함에 설치된 앵글밸브의 구경은 얼마인가?
(바) 펌프는 전동기를 쓰지 않고 내연기관을 쓸 경우 내연기관의 용량(HP)은 얼마인가?
(단, 1 HP는 76 kgf·m/s를 사용한다)
(사) 실양정에 대하여 간단히 설명하시오.

정답 (가) 14 m^3 이상 (나) 0.7 m^3/min 이상
(다) 86.6 m (라) 19.76 kW 이상
(마) 65 mm 이상 (바) 26.59 HP 이상
(사) 펌프의 흡입양정+토출양정 : 풋밸브에서부터 펌프 중심부까지의 양정(흡입양정)과 펌프 중심부에서부터 최고 위에 있는 옥외소화전 호스 접결구까지의 양정(토출양정)을 합한 양정

해설 (가) $Q(\mathrm{m^3}) = N \times 7\ \mathrm{m^3}$
여기서, N : 옥외소화전 개수(최대 2개)
$\therefore Q(\mathrm{m^3}) = 2\text{개} \times 7\ \mathrm{m^3} = 14\ \mathrm{m^3}$

(나) $Q(\mathrm{m^3/min}) = N \times 0.35\ \mathrm{m^3/min}$
여기서, N : 옥외소화전 개수(최대 2개)
$\therefore Q(\mathrm{m^3/min}) = 2 \times 0.35\ \mathrm{m^3/min} = 0.7\ \mathrm{m^3/min}$

(다) 전양정 $H = h_1 + h_2 + h_3 + 25\mathrm{m}$ 이므로
H = 소방용 호스의 마찰손실수두 + 20 + 40 + 25 m
소방용 호스 마찰손실수두는 65 mm (구경) × 40 m 길이이므로
$\frac{4}{100} \times 40 = 1.6\ \mathrm{m}$

$\therefore H = 1.6 + 20 + 40 + 25 = 86.6\ \text{m}$

(라) $P(\text{kW}) = \dfrac{0.163 \times Q \times H}{E} \times K$ 이므로

여기서, Q : 펌프 토출량(m^3/min)

H : 전양정(m)

E : 펌프 효율, K : 전달계수

$\therefore \dfrac{0.163 \times 0.7 \times 86.6}{0.55} \times 1.1 = 19.76\ \text{kW}$

(바) $P(\text{HP}) = \dfrac{\gamma QH}{76E} K = \dfrac{1{,}000 \times \dfrac{0.7}{60} \times 86.6}{76 \times 0.55} \times 1.1 = 26.59\ \text{HP}$

10 소방대상물에 옥외소화전 5개를 국가화재안전기준과 다음 조건에 따라 설치하고자 한다. 다음 물음에 답하시오.

[조건]
- 옥외소화전 지상용 A형을 사용한다.
- 펌프에서 첫째 옥외소화전까지의 직관길이는 200 m, 관의 안지름은 100 mm, 전양정은 50 m이다.
- 물의 비중량 γ=1,000 kgf/m^3, 1 kW=102 kgf · m/s, 펌프의 효율 E=65%이다.
- 모든 규격값은 최소량을 적용한다.

(가) 수원의 최소 유효저수량(m^3)은 얼마인가?
(나) 펌프의 최소 유량(m^3/min)은 얼마인가?
(다) 직관부분에서의 마찰손실수두(m)는 얼마인가? (단, Darcy-Weisbach의 식을 사용하고 마찰손실계수는 0.02이다)
(라) 펌프의 소요동력은 몇 (kW)인가?
(마) 소방용 호스 노즐에서의 최소 방수압력(MPa)은 얼마인가?
(바) 옥외소화전과 소화전함의 거리(m)는 얼마 이하인가?
(사) 소화전함에 설치되는 호스의 구경(mm)은 얼마인가?
(아) 소화전의 매몰깊이(지면으로부터)는 얼마인가?

정답 (가) 14 m^3 이상
(나) 0.7 m^3/min 이상
(다) 4.5 m
(라) 8.8 kW 이상
(마) 옥외소화전 노즐에서의 방수압력은 0.25 MPa 이상이다.
(바) 옥외소화전으로부터 5 m 이내 장소의 옥외소화전마다 설치한다.
(사) 65 mm
(아) 0.6 m 이상
※ 지상용 소화전은 지면으로부터 깊이 600 mm 이상 매몰될 수 있어야 하며, 지면으로부터 높이 450 mm 이상 노출될 수 있는 구조여야 한다.

해설 (가) 옥외소화전 수원의 저수량

$Q = N \times 7\ \mathrm{m^3}$(여기서, N=최대 2개)

$\therefore Q = 2개 \times 7\ \mathrm{m^3}/개 = 14\ \mathrm{m^3}$

(나) $Q = N \times 350\ \mathrm{L/min}$(여기서, N=최대 2개)

$\therefore Q = 2개 \times 10\ \mathrm{L/min \cdot 개} \times 10^{-3}\ \mathrm{m^3/L} = 0.7\ \mathrm{m^3/min}$

(다) $\Delta h_L = f \times \dfrac{l}{d} \times \dfrac{V^2}{2g}$

여기서 Δh_L : 손실수두(m)

f : 마찰손실계수

l : 직관길이(m)

d : 관의 지름(m)

V : 유속(m/s)

g : 중력가속도(9.8 m/s^2)

$\therefore \Delta h_L = \dfrac{0.02 \times 200 \times (1.4854)^2}{0.1 \times 2 \times 9.8} = 4.50\ \mathrm{m}$

여기서 $V = \dfrac{Q}{A} = \dfrac{0.7\ \mathrm{m^3}/60\ \mathrm{s}}{\dfrac{\pi}{4} \times (0.1)^2\ \mathrm{m}} = 1.4854\ \mathrm{m/s}$

(라) $P\,(\mathrm{kW}) = \dfrac{1{,}000 \times 0.7 \times 50}{102 \times 60 \times 0.65} = 8.798\ \mathrm{kW}$

(K값이 주어지지 않았으므로 $K=1$)

11 옥외소화전설비에서 펌프의 소요양정이 50 m이고 말단방수노즐의 방수압력이 0.15 MPa이었다. 관련법에 맞게 방수압력을 0.25 MPa로 증가시키고자 할 때 조건을 참고하여 토출측 유량[L/min]과 펌프의 양정[m]을 구하시오.

[조건]

① 유량 $Q = K\sqrt{10P}$를 적용하며 이때 K=100이다.

여기서, Q : 유량[L/min]

K : 방출계수

P : 방수압력[MPa]

② 배관 마찰손실은 하젠-윌리암스 식을 적용한다.

$$\Delta P = 6.053 \times 10^4 \times \frac{Q^{1.85}}{C^{1.85} \times D^{4.87}}$$

여기서, ΔP : 단위길이당 마찰손실압력[MPa/m]

Q : 유량[L/min],

C : 관의 조도계수(무차원)

D : 관의 내경[mm]

정답 (가) 유량

$100\sqrt{10\times0.25}=158.113 \fallingdotseq 158.11\,\mathrm{L/min}$

∴ 158.11 L/min

(나) 양정

$Q_1=100\sqrt{10\times0.15}=122.474 \fallingdotseq 122.47\,\mathrm{L/min}$

$\text{마찰손실압력}=0.5-0.15=0.35\,\mathrm{MPa}$

$0.35\times\left(\dfrac{158.11}{122.47}\right)^{1.85}=0.5614\,\mathrm{MPa}$

$0.5614+0.25=0.8114=81.14\,\mathrm{m}$

∴ 81.14 m

해설 (가) 펌프교체 후 유량 Q_2

$Q_2=K\sqrt{10P}=100\sqrt{10\times0.25\,\mathrm{MPa}}=158.113$
$\fallingdotseq 158.11\,\mathrm{L/min}$

(나) 펌프교체 전 유량 Q_1

$Q_1=K\sqrt{10P}=100\sqrt{10\times0.15\,\mathrm{MPa}}=122.474$
$\fallingdotseq 122.47\,\mathrm{L/min}$

마찰손실압력 = 토출압력 − 방수압력
= 50 m − 0.15 MPa
= 0.5 MPa − 0.15 MPa
= 0.35 MPa

$$\Delta P=6.053\times10^4\times\frac{Q^{1.85}}{C^{1.85}\times D^{4.87}}$$

여기서, ΔP : 단위길이당 마찰손실압력[MPa/m]
Q : 유량[L/min]
C : 관의 조도계수(무차원)
D : 관의 내경[mm]

하젠−윌리암스 식 ΔP는

$\Delta P=6.053\times10^4\times\dfrac{Q^{1.85}}{C^{1.85}\times D^{4.87}}\propto Q^{1.85}$이므로

마찰손실압력 ΔP는 비례식으로

$\Delta P_1 : Q_1^{1.85}=\Delta P_2 : Q_2^{1.85}$

$$\Delta P_2=\Delta P_1\times\left(\frac{Q_2}{Q_1}\right)^{1.85}$$

$$\Delta P_2=0.35\,\mathrm{MPa}\times\left(\frac{158.11\,\mathrm{L/min}}{122.47\,\mathrm{L/min}}\right)^{1.85}$$

$=0.5614\,\mathrm{MPa}$

펌프의 토출압력 = 마찰손실압력 + 0.25 MPa
= 0.5614 MPa + 0.25 MPa
= 0.8114 MPa = 81.14 m

12 어느 특정소방대상물에 옥외소화전을 2개 설치하려고 한다. 다음 물음에 답하시오.

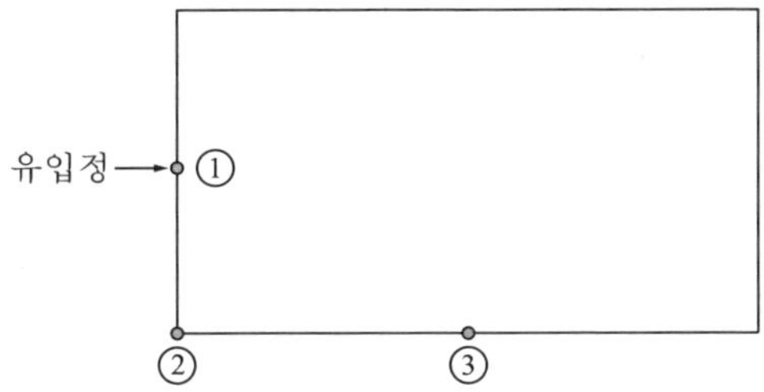

[조건]

① 배관 ①~②번 구간의 길이는 100 m이며, 관경은 120 mm이다.
② 배관 ②~③번 구간의 길이는 200 m이며, 관경은 85 mm이다.
③ 호스 및 관부속품에 의한 마찰손실은 무시하며, 방수구는 유입배관보다 1 m 위에 설치되어 있다.
④ 배관의 마찰손실압력은 다음의 하젠-윌리엄스 식을 따른다.

$$\Delta P = 6.053 \times 10^4 \times \frac{Q^{1.85}}{C^{1.85} \times D^{4.87}}$$

여기서, ΔP : 배관의 마찰손실압력[MPa/m]
Q : 배관 내의 유량[L/min]
C : 조도(120)
D : 관의 내경[mm]

(가) ①~②번 구간 배관의 마찰손실수두[m]를 구하시오.
(나) ②~③번 구간 배관의 마찰손실수두[m]를 구하시오.
(다) 펌프의 토출압력[kPa]을 구하시오.
(라) 방수량이 350 L/min이고 방수압력이 0.25 MPa인 옥외소화전설비가 있다. 이때 방수량이 500 L/min로 변경되었을 때 방수압력[kPa]을 구하시오.

정답 (가) $h_{12} = 1.18\,\text{m}$
(나) $h_{23} = 3.52\,\text{m}$
(다) 301.07 kPa
(라) 510.2 kPa

해설 (가) ①~②번 구간 배관의 마찰손실수두

$$\Delta P = 6.053 \times 10^4 \times \frac{Q^{1.85}}{C^{1.85} \times D^{4.87}} \times L$$

$$= 6.053 \times 10^4 \times \frac{700^{1.85}}{120^{1.85} \times 120^{4.87}} \times 100$$

$$= 0.0118\,\text{MPa}$$

$$h_{12} = 0.0118\,\text{MPa} = 1.18\,\text{m}$$

(나) ②~③번 구간 배관의 마찰손실수두

$$\Delta P = 6.053 \times 10^4 \times \frac{Q^{1.85}}{C^{1.85} \times D^{4.87}} \times L$$

$$= 6.053 \times 10^4 \times \frac{350^{1.85}}{120^{1.85} \times 85^{4.87}} \times 200$$

$$= 0.0352\,\text{MPa}$$

$h_{23} = 0.0352\,\text{MPa} = 3.52\,\text{m}$

(다) 펌프의 토출압력

$H = 1.18 + 3.52 + 1 + 25 = 30.7\,\text{m}$

$$30.7\,\text{m} \times \frac{101.325\,\text{kPa}}{10.3323\,\text{m}} = 301.07\,\text{kPa}$$

(라) 변경 후 방수압력

$Q = K\sqrt{10P}$

$350 = K\sqrt{10 \times 0.25}$

$\therefore\ K = 221.36$

$500 = 221.36\sqrt{10 \times P}$

$\therefore\ P = 0.5102\,\text{MPa} = 510.2\,\text{kPa}$

13 옥외 소화전설비의 배관에 물을 송수하고 있다. 배관 중의 A지점과 B지점의 압력을 각각 측정하니, A지점은 0.45 MPa이고, B지점은 0.4 MPa이었다. 만일 유량을 2배로 증가시켰을 경우 두 지점의 압력차는 몇 MPa인지 계산하시오(단, A, B지점 간의 배관 관경 및 유량계수는 동일하며, 다음 하젠-윌리엄스 공식을 이용한다).

하젠-윌리엄스 공식

$$\Delta P = 6.053 \times 10^4 \times \frac{Q^{1.85}}{C^{1.85} \times D^{4.87}}$$

여기서, Q : 유량(L/min)
C : 조도
D : 관내경(mm)
ΔP : 단위길이당 압력손실(MPa/m)

정답 0.18 MPa

해설 하젠-윌리엄스 식 ΔP_m은

$$\Delta P_m = 6.053 \times 10^4 \times \frac{Q^{1.85}}{C^{1.85} \times D^{4.87}}$$

조건에 의해 유량이 2배 증가하였으므로 수압차 ΔP는

$\Delta P_1 = Q^{1.85} = 0.45$

$\Delta P_2 = 2Q^{1.85} = 0.4$

$\Delta P = (P_1 - P_2) \times Q^{1.85} = (0.45 - 0.40)\,\text{MPa} \times 2^{1.85} ≒ 0.18\,\text{MPa}$

14 옥외소화전설비에서 펌프의 소요양정이 50 m이고 말단방수노즐의 방수압력이 0.15 MPa이었다. 관련법에 맞게 방수압력을 0.25 MPa로 증가시키고자 할 때 조건을 참고하여 토출측 유량(L/min)과 펌프의 토출압(MPa)을 구하시오. (2022년 출제)

[조건]
① 유량 $Q=K\sqrt{10P}$를 적용하며 이때 $K=100$이다.
[여기서, Q : 유량(L/min), K : 방출계수, P : 방수압력(MPa)]
② 배관 마찰손실은 하젠-윌리암식을 적용한다.

$$\Delta P=6.174\times 10^4\times \frac{Q^{1.85}}{C^{1.85}\times D^{4.87}}$$

여기서, ΔP : 단위길이당 마찰손실압력(MPa/m)
Q : 유량(L/min)
C : 관의 조도계수(무차원)
D : 관의 내경(mm)

(가) 유량(L/min)
(나) 토출압(MPa)

정답 (가) 158.11 L/min
(나) 0.81 MPa

해설 (가) 펌프교체 후 유량 Q_2는

$$Q_2=K\sqrt{10P}=100\sqrt{10\times 0.25\,\text{MPa}}=158.113 ≒ 158.11\,\text{L/min}$$

(나) 펌프교체 전 유량 Q_1는

$$Q_1=K\sqrt{10P}=100\sqrt{10\times 0.15\,\text{MPa}}=122.474 ≒ 122.47\,\text{L/min}$$

마찰손실압력 = 토출압력 − 방수압력
= 50 m − 0.15 MPa = 0.5 MPa − 0.15 MPa = 0.35 MPa

하젠-윌리암의 식 ΔP는

$$\Delta P=6.174\times 10^4\times \frac{Q^{1.85}}{C^{1.85}\times D^{4.87}} \propto Q^{1.85}$$이므로

마찰손실압력 ΔP는

$$\Delta P=P\times Q^{1.85}=P\times \left(\frac{Q_2}{Q_1}\right)^{1.85}=0.35\,\text{MPa}\times \left(\frac{158.11\,\text{L/min}}{122.47\,\text{L/min}}\right)^{1.85}$$
$$=0.561\,\text{MPa}$$

펌프의 토출압력 = 마찰손실압력 + 0.25 MPa
= 0.561 MPa + 0.25 MPa = 0.811 = 0.81 MPa

15 다음 그림은 어느 공장에 설치된 지하매설 소화용 배관도이다. '가~마'까지 각각의 옥외소화전의 측정수압이 다음 표와 같을 때 다음 물음에 답하시오.

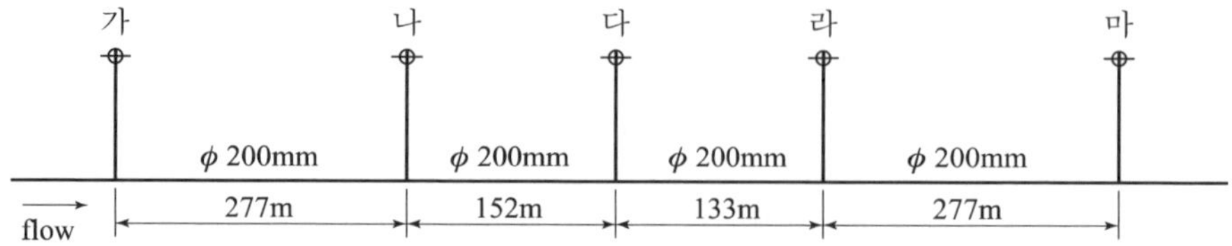

▌소화전 측정압력(kg/cm²)

압력 \ 위치	가	나	다	라	마
정압	5.57	5.17	5.72	5.86	5.52
방사압력	4.9	3.79	2.96	1.72	0.96

㈜ 방사압력이란 소화전의 노출 캡을 열고 소화전 본체 직근에서 측정한 잔류압력(residual pressure)을 말한다.

(가) 다음은 동수경사선(hydraulic gradient)을 작성하기 위한 과정이다. 주어진 자료를 활용하여 표의 빈 곳을 채우시오(단, 계산과정을 보일 것. 기준높이(elevation)로부터의 정압은 5.86 kg/cm²로 본다).

항목 \ 소화전	구경(mm)	실관장(m)	측정압력(kg/cm²)		펌프로부터 각 소화전까지 전마찰손실(kg/cm²)	소화전 간의 배관마찰손실(kg/m²)	기준높이(kg/cm²)	경사선의 높이(kg/cm²)
			정압	방사압력				
가	-	-	5.57	4.9	①	-	0.29	5.19
나	200	277	5.17	3.79	②	⑤	0.69	⑩
다	200	152	5.72	2.96	③	1.38	⑧	3.1
라	150	133	5.86	1.72	4.14	⑥	0	⑪
마	200	277	5.52	0.69	④	⑦	⑨	⑫

(나) 위의 '(가)'항에서 완성된 표를 자료로 하여 답안지의 동수경사선과 pipe profile을 완성하시오.

정답 (가)

항목 / 소화전	구경 (mm)	실관장 (m)	측정압력 (kg/cm^2) 정압	측정압력 (kg/cm^2) 방사압력	펌프로부터 각 소화전까지 전마찰손실 (kg/cm^2)	소화전 간의 배관마찰손실 (kg/m^2)	기준높이 (kg/cm^2)	경사선의 높이 (kg/cm^2)
가	-	-	5.57	4.9	5.57－4.9＝0.67	-	5.86－5.57＝0.29	4.9＋0.29＝5.19
나	200	277	5.17	3.79	5.17－3.79＝1.38	1.38－0.67＝0.71	5.86－5.17＝0.69	3.79＋0.69＝4.48
다	200	152	5.72	2.96	5.72－2.96＝2.76	1.38	5.86－5.72＝0.14	2.96＋0.14＝3.1
라	150	133	5.86	1.72	4.14	4.14－2.76＝1.38	0	1.72＋0＝1.72
마	200	277	5.52	0.69	5.52－0.69＝4.83	4.83－4.14＝0.69	5.86－5.52＝0.34	0.69＋0.34＝1.03

(나)

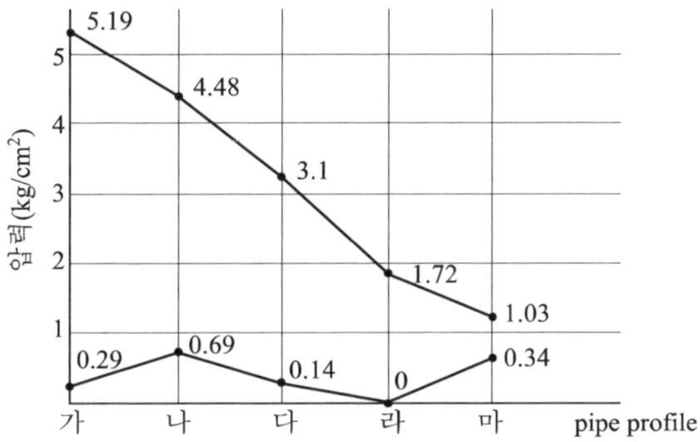

2.3 스프링클러설비

1 개요

스프링클러설비는 화재가 발생한 경우 천장면에 설치된 스프링클러헤드가 감열(感熱) 작동에 의하여 자동적으로 화재를 발견함과 동시에 그 헤드로부터 화원과 그 주변에 물을 폭우가 쏟아지듯 뿌려줌으로써 화재를 초기 단계에서 효율적으로 소화하는 고정식 소화설비이다.

스프링클러설비는 건축물 내의 화재 시 해당 특정소방대상물의 보호와 초기화재 소화를 목적으로 자동으로 화재를 감지하여 신속히 진압할 수 있도록 함을 그 목적으로 한다.

스프링클러설비는 수조, 가압송수장치, 소화펌프, 배관, 스프링클러헤드, 유수검지장치, 일제개방밸브, 기동용수압개폐장치 등으로 구성되어 있으며 일부는 형식승인 및 제품검사에 합격한 제품을 사용해야 한다.

스프링클러설비는 설치비용이 많이 들고 그 유지관리에 다소의 어려움이 있지만, 자동소화장치로서의 소화기능은 다른 소화설비와 비교가 안될 만큼 안전성이 있고, 또한 자동소화의 효율성에 있어서도 타의 추종을 불허한다. 때문에 법적 설치 의무대상이 아닌 건축물이라 할지라도 만일의 대화재에 의한 손해를 생각하여 사전에 설치해 두는 것이 현명한 설비투자이다.

2 스프링클러설비의 종류

스프링클러설비의 헤드는 그 종별에 따라 폐쇄형 및 개방형으로 대별된다. 폐쇄형 스프링클러설비는 천장부에 폐쇄형헤드를 배치하여 화재시의 온도상승으로 스프링클러헤드가 감열 개방되어 살수시키는 방식으로 습식, 건식, 준비작동식 및 부압식이 있다.

개방형 스프링클러설비는 천장부에 개방형헤드를 설치하여 일제개방밸브에 의해 헤드 전체가 살수되는 방식이다.

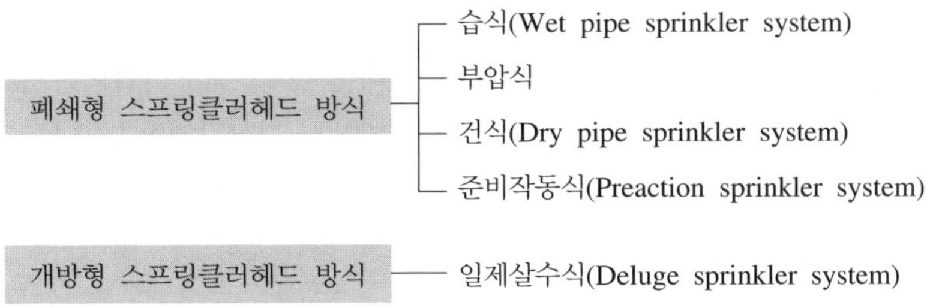

그림 2.49 스프링클러설비 구분

(1) 습식스프링클러설비

가압송수장치에서 폐쇄형스프링클러헤드까지 배관 내에 항상 물이 가압되어 있다가 화재로 인한 열로 폐쇄형스프링클러헤드가 개방되면 배관 내에 유수가 발생하여 습식유수검지장치가 작동하게 되는 스프링클러설비를 말한다.

(2) 건식스프링클러설비

건식유수검지장치 2차측에 압축공기 또는 질소 등의 기체로 충전된 배관에 폐쇄형 건식스프링클러헤드가 부착된 스프링클러설비로서, 폐쇄형스프링클러헤드가 개방되어 배관 내의 압축공기 등이 방출되면 건식유수검지장치 1차측의 수압에 의하여 건식유수검지장치가 작동하게 되는 스프링클러설비를 말한다.

(3) 준비작동식스프링클러설비

가압송수장치에서 준비작동식유수검지장치 1차측까지 배관 내에 항상 물이 가압되어 있고 2차측에서 폐쇄형스프링클러헤드까지 대기압 또는 저압으로 있다가 화재발생시 감지기의 작동으로 준비작동식유수검지장치가 작동하여 폐쇄형스프링클러헤드까지 소화용수가 송수되어 폐쇄형스프링클러헤드가 열에 따라 개방되는 방식의 스프링클러설비를 말한다. 준비작동식설비는 습식설비의 소화력과 건식설비의 보온력 등 장점만을 취한 설비이다.

(4) 부압식스프링클러설비

가압송수장치에서 준비작동식유수검지장치의 1차측까지는 항상 정압의 물이 가압되고, 2차측 폐쇄형 스프링클러헤드까지는 소화수가 부압으로 되어 있다가 화재 시 감지기의 작동에 의해 정압으로 변하여 유수가 발생하면 작동하는 스프링클러설비를 말한다.

(5) 일제살수식스프링클러설비

가압송수장치에서 일제개방밸브 1차측까지 배관 내에 항상 물이 가압되어 있고 2차측에서 개방형스프링클러헤드까지 대기압으로 있다가, 화재발생시 자동감지장치 또는 수동식 기동장치의 작동으로 일제개방밸브가 개방되면 스프링클러헤드까지 소화용수가 송수되는 방식의 스프링클러설비를 말한다.

3 스프링클러헤드

스프링클러헤드는 헤드에서 나오는 물을 한정된 범위 안에서 사방으로 골고루 뿌려주는 역할을 한다. 스프링클러헤드의 구조는 프레임, 반사판(디프렉터), 감열체 등으로 구성되어 있으며, 연결부는 관용 테이퍼(PT)나사로 부착이 용이하게 되어 있다.

① 감열체라 함은 정상상태에서 스프링클러헤드의 방수구를 막고 있으나, 화재발생 시 열에 의하여(일정한 온도에 도달하면) 스스로 파괴・용해되어 스프링클러헤드로부터 이탈됨으로써 방수구가 개방 되도록 해 물이 방사가 가능하도록 하는 부분을 말한다.

② 반사판(디프렉타)이란 스프링클러헤드의 방수구에서 유출되는 물을 세분시키는 작용을 하는 것을 말한다.

③ 프레임이라 함은 스프링클러헤드의 나사부분과 디프렉타를 연결하는 이음쇠 부분을 말한다.

(1) 감열부의 유무에 따른 분류

① 개방형스프링클러헤드(Open type head)

감열체 없이 방수구가 항상 열려져 있는 스프링클러헤드를 말한다. 개방형(일제살수식) 스프링클러설비에 사용된다.

② 폐쇄형스프링클러헤드(Closed type head)

정상상태에서 방수구를 막고 있는 감열체가 일정온도에서 자동적으로 파괴・융해 또는 이탈됨으로써 방수구가 개방되는 스프링클러헤드를 말한다. 습식, 건식, 준비작동식, 부압식 스프링클러설비에 사용된다.

가. 퓨즈블링크형(Fusible link type) : 이융성 금속을 Lever형으로 조립한 감열체를 이용한 것

나. 글라스벌브형(Glass bulb type) : 석영유리나 경질유리관 내에 팽창액체(알코올이나 에테르)를 봉입하여 그 액체가 팽창함에 따라 유리관이 파열되어 개방작동하는 것

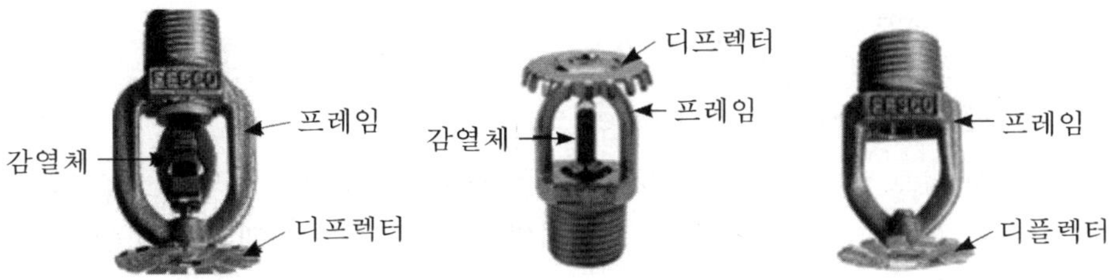

퓨즈블링크 유리벌브 개방형

▮그림 2.50 스프링클러헤드 구조의 예

(2) 설치방향에 따른 분류

① 상향형(Upright type)

가. 일반적으로 반자가 없는 곳에 적용한다.

나. 분사 패턴이 가장 우수하다.

다. 준비작동식 및 건식설비는 원칙적으로 헤드만을 사용해야 한다.

② 하향형(Pendent type)

가. 습식설비에 사용하며 일반적으로 반자가 있을 경우 적용한다.

나. 분사패턴이 상향형보다 못하다.

다. 헤드 설치시에는 회향식(回向式 Return bend)으로 해야 한다.

라. 준비작동식의 경우는 Dry-pendent head를 사용해야 한다.

③ 측벽형(Sidewall type)

가압된 물이 분사될 때 헤드의 축심을 중심으로 한 반원상에 균일하게 분산시키는 헤드를 말한다.

가. 실내의 폭이 9 m 이하인 경우에 한하여 적용한다.

나. 옥내의 벽체 측면에 설치한다.

다. 분사 패턴은 축심(軸心)을 중심으로 한 반원상에 균일하게 방사된다.

(3) 기타특수헤드

① 원형(Round type)

라운드형은 특수 합금된 용융형 휴즈를 이용하여 주위온도의 변화로 인해 작동온도에 도달하면 휴즈홀더가 분해되면서 조립된 부품이 분해되어 살수가 시작된다.

② 플러쉬형(Flush type)

부착나사나 포함한 몸체의 일부나 전부가 천장면 위에 설치되어 있는 스프링클러헤드로서 업무용 건물과 같이 사람의 출입이 많은 경우 미관을 고려하여 천장면과 거의 평탄하게 부착되는 헤드이다.

③ 드라이팬던트형(Dry pendent type)

상단에서 유로를 차단하는 플렌저와 이를 지지하는 동파이프 및 글라스벌브로 조립되어 있다. 주위온도가 작동온도에 도달하면 글라스벌브가 파괴되면서 플렌저가 분해 이탈되어 작동된다.

④ 화재조기진압형(Early suppression fast response head)

표준형스프링클러헤드 보다 기류온도 및 기류속도 등 조기에 반응하는 것을 말한다. 랙크식 창고의 경우는 화재하중(Fire load)이 매우 높은 장소로서 화세가 강력하여 불길속으로 물방울의 침투가 용이하지 않으며, 이를 보완하기 위하여 개발된 헤드가 ESFR head이다.

▮그림 2.51 스프링클러헤드 형상

(4) 스프링클러헤드의 기준

① 감도(Sensitivity) 및 RTI

스프링클러헤드에서 가장 중요한 특성은 헤드의 감도(Sensitivity)와 반응시간지수(RTI ; Respone time index)이다.

감도란 감열부의 반응시간지수와 도전율에 근거를 두고 있으며, 반응시간지수(RTI)란 감열부의 작동에 필요한 충분한 양의 열을 주위로부터 얼마나 빠른 시간 내에 흡수할 수 있는지를 나타내는 헤드의 작동시간에 따른 지수로서 기류의 온도 및 가열된 공기의 속도에 따라 결정되며 아래의 식으로 표현된다.

$$\mathrm{RTI} = \gamma\sqrt{u}$$

여기서, RTI : 반응시간지수$(\mathrm{m \cdot sec})^{\frac{1}{2}}$
γ : 감열체의 시간상수
u : 기류속도(m/sec)

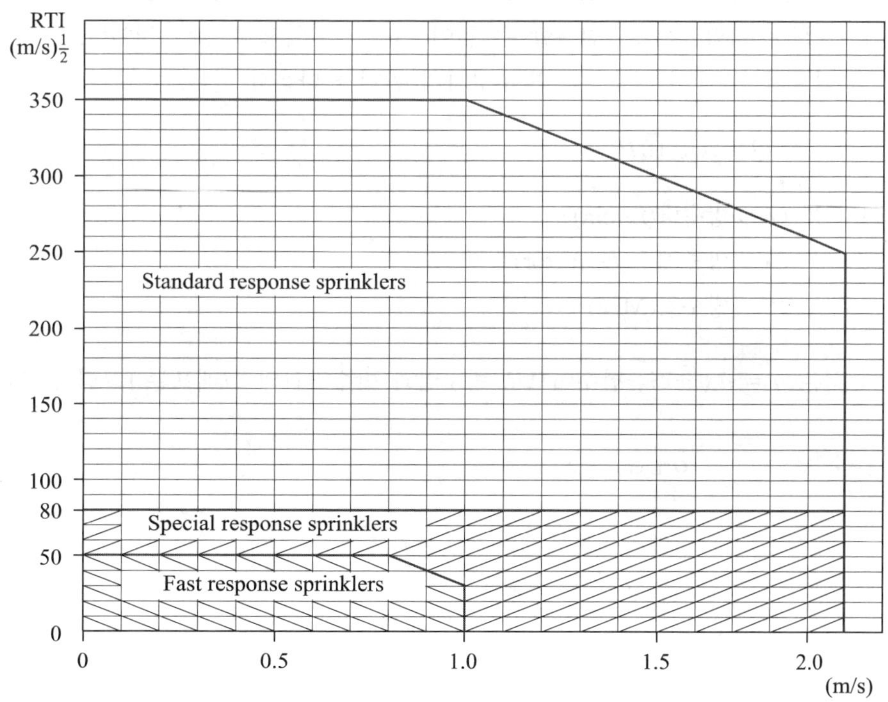

▮그림 2.52 스프링클러헤드의 감도범위

표준형 스프링클러헤드의 감도를 반응시간지수(RTI)값에 따라 조기반응(Fast response), 특수반응(Special response), 표준반응(Standard response)의 3가지로 구분하며 기준은 다음과 같다.

가. 조기반응(Fast response)의 RTI값은 50 이하이어야 한다.
나. 특수반응(Special response)의 RTI값은 50 초과 80 이하이어야 한다.
다. 표준반응(Standard response)의 RTI값은 80 초과 350 이하이어야 한다.

따라서 스프링클러헤드에 대한 감도는 RTI값을 측정함으로써 화재시 헤드의 동작시간을 예측할 수 있다.

② 방수압과 방수량

스프링클러설비는 화재를 유효하게 제어(制御) 및 진압(鎭壓)할 수 있도록 설계되어야 하며, 화재시 스프링클러헤드의 물방울이 화염을 뚫고 침투하여 연소면까지 도달하여야 소화효과가 발생된다.
실험에 의하면 스프링클러헤드 선단압력이 0.1 MPa의 압력에서 가장 이상적인 크기의 물방울 입자가 형성되며, 1.2 MPa 이상에서는 반사판에 부딪친 물방울의 크기가 너무 작아지므로 화염 속으로 침투할 수 없어 이를 상한압으로 정한 것이다.
스프링클러설비에서 방수압과 방수량과의 관계가 다음과 같다.

$$Q = K\sqrt{10P}$$

여기서, Q : 방수량(L/min)
K : 방출계수(K factor)
P : 방수압(MPa)

이 식은 $y = a\sqrt{x}$ 의 함수이므로 방수압과 방수량과의 그래프는 [그림 2.53]과 같다.

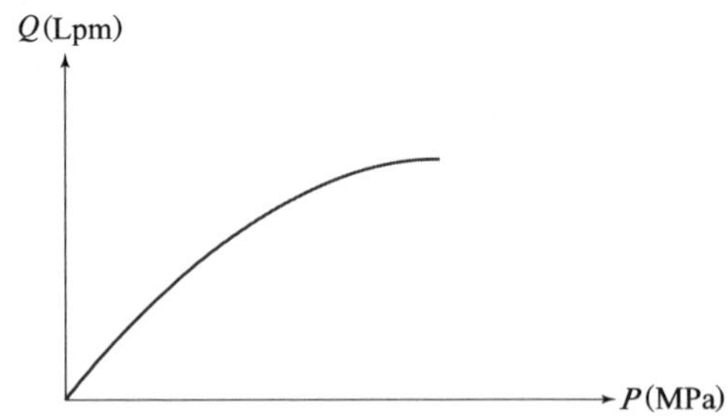

▮그림 2.53 헤드의 방수압 및 방수량 선도

방수압이 증가되면 방수량도 증가되어 소화효과가 높아지나 물방울의 입자는 작아진다. 물방울의 입자가 너무 작거나 유속이 낮으면 화염에 의해 증발하거나 물방울이 상승 기류로 인하여 비산되어 화염 속으로 침투하지 못하게 된다. 그러나 방수압에 따라 방수량이 직선적으로 비례하는 것은 아니다.

③ RDD와 ADD

스프링클러설비는 살수시 방사된 물이 화재를 제어하고 진압하는 2가지 측면이 있다. 화재제어란 헤드로부터 방사되는 물이 주위의 가연성 물질을 적시고 열방출비율을 서서히 감소시켜 천장주위와 기체온도를 일정온도로 유지함으로써 화재를 규모를 제한하는 현상이다. 이에 비해 화재진압이란 헤드로부터 방사되는 물이 물방울의 침투력을 증가시켜 불꽃을 통과한 후 연료표면까지 도달함으로써 화재의 재성장을 방지하는 효과이다.

가. 필요방사밀도(RDD, Required Delivered Density)

특정소방대상물의 화재하중 및 화재심도에 관련된 사항으로 소화목적을 달성하기 위하여 연소표면에서 필요로 하는 방수량을 가연물 상단의 표면적으로 나눈 값으로 이는 특정소방대상물의 용도 및 화재하중에 따라 스프링클러시스템에 필요한 방수량이다.

나. 실제방사밀도(ADD, Actual Delivered Density)

ADD란 화재시 소화작업에 사용되는 실제 방수량으로서 스프링클러설비에서 방사형태와 관련된 것으로 화재시 화심 속으로 침투하여 실제로 연소표면에 도달된 방수량을 가연물 상단의 표면적으로 나눈 값을 말한다. 이와 관련된 요소는 화세의 강도・열방출율・물의 입자・물의 운동량 등이 있다. 화재시 조기에 진화될 수 있는 조건은 ADD가 RDD보다 큰 영역이 된다. RDD 및 ADD의 단위는 L/min・m^2이다.

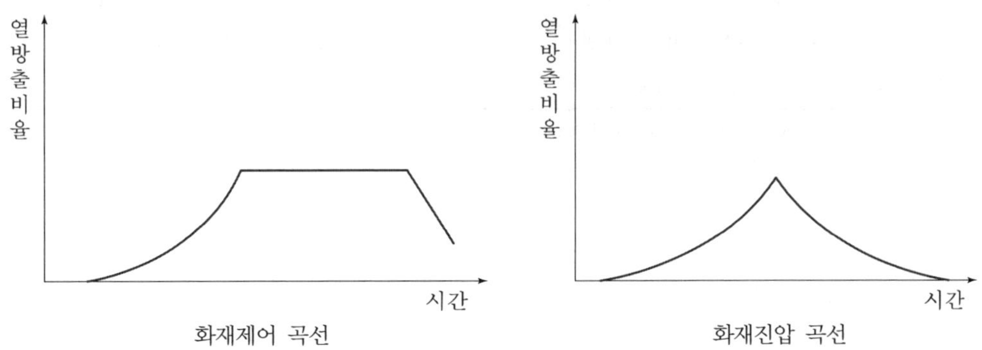

▮그림 2.54 화재제어 및 진압선도

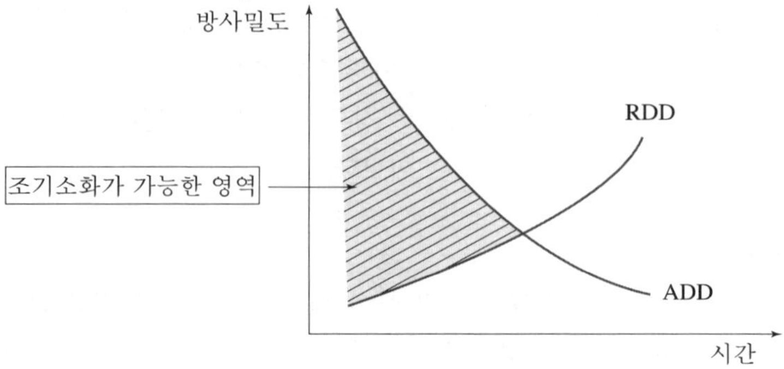

그림 2.55 초기소화 범위

(5) 헤드의 표시

① 표시온도

폐쇄형헤드는 설치장소의 최고주위온도에 따라 [표 2.8]에 의한 온도의 것으로 한다. 표시온도 및 최고주위온도와의 관계식은 다음과 같다.

$$T_a = 0.9\,T_m - 27.3$$

여기서, T_a : 최고주위온도(℃)

T_m : 표시온도(℃)

단, 75℃ 미만일 경우 39°를 적용한다. $T_m = \dfrac{T_a + 27.3}{0.9}$

표 2.8 폐쇄형헤드의 표시온도

설치장소의 최고주위온도	표시온도(℃)
39℃ 미만	79℃ 미만
39℃ 이상 64℃ 미만	79℃ 이상 121℃ 미만
64℃ 이상 106℃ 미만	121℃ 이상 162℃ 미만
106℃ 이상	162℃ 이상

주) 높이가 4 m 이상인 공장 및 창고(랙크식 창고 포함)는 최고주위온도에 관계없이 121℃ 이상으로 할 수 있다.

② 색표시

국내 검정기술기준에 따르면 폐쇄형헤드에 한하여 표시온도에 따라 [표 2.9]와 같이 색 표시를 해야 한다.

표 2.9 스프링클러헤드의 표시온도 및 색상

휴지블링크형		글라스벌브형	
표시온도(℃)	후레임의 색	표시온도(℃)	액체의 색상
77℃미만	표시 안 함	57℃	주황색
78～120℃	흰 색	68℃	빨 강
121～162℃	파 랑	79℃	노 랑
163～203℃	빨 강	93℃	초 록
204～259℃	초 록	141℃	파 랑
260～319℃	오렌지	182℃	연한자주
320℃	검 정	227℃ 이상	검 정

4 습식스프링클러설비

스프링클러설비 중에서 가장 먼저 개발된 시스템으로서 신뢰성이 좋으며, 구성도 다른 설비방식에 비하여 간단한 것으로 가장 많이 이용하는 표준설비방식이다. 사용 헤드는 폐쇄형이고 상시 전배관 내에 가압수가 충만되어 있어 화재 발생의 감지와 동시에 즉시 설비가 작동하여 일정한 분사패턴을 이루며 소화하게 되는 시스템이다. 습식스프링클러설비는 설치장소의 온도가 영상인 특정소방대상물에 설치하여야 하고, 특히 소화약제가 물이기 때문에 유지비가 저렴하나 물로 인한 피해가 있으므로 관리를 철저히 해야 한다.

(1) 계통도

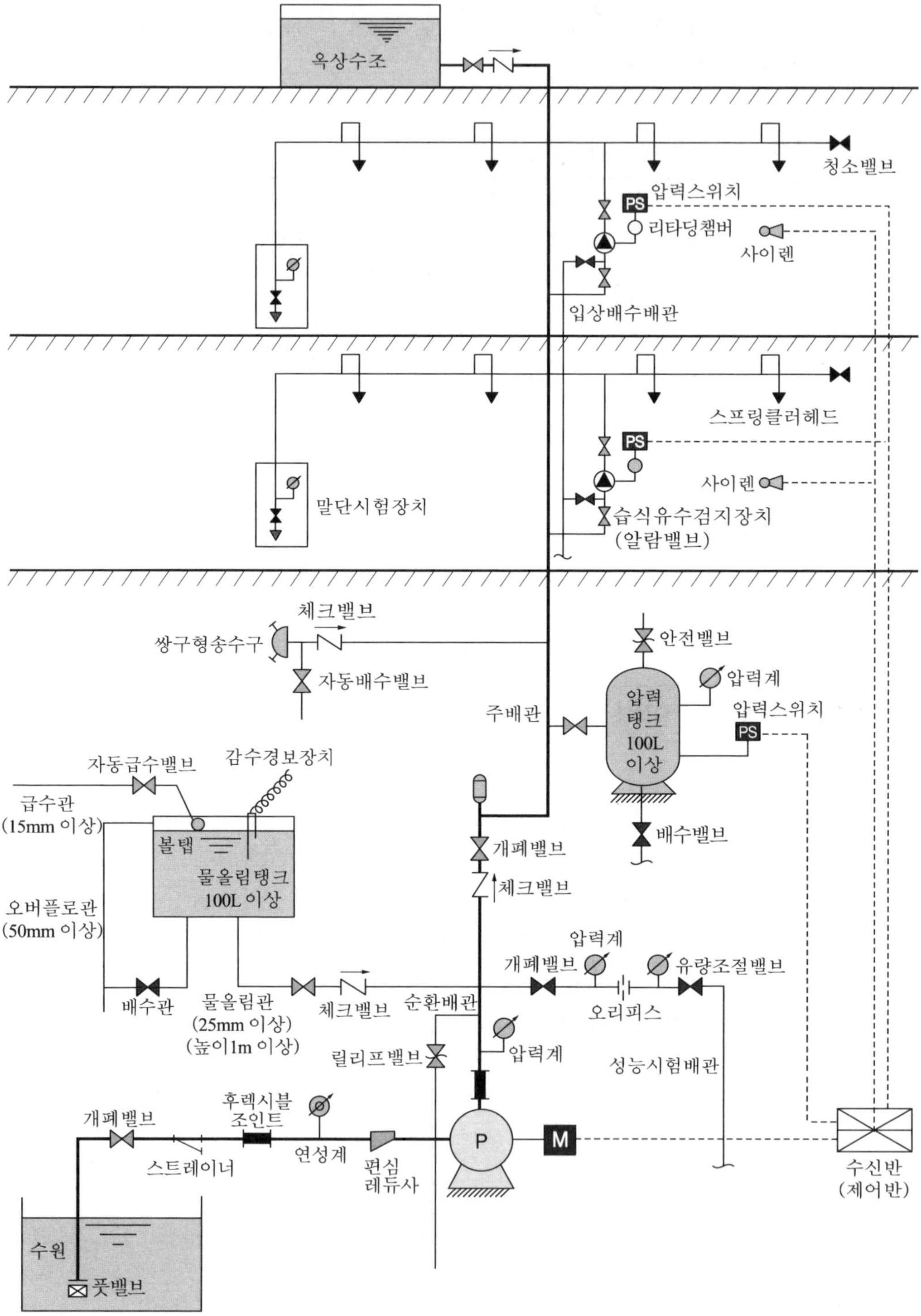

그림 2.56 습식스프링클러설비 계통도

(2) 작동원리

화재가 발생하여 주위온도가 상승하면 폐쇄형 스프링클러헤드가 화재를 감지 개방되어 배관내의 물이 헤드를 통하여 분사되므로 습식유수검지장치 2차측의 압력이 떨어진다. 이때 습식유수검지장치 1차측과 2차측의 압력균형이 깨어지고 습식유수검지장치의 클래퍼가 열리면서 가압수는 연속적으로 스프링클러헤드 쪽으로 공급되어 화재를 소화한다. 습식유수검지장치 1차측의 감압에 의해 압력챔버의 압력스위치가 동작하여 펌프가 기동한다. 습식유수검지장치의 클래퍼가 들리면서 리타팅챔버 상부에 있는 압력스위치로 압력이 전달되어 화재경보를 발하게 된다.

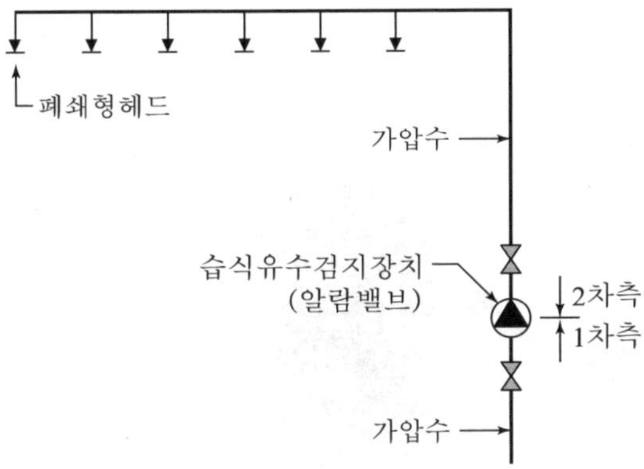

▮그림 2.57 습식스프링클러설비 구성도

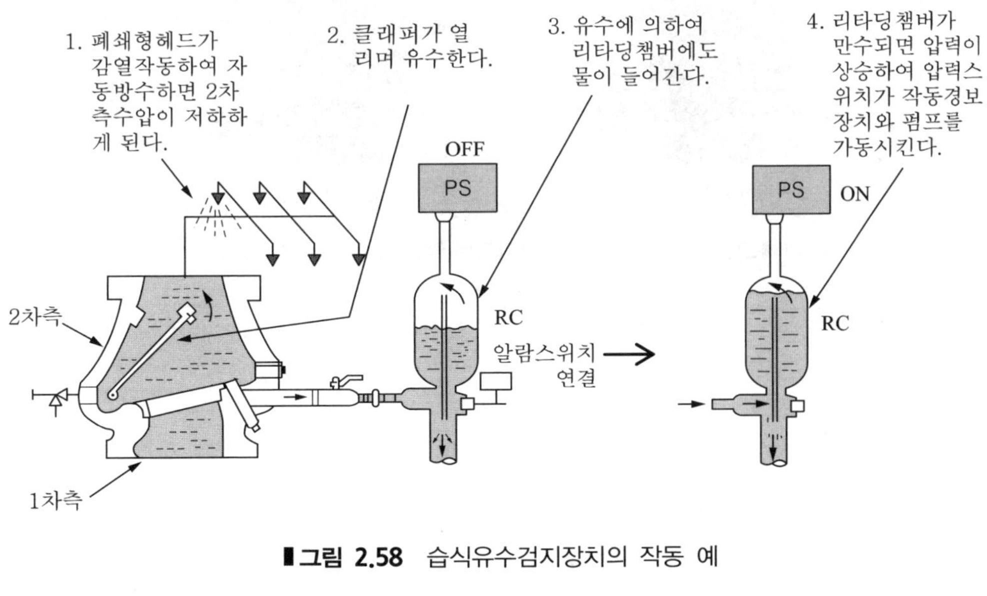

▮그림 2.58 습식유수검지장치의 작동 예

(3) 구성요소

① 습식유수검지장치(알람밸브)

습식유수검지장치 중심으로 1차측과 2차측에 각 1개씩의 압력계가 부착되어 항상 같은 압력값을 지시하고 있다가 헤드가 개방되면 2차측의 압력이 감소되면서 습식유수검지장치가 개방되어 수신반에 화재표시등을 점등시킴과 동시에 경보를 발령하게 된다. 화재에 의한 열로 폐쇄형헤드가 개방되어 습식유수검지장치의 2차측의 압력이 감소된다. 2차측 압력이 감소되면 1차측의 압력에 의하여 클래퍼가 개방되는 구조로 되어있다. 습식유수검지장치는 본체, 압력스위치, 리타딩챔버, 경보장치, 드레인밸브 등으로 구성되어 있다.

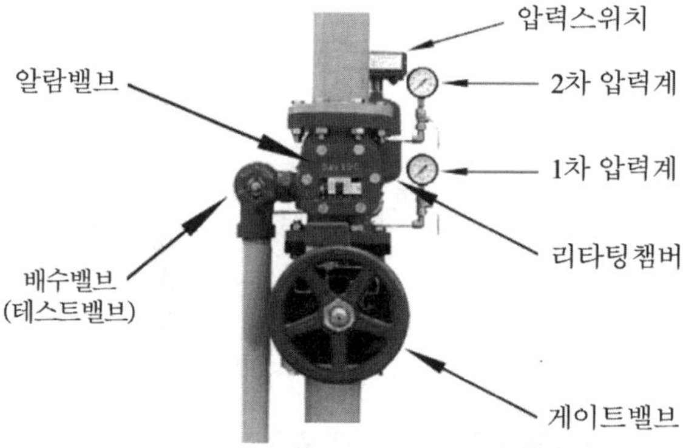

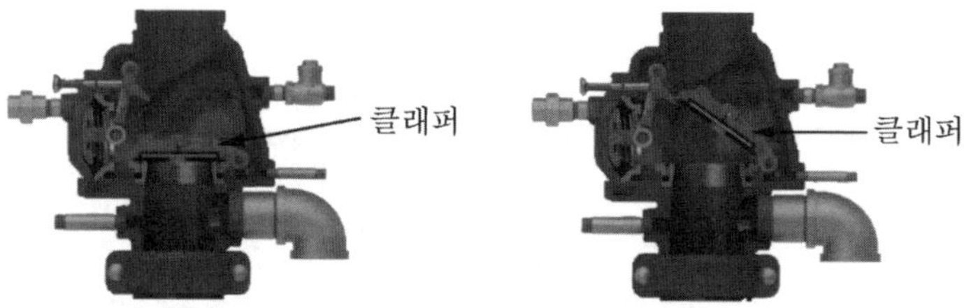

그림 2.59 습식유수검지장치(알람밸브)의 구성 요소

② 리타딩챔버(Retarding chamber)

리타딩챔버는 유수검지장치에 설치되어 유수검지장치의 오동작(오보)을 방지한다. 리타딩챔버는 습식스프링클러설비의 유수검지장치에만 해당되는데 그것도 오래된 습식 유수검지장치에만 해당되고, 현재는 리타딩챔버의 지연작용을 압력스위치 내부의 지연타이머가 대신하며 리타딩챔버는 거의 사용되지 않는다.

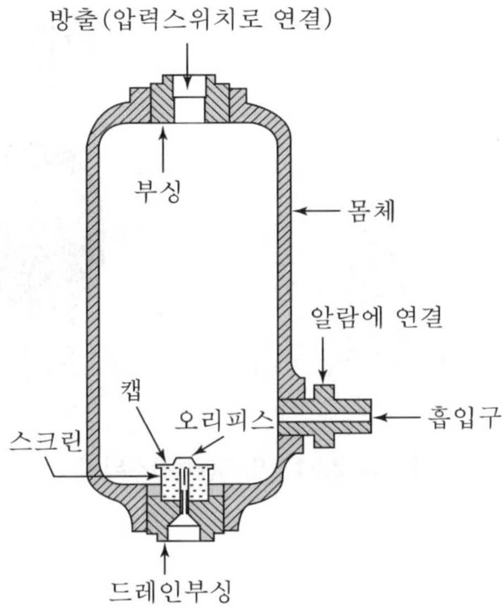

▮그림 2.60 리타딩챔버

③ 압력(알람)스위치

화재 발생시에 습식유수검지장치 내의 클래퍼가 개방된다. 리타딩챔버 상단이나 유수검지장치에 연결되어 있는 압력스위치에 압력수가 도달되면 압력스위치의 밸로우즈(Bellows)를 가압하여 접점을 이루어서 회로를 연결시킴으로써 수신부에 화재표시 및 경보를 발령시키게 된다.

벨로우즈는 고무튜브나 알루미늄튜브 형식으로 되어 있다. 헤드가 감열작동으로 방수에 의한 물의 흐름을 검지하여 신호를 발생시키는 장치이다.

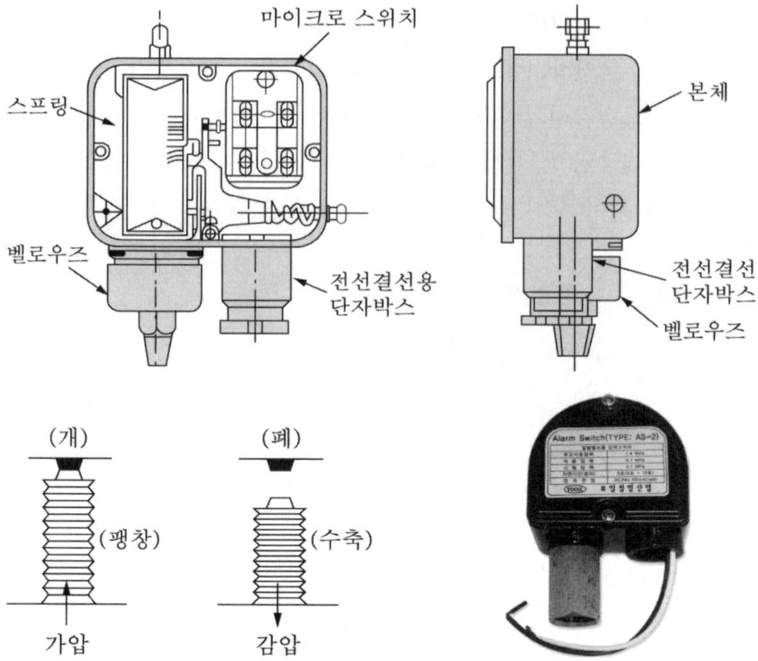

그림 2.61 압력(알람)스위치

5 건식스프링클러설비

건식유수검지장치의 1차측에는 물을 가압하고 2차측에는 압축공기 또는 질소가스를 충전시켜 화재발생으로 인하여 폐쇄형헤드가 개방되면 가압송수장치가 기동하여 일정압력의 가압수를 살수하는 소화설비로서 차압형이 대부분이다.

2차측 배관 내의 압축공기나 질소가스를 신속하게 배출시켜주는 액셀러레이터 또는 익조스트의 배기가속장치가 설치되어 있다. 배관의 보온 조치가 필요 없는 장점이 있다.

(1) 계통도

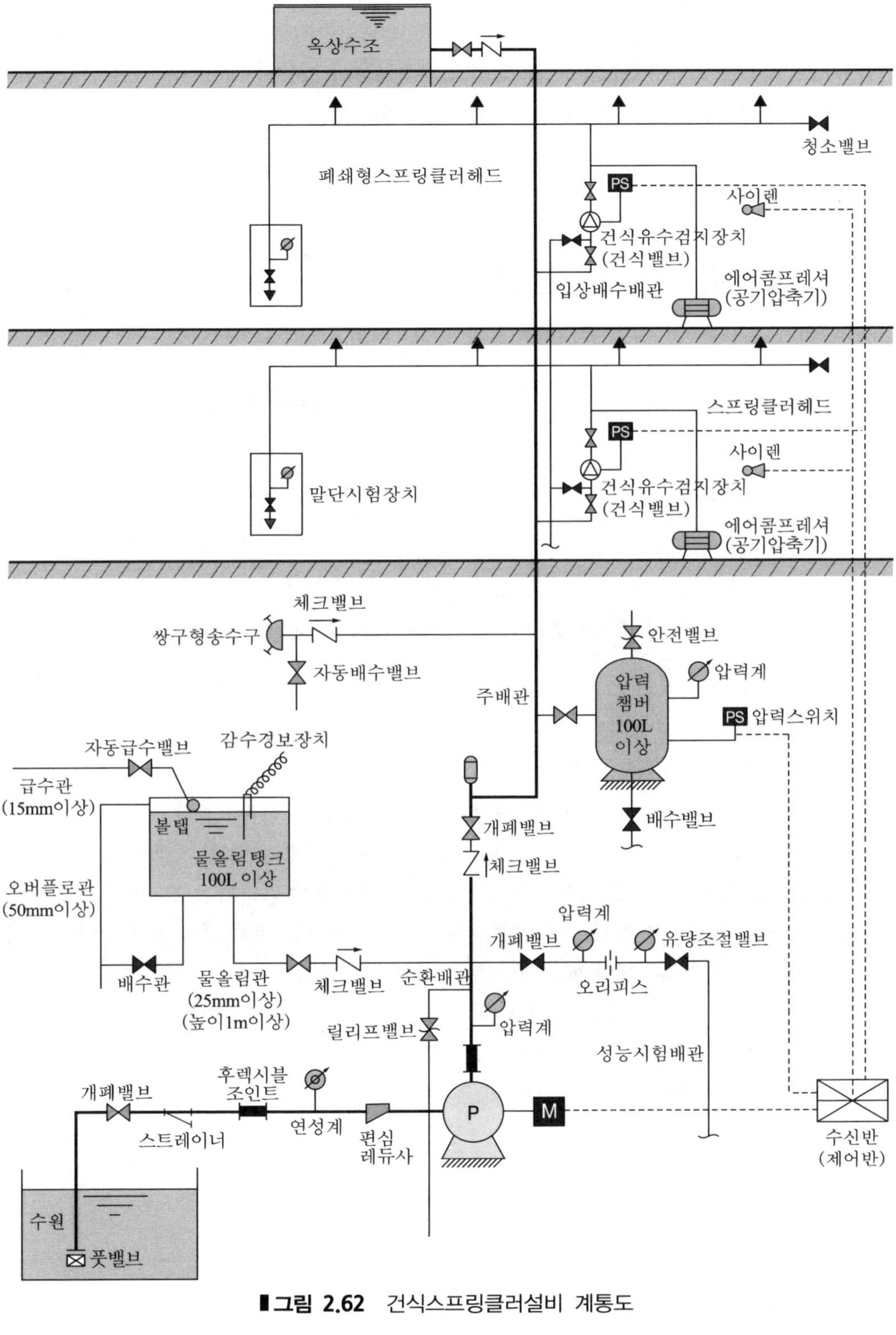

▮그림 2.62 건식스프링클러설비 계통도

(2) 작동원리

화재가 발생하여 주위온도가 상승하면 폐쇄형 스프링클러헤드가 개방되면서 관 내의 압축공기가 헤드로 배기되어 건식유수검지장치의 압력균형이 깨어져 개방된다. 건식유수검지장치의 1차측 압력이 떨어지면 기동용수압개폐장치의 압력스위치가 동작하여 가압송수장치를 가동시킨다. 가압송수장치(펌프)를 가동하면 헤드로 계속 물이 공급되어 화재가 소화된다.

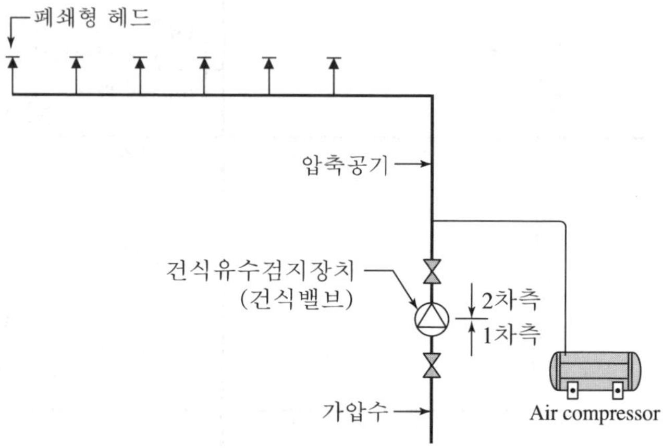

▮그림 2.63 건식스프링클러설비 구성도

(3) 구성요소

① 건식유수검지장치(건식밸브)

건식유수검지장치는 드라이파이프밸브라고 부르며, 건식유수검지장치는 평상시 물이 없는 드라이파이프의 부분에 물이 분출하는 것을 억제하고 있는 밸브이다.

[그림 2.65]와 같이 밸브의 1차측은 가압송수장치에 연결되어 있고, 밸브까지 물이 충만하여 있다. 2차측은 헤드에 연결되어 있어 압축공기로 충만되어 있다. 압축공기의 압력과 밸브의 자체무게와 밸브의 스톱바 기구에 의하여 1차측의 물이 2차측에 유입하지 않도록 밸브를 닫고 있는 것이다. 헤드가 개방되면 이 압축공기가 방출하여 압력이 저하되고 밸브가 열리게 된다. 또한 평상시 가압하여 놓은 압축공기의 압력은 2차측의 물의 압력에 의하여 결정되는 것이다.

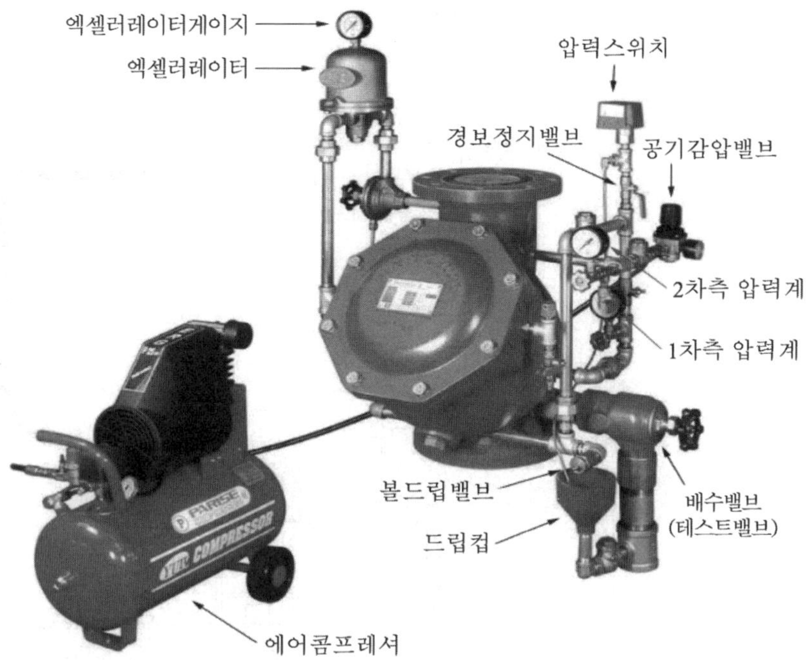

▮그림 2.64 건식유수검지장치(건식밸브) 구성

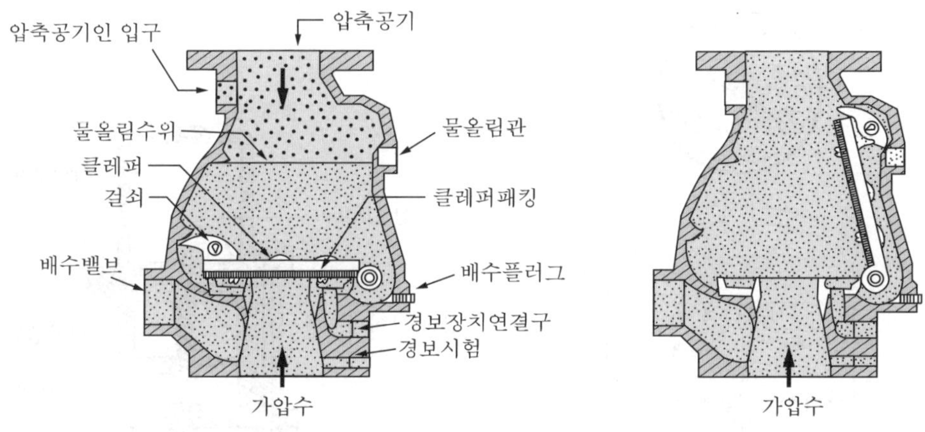

▮그림 2.65 건식유수검지장치(건식밸브) 작동

② 공기기압축기(Air compressure)

건식유수검지장치 2차측에 연결되어 압축공기 상태를 유지시킨다. 에어콤프레셔에 의해 형성되는 압축공기는 건식유수검지장치 1차측의 가압수와 압력균형을 이루며, 이때 건식유수검지장치는 닫혀 있다.

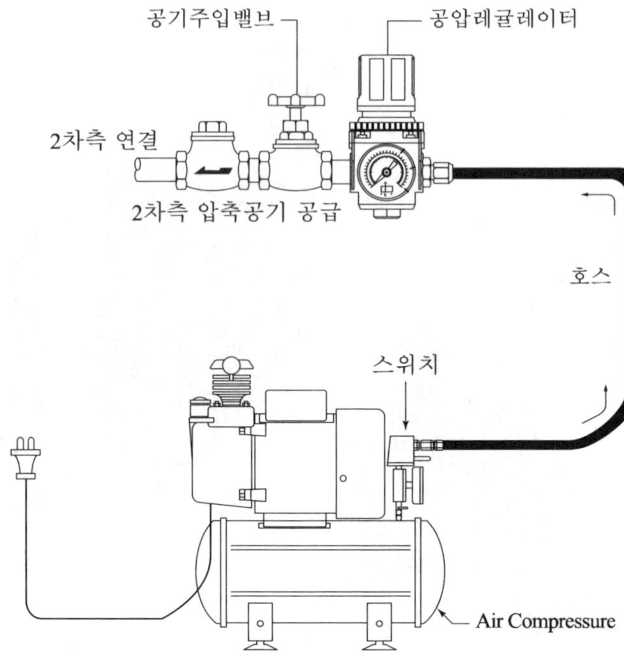

■그림 2.66 공기압축기

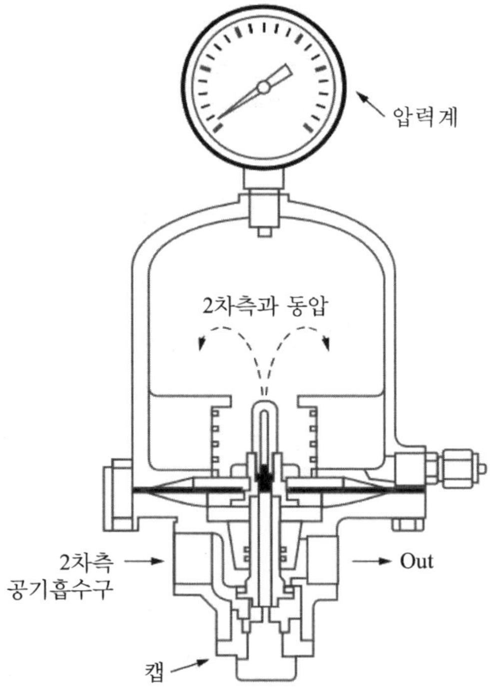

■그림 2.67 엑셀러레이터

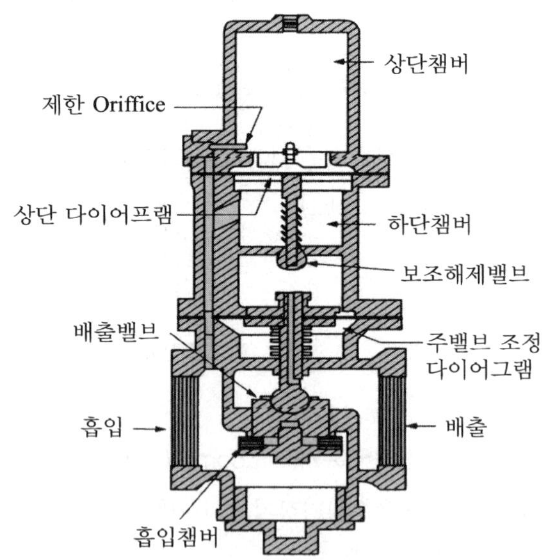

■그림 2.68 익져스터

③ 급속개방기구(Quick Opening Devices : QOD)

가. 액셀러레이터(Accelerator)

액셀러레이터(그림 2.67)의 작동은 아주 민감해서 시스템 내의 작은 압력변화에도 쉽게 감지되고 시스템 내의 공기가 알람 토출구와 클래퍼(Clapper) 밑으로 빠르게 통과하도록 되어 있다. 여기서 공급되는 물의 압력과 공기압력이 함께 증가하여 건식밸브의 클래퍼를 개방한다. 즉, 액셀러레이터의 중요한 역할이 2차측의 공기를 신속하게 배출시켜서 클래퍼를 빨리 열리게 하는 보조장치이다.

나. 익져스터(Exhauster)

익져스터는 액셀러레이터와 유사한 기능을 가진 것으로서 시스템에 충전된 공기압의 아주 작은 미소압력의 강하에도 건식유수검지장치의 2차측에 있는 공기압을 즉시 배출시키는 기능을 가진 장치이며, 건식유수검지장치의 작동속도를 증가시키는 역할을 하는 급속개방장치 중의 하나이다.

④ 드라이펜던트형헤드(Dry pendent type head)

건식스프링클러설비는 폐쇄형헤드를 그대로 사용할 수 있는데 되도록 상향식 헤드를 사용해야 하고 하향식 헤드를 사용해야 하는 경우는 드라이펜던트형헤드를 설치한다. 건식스프링클러설비에는 배관 내에 물이 없기 때문에 하향식 헤드 설치시 일단 작동되어 급수가 되면 하향식 헤드 내에 물이 들어가 배수를 시키더라도 물이 남아 있게 된다. 동파될 우려가 있기 때문에 드라이펜던트형헤드를 설치함으로써 동파를 방지할 수 있게 되는데 작동이 된 이후에는 2차측 배관 내의 물을 완전히 배출하는 것이 바람직하다.

▮그림 2.69 드라이팬던트형헤드

6 준비작동식 스프링클러설비

준비작동식유수검지장치의 1차측에는 가압수를, 2차측에는 저압 또는 무압상태로 하여 화재가 발생하면 먼저 방호공간에 설치되어 있는 감지기의 작동에 의해서 준비작동식유수검지장치클래퍼가 개방된다. 물이 각 헤드 부분까지 송수되어 있다가, 화재온도의 상승으로 폐쇄형헤드가 개방되면 살수가 이루어져 2단계로 소화가 이루어지는 시스템이다.

(1) 계통도

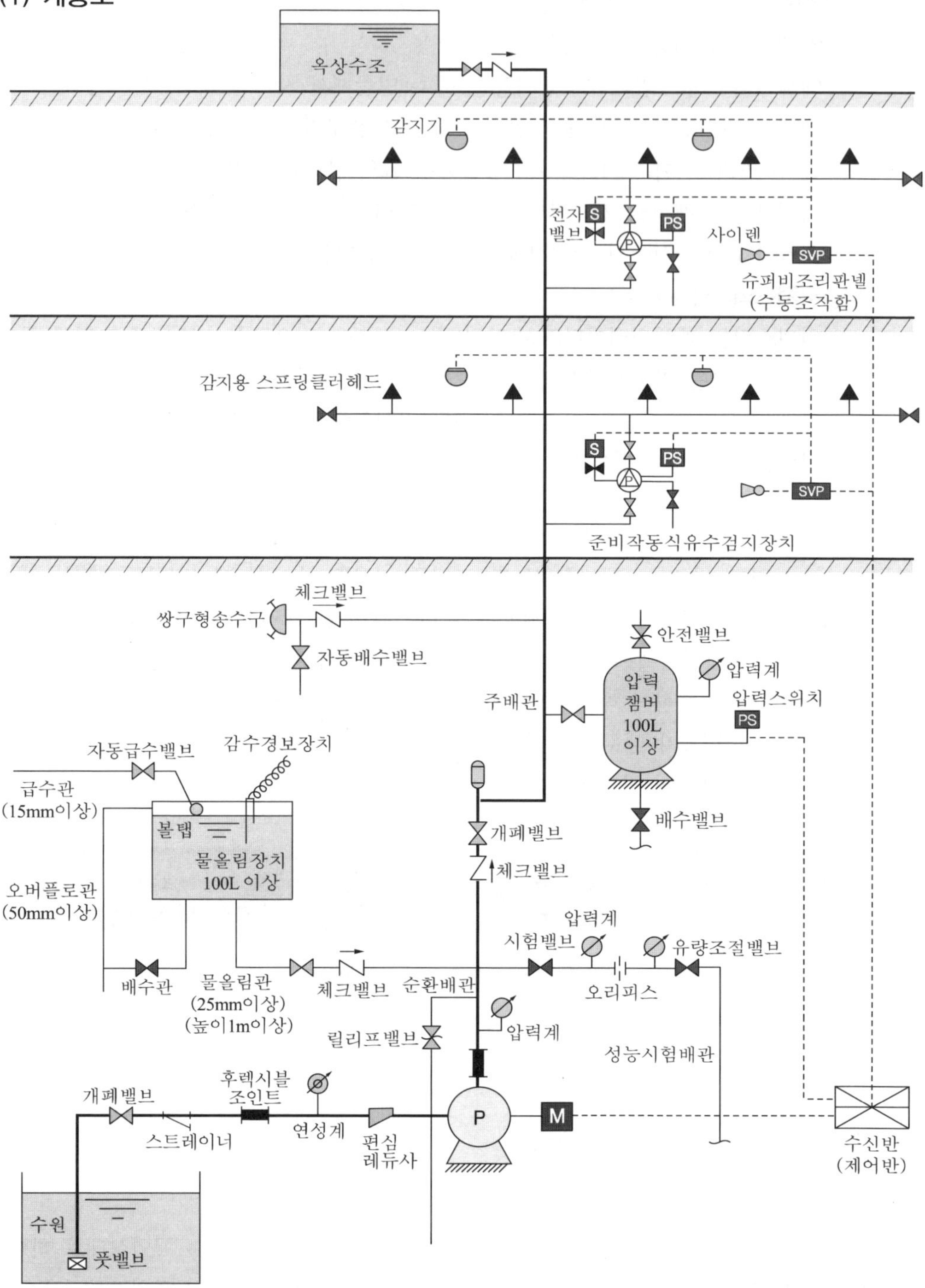

■그림 2.70 준비작동식스프링클러설비 계통도

(2) 작동원리

화재가 발생하면 감지기가 동작하여 전자(솔레노이드)밸브를 개방한다. 이때 프리액션밸브의 압력균형이 깨어져 개방된다. 밸브 1차측의 가압수가 2차측으로 흐르면 밸브 2차측의 압력스위치가 작동하여 경보를 울리며 스프링클러헤드까지 물이 가압된다. 헤드의 주위온도 상승에 의해 헤드가 개방되면 소화수는 분사되어 소화한다. 수동으로 작동시킬 때는 슈퍼비죠리 판넬의 밸브 개방스위치를 누르거나 수동조작밸브를 개방한다.

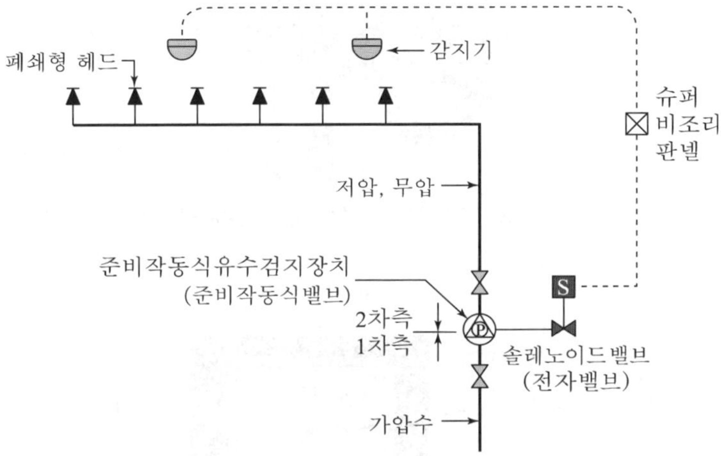

그림 2.71 준비작동식 스프링클러설비 구성도

(3) 구성요소

① 준비작동식 유수검지장치(준비작동식밸브)

클래퍼를 중심으로 2차측에는 저압 또는 무압상태의 공기가, 1차측에는 가압수가 채워져 있다. 감지기가 화재를 감지하게 되면 전기적으로 솔레노이드 밸브를 작동시켜 클래퍼를 가압수의 압력으로 밀어내면서 배관에 가압송수를 시작하는 구조이다.

② 슈퍼비조리 판넬(Supervisory panel)

기동스위치의 조작으로 수동작동(방출)이 가능하며, 준비작동밸브의 조정장치로 이것이 작동하지 않으면 준비작동밸브의 작동은 기대할 수 없다. 따라서, 전원 이상과 자체의 고장을 알리는 경보장치를 가지고 있으며, 또한 감지기의 이상회로, 패널표시등회로, 전원이상회로, 고장신호회로 등의 기능이 있다.

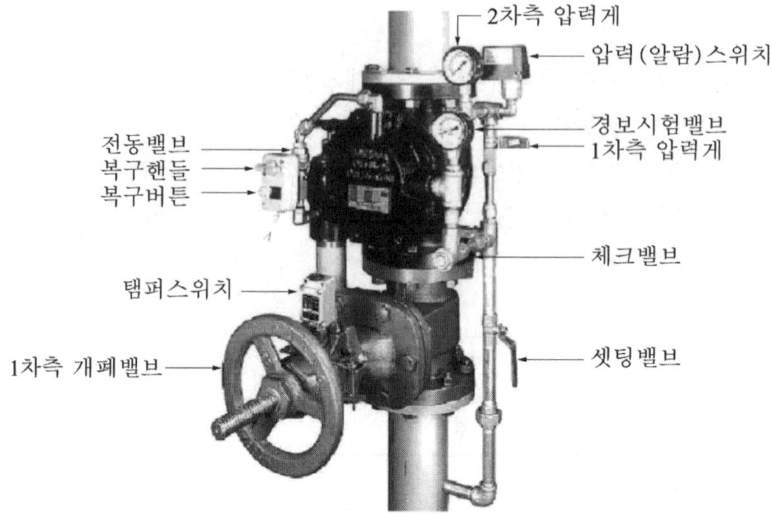

▮그림 2.72 준비작동식 유수검지장치(준비작동식밸브)

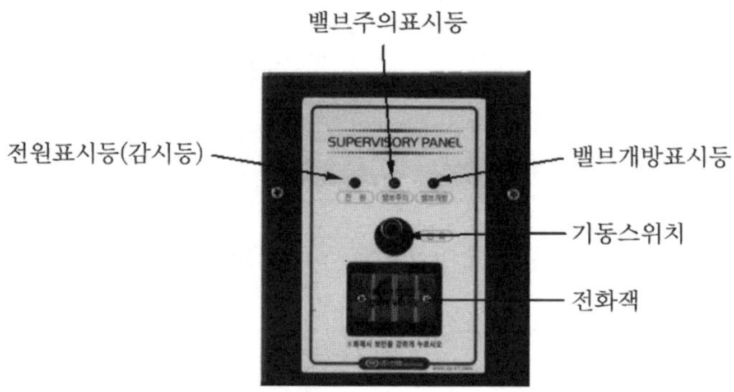

▮그림 2.73 슈퍼비죠리판넬

③ 감지기(Detector)

준비작동식스프링클러에 사용되는 감지장치에서 차동식, 정온식 및 복합형 감지기, 연기감지기 등을 사용하고 감지기회로는 교차회로로 각 회로상의 감지기가 동시감지에 의하여 준비작동밸브가 작동하도록 되어 있다.

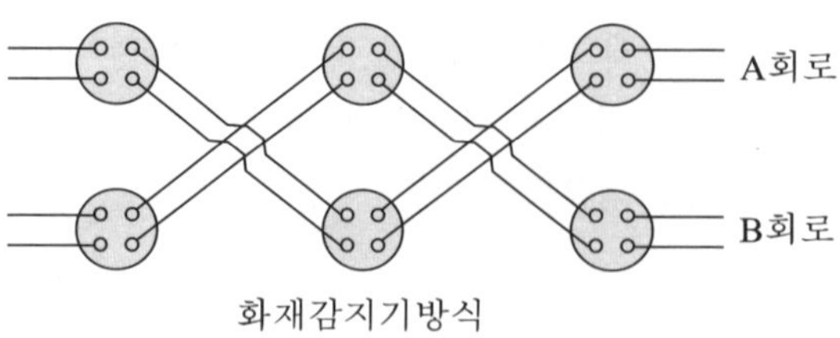

▮그림 2.74 교차회로

④ 솔레노이드(전자)밸브(Solenoid valve)

솔레노이드밸브는 [그림 2.75]와 같은 구조이며 기능은 감지기 작동이나 수동조작함의 기동스위치 조작 또는 화재수신반의 수동 개방스위치 조작시 자동으로 솔레노이드 밸브를 개방시켜 중간챔버의 압력을 감소시켜 준비작동밸브의 디스크를 개방시켜 주는 밸브로서 평상시에는 폐쇄상태로 유지된다.

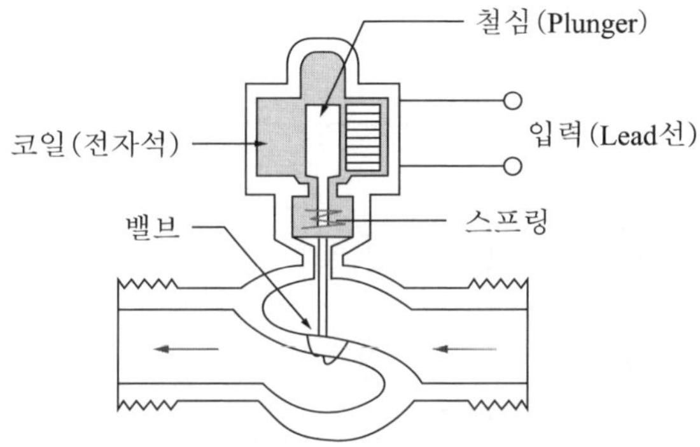

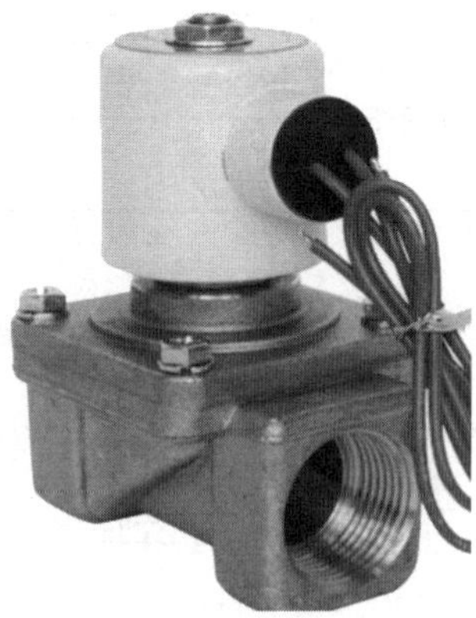

▮그림 2.75 솔레노이드밸브

7 개방형(일제살수식) 스프링클러설비

일제살수식 스프링클러설비는 말단에 개방형헤드를 설치하고, 화재발생은 화재감지기에 의하여 화재를 감지하고, 자동적으로 방수구역마다 설치된 일제개방밸브를 개방하여 모든 헤드에서 물이 동시에 방수함으로써 소화하는 시스템이다.

대량의 물을 급수할 수 있는 대규모의 급수체계가 필요하며, 또한 광범위하게 방수공간에 살수되므로 물로 인한 2차적인 피해가 큰 단점도 있으나 천장이 높아 기류의 영향으로 헤드가 개방되지 않거나 수손의 우려가 없는 곳에 설치하는 설비방식이다.

※ 화재감지방법

- 감지기에 의한 방법
- 감지용 스프링클러헤드에 의한 방법

(1) 계통도

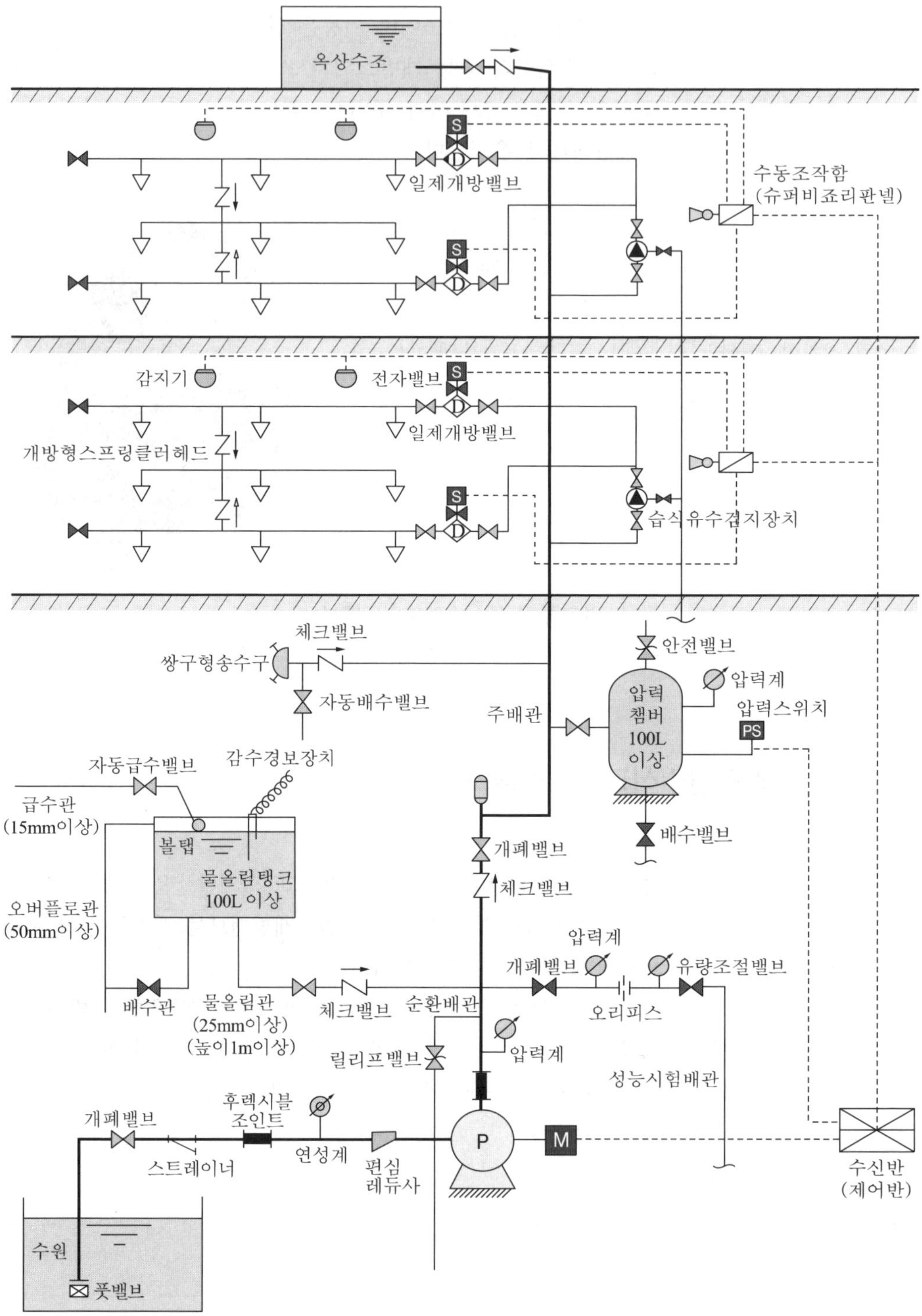

■그림 2.76 일제살수식 스프링클러설비 계통도

(2) 작동원리

화재로 인하여 감지기가 동작하면 일제개방밸브의 솔레노이드밸브가 개방되어 일제개방밸브를 개방한다. 1차측의 가압수는 개방형헤드로부터 살수가 되며, 일제개방밸브 2차측 압력스위치는 동작하여 제어반에 밸브 개방신호를 보낸다.

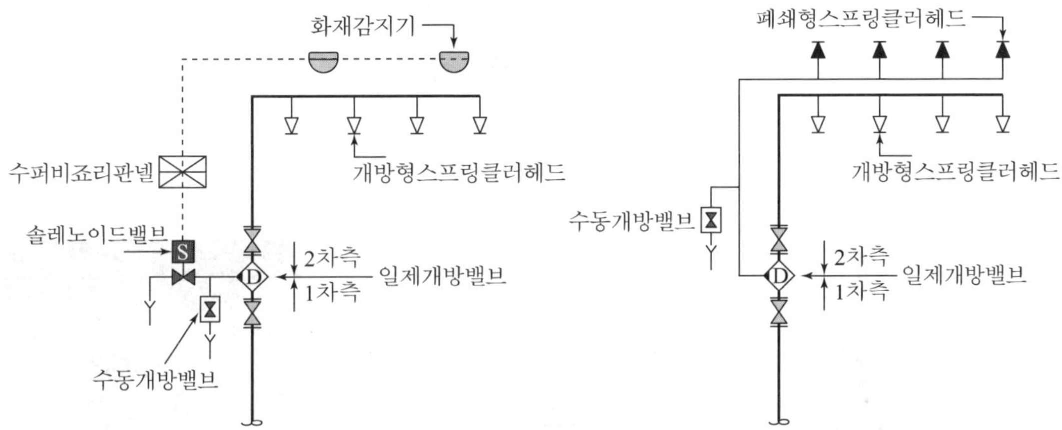

▮그림 2.77 (좌) 화재감지기에 의한 작동 (우) 감지용 스프링클러헤드에 의한 작동

(3) 구성요소

① 일제개방밸브

일제개방밸브는 일제살수식 스프링클러설비, 물분무소화설비, 포소화설비, 드렌처소화설비 등에 사용되는 밸브로서 감지기나 감지용 헤드의 작동에 의해 자동개방되거나 수동기동에 의해서 개방, 작동되는 밸브이다.

일제개방밸브는 방수구역의 모든 개방형헤드로부터 일제히 살수시키기 위한 제어밸브로서 기계신호 또는 전기신호에 의하여 개방되는 시스템으로 되어 있다. 물론, 일제개방밸브는 개방형 스프링클러설비에만 필요한 것이고 폐쇄형 스프링클러설비에는 필요하지 않다.

가. 가압개방식

일제개방밸브 상부 실린더에 압력수가 유입되면 이와 연결된 밸브 시트가 눌려 일제개방밸브가 개방되는 구조를 갖는다.

나. 감압개방식

화재가 발생되면 압력수가 배수되어 일제개방밸브는 열리게 된다. 즉, 솔레노이드밸브를 개방하거나 수동밸브를 개방함으로써 일제개방밸브를 열리게 할 수 있다. 솔레노이드밸브의 개방은 ① 화재감지기에 의하거나 ② 수동버턴 조작에 의한다.

▮그림 2.78 일제개방밸브

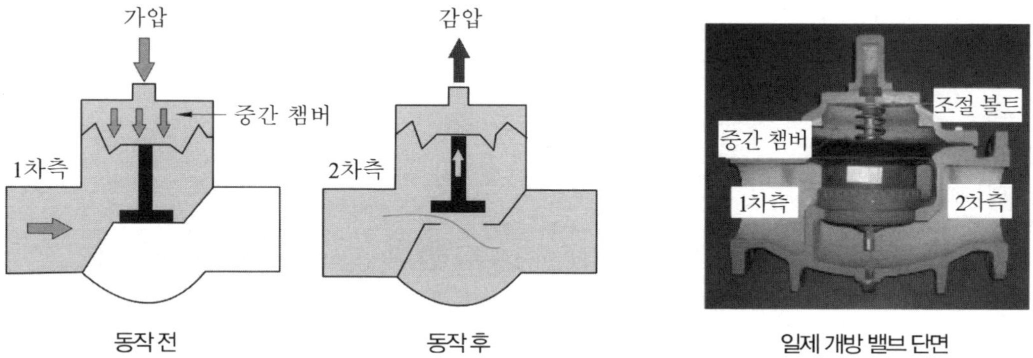

▮그림 2.79 일제개방밸브 작동

8 폐쇄형 스프링클러설비의 방호구역 · 유수검지장치

폐쇄형 헤드의 경우 밸브 1개당 담당구역을 "방호구역"이라고 하며 개방형헤드의 경우는 "방수구역"이라고 한다. 방호구역을 "스프링클러설비의 소화범위에 포함된 영역을 말한다"라고 규정하고 있다. 스프링클러설비의 소화범위란 결국 헤드를 설치하여 살수되는 부분으로 볼 수 있으며, 유수검지장치별로 살수가 유효한 바닥면적을 "방호구역"으로 본다.

(1) 설치기준

① 하나의 방호구역의 바닥면적은 3,000 m^2를 초과하지 않을 것. 단, 폐쇄형스프링클러설비에 격자형배관방식(2 이상의 수평주행배관 사이를 가지배관으로 연결하는 방식을 말

한다)을 채택하는 때에는 3,700 m^2 범위 내에서 펌프용량, 배관의 구경 등을 수리학적으로 계산한 결과 헤드의 방수압 및 방수량이 방호구역 범위 내에서 소화목적을 달성하는데 충분하도록 해야 한다.

※ 참고 : 격자형배관(Gridded system)

평행한 교차배관들 사이에 다수의 가지배관을 접속한 스프링클러설비로서 다른 가지배관이 교차배관상의 물 이송을 보조하는 동안 작동 중인 스프링클러헤드가 그 가지배관의 양끝에서 물을 공급받는 배관방식을 말한다.

② 하나의 방호구역에는 1개 이상의 유수검지장치를 설치하되, 화재발생시 접근이 쉽고 점검이 편리한 장소에 설치할 것

③ 하나의 방호구역은 2개층에 미치지 않도록 할 것. 다만, 1개층에 설치되는 스프링클러헤드의 수가 10개 이하인 경우와 복층형 구조의 공동주택에는 3개층 이내로 할 수 있다.

④ 유수검지장치 등을 실내에 설치하거나 보호용 철망 등으로 구획하여 바닥으로부터 0.8 m 이상 1.5 m 이하의 위치에 설치하되, 그 실 등에는 개구부가 가로 0.5 m 이상 세로 1 m 이상의 출입문을 설치하고 그 출입문 상단에 "유수검지장치실"이라고 표시한 표지를 설치할 것. 다만, 유수검지장치 등을 기계실(공조용기계실을 포함한다) 안에 설치하는 경우에는 별도의 실 또는 보호용 철망을 설치하지 않고 기계실 출입문 상단에 "유수검지장치실"이라고 표시한 표지를 설치할 수 있다.

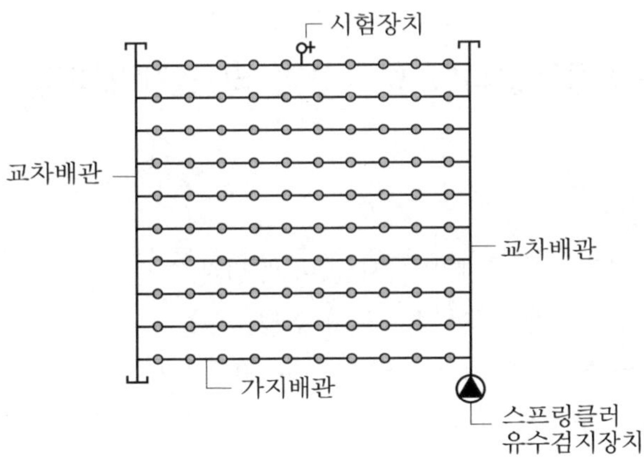

▮그림 2.80 격자형배관

⑤ 스프링클러헤드에 공급되는 물은 유수검지장치 등을 지나도록 할 것. 다만, 송수구를 통하여 공급되는 물은 그렇지 않다.

⑥ 자연낙차에 의한 압력수가 흐르는 배관 상에 설치된 유수검지장치는 화재시 물의 흐름

을 검지할 수 있는 최소한의 압력이 얻어질 수 있도록 수조의 하단으로부터 낙차를 두어 설치할 것

⑦ 조기반응형 스프링클러헤드를 설치하는 경우에는 습식유수검지장치 또는 부압식스프링클러설비를 설치할 것

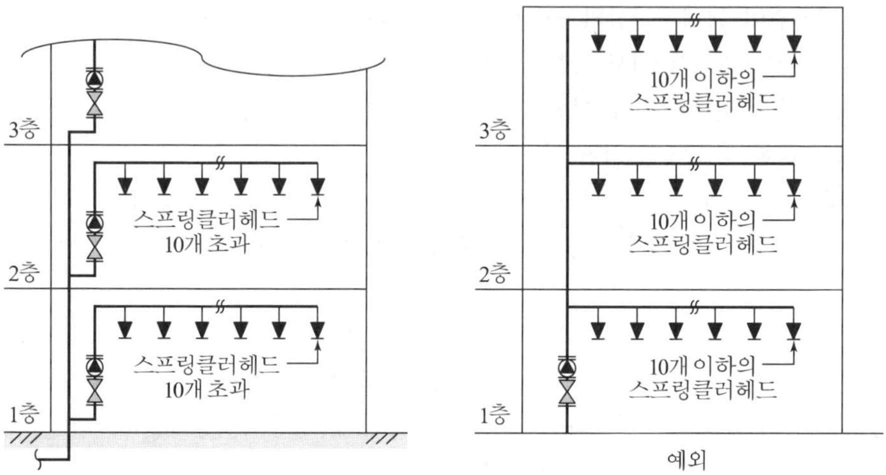

그림 2.81 유수검지장치의 담당 방호구역 예

9 개방형 스프링클러설비의 방수구역 및 일제개방밸브

(1) 설치기준

① 하나의 방수구역은 2개 층에 미치지 않아야 한다.

② 방수구역마다 일제개방밸브를 설치해야 한다.

③ 하나의 방수구역을 담당하는 헤드의 개수는 50개 이하로 할 것. 다만, 2개 이상의 방수구역으로 나눌 경우에는 하나의 방수구역을 담당하는 헤드의 개수는 25개 이상으로 해야 한다.

④ **일제개방밸브 설치위치는 폐쇄형스프링클러설비의 유수검지장치 기준에 따르고, 표지는 "일제개방밸브실"이라고 표시해야 한다.**

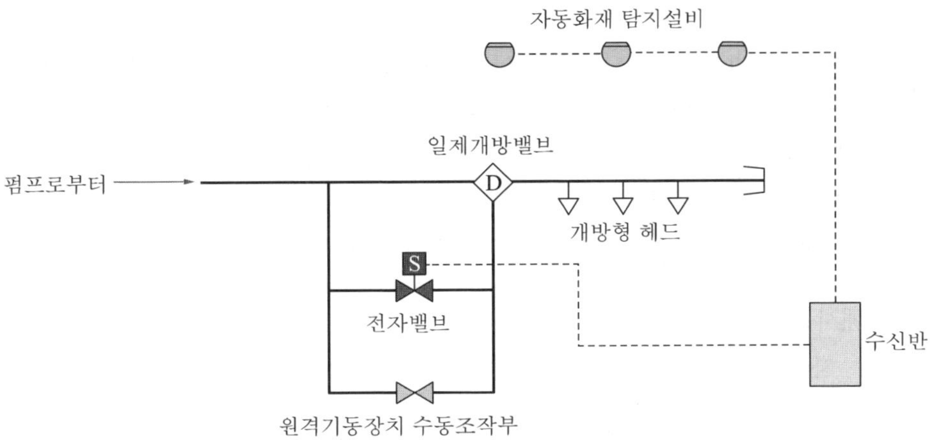

▮그림 2.82 일제개방밸브 계통도

10 적용대상물

스프링클러설비를 설치하여야 하는 특정소방대상물(위험물 저장 및 처리 시설 중 가스시설 또는 지하구는 제외한다)은 다음의 어느 하나에 해당하는 것으로 한다.

(1) 층수가 6층 이상인 특정소방대상물의 경우에는 모든 층. 다만, 다음에 해당하는 경우는 제외한다.

가) 주택 관련 법령에 따라 기존의 아파트 등을 리모델링하는 경우로서 건축물의 연면적 및 층의 높이가 변경되지 않는 경우. 이 경우 해당 아파트 등의 사용검사 당시의 소방시설의 설치에 관한 대통령령 또는 화재안전기준을 적용한다.

나) 스프링클러설비가 없는 기존의 특정소방대상물을 용도변경하는 경우. 다만, (2)부터 (6)까지 및 (9)부터 (12)까지의 규정에 해당하는 특정소방대상물로 용도변경하는 경우에는 해당 규정에 따라 스프링클러설비를 설치한다.

(2) 기숙사(교육연구시설·수련시설 내에 있는 학생 수용을 위한 것을 말한다) 또는 복합건축물로서 연면적 5천 m^2 이상인 경우에는 모든 층

(3) 문화 및 집회시설(동·식물원은 제외한다), 종교시설(주요구조부가 목조인 것은 제외한다), 운동시설(물놀이형 시설 및 바닥이 불연재료이고 관람석이 없는 운동시설은 제외한다)로서 다음에 해당하는 경우에는 모든 층

가) 수용인원이 100명 이상인 것
나) 영화상영관의 용도로 쓰는 층의 바닥면적이 지하층 또는 무창층인 경우에는 500 m^2 이상, 그 밖의 층의 경우에는 1천 m^2 이상인 것
다) 무대부가 지하층・무창층 또는 4층 이상의 층에 있는 경우에는 무대부의 면적이 300 m^2 이상인 것
라) 무대부가 다) 외의 층에 있는 경우에는 무대부의 면적이 500 m^2 이상인 것

(4) 판매시설, 운수시설 및 창고시설(물류터미널로 한정한다)로서 바닥면적의 합계가 5천 m^2 이상이거나 수용인원이 500명 이상인 경우에는 모든 층

(5) 다음에 해당하는 용도로 사용되는 시설의 바닥면적의 합계가 600 m^2 이상인 것은 모든 층
가) 근린생활시설 중 조산원 및 산후조리원
나) 의료시설 중 정신의료기관
다) 의료시설 중 종합병원, 병원, 치과병원, 한방병원 및 요양병원
라) 노유자 시설
마) 숙박이 가능한 수련시설
바) 숙박시설

(6) 창고시설(물류터미널은 제외한다)로서 바닥면적 합계가 5천 m^2 이상인 경우에는 모든 층

(7) 특정소방대상물의 지하층・무창층(축사는 제외한다) 또는 층수가 4층 이상인 층으로서 바닥면적이 1천 m^2 이상인 층이 있는 경우에는 해당 층

(8) 랙식 창고(rack warehouse) : 랙(물건을 수납할 수 있는 선반이나 이와 비슷한 것을 말한다. 이하 같다)을 갖춘 것으로서 천장 또는 반자(반자가 없는 경우에는 지붕의 옥내에 면하는 부분을 말한다)의 높이가 10 m를 초과하고, 랙이 설치된 층의 바닥면적의 합계가 1천5백 m^2 이상인 경우에는 모든 층

(9) 공장 또는 창고시설로서 다음의 어느 하나에 해당하는 시설
가) 「화재의 예방 및 안전관리에 관한 법률 시행령」 별표 2에서 정하는 수량의 1천 배 이상의 특수가연물을 저장・취급하는 시설
나) 「원자력안전법 시행령」 제2조 제1호에 따른 중・저준위방사성폐기물(이하 "중・저준위방사성폐기물"이라 한다)의 저장시설 중 소화수를 수집・처리하는 설비가 있는 저장시설

(10) 지붕 또는 외벽이 불연재료가 아니거나 내화구조가 아닌 공장 또는 창고시설로서 다음에 해당하는 것

가) 창고시설(물류터미널로 한정한다) 중 (4)에 해당하지 않는 것으로서 바닥면적의 합계가 2천5백 m^2 이상이거나 수용인원이 250명 이상인 경우에는 모든 층

나) 창고시설(물류터미널은 제외한다) 중 (6)에 해당하지 않는 것으로서 바닥면적의 합계가 2천5백 m^2 이상인 경우에는 모든 층

다) 공장 또는 창고시설 중 (7)에 해당하지 않는 것으로서 지하층・무창층 또는 층수가 4층 이상인 것 중 바닥면적이 500 m^2 이상인 경우에는 모든 층

라) 랙식 창고 중 (8)에 해당하지 않는 것으로서 바닥면적의 합계가 750 m^2 이상인 경우에는 모든 층

마) 공장 또는 창고시설 중 (9) 가)에 해당하지 않는 것으로서 「화재의 예방 및 안전관리에 관한 법률 시행령」 별표 2에서 정하는 수량의 500배 이상의 특수가연물을 저장・취급하는 시설

(11) 교정 및 군사시설 중 다음에 해당하는 경우에는 해당 장소

가) 보호감호소, 교도소, 구치소 및 그 지소, 보호관찰소, 갱생보호시설, 치료감호시설, 소년원 및 소년분류심사원의 수용거실

나) 「출입국관리법」 제52조 제2항에 따른 보호시설(외국인보호소의 경우에는 보호대상자의 생활공간으로 한정한다. 이하 같다)로 사용하는 부분. 다만, 보호시설이 임차건물에 있는 경우는 제외한다.

다) 「경찰관 직무집행법」 제9조에 따른 유치장

(12) 지하가(터널은 제외한다)로서 연면적 1천 m^2 이상인 것

(13) 발전시설 중 전기저장시설

(14) (1)부터 (13)까지의 특정소방대상물에 부속된 보일러실 또는 연결통로 등

11 수원

(1) 폐쇄형 스프링클러헤드를 사용하는 경우에는 [표 2.10]의 스프링클러설비 장소별 스프링클러헤드의 기준개수(스프링클러헤드의 설치개수가 가장 많은 층, 아파트의 경우에는 설치개수가 가장 많은 세대에 설치된 스프링클러헤드의 개수가 기준개수보다 적은

경우에는 그 설치개수를 말한다)에 1.6 m^{3}을 곱한 양 이상이 되도록 해야 한다.

$$수원양 = N \times 1.6m^3 \ 이상 = N \times 80\ L/min \times 20\ min \ 이상$$

여기서, N(개) : 폐쇄형스프링클러헤드 기준개수(기준개수보다 적은 경우 그 설치개수)

(2) 개방형 스프링클러헤드를 사용하는 스프링클러설비의 수원은 최대방수구역에 설치된 스프링클러헤드의 개수가 30개 이하일 경우에는 설치헤드수에 1.6 m^{3}을 곱한 양 이상으로 한다. 30개를 초과하는 경우에 가압송수장치의 정격토출압력은 하나의 헤드 선단에 0.1~1.2 MPa의 방수압이 될 수 있도록 하고, 0.1 MPa의 방수압력 기준으로 80 L/min 이상의 방수량에 의하여 산출된 가압송수장치의 1분당 송수양에 20을 곱한 양 이상이 되도록 한다.

가. 개방형 스프링클러헤드 30개 이하 수원량

$$= N \times 80\ L/min \times 20\, min = N \times 1.6\, m^3 \ 이상$$

나. 개방형 스프링클러헤드 30개 초과 수원량

$$= 가압송수장치\ 송수량(L/min) \times 20\, min \ 이상$$

$$= N \times Q \times 20\, min \ 이상 = N \times K\sqrt{10p} \times 20\ min \ 이상$$

여기서, N : 방수구역 개방형 스프링클러헤드수
Q : 스프링클러헤드 방수량(L/min)
K : 방출계수
p : 헤드선단압(0.1~1.2 MPa)

표 2.10 스프링클러헤드의 기준개수

<table>
<tr><th colspan="3">스프링클러설비 설치장소</th><th>기준개수</th></tr>
<tr><td rowspan="6">지하층을 제외한 층수가 10층 이하인 특정소방대상물</td><td rowspan="2">공장</td><td>특수 가연물을 저장·취급하는 것</td><td>30</td></tr>
<tr><td>그 밖의 것</td><td>20</td></tr>
<tr><td rowspan="2">근린생활시설·판매시설·운수시설 또는 복합건축물</td><td>판매시설 또는 복합건축물(판매시설이 설치되는 복합건축물을 말한다)</td><td>30</td></tr>
<tr><td>그 밖의 것</td><td>20</td></tr>
<tr><td rowspan="2">그 밖의 것</td><td>헤드의 부착높이가 8 m 이상의 것</td><td>20</td></tr>
<tr><td>헤드의 부착높이가 8 m 미만의 것</td><td>10</td></tr>
<tr><td colspan="3">지하층을 제외한 층수가 11층 이상인 특정소방대상물·지하가 또는 지하역사</td><td>30</td></tr>
</table>

비고) 하나의 소방대상물이 2 이상의 "스프링클러헤드의 기준개수"란에 해당하는 때에는 기준개수가 많은 것을 기준으로 한다. 다만, 각 기준개수에 해당하는 수원을 별도로 설치하는 경우에는 그렇지 않다.

(3) 스프링클러설비의 수원은 유효수량 외에 유효수량의 3분의 1 이상을 옥상(스프링클러설비가 설치된 건축물의 주된 옥상)에 설치해야 한다. 다만, 다음 각 호의 어느 하나에 해당하는 경우에는 그렇지 않다.

가. 지하층만 있는 건축물

나. 고가수조를 가압송수장치로 설치한 스프링클러설비

다. 수원이 건축물의 최상층에 설치된 헤드보다 높은 위치에 설치된 경우

라. 건축물의 높이가 지표면으로부터 10 m 이하인 경우

마. 주펌프와 동등 이상의 성능이 있는 별도의 펌프로서 내연기관의 기동과 연동하여 작동되거나 비상전원을 연결하여 설치한 경우

바. 가압수조를 가압송수장치로 설치한 스프링클러설비

(4) 그 밖의 스프링클러설비의 수원 및 수조 설치에 관하여는 옥내소화전의 기준을 준용한다.

12 가압송수장치

① 가압송수장치의 정격토출압력은 하나의 헤드선단에 0.1～1.2 MPa 이하의 방수압력이 될 수 있게 하는 크기일 것

② 가압송수장치의 송수량은 0.1 MPa의 방수압력기준으로 80 L/min 이상의 방수성능을 가진 기준개수의 모든 헤드로부터의 방수량을 충족시킬 수 있는 양 이상의 것으로 할 것. 이 경우 속도수두는 계산에 포함하지 않을 수 있다.

③ "②"의 기준에 불구하고 가압송수장치의 1분당 송수량은 폐쇄형 스프링클러헤드를 사용하는 설비의 경우, 기준개수에 80 L를 곱한 양 이상으로도 할 수 있다.

④ "②"의 기준에 불구하고 가압송수장치의 1분당 송수량은 개방형 스프링클러헤드수가 30개 이하의 경우에는 그 개수에 80 L를 곱한 양 이상으로 할 수 있으나 30개를 초과하는 경우에는 "①", "②"의 규정에 의한 기준에 적합하게 한다.

⑤ 충압펌프 설치기준

가. 펌프의 정격토출압력은 그 설비의 최고의 살수장치(일제개방밸브의 경우는 그 밸브)의 자연압보다 적어도 0.2 MPa가 더 크도록 하거나 가압송수장치의 정격토출압력과 같게 한다.

나. 펌프의 정격토출량은 정상적인 누설량보다 적어서는 아니되며, 스프링클러설비가 자동적으로 작동할 수 있도록 충분한 토출량을 유지해야 한다.

⑥ 그 밖의 스프링클러설비의 가압송수장치에 관하여는 옥내소화전설비의 기준을 준용한다.

(1) 펌프방식

전동기 또는 내연기관에 의한 펌프방식의 가압송수장치는 다음 식에 따라 산출된 수치 이상의 양정을 가져야 한다.

$$H = h_1 + h_2 + 10\,\text{m}$$

여기서, H : 전양정(m)
h_1 : 실양정(m)
h_2 : 배관의 마찰손실수두(m)
10 m : 헤드선단의 방수압 환산수두

(2) 고가수조방식

① 고가수조의 자연낙차수두(수조의 하단으로부터 최고층에 설치된 헤드까지의 수직거리를 말한다)는 다음의 식에 의하여 산출한 수치 이상이 유지되도록 한다.

$$H = h_1 + 10\text{m}$$

여기서, H : 필요한 낙차(m)
h_1 : 배관의 마찰손실수두(m)
10 m : 헤드선단의 방수압 환산수두

② 고가수조에는 수위계, 배수관, 급수관, 오버플로관 및 맨홀을 설치한다.

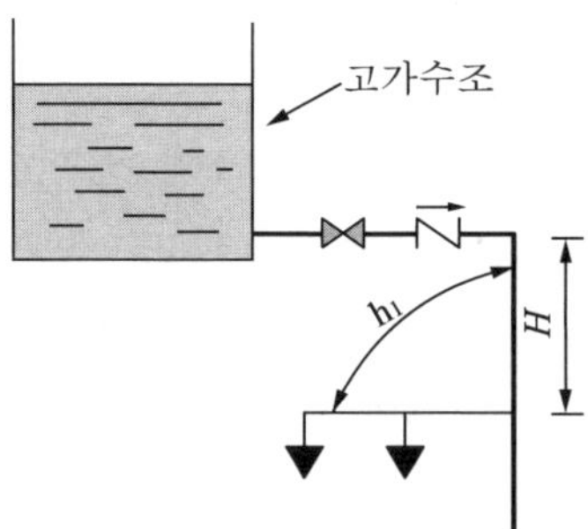

그림 2.83 고가수조의 경우

(3) 압력수조방식

① 압력수조의 압력은 다음의 식에 의하여 산출한 수치 이상으로 한다.

$$P = P_1 + P_2 + 0.1\,\mathrm{MPa}$$

여기서, P : 전압력(MPa)

P_1 : 낙차의 환산수두압(MPa)

P_2 : 배관의 마찰손실수두압(MPa)

0.1 MPa : 헤드선단의 방수압

② 압력수조에는 수위계, 급수관, 배수관, 급기관, 맨홀, 압력계, 안전장치 및 압력저하방지를 위한 자동식 공기압축기를 설치한다.

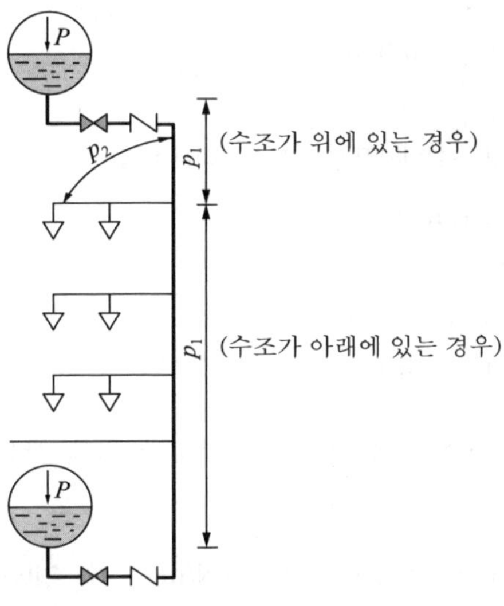

▮그림 2.84 압력수조의 경우

(4) 가압수조방식

① 가압수조는 방수량 및 방수압이 20분 이상 유지되도록 할 것
② 가압수조 및 가압원은 방화구획된 장소에 설치할 것
③ 가압수조를 이용한 가압송수장치는 소방청장이 정하여 고시한 기준에 적합한 것으로 설치할 것

$$P = p_1 + p_2 + 0.1\mathrm{MPa}$$

13 배관마찰손실수두

(1) 수리계산 방식

수리계산 방식(Hydraulic Calculation Mpthod)이란 급수배관의 구경을 산정할 때 일일이 수리계산을 통해 한다는 것이다. 헤드 선단에서 0.1 MPa 이상 1.2 MPa 이하의 방수압력이 형성되고, 0.1 MPa의 방수압력을 기준으로 하였을 때 80 L/min 이상의 방수량이 형성될 수 있도록 배관의 구경을 결정하는 것이다.

※ 배관길이당 압력강하 계산식

배관의 마찰손실에 대한 압력강하를 하젠－윌리암스의 식에 의하여 구한다.

Hazen－William's 식

$$P_m = 6.053 \times 10^4 \times \frac{Q^{1.85}}{C^{1.85} \times D^{4.87}} \times L$$

여기서, P_m : 마찰손실에 따른 압력강하(MPa)

Q : 유량(L/min)

D : 관의 내경(mm)

C : 관의 조도계수

L : 등가길이(m)

하젠－윌리암스의 식은 실험식이므로 다음 조건에 사용한다.

- 유체는 물이다.
- 물의 비중량은 1,000 kgf/m^3 =9,800 N/m^3 = 62.4 lb/ft^{3}이다.
- 물의 온도 범위는 7.2～24℃ = 45～75°F이다.
- 유속은 1.5～5.5 m/s = 5～18 ft/s 범위이다.

(2) 규약배관 방식

규약배관 방식(Pipe Schedule Method)이란 담당하는 헤드 수에 따라 급수배관의 구경이 결정되는 방식이다. 또는 설치하고자 하는 급수배관의 구경에 따라 담당할 수 있는 헤드의 개수를 제한하여 설치하도록 하여 설계하는 방식이다. 이는 모든 헤드에서의 방수압력과 유량은 균등하다는 가정 하에 적용되는 방식이다.

설계된 배관 구경에 따라 배관의 마찰손실을 계산하는 방식으로 마찰손실이 크다. 배관손실 계산에 필요한 자료인 다음 표를 사용하여 배관의 마찰손실을 구한다.

▮표 2.11 배관의 마찰손실표(100 m당 마찰손실) : 배관용 탄소강관 (단위 : m)

Head 개수	유량 (L/min)	25	32	40	50	65	80	100	125	150
1	80	28.36	8.10	3.85	1.19	0.35	0.15			
2	160	102.23	29.19	13.86	4.30	1.28	0.55	0.15		
3	240	216.44	61.81	29.35	9.11	2.70	1.16	0.32	0.11	
4	320	368.54	105.25	49.97	15.51	4.60	1.98	0.54	0.19	
5	400	556.88	159.04	75.51	23.43	6.95	3.00	0.82	0.29	0.12
6	480	780.27	222.83	105.80	32.83	9.73	4.20	1.15	0.40	0.17
7	560		296.37	140.72	43.66	12.95	5.58	1.53	0.53	0.23
8	640		379.42	180.15	55.90	16.57	7.15	1.96	0.68	0.30
9	720		471.79	224.01	69.50	20.61	8.89	2.43	0.85	0.37
10	800		573.32	272.21	84.46	25.04	10.80	2.96	1.03	0.45
11	880		683.87	324.70	100.75	29.87	12.88	3.53	1.23	0.53
12	960		803.31	381.41	118.35	35.09	15.13	4.14	1.44	0.63
13	1040		931.53	442.29	137.23	40.69	17.55	4.80	1.67	0.73
14	1120			507.28	157.40	46.67	20.13	5.51	1.92	0.83
15	1200			576.34	178.83	53.02	22.87	6.26	2.18	0.95
16	1280			649.43	201.51	59.75	25.77	7.05	2.45	1.07
17	1360			726.51	225.42	66.84	28.82	7.89	2.74	1.19
21	1680				333.25	98.81	42.61	11.66	4.06	1.76
22	1760				363.20	107.69	46.44	12.71	4.42	1.92
23	1840				394.33	116.92	50.42	13.80	4.80	2.09
24	1920				426.64	126.50	54.55	14.93	5.19	2.26
25	2000				460.10	136.42	58.83	16.10	5.60	2.43
26	2080				494.73	146.69	63.26	17.31	6.02	2.62
27	2160				530.50	157.29	67.83	18.56	6.46	2.81
28	2240				567.43	168.24	72.55	19.86	6.91	3.00
29	2320				605.48	179.53	77.42	21.19	7.31	3.20
30	2400				644.68	191.15	82.43	22.56	7.85	3.41

표 2.12 배관의 마찰손실표(100 m당 마찰손실) : SCH40 압력배관 (단위 : m)

Head 개수	유량 (L/min)	25	32	40	50	65	80	100	125	150
1	80	30.45	8.32	4.03	1.22	0.41	0.18			
2	160	109.76	30.00	14.53	4.38	1.18	0.65	0.17		
3	240	232.39	63.53	30.76	9.28	3.12	1.37	0.37	0.13	
4	320	395.69	108.17	52.38	15.79	5.32	2.33	0.62	0.22	
5	400	597.92	163.45	79.15	23.87	8.04	3.51	0.94	0.33	0.14
6	480	837.76	229.01	110.90	33.44	11.26	4.92	1.32	0.47	0.20
7	560		304.59	147.50	44.47	14.97	6.55	1.76	0.62	0.26
8	640		389.94	188.83	56.94	19.17	8.36	2.25	0.80	0.34
9	720		484.88	234.80	70.80	23.84	10.42	2.80	0.99	0.42
10	800		589.22	285.33	86.04	28.97	12.67	3.40	1.21	0.51
11	880		702.84	340.34	102.62	34.55	15.11	4.06	1.44	0.61
12	960		825.60	399.79	120.55	40.59	17.75	4.77	1.69	0.72
13	1040		957.37	463.60	139.79	47.07	20.58	5.53	1.96	0.83
14	1120			531.72	160.33	53.98	23.61	6.34	2.25	0.95
15	1200			604.11	182.16	61.33	26.82	7.20	2.55	1.08
16	1280			680.72	205.26	69.11	30.22	8.12	2.88	1.22
17	1360			761.51	229.62	77.31	33.81	9.08	3.22	1.36
18	1440			846.45	255.23	85.94	37.58	10.09	3.58	1.52
19	1520			935.49	282.08	94.98	41.53	11.16	3.95	1.67
20	1600				310.16	104.43	45.67	12.27	4.34	1.84
21	1680				339.46	114.30	49.98	13.42	4.76	2.02
22	1760				369.96	124.57	54.47	14.63	5.18	2.20
23	1840				401.67	135.24	59.14	15.89	5.63	2.38
24	1920				434.58	146.32	63.98	17.19	6.09	2.58
25	2000				468.67	157.80	69.00	18.53	6.57	2.78
26	2080				503.94	169.68	74.20	19.93	7.06	2.99
27	2160				540.38	181.96	79.56	21.37	7.57	3.21
28	2240				577.99	194.61	85.10	22.86	8.10	3.43
29	2320				616.76	207.68	90.81	24.39	8.64	3.66
30	2400				656.68	221.11	96.69	25.97	9.20	3.90

표 2.13 관부속 및 밸브류의 등가길이 (단위 : m)

관경	90° Elbow	45° Elbow	분류 Tee	직류 Tee	Gate 밸브	Ball 밸브	Angle 밸브	Check 밸브
25 mm	0.90	0.54	1.50	0.27	0.18	7.5	4.5	2.0
32 mm	1.20	0.72	1.80	0.36	0.24	10.5	5.4	2.5
40 mm	1.50	0.90	2.10	0.45	0.30	10.3	6.5	3.1
50 mm	2.10	1.20	3.00	0.60	0.39	16.5	8.4	4.0
65 mm	2.40	1.50	3.60	0.75	0.48	19.5	10.2	4.6
80 mm	3.00	1.80	4.50	0.90	0.63	24.0	12.0	5.7
100 mm	4.20	2.40	6.30	1.20	0.81	37.5	16.5	7.6
125 mm	5.10	3.00	7.50	1.50	0.99	42.0	21.0	10.0
150 mm	6.00	3.60	9.00	1.80	1.20	49.5	24.0	12.0
200 mm	6.5	3.7	14.0	4.0	1.40	70.0	33.0	15.0

주) 1. 위 표의 elbow, tee는 나사접합을 기준으로 한 것임(용접의 경우는 일반적으로 손실을 작게 적용한다).
2. Reduceer는 45° elbow와 같다.
3. Coupling은 직류 T와 같다.
4. Union, Flange, Socket은 손실수두가 미소하여 생략한다.
5. Auto 밸브(포소화설비), Globe 밸브는 Ball 밸브와 같다.
6. Alarm 밸브, Foot 밸브 및 Strainer는 Angle 밸브와 같다.

● E·K의 값

펌프의 구경(mm)	펌프의 효율	동력의 종류	전달계수
40 50~65	0.40~0.45 0.45~0.55	전동기 직결	1.1
80 100 125~150	0.55~0.60 0.60~0.65 0.65~0.70	전동기 이외의 원동기	1.15~1.20

14 배관

① 배관과 배관이음쇠는 다음 각 호의 어느 하나에 해당하는 것 또는 동등 이상의 강도·내식성 및 내열성을 국내·외 공인기관으로부터 인정받은 것을 사용하여야 하고, 배관용 스테인리스강관(KS D 3576)의 이음을 용접으로 할 경우에는 알곤용접방식에 따른다.

가. 배관 내 사용압력이 1.2 MPa 미만일 경우에는 다음 각 목의 어느 하나에 해당하는 것

㉮ 배관용 탄소강관(KS D 3507)

㉯ 이음매 없는 구리 및 구리합금관(KS D 5301). 다만, 습식의 배관에 한한다.

㉰ 배관용 스테인리스강관(KS D 3576) 또는 일반배관용 스테인리스강관(KS D 3595)

㉱ 덕타일 주철관(KS D 4311)

나. 배관 내 사용압력이 1.2 MPa 이상일 경우에는 다음 각 목의 어느 하나에 해당하는 것

㉮ 압력배관용 탄소강관(KS D 3562)

㉯ 배관용 아크용접 탄소강강관(KS D 3583)

② ①에도 불구하고 다음의 어느 하나에 해당하는 장소에는 소방청장이 정하여 고시한 「소방용합성수지배관의 성능인증 및 제품검사의 기술기준」에 적합한 소방용 합성수지배관으로 설치할 수 있다.

가. 배관을 지하에 매설하는 경우

나. 다른 부분과 내화구조로 구획된 덕트 또는 피트의 내부에 설치하는 경우

다. 천장(상층이 있는 경우에는 상층바닥의 하단을 포함한다. 이하 같다)과 반자를 불연재료 또는 준불연재료로 설치하고 소화배관 내부에 항상 소화수가 채워진 상태로 설치하는 경우

(1) 급수배관

급수배관은 다음의 기준에 따라 설치해야 한다.

① 전용으로 할 것. 다만, 스프링클러설비의 기동장치의 조작과 동시에 다른 설비의 용도에 사용하는 배관의 송수를 차단할 수 있거나, 스프링클러설비의 성능에 지장이 없는 경우에는 다른 설비와 겸용할 수 있다.

② 급수를 차단할 수 있는 개폐밸브는 개폐표시형으로 할 것. 이 경우 펌프의 흡입측배관에는 버터플라이밸브외의 개폐표시형밸브를 설치해야 한다.

③ 수원 및 옥외 송수구로 부터 스프링클러헤드에 급수하는 배관의 구경은 수리계산에 의하거나, [표 2.14]의 기준에 의한다. 다만, 수리계산에 따르는 경우 가지배관의 유속은 6 m/s, 그 밖의 배관의 유속은 10 m/s를 초과할 수 없다.

표 2.14 급수관의 구경 (단위 : mm)

급수관 구경	25	32	40	50	65	80	90	100	125	150
가(개수)	2	3	5	10	30	60	80	100	160	161 이상
나(개수)	2	4	7	15	30	60	65	100	160	161 이상
다(개수)	1	2	5	8	15	27	40	55	90	91 이상

주) 1. 폐쇄형 스프링클러헤드를 사용하는 설비의 경우로서 1개층에서 하나의 급수배관(또는 밸브 등)이 담당하는 구역의 최대면적은 3.000 m^3를 초과하지 않을 것
2. 폐쇄형 스프링클러헤드를 설치하는 경우에는 "가" 란의 헤드수에 의할 것. 다만, 100개 이상의 헤드를 담당하는 급수배관(또는 밸브)의 구경은 100 mm로 할 경우 수리계산을 통하여 배관의 유속에 적합하도록 할 것
3. 폐쇄형 스프링클러헤드를 설치하고 반자 아래의 헤드와 반자 속의 헤드를 동일 급수관의 가지관상에 병설하는 경우에는 "나"란의 헤드수에 의할 것
4. NFSC 103의 제10조 제3항 제1호의 경우로서 폐쇄형 스프링클러헤드를 설치하는 설비의 배관구경은 "다"란에 의할 것
5. 개방형 스프링클러헤드를 설치하는 경우 하나의 방수구역이 담당하는 헤드의 개수가 30개 이하일 때는 "다"란의 헤드수에 의하고, 30개를 초과할 때는 수리계산 방법에 의할 것

※ 참고 : 배관의 구분

1) 수평주행배관

직접 또는 입상관(주배관)을 통하여 교차배관에 급수하는 배관을 말한다. 입상관(Riser)은 스프링클러설비의 모든 수직 급수배관을 말하며, 시스템 입상관(System Riser)은 스프링클러설비의 배관 중 유수검지장치 및 제어밸브가 설치되는 수직배관 또는 수평배관을 말한다. 넓은 의미의 주배관은 가압송수장치로부터 시스템 입상관까지의 모든 배관을 말한다.

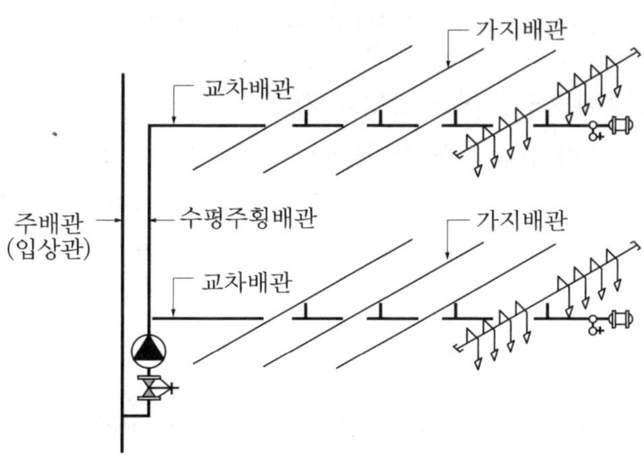

그림 2.85 배관의 구분

2) 교차배관
수평주행배관 중 가지배관에 소화용수를 공급하는 배관으로 가지배관의 하부 또는 측면에 설치되어 가지배관과 교차되는 배관을 말한다.

3) 가지배관
스프링클러헤드는 가지배관에 설치된 관이음쇠, 티, 엘보우 또는 스프링클러헤드 접속용 이음쇠 등에 직접 설치하거나 스프링클러헤드와 가지배관 사이에 짧은 리턴밴드를 설치하고 끝에 스프링클러헤드를 설치한다.

(2) 가지배관

① 가지배관 배열

가. 토너먼트(tournament) 방식이 아닐 것

나. 교차배관에서 분기되는 지점을 기점으로 한쪽 가지배관에 설치되는 헤드의 개수(반자 아래와 반자속의 헤드를 하나의 가지배관상에 병설하는 경우에는 반자 아래에 설치하는 헤드의 개수)는 8개 이하로 할 것. 다만, 다음에 해당하는 경우에는 그렇지 않다.

- 기존의 방호구역 안에서 칸막이 등으로 구획하여 1개의 헤드를 증설하는 경우
- 습식스프링클러 또는 부압식스프링클러설비에 격자형 배관방식(2 이상의 수평주행배관 사이를 가지배관으로 연결하는 방식을 말한다)을 채택하는 때에는 펌프의 용량, 배관의 구경 등을 수리학적으로 계산한 결과 헤드의 방수압 및 방수량이 소화목적을 달성하는 데 충분하다고 인정되는 경우

② 가지배관을 신축배관으로 하는 경우의 기준

가지배관과 스프링클러헤드 사이의 배관을 신축배관으로 하는 경우에는 소방청장이 정하여 고시한 「스프링클러설비신축배관 성능인증 및 제품검사의 기술기준」에 적합한 것으로 설치할 것. 이 경우 신축배관의 설치길이는 스프링클러헤드 수평거리를 초과하지 않을 것

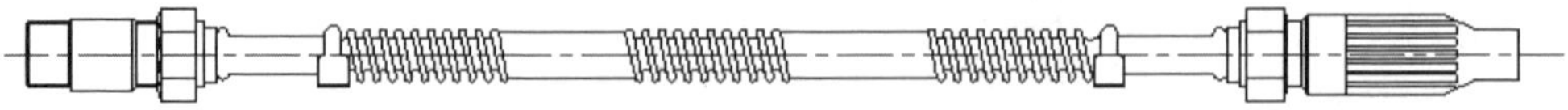

▮그림 2.86 신축배관

(3) 교차배관, 청소구 및 가지배관헤드 설치

① 교차배관은 가지배관과 수평으로 설치하거나 또는 가지배관 밑에 설치하고, 최소구경이 40 mm 이상이 되도록 할 것. 다만, 패들형유수검지장치를 사용하는 경우에는 교차배관의 구경과 동일하게 할 수 있다.

② 청소구 및 가지배관의 헤드설치는 다음의 기준에 따른다.

가. 청소구는 교차배관 끝에 40 mm 이상 크기의 개폐밸브를 설치하고, 호스접결이 가능한 나사식 또는 고정배수 배관식으로 할 것. 이 경우 나사식의 개폐밸브는 옥내소화전 호스접결용의 것으로 하고, 나사보호용의 캡으로 마감해야 한다.

나. 하향식헤드를 설치하는 경우에 가지배관으로부터 헤드에 이르는 헤드접속배관은 가지배관 상부에서 분기할 것. 다만, 소화설비용 수원의 수질이 「먹는물관리법」 제5조에 따라 먹는물의 수질기준에 적합하고 덮개가 있는 저수조로부터 물을 공급받는 경우에는 가지배관의 측면 또는 하부에서 분기할 수 있다.

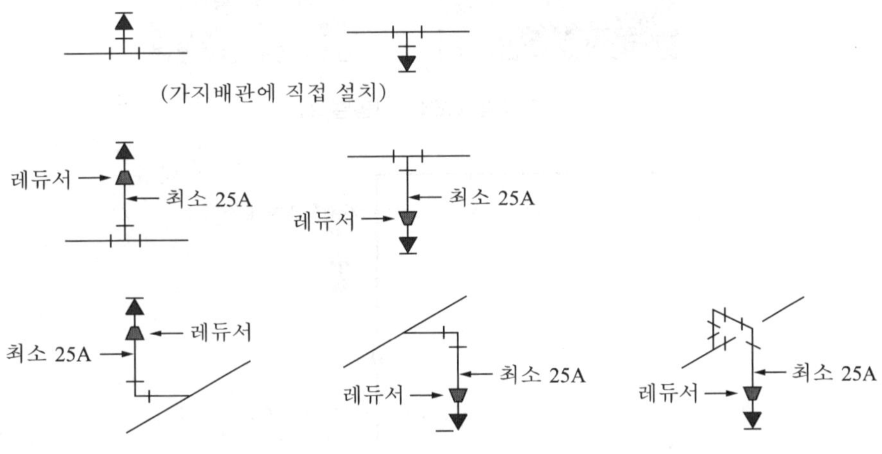

그림 2.87 가지배관의 헤드분기

(4) 말단시험장치

습식유수검지장치 또는 건식유수검지장치를 사용하는 스프링클러설비와 부압식스프링클러설비에는 동장치를 시험할 수 있는 시험장치를 다음 각 호의 기준에 따라 설치해야 한다.

① 습식스프링클러설비 및 부압식스프링클러설비에 있어서는 유수검지장치 2차측 배관에 연결하여 설치하고 건식스프링클러설비인 경우 유수검지장치에서 가장 먼 거리에 위치한 가지배관의 끝으로부터 연결하여 설치할 것. 유수검지장치 2차측 설비의 내용적이 2,840 L를 초과하는 건식스프링클러설비의 경우 시험장치 개폐밸브를 완전 개방 후 1분 이내에 물이 방사되어야 한다.

② 시험장치 배관의 구경은 25 mm 이상으로 하고, 그 끝에 개폐밸브 및 개방형헤드 또는 스프링클러헤드와 동등한 방수성능을 가진 오리피스를 설치할 것. 이 경우 개방형헤드는 반사판 및 프레임을 제거한 오리피스만으로 설치할 수 있다.

③ 시험배관의 끝에는 물받이 통 및 배수관을 설치하여 시험 중 방사된 물이 바닥에 흘러내리지 아니하도록 할 것. 다만, 목욕실·화장실 또는 그 밖의 곳으로서 배수처리가 쉬운 장소에 시험배관을 설치한 경우에는 그렇지 않다.

▮그림 2.88 시험밸브함

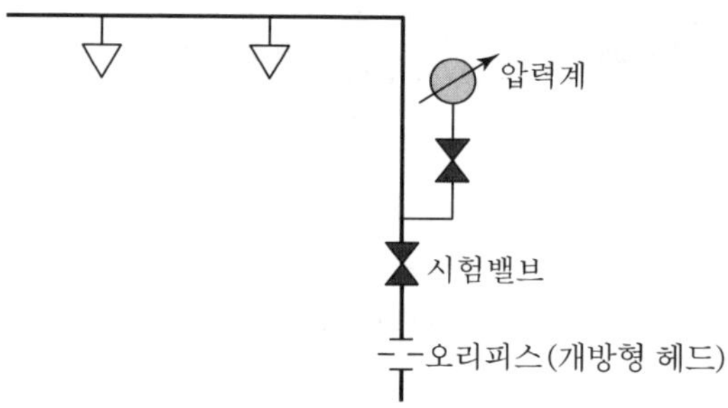

▮그림 2.89 말단시험장치

(5) 행가의 설치

① 가지배관에는 헤드의 설치지점 사이마다 1개 이상의 행가를 설치하되, 헤드간의 거리가 3.5 m를 초과하는 경우에는 3.5 m 이내마다 1개 이상 설치할 것. 이 경우, 상향식헤드의 경우에는 그 헤드와 행가 사이에 8 cm 이상의 간격을 둘 것

② 교차배관에는 가지배관과 가지배관 사이마다 1개 이상이 행가를 설치하되, 가지배관 사이의 거리가 4.5 m를 초과하는 경우에는 4.5 m 이내마다 1개 이상 설치할 것

③ 수평주행배관에는 교차배관과 교차배관 사이마다 1개 이상의 행가를 설치하되, 교차배관 사이의 거리가 4.5 m를 초과하는 경우에는 4.5 m 이내마다 1개 이상 설치할 것

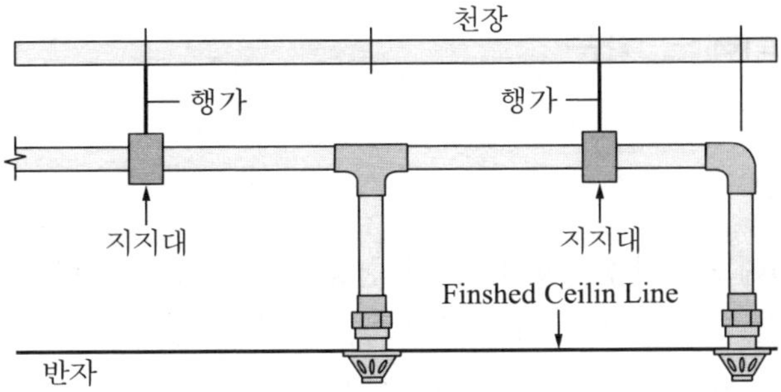

▮그림 2.90 행거의 고정방법

(6) 기타

① 수직배수배관의 구경은 50 mm 이상으로 해야 한다. 다만, 수직배관구경이 50 mm 미만일 경우 동일 구경으로 할 수 있다.

② 급수배관에 설치되어 급수를 차단할 수 있는 개폐밸브에는 그 밸브의 개폐상태를 감시제어반에서 확인할 수 있도록 급수개폐밸브 작동표시 스위치를 다음 기준에 따라 설치해야 한다.

가. 급수개폐밸브가 잠길 경우 탬퍼스위치의 동작으로 인하여 감시제어반 또는 수신기에 표시되어야 하며 경보음을 발할 것

나. 탬퍼스위치는 감시제어반 또는 수신기에서 동작의 유무확인과 동작시험, 도통시험을 할 수 있을 것

다. 급수개폐밸브의 작동표시 스위치에 사용되는 전기배선은 내화전선 또는 내열전선으로 설치할 것

③ 배관의 배수를 위한 기울기

가. 습식 또는 부압식 스프링클러설비의 배관을 수평으로 할 것. 단, 배관의 구조상 소화수가 남아 있는 곳에는 배수밸브를 설치해야 한다.

나. 습식 또는 부압식 스프링클러설비외의 설비에는 헤드를 향하여 상향으로 수평주행배관의 기울기를 1/500 이상, 가지배관의 기울기를 1/250 이상으로 할 것. 단, 배관의 구조상 기울기를 줄 수가 없는 경우에는 배수를 원활하게 할 수 있도록 배수밸브를 설치해야 한다.

④ 배관은 다른 설비의 배관과 쉽게 구분이 될 수 있는 위치에 설치하거나, 그 배관표면 또는 배관 보온재표면의 색상은 적색으로 식별이 가능하도록 소방용설비의 배관임을 표시해야 한다.

⑤ 확관형 분기배관을 사용할 경우에는 소방청장이 정하여 고시한 기준에 적합한 것으로 설치해야 한다.

⑥ **그 밖의 스프링클러설비의 배관 설치에 관하여는 옥내소화전설비의 기준을 준용한다.**

15 스프링클러헤드 기준

(1) 헤드의 설치

① 스프링클러헤드는 특정소방대상물의 천장・반자・천장과 반자 사이・덕트・선반 기타 이와 유사한 부분(폭이 1.2 m를 초과하는 것에 한한다)에 설치해야 한다. 다만, 폭이 9 m 이하인 실내에 있어서는 측벽에 설치할 수 있다.

② 스프링클러헤드를 설치하는 천장・반자・천장과 반자 사이・덕트・선반 등의 각 부분으로부터 하나의 스프링클러헤드까지의 수평거리는 다음의 기준과 같이 해야 한다. 다만, 성능이 별도로 인정된 스프링클러헤드를 수리계산에 따라 설치하는 경우에는 그렇지 않다.

가. 무대부・「화재의 예방 및 안전관리에 관한 법률 시행령」 별표 2의 특수가연물을 저장 또는 취급하는 장소에 있어서는 1.7 m 이하

나. 가의 규정 외의 특정소방대상물에 있어서는 2.1 m 이하(내화구조로 된 경우에는 2.3 m 이하)

③ 다음의 장소에는 개방형스프링클러헤드를 설치한다.

가. 다음의 장소인 무대부(소방시설 설치 및 관리에 관한 법률 시행령[별표 4])
문화 및 집회시설(동・식물원은 제외한다), 종교시설(주요구조부가 목조인 것은 제외한다), 운동시설(물놀이형 시설 및 바닥이 불연재료이고 관람석이 없는 운동시설은 제외한다)로서 다음의 어느 하나에 해당하는 경우에는 모든 층

가) 수용인원이 100명 이상인 것

나) 영화상영관의 용도로 쓰는 층의 바닥면적이 지하층 또는 무창층인 경우에는 500 m^2 이상, 그 밖의 층의 경우에는 1천 m^2 이상인 것

다) 무대부가 지하층・무창층 또는 4층 이상의 층에 있는 경우에는 무대부의 면적이 300 m^2 이상인 것

라) 무대부가 다) 외의 층에 있는 경우에는 무대부의 면적이 500 m^2 이상인 것

나. 연소할 우려가 있는 개구부

④ 다음의 어느 하나에 해당하는 장소에는 조기반응형 스프링클러헤드를 설치해야 한다.

가. 공동주택・노유자시설의 거실

나. 오피스텔・박시설의 침실

다. 병원・의원의 입원실

■표 2.15 스프링클러헤드의 수평거리

특정소방대상물		수평거리(m)
무대부, 「화재의 예방 및 안전관리에 관란 법률시행령」 별표 2의 특수가연물을 저장·취급하는 장소		1.7 m 이하
그 외 특정소방대상물	비내화구조	2.1 m 이하
	내화구조	2.3 m 이하

(2) 헤드 배치의 형태

① 정방형(정사각형형) : 스프링클러헤드 2개 거리와 스프링클러 파이프 2가닥의 거리가 같은 경우

$$S = 2R\cos 45°$$

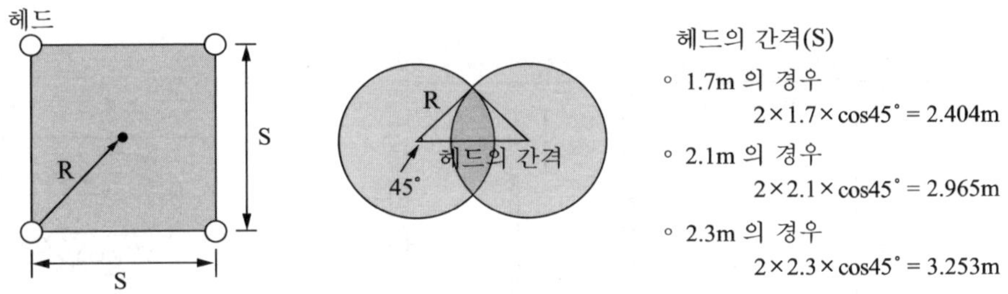

■그림 2.91 정방형 배치

② 장방형(직사각형형) : 스프링클러헤드 2개의 거리와 스프링클러 파이프 2가닥의 거리가 같지 않은 경우

$$S = 2R$$

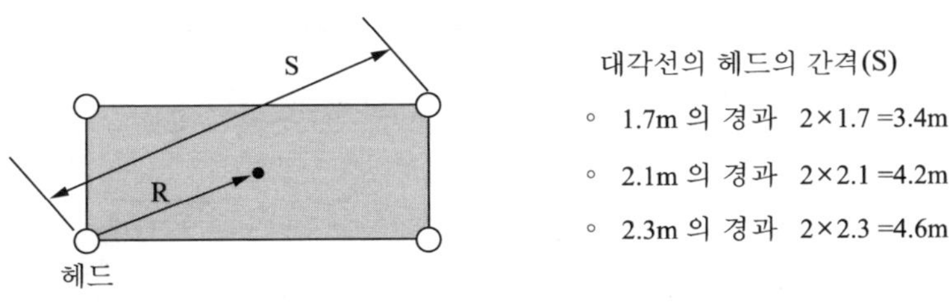

■그림 2.92 장방형 배치

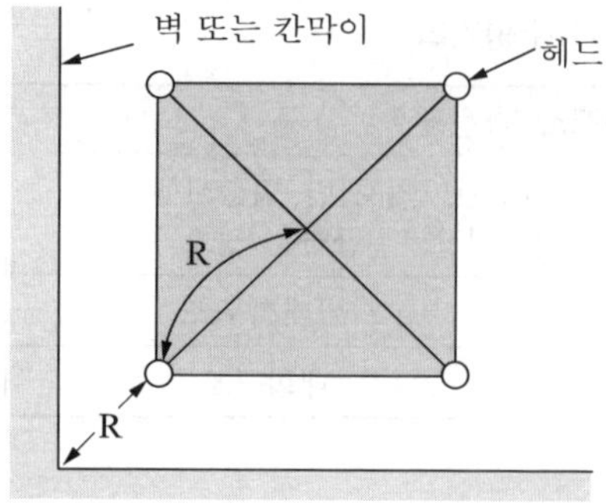

▮그림 2.93 헤드의 설치 간격

(3) 스프링클러헤드 설치방법

① 살수가 방해되지 아니하도록 스프링클러헤드로부터 반경 60 cm 이상의 공간을 보유할 것. 단, 벽과 헤드간의 공간은 10 cm 이상으로 한다.

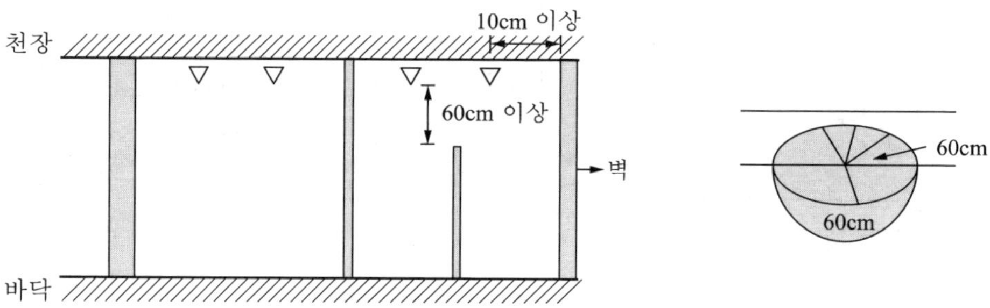

▮그림 2.94 헤드 설치공간

② 헤드와 그 부착면(상향식 헤드의 경우에는 헤드 직상부의 천장, 반자 또는 이와 비슷한 것)과의 거리는 30 cm 이하로 할 것

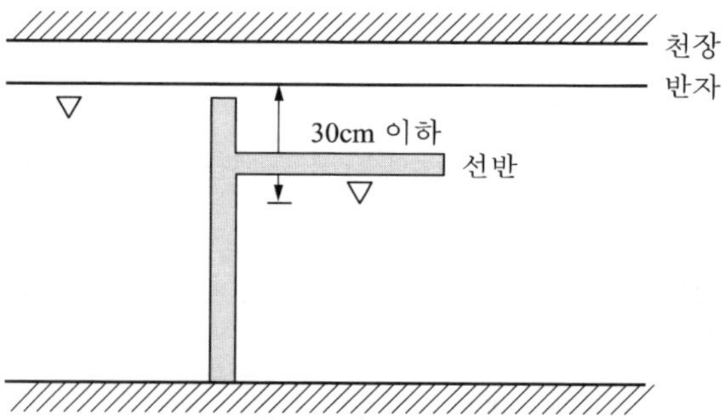

▮그림 2.95 헤드의 부착면과 거리

③ 배관·행가 및 조명기구 등 살수를 방해하는 것이 있는 경우에는 ①, ②의 규정에도 불구하고 그로부터 아래에 설치하여 살수에 장애가 없도록 할 것. 다만, 스프링클러헤드와 장애물과의 이격거리를 장애물 폭의 3배 이상 확보한 경우에는 그렇지 않다.

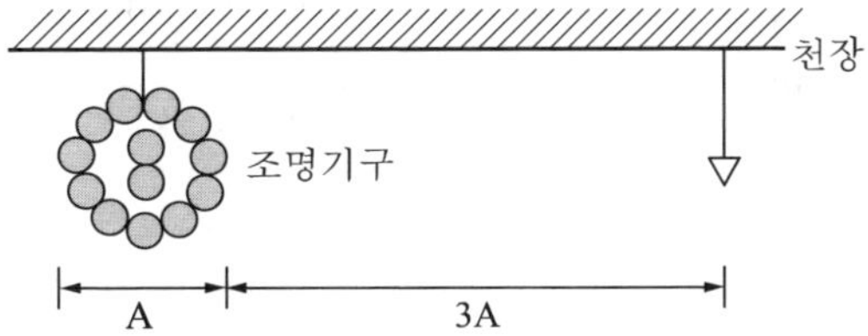

그림 2.96 살수방해기구와 거리

④ 스프링클러헤드의 반사판이 그 부착면과 평행하게 설치할 것. 단, 측벽형과 "⑥"의 규정(연소우려 개구부에 설치한 스프링클러헤드)에 의한 경우는 그렇지 않다.

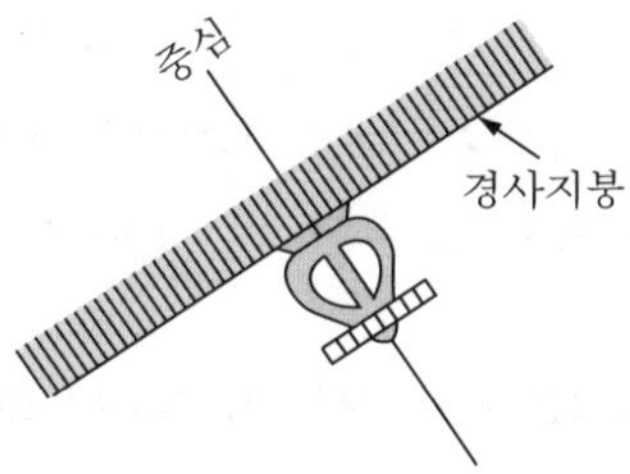

그림 2.97 경사면에 설치

⑤ 천장의 기울기가 1/10을 초과하는 경우에는 가지관을 천장의 마루와 평행되게 하고, 헤드는 다음의 기준에 적합하게 설치한다.

가. 천장의 최상부에 헤드를 설치하는 경우에는 반사판을 수평으로 설치

나. 천장의 최상부를 중심으로 가지관을 서로 마주보게 설치하는 경우에는 최상부의 가지관 상호간의 거리는 가지관상의 스프링클러헤드 상호간 거리의 1/2 이하(최소 1 m 이상이 되어야 한다)가 되게 헤드를 설치하고, 가지관의 최상부에 설치하는 헤드는 천장의 상부로부터 수직거리가 90 cm 이하가 되도록 할 것. 톱날지붕, 둥근지붕 기타 이와 유사한 지붕의 경우에도 이에 준한다.

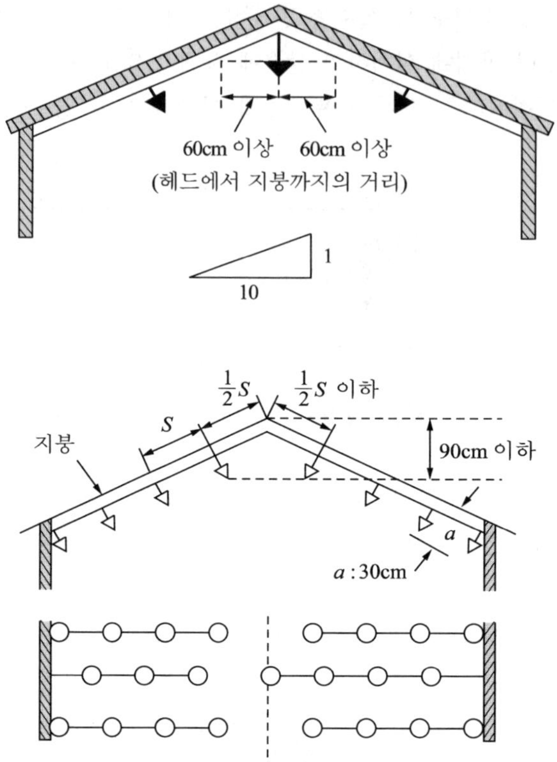

▌그림 2.98 천정에 설치된 헤드 예

⑥ 연소할 우려가 있는 개구부에는 그 상하좌우 2.5 m으로(개구부의 폭이 2.5 m 이하인 경우에는 그 중앙에) 스프링클러헤드를 설치하되, 스프링클러헤드와 개구부의 내측면으로부터의 직선거리는 15 cm 이하가 되도록 해야 한다. 이 경우에는 사람이 상시 출입하는

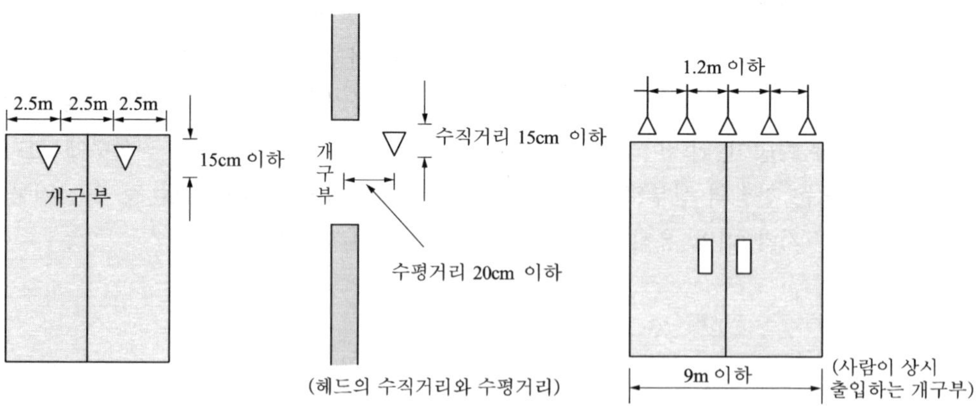

▌그림 2.99 연소우려 개구부 헤드 예

개구부로 통행에 지장이 있을 때에는 개구부의 상부 또는 측면(개구부의 폭이 9 m 이하의 경우에 한함)에 설치하되, 헤드 상호간의 간격은 1.2 m 이하로 설치해야 한다. "연소할 우려가 있는 개구부"라 함은 각 방화구획을 관통하는 컨베이어 · 에스컬레이터 또는 이와 유사한 시설의 주위로서 방화구획을 할 수 없는 부분을 말한다.

⑦ 습식 및 부압식 스프링클러설비 외의 설비에는 상향식 스프링클러헤드를 설치할 것. 다음의 경우에는 그러하지 아니한다.
가. 드라이펜던트헤드를 사용하는 경우
나. 스프링클러헤드의 설치장소가 동파의 우려가 없는 곳인 경우
다. 개방형 스프링클러헤드를 사용하는 경우

⑧ 측벽형 스프링클러헤드를 설치하는 경우 폭 4.5 m 미만인 실에 있어서는 긴 변의 한쪽 벽에 일렬로 설치하고, 폭이 4.5 m 이상 9 m 이하인 실에 있어서는 긴 변의 양쪽에 각각 일렬로 설치하되, 마주보는 스프링클러헤드가 나란한 꼴이 되도록 3.6 m 이내마다 설치할 것

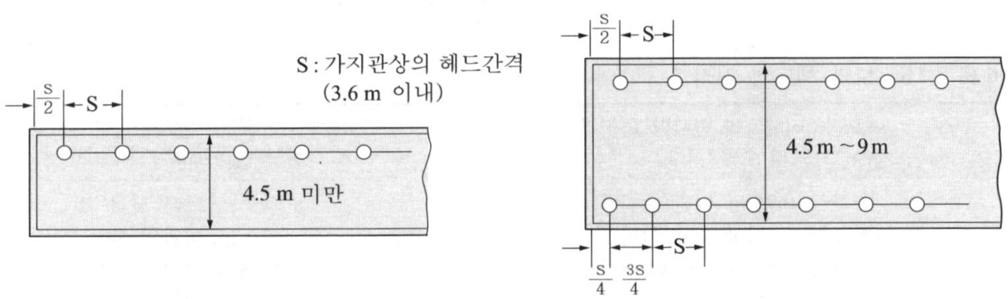

▮그림 2.100 측벽형 헤드 설치 예

⑨ 상부에 설치된 헤드의 방출수에 따라 감열부에 영향을 받을 우려가 있는 헤드에는 방출수를 차단할 수 있는 유효한 차폐판을 설치할 것

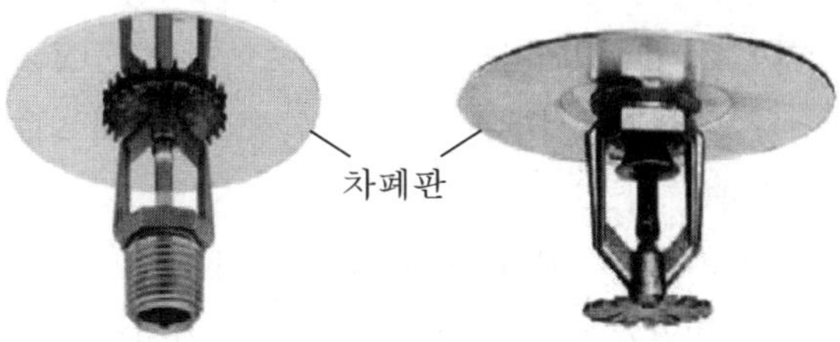

▮그림 2.101 차폐판이 설치된 헤드 예

(4) 보와 헤드의 거리

① 부착면과의 거리에도 불구하고 특정소방대상물의 보와 가장 가까운 스프링클러헤드는 [표 2.16]의 기준에 의하여 설치해야 한다.

② 천장면에서 보의 하단까지 길이가 55 cm를 초과하고 보의 중심으로부터 헤드까지의 거리가 스프링클러헤드 상호간 거리의 1/2 이하가 되는 경우에는 헤드와 그 부착면과의 거리를 55 cm 이하로 할 수 있다.

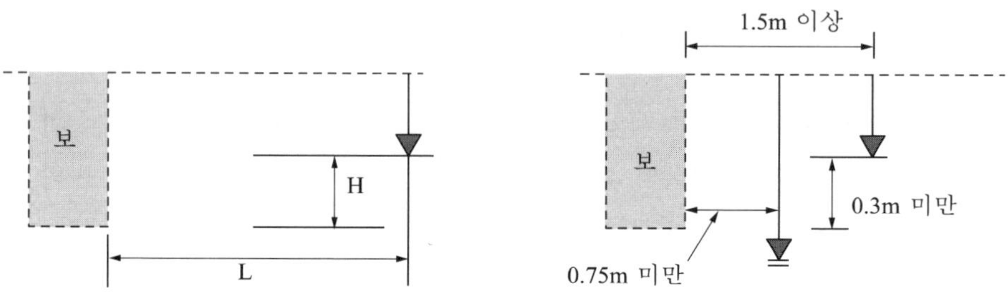

그림 2.102 보에 대한 헤드의 설치방식

표 2.16 보와 헤드의 거리

스프링클러헤드의 반사판 중심과 보의 수평거리(L)	스프링클러헤드의 반사판 높이와 보의 하단 높이의 수직거리(H)
0.75 m 미만	보의 하단보다 낮을 것
0.75 m 이상 1 m 미만	0.1 m 미만일 것
1 m 이상 1.5 m 미만	0.15 m 미만일 것
1.5 m 이상	0.3 m 미만일 것

(5) 헤드의 설치제외

① 스프링클러헤드 설치제외 할 수 있는 장소

가. 계단실(특별피난계단의 부속실을 포함)・경사로・승강기의 승강로・비상용승강기의 승강장・파이프덕트 및 덕트피트(파이프・덕트를 통과시키기 위한 구획된 구멍)・목욕실・수영장(관람석부분 제외)・화장실・직접 외기에 개방되어 있는 복도・기타 이와 유사한 장소

나. 통신기기실・전자기기실・기타 이와 유사한 장소

다. 발전실・변전실・변압기・기타 이와 유사한 전기설비가 설치되어 있는 장소

라. 병원의 수술실・응급처치실・기타 이와 유사한 장소

마. 천장과 반자 양쪽이 불연재료로 되어 있는 경우로서 그 사이의 거리 및 구조가 다음의 어느 하나에 해당하는 부분

가) 천장과 반자 사이의 거리가 2 m 미만인 부분

나) 천장과 반자 사이의 벽이 불연재료이고 천장과 반자사이의 거리가 2 m 이상으로서 그 사이에 가연물이 존재하지 않는 부분

바. 천장 · 반자 중 한쪽이 불연재료이고 천장과 반자 사이의 거리가 1 m 미만인 부분

사. 천장 및 반자가 불연재료 외의 것으로 천장과 반자 사이의 거리가 0.5 m 미만인 부분

아. 펌프실 · 물탱크실 · 엘리베이터 권상기실 · 그 밖의 이와 비슷한 장소

자. 현관 또는 로비 등으로서 바닥으로부터 높이가 20 m 이상인 장소

차. 영하의 냉장창고의 냉장실 또는 냉동창고의 냉동실

카. 고온의 노가 설치된 장소 또는 물과 격렬하게 반응하는 물품의 저장 · 취급 장소

타. 불연재료로 된 특정소방대상물 또는 그 부분으로서 다음에 해당하는 장소

㉮ 정수장 · 오물처리장 · 그 밖의 이와 비슷한 장소

㉯ 펄프공장의 작업장 · 음료수 공장의 세정 또는 충전하는 작업장 · 그 밖의 이와 비슷한 장소

㉰ 불연성 금속 · 석재 등의 가공공장으로 가연성 물질을 저장 또는 취급하지 않는 장소

㉱ 가연성 물질이 존재하지 않는 「건축물의 에너지절약설계기준」에 따른 방풍실

파. 실내에 설치된 테니스장 · 게이트볼장 · 정구장 또는 이와 비슷한 장소로서 실내 바닥 · 벽 · 천장이 불연재료 또는 준불연재료로 구성되어 있고 가연물이 존재하지 않는 장소로서 관람석이 없는 운동시설(지하층은 제외)

② 연소할 우려가 있는 개구부에 다음의 드렌처설비를 설치한 경우에는 해당 개구부에 한하여 스프링클러헤드를 설치제외 할 수 있다.

가. 드렌처헤드는 개구부 위측에 2.5 m 이내마다 한 개를 설치할 것

나. 제어밸브(일제개방밸브 · 개폐표시형밸브 및 수동조작부를 합한 것)는 특정소방대상물 층마다에 바닥면적으로부터 0.8～1.5 m의 위치에 설치

다. 수원의 수량은 드렌처헤드가 가장 많이 설치된 제어밸브의 드렌처헤드 설치개수에 1.6 m^3을 곱하여 얻은 수치 이상이 되도록 할 것

라. 드렌처설비는 드렌처헤드가 가장 많이 설치된 제어밸브에 설치된 드렌처헤드를 동시에 사용하는 경우에 각각의 헤드선단의 방수압이 0.1 MPa 이상, 80 L/min 이상이 되도록 할 것

마. 수원에 연결하는 가압송수장치는 점검이 쉽고, 화재 등의 재해로 인한 피해 우려가 없는 장소에 설치할 것

※ 참고 : 드렌처(Drencher)설비

드렌처설비는 건축물의 외벽, 창, 추녀 및 지붕 등에 장치하며, 인접건물로의 화재에 의

한 연소를 방지하기 위한 수막을 형성하는 것이다. 드렌처헤드의 구경은 9.5 mm (3/8″), 7.9 mm (5/16″), 6.4 mm (1/4″)의 3종이 있고 그 설치간격은 수평거리 2.4 m, 수직거리 4 m 이하로 배치한다.

드렌처설비 배관구경은 배관 내를 흐르는 유량에 따라 결정되며, 드렌처헤드 1개 방수량의 방수압력은 0.1 MPa 이상이어야 한다. 드렌처설비 수원의 저수량은 다음과 같다.

수원량 = 드렌처헤드 1개의 방수량 × 설치개수 × 20분 이상

16 송수구

스프링클러설비에 사용하는 소화약제는 물이기 때문에 소정의 수량 및 수압을 확보하지 않으면 소기의 목적을 달성할 수가 없다. 개방형, 폐쇄형에 관계없이 스프링클러헤드 1개당의 기본적인 방수량은 1.6 m^3이므로 수원 확보가 필수적이다. 스프링클러설비의 수원의 양은 이와 같은 계산상의 양은 법적문제는 없지만, 실제 화재가 발생한 경우 법정량을 사용하고서도 소화할 수 없는 경우를 고려하여 관설소방펌프 자동차에 의하여 외부로부터 스프링클러용 소화수를 공급하여 줌으로써 소화작업을 지속적으로 수행하기 위해서는 송수구가 필요하게 된다. 즉, 스프링클러설비의 송수구는 연결송수관설비의 송수구와 같은 역할을 해주게 된다.

(1) 설치기준

① 송수구는 소방차가 쉽게 접근할 수 있는 잘 보이는 장소에 설치하되 화재층으로부터 지면으로 떨어지는 유리창 등이 송수 및 그 밖의 소화작업에 지장을 주지 아니하는 장소에 설치해야 한다.

② 송수구로부터 스프링클러설비의 주배관에 이르는 연결배관에 개폐밸브를 설치한 때에는 그 개방상태를 쉽게 확인 및 조작할 수 있는 옥외 또는 기계실 등의 장소에 설치해야 한다.

③ 구경 65 mm의 쌍구형으로 할 것

④ 송수구에는 그 가까운 곳의 보기 쉬운 곳에 송수압력범위를 표시한 표지를 할 것

⑤ 폐쇄형 스프링클러헤드를 사용하는 스프링클러설비 송수구는 하나의 층의 바닥면적이 3.000 m^2를 넘을 때마다 1개 이상을 설치할 것(5개를 넘을 때는 5개)

⑥ 지면으로부터 높이가 0.5 m 이상 1 m 이하의 위치에 설치할 것

⑦ 송수구 부근에는 자동배수밸브(또는 직경 5 mm의 배수공) 및 체크밸브를 설치할 것. 이

경우 자동배수밸브는 배관안의 물이 잘 빠질 수 있는 위치에 설치하되, 배수로 인하여 다른 물건 또는 장소에 피해를 주지 아니해야 한다.

⑧ 송수구에는 이물질을 막기 위한 마개를 씌워야 한다.

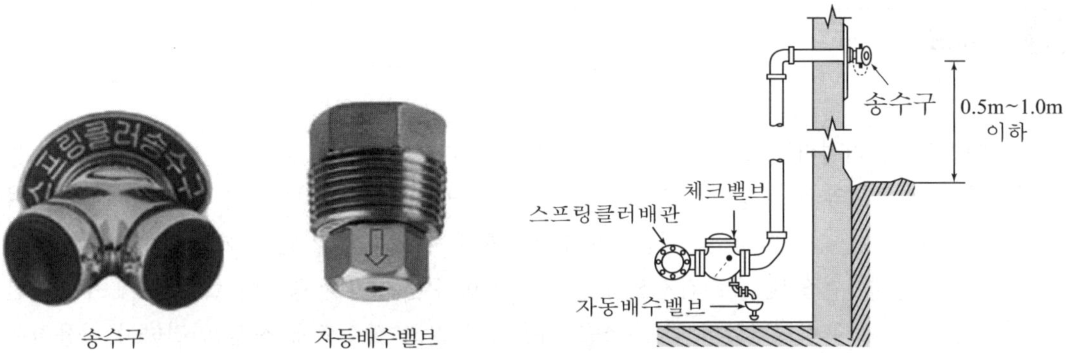

▮그림 2.103 송수구의 설치 예

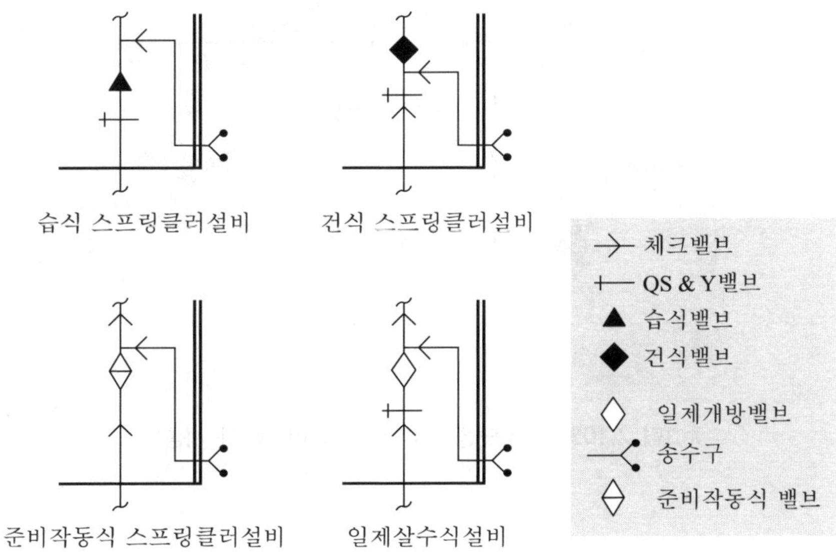

▮그림 2.104 스프링클러설비의 송수구 설치 위치

2.4 간이스프링클러설비

1 개요

간이스프링클러설비는 불특정다수인이 이용하는 다중이용업소 등과 스프링클러설비가 설치되지 않는 규모의 장소 중 화재위험성이 있는 장소에 스프링클러설비를 약식으로 설치하여 화재 시 예상되는 인명피해 및 재산피해를 최소화하기 위해 도입된 소화설비이다.

가압송수장치, 수조 및 유수검지장치 등을 집적화하여 캐비닛 형태의 함 내부에 구성시킨 "캐비닛형 간이스프링클러설비"와 수조를 사용하지 않고 상수도에 직접 연결하여 사용하는 "상수도직결형 간이스프링클러설비" 2종류를 쓰고 있다.

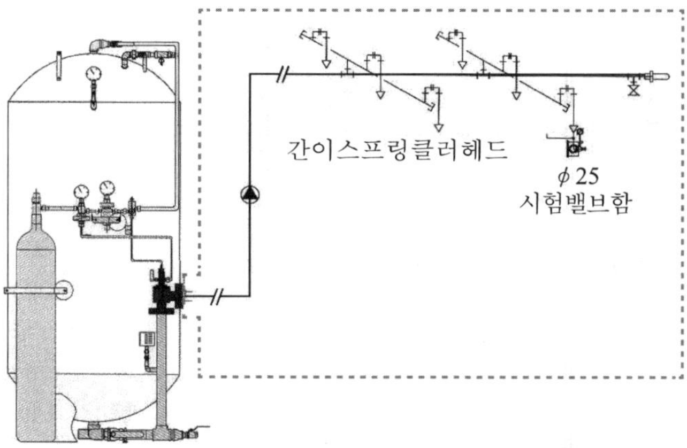

▮그림 2.105 캐비닛형 간이스프링클러설비의 계통도

2 적용대상물

(1) 간이스프링클러설비를 설치하여야 하는 특정소방대상물

① 공동주택 중 연립주택 및 다세대주택(연립주택 및 다세대주택에 설치하는 간이스프링클러설비는 화재안전기준에 따른 주택전용 간이스프링클러설비를 설치한다)

② 근린생활시설 중 다음의 어느 하나에 해당하는 것
  가) 근린생활시설로 사용하는 부분의 바닥면적 합계가 1천 m^2 이상인 것은 모든 층
  나) 의원, 치과의원 및 한의원으로서 입원실이 있는 시설
  다) 조산원 및 산후조리원으로서 연면적 600 m^2 미만인 시설
③ 의료시설 중 다음의 어느 하나에 해당하는 시설
  가) 종합병원, 병원, 치과병원, 한방병원 및 요양병원(의료재활시설은 제외)으로 사용되는 바닥면적의 합계가 600 m^2 미만인 시설
  나) 정신의료기관 또는 의료재활시설로 사용되는 바닥면적의 합계가 300 m^2 이상 600 m^2 미만인 시설
  다) 정신의료기관 또는 의료재활시설로 사용되는 바닥면적의 합계가 300 m^2 미만이고, 창살(철재·플라스틱 또는 목재 등으로 사람의 탈출 등을 막기 위하여 설치한 것을 말하며, 화재 시 자동으로 열리는 구조로 되어 있는 창살은 제외)이 설치된 시설
④ 교육연구시설 내에 합숙소로서 연면적 100 m^2 이상인 경우에는 모든 층
⑤ 노유자 시설로서 다음의 어느 하나에 해당하는 시설
  가) 제7조 제1항 제7호 각 목에 따른 시설[같은 호 가목2) 및 같은 호 나목부터 바목까지의 시설 중 단독주택 또는 공동주택에 설치되는 시설은 제외하며, 이하 "노유자 생활시설"이라 한다]
  나) 가)에 해당하지 않는 노유자 시설로 해당 시설로 사용하는 바닥면적의 합계가 300 m^2 이상 600 m^2 미만인 시설
  다) 가)에 해당하지 않는 노유자 시설로 해당 시설로 사용하는 바닥면적의 합계가 300 m^2 미만이고, 창살(철재·플라스틱 또는 목재 등으로 사람의 탈출 등을 막기 위하여 설치한 것을 말하며, 화재 시 자동으로 열리는 구조로 되어 있는 창살은 제외)이 설치된 시설
⑥ 숙박시설로 사용되는 바닥면적의 합계가 300 m^2 이상 600 m^2 미만인 시설
⑦ 건물을 임차하여 「출입국관리법」 제52조 제2항에 따른 보호시설로 사용하는 부분
⑧ 복합건축물(별표 2 제30호 나목의 복합건축물만 해당한다)로서 연면적 1천 m^2 이상인 것은 모든 층

(2) 다중이용업소

다중이용업소의 안전관리에 관한 특별법 시행령 [별표 1의2]에 따른 간이스프링클러설비(캐비닛형 간이스프링클러설비를 포함) 설치대상은 다음과 같다.

① 지하층에 설치된 영업장

② 숙박을 제공하는 형태의 다중이용업소의 영업장 중 다음에 해당하는 영업장. 다만, 지상 1층에 있거나 지상과 직접 맞닿아 있는 층(영업장의 주된 출입구가 건축물 외부의 지면과 직접 연결된 경우를 포함)에 설치된 영업장은 제외한다.
가) 산후조리업의 영업장
나) 고시원업의 영업장
③ 밀폐구조의 영업장
④ 권총사격장의 영업장

3 수원 및 수조

(1) 간이스프링클러설비의 수원은 다음과 같다.
① 상수도 직결형에는 수돗물
② 수조(캐비닛형 포함)를 사용하고자 하는 경우에는 적어도 1개 이상의 자동급수장치를 갖추어야 하며, 2개의 간이헤드에서 최소 10분 이상 방수할 수 있는 양 이상을 수조에 확보할 것. 단, 다음에 해당하는 경우에는 5개의 간이헤드에서 최소 20분
가. 근린생활시설로 사용하는 부분의 바닥면적 합계가 1천 m^2 이상인 것은 모든 층
나. 숙박시설로 사용되는 바닥면적의 합계가 300 m^2 이상 600 m^2 미만인 시설
다. 복합건축물(하나의 건축물이 근린생활시설, 판매시설, 업무시설, 숙박시설 또는 위락시설의 용도와 주택의 용도로 함께 사용되는 것)로서 연면적 1천 m^2 이상인 것은 모든 층
③ **그 밖의 간이스프링클러설비의 수조에 관하여는 스프링클러설비의 기준을 준용한다.**

4 가압송수장치

방수압력(상수도 직결형의 상수도압력)은 가장 먼 가지배관에서 2개 또는 5개(근린생활시설 및 생활형 숙박시설, 복합건축물)의 간이헤드를 동시에 개방할 경우 각각의 간이헤드 선단의 방수압력은 0.1 MPa 이상, 방수량은 50 L/min 이상이어야 한다.

다만, 주차장에 표준반응형 스프링클러헤드를 사용할 경우 헤드 1개의 방수량은 80 L/min 이상이어야 한다.

(1) 상수도 직결형 방식

수조를 사용하지 않고 상수도에 직접 연결하여 항상 기준 압력 및 방수량 이상을 확보할 수 있는 설비를 말한다. 따라서 반드시 화재 시 간이스프링클러설비 이외의 배관에는 급수차단장치를 설치해야 한다.

(2) 펌프방식

$$H = h_1 + h_2 + 10\text{m}$$

여기서, H : 총양정(m)
h_1 : 실양정(m)
h_2 : 배관의 마찰손실수두(m)

(3) 고가수조방식

$$H = h_1 + 10\,\text{m}$$

여기서, H : 필요한 낙차(m)
h_1 : 배관의 마찰손실수두(m)

(4) 압력수조방식

$$P = p_1 + p_2 + 0.1\,\text{MPa}$$

여기서, P : 필요한 압력(MPa)
p_1 : 낙차의 환산수두압(MPa)
p_2 : 배관의 마찰손실수두압(MPa)

(5) 가압수조방식

① 가압수조의 압력은 간이헤드 2개를 동시에 개방할 때 적정방수량 및 방수압이 10분(근린생활시설 또는 생활형 숙박시설, 복합건축물에 해당하는 경우에는 5개 간이헤드에 최소 20분) 이상 유지되도록 할 것
② 소방청장이 정하여 고시한 기술기준에 적합한 것으로 설치할 것

(6) 캐비닛형 간이스프링클러설비를 사용

소방청장이 정하여 고시한 기술기준에 적합한 것으로 설치한다.

(7) 다음의 특정소방대상물의 경우에는 상수도직결형 및 캐비닛형 간이스프링클러설비를 제외한 가압송수장치를 설치해야 한다.

① 근린생활시설로 사용하는 부분의 바닥면적 합계가 1천 m^2 이상인 것은 모든 층
② 숙박시설로 사용되는 바닥면적의 합계가 300 m^2 이상 600 m^2 미만인 시설
③ 복합건축물(하나의 건축물이 근린생활시설, 판매시설, 업무시설, 숙박시설 또는 위락시설의 용도와 주택의 용도로 함께 사용되는 것)로서 연면적 1천 m^2 이상인 것은 모든 층

5 간이스프링클러설비의 방호구역 · 유수검지장치

간이스프링클러설비의 방호구역(간이스프링클러설비의 소화범위에 포함된 영역) 및 유수검지장치는 다음의 기준에 적합해야 한다. 다만, 캐비닛형의 경우는 ③의 기준에 적합해야 한다.

① 하나의 방호구역의 바닥면적은 1,000 m^2를 초과하지 않을 것
② 하나의 방호구역에는 1개 이상의 유수검지장치를 설치하되, 화재발생시 접근이 쉽고 점검하기 편리한 장소에 설치할 것
③ 하나의 방호구역은 2개층에 미치지 아니하도록 할 것. 다만, 1개층에 설치되는 간이헤드의 수가 10개 이하인 경우에는 3개층 이내로 할 수 있다.
④ 유수검지장치를 실내에 설치하거나 보호용 철망 등으로 구획하여 바닥으로부터 0.8 m 이상 1.5 m 이하의 위치에 설치하되, 그 실 등에는 가로 0.5 m 이상 세로 1 m 이상의 출입문을 설치하고 그 출입문 상단에 "유수검지장치실"이라고 표시한 표지를 설치할 것. 다만, 유수검지장치를 기계실(공조용기계실을 포함한다)안에 설치하는 경우에는 별도의 실 또는 보호용 철망을 설치하지 않고 기계실 출입문 상단에 "유수검지장치실"이라고 표시한 표지를 설치할 수 있다.
⑤ 간이헤드에 공급되는 물은 유수검지장치를 지나도록 할 것. 다만, 송수구를 통하여 공급되는 물은 그렇지 않다.
⑥ 자연낙차에 따른 압력수가 흐르는 배관상에 설치된 유수검지장치는 화재시 물의 흐름을 검지할 수 있는 최소한의 압력이 얻어질 수 있도록 수조의 하단으로부터 낙차를 두어 설치할 것
⑦ 간이스프링클러설비가 설치되는 특정소방대상물에 부설된 주차장부분(영 별표 5 제1호 바목에 해당하지 아니하는 부분에 한한다)에는 습식 외의 방식으로 해야 한다. 다만, 동결의 우려가 없거나 동결을 방지할 수 있는 구조 또는 장치가 된 곳은 그렇지 않다.

6 배관

배관의 재질, 이음쇠, 소방용합성수지배관 등은 스프링클러설비에 준용한다.

(1) 급수배관

① 전용으로 할 것. 다만, 상수도직결형의 경우에는 수도배관 호칭지름 32 mm 이상의 배관이어야 하고, 간이헤드가 개방될 경우에는 유수신호 작동과 동시에 다른 용도로 사용하는 배관의 송수를 자동 차단할 수 있도록 하여야 하며, 배관과 연결되는 이음쇠 등의 부속품은 물이 고이는 현상을 방지하는 조치를 해야 한다.

② 급수를 차단할 수 있는 개폐밸브는 개폐표시형으로 할 것. 이 경우 펌프의 흡입측배관에는 버터플라이밸브 외의 개폐표시형밸브를 설치해야 한다.

③ 배관의 구경은 수리계산에 의하거나 [표 2.17]의 기준에 따라 설치할 것. 다만, 수리계산에 의하는 경우 가지배관의 유속은 6 m/s, 그 밖의 배관의 유속은 10 m/s를 초과할 수 없다.

표 2.17 간이헤드 수별 급수관의 구경(단위 : mm)

구분 \ 급수관의 구경	25	32	40	50	65	80	100	125	150
가	2	3	5	10	30	60	100	160	161 이상
나	2	4	7	15	30	60	100	160	161 이상

주) 1. 폐쇄형간이헤드를 사용하는 설비의 경우로서 1개층에 하나의 급수배관(또는 밸브 등)이 담당하는 구역의 최대면적은 1,000 m^2를 초과하지 않을 것
2. 폐쇄형간이헤드를 설치하는 경우에는 "가" 란의 헤드수에 따를 것
3. 폐쇄형간이헤드를 설치하고 반자 아래의 헤드와 반자속의 헤드를 동일 급수관의 가지관상에 병설하는 경우에는"나"란의 헤드수에 따를 것
4. "캐비닛형" 및 "상수도직결형"을 사용하는 경우 주배관은 32, 수평주행배관은 32, 가지배관은 25 이상으로 할 것. 이 경우 최장배관은 제5조 제6항에 따라 인정받은 길이로 하며 하나의 가지배관에는 간이헤드를 3개 이내로 설치하여야 한다.

(2) 간이스프링클러설비의 배관 및 밸브 등의 순서

① 상수도 직결형의 경우에는 다음 기준에 따라 설치할 것

가. 수도용계량기, 개폐표시형개폐밸브, 체크밸브, 압력계, 유수검지장치(압력스위치 등 유수검지장치와 동등 이상의 기능과 성능이 있는 것), 2개의 시험밸브 순으로 설치

할 것

나. 간이스프링클러설비 이외의 배관에는 화재시 배관을 차단할 수 있는 급수차단장치를 설치할 것

수도용 계량기 ➡ 급수차단 장치 ➡ 개폐 표시형 밸브 ➡ 체크밸브 ➡ 압력계 ➡ 유수검지 장치 ➡ 시험밸브 (2개)

② 펌프 등의 가압송수장치를 이용하여 배관 및 밸브 등을 설치하는 경우에는 수원, 연성계 또는 진공계(수원이 펌프보다 높은 경우를 제외), 펌프 또는 압력수조, 압력계, 체크밸브, 성능시험배관, 개폐표시형밸브, 유수검지장치, 시험밸브의 순으로 설치할 것

수원 ➡ 연성계 또는 진공계 ➡ 펌프 또는 압력 수조 ➡ 압력계 ➡ 체크 밸브 ➡ 성능 시험 배관 ➡ 개폐 표시형 밸브 ➡ 유수 검지 장치 ➡ 시험 밸브

③ 가압수조를 가압송수장치로 이용하여 배관 및 밸브 등을 설치하는 경우에는 수원, 가압수조, 압력계, 체크밸브, 성능시험배관, 개폐표시형밸브, 유수검지장치, 2개의 시험밸브의 순으로 설치할 것

수원 ➡ 가압 수조 ➡ 압력계 ➡ 체크 밸브 ➡ 성능 시험 배관 ➡ 개폐 표시형 밸브 ➡ 유수 검지 장치 ➡ 시험 밸브 (2개)

④ 캐비닛형의 가압송수장치에 배관 및 밸브 등을 설치하는 경우에는 수원, 연성계 또는 진공계(수원이 펌프보다 높은 경우를 제외), 펌프 또는 압력수조, 압력계, 체크밸브, 개폐표시형밸브, 2개의 시험밸브의 순으로 설치할 것. 다만, 소화용수의 공급은 상수도와 직결된 바이패스관 및 펌프에서 공급받아야 한다.

수원 ➡ 연성계 또는 진공계 ➡ 펌프 또는 압력수조 ➡ 압력계 ➡ 체크 밸브 ➡ 개폐 표시형 밸브 ➡ 시험 밸브 (2개)

(3) 그 밖의 간이스프링클러설비의 배관 및 송수구에 관하여는 스프링클러설비의 기준을 준용한다.

7 간이헤드

간이헤드는 다음 기준에 적합한 것을 사용해야 한다.

① 폐쇄형 간이헤드를 사용할 것

② 간이헤드의 작동온도는 실내의 최대 주위천장온도가 0℃ 이상 38℃ 이하인 경우 공칭작동온도가 57℃에서 77℃의 것을 사용하고, 39℃ 이상 66℃ 이하인 경우에는 공칭작동온도가 79℃에서 109℃의 것을 사용할 것

③ 간이헤드를 설치하는 천장·반자·천장과 반자사이·덕트·선반 등의 각 부분으로부터 간이헤드까지의 수평거리는 2.3 m (스프링클러헤드의 형식승인 및 검정기술기준 유효반경의 것) 이하가 되도록 해야 한다. 다만, 성능이 별도로 인정된 간이헤드를 수리계산에 따라 설치하는 경우에는 그렇지 않다.

④ 상향식 간이헤드 또는 하향식 간이헤드의 경우에는 간이헤드의 디플렉터에서 천장 또는 반자까지의 거리는 25 mm에서 102 mm 이내가 되도록 설치하여야 하며, 측벽형간이헤드의 경우에는 102 mm에서 152 mm사이에 설치할 것. 다만, 플러쉬스프링클러헤드의 경우에는 천장 또는 반자까지의 거리를 102 mm 이하가 되도록 설치할 수 있다.

⑤ 간이헤드는 천장 또는 반자의 경사·보·조명장치 등에 따라 살수장애의 영향을 받지 아니하도록 설치할 것

⑥ ④의 규정에 불구하고 소방대상물의 보와 가장 가까운 간이헤드는 [표 2.18]의 기준에 따라 설치할 것. 다만, 천장면에서 보의 하단까지의 길이가 55 cm를 초과하고 보의 하단 측면 끝부분으로부터 간이헤드까지의 거리가 간이헤드 상호간 거리의 2분의 1 이하가 되는 경우에는 간이헤드와 그 부착면과의 거리를 55 cm 이하로 할 수 있다.

⑦ 상향식간이헤드 아래에 설치되는 하향식간이헤드에는 상향식 헤드의 방출수를 차단할 수 있는 유효한 차폐판을 설치할 것

⑧ **간이스프링클러설비를 설치하여야 할 소방대상물에 있어서 간이헤드 설치제외에 관한 사항은 스프링클러설비의 규정을 준용한다.**

⑨ 간이헤드가 설치된 주차장에는 표준반응형스크링클러헤드를 설치하며 NFSC 103에 준용한다.

■ 표 2.18 간이헤드와 보의 거리

간이헤드의 반사판 중심과 보의 수평거리	간이헤드의 반사판 높이와 보의 하단 높이의 수직거리
0.75 m 미만	보의 하단보다 낮을 것
0.75 m 이상 1 m 미만	0.1 m 미만일 것
1 m 이상 1.5 m 미만	0.15 m 미만일 것
1.5 m 이상	0.3 m 미만일 것

8 주택전용 간이스프링클러설비 설치

주택전용 간이스프링클러설비는 다음 기준에 따라 설치한다. 다만, 주택전용 간이스프링클러설비가 아닌 간이스프링클러설비를 설치하는 경우에는 그렇지 않다.

① 상수도에 직접 연결하는 방식으로 수도용 계량기 이후에서 분기하여 수도용 역류방지밸브, 개폐표시형밸브, 세대별 개폐밸브 및 간이헤드의 순으로 설치할 것. 이 경우 개폐표시형밸브와 세대별 개폐밸브는 그 설치위치를 쉽게 식별할 수 있는 표시를 해야 한다.

② 방수압력과 방수량은 간이스프링클러설비에 따를 것

③ 배관은 간이스프링클러설비에 따라 설치할 것. 다만, 세대 내 배관은 소방용 합성수지배관으로 설치할 수 있다.

④ 간이헤드와 송수구는 간이스프링클러설비에 따라 설치할 것

⑤ 주택전용 간이스프링클러설비에는 가압송수장치, 유수검지장치, 제어반, 음향장치, 기동장치 및 비상전원은 적용하지 않을 수 있다.

2.5 화재조기진압용 스프링클러설비

1 개요

화재조기진압용 스프링클러설비는 건축물(주로 랙식 창고) 내의 화재 시 해당 특정소방대상물의 보호와 초기화재 소화를 목적으로 화재를 자동으로 감지하여 신속히 화재를 진압할 수 있도록 함을 그 목적으로 한다. 구성은 수조, 가압송수장치(소화펌프 등), 기동용수압개폐장치, 유수검지장치, 배관, 화재조기진압용 스프링클러헤드 등으로 구성되어 있다.

화재조기진압용 스프링클러설비는 랙식 창고에 설치하며, 특정 높은 장소의 화재위험에 대하여 조기에 진화할 수 있도록 설계된 화재조기진압용 스프링클러헤드를 설치한다. 화재조기진압용 스프링클러헤드는 화재초기에 작동될 수 있도록 열에 의한 감도 특성이 우수한 조기작동형 헤드로서 강력한 화세에 침투가 용이하도록 입자가 큰 물방울로 방사가 이루어지게 설계된 헤드를 사용한다.

2 설치장소의 구조

화재조기진압용 스프링클러설비를 설치할 장소의 구조는 다음에 적합해야 한다.

① 당해층의 높이가 13.7 m 이하일 것. 다만, 2층 이상일 경우에는 당해층의 바닥을 내화구조로 하고 다른 부분과 방화구획할 것

② 천장의 기울기가 1,000분의 168을 초과하지 않아야 하고, 이를 초과하는 경우에는 반자를 지면과 수평으로 설치할 것

③ 천장은 평평하여야 하며 철재나 목재트러스 구조인 경우, 철재나 목재의 돌출부분이 102 mm를 초과하지 않을 것

④ 보로 사용되는 목재・콘크리트 및 철재사이의 간격이 0.9 m 이상 2.3 m 이하일 것. 다만, 보의 간격이 2.3 m 초과인 경우에는 화재조기진압용 스프링클러헤드의 동작을 원활히 하기 위하여 보로 구획된 부분의 천장 및 반자의 넓이가 28 m^2를 초과하지 않을 것

⑤ 창고 내의 선반의 형태는 하부로 물이 침투되는 구조로 할 것

3 수원

(1) 화재조기진압용 스프링클러설비의 수원은 수리학적으로 가장 먼가지배관 3개에 각각 4개의 스프링클러헤드가 동시에 개방되었을 때 헤드선단의 압력은 [표 2.19]에 의한 값 이상으로 60분간 방사할 수 있는 양으로 계산식은 다음과 같다.

$$Q = K\sqrt{10p} \times 12 \times 60 \quad \text{min}$$

여기서, Q : 수원의 양(L)
K : 방출계수
p : 헤드선단의 압력(MPa)

(2) 화재조기진압용 스프링클러설비의 수원은 "(1)"의 규정에 따라 산출된 유효수량 외 3분의 1 이상을 옥상(화재조기진압용스프링클러설비가 설치된 건축물의 주된 옥상)에 설치해야 한다. 다만, 다음에 해당하는 경우에는 그렇지 않다.

① 옥상이 없는 건축물 또는 공작물
② 지하층만 있는 건축물
③ 고가수조를 가압송수장치로 설치한 화재조기진압용 스프링클러설비
④ 수원이 건축물의 지붕보다 높은 위치에 설치된 경우
⑤ 건축물의 높이가 지표면으로부터 10 m 이하인 경우
⑥ 주 펌프와 동등 이상의 성능이 있는 별도로서 내연기관의 기동과 연동하여 작동하거나 비상전원을 연결하여 설치한 경우
⑦ 가압수조를 가압송수장치로 설치한 화재조기진압용 스프링클러설비

(3) 기타 옥상수조의 규정, 유효수량, 수조 설치기준 등은 스프링클러설비의 규정을 준용한다.

표 2.19 화재조기진압용 스크링클러헤드의 최소방사압력(MPa)

최대층고	최대저장높이	화재조기진압용 스프링클러헤드				
		K=360 하향식	K=320 하향식	K=240 하향식	K=240 상향식	K=200 하향식
13.7 m	12.2 m	0.28	0.28	-	-	-
13.7 m	10.7 m	0.28	0.28	-	-	-
12.2 m	10.7 m	0.17	0.28	0.36	0.36	0.52
10.7 m	9.1 m	0.14	0.24	0.36	0.36	0.52
9.1 m	7.6 m	0.10	0.17	0.24	0.24	0.34

4 가압송수장치

(1) 펌프방식

$$H = h_1 + h_2 + h_3$$

여기서, H : 필요한 낙차(m)
h_1 : 실양정(m)
h_2 : 배관의 마찰손실후드(m)
h_3 : 최소방사압력의 환산수두(m)

(2) 고가수조방식

$$H = h_1 + h_2$$

여기서, H : 필요한 낙차(m)
h_1 : 배관의 마찰손실수두(m)
h_2 : 최소방사압력의 환산수두(m)

(3) 압력수조방식

$$P = p_1 + p_2 + p_3$$

여기서, P : 필요한 압력(MPa)
p_1 : 낙차의 환산수두압(MPa)
p_2 : 배관의 마찰손실수두압(MPa)
p_3 : 최소방사압력(MPa)

(4) 가압수조방식

$$P = p_1 + p_2 + p_3$$

5 방호구역 · 유수검지장치

화재조기진압용 스프링클러설비의 방호구역(화재조기진압용 스프링클러설비의 소화범위에 포함된 영역을 말한다. 이하 같다) 및 유수검지장치는 다음 기준에 적합해야 한다.

(1) 하나의 방호구역의 바닥면적은 3,000 m^2를 초과하지 않을 것

(2) 하나의 방호구역에는 1개 이상의 유수검지장치를 설치하되, 화재발생시 접근이 쉽고 점검하기 편리한 장소에 설치할 것

(3) 하나의 방호구역은 2개층에 미치지 아니하도록 할 것. 다만, 1개층에 설치되는 화재조기진압용 스프링클러헤드의 수가 10개 이하인 경우에는 3개층 이내로 할 수 있다.

(4) 유수검지장치를 실내에 설치하거나 보호용 철망 등으로 구획하여 바닥으로부터 0.8 m 이상 1.5 m 이하의 위치에 설치하되, 그 실 등에는 가로 0.5 m 이상 세로 1 m 이상의 출입문을 설치하고 그 출입문 상단에 "유수검지장치실"이라고 표시한 표지를 설치할 것. 다만, 유수검지장치 등을 기계실(공조용기계실을 포함한다)안에 설치하는 경우에는 별도의 실 또는 보호용 철망을 설치하지 않고 기계실 출입문 상단에 "유수검지장치실"이라고 표시한 표지를 설치할 수 있다.

(5) 화재조기진압용 스프링클러헤드에 공급되는 물은 유수검지장치 등을 지나도록 할 것. 다만, 송수구를 통하여 공급되는 물은 그렇지 않다.

(6) 자연낙차에 따른 압력수가 흐르는 배관상에 설치된 유수검지장치 등은 화재시 물의 흐름을 검지할 수 있는 최소한의 압력이 얻어질 수 있도록 수조의 하단으로부터 낙차를 두어 설치할 것

6 배관

(1) 화재조기진압용 스프링클러설비의 배관은 습식으로 해야 한다.

(2) **기타 배관은 관련 내용은 스프링클러설비의 규정을 준용한다.**

7 화재조기진압용 스프링클러헤드

화재조기진압용 스프링클러헤드는 표준형 스프링클러헤드보다 화재발생 초기에 작동하여, 강렬한 불기둥이 성장하기 전에 화재를 진압하는 데 충분한 양의 물을 방수한다. 조기진압은 다음 세 가지 요소에 의해 결정된다.

① 열감도(Thermal Sensitivity)
② 소요살수밀도(RDD ; Required Delivered Density)
③ 실제살수밀도(ADD ; Actual Delivered Density)

화재조기진압용 스프링클러헤드는 위 세 가지 요소와 관련된 특수한 특성이 반드시 있어야 하며, 세 가지 요소를 모두 고려하지 않고 설계된 설비는 조기에 화재진압을 기대할 수 없다.

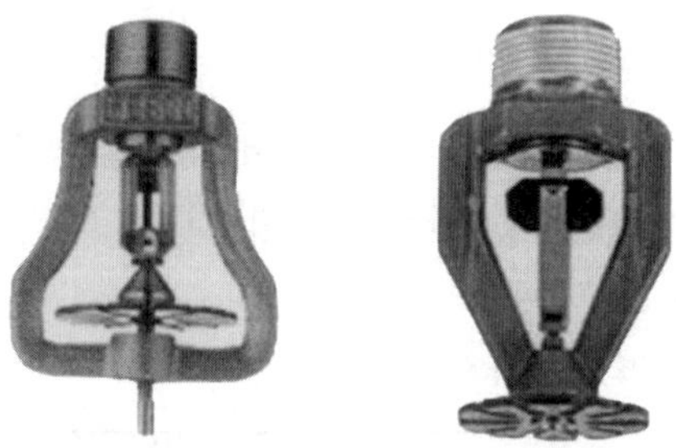

그림 2.108 화재조기진압용 스프링클러헤드

화재조기진압용 스프링클러설비헤드는 특정 높은 장소의 화재위험에 대하여 조기에 진화할 수 있도록 설계된 스프링클러헤드이다. 다음에 적합해야 한다.

(1) 헤드 하나의 방호면적은 6.0 m^2 이상 9.3 m^2 이하로 할 것

(2) 가지배관의 헤드 사이의 거리는 천장의 높이가 9.1 m 미만인 경우에는 2.4 m 이상 3.7 m 이하로, 9.1 m 이상 13.7 m 이하인 경우에는 3.1 m 이하로 할 것

(3) 헤드의 반사판은 천장 또는 반자와 평행하게 설치하고 저장물의 최상부와 914 mm 이상 확보되도록 할 것

(4) 하향식 헤드의 반사판의 위치는 천장이나 반자 아래 125 mm 이상 355 mm 이하일 것

(5) 상향식 헤드의 감지부 중앙은 천장 또는 반자와 101 mm 이상 152 mm 이하이어야 하며, 반사판의 위치는 스프링클러배관의 윗부분에서 최소 178 mm 상부에 설치되도록 할 것

(6) 헤드와 벽과의 거리는 헤드 상호간 거리의 2분의 1을 초과하지 않아야 하며 최소 102 mm 이상일 것

(7) 헤드의 작동온도는 74℃ 이하일 것. 다만, 헤드 주위의 온도가 38℃ 이상의 경우에는 그 온도에서의 화재시험 등에서 헤드작동에 관하여 공인기관의 시험을 거친 것을 사용할 것

(8) 헤드의 살수분포에 장애를 주는 장애물이 있는 경우에는 다음에 적합할 것

① 천장 또는 천장근처에 있는 장애물과 반사판의 위치는 [그림 2.109] 또는 [그림 2.110]과 같이 하며, 천장 또는 천장근처에 보・덕트・기둥・난방기구・조명기구・전선관 및 배관 등의 기타 장애물이 있는 경우에는 장애물과 헤드 사이의 수평거리에 따른 장애물의 하단과 그보다 윗부분에 설치되는 헤드 반사판 사이의 수직거리는 [표 2.20] 또는 [그림 2.111]에 따를 것

② 헤드 아래에 덕트・전선관・난방용배관 등이 설치되어 헤드의 살수를 방해하는 경우에는 [표 2.20] 또는 [그림 2.111]에 따를 것. 다만, 2개 이상의 헤드의 살수를 방해하는 경우에는 [표 2.21]을 참고로 한다.

(9) 상부에 설치된 헤드의 방출수에 따라 감열부에 영향을 받을 우려가 있는 헤드에는 방출수를 차단할 수 있는 유효한 차폐판을 설치할 것

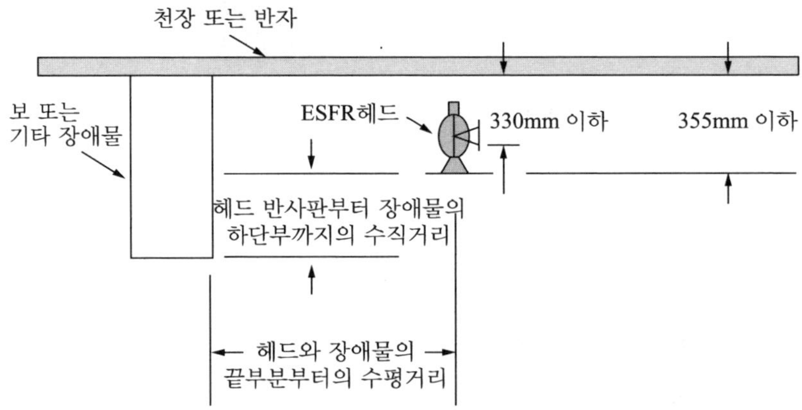

■그림 2.109 보 또는 기타 장애물 위에 헤드가 설치된 경우의 반사판 위치

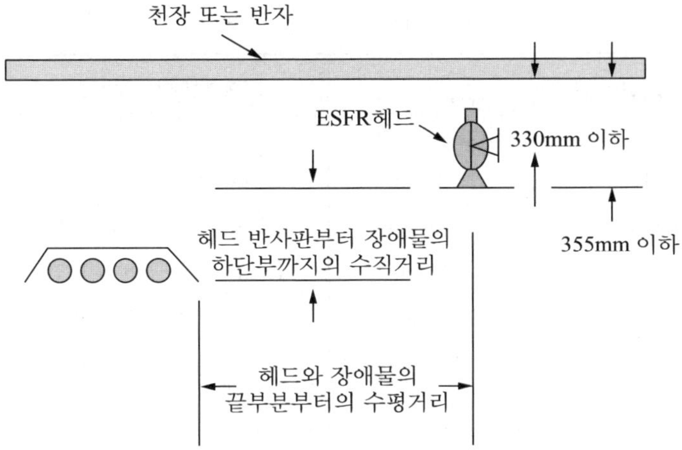

■그림 2.110 장애물이 헤드 아래에 연속적으로 설치된 경우의 반사판 위치

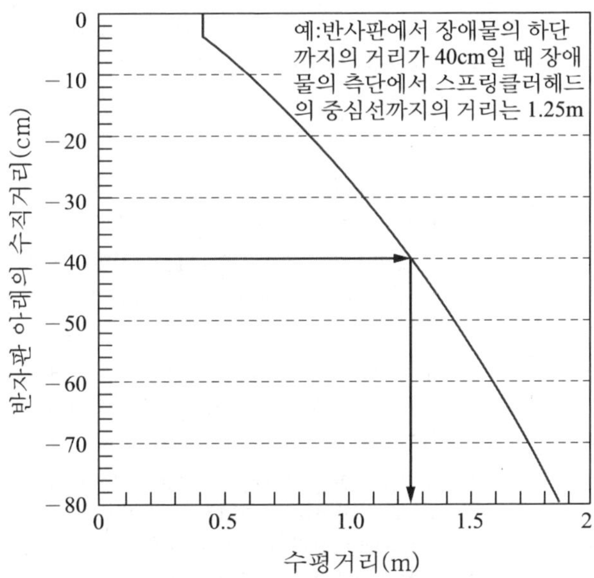

■그림 2.111 장애물 아래에 설치되는 헤드 반사판의 위치

표 2.20 보 또는 기타 장애물 아래에 헤드가 설치된 경우의 반사판 위치

장애물과 헤드사이의 수평거리	장애물의 하단과 헤드의 반사판 사이의 수직거리	장애물과 헤드사이의 수평거리	장애물의 하단과 헤드의 반사판 사이의 수직거리
0.3 m 미만	0 mm	1.1 m 이상~1.2 m 미만	300 mm
0.3 m 이상~0.5 m 미만	40 mm	1.2 m 이상~1.4 m 미만	380 mm
0.5 m 이상~0.7 m 미만	75 mm	1.4 m 이상~1.5 m 미만	460 mm
0.7 m 이상~0.8 m 미만	140 mm	1.5 m 이상~1.7 m 미만	560 mm
0.8 m 이상~0.9 m 미만	200 mm	1.7 m 이상~1.8 m 미만	660 mm
1.0 m 이상~1.1 m 미만	250 mm	1.8 m 이상	790 mm

표 2.21 저장물 위에 장애물이 있는 경우의 헤드설치 기준

장애물의 류(폭)		조 건
돌출장애물	0.6 m 이하	1. [표 2.20] 또는 [그림 2.109]에 적합하거나 2. 장애물의 끝 부근에서 헤드 반사판까지의 수평거리가 0.3 m 이하로 설치할 것
	0.6 m 초과	[표 2.20] 또는 [그림 2.111]에 적합할 것
연속장애물	5 cm 이하	1. [표 2.20] 또는 [그림 2.111]에 적합하거나 2. 장애물이 헤드 반사판 아래 0.6 m 이하로 설치된 경우는 허용한다.
	5 cm 초과 ~ 0.3 m 이하	1. [표 2.20] 또는 [그림 2.111]에 적합하거나 2. 장애물의 끝 부근에서 헤드 반사판까지의 수평거리가 0.3 m 이하로 설치할 것
	0.3 m 초과 ~ 0.6 m 이하	1. [표 2.20] 또는 [그림 2.111]에 적합하거나 2. 장애물이 끝 부근에서 헤드 반사판까지의 수평거리가 0.6 m 이하로 설치할 것
	0.6 m 초과	1. [표 2.20] 또는 [그림 2.111]에 적합하거나 2. 장애물이 평편하고 견고하며 수평적인 경우에는 저장물의 최상단과 헤드반사판의 간격이 0.9 m 이하로 설치할 것 3. 장애물이 평편하지 않거나 비연속적인 경우에는 저장물 아래에 평편한 판을 설치한 후 헤드를 설치할 것

8 기타 등

(1) 저장물품 사이의 간격은 모든 방향에서 152 mm 이상의 간격을 유지해야 한다.

(2) 화재조기진압용 스프링클러설비의 환기구는 다음에 적합해야 한다.

① 공기의 유동으로 인하여 헤드의 작동온도에 영향을 주지 않는 구조일 것

② 화재감지기와 연동하여 동작하는 자동식 환기장치를 설치하지 않을 것. 다만, 자동식 환기장치를 설치할 경우에는 최소작동온도가 180℃ 이상일 것

(3) **송수구**

화재조기진압용 스프링클러설비에는 소방차로부터 그 설비에 송수할 수 있는 송수구의 기준은 스프링클러설비기준에 준용한다.

9 화재조기진압용 스프링클러 설치제외

다음에 해당하는 물품의 경우에는 화재조기진압용 스프링클러를 설치하여서는 안 된다. 다만, 물품에 대한 화재시험 등 공인기관의 시험을 받은 것은 제외한다.

① 제4류 위험물

② 타이어, 두루마리 종이 및 섬유류, 섬유제품 등 연소시 화염의 속도가 빠르고 방사된 물이 하부까지 도달하지 못하는 것

출제 및 예상문제

01 스프링클러설비에서 표시온도와 최고 주위온도라는 것이 있다. 이 2가지를 간단히 설명하시오.

정답 (1) 표시온도 : 폐쇄형스프링클러헤드 감열체의 작동온도이며 헤드에 표시되어 있다. 헤드의 작동온도 범위는 100±3%이다. 즉, 97～103% 사이에서 작동되어야 한다.

(2) 최고 주위온도 : 폐쇄형스프링클러헤드의 설치 장소에 기준이 되는 온도이며, 최고 주위온도를 구하는 공식은 다음과 같다.

$T_{max} = 0.9T_i - 27.3℃$

여기서, T_{max} : 최고 주위온도

T_i : 헤드 표시온도

(단, 헤드 표시온도가 79℃ 미만일 경우 위의 공식을 무시하고, 39℃로 한다.)

02 설치 준공된 습식스프링클러의 정상 기능 및 성능 유지를 위하여 가장 중요하다고 생각되는 점검 및 시험사항 2가지를 쓰고, 그 이유를 설명하시오.

정답 말단시험밸브, 또는 작동시험밸브를 개방

① 유수와 동시 경보 기능을 점검 및 시험 사항

② 유수와 동시 소화펌프의 자동 기능, 정지 기능을 위한 점검 및 시험사항

03 준비작동식 밸브의 2차측에는 압력(알람)스위치와 자동배수장치를 설치해야 한다. 이 두 장치의 기능을 각각 설명하시오.

정답 ① 압력스위치 : 2차측 압력 저하로 준비작동밸브의 클래퍼가 열리면 밸브에 유수시 수신반으로 신호를 보내어 경보하는 기능

② 자동배수장치 : 2차측 배관 내에 있는 물을 자동으로 배수시키는 기능을 가지므로 사용 후 2차측에 물이 남아 있어 배관을 부식시키거나 동파시키는 것을 방지할 수 있다. 가압상태에서는 배수되지 않고 압력이 저하하면 스프링에 의해 배수구가 열려 자동배수되는 구조이다.

04 습식스프링클러설비에서 알람 체크밸브의 1차측에 개폐밸브를 설치하는 이유를 2가지만 쓰시오.

정답 ① 헤드 교환시 물이 방출되지 않게 하기 위하여
② 알람 체크밸브 및 알람 체크밸브 2차측 배관의 유지 보수를 위하여

05 스프링클러설비의 반응시간지수(RTI ; Response Time Index)에 대하여 설명하시오.

정답 기류의 온도, 속도 및 작동시간에 대하여 스프링클러헤드의 반응시간을 예상한 지수

해설 '반응시간지수(RTI)'라 함은 기류의 온도, 속도 및 작동시간에 대하여 스프링클러헤드의 반응을 예상한 지수로서 다음 식에 의하여 계산한다(스프링클러헤드 검정 기준).

$$RTI = \tau\sqrt{u}$$

여기서, RTI : 반응시간지수$[m \cdot s]^{0.5}$
τ : 감열체의 시간상수[초]
u : 기류속도[m/s]

06 스프링클러설비에 설치하는 시험장치에 대한 사항이다. 다음 각 물음에 답하시오.

(2024년 출제)

(가) 시험장치의 설치 목적을 쓰시오.
(나) 시험장치배관에 대한 내용이다. 다음 (　　) 안을 채우시오.

> 시험장치배관의 구경은 (①)mm 이상으로 하고, 그 끝에 개폐밸브 및 (②) 또는 스프링클러헤드와 동등한 방수성능을 가진 (③)를 설치할 것. 이 경우 (②)는 반사핀 및 프레임을 제거한 (③)만으로 설치할 수 있다.

정답 (가) 유수검지장치의 작동확인
(나) ① 25, ② 개방형 헤드, ③ 오리피스

해설 ① 습식 유수검지장치 또는 건식 유수검지장치를 사용하는 스프링클러설비와 부압식 스프링클러설비의 시험장치 설치기준

㉠ 습식 스프링클러설비 및 부압식 스프링클러설비에 있어서는 유수검지장치 2차측 배관에 연결하여 설치하고, 건식 스프링클러설비인 경우 유수검지장치에서 가장 먼 거리에 위치한 가지배관의 끝으로부터 연결하여 설치할 것. 유수검지장치 2차측 설비의 내용적이 2840 L를 초과하는 건식 스프링클러설비의 경우 시험장치개폐밸브를 완전개방 후 1분 이내에 물이 방사될 것

㉡ 시험장치배관의 구경은 25 mm 이상으로 하고, 그 끝에 개폐밸브 및 개방형 헤드 또는 스프링클러헤드와 동등한 방수성능을 가진 오리피스를 설치할 것. 이 경우 개방형 헤드는 반사판 및 프레임을 제거한 오리피스만으로 설치가능

㉢ 시험배관의 끝에는 물받이통 및 배수관을 설치하여 시험 중 방사된 물이 바닥에 흘러내리지 아니하도록 할 것(단, 목욕실 · 화장실 또는 그 밖의 곳으로서 배수처리가 쉬운 장소에 시험배관을 설치한 경우 제외)

07 습식 스프링클러설비 배관의 동파를 방지하기 위하여 보온재를 피복할 때 보온재의 구비조건 4가지를 쓰시오. (2024년 출제)

정답 ① 보온능력이 우수할 것 ② 단열효과가 뛰어날 것
③ 시공이 용이할 것 ④ 가벼울 것

해설 보온재의 구비조건
(1) 보온능력이 우수할 것 (2) 단열효과가 뛰어날 것
(3) 시공이 용이할 것 (4) 가벼울 것
(5) 가격이 저렴할 것

08 무대부 또는 연소할 우려가 있는 개구부에 설치해야 하는 스프링클러설비 방식을 쓰시오. (2023년 출제)

정답 일제살수식 스프링클러설비

해설 • 무대부 또는 연소할 우려가 있는 개구부에 있어서는 개방형 헤드를 설치하므로 일제살수식 스프링클러설비

09 건식 스프링클러설비의 최대 단점은 시스템 내의 압축공기가 빠져나가는 만큼 물이 화재대상물에 방출이 지연되는 것이다. 이것을 방지하기 위해 설치하는 보완설비 2가지를 쓰시오. (2023년 출제)

정답 엑셀레이터, 익져스터

해설 엑셀레이터(accelerator), 익져스터(exhauster)
건식 스프링클러설비는 2차측 배관에 공기압이 채워져 있어서 헤드 작동 후 공기의 저항으로 소화에 악영향을 미치지 않도록 설치하는 Quick Opening Devices (Q.O.D.)로서, 이것은 건식밸브 개방 시 압축공기의 배출속도를 가속시켜 1차측 배관 내의 가압수를 2차측 헤드까지 신속히 송수할 수 있도록 한다.

▌엑셀레이터와 익져스터 비교

구분		엑셀레이터(accelerator)	익져스터(exhauster)
설치형태	입구	2차측 토출배관에 연결됨	2차측 토출배관에 연결됨
	출구	건식밸브의 중간챔버에 연결됨	대기 중에 노출됨
작동원리		내부에 차압챔버가 일정한 압력으로 조정되어 있는데, 헤드가 개방되어 2차측 배관 내의 공기압이 저하되면 차압챔버의 압력에 의하여 건식밸브의 중간챔버를 통해 공기가 배출되어 클래퍼(clapper)를 밀어준다.	헤드가 개방되어 2차측 배관 내의 공기압이 저하되면 익져스터 내부에 설치된 챔버의 압력변화로 인해 익져스터의 내부밸브가 열려 건식밸브 2차측의 공기를 대기로 배출시킨다. 또한 건식밸브의 중간챔버를 통해서도 공기가 배출되어 클래퍼(clapper)를 밀어준다.

10 스프링클러설비에 있어 하향식 헤드를 설치할 경우 회향식(return bend) 배관으로 설치하는 이유를 쓰시오.

정답 배관 내의 물속에 있는 불순물(진흙, 용접찌꺼기 등)에 의하여 헤드가 막혀서 방수가 되지 않는 것을 방지하기 위해서이다.

11 부압식스프링클러설비 1차측과 2차측의 상태와 원리를 설명하시오.

정답 1차측 : 가압수
2차측 : 진공상태

해설 스프링클러설비

구분	습식	건식	준비작동식	일제살수식	부압식
1차측	가압수	가압수	가압수	가압수	가압수
2차측	가압수	압축공기	대기압	대기압	진공상태

참고 용어 : 부압식 스프링클러설비(vacuum system)

구분	설 명
정의	일반적으로 사용되고 있는 준비작동식이나 건식 또는 습식스프링클러설비의 2차측 배관 내의 압력을 부압(진공)상태로 유지시켜 스프링클러헤드의 파손 또는 배관의 누수 등 오작동 시에 발생되는 소화수의 누수를 진공압으로 흡입하는 구조로 설계되어 수손피해에 대한 위험도를 적게 하기 위한 소화설비
특징	기존의 습식, 건식, 준비작동식스프링클러설비에 모두 적용이 가능
구성	① 부압용스프링클러, ② 부압제어반, ③ 화재수신반
원리	72℃ 조기반응형으로 진공상태에 적합하도록 되어 있으며 진공제어반은 화재수신반을 비롯하여 압력스위치 등 제어반 내에 스위치의 압력을 받아 배관 내의 압력이 진공압(−0.05∼0.08 MPa)으로 유지할 수 있도록 제어하는 역할
장점	① 화재수신반으로부터 화재신호가 없는 상태에서 오작동으로 인하여 스프링클러가 파손되었을 경우 또는 지진 등에 2차측 배관에 파손이 확인된 경우 부압제어반은 배관 내의 부압수를 진공펌프의 작동으로 배수배관을 통하여 배출시키므로 물로 인한 피해를 발생시키지 않음 ② 오작동에 대한 정보를 화재수신반에 보내 사용자가 확인이 가능함

12 스프링클러설비의 배관 중 루프(loop)식 배관을 간단히 설명하고 이 배관을 사용하는 이유 2가지를 쓰시오.

정답 설명 : 2개 이상의 배관에서 헤드에 물을 공급하는 방식
이유 : ① 한쪽 배관에 이상발생시 다른 방향으로 소화수 공급
② 유수의 흐름을 분산시켜 압력손실 감소

해설 스프링클러설비의 배관방식

구분	루프(loop)식 배관	그리드(grid)식 배관
뜻	2개 이상의 배관에서 헤드에 물을 공급하는 방식	평행한 교차배관에 많은 가지배관을 연결하는 방식
장점	① 한쪽 배관에 이상 발생시 다른 방향으로 소화수를 공급하기 위해서 ② 유수의 흐름을 분산시켜 압력손실을 줄이기 위해서	① 유수의 흐름이 분산되어 압력손실이 적고 공급압력 차이를 줄일 수 있으며, 고른 압력분포 가능 ② 고장수리 시에도 소화수 공급 가능 ③ 배관 내 충격파 발생 시에도 분산 가능 ④ 소화설비의 증설·이설 시 용이 ⑤ 소화용수 및 가압송수장치의 분산배치 용이
구성	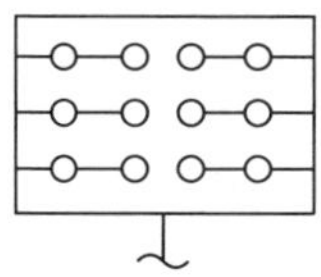	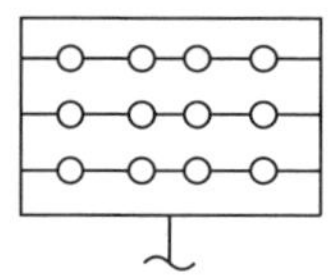

13 준비작동식스프링클러설비에서 준비작동식밸브의 2차측을 대기압 또는 무압상태로 두는 이유를 쓰시오.

정답 동결방지

해설 스프링클러설비의 작동원리

구분	종류	작동원리(설비특징)	사용 헤드	2차측을 가압수, 공기, 대기압 상태로 두는 이유
유수검지장치	습식	습식밸브의 1차측 및 2차측 배관 내에 항상 가압수가 충수되어 있다가 화재발생시 열에 의해 헤드가 개방되어 소화하는 방식	폐쇄형	신속한 방사
	건식	건식밸브의 1차측에는 가압수, 2차측에는 공기가 압축되어 있다가 화재발생시 열에 의해 헤드가 개방되어 소화하는 방식	폐쇄형	동결방지
	준비작동식	준비작동식밸브의 1차측에는 가압수, 2차측에는 대기압 또는 무기압 상태로 있다가 화재발생시 감지기에 의하여 준비작동식밸브(preaction valve)를 개방하여 헤드까지 가압수를 송수시켜 놓고 있다가 열에 의해 헤드가 개방되면 소화하는 방식	폐쇄형	동결방지
일제개방밸브	일제살수식	일제개방밸브의 1차측에는 가압수, 2차측에는 대기압 상태로 있다가 화재발생시 감지기에 의하여 일제개방밸브(deluge valve)가 개방되어 소화하는 방식	개방형	동결방지

14 스프링클러설비에 대한 다음 각 물음에 답하시오.

(가) 스프링클러설비에서 가지배관을 토너먼트배관으로 하지 않는 이유를 설명하시오.
(나) 연소할 우려가 있는 개구부에는 개방형스프링클러헤드를 설치하도록 하는데, 연소할 우려가 있는 개구부란 어떤 것인지 설명하시오.

정답 (가) 유체의 마찰손실이 너무 크므로
(나) 각 방화구획을 관통하는 컨베이어·에스컬레이터 또는 이와 유사한 시설의 주위로서 방화구획을 할 수 없는 부분

15 스프링클러설비 가지배관의 배열에 대한 다음 각 물음에 답하시오. (2024년 출제)

(가) 토너먼트방식이 허용되지 않는 주된 이유를 쓰시오.
(나) 토너번트방식이 적용되는 소화설비 3가지를 쓰시오.

정답 (가) 배관 내 마찰손실과 수격작용에 따른 배관의 파손을 방지하기 위하여
(나) ① 분말소화설비
② 할론소화설비
③ 이산화탄소 소화설비

해설 (가) 스프링클러설비의 가지배관이 토너먼트 방식이 아니어야 하는 이유
① 수격작용에 따른 배관의 파손을 방지하기 위하여
② 유체의 마찰손실이 너무 크므로 압력손실을 최소화하기 위하여
(나) 토너먼트방식
① 분말소화설비
② 이산화탄소 소화설비
③ 할론소화설비
④ 할로겐화합물 및 불활성기체 소화설비

16 스프링클러설비에 사용되는개방형 헤드와 폐쇄형헤드의 차이점과 설치장소를 각각 2가지씩 쓰시오.

구분	개방형헤드	폐쇄형헤드
차이점		
설치장소		

정답

구분	개방형헤드	폐쇄형헤드
차이점	• 감염부가 없다. • 가압수 방출기능만 있다.	• 감열부가 있다. • 화재감지 및 가압수 방출기능이 있다.
설치장소	• 무대부 • 연소할 우려가 있는 개구부	• 근린생활시설 • 판매시설

17 건식스프링클러설비에 사용되는 드라이펜던트(Dry Pendent)형헤드의 사용 목적을 쓰시오.

정답 건식스프링클러설비의 경우 화재발생시 2차측으로 송수된 물이 개방된 헤드로만 살수되고, 개방되지 않은 헤드의 경우 가지관과 헤드 사이의 배관 내 물이 남아있어 동절기 동파가 생기게 되는 것을 방지하기 위해서이다.

18 다음은 소방용 배관을 소방용 합성수지관으로 설치할 수 있는 경우이다. 보기에서 골라 빈칸을 완성하시오(단, 소방용 합성수지배관의 성능인증 및 제품검사의 기술기준에 적합한 것이다). (2023년 출제)

[보기]
지상, 지하, 내화구조, 방화구조, 단열구조, 소화수, 천장, 벽, 반자, 바닥, 불연재료, 난연재료

- 배관을 (①)에 매설하는 경우
- 다른 부분과 (②)로 구획된 덕트 또는 피트의 내부에 설치하는 경우
- (③)(상층이 있는 경우 상층바닥의 하단 포함)과 (④)를 (⑤) 또는 준(⑤)로 설치하고 소화배관 내부에 항상 (⑥)가 채워진 상태로 설치하는 경우

정답 ① 지하 ② 내화구조 ③ 천장
④ 반자 ⑤ 불연재료 ⑥ 소화수

해설 소방용 합성수지배관으로 설치할 수 있는 경우
(1) 배관을 지하에 매설하는 경우
(2) 다른 부분과 내화구조로 구획된 덕트 또는 피트의 내부에 설치하는 경우
(3) 천장(상층이 있는 경우 상층바닥의 하단 포함)과 반자를 불연재료 또는 준불연재료로 설치하고 소화배관 내부에 항상 소화수가 채워진 상태로 설치하는 경우

19 다음 용어의 정의를 쓰시오.

(가) 리타딩체임버
(나) 탬퍼스위치
(다) 이그저스터

정답 (가) 누수로 인한 유수 검지장치의 오동작을 방지하기 위한 안전장치로서 계속적이 아닌 순간적 압력을 상부에 연결되어 있는 압력스위치에 연결되지 않게 하여 물의 흐름이 연속적이지 않는 상태에서 오보를 방지해 준다.
(나) OS & Y 밸브에 부착하여 수퍼비조리패널의 고장시 이 스위치를 조작하여 준비작동밸브를 작동시키는 비상스위치 기능과 평상시에는 주밸브의 개폐상태를 수신반에 표시해 주는 주밸브 감시기능을 수행한다.

(다) 건식밸브 2차측의 공기압력이 세팅 압력보다 낮아졌을 때 공기배출기가 작동하여 2차측의 압축공기가 대기 중으로 빠르게 배출되도록 한다.

20 스프링클러설비에 사용되는 개방형 헤드와 폐쇄형 헤드의 차이점과 적용설비를 쓰시오. (2023년 출제)

(가) 차이점
(나) 적용설비

개방형 헤드	폐쇄형 헤드
•	• • •

정답 (가) 차이점 : 감열부의 유무
(나) 적용설비

개방형 헤드	폐쇄형 헤드
• 일제살수식 스프링클러설비	• 습식 스프링클러설비 • 건식 스프링클러설비 • 준비작동식 스프링클러설비

21 일제개방밸브에서 압력스위치와 자동배수밸브의 기능을 설명하시오.

정답 ① 압력스위치 : 유수검지 및 준비작동식 밸브의 개방 확인
② 자동배수밸브 : 배관 내에 고인 물을 자동으로 배수시켜 배관의 동파 및 부식 방지

22 스프링클러설비 가지배관의 배열에 대한 다음 각 물음에 답하시오.

(가) 토너먼트방식이 허용되지 않는 주된 이유 2가지를 쓰시오.
(나) 토너먼트방식이 적용되는 소화설비 4가지를 쓰시오.

정답 (가) ① 유체의 마찰손실이 너무 크므로
② 수격작용에 따른 배관 파손 방지
(나) ① 분말소화설비
② 이산화탄소 소화설비
③ 할론소화설비
④ 할로겐화합물 및 불활성기체

23 소방대상물에 유효하게 설치했을 때 스프링클러설비를 면제받을 수 있는 소화설비 5가지를 쓰시오.

정답 ① 물분무소화설비
② 포소화설비
③ 이산화탄소소화설비
④ 할론소화설비
⑤ 분말소화설비
⑥ 할로겐화합물 및 불활성기체소화설비

24 스프링클러설비에서 측벽형 헤드를 설치할 수 있는 경우의 기준을 쓰시오.

정답 실내폭 9 m 이하 시 설치(헤드간 간격은 3.6 m 이하)

해설 폭 4.5 m 이상 9 m 이하 : 양쪽에 측벽형 헤드 설치
폭 4.5 m 미만 : 한쪽에 측벽형 헤드 설치

25 습식유수검지장치를 사용하는 스프링클러설비에 동장치를 시험할 수 있는 시험장치의 설치 기준이다. 다음 각 물음에 답하시오. (2023년 출제)

(가) 시험장치의 설치위치를 쓰시오.
(나) 시험밸브의 구경(mm)을 쓰시오.
(다) 다음 심벌을 이용하여 시험장치의 미완성도면을 완성하시오.

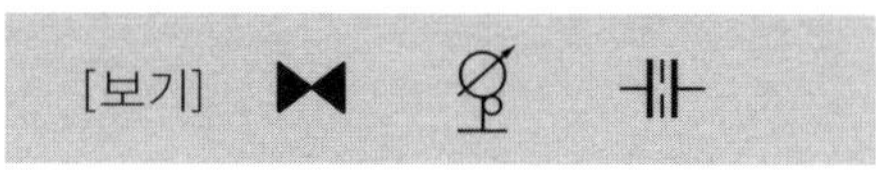

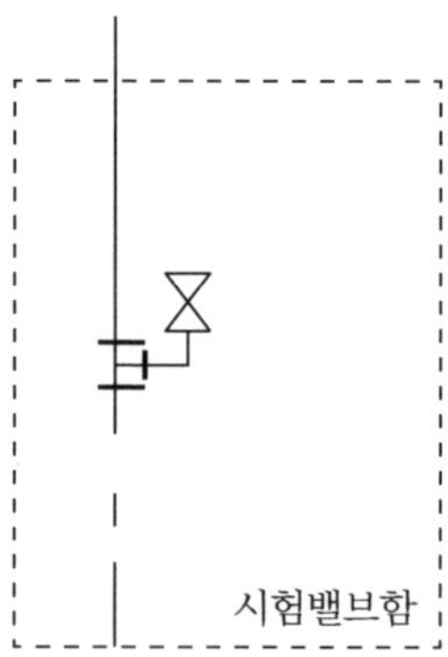

정답 (가) 유수검지장치 2차측 배관
(나) 25 mm

(다)

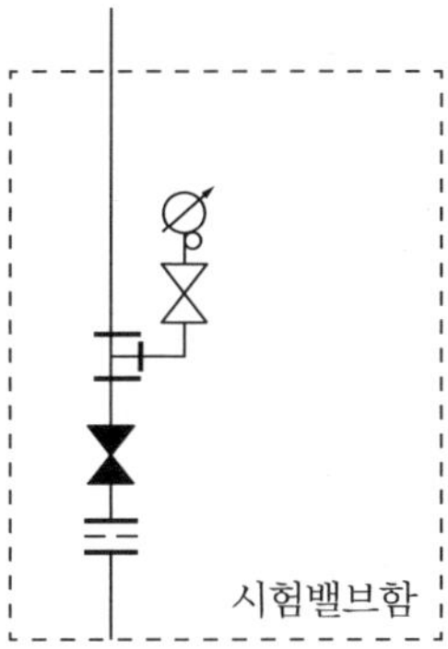

해설 (가), (나) 습식 유수검지장치 또는 건식 유수검지장치를 사용하는 스프링클러설비와 부압식 스프링클러설비의 시험장치 설치기준

① 습식 스프링클러설비 및 부압식 스프링클러설비에 있어서는 유수검지장치 2차측 배관에 연결하여 설치하고 건식 스프링클러설비인 경우 유수검지장치에서 가장 먼 거리에 위치한 가지배관의 끝으로부터 연결하여 설치할 것. 유수검지장치 2차측 설비의 내용적이 2840 L를 초과하는 건식 스프링클러설비의 경우 시험장치개폐밸브를 완전개방 후 1분 이내에 물이 방사될 것

② 시험장치 배관의 구경은 25 mm 이상으로 하고, 그 끝에 개폐밸브 및 개방형 헤드 또는 스프링클러헤드와 동등한 방수성능을 가진 오리피스를 설치할 것. 이 경우 개방형 헤드는 반사판 및 프레임을 제거한 오리피스만으로 설치가능

③ 시험배관의 끝에는 물받이통 및 배수관을 설치하여 시험 중 방사된 물이 바닥에 흘러내리지 아니하도록 할 것(단, 목욕실 · 화장실 또는 그 밖의 곳으로서 배수처리가 쉬운 장소에 시험배관을 설치한 경우 제외)

(다) 시험장치배관 끝에 설치하는 것

① 개폐밸브

② 개방형 헤드(또는 스프링클러헤드와 동등한 방수성능을 가진 오리피스)

26 드렌처설비의 개요와 설치기준에 대하여 쓰시오.

정답 드렌처설비는 스프링클러의 개방형과 구조는 똑같고, 헤드가 드렌처헤드로 대치된 것이다. 드렌처헤드는 그림과 같이 옆으로 살수하고 개구부의 방호를 위한 것과 인접 건물의 연소방지용이 있다.

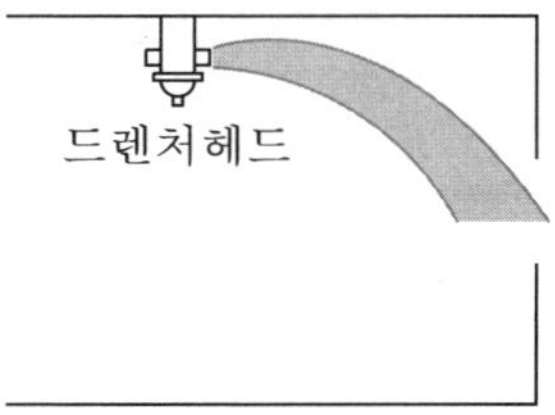

살수방향

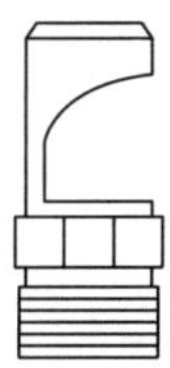

드랜처헤드

27 스프링클러설비에서 유수검지장치의 말단시험장치에 대한 다음 각 물음에 답하시오.

(가) 말단시험장치를 설치하는 배관의 위치에 대하여 설명하시오.
(나) 말단시험장치를 설치하는 주된 목적을 설명하시오.
(다) 말단시험장치에 필요한 부품 3가지를 쓰시오.

정답 (가) 설치위치 : 유수검지장치에서 가장 먼 가지배관의 끝
(나) 유수검지장치의 작동확인, 방수압 및 방수량 측정
(다) 구성요소
① 압력계
② 개폐밸브
③ 오리피스(반사판 및 프레임이 제거된 개방형 헤드)

28 스프링클러설비에 관한 사항이다. 빈칸에 알맞은 내용을 보기에서 찾아서 번호로 적어 넣으시오.

[보기] ① 가압수/공기 ② 가압수/압축공기
③ 폐쇄형 ④ 개방형
⑤ × ⑥ ○
⑦ 가압수/가압수

스프링클러설비	배관(1차측/2차측)	헤드종류	감지기 유무(○, ×)
습식	(　)	(　)	(　)
건식	(　)	(　)	(　)
일제살수식	(　)	(　)	(　)

정답

스프링클러설비	배관(1차측/2차측)	헤드종류	감지기 유무(○, ×)
습식	(⑦)	(③)	(×)
건식	(②)	(③)	(×)
일제살수식	(①)	(④)	(○)

해설

스프링클러설비	배관(1차측/2차측)	헤드종류	감지기 유무(○, ×)
습식	(가압수/가압수)	(폐쇄형)	(×)
건식	(가압수/압축공기)	(폐쇄형)	(×)
준비작동식	(가압수/공기)	(폐쇄형)	(○)
일제살수식	(가압수/공기)	(개방형)	(○)

29 습식스프링클러설비 배관 내 사용압력이 1.2 MPa 이상일 경우에 사용해야 하는 배관을 쓰시오.

정답 압력배관용탄소강관

해설 스프링클러설비의 배관(NFSC 103 8조)

배관 내 사용압력이 1.2 MPa 미만일 경우	배관 내 사용압력이 1.2 MPa 이상일 경우
가. 배관용 탄소강관(KS D 3507) 나. 이음매 없는 구리 및 구리합금관(KS D 5301). 다만, 습식의 배관에 한한다. 다. 배관용 스테인리스강관(KS D 3576) 또는 일반배관용 스테인리스강관(KS D 3595) 라. 덕타일 주철관(KS D 4311)	가. 압력배관용탄소강관 나. 배관용 아크용접 탄소강강관

30 간이스프링클러설비를 설치해야 할 특정소방대상물에 있어서 ( ) 안에 알맞은 것을 쓰시오.

(가) 근린생활시설로 사용하는 부분의 바닥면적 합계가 ( ) m^2 이상인 것은 모든 층
(나) 교육연구시설 내에서 합숙소로서 연면적( ) m^2 이상인 것
(다) 요양병원(정신병원과 의료재활시설은 제외)으로 사용되는 바닥면적의 합계가 ( ) m^2 미만인 시설
(라) 숙박시설 중 생활형 숙박시설로서 해당 용도로 사용되는 바닥면적의 합계가 ( ) m^2 이상인 것

정답 (가) 1000
(나) 100
(다) 600
(라) 600

해설 ① 공동주택 중 연립주택 및 다세대주택(연립주택 및 다세대주택에 설치하는 간이스프링클러설비는 화재안전기준에 따른 주택전용 간이스프링클러설비를 설치한다)
② 근린생활시설 중 다음의 어느 하나에 해당하는 것
가) 근린생활시설로 사용하는 부분의 바닥면적 합계가 1천 m^2 이상인 것은 모든 층
나) 의원, 치과의원 및 한의원으로서 입원실이 있는 시설
다) 조산원 및 산후조리원으로서 연면적 600 m2 미만인 시설
③ 의료시설 중 다음의 어느 하나에 해당하는 시설
가) 종합병원, 병원, 치과병원, 한방병원 및 요양병원(의료재활시설은 제외)으로 사용되는 바닥면적의 합계가 600 m^2 미만인 시설
나) 정신의료기관 또는 의료재활시설로 사용되는 바닥면적의 합계가 300 m^2 이상 600 m^2 미만인 시설
다) 정신의료기관 또는 의료재활시설로 사용되는 바닥면적의 합계가 300 m^2 미만이고, 창살(철재 · 플라스틱 또는 목재 등으로 사람의 탈출 등을 막기 위하여 설치

한 것을 말하며, 화재 시 자동으로 열리는 구조로 되어 있는 창살은 제외)이 설치된 시설

④ 교육연구시설 내에 합숙소로서 연면적 100 m^2 이상인 경우에는 모든 층

⑤ 노유자 시설로서 다음의 어느 하나에 해당하는 시설

가) 제7조 제1항 제7호 각 목에 따른 시설[같은 호 가목2) 및 같은 호 나목부터 바목까지의 시설 중 단독주택 또는 공동주택에 설치되는 시설은 제외하며, 이하 "노유자 생활시설"이라 한다]

나) 가)에 해당하지 않는 노유자 시설로 해당 시설로 사용하는 바닥면적의 합계가 300 m^2 이상 600 m^2 미만인 시설

다) 가)에 해당하지 않는 노유자 시설로 해당 시설로 사용하는 바닥면적의 합계가 300 m^2 미만이고, 창살(철재 · 플라스틱 또는 목재 등으로 사람의 탈출 등을 막기 위하여 설치한 것을 말하며, 화재 시 자동으로 열리는 구조로 되어 있는 창살은 제외)이 설치된 시설

⑥ 숙박시설로 사용되는 바닥면적의 합계가 300 m^2 이상 600 m^2 미만인 시설

⑦ 건물을 임차하여 「출입국관리법」 제52조 제2항에 따른 보호시설로 사용하는 부분

⑧ 복합건축물(별표 2 제30호 나목의 복합건축물만 해당한다)로서 연면적 1천 m^2 이상인 것은 모든 층

31

다음은 스프링클러헤드의 설치기준이다. 알맞은 답을 작성하시오.

설치장소의 최고 주위온도	표시온도
39℃ 미만	(①)
39℃ 이상 64℃ 미만	(②)
64℃ 이상 106℃ 미만	(③)
106℃ 이상	(④)

정답 ① 79℃ 미만
② 79℃ 이상 121℃ 미만
③ 121℃ 이상 162℃ 미만
④ 162℃ 이상

32

스프링클러헤드의 skipping 현상에 대하여 설명하시오.

정답 (1) 발생원인 : 스프링클러헤드 사이의 간격이 너무 가까울 경우 발생

(2) 발생현상 : 개방된 스프링클러헤드로부터 방사된 물이 주위를 냉각시켜 인접한 스프링클러헤드가 개방되는 것을 방해하고, 그 다음의 스프링클러를 개방시키는 현상

(3) 문제점 : Skipping 현상은 스프링클러헤드의 살수밀도를 약화시켜 초기진화를 불가능하게 하여 연소확대를 촉진하는 결과를 초래한다.

33 다음은 습식 스프링클러설비와 건식 스프링클러설비의 송수구 주위 배관을 나타낸 것이다. 체크밸브, 게이트밸브, 자동배수밸브 및 배관을 추가하여 그림을 완성하시오(단, 도시기호를 참조한다).

도시기호

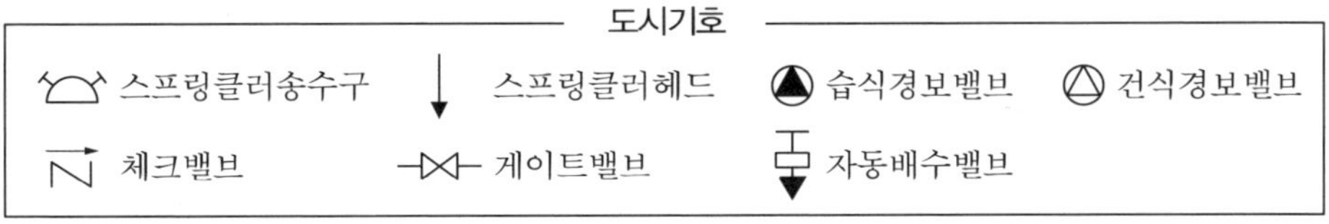

정답 (1) 습식 스프링클러설비

(2) 건식 스프링클러설비

해설

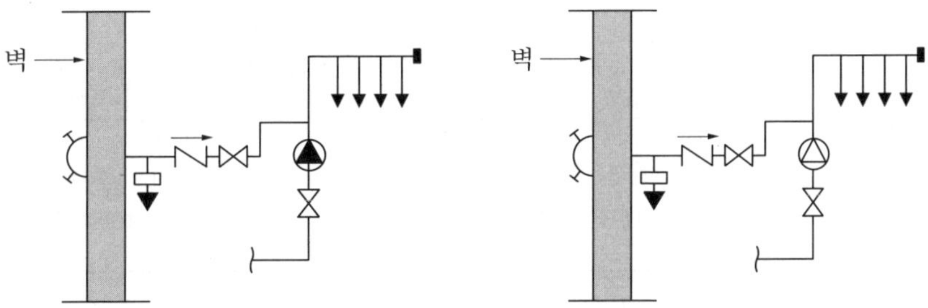

34 다음은 준비작동식과 습식스프링클러설비의 비교이다. 빈 칸을 채워 표를 완성하시오.

항목	준비작동식설비	습식설비
1. 경보발령 시기	감지기 작동 후에 경보	헤드가 개방된 후에 경보
2. 다른 방재설비의 연동 여부		
3. 시스템 내 물의 출입 여부 (보수 유지시)		
4. 가압송수장치 고장 및 배관의 누수율	가압송수장치 고장률과 배관진동으로 인한 누수율이 거의 없다.	
5. 헤드 연결 배관방식	주가지관 가지본관에 측면 연결이 가능하다.	
6. 시험시 또는 비상시 (시스템에 누수 여부)		
7. 수격방지장치의 필요성 여부	시스템 전체가 압력 쿠션 체임버로 되기 때문에 수격방지장치가 필요없다.	
8. 방수량, 방수압의 변화 상태		
9. 보온부위 설정		
10. 수명		

정답

구분	준비작동식설비	습식설비
1	–	–
2	연동이 가능하다.	연동이 불가능하다.
3	물의 출입이 없다.	시스템 내의 물을 모두 배수하였다가 다시 충수해야 한다.
4	–	가압송수장치의 고장률이 많고 진동으로 배관 접합부 누수율이 높다.
5	–	주가지관 또는 가지본관에서 회향식으로 해야 한다.
6	물이 들어가지 않으므로 누수가 없다.	시험시 또는 비상시 사용되고 있는 층 외의 층 시스템 배관에서 누수율이 높다.
7	–	시스템 전체에 물이 만수되어 있기 때문에 수격방지장치를 설치해야 한다.
8	방수량, 방수압이 설계값 대로 이루어질 수 있다.	방수량, 방수압이 해가 거듭될수록 설계값보다 현저히 떨어진다.
9	0℃ 이하가 될 가능성이 있는 장소는 전입상관과 밸브를 보온해야 한다.	0℃ 이하가 될 가능성이 있는 장소는 전배관설비 모두를 보온해야 한다.
10	배관 내에 물이 차 있지 않으므로 수명이 길다.	배관 내에 항상 물이 차 있으므로 수명이 짧다.

35 다음 도면 중 ①, ②, ③, ④의 배관 명칭을 쓰시오.

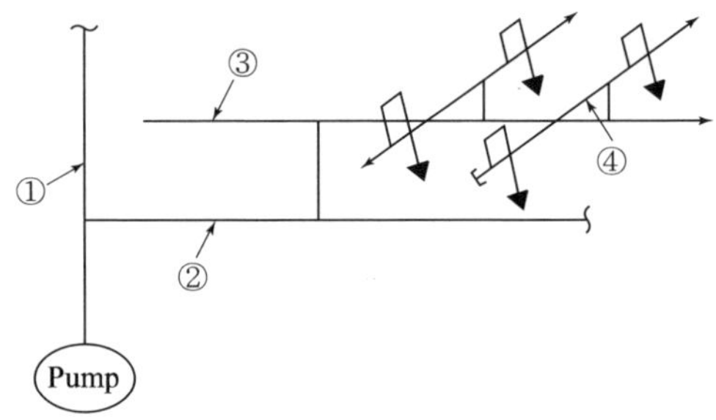

정답 ① 주배관(입상관) ② 수평주행배관
③ 교차배관 ④ 가지배관

36 다음 (   ) 안에 알맞은 말을 쓰시오.

(가) RTI는 기류의 (①), (②) 및 (③)에 대하여 스프링클러헤드의 반응을 예상한 지수이다.
(나) 스프링클러 소화설비의 유수 검지장치는 (④), (⑤), (⑥)를 말하며, 본체 내의 유수 현상을 자동으로 검지하여 신호 또는 경보를 발하는 장치를 말한다.

정답 (가) ① 온도
② 속도
③ 작동시간
(나) ④ 습식 유수 검지장치
⑤ 건식 유수 검지장치
⑥ 준비작동식 유수 검지장치

해설 (가) 반응시간지수(RTI)란 기류의 온도, 속도 및 작동시간에 대하여 스프링클러헤드의 반응을 예상한 지수로서, 다음 식에 의하여 계산하고 $[m \cdot s]^{0.5}$을 단위로 한다.

$$RTI = r\sqrt{u}$$

여기서, r : 감열체의 시간상수[초]
u : 기류속도[m/s]

(나) 점검기준 제2조 용어의 정의
'유수 검지장치'란 ① 습식 유수 검지장치 ② 건식 유수 검지장치 ③ 준비작동식 유수 검지장치를 말하며, 본체 내의 유수현상을 자동적으로 검지하여 신호 또는 경보를 발하는 장치를 말한다.

37 간이스프링클러설비에서 폐쇄형헤드를 사용하는 경우 상수도 설비에 직접 연결하는 것들을 순서대로 쓰시오(기기, 밸브 등).

정답 폐쇄형 간이 헤드 사용시 : 수도용 계량기 → 개폐표시형 밸브 → 체크밸브 → 압력계 → 유수검지장치(압력스위치 등) → 시험밸브

해설 ① 상수도 직결형의 경우에는 다음 기준에 따라 설치할 것
가. 수도용계량기, 급수차단장치, 개폐표시형개폐밸브, 체크밸브, 압력계, 유수검지장치(압력스위치 등 유수검지장치와 동등 이상의 기능과 성능이 있는 것), 2개의 시험밸브 순으로 설치할 것
나. 간이스프링클러설비 이외의 배관에는 화재시 배관을 차단할 수 있는 급수차단장치를 설치할 것

② 펌프 등의 가압송수장치를 이용하여 배관 및 밸브 등을 설치하는 경우에는 수원, 연성계 또는 진공계(수원이 펌프보다 높은 경우를 제외), 펌프 또는 압력수조, 압력계, 체크밸브, 성능시험배관, 개폐표시형밸브, 유수검지장치, 시험밸브의 순으로 설치할 것

③ 가압수조를 가압송수장치로 이용하여 배관 및 밸브 등을 설치하는 경우에는 수원, 가압수조, 압력계, 체크밸브, 성능시험배관, 개폐표시형밸브, 유수검지장치, 2개의 시험밸브의 순으로 설치할 것

④ 캐비닛형의 가압송수장치에 배관 및 밸브 등을 설치하는 경우에는 수원, 연성계 또는 진공계(수원이 펌프보다 높은 경우를 제외), 펌프 또는 압력수조, 압력계, 체크밸브, 개폐표시형밸브, 2개의 시험밸브의 순으로 설치할 것. 다만, 소화용수의 공급은 상수도와 직결된 바이패스관 및 펌프에서 공급받아야 한다.

38 습식스프링클러설비 외의 설비에는 상향식 스프링클러헤드를 설치해야 한다. 다만, 다음 각 항에 해당하는 경우에는 제외한다. ( ) 안에 알맞은 말을 쓰시오.

(가) (①) 스프링클러헤드를 사용하는 경우
(나) (②)의 설치장소가 (③)가 없는 곳인 경우
(다) (④) 스프링클러헤드를 사용하는 경우

정답 (가) ① 드라이 펜던트
(나) ② 스프링클러헤드
③ 동파의 우려
(다) ④ 개방형

39 자동 스프링클러설비 중 일제살수식 스프링클러설비에 사용하는 일제개방밸브의 개방방식은 2가지로 구분한다. 2가지 방식의 종류 및 작동원리에 대하여 기술하시오.
(2023년 출제)

정답 (1) 종류 : 가압개방식
- 작동원리 : 화재감지기가 화재를 감지해서 전자개방밸브를 개방시키거나, 수동개방밸브를 개방하면 가압수가 실린더실을 가압하여 일제개방밸브가 열리는 방식

(2) 종류 : 감압개방식
- 작동원리 : 화재감지기가 화재를 감지해서 전자개방밸브를 개방시키거나, 수동개방밸브를 개방하면 가압수가 실린더실을 감압하여 일제개방밸브가 열리는 방식

40 스프링클러설비에 연결송수구를 함께 설치하는 이유를 2가지만 쓰시오.

정답 ① 소화작업시 자체 수원이 부족할 경우 소화용수를 외부의 소방차로부터 보충해 주기 위하여
② 소화펌프가 고장나거나 정전시 외부 소방차의 토출압으로 헤드로부터 방수압을 내기 위하여

41 스프링클러설비에서 가지관으로부터 분기하여 헤드 설치까지 필요한 부속을 모두 쓰시오(수량을 반드시 표기할 것).

정답 (1) 단닛플 3개
(2) 90° 엘보 2개
(3) 레듀셔 1개

해설

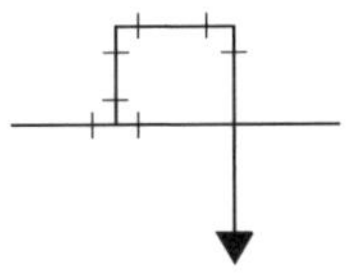

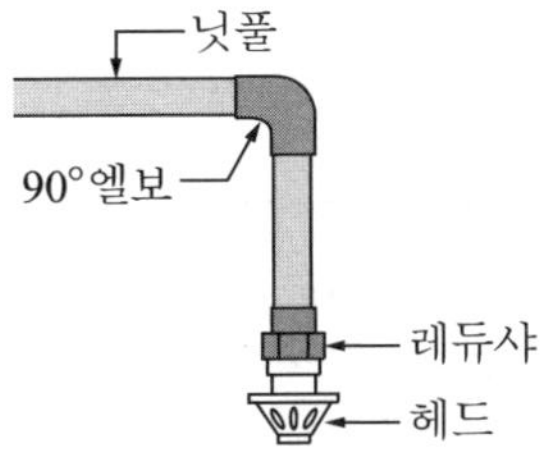

42 스프링클러설비의 스프링클러헤드에서 방사되는 방수량(L/min)을 최소 방수량과 최대 방수량으로 구분하여 계산하시오.(단, 방출계수 $K=80$이다.)

정답 (1) 최소 방수량 : 80 L/min
(2) 최대 방수량 : 277 L/min

해설 스프링클러헤드의 방수압 범위는 0.1～1.2 MPa이므로
(1) 최소 방수량

$$Q_{min}=K\sqrt{10P}=80\sqrt{10\times 0.1}=80\ \text{L/min}$$

(2) 최대 방수량

$$Q_{max}=K\sqrt{10P}=80\sqrt{10\times 1.2}=277.128 \fallingdotseq 277\ \text{L/min}$$

43 드렌처설비의 헤드를 4개 설치하였다. 이때 수원의 수량은 얼마 이상 되도록 하여야 하는가?

정답 6,400 L 이상

해설 드렌처 헤드가 가장 많이 설치된 제어밸브에서 드렌처 헤드의 설치 개수에 1.6 m^3를 곱하여 얻은 수치 이상이 되어야 한다.
즉, 수원의 수량 $Q=N\times 1.6\ \text{m}^3/\text{개}=4\times 1.6=6.4\ \text{m}^3=6400\,\text{L}$

44 스프링클러헤드의 방사압력이 0.3 MPa이고, 방수량이 220 L/min일 때, 방사압력을 0.5 MPa로 올릴 경우 방수량(L/min)은?

정답 284.02 L/min

해설 ① 방수압이 0.3 MPa일 경우

$$Q=K\sqrt{10P}$$

$$\therefore K=\frac{Q}{\sqrt{10P}}=\frac{220}{\sqrt{10\times 0.3}}=127$$

② 방수압이 0.5 MPa일 경우

$$Q=K\sqrt{10P}=127\sqrt{10\times 0.5}=284\ \text{L/min}$$

45 스프링클러설비에서 충압펌프의 자연압이 0.55 MPa이면 충압펌프의 정격 토출압력은 얼마 이상인가?

정답 충압펌프 정격 토출압력 = 자연압 + 0.2 MPa = 0.55 + 0.2 = 0.75 MPa
(자연압 = 압력스위치에서 최고층 헤드까지의 높이를 압력으로 환산한 것)

46 다음 그림은 정사각형 스프링클러헤드 배치도이다. 헤드간의 간격과 헤드 1개당 방호면적을 구하시오[단, (1) 무대부, (2) 비내화구조, (3) 내화구조].

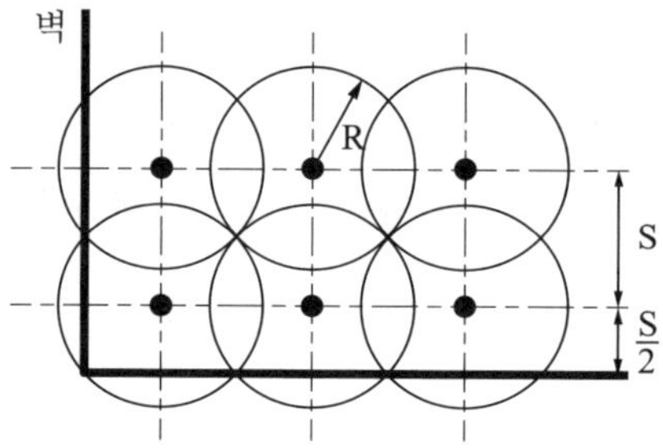

정답 (1) 무대부

① 헤드간 간격 : $S_1 = 2 \times r_1 \times \cos 45^\circ = 2 \times 1.7 \times \cos 45^\circ = 2.404\,\mathrm{m}$

② 방호면적 $A_1 = S_1^2 = 5.78\,\mathrm{m}^2$

(2) 비내화구조

① 헤드간 간격 : $S_2 = 2 \times r_2 \times \cos 45^\circ = 2 \times 2.1 \times \cos 45^\circ = 2.97\,\mathrm{m}$

② 방호면적 $A_1 = S_2^2 = 8.82\,\mathrm{m}^2$

(3) 내화구조

① 헤드간 간격 : $S_3 = 2 \times r_3 \times \cos 45^\circ = 2 \times 2.3 \times \cos 45^\circ = 3.253\,\mathrm{m}$

② 방호면적 $A_1 = S_3^2 = 10.58\,\mathrm{m}^2$

47 한 개의 방호구역으로 구성된 가로 15m, 세로 26m, 높이 8m의 랙식 창고에 특수가연물을 저장하고 있고, 라지드롭형 스프링클러헤드(폐쇄형)를 정방형으로 설치하려고 한다. 해당 창고에 설치할 스프링클러헤드수(개)를 구하시오.

(2024년 출제)

정답 설치열수 $= \frac{8}{3} = 2.6 ≒ 3$열

∴ 전체 헤드개수 $= 77 \times 3 = 231$개

해설 (1) 스프링클러헤드의 배치기준

설치장소	설치기준
무대부 · 특수가연물(창고 포함)	수평거리 1.7 m 이하
기타구조(창고 포함)	수평거리 2.1 m 이하
내화구조(창고 포함)	수평거리 2.3 m 이하
공동주택(아파트) 세대 내	수평거리 2.6 m 이하

(2) 정방형(정사각형)

$S = 2R\cos 45°$

여기서, S : 수평헤드간격(m)

R : 수평거리(m)

$S = 2R\cos 45° = 2 \times 1.7\,\text{m} \times \cos 45° = 2.404\,\text{m}$

가로헤드개수 $= \frac{\text{가로길이}}{S} = \frac{15\,\text{m}}{2.404\,\text{m}} = 6.2 ≒ 7$개

세로헤드개수 $= \frac{\text{세로길이}}{S} = \frac{26\,\text{m}}{2.404\,\text{m}} = 10.8 ≒ 11$개

설치헤드개수 = 가로헤드개수 × 세로헤드개수 = 7개 × 11개 = 77개

랙식 창고 설치기준

설치장소	설치기준
랙식 창고	높이 3 m 이하마다

설치열수 $= \frac{8\,\text{m}}{3\,\text{m}} = 2.6 ≒ 3$열

∴ 전체 헤드개수 = 77개 × 3열 = 231개

- 창고시설의 화재안전성능기준(NFPC 609 7조)
  2. 랙식 창고의 경우에는 라지드롭형 스프링클러헤드를 랙 높이 3 m 이하마다 설치할 것
- 높이 3 m 이하마다 배치하므로 다음 그림과 같이 배열할 수 있다.

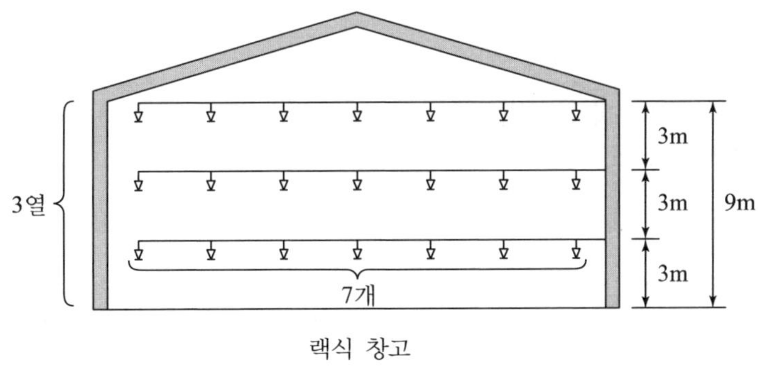

랙식 창고

48 그림과 같은 일반건축물에 스프링클러헤드를 설치하려고 한다. 헤드의 소요개수를 산출하시오.(단, 헤드는 정방형으로 배치한다.)

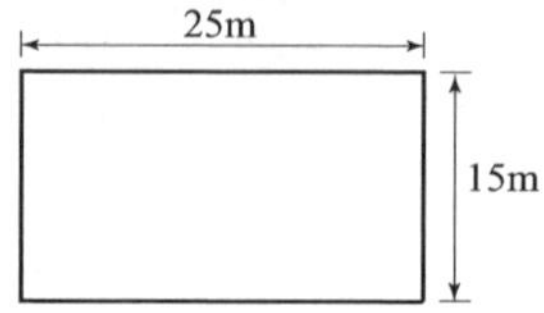

정답 54개

해설 헤드 간격 S는

$S = 2R\cos 45° = 2 \times 2.1\text{ m} \times \cos 45° = 2.97\text{ m}$

※ 일반 건축물의 수평거리(R) : 2.1 m

① 가로의 헤드 소요 개수

$$\frac{\text{가로길이}}{\text{수평 헤드 간격}} = \frac{25\text{ m}}{2.97\text{ m}} = 8.4\text{개} = 9\text{개}$$

② 세로의 헤드 소요 개수

$$\frac{\text{세로길이}}{\text{수평 헤드 간격}} = \frac{15\text{ m}}{2.97\text{ m}} = 5.05\text{개} = 6\text{개}$$

∴ 필요한 헤드의 소요 개수=가로 개수×세로 개수 =9×6=54개

49 스프링클러설비에 사용되는 관의 내경이 25 mm인 수평배관의 유량이 100 L/min이다. 이때 배관 내 압력[kPa]을 구하시오(단, 중력가속도는 9.8 m/s²이다).

정답 5.77 kPa

해설 유속 $V = \dfrac{Q}{\dfrac{\pi D^2}{4}} = \dfrac{0.1\text{ m}^3/60\text{s}}{\dfrac{\pi \times (0.025\text{ m})^2}{4}} = 3.395\text{ m/s}$

속도수두 $H = \dfrac{V^2}{2g} = \dfrac{(3.395\text{ m/s})^2}{2 \times 9.8\text{ m/s}^2} = 0.588\text{ m}$

$0.588\text{ m} = \dfrac{0.588\text{ m}}{10.332\text{ m}} \times 101.325\text{ kPa} \fallingdotseq 5.77\text{ kPa}$

$1\text{atm} = 10.3325\text{ m} = 101.325\text{ kPa} = 760\text{ mmHg}$

50 랙식 창고에 화재조기진압용 스프링클러헤드(ESFR)를 설치하고자 한다. 수원의 수량[m³]은 얼마인가?(단 K=230, 헤드압 0.51 MPa)

정답 373.98 m³

해설 $Q = K\sqrt{10P} \times 12 \times 60\text{min}$

$Q = 230 \times \sqrt{10 \times 0.51} \times 12 \times 60 = 373977\text{ L} = 373.977\text{ m}^3$

51 내화구조된 실내에 다음과 같이 스프링클러헤드가 설치되어 있다. B의 길이는 얼마인가?

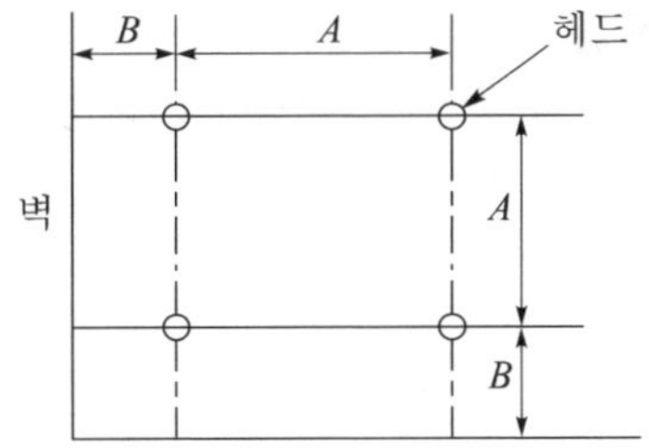

정답 1.62 m

해설 $A = 2r\cos 45°$

$B = 2r\cos 45° \times \frac{1}{2}$

$\because\ 2 \times 2.3 \times \cos 45° \times \frac{1}{2} = 1.62\,\text{m}$

52 고가수조방식의 스프링클러설비에서 다음 조건에 맞는 답을 쓰시오.

(가) 낙차압이 0.12 MPa이고, 배관 마찰손실수두 0.02 MPa 일 때, 헤드 방사압[MPa]은 얼마인가?
(나) 방사압을 0.12 MPa로 높게 하고자 할 때 수조의 위치는 몇 m인가?
(다) 고가수조방식 외의 가압송수장치의 종류 3가지를 쓰시오.

정답 (가) 0.1 MPa
(나) 14 m 높은 위치
(다) ① 전동기 또는 내연기관에 의한 펌프 방식
② 압력수조 방식
③ 가압수조 방식

해설 (가) 고가수조에 필요한 낙차 압력 배관 마찰손실압력 + 방사압력이므로
방사압력 = 0.12 MPa − 0.02 MPa = 0.1 MPa
(나) 수조의 위치 = 배관마찰손실수두 + 방사수두이므로
$\therefore\ 2\text{m} + 12\text{m} = 14\text{m}$

53 스프링클러 소화설비배관의 구경이 25 mm인 관을 통하여 유량이 100 L/min으로 흐르고 있다. 이때의 압력[kPa]은 얼마인가?

정답 6 kPa

해설 $Q = 0.653 \times d^2 \times \sqrt{10P}$

$$10P = \left(\frac{Q}{0.653 \times d^2}\right)^2 = \left(\frac{100}{0.653 \times 25^2}\right)^2 = 0.06$$

$\therefore\ P = 0.006\,\text{MPa} = 6\,\text{kPa}$

54 다음 그림은 고무풀(특수가연물)을 저장하는 단층 창고의 건물평면도이다. 이 건물에 폐쇄형스프링클러헤드를 정방형으로 설치하고자 한다. 다음 물음에 답하시오

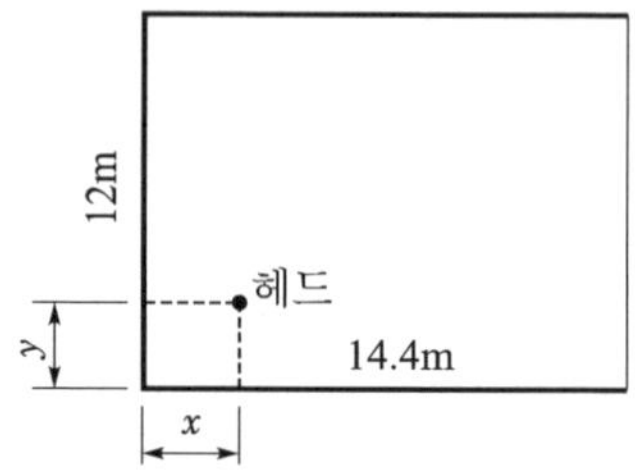

(가) 헤드의 최소 소요수는 몇 개인가?
(나) 배치도를 작성하시오(단, 이때 헤드 간의 거리를 기입할 것).

정답 (가) 30개

(나) 헤드 배치도

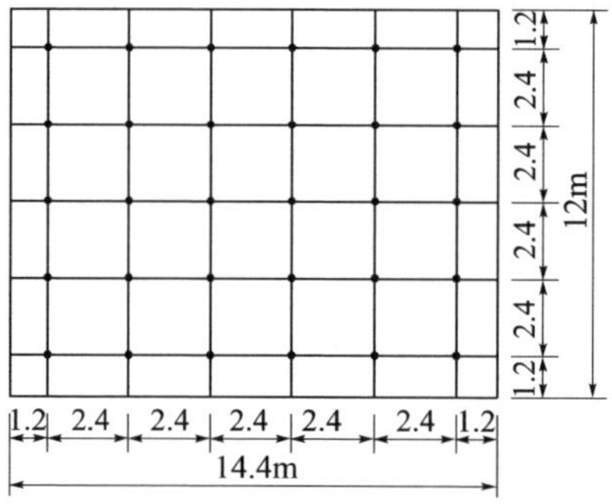

해설 (가) 고무풀의 경우 특수가연물이므로 수평거리 R = 1.7 m이다.

따라서, 헤드 간격 $S = 2R\cos 45^{\circ} = 2 \times 1.7 \times \cos 45^{\circ} = 2.4\,\text{m}$

가로 : 14.4 m ÷ 2.4 = 5.9, 즉 6개 세로 : 12 m ÷ 2.4 = 5개

따라서, 총 헤드 수 = 6×5 = 30 개

(나) 헤드 간의 거리 계산시

가로변의 길이 ÷ 설치 헤드수 = 14.4 ÷ 6 = 2.4 m

세로변의 길이 ÷ 설치 헤드수 = 12÷ 5 = 2.4 m

55 지하 2층, 지상 12층의 사무소 건물에 스프링클러설비를 설계하고자 한다. 스프링클러설비에 대한 소방관련법과 다음 조건을 이용하여 물음에 답하시오.

[조건]
- 폐쇄형스프링클러헤드의 수량은 각층 40개이다.
- 펌프의 풋밸브로부터 최상층 스프링클러헤드까지의 실고는 60 m이다.
- 펌프가 소요 최소정격용량으로 작동할 때 최상층의 시스템까지 유수에 의하여 일어나는 호스 및 배관 내 마찰손실수두는 20 m이다.
- 펌프의 효율은 70%, 물의 비중량은 1000 kgf/m^3, 동력전달계수는 1.1이다.
- 모든 규격값은 최소량을 적용한다.
- 펌프는 전동기 구동형이다.

(가) 펌프가 가져야 할 정격송수량[L/min]은 얼마인가?
(나) 수원의 최소유효저수량[m^3]은 얼마인가?
(다) 펌프가 가져야 할 정격 송출압력[MPa]은 얼마인가?
(라) 펌프의 운전에 필요한 전동기의 최소동력[kW]은 얼마인가?
(마) 불연재료로 된 천정에 헤드를 정방형으로 배치하고자 한다. 헤드 간 거리는 얼마인가? (단 건물은 내화구조이다)

정답 (가) 2400 L/min 이상
(나) 64 m^3 이상
(다) 0.9 MPa
(라) 55.46 kW
(마) 3.25 m

해설 (가) $N \times 80\,\text{L/min} = 30\text{개} \times 80\,\text{L/min}\cdot\text{개} = 2400\,\text{L/min}$

(나) $N \times 80\,\text{L/min} \times 20\,\text{min} = 30\text{개} \times 1.6\,\text{m}^3/\text{개} = 48\text{m}^3$

옥상수조 수원양 $= 48 \times \frac{1}{3} = 16\,\text{m}^3$

수원양 $= 48 + 16 = 64\,\text{m}^3$

(다) $H = h_1 + h_2 + 10\,\text{m} = 60\,\text{m} + 20\,\text{m} + 10\,\text{m} = 90\,\text{m} = 0.9\,\text{MPa}$

(라) $P = \frac{1000 \times 2.4 \times 90}{102 \times 60 \times 0.7} \times 1.1 = 55.462\text{kW} = 55.46\text{kW}$

(마) $2 \times R \times \cos\theta = 2 \times 2.3 \times \cos 45° = 3.25\text{m}$

56 지하 1층, 지하 9층의 백화점 건물에 다음 조건 및 화재안전기술기준에 따라 스프링클러설비를 설계하려고 할 때 다음을 구하시오. (2024년 출제)

[조건]
① 펌프는 지하층에 설치되어 있고, 펌프부터 최상층 스프링클러까지의 수직거리는 50 m이다.
② 배관 및 관부속품의 마찰손실수두는 펌프로부터 최상층 스프링클러헤드까지 수직거리의 20%로 한다.
③ 펌프의 흡입측 배관에 설치된 연성계는 300 mmHg를 나타낸다.
④ 각 층에 설치된 스프링클러헤드(폐쇄형)는 80개씩이다.
⑤ 최상층 말단 스프링클러헤드의 방수압은 0.11 MPa로 설정하며, 오리피스 안지름은 11 mm이다.
⑥ 펌프효율은 68%이다.

(가) 펌프에 요구되는 전양정(m)을 구하시오.
(나) 펌프에 요구되는 최소 토출량(L/min)을 구하시오(단, 방사헤드는 화재안전기술기준의 최소 기준개수를 적용하고, 토출량을 구하는 조건은 ⑤항과 동일하다).
(다) 스프링클러설비에 요구되는 최소 유효수원의 양(m^3)을 구하시오.
(라) 펌프의 효율을 고려한 축동력(kW)을 구하시오.

정답 (가) 75.08 mAq
(나) 2486.07 L/min
(다) 49.72 m^3
(라) 44.74 kW

해설 (가) $H = h_1 + h_2 + 10$

여기서, H : 전양정(m)
h_1 : 배관 및 관부속품의 마찰손실수두(m)
h_2 : 실양정(흡입양정 + 토출양정) (m)
10 : 최고위 헤드압력수두(m)

h_2 : 흡입양정 $= \dfrac{300\,\text{mmHg}}{760\,\text{mmHg}} \times 10.332\,\text{m} = 4.07\,\text{m}$

토출양정 $= 50\,\text{m}$

∴ 실양정 = 흡입양정 + 토출양정 = 4.078 m + 50 m = 54.078 m

h_1 : 50 m × 0.2 = 10 m

정양정 $H = h_1 + h_2 + 11 = 10\,\text{m} + 54.078\,\text{m} + 11 = 75.078 \fallingdotseq 75.08\,\text{m}$

(나) 스프링클러설비의 수원의 양

$Q = 0.653 D^2 \sqrt{10P}$

여기서, Q : 방수량(토출량) (L/min)
D : 구경(직경) (mm)
P : 방사압(MPa)

$Q = 0.653 D^2 \sqrt{10P} = 0.635 \times (11\,\text{mm})^2 \times \sqrt{10 \times 0.11\,\text{MPa}} \fallingdotseq 82.869\,\text{L/min}$

$Q = N \times 80\,\mathrm{L/min}$ 이상

여기서, Q : 펌프의 토출량(m^3)

N : 폐쇄형 헤드의 기준개수(설치개수가 기준개수보다 적으면 그 설치개수)

펌프의 토출량 $Q_1 = N \times 82.869\,\mathrm{L/min} = 30 \times 82.869\,\mathrm{L/min} = 2486.07\,\mathrm{L/min}$

(다) 수원의 양

수원의 양 = 토출량(L/min) × 20 min = 2486.07 L/min × 20 min

= 49721.4 L = 49.7214 m^3 ≒ 49.72 m^3

(라) 축동력

$$P = \frac{0.163QH}{\eta}$$

여기서, P : 축동력(kW)

Q : 유량(m^3/min)

H : 전양정(m)

η : 효율

펌프의 축동력 $P = \dfrac{0.163QH}{\eta} = \dfrac{0.163 \times 2.48608\,\mathrm{m^3/min} \times 75.08\,\mathrm{m}}{0.68}$

$= 44.742 \fallingdotseq 44.74\,\mathrm{kW}$

57 내화구조로 된 건축물의 실내(내측 66 m × 66 m)에 정방형으로 습식스프링클러설비를 설치하고자 하는 경우 (가) 스프링클러헤드의 개수와 (나) 습식밸브(유수검지장치)의 취소 개수는 얼마인가? (단, 실내의 기둥 및 형광등, 공기 유입·유출기구 등은 무시하고 천장과 반자의 높이는 2.5m로 가연물이 있다)

정답 ① 882개, ② 2개

해설 (가) 헤드 수의 계산

$S = 2R \cdot \cos 45^\circ \qquad \therefore R = 2.3\,\mathrm{m}$

$S = 2 \times 2.3 \times \cos 45^\circ = 3.2527\,\mathrm{m}$

가로 설치 개수 $= 66 \div 3.2527 = 20.29 \fallingdotseq 21$개

세로 설치 개수 $= 66 \div 3.2527 = 20.29 \fallingdotseq 21$개

설치 개수 $= 21 \times 21 = 441$

천정높이가 2.5m 이어서 반자 속에도 헤드를 설치해야 하므로

$441 \times 2 = 882$개

(나) 유수 검지장치의 설치 개수

$= \dfrac{\text{바닥면적}}{3000\,\mathrm{m}^2} = \dfrac{66\,\mathrm{m} \times 66\,\mathrm{m}}{3000\,\mathrm{m}^2} = 1.45 \qquad \therefore 2$개

방호구역이 2구역이고, 하나의 유수 검지장치로 천장 속과 천장 밖의 헤드를 감당할 수 있다.

58 다음 그림의 건식스프링클러설비의 밸브에서 1차측 물의 압력이 0.4 MPa이고, 1차측 단면 직경이 12 cm, 2차측 단면 직경이 18 cm일 때 2차측 공기압은 최소 얼마 이상이어야 밸브가 닫히는가?

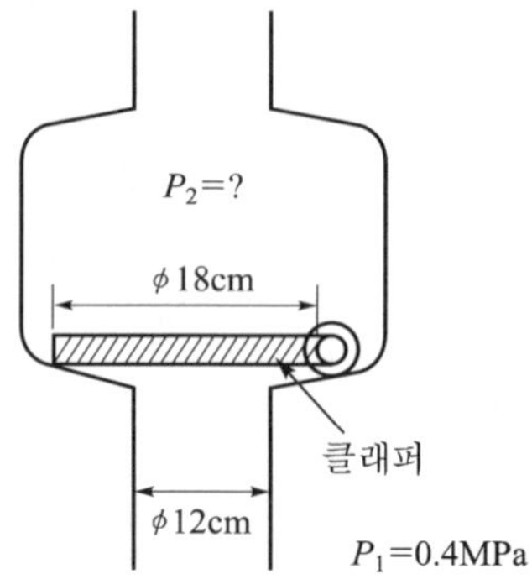

정답 0.178 MPa 이상

해설 파스칼의 원리 적용

$F = PA,\quad F_1 = P_1 A_1,\quad F_2 = P_2 A_2$

$F_2 \geq F_1$이 되어야 하므로

$$\therefore P_2 = \frac{A_1}{A_2} \times P_1 = \frac{\frac{\pi \times 0.12^2}{4}}{\frac{\pi \times 0.18^2}{4}} \times 0.4\,\text{MPa} = 0.178\,\text{MPa}$$

59 다음 스프링클러설비의 계통도를 보고 조건과 같이 관 부속품을 산출하시오.

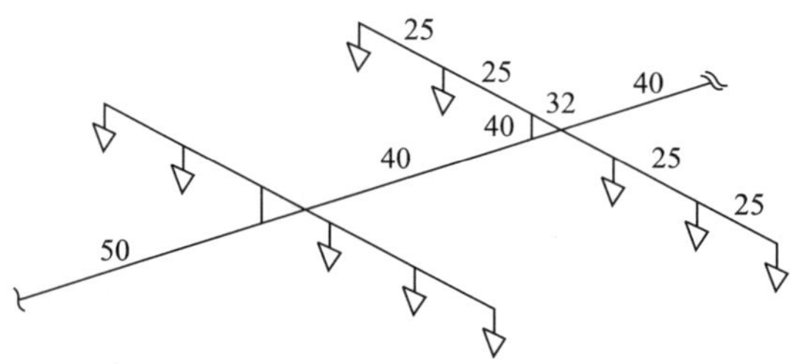

[조건]

- 레듀서는 큰쪽 지름으로 산출한다.
- 스프링클러헤드 ϕ15 하향형 10개(회향식 배관으로 하지 않고 그림과 같이 설계한다.)

정답

구경(mm)	엘보	티	레듀서
25	4	4	10
32	-	2	2
40	-	3	4
50	-	1	2

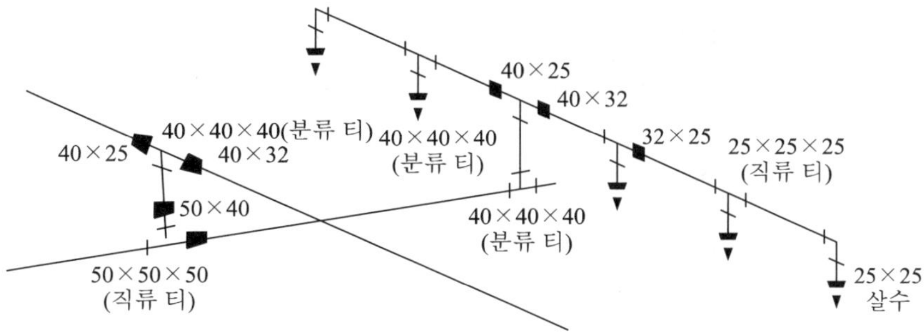

60 그림의 스프링클러설비 가지배관에서의 구성부품과 규격 및 수량을 산출하여 다음 답란을 완성하시오.

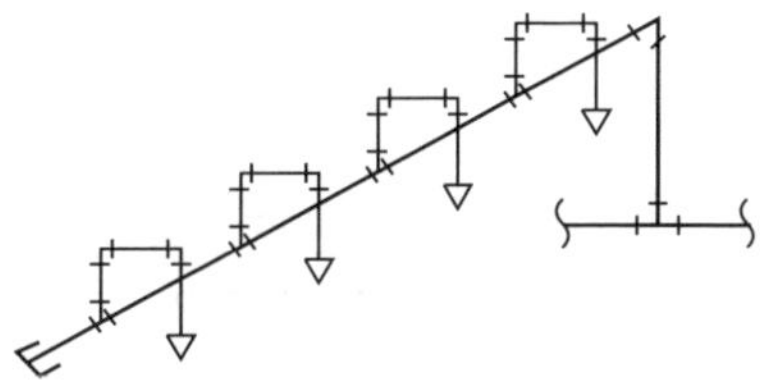

[조건]
① 티는 모두 동일 구경을 사용하고 배관이 축소되는 부분은 반드시 리듀셔를 사용한다.
② 교차배관은 제외한다.
③ 구경에 따른 헤드개수는 다음과 같다.

25mm	32mm	40mm	50mm
2개	3개	5개	10개

구성부품	규격 및 수량
헤드	4개
캡	
티	
90° 엘보	
리듀셔	

정답

구성부품	규격 및 수량
헤드	15mm 4개
캡	25mm 1개
티	25×25×25mm 2개, 32×32×32mm 1개, 40×40×40mm 1개
90° 엘보	25mm 8개, 40mm 1개
리듀셔	25×15mm 4개, 32×25mm 2개, 40×25mm 1개, 40×32mm 1개

61 다음 그림은 업무시설과 판매시설 중 슈퍼마켓에 설치하는 스프링클러설비에 대한 평면도와 단면도이다. 주어진 조건을 참고하여 각 물음에 답하시오.

(2024년 출제)

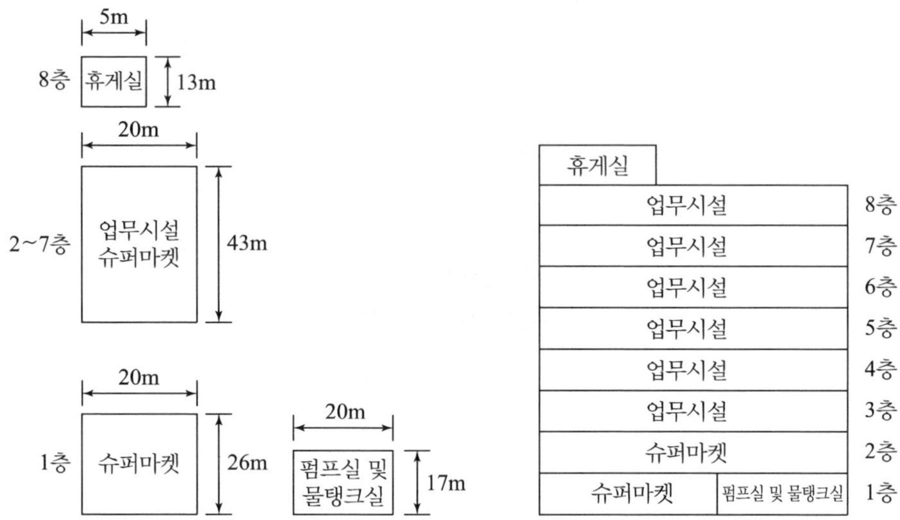

〈평면도〉 〈단면도〉

[조건]
① 건축물은 내화구조이며, 지상층(지상 1~8층)의 평면도와 단면도는 위 그림과 같다.
② 폐쇄형 헤드를 설치하며, 헤드는 정방형으로 배치한다.
③ 유수검지장치의 규격은 급수관의 구경과 동일하다.
④ 주배관의 구경은 유수검지장치의 규격이 가장 큰 것을 기준으로 한다.

(가) 전체 스프링클러헤드의 개수를 구하시오.
(나) 다음 표를 참고하여 헤드개수에 따른 유수검지장치의 규격과 필요수량을 구하시오.

헤드수	2	4	7	15	30	60	65	100	160	161 이상
급수관의 구경(mm)	25	32	40	50	65	80	90	100	125	150

층수	유수검지장치의 규격(mm)	필요 수량
1층		(　)개
2~7층		각 층 (　)개, 총 (　)개
8층		(　)개

(다) 주배관의 유속(m/s)을 구하시오.

정답 (가) ① 1층 : $N = 7 \times 8 = 56$개

② 2~7층 : $N = 7 \times 14 \times 6 = 588$개

③ 8층 : $N = 2 \times 4 = 8$개

④ 총 헤드의 개수 = 56 + 588 + 8 = 652개

(나)

층수	유수검지장치의 규격(mm)	필요수량
1층	80	(1)개
2~7층	100	각 층 (1)개, 총 (6)개
8층	50	(1)개

(다) 5.09 m/s

해설 (가) 스프링클러헤드의 배치기준

설치장소	설치기준
무대부 · 특수가연물(창고 포함)	수평거리 1.7 m 이하
기타구조(창고 포함)	수평거리 2.1 m 이하
내화구조(창고 포함)	수평거리 2.3 m 이하
공동주택(아파트) 세대 내	수평거리 2.6 m 이하

① 슈퍼마켓(1층)

수평헤드간격(헤드의 설치간격) S는

$$S = 2R\cos 45^\circ = 2 \times 2.3\,\text{m} \times \cos 45^\circ = 3.25\,\text{m}$$

$$\text{가로헤드개수} = \frac{\text{가로길이}}{S} = \frac{20\,\text{m}}{3.252\,\text{m}} = 6.1 ≒ 7\text{개}$$

$$\text{세로헤드개수} = \frac{\text{세로길이}}{S} = \frac{26\,\text{m}}{3.252\,\text{m}} = 7.9 ≒ 8\text{개}$$

- 슈퍼마켓(1층)의 지상층 한 층당 설치헤드개수
  : 가로헤드개수 × 세로헤드개수 = 7개 × 8개 = 56개

② 업무시설 · 슈퍼마켓(2~7층)

$$\text{가로헤드개수} = \frac{\text{가로길이}}{S} = \frac{20\,\text{m}}{3.252\,\text{m}} = 6.1 ≒ 7\text{개}$$

$$\text{세로헤드개수} = \frac{\text{세로길이}}{S} = \frac{43\,\text{m}}{3.252\,\text{m}} = 13.2 ≒ 14\text{개}$$

- 한 층당 설치헤드개수
  : 가로헤드개수 × 세로헤드개수 = 7개 × 14개 = 98개
- 업무시설과 슈퍼마켓(2~7층)의 설치헤드개수
  : 가로헤드개수 × 세로헤드개수 = 7개 × 14개 × 6개층 = 588개

③ 휴게실(8층)

$$\text{가로헤드개수} = \frac{\text{가로길이}}{S} = \frac{5\,\text{m}}{3.252\,\text{m}} = 1.5 ≒ 2\text{개}$$

$$\text{세로헤드개수} = \frac{\text{세로길이}}{S} = \frac{13\,\text{m}}{3.252\,\text{m}} = 3.9 ≒ 4\text{개}$$

- 휴게실(8층)의 설치헤드개수
  : 가로헤드개수 × 세로헤드개수 = 2개 × 4개 = 8개

④ 총 헤드의 개수 = 56개 + 588개 + 8개 = 652개

(나) 유수검지장치의 규격 = 급수관의 구경

헤드수	2	4	7	15 (휴게실 8층)	30	60 (슈퍼마켓 1층)	65	100 (업무시설과 슈퍼마켓 2~7층)	160	161 이상
급수관의 구경(mm)	25	32	40	50	65	80	90	100	125	150

- 다음 기준에 따라 각 층마다 1개의 유수검지장치를 설치해야 함.
  스프링클러설비의 화재안전기술기준(NFTC 103 2.3.1.2, 2.3.1.3)
  - 하나의 방호구역에는 1개 이상의 유수검지장치를 설치하되, 화재시 접근이 쉽고 점검하기 편리한 장소에 설치할 것
  - 하나의 방호구역은 2개층에 미치도록 할 것(각 층마다 2개 이상씩 설치하라는 뜻임)
- 슈퍼마켓(1층) : 1층은 1개층이므로 유수검지장치는 1개 필요
- 업무시설 · 슈퍼마켓(2~7층) : 2~7층은 6개층이므로 유수검지장치는 6개 필요
- 휴게실(8층) : 8층은 1개층이므로 유수검지장치는 1개 필요

(다) $Q = AV = \frac{\pi D^2}{4} V$

여기서, Q : 유량(m^3/min) A : 단면적(m^2)

V : 유속(m/s) D : 내경(m)

스프링클러설비의 토출량 $Q = N \times 80\,L/min$

여기서, Q : 펌프의 토출량(L/m)

N : 폐쇄형 헤드의 기준개수(설치개수가 기준개수보다 적으면 그 설치개수)

펌프의 토출량 $Q = N \times 80\,L/min = 30 \times 80\,L/min = 2400\,L/min = 2.4\,m^3/60\,s$

<table>
<tr><th colspan="2">특정소방대상물</th><th>폐쇄형 헤드의 기준개수</th></tr>
<tr><td colspan="2">지하가 · 지하역사</td><td rowspan="4">30</td></tr>
<tr><td colspan="2">11층 이상</td></tr>
<tr><td rowspan="5">10층 이하</td><td>공장(특수가연물), 창고시설</td></tr>
<tr><td>판매시설(백화점 등),
복합건축물(판매시설이 설치된 것)</td></tr>
<tr><td>근린생활시설, 운수시설</td><td rowspan="2">20</td></tr>
<tr><td>8 m 이상</td></tr>
<tr><td>8 m 미만</td><td>10</td></tr>
<tr><td colspan="2">공동주택(아파트 등)</td><td>10 (각 동이 주차장으로 연결된 주차장 : 30)</td></tr>
</table>

※ 문제에서 업무시설과 슈퍼마켓(판매시설)이 하나의 건축물 안에 2 이상의 용도로 사용되므로 복합건축물 30개 적용

$Q = \frac{\pi D^2}{4} V$에서 주배관의 유속 V는

$$V = \frac{Q}{A} = \frac{Q}{\frac{\pi}{4} D^2} = \frac{2.4\,m^3/60\,s}{\frac{\pi}{4} \times (0.1\,m)^2} = 5.092 \fallingdotseq 5.09\,m/s$$

62 8층의 백화점 건물에 습식 스프링클러설비를 설치하고자 한다. 조건을 참고하여 다음 각 물음에 답하시오. (2022년 출제)

[조건]

① 펌프에서 최고위 말단헤드까지의 배관 및 부속류의 총 마찰손실은 펌프의 자연낙차 압력의 40%이다.
② 펌프의 진공계눈금은 353.08 mmHg이다.
③ 펌프의 체적효율(η_v)=0.95, 기계효율(η_m)=0.85, 수력효율(η_h)=0.75이다.
④ 전동기 전달계수 K=1.2이다.
⑤ 표준대기압상태이다.

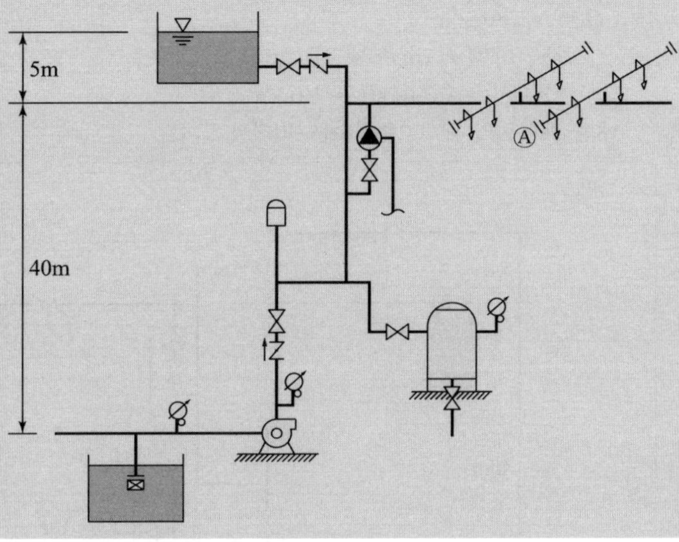

(가) 주펌프의 양정(m)을 구하시오.
(나) 주펌프의 토출량(m^3/min)을 구하시오(단, 헤드의 기준개수는 최대기준개수를 적용한다).
(다) 주펌프의 동력(kW)을 구하시오.
(라) 폐쇄형 스프링클러헤드의 선정은 설치장소의 최고주위온도와 선정된 헤드의 표시온도를 고려하여야 한다. 다음 표를 완성하시오.

설치장소의 최고주위온도	표시온도
39℃ 미만	79℃ 미만
39℃ 이상 64℃ 미만	①
64℃ 이상 106℃ 미만	②
106℃ 이상	1662℃ 이상

정답 (가) 72.8 m
(나) 2.4 m^3/min
(다) 56.43 kW
(라) ① 79℃ 이상 121℃ 미만
② 121℃ 이상 162℃ 미만

해설 (가) 전양정 $H = h_1 + h_2 + 10$

h_2 : 흡입양정 760 mmHg = 10.332 m이므로

$$353.08\,\text{mmHg} = \frac{353.08\,\text{mmHg}}{760\,\text{mmHg}} \times 10.332\,\text{m} \fallingdotseq 4.8\,\text{m}$$

토출양정 $= 40\,\text{m}$

실양정 = 흡입양정 + 토출양정 = 4.8 m + 40 m = 44.8 m

자연낙차압력은 펌프에서 옥상수조까지 45 m를 말하므로 조건 ①의 총마찰손실 h_1은

$h_1 = 45\,\text{m} \times 0.4 = 18\,\text{m}$

전양정 $H = h_1 + h_2 + 10 = 18\,\text{m} + 44.8\,\text{m} + 10 = 72.8\,\text{m}$

(나) 펌프의 최소토출량 Q는

$Q = N \times 80\,\text{L/min}$

$= 30 \times 80\,\text{L/min} = 2400\,\text{L/min}$

$= 2.4\,\text{m}^3/\text{min}\,(1000\,\text{L} = 10\,\text{m}^3)$

8층 백화점의 헤드기준개수는 30개임.

※ 비교

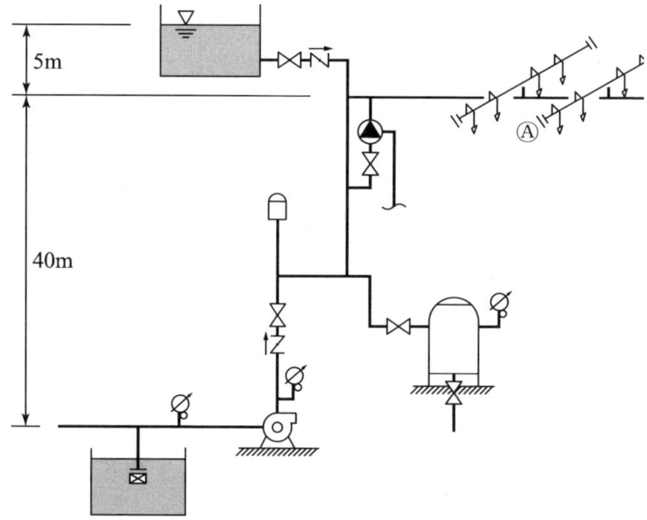

$Q = N \times 80\,\text{L/min} = 8 \times 80\,\text{L/min} = 640\,\text{L/min}$

- N : 그림과 같이 아무런 조건 없이 가지배관이 맹플랜지(———┤)로 되어 있는 경우에는 배관이 막혀있다는 뜻으로 이때에는 판매시설(백화점 등) 기준개수인 30개가 아닌 8개가 되어야 한다.

(다) $\eta_T = \eta_m \times \eta_h \times \eta_v$

여기서, η_T : 펌프의 전효율

η_m : 기계효율

η_h : 수력효율

η_v : 체적효율

펌프의 전효율 $\eta_T = \eta_m \times \eta_h \times \eta_v$ $0.85 \times 0.75 \times 0.95 = 0.6056$

(라) 폐쇄형 스프링클러헤드의 표시온도

설치장소의 최고주위온도	표시온도
39℃ 미만	79℃ 미만
39~64℃ 미만	79~121℃ 미만
64~106℃ 미만	121~162℃ 미만
106℃ 이상	162℃ 이상

63 한 개의 방호구역으로 구성된 가로 15 m, 세로 26 m, 높이 7 m인 창고에 특수가연물을 저장하고 있고, 표준형 폐쇄형 스프링클러헤드를 정방형으로 설치하려고 한다. 해당 장소에 설치되는 스프링클러헤드의 총 개수를 구하시오.

정답 (1) 정방형 헤드의 간격 $S = 2\gamma\cos 45° = 2 \times 1.7 \times \cos 45° = 2.404\,\text{m}$

(2) 가로의 설치갯수 $\dfrac{15}{2.404} = 6.23 = 7$개

세로의 설치갯수 $\dfrac{26}{2.404} = 10.81 = 11$개

64 지하 2층, 지상 10층인 특정소방대상물이 다음과 같은 조건에서 스프링클러설비를 설계하고자 할 때 다음 각 물음에 답하시오.

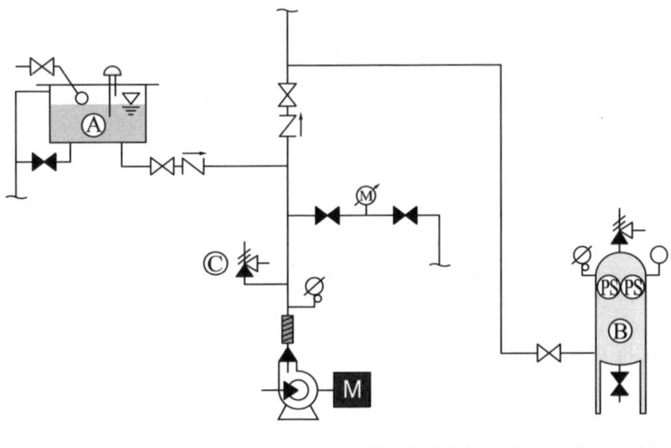

[조건]
① 해당 특정소방대상물은 지하층은 주차장 및 차고로, 지상층은 사무실로 사용한다.
② 해당 건축물은 내화구조이며 연면적 20,800 m^2이고, 층당 높이는 4 m이다.
③ 해당 특정소방대상물은 동결의 우려가 없으며, 스프링클러헤드는 총 170개가 설치되어 있다(헤드 기준개수는 10개임).

④ 펌프의 효율은 65%이며, 전달계수는 1.1이다.
⑤ 실양정은 52 m이고, 배관의 마찰손실은 실양정의 30%를 적용한다.
⑥ 해당 스프링클러헤드의 방수압력은 0.1 MPa이다.

(가) 스프링클러헤드의 설치간격[m]을 구하시오.
(나) 펌프의 전동기용량[kW]을 구하시오.
(다) 수원의 양[m^3]을 구하시오.
(라) 기호 A의 명칭과 용량[L]을 쓰시오.
(마) 기호 B의 명칭과 그 역할을 쓰시오.
(바) 기호 C의 명칭과 작동압력범위를 쓰시오.
(사) 기호 A의 급수배관의 최소구경[m]을 쓰시오.

정답 (가) 3.25 m
(나) 17.2 kW
(다) 21.33 m^3
(라) ① 명칭 : 물올림장치
② 유효수량 : 100 L 이상
(마) ① 명칭 : 기동용수압개폐장치(압력챔버)
② 역할 : 배관 내의 압력변동을 자동으로 검지하여 주, 충압펌프의 기동, 정지 (주펌프는 수동정지)
(바) ① 명칭 : 릴리프밸브
② 작동압력범위 : 체절압력 미만
(사) 15 mm

해설 (가) $S = 2\gamma\cos 45^\circ = 2\times 2.3\times\cos 45^\circ = 3.25\,\text{m}$
(나) ① 유량 $Q = 80\,\text{L/min}\times N = 80\times 10 = 800\,\text{L/min}$
② 전양정 $H = h_1 + h_2 + 10\,\text{m}$
$= (52\times 0.3) + 52 + 10\,\text{m}$
$= 77.6\,\text{m}$

$$\text{kW} = \frac{\gamma QH}{102E}K = \frac{1000\times\frac{0.8}{60}\times 77.6}{102\times 0.65}\times 1.1 = 17.2\,\text{kW}$$

(다) ① 저수조의 양 $V = 1.6\times N = 1.6\times 10 = 16\,\text{m}^3$
② 옥상수조의 양 $V = 1.6\div 3 = 5.333\,\text{m}^3$
③ 전체 수원양 $V = 1.6 + 5.33 = 21.33\,\text{m}^3$

65 그림은 내화구조로 된 15층 건물의 1층 평면도이다. 이 건물 1층에 폐쇄형 스프링클러헤드를 정방형으로 설치하고자 한다. 스프링클러헤드의 최소수를 계산하고 배치도를 작성하시오(단, 헤드 배치시에는 헤드 배치의 위치를 치수로서 표시해야 한다).

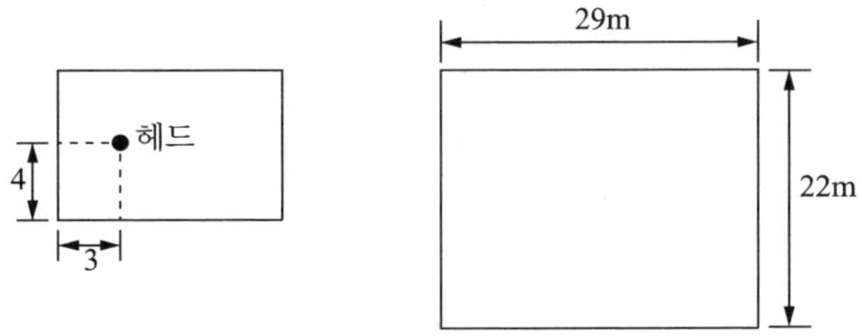

정답

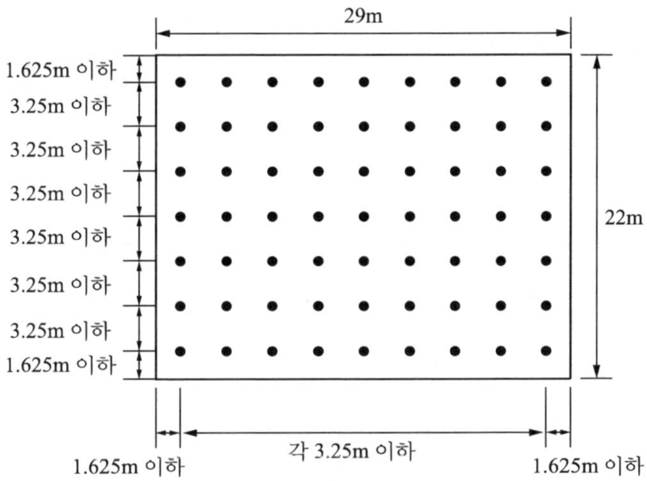

$S = 2 \times 2.3 \times \cos 45^\circ \fallingdotseq 3.252 \fallingdotseq 3.25\,\text{m}$

가로 헤드개수 : $\dfrac{29}{3.25} = 8.9 \fallingdotseq 9$개

세로 헤드개수 : $\dfrac{22}{3.25} = 6.7 \fallingdotseq 7$개

헤드개수 : 9 × 7 = 63개

∴ 63개

해설 수평헤드간격 S는

$S = 2R\cos 45^\circ = 2 \times 2.3\,\text{m} \times \cos 45^\circ \fallingdotseq 3.252\,\text{m} \fallingdotseq 3.25\,\text{m}$

(1) 가로의 헤드개수 $= \dfrac{\text{가로길이}}{\text{수평헤드간격}} = \dfrac{29\,\text{m}}{3.25\,\text{m}} = 8.9 \fallingdotseq 9$개

(2) 세로의 헤드개수 $= \dfrac{\text{세로길이}}{\text{수평헤드간격}} = \dfrac{22\,\text{m}}{3.25\,\text{m}} = 6.7 \fallingdotseq 7$개

(3) 필요한 헤드개수 = 가로개수 × 세로개수 = 9개 × 7개 = 63개

66 다음은 폐쇄형 스프링클러 가지배관에 대한 그림이다. 각 구역에 필요한 부속류를 다음 빈칸에 쓰시오.

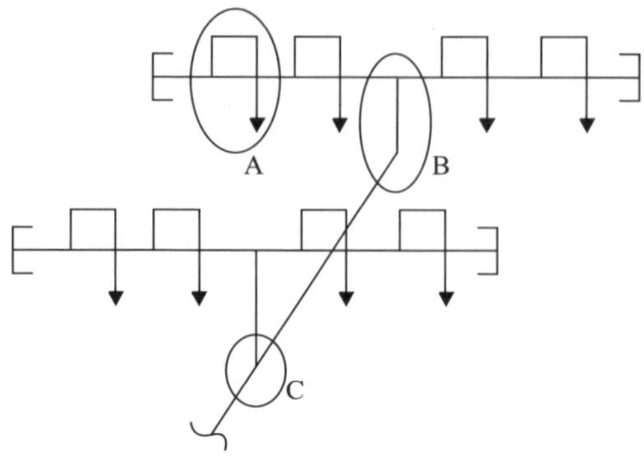

A 구역		B 구역		C 구역	
티(25×25×25)	( )개	엘보	( )개	티(50×50×40)	( )개
90° 엘보(25×25)	( )개	티(40×40×40)	( )개	리듀서(50×40)	( )개
리듀서(25×15)	( )개	리듀서(40×25)	( )개	니플(50)	( )개
니플(25×25)	( )개	니플(40×40)	( )개		

정답

A 구역		B 구역		C 구역	
티(25×25×25)	(1)개	엘보	(1)개	티(50×50×40)	(1)개
90° 엘보(25×25)	(2)개	티(40×40×40)	(1)개	리듀서(50×40)	(1)개
리듀서(25×15)	(1)개	리듀서(40×25)	(2)개	니플(50)	(1)개
니플(25×25)	(3)개	니플(40×40)	(3)개		

해설 A구역

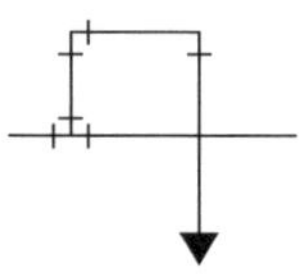

티(25×25×25) 1개　90° 엘보(25×25) 2개
리듀서(25×15) 1개　니플(25×25) 3개

67 스프링클러헤드의 기준개수가 20개이고 펌프의 양정 80 m, 회전수 1500 rpm으로 가압송수하고 있다. 펌프의 효율 0.6, 전달계수 1.1, 물의 비중량 9.8 kN/m^{3}일 때 다음 각 물음에 답하시오. (2022년 출제)

(가) 현재 토출량의 20% 가산 후 회전수(rpm)를 구하시오.
(나) 현재 토출량의 20% 가산 후 양종(m)을 구하시오.
(다) 현재 토출량의 20% 가산 후를 감안하여 50 kW 소화펌프를 설치하였을 때 적합 여부를 판정하시오.

정답 (가) 1800 rpm
(나) 115.2 m
(다) 부적합

해설 (가) ① 토출량

펌프의 최소토출량(유량) Q는

$Q_1 = N \times 80\,\mathrm{L/min} = 20개 \times 80\,\mathrm{L/min} = 1600\,\mathrm{L/min}$

현재 토출량에 20% 가산한 양 Q_2는

$Q_2 = 1600\,\mathrm{L/min} \times 1.2 = 1920\,\mathrm{L/min}$

② 회전수

$$\frac{Q_2}{Q_1} = \frac{N_2}{N_1}$$

$$N_2 = N_1 \frac{Q_2}{Q_1} = 1500\,\mathrm{rpm} \times \frac{1920\,\mathrm{L/min}}{1600\,\mathrm{L/min}} = 1800\,\mathrm{rpm}$$

(나) 양정

$$H_2 = H_1 \left(\frac{N_2}{N_1}\right)^2 = 80\,\mathrm{m} \times \frac{1800\,\mathrm{L/min}}{1500\,\mathrm{L/min}} = 115.2\,\mathrm{m}$$

(다) 전동기용량

$$P = \frac{\gamma QH}{1000\eta} K$$

여기서, P : 전동력(kW)
γ : 비중량(물의 비중량 9800 N/m^3)
P : 유량(m^3/s)
H : 전양정(m)
K : 전달계수
η : 효율

$$전동기용량\ P = \frac{\gamma QH}{1000\eta} K = \frac{9800\,\mathrm{N/m^3} \times 1920\,\mathrm{L/min} \times 115.2\,\mathrm{m}}{1000 \times 0.6} \times 1.1$$

$$= \frac{9800\,\mathrm{N/m^3} \times 1.92\,\mathrm{m^3/60\,s} \times 115.2\,\mathrm{m}}{1000 \times 0.6} \times 1.1$$

$$= 66.232 \fallingdotseq 66.23\,\mathrm{kW}\ (\because\ 50\,\mathrm{kW}는\ 부적합)$$

68 고가수조방식 스프링클러설비에 대한 다음의 질문에 답하시오.

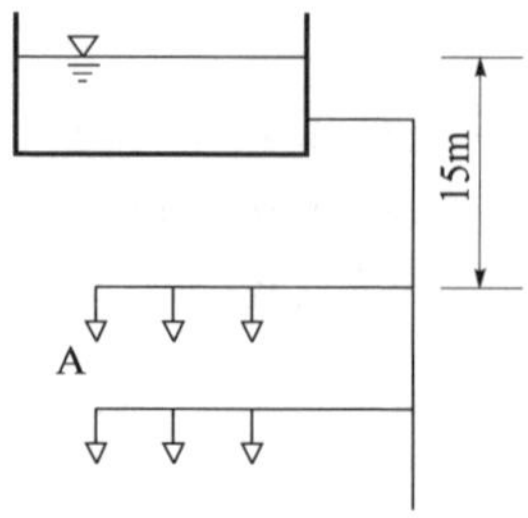

(가) 가장 높은 층의 말단 헤드 A까지의 낙차가 15m이고 손실이 0.04 MPa일 때 방수압력은 얼마인가?
(나) (가)에서 나온 방사압 값에 방사압 0.12 MPa가 나오도록 하려면 고가수조를 몇 m 올려야 하는가?
(다) 가압송수장치 중 고가수조에 의한 방식 외의 2가지를 쓰시오.
(라) 고가수조의 배관 및 부속장치의 종류 4가지를 쓰시오.

정답 (가) 0.11 MPa
(나) 1 m
(다) 압력수조방식, 전동기에 의한 펌프방식, 가압수조방식
(라) 맨홀, 압력계, 수위계, 급수관, 배수관, 오버플로관

해설 (가) $0.15 - 0.04 = 0.11$ MPa
(나) 위 조건에서 0.11 MPa이므로 $0.12 - 0.11 = 0.01$ MPa이다.
∴ 고가수조의 높이는 1 m면 된다.

69 폐쇄형스프링클러를 설치한 13층 백화점이 있다. 다음의 조건에 따라 질문에 답하시오.

[조건]
- 한 층의 스프링클러헤드 30개가 동시에 개방되는 것으로 한다.
- 펌프에서 최상층 헤드까지의 높이는 58 m이다.
(풋밸브에서 펌프까지의 높이는 무시)
- 총직관길이는 70 m이다.
- 배관의 마찰손실수두는 직관길이의 30%이다.
- 펌프의 효율은 60%이다.
- 전달계수는 1.1이다.

(가) 펌프의 토출유량[L/min]은 얼마인가?
(나) 수원의 양[m^3]은 얼마인가?
(다) 펌프의 동력[PS]은 얼마인가? (단 효율 60%, 전달계수 1.1이다. 1 PS=75 kgf·m/s)
(라) 압력 0.15 MPa, 유량 80 L/min, 구경 25 mm일 때 유량계수는 얼마인가?
(마) 스프링클러설비에서 헤드 방사압과 방사량은 얼마인가?

정답 (가) 2400 L/min 이상
(나) 48 m^3 이상, 옥상수조 16 m^3 이상
(다) 87.02 PS 이상
(라) 0.16
(마) ① 방사압 : 0.1 MPa 이상
② 방사량 : 80 L/min 이상

해설 (가) 30개×80 L/mi n·개 = 2400 L/min = 2.4 m^3/min
(나) 유효수량 : 30개×1.6 m^3/개=48 m^3
옥상수조 : 48 m^3×1/3=16 m^3
(다) $\text{동력 [PS]} = \dfrac{1000 \times 2.4 \times 89}{75 \times 60 \times 0.6} \times 1.1 = 87.02\,\text{PS}$
$\therefore H = 58 + (70 \times 0.3) + 10 = 89\,\text{m}$
(라) $Q = 0.653 d^2 \times \sqrt{10P}\,C$ (여기서, C : 유량계수)
$\therefore C = \dfrac{80}{0.653 \times 25^2 \times \sqrt{10 \times 0.15}} = 0.16$

70 다음 도면은 폐쇄형 습식스프링클러설비이다. 도면에서 각 구경별 니플(nipple)의 규격과 수량을 쓰시오.

[조건]
- 예 규격 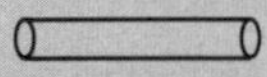 규격 25×25, 수량 1개
- 단, 니플은 단니플, 장니플을 구별하지 않으며, 상세도와 같이 회향식이다.

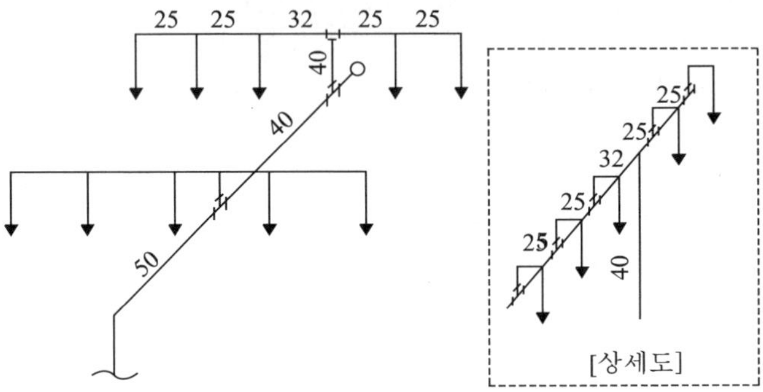

배관경	규격[mm]	수량[개]
25A		
32A		
40A		
50A		

정답

배관경	규격[mm]	수량[개]
25A	25×25	38
32A	32×32	2
40A	40×40	8
50A	50×50	3

해설 25 × 25 : 헤드 1개당 3개씩 10 × 3 = 0개, 가지배관 8개
32 × 32 : 32 × 25 리듀서 입구 2개
40 × 40 : 40 × 32 리듀서 입구 2개, 40 × 25 : 리듀서 입구 2개
교차배관 끝 청소구 설치 1개, 교차배관 1개, 가지배관 연결 2개
50 × 50 : 50 × 40 리듀서 입구 3개

71 스프링클러설비 배관의 안지름을 수리계산에 의하여 선정하고자 한다. 그림에서 B~C구간의 유량을 165 L/min, E~F구간의 유량을 330 L/min라고 가정할 때 다음을 구하시오. (단, 화재안전기준에서 정하는 유속기준을 만족하도록 해야 한다)

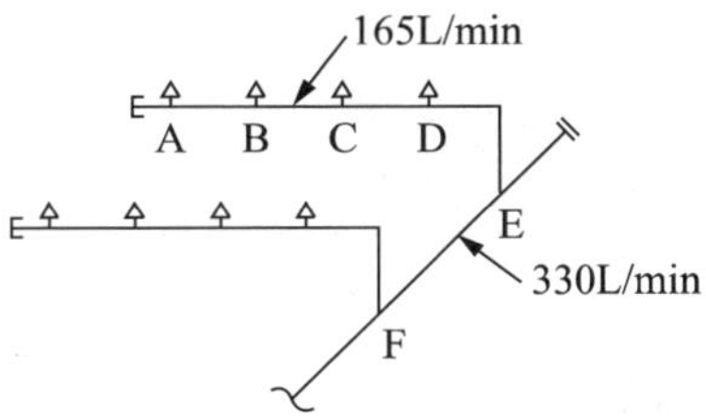

(가) B~C구간의 배관 안지름[mm]의 최소값을 구하시오.
(나) E~F구간의 배관 안지름[mm]의 최소값을 구하시오.

정답 (가) $\sqrt{\dfrac{4\times 0.165/60}{\pi\times 6}} = 0.024157\,\text{m} = 24.157\,\text{mm} ≒ 24.16\,\text{mm}$

∴ 25 mm

(나) $\sqrt{\dfrac{4\times 0.33/60}{\pi\times 10}} = 0.026462\,\text{m} = 26.462\,\text{mm} ≒ 26.46\,\text{mm}$

∴ 40 mm

해설

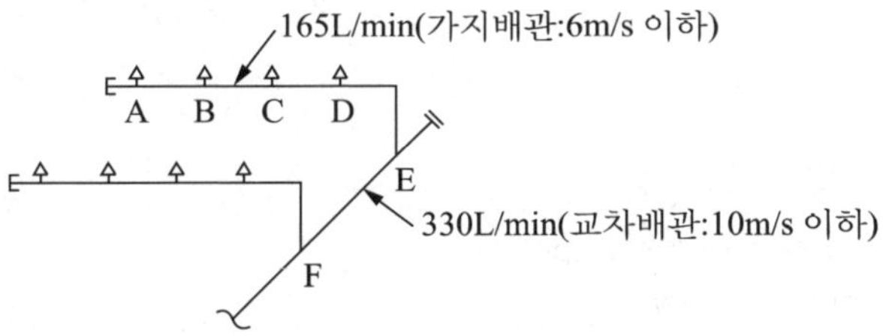

$$Q = AV = \frac{\pi D^2}{4}V$$

여기서, Q : 유량[m^3/s] A : 단면적[m^2]
V : 유속[m/s] D : 내경[m]

$Q = \dfrac{\pi D^2}{4}V$에서

(가) 가지배관의 내경(안지름) D는

$$D = \sqrt{\frac{4Q}{\pi V}} = \sqrt{\frac{4\times 165\,\text{L/min}}{\pi\times 6\,\text{m/s}}} = \sqrt{\frac{4\times 0.165\,\text{m}^3/\text{min}}{\pi\times 6\,\text{m/s}}} = \sqrt{\frac{4\times 0.165\,\text{m}^3/60\text{s}}{\pi\times 6\,\text{m/s}}}$$

$= 0.024157\,\text{m} = 24.157\,\text{mm} ≒ 24.16\,\text{mm}$(최소 25 mm 선정)

(나) 교차배관의 내경(안지름) D는

$$D = \sqrt{\frac{4Q}{\pi V}} = \sqrt{\frac{4\times 330\,\text{L/min}}{\pi\times 10\,\text{m/s}}} = \sqrt{\frac{4\times 0.33\,\text{m}^3/\text{min}}{\pi\times 10\,\text{m/s}}} = \sqrt{\frac{4\times 0.33\,\text{m}^3/60\text{s}}{\pi\times 10\,\text{m/s}}}$$

$= 0.026462\,\text{m} = 26.462\,\text{mm} ≒ 26.46\,\text{mm}$(최소 40 mm 선정)

72 개방형 스프링클러설비에 대한 말단 가지배관의 헤드설치 도면 및 조건을 참고하여 ⓐ에서 ⓓ 점 헤드의 각 유량 및 펌프토출량을 구하시오. (2023년 출제)

[조건]

① 헤드설치 도면

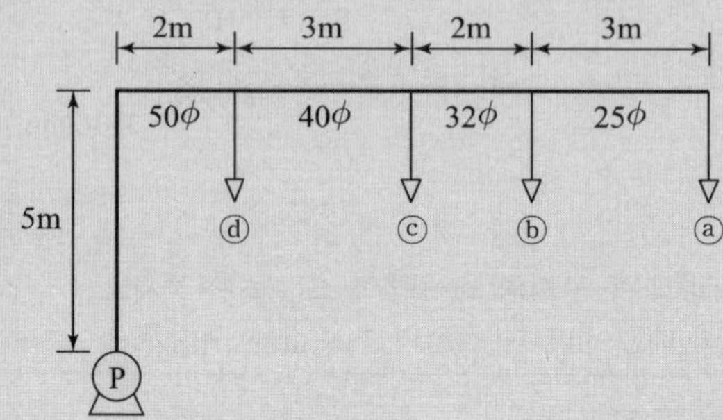

② 호칭지름에 따른 안지름은 다음과 같다.

호칭지름(ϕ)	25	32	40	50
안지름(mm)	28	36	42	53

③ ⓐ의 최종헤드 방사압력은 0.1 MPa, 방수량은 100 L/min이고, 방출계수 K는 100이다.

④ 다음과 같은 하젠-윌리암스식에 따른다.

$$\Delta P = 6.053 \times 10^4 \times \frac{Q^2}{C^2 \times D^5}$$

여기서 ΔP: 배관의 압력손실(MPa/m)

D : 관의 안지름(mm)

Q : 관의 유량(L/min)

C : 조도계수(100)

⑤ 조건이 주어지지 않은 사항은 무시한다.

(가) 헤드 ⓑ 방수량(L/min)
(나) 헤드 ⓒ 방수량(L/min)
(다) 헤드 ⓓ 방수량(L/min)
(라) 펌프토출량(L/min)

정답 (가) 103.44 L/min
(나) 107.23 L/min
(다) 113.13 L/min
(라) 423.8 L/min

해설 (가) 헤드 ⓑ 방수량

ⓐ 방사압력+ⓐ~ⓑ간 마찰손실압

$$방수압\ \Delta P_{ⓑ} = 0.1\,\text{MPa} + 6.053\times10^4 \times \frac{Q^2}{C^2\times D^5}\times L$$

$$= 0.1\,\text{MPa} + 6.053\times10^4 \times \frac{100^2}{100^2\times 28^5}\times 2$$

$$\fallingdotseq 0.107\,\text{MPa}$$

ⓐ~ⓑ 구간은 구경 25ϕ이므로 D는 28 mm 적용

호칭지름(ϕ)	25	32	40	50
안지름(mm)	28	36	42	53

방수량 $Q_1 = K\sqrt{10P} = 100\sqrt{10\times 0.107\,\text{MPa}} = 103.44\,\text{L/min}$

(나) 헤드 ⓒ 방수량

ⓑ 방사압력+ⓐ~ⓒ간 마찰손실압

$$방수압\ \Delta P_{ⓒ} = 0.107\,\text{MPa} + 6.053\times10^4 \times \frac{Q^2}{C^2\times D^5}\times L$$

$$= 0.107\,\text{MPa} + 6.053\times10^4 \times \frac{(100+103.44)^2}{100^2\times 36^5}\times 2$$

$$\fallingdotseq 0.115\,\text{MPa}$$

ⓑ~ⓒ 구간은 구경 32ϕ이므로 D는 36 mm 적용

호칭지름(ϕ)	25	32	40	50
안지름(mm)	28	36	42	53

방수량 $Q_2 = K\sqrt{10P} = 100\sqrt{10\times 0.115\,\text{MPa}} = 107.23\,\text{L/min}$

(다) 헤드 ⓓ 방수량

ⓒ 방사압력+ⓒ~ⓓ간 마찰손실압

$$방수압\ \Delta P_{ⓒ} = 0.115\,\text{MPa} + 6.053\times10^4 \times \frac{Q^2}{C^2\times D^5}\times L$$

$$= 0.115\,\text{MPa} + 6.053\times10^4 \times \frac{(100+103.44+107.23)^2}{100^2\times 42^5}\times 3$$

$$\fallingdotseq 0.128\,\text{MPa}$$

ⓒ~ⓓ 구간은 구경 40ϕ이므로 D는 42 mm 적용

호칭지름(ϕ)	25	32	40	50
안지름(mm)	28	36	42	53

방수량 $Q_3 = K\sqrt{10P} = 100\sqrt{10\times 0.128\,\text{MPa}} = 113.13\,\text{L/min}$

(라) 펌프의 토출량(Q_T) $= Q + Q_1 + Q_2 + Q_3$

$$Q_T = 100\,\text{L/min} + 103.44\,\text{L/min} + 107.23\,\text{L/min} + 113.13\,\text{L/min}$$

$$= 423.8\,\text{L/min}$$

73 지하 2층 지상 12층의 사무소 건물에 소방관련법과 다음의 조건에 따라 스프링클러설비를 설계하고자 한다. 다음 각 물음에 답하시오.

[조건]
- 각 층에 설치하는 폐쇄형스프링클러헤드의 수량은 각각 80개이다.
- 입상관의 내경은 150 mm이고, 배관의 길이는 40 m이다.
- 펌프의 풋밸브로부터 최상층 스프링클러헤드까지의 실고는 50 m이다.
- 입상관의 마찰손실수두를 제외한 펌프의 풋밸브로부터 최상층, 가장 먼 스프링클러헤드까지의 마찰 및 저항손실수두는 15 m이다.
- 모든 규격치는 최소량을 적용한다.
- 펌프의 효율은 65%이다.

(가) 펌프의 최소유량[L/min]은 얼마인가?
(나) 수원의 최소유효저수량[m^3]은 얼마인가?
(다) 입상관에서의 마찰손실수두[m]는 얼마인가?
(단, 입상관은 직관으로 간주하고, Darcy의 식을 사용하며, 마찰손실계수는 0.02이다)
(라) 펌프의 최소 양정[m]은 얼마인가?
(마) 펌프의 축동력[kW]은 얼마인가?
(바) 불연재료로 된 천장에 헤드를 다음 그림과 같이 정방형으로 배치하고자 한다. A 및 B의 최대길이는 얼마인가? (단, 건물은 내화구조이다)

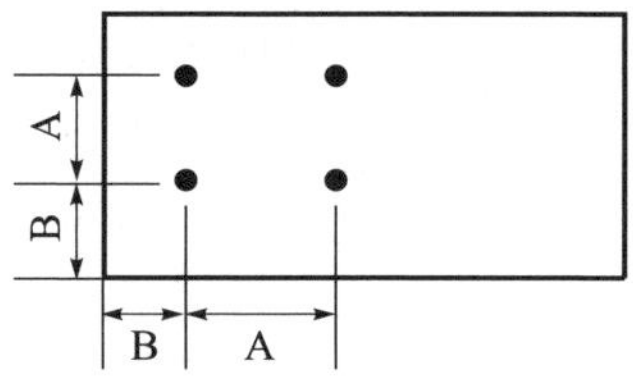

정답 (가) 2400 L/min 이상
(나) 유효수량 : 48 m^3 이상, 옥상수조 : 16 m^3
(다) 1.39 m
(라) 76.39 m
(마) 46.09 kW
(바) ① A = 3.25 m ② B = 1.63 m

해설 (가) $Q = N \times 80\,L/min = 30 \times 80\,L/min = 2400\,L/min = 2.4\,m^3/min$
(나) $Q = 30 \times 1.6\,m^3 = 48\,m^3$, 옥상수조의 수원량 : $48\,m^3 \times 1/3 = 16\,m^3$
(다) Darcy의 식을 사용, 마찰손실계수는 0.02

$$\Delta h_L = f\frac{l}{d}\frac{v^2}{2g}$$

여기서, f : 마찰손실계수
l : 배관길이[m]
V : 유속[m/s]
g : 9.8[m/s^2]
d : 내경[mm]

$$V = \frac{Q}{A} = \frac{2.4/60}{\pi/4 \times (0.15)^2} = 2.2635\,m/s$$

$$h_L = 0.02 \times \frac{40}{0.15} \times \frac{2.2635^2}{2 \times 9.8} = 1.3941\,m$$

(라) $H = h_1 + h_2 + 10\,\text{m}$

여기서, h_1 : 실양정(흡입 토출양정)

h_2 : 배관의 마찰손실수두

$\therefore\ H = 50\,\text{m} + (1.39 + 15)\,\text{m} + 10\,\text{m} = 76.39\,\text{m}$

(마) 펌프축동력 $= \dfrac{\gamma QH}{102E} = \dfrac{1000 \times 2.4 \times 76.39}{102 \times 60 \times 0.65} = 46.0874 \fallingdotseq 46.09\,\text{kW}$

(바) $\text{A} = 2 \times 2.3 \times \cos 45^\circ = 3.2527\,\text{m}$

$\text{B} = \dfrac{\text{A}}{2} = \dfrac{3.2527}{2} = 1.6264\,\text{m}$

74 지상 15층에 습식스프링클러설비를 설치하고자 한다. 다음 조건을 참고하여 물음에 답하시오.

[조건]
- 연면적 500 m^2의 업무시설이다.
- 각 층에 설치된 헤드는 35개이다.
- 실양정은 45 m이다.
- 배관의 마찰손실수두는 15 m이다.
- 펌프의 효율은 55%, 전달계수는 1.1이다.

(가) 정격방수량은 얼마인가?
(나) 수원의 수량은 얼마인가?
(다) 전동기의 출력은 얼마인가? (단, 소수점 이하 둘째자리에서 반올림한다)
(라) 최소유수 검지장치의 설치 수량은 몇 개인가?
(마) 가지배관 상부를 분기하여 하향식으로 하는 배관방식을 무엇이라 하는지 쓰시오.

정답 (가) 2400 L/min 이상

(나) 64 m^3 이상

(다) 54.9 kW

(라) 각 층 1개이므로 15개

(마) 회향식

해설 (가) 정격방수량 = 기준 개수 $\times 80\,\text{L/min} = 30 \times 80 = 2400\,\text{L/min}$

(나) 수원의 저수량 = 기준 개수 $\times 80\,\text{L/min} \times 20\,\text{min}$

$= 30 \times 1600\text{L} = 30 \times 1.6\,\text{m}^3 = 48\,\text{m}^3$

옥상수조저수량 $= 48 \times \dfrac{1}{3} = 16\,\text{m}^3$

수원양 $= 48 + 16 = 64\,\text{m}^3$

(다) 전동기 출력 $= \dfrac{1000 \times 2.4 \times (45 + 15 + 10) \times 1.1}{102 \times 60 \times 0.55} = 54.901\,\text{kW}$

($\because$ 전양정 $= h_1 + h_2 + 10\,\text{m} = 45 + 15 + 10$)

(라) 바닥면적 3000 m^2 마다 1개로 각 층별 1개씩으로 한다.

75 지하 1층, 지상 9층의 백화점 건물에 소방관계법규 및 아래 조건에 의하여 스프링클러를 설계하려고 한다. 다음을 구하시오.

[조건]
① 각 층에 설치하는 폐쇄형스프링클러 헤드 수는 각각 80개이다.
② 펌프의 흡입측 배관에 설치된 연성계는 300 mmHg를 나타내고 있다.
③ 펌프는 지하에 설치되어 있고, 펌프부터 최상층 헤드까지의 수직높이는 50 m이다.
④ 배관 및 관부속의 마찰손실수두는 펌프로부터 최상층 스프링클러헤드까지 수직거리의 20%이다.
⑤ 최상층 말단 스프링클러헤드의 방사압력은 0.11 MPa, 펌프 효율은 68%, 전달계수는 1.1, 오리피스 안지름은 11 mm이다.
⑥ 모든 규격치는 화재안전기준의 최소량을 적용한다.

(가) 펌프흡입측 양정[m]을 구하시오.
(나) 펌프에 최소 토출량[L/min]을 구하시오(단, 방사헤드는 화재안전기준의 최소 기준개수를 적용하고, 토출량을 구하는 조건은 ⑤항과 동일하다).
(다) 스프링클러설비에 요구되는 최소 유효수원의 양[m^3]을 구하시오.
(라) 펌프의 효율을 고려한 축동력[kW]을 구하시오.

정답 (가) 4.08 mAq
(나) 240 L/min
(다) 64 m^3
(라) 43.3 kW

해설 (가) 펌프흡입측 양정 $= \dfrac{300\,\text{mmHg}}{760\,\text{mmHg}} \times 10.332\,\text{mAq} = 4.08\,\text{mAq}$

(나) 30 × 80 = 2400 L/min
수리계산하는 문제가 아니므로 오리피스의 안지름을 주었더라도 화재안전기준의 최소량으로 계산하여 폐쇄형스프링클러헤드의 최소 유량 80 L/min을 적용한다.

(다) 수원 = 2400 L/min × 20 min = 48000 L = 48 m^3
옥상수원 = 48 ÷ 3 = 16 m^3
전체수원 = 48 + 16 = 64 m^3

(라) $P\,[\text{kW}] = \dfrac{\gamma QH}{102 \times \eta}$ (축동력은 K를 고려하지 않음)

$= \dfrac{1000 \times 2.4 \times 75.08}{102 \times 60 \times 0.68} = 43.3\,\text{kW}$

전양정 $H = h_1 + h_2 + 11\,\text{m} = (50 + 4.08) + (50 \times 0.2) + 11 = 75.08\,\text{m}$

76 다음 그림은 어느 습식스프링클러설비 배관의 일부를 나타내는 평면도이다. 주어진 조건을 살펴보고 점선 내의 모든 배관에 소요되는 티의 최소개수와 그 규격을 산출하시오.

[조건]

① 티의 규격은 다음의 실 예와 같은 방식으로 표기한다.

예 1.

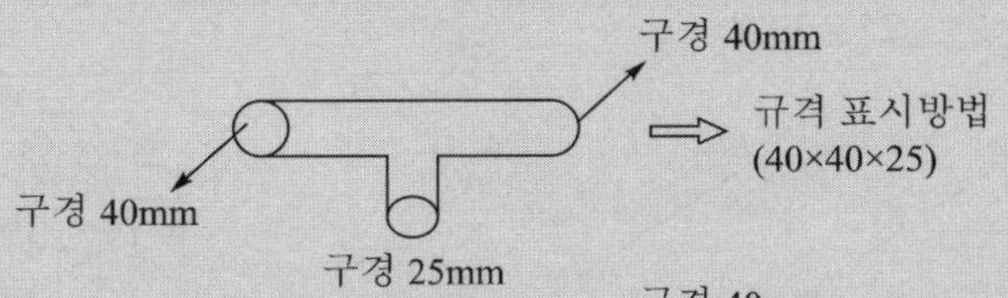

2.

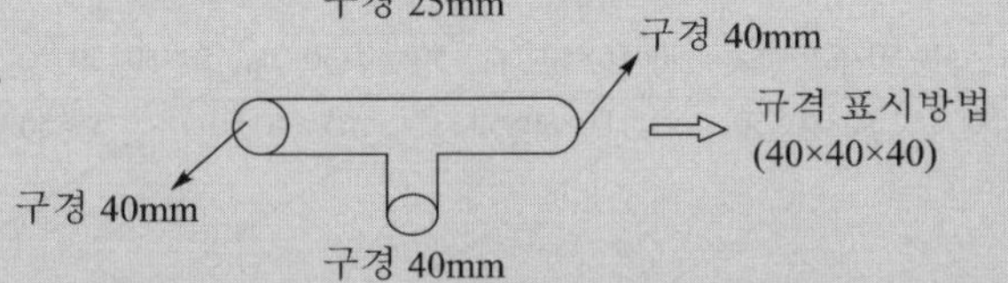

② 티는 직류방향 두 접속부의 구경이 항상 동일한 것을 사용하는 것으로 한다.

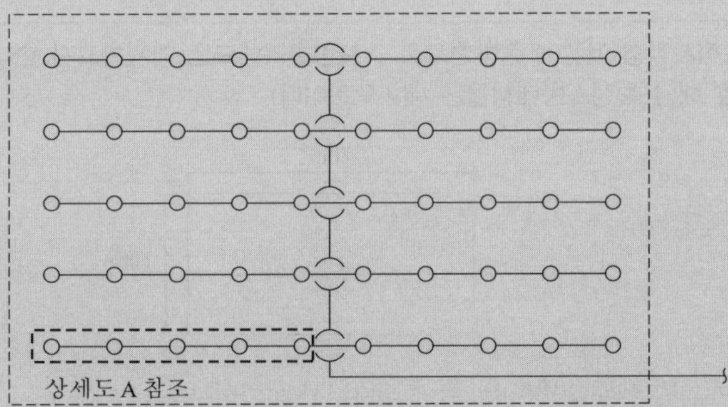

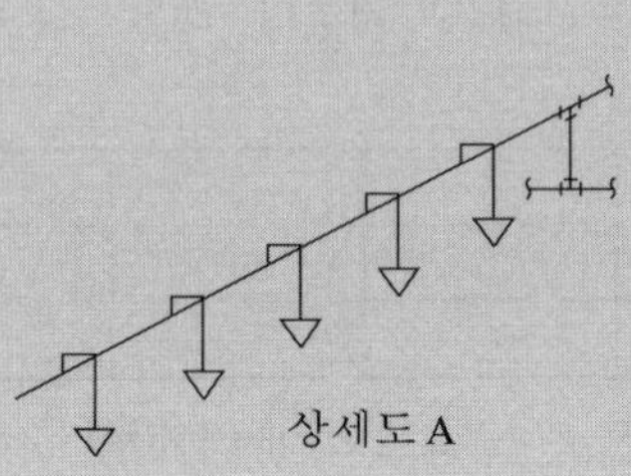

스프링클러헤드수별 급수관의 구경

관경	25	32	40	50	65	80	100	125	150
헤드수	2	3	5	10	20	40	100	160	275

정답 ① 100 × 100 × 50 = 1개
② 80 × 80 × 50 = 2개
③ 65 × 65 × 50 = 1개
④ 50 × 50 × 50 = 6개
⑤ 40 × 40 × 25 = 20개
⑥ 32 × 32 × 25 = 10개
⑦ 25 × 25 × 25 = 20개

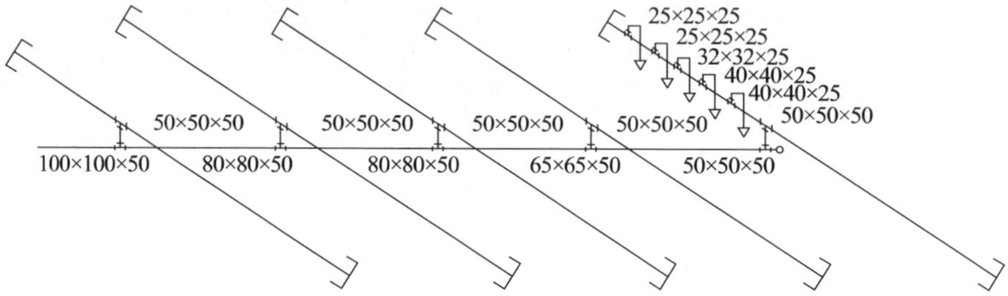

77 다음의 직사각형 거실에 장방형으로 스프링클러헤드를 배치하고자 한다. 다음 질문에 답하시오(단, 해당 특정소방대상물은 내화구조이다).

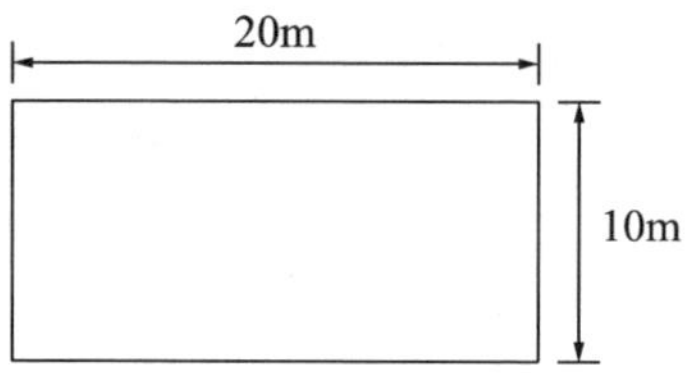

(가) 대각선의 헤드간격[m]은 최대 얼마인지 구하시오.
(나) 다음 표는 헤드 배치의 가로길이와 세로길이를 나타낸 것이다. 대각선의 헤드간격을 사용하여 다음 빈칸을 채우시오.

가로길이 배치 헤드의 수	5	6	7	8
세로길이 배치 헤드의 수	①	②	③	④
총 배치 헤드의 수	⑤	⑥	⑦	⑧

(다) (나)의 표를 참고하여 다음 도면에 설치가능한 최소 헤드의 개수[개]를 구하시오.

정답 (가) 4.6 m
(나)

가로길이 배치 헤드의 수	5	6	7	8
세로길이 배치 헤드의 수	① 5	② 4	③ 3	④ 3
총 배치 헤드의 수	⑤ 25개	⑥ 24개	⑦ 21개	⑧ 24개

(다) 21개

해설 (가) 대각선의 헤드간격 $= 2\gamma = 2 \times 2.3 = 4.6\,\text{m}$

(나) ① 가로길이 헤드 배치 5개

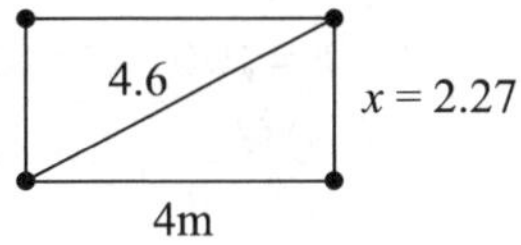

→ 헤드간 거리 $= \dfrac{20}{5} = 4\,\text{m}$

세로길이 헤드간 거리 $4.6 = \sqrt{4^2 + x^2}$

$x = 2.27\,\text{m}$

세로 헤드 배치 개수 $\dfrac{10}{2.27} = 4.4 = 5$개

② 가로길이 헤드 배치 6개

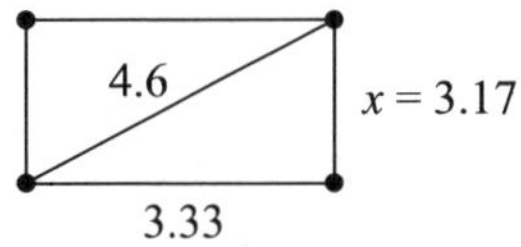

→ 헤드간 거리 $= \dfrac{20}{6} = 3.33\,\text{m}$

세로길이 헤드간 거리 $4.6 = \sqrt{3.33^2 + x^2}$

$x = 3.17\,\text{m}$

세로 헤드 배치 개수 $\dfrac{10}{3.17} = 3.15 = 4$개

③ 가로길이 헤드 배치 7개

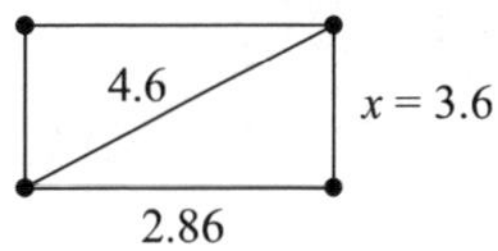

→ 헤드간 거리 $= \dfrac{20}{7} = 2.86\,\text{m}$

세로길이 헤드간 거리 $4.6 = \sqrt{2.86^2 + x^2}$

$x = 3.6\,\text{m}$

세로 헤드 배치 개수 $\dfrac{10}{3.6} = 2.7 = 3$개

④ 가로길이 헤드 배치 8개

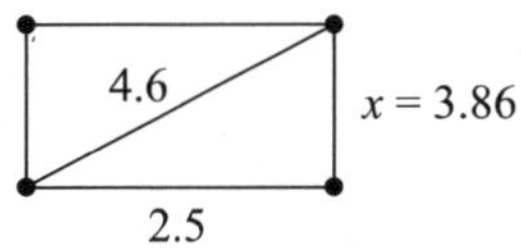

→ 헤드간 거리 $= \dfrac{20}{8} = 2.5\,\text{m}$

세로길이 헤드간 거리 $4.6 = \sqrt{2.5^2 + x^2}$

$x = 3.86\,\text{m}$

세로 헤드 배치 개수 $\dfrac{10}{3.86} = 2.5 = 3$개

⑤ 가로 × 세로 = 5개 × 5개 = 25개

⑥ 가로 × 세로 = 6개 × 4개 = 24개

⑦ 가로 × 세로 = 7개 × 3개 = 21개

⑧ 가로 × 세로 = 8개 × 3개 = 24개

78 다음 각 지점에서의 손실압력과 유량을 구하시오. (단, ① 지점에서의 방사압력은 0.1 MPa, K=100, C=100, 관경은 32A, 각 구간의 길이는 3m이다. 손실압력 $P=6\times10^4\times\dfrac{Q^2}{C^2\times d^5}$ [MPa/m] (단, 압력은 네째 자리, 유량은 둘째 자리까지만 기재한다)

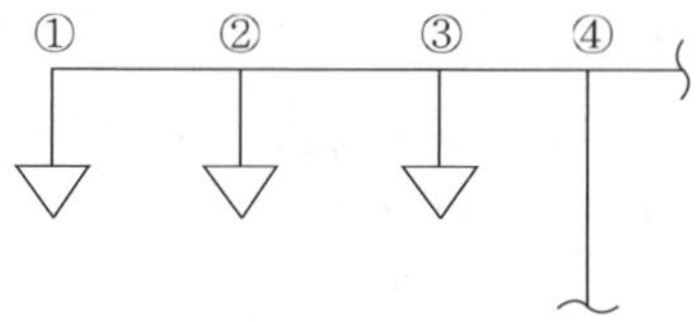

정답 (1) ① 지점에서의 방사량

$$Q_1=K\sqrt{10P_1}=100\sqrt{10\times0.1}=100\,\mathrm{L/min}$$

①-② 지점에서의 마찰손실압력

$$\therefore\ \Delta P=6\times10^4\times\frac{100^2}{100^2\times32^5}\times3=0.00536\,\mathrm{MPa}$$

(2) ② 지점에서의 압력

$$P_2=0.1+0.00536=0.10536\,\mathrm{MPa}$$

② 지점에서의 방사량

$$Q_2=K\sqrt{10P_2}=100\sqrt{10\times0.10536}=102.645\,\mathrm{L/min}$$

②-③ 지점에서의 손실압력

$$\therefore\ \Delta P=6\times10^4\times\frac{(100^2+102.65)^2}{100^2\times32^5}\times3=0.02203\,\mathrm{MPa}$$

(3) ③ 지점에서의 압력

$$P_3=0.1+0.00536+0.02203=0.12739\,\mathrm{MPa}$$

③ 지점에서의 방사량

$$Q_3=K\sqrt{10P_3}=100\sqrt{10\times0.12739}=112.87\,\mathrm{L/min}$$

③-④ 지점에서의 손실압력

$$\therefore\ \Delta P=6\times10^4\times\frac{(100+102.65+112.87)^2}{100^2\times32^5}\times3=0.0534\,\mathrm{MPa}$$

(4) ④ 지점에서의 압력

$$P_4=0.1+0.00536+0.02203+0.0534=0.18079\,\mathrm{MPa}$$

79 다음 도면은 습식스프링클러설비가 설치된 9층 백화점이다. 다음 물음에 답하시오.

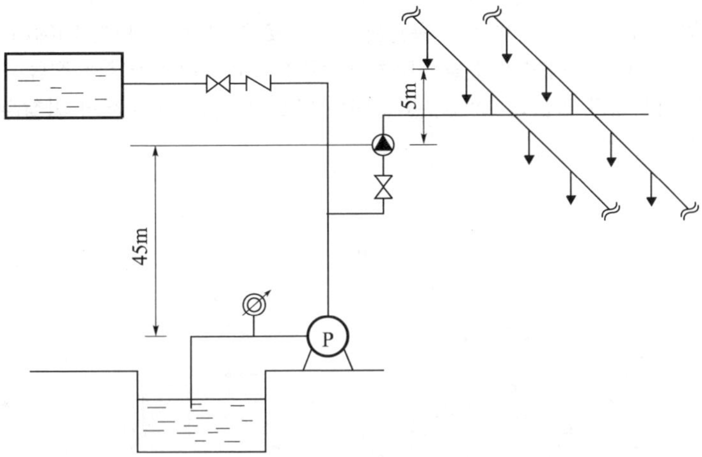

[조건]
- 관의 마찰손실은 실양정의 40%이며, 헤드는 각 층당 50개이다.
- 연성계 지시압은 300 mmHg이다.
- 대기압은 10.33 mAq이다.
- 체적효율은 0.9, 수력효율은 0.8, 기계효율은 0.95이다.
- 전달계수는 1.1이다
- 9층 알람밸브에서 9층 헤드까지의 수직거리는 5 m이다.

(가) 토출 유량[L/min]은 얼마인가?
(나) 양정[m]은 얼마인가?
(다) 전효율(펌프효율)은 얼마인가?
(라) 전동기의 동력[kW]은 얼마인가?

정답 (가) 2400 L/min 이상 (나) 85.71 m
(다) 68.4 % (라) 59.49 kW

해설 (가) 토출유량 $= N \times$ 방사량 $= 30 \times 80\,\text{L/min} = 2400\,\text{L/min}$

(나) 양정

$H = h_1 + h_2 + 10 = 54.08 + 21.63 + 10 = 85.71\text{m}$

$\because\ h_1 = (45+5) + \dfrac{300}{760} \times 10.33 = 54.08\,\text{m}$

$h_2 = 54.08 \times 0.4 = 21.63$

(다) 펌프효율 $= (0.9 \times 0.8 \times 0.95) \times 100 = 68.4\%$

펌프효율 = 기계효율 × 체적효율 × 수력효율

(라) 전동기동력 $= \dfrac{1000 \times 2.4 \times 85.71}{102 \times 60 \times 0.684} \times 1.1 = 59.46\,\text{kW}$

80 폐쇄형 헤드를 사용한 스프링클러설비의 말단배관 중 K점에 필요한 가압수의 수압을 화재안전기준 및 조건을 이용하여 구하시오(단, 모든 헤드는 80 L/min로 방사되는 기준이고, 티의 사양은 분류되기 전 배관과 동일한 사양으로 적용한다. 또한, 티에서 마찰손실수두는 분류되는 유량이 큰 방향의 값을 적용하며 동일한 분류량인 경우는 직류 티의 값을 적용한다. 그리고 가지배관 말단과 교차배관 말단은 엘보로 하며, 리듀서의 마찰손실은 큰 구경을 기준으로 적용한다). (2022년 출제)

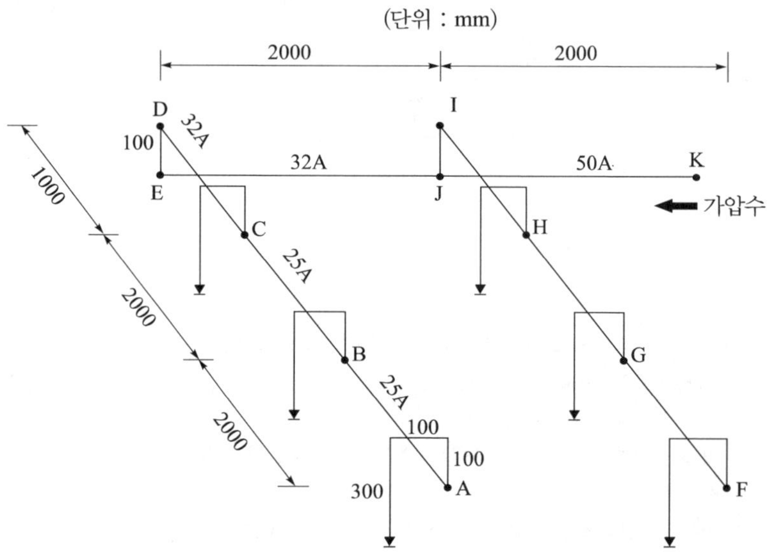

[조건]

① 100 당 직관 마찰손실수두(m)

항목	유량조건	25A	32A	40A	50A
1	80 L/min	39.82	11.38	5.40	1.68
2	160 L/min	150.42	42.84	20.29	6.32
3	240 L/min	307.77	87.66	41.51	12.93
4	320 L/min	521.92	148.66	70.40	21.93
5	400 L/min	789.04	224.75	106.31	32.99
6	480 L/min	1042.06	321.55	152.36	47.43

② 관이음쇠 마찰손실에 해당하는 직관길이(m)

관 이음	25A	32A	40A	50A
엘보(90°)	0.9	1.2	1.5	2.1
리듀서(큰 구경 기준)	0.54	0.72	0.9	1.2
티(직류)	0.27	0.36	0.45	0.6
티(분류)	1.5	1.8	2.1	3.0

③ 헤드나사는 PT 1/2 (15A)를 적용한다(리듀서를 적용함).
④ 수압산정에 필요한 계산과정을 상세히 명시해야 한다.

(가) 배관 마찰손실수두(m)
(단, 다음 표에 따라 각 구간의 소요수두를 구하고, 이를 합산하여 총 마찰손실수두를 구해야 한다)

구간	배관크기	소 요 수 두
말단헤드~B	25A	
B~C	25A	
C~J	32A	
J~K	50A	
총 마찰손실수두		

(나) 헤드 선단의 낙차수두(m)
(다) 헤드 선단의 최소방수압력(MPa)
(라) K점의 최소요구압력(KPa)

정답 (가)

구간	관경	등가길이[m]	마찰손실수두[m]
말단헤드 ~B	25A	2 + 0.1 + 0.1 + 0.3 = 2.5 m 3 × 0.9 = 2.7 m 1 × 0.54 = 0.54 m 계 : 5.74 m	$5.74\,\text{m} \times \frac{39.82}{100} = 2.285 \fallingdotseq 2.29\,\text{m}$
B~C	25A	2 m 1 × 0.27 = 0.27 m 계 : 2.27 m	$2.27\,\text{m} \times \frac{150.42}{100} = 3.414 \fallingdotseq 3.41\,\text{m}$
C~J	32A	2 + 0.1 + 1 = 3.1 m 2 × 1.2 = 2.4 m 1 × 1.18 = 1.8 m 1 × 0.72 = 0.72 m 계 : 8.02 m	$8.02\,\text{m} \times \frac{87.66}{100} \fallingdotseq 7.03\,\text{m}$
J~K	50A	2 m 1 × 3.0 = 3.0 m 1 × 1.2 = 1.2 m 계 : 6.2 m	$6.2\,\text{m} \times \frac{47.43}{100} \fallingdotseq 2.94\,\text{m}$
총 마찰손실수두		2.29 + 3.41 + 7.03 + 2.94 = 15.67 m	

(나) −0.1 m
(다) 0.1 MPa
(라) 255.7 KPa

해설 (나) 낙차(위치)수두 = 0.1 m + 0.1 m − 0.3 m = − 0.1 m

∴ − 0.1 m

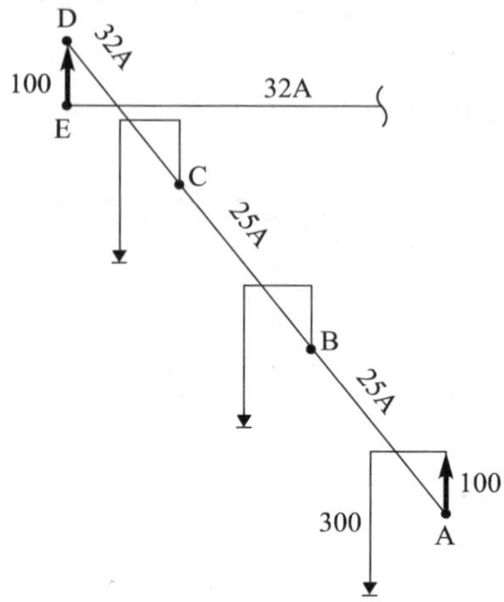

(다) 펌프방식 또는 압력수조방식

$P = P_1 + P_2 + 0.1$

여기서, P : 필요한 압력(MPa)

P_1 : 배관 및 관부속품의 마찰손실수두압(MPa)

P_2 : 낙차의 환산수두압(MPa)

0.1 : 헤드 선단의 최소방수압력(MPa)

(라) K점의 최소요구압력

① 총 소요수두

$H = h_1 + h_2 + 10 = 15.67\,\text{m} + (-0.1\,\text{m}) + 10 = 25.57\,\text{m}$

- 15.67 m : (가)에서 구한 총 마찰손실수두
- − 0.1 m : (나)에서 구한 값

② K점에 필요한 방수압

$25.57\,\text{m} = 255.7\,\text{kPa}$

81 다음은 폐쇄형 습식스프링클러 소화설비의 가지관을 나타낸 것이다. 도면과 조건을 보고 물음에 답하시오.

[조건]
- 최말단 헤드의 방사압은 0.1 MPa이다.
- 하젠-윌리엄스 식을 이용하며, 조도는 120이다.
- 배관의 구경에 따른 안지름은 다음과 같다.

호칭지름[mm]	25A	32A	40A	50A
안지름[mm]	28	37	43	54

- 관부속의 등가길이는 다음과 같다.

구분	25A	32A	40A	50A
90° 엘보	0.9	1.2	1.5	2.1
리듀서	0.54	0.72	0.9	1.2
티(직류)	0.27	0.36	0.45	0.6
티(분류)	1.5	1.8	4.1	3.0

- 헤드 간의 거리는 3.5 m이다.
- 헤드의 방출계수 K는 80으로 적용한다.

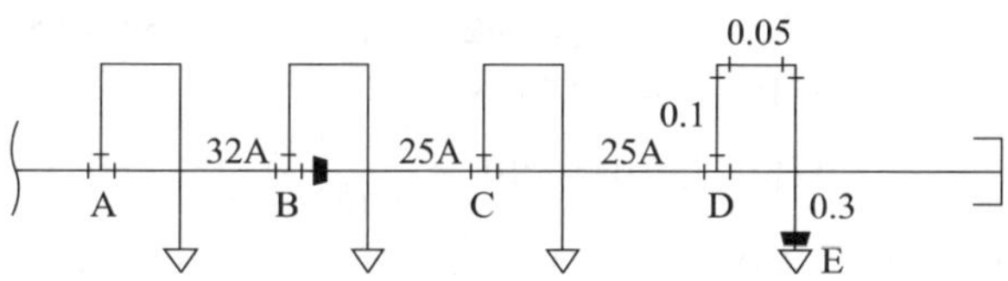

(가) ① A~B 간의 마찰손실압력[MPa]은 얼마인가?
② B~C 간의 마찰손실압력[MPa]은 얼마인가?
③ C~D 간의 마찰손실압력[MPa]은 얼마인가?
④ D~말단 헤드 간의 마찰손실압력[MPa]은 얼마인가?
(나) A에서 E까지의 총마찰손실압력[MPa]은 얼마인가?

정답 (가) ① 0.023 MPa
② 0.0355 MPa
③ 0.01306 MPa
④ 0.00729 MPa
(나) 0.07935 MPa

해설 (가) ① A~B 구간 [MPa] 관경 32 mm, 유량 240 L/min

직관 = 3.5 m

부속 등가길이 : 직류 T(32A) + 리듀서(32A) = 0.36 + 0.72 = 1.08

계 : 3.5 + 1.08 = 4.58

$$\therefore \Delta P_{A\sim B} = 6.053 \times 10^4 \times \frac{(240)^{1.85}}{120^{1.85} \times 37^{4.87}} \times 4.58 = 0.023\,\text{MPa}$$

② B~C 구간 [MPa] 관경 25 mm, 유량 160 L/min

직관 = 3.5 m

부속 등가길이 : 직류 T(25A) = 0.27

계 : 3.5 + 0.27 = 3.77 m

$$\therefore \Delta P_{B\sim C} = 6.053 \times 10^4 \times \frac{(160)^{1.85}}{120^{1.85} \times 28^{4.87}} \times 3.77 = 0.0355\,\text{MPa}$$

③ C~D 구간 [MPa] 관경 25 mm, 유량 80 L/min

직관 = 3.5 m

부속 등가길이 : 분류 T(25A) = 1.5 m

계 : 5 m

$$\therefore \Delta P_{C\sim D} = 6.053 \times 10^4 \times \frac{(80)^{1.85}}{120^{1.85} \times 28^{4.87}} \times 5 = 0.01306\,\text{MPa}$$

④ D~E 구간 [MPa] 관경 25 mm, 유량 80 L/min

직관 : 0.1 + 0.05 + 0.3 = 0.45

부속 등가길이 : 90° 엘보(25A) 2개 2×0.9 = 1.8

리듀서(25A) 1개 1×0.54 = 0.54

계 : 0.45 + 2.34 = 2.79 m

$$\therefore \Delta P_{D\sim E} = 6.053 \times 10^4 \times \frac{(80)^{1.85}}{120^{1.85} \times 28^{4.87}} \times 2.79 = 0.00729\,\text{MPa}$$

(나) $\Delta P_{A\sim B} + \Delta P_{B\sim C} + \Delta P_{C\sim D} + \Delta P_{D\sim E} = 0.07935$ MPa

82 지하 2층, 지상 11층인 사무소 건축물에 아래와 같은 조건에서 스프링클러설비를 설계하고자 할 때 다음 각 물음에 답하시오.

[조건]
① 건축물은 내화구조이며 기준층(1~11층)의 평면도는 다음과 같다.
② 펌프의 풋밸브로부터 최상단 헤드까지의 실양정은 48 m이며 배관의 마찰손실과 관부속품에 대한 마찰손실의 합은 12 m이다.
③ 모든 규격치는 최소량을 적용한다.
④ 펌프의 효율은 65%이며 동력전달계수의 여유율은 10%로 한다.
⑤ 연결송수관설비를 겸용한다.

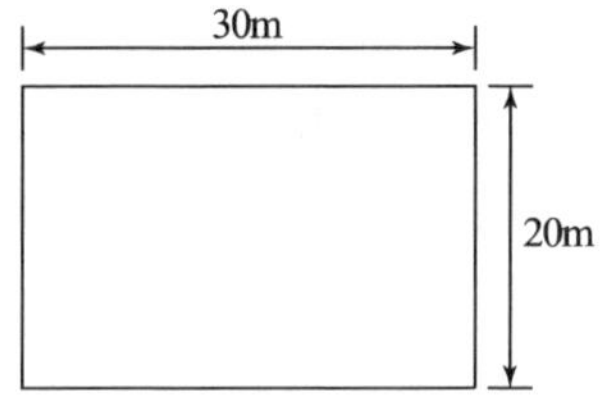

(가) 지상층에 설치된 스프링클러헤드 개수는 몇 개인지 구하시오(단, 정방향으로 배치한다).
(나) 주배관의 배관구경은 호칭경으로 몇 mm로 하여야 하는지 구하시오. (단, 배관 내 유속은 4 m/s 이하가 되도록 한다)
(다) 펌프의 전양정[m]을 구하시오.
(라) 송수펌프의 전동기 용량[kW]을 구하시오.

정답 (가) 지상층 한 층의 헤드개수 $= 10 \times 7 = 70$개
지상 1~11층의 헤드개수 $= 70$개 $\times 11$층 $= 770$개
(나) 125 mm
(다) 70 m
(라) 46.34 kW

해설 (가) $S = 2 \times 2.3 \times \cos 45° = 3.25$ m

가로$= \dfrac{30}{3.25} = 9.23 ≒ 10$개, 세로$= \dfrac{20}{3.25} = 6.15 ≒ 7$개

지상층 한 층의 헤드개수 $= 10 \times 7 = 70$개
지상 1~11층의 헤드개수 $= 70$개 $\times 11$층 $= 770$개

(나) $Q = 30 \times 80 = 2400\ \text{L/min} = 2.4\ \text{m}^3/\text{min}$

$D = \sqrt{\dfrac{4 \times 2.4/60}{\pi \times 4}} = 0.1128\ \text{m} ≒ 112.8\ \text{mm}$ 이상

∴ 125 mm

(다) $12 + 48 + 10 = 70$ m

(라) $\dfrac{0.163 \times 2.4 \times 70}{0.65} \times 1.1 = 46.342 ≒ 46.34$ kW

83 15층 건물에 압력수조를 이용한 가압송수방식의 스프링클러설비가 설치되어 있다. 압력수조와 최상층 말단헤드의 수직높이는 45 m, 압력수조의 내용적의 2/3가 물로 채워져 있을 때 수조 내 요구되는 공기압력(게이지압력)은 몇 MPa인가? (단, 압력수조의 내용적은 100 m^3이고, 최상층 말단헤드의 방수압력은 0.11 MPa, 대기압은 0.1 MPa로 하고, 배관의 마찰손실은 무시한다)

정답 1.88 MPa

해설 (1) 필요한 압력

$$P \geq P_1 + P_2 + 0.11$$

여기서 P : 필요한 압력[MPa]

P_2 : 배관의 마찰손실수두압[MPa]

P_1 : 낙차의 환산수두압[MPa]

0.11 : 최상층 말단헤드의 방수압력[MPa]

$$P = P_1 + P_2 + 0.11 = 0.45\ \text{MPa} + 0.11\ \text{MPa} = 0.56\ \text{MPa} \quad (P_2 = 0)$$

(2) 압력수조 내의 공기압력

$$P_o = \frac{V}{V_a}(P + P_a) - P_a$$

여기서 P_o : 압력수조 내의 공기압력[MPa]

V : 압력수조 체적[m^3]

V_a : 압력수조 내의 공기체적[m^3]

P : 필요한 압력[MPa]

P_a : 대기압력[MPa]

$$P_o = \frac{100\ \text{m}^3}{100\ \text{m}^3 \times \frac{1}{3}} \times (0.56 + 0.1)\ \text{MPa} - 0.1\ \text{MPa} = 1.88\ \text{MPa}$$

> $V = 100\ \text{m}^3$ (단서에 의해)
> $V_a = 100\ \text{m}^3 \times \frac{1}{3}$ (문제에서 $\frac{2}{3}$가 물로 채워져 있으므로 공기는 $\frac{1}{3}$)
> $P = 0.56\ \text{MPa}$ (바로 위에서 구한 값)
> $P_a = 0.1\ \text{MPa}$ (단서에 의해)

84 다음 그림은 스프링클러설비에서 배관의 일부를 나타낸 상세도이다. 다음 각 물음에 답하시오.

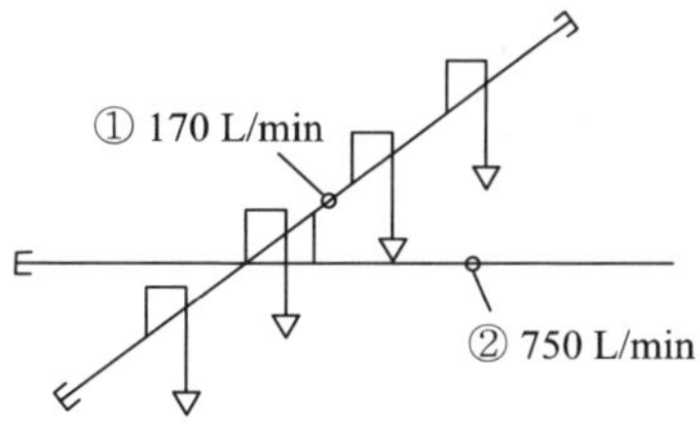

(가) ①부분의 수리계산시 배관의 최소값[mm]을 구하시오.
(나) ②부분의 수리계산시 배관의 최소값[mm]을 구하시오.

정답 (가) 24.52 mm

(나) 39.89 mm

해설

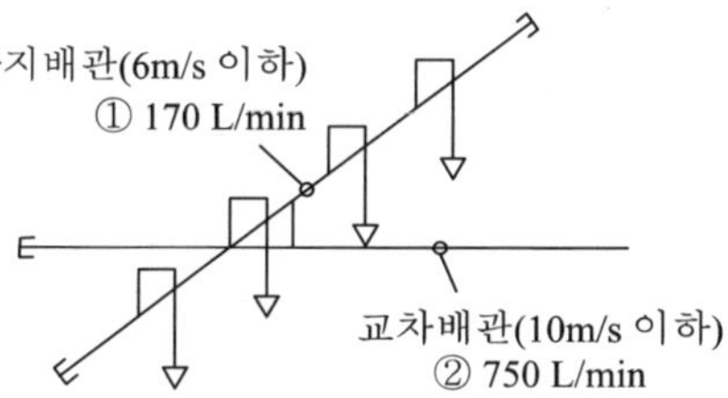

$$Q = AV = \frac{\pi D^2}{4} V$$

여기서, Q : 유량[m^3/s]
A : 단면적[m^2]
V : 유속[m/s]
D : 내경[m]

(가) 가지배관의 내경 D는

$$D = \sqrt{\frac{4Q}{\pi V}} = \sqrt{\frac{4 \times 170\,\mathrm{L/min}}{\pi \times 6\,\mathrm{m/s}}} = \sqrt{\frac{4 \times 0.17\,\mathrm{m^3/60s}}{\pi \times 6\,\mathrm{m/s}}}$$

$$\fallingdotseq 0.02452\,\mathrm{m} = 24.52\,\mathrm{mm}$$

(나) 교차배관의 내경 D는

$$D = \sqrt{\frac{4Q}{\pi V}} = \sqrt{\frac{4 \times 750\,\mathrm{L/min}}{\pi \times 10\,\mathrm{m/s}}} = \sqrt{\frac{4 \times 0.75\,\mathrm{m^3/60s}}{\pi \times 10\,\mathrm{m/s}}}$$

$$\fallingdotseq 0.03989\,\mathrm{m} = 39.89\,\mathrm{mm}$$

85 그림은 어느 일제개방형 스프링클러설비의 계통을 나타내는 Isometric Diagram이다. 주어진 조건을 참조하여 이 설비가 작동되었을 경우 표의 유량, 구간손실, 손실계 등을 답란의 요구순서대로 수리계산하여 산출하시오.

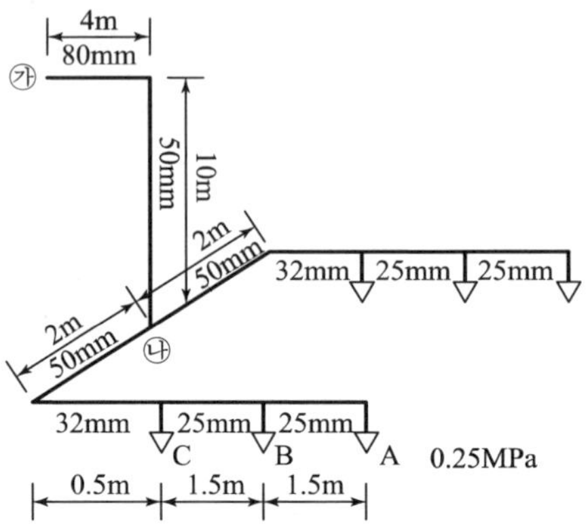

구간	유량 [L/min]	길이 [m]	1m당 마찰손실 [MPa]	구간손실 [MPa]	낙차 [m]	손실계 [MPa]
헤드 A	100	-	-	-	-	0.25
A~B	100	1.5	0.02	0.03	0	①
헤드 B	②	-	-	-	-	
B~C	③	1.5	0.04	④	0	⑤
헤드 C	⑥	-	-	-	-	-
C~㉯	⑦	2.5	0.06	⑧	-	⑨
㉯~㉮	⑩	14	0.01	⑪	−10	⑫

[조건]
① 설치된 개방형헤드 A의 유량은 100 L/min, 방수압은 0.25 MPa이다.
② 배관부속 및 밸브류의 마찰손실은 무시한다.
③ 수리계산시 속도수두는 무시한다.
④ 필요압은 노즐에서의 방사압과 배관 끝에서의 압력을 별도로 구한다.

정답

① 0.28 ② 105.83 ③ 205.83
④ 0.06 ⑤ 0.34 ⑥ 116.62
⑦ 322.45 ⑧ 0.15 ⑨ 0.49
⑩ 644.9 ⑪ 0.14 ⑫ 0.53

해설

① $0.25 + 0.03 = 0.28$ MPa

② $K = \dfrac{100}{\sqrt{10 \times 0.25}} = 63.245$

$Q = 63.245\sqrt{10 \times 0.28} = 105.829 \fallingdotseq 105.83$ L/min

③ $105.83 + 100 = 205.83$

④ $1.5 \times 0.04 = 0.06$
⑤ $0.28 + 0.06 = 0.34$
⑥ $63.245\sqrt{10 \times 0.34} = 116.618 ≒ 116.62$
⑦ $116.62 + 205.83 = 322.45$
⑧ $2.5 \times 0.06 = 0.15$
⑨ $0.34 + 0.15 = 0.49$
⑩ $322.45 \times 2 = 644.9$
⑪ $14 \times 0.01 = 0.14$
⑫ $0.49 + 0.14 - 0.1 = 0.53$

86 다음 그림과 같이 각 층의 평면구조가 모두 같은 지하 1층~지상 4층의 사무실 용도의 건물이 있다. 이 건물의 전층에 걸쳐 스프링클러설비(습식) 및 옥내소화전설비를 하나의 수조 및 소화펌프와 연결하여 적법하게 설치하고자 한다. 다음의 물음에 답하시오.
(단, 펌프로부터 최고위 헤드까지의 수직높이는 18 m, 헤드기준개수 10개)

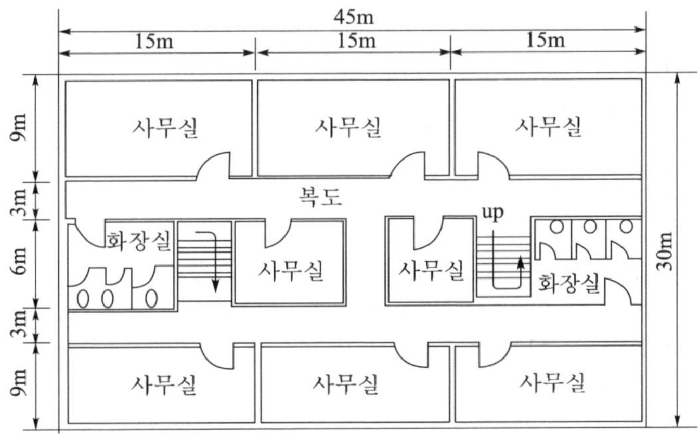

(가) 옥내소화전의 설치 개수는 최소한 몇 개이어야 하는?
(나) 펌프의 정격 송출량은 분당 몇 [L] 이상이어야 하는가?
(다) 저수조의 저수량은 몇 [m^3] 이상이어야 하는가?
(라) 충압펌프를 소화펌프 옆에 설치할 경우 충압펌프의 기동압력은 몇 [MPa] 이상이어야 하는가?
(마) 주입상관의 안지름은 최소한 몇 [mm]가 되어야 하는가? 65 mm, 80 mm, 90 mm, 100 mm 중에서 택하시오(단, 허용최대유속은 3 m/s이다).
(바) 알람밸브의 설치 개수는 몇 개 이상이어야 하는가?
(사) 옥내소화전의 앵글밸브인 입측배관의 호칭구경은 얼마 이상이어야 하는가?
(아) 만약 펌프의 소요양정이 60 m이고, 전동기 직결 구동식이라면 전동기의 소요동력은 몇 [kW]인가? (단, 펌프의 효율은 0.6, 축동력 전달계수는 1.1이라 한다)

정답 (가) 10개

(나) 1060 L/min 이상

(다) 28.26 m^3 이상

(라) 0.38 MPa

(마) 90 mm

(바) 5개

(사) 40 mm

(아) 19 kW

해설 (가) $x^2 = 30^2 + 45^2$

$x = \sqrt{30^2 + 45^2} = 54\,\text{m}$

$\therefore\ x > 50$

1개층에 2개 이상 설치해야 하므로,

$\therefore\ 5 \times 2 = 10$

(나) 스프링클러설비 : 10개 × 80 L/min · 개 = 800 L/min

→ 기준 개수 10개

옥내소화전설비 : 2개×130 L/min · 개 = 260 L/min

∴ 800 L/min + 260 L/min = 1060 L/min = 1.06 m^3/min

(다) 스프링클러설비 : 10개 × 1.6 m^3/개 = 16 m^3

옥상수조 $= 16 \times \frac{1}{3} = 5.33\ m^3$

옥내소화전설비 : 2개 × 2.6 m^3/개 = 5.2 m^3

옥상수조 $= 5.2 \times \frac{1}{3} = 1.73\ m^3$

$\therefore\ 16\ m^3 + 5.2\ m^3 + 5.33\ m^3 + 1.73\ m^3 = 28.26\ m^3$

(라) 자연압 + 0.2 MPa = 0.18 + 0.2 = 0.38 MPa

(마) $Q = AV$

$\frac{1.06}{60} = \frac{\pi}{4} d^2 \times 3$

$\therefore\ d = 0.084617\,\text{m} = 84.617\,\text{mm} = 90\,\text{mm}$

(바) 바닥면적 3000 m^2 미만으로 1개 층에 1개씩 5개 층이므로 5개

(아) $P = \frac{\gamma QH}{102E} K = \frac{1000 \times 1.06 \times 60}{102 \times 0.6 \times 60} \times 1.1 = 19\text{kW}$

87 도면과 주어진 조건을 참고하여 다음 각 물음에 답하시오. (2023년 출제)

[조건]

① 주어지지 않은 조건은 무시한다.

② 직류 Tee 및 리듀서는 무시한다.

③ 다음의 하젠-윌리암식을 이용한다.

$$\Delta P_m = \frac{6 \times 10^4 \times Q^2}{C^2 \times D^5}$$

여기서, ΔP_m : 배관 1 m 당 마찰손실압(MPa)

Q : 유량(L/min)

C : 조도(120)

D : 관경(mm)

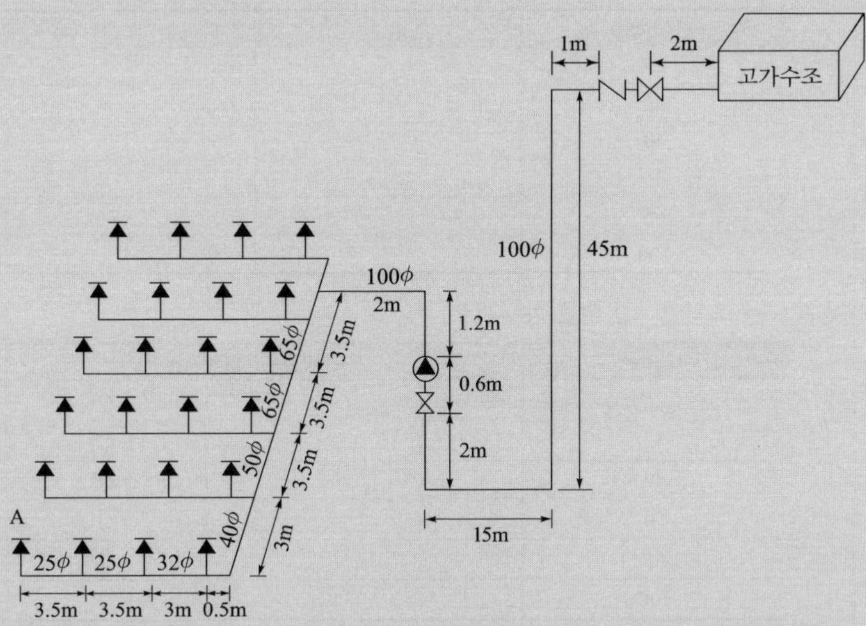

배관의 호칭 구경별 안지름(mm)

호칭구경	25	32	40	50	65	80	100
내경	28	36	42	53	66	79	103

◆ 관이음쇠, 밸브류 등의 마찰손실에 상당하는 등가길이(m)

관이음쇠 및 밸브의 호칭경(mm)	90° 엘보	90° T (측류)	알람 체크밸브	게이트 밸브	체크 밸브
25	0.9	0.27	4.5	0.18	4.5
32	1.2	0.36	5.4	0.24	5.4
40	1.8	0.54	6.2	0.32	6.8
50	2.1	0.6	8.4	0.39	8.4
65	2.4	0.75	10.2	0.48	10.2
100	4.2	1.2	16.5	0.81	16.5

(가) 각 배관의 관경에 따라 다음 빈칸을 채우시오.

관경(mm)	산출근거	상당관 길이(m)
25		
32		
40		
50		
65		
100		

(나) 다음 표의 (   ) 안을 채우시오.

관경(mm)	관마찰손실압(MPa)
25	( )$\times 10^{-7} \times Q^2$
32	( )$\times 10^{-8} \times Q^2$
40	( )$\times 10^{-8} \times Q^2$
50	( )$\times 10^{-9} \times Q^2$
65	( )$\times 10^{-9} \times Q^2$
100	( )$\times 10^{-9} \times Q^2$

(다) A점 헤드에서 고가수조까지 낙차(m)를 구하시오.

(라) A점 헤드의 분당 방수량(L/min)을 계산하시오(단, 방출계수는 80이다).

정답 (가)

관경(mm)	산출근거	상당관 길이(m)
25	직관 : 3.5+3.5=7 m 관부속품 : 90° 엘보 1개 × 0.9m = 0.9m 소계 : 7.9 m	7.9
32	직관 : 3m	3
40	직관 : 3+0.5=3.5 m 관부속품 : 90° 엘보 1개 × 1.8m = 1.8m 소계 : 5.3 m	5.3
50	직관 : 3.5m	3.5
65	직관 : 3.5m+3.5m=7m	7
100	직관 : 2+1+45+15+2+1.2+2=68.2m 관부속품 : 게이트밸브 2개 × 0.81=1.62m 체크밸브 1개 × 16.5=16.5m 90° 엘보 4개 × 4.2=16.8m 알람체크밸브 1개 × 1.65=16.5m 90° T (측류) 1개 × 1.2m=1.2m 소계 : 120.82 m	120.82

(나)

관경(mm)	관마찰손실압(MPa)
25	(19.13)$\times 10^{-7} \times Q^2$
32	(20.67)$\times 10^{-8} \times Q^2$
40	(16.9)$\times 10^{-8} \times Q^2$
50	(34.87)$\times 10^{-9} \times Q^2$
65	(23.29)$\times 10^{-9} \times Q^2$
100	(43.43)$\times 10^{-9} \times Q^2$

(다) $45-2-0.6-1.2=41.2$

$\therefore$ 41.2 m

(라) 총 관마찰손실압 $= 19.13\times10^{-7}\times Q^2 + 20.67\times10^{-8}\times Q^2 + 16.9\times10^{-8}\times Q^2$

$+34.87\times10^{-9}Q_2 + 23.29\times10^{-9}\times Q^2 + 43.43\times10^{-9}\times Q^2$

$= 23.90\times10^{-7}\times Q^2$

$P = 0.412 - 23.90\times10^{-7}\times Q^2$

$Q = 80\sqrt{10(0.412 - 23.90\times10^{-7}\times Q^2)}$

$Q^2 = 80^2(4.12 - 23.90\times10^{-6}\times Q^2)$

$Q^2 + 0.15Q^2 = 26368$

$Q = \sqrt{\dfrac{26368}{1.15}} = 151.422 \fallingdotseq 151.42\,\mathrm{L/min}$

$\therefore$ 151.42 L/min

해설 (나) ΔP_m을 산정하면 다음과 같다.

① 관경 25 mm : $\Delta P_m = \dfrac{6 \times 10^4 \times Q^2}{C^2 \times D^5} \times L = \dfrac{6 \times 10^4 \times Q^2}{120^2 \times 28^5} \times 7.9$

$= 1.9126 \times 10^{-6} \times Q^2 = 19.126 \times 10^{-7} \times Q^2$

$\fallingdotseq 19.13 \times 10^{-7} \times Q^2$

② 관경 32 mm : $\Delta P_m = \dfrac{6 \times 10^4 \times Q^2}{C^2 \times D^5} \times L = \dfrac{6 \times 10^4 \times Q^2}{120^2 \times 36^5} \times 3$

$= 2.0672 \times 10^{-7} \times Q^2 = 20.672 \times 10^{-8} \times Q^2$

$\fallingdotseq 20.67 \times 10^{-8} \times Q^2$

③ 관경 40 mm : $\Delta P_m = \dfrac{6 \times 10^4 \times Q^2}{C^2 \times D^5} \times L = \dfrac{6 \times 10^4 \times Q^2}{120^2 \times 42^5} \times 5.3$

$= 1.6897 \times 10^{-7} \times Q^2 = 16.897 \times 10^{-8} \times Q^2$

$\fallingdotseq 16.9 \times 10^{-8} \times Q^2$

④ 관경 50 mm : $\Delta P_m = \dfrac{6 \times 10^4 \times Q^2}{C^2 \times D^5} \times L = \dfrac{6 \times 10^4 \times Q^2}{120^2 \times 53^5} \times 3.5$

$= 3.4872 \times 10^{-8} \times Q^2 = 34.872 \times 10^{-9} \times Q^2$

$\fallingdotseq 34.87 \times 10^{-9} \times Q^2$

⑤ 관경 65 mm : $\Delta P_m = \dfrac{6 \times 10^4 \times Q^2}{C^2 \times D^5} \times L = \dfrac{6 \times 10^4 \times Q^2}{120^2 \times 66^5} \times 7$

$= 2.3289 \times 10^{-8} \times Q^2 = 23.289 \times 10^{-9} \times Q^2$

$\fallingdotseq 23.29 \times 10^{-9} \times Q^2$

⑥ 관경 100 mm : $\Delta P_m = \dfrac{6 \times 10^4 \times Q^2}{C^2 \times D^5} \times L = \dfrac{6 \times 10^4 \times Q^2}{120^2 \times 103^5} \times 120.82$

$= 4.3425 \times 10^{-8} \times Q^2 = 43.425 \times 10^{-9} \times Q^2$

$\fallingdotseq 43.43 \times 10^{-9} \times Q^2$

(다) 낙차 = 45 − 2 − 0.6 − 1.2 = 41.2 m

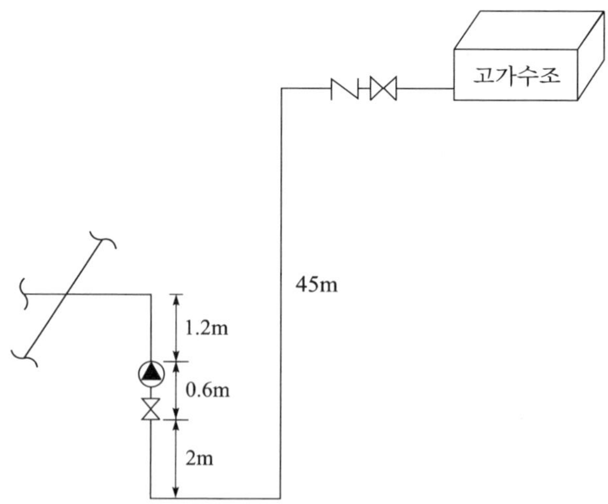

(라) 총관 로 마찰손실압 $= 19.13 \times 10^{-7} \times Q^2 + 20.67 \times 10^{-8} \times Q^2 + 16.9 \times 10^{-8} \times Q_2$

$+ 34.87 \times 10^{-9} Q_2 + 23.29 \times 10^{-9} \times Q^2 + 43.43 \times 10^{-9} \times Q^2$

$= 23.90 \times 10^{-7} \times Q^2$

A점 헤드의 방수압력 P는

$P =$ 낙차의 환산수두압 − 배관 및 관부속품의 마찰손실수두압(총 로 관마찰손실압)

$= 0.412\,\text{MPa} - 23.90 \times 10^{-7} \times Q^2\,\text{MPa}$

A점 헤드의 분당 방수량 Q는

$Q = K\sqrt{10P} = 80\sqrt{10(0.412 - 23.90 \times 10 - 7 \times Q^2)}$

$Q = 26368 - 0.15Q^2$

$Q^2 = \dfrac{26368}{1.15}$

$Q = \sqrt{\dfrac{26368}{1.15}} = 151.422 \fallingdotseq 151.42\,\text{L/min}$

88 헤드 H−1의 방수압력이 0.1 MPa이고 방수량이 80 L/min인 폐쇄형 스프링클러설비의 수리계산에 대하여 조건을 참고하여 다음 각 물음에 답하시오.

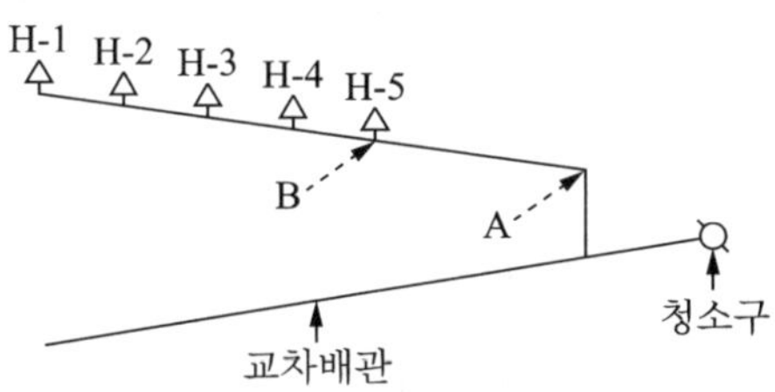

[조건]

① 헤드 H−1에서 H−5까지의 각 헤드마다의 방수압력 차이는 0.01 MPa이다.
(단, 계산 시 헤드와 가지배관 사이의 배관에서의 마찰손실은 무시한다)

② A~B구간의 마찰손실압은 0.04 MPa이다.

(가) A지점에서의 필요최소압력은 몇 MPa인지 구하시오.
(나) 각 헤드에서의 방수량은 몇 L/min인지 구하시오.
(다) A~B구간에서의 유량은 몇 L/min인지 구하시오.
(라) A~B구간에서의 최소내경은 몇 m인지 구하시오.

정답 (가) $0.1 + 0.01 \times 4 + 0.04 = 0.18\,\text{MPa}$

$\therefore\ 0.18\,\text{MPa}$

(나) $K = \dfrac{80}{\sqrt{10 \times 0.1}} = 80$

$H-1 : Q_1 = 80\sqrt{10 \times 0.1} = 80\,\text{L/min}$

$H-2 : Q_2 = 80\sqrt{10 \times (0.1 + 0.01)} = 83.904 \fallingdotseq 83.9\,\text{L/min}$

$H-3 : Q_3 = 80\sqrt{10 \times (0.1+0.01+0.01)} = 87.635 ≒ 87.64\,\text{L/min}$

$H-4 : Q_4 = 80\sqrt{10 \times (0.1+0.01+0.01+0.01)} = 91.214 ≒ 91.21\,\text{L/min}$

$H-5 : Q_5 = 80\sqrt{10 \times (0.1+0.01+0.01+0.01+0.01)} = 94.657 ≒ 94.66\,\text{L/min}$

$\therefore\ Q_1 = 80\,\text{L/min},\ Q_2 = 83.9\,\text{L/min},\ Q_3 = 87.64\,\text{L/min}$

$Q_4 = 91.21\,\text{L/min},\ Q_5 = 94.66\,\text{L/min}$

(다) $80 + 83.9 + 87.64 + 91.21 + 94.66 = 437.41\ \text{L/min} = 0.43741\ \text{m}^3/\text{min}$

$\therefore$ 437.41 L/min

(라) $\sqrt{\dfrac{4 \times (0.43741/60)}{\pi \times 6}} = 0.039 ≒ 0.04\,\text{m}$

$\therefore$ 0.04 m

해설 (가)

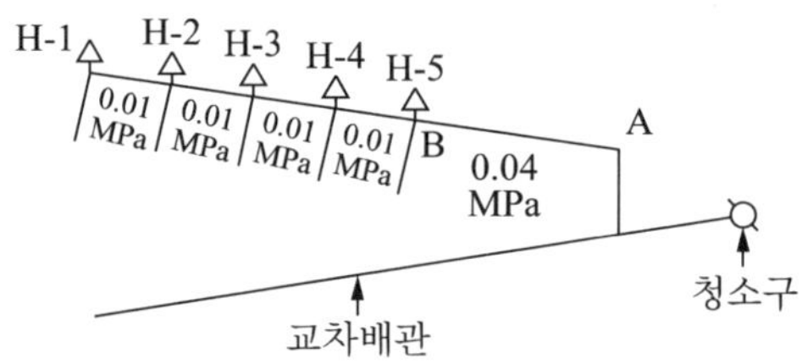

필요최소압력 = 헤드방수압력 + 각각의 마찰손실압
= 0.1 MPa + 0.01 MPa × 4 + 0.04 MPa = 0.18 MPa

(나) $Q = K\sqrt{10P}$

여기서, Q : 방수량[L/min]

K : 방출계수

P : 방수압[MPa]

방출계수 K는

$$K = \frac{Q}{\sqrt{10P}} = \frac{80\,\text{L/min}}{\sqrt{10 \times 0.1\,\text{MPa}}} = 80$$

헤드번호 H-1

① 유량

$Q_1 = K\sqrt{10P} = 80\sqrt{10 \times 0.1\,\text{MPa}} = 80\,\text{L/min}$

② 마찰손실압

$\Delta P_1 = 0.01\,\text{MPa}$

(라) 배관의 내경 D는

$$D = \sqrt{\frac{4Q}{\pi V}} = \sqrt{\frac{4 \times 437.41\,\text{L/min}}{\pi \times 6\,\text{m/s}}}$$

$$= \sqrt{\frac{4 \times 0.43741\,\text{m}^3/\text{min}}{\pi \times 6\,\text{m/s}}} = \sqrt{\frac{4 \times (0.43741\,\text{m}^3/60\text{s})}{\pi \times 6\,\text{m/s}}} = 0.039 ≒ 0.04\,\text{m}$$

• 배관 내의 유속

설 비		유 속
옥내소화전설비(주배관)		4 m/s 이하
스프링클러설비	가지배관	6 m/s 이하
	기타배관(교차배관 등)	10 m/s 이하

89 폐쇄형 헤드를 사용한 스프링클러설비의 도면이다. 스프링클러헤드 중 A지점에 설치된 헤드 1개만이 개방되었을 때 다음 각 물음에 답하시오(단, 주어진 조건을 적용하여 계산하고, 설비도면의 길이단위는 mm이다). (2022년 출제)

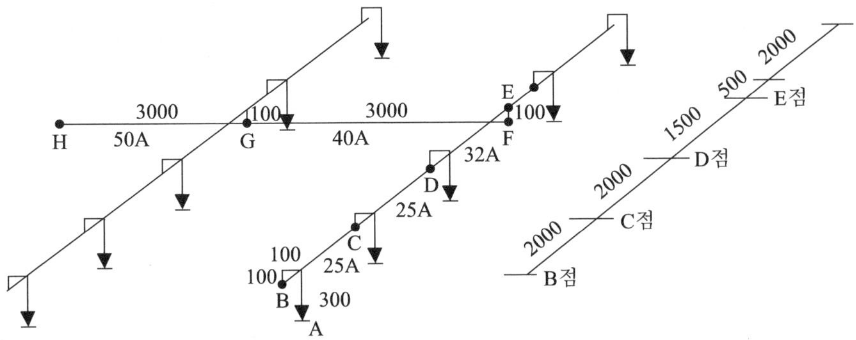

[조건]

① 급수관 중 H점에서의 가압수 압력은 0.15 MPa로 계산한다.

② 엘보는 배관지름과 동일한 지름의 엘보를 사용하고 티의 크기는 다음 표와 같이 사용한다. 그리고 관경 축소는 오직 리듀서만을 사용한다.

지점	C	D	E	G
티의 크기	25A	32A	40A	50A

③ 스프링클러헤드는 15 A용 헤드가 설치된 것으로 한다.

④ 직관의 100 m당 마찰손실수두(단, A점에서의 헤드방수량을 80 L/min로 계산한다)

(단위 : m)

유량	25 A	32 A	40 A	50A
80 L/min	39.82	11.38	5.40	1.68

⑤ 관이음쇠 마찰손실에 해당하는 직관길이(등가길이)

(단위 : m)

구분	25 A	32 A	40 A	50 A
엘보(90°)	0.90	1.20	1.50	2.10
리듀서	0.54 (25A × 15A)	0.72 (32A × 25A)	0.90 (40A × 32A)	1.20 (50A × 40A)
티(직류)	0.27	0.36	0.45	0.60
티(분류)	1.50	1.80	2.10	3.00

예 : 25A 크기의 90° 엘보의 손실수두는 25A, 직관 0.9 m의 손실수두와 같다.

⑥ 가지배관 말단(B지점)과 교차배관 말단(F지점)은 엘보로 한다.

⑦ 관경이 변하는 관부속품은 관경이 큰 쪽으로 손실수두를 계산한다.

⑧ 중력가속도는 $9.8\ m/s^2$로 한다.

⑨ 구간별 관경은 다음 표와 같다.

구 간	관 경
A~D	25A
D~E	32A
E~G	40A
G~H	50A

(가) A~H까지의 전체 배관 마찰손실수두(m) (단, 직관 및 관이음쇠를 모두 고려하여 구한다)
(나) H와 A는 몇 m가 더 높은지 계산과정을 쓰고 ( ) 안을 완성하시오.

(①)가 (②)보다 (③) m 높다.

(다) A에서의 방사압력(kPa)

정답 (가) 계산과정

구간	호칭구경	유량	직관 및 등가길이	마찰손실수두
H~G	50A	80 L/min	• 직관 : 3 • 관이음쇠 티(직류) : 1 × 0.60 = 0.60 리듀서 : 1 × 1.20 = 1.20 소계 : 4.8 m	$4.8 \times \frac{1.68}{100}$ $= 0.0806$
G~E	40A	80 L/min	• 직관 : 3 + 0.1 = 3.1 • 관이음쇠 엘보(90°) : 1 × 1.50 = 1.50 티(분류) : 1 × 2.10 = 2.10 리듀서 : 1 × 0.90 = 0.90 소계 : 7.6 m	$7.6 \times \frac{5.40}{100}$ $= 0.4104$
E~D	32A	80 L/min	• 직관 : 1.5 • 관이음쇠 티(직류) : 1 × 0.36 = 0.36 리듀서 : 1 × 1.72 = 0.72 소계 : 2.58 m	$2.58 \times \frac{11.38}{100}$ $= 0.2936$
D~A	25A	80 L/min	• 직관 : 2 + 2 + 0.1 + 0.1 + 0.3 = 4.5 • 관이음쇠 티(직류) : 1 × 0.27 = 0.27 엘보(90°) : 3 × 0.90 = 2.70 리듀서 : 1 × 0.54 = 0.54 소계 : 8.0 m	$8.01 \times \frac{39.82}{100}$ $= 3.1895$
				3.9741 ≒ 3.97 m

∴ 3.97 m

(나) ① H
② A
③ 0.2

(다) 112.07 kPa

해설 (나) 높이 = 0.3 m − 0.1 m = 0.2 m

- H를 기준으로 0.1 m (100 mm) 위로 올라갔고 0.3 m (300 mm)가 내려왔으므로 0.3 m − 0.1 m = 0.2 m가 되어 H가 A보다 0.2 m 높다.

(다) ① H점과 A점의 수두 h는 직관 및 관이음쇠의 낙차 + 마찰손실수두이므로

낙차 = 0.1 m + 0.1 m − 0.3 m = −0.1 m

- 낙차는 수직배관만 고려하며, 물 흐르는 방향을 주의하여 산정하면 0.1 m + 0.1 m − 0.3 m = −0.1 m가 된다.

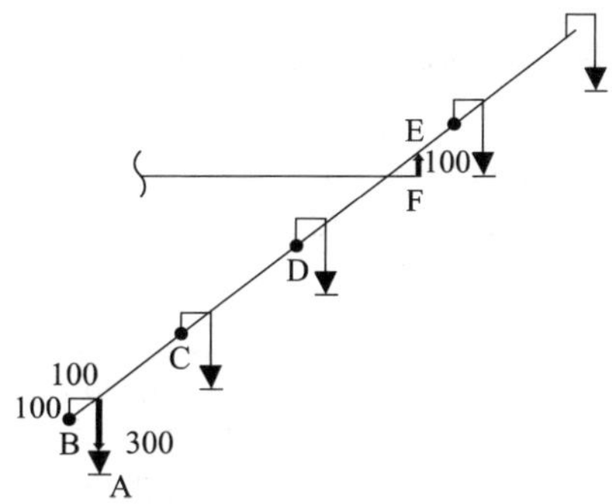

$h = -0.1\,\text{m} + 3.97\,\text{m} = 3.87\,\text{m}$

② H점과 A점의 압력차

$\Delta P = \gamma h = (\rho g) h = 1000\,\text{N} \cdot \text{s}^2/\text{m}^4 \times 9.8\,\text{m/s}^2 \times 3.87\,\text{m}$

$= 37926\,\text{N/m}^2 = 37926\,\text{Pa} = 37.926\,\text{kPa}$

③ A점 헤드의 방사압력 P_A는

P_A = H점의 압력 $- \Delta p = 150\text{kPa} - 37.926\,\text{kPa} = 112.074 \fallingdotseq 112.07\,\text{kPa}$

90 다음 그림과 조건을 보고 답하시오.

[조건]
- 스프링클러헤드는 개방형이다.
- 모든 계산시 관의 내경은 호칭경과 동일한 것으로 보고 계산하고, 또한 관이음쇠에 대한 마찰손실도 무시한다.

  [관의 종류] 15A, 20A, 25A, 32A, 40A, 50A, 65A, 80A, 100A
- 마찰손실에 대한 하젠-윌리엄스 식은 다음 식으로 계산한다(단, C=100이다).

  $$\Delta P(\text{MPa}) = 6 \times 10^4 \times \frac{Q^2 \cdot L}{C^2 \cdot d^5}$$
- 마찰손실 계산시 속도수두와 배관높이의 차에 의한 수두손실은 무시한다.

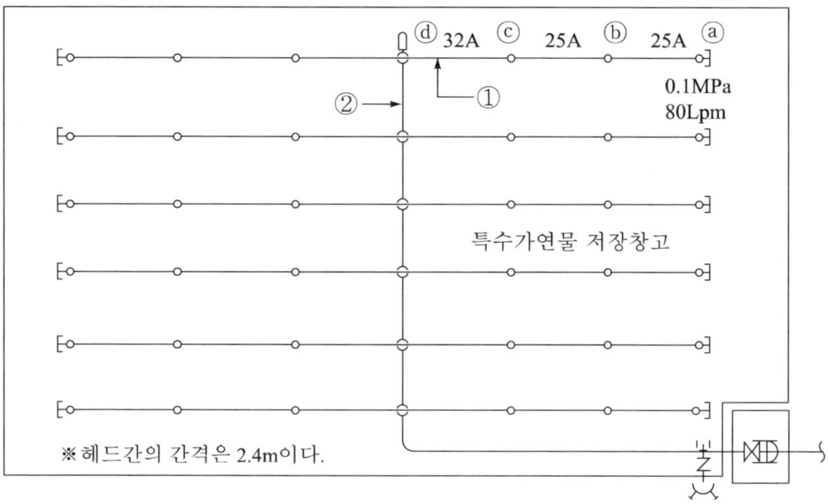

(가) 구간 ⓐ~ⓑ의 마찰손실과 ⓑ헤드의 방사량(유량)은 얼마인가
  ① ⓐ~ⓑ의 마찰손실
  ② ⓑ 헤드의 방사량

(나) 구간 ⓑ~ⓒ의 마찰손실과 ⓒ헤드의 방사량(유량)은 얼마인가?
  ① ⓑ~ⓒ의 마찰손실
  ② ⓒ 헤드의 방사량

(다) ⓓ점에서의 필요한 최소압력은 얼마인가?

(라) ②점에서의 유량은 얼마인가?

(마) ②점에서 필요한 최소관경은 얼마인지 화재안전기준의 속도를 이용해 계산하여 관의 구경을 선택하시오.

정답 (가) ① 0.009 MPa

② 83.52 L/min

(나) ① 0.039 MPa

② 97.32 L/min

(다) 0.177 MPa

(라) 521.68 L/min

(마) 40 A

해설 (가) ① ⓐ~ⓑ의 마찰손실압력[MPa]

헤드간 거리 $S = 2r\cos 45° = 2 \times 1.7\cos 45° = 2.4\,\text{m}$

$$\Delta P = 6 \times 10^4 \times \frac{80^2}{100^2 \times 25^5} \times 2.4 = 0.009\,\text{MPa}$$

② ⓑ헤드의 방사량[L/min]

$Q = K\sqrt{10P} = 80\sqrt{10 \times (0.1 + 0.009)} = 83.5224\,\text{L/min}$

(나) ① ⓑ~ⓒ의 마찰손실압력[MPa]

$$\Delta P = 6 \times 10^4 \times \frac{(80 + 83.52)^2}{100^2 \times 25^5} \times 2.4 = 0.039\,\text{MPa}$$

② ⓒ헤드의 방사량[L/min]

$Q = 80\sqrt{10 \times (0.109 + 0.039)} = 97.3242\,\text{L/min}$

(다) $\Delta P = 6 \times 10^4 \times \dfrac{(80 + 83.52 + 97.32)^2}{100^2 \times 32^5} \times 2.4 = 0.029\,\text{MPa}$

ⓒ~ⓓ 사이의 손실압력이 $0.029\,\text{MPa}$이므로

ⓓ점에서 필요한 최소압력 $0.1 + 0.009 + 0.039 + 0.029 = 0.177\,\text{MPa}$

(라) ②점에서의 유량은 ⓐⓑⓒ의 대칭과 합이므로, ②지점에서의 유량은

$(80 + 83.5 + 97.32) \times 2 = 521.68\,\text{L/min} = 8.695 \times 10^{-3}\,\text{m}^3/\text{s}$

(마) ②점에서의 최소관경 산정 (유속 10 m/s)

$Q = AV$에서

$8.695 \times 10^{-3} = \dfrac{\pi \times d^2}{4} \times 10$이므로

$$d = \sqrt{\frac{4 \times 8.695 \times 10^{-3}}{\pi \times 10}} \times 10^3 = 33.27\,\text{mm}$$

$\therefore$ 40 A

91 다음 그림은 어느 스프링클러설비의 Isometric Diagram이다. 이 도면과 주어진 조건에 의하여 헤드 A만을 개방하였을 때 실제 방수압과 방수량을 계산하시오.

(2023년 출제)

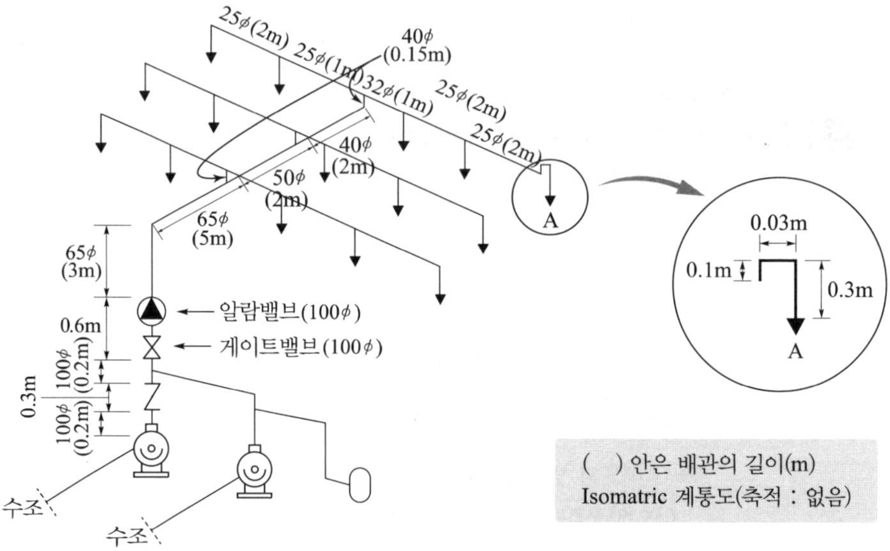

[조건]

① 펌프의 양정력은 토출량에 관계없이 일정하다고 가정한다(펌프토출압 = 0.3 MPa).

② 헤드의 방출계수(K)는 90이다.

③ 배관의 마찰손실은 하젠-윌리엄 공식을 따르되 계산의 편의상 다음 식과 같다고 가정한다.

$$\Delta P = \frac{6 \times 10^4 \times Q^2}{120^2 \times d^5}$$

여기서, ΔP : 배관 1 m당 마찰손실압력(MPa/m)

Q : 배관 내의 유수량(L/min)

d : 배관의 안지름(mm)

④ 배관의 호칭구경별 안지름은 다음과 같다.

호칭구경	25ϕ	32ϕ	40ϕ	50ϕ	60ϕ	80ϕ	100ϕ
내경(mm)	28	37	43	54	69	81	107

⑤ 배관부속 및 밸브류의 등가길이(m)는 다음 표와 같으며, 이 표에 없는 부속 또는 밸브류의 등가길이는 무시해도 좋다.

배관 부속 \ 호칭 구경	25 mm	32 mm	40 mm	50 mm	6 mm	80 mm	100 mm
90° 엘보	0.8	1.1	1.3	1.6	2.0	2.4	3.2
티(직류)	1.7	2.2	2.5	3.2	4.1	4.9	6.3
게이트밸브	0.2	0.2	0.3	0.3	0.4	0.5	0.7
체크밸브	2.3	3.0	3.5	4.4	5.6	6.7	8.7
알람밸브	–	–	–	–	–	–	8.7

⑥ 배관의 마찰손실, 등가길이, 마찰손실압력은 호칭구경 25ϕ와 같이 구하도록 한다.

(가) 다음 표에서 빈칸을 채우시오.

호칭구경	배관 마찰손실(ΔP)	등가길이(m)	마찰손실압력(MPa)
25ϕ	$\Delta P = 2.421 \times 10^{-7} \times Q^2$	직관 : $2+2+0.1+0.03+0.3=4.43$ 90° 엘보 : 3개×0.8 = 2.4 계 : 6.83 m	$1.162 \times 10^{-6} \times Q^2$
32ϕ			
40ϕ			
50ϕ			
65ϕ			
100ϕ			

(나) 배관의 총 마찰손실압력(MPa)을 구하시오.
(다) 실층고 환산수두(m)를 구하시오.
(라) A점의 방수량(L/min)을 구하시오.
(마) A점의 방수압(MPa)을 구하시오.

정답 (가)

호칭 구경	배관의 마찰손실 (MPa/m)	등가길이 (m)	마찰손실압력 (MPa)
25ϕ	$\Delta P = 2.421 \times 10^{-7} \times Q^2$	직관 : $2+2+0.1+0.03+0.3=4.43$ 90° 엘보 : 3개×0.8 = 2.4 계 : 6.83 m	$1.153 \times 10^{-6} \times Q^2$
32ϕ	$\Delta P = 6.008 \times 10^{-8} \times Q^2$	직관 : 1 계 : 1 m	$6.008 \times 10^{-8} \times Q^2$
40ϕ	$\Delta P = 2.834 \times 10^{-8} \times Q^2$	직관 : $2+0.15=2.15$ 90° 엘보 : 1개×1.3 = 1.3 티(측류) : 1개×2.5 = 2.5 계 : 5.95 m	$1.686 \times 10^{-7} \times Q^2$
50ϕ	$\Delta P = 9.074 \times 10^{-9} \times Q^2$	직관 : 2 계 : 2 m	$1.814 \times 10^{-8} \times Q^2$
65ϕ	$\Delta P = 2.664 \times 10^{-9} \times Q^2$	직관 : $3+5=8$ 90° 엘보 : 1개×2.0 = 2.0 계 : 10 m	$2.664 \times 10^{-8} \times Q^2$

호칭구경	배관의 마찰손실 (MPa/m)	등가길이 (m)	마찰손실압력 (MPa)
100ϕ	$\Delta P = 2.970 \times 10^{-10} \times Q^2$	직관 : $0.2+0.2=0.4$ 체크밸브 : $1 \times 8.7 = 8.7$ 게이트밸브 : 1개$\times 0.7 = 0.7$ 알람밸브 : 1개$\times 8.7 = 8.7$ 계 : 18.5m	$5.494 \times 10^{-9} \times Q^2$

(나) $1.93 \times 10^{-6} \times Q^2$(MPa)

(다) 4.25 m

(라) 134.3 L/min

(마) $0.2575 - 1.93 \times 10^{-6} \times 134.3^2 = 0.222 ≒ 0.22\,\text{MPa}$

0.22 MPa

해설 (가) 산출근거

① 배관의 마찰손실(MPa/m)

조건 ③에 의해 ΔP를 산정하면 다음과 같다.

㉠ 호칭구경 25ϕ : $\Delta P = \dfrac{6 \times 10^4 \times Q^2}{120^2 \times d^5} = \dfrac{6 \times 10^4 \times Q^2}{120^2 \times 28^5} = 2.421 \times 10^{-7} \times Q^2$

㉡ 호칭구경 32ϕ : $\Delta P = \dfrac{6 \times 10^4 \times Q^2}{120^2 \times d^5} = \dfrac{6 \times 10^4 \times Q^2}{120^2 \times 37^5} = 6.008 \times 10^{-8} \times Q^2$

㉢ 호칭구경 40ϕ : $\Delta P = \dfrac{6 \times 10^4 \times Q^2}{120^2 \times d^5} = \dfrac{6 \times 10^4 \times Q^2}{120^2 \times 43^5} = 2.834 \times 10^{-8} \times Q^2$

㉣ 호칭구경 50ϕ : $\Delta P = \dfrac{6 \times 10^4 \times Q^2}{120^2 \times d^5} = \dfrac{6 \times 10^4 \times Q^2}{120^2 \times 54^5} = 9.074 \times 10^{-9} \times Q^2$

㉤ 호칭구경 65ϕ : $\Delta P = \dfrac{6 \times 10^4 \times Q^2}{120^2 \times d^5} = \dfrac{6 \times 10^4 \times Q^2}{120^2 \times 69^5} = 2.664 \times 10^{-9} \times Q^2$

㉥ 호칭구경 100ϕ : $\Delta P = \dfrac{6 \times 10^4 \times Q^2}{120^2 \times d^5} = \dfrac{6 \times 10^4 \times Q^2}{120^2 \times 107^5} = 2.970 \times 10^{-10} \times Q^2$

• 배관의 안지름(d)은 호칭구경을 의미하는 것이 아니고, 내경을 의미하는 것

③ 마찰손실압력(MPa) = 배관의 마찰손실(MPa/m) × 등가길이(m)

㉠ 호칭구경 25ϕ : $\Delta P_m = (2.421 \times 10^{-7} \times Q^2) \times 6.83\,\text{m} = 1.653 \times 10^{-6} \times Q^2$

㉡ 호칭구경 32ϕ : $\Delta P_m = (6.008 \times 10^{-8} \times Q^2) \times 1\,\text{m} = 6.008 \times 10^{-8} \times Q^2$

㉢ 호칭구경 40ϕ : $\Delta P_m = (2.834 \times 10^{-8} \times Q^2) \times 5.95\,\text{m} = 1.686 \times 10^{-7} \times Q^2$

㉣ 호칭구경 50ϕ : $\Delta P_m = (9.074 \times 10^{-9} \times Q^2) \times 2\,\text{m} = 1.814 \times 10^{-8} \times Q^2$

㉤ 호칭구경 65ϕ : $\Delta P_m = (2.664 \times 10^{-9} \times Q^2) \times 10\,\text{m} = 2.664 \times 10^{-8} \times Q^2$

㉥ 호칭구경 100ϕ : $\Delta P_m = (2.970 \times 10^{-10} \times Q^2) \times 18.5\,\text{m} = 5.494 \times 10^{-9} \times Q^2$

(나) 배관의 총 마찰손실압력

$= 1.653 \times 10^{-6} \times Q^2 + 6.008 \times 10^{-8} \times Q^2 + 1.686 \times 10^{-7} \times Q^2$

$+ 1.814 \times 10^{-8} \times Q_2 + 2.664 \times 10^{-8} \times Q^2 + 5.494 \times 10^{-9} \times Q^2$

$≒ 1.93 \times 10^{-6} \times Q^2$ (MPa)

(다) 실층고의 수두환산압력

$= 0.2\text{m} + 0.3\text{m} + 0.2\text{m} + 0.6\text{m} + 3\text{m} + 0.15\text{m} + 0.1\text{m} - 0.3\text{m} = 4.25\text{m}$

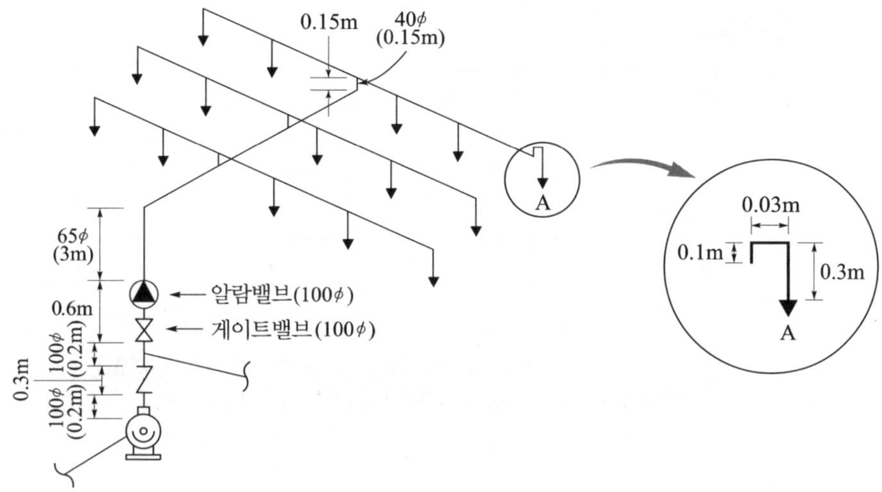

(라) A점의 방수량 Q는

$Q = K\sqrt{10P} = 90\sqrt{10 \times (0.2575 - 1.93 \times 10^{-6} \times Q^2)}$

$Q = 90\sqrt{0.2575 - 1.93 \times 10^{-5} \times Q^2}$

$Q^2 = 90^2(0.2575 - 1.93 \times 10^{-5} \times Q^2)$

$Q^2 = \dfrac{20857.5}{1.15633}$

$Q = \sqrt{\dfrac{20857.5}{1.15633}} \fallingdotseq 134.3\,\text{L/min}$

토출압 $P = P_1 + P_2 + P_3$

여기서, P : 펌프의 토출압(MPa)

P_1 : 배관의 총 마찰손실압력(MPa)

P_2 : 실층고의 수두환산압력(MPa)

P_3 : 방수압(MPa)

(마) A점의 방수압 : $P_3 = P - P_2 - P_1$

$= 0.3 - 0.0425 - (1.93 \times 10^{-6} \times Q^2)$

$P_3 = (0.2575 - 1.93 \times 10^{-6} \times Q^2)\,\text{MPa}$

$= (0.2575 - 1.93 \times 10^{-6} \times 134.3^2)\,\text{MPa}$

$= 0.222 \fallingdotseq 0.22\,\text{MPa}$

또는 A점의 방수압은 다음과 같이 구할 수도 있다.

$Q = K\sqrt{10P}$ 에서 $10P = \left(\dfrac{Q}{K}\right)^2$

$P = \dfrac{1}{10} \times \left(\dfrac{Q}{K}\right)^2 = \dfrac{1}{10} \times \left(\dfrac{134.3\,\text{L/min}}{90}\right)^2 = 0.222 \fallingdotseq 0.22\,\text{MPa}$

92 다음과 같은 폐쇄형 습식스프링클러에서 다음의 조건을 이용했을 때 각 지점에서의 유량 및 양정은 얼마인가?

[조건]
- 살수시 최저방수압이 걸리는 헤드에서의 방수압은 0.1 MPa이다.
- 헤드는 10개가 모두 개방되는 것으로 한다.
- 호칭구경 50 mm 이하의 배관은 나사 접속식, 65 mm 이상의 배관은 용접식이다.
- 양정은 소수 셋째자리까지 나타내고, 유량은 소수 둘째자리까지 나타낸다.
- 배관의 내경은 호칭별로 다음과 같다.

호칭구경	25	32	40	50	65	80	100
내경	27	36	42	53	69	81	105

- 배관 내의 유수에 따른 마찰손실압력은 하젠-윌리엄의 공식을 적용하되, 계산의 편의상 공식은 다음과 같다고 가정한다.

$$\Delta P = \frac{6 \times 10^4 \times Q^2}{120^2 \times d^5}$$

(여기서, ΔP : 배관의 길이 1 m당 마찰손실 압력[MPa]
Q : 배관 내의 유수량[L/min]
d : 배관의 내경[mm]

- 배관 부속 및 밸브류의 등가길이는 다음 표와 같다(직류티이는 생략).

– 관 부속 및 밸브류의 등가길이[m] (KS D 3057 탄소강관 중 백관을 사용하는 경우)

내경 \ 호칭구경			25	32	40	50	65	80	90	100	125	150
관부속	나사식	90° 엘보	0.8	1.1	1.3	1.5	2.0	2.4	2.8	3.2	3.9	4.7
		티(분류)	1.7	2.2	2.5	3.2	4.1	4.9	5.6	6.3	7.9	9.3
	용접식	90° 엘보	0.5	0.6	0.7	0.9	1.1	1.3	1.5	1.7	2.1	2.5
		티(분류)	0.3	0.4	0.5	0.6	0.8	1.0	1.1	1.3	1.6	1.9
밸브류		게이트밸브	0.2	0.2	0.3	0.3	0.4	0.5	0.6	0.7	0.8	1.0
		체크밸브(스윙형)	2.3	3.0	3.5	4.4	5.6	6.7	7.7	8.7	10.9	12.9
		알람체크밸브	–	–	–	–	–	6.7	–	8.7	–	12.9
		준비작동식 밸브	–	–	–	5.5	–	8.9	–	10.7	–	10.1

(가) ⓖ~ⓕ의 ① 마찰손실수두[m] 및 ② 유량[L/min]은 얼마인가?
(나) ⓕ~ⓔ의 ① 마찰손실수두[m] 및 ② 유량[L/min]은 얼마인가?
(다) ⓔ~ⓓ의 ① 마찰손실수두[m] 및 ② 유량[L/min]은 얼마인가?
(라) ⓓ~ⓒ의 ① 마찰손실수두[m] 및 ② 유량[L/min]은 얼마인가?
(마) ⓒ~ⓑ의 ① 마찰손실수두[m] 및 ② 유량[L/min]은 얼마인가?
(바) ⓑ~ⓐ의 ① 마찰손실수두[m] 및 ② 유량[L/min]은 얼마인가?
(사) ① 총마찰손실수두[m] 및 ② 유량 [L/min]은 얼마인가?
(아) 전양정[m]은 얼마인가?

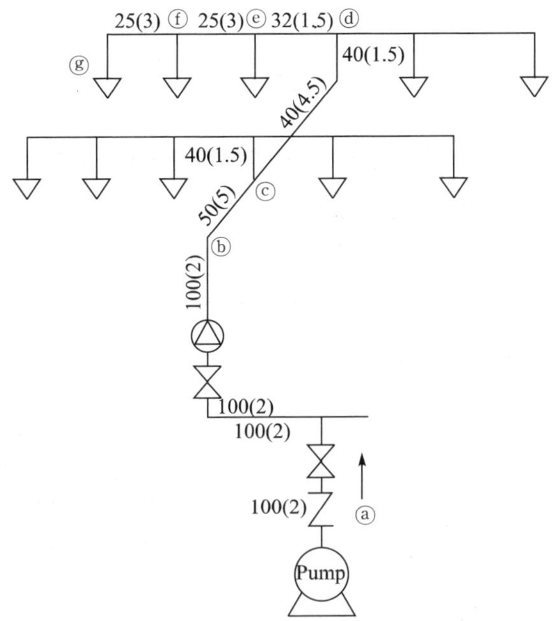

정답 (가) ① 0.706 m ② 80 L/min
(나) ① 2.230 m ② 160 L/min
(다) ① 0.595 m ② 240 L/min
(라) ① 4.999 m ② 400 L/min
(마) ① 5 m ② 800 L/min
(바) ① 0.658 m ② 800 L/min
(사) ① 12.376 m ② 800 L/min

(아) 29.88 m

해설 (가) ① ⓖ~ⓕ 사이의 마찰손실수두

$$\frac{6\times10^4\times80^2}{120^2\times27^5}\times3.8=0.00706\,\text{MPa}=0.706\,\text{m}$$

② ⓖ점에서의 유량 : 80 L/min

(나) ① ⓕ~ⓔ 사이의 마찰손실수두

$$\frac{6\times10^4\times160^2}{120^2\times27^5}\times3=0.0223\,\text{MPa}=2.230\,\text{m}$$

② ⓕ점에서의 유량 : 160 L/min

(다) ① ⓔ~ⓓ 사이의 마찰손실수두

$$\frac{6\times10^4\times240^2}{120^2\times36^5}\times1.5=0.00595\,\text{MPa}=0.595\,\text{m}$$

② ⓔ점에서의 유량 : 240 L/min

(라) ① ⓓ~ⓒ 사이의 마찰손실수두 : 직관길이 = 1.5 + 4.5
티이(분류) 1개 × 2.5
90° 엘보 1개 × 1.3 (리듀서는 조건에 없음)
계 : 9.8 m

$$\frac{6\times10^4\times400^2}{120^2\times42^5}\times9.8=0.04999\,\text{MPa}\Rightarrow4.999\,\text{m}$$

② 유량 : 400 L/min

(마) ① ⓒ~ⓓ 사이의 마찰손실수두 : 직관길이 = 5 m

$$\frac{6\times10^4\times800^2}{120^2\times53^5}\times5=0.03188\,\text{MPa}\Rightarrow3.188\,\text{m}$$

② 유량 : 800 L/min

(바) ① ⓑ~ⓐ 사이의 마찰손실수두 : 직관길이 = 2 + 2 + 2 + 2 = 8 m
체크밸브 1개 = 8.7 × 1 = 8.7 m
게이트밸브 2개 = 0.7 × 2 = 1.4 m
90° 엘보 2개 = 1.7 × 2 = 3.4 m
티이 1개 = 1.3 × 1 = 1.3
계 : 31.5 m

$$\frac{6\times10^4\times800^2}{120^2\times105^5}\times31.5=0.00658\,\text{MPa}\Rightarrow0.658\,\text{m}$$

② 유량 : 800 L/min

(사) ① 총손실수두 = 0.706 + 2.230 + 0.595 + 4.999 + 3.188 + 0.658 = 12.376 m
② 유량 : 800 L/min

(아) 전양정

$H = h_1 + h_2 + h_3$에서

h_1(낙차) : $2+2+2+1.5=7.5\,\text{m}$

h_2(배관 및 관부속품 마찰손실수두) : $12.376\,\text{m}$

h_3 : 10m

$\therefore 7.5+12.376+10=29.876\,\text{m}$

93 어느 사무실(내화구조 적용)은 가로 30 m, 세로 20 m의 직사각형 구조로 되어 있으며, 내부에는 기둥이 없다. 이 사무실에 스프링클러헤드를 직사각형 및 정사각형으로 배치하여 가로 및 세로 변의 최대 및 최소 개수를 구하고자 할 때 다음을 구하시오. (단, 반자 속에는 헤드를 설치하지 아니하며, 헤드 설치시 장애물은 모두 무시하고, 헤드 배치간격은 헤드 배치각도(θ)를 30도 및 60도 2가지로 하여 최대/초소 개수를 구한다)

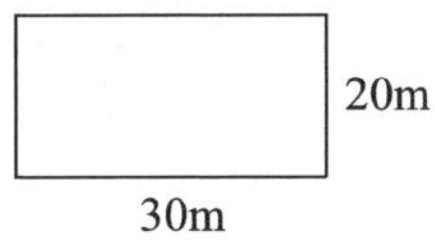

(가) 가로변 설치 헤드 최대개수를 구하시오.
(나) 가로변 설치 헤드 최소개수를 구하시오.
(다) 세로변 설치 헤드 최대개수를 구하시오.
(라) 세로변 설치 헤드 최소개수를 구하시오.
(마) 보기와 같은 방법으로 표를 만들어 헤드 배수수량을 나타내시오.

[보기]
가로변 최소헤드수(6개), 최대헤드수(9개), 세로변 최소헤드수(3개), 최대헤드수(5개)라면

가로변 헤드수 / 세로변 헤드수	6개	7개	8개	9개
3개	18	21	24	27
4개	24	28	32	36
5개	30	35	40	45

(바) 만약 정사각형으로 헤드를 배치할 때 헤드의 설치간격[m]을 구하시오.
(사) 정사각형으로 헤드 배치시 설치해야 하는 헤드개수를 구하시오.
(아) 헤드가 폐쇄형으로 표시온도가 79℃일 때 작동온도의 범위[℃]를 구하시오(단, 유리벌브를 사용하지 아니한 헤드이다).

정답 (가) 14개　　(나) 8개
(다) 9개　　(라) 6개
(마) 해설참조　　(바) 3.25 m
(사) 70개　　(아) 76.63～81.37℃

해설 $S=\sqrt{4R^2-L^2}$, $L=2R\cos\theta$, $S'=2R$

$$\cos 30^\circ=\frac{L_2}{2R}$$

$$L_2=2R\cos 30^\circ=2\times 2.3\times\cos 30^\circ=3.983\,\text{m}$$

(가) 가로 최소거리

$$S_2=\sqrt{4R^2-L_2^2}$$
$$=\sqrt{4\times 2.3^2-3.983^2}\fallingdotseq 2.301\text{ m}$$

가로변의 최대개수

$$=\frac{\text{가로길이}}{S_2}=\frac{30\text{ m}}{2.301\text{ m}}=13.03\fallingdotseq 14\text{개}$$

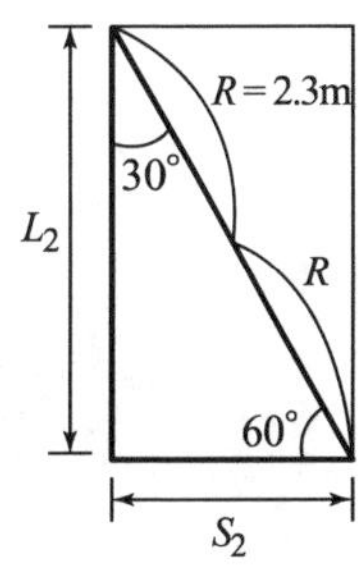

(나) 가로 최대거리

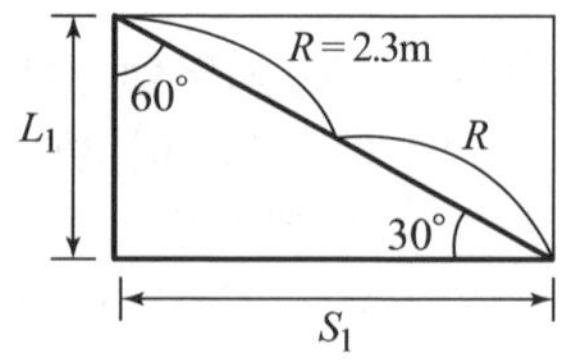

$$\cos 30° = \frac{S_1}{2R}$$

$$\therefore S_1 = 2R\cos 30° = 2 \times 23 \times \cos 30° = 3.983\,\text{m}$$

$$S_1 = \sqrt{4R^2 - L_1^2} = \sqrt{4 \times 2.3^2 - 2.3^2} \fallingdotseq 3.983\,\text{m}$$

가로변의 최소개수

$$= \frac{\text{가로길이}}{S_1} = \frac{30\,\text{m}}{3.983\,\text{m}} = 7.53 \fallingdotseq 8\text{개}$$

(다) 세로 최소거리

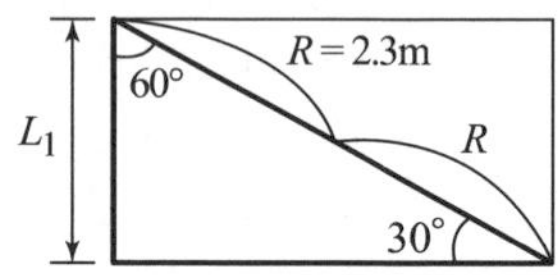

$$L_1 = 2R\cos\theta = 2 \times 2.3\,\text{m} \times \cos 60° = 2.3\,\text{m}$$

세로변의 최대개수

$$= \frac{\text{세로길이}}{L_1} = \frac{20\,\text{m}}{2.3\,\text{m}} = 8.69 \fallingdotseq 9\text{개}$$

(라) 세로 최대거리

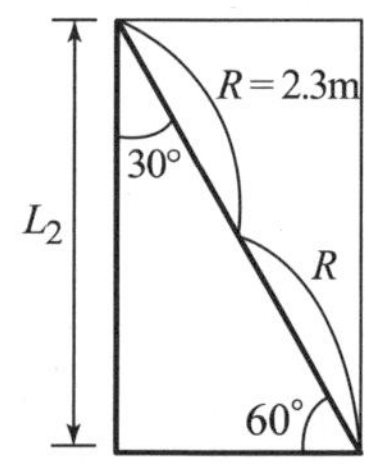

$$L_2 = 2R\cos\theta = 2 \times 2.3\,\text{m} \times \cos 30° = 3.983\,\text{m}$$

$$\text{세로변의 최소개수} = \frac{\text{세로길이}}{L_2} = \frac{20\,\text{m}}{3.983\,\text{m}} = 5.02 \fallingdotseq 6\text{개}$$

(마)

가로변 헤드수 / 세로변 헤드수	8 (최소개수)	9	10	11	12	13	14 (최대개수)
6 (최소개수)	6×8=48개	6×9=54개	6×10=60개	6×11=66개	6×12=72개	6×13=78개	6×14=84개
7	7×8=56개	7×9=63개	7×10=70개	7×11=88개	7×12=84개	7×13=91개	7×14=98개
8	8×8=64개	8×9=72개	8×10=80개	8×11=88개	8×12=96개	8×13=104개	8×14=112개
9 (최대개수)	9×8=72개	9×9=81개	9×10=90개	9×11=99개	9×12=108개	9×13=117개	9×14=126개

(바) 정방형(정사각형)

$$S = 2R\cos 45° = 2 \times 2.3\,\text{m} \times \cos 45° \fallingdotseq 3.25\,\text{m}$$

(사) 가로 헤드개수 $= \frac{\text{가로길이}}{S} = \frac{30\,\text{m}}{3.25\,\text{m}} = 9.23 \fallingdotseq 10\text{개}$

세로 헤드개수 $= \frac{\text{세로길이}}{S} = \frac{20\,\text{m}}{3.25\,\text{m}} = 6.15 \fallingdotseq 7\text{개}$

설치 헤드개수 = 가로헤드개수 × 세로헤드개수 = 10개 × 7개 = 70개

(아) 헤드의 작동온도시험

헤드의 작동온도범위 = 헤드의 표시온도 × (0.97～1.03)

= 79℃ × (0.97～1.03)

= 76.63～81.37 ℃

2.6 물분무소화설비

1 개요

물분무소화설비는 화재 시 물분무헤드에서 물을 미립자의 무상으로 방사하여 소화하는 설비로서 냉각작용, 질식작용, 희석작용 및 유화작용으로 주로 가연성 및 인화성액체, 전기설비 등의 화재에 유효하며, 소화 및 화세의 제어 또는 연소의 방지목적으로 사용하는 설비이다.

주요구성은 수원, 가압송수장치, 기동장치, 화재감지장치, 물분무헤드, 습식유수검지장치, 제어반 등으로 구성되어 있다. 물분무소화설비는 매우 명확한 살수패턴을 얻기 위해 스프링클러헤드와 다른 노즐을 사용한다는 점을 제외하면 일제살수식 스프링클러설비와 매우 유사하다.

(1) 물분무소화설비의 소화작용

① 냉각작용 : 물 분무 상태로 소화하여 대량의 기화열을 내어서 연소물을 발화점 이하로 낮추어 소화한다.

② 질식작용 : 무상주수이므로 대량의 수증기가 발생하고 체적이 1,650배로 팽창하여 산소 농도를 21%에서 15% 이하로 낮추어 소화한다.

③ 유화작용(에멀젼 효과) : 율유 화재 시 가연성 액체 표면에 불연성의 유막을 형성하여 소화한다.

④ 희석작용 : 알코올과 같이 수용성인 액체는 물에 잘 녹아 희석하여 소화한다.

▮그림 2.112 물분무소화설비 노즐의 분무현상

(2) 계통도

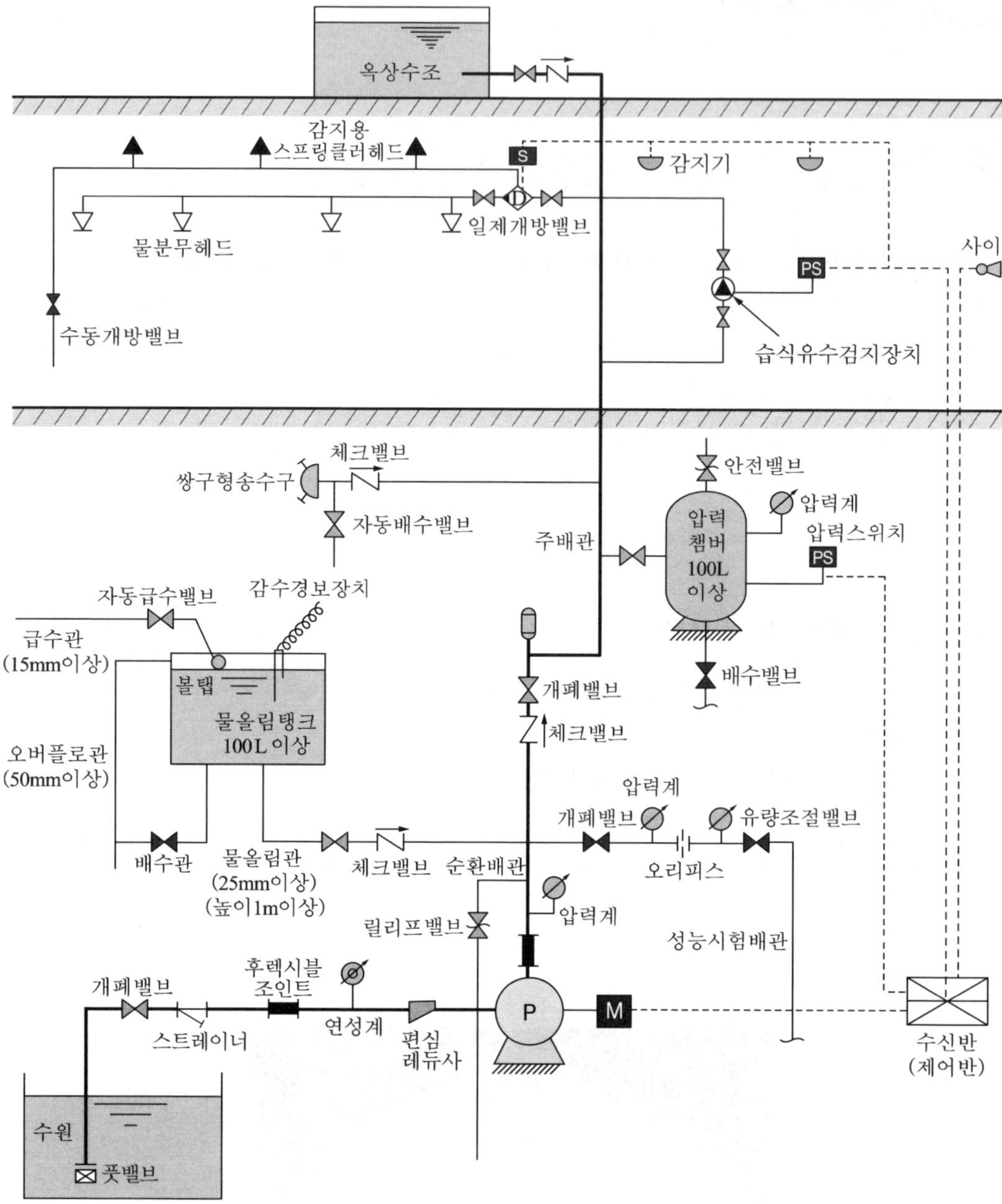

▮그림 2.113 물분무소화설비의 계통도

2 적용대상물

물분무등소화설비를 설치해야 하는 특정소방대상물(위험물 저장 및 처리 시설 중 가스시설 및 지하구는 제외)은 다음의 어느 하나에 해당하는 것으로 한다.

① 항공기 및 자동차 관련 시설 중 항공기 격납고

② 차고, 주차용 건축물 또는 철골 조립식 주차시설. 이 경우 연면적 800 m^2 이상인 것만 해당한다.

③ 건축물의 내부에 설치된 차고・주차장으로서 차고 또는 주차의 용도로 사용되는 면적이 200 m^2 이상인 경우 해당 부분(50세대 미만 연립주택 및 다세대주택은 제외)

④ 기계장치에 의한 주차시설을 이용하여 20대 이상의 차량을 주차할 수 있는 시설

⑤ 특정소방대상물에 설치된 전기실・발전실・변전실(가연성 절연유를 사용하지 않는 변압기・전류차단기 등의 전기기기와 가연성 피복을 사용하지 않은 전선 및 케이블만을 설치한 전기실・발전실 및 변전실은 제외)・축전지실・통신기기실 또는 전산실, 그 밖에 이와 비슷한 것으로서 바닥면적이 300 m^2 이상인 것[하나의 방화구획 내에 둘 이상의 실(室)이 설치되어 있는 경우에는 이를 하나의 실로 보아 바닥면적을 산정한다]. 다만, 내화구조로 된 공정제어실 내에 설치된 주조정실로서 양압시설(외부 오염 공기 침투를 차단하고 내부의 나쁜 공기가 자연스럽게 외부로 흐를 수 있도록 한 시설을 말한다)이 설치되고 전기기기에 220볼트 이하인 저전압이 사용되며 종업원이 24시간 상주하는 곳은 제외한다.

⑥ 소화수를 수집・처리하는 설비가 설치되어 있지 않은 중・저준위방사성폐기물의 저장시설. 이 시설에는 이산화탄소소화설비, 할론소화설비 또는 할로겐화합물 및 불활성기체 소화설비를 설치해야 한다.

⑦ 지하가 중 예상 교통량, 경사도 등 터널의 특성을 고려하여 행정안전부령으로 정하는 터널. 이 시설에는 물분무소화설비를 설치해야 한다.

⑧ 국가유산 중 「문화유산의 보존 및 활용에 관한 법률」에 따른 지정문화유산(문화유산자료를 제외) 또는 「자연유산의 보존 및 활용에 관한 법률」에 따른 천연기념물 등(자연유산자료를 제외)으로서 소방청장이 국가유산청장과 협의하여 정하는 것

3 물분무헤드 설치제외

① 물에 심하게 반응하는 물질 또는 물과 반응하여 위험한 물질을 생성하는 물질을 저장 또는 취급하는 장소
② 고온의 물질 및 증류범위가 넓어 끓어 넘치는 위험이 있는 물질을 저장 또는 취급하는 장소
③ 운전시에 표면에 온도가 260℃ 이상으로 되는 등 직접 분무를 하는 경우 그 부분에 손상을 입힐 우려가 있는 기계장치 등이 있는 장소

4 수원

물분무소화설비 수원의 저수량은 다음 기준에 적합하도록 해야 한다.

표 2.22 수원의 기준

특정소방대상물	수원(L)	기준면적 S (m²)
특수가연물 저장 또는 취급	10 L/min/m² × 20분 × S	최대방수구역의 바닥면적 (단, 50 m² 이하인 경우는 50 m²)
차고 또는 주차장	20 L/min/m² × 20분 × S	최대방수구역의 바닥면적 (단, 50 m² 이하인 경우는 50 m²)
절연유 봉입변압기	10 L/min/m² × 20분 × S	바닥부분을 제외한 (변압기의) 표면적을 합산한 면적
케이블트레이 · 케이블덕트	12 L/min/m² × 20분 × S	투영된 바닥면적
콘베이어벨트	10 L/min/m² × 20분 × S	벨트부분의 바닥면적

주) 변압기 표면적이란 바닥면을 제외한 변압기 4면 및 윗면의 면적을 뜻한다. 투영된 바닥면적이란 케이블 트레이나 덕트의 형태에 무관하게 위에서 빛을 비춘 경우 바닥에 그림자로 투영된 케이블이나 덕트의 수평투영면적을 말한다. 케이블 트레이가 1단 이상의 다단으로 설치되었을 경우, 각 단의 수평투영면적을 합산하여 적용한다.

그 밖의 물분무소화설비의 수조, 수원의 유효수량 등은 옥내소화전설비 및 스프링클러설비의 기준을 준용한다.

5 가압송수장치

(1) 펌프방식

① 점검에 편리하고 화재 등의 재해로 인한 피해를 받을 우려가 없는 곳에 설치할 것
② 펌프의 양정은 다음의 식에 의하여 산출한 수치 이상이 되도록 할 것

$$H = h_1 + h_2 + h_3$$

여기서, H : 전양정(m)
h_1 : 실양정
h_2 : 배관의 마찰손실수두(m)
h_3 : 물분무헤드의 설계압력 환산수두(m)

(2) 고가수조방식

① 고가수조의 자연낙차압력(수주의 하단으로부터 최고층에 설치된 물분무헤드까지의 수직거리를 말한다)은 다음의 식에 의하여 산출한 수치 이상이 되도록 할 것

$$H = h_1 + h_2$$

여기서, H : 전양정(m)
h_1 : 배관의 마찰손실수두(m)
h_2 : 물분무헤드의 설계압력 환산수두(m)

② 고가수조에는 수위계, 배수관, 급수관, 오버플로우관 및 맨홀을 설치할 것

(3) 압력수조방식

① 압력수조의 압력은 다음의 식에 의하여 산출한 수치 이상이 되도록 할 것

$$P = p_1 + p_2 + p_3$$

여기서, P : 전압력(MPa)
P_1 : 낙차의 환산수두압(MPa)
P_2 : 배관의 마찰손실수두(MPa)
P_3 : 물분무헤드의 설계압력(MPa)

② 압력수조에는 수위계, 급수관, 배수관, 급기관, 맨홀, 압력계, 안전장치 및 압력저하 방지를 위한 자동식 에어콤프레서를 설치할 것

(4) 가압수조방식

① 가압수조는 방수량 및 방수압이 20분 이상 유지되도록 할 것
② 가압수조 및 가압원은 방화구획된 장소에 설치할 것
③ 소방청장이 정하여 고시한 기술기준에 적합한 것으로 설치할 것

그 밖의 가압송수장치의 설치에 관하여는 옥내소화전설비 및 스프링클러설비의 규정을 준용한다.

6 배관

물분무소화설비의 배관의 설치에 관하여는 옥내소화전설비 및 스프링클러설비의 규정을 준용한다.

7 송수구

물분무소화설비에는 소방펌프자동차로부터 그 설비에 송수할 수 있는 송수구를 다음의 기준에 따라 설치해야 한다.

① 송수구는 화재층으로부터 지면으로 떨어지는 유리창 등이 송수 및 그 밖의 소화작업에 지장을 주지 아니하는 장소에 설치할 것. 이 경우 가연성가스의 저장・취급시설에 설치하는 송수구는 그 방호대상물로부터 20 m 이상의 거리를 두거나 방호대상물에 면하는 부분이 높이 1.5 m 이상 폭 2.5 m 이상의 철근콘크리트 벽으로 가려진 장소에 설치해야 한다.
② 송수구로부터 물분무소화설비의 주배관에 이르는 연결배관에 개폐밸브를 설치한 때에는 그 개폐상태를 쉽게 확인 및 조작할 수 있는 옥외 또는 기계실 등의 장소에 설치할 것

③ 구경 65 mm의 쌍구형으로 할 것

④ 송수구에는 그 가까운 곳의 보기 쉬운 곳에 송수압력범위를 표시한 표지를 할 것

⑤ 송수구는 하나의 층의 바닥면적이 3,000 m^2를 넘을 때마다 1개(5개를 넘을 경우에는 5개로 한다) 이상을 설치할 것

⑥ 지면으로부터 높이가 0.5 m 이상 1 m 이하의 위치에 설치할 것

⑦ 송수구의 가까운 부분에 자동배수밸브(또는 직경 5 mm의 배수공) 및 체크밸브를 설치할 것. 이 경우 자동배수밸브는 배관안의 물이 잘 빠질 수 있는 위치에 설치하되, 배수로 인하여 다른 물건 또는 장소에 피해를 주지 아니해야 한다.

⑧ 송수구에는 이물질을 막기 위한 마개를 씌울 것

8 물분무헤드

화재 시 직선류 또는 나선류의 물을 충돌·확산시켜 미립상태로 분무(무상주수)함으로써 소화하는 헤드를 말한다. 물분무헤드는 오리피스를 통과시켜 속도가 빨라진 물을 디플레터에 충돌시키거나, 선회류에 의해서 미세한 물방울을 만들 수 있도록 되어 있다(그림 2.114). 결국은 유체가 보유한 에너지를 이용하여 물입자를 분사되도록 유도하는 기구가 물분무헤드이다.

그림 2.114 물분무헤드의 종류

(1) 물분무헤드 설치기준

① 물분무헤드는 표준방사량으로 당해 방호대상물의 화재를 유효하게 소화하는 데 필요한 수를 적정한 위치에 설치해야 한다.

② 고압의 전기기기가 있는 장소에 있어서는 전기의 절연을 위하여 전기기기와 물분무헤드 사이는 [표 2.23]에서 정한 거리 이상을 이격시켜야 한다.

표 2.23 전기기기와 물분무헤드의 거리

전압(kV)	거리(cm)	전압(kV)	거리(cm)
66 이하	70 이상	154 초과 181 이하	180 이상
66 초과 77 이하	80 이상	181 초과 220 이하	210 이상
77 초과 110 이하	110 이상	220 초과 275 이하	260 이상
110 초과 154 이하	150 이상		

9 배수설비

물분무소화설비를 설치하는 차고 또는 주차장에는 다음의 배수설비를 해야 한다.

① 차량이 주차하는 장소의 적당한 곳에 높이 10 cm 이상의 경계턱으로 배수구를 설치할 것

② 배수구에는 새어 나온 기름을 모을 수 있도록 길이 40 m 이하마다 집수관, 소화핏트 등 기름 분리장치를 설치할 것

③ 차량이 주차하는 바닥은 배수구를 향하여 2/100 이상의 기울기를 유지할 것

④ 배수설비는 가압송수장치의 최대 수송능력의 수량을 유효하게 배수할 수 있는 크기 및 기울기로 할 것

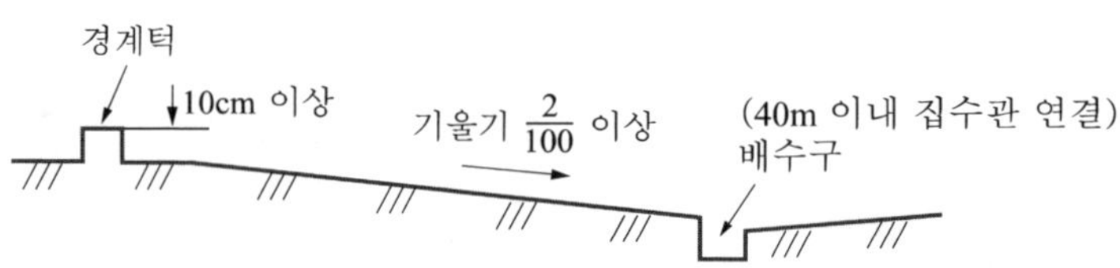

그림 2.115 배수설비의 경계턱

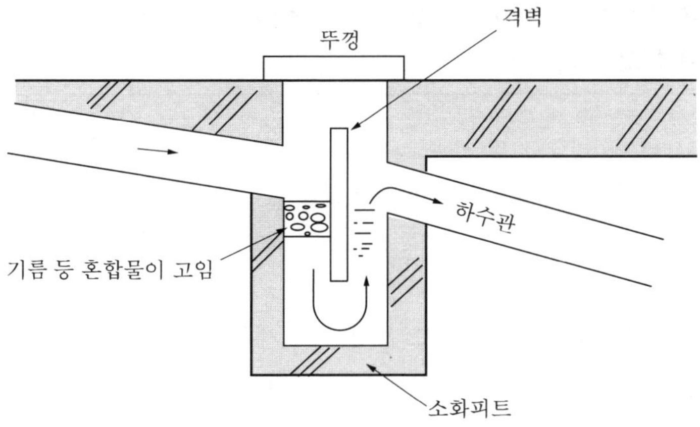

▮**그림 2.116** 배수설비 예

2.7 미분무소화설비

1 개요

"미분무소화설비"란 가압된 물이 헤드 통과 후 미세한 입자로 분무됨으로써 소화성능을 가지는 설비를 말하며, 소화력을 증가시키기 위해 강화액 등을 첨가할 수 있다. "미분무"란 물만을 사용하여 소화하는 방식으로 최소설계압력에서 헤드로부터 방출되는 물입자 중 99%의 누적체적분포가 400 μm 이하로 분무되고 A, B, C급화재에 적응성을 갖는 것을 말한다.

"저압 미분무소화설비"는 최고사용압력이 1.2 MPa 이하, "중압 미분무소화설비"는 사용압력이 1.2 MPa을 초과하고 3.5 MPa 이하, "고압 미분무소화설비"는 최저사용압력이 3.5 MPa을 초과하는 미분무소화설비를 말한다.

2 적용범위

미분무소화설비를 설치하여야 할 특정소방대상물(가스시설 또는 지하구 제외)은 물분무등소화설비규정에 준용한다.

3 설계도서 작성

① 미분무소화설비의 성능을 확인하기 위하여 하나의 발화원을 가정한 설계도서는 다음과 [표 2.24]를 고려하여 작성되어야 하며, 설계도서는 일반설계도서와 특별설계도서로 구분한다.

가. 점화원의 형태

나. 초기 점화되는 연료 유형

다. 화재 위치

표 2.24 설계도서 작성 기준

설계도서는 건축물에서 발생 가능한 상황을 선정하되, 건축물의 특성에 따라 설계도서 유형 중 일반설계도서 및 특별설계도서 중 1개 이상을 작성한다.

설계도서 유형	내 용
일반설계도서	1) 건물용도, 사용자 중심의 일반적인 화재를 가상한다. 2) 설계도서에는 다음 사항이 필수적으로 명확히 설명되어야 한다. 가) 건물사용자 특성 나) 사용자의 수와 장소 다) 실 크기 라) 가구와 실내 내용물 마) 연소 가능한 물질들과 그 특성 및 발화원 바) 환기조건 사) 최초 발화물과 발화물의 위치 3) 설계자가 필요한 경우 기타 설계도서에 필요한 사항을 추가할 수 있다.
특별설계도서 1	1) 내부 문들이 개방되어 있는 상황에서 피난로에 화재가 발생하여 급격한 화재 연소가 이루어지는 상황을 가상한다. 2) 화재시 가능한 피난방법의 수에 중심을 두고 작성한다.
특별설계도서 2	1) 사람이 상주하지 않는 실에서 화재가 발생하지만, 잠재적으로 많은 재실자에게 위험이 되는 상황을 가상한다. 2) 건축물 내의 재실자가 없는 곳에서 화재가 발생하여 많은 재실자가 있는 공간으로 연소 확대되는 상황에 중심을 두고 작성한다.
특별설계도서 3	1) 많은 사람들이 있는 실에 인접한 벽이나 덕트 공간 등에서 화재가 발생한 상황을 가상한다. 2) 화재감지기가 없는 곳이나 자동으로 작동하는 소화설비가 없는 장소에서 화재가 발생하여 많은 재실자가 있는 곳으로의 연소 확대가 가능한 상황에 중심을 두고 작성한다.
특별설계도서 4	1) 많은 거주자가 있는 아주 인접한 장소 중 소방시설의 작동범위에 들어가지 않는 장소에서 아주 천천히 성장하는 화재를 가상한다. 2) 작은 화재에서 시작하지만 큰 대형화재를 일으킬 수 있는 화재에 중심을 두고 작성한다.
특별설계도서 5	1) 건축물의 일반적인 사용 특성과 관련, 화재하중이 가장 큰 장소에서 발생한 아주 심각한 화재를 가상한다. 2) 재실자가 있는 공간에서 급격하게 연소 확대되는 화재를 중심으로 작성한다.
특별설계도서 6	1) 외부에서 발생하여 본 건물로 화재가 확대되는 경우를 가상한다. 2) 본 건물에서 떨어진 장소에서 화재가 발생하여 본 건물로 화재가 확대되거나 피난로를 막거나 거주가 불가능한 조건을 만드는 화재에 중심을 두고 작성한다.

라. 문과 창문의 초기상태(열림, 닫힘) 및 시간에 따른 변화상태

마. 공기조화설비, 자연형(문, 창문) 및 기계형 여부

바. 시공 유형과 내장재 유형

② 일반설계도서는 유사한 특정소방대상물의 화재사례 등을 이용하여 작성하고, 특별설계도서는 일반설계도서에서 발화 장소 등을 변경하여 위험도를 높게 만들어 작성해야 한다.

③ ①, ②항에도 불구하고 검증된 기준에서 정하고 있는 것을 사용할 경우에는 적합한 도서로 인정할 수 있다.

4 설계도서의 검증

① 소방관서에 허가동의를 받기 전에 성능시험기관으로 지정받은 기관에서 그 성능을 검증받아야 한다.

② 설계도서의 변경이 필요한 경우 ①에 의해 재검증을 받아야 한다.

5 수원

수원의 양(Q)은 다음의 식을 이용하여 계산한 양 이상으로 해야 한다.

$$Q = N \times D \times T \times S + V$$

여기서, Q : 수원의 양(m^3)

N : 방호구역(방수구역) 내 헤드의 개수

D : 설계유량(m^3/min)

T : 설계방수시간(min)

S : 안전율(1.2 이상)

V : 배관의 총체적(m^3)

6 수조

① 수조의 재료는 냉간 압연 스테인리스 강판 및 강대(KS D 3698)의 STS 304 또는 이와 동등 이상의 강도・내식성・내열성이 있는 것으로 해야 한다.
② 수조를 용접할 경우 용접찌꺼기 등이 남아 있지 아니하여야 하며, 부식의 우려가 없는 용접방식으로 해야 한다.
③ 미분무소화설비용 수조는 다음 각 호의 기준에 따라 설치해야 한다.
가. 전용으로 하며 점검에 편리한 곳에 설치할 것
나. 동결방지조치를 하거나 동결의 우려가 없는 장소에 설치할 것
다. 수조의 외측에 수위계를 설치할 것. 다만, 구조상 불가피한 경우에는 수조의 맨홀 등을 통하여 수조 내 물의 양을 쉽게 확인할 수 있도록 해야 한다.
라. 수조의 상단이 바닥보다 높은 때에는 수조의 외측에 고정식 사다리를 설치할 것
마. 수조가 실내에 설치된 때에는 그 실내에 조명 설비를 설치할 것
바. 수조의 밑 부분에는 청소용 배수밸브 또는 배수관을 설치할 것
사. 수조 외측의 보기 쉬운 곳에 "미분무설비용 수조"라고 표시한 표지를 할 것
아. 미분무펌프의 흡수배관 또는 수직배관과 수조의 접속부분에는 "미분무설비용 배관"이라고 표시한 표지를 할 것. 다만, 수조와 가까운 장소에 미분무펌프가 설치되고 미분무펌프에 "사"에 따른 표지를 설치한 때에는 그렇지 않다.

7 가압송수장치

미분무소화설비 가압송수장치는 물분무소화설비 규정에 준용한다.

8 폐쇄형 미분무소화설비의 방호구역

① 하나의 방호구역의 바닥면적은 펌프용량, 배관의 구경 등을 수리학적으로 계산한 결과 헤드의 방수압 및 방수량이 방호구역 범위 내에서 소화목적을 달성할 수 있도록 산정해

야 한다.

② 하나의 방호구역은 2개 층에 미치지 아니하도록 할 것

9 개방형 미분무소화설비의 방수구역

① 하나의 방수구역은 2개 층에 미치지 아니할 것

② 하나의 방수구역을 담당하는 헤드의 개수는 최대 설계개수 이하로 할 것. 다만, 2개 이상의 방수구역으로 나눌 경우에는 하나의 방수구역을 담당하는 헤드의 개수는 최대설계개수의 1/2 이상으로 할 것

③ 터널, 지하가 등에 설치할 경우 동시에 방수되어야 하는 방수구역은 화재가 발생된 방수구역 및 접한 방수구역으로 할 것

10 배관 등

① 설비에 사용되는 구성요소는 STS 304 이상의 재료를 사용해야 한다.

② 배관은 배관용 스테인리스 강관(KS D 3576)이나 이와 동등 이상의 강도・내식성 및 내열성을 가진 것으로 해야 하고, 용접할 경우 용접찌꺼기 등이 남아 있지 않아야 하며, 부식의 우려가 없는 용접방식으로 해야 한다.

③ 급수배관은 다음의 기준에 따라 설치해야 한다.

가. 전용으로 할 것

나. 급수를 차단할 수 있는 개폐밸브는 개폐표시형으로 할 것

④ 펌프를 이용하는 가압송수장치에는 펌프의 성능이 체절운전 시 정격토출압력의 140%를 초과하지 않고, 정격토출량의 150%로 운전 시 정격토출압력의 65% 이상이 되어야 하며 다음의 기준에 적합하도록 설치해야 한다. 다만, 공인된 방법에 의한 별도의 성능을 제시할 경우에는 그렇지 않으며 그 성능을 별도의 기준에 따라 확인해야 한다.

가. 성능시험배관은 펌프의 토출 측에 설치된 개폐밸브 이전에서 분기하여 직선으로 설치하고, 유량측정장치를 기준으로 전단 직관부에는 개폐밸브를 후단 직관부에는 유량조절밸브를 설치할 것

나. 유입구에는 개폐밸브를 둘 것

다. 개폐밸브와 유량측정장치 사이 직관부거리 및 유량측정장치와 유량조절밸브 사이의 직관부거리는 해당 유량측정장치 제조사의 설치사양에 따른다.

라. 유량측정장치는 펌프의 정격토출량의 175% 이상까지 측정할 수 있는 성능이 있을 것

마. 성능시험배관의 호칭은 유량계 호칭에 따를 것

⑤ 동결방지조치를 하거나 동결의 우려가 없는 장소에 설치해야 한다. 다만, 보온재를 사용한 경우에는 난연재료 성능 이상의 것으로 한다.

⑥ 교차배관의 위치・청소구 및 가지배관의 헤드설치는 다음의 기준에 따른다.

가. 교차배관은 가지배관과 수평으로 설치하거나 또는 가지배관 밑에 설치할 것

나. 청소구는 교차배관 끝에 개폐밸브를 설치하고, 호스접결이 가능한 나사식 또는 고정배수 배관식으로 할 것. 이 경우 나사식의 개폐밸브는 나사보호용의 캡으로 마감할 것

⑦ 미분무설비에는 그 성능을 확인하기 위한 시험장치를 다음의 기준에 따라 설치해야 한다. 다만, 개방형헤드를 설치한 경우에는 그렇지 않다.

가. 가압장치에서 가장 먼 가지배관의 끝으로부터 연결하여 설치할 것

나. 시험장치 배관의 구경은 가압장치에서 가장 먼 가지배관의 구경과 동일한 구경으로 하고, 그 끝에 개방형헤드를 설치할 것. 이 경우 개방형헤드는 동일 형태의 오리피스만으로 설치할 수 있다.

다. 시험배관의 끝에는 물받이 통 및 배수관을 설치하여 시험 중 방출된 물이 바닥에 흘러내리지 않도록 할 것. 다만, 목욕실・화장실 또는 그 밖의 곳으로서 배수처리가 쉬운 장소에 시험배관을 설치한 경우에는 그렇지 않다.

⑧ 배관에 설치되는 행가는 다음의 기준에 따라 설치해야 한다.

가. 가지배관에는 헤드의 설치지점 사이마다, 교차배관에는 가지배관과 가지배관 사이마다 1개 이상의 행가를 설치할 것

나. 제1호의 수평주행배관에는 4.5 m 이내마다 1개 이상 설치할 것

⑨ 수직배수배관의 구경은 50 mm 이상으로 해야 한다. 다만, 수직배관의 구경이 50 mm 미만인 경우에는 수직배관과 동일한 구경으로 할 수 있다.

⑩ 주차장의 미분무소화설비는 습식외의 방식으로 해야 한다. 다만, 주차장이 벽 등으로 차단되어 있고 출입구가 자동으로 열리고 닫히는 구조인 것으로서 다음의 어느 하나에 해당하는 경우에는 그렇지 않다.

가. 동절기에 상시 난방이 되는 곳이거나 그 밖에 동결의 염려가 없는 곳

나. 미분무소화설비의 동결을 방지할 수 있는 구조 또는 장치가 된 것

⑪ 급수배관에 설치되어 급수를 차단할 수 있는 개폐밸브에는 그 밸브의 개폐상태를 감시

제어반에서 확인할 수 있도록 급수개폐밸브 작동표시 스위치를 다음의 기준에 따라 설치해야 한다.

가. 급수개폐밸브가 잠길 경우 탬퍼스위치의 동작으로 인하여 감시제어반 또는 수신기에 표시되어야 하며 경보음을 발할 것

나. 탬퍼스위치는 감시제어반 또는 수신기에서 동작의 유무확인과 동작시험, 도통시험을 할 수 있을 것

다. 급수개폐밸브의 작동표시 스위치에 사용되는 전기배선은 내화전선 및 내열전선으로 설치할 것

⑫ 미분무설비 배관의 배수를 위한 기울기는 다음의 기준에 따른다.

가. 폐쇄형 미분무소화설비의 배관을 수평으로 할 것. 다만, 배관의 구조상 소화수가 남아 있는 곳에는 배수밸브를 설치해야 한다.

나. 개방형 미분무소화설비에는 헤드를 향하여 상향으로 수평주행배관의 기울기를 500분의 1 이상, 가지배관의 기울기를 250분의 1 이상으로 할 것. 다만, 배관의 구조상 기울기를 줄 수 없는 경우에는 배수를 원활하게 할 수 있도록 배수밸브를 설치해야 한다.

⑬ 기계실·공동구 또는 덕트에 설치되는 배관은 다른 설비의 배관과 쉽게 구분이 될 수 있는 위치에 설치하거나, 그 배관표면 또는 배관 보온재표면의 색상은 적색으로 소방용설비의 배관임을 표시해야 한다.

⑭ 호스릴방식의 설치는 다음에 따라 설치해야 한다.

가. 방호대상물의 각 부분으로부터 하나의 호스 접결구까지의 수평거리가 25 m 이하가 되도록 할 것

나. 소화약제 저장용기의 개방밸브는 호스의 설치 장소에서 수동으로 개폐할 수 있는 것으로 할 것

다. 소화약제 저장용기의 가장 가까운 곳의 보기 쉬운 곳에 표시등을 설치하고 호스릴 미분무소화설비가 있다는 뜻을 표시한 표지를 할 것

라. 그 밖의 사항은 「옥내소화전설비의 화재안전기준」에 적합할 것

11 미분무헤드

미분무헤드는 개방형과 폐쇄형으로 나눌 수 있으며, 개방형 및 폐쇄형 미분무헤드의 경우 일반적인 스프링클러헤드와 크게 다르지 않으며, 폐쇄형 미분무헤드의 경우 보통 조기반응형

감열체를 사용한다. 미분무헤드는 오리피스의 방사 각도에 따라 방사되므로 헤드에서 직접적인 방사에 의한 스키핑(skpping) 현상이 발생할 가능성은 적으므로 미분무헤드 간 최소거리는 제한을 두지 않는 것이 보편적이다.

① 미분무헤드는 특정소방대상물의 천장·반자·천장과 반자사이·덕트·선반 기타 이와 유사한 부분에 설계자의 의도에 적합하도록 설치해야 한다.

② 하나의 헤드까지의 수평거리 산정은 설계자가 제시해야 한다.

③ 미분무설비에 사용되는 헤드는 조기반응형 헤드를 설치해야 한다.

④ 폐쇄형 미분무헤드는 그 설치장소의 평상시 최고주위온도에 따라 다음 식에 따른 표시온도의 것으로 설치해야 한다.

$$Ta = 0.9\,Tm - 27.3\,℃$$

여기서, Ta : 최고주위온도(℃)

Tm : 헤드의 표시온도(℃)

⑤ 미분무헤드는 배관, 행거 등으로부터 살수가 방해되지 아니하도록 설치해야 한다.

⑥ 미분무헤드는 설계도면과 동일하게 설치해야 한다.

⑦ 미분무헤드는 '한국소방산업기술원' 또는 성능시험기관으로 지정받은 기관에서 검증받아야 한다.

(a) 개방형 미분무헤드

(b) 폐쇄형 미분무헤드

▌그림 2.117 미분무헤드

출제 및 예상문제

01 물분무소화설비의 소화효과를 4가지만 쓰시오.

정답 ① 질식효과 ② 냉각 효과
③ 유화효과 ④ 희석효과

해설 ① 질식효과 : 공기 중의 산소농도를 16% 이하로 희박하게 하는 것
② 냉각효과 : 점화원을 냉각시키는 것
③ 유화효과 : 유류 표면에 유화층의 막을 형성하여 공기와의 접촉을 막는 것
④ 희석효과 : 다량의 물을 방사하여 가연물의 농도를 연소농도 이하로 낮추는 것

02 물분무등 소화설비의 종류 5가지를 쓰시오.

정답 ① 물분무소화설비 ② 포소화설비
③ 이산화탄소소화설비 ④ 할론소화설비
⑤ 분말소화설비 ⑥ 할로겐화합물 및 불활성기체소화설비

03 물분무소화설비의 설치 제외장소 3가지를 쓰시오.

정답 ① 물에 심하게 반응하는 물질 또는 물과 반응하여 위험한 물질을 생성하는 물질을 저장 또는 취급하는 장소
② 고온의 물질 및 증류범위가 넓어 끓어 넘치는 위험이 있는 물질을 저장 또는 취급하는 장소
③ 운전시에 표면의 온도가 260℃ 이상으로 되는 등 직접 분무를 하는 경우 그 부분에 손상을 입힐 우려가 있는 기계장치 등이 있는 장소

04 불문무 소화설비 배수설비의 기준 4가지를 쓰시오.

정답 ① 차량이 주차하는 장소의 적당한 곳에 높이 10 cm 이상의 경계턱으로 배수구를 설치한다.
② 배수구에는 새어나온 기름을 모아 소화할 수 있도록 길이 40 m 이하마다 집수관, 소화 피트 등의 기름분리장치를 설치한다.
③ 차량이 주차하는 바닥은 배수구를 향하여 2/100 이상의 기울기를 유지한다.
④ 배수설비는 가압송수장치 최대송수능력의 수량을 유효하게 배수할 수 있는 크기 및 기울기로 한다.

05 고압전류가 흐르는 전기실에 물분무 설비의 설치가 가능한 이유를 쓰시오

정답 물분무 상태의 물은 비전도성을 나타내기 때문이다.

해설 물분무 상태의 물입자는 불연속성을 가지고 있으므로 비전도성을 나타내어 A급(일반화재), B급(유류화재), C급(전기화재) 모두 소화가 가능하다.

06 물분무소화설비 제어밸브의 설치기준을 쓰시오.

정답 ① 물분무소화설비의 제어밸브 기타 밸브는 다음의 기준에 따라 설치해야 한다.
1. 제어밸브는 바닥으로부터 0.8 m 이상 1.5 m 이하의 위치에 설치할 것
2. 제어밸브의 가까운 곳의 보기 쉬운 곳에 "제어밸브"라고 표시한 표지를 할 것

② 자동 개방밸브 및 수동식 개방밸브는 다음의 기준에 따라 설치해야 한다.
1. 자동개방밸브의 기동조작부 및 수동식개방밸브는 화재시 쉽게 접근할 수 있는 곳의 바닥으로부터 0.8 m 이상 1.5 m 이하의 위치에 설치할 것
2. 자동개방밸브 및 수동식개빙벨브의 2차측 배관부분에는 해당 방수구역 외에 밸브의 작동을 시험할 수 있는 장치를 설치할 것. 다만, 방수구역에서 직접 방사시험을 할 수 있는 경우에는 그렇지 않다.

07 물분무소화설비가 설치된 주차장 바닥의 집수관, 소화 피트 등의 기름분리장치는 몇 m 이하마다 설치하여야 하는가?

정답 40 m

해설 배수구에는 새어나온 기름을 모아 소화할 수 있도록 길이 40 m 이하마다 집수관, 소화 피트 등의 기름분리장치를 설치해야 한다.

08 수원의 양을 산정하는 소방법상의 기초를 기술하시오.(단, 물분무소화설비이다.)

소방대상물	수원의 양[L]	S [m^2]
특수가연물 저장 또는 취급	(10 L/min · m^2×20분)×S	바닥면적(최소 50m^2)을 기준함.
차고 또는 주차장		
절연유 봉입 변압기		
케이블 트레이·덕트		
컨베이어 벨트		

정답

소방대상물	수원의 양[L]	S [m²]
특수가연물 저장 또는 취급	(10 L/min · m^2×20분)×S	바닥면적을 기준함.
차고 또는 주차장	(20 L/min · m^2×20분)×S	바닥면적을 기준함.
절연유 봉입 변압기	(10 L/min · m^2×20분)×S	변압기 바닥면적을 제외한 표면적[m^2]을 기준함.
케이블 트레이·덕트	(12 L/min · m^2×20분)×S	투영된 바닥면적[m^2]을 기준함.
컨베이어 벨트	(10 L/min · m^2×20분)×S	벨트 바닥면적[m^2]을 기준함.

09 물분무헤드의 방사량을 나타내는 식을 쓰시오.

정답 $Q = K\sqrt{10P}$

여기서, Q : 헤드 방사량(L/min)

K : 방출계수

P : 헤드 방사압력(MPa)

10 미분무소화설비의 화재안전기준에 대한 다음 각 물음에 답하시오. (2022년 출제)

(가) 미분무란 물만을 사용하여 소화하는 방식으로 최소설계압력에서 헤드로부터 방출되는 물입자 중 99%의 누적체적분포가 몇 μm 이하로 분무되어야 하는지 쓰시오.

(나) 미분무의 화재적응성을 쓰시오.

정답 (가) 400 μm

(나) A, B, C급

해설 미분무소화설비의 화재안전기준

용어	설 명
미분무소화설비	가압된 물이 헤드 통과 후 미세한 입자로 분무됨으로써 소화성능을 가지는 설비를 말하며, 소화력을 증가시키기 위해 강화액 등을 첨가할 수 있다.
미분무	물만을 사용하여 소화하는 방식으로 최소설계압력에서 헤드로부터 방출되는 물입자 중 99%의 누적체적분포가 400 μm 이하로 분무되고 A, B, C급 화재에 적응성을 갖는 것
저압 미분무소화설비	최고사용압력이 1.2 MPa 이하인 미분무소화설비
중압 미분무소화설비	사용압력이 1.2 MPa을 초과하고 3.5 MPa 이하인 미분무소화설비
고압 미분무소화설비	최저사용압력이 3.5 MPa을 초과하는 미분무소화설비

11 가로 8 m, 세로 5 m인 주차장에 물분무소화설비를 설치하려고 한다. 다음 각 물음에 답하시오. (2024년 출제)

(가) 송수펌프의 최소토출량(L/min)을 구하시오.
(나) 필요한 최소수원의 양(m^3)을 구하시오.

정답 (가) 1000 L/min
(나) 20 m^3

해설 (가) 물분무소화설비의 수원

특정소방대상물	토출량	최소기준	비고
컨베이어벨트	10 L/min · m^2	-	벨트부분의 바닥면적
절연유 봉입변압기	10 L/min · m^2	-	표면적을 합한 면적 (바닥면적 제외)
특수가연물	10 L/min · m^2	최소 50 m^2	최대 방수구역의 바닥면적 기준
케이블트레이 · 덕트	12 L/min · m^2	-	투영된 바닥면적
차고 · 주차장	20 L/min · m^2	최소 50 m^2	최대 방수구역의 바닥면적 기준
위험물 저장탱크	37 L/min · m^2	-	위험물탱크 둘레길이(원주길이) : 위험물규칙 [별표 6] II

주차장 바닥면적(A)
A = 가로 × 세로 = 8m × 5m = 40m^2 (바닥면적이 40m^2이지만 최소 50m^2 적용)
주차장의 소화펌프 방사량(토출량) Q
Q = 바닥면적(최소 50m^2) × 20 L/min · m^2 = 1000 L/min

(나) 수원의 양 Q는
Q = 토출량 × 방사시간 = 1000 L/min × 20 min = 20000 L = 20 m^3

12 컨베이어 벨트부분 바닥면적이 100 m^2라면 수원의 양은 얼마인가?

정답 20,000 L

해설 수원량$= 100\ m^2 \times 10\ L/min \cdot m^2 \times 20\ min = 20{,}000\ L$

13 특수가연물 저장창고의 바닥면적이 200 m^2인 곳에 물분무소화설비를 하였다. 다음 물음에 답하시오.

(가) 수원의 저수량(m^3)은 얼마인가?
(나) 송수펌프의 토출량(L/min)은 얼마인가?

정답 (가) 40 m^3

(나) 2,000 L/min

해설 (가) 수원양 $= 200 \times 10 \times 20 = 40{,}000\ \mathrm{L} = 40\ \mathrm{m}^3$

(나) 토출량 $= 200 \times 10 = 2{,}000\ \mathrm{L/min}$

14 지하주차장에 물분무소화설비를 하고자 한다. 바닥면적이 200 m^2일 경우 설치하여야 할 물분무헤드는 몇 개인가? (단, 헤드 1개당 방사압력 0.3 MPa, K값은 80이다)

정답 29개

해설 송수펌프의 분당 토출량

$Q = \text{면적} \times 20\ \mathrm{L/min \cdot m^2} = 200\ \mathrm{m^2} \times 20\ \mathrm{L/min \cdot m^2} = 4{,}000\ \mathrm{L/min}$

헤드 1개당 분당 방사량

$Q = K\sqrt{10P} = 80 \times \sqrt{10 \times 0.3} = 138.56\ \mathrm{L/개 \cdot min}$

$\therefore$ 헤드 수 $= \dfrac{4{,}000}{138.56} = 29$개

15 직관의 길이가 100 m이고, 내경이 100 mm인 직관 말단에 설치된 19 mm 노즐을 통하여 방사압력 0.55 MPa로 대기 중으로 물이 방출되고 있다. 이때 직관의 손실수두[m]를 구하시오 (단, 직관의 마찰 손실계수는 0.02이다. Darcy의 식 사용).

정답 1.4 m

해설 $Q = 0.653 \times 19^2 \times \sqrt{10 \times 0.55} \fallingdotseq 552.842\ \mathrm{L/min}$

$V = \dfrac{0.552842/60}{\dfrac{\pi}{4} \times 0.1^2} \fallingdotseq 1.173\ \mathrm{m/s}$

달시의 식에서

$H_L = f \times \dfrac{L}{D} \times \dfrac{V^2}{2g}$

$H_L = \dfrac{0.02 \times 100 \times 1.173^2}{2 \times 9.8 \times 0.1} = 1.404 \fallingdotseq 1.4\ \mathrm{m}$

16 다음 그림과 같이 수평으로 설치되어 있는 40 m 길이의 파이프 내를 유량 300 L/min의 물이 흐를 때 관 말단의 수압[MPa]은 얼마인가? (단, 배관 인입측의 수압계는 0.4 MPa을 가리키고 있으며 구경 40 mm 강관의 1 m당 마찰손실에 의한 압력저하는 $\Delta P = 1.08 \times 10^{-7} \times Q^{1.85}$이고, Q는 유량[L/min]이다)

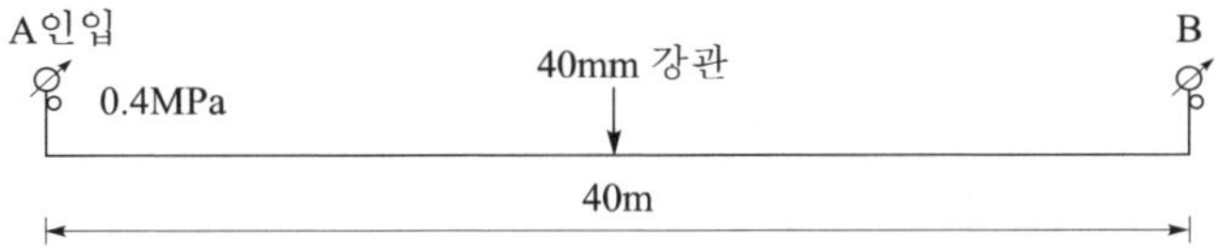

정답 $\Delta P = 1.08 \times 10^{-7} \times 300^{1.85} = 0.00413\,\text{MPa/m}$

$0.00413\,\text{MPa/m} \times 40\,\text{m} = 0.165\,\text{MPa}$

$0.4 - 0.165 = 0.235\,\text{MPa}$

17 건물의 지하주차장에 물분무소화설비를 설치하고자 한다. 다음의 조건을 참조하여 각 물음에 답하시오.

[조건]
- 바닥면적은 50 m^2이다.
- 헤드의 설계압력은 0.25 MPa이다.
- 실양정은 30 m, 배관 및 관 부속품의 마찰손실수두는 10 m이다.
- 펌프의 효율은 65%이며 전달계수는 1.1이다.

(가) 전양정[m]은 얼마인가?
(나) 전동기 용량[kW]은 얼마인가?

정답 (가) 65 m
(나) 17.93 kW

해설 (가) 전양정

$H = h_1 + h_2 + h_3$에서

h_1(실양정) : 30 m

h_2(헤드의 설계압력 환산수두) : 0.25 MPa = 25 m

h_3(배관의 마찰손실수두) : 10 m

$\therefore H = 30 + 25 + 10 = 65\,\text{m}$

(나) 전동기 용량

$$P = \frac{0.163 \times Q \times H}{E} \times K = \frac{0.163 \times 1 \times 65}{0.65} \times 1.1 = 17.93\,\text{kW}$$

$(\because Q = 50\,\text{m}^2 \times 20\,\text{L/min} \cdot \text{m}^2 = 1000\,\text{L/min} = 1\,\text{m}^3/\text{min})$

18 어느 물소화설비의 펌프를 운전하면서 흡입구측에 설치된 연성계(진공계)를 보니 지침이 300 mmHg를 가리키고 있었다. 흡입구를 지나는 물의 정압은 절대압력으로 몇 [MPa]인가? (단 대기압은 1.034 kgf/cm^2)

정답 $\frac{300}{760}\times 1.0332 ≒ 0.407\,\text{kgf/cm}^2 = 0.0407\,\text{MPa}$

$1.034 - 0.407 = 0.627 ≒ 0.63\,\text{kgf/cm}^2 = 0.063\,\text{MPa}$

해설 ① 절대압 = 대기압 − 진공압 = 대기압 + 계기압

② 1 atm = 760 mmHg = 1.0332(kgf/cm^2)
= 10.332 mH_2O (mAq)
= 14.7 PSI (lb/in^2)
= 101.325 kPa (kN/m^2)
= 1013 mbar

③ 연성계의 압력은 진공압이다.

19 절연유 봉입변압기에 물분무소화설비를 다음 그림과 같이 적용하고자 한다. 바닥부분을 제외한 변압기의 표면적을 100 m^{2}라고 할 때, 다음 물음에 답하시오(단, 물분무헤드의 방사압력은 0.4 MPa로 한다).

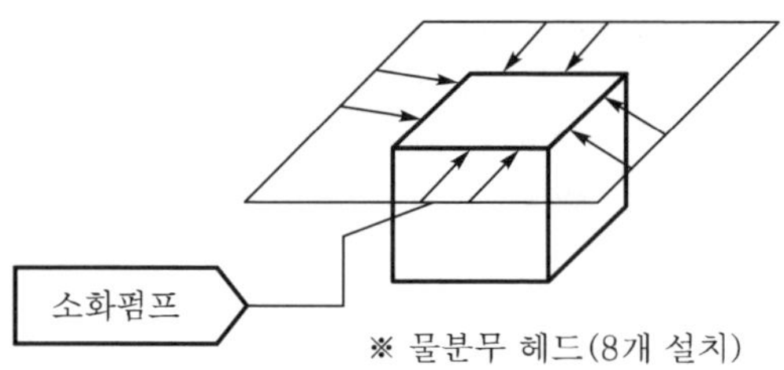

※ 물분무 헤드(8개 설치)

(가) 펌프의 분당토출량[L/min]은 얼마인가?
(나) 헤드 1개당 방사량[L/min]은 얼마인가?
(다) 방출계수 K값은 얼마인가?

정답 (가) 1000 L/min
(나) 125 L/min · 개
(다) 62.50

해설 (가) 펌프의 분당토출량 = 100 m^2×10 L/min·m^2 = 1000 L/min

(나) 헤드 1개당 방사량 $= \frac{1000\,\text{L/min}}{8\text{개}} = 125\,\text{L/min} \cdot \text{개}$

(다) $Q = K\sqrt{10P}$ 에서

방출계수 $K = \frac{125}{\sqrt{10\times 0.4}} = 62.5$

20 그림과 같이 바닥면이 자갈로 되어 있는 절연유 봉입변압기에 물분무소화설비를 설치하고자 한다. 물분무소화설비의 화재안전기준을 참고하여 다음 각 물음에 답하시오.

(2022년 출제)

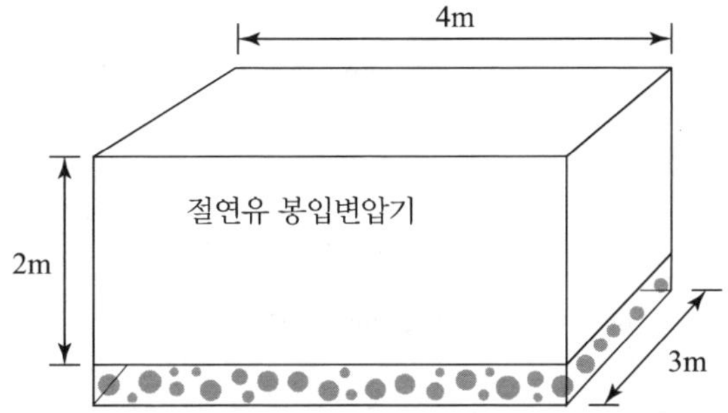

(가) 소화펌프의 최소토출량(L/min)을 구하시오.
(나) 필요한 최소수원의 양(m^3)을 구하시오.

정답 (가) $A=(4\times2)+(4\times2)+(3\times2\times2)+(4\times3)=40\,m^2$

$Q=40\times10=400\,L/min$

∴ 400 L/min

(나) $40\times20=8000\,L=8\,m^3$

∴ 8 m^3

해설 (가) 물분무소화설비의 수원

특정소방대상물	토출량	최소기준	비고
컨베이어벨트	10 L/min · m^2	–	벨트부분의 바닥면적
절연유 봉입변압기	10 L/min · m^2	–	표면적을 합한 면적 (바닥면적 제외)
특수가연물	10 L/min · m^2	최소 50 m^2	최대 방수구역의 바닥면적 기준
케이블트레이, 덕트	12 L/min · m^2	–	투영된 바닥면적
차고, 주차장	20 L/min · m^2	최소 50 m^2	최대 방수구역의 바닥면적 기준
위험물 저장탱크	37 L/min · m^2	–	위험물탱크 둘레길이(원주길이) : 위험물규칙 [별표 6] II

※모두 20분간 방수할 수 있는 양 이상으로 하여야 한다.

절연유 봉입변압기는 바닥부분을 제외한 표면적을 합한 면적이므로

A = 앞면 + 뒷면 + (옆면 × 2개) + 윗면

$=(4\,m\times2\,m)+(4\,m\times2\,m)+(3\,m\times2\,m\times2개)+(4\,m\times3\,m)=40\,m^2$

절연유 봉입변압기의 소화펌프 방사량(토출량) Q는

Q = 표면적(바닥면적 제외)$\times10\,L/min\cdot m^2$

$=40\,m^2\times10\,L/min\cdot m^2=400\,L/min$

(나) 수원의 양 Q는

Q = 토출량 × 방사시간 $=400\,L/min\times20\,min=8000\,L=8\,m^3$

21 수리계산으로 배관의 유량과 압력을 해석할 때 동일한 지점에서 서로 다른 2개의 유량과 압력이 산출될 수 있으며 이런 경우 유량과 압력을 보정해 주어야 한다. 그림과 같이 6개의 물분무헤드에서 소화수가 방사되고 있을 때 조건을 참고하여 다음 각 물음에 답하시오.

(2024년 출제)

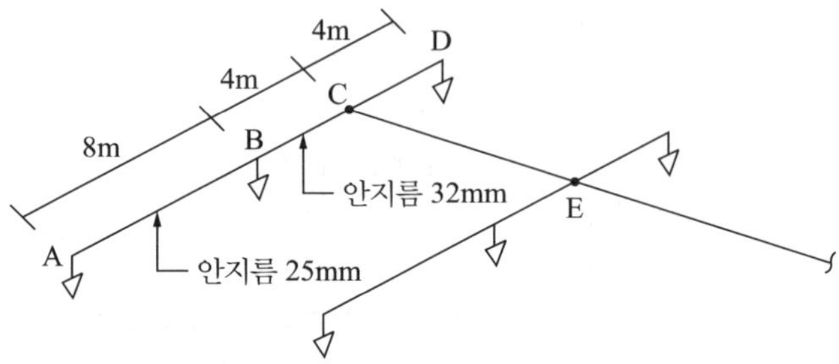

[조건]

① 각 헤드의 방출계수는 동일하다.

② A지점 헤드의 유량은 60 L/min, 방수압은 350 kPa이다.

③ 각 구간별 배관의 길이와 배관의 안지름은 다음과 같다.

구간	A~B	B~C	D~C
배관길이	8 m	4 m	4 m
배관 안지름(내경)	25 mm	32 mm	25 mm

④ 수리계산시 동압은 무시한다.

⑤ 직관 이외의 관로상 마찰손실은 무시한다.

⑥ 직관에서의 마찰손실은 다음의 Hazen–William's공식을 적용, 조도계수 C는 100으로 한다.

$$\Delta P = 6.053 \times 10^7 \times \frac{Q^{1.85}}{C^{1.85} \times d^{4.87}} \times L$$

여기서, ΔP : 마찰손실압력(kPa)

Q : 유량(L/min)

C : 관의 조도계수(무차원)

d : 관의 내경(mm)

L : 배관의 길이(m)

(가) A지점 헤드에서 시작하여 C지점까지의 경로로 계산하였을 때, 다음 물음에 답하시오.

① A~B구간의 마찰손실압력(kPa)을 구하시오.

② B지점 헤드의 압력(kPa)과 유량(L/min)을 구하시오.

③ B~C구간의 유량(L/min)과 마찰손실압력(kPa)을 구하시오.

④ C지점 헤드의 압력(kPa)을 구하시오.

(나) D지점 헤드의 유량과 압력이 A지점 헤드의 유량 및 압력과 동일하다고 가정하고, D지점 헤드에서 시작하여 C지점까지의 경로로 계산하였을 때, 다음 물음에 답하시오.

① D~C구간의 마찰손실압력(kPa)을 구하시오.

② C지점의 압력(kPa)을 구하시오.

(다) D지점 헤드의 방수압과 방수량은 A헤드의 방수압 및 방수량과 동일하다고 가정하고, D지점 헤드의 방출압력이 380 kPa로 변하면 C지점의 압력이 동일한지의 여부를 판정하시오(단, C지점의 동일 압력기준의 오차범위는 ±5 kPa이다).

정답 (가) ① $P_{A\sim B} = 6.053 \times 10^7 \times \dfrac{60^{1.85}}{100^{1.85} \times 25^{4.87}} \times 8 = 29.286 = 29.29\,\text{kPa}$

② 압력 $P_B = 350 + 29.29 = 379.29\,\text{kPa}$

$$K = \frac{60}{\sqrt{10 \times 0.35}} = 32.071 ≒ 32.07$$

유량 $Q_B = 32.07\sqrt{10 \times 0.37929} = 62.457 ≒ 62.46\,\text{L/min}$

③ 유량 $Q_{B\sim C} = 60 + 62.46 = 122.46\,\text{L/min}$

마찰손실압력 $P_{B\sim C} = 6.053 \times 10^7 \times \dfrac{122.46^{1.85}}{100^{1.85} \times 32^{4.87}} \times 4$

$= 16.471 ≒ 16.47\,\text{kPa}$

④ $P_C = 379.29 + 16.47 = 395.76\,\text{kPa}$

(나) ① $P_{D\sim C} = 6.053 \times 10^7 \times \dfrac{60^{1.85}}{100^{1.85} \times 25^{4.87}} \times 4 = 14.643 ≒ 14.64\,\text{kPa}$

② $P_C = 350 + 14.64 = 364.64\,\text{kPa}$

(다) $Q_D = 32.07\sqrt{10 \times 0.38} = 62.515 ≒ 62.52\,\text{L/min}$

$P_{D\sim C} = 6.053 \times 10^7 \times \dfrac{62.52^{1.85}}{100^{1.85} \times 25^{4.87}} \times 4 = 15.8\,\text{kPa}$

$P_C' = 380 + 15.8 = 395.8\,\text{kPa}$

$P_C' - P = 395.8 - 395.76 = 0.04\,\text{kPa}$

∴ 압력동일

해설 (가)

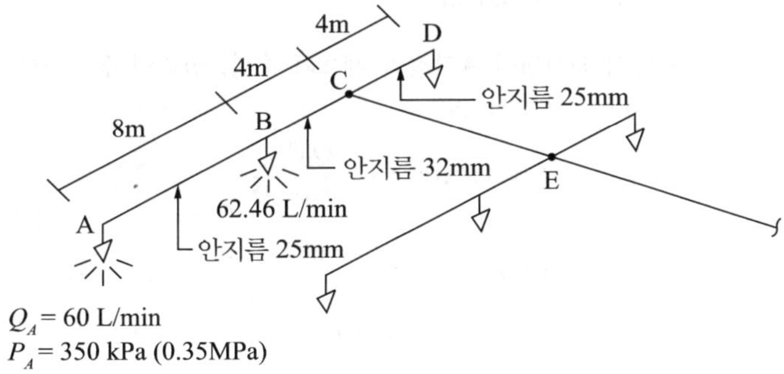

① $P_{A\sim B} = 6.053 \times 10^7 \times \dfrac{Q_{A\sim B}^{1.85}}{C^{1.85} \times d_{A\sim B}^{4.87}} \times L_{A\sim B}$

$= 6.053 \times 10^7 \times \dfrac{(60\,\text{L/min})^{1.85}}{100^{1.85} \times (25\,\text{mm})^{4.87}} \times 8\,\text{m}$

$= 29.286 ≒ 29.29\,\text{kPa}$

② $P_B = P_A + P_{A\sim B} = 350\,\text{kPa} + 29.29\,\text{kPa} = 379.29\,\text{kPa}$

$Q = K\sqrt{10P}$

여기서, Q : 방수량(L/min)

K : 방출계수

P : 방수압(MPa)

방출계수 $K = \dfrac{Q}{\sqrt{10P}} = \dfrac{60\,\text{L/min}}{\sqrt{10 \times 0.35\,\text{MPa}}} = 32.071 ≒ 32.07$

B지점 유량 $Q_B = K\sqrt{10P_B} = 32.07\sqrt{10 \times 0.37929\,\text{MPa}}$

$= 62.457 ≒ 62.46\,\text{L/min}$

③ $Q_{B\sim C} = Q_{A\sim B} + Q_B = 60\,\text{L/min} + 62.46\,\text{L/min} = 122.46\,\text{L/min}$

$$P_{B\sim C} = 6.053 \times 10^7 \times \frac{Q_{B\sim C}^{1.85}}{C^{1.85} \times d_{B\sim C}^{4.87}} \times L_{B\sim C}$$

$$= 6.053 \times 10^7 \times \frac{(122.46\,\text{L/min})^{1.85}}{100^{1.85} \times (32\,\text{mm})^{4.87}} \times 4\,\text{m}$$

$= 16.471 ≒ 16.47\,\text{kPa}$

④ $P_C = P_B + P_{B\sim C} = 379.29\,\text{kPa} + 16.47\,\text{kPa} = 395.76\,\text{kPa}$

(나)

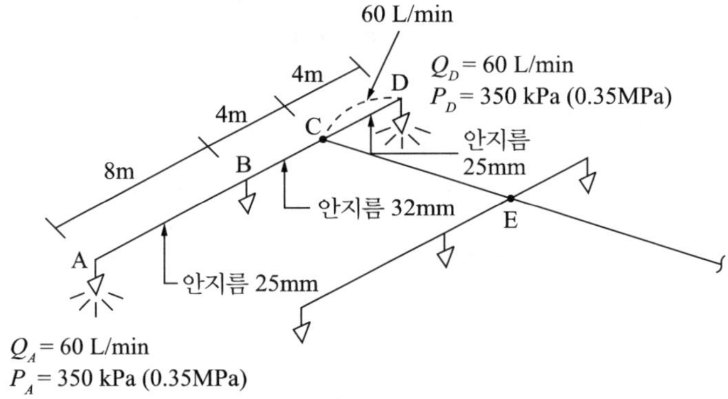

문제에서 D지점이 A지점의 헤드와 유량, 압력이 동일하다고 하였으므로 D지점은 60 L/min, 350 kPa이다.

① $$P_{D\sim C} = 6.053 \times 10^7 \times \frac{Q_{D\sim C}^{1.85}}{C^{1.85} \times d_{D\sim C}^{4.87}} \times L_{D\sim C}$$

$$= 6.053 \times 10^7 \times \frac{(60\,\text{L/min})^{1.85}}{100^{1.85} \times (25\,\text{mm})^{4.87}} \times 4\,\text{m} = 14.643 ≒ 14.64\,\text{kPa}$$

② $P_C = P_D + P_{D\sim C} = 350\,\text{kPa} + 14.64\,\text{kPa} = 364.64\,\text{kPa}$

(다)

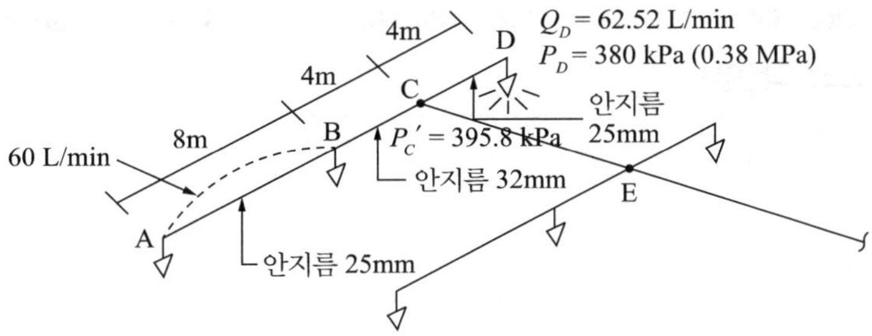

$$Q_D = K\sqrt{10P_D} = 32.07 \times \sqrt{10 \times 380\,\text{kPa}} = 32.07 \times \sqrt{10 \times 0.37\,\text{MPa}}$$

$$= 62.515 \fallingdotseq 62.52\,\text{L/min}$$

$$P_{D\sim C} = 6.053 \times 10^7 \times \frac{Q_{D\sim C}^{1.85}}{C^{1.85} \times d_{D\sim C}^{4.87}} \times L_{D\sim C}$$

$$= 6.053 \times 10^7 \times \frac{62.52^{1.85}}{100^{1.85} \times 25^{4.87}} \times 4$$

$$= 15.8\,\text{kPa}$$

$$P_C' = P_D + P_{D\sim C} = 380\,\text{kPa} + 15.8\,\text{kPa} = 395.8\,\text{kPa}$$

$$P_C' - P_C = 395.8\,\text{kPa} - 395.76\,\text{kPa} = 0.04\,\text{kPa}$$

∴ 문제에서 오차범위를 ± 5 kPa까지 허용하므로 0.04 kPa은 오차범위 내에 들어가므로 동일한 압력이라고 볼 수 있다.

2.8 포소화설비

1 개요

포소화설비는 물분무등소화설비로 분류되며 특정소방대상물의 화재 시 해당 특정소방대상물의 보호를 목적으로 자동 또는 수동으로 화재를 감지하여 신속히 화재를 진압할 수 있는 소화설비이다.

본 설비는 물에 의한 소화방법으로는 효과가 적거나 오히려 화재가 확대될 위험성이 있는 가연성 액체 등의 화재에 사용하는 설비로서 그 소화원리는 물과 포소화약제가 일정한 비율로 혼합된 포수용액을 공기로 발포시켜 형성된 미세한 기포의 집합체가 연소물의 표면을 덮어 공기를 차단하는 질식효과와 포에 함유된 수분에 의한 냉각효과이다. 일반적으로 대규모 화재 소화와 옥외화재 소화에도 적합하다.

포소화설비의 구성요소는 포 소화약제, 포 소화약제의 저장탱크, 수조, 가압송수장치, 기동용수압개폐장치, 포소화약제의 혼합장치, 포방출장치, 배관, 유수검지장치, 일제개방밸브, 송수구 등으로 구성된다.

(1) 소화원리

① 냉각작용

포는 수용액 상태이므로 방호대상물에 방출되면 주위의 열을 흡수하여 기화[물의 증발잠열 : 2255.2 kJ/kg (539 kcal/kg)]하면서 연소면의 열을 탈취하는 냉각소화작용을 한다.

② 질식작용

포를 방호대상물에 방출하면 연소면을 뒤덮어 산소공급을 차단함으로써 질식소화작용을 한다.

(2) 화재감지방법

① 폐쇄형 스프링클러헤드 사용

천장면에 설치되어 있는 감지헤드가 화열로 감열부가 용해, 파괴되어 화재를 감지하고, 이 때 배관 내의 수압변동에 의해 자동밸브가 개방되고 가압송수장치가 자동적으로 기동함으로써 연속적으로 포를 방출하는 방식이다.

② 감지기 사용

감지기가 화재를 감지해서 신호를 보냄으로써 일제개방밸브에 설치된 전자솔레노이드의 작동으로 일제개방밸브가 개방되어 포헤드의 배관에 포수용액이 흐르게 된다. 이후의 작동은 폐쇄형 스프링클러헤드를 사용한 경우와 같다. 이 외에도 폐쇄형 스프링클러헤드와 감지기가 고장에 의해 작동하지 않는 경우 또는 사람이 빨리 발견한 경우에 수동으로 작동시킬 수 있는 장치가 부설되어 있다.

(3) 25% 환원시간 측정법

포소화설비의 포헤드에서 방사된 포가 빠른 시간 내에 지워져 물이 되어 버리면 소화약제로서의 효과는 반감된다. 포의 지속시간을 측정하는 간단한 방법으로 25% 환원측정법이 있다. 이것은 포의 25%, 즉 1/4이 물이 되는데 걸리는 시간을 측정하는 것으로 단백포소화약제와 수성막포소화약제는 60초 이상, 합성계면성제포소화약제는 30초 이상이면 양호한 것으로 본다.

2 포소화약제의 종류

① 단백포

이 소화약제의 주성분은 식물이나 동물에서 추출한 것으로 수소를 함유한 유기물이며 단백질을 가수분해한 다음 여과, 중화, 농축을 하고 안정제, 접착제, 방부제 등을 첨가하여 제조된 것이다. 이 포소화약제는 다른 포소화약제에 비하여 내화성, 밀봉성이 좋고 가격이 싸지만 부식성이 높고 소화속도가 느리며 경년기간이 짧은 것이 단점이다.

② 불화단백포

이 액은 플루오린계면제의 성상을 합성했다는 것 외에는 단백포와 같다. 단백포액이 드라이케미칼이나 탄화수소계 계면활성제, 알코올형 포액과 병용하지 못하는데 반하여 이것은 병용할 수 있다는 것이 특징이다. 또한 내화성, 내유성, 유동성이 좋아 소화속도가 빠르고 기름에 오염되지 않으며 경년기간이 길지만 가격이 비싸다는 것이 흠이다.

③ 수성막포

일명 라이트 워터라고 상품명으로 쓰이기도 하며 플루오린계 계면활성제 포의 일종으로 1960년 초 미국에서 개발되었다. 이것은 연소하고 있는 액체위에 흘러들어 도포되면서 액체표면위에 산소를 견고하고 조밀하게 차단하고 또한 동시에 연소액체 증기의 전개 및 확대를 억제하도록 액면에 수성막을 형성함으로써 질식과 냉각의 두 가지의 작용으로서 소화한다.

④ 내알코올형포

내알코올형포는 단백질의 가수분해생성물과 합성세제 등을 주성분으로 하고 있다. 또한 저팽창률형과 고팽창률형의 원액이 알코올, 기타의 극성액체(수용성 액체)보다 속히 파괴되어 끝나는 것에 대하여 어떤 종류의 물질의 첨가에 따라 다음과 같은 작용을 일으켜서 포의 파괴를 방지하고 있다. 즉, 원액을 희석하여 공기를 흡입함과 동시에 포말 중의 침전물을 포막 중에 균일하게 분산시켜 포의 안정성을 좋게 하기 위해서는 원액을 희석함으로서 발포할 때까지의 시간을 되도록 단축해야 한다.

⑤ 합성계면활성제포

합성계면활성제포는 탄화수소계 계면활성제를 주제로 만든 포소화약제를 말하며 유동성이 좋아 소화속도가 빠르고 유출유화재에 적합하다. 내화성과 내유성은 약하여 대형유류 탱크화재에서는 유류에 의한 포의 파괴현상이 나타날 수 있다.

3 계통도

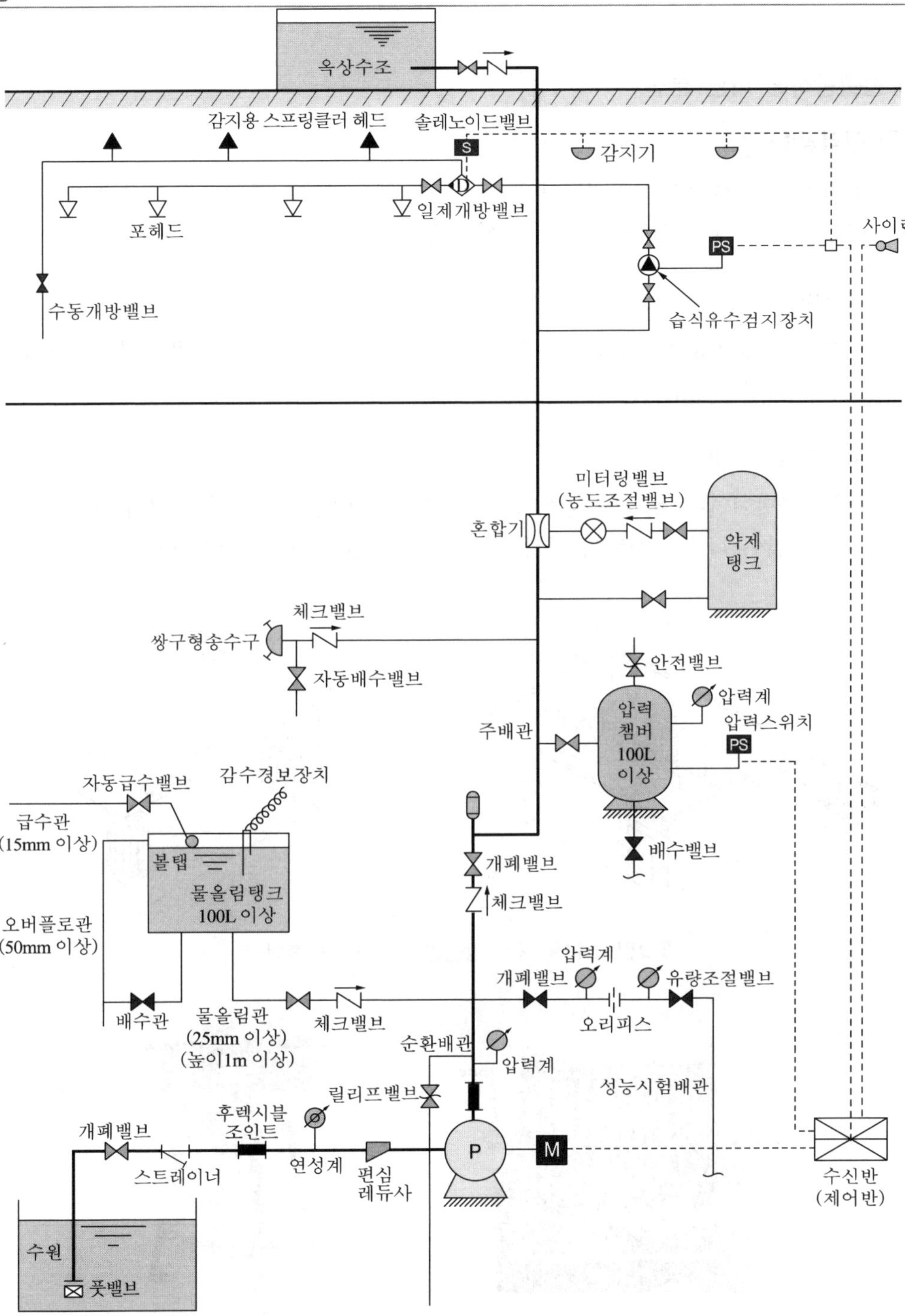

▮그림 2.118 포소화설비 계통도

4 포소화설비의 종류

(1) 방출방식에 따른 분류

① 전역방출방식

고정식 포 발생장치로 구성되어 포 수용액이 방호대상물 주위가 막혀진 공간이나 밀폐 공간 속으로 방출되도록 된 설비방식을 말한다.

② 국소방출방식

고정된 포 발생장치로 구성되어 화점이나 연소 유출물 위에 직접 포를 방출하도록 설치된 설비방식을 말한다.

③ 호스릴방식(이동식)

전역방출방식이나 국소방출방식처럼 사전에 고정배관을 사용하는 것이 아니고 옥내소화전과 같이 화재시 사람이 직접 조작하여 호스로 소화하는 방식이다.

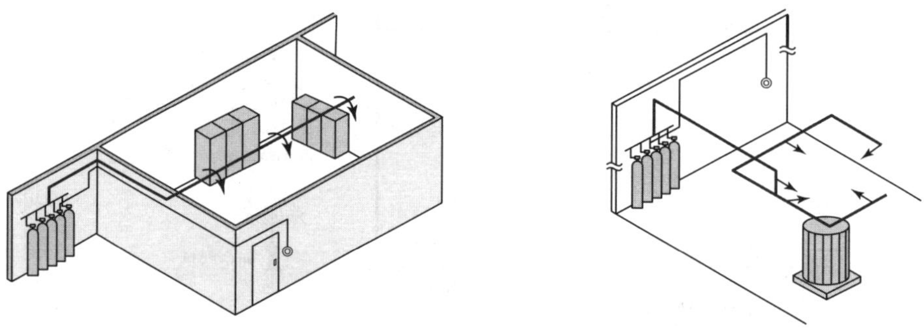

▮그림 2.119 전역방출방식과 국소방출방식

▮그림 2.120 호스릴 방식

(2) 기동방식에 의한 분류

① 자동기동방식

화재발생시에 자동으로 화재를 감지하여 소화약제를 방출하고 소화작업을 진행하는 방식이다.

② 수동기동방식

외부의 조작에 의해 설비가 수동으로 작동되는 방식이다.

(3) 팽창비에 의한 분류

포수용액이 발포 후 몇 배의 거품으로 팽창했는지를 팽창비(율)라 하고, 팽창비에 따라 저발포와 고발포로 나눈다.

$$\text{팽창비} = \frac{\text{포방출구에 의하여 방사되어 발생한 포의 체적(L)}}{\text{포수용액(포 원액} + \text{물)(L)}}$$

① 저발포

포헤드, 포챔버 등의 포방출구를 사용하는 저발포설비로서 팽창비는 20배 이하이다. 포헤드의 경우는 수용액을 노즐까지 분사하여 디플렉터에 충돌시켜 주위의 공기와 함께 흡입하여 발포하는 방식이다.

② 고발포

고발포는 합성계면활성제 포소화약제 등을 사용하며 팽창비는 80배 이상 1,000배 미만으로서 다량의 공기를 흡입하기 위한 기구를 설치하여 발포하는 것이다. 포수용액이 발포기를 통해 분사되고 포스크린을 통과하면서 고발포로 포를 발포하는 방식이다.

(4) 포 방출구에 따른 분류

포방출구로는 Foam head, Foam water sprinkler head, 고정포방출구 포소화전 또는 호스릴포, 포모니터, 고발포용방출구가 있다.

- 포방출구
  - 저발포용
    - 1. 포헤드
      - Foam head
      - Foam water sprinkler head
      - Foam water spray head
    - 2. 고정포 방출구 : I형, II형, III형, IV형, 특형
    - 3. 포 소화전, 호스릴포
    - 4. 포 모니터(monitor)
  - 고발포용 – 고발포용 방출구
    - Aspirator형
    - Blower형

① 고정포 방출구

포소화설비의 고정식은 수원, 가압송수장치, 포소화약제, 혼합장치, 개방장치, 개방밸브, 방출구, 화재감지장치, 기동장치에 접속되는 배관 등의 장치가 필요하다. 고정포 방출방식은 주로 위험물저장탱크에 설치하는 것으로서 탱크의 지름 및 포방출구의 종별에 따라 일정한 수의 방출구를 탱크측면에 설치하는 것이다.

가. I형 방출구 : 방출된 포가 위험물과 섞이지 않고 탱크 속으로 흘러들어가 소화작용을 하도록 통, 계단 등의 설비가 된 방출구로서 위험물 표면에 요동을 주지 않아 위험물이 오버플로우 하는 것을 막을 수 있다.

나. II형 방출구 : 방출된 포가 반사판에 의하여 탱크의 벽면을 따라 흘러들어가 소화작용을 하도록 된 포방출구를 말한다.
고정 지붕구조 또는 부상덮개부착 고정 지붕구조(옥외저장탱크의 액상에 금속제의 플로팅, 팬 등의 덮개를 부착한 고정 지붕구조의 것을 말한다)의 탱크에 상부포 주입법을 이용하는 것으로서 방출된 포가 탱크 옆판의 내면을 따라 흘러내려 가면서 액면 아래로 몰입되거나 액면을 뒤섞지 않고 액면상을 덮을 수 있는 반사판 및 탱크내의 위험물증기가 외부로 역류되는 것을 저지할 수 있는 구조 · 기구를 갖는 포방출구를 말한다. 가압송수된 소화약제 수용액을 혼합함과 동시에 공기흡입구에서 공기를 흡입하여 공기포를 발생시키는 발포기 및 발생한 포를 안정된 성상의 것으로 반사판에 부딪혀 떨어뜨려 유입시키며 탱크실 내의 가연성가스가 역류하여 들어오는 것을 방지하기 위해 봉판이 설치되어 있다. 이 봉판은 얇은 연판 등으로 되어 있어서 발포기에서 발생한 포의 압력에 의해서 파괴된다.

다. 특형 방출구 : 프루팅루프 탱크의 측면과 굽도리판에 의하여 형성된 환상부분에 포를 방출하여 소화작용을 하도록 된 포방출구를 말한다.
부상 지붕구조의 탱크에 상부포주입법을 이용하는 것으로서 부상 지붕의 부상부분상에 높이 0.9 m 이상의 탱크 옆판의 내측으로부터 2.5 m 이상 이격하여 설치하고 탱크 옆판과 칸막이에 의하여 형성된 부분(환상부분이라 한다)에 포를 주입하는 것이 가능한 구조의 반사판을 갖는 포방출구다. 플루팅루프(Floating Roof)탱크에 설치하는 고정포방출구로서 플루팅루프탱크의 측면과 굽도리 판에 의하여 형성된 환상부분에 포를 방출하여 소화 작용을 하도록 된 포 방출구를 말한다.

라. III형 [표면하 주입 방출구(Subsurface Injection)] : 고정 지붕구조의 탱크에 저부포주입법(탱크의 액면 하에 설치된 포방출구로부터 포를 탱크내에 주입하는 방법)을 이용하는 것으로서 송포관(발포기 또는 포발생기에 의하여 발생된 포를 보내는 배관을 말한다. 당해 배관으로 탱크내의 위험물이 역류되는 것을 저지할 수 있는 구조 · 기구를 갖는 것에 한한다)으로부터 포를 방출하는 포방출구를 말한다. 탱크의

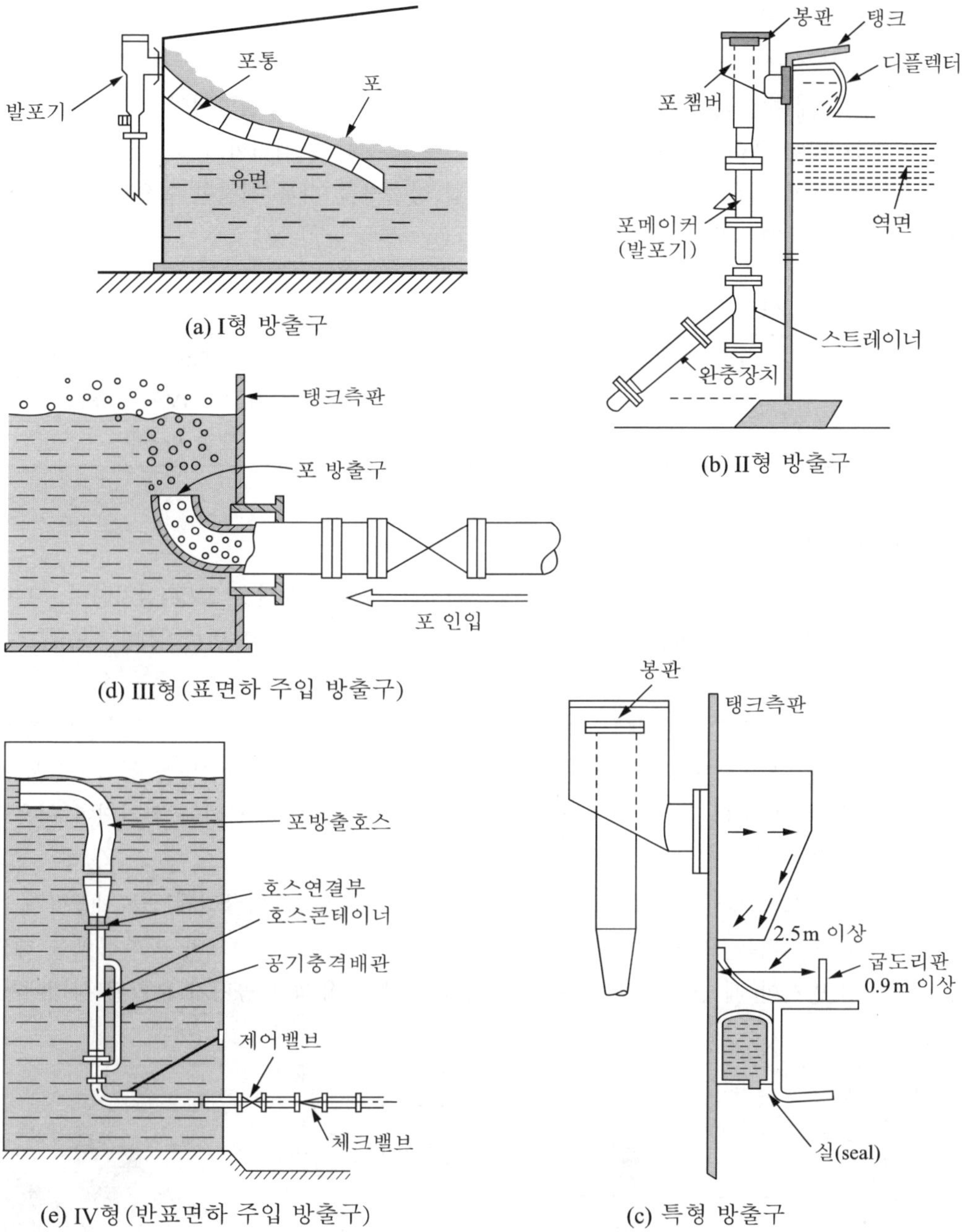

■그림 2.121 고정포방출구

직경이 커지면 고정포 방출구로 탱크의 외곽에서 포를 발포해도 탱크 중심까지 포가 도달하기 어렵고 콘루프탱크 화재시 탱크 지붕이 폭발하거나 측벽의 변형으로 고정포 방출구도 같이 파손될 수 있다. 이런 점들을 보완하기 위해 탱크의 저부에서 포를 방출하는 방식이다.

마. IV형 [반표면하 주입 방출구(Semi-Subsurface Injection)] : 고정 지붕구조의 탱크에 저부포주입법을 이용하는 것으로서 평상시에는 탱크의 액면 하의 저부에 설치된 격납통에 수납되어 있는 특수호스 등이 송포관의 말단에 접속되어 있다가 포를 보내는 것에 의하여 특수호스 등이 전개되어 그 선단이 액면까지 도달한 후 포를 방출하는 포방출구를 말한다. 표면 하 주입 방출구를 더욱 개량한 것으로 호스가 액체 표면에 떠올라 포를 방출한다.

표 2.25 고정포 방출구의 적용

탱크의 종류	포방출구
콘루프탱크	I, II, III, IV형 방출구
플루팅루프탱크	특형 방출구

② 포헤드 방식

화점 가까이 접근하기 곤란한 부분에 설치하는 것으로 배관을 고정 설치하며, 그 배관 선단에 헤드를 설치하는 설비이다. 포헤드방식에는 포워터스프링클러헤드, 포헤드 등이 있다.

가. 포헤드 : 고정식 설비에 사용되며, 송출되어온 포수용액이 포헤드 그물망 안에 있는 안내깃과 반사판을 통화하면서 공기가 혼합되고, 외부의 그물망을 통과하면서 포를 형성하게 된다. 주로 주차장, 제4류위험물 및 준위험물 시설에 설치되어 사용되고 있다.

나. 포워터스프링클러헤드 : 고정식 설치방식에 포워터스프링클러헤드를 사용하여 화재를 소화하는 포소화설비를 말한다. 모양은 다음 그림과 같으며, 포수용액을 헤드에서 방사할 때 공기흡입구로부터 공기를 흡입, 수용액과 공기가 혼합된 상태에서 수

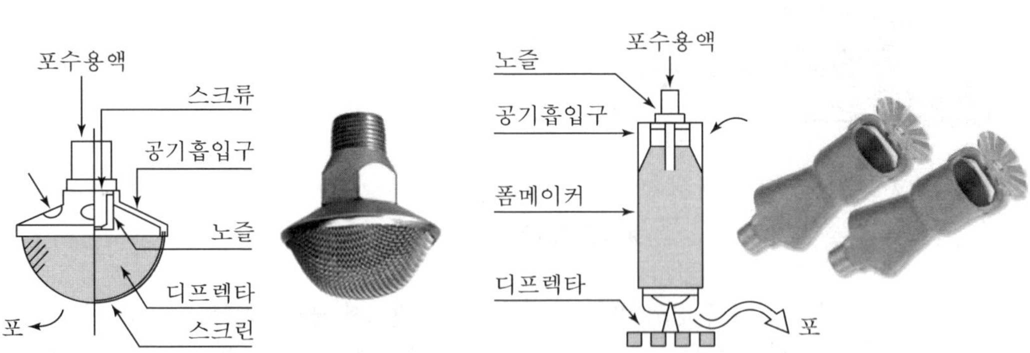

(a) 포헤드 (b) 포워터스프링클러헤드

그림 2.122 포헤드 종류

용액을 디프렉타에 충돌시켜 포를 형성하여 일정한 면적에 포를 방사하는 헤드이다. 이 헤드는 상향형과 하향형이 있으며 디프렉타의 형상이 다르게 되어 있다.

③ 포소화전 방식

옥내소화전설비와 비슷한 구조이나 특수한 노즐을 사용하여 호스로부터 압송된 물과 흡입관에 의하여 흡입된 소화약제가 혼합되어 방출하는 것과 별도의 혼합기에 의하여 포수용액이 압송되는 경우가 있다.

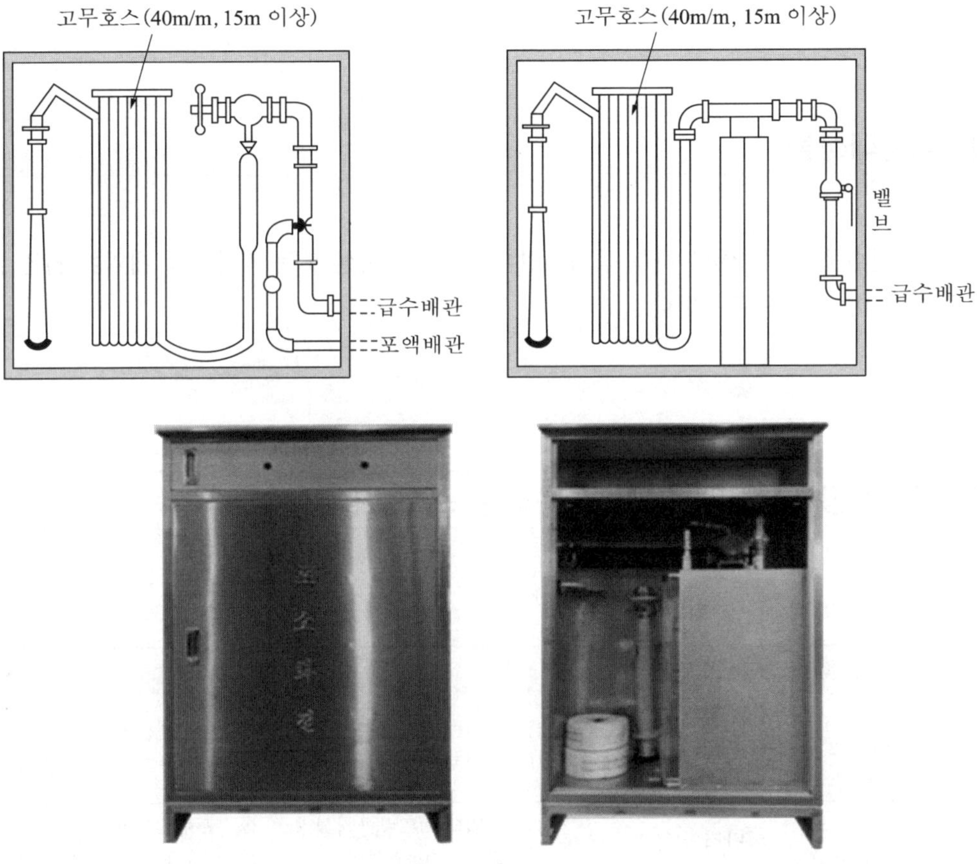

▮그림 2.123 포소화전

④ 호스릴포소화전 방식

화재시 쉽게 접근하여 소화작업을 할 수 있는 장소 또는 방호대상이 고정포방출설비나 포헤드설비로는 충분한 소화효과를 얻을 수 없는 부분에 설치하는 것으로서 화재가 발생한 장소까지 호스릴에 감겨있는 호스를 당겨서 화재를 진압하는 설비이다.

(5) 압축공기포소화설비

압축공기포소화설비란 물과 포원액에 가압된 공기 또는 질소를 압입하여 발포시키는 시스템으로 포소화설비의 성능을 개선시킨 방식이다. 압축공기포는 포소화약제를 물과 공기 또는 질소와 혼합시켜 물의 표면장력을 감소시킴으로서 연소물질에 침투되는 침투력을 증가시켜 빠르게 소화를 유도하며, 이 과정에서 고압축의 기포를 생성시키는 특성이 있다. 압축공기포는 강제적으로 공기나 질소를 압입하여 포의 체적과 면적을 대폭 증가시키는데 이로 인해 포의 흡열성이 증가되어 소화효과를 높이게 된다.

5 적용대상물

포소화설비를 설치하여야 하는 특정소방대상물(가스시설 또는 지하구를 제외한다)은 물분무등소화설비 규정에 준용한다.

6 특정소방대상물에 따라 적응하는 포소화설비

표 2.26 소방 대상물별 적용 포소화설비

특정소방대상물		적 용 설 비
1. 「화재의 예방 및 안전관리에 관한 법률 시행령」 별표 2의 특수가연물을 저장・취급하는 공장 또는 창고		① 포워터스프링클러설비 ② 포헤드설비 ③ 고정포 방출설비 ④ 압축공기포 소화설비
2. 차고 또는 주차장	일반적인 경우	① 포워터스프링클러설비 ② 포헤드설비 ③ 고정포 방출설비 ④ 압축공기포 소화설비
	특정한 경우(주 1)	① 포소화전설비 ② 호스릴포소화설비
3. 항공기격납고	일반적인 경우	① 포워터스프링클러설비 ② 포헤드설비 ③ 고정포 방출설비 ④ 압축공기포 소화설비
	특정한 경우(주 2)	① 호스릴포소화설비
4. 발전기실, 엔진펌프실, 변압기, 전기케이블실, 유압설비		① 고정식 압축공기포소화설비 (바닥면적의 합계가 300 m^2 미만)

주 (1) 다음의 각 목의 1에 해당하는 차고·주차장의 부분에는 포 소화전 설비 또는 호스릴포설비를 설치할 수 있다.
1) 완전 개방된 옥상 주차장 또는 고가 밑의 주차장으로서 주된 벽이 없고 기둥뿐이거나 주위가 위해(危害) 방지용 철주 등으로 둘러싸인 부분
2) 지상 1층으로서 지붕이 없는 부분
(2) 바닥면적의 합계가 1000 m^2 이상이고, 항공기의 격납위치가 한정되어 있는 경우에는 그 한정된 장소 외의 부분에 대하여는 호스릴포설비를 설치할 수 있다.

7 포소화설비의 수원

(1) 특수가연물을 저장·취급하는 공장 또는 창고

① 포워터스프링클러설비 또는 포헤드설비

포워터스프링클러헤드 또는 포헤드가 가장 많이 설치된 층의 포헤드
(바닥면적이 200 m^2를 초과한 층은 바닥면적 200 m^2 이내에 설치된 포헤드)

- 수원양 = 헤드수 × 표준방사량 × 10분

② 고정포방출설비

하나의 공장 또는 창고에 포워터스프링클러설비·포헤드설비 또는 고정포방출설비가 함께 설치된 때에는 각 설비별로 산출된 저수량 중 최대의 것

- 수원양 = 고정포방출구수 × 표준방사량 × 10분

(2) 차고 또는 주차장

① 호스릴포소화설비 또는 포소화전설비

- 수원양 = 방수구 수(최대 5개) × 6000리터

② 포워터스프링클러설비·포헤드설비, 고정포방출설비

- 특수가연물을 저장·취급하는 공장 또는 창고와 동일
- 하나의 차고 또는 주차장에 호스릴포소화설비·포소화전설비·포워터스프링클러설비·포헤드설비 또는 고정포방출설비가 함께 설치된 때에는 각 설비별로 산출된 저수량 중 최대의 것

(3) 항공기 격납고

① 포워터스프링클러설비·포헤드설비

- 수원양 = 헤드수 × 표준방사량 × 10분

② 고정포방출설비

- 수원양 = 고정포방출구수 × 표준방사량 × 10분

③ 호스릴포소화설비

- 수원양 = 방수구 수(최대 5개) × 6000리터
- 전체수원양 = ①, ② 중 최대수원양 + 호스릴 수원양

(4) 압축공기포소화설비

방수량은 설계 사양에 따라 방호구역에 최소 10분간 방사할 수 있어야 한다.

방호구역	설계방출밀도(L/min · m^2)
일반가연물, 탄화수소류	1.63 L/min · m^2 이상
특수가연물, 알코올류와 케톤류	2.3 L/min · m^2 이상

수원양 = 바닥면적 × 설계방출밀도(L/min · m^2) × 10분

수원을 수조로 설치하는 경우에 있어서 수조의 설치기준 등은 옥내소화전설비 및 스프링클러설비 규정을 준용한다.

8 가압송수장치

포소화설비에 사용하는 가압송수장치는 스프링클러설비 또는 기타 가압송수장치가 필요한 소화설비와 마찬가지로 펌프방식, 압력수조방식, 고가수조방식, 가압수조방식 등이 있다.

(1) 펌프방식

$$H = h_1 + h_2 + h_3 + h_4$$

여기서, H : 전양정(m)
h_1 : 실양정(m)
h_2 : 배관의 마찰손실수두(m)
h_3 : 소방용 호스의 마찰손실수두(m)
h_4 : 방출구의 설계압력 환산수두 또는 노즐 선단의 방사 압력 환산수두(m)

압축공기포소화설비에 설치되는 펌프의 양정은 0.4 MPa 이상 되어야 한다(자동으로 급수장치를 설치할 때에는 전용펌프를 설치하지 않을 수 있다).

(2) 고가수조방식

$$H = h_1 + h_2 + h_3$$

여기서, H : 전양정(m)
h_1 : 배관의 마찰손실수두(m)
h_2 : 소방용 호스의 마찰손실수두(m)
h_3 : 방출구의 설계압력 환산수두 또는 노즐 선단의 방사압력 환산수두(m)

고가수조에는 수위계, 배수관, 급수관, 오버플로우관 및 맨홀 등을 설치해야 한다.

(3) 압력수조방식

$$P = p_1 + p_2 + p_3 + p_4$$

여기서, P : 전압력(MPa)
p_1 : 낙차의 환산수두압(MPa)
p_2 : 배관의 마찰손실수두압력(MPa)
p_3 : 소방용 호스의 마찰손실수두압(MPa)
p_4 : 방출구의 설계압력 또는 노즐 선단의 방사압력(MPa)

압력수조에는 수위계, 급수관, 배수관, 급기관, 맨홀, 압력계, 안전장치 및 압력저하방지를 위한 자동식공기압축기를 설치해야 한다.

(4) 가압수조방식

① 가압수조는 방수량 및 방수압이 20분 이상 유지되도록 할 것
② 가압수조 및 가압원은 방화구획된 장소에 설치할 것
③ 소방청장이 정하여 고시한 기준에 적합한 것으로 설치할 것

가압송수장치는 포헤드, 고정포방출구 또는 이동식 포노즐의 방사압력이 설계압력 또는 방사압력의 허용범위를 넘지 아니하도록 감압장치를 설치하여야 하며, 가압송수장치는 [표 2.27]에 의한 표준방사량을 방사할 수 있도록 해야 한다.

그 밖의 가압송수장치 규정은 스프링클러설비 규정에 준용한다.

표 2.27 가압송수장치의 표준방사량

구 분	표준방사량
포워터스프링클러헤드	75 L/min
포헤드, 고정포방출구 또는 이동식 포 노즐, 압축공기포헤드	각 포헤드, 고정포방출구 또는 이동식 포 노즐의 설계압력에 의하여 방출되는 소화약제의 양

9 배관 등

① 송액관은 포의 방출 종료 후 배관안의 액을 배출하기 위하여 적당한 기울기를 유지하도록 하고 그 낮은 부분에 배액밸브를 설치해야 한다.

② 포워터스프링클러설비 또는 포헤드설비의 가지배관의 배열은 토너먼트방식이 아니어야 하며, 교차배관에서 분기하는 지점을 기점으로 한쪽 가지배관에 설치하는 헤드의 수는 8개 이하로 한다.

③ 송액관은 전용으로 해야 한다. 다만, 포소화전의 기동장치의 조작과 동시에 다른 설비의 용도에 사용하는 배관의 송수를 차단할 수 있거나, 포소화설비의 성능에 지장이 없는 경우에는 다른 설비와 겸용할 수 있다.

④ 압축공기포소화설비

가. 압축공기포소화설비를 스프링클러 보조설비로 설치하거나 압축공기포 소화설비에 자동으로 급수되는 장치를 설치한 때에는 송수구 설치를 않을 수 있다.

나. 압축공기포소화설비의 배관은 토너먼트방식으로 하여야 하고 소화약제가 균일하게 방출되는 등거리 배관구조로 설치해야 한다.

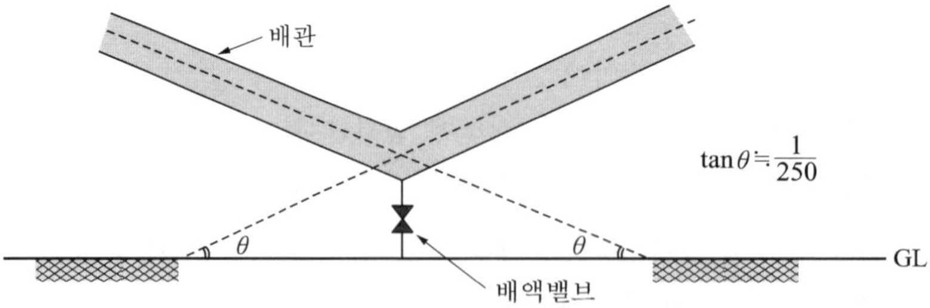

그림 2.124 송액관의 경사와 배액밸브(지상 배관)

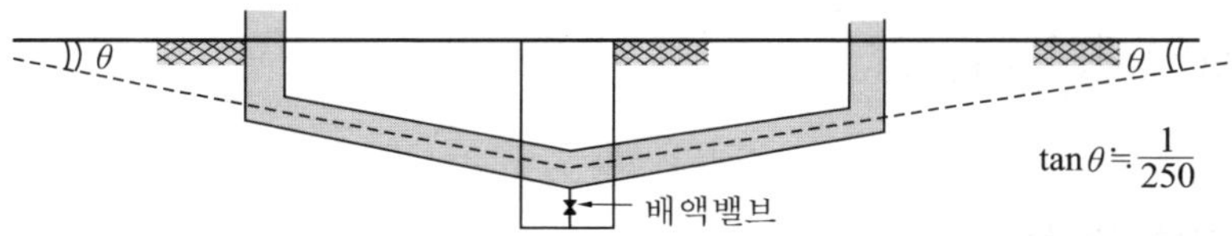

■그림 2.125 송액관의 경사와 배액밸브(지하 배관)

그 밖의 배관에 관하여는 옥내소화전설비 및 스프링클러설비의 규정을 준용한다. 포소화설비의 송수구 설치에 관하여는 스프링클러설비의 송수구의 규정을 준용한다.

10 포소화약제의 저장탱크 등

(1) 포소화약제 저장탱크의 형식

① 저장식

탱크 내에 압력을 가하지 않는 것으로서 라인프로포셔너방식·펌프프로포셔너방식·프레져 사이드프로포셔너방식 등에 사용된다.

② 압력식

가압수로 탱크 내에 압력을 가하는 것으로서 프레져프로포셔너방식에 사용된다.

(2) 포소화약제 저장탱크의 설치기준

포소화약제의 저장탱크(용기를 포함)는 다음의 기준에 따라 설치하고, 혼합장치와 배관 등으로 연결해야 한다.

① 화재 등의 재해로 인한 피해를 받을 우려가 없는 장소에 설치해야 한다.
② 기온의 변동으로 포의 발생에 장애를 주지 않는 장소에 설치해야 한다.
③ 포소화약제가 변질될 우려가 없고 점검에 편리한 장소에 설치해야 한다.
④ 가압송수장치 또는 포소화약제 혼합장치의 기동에 의하여 압력이 가해지는 것 또는 상시 가압된 상태로 사용되는 것에 있어서는 압력계를 설치해야 한다.
⑤ 포소화약제 저장량의 확인이 쉽도록 액면계 또는 계량봉 등을 설치해야 한다.
⑥ 가압식이 아닌 저장탱크는 그라스게이지를 설치하여 액량을 측정할 수 있는 구조로 해야 한다.

11 포소화약제의 저장량

(1) 고정포방출구방식

고정포방출구 방식에 있어서는 다음 각각의 양을 합한 양 이상으로 할 것

① 고정포방출구에서 방출하기 위하여 필요한 양

$$Q = A \times Q_1 \times T \times S$$

여기서, Q : 포소화약제의 양(L)
A : 탱크의 액표면적(m^2)
Q_1 : 단위 포 수용액의 양(L/m^2분)
T : 방출시간(분)
S : 포소화약제의 사용농도(%)

② 보조포소화전에서 방출하기 위하여 필요한 양

$$Q = N \times S \times 8{,}000\,\mathrm{L}$$

여기서, Q : 포소화약제의 양(L)
N : 호스접결구 수(3개 이상의 경우는 3개)
S : 포소화약제의 사용농도(%)

③ 가장 먼 탱크까지의 송액관(내경 75 mm 이하의 송액관을 제외한다)에 충전하기 위하여 필요한 양

$$Q = \text{배관체적}\ \mathrm{m^3} \times S \times 1000\,\mathrm{L/m^3}$$

(2) 옥내포소화전방식 또는 호스릴방식

바닥면적이 200 m^2 미만인 건축물에 있어서는 75%로 할 수 있다.

$$Q = N \times S \times 6{,}000\,\mathrm{L}$$

여기서, Q : 포소화약제의 양(L)
N : 호스접결구 수(5개 이상의 경우는 5개)
S : 포소화약제의 사용농도(%)

(3) 포헤드방식 및 압축공기포소화설비

하나의 방사구역 안에 설치된 포헤드를 동시에 개방하여 표준방사량으로 10분간 방사할 수 있는 양 이상으로 할 것

$$Q = N \times S \times \ \text{표준방사량} \times 10\text{분}$$

12 포소화약제의 혼합장치

포소화약제의 혼합장치는 포소화약제의 사용농도에 적합한 수용액으로 혼합할 수 있도록 다음에 해당하는 방식에 따른다.

① 펌프푸로포셔너방식
② 프레져푸로포셔너방식
③ 라인푸로포셔너방식
④ 프레져사이드푸로포셔너방식
⑤ 압축공기포믹싱챔버방식

(1) 펌프푸로포셔너방식(펌프혼합방식)

펌프의 토출관과 흡입관 사이의 배관 도중에 설치한 흡입기에 펌프에서 토출된 물의 일부를 보내고, 농도조정밸브에서 조정된 포소화약제의 필요량을 포소화약제탱크에서 펌프 흡입측으로 보내어 이를 혼합하는 방식이다.

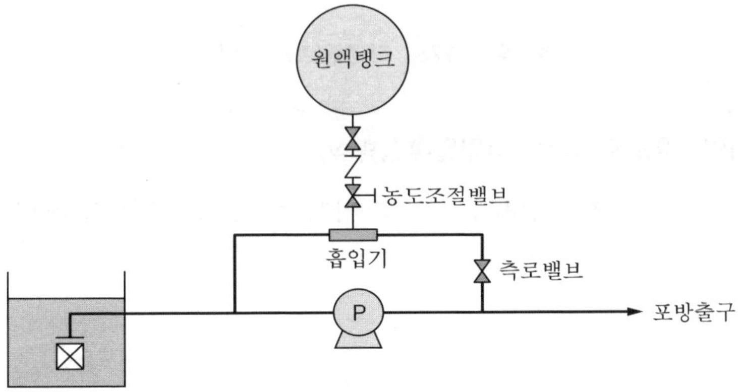

그림 2.126 펌프푸로포셔너방식

(2) 프레져푸로포셔너방식(차압혼합방식)

펌프와 발포기의 중간에 설치된 벤추리관의 벤추리작용과 펌프 가압수의 포소화약제 저장탱크에 대한 압력에 의하여 포소화약제를 흡입·혼합하는 방식이다.

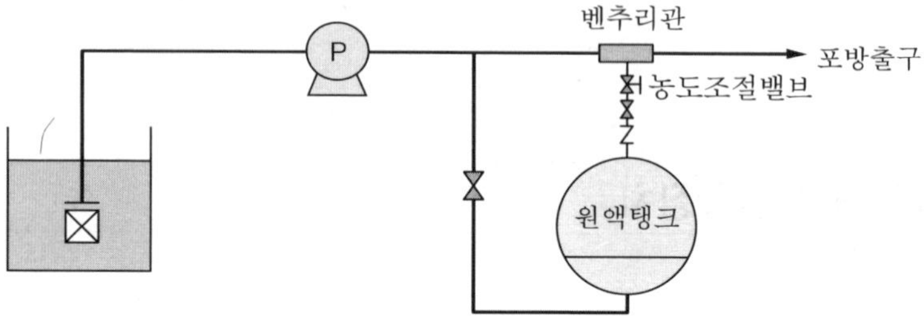

▮그림 2.127 프레져푸로포셔너방식

(3) 라인푸로포셔너방식(관로혼합방식)

펌프와 발포기의 중간에 설치된 벤추리관의 벤추리작용에 의하여 포소화약제를 흡입·혼합하는 방식이다.

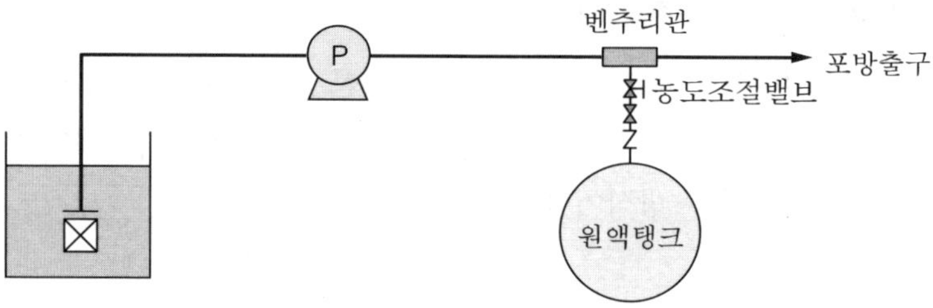

▮그림 2.128 라인푸로포셔너방식

(4) 프레져사이드푸로포셔너방식(압입혼합방식)

펌프의 토출관에 압입기를 설치하여 포소화약제 압입용펌프로 포소화약제를 압입시켜 혼합하는 방식이다.

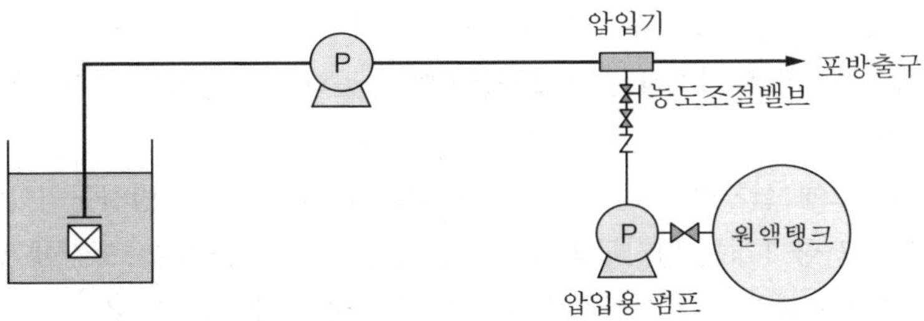

▮그림 2.129 프레져사이드푸로포셔너방식

(5) 공기압축포 믹싱첌버방식(CAF Mixing Chamber Type)

공기압축포는 외부에서 수원, 포소화약제, 공기 3가지를 믹싱챔버로 강제 주입시켜 챔버 내에서 포수용액을 생성한다. 생성된 포수용액이 유동하면서 포가 만들어지고 방출구에서 포를 방사하는 방식이다.

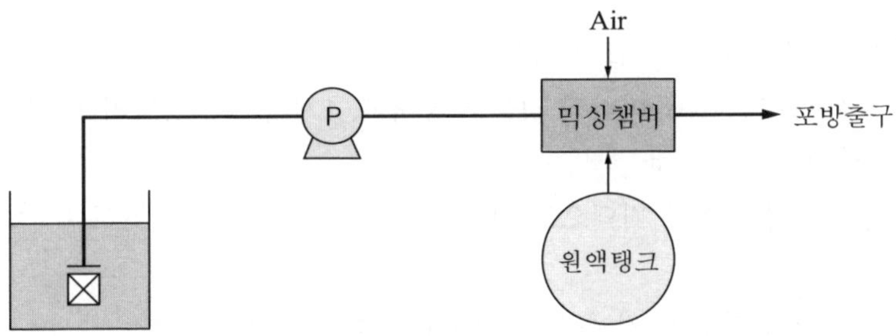

▮그림 2.130 공기압축포 믹싱첌버방식

13 기동장치

(1) 수동식 기동장치

① 직접조작 또는 원격조작에 의하여 가압송수장치・수동식 개방밸브 및 소화약제 혼합장치를 기동할 수 있는 것으로 할 것

② 2 이상의 방사구역을 가진 포소화설비에는 방사구역을 선택할 수 있는 구조로 할 것

③ 기동장치의 조작부는 화재시 쉽게 접근할 수 있는 곳에 설치하되, 바닥으로부터 높이 0.8 m 이상 1.5 m 이하의 위치에 설치하고 유효한 보호장치를 설치할 것

④ 기동장치의 조작부 및 호스접결구에는 가까운 곳의 보기 쉬운 곳에 각각 '기동장치의

조작부' 및 '접결구'라고 표시한 표지를 설치할 것

⑤ 차고 또는 주차장에 설치하는 포소화설비의 수동식 기동장치는 방사구역마다 1개 이상 설치할 것

⑥ 항공기격납고에 설치하는 포소화설비의 수동식 기동장치는 방사구역마다 2개 이상을 설치하되, 그 중 1개는 방사구역으로부터 가장 가까운 곳 또는 조작에 편리한 곳에 설치하고, 1개는 화재감지 수신기를 설치한 감시실 등에 설치할 것

(2) 자동식 기동장치

① 화재감지기의 작동 또는 폐쇄형스프링클러헤드의 개방과 연동하여 가압송수장치・일제개방밸브 및 포소화약제 혼합장치를 기동시킬 수 있도록 다음의 기준에 의하여 설치해야 한다(다만, 자동화재탐지설비의 수신기가 설치되어 있고, 수신기가 설치된 장소에 상시 사람이 근무하고 있으며, 화재 시 즉시 해당 조작부를 작동시킬 수 있는 경우에는 그러하지 않다).

가. 폐쇄형스프링클러헤드를 사용하는 경우

㉮ 표시온도가 79℃ 미만인 것을 사용하고, 1개의 스프링클러헤드의 경계면적은 20 m^2 이하로 할 것

㉯ 부착면의 높이는 바닥으로부터 5 m로 하고, 화재를 유효하게 감지할 수 있도록 할 것

㉰ 하나의 감지장치 경계구역은 하나의 층이 되도록 할 것

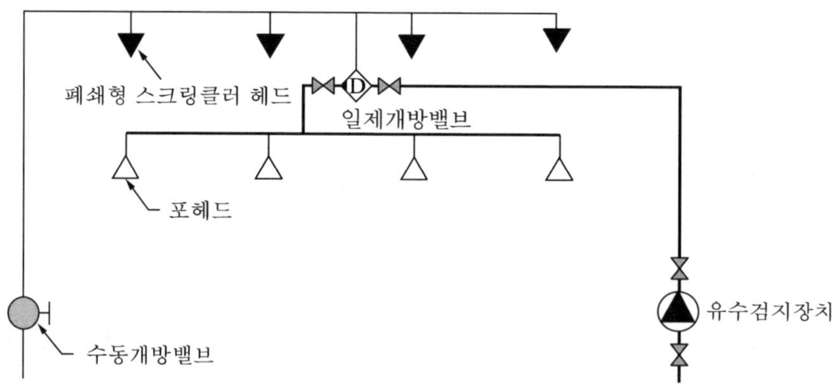

■그림 2.131 패쇄형스프링클러헤드 이용 방법

나. 화재감지기를 사용하는 경우

㉮ 화재감지기는 자동화재탐지설비 및 사각경보장치의 화재안전기술기준(NFTC 203)의 감지기 기준에 따라 설치할 것

㉯ 화재감지기 회로에는 다음 기준에 따른 발신기를 설치할 것

- 조작이 쉬운 장소에 설치하고, 스위치는 바닥으로부터 0.8 m 이상 1.5 m 이하의 높이에 설치할 것
- 특정소방대상물의 층마다 설치하되, 당해 특정소방대상물의 각 부분으로부터 수평거리가 25 m 이하가 되도록 할 것. 다만, 복도 또는 별도로 구획된 실로서 보행거리가 40 m 이상일 경우에는 추가로 설치해야 한다.
- 발신기의 위치를 표시하는 표시등은 함의 상부에 설치하되, 그 불빛은 부착면으로부터 15° 이상의 범위 안에서 부착지점으로부터 10 m 이내의 어느 곳에서도 쉽게 식별할 수 있는 적색등으로 할 것

다. 동결우려가 있는 장소의 포소화설비의 자동식 기동장치는 자동화재탐지설비와 연동으로 할 것

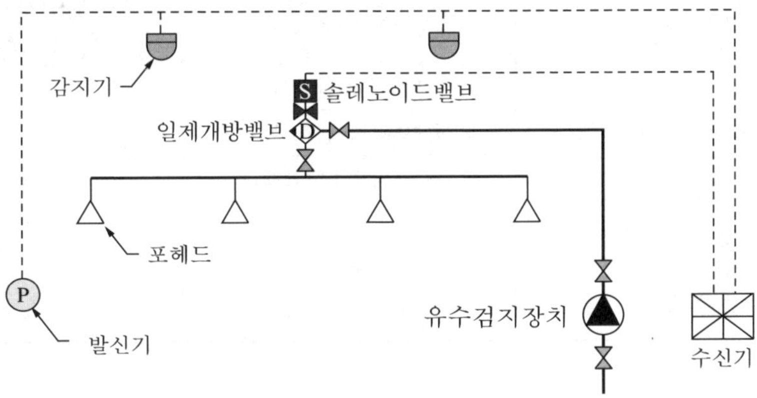

그림 2.132 화재감지기 이용 방법

14 포헤드 및 고정포방출구

포헤드, 고정포방출구는 포의 팽창비율에 따라 [표 2.28]에 의하여 설치기준은 다음과 같다.

표 2.28 팽창비율에 따른 포방출구

팽창비율에 의한 포의 종류	포방출구의 종류
팽창비가 20 이하인 것(저발포)	포헤드, 압축공기포헤드
팽창비가 80 이상 1000 미만인 것(고발포)	고발포용 고정포방출구

(1) 포헤드 설치기준

① 포워터스프링클러헤드는 특정소방대상물의 천장 또는 반자에 설치하되, 바닥면적 8 m^2 마다 1개 이상으로 하여 당해 방호대상물의 화재를 유효하게 소화할 수 있도록 할 것

② 포헤드는 특정소방대상물의 천장 또는 반자에 설치하되, 바닥면적 9 m^2마다 1개 이상으로 하여 당해 방호물대상물의 화재를 유효하게 소화할 수 있도록 할 것

③ 포헤드는 특정소방대상물별로 그에 사용되는 포소화약제에 따라 1분당 방사량이 다음 [표 2.29]에 의한 양 이상이 되는 것으로 할 것

④ 특정소방대상물의 보가 있는 부분의 포헤드는 [표 2.30]에 따르며, 설치예는 [그림 2.133]과 같다.

표 2.29 포소화약제에 따른 분당 방사량

소방대상물	포소화약제의 종류	바닥면적 1 m^2 당 방사량 (L/min · m^2) 이상
차고 및 주차장, 항공기격납고	단백포소화약제	6.5
	합성계면활성제포소화약제	8.0
	수성막포소화약제	3.7
「화재의 예방 및 안전관리에 관한 법률 시행령」 별표 2의 특수가연물을 저장 · 취급하는 특정소방대상물	단백포소화약제	6.5
	합성계면활성제포소화약제	6.5
	수성막포소화약제	6.5

표 2.30 보가 있는 포헤드의 설치기준

포헤드와 보 하단의 수직 거리	포헤드와 보의 수평거리
0 m	0.75 m 미만
0.1 m 미만	0.75 m 이상 1 m 미만
0.1 m 이상 0.15 m 미만	1 m 이상 1.5 m 미만
0.15 m 이상 0.30 m 미만	1.5 m 이상

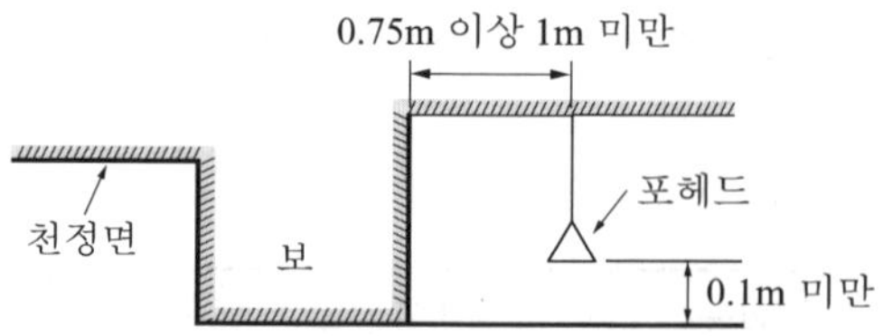

그림 2.133 보가 있는 부분의 포헤드 설치

⑤ 포헤드 상호간에는 다음의 기준에 의한 거리가 되도록 한다.

가. 정방향으로 배치한 경우

$$S = 2r \times \cos 45° = 2 \times 2.1 \times \cos 45° = 2.97\,\text{m}$$

여기서, S : 포헤드 상호간의 거리(m)

r : 유효반경(2.1 m)

나. 장방형으로 배치한 경우

$$s = 2r$$

여기서, s : 대각선의 길이(m)

r : 유효반경(2.1 m)

⑥ 포헤드와 벽 및 방호구역의 경계선과는 ⑤ 규정에 의한 거리의 $\frac{1}{2}$ 이하의 거리를 둘 것

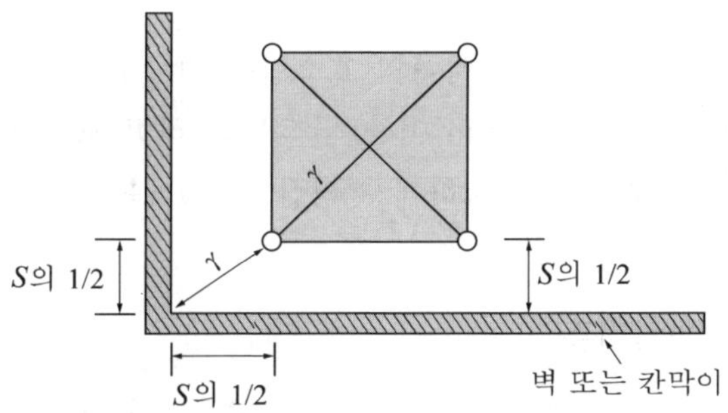

그림 2.134 벽과 헤드와의 거리

표 2.31 압축공기포 분사헤드의 방출량

방호대상물	방호면적 1 m^2에 대한 1분당 방출량
특수가연물	2.33 L
기타의 것	1.63 L

⑦ 압축공기포소화설비의 분사헤드는 천장 또는 반자에 설치하되 방호대상물에 따라 측벽에 설치할 수 있으며 유류탱크 주위에는 바닥면적 13.9 m^2마다 1개 이상, 특수가연물저장소에는 바닥면적 9.3 m^2마다 1개 이상으로 당해 방호대상물의 화재를 유효하게 소화할 수 있도록 할 것

(2) 차고, 주차장에 설치하는 호스릴포설비 또는 포소화전설비 설치기준

차고·주차장에 설치하는 호스릴포소화설비 또는 포소화전설비는 다음의 기준에 따라야 한다.

① 특정소방대상물의 어느 층에 있어서도 그 층에 설치된 호스릴 포방수구 또는 포소화전 방수구(5개 이상 설치된 경우에는 5개)를 동시에 사용할 경우 각 이동식 포노즐 선단의 포수용액 방출압 및 방출량이 0.35 MPa 이상이고 300 L/min 이상(1개층의 바닥면적이 200 m^2 이하인 경우에는 230 L/min 이상)의 포수용액을 수평거리 15 m 이상으로 방출할 수 있도록 할 것

② 저발포의 포소화약제를 사용할 수 있는 것으로 할 것

③ 호스릴 또는 호스를 호스릴 포방수구 또는 포소화전 방수구로부터 분리하여 비치하는 때에는 그로부터 3 m 이내의 거리에 호스릴함 또는 호스함을 설치할 것

④ 호스릴함 또는 호스함은 바닥으로부터 높이 1.5 m 이하의 위치에 설치하고, 그 표면에는 "포호스릴함(또는 포소화전함)"이라고 표시한 표지와 적색의 위치표시등을 설치할 것

⑤ 방호대상물의 각 부문으로부터 하나의 호스릴포 방수구까지의 수평거리는 15 m 이하(포소화전방수구의 경우에는 25 m 이하)가 되도록 하고 호스릴 또는 호스의 길이는 방호대상물의 각 부분에 포가 유효하게 뿌려질 수 있도록 할 것

(3) 고발포용 방출구 설치기준

① 전역방출방식의 고발포용 고정포방출구는 다음에 의할 것

가. 개구부에 자동폐쇄장치(방화문 또는 불연재료로 된 문으로 포수용액이 방출되기 직전에 개구부의 자동적으로 폐쇄될 수 있는 장치)를 설치한 것. 다만, 해당 방호구역에서 외부로 새는 양 이상의 포수용액을 유효하게 추가하여 방출설비가 있는 경우에는 그렇지 않다.

나. 고정포방출구(포발생기가 분리되어 있는 것은 해당 포발생기를 포함)는 특정소방대상물 및 포의 팽창비에 의한 종별에 따라 해당 방호구역의 관포체적(해당 바닥면으로부터 방호대상물의 높이보다 0.5 m 높은 위치까지의 체적) 1 m^3에 대한 1분당 방출량이 다음 [표 2.37]에 의한 양 이상이 되도록 할 것

다. 고정포방출구는 바닥면적 500 m^2마다 1개 이상으로 하여 방호대상물의 화재를 유효하게 소화할 수 있도록 할 것

라. 고정포방출구는 방호대상물의 최고 부분보다 높은 위치에 설치할 것. 다만, 밀어올리는 능력을 가진 것에 있어서는 방호대상물과 같은 높이로 할 수 있다.

표 2.32 관포체적에 대한 방출량

특정소방대상물	포의 팽창비	1 m^3에 대한 분당 포수용액 방출량
항공기격납고	팽창비 80 이상, 250 미만의 것	2.00 L
	팽창비 250 이상, 500 미만의 것	0.50 L
	팽창비 500 이상, 1,000 미만의 것	0.29 L
차고 또는 주차장	팽창비 80 이상, 250 미만의 것	1.11 L
	팽창비 250 이상, 500 미만의 것	0.28 L
	팽창비 500 이상, 1,000 미만의 것	0.16 L
특수가연물을 저장 또는 취급하는 특정소방대상물	팽창비 80 이상, 250 미만의 것	1.25 L
	팽창비 250 이상, 500 미만의 것	0.31 L
	팽창비 500 이상, 1,000 미만의 것	0.18 L

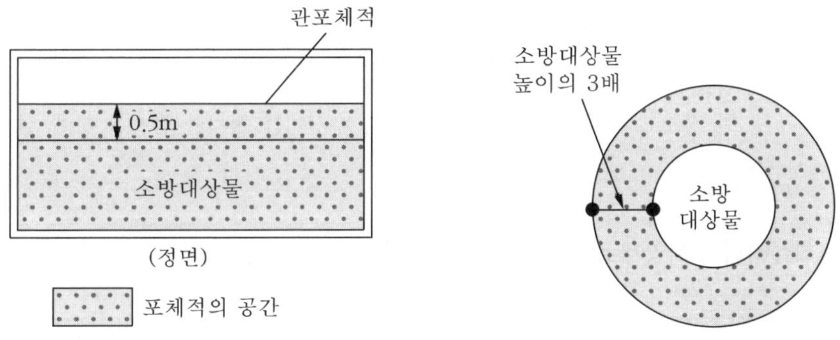

(a) 전역방출방식 (b) 국소방출방식

그림 2.135 포방출 부분

② 국소방출방식의 고발포용 고정포방출구

가. 방호대상물이 서로 인접하여 불이 쉽게 붙을 우려가 있는 경우에는 불이 옮겨 붙을 우려가 있는 범위 내의 방호대상물을 하나의 방호대상물로 하여 설치할 것

나. 고정포방출구(포발생기가 분리되어 있는 것에 있어서는 당해 포발생기를 포함한다)는 방호대상물의 구분에 당해 방호대상물 높이의 3배(1 m 미만인 경우에는 1 m) 거리를 수평으로 연장한 선으로 둘러싸인 부분의 면적 1 m^2에 대하여 1분당 방출량이 다음 [표 2.33]에 의한 양 이상이 되도록 할 것

표 2.33 방호대상물의 방출량(L/min · m^2)

방호대상물	방호면적 1 m^2에 대한 1분당 방출량
특수가연물	3 L
기타의 것	2 L

출제 및 예상문제

01 포소화설비의 수동식 기동장치 설치 기준을 5가지 쓰시오.

정답 ① 직접조작 또는 원격조작에 의하여 가압송수장치, 수동식 개방밸브 및 소화약제 혼합장치를 기동시킬 수 있을 것
② 2개 이상의 방사구역을 가진 포소화설비는 방사구역을 선택할 수 있는 구조로 할 것
③ 기동장치의 조작부는 화재시 쉽게 접근할 수 있는 위치에 설치하되, 바닥으로부터 0.8～1.5 m 이하의 위치에 설치하고, 유효한 보호장치를 할 것
④ 기동장치의 조작부 및 호스 접결구에는 가까운 곳의 보기 쉬운 곳에 '기동장치의 조작부' 및 '접결구'라고 표시한 표지를 할 것
⑤ 차고 또는 주차장에 설치하는 포소화설비의 수동식 기동장치는 방사구역마다 1개 이상 설치할 것
⑥ 항공기 격납고에 설치하는 포소화설비의 수동식 기동장치는 각 방사구역마다 2개 이상을 설치하되, 그 중 1개는 각 방사구역으로부터 가장 가까운 곳 또는 조작이 편리한 장소에 설치하고, 1개는 화재감지 수신기를 설치한 감시실 등에 설치한다.

02 포소화설비의 소화약제로 사용되는 수성막포의 장점 및 단점을 각각 2가지씩 쓰시오. (2022년 출제)

정답 • 장점
① 장기보존 가능
② 타약제와 겸용 사용 가능
• 단점
① 고가
② 내열성이 좋지 않다.

해설 수성막포의 장·단점

장 점	단 점
① 석유류 표면에 신속히 피막을 형성하여 유류증발을 억제한다. ② 안전성이 좋아 장기보존이 가능하다. ③ 내약품성이 좋아 타약제와 겸용 사용도 가능하다. ④ 내유염성이 우수하다.	① 고가(가격이 비싸다) ② 내열성이 좋지 않다. ③ 부식방지용 저장설비가 요구된다.

03 포 소화약제 저장탱크의 설치기준을 6가지 쓰시오.

정답 ① 화재 등의 재해로 인한 피해를 받을 우려가 없는 장소에 설치해야 한다.
② 기온의 변동으로 포의 발생에 장애를 주지 않는 장소에 설치해야 한다.
③ 포소화약제가 변질될 우려가 없고 점검에 편리한 장소에 설치해야 한다.
④ 가압송수장치 또는 포소화약제 혼합장치의 기동에 의하여 압력이 가해지는 것 또는 상시 가압된 상태로 사용되는 것에 있어서는 압력계를 설치해야 한다.
⑤ 포소화약제 저장량의 확인이 쉽도록 액면계 또는 계량봉 등을 설치해야 한다.
⑥ 가압식이 아닌 저장탱크는 그라스게이지를 설치하여 액량을 측정할 수 있는 구조로 해야 한다.

04 포소화설비의 배관방식에서 배액밸브의 설치목적과 설치장소를 간단히 설명하시오.

정답 (1) 설치목적 : 포의 방출 종류 후 배관 안의 액을 방출하기 위하여
(2) 설치장소 : 송액관의 가장 낮은 부분

해설 송액관은 포의 방출 종료 후 배관 안의 액을 방출하기 위하여 적당한 기울기를 유지하고 그 낮은 부분에 배액밸브를 설치해야 한다.

05 고정포 방출방식에서 I형과 II형의 차이점을 설명하시오.

정답 (1) I형 : 포 방출시 유면의 요동을 방지하기 위하여 홈 슈트, 홈 트러프, 크로스 섹션 멀러튜브 체임버를 설치하여 탱크 내면으로부터 포가 떠올라 유면을 덮어 소화하도록 하는 형식
(2) II형 : 포 방출시 유면의 요동을 방지하기 위하여 반사판을 설치하고, 방출된 포가 디플렉터에 반사되어 탱크 내 측판을 따라 흘러 내려가면서 유면을 덮어 소화하도록 하는 방식

06 포소화설비에서 포 소화약제의 혼합방식 5가지를 쓰시오.

정답 ① 펌프프로셔너 방식
② 프레셔 프로포셔너 방식
③ 라인 프로포셔너 방식
④ 프레셔사이드 프로포셔너 방식
⑤ 압축공기포 믹싱챔버 방식

07

포소화설비의 포헤드에 대한 물음에 답하시오.

(가) 팽창비에 대하여 설명하시오.
(나) 저발포의 팽창비의 범위를 쓰시오.
(다) 고발포의 팽창비의 범위를 쓰시오.

정답 (가) 규정 시료채취량 (1400 mL)에 대하여 전체시료중량 [g]에서 시료 컨테이너 중량을 제외하고 순수하게 방출되는 포의 중량을 측정하여 다음 식으로 계산한다.

$$\frac{\text{채취한 시료의 용량[mL]}}{\text{총 시료의 중량[g]} - \text{시료 컨테이너 중량[g]}} = \text{팽창비} = \frac{\text{발포된 포의 체적}}{\text{포 수용액}}$$

(나) 팽창비가 20배 이하
(다) 팽창비가 80배 이상 1000배 미만인 것

08

포헤드에 사용하는 포 소화약제 중 25% 환원시간이 가장 짧은 소화약제는 무엇인가?

정답 합성계면활성제포

해설 25% 환원시간(drainage time) : 발포된 포 중량의 25%가 원래의 포 수용액으로 되돌아가는 데 걸리는 시간

포소화제의 종류	25% 환원시간
합성계면활성제포 소화약제	30초 이상
단백포 소화약제	60초 이상
수성막포 소화약제	60초 이상

09

관부속류 또는 배관방식 등에 관한 다음 소방시설 도시기호 명칭 또는 도시기호를 그리시오. (2024년 출제)

(가) 선택밸브
(나) 편심리듀서
(다) 
(라) 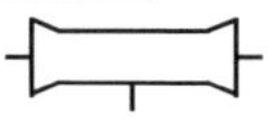

정답 (가) 
(나) 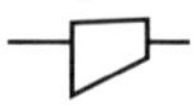
(다) 풋밸브
(라) 라인 프로포셔너

해설 소방시설 도시기호

명칭	도시기호	명칭	도시기호
체크밸브	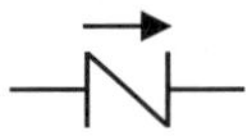	선택밸브	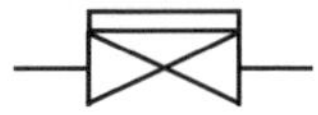
가스체크밸브	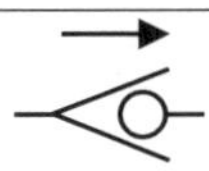	프레져 프로포셔너	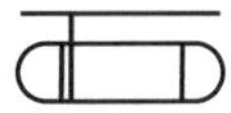
동체크밸브		라인 프로포셔너	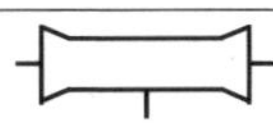
게이트밸브 (상시개방)		프레져사이드 프로포셔너	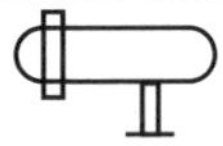
게이트밸브 (상시폐쇄)		기타	
풋밸브 (foot 밸브)	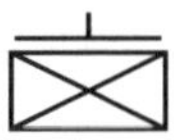	리듀서 – 편심리듀서	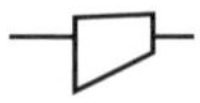
		리듀서 – 원심리듀서	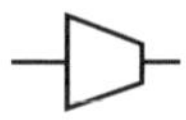

10 포 소화약제 혼합방식 중 프레셔 프로포셔너 방식을 간단히 설명하시오

정답 펌프와 발초기 중간에서 벤투리 관의 벤투리 작용과 펌프 가압수의 포 소화약제 저장 탱크에 대한 압력에 대하여 포 소화약제를 흡입·혼합하는 방식을 말한다.

11 다음 (   ) 안에 알맞은 답을 쓰시오

소방대상물	포 소화약제의 종류	포헤드의 종류
차고, 주차장, 항공기격납고	①	④
	②	
	③	
「화재의 예방 및 안전관리에 관한 법률 시행령」 별표 2의 특수가연물을 저장·취급하는 특정소방대상물	⑤	⑧
	⑥	
	⑦	

정답
① 단백포 소화약제
② 합성계면활성제 포 소화약제
③ 수성막포 소화약제
④ 포헤드, 포워터스프링클러헤드
⑤ 단백포 소화약제
⑥ 합성계면활성제 포 소화약제
⑦ 수성막포 소화약제
⑧ 포워터스프링클러헤드, 포헤드

12 소방대상물별 포헤드의 포 소화약제에 따른 1분당 방사량은 얼마인가?

소방대상물	포 소화약제 종류	바닥면적 1 m^2 당 방사량
차고・주차장, 항공기격납고	단백포	(①) 이상
	합성계면활성제 포	(②) 이상
	수성막포	(③) 이상

정답 ① 6.5 L
② 8.0 L
③ 3.7 L

13 포소화설비의 수동식 기동장치의 설치기준에 관한 다음 (　) 안을 완성하시오. (2022년 출제)

- 직접조작 또는 원격조작에 따라 (①), 수동식 개방밸브 및 소화약제 혼합장치를 기동할 수 있는 것으로 할 것
- (②) 이상의 방사구역을 가진 포소화설비에는 방사구역을 선택할 수 있는 구조로 할 것
- 기동장치의 조작부는 화재시 쉽게 접근할 수 있는 위치에 설치하되, 바닥으로부터 (③) m 이상 (④) m 이하의 위치에 설치하고, 유효한 보호장치를 할 것
- 기동장치의 조작부 및 호스접결구에는 가까운 곳의 보기 쉬운 곳에 각각 기동장치의 조작부 및 (⑤)라고 표시한 표지를 할 것
- (⑥)에 설치하는 포소화설비의 수동식 기동장치는 방사구역마다 1개 이상 설치할 것

정답 ① 가압송수장치　② 2
③ 0.8　④ 1.5
⑤ 접결구　⑥ 차고 또는 주차장

해설 포소화설비 수동식 기동장치의 설치기준
① 직접조작 또는 원격조작에 따라 가압송수장치, 수동식 개방밸브 및 소화약제 혼합장치를 기동할 수 있는 것으로 할 것
② 2 이상의 방사구역을 가진 포소화설비는 방사구역을 선택할 수 있는 구조로 할 것
③ 기동장치의 조작부는 화재시 쉽게 접근할 수 있는 위치에 설치하되, 바닥으로부터 0.8 m 이상 1.5 m 이하의 위치에 설치하고, 유효한 보호장치를 할 것
④ 기동장치의 조작부 및 호스접결구에는 가까운 곳의 보기 쉬운 곳에 '기동장치의 조작부' 및 '접결구'라고 표시한 표지를 할 것
⑤ 차고 또는 주차장에 설치하는 포소화설비의 수동식 기동장치는 방사구역마다 1개 이상 설치할 것
⑥ 항공기격납고에 설치하는 포소화설비의 수동식 기동장치는 각 방사구역마다 2개 이상을 설치하되, 그 중 1개는 각 방사구역으로부터 가장 가까운 곳 또는 조작이 편리한 장소에 설치하고, 1개는 화재감지수신기를 설치한 감시실 등에 설치할 것

14 포소화설비의 배관방식에서 송액관에 배액밸브를 설치하는 목적과 설치장소를 간단히 설명하시오.

정답 (1) 설비목적 : 포의 방출종료 후 배관 안의 액을 방출하기 위하여
(2) 설치장소 : 송액관의 가장 낮은 부분

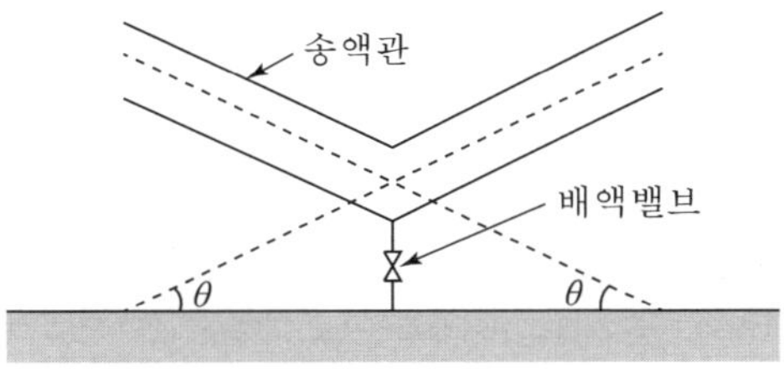

15 다음 표에서 포소화설비 종류를 쓰시오.

설치 장소명	포소화설비의 종류
특수가연물을 저장·취급하는 공장 창고	
차고, 주차장	
위험물 제조소 등	
항공기 격납고	

정답 특정소방대상물별 적용 포소화설비

특정소방대상물		적 용 설 비
1. 「화재의 예방 및 안전관리에 관한 법률 시행령」 별표 2의 특수가연물을 저장·취급하는 공장 또는 창고		① 포워터스프링클러설비 ② 포헤드설비 ③ 고정포 방출설비 ④ 압축공기포 소화설비
2. 차고 또는 주차장	일반적인 경우	① 포워터스프링클러설비 ② 포헤드설비 ③ 고정포 방출설비 ④ 압축공기포 소화설비
	특정한 경우(주 1)	① 포소화전설비 ② 호스릴포소화설비
3. 항공기격납고	일반적인 경우	① 포워터스프링클러설비 ② 포헤드설비 ③ 고정포 방출설비 ④ 압축공기포 소화설비
	특정한 경우(주 2)	① 호스릴포소화설비
4. 발전기실, 엔진펌프실, 변압기, 전기케이블실, 유압설비		① 고정식 압축공기포소화설비 (바닥면적의 합계가 300 m^2 미만)

주 (1) 다음의 각 목의 1에 해당하는 차고·주차장의 부분에는 포 소화전 설비 또는 호스릴포설비를 설치할 수 있다.

1) 완전 개방된 옥상 주차장 또는 고가 밑의 주차장으로서 주된 벽이 없고 기둥뿐이거나 주위가 위해(危害) 방지용 철주 등으로 둘러싸인 부분

2) 지상 1층으로서 지붕이 없는 부분

(2) 바닥면적의 합계가 1000 m^2 이상이고, 항공기의 격납위치가 한정되어 있는 경우에는 그 한정된 장소 외의 부분에 대하여는 호스릴포설비를 설치할 수 있다.

16

다음은 포소화설비의 고정포 방출구의 종류이다. ( ) 안에 알맞은 말을 쓰시오.

탱크의 종류	포 방출구의 종류
콘 루프탱크	(①) 방출구, (②) 방출구, (③) 방출구
플루팅 루프탱크	(④) 방출구

정답 ① I형

② II형

③ 표면하주입식(III형)

④ 특형

참고 ▮ 위험물 옥외탱크 저장소의 고정포 방출구

탱크의 종류	포 방출구
콘 루프탱크	• I형 방출구 • II형 방출구 • 표면하주입식(III형) • 반표면하주입(IV형)
플루팅 루프탱크	• 특형 방출구

17

관 부속류 또는 바관방식 등에 관한 다음 소방시설 도시기호를 그리시오. (2022년 출제)

(가) 포헤드(입면도) (나) 플러그
(다) 가스체크밸브 (라) 경보밸브(습식)
(마) 옥외소화전 (바) 물분무배관

정답 (가) 

(나) 

(다) 

(라) 

(마) 

(바) —— WS ——

18 다음 포소화설비 혼합장치에 대하여 물음에 답하시오.

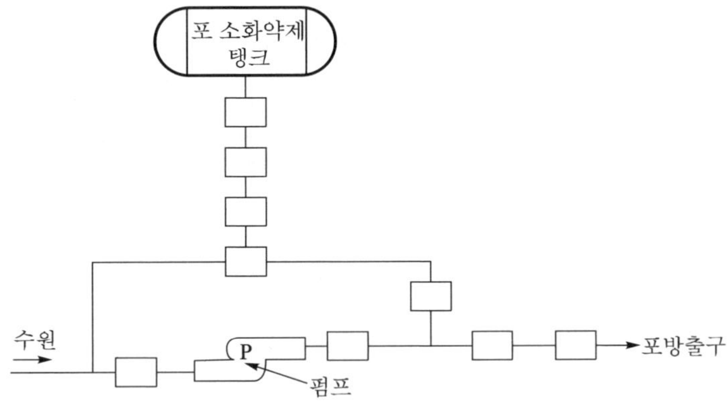

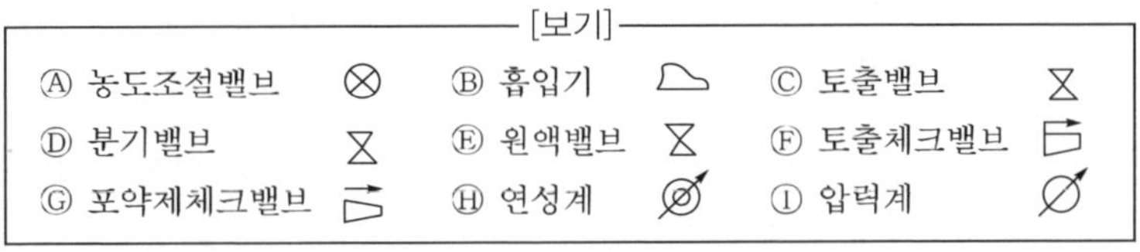

(가) 어떤 포 혼합방식인가?
(나) 그림 빈칸에 해당기호를 적절히 쓰시오.
(다) 조작순서를 설명하시오.

정답 (가) 펌프프로포셔너방식

(나)

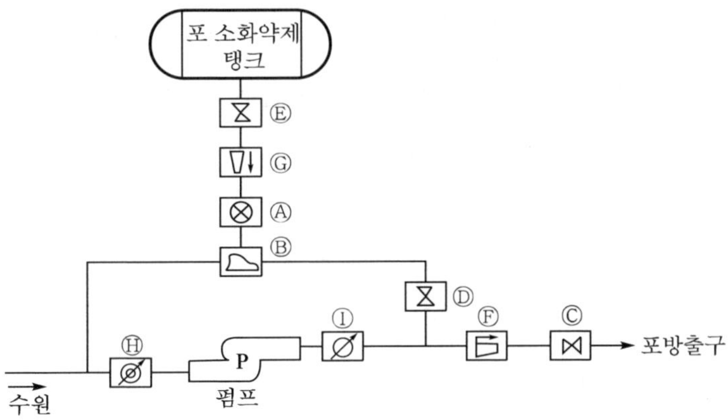

(다) ① 펌프를 기동한다.
② D, E밸브를 개방한다.
③ A밸브를 개방한다.
④ C밸브를 개방한다.

19 다음 도면을 보고 물음에 답하시오.

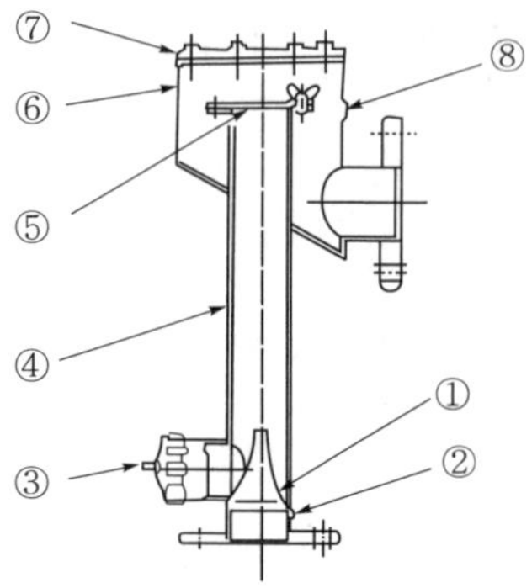

(가) ⑥ 번을 경사진 구조로 만드는 이유를 간단히 설명하시오.
(나) ①~⑧까지의 명칭을 쓰시오.

정답 (가) 포 방출시 마찰저항에 따른 손실을 줄이고 방사 후 포를 배출시켜 동파 및 부식을 방지하기 위해서이다.

(나) ① 노즐
② 체크 비스
③ 공기 유입구
④ 홈 메이커
⑤ 봉판
⑥ 폼 체임버
⑦ 폼 체임버 덮개
⑧ 탱크 경판

· 탱크 내 위험물 유면이 높아져 포방출구 내부로 침투 시 낮아진 경우 완전 배출

20 다음 그림은 포소화설비의 약제 혼합장치 중 펌프프로포셔너에 대한 설명도이다. 그림을 보고 다음 물음에 답하시오.

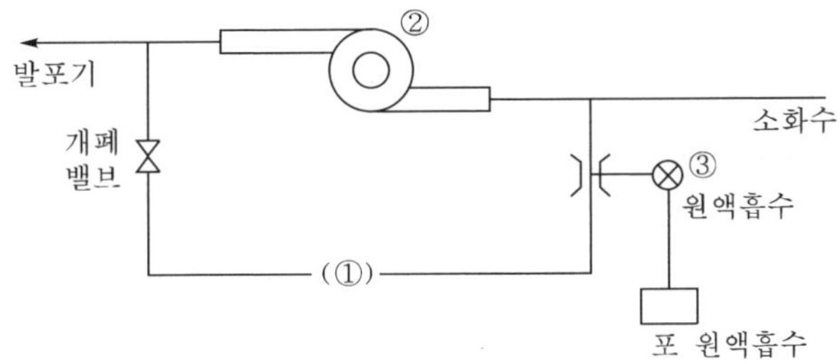

(가) 바이패스 배관에 표시된 ①번의 ( ) 안에 유체의 흐르는 방향을 화살표를 표시하시오.
(나) ②번 기구의 명칭을 쓰시오.
(다) ③번 기구의 명칭을 쓰시오.

정답 (가) →

㈜ 도면을 볼 때 발포기쪽의 개폐밸브를 통과하여 혼합기로 다시 펌프를 들어간다는 원리를 알고 있을 것

(나) 펌프(가압송수장치)
(다) 농도 조절 밸브 또는 메타링 밸브

21 포소화설비에서 포워터스프링클러헤드가 5개 설치된 경우 수원의 양(m^3)은 얼마인가?

정답 3.75 m^3

해설 방사시간 : 10분

$$Q = \text{헤드수} \times 75\ \text{L/min} \times 10\ \text{min}$$
$$= 5\text{개} \times 75\ \text{L/min} \times 10\ \text{min} = 3{,}750\ \text{L}$$
$$= 3.75\ \text{m}^3$$

구분	표준 방사량
• 포워터스프링클러헤드	75 L/min 이상
• 포헤드 • 고정포 방출구 • 이동식 포 노즐 • 압축공기포헤드	각 포헤드, 고정포 방출구 또는 이동식 포 노즐의 설계압력에 의하여 방출되는 소화약제의 양

22 특수가연물을 저장 · 취급하는(가로 20 m, 세로 10 m) 창고에 압축공기포소화설비를 설치하고자 한다. 압축공기포헤드는 저발포용을 사용하고 최대 발포율을 적용할 때 발포 후 체적(m^3)을 구하시오. (2023년 출제)

정답 92 m^3

해설 (1) 방호대상물별 압축공기포 분사헤드의 방출량

방호대상물	방출량
특수가연물	2.3 L/m^2 · 분
기타	1.63 L/m^2 · 분

(2) 표준방사량

구분	표준방사량	방사시간(방출시간)
포워터스프링클러헤드	75 L/min 이상	10분
포헤드, 고정포방출구, 이동식 포노즐, 압축공기포헤드	각 포헤드 · 고정포방출구 또는 이동식 포노즐, 압축공기포헤드의 설계압력에 의하여 방출되는 소화약제의 양	

(3) 고정포방출구방식

방출 전 포수용액의 체적 $Q = A \times Q_1 \times T \times S$

$= (20\,\mathrm{m} \times 10\,\mathrm{m}) \times 2.3\,\mathrm{L/min^2} \cdot 분 \times 10분 \times 1$

$= 4600\,\mathrm{L} = 46\,\mathrm{m^3}$

(4) 팽창비 $= \dfrac{방출된\ 포의\ 체적(L)}{방출\ 전\ 포수용액의\ 체적(L)}$

발포 후 포의 체적(L) = 방출 전 포수용액의 체적(L) × 팽창비

= 4.6 m × 20배 = 92 m^3

▌팽창비율에 따른 포의 종류

팽창비율에 의한 포의 종류	포방출구의 종류
팽창비가 20 이하인 것(저발포)	포헤드(압축공기포헤드 등)
팽창비가 80~1000 미만인 것(고발포)	고발포용 고정포방출구

23 팽창비가 200인 포소화설비에서 3% 포 원액 저장량이 100 L라면 포를 방출한 후 포의 체적은 몇 [m^3]이 되는가?

정답 666.67 m^3

해설 ① 팽창비 $= \dfrac{\text{발포된 포의 체적}}{\text{포 수용액}}$

② 물의 양

$3 : 97 = 100 : x$

$x : \dfrac{97 \times 100}{3} = 3233.33\,\text{L}$

③ 포 수용액 = 물 + 포 원액 = 3233.33 + 100

= 3333.33 L

∴ 발포된 포 체적 = 포 수용액 × 팽창비 = 3333.33 × 200 = 666666 L

= 666.666 m^3

24 6%형 단백포소화약제의 원액 300 L를 취해서 포를 방출시켰더니 발포율이 16배로 되었다. 다음 각 물음에 답하시오.

(가) 방출된 포의 체적[m^3]은?

(나) 포의 팽창비율에 따른 다음 표를 완성하시오.

팽창비율에 따른 포의 종류	포방출구의 종류
팽창비가 (①) 이하인 것(저발포)	포헤드
팽창비가 (②) 이상 (③) 미만인 것(고발포)	고발포용 고정포방출구

정답 (가) 80 m^3

(나) ① 20 ② 80 ③ 1000

해설 (가) 포원액이 6%이고 물은 94%이므로 비례식에 의하여

$6 : 300 = 94 : x$

$\therefore x = \dfrac{300 \times 94}{6} = 4700\,\text{L}$

발포배율(팽창비) $= \dfrac{\text{방출된 포의 체적[L]}}{\text{방출 전 포수용액의 체적[L]}} = \dfrac{\text{발포된 포의 체적(L)}}{4700 + 300}$

따라서 방출된 포의 체적[L] = 5000 L × 16배 = 80000 L = 80 m^3

(나)

팽창비율에 따른 포의 종류	포방출구의 종류
팽창비가 20 이하인 것(저발포)	포헤드
팽창비가 80∼1000 미만인 것(고발포)	고발포용 고정포방출구

25 가로 20 m, 세로 10 m, 높이 3 m의 특수가연물을 저장하는 창고에 포소화설비를 설치하고자 한다. 주어진 조건을 참고하여 다음 각 물음에 답하시오. (2023년 출제)

[조건]
① 화재감지용 스프링클러헤드를 설치한다.
② 배관구경에 따른 헤드개수

구경(mm)	25	32	40	50	65	80	90	100	125	150
헤드수	1	2	5	8	15	27	40	55	90	91개 이상

(가) 포헤드의 설치개수를 구하시오.
(나) 배관의 구경(mm)을 선정하시오.

정답 (가) 23개
(나) 80 mm

해설 포헤드 개수
(가) 바닥면적 9 m^2마다 포헤드 설치한다.

$$헤드수 = \frac{20\,m \times 10\,m}{9\,m^2} = 22.2 ≒ 23개$$

(나) 배관 구경

구경(mm)	25	32	40	50	65	80	90	100	125	150
헤드수	1	2	5	8	15	27	40	55	90	91개 이상

(가)에서 포헤드의 수가 23개이므로 23개 이상을 적용하면 배관의 구경은 80 mm가 된다.

26 포소화설비에서 바닥면적이 600 m^2, 높이가 4 m일 때 포워터스프링클러헤드를 설치할 경우 설치 개수는 몇 개인가?

정답 75개

해설 포워터스프링클러헤드 개수$(N) = \frac{바닥면적(600m^2)}{8m^2/개}$

$$N = \frac{600\,m^2}{8\,m^2/개} = 75개$$

27 위험물의 옥외탱크에 I형 고정포방출구로 포소화설비를 다음 조건과 같이 설치하고자 할 때 다음을 구하시오. (2024년 출제)

[조건]
① 탱크의 지름 : 12m
② 소화약제는 수성막포(6%)로 단위 포소화수용액의 양은 2.27 L/m² · min이며, 방사시간은 30분이다.
③ 보조포소화전은 1개소 설치한다(호스접결구의 수는 1개이다).
④ 배관의 길이는 20m (포원액탱크에서 포방출구까지), 관내경은 150mm이며, 기타 조건은 무시한다.

(가) 포원액량(L)을 구하시오.
(나) 전용 수원의 양(m^3)을 구하시오.

정답 (가) 963.32 L
(나) 15.09 m^3

해설 고정포방출구방식(포소화약제 저장량)

① 고정포방출구

$$Q = A \times Q_1 \times T \times S$$

여기서, Q : 포소화약제의 양(L)
A : 탱크의 액표면적(m^2)
Q_1 : 단위 포소화수용액의 양(L/m^2 · 분)
T : 방출시간(분)
S : 포소화약제의 사용농도

② 보조포소화전

$$Q = N \times S \times 8000$$

여기서, Q : 포소화약제의 양(L)
N : 호스접결구수(최대 3개)
S : 포소화약제의 사용농도

③ 배관보정량

$$Q = A \times L \times S \times 1000\,\mathrm{L/m^3}$$ (내경 75mm 초과시에만 적용)

여기서, Q : 배관보정량(L)
N : 배관단면적(m^2)
L : 배관길이(m)
S : 포소화약제의 사용농도

(가) 포원액량 = 고정포방출구 원액량 + 보조포소화전 원액량 + 배관보정량

$$= (A \times Q_1 \times T \times S) + (N \times S \times 8000) + (A \times L \times S \times 1000\,\mathrm{L/m^3})$$

$$= \left[\frac{\pi}{4} \times (12\,\mathrm{m})^2 \times 2.27\,\mathrm{L/m^3} \cdot \mathrm{min} \times 30\,\mathrm{min} \times 0.06\right] + (1\text{개} \times 0.06 \times 8000)$$

$$+ \left[\frac{\pi}{4} \times (0.15\,\mathrm{m})^2 \times 20\,\mathrm{m} \times 0.06 \times 1000\,\mathrm{L/m^3}\right]$$

$= 963.321 \fallingdotseq 963.32\,\mathrm{L}$

(나) 수원의 양 = 고정포방출구 수원량 + 보조포소화전 수원량 + 배관보정량

$$= (A \times Q_1 \times T \times S) + (N \times S \times 8000) + (A \times L \times S \times 1000\,\mathrm{L/m^3})$$

$$= \left[\frac{\pi}{4} \times (12\,\mathrm{m})^2 \times 2.27\,\mathrm{L/m^3 \cdot min} \times 30\,\mathrm{min} \times 0.94\right] + (1\text{개} \times 0.94 \times 8000)$$

$$+ \left[\frac{\pi}{4} \times (0.15\,\mathrm{m})^2 \times 20\,\mathrm{m} \times 0.94 \times 1000\,\mathrm{L/m^3}\right] = 963.321 \fallingdotseq 963.32\,\mathrm{L}$$

$$= 15092.036\,\mathrm{L} = 15.092036\,\mathrm{m^3} \fallingdotseq 15.09\,\mathrm{m^3}$$

28 위험물 옥외저장 탱크인 부상지붕식 탱크가 있다. 다음 조건에 따라 물음에 답하시오.

[조건]
- 탱크의 직경은 60 m이다.
- 탱크 내면과 칸막이판의 간격은 4 m이다.
- 수용액의 분당방출량은 12 L/m^2 · min이며, 방사시간은 20분이다.
- 소화약제는 3% 단백포를 사용하는 것으로 한다.

(가) 필요한 포 수용액량[m^3]은 얼마인가?
(나) 필요한 포 원액량[m^3]은 얼마인가?
(다) 필요한 수원의 양[m^3]은 얼마인가?

정답 (가) 168.89 m^3
(나) 5.07 m^3
(다) 163.82 m^3

해설 (가) 포 수용액량(m^3) $= A \times Q_1 \times T$

$$= \frac{\pi(60^2 - 52^2)}{4} \times 12\,\mathrm{L/m^2 \cdot min} \times 20\,\mathrm{min} \times 10^{-3}$$

$$= 168.89\mathrm{m^3}$$

(나) 포 원액량(m^3) = 포 수용액량 × 포 소화약제 농도

$$= 168.89\,\mathrm{m^3} \times 0.03 = 5.07\,\mathrm{m^3}$$

(다) 수원의 양(m^3) = 포 수용액량 × 물의 농도

$$= 168.89\,\mathrm{m^3} \times 0.97 = 163.82\,\mathrm{m^3}$$

29 경유를 저장하는 내부 직경이 20 m인 옥외저장 탱크에 Ⅱ형 포방출구로 고정포 방출설비가 한 곳에 설치되어 있다. 소화에 필요한 포 수용액의 양[m^3]을 구하시오(단, 경유의 인화점은 50℃, 방출량은 4 L/m^2·min, 방사시간 30분이다).

정답 37.70 m^3

해설 $Q = AQ_1TS$

여기서, Q : 포 소화약제 수용액의 양 [L]

A : 탱크 액 표면적 [m^2]

T : 방출시간 [분]

Q_1 : 단위포 소화약제 수용액의 양 [L/m^2·분]

S : 포 소화약제의 사용 농도

$$\therefore Q = \frac{\pi}{4} \times (20\,\text{m})^2 \times 4\,\text{L/m}^2 \cdot \text{분} \times 30\text{분} = 37699\,\text{L} \fallingdotseq 37.7\text{m}^3$$

30 국소방출방식 고발포용 고정포 방출구에 의한 방사량(L/min)은 얼마인가?

[조건]
- 특수가연물 이외의 것이다.
- 방호대상물은 원통형으로 지름 5 m, 높이 2 m이다.

정답 453.96 L/min

해설

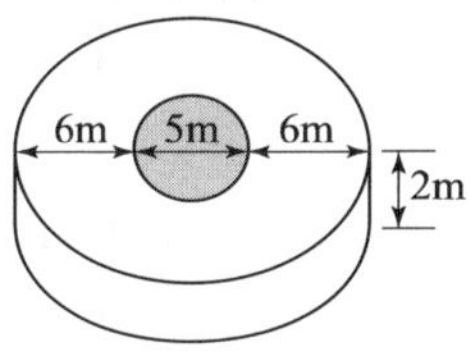

① 외주선 내부면적 $= \dfrac{\pi \times 17^2}{4} = 226.98\ \text{m}^2$

(높이의 3배로 둘러싸인 면적)

② 방사량 $= 226.98 \times 2\ \text{L/min} \cdot \text{m}^2 = 453.96\ \text{L/min}$

참고 방호대상물 높이의 3배(1 m 미만은 1 m) 거리를 수평으로 연장한 선으로 둘러싼 부분의 면적 1 m^2에 대하여 1분당 방출량은 다음과 같다.

특수가연물 : 3 L/min · m^2, 기타 : 2 L/min · m^2

31 바닥면적이 200 m^2인 차고에 다음 그림과 같이 옥내 포소화전이 설치되어 있다. 이 경우에 필요한 포 소화약제량은 얼마인가? (단, 포 소화약제의 농도는 3%로 한다)

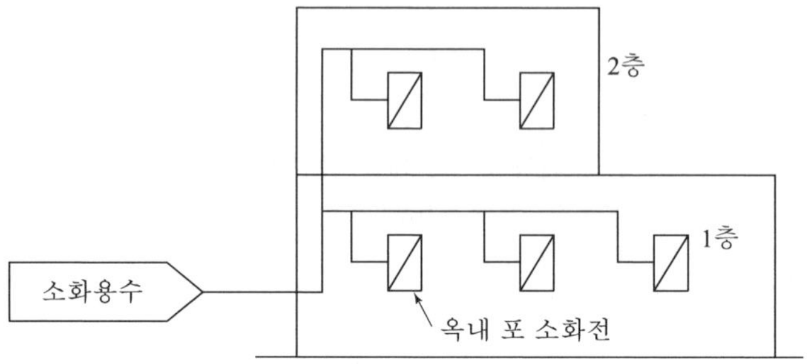

정답 540 L 이상

해설 $Q = N \times S \times 6{,}000$ L

여기서, Q : 포 소화약제의 양(L),

N : 호스 접결구의 수(최대 5개)

S : 포 소화약제의 사용 농도

$\therefore\ Q = 3 \times 0.03 \times 6{,}000 = 540$ L

32 다음 그림은 주차장의 일부이다. 포소화설비를 설치하는 경우 다음 물음에 답하시오.

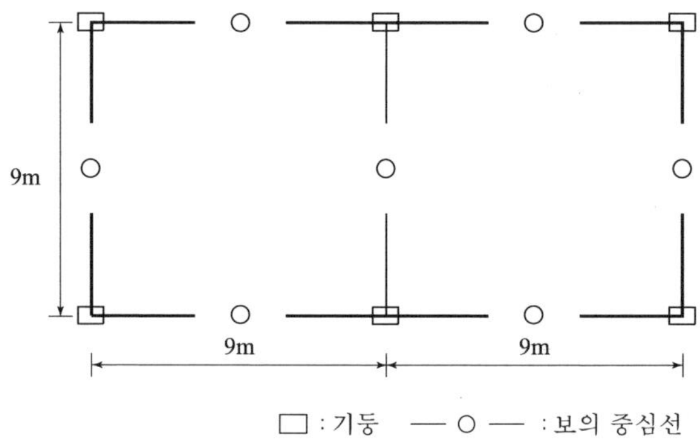

(가) 포헤드의 필요 설치 개수는 몇 개인가?

(나) 배치도를 작성하시오.

(다) 이 방사구역의 1분당 포 소화약제 수용액의 최저방사량은 몇 [L]인가?

① 단백포 소화약제의 경우

② 합성계면활성제 포의 경우

③ 수성막포 소화약제의 경우

정답 (가) 18개

(나)

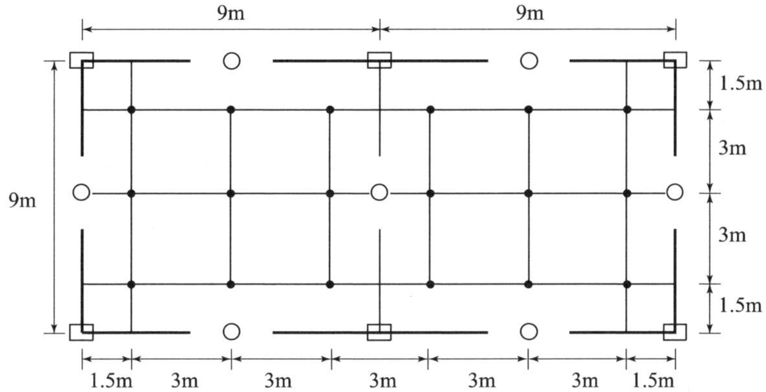

(다) ① 1053 L/min

② 1296 L/min

③ 599.4 L/min

해설 (가) 18 m×9 m÷9 m^2/개=18개

(다) ① 18 m×9 m×6.5 L/min · m^2=1053 L/min

② 18 m×9 m×8.0 L/min · m^2=1296 L/min

③ 18 m×9 m×3.7 L/min · m^2=599.4 L/min

▌포소화약제에 따른 분당 방사량

소방대상물	포소화약제의 종류	바닥면적 1 m^2당 방사량 (L/min · m^2 이상
차고 및 주차장, 항공기격납고	단백포소화약제	6.5
	합성계면활성제포소화약제	8.0
	수성막포소화약제	3.7
「화재의 예방 및 안전관리에 관한 법률 시행령」 별표 2의 특수가연물을 저장·취급하는 특정소방대상물	단백포소화약제	6.5
	합성계면활성제포소화약제	6.5
	수성막포소화약제	6.5

33 경유를 저장하는 탱크의 내부 직경이 50 m인 플로팅 루프탱크(Floating Roof Tank)에 포소화설비의 특형 방출구를 설치하여 방호하려고 할 때 다음 각 물음에 답하시오.

(2023년 출제)

> [조건]
> ① 소화약제는 3%용의 단백포를 사용하고, 포 수용액의 분당 방출량은 8 L/m^2 · min이며, 방사시간은 30분을 기준으로 한다.
> ② 탱크의 내면과 굽도리판의 간격은 1 m로 한다.
> ③ 펌프의 효율은 65%로 한다.

(가) 탱크의 환상면적(m^2)을 구하시오.
(나) 탱크의 특형 고정포방출구에 의하여 소화하는 데 필요한 포수용액의 양(L), 수원의 양(L), 포원액의 양(L)을 각각 구하시오.
(다) 펌프의 전양정이 80 m일 때 전동기 용량(kW)을 구하시오.

정답 (가) 153.94 m^3
(나) 포수용액의 양 : 36945.6 L
수원의 양 : 35837.23 L
포원액의 양 : 1108.37 L
(다) 24.71 kW

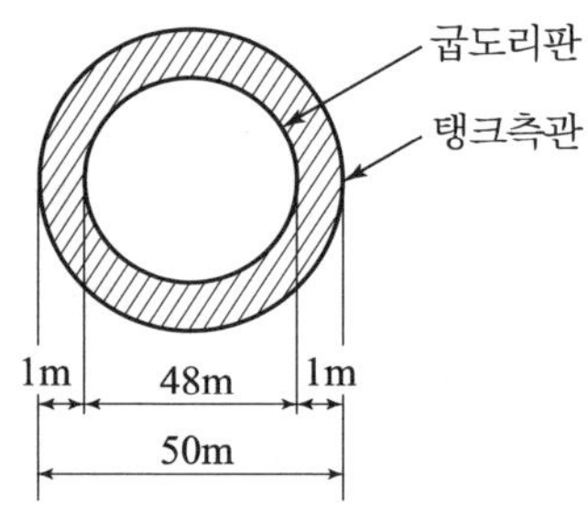

해설 (가) 탱크의 액표면적(환상면적)

$$A = \frac{\pi}{4}(50^2 - 48^2)\ m^2 = 152.938 ≒ 153.94\,m^2$$

(나) ① 포 수용액의 양 Q는

$$Q = A \times Q_1 \times T \times S$$
$$= 153.94\,m^2 \times 8\,L/m^2 \cdot 분 \times 30분 \times 1 = 36945.6\,L$$

② 수원의 양 Q는

$$Q = A \times Q_1 \times T \times S$$
$$= 153.94\,m^2 \times 8\,L/m^2 \cdot 분 \times 30분 \times 0.97 = 35837.232 ≒ 35837.23\,L$$

③ 포 소화약제 원액의 양 Q는

$$Q = A \times Q_1 \times T \times S$$
$$= 153.94\,m^2 \times 8\,L/m^2 \cdot 분 \times 30분 \times 0.03 = 1108.368 ≒ 1108.37\,L$$

(다) ① $$분당토출량 = \frac{포수용액의\ 양(L)}{방사시간(min)} = \frac{36945.6\,L}{30\,min} = 1231.52\,L/min$$

② 전동기의 출력 P는

$$P = \frac{0.163QH}{E}K = \frac{0.163 \times 1231.52\,L/min \times 80\,m}{0.65}$$
$$= \frac{0.163 \times 1.23152\,m^3/min \times 80\,m}{0.65} = 24.706 ≒ 24.71\,kW$$

34 경유를 저장하는 내부직경이 40 mm인 플루팅루프탱크에 포소화설비의 특형 방출구를 설치하여 방호하려고 할 때 다음 물음에 답하시오.

> [조건]
> ① 소화약제는 3%용 단백포를 사용하며, 포수용액의 분당 방출량은 12 L/min · m^2이고, 방사시간은 20분으로 한다.
> ② 탱크 내면과 굽도리판의 간격은 2.5 m이며, 혼합방식은 프레져사이드푸로포셔너방식이다.
> ③ 펌프의 효율은 65%, 전동기의 전달계수는 1.2로 한다.

(가) 상기 탱크의 특형 방출구에 의해 소화하는데 필요한 포수용액양[m^3]을 구하시오.
(나) 수원의 양[m^3]을 구하시오.
(다) 포원액의 양[m^3]을 구하시오.
(라) 가압송수장치의 분당 토출량[L/min]은 얼마 이상이어야 하는지 구하시오.
(마) 펌프의 전양정이 100 m인 경우 전동기의 동력[kW]은 얼마 이상이여야 하는지 구하시오(단, 포수용액의 비중은 물의 비중과 같다고 가정한다).
(바) 팽창비를 구하는 식을 구하시오.
(사) 고발포의 팽창비 범위를 쓰시오.
(아) 저발포의 팽창비 범위를 쓰시오.
(자) 포소화약제의 종류 5가지를 쓰시오.

정답 (가) 포수용액의 양 70.69 m^3
(나) 수원의 양 68.57 m^3
(다) 포원액의 양 2.12 m^3
(라) 가압송수장치 분당 토출량 3534.29 [L/min]
(마) 전동기 동력 106.49 kW
(바) 팽창비 $= \dfrac{\text{방출 후 포의 체적}}{\text{방출 전 포수용액의 체적}}$
(사) 고발포의 팽창비 : 팽창비가 80 이상 1000 미만인 것
(아) 저발포의 팽창비 : 팽창비가 20 이하인 것
(자) 포소화약제 종류 ① 단백포 소화약제
② 합성계면활성제포 소화약제
③ 수성막포 소화약제
④ 불화단백포 소화약제
⑤ 내알코올포 소화약제

해설 (가) $\dfrac{\pi}{4}\times(40^2-35^2)\times12\times20=70.69\,\text{m}^3$
(나) $70.69\times0.97=68.57\,\text{m}^3$
(다) $70.69\times0.03=2.12\,\text{m}^3$
(라) $\dfrac{\pi}{4}\times(40^2-35^2)\times12=3534.29\,\text{L/min}$
(마) $P=\dfrac{1000\times3.53\times100}{102\times60\times0.65}\times1.2=106.49\,\text{kW}$

35 직경이 10.68 m, 높이 6.10 m인 옥외 저장탱크에 포소화설비를 설치하고자 한다. 다음 조건을 참고하여 다음 각 물음에 답하시오.

[조건]
- 포원액의 혼합비는 0.06이다.
- 방사시간은 55분이다.
- 포 방출구는 Ⅱ형을 설치한다.
- 포 수용액의 방출량은 220 L/m^{2}이다.

▌옥외 탱크 저장소의 고정포 방출구

탱크의 직경(m)	포 방출구의 수	
	Ⅰ형·Ⅱ형	특형
13 미만	1	2
13 이상 19 미만	1	3
19 이상 24 미만	1	4
24 이상 35 미만	2	5
35 이상 42 미만	3	6
42 이상 46 미만	4	7
46 이상 53 미만	6	8
53 이상 60 미만	8	10
60 이상 67 미만	10	10
67 이상 73 미만	12	12
73 이상 79 미만	14	12
79 이상 85 미만	16	14
85 이상 90 미만	18	14
90 이상 95 미만	20	16
95 이상 99 미만	22	16
99 이상 103 미만	24	18

(가) 설치해야 할 고정포 방출구의 수는 몇 개인가?
(나) 분당 단위면적 1 m^{2}에 대한 방사량(L/m^2 · 분)은 얼마인가?
(다) 필요한 포 수용액의 양(L)은 얼마인가?
(라) 포 원액의 저장량(L)은 얼마인가?
(마) 전양정 50 m, 효율 65%, 전달계수 K=1.1 이라면 전동기의 출력(kW)은 얼마인가?

정답 (가) 1개
(나) 4 L/m^2 · 분
(다) 19,708.57 L
(라) 1,182.51 L
(마) 4.65 kW

해설 (가) 문제에서 지름이 10.68 m이므로 13 m 미만이고, 포 방출구는 II형이므로 위의 표의 조건에서 포 방출구의 수는 1개이다.

(나) 단위면적당 방사량 Q_1는

$$Q_1 = \frac{\text{방출량}}{\text{방사시간}} = \frac{220\ \text{L/m}^2}{55\text{분}} = 4\ \text{L/m}^2 \cdot \text{분}$$

(다) 포 수용액의 양 Q_2는

$$Q_2 = A \times Q_1 \times T \times S$$
$$= \frac{\pi}{4}(10.68\ \text{m})^2 \times 4\ \text{L/m}^2 \cdot \text{분} \times 55\text{분} \times 1 \fallingdotseq 19{,}708.57\ \text{L}$$

여기서 A : 표면적(m^2)

Q_1 : 단위면적당 방사량(L/m^2·분)

T : 방출시간(min)

S : 포 소화약제 사용농도

(라) 포 원액의 저장량 Q_3는

$$Q_3 = A \times Q_1 \times T \times S$$
$$= \frac{\pi}{4}(10.68\ \text{m})^2 \times 4\ \text{L/m}^2 \cdot \text{분} \times 55\text{분} \times 0.06 \fallingdotseq 1{,}182.51\ \text{L}$$

수원양 Q_4는

$$Q_4 = 19{,}708.57 \times 0.94 \fallingdotseq 18{,}526\ \text{L} = 18.526\,\text{m}^3$$

(마) 전동기의 출력 P는

$$P = \frac{0.163 Q_4 H}{E} K = \frac{0.163 \times \frac{18{,}526\ \text{m}^3}{55\ \text{min}} \times 50\ \text{m}}{0.65} \times 1.1$$
$$= \frac{0.163 \times 0.3368 \times 50}{0.65} \times 1.1 = 4.65\ \text{kW}$$

36 가로 20 m, 세로 10 m인 특수가연물을 저장하는 창고에 포소화설비를 설치하고자 한다. 주어진 조건을 참고하여 다음 각 물음에 답하시오.

[조건]
① 포원액은 수성막포 3%를 사용하며, 헤드는 포헤드를 설치한다.
② 펌프의 전양정은 35 m이다.
③ 펌프의 효율은 65%이며, 전동기 전달계수는 1.1이다.

(가) 헤드를 정방형으로 배치할 때 포헤드의 설치개수를 구하시오.
(나) 수원의 저수량[m^3]을 구하시오(단, 포원액의 저수량은 제외한다).
(다) 포원액의 최소소요량[L]을 구하시오.
(라) 펌프의 토출량[L/min]을 구하시오.
(마) 펌프의 최소 소요동력[kW]을 구하시오.

정답 (가) 28개

(나) 12.61 m^3

(다) 390 L

(라) 1300 L/min

(마) 12.55 kW

해설 (가) 정방형의 포헤드 상호간의 거리 S는

$S = 2R\cos 45° = 2 \times 2.1\text{ m} \times \cos 45° = 2.969\text{ m}$

· 가로의 헤드 소요개수 $= \dfrac{\text{가로길이}}{\text{수평헤드간격}} = \dfrac{20\text{ m}}{2.969\text{ m}} = 6.7 ≒ 7$개

· 세로의 헤드 소요개수 $= \dfrac{\text{세로길이}}{\text{수평헤드간격}} = \dfrac{10\text{ m}}{2.969\text{ m}} = 3.3 ≒ 4$개

따라서 필요한 헤드의 소요개수 = 가로개수 × 세로개수 = 7개 ×4 개 = 28개

(나) 수원의 저장량 Q는

$$Q = A \times Q_1 \times T \times S$$
$$= (20 \times 10)\text{ m}^2 \times 6.5\text{ L/m}^2 \cdot \text{분} \times 10\text{분} \times 0.97 = 12610\text{ L} = 12.61\text{ m}^3$$

(다) 포원액의 소요량

$$Q = A \times Q_1 \times T \times S$$
$$= (20 \times 10)\text{ m}^2 \times 6.5\text{ L/m}^2 \cdot \text{분} \times 10\text{분} \times 0.03 = 390\text{ L}$$

(라) 펌프의 토출량 Q는

$$Q = (20 \times 10)\text{ m}^2 \times 6.5\text{ L/m}^2 \cdot \text{분} = 1300\text{ L/분} = 1300\text{L/min}$$

▌포소화약제에 따른 분당 방사량

소방대상물	포소화약제의 종류	바닥면적 1 m^2당 방사량 (L/min · m^2 이상
차고 및 주차장, 항공기격납고	단백포소화약제	6.5
	합성계면활성제포소화약제	8.0
	수성막포소화약제	3.7
「화재의 예방 및 안전관리에 관한 법률 시행령」 별표 2의 특수가연물을 저장 · 취급하는 특정소방대상물	단백포소화약제	6.5
	합성계면활성제포소화약제	6.5
	수성막포소화약제	6.5

(마) 펌프의 동력 P는

$$P = \frac{0.163QH}{\eta}K$$
$$= \frac{0.163 \times 1300\text{ L/min} \times 35\text{ m}}{0.65} \times 1.1 = \frac{0.163 \times 1.3\text{ m}^3\text{/min} \times 35\text{ m}}{0.65} \times 1.1$$
$$≒ 12.55\text{ kW}$$

37 경유를 저장하는 탱크의 내부 직경이 50 m인 플로팅 루프탱크(floating roof tank)에 포소화 설비의 특형 방출구를 설치하여 방호하고자 할 때 다음 각 물음에 답하시오.

[조건]

- 소화약제는 3%용의 단백포를 사용하고, 포 수용액의 분당 방출량은 10 L/m^2 · min 이며, 방사시간은 20분을 기준으로 한다.
- 탱크의 내면과 굽도리판의 간격은 2.5 m로 한다.
- 펌프의 효율은 65%, 전달계수는 1.1로 한다.
- 원주율 π = 3.14로 계산한다.

(가) 이 탱크의 특형 고정포 방출구에 의한 소화시에 필요한 수용액의 양(m^3), 수원의 양(m^3), 포 소화약제 원액의 양(m^3)은 각각 얼마인가?

(나) 수원을 공급하는 가압송수장치(펌프)의 분당 토출량(L/min)은?

(다) 펌프의 전양정이 90 m라고 할 때 전동기의 출력(kW)은?

정답 (가) ① 포 수용액의 양

$$Q = AQ_1TS$$

$$\frac{3.14}{4}(50^2 - 45^2) \times 10 \times 20 \times 1 = 74{,}575\ \text{L} = 74.575\ \text{m}^3 \fallingdotseq 74.58\ \text{m}^3$$

$\therefore 74.58\ \text{m}^3$ 이상

② 수원의 양

$$\frac{3.14}{4}(50^2 - 45^2) \times 10 \times 20 \times 0.97 = 72{,}337\ \text{L} = 72.337\ \text{m}^3 \fallingdotseq 72.34\ \text{m}^3$$

$\therefore 72.34\ \text{m}^3$ 이상

③ 포 소화약제 원액의 양

$$\frac{3.14}{4}(50^2 - 45^2) \times 10 \times 20 \times 0.03 = 2{,}237\ \text{L} = 2.237\ \text{m}^3 \fallingdotseq 2.24\ \text{m}^3$$

$\therefore 2.24\ \text{m}^3$ 이상

(나) 3,616.8 L/min

(다) 89.79 kW

해설

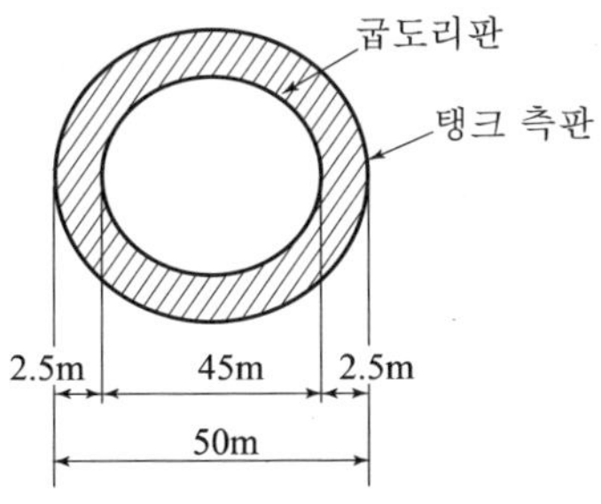

(가) $Q = A \times Q_1 \times T \times S$

여기서 A : 표면적(m^2)

Q_1 : 단위면적당 방사량(L/m²·분)

T : 방출시간(min)

S : 포 소화약제 사용농도

① 포 수용액의 양 Q는

$$Q = A \times Q_1 \times T \times S$$

$$= \frac{\pi}{4}(50^2 - 45^2)\ \mathrm{m^2} \times 10\ \mathrm{L/m^2 \cdot min} \times 20\ \mathrm{min} \times 1$$

$$= 74{,}575\ \mathrm{L} = 74.575\ \mathrm{m^3} \fallingdotseq 74.58\ \mathrm{m^3}\ \text{이상}$$

② 수원의 양 Q는

$$Q = A \times Q_1 \times T \times S$$

$$= \frac{\pi}{4}(50^2 - 45^2)\ \mathrm{m^2} \times 10\ \mathrm{L/m^2 \cdot min} \times 20\ \mathrm{min} \times 0.97$$

$$= 72{,}337\ \mathrm{L} = 72.337\ \mathrm{m^3} \fallingdotseq 72.34\ \mathrm{m^3}\ \text{이상}$$

③ 포 소화약제 원액의 양 Q는

$$Q = A \times Q_1 \times T \times S$$

$$= \frac{\pi}{4}(50^2 - 45^2)\ \mathrm{m^2} \times 10\ \mathrm{L/m^2 \cdot min} \times 20\ \mathrm{min} \times 0.03$$

$$= 2{,}237\ \mathrm{L} = 2.237\ \mathrm{m^3} \fallingdotseq 2.24\ \mathrm{m^3}\ \text{이상}$$

(나) 펌프의 토출량은

$$\frac{72{,}337\ \mathrm{L}}{20\ \mathrm{min}} \times 10^{-3}\mathrm{m^3/L} = 3.6168\ \mathrm{m^3/min}$$

(다) 전동기의 출력 P는

$$P = \frac{0.163QH}{E}K = \frac{0.163 \times 3.6168\ \mathrm{m^3/min} \times 90\ \mathrm{m}}{0.65} \times 1.1 = 89.79\ \mathrm{kW}$$

38 다음 포소화설비에서 주어진 조건과 도면을 참조하여 물음에 답하시오.

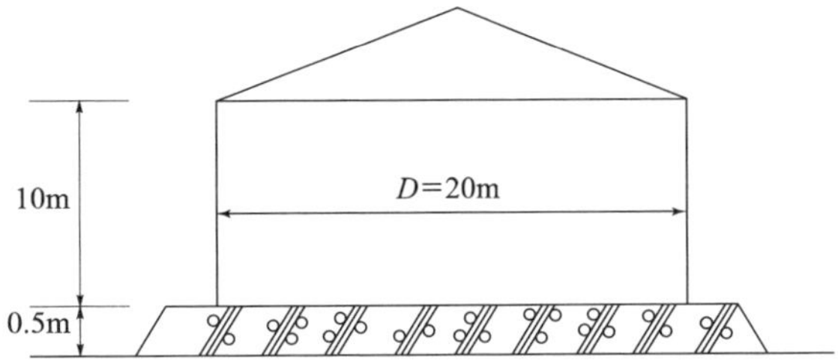

[조건]

- 고정포 방출구의 방출량과 방사시간, II형 방출구

위험물의 종류 \ 포방출구의 종류·방출량 및 방사시간	I 형		II 형		특형	
	방출량 [L/m²·분]	방사시간 [분]	방출량 [L/m²·분]	방사시간 [분]	방출량 [L/m²·분]	방사시간 [분]
제4류 위험물(수용성인 것은 제외) 중 인화점이 21℃ 미만인 것	4	30	4	55	8	30
제4류 위험물(수용성인 것은 제외) 중 인화점이 21℃ 이상 70℃ 미만인 것	4	20	4	30	8	20
제4류 위험물(수용성인 것은 제외) 중 인화점이 70℃ 이상인 것	4	15	4	25	8	15

- 마찰손실 (배관의 마찰손실 및 호스 마찰손실 포함)은 55 m이다.
- 경유는 제4류 위험물 중 제2석유류에 해당한다.
- 방사압은 0.3 MPa이다.
- 포 소화약제는 수성막포 3%이다.
- 보조포소화전 개수는 1개이다.
- 효율은 60%, 전달계수 K값은 1.1로 한다.

(가) 경유 탱크의 필요 약제량[L]은 얼마인가?
(나) 보조포소화전의 약제량[L]은 얼마인가?
(다) 펌프 분당 토출량[L/min]은 얼마인가?
(라) 펌프 소요 동력[kW]은 얼마인가?

정답 (가) 1130.97 L
(나) 240 L
(다) 1606 L/min
(라) 45.7 kW

해설 (가) 제2석유류(등유·경유) : 인화점 21℃ 이상 70℃ 미만

$$Q = AQ_1ST$$

$$= \frac{\pi \times 20^2}{4} \times 4 \times 30 \times 0.03 = 1130.9733\,\text{L}$$

(나) $Q = NS8000 = 1 \times 0.03 \times 8000 = 240\,\text{L}$

(다) 펌프토출량 $= \dfrac{\pi \times 20^2}{4} \times 4\,\text{L/min} \cdot$ 분 $\times 0.97 + 1 \times 0.97 \times 400\,\text{L/min}$

$= 1606\,\text{L/min}$

(라) 전양정(H) $= 55\,\text{m} + 10\,\text{m} + 30\,\text{m} = 95\,\text{m}$

$P = \dfrac{rQH}{102E} K = \dfrac{1000 \times 1.606 \times 95}{102 \times 60 \times 0.6} \times 1.1 = 45.7\,\text{kW}$

39 다음과 같은 차고에 포소화설비를 하고자 할 때 다음 물음에 답하시오.

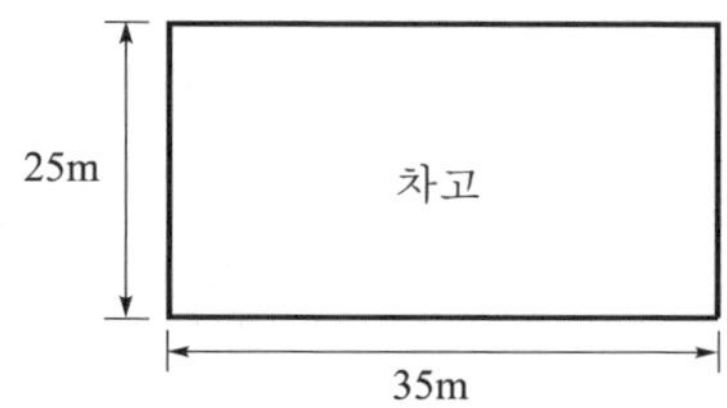

[조건]
- 감지방식은 스프링클러헤드를 사용한다.
- 층고는 3 m로 한다.
- 포헤드에 대한 배관구경은 다음 표와 같다.

설치 헤드 수	1	2	5	8	15	27	55	90	150
관경[mm]	25	35	40	50	65	80	100	125	150

(가) 설치해야 할 포헤드의 종류는 어느 것인가?
(나) 설치해야 할 감지용 스프링클러헤드는 어떤 종류를 사용하여야 하는가?
(다) 설치해야 할 포헤드는 최소 몇 개 이상이어야 하는가?
(라) 설치해야 할 감지용 스프링클러헤드는 최소 몇 개 이상이어야 하는가?

정답 (가) 포헤드
(나) 표시온도 79℃ 미만의 폐쇄형스프링클러헤드
(다) 98개 이상
(라) 44개

해설 (다) 포헤드 1개 방호면적 9m^2

① 포헤드 개수 $= \dfrac{875}{9} = 97.2 = 98$개 이상

(라) 감지용 스프링클러헤드 1개 감지면적 20m^2

감지용 스프링클러헤드수 $= \dfrac{875}{20} = 43.75 = 44$개

40 가로 20 m, 세로 10 m의 특수가연물을 저장하는 창고에 포소화설비를 설치하고자 한다. 주어진 조건을 참고하여 다음 각 물음에 답하시오. (2022년 출제)

> [조건]
> ① 포원액은 합성계면활성제포 6%를 사용하며, 헤드는 포헤드를 설치한다.
> ② 펌프의 전양정은 35 m이다.
> ③ 펌프의 효율은 65%이며, 전동기 전달계수는 1.1이다.

(가) 헤드를 정방형으로 배치할 때 포헤드의 설치개수를 구하시오.
(나) 수원의 저수량(L)을 구하시오(단, 포원액의 저수량은 제외한다).
(다) 포원액의 최소소요량(L)을 구하시오.
(라) 포헤드 1개의 방출량(L/min)을 구하시오.

정답 (가) 28개
(나) 12220 L
(다) 780 L
(라) 46.43 L/min

해설 (가) 포헤드의 개수

정방형의 포헤드 상호간의 거리 S는

$S = 2R\cos 45° = 2 \times 2.1\ \text{m} \times \cos 45° = 2.969\ \text{m}$

① 가로의 헤드 소요개수 $= \dfrac{\text{가로길이}}{\text{수평헤드간격}} = \dfrac{20\ \text{m}}{2.969\ \text{m}} = 6.7 ≒ 7$개

② 세로의 헤드 소요개수 $= \dfrac{\text{세로길이}}{\text{수평헤드간격}} = \dfrac{10\ \text{m}}{2.969\ \text{m}} = 3.3 ≒ 4$개

∴ 필요한 헤드의 소요개수 = 가로개수 × 세로개수 = 7개 ×4개 = 28개

(나) 수원의 저장량 Q는

$Q = A \times Q_1 \times T \times S$

여기서, Q : 수원의 양(L)
A : 탱크의 액표면적(m^2)
Q_1 : 단위포소화수용액의 양(L/m^2 · 분)
T : 방출시간(분)
S : 사용농도

$Q = A \times Q_1 \times T \times S = (20 \times 10)\,\text{m}^2 \times 6.5\,\text{L/m}^2 \cdot \text{분} \times 10\text{분} \times 0.94 = 12220\,\text{L}$

합성계면활성제포 방사량은 6.5 L/m^2 · 분이다.

(다) 포원액의 소요량 Q는

$Q = A \times Q_1 \times T \times S = (20 \times 10)\,\text{m}^2 \times 6.5\,\text{L/m}^2 \cdot \text{분} \times 10\text{분} \times 0.06 = 780\,\text{L}$

(라) 펌프의 토출량 Q는

$Q = A \times Q_1 = (20 \times 10)\,\text{m}^2 \times 6.5\,\text{L/m}^2 \cdot \text{분} = 1300\,\text{L/분} = 1300\,\text{L/min}$

41 경유를 저장하는 탱크의 내부직경 50 m인 플로팅루프탱크(부상지붕구조)에 포소화설비를 설치하여 방호하려고 할 때 다음 물음에 답하시오. (2024년 출제)

[조건]
① 소화약제는 6%용의 단백포를 사용하며, 수용액의 분당 방출량은 8 L/m^2 · min이고, 방사시간은 30분으로 한다.
② 보조포소화전의 방출률은 400 L/min이고, 방사시간은 20분으로 한다.
③ 탱크 내면과 굽도리판의 간격은 1.2 m로 한다.
④ 고정포방출구의 보조포소화전은 7개 설치되어 있으며, 방사량은 400 L/min이다.
⑤ 송액관의 내경은 100 mm이고, 배관길이는 200 m이다.
⑥ 수원의 밀도는 1000 kg/m^3, 포소화약제의 밀도는 1050 kg/m^{3}이다.
⑦ 혼합기는 펌프와 발포기의 중간에 벤투리관을 설치하고 펌프가압수의 포소화약제 저장탱크에 대한 압력에 따라 포소화약제를 흡입·혼합하는 방식이다.

(가) 고정포방출구의 종류는 무엇인지 쓰시오.
(나) 가압송수장치의 분당 토출량(L/min)을 구하시오.
(다) 수원의 양(L)을 구하시오.
(라) 포소화약제의 양(L)을 구하시오.

정답 (가) 특형 방출구
(나) 2671.77 L/min
(다) 65540.56 L
(라) 4188.15 L
(마) 프레져 프로포셔너방식

해설 (가) 플로팅루프탱크를 사용하므로 고정포방출구는 특형을 사용하여야 한다.
(나) 고정포방출구의 방출량 Q_1

$$Q_1 = A \times Q \times T \times S = \frac{\pi}{4}(50^2 - 47.6^2)\,\text{m}^2 \times 8\,\text{L/m}^2 \cdot \text{min} \times 30\,\text{min} \times 1$$
$$= 44153.199 \fallingdotseq 44153.2\,\text{L}$$

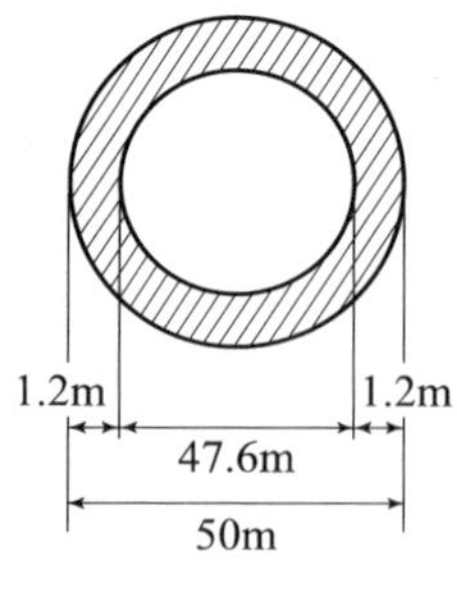

플로팅루프탱크의 구조

보조포소화전의 방사량 $Q_2 = N \times S \times 400 = 3 \times 1 \times 400 = 1200\,\text{L}$

분당 토출량 = 고정포방출구의 분당 토출량 + 보조포소화전의 분당 토출량

$$= \frac{Q}{\text{방사시간(min)}} + Q_2 = \frac{44153.2\,\text{L}}{30\,\text{min}} + 1200\,\text{L/min}$$

$$= 2671.773 \fallingdotseq 2671.77\,\text{L/min}$$

(다) ① 고정포방출구의 수원의 양 Q_1

$$Q_1 = A \times Q \times T \times S = \frac{\pi}{4}(50^2 - 47.6^2)\,\text{m}^2 \times 8\,\text{L/m}^2\cdot\text{min} \times 30\,\text{min} \times 0.94$$

$$= 41504.007\,\text{L}$$

② 보조포소화전의 수원의 양 Q_2

$$Q_2 = N \times S \times 400 = 3 \times 0.94 \times 400 \times 20\,\text{min} = 22560\,\text{L}$$

③ 배관보정량 Q_3

$$Q_3 = A \times L \times S \times 1000\,\text{L/m}^3 = \frac{\pi}{4} \times (0.1\,\text{m})^2 \times 200\,\text{m} \times 0.94 \times 1000\,\text{L/m}^3$$

$$= 1476.548\,\text{L}$$

$\therefore$ 수원의 양 $Q = Q_1 + Q_2 + Q_3 = 41504.007\,\text{L} + 22560\,\text{L} + 1476.548\,\text{L}$

$$= 65540.555 \fallingdotseq 65540.56\,\text{L}$$

(라) ① 고정포방출구의 약제량 Q_1

$$Q_1 = A \times Q \times T \times S = \frac{\pi}{4}(50^2 - 47.6^2)\,\text{m}^2 \times 8\,\text{L/m}^2\cdot\text{min} \times 30\,\text{min} \times 0.06$$

$$= 2649.191 \fallingdotseq 2649.19\,\text{L}$$

② 보조포소화전의 약제량 Q_2

$$Q_2 = N \times S \times 400 = 3 \times 0.06 \times 400 \times 20\,\text{min} = 1440\,\text{L}$$

③ 배관보정량 Q_3

$$Q_3 = A \times L \times S \times 1050\,\text{L/m}^3 = \frac{\pi}{4} \times (0.1\,\text{m})^2 \times 200\,\text{m} \times 0.06 \times 1050\,\text{L/m}^3$$

$$= 98.96\,\text{L}$$

조건 ⑥에서 포소화약제 밀도는 1050 kg/m^{3}이므로 포소화약제 1050 kg = 1050 L (1 L ≒ 1 kg)가 된다. 여기서는 포소화약제량을 구하는 것이므로 수원에서 적용하는 1000 L/m^{3}를 적용하는 것이 아니고 1050 L/m^{3}를 적용해야 한다.

$\therefore$ 포소화약제의 양 $Q = Q_1 + Q_2 + Q_3 = 2649.19\,\text{L} + 1440\,\text{L} + 98.96\,\text{L}$

$$= 4188.15\,\text{L}$$

(마) 프레져 프로포셔너방식(차압혼합방식) : 펌프와 발포기의 중간에 설치된 벤투리관의 벤투리작용과 펌프가압수의 포소화약제 저장탱크에 대한 압력에 의하여 포소화약제를 흡입·혼합하는 방식

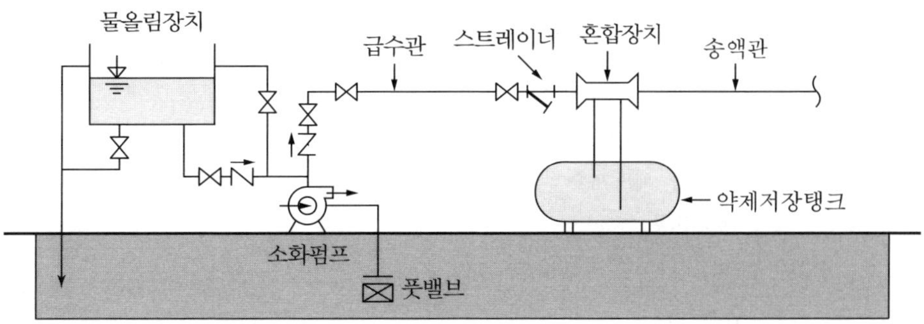

42 주차장의 일부이다. 이곳에 포소화설비를 설치할 경우 조건을 참고하여 다음 물음에 답하시오.

[조건] ① 수성막포를 사용한다.
② 방호구역은 1개이다.
③ 포헤드를 사용하며, 정방형으로 배치한다.

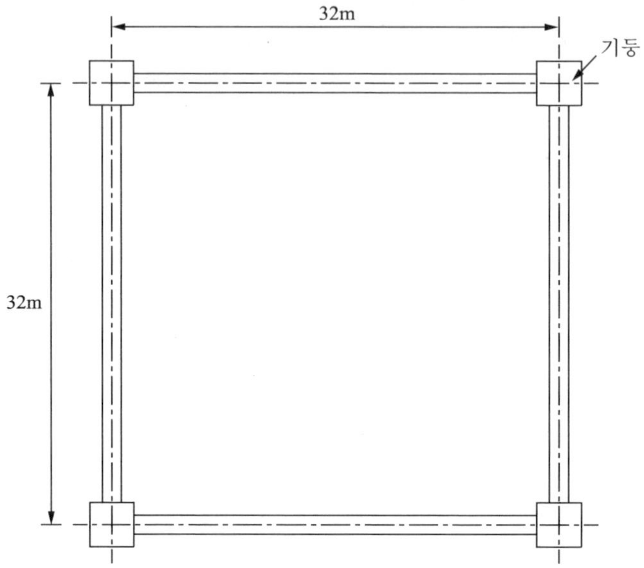

(가) 바닥면적 1 m^2당 방사량은 몇 L 이상이어야 하는지 쓰시오.
(나) 포헤드 상호간의 거리[m]를 구하시오.
(다) 상기 면적에 설치해야 할 포헤드의 수는 최소 몇 개인지 구하시오(단, 정방형 배치방식으로 산출하시오).
(라) 포헤드는 바닥면적 몇 m^2마다 1개 이상으로 하여 화재를 유효하게 소화할 수 있도록 하여야 하는지 쓰시오.
(마) 포헤드 1개의 바닥면적을 기준으로 한 포헤드의 최소개수를 구하시오.
(바) 상기 면적에 설치해야 하는 최종 포헤드 개수를 구하시오.

정답 (가) 3.7 L

(나) $2 \times 2.1 \times \cos 45^\circ = 2.969 \fallingdotseq 2.97\,\mathrm{m}$

(다) 가로헤드개수 : $\frac{32}{2.97} = 10.7 \fallingdotseq 11$개

세로헤드개수 : $\frac{32}{2.97} = 10.7 \fallingdotseq 11$개

총 헤드개수 : $11 \times 11 = 121$개

(라) 9 m^2

(마) $\frac{32 \times 32}{9} = 113.7 \fallingdotseq 114$개

(바) 121개

해설 (가) 특정소방대상물 약제방사량

특정소방대상물	포소화약제의 종류	방사량
차고, 주차장, 항공기격납고	수정막포	$3.7\ L/m^2 \cdot min$
	단백포	$6.5\ L/m^2 \cdot min$
	합성계면활성제포	$8.0\ L/m^2 \cdot min$
특수가연물 저장·취급소	수성막포, 단백포, 합성계면활성제포	$6.5\ L/m^2 \cdot min$

(나) 정방형의 포헤드 상호간의 거리 S는

$S = 2R\cos 45° = 2 \times 2.1\,m \times \cos 45° = 2.969 ≒ 2.97\,m$

(다) 헤드개수(정방형 배차기준)

(1) 가로의 헤드개수

$$\frac{가로길이}{포헤드\ 상호간\ 거리} = \frac{32\,m}{2.97\,m} = 10.7 ≒ 11개$$

(2) 세로의 헤드개수

$$\frac{세로길이}{포헤드\ 상호간\ 거리} = \frac{32\,m}{2.97\,m} = 10.7 ≒ 11개$$

(3) 총 헤드개수 : 가로개수 × 세로개수 = 11개 × 11개 = 121개

(마) 바닥면적 배치기준

$$\frac{바닥면적}{포헤드\ 1개의\ 바닥면적} = \frac{(32 \times 32)\,m^2}{9\,m^2} = 113.7 ≒ 114개$$

(바) [조건 ③]에서 포헤드를 정방형으로 배치하라고 하였으므로 최종 포헤드개수는 (다)의 121개를 선정한다. 만약, [조건 ③]의 정방형으로 배치하라는 내용이 없다면 (다) 정방형 배치기준과 (마) 바닥면적 배치기준 중 작은 것을 선택한다.
그러므로 이때에는 (마) 114개를 선정해야 정답이다.

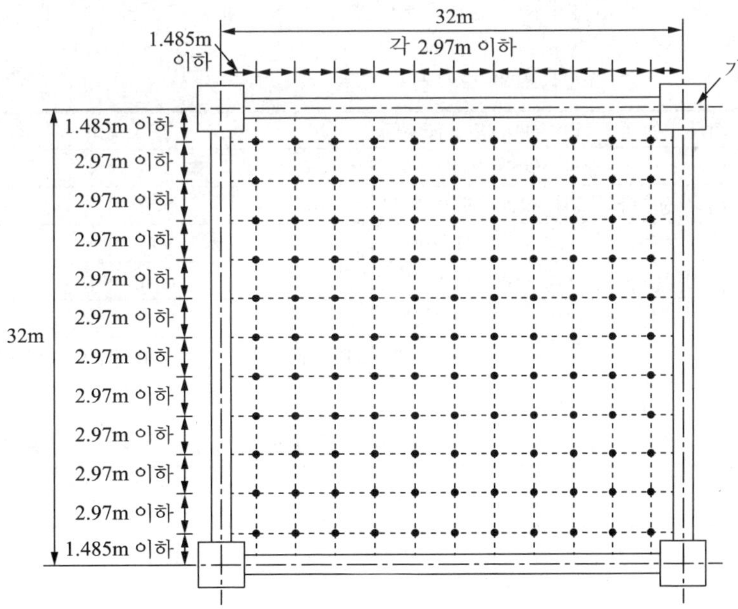

43 다음과 같이 휘발유탱크 1기와 경유탱크 1기를 1개의 방유제에 설치하는 옥외탱크저장소에 대하여 각 물음에 답하시오. (2022년 출제)

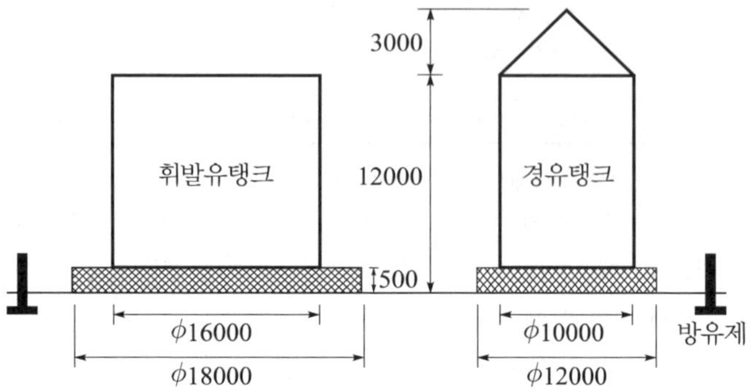

[조건]

① 탱크용량 및 형태

- 휘발유탱크 : 2000 m^3 (지정수량의 20000배) 부상지붕수조의 플로팅루프탱크 (탱크 내 측면과 굽도리판 사이의 거리는 0.6 m이다)
- 경유탱크 : 콘루프탱크

② 고정포방출구

- 경유탱크 : II 형
- 휘발유탱크 : 설계자가 선정하도록 한다.

③ 포소화약제의 종류 : 수성막포 3%

④ 보조포소화전 : 쌍구형 × 2개 설치

⑤ 포소화약제의 저장탱크의 종류 : 700 L, 750 L, 800 L, 900 L, 1000 L, 1200 L (단, 포소화약제의 저장탱크용량은 포소화약제의 저장량을 말한다)

⑥ 참고 법규

① 옥외탱크저장소의 보유공지

저장 또는 취급하는 위험물의 최대수량	공지 너비
지정수량의 500배 이하	3 m 이상
지정수량의 501～1000배 미만	5 m 이상
지정수량의 1001～2000배 미만	9 m 이상
지정수량의 2001～3000배 미만	12 m 이상
지정수량의 3001～4000배 미만	15 m 이상
지정수량 4000배 이상	해당 탱크의 수평단면의 최대지름(횡형인 경우에는 긴 변)과 높이 중 큰 것과 같은 거리 이상. 단, 30 m 초과의 경우에는 30 m 이상으로 할 수 있고, 15 m 미만의 경우에는 15 m 이상으로 하여야 한다.

② 고정포방출구의 방출량 및 방사시간

포방출구의 종류 / 위험물의 구분	I형		II형		특형		III형		IV형	
	포수용액량 (L/m²)	방출률 (L/m²·min)	포수용액량 (L/m²)	방출률 (L/m²·min)	포수용액량 (L/m²)	방출률 (L/m²·min)	포수용액량 (L/m²)	방출률 (L/m²·min)	포수용액량 (L/m²)	방출률 (L/m²·min)
제4류 위험물 중 인화점이 21℃ 미만인 것	120	4	120	4	240	8	220	4	220	4
제4류 위험물 중 인화점이 21℃ 이상 70℃ 미만인 것	80	4	120	4	160	8	120	4	120	4
제4류 위험물 중 인화점이 70℃ 이상인 것	60	4	100	4	120	8	100	4	100	4

(가) 다음 A, B, C의 법적으로 최소 가능한 거리를 정하시오(단, 탱크 측판두께의 보온두께는 무시하시오).

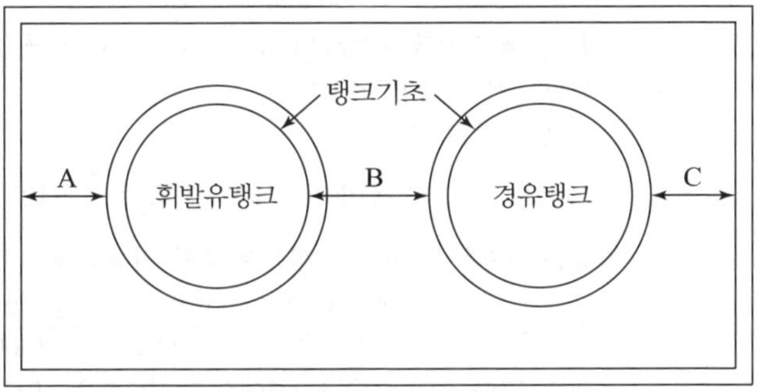

① A[휘발유탱크 측판과 방유제 내측 거리(m)]
② B[휘발유탱크 측판과 경유탱크 측판 사이의 거리(m)](단, 휘발유탱크만 보유공지 단축을 위한 기준에 적합한 물분무소화설비가 설치됨)
③ C[경유탱크 측판과 방유제 내측 거리(m)]

(나) 다음에서 요구하는 각 장비의 용량을 구하시오.
① 포저장탱크의 용량(L)(단, ϕ75A 이상의 배관길이는 50 m이고, 배관크기는 100A이다)
② 가압송수장치(펌프)의 유량(Lpm)
③ 포소화약제의 혼합장치는 프레져 프로포셔너방식을 사용할 경우에 최소유량과 최대유량의 범위를 정하시오.
- 최소유량(Lpm)
- 최대유량(Lpm)

정답 (가) ① A : 6 m
② B : 8 m
③ C : 4 m
(나) ① 1200 L
② 1514.16 Lpm
③ 최소유량 : 757.08 Lpm
최대유량 : 3028.32 Lpm

해설 (가) 방유제와 탱크 측면의 이격거리

탱크지름	이격거리
15 m 미만	탱크높이의 1/3 이상
15 m 이상	탱크높이의 1/2 이상

① A (휘발유탱크 측판과 방유제 내측 거리) : $12\,\text{m} \times \dfrac{1}{2} = 6\,\text{m}$

② B (휘발유탱크 측판과 경유탱크 측판 사이 거리)

㉠ 조건 ①에서 휘발유탱크는 지정수량의 20000배이므로 조건 ⑥의 옥외탱크 저장소의 보유공지표에서 지정수량 4000배 초과란을 적용하면 다음과 같다.

- 탱크의 최대지름 : 16000 mm = 16 m
- 탱크의 높이 : 12000 mm = 12 m

탱크의 최대지름과 탱크의 높이 또는 길이 중 큰 것과 같은 거리 이상이어야 하므로 최소 16 m가 된다.

㉡ 경유탱크의 용량 Q는

$$Q = \text{단면적} \times \text{탱크높이(기초높이 제외)} = \frac{\pi}{4} \times 10^2 \times (12 - 0.5) \fallingdotseq 903.21\,\text{m}^3$$

경유는 제4류 위험물(제2석유류)로서 지정수량은 1000 L이므로

$$\text{지정수량 배수} = \frac{\text{탱크용량}}{\text{지정수량}} = \frac{903.21\,\text{m}^3}{1000\,\text{L}} = \frac{903210\,\text{L}}{1000\,\text{L}} \fallingdotseq 903\text{배}$$

옥외탱크저장소의 보유공지표에서 지정수량의 501~1000배 이하란을 적용하면 최소 5 m가 된다.

③ C (경유탱크 측판과 방유제 내측 거리) : $12\,\text{m} \times \dfrac{1}{3} = 4\,\text{m}$

※ 참고

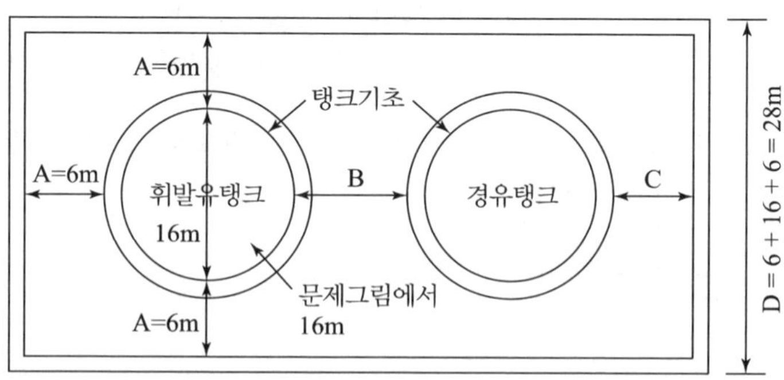

(나) ① ㉠ 휘발유탱크의 약제소요량

탱크의 종류	포 방출구
고정지붕구조(콘루프탱크)	• I형 방출구 • II형 방출구 • 표면하주입식(III형) • 반표면하주입(IV형)
부상덮개부착고정지붕구조	• II형 방출구
부상지붕구조(플로팅루프탱크)	• 특형 방출구

플로팅루프탱크는 특형 방출구를 선정하여야 하며 휘발유는 제4류 위험물 제1석유류로서 인화점은 21℃ 미만이므로 고정포방출구의 방출량 및 방사시간표에서

방출률(Q)$=8\,\text{L/m}^2\cdot$분

$$\text{방사시간}(T)=\frac{\text{포수용액량}(\text{L/m}^2)}{\text{방출률}(\text{L/m}^2\cdot\text{min})}=\frac{240\,\text{L/m}^2}{8\,\text{L/m}^2\cdot\text{min}}=30\text{분}$$

이다.

고정포방출구의 방출량 Q_1은

$$Q_1=A\times Q\times T\times S$$
$$=\frac{\pi}{4}(16^2-14.8^2)\text{m}^2\times 8\,\text{L/m}^2\cdot\text{min}\times 30\,\text{min}\times 0.03$$
$$=209.003\fallingdotseq 209\,\text{L}$$

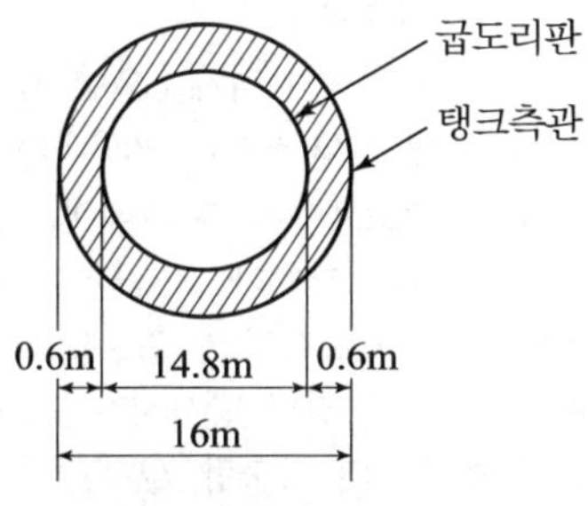

▌휘발유탱크의 구조

보조포소화전에서 방출에 필요한 양 Q_2는

$$Q_2=N\times S\times 8000=3\times 0.03\times 8000=720\,\text{L}$$

[N : 호스접결구수(최대 3개)]

배관보정량 Q_3은

$Q_3=A\times L\times S\times 1000\,\text{L/m}^3$ (내경 75 mm 초과시에만 적용)

$$=\left[\frac{\pi}{4}\times(0.1\text{m})^2\times 50\,\text{m}\times 0.03\times 1000\,\text{L/m}^3\right]$$
$$=11.78\,\text{L}$$

∴ 휘발유탱크의 약제소요량 Q는

$$Q=Q_1+Q_2+Q_3=209\,\text{L}+720\,\text{L}+11.78\,\text{L}=940.78\,\text{L}$$

㉡ 경유탱크의 약제소요량

II형 방출구를 사용하며 수성막포를 사용한다고 하였고 문제의 표에서 경유는 제4류 위험물 제2석유류로서 인화점은 21～70℃ 이하이므로 고정폼아출구의 방출량 및 방사시간표에서

방출률(Q) = 4 L/m^2 · 분

$$\text{방사시간}(T)\text{ 분} = \frac{\text{포수용액량}(\text{L/m}^2)}{\text{방출률}(\text{L/m}^2\cdot\text{min})} = \frac{120\,\text{L/m}^2}{4\,\text{L/m}^2\cdot\text{min}} = 30\text{분}$$

이다.

고정포방출구의 방출량 Q_1은

$$Q_1 = A\times Q\times T\times S$$
$$= \frac{\pi}{4}(10\,\text{m})^2\times 4\,\text{L/m}^2\cdot\text{min}\times 30\,\text{분}\times 0.03$$
$$= 282.74\,\text{L}$$

보조포소화전에서 방출에 필요한 양 Q_2는

$$Q_2 = N\times S\times 8000 = 3\times 0.03\times 8000 = 720\,\text{L}$$

[N : 호스접결구수(최대 3개)]

배관보정량 Q_3은

$$Q_3 = A\times L\times S\times 1000\,\text{L/m}^3\ (\text{내경 75 mm 초과시에만 적용})$$
$$= \frac{\pi}{4}\times(0.1\text{m})^2\times 50\,\text{m}\times 0.03\times 1000\,\text{L/m}^3$$
$$= 11.78\,\text{L}$$

∴ 경유탱크의 약제소요량 Q는

$$Q = Q_1 + Q_2 + Q_3 = 282.74\,\text{L} + 720\,\text{L} + 11.78\,\text{L} = 1014.52\,\text{L}$$

※ 약제소요량이 큰 쪽에 따르므로 1014.52 L가 되며, 조건 ⑤에서 1014.52 L보다 같거나 큰 값은 1200 L가 된다.

② 가압송수장치의 유량은 포수용액의 양을 기준으로 하므로 농도 S는 항상 1이며, 보조포소화전의 방사시간은 화재안전기술기준에 의해 20분이다.

고정포방출구의 방출량 Q_1은

$$Q_1 = A\times Q\times S$$
$$= \frac{\pi}{4}(10\,\text{m})^2\times 4\,\text{L/m}^2\cdot\text{분}\times 1$$
$$= 314.16\,\text{L/분}$$

보조포소화전에서 방출에 필요한 양 Q_2는

$$Q_2 = N\times S\times 8000\div 20\text{분} = 3\times 1\times 80000\div 20\text{분} = 1200\,\text{L/min}$$

∴ 가압송수장치의 유량 Q는

$$Q = Q_1 + Q_2 = 314.16\,\text{L} + 1200\,\text{L/분} = 1514.16\,\text{L/분} = 1514.16\,\text{Lpm}$$

③ 프레져 프로포셔너방식(pressure proportioner type)의 유량범위는 50～200%이므로 최소유량은 50%, 최대 유량은 200%가 된다.

- 최소유량 = 1514.16 × 0.5 = 757.08 Lpm
- 최대유량 = 1514.16 × 2 = 3028.32 Lpm

44 옥외저장탱크에 포소화설비를 설치하려고 한다. 그림 및 조건을 참고하여 다음 각 물음에 답하시오. (2024년 출제)

[보기]

① 탱크사양

탱크	탱크사양	탱크의 구조	포방출구의 종류
원유저장탱크	12m × 12m	플로팅루프탱크	특형
등유저장탱크	25m × 25m	콘루프탱크	I형

② 설계사양

탱크	방출구	방출량	방사시간	포농도	굽도리판 간격
원유저장탱크	2개	8 L/m^2 · 분	30분	3%	1.2m
등유저장탱크	2개	4 L/m^2 · 분	30분	3%	해당 없음

③ 송액관에 필요한 소화약제의 최소량은 72.07 L이다.

④ 보조포소화전은 방유제 주위에 4개 설치되어 있고, 보조포소화전의 토출량은 400 L/min이며, 방사시간은 20분이다.

⑤ 송액관 내의 유속은 3 m/s이다.

⑥ 탱크 2대에서의 동시화재는 없는 것으로 간주한다.

⑦ 그림이나 조건에 없는 것은 제외한다.

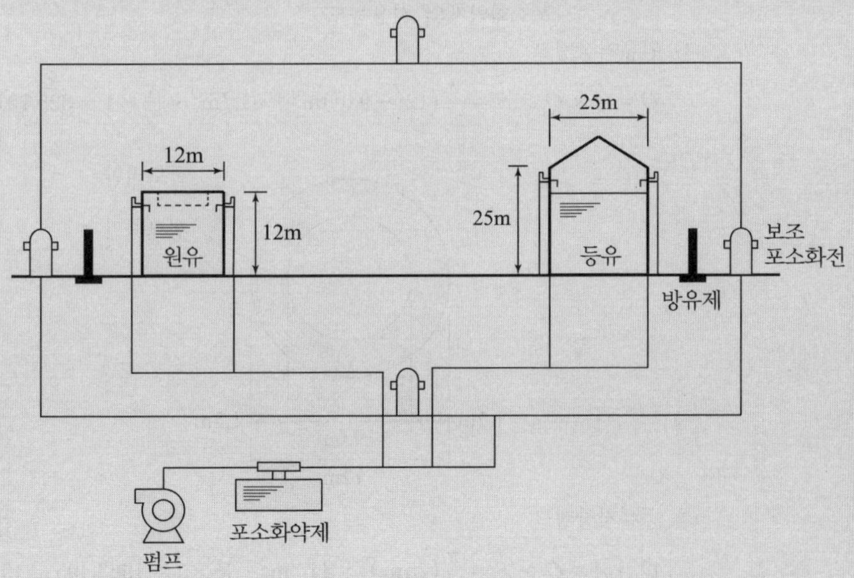

(가) 각 탱크에 필요한 포수용액의 양(L/분)은 얼마인지 구하시오.

① 원유저장탱크

② 등유저장탱크

(나) 보조포소화전에 필요한 포수용액의 양(L/분)은 얼마인지 구하시오.

(다) 각 탱크에 필요한 소화약제의 양(L)은 얼마인지 구하시오.
① 원유저장탱크
② 등유저장탱크
(라) 보조포소화전에 필요한 소화약제의 양(L)은 얼마인지 구하시오.
(마) 포소화설비에 필요한 소화약제의 총량(L)은 얼마인지 구하시오. (단, 조건에서 주어진 송액관에 필요한 소화약제의 양을 포함한다)

정답 (가) ① 원유저장탱크 : 325.72 L/분
② 등유저장탱크 : 1963.5 L/분
(나) 1200 L/분
(다) ① 원유저장탱크 : 293.15 L/분
② 등유저장탱크 : 1767.15 L/분
(라) 720 L
(마) 2559.22 L

해설 (가) 1분당 포소화약제의 양 또는 1분당 포수용액의 양

$Q = A \times Q_1 \times S$

여기서, Q : 1분당 포소화약제의 양(L/분)
A : 탱크의 액표면적(m^2)
Q_1 : 단위포소화수용액의 양(L/m^2 · 분)
S : 포소화약제의 사용농도

① 원유저장탱크

$$Q = A \times Q_1 \times S = \frac{\pi}{4}(12^2 - 9.6^2)\text{m}^2 \times 8\text{L/m}^2 \cdot 분 \times 1 \fallingdotseq 325.72\text{L/분}$$

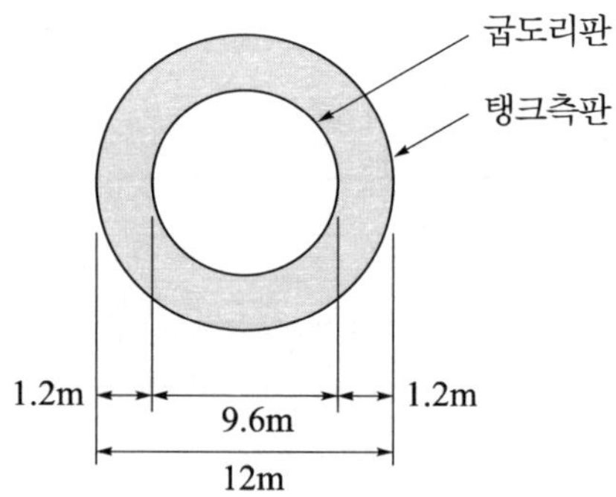

② 등유저장탱크

$$Q = A \times Q_1 \times S = \frac{\pi}{4}(25\text{m})^2 \times 4\text{L/m}^2 \cdot 분 \times 1 = 1963.495 \fallingdotseq 1963.5\text{L/분}$$

(나) 보조포소화전(옥외보조포소화전)

$Q = A \times S \times 8000$

여기서, Q : 포소화약제의 양(포수용액의 양)(L/분)
N : 호스접결구수(최대 3개)
S : 포소화약제의 사용농도

$Q = N \times S \times 8000\,\text{L}$ [N : 호스접결구수(최대 3개)]
$= N \times S \times 400\,\text{L}$ [N : 호스접결구수(최대 3개)]
$= 3 \times 1 \times 400\,\text{L/분}$
$= 1200\,\text{L/분}$

(다) $Q = A \times Q_1 \times T \times S$

여기서, Q : 포소화약제의 양(L/분)
A : 탱크의 액표면적(m^2)
Q_1 : 단위포소화수용액의 양(L/m^2 · 분)
T : 방출시간(분)
S : 포소화약제의 사용농도

① 원유저장탱크

$Q = A \times Q_1 \times T \times S$

$$= \frac{\pi}{4}(12^2 - 9.6^2)\text{m}^2 \times 8\,\text{L/m}^2 \cdot \text{분} \times 30\text{분} \times 0.03 = 293.148 \fallingdotseq 293.15\,\text{L}$$

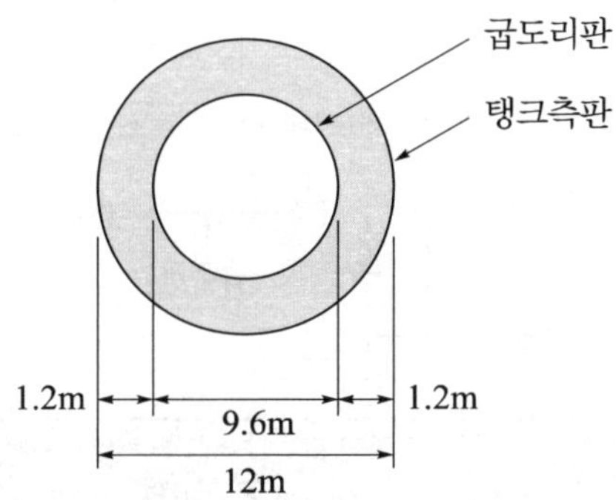

직경 12m인 원유저장탱크의 구조

② 등유저장탱크

$Q = A \times Q_1 \times T \times S$

$$= \frac{\pi}{4}(25\,\text{m})^2 \times 4\,\text{L/m}^2 \cdot \text{분} \times 30\text{분} \times 0.03 = 1767.145 \fallingdotseq 1767.15\,\text{L}$$

(라) $Q = N \times S \times 8000$

여기서, Q : 포소화약제의 양(L)
N : 호스접결구수(최대 3개)
S : 포소화약제의 사용농도

보조포소화전에 필요한 포소화약제의 양 Q는

$Q = N \times S \times 8000\,\text{L}$[$N$: 호스접결구수(최대 3개)]
$= 3 \times 0.03 \times 8000\,\text{L}$
$= 720\,\text{L}$

(마) 총량 Q는

Q = 탱크의 약제량(큰 쪽) + 송액관의 약제량
$= 1767.15\,\text{L} + 720\,\text{L} + 72.07\,\text{L}$
$= 2599.22\,\text{L}$

45 그림은 위험물을 저장하는 플로팅루프탱크 포소화설비의 계통도이다. 그림과 조건을 참고하여 다음 각 물음에 답하시오. (2022년 출제)

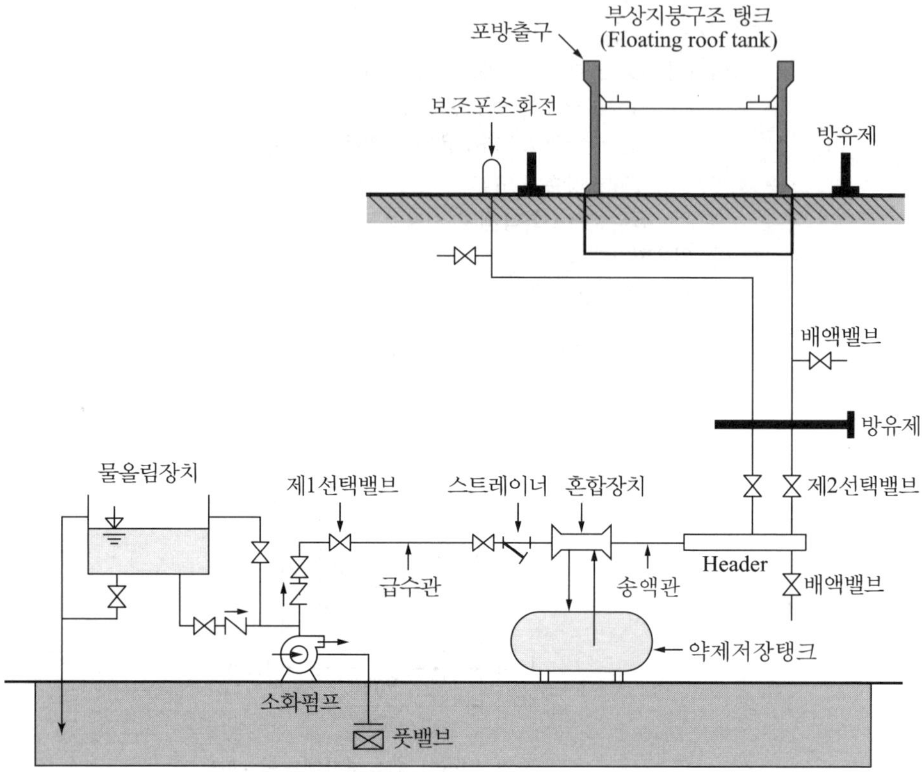

[조건]

① 탱크(Tank)의 안지름 : 50 m
② 보조포소화전 : 7개
③ 포소화약제 사용농도 : 6%
④ 굽도리판과 탱크벽과의 이격거리 : 1.4 m
⑤ 송액관 안지름 : 100 mm, 송액관 길이 : 150 m
⑥ 고정포방출구의 방출률 : 8 L/m^2 · min, 방사시간 : 30분
⑦ 보조포소화전의 방출률 : 400 L/min, 방사시간 : 20분
⑧ 조건에 제시되지 않은 사항은 무시한다.

(가) 소화펌프의 토출량(L/min)을 구하시오.
(나) 수원의 용량(L)을 구하시오.
(다) 포소화약제의 저장량(L)을 구하시오.
(라) 탱크에 설치되는 고정포방출구의 종류와 설치된 포소화약제 혼합방식의 명칭을 쓰시오.
- 고정포방출구의 종류 :
- 포소화약제 혼합방식 :

정답 (가) 2910.03 L/min

(나) 71890.31 L

(다) 4588.74 L

(라) 고정포방출구의 종류 : 특형 방출구

포소화약제 혼합방식 : 프레져 프로포셔너방식

해설 (가) ① 고정포방출구의 수용액 Q_1은

$$Q_1 = A \times Q_1 \times S$$

$$= \frac{\pi}{4}(50^2 - 47.2^2)\text{m}^2 \times 8\ \text{L/m}^2 \cdot \text{min} \times 1$$

$$= 1710.031 ≒ 1710.03\text{L/min}$$

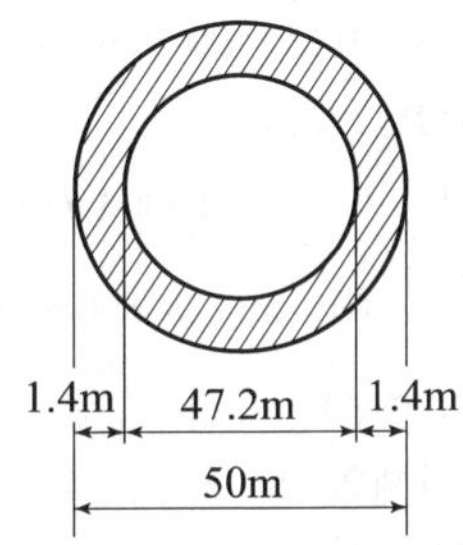

▌플로팅루프탱크의 구조

② 보조포소화전의 방사량 Q_2는

$$Q_2 = N \times S \times 400$$

$$= 3 \times 1 \times 400 = 1200\text{L/min}$$

③ 소화펌프의 토출량 = 고정포방출구의 분당 토출량+보조포소화전의 분당 토출량

$$= Q_1 + Q_2$$

$$= 1710.03\text{L/min} + 1200\text{L/min}$$

$$= 2910.03\text{L/min}$$

(나) ① 고정포방출구의 수원의 양 Q_1은

$$Q = A \times Q \times T \times S$$

$$= \frac{\pi}{4}(50^2 - 47.2^2)\text{m}^2 \times 8\ \text{L/m}^2 \cdot \text{min} \times 30\text{min} \times 0.94$$

$$= 48222.894\text{L/min}$$

② 보조포소화전의 수원의 양 Q_2는

$$Q_2 = N \times S \times 400$$

$$= 3 \times 0.94 \times 400 \times 20\text{min} = 22560\text{L}$$

③ 배관보정량 Q_3은

$Q = A \times L \times S \times 1000\text{L/m}^3$ (안지름 75mm 초과시에만 적용)

$$= \frac{\pi}{4} \times (0.1\text{m})^2 \times 150\text{m} \times 0.94 \times 1000\text{L/min}^3$$

$$= 1107.411\text{L}$$

∴ 수원의 양

$Q = Q_1 + Q_2 + Q_3$

$= 48222.894\,\text{L} + 22560\,\text{L} + 1107.411\,\text{L}$

$= 71890.305 \fallingdotseq 71890.31\,\text{L}$

(다) ① 고정포방출구의 약제량 Q_1은

$Q_1 = A \times Q \times T \times S$

$= \frac{\pi}{4}(50^2 - 47.2^2)\text{m}^2 \times 8\,\text{L/m}^2 \cdot \text{min} \times 30\,\text{min} \times 0.06$

$= 3078.057\,\text{L/min}$

② 보조포소화전의 약제량 Q_2는

$Q_2 = N \times S \times 400$

$= 3 \times 0.06 \times 400 \times 20\,\text{min} = 1440\,\text{L}$

③ 배관보정량 Q_3은

$Q_3 = A \times L \times S \times 1000\,\text{L/m}^3$ (안지름 75mm 초과시에만 적용)

$= \frac{\pi}{4} \times (0.1\,\text{m})^2 \times 150\,\text{m} \times 0.06 \times 1000\,\text{L/min}^3$

$= 70.685\,\text{L}$

∴ 포소화약제의 양

$Q = Q_1 + Q_2 + Q_3$

$= 3078.057\,\text{L} + 1440\,\text{L} + 70.685\,\text{L}$

$= 4588.742 \fallingdotseq 4588.74\,\text{L}$

(라) 문제에서 플로팅루프탱크(Floating roof tank)를 사용하므로 고정포방출구는 특형을 사용하여야 한다.

46 경유를 저장하는 탱크의 내부직경 50 m인 플루팅루프탱크(부상지붕구조)에 포소화설비를 설치하여 소화약제를 방출하려 할 때 다음 물음에 답하시오.

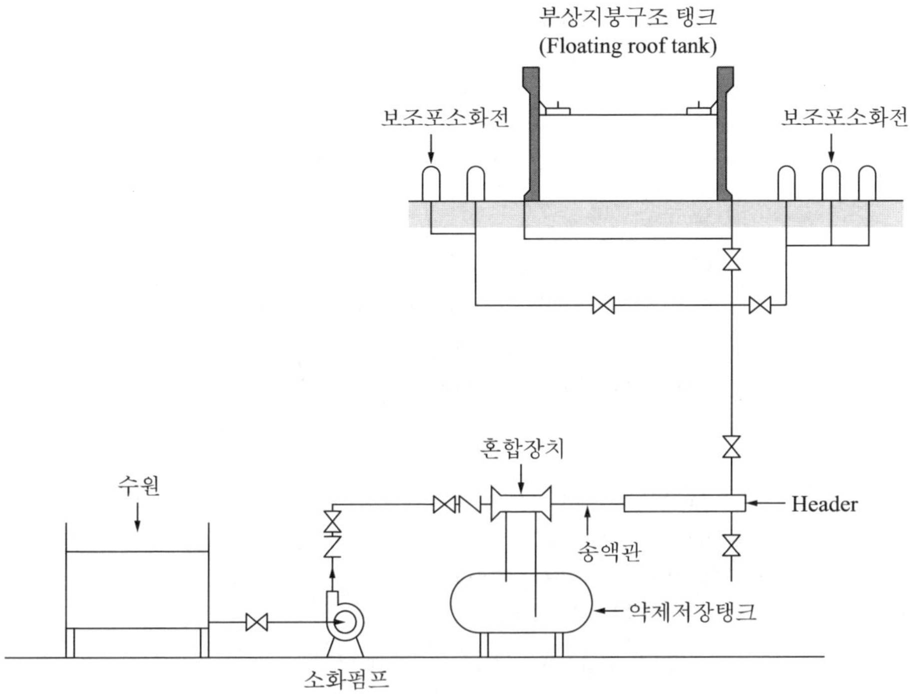

[조건]

① 소화약제는 6%용의 단백포를 사용하며, 수용액의 분당방출량은 8 L/m^2·min이고, 방사시간은 30분으로 한다.

② 탱크 내면과 굽도리판의 간격은 1.2 m로 한다.

③ 고정포방출구의 보조포소화전은 5개 설치되어 있으며 방사량은 400 L/min이다.

④ 송액관의 내경은 100 mm이고 배관길이는 200 m이다.

⑤ 수원의 밀도는 1000 kg/m^3, 포소화약제의 밀도는 1050 kg/m^{3}이다.

(가) 가압송수장치의 분당토출량[L/min]을 구하시오.

(나) 수원의 양[m^3]을 구하시오.

(다) 포소화약제의 양[L]을 구하시오.

(라) 수원의 질량유량[kg/s] 및 포소화약제의 질량유량[kg/s]을 구하시오.

(마) 고정포방출구의 종류는 무엇인지 쓰시오.

(바) 포소화약제의 혼합방식을 쓰시오.

(사) 프로포셔너의 최소통과유량[L/min]과 최대통과유량[L/min]을 구하시오.

정답 (가) 2671.77 L/min

(나) 65.54 m^3

(다) 418339 L

(라) ① 수원의 질량유량 42.3 kg/s

② 포소화약제의 질량유량 2.84 kg/s

(마) 특형방출구

(바) 프레져 프로포셔너방식

(사) 1335.89 L/min 이상 5343.54 L/min 이하

해설 (가) $Q_1 = \frac{\pi}{4}(50^2 - 47.6^2) \times 8 = 1471.77\,\text{L/min}$

$Q_2 = 3 \times 400 = 1200\,\text{L/min}$

$Q = Q_1 + Q_2 = 1471.77 + 1200 = 2671.77\,\text{L/min}$

(나) $1471.77 \times 30 = 441536.1\,\text{L} = 44.15\,\text{m}^3$

$1200 \times 20 = 24000\,\text{L} = 24\,\text{m}^3$

$\frac{\pi \times 0.1^2}{4} \times 200 = 1.57\,\text{m}^3$

$44.15 + 24 + 1.57 = 69.72\,\text{m}^3$

$69.72 \times 0.94 = 65.54\,\text{m}^3$

(다) $1471.77 \times 30 = 441536.1\,\text{L}$

$1200 \times 20 = 24000\,\text{L}$

$\frac{\pi \times 0.1^2}{4} \times 200 = 1.57\,\text{m}^3 = 1570\,\text{L}$

$44153.1 + 24000 + 1570 = 69723.1\,\text{L}$

$69723.14 \times 0.06 = 4183.39\,\text{L}$

(라) ① 수원의 질량유량 : $\frac{2671.77}{60 \times 1000} = 0.045\,\text{m}^3/\text{s}$

$0.045 \times 0.94 = 0.0423\,\text{m}^3/\text{s}$

$0.0423 \times 1000 = 42.3\,\text{kg/s}$

② 포소화약제의 질량유량 : $0.045 \times 0.06 = 2.7 \times 10^{-3}\,\text{m}^3/\text{s}$

$2.7 \times 10^{-3} \times 1050 = 2.835\,\text{kg/s}$

(마) 부상지붕구조 탱크에는 특형방출구 설치

(바) 프레져 프로포셔너방식

(사) $2671.77 \times 0.5 = 1335.89\,\text{L/min}$

$2671.77 \times 2 = 5343.54\,\text{L/min}$

프레져 프로포셔너방식일 경우 50% 이상 200% 이하

47 인화점이 10℃인 제4류 위험물(비수용성)을 저장하는 옥외저장탱크가 있다. 조건을 참고하여 다음 각 물음에 답하시오. (2023년 출제)

[조건]

① 탱크형태 : 플로팅루프탱크(탱크 내면과 굽도리판의 간격 : 0.3 m)
② 탱크의 크기 및 수량 : (직경 15 m, 높이 15 m) 1기, (직경 10 m, 높이 10 m) 1기
③ 옥외보조포소화전 : 지상식 단구형 2개
④ 포소화약제의 종류 및 농도 : 수성막포 3%
⑤ 송액관의 직경 및 길이 : 50 m (80 mm로 적용), 50 m (100 mm로 적용)
⑥ 탱크 2대에서의 동시 화재는 없는 것으로 간주한다.
⑦ 탱크직경과 포방출구의 종류에 따른 포방출구의 개수는 다음과 같다.

▌옥외탱크저장소의 고정포방출구

<table>
<tr><th rowspan="3">탱크의 구조 및 포방출구의 종류
탱크 직경</th><th colspan="4">포방출구의 개수</th></tr>
<tr><th colspan="2">고정지붕구조</th><th>부상덮개부착 고정지붕구조</th><th>부상지붕 구조</th></tr>
<tr><th>Ⅰ형 또는 Ⅱ형</th><th>Ⅲ형 또는 Ⅳ형</th><th>Ⅱ형</th><th>특형</th></tr>
<tr><td>13m 미만</td><td rowspan="4">2</td><td rowspan="3">1</td><td>2</td><td>2</td></tr>
<tr><td>13m 이상 19m 미만</td><td>3</td><td>3</td></tr>
<tr><td>19m 이상 24m 미만</td><td>4</td><td>4</td></tr>
<tr><td>24m 이상 35m 미만</td><td>2</td><td>5</td><td>5</td></tr>
<tr><td>35m 이상 42m 미만</td><td>3</td><td>3</td><td>6</td><td>6</td></tr>
<tr><td>42m 이상 46m 미만</td><td>4</td><td>4</td><td>7</td><td>7</td></tr>
<tr><td>46m 이상 53m 미만</td><td>6</td><td>6</td><td>8</td><td>8</td></tr>
<tr><td>53m 이상 60m 미만</td><td>8</td><td>8</td><td>10</td><td rowspan="2">10</td></tr>
<tr><td>60m 이상 67m 미만</td><td rowspan="8">왼쪽란에 해당하는 직경의 탱크에는 I형 또는 II형의 포방출구를 8개 설치하는 것 외에, 오른쪽란에 표시한 직경에 따른 포방출구의 수에서 8을 뺀 수의 III형 또는 IV형의 포방출구를 폭 30m의 환상부분을 제외한 중심부의 액표면에 방출할 수 있도록 추가로 설치할 것</td><td>10</td><td rowspan="8"></td></tr>
<tr><td>67m 이상 73m 미만</td><td>12</td><td rowspan="2">12</td></tr>
<tr><td>73m 이상 79m 미만</td><td>14</td></tr>
<tr><td>79m 이상 85m 미만</td><td>16</td><td rowspan="2">14</td></tr>
<tr><td>85m 이상 90m 미만</td><td>18</td></tr>
<tr><td>90m 이상 95m 미만</td><td>20</td><td rowspan="2">16</td></tr>
<tr><td>95m 이상 99m 미만</td><td>22</td></tr>
<tr><td>99m 이상</td><td>24</td><td>18</td></tr>
</table>

⑧ 고정포방출구의 방출량 및 방사시간

포방출구의 종류 / 위험물의 구분	I형		II형		특형		III형		IV형	
	포수용액량 (L/m²)	방출률 (L/m²·min)	포수용액량 (L/m²)	방출률 (L/m²·min)	포수용액량 (L/m²)	방출률 (L/m²·min)	포수용액량 (L/m²)	방출률 (L/m²·min)	포수용액량 (L/m²)	방출률 (L/m²·min)
제4류 위험물 중 인화점이 21℃ 미만인 것	120	4	120	4	240	8	220	4	220	4
제4류 위험물 중 인화점이 21℃ 이상 70℃ 미만인 것	80	4	120	4	160	8	120	4	120	4
제4류 위험물 중 인화점이 70℃ 이상인 것	60	4	100	4	120	8	100	4	100	4

(가) 포방출구의 종류와 포방출구의 개수를 구하시오.
① 종류 :
② 개수 :

(나) 각 탱크에 필요한 포수용액의 양(L/min)을 구하시오.
① 직경 15 m 탱크
② 직경 10 m 탱크
③ 옥외보조포소화전

(다) 포소화설비에 필요한 포소화약제의 총량(L)을 구하시오.

정답 (가) ① 종류 : 특형방출구
② 개수 : 직경 15 m 탱크 3개, 직경 10 m 탱크 2개

(나) ① 직경 15 m 탱크 : 110.84 L/min
② 직경 10 m 탱크 : 73.14 L/min
③ 옥외보조포소화전 : 800 L/min

(다) 599.07 L

해설 플로팅루프탱크이므로 특형 방출구 사용

(가) ① 휘발유탱크의 약제소요량

탱크의 종류	포 방출구
고정지붕구조(콘루프탱크)	• I형 방출구 • II형 방출구 • 표면하주입식(III형) • 반표면하주입(IV형)
부상덮개부착고정지붕구조	• II형 방출구
부상지붕구조(플루팅루프탱크)	• 특형 방출구

② 직경이 15 m로서 13 m 이상 19 m 미만이고 플로팅루프탱크의 포방출구는 특형이므로 주어진 표에서 포방출구수는 3개이고, 직경이 10 m로서 13 m 미만이고 포방출구는 특형이므로 포방출구수는 2개이다.

(나) 펌프의 유량

고정포방출구 유량 : $Q_1 = AQS$ 또는 $Q_1' = AQTS$

여기서, Q_1 : 고정포방출구 유량(L/min)

Q_1' : 고정포방출구 양(L)

A : 탱크의 액표면적(m^2)

Q : 단위 포소화수용액의 양(L/m^2 · 분)

T : 방사시간(분)

S : 포수용액 농도($S=1$)

- 펌프동력을 구할 때는 포수용액을 기준으로 하므로 $S=1$
- 문제에서 포수용액의 양(유량)의 단위가 L/min이므로 $Q_1 = AQTS$에서 방사시간 T를 제외한 $Q_1 = AQS$식 적용

배관보정량 $Q = A \times L \times S \times 1000\,\mathrm{L/m^2}$ (안지름 75 mm 초과시에만 적용)

여기서, Q : 배관보정량(L)

A : 배관단면적(m^2)

L : 배관길이(m)

S : 사용농도

① 직경 15 m

고정포방출구의 수용액 $Q_1 = A \times Q \times S$

$$= \frac{\pi}{4}(15^2 - 14.4^2)\mathrm{m^2} \times 8\,\mathrm{L/m^2 \cdot min} \times 1$$

$$= 110.835 \fallingdotseq 110.84\,\mathrm{L/min}$$

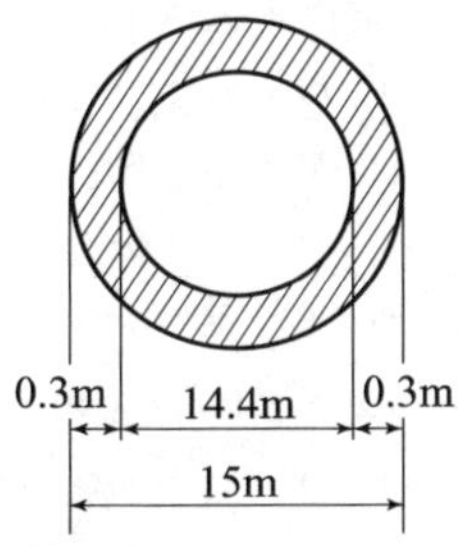

- Q(수용액의 분당 방출량 8 L/m^2 · min) : 특형방출구를 사용하며, 인화점이 10℃인 제4류 위험물로서 인화점이 21℃ 미만인 것에 해당하므로 8 L/m^2 · min

② 직경 10 m

고정포방출구의 수용액 $Q_1 = A \times Q \times S$

$$= \frac{\pi}{4}(10^2 - 9.4^2)\mathrm{m^2} \times 8\,\mathrm{L/m^2 \cdot min} \times 1$$

$$= 73.136 \fallingdotseq 73.14\,\mathrm{L/min}$$

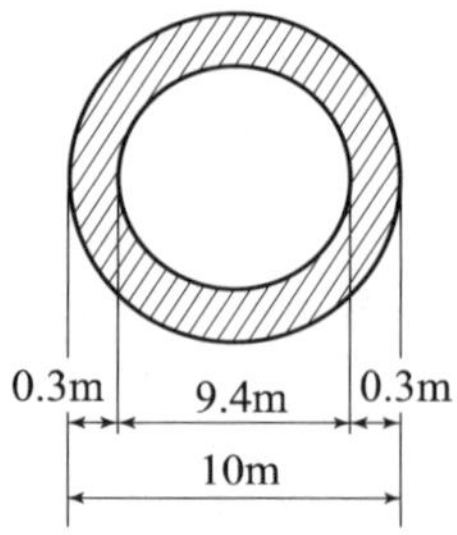

• Q(수용액의 분당 방출량 8 L/m^2 · min)

③ 옥외보조포소화전

$Q_2 = N \times S \times 400$ 또는 $Q_2' = N \times S \times 8000$

여기서, Q_2 : 수용액 · 수원 · 약제량(L/min)

Q_2' : 수용액 · 수원 · 약제량(L)

N : 호스접결구수(최대 3개)

S : 사용농도

• 보조포소화전의 방사량(방출률)이 400 L/min이므로 400 L/min × 20 min = 8000 L가 되므로 위의 두 식은 같은 식

옥외보조포소화전의 방사량 $Q_2 = N \times S \times 400 = 2 \times 1 \times 400 = 800\,\text{L/min}$

[비교]

(1) 보조포소화전(옥외보조포소화전)

$Q = N \times S \times 8000$

여기서, Q : 포소화약제의 양(L)

N : 호스접결구수(최대 3개)

S : 포소화약제의 사용농도

(2) 옥내포소화전방식 또는 호스릴방식

$Q = N \times S \times 6000$ (바닥면적 200 m^2 미만은 75%)

여기서, Q : 포소화약제의 양(L)

N : 호스접결구수(최대 5개)

S : 포소화약제의 사용농도

(다) ① 고정포방출구의 포소화약제의 양 Q_1은

$Q_1 = A \times Q \times T \times S$

$= \frac{\pi}{4}(15^2 - 14.4^2)\text{m}^2 \times 8\,\text{L/m}^2 \cdot \text{min} \times 30\,\text{min} \times 0.03$

$= 99.751 \fallingdotseq 99.75\,\text{L}$

위험물의 구분 \ 포방출구의 종류	I 형		II 형		특형	
	포수용액량 (L/m^2)	방출률 ($L/m^2 \cdot min$)	포수용액량 (L/m^2)	방출률 ($L/m^2 \cdot min$)	포수용액량 (L/m^2)	방출률 ($L/m^2 \cdot min$)
제4류 위험물 중 인화점이 21℃ 미만인 것	120	4	120	4	240	8

• $방출시간(T) = \frac{포수용액량(L/m^{2)}}{방출률(L/m^2 \cdot min)} = \frac{240\,L/m^2}{8\,L/m^2 \cdot min} = 30\,min$

② 옥외보조포소화전의 포소화약제의 양 Q_2는

$Q_1 = N \times S \times 8000 = 2 \times 0.03 \times 8000 = 480\,L$

③ 배관보정량 Q_3은

$Q_1 = A \times L \times S \times 1000\,L/m^3$ (안지름 75 mm 초과시에만 적용)

$= \left[\frac{\pi}{4} \times (0.08m)^2 \times 50\,m \times 0.03 \times 1000\,L/m^3\right]$

$+ \left[\frac{\pi}{4} \times (0.1m)^2 \times 50\,m \times 0.03 \times 1000\,L/m^3\right]$

$= 19.32\,L$

∴ 포소화약제의 양 $Q = Q_1 + Q_2 + Q_3$

$= 99.75\,L + 480\,L + 19.32\,L = 599.07L$

2.9 이산화탄소소화설비

1 개요

이산화탄소(CO_2)소화설비는 스프링클러설비나 포소화설비 등 물에 의한 피해가 예상되는 장소나 전기화재, 유류화재 등에 사용된다. 화학적으로 안정된 소화약제이므로 약제의 변질이 없고, 한번 설치하면 반영구적으로 사용이 가능하며, 복잡하고 입체적인 구조물의 대상물이라도 침투성이 강해 심층부까지 파고들어 완전소화가 된다. A급화재(일반화재), B급화재(유류화재), C급화재(전기화재) 등에 유효하며 소화 후에도 잔유물이 남지 않는 것이 특징이다.

이산화탄소소화설비는 화재의 3요소인 가연물, 공기(산소), 점화원 중의 하나인 산소의 공급을 차단함으로써 질식 작용에 의해 화재를 진압하는 소화설비이다. 특히, 방출 시 산소의 농도 저하로 특정소방대상물 내에 사람이 있을 경우에는 질식시킬 우려가 있다. 분사헤드에서 이산화탄소가 방출될 때의 단열팽창에 따라 온도가 저하해서 드라이아이스가 생기고 그 냉각작용으로 소화를 돕는 효과가 있다.

이산화탄소소화설비의 소화원리는 공기의 산소함유량은 21%이지만 이것이 15% 이하가 되면 가연물은 소화되기 시작한다. 이산화탄소는 불활성가스이고 이것을 공기 중에 40% 혼입하면 산소농도는 15%가 되고 연소물은 질식작용에 따라 소화된다. 이산화탄소소화설비는 적용범위가 넓으며, 방출 후 가연물질에 피해를 주지 않는 설비이기도 하다.

구성은 가스저장용기, 화재감지장치, 분사헤드, 기동장치, 음향경보장치, 배관, 자동폐쇄장치, 제어반, 비상전원 등으로 되어있다.

(1) 독성

고농도의 이산화탄소는 신체에 치명적일 수 있으며, 이산화탄소는 가장 강력한 대뇌 혈관 확장제 중 하나이다. 고농도의 이산화탄소를 흡입했을 때 순환계에 이상을 일으켜 혼수상태 또는 사망에 이르게 할 수 있으며, 다량의 이산화탄소에 노출되었을 경우 질식이 일어날 수 있다.

■ 표 2.34 이산화탄소의 독성

이산화탄소의 농도(%)	증상발현까지의 폭로시간(분)	인체에 미치는 영향
2 미만		확실한 영향은 인정되지 않음
2~3	5~10	호흡심도의 증가, 호흡수의 증가
3~4	10~30	두통, 메스꺼움(구역), 지각 저하
4~6	5~10	상기 증상, 과호흡에 의한 불쾌감
6~8	10~60	의식수준저하, 그 후 의식상실로 진전
8~10	1~10	
10 이상	수분 이내	의식상실, 그 후 단시간에 생명의 위험이 있음
30	8~12호흡	

(2) 이산화탄소소화설비의 장 · 단점

장점	① 방출을 한 후에 소화약제의 잔존물이 없으므로 깨끗하다. ② 전기절연성이 크므로 전기화재에 적응성이 있다. ③ 경년 변화가 거의 없기 때문에 소화약제의 수명이 반영구적이고 소화약제의 가격이 저렴하다. ④ 냉각소화작용이 크다. ⑤ 한랭지에도 동결 등에 의한 성능의 저하가 없다. ⑥ 방출용 동력원을 필요로 하지 않는다.
단점	① 질식의 위험이 있어 사용이 제한된다. ② 고압설비로서 취급하기가 어렵다(용기, 배관, 밸브 등). ③ 기화할 때에 온도가 급격히 낮아져 동결의 위험이 있으며, 정밀기기에는 손상을 줄 수 있다. ④ 소화약제가 방출될 때에는 소음이 심하다. ⑤ 소화약제가 방출될 때에 안개처럼 시야를 가리게 되어 피난에 어려움이 있다.
주의점	분사헤드에서 이산화탄소가 방출하여 기화하는 경우 주울-톰슨효과에 따라서 온도가 강하하여 드라이아이스를 형성하고, 이 드라이아이스는 −78.5℃에서 승화하여 이산화탄소가스가 되고 드라이아이스 1이 200℃의 가스체로 될 때까지 약 170 cal의 열량을 흡수하여 주위 온도가 내려가므로 이때에 동해를 주의해야 한다.

2 이산화탄소소화설비의 종류

(1) 방출방식에 의한 분류

① 전역방출방식

고정식 이산화탄소 공급장치에 배관 및 분사헤드를 고정 설치하여 밀폐 방호구역 내에 이산화탄소를 방출하는 설비를 말한다.

② 국소방출방식

고정식 이산화탄소 공급장치에 배관 및 분사헤드를 설치하여 직접 화점에 이산화탄소를 방출하는 설비로 화재발생부분에만 집중적으로 소화약제를 방출하도록 설치하는 방식을 말한다.

③ 호스릴방식

분사헤드가 배관에 고정되어 있지 않고 소화약제 저장용기에 호스를 연결하여 사람이 직접 화점에 소화약제를 방출하는 이동식 소화설비를 말한다.

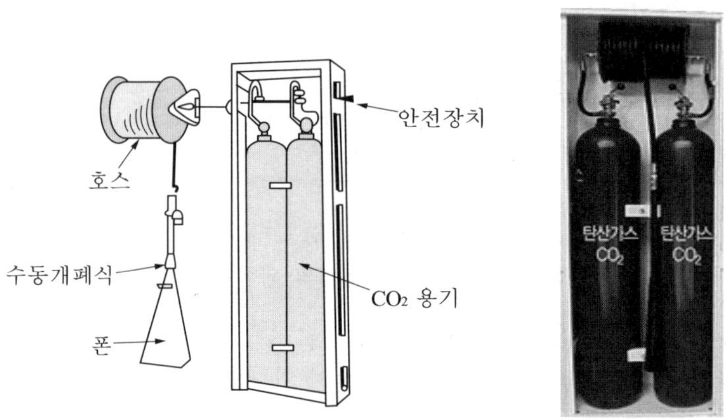

그림 2.136 호스릴방식(이동식)

(2) 저장방식에 의한 분류

① 고압저장방식

고압식은 상온상태에서 저장하는 방식을 말하며, 일반적으로 가장 많이 설치하는 방식이다. 이 방식은 이산화탄소가 액체상태로 용기에 저장되며, 6.0 MPa의 압력으로 이산화탄소를 저장하는 방식이다. 이산화탄소를 21℃에서 액체 상태로 저장하려면 거의 6.0 MPa의 압력으로 액화시켜서 저장할 수 있다.

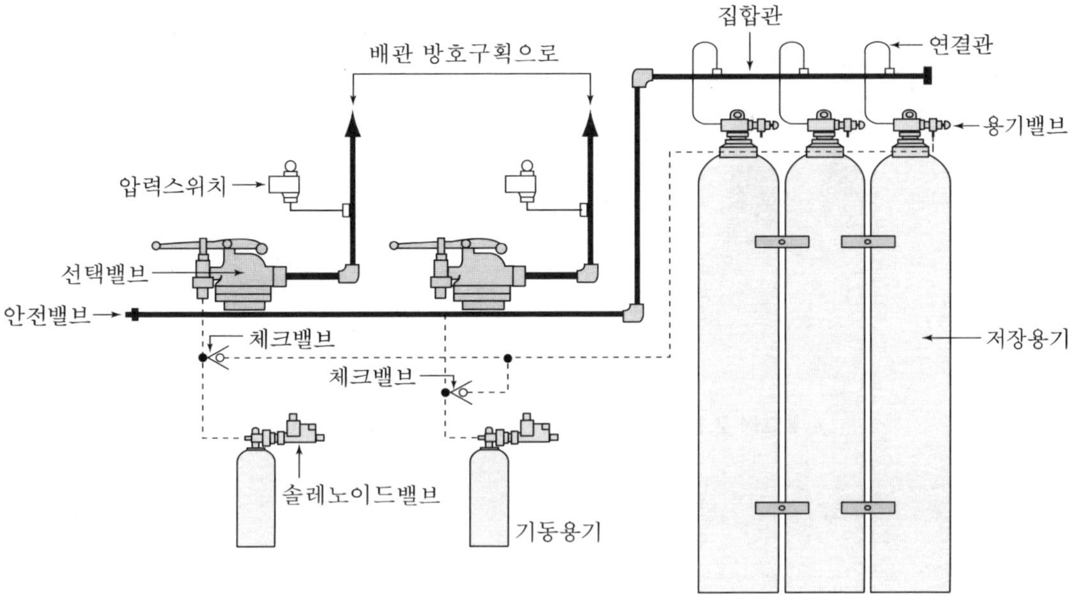

■그림 2.137 고압용기 설치 예

② 저압저장방식

상온에서 저장하는 저압저장방식에 대하여 단열구조, 자동냉동기를 장치한 저압용기를 사용하여 액화탄산가스를 저장하고 사용하는 방식이다. 저압식은 냉동기를 이용하여 이산화탄소를 −18℃에서 2.1 MPa로 사용하며, 소화 시 대량의 이산화탄소가 필요한 곳에 유효하다.

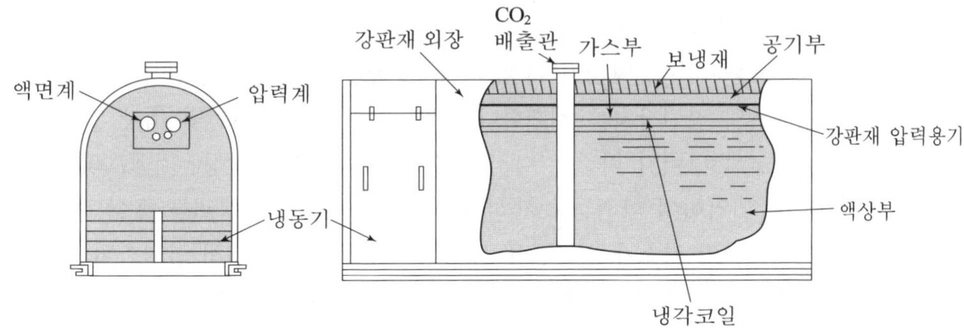

■그림 2.138 저압용기 설치 예

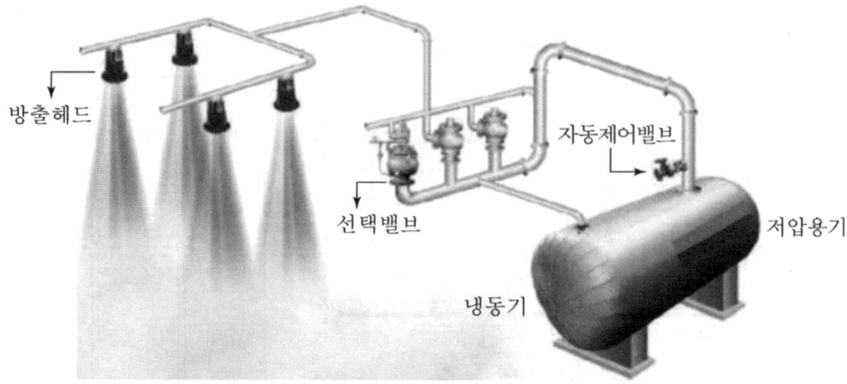

▮그림 2.139 저압식 이산화탄소소화설비(설치 예)

3 계통도

(1) 작동원리

화재감지기에 의해서 화재가 감지되거나 인위적으로 화재를 목격한 사람이 수동기동장치의 누름단추를 누르면 수신반에 화재표시등이 점등되고 해당방호구역의 음향장치가 화재경보를 울리기 시작한다.

수신기 내부에는 지연장치인 지연타이머가 내장되어 미리 조정된 시간동안 경보만 울리다가 지연조정 시간이 되면 기동용기 솔레노이드가 작동되고 기동용 가스용기밸브의 봉판을 뚫어서 기동가스를 방출시킨다. 방출된 기동가스는 조작동관을 따라 선택밸브의 피스톤릴리져로 들어가 선택밸브의 잠김장치를 해제한다. 선택밸브 개방으로 인해 해당 방호구역으로 가스유입을 허용해 놓고 나머지 가스는 다시 조작동관을 따라서 저장용기밸브의 파괴침(공이) 직전의 피스톤을 가압하여 파괴침으로 하여금 저장용기밸브의 봉판을 뚫어 저장된 가스를 개방시킨다. 저장용기의 가스가 집합관을 통해 선택밸브를 거치면서 압력스위치를 동작시키며 송출배관을 따라 분사헤드에서 해당 방호구역에 방출되어 소화작업이 이루어진다. 선택밸브 2차측 배관에 설치된 압력스위치가 동작되면서 제어반, 수동기동 조작함 및 방호구역 출입문 상단에 설치된 방출표시등을 점등시키고 배관 내 압력에 의하여 자동폐쇄장치의 작동이 이루어진다.

국소방출방식도 작동원리는 위와 동일하며 분사헤드가 국소부분에만 설치되어 있기 때문에 가스의 방출이 국소부에만 이루어질 뿐이다.

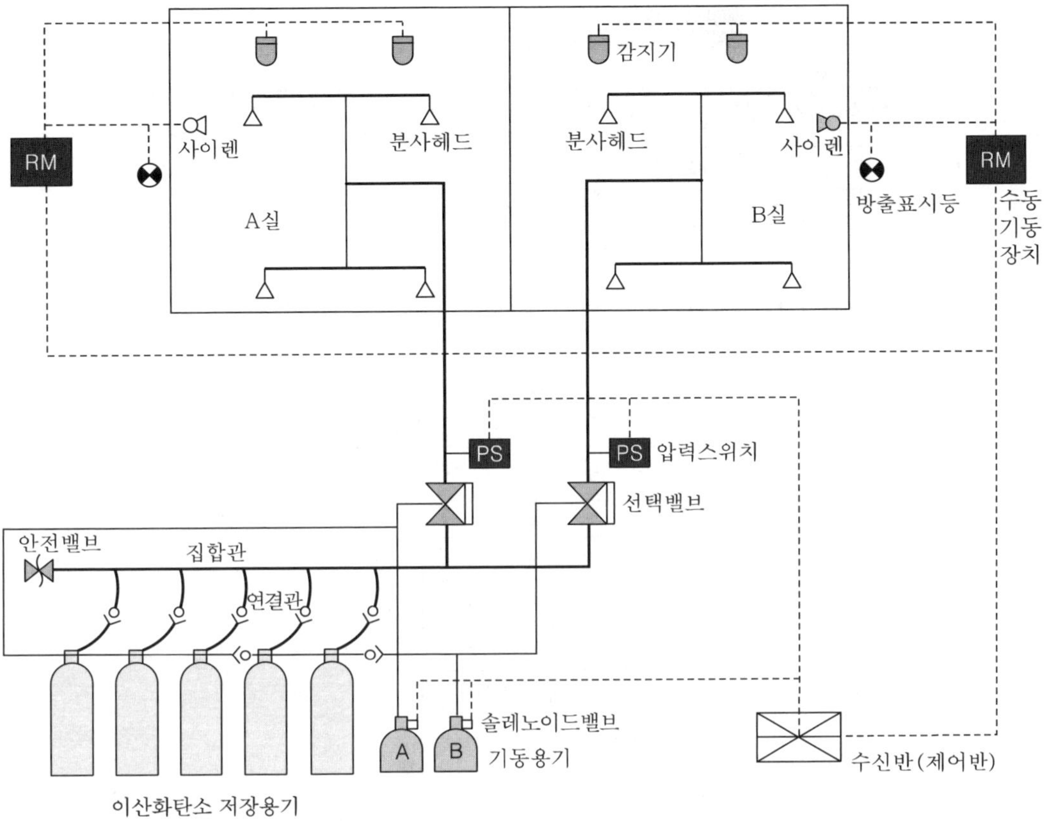

그림 2.140 이산화탄소소화설비 계통도

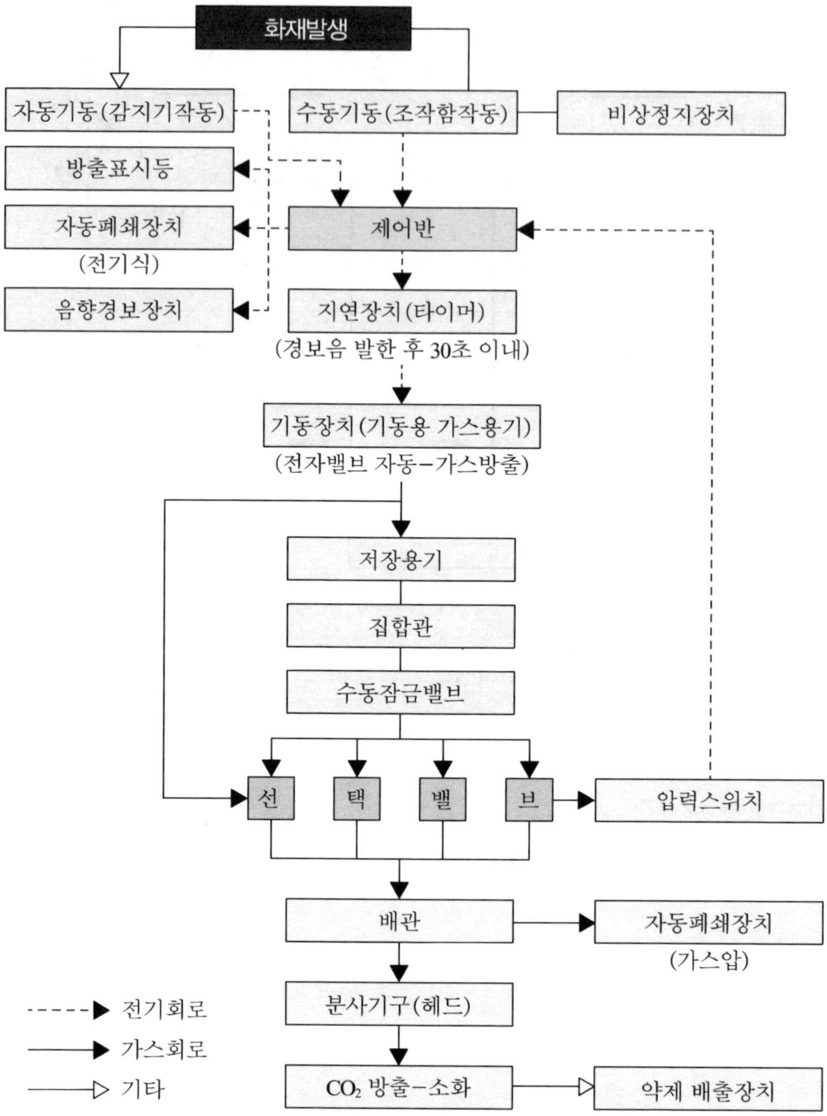

■그림 2.141 전역방출방식의 작동체계

4 이산화탄소소화설비 구성요소

이산화탄소 소화약제를 고압으로 저장하는 저장용기는 고압가스안전관리법의 적용을 받는 것으로 보통 68 L의 내용적을 가지는 용기를 사용한다. [그림 2.142]는 용기의 외관과 용기 표기법에 대해 나타낸 것이다.

(1) 저장용기

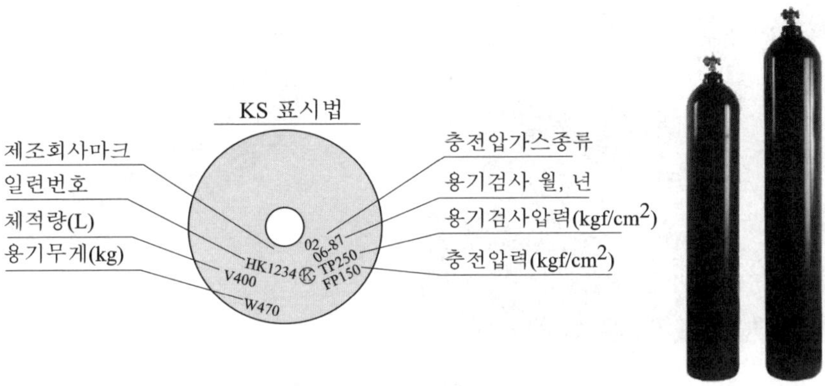

▮그림 2.142 이산화탄소 저장용기의 외관과 표기법

(2) 저장용기 밸브

기동용기로부터 압송된 가스압력으로 저장가스를 개방하는 저장용기 밸브가 부착되어 있으며, 저장용기 밸브를 개방하는 니이들밸브가 부착되어 있다(그림 2.143).

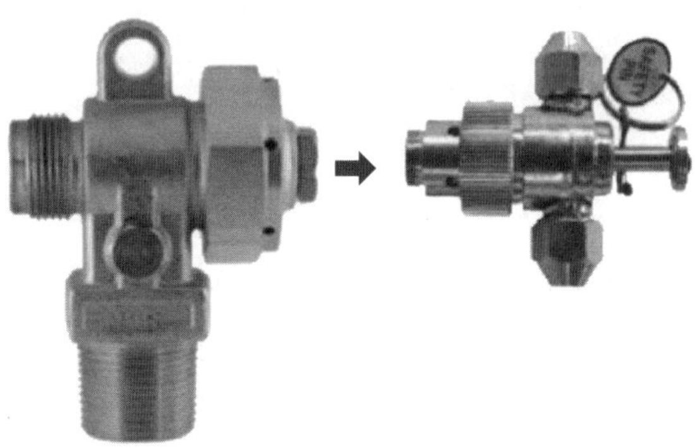

저장용기밸브 니이들밸브

▮그림 2.143 저장용기밸브와 니이들밸브

(3) 연결관 및 집합관

연결관은 [그림 2.144]와 같이 이산화탄소 저장용기와 집합관을 연결시키는 것으로 후렉시블튜브로 신축성이 있는 관이다. 집합관은 각각의 저장용기에서 방출된 이산화탄소 소화약제를 모아주는 관으로서 높은 압력에 견디는 압력배관으로 설치해야 한다.

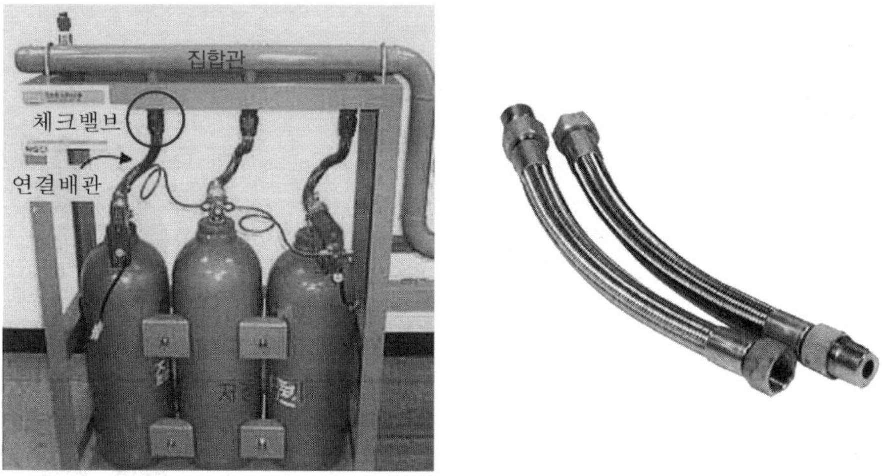

▮그림 2.144 집합관과 연결관

(4) 안전밸브

약제 저장용기와 선택밸브 사이 배관 도중에 설치하여 저장용기의 용기밸브는 개방되었으나 선택밸브가 개방되지 아니하였을 때 설비의 안전을 위하여 개방되는 안전장치이다(그림 2.145).

▮그림 2.145 안전밸브

(5) 선택밸브

방호구역 및 방호대상물이 여러 곳인 특정소방대상물에서 저장용기는 공용으로 하고 해당 방호구역 및 방호대상물마다 설치하여 방출구역을 선택하여주는 밸브이다.(그림 2.146)

▮그림 2.146 선택밸브

(6) 기동용기함

[그림 2.147]과 같이 기동용 가스용기를 내장하는 함으로서 선택밸브와 같이 하나의 방호구역 마다 1개씩 설치되며 기동용기, 기동용 솔레노이드밸브 및 압력스위치가 함께 내장된다.

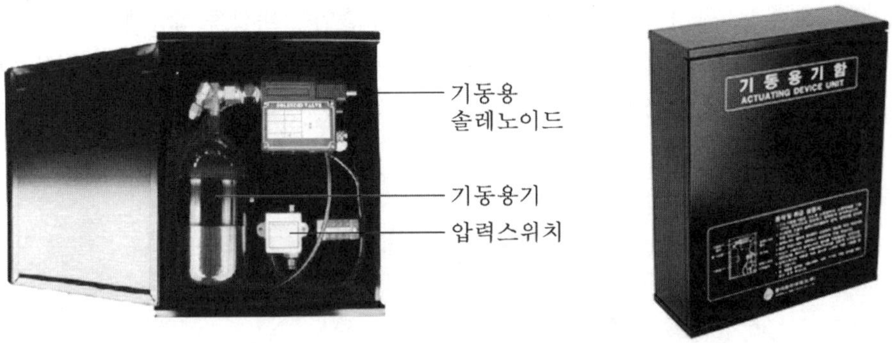

▮그림 2.147 기동용기함

(7) 기동용기

저장용기 밸브를 개방시키기 위한 가압용 가스를 저장하는 용기로서 내용적이 5 L 이상으로 하고, 해당 용기에 저장하는 질소 등의 비활성 기체는 0.6 MPa 이상의 압력으로 충전한다.

(8) 기동용 솔레노이드 밸브

화재감지기의 작동에 따라 화재신호가 수신부(제어반)로 수신되면 솔레노이드가 작동되어 커터(파괴침)가 기동용기밸브의 봉판을 뚫어서 기동용가스를 방출시키는 역할을 한다.

▮그림 2.148 기동용 솔레노이드 밸브

(9) 압력스위치 및 방출표시등

압력스위치는 저장용기의 가스가 방출될 때 가스압력에 의해 접점신호를 제어반으로 입력시켜 방출표시등을 점등시키는 역할을 하는 스위치로서 일반적으로 선택밸브 2차측 배관상에서 동관으로 분기하고 동관을 연장시켜 기동용기함 내부에 설치한다.

방출표시등은 방호구역의 출입구 마다 설치하는데 출입구 바깥쪽 상단에 설치하여 가스 방출시 점등("CO_2 방출 중"이라는 문자로 표기됨)되어 옥내로 사람이 입실하는 것을 막아주는 역할을 한다. 이는 출입구 상단 외에 수동조작함과 제어반 등에도 점등되어 가스가 방출 중임을 표시한다.

▮그림 2.149 압력스위치와 방출표시등

(10) 체크밸브

체크밸브는 기동용 동관 및 집합관과 연결관 사이 설치하여 가스가 역류하는 것을 방지하는 밸브로서 ←표가 표시되어 있어 가스 흐름 방향을 나타내고 있으므로 설치시 방향에 주의해야 한다. 저장용기를 공용으로 하고 각 방호구역마다 필요로 하는 소요 저장용기만을 개방시켜 주고 개방되지 아니한 다른 용기의 개방을 방지하기 위하여 설치한다.

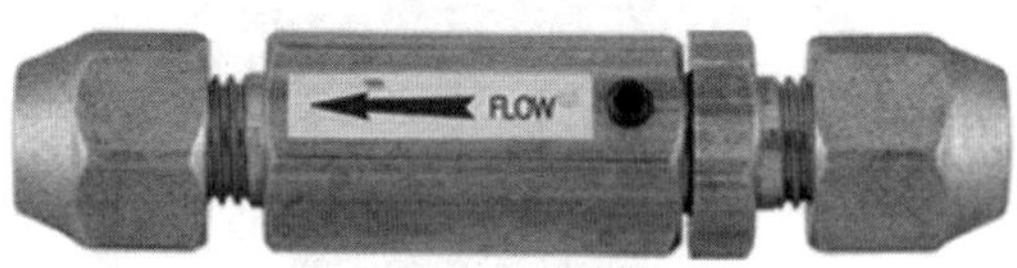

▮그림 2.150 가스 체크밸브

(11) 자동폐쇄장치

자동폐쇄장치는 이산화탄소 소화약제를 방출하는 실내에 출입문, 창문, 환기구 등 개구부가 있을 때 약제 방출 전 이들 개구부를 폐쇄하여 방출된 가스의 누출로 인한 소화 효과의 감소를 최소화하기 위하여 설치한다. 이는 방출되는 소화약제의 방출압력으로 피스톤릴리져를 작동하여 개구부를 폐쇄하게 된다.

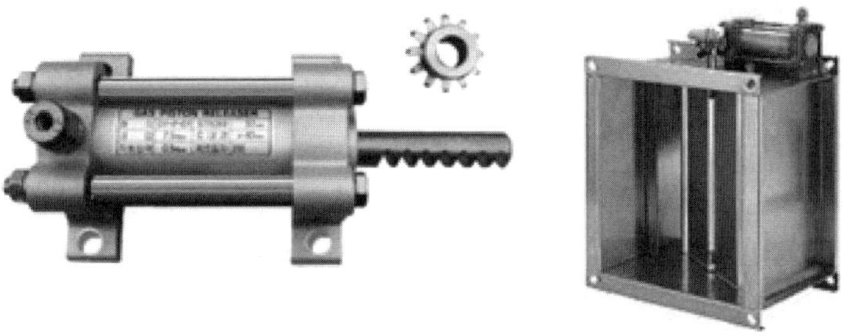

▮그림 2.151 댐퍼와 피스톤릴리져

(12) 분사헤드

분사헤드는 방출된 소화약제가 방호구역의 전역에 균일하게 신속히 확산할 수 있도록 설치하며, 소화약제의 방출에 따라 가연물이 비산하지 아니하는 장소에 설치를 해야 한다.

▮그림 2.152 분사헤드 종류

5 적용대상물

이산화탄소소화설비를 설치하여야 하는 특정소방대상물(가스시설 또는 지하구를 제외한다)은 물분무등소화설비 규정에 준용한다.

6 소화약제의 저장용기

(1) 설치장소

① 방호구역 외의 장소에 설치할 것. 다만, 방호구역 내에 설치할 경우에는 피난 및 조작이 용이하도록 피난구 부근에 설치해야 한다.
② 온도가 40℃ 이하이고, 온도변화가 적은 곳에 설치할 것
③ 직사광선 및 빗물이 침투할 우려가 없는 곳에 설치할 것
④ 방화문으로 구획된 실에 설치할 것
⑤ 용기의 설치장소에는 해당 용기가 설치된 곳임을 표시하는 표지를 할 것
⑥ 용기간의 간격은 점검에 지장이 없도록 3 cm 이상의 간격을 유지할 것
⑦ 저장용기와 집합관을 연결하는 연결배관에는 체크밸브를 설치할 것. 다만, 저장용기가 하나의 방호구역만을 담당하는 경우에는 그렇지 않다.

(2) 저장용기 기준

① 저장용기의 충전비는 고압식에 있어서는 1.5 이상 1.9 이하, 저압식에 있어서는 1.1 이상 1.4 이하로 할 것

$$충전비 = \frac{용기\ 내\ 용적(L)}{소화약제중량(kg)}$$

② 저압식 저장용기에는 내압시험압력의 0.64배부터 0.8배의 압력에서 작동하는 안전밸브와 내압시험압력의 0.8배부터 내압시험압력에서 작동하는 봉판을 설치할 것
③ 저압식 저장용기에는 액면계 및 압력계와 2.3 MPa 이상 1.9 MPa 이하의 압력에서 작동하는 압력경보장치를 설치할 것
④ 저압식 저장용기에는 용기내부의 온도가 −18℃ 이하에서 2.1 MPa의 압력을 유지할 수 있는 자동냉동장치를 설치할 것
⑤ 저장용기는 고압식은 25 MPa 이상, 저압식은 3.5 MPa 이상의 내압시험압력에 합격한 것으로 할 것

(3) 소화약제 저장용기의 개방밸브는 전기식 · 가스압력식 또는 기계식에 따라 자동으로 개방되고 수동으로도 개방되는 것으로서 안전장치가 부착된 것으로 해야 한다. 가스압력식 개방장치는 용기밸브를 가스압력에 의하여 개방하는 장치로서 가스압력발생을 위한 기동용기를 설치하고 기동용기로부터 발생된 가스압력을 이용하여 용기밸브를 개방시킨다.

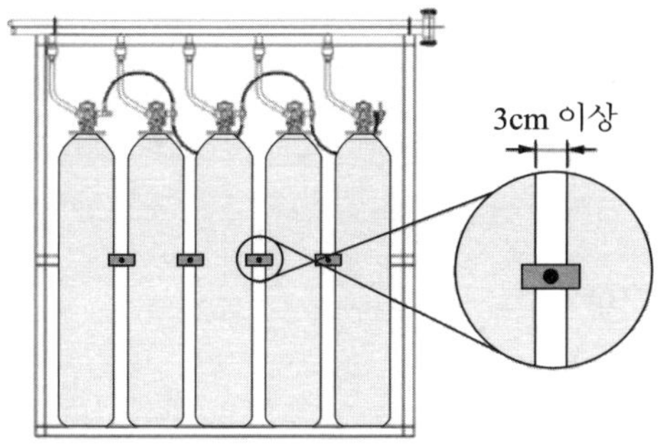

▮그림 2.153 저장용기간의 간격

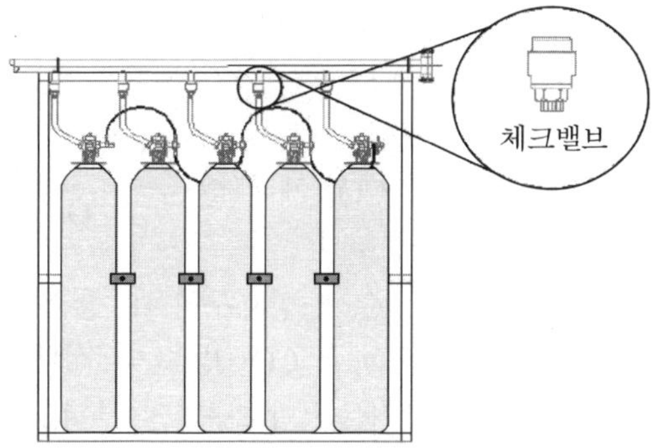

▮그림 2.154 저장용기와 집합관 연결부의 체크밸브설치예시

(4) 이산화탄소 소화약제 저장용기와 선택밸브 또는 개폐밸브 사이에는 배관의 최소사용설계압력과 최대허용압력 사이의 압력에서 작동하는 안전장치를 설치해야 하며, 안전장치를 통하여 나온 소화가스는 전용의 배관 등을 통하여 건축물 외부로 배출될 수 있도록 해야 한다. 이 경우 안전장치로 용전식을 사용해서는 안 된다.

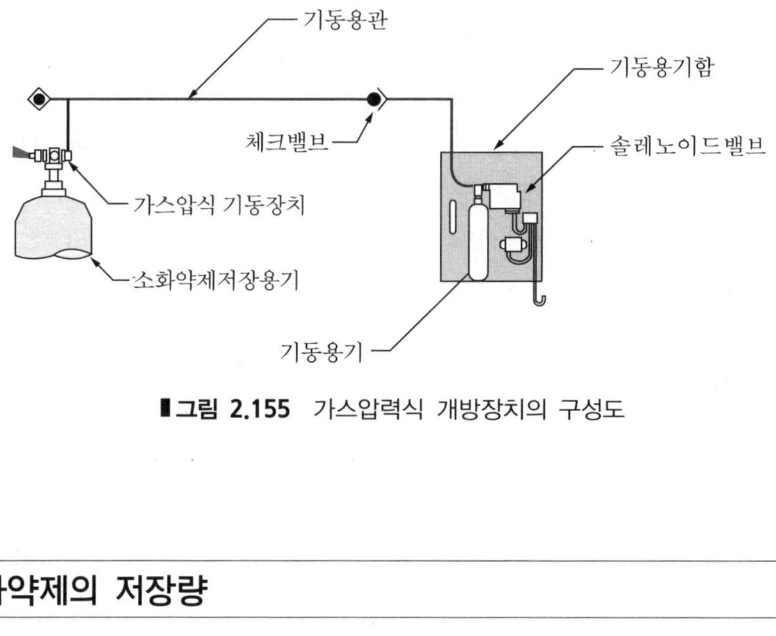

▮그림 2.155 가스압력식 개방장치의 구성도

7 소화약제의 저장량

(1) CO_2 농도의 기본 개념

① 실내의 CO_2 가스량(무유출, No efflux)

CO_2 방출 전 실내 산소농도가 21%이며, 방출 후 실내 산소 농도가 감소되며 이를 O_2

(%)라 하면, 이때 방출 전 산소의 체적 $= V \times 21\,(\%)$, 방출 후 산소의 체적 $= (V + x) \times O_2\,(\%)$가 된다.

$$CO_2 \text{ 체적}(Q) = \frac{21 - O_2}{O_2} \times V \ (m^3)$$

여기서, Q : 방호구역 내 방출한 CO_2 체적(m^3)
O_2 : CO_2 방출 후 실내의 산소농도(%)
V : 방호구역의 부피(m^3)

② 소화약제 방출 후 실내의 CO_2 가스량(무유출, No efflux)

$$C\,(\%) = \frac{\text{방사된 } CO_2\text{가스량}}{\text{실부피 공기량} + \text{방사된 } CO_2\text{가스량}} \times 100$$

$$\therefore C\,(\%) = \frac{\dfrac{21 - O_2}{O_2} \times V}{V + \dfrac{21 - O_2}{O_2} \times V} \times 100 = \frac{21 - O_2}{21} \times 100$$

여기서, C : CO_2 방출 후 CO_2 실내의 농도(%)
O_2 : 방출 후 실내의 산소농도(%)

이산화탄소 소화약제 저장량은 다음의 기준에 의한 양으로 한다. 이 경우 동일한 특정소방대상물 또는 그 부분에 2 이상의 방호구역이나 방호대상물이 있는 경우에는 각 방호구역 또는 방호대상물에 대하여 다음의 기준에 의해 산출한 저장량 중 최대의 것으로 할 수 있다.

(2) 전역방출방식

① 가연성액체 또는 가연성가스 등 표면화재 방호대상물의 경우

가. 방호구역의 체적(불연재료나 내열성의 재료로 밀폐된 구조물이 있는 경우에는 그 체적을 감한 체적) 1 m^3에 대하여 다음 [표 2.35]에 따른 양. 다만, 다음 [표 2.35]에 따라 산출한 양이 동표에 따른 저장량의 최저한도의 양 미만이 될 경우에는 그 최저한도의 양으로 한다.

나. 설계농도가 34% 이상인 방호대상물의 소화약제량은 "가"의 기준에 의하여 산출한 기본소화약제량에 [그림 2.156]에 의한 보정계수를 곱하여 산출한다.

다. 방호구역의 개구부에 자동폐쇄장치를 설치하지 아니한 경우에는 "가", "나"의 기준에 의하여 산출한 양에 개구부를 면적 1 m^2당 5 kg의 소화약제를 가산해야 한다. 이

경우 개부구의 면적은 방호구역 전체 표면적의 3% 이하로 해야 한다.

표 2.35 방호구역의 소화약제량

방호구역의 체적	방호구역의 체적 1 m^3에 대한 소화약제의 양(kg)	소화약제 저장량의 최저 한도의 양(kg)
45 m^3 미만	1.00 kg	45 kg
45 m^3 이상 150 m^3 미만	0.90 kg	
150 m^3 이상 1,450 m^3 미만	0.80 kg	135 kg
1,450 m^3 이상	0.75 kg	1,125 kg

표 2.36 가연성 액체 또는 가연성 가스의 소화에 필요한 설계농도

방호대상물	설계농도(%)	방호대상물	설계농도(%)
수소(Hydrogen)	75	석탄가스, 천연가스(Coal, Natural gas)	37
아세틸렌(Acetylene)	66	사이크로 프로판(Cyclo Propane)	37
일산화탄소(Carbon Monoxide)	64	이소부탄(Iso Butane)	36
산화에틸렌(Ethylene Oxide)	53	프로판(Propane)	36
에틸렌(Ethylene)	49	부탄(Butane)	34
에탄(Ethane)	40	메탄(Methane)	34

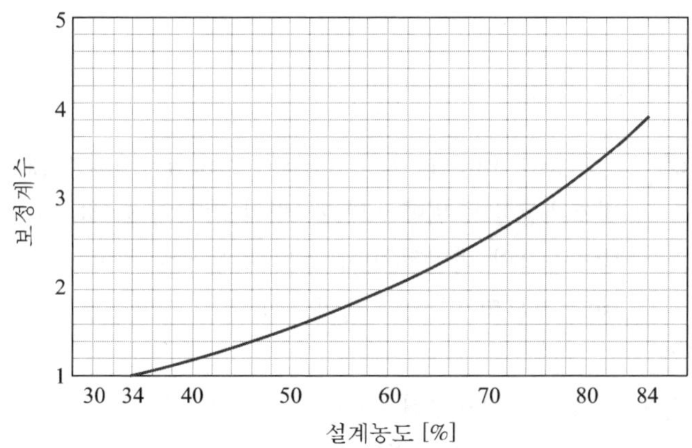

그림 2.156 설계농도에 의한 보정계수

② 종이, 목재, 석탄, 섬유류 합성수지류 등 심부화재 방호대상물의 경우

가. 방호구역의 체적(불연재료나 내열성의 재료로 밀폐된 구조물이 있는 경우에는 그 체적을 감한 체적) 1 m^3에 대하여 다음 [표 2.37]에 의한 양 이상으로 해야 한다.

나. 방호구역의 개구부에 자동폐쇄장치를 설치하지 아니한 경우에는 "가"의 기준에 의

하여 산출한 양에 개구부 면적 1 m^2당 10 kg의 소화약제를 가산해야 한다. 이 경우 개구부 면적은 방호구역 전체 표면적의 3% 이하로 해야 한다.

표 2.37 방호대상물의 소화약제량

방호대상물	방호구역의 체적 1 m^3에 대한 소화약제의 양(kg)	설계농도 (%)
유압기기를 제외한 전기설비, 케이블실	1.3 kg	50
체적 55 m^3 미만의 전기설비	1.6 kg	50
서고, 전자제품창고, 목재 가공품 창고, 박물관	2.0 kg	65
고무류, 면화류, 모피, 석탄창고, 집진설비	2.7 kg	75

(3) 국소방출방식

다음의 기준에 의하여 산출한 양에 고압식의 것에 있어서는 1.4, 저압식의 것에 있어서는 1.1을 각각 곱하여 얻은 양 이상으로 할 것

① 윗면이 개방된 용기에 저장하는 경우와 화재시 연소면이 한정되고 가연물이 비산할 우려가 없는 경우에는 방호대상물의 표면적 1 m^2에 대하여 13 kg

② ①번에 외의 경우에는 방호공간의 체적 1 m^3에 대하여 다음의 식에 의하여 산출한 양

$$Q = 8 - 6\frac{a}{A}$$

여기서, Q : 방호공간 1 m^3에 대한 이산화탄소소화약제의 양[kg/m^3]
a : 방호대상물 주위에 설치된 벽의 면적의 합계[m^2]
A : 방호공간의 벽면적(벽이 없는 경우에는 벽이 있는 것으로 가정한 해당 부분의 면적)의 합계[m^2]

가. 방호공간
방호대상물의 각 부분으로부터 0.6 m의 거리에 의하여 둘러싸인 공간

나. 방호대상물 주위에 설치된 벽면의 합계(a)
방호대상물 주위에 실제로 벽이 설치되어 있는 경우(이는 고정상태를 말한다)에 이를 적용하는 것이며 벽이 없는 경우에는 0이 된다.

다. 방호공간의 벽면적(A)
벽이 없는 경우에도 0.6 m 연장된 공간의 벽을 가상하여 벽면을 구하는 것이다. 아울러 a(방호대상물에 설치된 벽면적) 및 A(방호공간 벽면적)를 구할 경우 벽의 면적(4면)만 계산하는 것이며, 상부(윗부분)의 면적은 계산하는 것이 아니다.

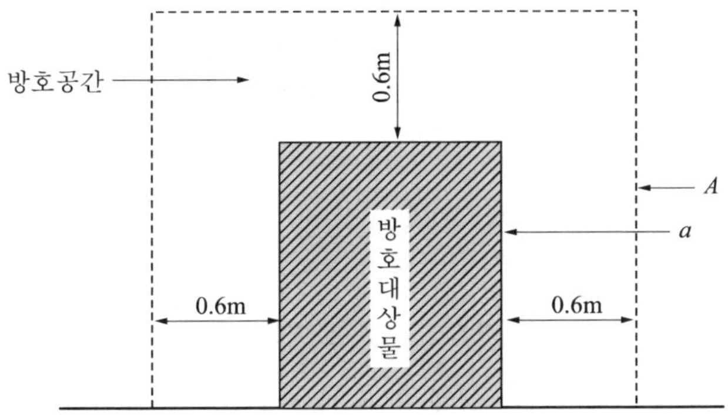

▮그림 2.157 방호공간

(4) 호스릴방식(이동식)

호스릴 이산화탄소소화설비에 있어서는 하나의 노즐에 대하여 90 kg 이상으로 할 것

8 배관

(1) 배관

① 배관은 전용으로 할 것

② 강관을 사용하는 경우의 배관은 압력배관용 탄소강관(KS D 3562) 중 스케줄 80 (저압식은 스케줄 40) 이상의 것 또는 이와 동등 이상의 강도를 가진 것으로 아연도금 등으로 방식처리된 것을 사용할 것. 단, 배관의 호칭이 20 mm 이하인 경우에는 스케줄 40 이상인 것을 사용할 수 있다.

③ 동관을 사용하는 경우의 배관은 이음이 없는 동 및 동합금관(KS D 5301)으로서 고압식은 16.5 MPa, 저압식은 3.75 MPa 이상의 압력에 견딜 수 있는 것을 사용할 것

④ 고압식의 1차측(개폐밸브 또는 선택밸브 이전) 배관부속의 최소사용설계압력은 9.5 MPa로 하고, 고압식의 2차측과 저압식의 배관부속의 최소사용설계압력은 4.5 MPa로 할 것

※ 스케줄 번호(schedule number, SCH)

1. 배관의 호칭은 호칭지름 및 두께로 나타내며 두께는 SCH로 표시한다.
   SCH는 10, 20, 30, 40, 60, 80이 있으나 소방설비의 압력배관으로는 SCH 40, 80을 가장 많이 사용한다.

2. $\text{SCH No.} = 10 \times \dfrac{\text{유체의 사용압력}(kg/cm^2)}{\text{재료의 허용응력}(kg/mm^2)}$

허용응력은 "인장강도/안전율"과 같다.

(2) 배관의 구경

이산화탄소 소화약제의 소요량이 다음의 기준에 따른 시간 내에 방출될 수 있는 것으로 한다.

① 전역방출방식에 있어서 가연성액체 또는 가연성가스 등 표면화재 방호대상물의 경우에는 1분

② 전역방출방식에 있어서 종이, 목재, 석탄, 석유류, 합성수지류 등 심부화재 방호대상물의 경우에는 7분, 이 경우 설계농도가 2분 이내에 30%에 도달해야 한다.

③ 국소방출방식의 경우에는 30초

표 2.38 압력배관용 탄소강관의 호칭별 외경, 두께 및 내압

<table>
<tr><th rowspan="2">호칭
(mm)</th><th rowspan="2">외경
(mm)</th><th colspan="2">스케줄 40</th><th colspan="2">스케줄 60</th><th colspan="2">스케줄 80</th></tr>
<tr><th>두께</th><th>내압</th><th>두께</th><th>내압</th><th>두께</th><th>내압</th></tr>
<tr><td>10</td><td>17.3</td><td>2.3</td><td rowspan="13">1.0 MPa
이상</td><td>2.8</td><td rowspan="13">2.0 MPa
이상</td><td>3.2</td><td rowspan="13">3.0 MPa
이상</td></tr>
<tr><td>15</td><td>21.7</td><td>2.8</td><td>3.2</td><td>3.7</td></tr>
<tr><td>20</td><td>27.2</td><td>2.9</td><td>3.4</td><td>3.9</td></tr>
<tr><td>25</td><td>34.0</td><td>3.4</td><td>3.9</td><td>4.5</td></tr>
<tr><td>32</td><td>42.7</td><td>3.6</td><td>4.5</td><td>4.9</td></tr>
<tr><td>40</td><td>48.6</td><td>3.7</td><td>4.5</td><td>5.1</td></tr>
<tr><td>50</td><td>60.5</td><td>3.9</td><td>4.9</td><td>5.5</td></tr>
<tr><td>65</td><td>78.3</td><td>5.2</td><td>6.0</td><td>7.5</td></tr>
<tr><td>80</td><td>89.1</td><td>5.5</td><td>6.6</td><td>7.6</td></tr>
<tr><td>90</td><td>101.6</td><td>5.7</td><td>7.0</td><td>8.1</td></tr>
<tr><td>100</td><td>114.3</td><td>6.0</td><td>7.1</td><td>8.6</td></tr>
<tr><td>125</td><td>139.8</td><td>6.6</td><td>8.1</td><td>9.5</td></tr>
<tr><td>150</td><td>136.2</td><td>7.1</td><td>9.3</td><td>11.0</td></tr>
</table>

9 선택밸브

하나의 특정소방대상물 또는 그 부분에 2개 이상의 방호구역 또는 방호대상물이 있어 소화약제 저장용기를 공용으로 하는 경우에는 다음의 기준에 따라 선택밸브를 설치해야 한다.

① 방호구역 또는 방호대상물마다 설치할 것
② 각 선택밸브에는 해당 방호구역 또는 방호대상물을 표시할 것

10 분사헤드

(1) 전역방출방식

다음 기준에 따라 분사헤드를 설치해야 한다.

① 방출된 소화약제가 방호구역의 전역에 균일하게 신속히 확산할 수 있도록 할 것
② 분사헤드의 방출압력은 고압식에서는 2.1 MPa(저압식 1.05 MPa) 이상으로 할 것
③ 특정소방대상물 또는 그 부분에 설치된 이산화탄소소화설비의 소화약제의 저장량을 특정소방대상물 또는 그 부분에 따라 [표 2.39]에 의한 시간 이내에 방출할 수 있도록 할 것

표 2.39 특정소방대상물별 방출시간

소방대상물 또는 그 부분	시간
전역방출방식에 있어서 가연성 액체 또는 가연성 가스 등 표면화재 방호대상물	1분
전역방출방식에 있어서 종이, 목재, 석탄, 석유류, 합성수지류 등 심부화재 방호대상물	7분
국소방출방식	30초

(2) 국소방출방식

다음 기준에 따라 분사헤드를 설치해야 한다.

① 소화약제의 방출에 의하여 가연물이 비산하지 아니하는 장소에 설치할 것
② 이산화탄소 소화약제의 저장량을 30초 이내에 방출할 수 있는 것으로 할 것
③ 방출된 소화약제가 방호구역의 전역에 균일하게 신속히 확산할 수 있도록 할 것
④ 분사헤드의 방출압력이 2.1 MPa (저압식은 1.05 MPa) 이상의 것으로 할 것

(3) 오리피스 구경 등

① 분사헤드에는 부식방지조치를 하여야 하며 오리피스의 크기, 제조일자, 제조업체가 표시 되도록 할 것

② 분사헤드의 개수는 방호구역에 방출시간이 충족되도록 설치할 것

③ 분사헤드의 방출율 및 방출압력은 제조업체에서 정한 값으로 할 것

④ 분사헤드의 오리피스의 면적은 분사헤드가 연결되는 배관구경 면적의 70% 이하가 되도록 할 것

11 분사헤드의 설치 제외 장소

① 방재실 · 제어실 등 사람이 상시 근무하는 장소

② 니트로셀룰로스 · 셀룰로이드 제품 등 자기연소성 물질을 저장 · 취급하는 장소

③ 나트륨 · 칼륨 · 칼슘 등 활성금속 물질을 저장 · 취급하는 장소

④ 전시장 등의 관람을 위하여 다수인이 출입 · 통행하는 통로 및 전시실 등

12 호스릴 이산화탄소 소화설비

화재시 현저하게 연기가 찰 우려가 없는 장소(차고, 주차장 용도로 사용되는 부분 제외)로서 다음에 해당하는 장소에 설치할 수 있다.

① 지상 1층 및 피난층에 있는 부분으로서 지상에서 수동 또는 원격조작에 의하여 개방할 수 있는 개구부의 유효면적의 합계가 바닥면적의 15% 이상이 되는 부분

② 전기설비가 설치되어 있는 부분 또는 다량의 화기를 사용하는 부분(해당 설비의 주위 5 m 이내의 부분을 포함)의 바닥면적이 해당 설비가 설치되어 있는 구획의 바닥면적의 1/5 미만이 되는 부분

③ 호스릴 소화설비 설치기준

가. 방호대상물의 각 부분으로부터 하나의 호스 접결구까지의 수평거리가 15 m 이하가 되도록 할 것

나. 노즐은 20℃에서 하나의 노즐마다 60 kg/min 이상의 소화약제를 방출할 수 있는 것으로 할 것
다. 소화약제 저장용기는 호스릴을 설치하는 장소마다 설치할 것
라. 소화약제 저장용기의 개방밸브는 호스의 설치장소에서 수동으로 개폐할 수 있는 것으로 할 것
마. 소화약제 저장용기의 가장 가까운 보기 쉬운 곳에 표시등을 설치하고, 호스릴 이산화탄소소화설비가 있다는 뜻을 표시를 할 것

13 자동폐쇄장치

전역방출방식의 이산화탄소 소화설비를 설치한 특정소방대상물 또는 그 부분에 대하여 다음의 기준에 따라 자동폐쇄장치를 설치해야 한다.

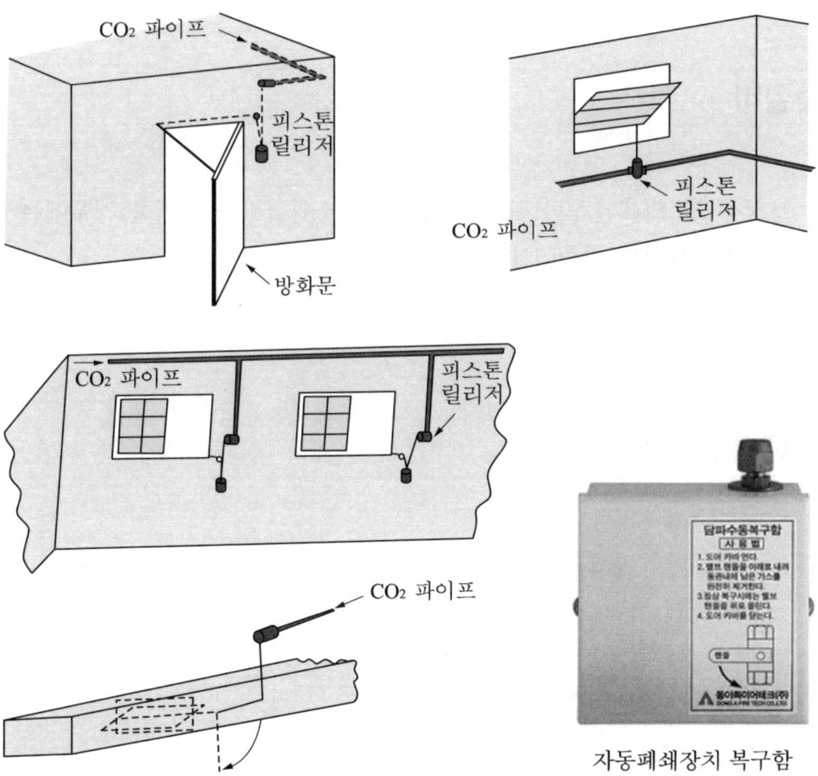

그림 2.158 가스압력에 의한 자동폐쇄장치의 예

① 환기장치 등을 설치한 것은 이산화탄소가 방출되기 전에 해당 환기장치가 정지할 수 있도록 할 것
② 개구부가 있거나 천장으로부터 1 m 이상의 아랫부분 또는 바닥으로부터 해당 층의 높이의 3분의 2 이내의 부분에 통기구가 있어 소화약제의 유출에 의하여 소화효과를 감소시킬 우려가 있는 것은 소화약제가 방출되기 전에 해당 개구부 및 통기구를 폐쇄할 수 있도록 할 것
③ 자동폐쇄장치는 방호구역 또는 방호대상물이 있는 구획의 밖에서 복구할 수 있는 구조로 하고, 그 위치를 표시하는 표지를 할 것
② 개구부가 있거나 천장으로부터 1 m 이상의 아랫부분 또는 바닥으로부터 해당층의 높이의 3분의 2 이내의 부분에 통기구가 있어 이산화탄소의 유출에 의하여 소화효과를 감소시킬 우려가 있는 것에 있어서는 이산화탄소가 방출되기 전에 해당 개구부 및 통기구를 폐쇄할 수 있도록 할 것
③ 자동폐쇄장치는 방호구역 또는 방호대상물이 있는 구획의 밖에서 복구할 수 있는 구조로 하고 그 위치를 표시하는 표지를 할 것

14 배출설비

지하층, 무창층 및 밀폐된 거실 등에 이산화탄소소화설비를 설치한 경우에는 소화약제를 배출하기 위한 배출설비를 갖추어야 한다.

15 과압배출구

이산화탄소소화설비의 방호구역에는 소화약제 방출시 발생하는 과(부)압으로 인한 구조물 등의 손상을 방지하기 위해 다음의 내용을 검토하여 과압배출구를 설치해야 한다. 다만, 과(부)압이 발생해도 구조물 등에 손상이 생길 우려가 없음을 시험 또는 공학적인 자료로 입증하는 경우 설치하지 않을 수 있다.

① 방호구역 누설면적
② 방호구역의 최대허용압력

③ 소화약제 방출시의 최고압력
④ 소화농도 유지시간

※ 참고 : 이산화탄소설비의 압력배출구의 크기(NFPA 12)

$$X = \frac{239\,Q}{\sqrt{P}}$$

여기서 X : 압력배출구면적(mm^2)
Q : 이산화탄소 유량(kg/min)
P : 방호구역의 허용압력(kPa)

표 2.40 평균적 방호구역의 허용압력(P)

구조유형	경량 건축물	보통 건축물	강한 건축물
허용압력(kPa-gauge)	1.2	2.4	4.8

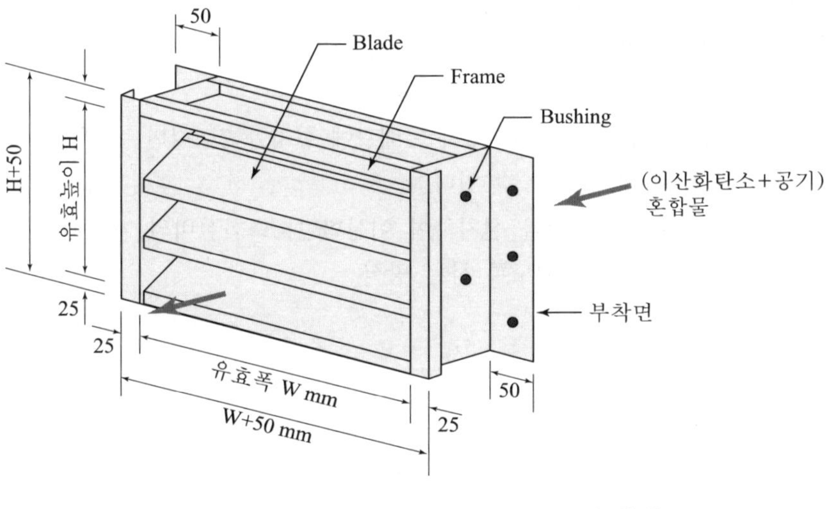

그림 2.159 과압배출구로 사용되는 댐퍼(예)

16 설계프로그램

이산화탄소소화설비를 설계프로그램을 이용하여 설계할 경우에는 「가스계소화설비 설계프로그램의 성능인증 및 제품검사의 기술기준」에 적합한 설계프로그램을 사용해야 한다.

17 안전시설

(1) 이산화탄소소화설비가 설치된 장소에는 다음의 기준에 따른 안전시설을 설치해야 한다.

① 소화약제 방출시 방호구역 내와 부근에 가스방출시 영향을 미칠 수 있는 장소에 시각경보장치를 설치하여 소화약제가 방출되었음을 알도록 할 것

② 방호구역의 출입구 부근 잘 보이는 장소에 약제방출에 따른 위험경고표지를 부착할 것

(2) 방호구역 내에 이산화탄소 소화약제가 방출되는 경우 후각을 통해 이를 인지할 수 있도록 부취발생기를 다음의 어느 하나에 해당하는 방식으로 설치해야 한다.

① 부취발생기를 소화약제 저장용기실 내의 소화배관에 설치하여 소화약제의 방출에 따라 부취제가 혼합되도록 하는 방식

가. 소화약제 저장용기실 내의 소화배관에 설치할 것

나. 점검 및 관리가 쉬운 위치에 설치할 것

다. 방호구역별로 선택밸브 직후 2차측 배관에 설치할 것. 다만, 선택밸브가 없는 경우에는 집합배관에 설치할 수 있다.

⑤ 방호구역 내에 부취발생기를 설치하여 이산화탄소소화설비의 기동에 따라 소화약제 방출 전에 부취제가 방출되도록 하는 방식

출제 및 예상문제

01 이산화탄소소화설비를 설치하는 데 있어서 적용대상물에 대하여 쓰시오.

정답
① 항공기 및 자동차 관련 시설 중 항공기 격납고
② 차고, 주차용 건축물 또는 철골 조립식 주차시설. 이 경우 연면적 800 m^2 이상인 것만 해당한다.
③ 건축물의 내부에 설치된 차고·주차장으로서 차고 또는 주차의 용도로 사용되는 면적이 200 m^2 이상인 경우 해당 부분(50세대 미만 연립주택 및 다세대주택은 제외)
④ 기계장치에 의한 주차시설을 이용하여 20대 이상의 차량을 주차할 수 있는 시설
⑤ 특정소방대상물에 설치된 전기실·발전실·변전실(가연성 절연유를 사용하지 않는 변압기·전류차단기 등의 전기기기와 가연성 피복을 사용하지 않은 전선 및 케이블만을 설치한 전기실·발전실 및 변전실은 제외)·축전지실·통신기기실 또는 전산실, 그 밖에 이와 비슷한 것으로서 바닥면적이 300 m^2 이상인 것[하나의 방화구획 내에 둘 이상의 실(室)이 설치되어 있는 경우에는 이를 하나의 실로 보아 바닥면적을 산정한다]. 다만, 내화구조로 된 공정제어실 내에 설치된 주조정실로서 양압시설(외부 오염 공기 침투를 차단하고 내부의 나쁜 공기가 자연스럽게 외부로 흐를 수 있도록 한 시설을 말한다)이 설치되고 전기기기에 220볼트 이하인 저전압이 사용되며 종업원이 24시간 상주하는 곳은 제외한다.
⑥ 소화수를 수집·처리하는 설비가 설치되어 있지 않은 중·저준위방사성폐기물의 저장시설. 이 시설에는 이산화탄소소화설비, 할론소화설비 또는 할로겐화합물 및 불활성기체 소화설비를 설치해야 한다.
⑦ 지하가 중 예상 교통량, 경사도 등 터널의 특성을 고려하여 행정안전부령으로 정하는 터널. 이 시설에는 물분무소화설비를 설치해야 한다.
⑧ 국가유산 중 「문화유산의 보존 및 활용에 관한 법률」에 따른 지정문화유산(문화유산자료를 제외) 또는 「자연유산의 보존 및 활용에 관한 법률」에 따른 천연기념물 등(자연유산자료를 제외)으로서 소방청장이 국가유산청장과 협의하여 정하는 것

02 이산화탄소소화설비의 배관 설치기준에 대하여 쓰시오.

정답
① 배관은 전용으로 할 것
② 강관을 사용하는 경우의 배관은 압력배관용탄소강관(KS D 3562) 중 스케줄 80 (저압식은 스케줄 40) 이상의 것 또는 이와 동등 이상의 강도를 가진 것으로 아연도금 등으로 방식처리된 것을 사용할 것. 다만, 배관의 호칭구경이 20 mm 이하인 경우에는 스케줄 40 이상인 것을 사용할 수 있다.
③ 동관을 사용하는 경우의 배관은 이음이 없는 동 및 동합금관(KS D 5301)으로서 고압식은 16.5 MPa 이상, 저압식은 3.75 MPa 이상의 압력에 견딜 수 있는 것을 사용할 것

④ 고압식의 1차측(개폐밸브 또는 선택밸브 이전) 배관부속의 최소사용설계압력은 9.5 MPa로 하고, 고압식의 2차측과 저압식의 배관부속의 최소사용설계압력은 4.5 MPa로 할 것

03 호스릴 이산화탄소소화설비의 설치기준을 5가지만 쓰시오.

정답 ① 방호대상물의 각 부분으로부터 하나의 호스 접결구까지의 수평거리는 15 m 이하가 되도록 한다.
② 노즐은 20℃에서 하나의 노즐마다 60 kg/min 이상의 소화약제를 방출할 수 있는 것으로 한다.
③ 소화약제 저장용기는 호스릴을 설치하는 장소마다 설치한다.
④ 소화약제 저장용기의 개방밸브는 호스의 설치 장소에서 수동으로 개폐할 수 있는 것으로 한다.
⑤ 소화약제 저장용기의 가장 가까운 곳의 보기 쉬운 곳에 표시등을 설치하고, 호스릴 이산화탄소소화설비가 있다는 뜻을 표시한 표지를 한다.

04 이산화탄소소화설비에서 사용되는 화재감지기 회로에서 교차회로방식이란 무엇인지 설명하시오.

정답 하나의 방호구역 내에 이상의 화재감지회로를 설치하고 인접한 2개 이상의 화재감지기가 동시에 감지된 때 이산화탄소소화설비가 작동하여 소화약제가 방출되는 방식으로 감지기의 오동작에 의한 이산화탄소 소화약제의 방출을 방지하기 위한 방식이다.

05 이산화탄소 소화약제의 저장용기 설치기준을 5가지 쓰시오.

정답 ① 저장용기의 충전비는 고압식은 1.5 이상 1.9 이하, 저압식은 1.1 이상 1.4 이하로 할 것
② 저압식 저장용기에는 내압시험압력의 0.64배부터 0.8배의 압력에서 작동하는 안전밸브와 내압시험압력의 0.8배부터 내압시험압력에서 작동하는 봉판을 설치할 것
③ 저압식 저장용기에는 액면계 및 압력계와 2.3 MPa 이상 1.9 MPa 이하의 압력에서 작동하는 압력경보장치를 설치할 것
④ 저압식 저장용기에는 용기내부의 온도가 섭씨 영하 18℃ 이하에서 2.1 MPa의 압력을 유지할 수 있는 자동냉동장치를 설치할 것
⑤ 저장용기는 고압식은 25 MPa 이상, 저압식은 3.5 MPa 이상의 내압시험압력에 합격한 것으로 할 것

06 피스톤 릴리저란 무엇인지 간단히 설명하시오.

정답 기동용 가스용기의 가스압력이나 저장용기 내의 가스압력을 이용하여 선택밸브를 개방하거나 자동폐쇄장치, 급·배기 덕트의 방화 댐퍼, 창문, 환기 팬 등의 개구부를 자동으로 폐쇄하는 장치이다.

07 방출표시등의 적당한 위치를 쓰시오.

정답 ① 방호구역의 외부 ② 출입구 부분 ③ 보기 쉬운 곳

08 하나의 소방대상물에 2개 이상의 방호구역 또는 방호대상물에서 이산화탄소 저장용기를 공용하는 경우에는 선택밸브를 설치해야 한다. 선택밸브 설치시의 유의사항을 쓰시오.

정답 ① 방호구역 또는 방호대상물마다 설치할 것
② 각 선택밸브에는 그 담당구역 또는 방호대상물을 표시할 것

09 CO_2의 삼중점에 대하여 설명하시오.

정답 드라이아이스(고체), 액화탄산(액체), 이산화탄소(기체) 의 3가지 상태가 공존하는 점으로 CO_2에 있어서 온도 -56.7℃, 압력 5.3kg/cm^{2}인 때를 3중점(triple point)이라고 한다.

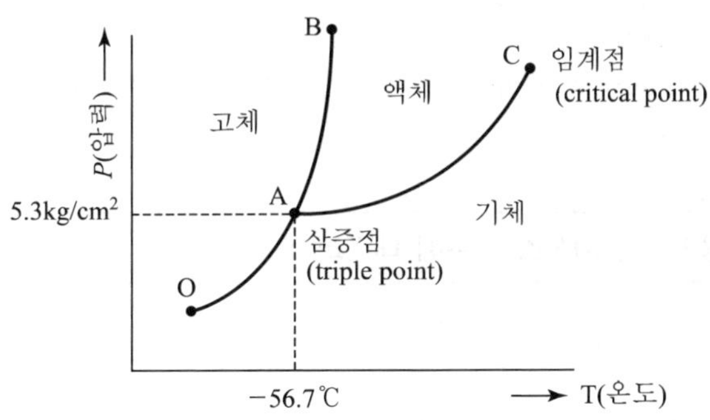

10 소화설비 중 토너먼트 배관을 하는 소화설비 3가지를 쓰시오

정답 ① 이산화탄소소화설비 ② 할로겐화합물 및 불활성기체
③ 분말소화설비 ④ 할론소화설비

11 다음은 이산화탄소소화설비의 수동식 기동장치의 설치 기준이다. ( )을 채우시오.

전역방출방식에 있어서는 (①)마다, 국소방출방식에 있어서는 (②)마다 설치한다. (③)는 바닥으로부터 높이 (④) 이상 (⑤) 이하로 설치하며, 전기를 사용하는 기동장치에는 (⑥) 를(을) 설치한다.

정답 ① 방호구역
② 방호대상물
③ 기동장치의 조작부
④ 0.8 m
⑤ 1.5 m
⑥ 전원표시등

12 호스릴 방식 중 이산화탄소, 할론, 분말소화설비의 소방대상물의 각 부분으로부터 하나의 호스접결구까지의 수평거리[m]는 얼마인가?

정답 ① 이산화탄소소화설비 : 15 m 이하
② 할론소화설비 : 20 m 이하
③ 분말소화설비 : 15 m 이하

13 이산화탄소 소화설비의 소화약제 저장용기의 개방밸브에 대하여 설명하시오.

정답 ① 전기식 : 전자밸브에 의해 직접 기동하는 방식
② 기계식 : 밸브 내의 압력차에 의하여 작동하는 방식
③ 가스압력식 : 기동용 가스용기의 압력에 의하여 용기밸브가 작동하는 방식

14 CO_2 저장용기의 설치장소 기준에 대하여 쓰시오.

정답 ① 방호구역 외의 장소에 설치할 것. 다만, 방호구역 내 설치할 경우에는 피난 및 조작이 용이하도록 피난구 부근에 설치해야 한다.
② 온도가 40℃ 이하이고 온도변화가 작은 곳에 설치할 것
③ 직사광선 및 빗물이 침투할 우려가 없는 곳에 설치할 것
④ 방화문으로 구획된 실에 설치할 것
⑤ 용기 설치장소에는 해당 용기가 설치된 곳임을 표시하는 표지를 설치할 것
⑥ 용기간의 간격은 점검에 지장이 없도록 3 cm 이상의 간격을 유지할 것
⑦ 저장용기와 집합관을 연결하는 연결배관에는 체크밸브를 설치할 것. 다만, 저장용기가 하나의 방호구역만을 담당하는 경우에는 그러하지 아니한다.

15 다음은 이산화탄소 소화설비의 분사헤드 설치제외장소이다. (　) 안에 알맞은 내용을 보기에서 골라 쓰시오. (2024년 출제)

> [보기]
> 상시 근무하는, 없는 인화성 액체, 자기연소성 물질, 산화성 고체, 활성금속물질, 전시장, 변전소

- 방재실, 제어실 등 사람이 (①)하는 장소
- 나이트로셀룰로오스, 셀룰로이드 제품 등 (②)을 저장, 취급하는 장소
- 나트륨, 칼륨, 칼슘 등 (③)을 저장, 취급하는 장소
- (④) 등의 관람을 위하여 다수인이 출입·통행하는 통로 및 전시실 등

정답 ① 상시근무
② 자기연소성 물질
③ 활성금속물질
④ 전시장

16 이산화탄소소화설비의 분사 헤드는 CO_2 소요량이 다음 기준에 의한 시간 내에 방출될 수 있는 것으로 해야 한다. 알맞은 기준시간을 쓰시오.

(가) 전역방출방식으로 가연성 액체 또는 가연성 가스 등의 표면화재 방호대상물
(나) 전역방출방식으로 종이, 목재, 석탄, 섬유류, 합성수지류 등 심부화재 방호대상물
(다) 심부화재 방호대상물로 설계 농도가 30%에 도달하는 시간
(라) 국소방출방식으로 약제방출에 의해 가연물이 비산하지 않는 장소에 설치된 것

정답 (가) 1분 이내
(나) 7분 이내
(다) 2분 이내
(라) 30초 이내

17 CO_2 소화설비에 사용되는 가스압력식 기동장치에 대한 다음 물음에 답하시오.

(가) 기동장치 조작부의 높이는 바닥으로부터 얼마인가?
(나) 기동용 가스용기의 내압시험압력은 얼마인가? (단, 가스압력식일 경우이다)
(다) 기동용 가스용기에 설치하여야 할 안전장치의 작동압력은 얼마인가? (단, 가스압력식일 경우이다)
(라) 기동용 가스용기의 내용적, 가스의 명칭 및 충전비는 얼마인가? (단, 가스압력식일 경우이다)
(마) 기동용 가스용기의 가스압력은 얼마인가?

정답 (가) 0.8 m 이상 1.5 m 이하
(나) 25.0 MPa 이상
(다) 내압시험압력의 0.8배부터 내압시험압력 이하
(라) ① 내용적 : 5 L 이상
② 가스의 명칭 : N_2 가스
③ 충전비 : 1.5 이상
(마) 6 MPa 이상

18 다음은 이산화탄소소화설비의 전역방출방식에 있어서 표면화재 방호대상물의 소화약제 저장량을 표로 나타낸 것이다. 빈 칸에 알맞은 수치를 쓰시오.

방호구역의 체적	방호구역의 체적 1 m^3에 대한 소화약제의 양	소화약제 저장량의 최저한도 양
45 m^3 미만	(①) kg	(⑤) kg
45 m^3 이상 150 m^3 미만	(②) kg	
150 m^3 이상 1,450 m^3 미만	(③) kg	(⑥) kg
1,450 m^3 이상	(④) kg	(⑦) kg

정답 ① 1 ② 0.9
③ 0.8 ④ 0.75
⑤ 45 ⑥ 135
⑦ 1,125

19 토너먼트 배관방식으로 배관 및 헤드 설치 관계를 완성하시오.

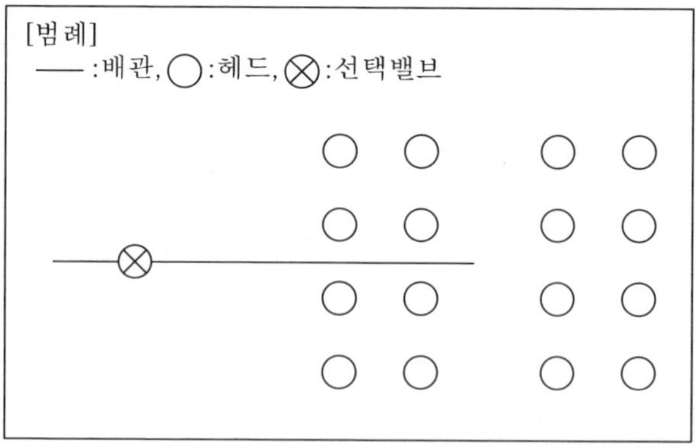

정답

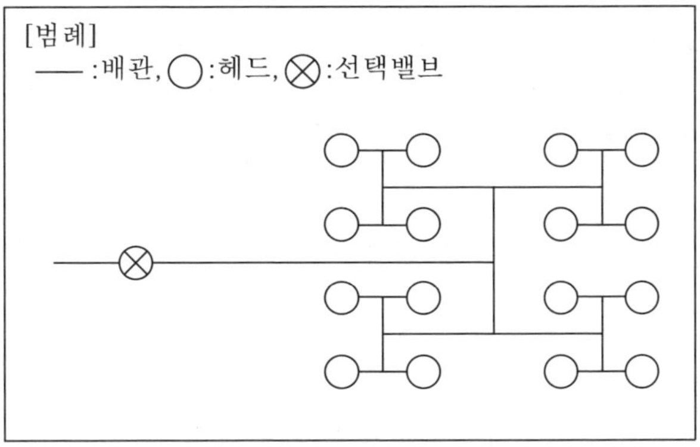

20 다음 그림은 CO_2 소화설비의 소화약제 저장용기 주위의 배관 계통도이다. 방호구역은 A, B 두 부분으로 나누어지고, 각 구역의 소요약제량은 A구역이 2병, B구역이 5병이라 할 때 다음 물음에 답하시오.

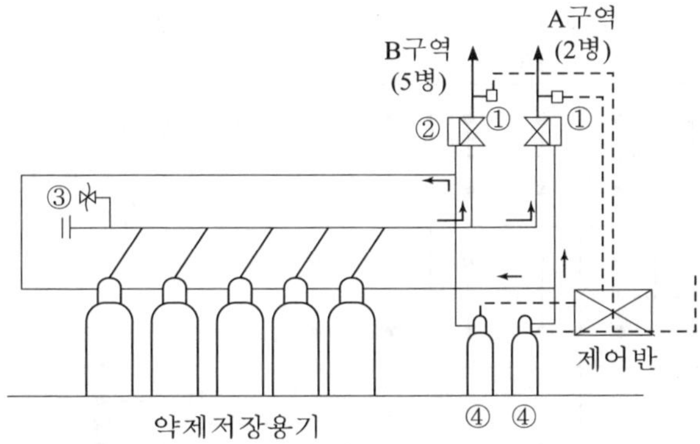

(가) 각 방호구역에 소요약제량을 방출할 수 있도록 조작관에 설치할 체크밸브의 위치를 표시하시오.

(나) ①, ②, ③, ④ 기구의 명칭을 쓰시오.

정답 (가)

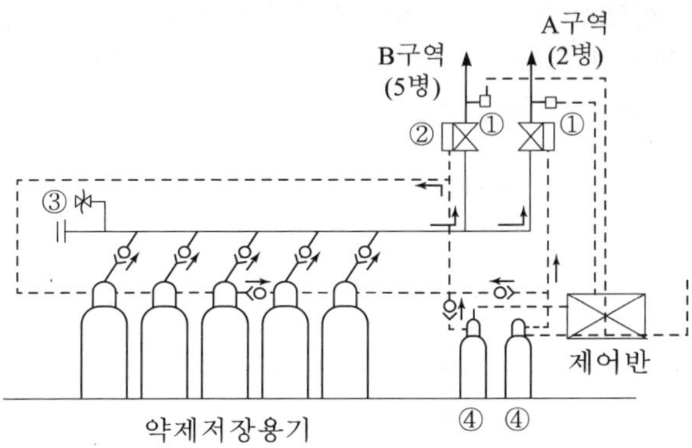

(나) ① 압력스위치, ② 선택밸브, ③ 안전밸브, ④ 기동용기

21 다음은 CO_2 소화설비의 방호구역이다. 방호구역 1은 헤드 16개, 방호구역 2는 헤드 8개, 방호구역 3은 헤드 4개를 각각 설치하고자 한다. 국가화재안전기준에 맞게 헤드를 배치하고 배관계통도 작도하여 주어진 구역별 주배관에 연결하시오.

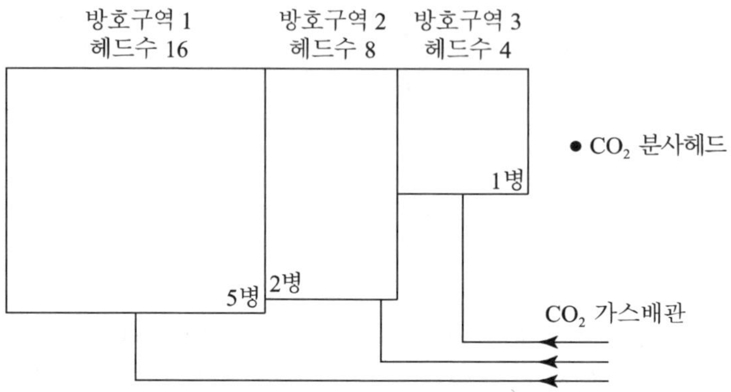

정답

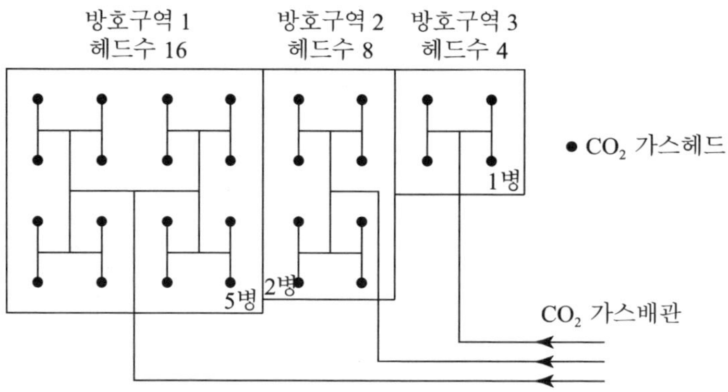

22 이산화탄소를 방출시켜 공기와 혼합시키면 상대적으로 공기 중의 산소는 희석된다. 이 경우 CO_2와 O_2가 갖는 체적농도(%)는 이론적으로 다음과 같은 관계를 가지게 되는 것을 증명하시오[단, 공기 중에는 체적농도로 79%의 질소와 21%의 산소만이 존재하고, 이들 기체(CO_2 포함)는 모두 이상기체의 성질을 갖는다고 가정한다].

$$CO_2(\%) = \frac{21 - O_2(\%)}{21} \times 100$$

정답 CO_2 방출 후 공기 중의 O_2 농도

$$= \text{대기 중 } O_2 \text{ 농도}(\%) - \text{대기 중 } O_2 \text{ 농도}(\%) \times \frac{\text{방사된 } CO_2 \text{ 농도}(\%)}{100} \quad ①$$

$$\text{대기 중 } O_2 \text{ 농도}(\%) = \frac{21}{79+21} \times 100 = 21\% \quad ②$$

②의 값을 식 ①에 대입하면

$$O_2(\%) = 21 - 21 \times \frac{CO_2(\%)}{100}$$

$$\therefore CO_2(\%) = \frac{21 - O_2(\%)}{21} \times 100$$

23 CO_2 소화설비의 가스체크밸브 연결에 관한 사항이다. 다음 물음에 답하시오.

(가) 방호구역이 4개일 때 가스 체크밸브는 몇 개가 필요한가?

(나) 다음 도면에 기동용 가스용기 배선과 가스체크밸브를 도시하고, ①~⑧까지 명칭을 기재하시오(단, 전선 : - - - - , 동관 : ——, 가스 체크밸브 : —o>— 로 표시한다).

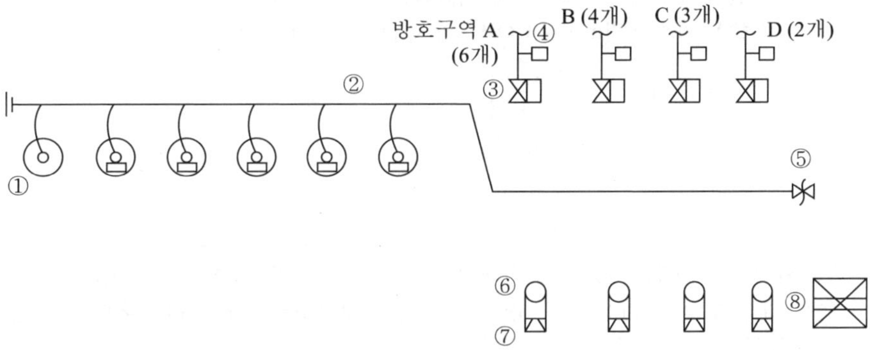

정답 (가) 저장용기 포함 13개

(나) ① CO_2 저장용기 ② 집합관

③ 선택밸브 ④ 압력스위치

⑤ 안전밸브 ⑥ 기동용기

⑦ 솔레노이드밸브 ⑧ 제어반(수신반)

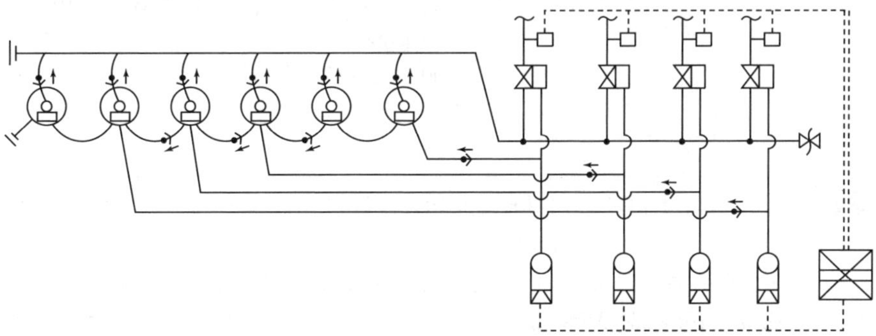

24 어느 소방대상물의 실내용적이 1000 m^3이다. 35℃일 때 실내 산소의 농도를 14%로 하려면 필요한 이산화탄소는 몇 [kg]인가? (단, 35℃일 때 이산화탄소의 비체적은 0.56 m^3/kg이다)

정답 892.86 kg

해설 $G=\dfrac{21-O_2}{O_2}\times V$에서

여기서, G : 방출된 CO_2 가스량[m^3]

O_2 : 측정된 O_2의 농도[%]

V : 방호구역의 체적[m^3]

$\therefore G=\dfrac{21-14}{14}\times 1000=500\,m^3$

단서 조건에서 35℃일 때 이산화탄소의 비체적은 0.56 m^3이다.

CO_2 가스체적[m^3] = CO_2의 양[kg]×비체적[m^3/kg]이므로

$\therefore$ CO_2의 양 $=\dfrac{CO_2\text{가스 체적}[m^3]}{\text{비체적}[m^3/kg]}=\dfrac{500}{0.56}$

$=892.857\,kg$

25 방호구역의 체적이 400 m^3 소방대상물에 CO_2 소화설비를 하였다. 이곳에 80 kg을 방출하였을 때 CO_2의 농도[%]는 얼마인가? (단, 실내압력은 2 atm이고, 온도는 22℃이다)

정답 5.21 %

해설 ① $PV=\dfrac{W}{M}RT$에 대입하여 2 atm, 22℃인 CO_2의 체적을 계산한다.

CO_2의 체적 $V=\dfrac{WRT}{PM}=\dfrac{80\,kg\times 0.082\times(273+22)}{2\,atm\times 44}=21.99\,m^3$

② 계산된 21.99 m^3를 다음 식에 대입한다.

CO_2의 농도 [%] $=\dfrac{\text{방출 }CO_2\text{가스의 체적}}{\text{방호구역}+\text{방출 }CO_2\text{가스의 체적}}\times 100$

$=\dfrac{21.99}{400+21.99}\times 100=5.211\%$

26 다음 그림과 같은 전기실에 전역방출방식의 이산화탄소소화설비를 설치하고자 한다. 법정 소요 소화약제는 몇 [kg] 이상으로 하여야 하는가? (단, 개구부는 2 m^2로 1개소 있으며, 자동폐쇄장치는 없다)

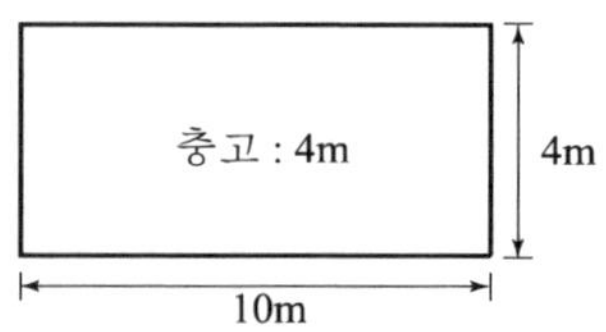

정답 228 kg

해설 ▮ 심부화재의 약제량 및 개구부 가산량

방호대상물	약제량	개구부 가산량 (자동폐쇄장치 없음)	설계농도
전기설비	1.3 kg/m^3	10 kg/m^2	50%
전기설비(55 m^3 미만)	1.6 kg/m^3		
서고, 박물관, 목재가공품 창고, 전자제품 창고	2.0 kg/m^3		65%
석탄 창고, 면화류 창고, 고무류, 모피 창고, 집진설비	2.7 kg/m^3		75%

전기실(전기설비)이므로 위의 표에서 심부화재에 해당되므로

∴ 방호구역 체적 $= 10 \times 4 \times 4 = 160\ m^3$

CO_2 저장량(kg) $= 160 \times 1.3 + 2 \times 10 = 228$ kg

27 이산화탄소 약제저장용기의 내용적이 100 L이다. 이 용기에 이산화탄소 80 kg을 저장하였을 경우 충전비는 얼마인가?

정답 1.25 L/kg

해설 $C = \dfrac{V}{G}$

여기서, C : 충전비(L/kg)

V : 용기 내용적(L)

G : 약제의 무게(kg)

$$C = \frac{100\ \mathrm{L}}{80\ \mathrm{kg}} = 1.25\ \mathrm{L/kg}$$

28 체적이 200 m^3인 밀폐된 전기실에 이산화탄소 소화설비를 전역방출방식으로 적용시 저장용기는 몇 병이 필요한지 주어진 조건을 이용하여 산출하시오. (2022년 출제)

[조건]
① 저장용기의 내용적 : 60 L
② CO_2의 방출계수 : 1.6 kg/방호구역 m^3
③ CO_2의 충전비 : 1.9

정답 9병

해설 (1) CO_2 저장량(kg)

$= $ 방호구역체적(m^3)×약제량(kg/m^3)

$= 200\ m^3 \times 1.6\ kg/m^3 = 320\ kg$

(2) 충전비

$$C = \frac{V}{G}$$

$$1병당\ 충전량\ G = \frac{V}{C} = \frac{68\,L}{1.9\,L/kg} = 35.780\,kg$$

(3) 저장용기 병수

$$저장용기\ 병수 = \frac{CO_2\ 저장량(kg)}{1병당\ 충전량(kg)} = \frac{320\,kg}{35.789\,kg} = 8.9 ≒ 9병$$

29 휘발유 등의 가연성 액체가 연소하는 데 필요한 산소의 한계 농도가 15%라면 이것을 소화하는 데 필요한 CO_2의 최소 농도는 몇 (%)인가?

정답 28.57%

해설

$$CO_2\ 농도 = \frac{21 - O_2}{21} \times 100$$

$$= \frac{21 - 15}{21} \times 100 = 28.571 ≒ 28.57\%$$

30 체적이 200 m^3인 방호구역에 전역방출방식의 CO_2를 방출하였을 때 산소의 설계농도가 15%였다. 이때 방출된 CO_2의 양은 얼마인가? (단, 내부압력은 2기압이고, 내부온도는 15℃였다)

정답 298 kg

해설

$$방출\ 가스량(CO_2\ 방출체적) = \frac{21 - O_2}{O_2} \times 방호구역의\ 체적$$

[여기서, O_2 : O_2의 농도(%)]

$$= \frac{21 - 15}{15} \times 200 = 80\ m^3$$

$PV = \frac{W}{M}RT$에서

$$\therefore\ CO_2의\ 양(무게) : W = \frac{PVM}{RT} = \frac{2 \times 80 \times 44}{0.082 \times 288} = 298\ kg$$

31 CO_2 소화설비에서 저장용기에 있던 CO_2 가스가 대기압 상태에서 대기 중에 120 kg 방출되었다. 대기 중에 방출된 CO_2 가스의 체적(m^3)은 얼마인가? (단 대기온도는 30℃이며, 대기압은 1 kgf/cm²이다)

정답 67.76 m^3

해설 $PV=\frac{W}{M}RT$

여기서, P : 기압(kgf/cm²)

V : 방출가스량(m^3)

W : 무게(kg)

M : 분자량(CO_2 : 44)

R : 기체상수 0.082(atm · m³/kg · mole · K)

T : 절대온도(273 + ℃)(K)

∴ 방출가스량 : $V=\frac{W}{PM}RT=\frac{120}{1\times 44}\times 0.082\times 303=67.76\ m^3$

32 45 kg의 액화 이산화탄소가 20℃의 대기 중(표준대기압)으로 방출되었을 때 다음 각 물음에 답하시오. (2024년 출제)

(가) 이산화탄소의 부피(m^3)를 구하시오.

(나) 체적 90 m³인 공간에 이 약제가 방출되었다면, 이산화탄소의 농도(%)를 구하시오.

정답 (가) 24.57 m^3

(나) 21.45%

해설 (가) 방출가스량(부피) V는

$$V=\frac{m}{PM}RT$$

$$=\frac{45\,\text{kg}}{1\,\text{atm}\times 44\,\text{kg/kmol}}\times 0.082\,\text{atm}\cdot\text{m}^3/\text{kmol}\cdot\text{K}\times(273+20)\text{K}$$

$$=24.572 ≒ 24.57\,\text{m}^3$$

• M : 44 kg/kmol (문제에서 이산화탄소이므로 분자량 M=44 kg/kmol)

(나) $$CO_2=\frac{\text{방출가스량}}{\text{방호구역체적}+\text{방출가스량}}\times 100$$

$$=\frac{24.57\,\text{m}^3}{90\,\text{m}^3+24.57\,\text{m}^3}\times 100$$

$$=21.445 ≒ 21.45\%$$

33 사무실 건물의 지하층에 있는 발전기실에 화재안전기준과 다음 조건에 따라 전역방출방식(표면화재) 이산화탄소 소화설비를 설치하려고 한다. 다음 각 물음에 답하시오.

(2023년 출제)

[조건]
① 소화설비는 고압식으로 한다.
② 발전기실의 크기 : 가로 7 m×세로 10 m×높이 5 m
발전기실의 개구부의 크기 : 1.8 m×3 m×2개소(자동 폐쇄장치 있음)
③ 가스용기 1본당 충전량 : 45 kg

(가) 가스용기는 몇 본이 필요한가?
(나) 선택밸브 직후의 유량은 몇 kg/s인가?
(다) 음향경보장치는 약제방사 개시 후 얼마 동안 경보를 계속할 수 있어야 하는가?
(라) 가스용기의 개방밸브는 작동방식에 따라 3가지로 분류된다. 그 명칭을 쓰시오.

정답 (가) 7본
(나) 5.25 kg/s
(다) 1분 이상
(라) ① 전기식 ② 가스 압력식 ③ 기계식

해설 표면화재의 약제량 및 개구부가산량

방호구역체적	약제량 (kg/m^3)	개구부가산량 (자동폐쇄장치 미설치시)	최소저장량 (kg)
45 m^3 미만	1	5 kg/m^2	45
45～150 m^3 미만	0.9		
150～1450 m^3 미만	0.8		135
1450 m^3 이상	0.75		1125

※ 방호구역체적 = $(7 \times 10 \times 5)\ m^3 = 350\ m^3$

(가) CO_2 저장량(kg)
= 방호구역체적(m^3) × 약제량(kg/m^3) + 개구부면적(m^2) × 개구부가산량($10\ kg/m^2$)
= $(7 \times 10 \times 5)\ m^3 \times 0.8\ kg/m^3 = 280\ kg$

$$\text{저장용기 본수} = \frac{\text{약제저장량}}{\text{충전량}} = \frac{280\,kg}{45\,kg} = 6.2 \fallingdotseq 7\text{본}$$

(나) $$\text{선택밸브 직후의 유량} = \frac{\text{1병당 약제량(kg)} \times \text{병수}}{\text{약제방출시간(s)}} = \frac{45\,kg \times 7\text{본}}{60\,s} = 5.25\,kg/s$$

CO_2 소화설비 전역방출방식 표면화재시 약제방출시간은 1분이다.

(다) 약제 방출 후 경보장치의 작동시간
분말소화설비, 할론소화설비, CO_2 소화설비 = 1분 이상

(라) CO_2 소화약제 저장용기의 개방밸브는 전기식, 가스압력식 또는 기계식에 의하여 자동으로 개방되고 수동으로도 개방되는 것으로서 안전장치가 부착된 것으로 해야 한다.

34 온도 20℃, 압력 0.2 MPa인 공기가 내경이 200 mm인 관로를 1.5 kg/s로 유동하고 있다. 유동을 균일분포 유동으로 간주하여 유속[m/s]을 구하시오.

정답 $\rho = \dfrac{200}{0.287 \times (273+20)} = 2.378\,\text{kg/m}^3$

$V = \dfrac{1.5}{\dfrac{\pi}{4} \times 0.2^2 \times 2.378} \fallingdotseq 20.08\,\text{m/s}$

$\therefore$ 20.08 m/s

해설 (1) 이상기체 상태방정식

$\rho = \dfrac{P}{RT}$

여기서, ρ : 밀도[kg/m^3]

P : 압력[kPa]

R : 기체상수(공기의 기체상수 0.287 kJ/kg · K)

T : 절대온도(273 + ℃) [K]

밀도 ρ는

$$\rho = \frac{P}{RT} = \frac{0.2\,\text{MPa}}{0.287\,\text{kJ/kg}\cdot\text{K} \times (273+20)\,\text{K}}$$

$$= \frac{200\,\text{kN/m}^2}{0.287\,\text{kN}\cdot\text{m/kg}\cdot\text{K} \times (273+20)\,\text{K}}$$

$$= 2.378\,\text{kg/m}^3$$

- 1 kPa = 1 kN/m^2 = 1 kJ/m^3
- 1 MPa = 1000 kPa = 1000 kN/m^{2}이므로 0.2 MPa = 200 kN/m^2
- 공기의 기체상수 : 0.287 kJ/kg · K

(2) 질량유량(mass flowrate)

$M = AV\rho$

유속 V는

$$V = \frac{M}{A\rho} = \frac{M}{\left(\dfrac{\pi}{4}D^2\right)\rho} = \frac{1.5\,\text{kg/s}}{\dfrac{\pi}{4}(200\text{mm})^2 \times 2.378\,\text{kg/m}^3}$$

$$\fallingdotseq 20.08\,\text{m/s}$$

35 180 kg의 액화 이산화탄소가 20℃의 표준대기압 상태에서 방호구역체적 250 m^{3}인 공간에 방출되었을 때 다음 각 물음에 답하시오.

(가) 이산화탄소의 농도는 몇 %인가?
(나) 산소의 농도는 몇 %인가?

정답 (가) 28.22%

(나) 15.07%

해설 (가) 방출가스량(부피) V는

$$V=\frac{m}{PM}RT=\frac{180\text{ kg}}{1\text{ atm}\times 44\text{ kg/kmol}}\times 0.082\text{ atm}\cdot\text{m}^3/\text{kmol}\cdot\text{K}\times(273+20)\text{K}$$

$$\fallingdotseq 98.288\text{ m}^3$$

$$CO_2=\frac{\text{방출가스량}}{\text{방호구역체적}+\text{방출가스량}}\times 100=\frac{98.288\text{ m}^3}{250\text{ m}^3+98.288\text{ m}^3}\times 100$$

$$=28.22\%$$

※ 표준대기압 = 1 atm

(나) $CO_2=\frac{21-O_2}{21}\times 100$

여기서, CO_2 : CO_2의 농도[%]

O_2 : O_2의 농도[%]

$$28.22=\frac{21-O_2}{21}\times 100$$

$\therefore\ O_2 \fallingdotseq 15.07\%$

36 표준대기압상태에서 압력이 일정할 때 15℃의 이산화탄소 100 mol이 있다. 이 상태에서 온도가 30℃로 변화되었을 때의 이산화탄소의 부피[m^3]를 구하시오.

정답 2.48 m^3

해설 (1) 이상기체 상태방정식

$$PV=nRT=\frac{m}{M}RT$$

초기부피

$$V_1=\frac{nRT}{P}=\frac{0.1\text{ kmol}\times 0.082\text{ atm}\cdot\text{m}^3/\text{kmol}\cdot\text{K}\times(273+15)\text{K}}{1\text{ atm}}=2.3616\text{ m}^3$$

(2) 보일－샤를의 법칙

$$\frac{P_1V_1}{T_1}=\frac{P_2V_2}{T_2}$$

$$V_2=\frac{V_1}{T_1}\times T_2=\frac{2.3616\text{ m}^3}{(273+16)\text{K}}\times(273+30)\text{K}=2.484\fallingdotseq 2.48\text{ m}^3$$

37 어느 실에 전역방출방식의 이산화탄소소화설비를 설치하였다. 방출 전 방호구역 내의 산소 농도는 21%이고, 화재 시 저장된 용기 내의 CO_2 가스량이 방호구역 내에 100 % 방출되었다고 한다. 조건에 의하여 다음 물음에 답하시오.

[조건]
- 방호체적은 가로 10 m×세로 10 m×높이 2 m이다.
- 실내온도는 20℃이다.
- CO_2 분자량은 44이고, R(기체상수) 0.082이다.
- P(압력)는 1.033 kg/cm^2 (760 mmHg)이다.

(가) 화재시 방호구역 내에 CO_2가 방출된 후의 산소 농도가 14%이라면, 이때 방호구역 내의 CO_2(%) 농도를 구하시오.
(나) 저장해야 할 CO_2의 가스량[kg]은 얼마인가?
(다) 이 계산에 의하여 충전비 1.7, 용기 내용적이 68 L일 때 몇 병인가?
(라) 분사헤드의 설치 제외 장소를 쓰시오.

정답 (가) 33.33%
(나) 189.18 kg
(다) 5병
(라) ① 방재실, 제어실 등 사람이 상시 근무하는 곳
② 니트로셀룰로오스, 셀룰로이드제품 등 자기연소성 물질을 저장·취급하는 곳
③ 니트로셀룰로오스, 칼슘 등 활성 금속물질을 저장·취급하는 곳
④ 전시장 등 관람을 위하여 다수인이 출입·통행하는 통로 및 전시실 등

해설 (가) CO_2의 농도[%] $= \dfrac{21 - O_2}{21} \times 100 = \dfrac{21-14}{21} \times 100 = 33.33\%$

(나) 소화에 필요한 최소 CO_2의 체적 $= \dfrac{21 - O_2}{O_2} \times V = \dfrac{21-14}{14} \times 200 = 100\,\mathrm{m}^3$

저장해야 할 CO_2 가스체적

$PV = \dfrac{W}{M}RT$에서 $1.033 \times 100 = \dfrac{W}{44} \times 0.082 \times (273+20)$

$\therefore\ W = 189.18\,\mathrm{kg}$

(다) 충전비 $1.7 = \dfrac{68}{\text{약제무게}}$

$\therefore$ 약제무게 $= \dfrac{68}{1.7} = 40\,\mathrm{kg}$

이산화탄소 병의 개수 $= \dfrac{189.18\,\mathrm{kg}}{40\,\mathrm{kg/병}} = 4.73 = 5$병

38 다음과 같이 이산화탄소 소화설비를 설치하고자 한다. 조건을 참고하여 각 물음에 답하시오 (단, 모든 실의 개구부에는 자동폐쇄장치가 설치되어 있다). (2022년 출제)

[조건]
① 케이블실은 가로 10 m, 세로 10 m, 높이 4 m이고, 설계농도는 50%이다.
② 박물관은 가로 10 m, 세로 6 m, 높이 4 m이고, 설계농도는 65%이다.
③ 일산화탄소 저장창고에는 가로 2 m, 세로 4 m, 높이 4 m이고, 보정계수는 1.9이다.
④ 케이블실과 박물관, 일산화탄소 저장창고는 모두 전역방출방식을 적용한다.
⑤ 이산화탄소 방출 수 산소농도를 측정하니 14%이다.
⑥ 저장용기의 내용적은 68 L이며 충전비는 1.7이다.

(가) 각 방호구역의 약제량(kg)을 구하시오.
① 케이블실
② 박물관
③ 일산화탄소 저장창고

(나) 저장용기의 1병당 저장량(kg)을 구하시오.

(다) 각 실별 용기개수 및 저장용기실 약제용기개수를 구하시오.

실 명	병 수
케이블실	• 계산과정 : • 답 :
박물관	• 계산과정 : • 답 :
일산화탄소 저장창고	• 계산과정 : • 답 :
저장용기실 적용	

(라) 방출 수 CO_2농도(vol%)를 구하시오.

(마) 케이블실과 박물관의 방출가스체적(m^3)을 구하시오.

정답 (가) ① 케이블실 : 520 kg
② 박물관 : 480 kg
③ 일산화탄소 저장창고 : 85.5 kg

(나) 40 kg

(다)

실 명	병 수
케이블실	• 계산과정 : $\frac{520}{40} = 13$병 • 답 : 13병
박물관	• 계산과정 : $\frac{480}{40} = 12$병 • 답 : 12병
일산화탄소 저장창고	• 계산과정 : $\frac{85.5}{40} = 2.1 \fallingdotseq 3$병 • 답 : 3병
저장용기실 적용	13병

(라) 33.33 vol%

(마) ① 200 m^3

② 120 m^3

해설 (가) 약제저장량

▌ 전역방출방식(심부화재)

방호대상물	약제량	개구부가산량 (자동폐쇄장치 미설치시)	설계 농도
전기설비(55 m^3) 이상	1.3 kg/m^3	10 kg/m^2	50%
전기설비(55 m^3) 미만	1.6 kg/m^3		
서고, 박물관, 목재가공품창고, 전자제품창고	2.0 kg/m^3		65%
석탄창고, 면화류창고, 고무류, 모피	2.7 kg/m^3		75%

CO_2 저장량(kg) = 방호구역체적(m^3) × 약제량(kg/m^3)
+ 개구부면적(m^2) × 개구부가산량(10 kg/m^2)

① 케이블실

CO_2 저장량(kg) = (10 × 10 × 4) m^3 × 1.3 kg/m^3 = 520 kg

② 박물관

CO_2 저장량(kg) = (10 × 6 × 4) m^3 × 2.0 kg/m^3 = 480 kg

③ 일산화탄소 저장창고

▌ 표면화재의 약제량 및 개구부가산량

방호구역체적	약제량 (kg/m^3)	개구부가산량 (자동폐쇄장치 미설치시)	최소저장량 (kg)
45 m^3 미만	1	5 kg/m^2	45
45～150 m^3 미만	0.9		
150～1450 m^3 미만	0.8		135
1450 m^3 이상	0.75		1125

※ 방호구역체적 = (2 × 4 × 4) m^3 = 32 m^3

- 표면화재

  CO_2 저장량(kg) = 방호구역체적(m^3) × 약제량(kg/m^3) × 보정계수
  + 개구부면적(m^2) × 개구부가산량(5 kg/m^2)

  저장량 = 방호구역체적(m^3) × 약제량(kg/m^3) = (2 × 4 × 4) m^3 × 1 kg/m^3 = 32 kg

  최소저장량인 45 kg보다 작으므로 45 kg 적용

  CO_2 저장량(kg) = 방호구역체적(m^3) × 약제량(kg/m^3) × 보정계수
  + 개구부면적(m^2) × 개구부가산량(5 kg/m^2)
  = 45 kg × 1.9 = 85.5 kg

(나) 저장량 $G = \frac{V}{C} = \frac{68\,L}{1.7} = 40\,kg$

(다)

실 명	CO_2 저장량	병 수
케이블실	520 kg	$\frac{CO_2\ \text{저장량(kg)}}{\text{1병당 저장량(kg)}} = \frac{520\,\text{kg}}{40\,\text{kg}} = 13\text{병}$ ※ 40 kg : (나)에서 구한 값
박물관	480 kg	$\frac{CO_2\ \text{저장량(kg)}}{\text{1병당 저장량(kg)}} = \frac{480\,\text{kg}}{40\,\text{kg}} = 12\text{병}$
일산화탄소 저장창고	85.5 kg	$\frac{CO_2\ \text{저장량(kg)}}{\text{1병당 저장량(kg)}} = \frac{85.5\,\text{kg}}{40\,\text{kg}} = 2.1 \fallingdotseq 3\text{병}$
저장용기실 적용	–	13병

저장용기실(집합관)의 용기본수는 각 방호구역의 저장용기본수 중 가장 많은 것을 기준으로 하므로 케이블실의 13병이 된다.

(라) $CO_2\ \text{농도(vol\%)} = \frac{21-O_2(\text{vol\%})}{21} \times 100 = \frac{21-14(\text{vol\%})}{21} \times 100$

$= 33.333 \fallingdotseq 33.33\,\text{vol\%}$

(마) ① 케이블실

$$\text{방출가스량(방출가스체적)}\ (\text{m}^3) = \frac{21-O_2(\text{vol\%})}{O_2} \times \text{방호구역체적}(\text{m}^3)$$

$$= \frac{21-14(\text{vol\%})}{14} \times (10 \times 10 \times 4)\,\text{m}^3$$

$$= 200\,\text{m}^3$$

② 박물관

$$\text{방출가스량(방출가스체적)}\ (\text{m}^3) = \frac{21-O_2(\text{vol\%})}{O_2} \times \text{방호구역체적}(\text{m}^3)$$

$$= \frac{21-14(\text{vol\%})}{14} \times (10 \times 6 \times 4)\,\text{m}^3$$

$$= 120\,\text{m}^3$$

39 그림과 같은 특정소방대상물에 고압식 이산화탄소 소화설비를 설치하려고 한다. 높이는 4 m, 1병당 저장량은 45 kg, 단위체적당 소화약제량이 0.8 kg/m^{3}일 때 다음 각 물음에 답하시오. (2022년 출제)

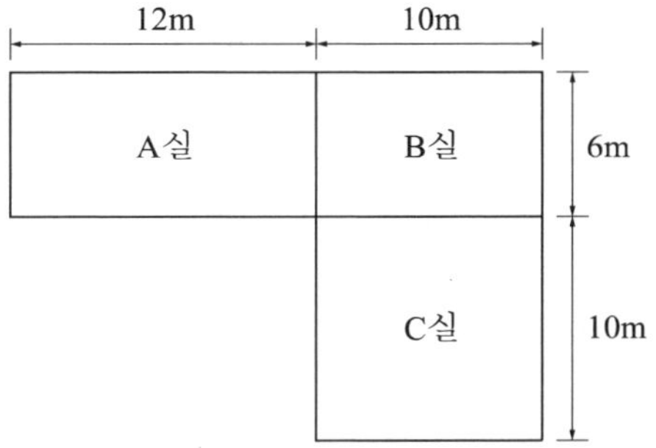

(가) 각 실의 저장용기수를 산출하시오.
(나) 미완성된 도면을 완성하되 저장용기 많은 것을 왼쪽부터 기재하시오.
(단, 모든 배관은 직선으로 표기하고 저장용기를 ◎로 표시하시오)

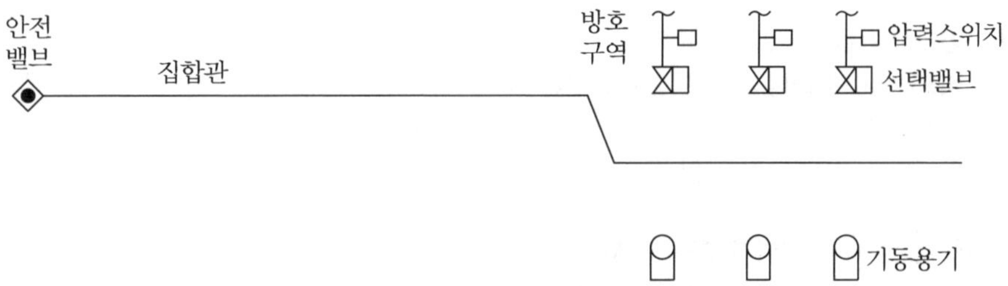

정답 (가) ① A실 : 6병
② B실 : 5병
③ C실 : 8병

(나)

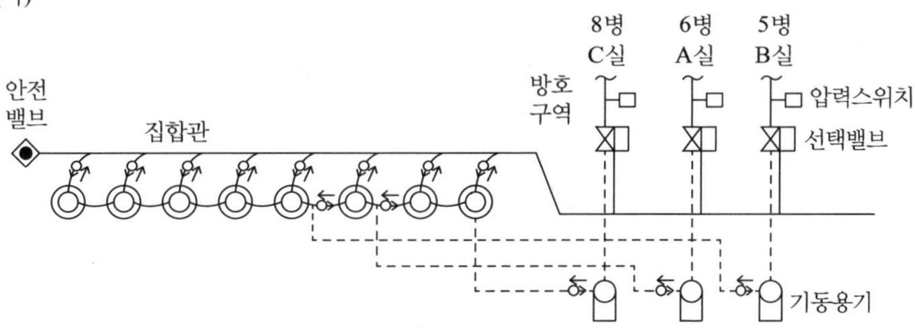

해설 (가) 이산화탄소 저장량(kg)

= 방호구역체적(m^3) × 약제량(kg/m^3) × 보정계수

\+ 개구부면적(m^2) × 개부구가산량($5\ kg/m^2$)

① A실

이산화탄소 저장량 $= [(12 \times 6)\,m^2 \times 4\,m] \times 0.8\,kg/m^3 = 230.4\,kg$

$$\text{저장용기수} = \frac{\text{저장량}}{\text{1병당 저장량}} = \frac{230.4\,kg}{45\,kg} = 5.1 \fallingdotseq 6\text{병}$$

② B실

이산화탄소 저장량 $= [(10 \times 6)\,m^2 \times 4\,m] \times 0.8\,kg/m^3 = 192\,kg$

$$\text{저장용기수} = \frac{\text{저장량}}{\text{1병당 저장량}} = \frac{192\,kg}{45\,kg} = 4.2 \fallingdotseq 5\text{병}$$

③ C실

이산화탄소 저장량 $= [(10 \times 10)\,m^2 \times 4\,m] \times 0.8\,kg/m^3 = 320\,kg$

$$\text{저장용기수} = \frac{\text{저장량}}{\text{1병당 저장량}} = \frac{320\,kg}{45\,kg} = 7.1 \fallingdotseq 8\text{병}$$

40 방호대상물 규격이 가로 3 m, 세로 7 m, 높이 2 m인 위험물 저장탱크에 이산화탄소 소화설비를 국소방출방식으로 설계할 때, 고압식과 저압식의 경우 각각의 약제저장량은 약 몇 [kg]인지 구하시오(단, 특정소방대상물 주위에는 방호대상물과 동일한 크기의 벽이 설치되어 있고, 화재시 비산할 우려가 있어 밀폐된 용기에 저장하였다).

정답 (가) 고압식 250.71 [kg]

(나) 저압식 196.99 [kg]

해설 (가) 고압식

$$\text{약제량} = V\,[m^3] \times \left(8 - 6\frac{a}{A}\right)[kg/m^3] \times 1.4$$

여기서, V : 방호대상물의 각 부분으로부터 0.6 m의 거리에 둘러싸인 공간[m^3]

a : 방호대상물 주위에 설치된 벽의 면적의 합계[m^2]

A : 방호공간의 벽면적(벽이 없는 경우에는 벽이 있는 것으로 가정한 해당 부분의 면적)의 합계[m^2]

$$V = (3+0.6+0.6) \times (7+0.6+0.6) \times (2+0.6) = 4.2 \times 8.2 \times 2.6 = 89.54\,[m^3]$$

$A = a$

$$\text{약제량} = 89.54\,[m^3] \times (8-6)\,[kg/m^3] \times 1.4 = 250.71\,[kg]$$

(나) 저압식

$$\text{약제량} = V\,[m^3] \times \left(8 - 6\frac{a}{A}\right)[kg/m^3] \times 1.1$$

$$= 89.54\,[m^3] \times (8-6)\,[kg/m^3] \times 1.1 = 196.99\,[kg]$$

41 그림과 같은 높이 2 m의 위험물탱크에 국소방출방식으로 이산화탄소 소화설비를 설치하려고 한다. 다음 물음에 답하시오(단, 고압식이며, 방호대상물 주위에는 방호대상물과 크기가 같은 2개의 벽을 설치한다).

(2023년 출제)

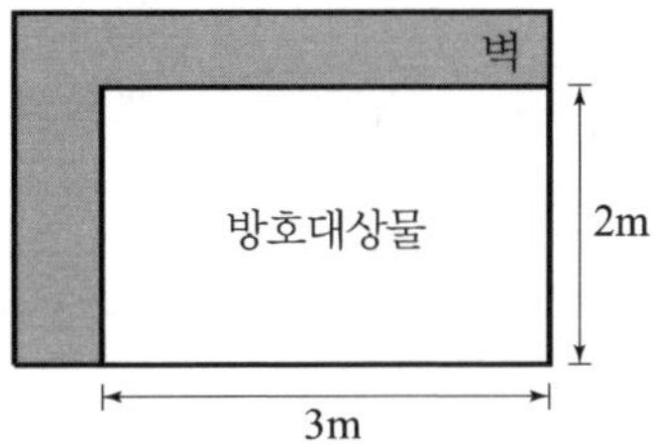

(가) 방호공간의 체적(m^3)을 구하시오.
(나) 소화약제저장량(kg)을 구하시오.
(다) 소화약제의 방출량(kg/s)을 구하시오.

정답 (가) 24.34 m^3
(나) 209.19 kg
(다) 6.97 kg/s

해설 (가) 방호공간
방호대상물의 각 부분으로부터 0.6 m의 거리에 의하여 둘러싸인 공간

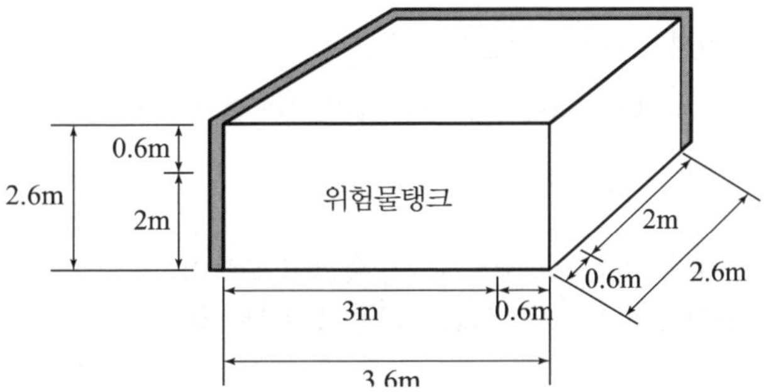

$$방호공간체적 = 3.6\,m \times 2.6\,m \times 2.6\,m = 24.336 \fallingdotseq 24.34\,m^3$$

- 방호대상물 주위에 크기가 같은 2개의 벽이 설치되어 있으므로 방호공간체적 산정시 가로는 한쪽, 세로 위쪽만이 0.6 m씩 늘어남.

(나) 국소방출방식의 CO_2 저장량
2개의 벽이 설치되어 있으므로 방호대상물에 설치된 벽면적 합계

$$A = (2\,m \times 3\,m \times 1면) + (2\,m \times 2\,m \times 1면) = 10\,m^2$$

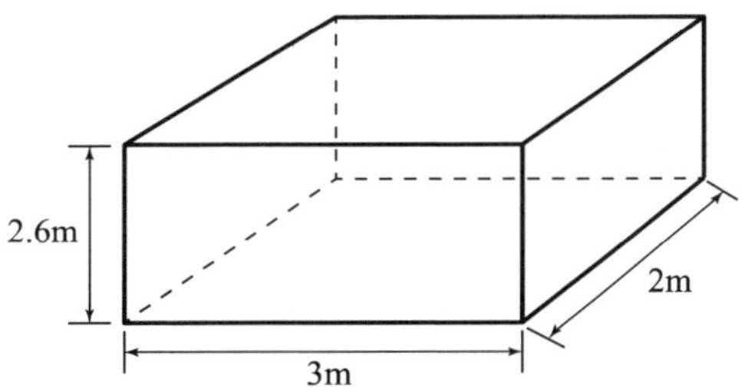

방호공간의 벽면적의 합계 A는

$A=(3.6\,\text{m}\times 2.6\,\text{m}\times 2\text{면})+(2.6\,\text{m}\times 2.6\,\text{m}\times 2\text{면})=32.24\,\text{m}^2$

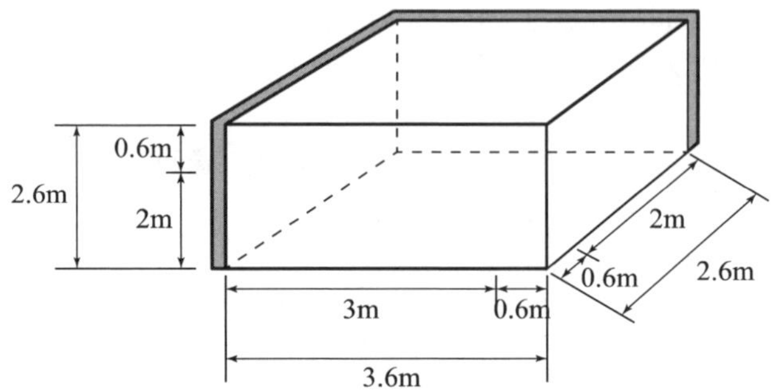

$$\text{소화약제저장량}=\ \text{방호공간체적}\times\left(8-6\frac{a}{A}\right)\times 1.4$$

$$=24.34\,\text{m}^3\times\left(8-6\times\frac{10\,\text{m}^2}{32.24\,\text{m}^2}\right)\times 1.4$$

$$=209.191\fallingdotseq 209.19\,\text{kg}$$

(다) $\text{소화약제방출량}=\dfrac{209.19\,\text{kg}}{30\,\text{s}}\fallingdotseq 6.97\,\text{kg/s}$

CO_2 소화설비 국소방출방식의 약제방사시간은 30s이다.

42 그림과 같은 위험물탱크에 국소방출방식으로 이산화탄소 소화설비를 설치하려고 한다. 다음 물음에 답하시오(단, 고압식이며, 방호대상물 주위에는 설치된 벽이 없다).

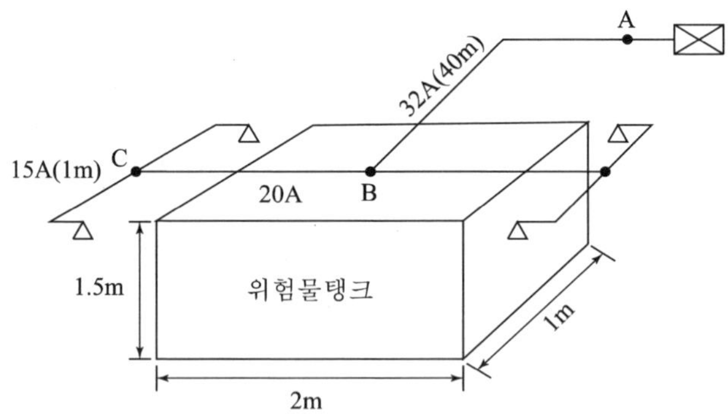

(가) 방호공간의 체적(m^3)은 얼마인가?
(나) 소화약제 저장량(kg)은 얼마인가?
(다) 하나의 분사헤드에 대한 방사량(kg/s)은 얼마인가?

정답 (가) 14.78 m^3
(나) 165.54 kg
(다) 1.38 kg/s

해설 (가) 방호공간

방호대상물의 각 부분으로부터 0.6 m의 거리에 의하여 둘러싸인 공간

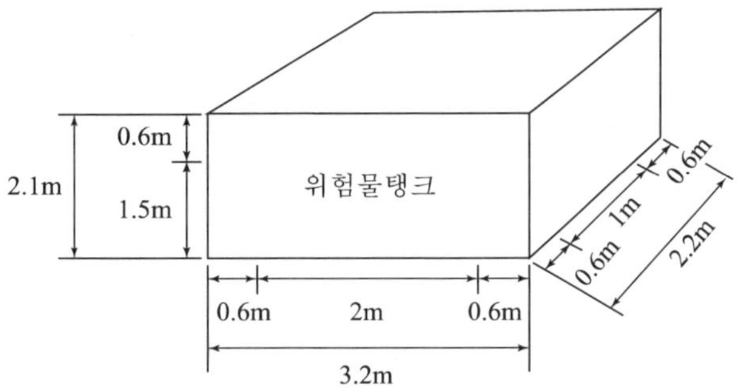

방호공간체적 = 가로× 세로 × 높이

$= 3.2\,\text{m} \times 2.2\,\text{m} \times 2.1\,\text{m}$

$= 14.784 \fallingdotseq 14.78\,\text{m}^3$

(나) 국소배출방식의 CO_2 저장량

문제에서 개방된 용기도 아니고 연소면 한정 등의 말이 없으므로 기타로 적용

특정소방대상물	고압식	저압식
• 연소면 한정 및 비산우려가 없는 경우 • 윗면 개방용기	방호대상물 표면적 × 13 kg/m² × 1.4	방호대상물 표면적 × 13 kg/m² × 1.1
• 기타	방호공간체적 $\times\left(8-6\dfrac{a}{A}\right)\times 1.4$	방호공간체적 $\times\left(8-6\dfrac{a}{A}\right)\times 1.1$

여기서, a : 방호대상물 주위에 설치된 벽면적의 합계(m^2)

A : 방호공간의 벽면적의 합계(m^2)

방호대상물 주위에 설치된 벽면적의 합계 a는

$a = 0$

방호공간의 벽면적의 합계 A는

A = (앞면 + 뒷면) + (좌면 + 우면)

$= (3.2\,\text{m} \times 2.1\,\text{m} \times 2\text{면}) + (2.1\,\text{m} \times 2.2\,\text{m} \times 2\text{면})$

$= 22.68\,\text{m}^2$

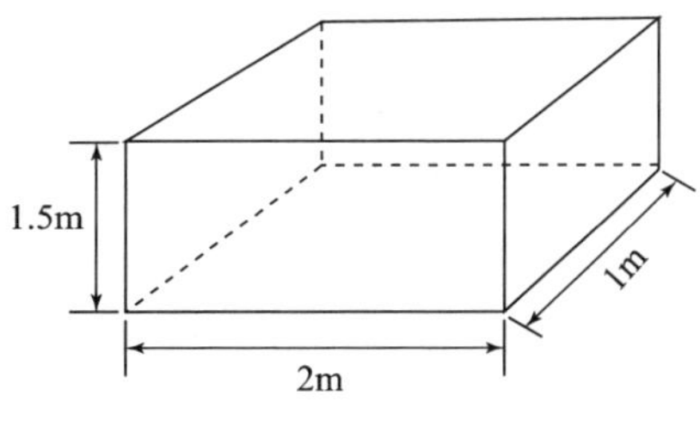

$$\text{소화약제 저장량} = \text{방호공간체적} \times \left(8 - 6\frac{a}{A}\right) \times 1.4$$
$$= 14.78\,\text{m}^3 \times \left(8 - 6 \times \frac{0}{22.68\,\text{m}^2}\right) \times 1.4$$
$$= 165.536 ≒ 165.54\,\text{kg}$$

(다) 본사헤드는 4개이며, CO2 소화설비(국소방출방식)의 약제방사시간은 30초 이내이므로 하나의 분사헤드에 대한 방사량(kg/s) $= \dfrac{165.54\,\text{kg}}{30\,\text{s} \times 4\text{개}} = 1.379 ≒ 1.38\,\text{kg/s}$

43 다음 그림은 어느 건물의 전산실과 변전실의 CO_2 소화설비 계통도이다. 전역방출방식으로 설계하고자 할 경우 각 물음에 답하시오.

[조건]
- 전역방출방식이다.
- 고압식이다.
- 저장용기 1개당 충전량은 50 kg이고, 용기 내용적은 80 L이다.
- 방출시간은 전산기기실 7분, 변전실 1분(표면화재로 봄)이다.
- CO_2 헤드의 방출율은 1.20 kg/mm^2 · min · 개이다.
- 전산실의 체적은 20 m × 20 m × 4 m 이다.
  개구부 2 m × 2 m × 2개소(자동폐쇄장치 설치)이다.
- 변전실의 체적은 25 m × 25 m × 4 m 이다.
  개구부는 2 m × 4 m × 2개소(자동폐쇄장치를 설치하지 않음)이다.
- 부피 m^{3}당 약제방출량은 1.3 kg/m^{3}이다.

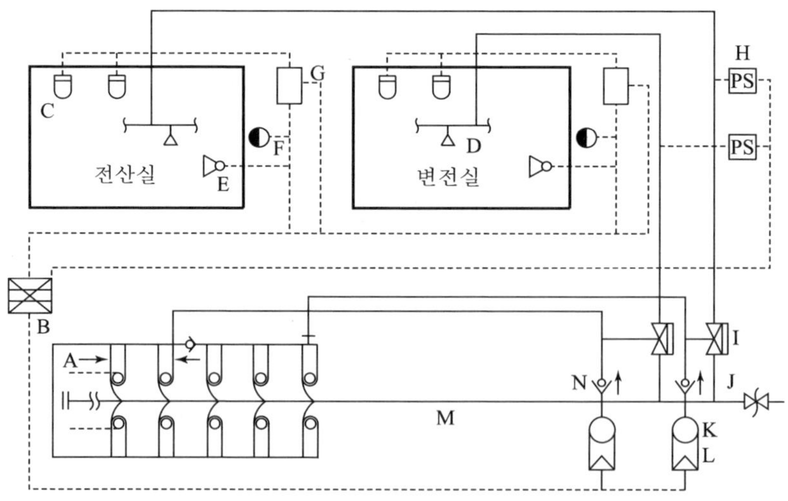

(가) 각 방호구역의 약제 저장량(kg)은 얼마인가?
(나) 방호구역별 저장용기수는 몇 개인가?
(다) 집합관에 연결해야 할 용기수는 몇 개인가?
(라) 기동장치는 몇 개를 설치하여야 하는가?
(마) 기동장치의 조작부 설치높이는 얼마인가?
(바) 위 계통도상 기동방식은 무엇인가?
(사) 기동용기의 내압시험압력은 얼마인가?
(아) 기동용기의 안전장치 작동압력은 얼마인가?
(자) 기동용기의 ① 충전비, ② 내부압력, ③ 내용적은 얼마인가?
(차) CO_2 저장용기의 충전비는 얼마인가?
(카) 경보 사이렌은 몇 개가 필요하며 경보시간은 얼마인가?
(타) A부터 N까지의 명칭을 각각 쓰시오.

정답 (가) 전산실 약제량 : $20 \times 20 \times 4 \times 1.3 = 2{,}080$ kg
변전실 약제량 : $25 \times 25 \times 4 \times 1.3 + 2 \times 4 \times 2 \times 5 = 2{,}580$ kg

(나) 전산실$= \dfrac{2{,}080}{50} = 41.6 = 42$병

변전실$= \dfrac{2{,}580}{50} = 51.6 = 52$병

(다) 집합관 연결 용기수 : 52병
(라) 기동 장치수 : 2개(전산실, 변전실)
(마) 바닥에서 0.8～1.5 m
(바) 기동방식 : 가스압력방식
(사) 25 MPa
(아) 내압시험압력의 0.8배
(자) ① 충전비 1.5～1.9
② 6 MPa 이상
③ 내용적 5 L 이상

(차) 충전비$= \dfrac{\text{용기 내용적}}{\text{약제의 무게}} = \dfrac{80}{50} = 1.6$

(카) 경보 사이렌수 : 2개, 경보시간 : 1분 이상
(타)

A : CO_2 저장용기	B : 제어반
C : 감지기	D : 분사 헤드
E : 경보 사이렌	F : 방출 표시등
G : 수동조작함	H : 압력스위치
I : 선택밸브	J : 안전밸브
K : 기동용기	L : 솔레노이드밸브(전자밸브)
M : 집합관	N : 가스 체크밸브

44 평면도에 이산화탄소를 설치하고자 한다. 다음 각 물음에 답하시오. (2024년 출제)

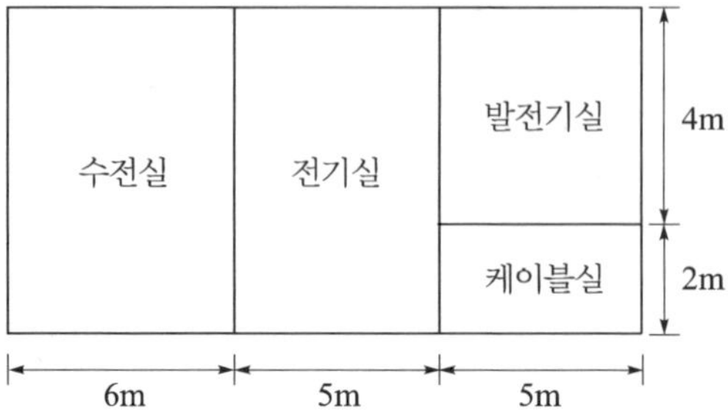

[조건]

① 층고는 4.5 m로 한다.

② 개구부는 다음과 같다.

실명	개구부면적	비고
수전실	20 m^2	자동폐쇄장치 설치
전기실	25 m^2	자동폐쇄장치 미설치
발전기실	10 m^2	자동폐쇄장치 미설치
케이블실	-	-

③ 전역방출방식이며 방출시간은 60초 이내로 한다.

④ 헤드의 규격은 20 mm이며, 분당 방출량은 50 kg 이다.

⑤ 저장용기는 45 kg이다.

⑥ 표면화재를 기준으로 한다.

⑦ 설계농도는 34%이고, 보정계수는 무시한다.

⑧ (가), (나), (라)는 계산과정 없이 표에 답만 작성한다.

⑨ (가), (나)의 소화약제량은 저장용기수와 관계없이 화재안전기술기준에 따라 산출하고, (라)의 소화약제량은 저장용기수 기준에 따라 산출한다.

⑩ 표면화재의 전역방출방식에서 방호구역의 체적당 이산화탄소의 약제량은 다음과 같다.

(가) 각 방호구역에 필요한 소화약제의 양(kg)을 산출하시오.

실명	체적(m^3)	체적당 가스량 (kg/m^3)	개구부(m^2)	개구부 가산량 (kg/m^2)	소화 약제량 (kg)
수전실					
전기실					
발전기실					
케이블실					

(나) 각 방호구역에 필요한 용기수량을 구하시오.

실명	소화약제량(kg)	1병당 저장량(kg/병)	용기수(병)
수전실			
전기실			
발전기실			
케이블실			

(다) 집합관의 저장용기수는 몇 병인가?

(라) 방호구역에 설치하는 헤드수량을 구하시오.

실명	소화약제량(kg)	분당 방출량(kg/분)	헤드수량(개)
수전실			
전기실			
발전기실			
케이블실			

(마) 용기실 배관계통도를 그리시오. (단, 기동용기, 체크밸브, 동관, 선택밸브, 압력스위치를 표시할 것)

정답 (마) 용기실 배관계통도(범례)

압력스위치	PS	안전밸브	◈	저장용기	◎
이산화탄소 배관	———	기동용기		기동용 배관(동관)	--------
선택밸브	⊠	가스체크밸브			

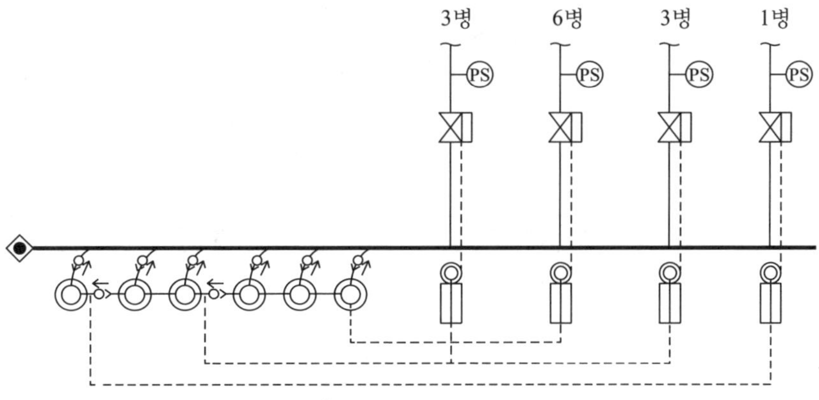

해설 (가) ① 표면화재의 약제량 및 개구부가산량

실명	체적 (m^3)	체적당 가스량 (kg/m^3)	개구부 (m^2)	개구부 가산량 (kg/m^2)	소화 약제량 (kg)
수전실	$6m \times (4+2)m \times 4.5m = 162m^3$	$0.8kg/m^3$	$20m^2$	-	135kg
전기실	$5m \times (4+2)m \times 4.5m = 135m^3$	$0.9kg/m^3$	$25m^2$	$5kg/m^2$	$121.5kg + (25m^2 \times 5kg/m^2) = 246.5kg$
발전기실	$5m \times 4m \times 4.5m = 90m^3$	$0.9kg/m^3$	$10m^2$	$5kg/m^2$	$81kg + (10m^2 \times 5kg/m^2) = 131kg$
케이블실	$5m \times 2m \times 4.5m = 45m^3$	$0.9kg/m^3$	-	-	45kg

② 표면화재

㉠ 수전실

소화약제량 = 방호구역체적(m^3) × 약제량(kg/m^3) × 보정계수 + 개구부면적(m^2) × 개부구가산량($5\ kg/m^2$)

$= 162m^3 \times 0.8kg/m^3$

$= 129.6\ kg \rightarrow 135\ kg$ (최소저장량)

㉡ 전기실

소화약제량 = 방호구역체적(m^3) × 약제량(kg/m^3) × 보정계수 + 개구부면적(m^2) × 개부구가산량($5kg/m^2$)

$= 135m^3 \times 0.9\ kg/m^3 \times 25\ m^2 \times 5\ kg/m^2$

$= 246.5kg$

㉢ 발전기실

소화약제량 = 방호구역체적(m^3) × 약제량(kg/m^3) × 보정계수 + 개구부면적(m^2) × 개부구가산량($5\ kg/m^2$)

$= 90\ m^3 \times 0.9\ kg/m^3 \times 10\ m^2 \times 5\ kg/m^2$

$= 131\ kg$

㉣ 케이블실

소화약제량 = 방호구역체적(m^3) × 약제량(kg/m^3) × 보정계수 + 개구부면적(m^2) × 개부구가산량($5\ kg/m^2$)

$= 45\ m^3 \times 0.9\ kg/m^3$

$= 40.5\ kg \rightarrow 45\ kg$ (최소저장량)

(나)

실명	소화약제량(kg)	1병당 저장량(kg/병)	용기수(병)
수전실	135 kg	45 kg/병	$\frac{135\,kg}{45\,kg/병} = 3$병
전기실	246.5 kg	45 kg/병	$\frac{246.5\,kg}{45\,kg/병} = 5.4 \fallingdotseq 6$병
발전기실	131 kg	45 kg/병	$\frac{131\,kg}{45\,kg/병} = 2.9 \fallingdotseq 3$병
케이블실	45 kg	45 kg/병	$\frac{45\,kg}{45\,kg/병} = 1$병

(다) 집합관의 용기본수는 각 방호구역의 저장용기본수 중 가장 많은 것을 기준으로 하므로 전기실의 6병이 된다.

(라)

실명	소화약제량(kg)	분당 방출량(kg/분)	헤드수량(개)
수전실	45kg/병 × 3병 = 135 kg	50 kg/분	$\frac{135\,kg}{50\,kg/병} = 2.7 ≒ 3$개
전기실	45kg/병 × 6병 = 270 kg	50 kg/분	$\frac{270\,kg}{50\,kg/병} = 5.4 ≒ 6$개
발전기실	45kg/병 × 3병 = 135 kg	50 kg/분	$\frac{135\,kg}{50\,kg/병} = 2.7 ≒ 3$개
케이블실	45kg/병 × 1병 = 45 kg	50 kg/분	$\frac{45\,kg}{50\,kg/병} = 0.9 ≒ 1$개

45 보일러실, 변전실, 발전실 및 축전지실에 다음과 같은 조건으로 전역방출방식의 고압식 이산화탄소소화설비를 설치하였을 경우 다음 각 물음에 답하시오.

[조건]

- 방호구역의 조건의 조건은 다음 표와 같다.

방호구역	크기[m]		개구부 [m²]	개구부의 상태	분사헤드 설치수 [개]
	면적	높이			
보일러실	18×18×5		6	자동 폐쇄 불가	40
변 전 실	11×17×6		4	자동 폐쇄 가능	30
발 전 실	5×8×4		4	자동 폐쇄 불가	8
축전지실	5×3×3		2	자동 폐쇄 가능	3

- 소화약제 산정기준

방호구역 체적[m³]	방호구역의 체적[m³] 에 대한 소화약제의 양[kg]	소화약제 저장량의 최적한도[kg]
45 미만	1.00	45
45 이상 ~ 150 미만	0.90	
150 이상 ~ 1450 미만	0.80	135
1450 이상	0.75	1,125

- 각 실에 설치된 분사 헤드의 방출율은 1개당 1.16 kg/mm² · 분]으로 하며, CO_2의 방출시간은 1분을 기준으로 한다.
- CO_2 저장용기는 내용적 68 L, 충전량 45 kg용의 것을 사용하는 것으로 한다.

(가) 방호구역의 각 실에 필요한 소화약제의 양[kg]을 산출하시오.
(나) 각 실에 필요한 소화약제의 용기 수는 얼마인가?
(다) 용기 저장소에 저장하여야 할 소화약제의 용기 수는 얼마인가?
(라) 저장용기밸브 직후의 유량[kg/s]은 얼마인가?
(마) 각 실별로 설치된 분사 헤드의 분출구 면적[mm²]은 얼마이어야 하는가?
(단, 보일러실, 변전실, 발전실 및 축전지실은 표면화재 방호대상물로 본다.)

정답 (가)

각 실	기본량	개구부 가산량	약제량
보일러실	$18\times18\times5=1620\ m^3$ $1620\ m^3\times0.75\ kg/m^3=1215\ kg$	$6\ m^2\times5\ kg/m^2=30\ kg$	1245 kg
변 전 실	$11\times17\times6=1122\ m^3$ $1122\ m^3\times0.8\ kg/m^3=897.6\ kg$	개구부 가산량 없음	897.6 kg
발 전 실	$5\times8\times4=160\ m^3$ $160\ m^3\times0.8\ kg/m^3=128\ kg$ (최저한도 약제량 적용 135 kg)	$4\ m^2\times5\ kg/m^2=20\ kg$	155 kg
축전지실	$5\times3\times3=45\ m^3$ $45\ m^3\times0.9\ kg/m^3=40.5\ kg$ (최저한도 약제량 적용 45 kg)	개구부 가산량 없음	45 kg

(나) ① 보일러실 : 28병
② 변전실 : 20병
③ 발전실 : 4병
④ 축전지실 : 1병

(다) 28병

(라) 0.75 kg/s

(마) ① 보일러실 : $27.16\ mm^2$
② 변전실 : $25.86\ mm^2$
③ 발전실 : $19.4\ mm^2$
④ 축전지실 : $12.93\ mm^2$

해설 (나) ① 보일러실 : 1,245 kg ÷ 45 kg/병 = 27.6 = 28병
② 변전실 : 897.6 kg ÷ 45 kg/병 = 19.94 = 20병
③ 발전실 : 155 kg ÷ 45 kg/병 = 3.44 = 4병
④ 축전지실 : 45 kg ÷ 45 kg/병 = 1병

(다) 최대병수이므로 28병

(라) 45 kg/60 s = 0.75 kg/s

(마) ① 보일러실 : 28병×45 kg/병 = 1260 kg
1260 kg ÷ (40개×1.16 kg/mm² · min · 개×1분) = $27.15\ mm^2$
② 변전실 : 20병×45 kg/병 = 900 kg
900 kg ÷ (30개×1.16 kg/mm² · min · 개×1분) = $25.962\ mm^2$
③ 발전실 : 4 병×45 kg/병 = 180 kg
180 kg ÷ (8개×1.16 kg/mm² · min · 개×1분) = $19.396\ mm^2$
④ 축전지실 : 1 병×45 kg/병 = 45 kg
45 kg ÷ (3개×1.16 kg/mm² · min · 개×1분) = $12.931\ mm^2$

※ 발전실, 축전실 기본약제량을 계산했을 때 최저한도량에 미달하므로 최저한도량으로 약제량을 나타내고 여기에 개구부 가산량을 더하여 총약제량으로 한다.

46 어떤 사무소 건물의 지하층에 있는 발전기실 및 축전지실에 전역방출방식의 이산화탄소소화설비를 설치하고자 한다. 주어진 조건에 의하여 다음 각 물음에 답하시오.

[조건]
- 소화설비는 고압식으로 한다.
- 발전기실의 크기는 가로 6 m×세로 10 m×높이 5 m이다.
- 발전기실의 개구부 크기는 1.8 m×3 m×2개소(자동 폐쇄장치 있음)이다.
- 축전지실의 크기는 가로 5 m×세로 6 m×높이 4 m이다.
- 축전지실의 개구부 크기는 0.9 m×2 m×1개소(자동폐쇄장치 없음)이다.
- 가스용기 1본당 충전량은 50kg이다.
- 가스저장용기는 공용으로 한다.
- 가스량은 다음 표를 이용하여 산출한다(표면화재로 봄).

방호구역의 체적[m^3]	소화약제의 양[kg/m^3]	소화약제 저장량의 최저한도[kg]
50 이상 150 미만	0.9	50
150 이상 1500 미만	0.8	135

㈜ 개구부 가산량은 5 kg/m^2로 한다.

(가) 각 방호구역별로 필요한 가스용기의 본수는 몇 본인가?
(나) 집합장치에 필요한 가스용기의 본수는 몇 본인가?
(다) 각 방호구역별 선택밸브 개폐 직후의 유량[kg/s]은 얼마인가?
(라) 저장용기의 내압시험압력[MPa]은 얼마인가?
(마) 안전장치의 작동압력범위[MPa]는 얼마인가?
(바) 분사 헤드의 방출압력은 21℃에서 몇 [MPa] 이상이어야 하는가?
(사) 음향경보장치는 약제방출 개시 후 몇 분 동안 경보를 계속할 수 있어야 하는가?
(아) 각 방호구역에 필요한 음향경보장치는 각각 몇 개씩인가?
(자) 가스용기의 개방밸브는 작동방식에 따라 3가지로 분류되는데, 그 각각의 명칭은 무엇인가?

정답 (가) ① 발전기실 : 5본
② 축전지실 : 3본
(나) 5본
(다) ① 발전기실 : 4.167 kg/s
② 축전지실 : 2.5 kg/s
(라) 25 MPa 이상
(마) 내압시험압의 0.8배
(바) 2.1 MPa 이상
(사) 1분 이상
(아) 1개씩
(자) ① 전기식
② 가스압력식
③ 기계식

해설 (가) ① 발전기실

방호구역의 체적은 6 m×10 m×5 m = 300m^{3}로 150 이상1500 미만에 해당하므로 소화약제의 양은 0.8 kg/m^{3}이다.

CO_2 저장량[kg] = 방호구역체적[m^3]×약제량[kg/m^3] + 개구부면적[m^2]×개구부 가산량

$= 300\ m^3 \times 0.8\ kg/m^3 = 240\ kg$

$$\text{가스용기의 본수} = \frac{\text{약제 저장량}}{\text{충전량}} = \frac{240\,kg}{50\,kg} = 4.8 \fallingdotseq 5\text{본}$$

② 축전지실

방호구역의 체적은 5 m×6 m×4 m = 120 m^{3}로 50 이상 150 미만에 해당되므로 소화약제의 양은 0.9 kg/m^{3}이다.

CO_2 저장량[kg] = 방호구역체적[m^3]×약제량[kg/m^3] + 개구부면적[m^2]×개구부 가산량

$= 120\ m^3 \times 0.9\ kg/m^3 + (0.9\ m \times 2\ m \times 1\text{개소}) \times 5\ kg/m^2$

$= 117\ kg$

$$\text{가스용기의 본수} = \frac{\text{약제 저장량}}{\text{충전량}} = \frac{117\,kg}{50\,kg} = 2.34 \fallingdotseq 3\text{본}$$

(나) 집합장치에 필요한 가스용기의 본수는 각 방호구역의 가스용기의 본수 중 가장 많은 것을 기준으로 하므로 발전기실의 5본이 된다.

(다) ① 발전기실

$$\text{개폐밸브 직후의 유량} = \frac{\text{약제 저장량 (kg)}}{\text{약제 방출시간 (s)}} = \frac{250\,kg}{60\,s} = 4.167\,kg/s$$

② 축전지실

$$\text{개폐밸브 직후의 유량} = \frac{\text{약제 저장량 (kg)}}{\text{약제 방출시간 (s)}} = \frac{150\,kg}{60\,s} = 2.5\,kg/s$$

방출방식	소방대상물	약제방출시간
국소방출방식		30초
전역방출방식	표면화재(가연성 액체, 가연성 가스)	1분
	심부화재(종이, 목재, 석탄, 석유류, 합성수지류)	7분

(바) CO_2 소화설비의 분사 헤드의 방출압력 : 고압식은 2.1 MPa 이상, 저압식은 1.05 MPa 이상

(사) 약제 방출 후 경보장치의 작동시간

분말소화설비, 할론소화설비, CO_2 소화설비 1분 이상

(아) 음향 경보장치는 각 방호구역당 1개씩 설치해야 한다.

(자) CO_2 소화약제 저장용기의 개방밸브는 전기식, 가스압력식 또는 기계식에 의하여 자동으로 개방되면서 수동으로도 개방되는 것으로 안전장치가 부착된 것을 사용해야 한다. 이 중에서 전기식과 가스압력식을 일반적으로 사용한다.

47 다음의 설계도면에 이산화탄소소화설비를 전역방출방식으로 설치하고자 한다. 조건 및 도면을 보고 각 물음에 답하시오.

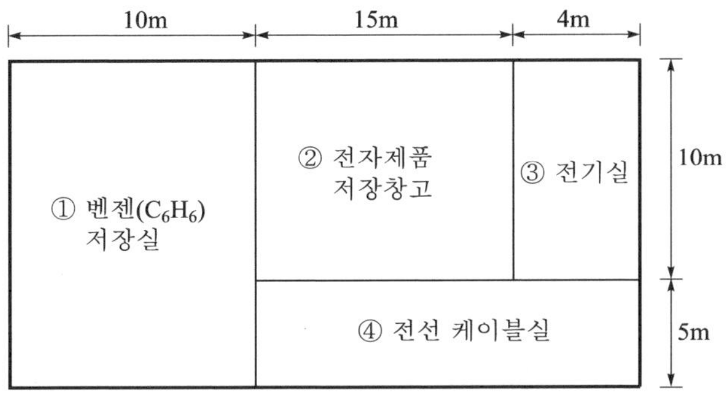

[조건]
- 층고는 4 m이다.
- 각 방호구역의 개구부 면적은 다음과 같다.

방호구역명	개구부 크기	방호구역명	개구부 크기
벤젠 저장실	1.5 m×0.5 m	전기실	1 m×0.5 m
전자제품 창고	0.7 m×0.5 m	전선 케이블실	0.9 m×0.9 m

- 자동폐쇄장치가 설치된 곳은 없다.
- 벤젠의 설계농도는 37%이며, 보정계수는 1.1이다.
- 각 방호구역에 설치된 헤드 수는 다음과 같다.

방호구역명	헤드 수	방호구역명	헤드 수
벤젠 저장실	6개	전기실	1개
전자제품 창고	3개	전선 케이블실	2개

- 헤드의 방출압력에 대한 방출량은 1.05 kg/mm^2·분·개이다.
- CO_2 약제 저장용기의 내용적은 68 L이고, 저장량은 45 kg이다.
- 설비방식은 고압식이다.

(가) 각 방호구역에 대한 CO_2 약제 저장량[kg]은 얼마인가?
(나) 각 방호구역에 대한 CO_2 약제 저장용기 수는 얼마인가?
(다) CO_2 저장용기의 집합장에 저장하여야 할 용기 수는 몇 개 인가?
(라) 분사 헤드의 방출압력은 얼마인가?
(마) 개폐밸브 또는 선택밸브 1차측 배관부속 및 2차측 배관부속의 내압시험압력[MPa]은 얼마인가?

정답 (가) ① 531.75 kg

② 1203.5 kg

③ 213 kg

④ 502.1 kg

(나) ① 12개

② 27개

③ 5개

④ 12개

(다) 27개

(라) 2.1 MPa 이상(고압식)

(마) 고압식 : 1차측 4 MPa 이상, 2차측 2 MPa 이상

해설 (가) ① 벤젠 저장실

$(10 \times 15 \times 4)\ m^3 \times 0.8\ kg/m^3 \times 1.1] + (1.5 \times 0.5)\ m^2 \times 5\ kg/m^2 = 531.75\ kg$

② 전자제품 창고 $(15 \times 10 \times 4)\ m^3 \times 2\ kg/m^3 + (0.7 \times 0.5)\ m^2 \times 10\ kg/m^2 = 1{,}203.5\ kg$

③ 전기실 $(4 \times 10 \times 4)\ m^3 \times 1.3\ kg/m^3 + (1 \times 0.5)\ m^2 \times 10\ kg/m^2 = 213\ kg$

④ 전선 케이블 $(19 \times 5 \times 4)\ m^3 \times 1.3\ kg/m^3 + (0.9 \times 0.9)\ m^2 \times 10\ kg/m^2 = 502.1\ kg$

(나) ① 벤젠 저장실 $531.75 \div 45 = 11.82$ ∴ 12개

② 전자제품 창고 $1203.5 \div 45 = 26.74$ ∴ 27개

③ 전기실 $213 \div 45 = 4.73$ ∴ 5개

④ 전선 케이블실 $502.1 \div 45 = 11.16$ ∴ 12개

㉠ 가연성 액체 또는 가연성 가스 등 표면화재 방호대상물의 경우

● 방호구역의 소화약재량

방호구역의 체적	방호구역 체적 1 m^3에 대한 소화약제의 양[kg]	소화약제 저장량 최저한도의 양[kg]
45 m^3 미만	1.00	45
45 m^3 이상 150 m^3 미만	0.90	
150 m^3 이상 1450 m^3 미만	0.80	135
1450 m^3 이상	0.75	1125

㉡ 종이, 목재, 석탄, 섬유류 합성수지류 등의 심부화재 방호대상물의 경우

● 방호대상물 소화약재량

방호대상물	방호구역 체적 1 m^3에 대한 소화약제의 양[kg]	설계농도 [%]
유압기기를 제외한 전기설비, 케이블실	1.3	50
체적 55 m^3 미만의 전기설비	1.6	50
서고, 전자제품 창고, 목재가공품, 창고, 박물관	2.0	65
고무류, 면화류, 모피, 석탄 창고, 집진설비	2.7	70

48 에탄(ethane)을 저장하는 창고에 이산화탄소소화설비를 설치하고자 할 때, 다음 물음에 답하시오.

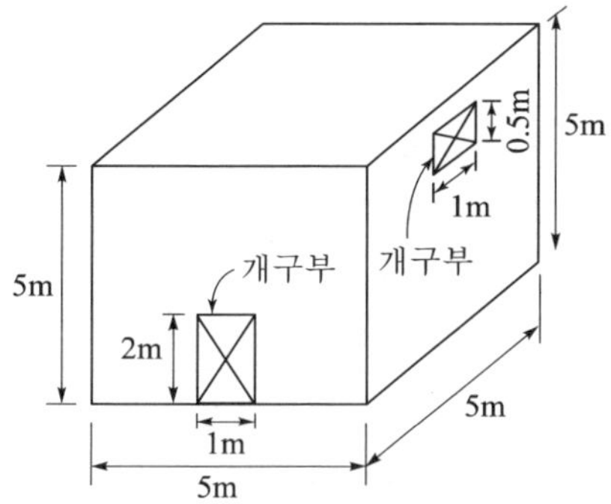

[조건]

- 소화설비의 방식 : 전역방출방식(고압식)이다.
- 저장창고의 규모 : 5 m × 5 m × 5 m이다.
- 에탄 소화에 필요한 이산화탄소의 설계농도 : 40%이다.
- 저장창고의 개구부 크기와 개수는 다음과 같다.
  ㉠ 1 m × 0.5 m × 1개소
  ㉡ 2 m × 1 m × 1개소
- 표면화재의 전역방출방식에서 방호구역의 체적당 이산화탄소의 약제량은 다음과 같다.

방호구역의 체적	방호구역 체적 1 m^3에 대한 소화약제의 양[kg]	소화약제 저장량 최저한도의 양[kg]
45 m^3 미만	1.00	45
45 m^3 이상 150 m^3 미만	0.90	
150 m^3 이상 1450 m^3 미만	0.80	135
1450 m^3 이상	0.75	1125

- 설계농도에 대한 보정계수는 다음과 같다.

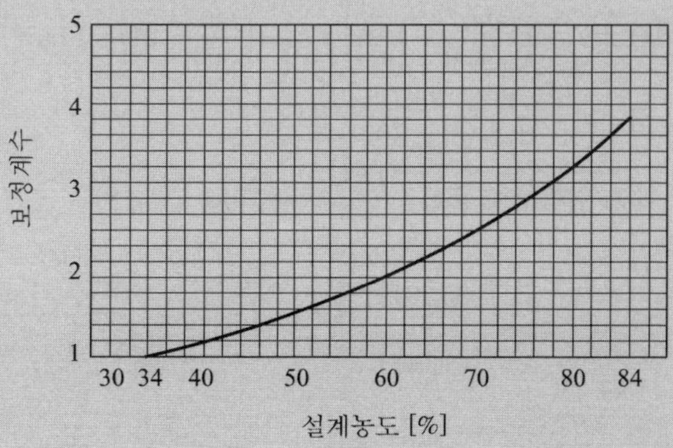

(가) 필요한 이산화탄소 약제의 양[kg]은 얼마인가?
(나) 방호구역 내에 이산화탄소가 설계농도로 유지될 때의 산소의 농도는 얼마인가?
(다) 이산화탄소 저장용기의 충전비를 최대 1.9로 할 경우의 저장용기(68 L) 1병당 저장약제의 중량은 얼마인가?
(라) (다)과 같이 충전비를 최대 1.9로 할 경우 필요한 저장용기는 몇 개인가?
(마) 상기 조건에서 빈 칸을 채우시오.

구 분	내 용
분사 헤드의 방출압력	(①) 이상
이산화탄소의 방출시간	(②) 이내
저장용기실의 온도	(③)
강관의 종류(배관)	(④)

(바) 이산화탄소설비의 자동식 기동장치에 사용되는 화재감지기 회로(일반감지기를 사용할 경우)는 어떤 방식이어야 하는가? 그 방식의 이름과 내용을 설명하시오.

정답 (가) 147.5 kg
(나) 12.6 %
(다) 35.79 kg
(라) 5본
(마) ① 2.1 MPa
② 1분
③ 40℃ 이하
④ 압력배관용 탄소강관(KSD 3562) 중 이음이 없는 스케줄 80 이상의 것으로 아연도금 등의 방식 처리 된 것
(바) 교차회로방식 : 하나의 방호구역 내에 2개 이상의 화재감지기 회로를 설치하고 인접한 2개 이상의 화재감지기가 감지될 때 CO_2 소화설비가 작동하여 소화약제를 방출하는 방식

해설 (가) $(5\times5\times5)\ m^3\times1.2\times0.9+[(1\times0.5)\ m^2\times5\ kg/m^2+(2\times1)\ m^2\times5\ kg/m^2=147.5\ kg$

(나) CO_2 농도 $=\dfrac{21-O_2}{21}\times100$

$$O_2=21-\left(\frac{CO_2[\%]}{100}\times21\right)=21-\left(\frac{40}{100}\times21\right)=12.6\%$$

(다) 충전비 $=\dfrac{\text{용기 내용적}}{\text{소화약제 중량}}$ 이므로

$$\text{소화약제 중량 [kg]}=\frac{68\,L}{1.9}=35.79\,kg$$

(라) 저장용기 수 $=\dfrac{147.5\,kg}{35.79\,kg/\text{본}}=4.12\fallingdotseq5$본

49 어떤 실에 이산화탄소 소화설비를 설치하고자 한다. 조건을 참고하여 다음 각 물음에 답하시오. (2022년 출제)

[조건]
① 방호구역은 가로 10 m, 세로 20 m, 높이 5 m이고 개구부는 2군데 있으며 하나의 개구부는 가로 1.8 m, 세로 2.4 m이며 자동폐쇄장치가 설치되어 있지 않고 또 다른 개구부는 가로 1 m, 세로 1.2 m이며 자동폐쇄장치가 설치되어 있다.
② 개구부가산량은 5 kg/m²이다.
③ 표면화재를 기준으로 하며, 보정계수는 1을 적용한다.
④ 분사헤드의 방사율은 1.05 kg/mm²·분이다.
⑤ 저장용기는 45 kg이다.
⑥ 분사헤드의 분구면적은 0.52 cm²이다.

(가) 실에 필요한 소화약제의 양(kg)을 산출하시오.
(나) 저장용기수를 구하시오.
(다) 소화약제의 유량속도(kg/s)를 구하시오.
(라) 헤드개수를 산출하시오.

정답 (가) 821.6 kg (나) 19병
(다) 14.25 kg/s (라) 16개

해설 (가) ▌표면화재의 약제량 및 개구부가산량

방호구역체적	약제량	개구부가산량 (자동폐쇄장치 미설치시)	최소저장량
45 m³ 미만	1 kg/m³	5 kg/m³	45 kg
45～150 m³ 미만	0.9 kg/m³		
150～1450 m³ 미만	0.8 kg/m³		135 kg
1450 m³ 이상	0.75 kg/m³		1125 kg

방호구역체적 = $(10 \times 20 \times 5)\ m^3 = 1000\ m^3$
저장량 = 방호구역체적(m^3) × 약제량(kg/m^3)
$= (10 \times 20 \times 5)\ m^3 \times 0.8\ kg/m^3 = 800\ m^3$

• 표면화재
CO_2 저장량(kg) = 방호구역체적(m^3) × 약제량(kg/m^3) × 보정계수 + 개구부면적(m^2) × 개구부가산량($5\ kg/m^2$)
CO_2 저장량(kg) $= (10 \times 20 \times 5)\ m^3 \times 0.8\ kg/m^3 \times 1 + (1.8 \times 2.4)\ m^2 \times 5\ kg/m^2$
$= 821.6 kg$

(나) $\text{저장용기수} = \dfrac{\text{소화약제량(kg)}}{\text{1병당 저장량(kg)}} = \dfrac{821.6\,kg}{45\,kg} = 18.2 ≒ 19\text{병}$

(다) $\text{소화약제의 유량속도} = \dfrac{\text{1병당 충전량(kg)} \times \text{병수}}{\text{약제방출시간(s)}}$
$= \dfrac{45\,kg \times 19\text{병}}{60\,s} = 14.25\,kg/s$

- 방출시간 : 전역방출방식 표면화재 1분 이내 방출

(라) 분구면적(mm^2) $= \dfrac{1\text{병당 충전량(kg)} \times \text{병수}}{\text{방사율}(kg/mm^2 \cdot \text{분}) \times \text{헤드개수} \times \text{방출시간(분)}}$

$$\text{헤드개수} = \frac{1\text{병당 충전량(kg)} \times \text{병수}}{\text{방사율}(kg/mm^2 \cdot \text{분}) \times \text{헤드개수} \times \text{방출시간(분)}}$$

$$= \frac{45\,kg \times 19\text{병}}{1.05\,kg/mm^2 \cdot \text{분} \times 52\,mm^2 \times 1\text{분}} = 15.6 \fallingdotseq 16\text{개}$$

50 다음 조건을 기준으로 이산화탄소소화설비에 대한 물음에 답하시오.

[조건]

① 설비는 전역방출방식으로 하며 설치장소는 전기설비실, 케이블실, 모피창고, 서고이다.
② 전기설비실과 모피창고에는 가로 1 m × 세로 2 m의 자동폐쇄장치가 설치되지 않는 개구부가 각각 1개씩 설치되어 있다.
③ 저장용기의 내용적은 68 L이며, 충전비는 1.511로 동일 충전비를 가진다.
④ 전기설비실과 케이블실은 동일 방호구역으로 설계한다.
⑤ 소화약제 방출시간은 모두 7분으로 한다.
⑥ 각 실에 설치할 노즐은 방출량은 각 노즐 1개당 10 kg/분으로 한다.
⑦ 각 실의 평면도는 다음과 같다(단, 실의 층고는 모두 3 m이다).

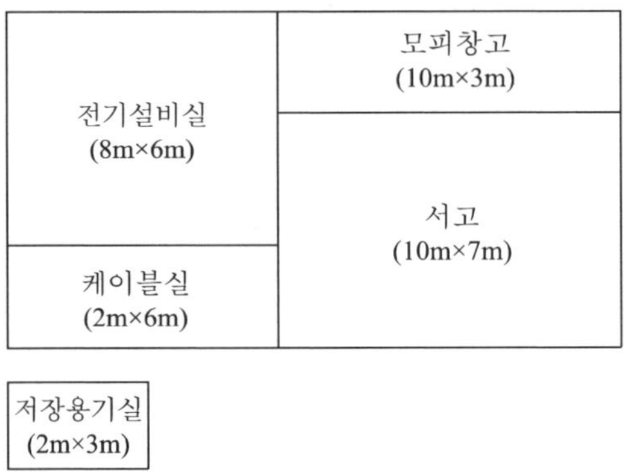

(가) 모피창고의 실제 소화약제량[kg]은?
(나) 저장용기 1병에 충전되는 약제량[kg]은?
(다) 저장용기실에 설치할 저장용기의 수는 몇 병인가?
(라) 설치해야 할 선택밸브수는 몇 개인가?
(마) 모피창고에 설치할 헤드수는 모두 몇 개인가?
(바) 서고의 선택밸브 이후 주배관의 유량은 몇 kg/min인가?

정답 (가) 263 kg
(나) 45 kg
(다) 10병
(라) 3개 (마) 4개
(바) 64.29 kg/min

해설 (가) 심부화재의 약제량 및 개구부가산량

방호대상물	약제량 (kg/m^3)	개구부가산량 (자동폐쇄장치 미설치시)	설계농도
전기설비	1.3	10 kg/m^2	50%
전기설비(55 m^3 미만)	1.6		
서고, 박물관, 목재가공품창고, 전자제품창고	2.0		65%
석탄창고, 면화류창고, 고무류, 모피창고, 집진설비	2.7		75%

CO_2 저장량[kg]
= 방호구역체적[m^3] × 약제량[kg/m^3] + 개구부면적[m^2] × 개구부가산량[10 kg/m^2]
= 90 m^3 × 2.7 kg/m^3 + (1×2)m^2 × 10 kg/m^2
= 263 kg

(나) $C = \dfrac{V}{G}$

여기서, C : 충전비[L/kg]
V : 내용적[L]
G : 저장량(충전량)[kg]

충전량 $G = \dfrac{V}{C} = \dfrac{68}{1.511} ≒ 45$ kg

(다) CO_2 저장량[kg]
= 방호구역제적[m^3] × 약제량[kg/m^3] + 개구부면적[m^2] × 개구부가산량(10 kg/m^2)

① 전기설비실

CO_2 저장량 $= (8 \times 6 \times 3)\,m^3 \times 1.3\,kg/m^3 + (1 \times 2)\,m^2 \times 10\,kg/m^2 = 207.2$ kg

② 케이블실

CO_2 저장량 $= (2 \times 6 \times 3)\,m^3 \times 1.6\,kg/m^3 = 57.6$ kg

저장용기수 $= \dfrac{207.2 + 57.6}{45} = 58 = 6$병

③ 서고

CO_2 저장량 $= (10 \times 7 \times 3)\,m^3 \times 2.0\,kg/m^3 = 420$ kg

저장용기수 $= \dfrac{420}{45} = 9.3 = 10$병

(라) 선택밸브는 각 방호구역당 1개이므로 모피창고 1개, 전기설비실+케이블실 1개, 서고 1개 총 3개이다.
※ 조건 ④에서 전기설비실과 케이블실은 동일방호구역이므로 이곳은 선택밸브 1

개만 설치하면 된다.

(마) $(분사)헤드수 = \dfrac{1병당\ 약제량[kg] \times 병수}{노즐\ 1개당\ 방사량[kg/분] \times 방출시간[분]}$

$= \dfrac{45\ kg \times 6병}{10\ kg/분 \times 7분} = 3.85 ≒ 4개(절상)$

(바) $선택밸브\ 이후\ 유량 = \dfrac{1병당\ 약제량[kg] \times 병수}{방출시간[분]}$

$= \dfrac{45\ kg \times 10병}{7분} = 64.285 ≒ 64.29\ kg/min$

51 바닥면적 400 m^2, 높이 4 m인 전기실(유압기기는 없음)에 이산화탄소 소화설비를 설치할 때 저장용기(68 L/45 kg)에 저장된 약제량을 표준대기압, 온도 20℃인 방호구역 내에 전부 방사한다고 할 때 다음을 구하시오. (2023년 출제)

[조건]
① 방호구역 내에는 3 m^2인 출입문이 있으며, 이 문은 자동폐쇄장치가 설치되어 있지 않다.
② 심부화재이고, 전역방출방식을 적용하였다.
③ 이산화탄소의 분자량은 44이고, 이상기체상수는 8.3143 kJ/kmol・mol이다.
④ 선택밸브 내의 온도와 압력조건은 방호구역의 온도 및 압력과 동일하다고 가정한다.
⑤ 이산화탄소 저장용기는 한 병당 45 kg의 이산화탄소가 저장되어 있다.

(가) 이산화탄소 최소 저장용기수(병)를 구하시오.
(나) 최소 저장용기를 기준으로 이산화탄소를 모두 방사할 때 선택밸브 1차측 배관에서의 최소 유량(m^3/min)을 구하시오.

정답 (가) $(400 \times 4) \times 1.3 + 3 \times 10 = 2110\,kg$

$\dfrac{2110}{45} = 46.8 ≒ 47병$

∴ 47병

(나) $선택밸브\ 1차측\ 배관유량\ \dfrac{45 \times 47}{7} = 302.142\,kg/min$

$PV = \dfrac{m}{M}RT$에서

$V = \dfrac{302.142 \times 8.3143 \times (273+20)}{101.325 \times 44} = 165.095 ≒ 165.1\,m^3$

∴ 165.1 m^3/min

해설 (가) ① CO_2 저장량(약제소요량) (kg)

$= 방호구역체적(m^3) \times 약제량(kg/m^3) + 개구부면적(m^2) \times 개구부가산량(10\ kg/m^2)$

$= (400\,m^2 \times 4\,m) \times 1.3\,kg/m^3 + 3\,m^2 \times 10\,kg/m^2 = 2110\,kg$

▌ 심부화재의 약제량 및 개구부 가산량

방호대상물	약제량	개구부 가산량 (자동폐쇄장치 미설치시)	설계농도
전기설비(55 m^3 이상), 케이블실	1.3 kg/m^3	10 kg/m^2	50%
전기설비(55 m^3 미만)	1.6 kg/m^3		
서고, 박물관, 목재가공품창고, 전자제품창고	2.0 kg/m^3		65%
석탄창고, 면화류창고, 고무류, 모피창고, 집진설비	2.7 kg/m^3		75%

② $저장용기수 = \frac{약제소요량}{1병당\ 저장량(충전량)} = \frac{2110\,kg}{45\,kg} = 46.8 ≒ 47병$

(나) ① 선택밸브 직후 배관유량

$= \frac{1병당\ 충전량(kg) \times 병수}{약제방출시간(min)} = \frac{45\,kg \times 47병}{7\,min} = 302.142\,kg/min$

※ 참고

(1) $선택밸브\ 직후의\ 유량 = \frac{1병당\ 저장량(kg) \times 병수}{약제방출시간(s)}$

(2) $약제의\ 유량속도 = \frac{1병당\ 충전량(kg) \times 병수}{약제방출시간(s)}$

(3) $방사량 = \frac{1병당\ 저장량(kg) \times 병수}{헤드수 \times 약제방출시간(s)}$

(4) $분사헤드수 = \frac{1병당\ 저장량(kg) \times 병수}{헤드\ 1개의\ 표준방사량(kg)}$

(5) $개방(용기)밸브\ 직후의\ 유량 = \frac{1병당\ 충전량(kg)}{약제방출시간(s)}$

52 다음 조건을 기준으로 이산화탄소소화설비에 대한 물음으로 답하시오.

[조건]

① 특정소방대상물의 천장까지의 높이는 3 [m]이고, 방호구역의 크기와 용도는 다음과 같다.

<table>
<tr><td>통신기기실
가로 12m×세로 10m
자동폐쇄장치 설치</td><td>전자제품창고
가로 20m×세로 10m
개구부 2m×2m</td></tr>
<tr><td colspan="2">위험물저장창고
가로 32m×세로 10m
자동폐쇄장치 설치</td></tr>
</table>

② 소화약제는 고압저장방식으로 하고, 충정량은 45 [kg]이다.

③ 통신기기실과 전자제품창고는 전역방출방식으로 설치하고 위험물 저장창고에는 국소방출방식을 적용한다.

④ 개구부 가산량은 10 [kg/m^2], 사용하는 CO_2는 순도 99.5%, 헤드의 방출율은 1.3 [kg/mm^2 · min · 개]이다.

⑤ 위험물 저장창고에는 가로세로가 각각 5 [m], 높이가 2 [m]인 개방된 용기에 제4류 위험물을 저장한다.

⑥ 주어진 조건 외는 소방관련 법규 및 화재안전기준에 준한다.

(가) 각 방호구역에 대한 약제량은 몇 [kg] 이상인가?
① 통신기기실 ② 전자제품창고 ③ 위험물 저장창고

(나) 각 방호구역별 약제저장용기는 몇 병인가?

(다) 통신기기실 헤드의 방출압력은 몇 [MPa]이어야 하는가?

(라) 통신기기실에서 설계농도에 도달하는 시간은 몇 분 이내이어야 하는가?

(마) 통신기기실의 헤드 수를 14개로 할 때 헤드의 분구면적 [mm^2]을 구하시오.

(바) 약제저장용기는 몇 [MPa] 이상의 내압시험압력에 합격한 것으로 하여야 하는가?

(사) 전자제품 창고에 저장된 약제가 모두 분사되었을 때 CO_2의 체적은 몇 [m^3]이 되는가? (단, 온도는 25℃이다)

(아) 소화설비용으로 강관을 사용할 때의 배관기준을 설명하시오.
[강관을 사용하는 경우의 배관은 압력배관용 탄소강관(KS D 3562) 중 스케줄 (①) 이상의 것 또는 이와 동등 이상의 강도를 가진 것으로 (②) 등으로 방식처리된 것을 사용할 것. 다만, 배관의 호칭구경이 20 [mm] 이하인 경우에는 스케줄 40 이상인 것을 사용할 수 있다.]

정답 (가) ① 470.35 [kg]
② 1246.23 [kg]
③ 457.29 [kg]
(나) ① 11병
② 28병
③ 11병
(다) 21 [MPa] 이상
(라) 7분 이내(단, 2분 이내에 설계농도 30%에 도달)
(마) 3.89 [mm^2]
(바) 25 [MPa]
(사) 696.68 m^3
(아) ① 80 ② 아연도금

해설 (가) ① 통신기기실

$V = 12 \times 10 \times 3 = 360\,m^3$

약제량 $= (360\,m^3 \times 1.3\,kg/m^3) = 468\,kg$

순도를 고려한 약제량 $= \dfrac{468}{0.995} = 470.35\,kg$

② 전자제품창고

$V = 20 \times 10 \times 3 = 600\,m^3$

약제량 $= (600\,m^3 \times 2\,kg/m^3) + (2 \times 2m^3 \times 10\,kg/m^2) = 1240\,kg$

순도를 고려한 약제량 $= \dfrac{1240}{0.995} = 1246.23\,kg$

③ 위험물 저장창고

$A = 5 \times 5 = 25\,m^3$

약제량 $= (A\,m^3 \times 13\,kg/m^3) \times 1.4$(고압식) $= 25 \times 13 \times 1.4 = 445\,kg$

순도를 고려한 약제량 $= \dfrac{455}{0.995} = 457.29\,kg$

(나) ① 통신기기실 $\dfrac{470.35}{45} = 10.45 = 11$병

② 전자제품창고 $\dfrac{1246.23}{45} = 27.69 = 28$병

③ 위험물 저장창고 $\dfrac{457.29}{45} = 10.16 = 11$병

(마) 2분 이내에 설계농도 30% 도달하는 유량이 더 크므로 121.69 kg/min을 선택한다.

분구면적[mm^2] $= \dfrac{\text{약제량}}{\text{방사율} \times \text{방출시간} \times \text{헤드수}} = \dfrac{121.69}{1.3 \times 2 \times 14} = 3.34\,mm^2$

(사) $S = \dfrac{22.4}{44} + \dfrac{\frac{22.4}{44}}{273} \times 25 = 0.5557\,m^3/kg$

$(28 \times 45 \times 0.995)\,kg \times 0.5557\,m^3/kg = 6996.68m^3$

53 다음과 같은 표면화재 방호대상물인 4개의 실에 고압식 이산화탄소 소화설비를 설치하고자 한다. 조건을 참고하여 다음 각 물음에 답하시오.

[조건]
① 방호구역의 기준

실명	방호구역 체적	자동개폐장치	개구부면적	분사헤드수
A실	$(18\times18\times5)\ m^3$	개폐불가	$6\ m^2$	40
B실	$(11\times17\times6)\ m^3$	개폐가능	$4\ m^2$	30
C실	$(5\times8\times4)\ m^3$	개폐불가	$4\ m^2$	8
D실	$(5\times3\times3)\ m^3$	개폐가능	$2\ m^2$	3

② 이산화탄소 저장용기는 내용적 68 L, 충전량 45 kg이다.
③ 각 실에 설치된 분사헤드 1개의 방출율은 $1.16\ kg/mm^2$·분이며, 방출시간은 1분 이내로 한다.
④ 소화약제 산정기준 및 기타 필요한 사항은 국가화재안전기준에 따른다.

(가) 각 실에 필요한 소화약제의 양[kg]을 산출하시오.
(나) 각 실에 저장하여야 할 용기수는 몇 개인지 구하시오.
(다) 각 방호구역 별로 설치된 분사헤드의 분출구 면적은 몇 mm^2인지 구하시오.
(라) 각 방호구역 별로 선택밸브 개방 직후의 유량은 몇 kg/s인지 구하시오.

정답 (가) A실 : $(18\times18\times5)\times0.75+6\times5 = 1245\ kg$

B실 : $(11\times17\times6)\times0.8 = 897.6\ kg$

C실 : $(5\times8\times4)\times0.8 = 128\ kg$ (최소 135 kg)

$135+4\times5 = 155\ kg$

D실 : $(5\times3\times3)\times0.9 = 40.5\ kg$ (최소 45 kg)

(나) A실 : $\frac{1245}{45} = 27.6 ≒ 28$개

B실 : $\frac{897.6}{45} = 19.9 ≒ 20$개

C실 : $\frac{155}{45} = 3.4 ≒ 4$개

D실 : $\frac{45}{45} = 1$개

(다) $\text{분구면적} = \frac{\text{약제량}}{\text{방사율}\times\text{헤드수}\times\text{방출시간}}$

A실 : $\frac{45\times28}{1.16\times40\times1} ≒ 27.16\ mm^2$

B실 : $\frac{45\times20}{1.16\times30\times1} ≒ 25.86\ mm^2$

C실 : $\frac{45\times4}{1.16\times8\times1} ≒ 19.40\ mm^2$

D실 : $\frac{45\times1}{1.16\times3\times1} ≒ 12.93\ mm^2$

(라) 선택밸브 직후유량 $= \dfrac{\text{약제량}}{\text{약제방출시간}}$

A실 : $\dfrac{45 \times 28}{60} = 21\ \text{kg/s}$

B실 : $\dfrac{45 \times 20}{60} = 15\ \text{kg/s}$

C실 : $\dfrac{45 \times 4}{60} = 3\ \text{kg/s}$

D실 : $\dfrac{45 \times 1}{60} = 0.75\ \text{kg/s}$

2.10 할론소화설비

1 개요

할론소화설비의 주요 구성요소는 이산화탄소소화설비와 거의 유사하며 약제만 차이가 있는 것으로 생각하면 된다. 할론소화약제를 사용하여 화재의 연소반응을 억제함으로써 소화하는 설비로서 본 소화약제는 당초 항공기 엔진의 화재를 소화할 목적으로 개발되었다. 할론소화약제란 지방족 포화탄화수소의 분자 중에 존재하는 수소원자들 중 하나 이상의 할로겐족원소 F (불소), Cl (염소), Br (브롬), 요오드(I)와 치환되어 생성된 물질 중 현실적으로 소화약제로 사용될 수 있는 것을 총칭하는 것을 말한다.

할론(Halon)은 몬트리올 의정서(Montreal Protocol 1987년 9월)에 의해 선진국은 1994년부터 생산 및 사용을 중지하였으며, 개발도상국(우리나라 포함)은 2010년 1월 1일 이후부터 생산 및 사용을 중지하도록 하였다. 할론의 대체 소화약제로 할로겐화합물 및 불활성기체소화약제의 개발이 이루어지고 있다. 법령상 소화약제로 인정되는 것은 할론 1301, 할론 1211, 할론 2402의 3종류가 있으며, 할론이라 하는 것은 할로겐화합물의 상품명이며 고유명사로서 인증되어 있다. 할론소화약제는 연소의 연쇄반응 억제작용이 우수하여 소화약제로 사용되어 왔으나 현재는 지구환경과 관련된 문제가 있어 규제되고 있는 실정이다.

2 종류

(1) 방출방식에 의한 분류

이산화탄소소화설비의 방출방식과 같다.

① 전역방호방식
② 국소방출방식
③ 호스릴방식

(2) 가압방식에 의한 분류

할론소화약제를 방출하는 원동력이 어떤 방식에 의하여 방출하느냐에 따라 축압식과 가압식으로 나눈다.

① 축압식

할론 약제용기에 질소가스를 사전에 축압시켜 충전시켜 놓은 것을 말한다.

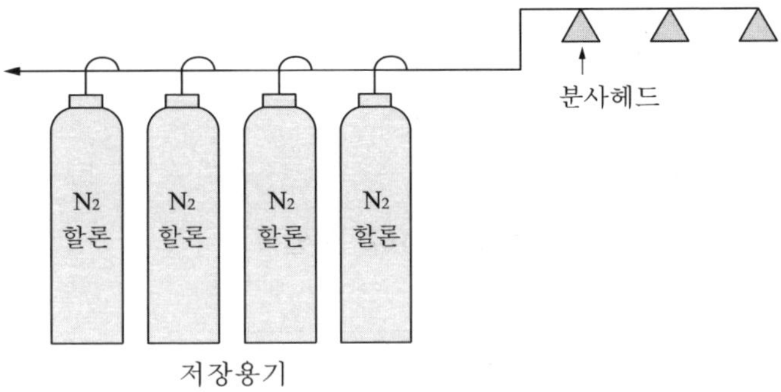

▮그림 2.160 축압식

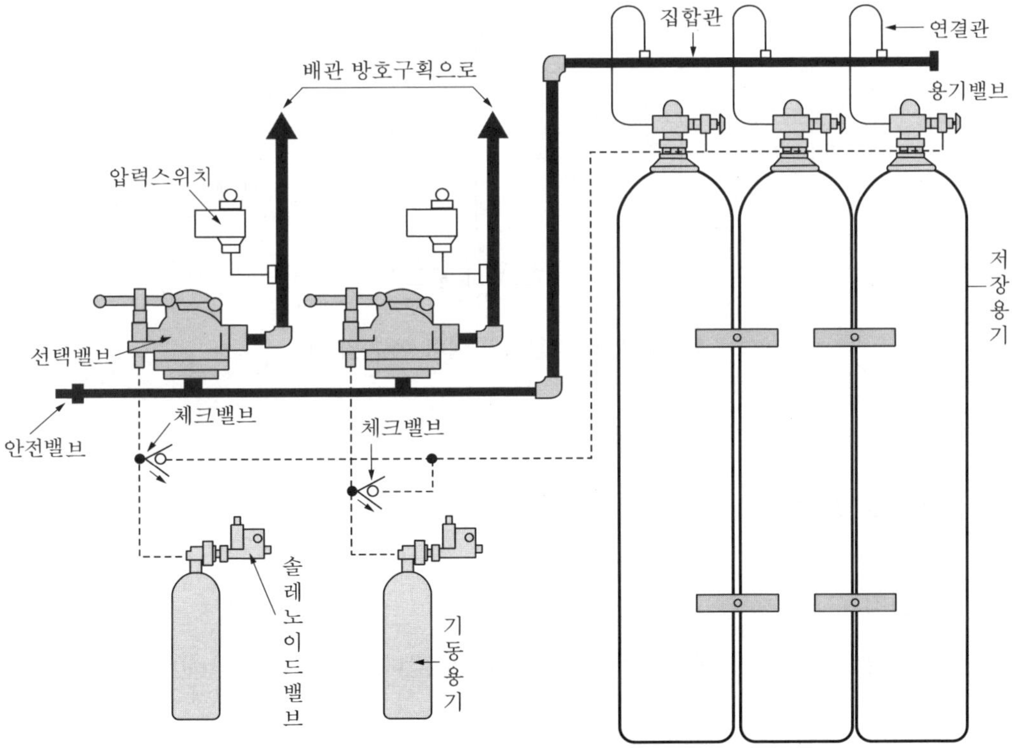

▮그림 2.161 용기의 설치 예(축압식)

② 가압식

할론 약제용기와 가압용기가 따로 있어 분사시에는 가압용기의 질소가스가 할론약제를 밀어내는 힘에 의하여 분사되는 것을 말한다.

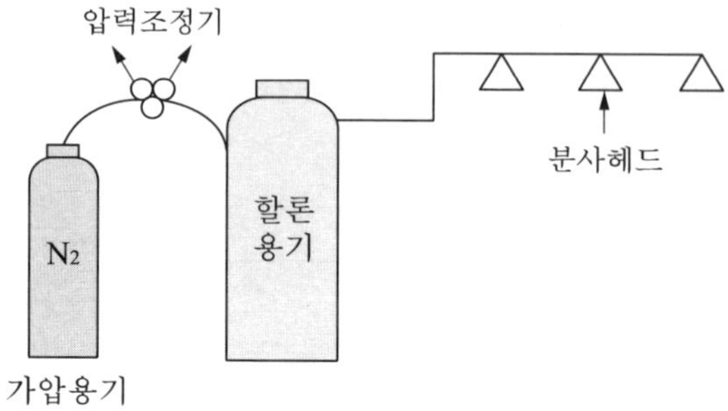

▮그림 2.162 가압식

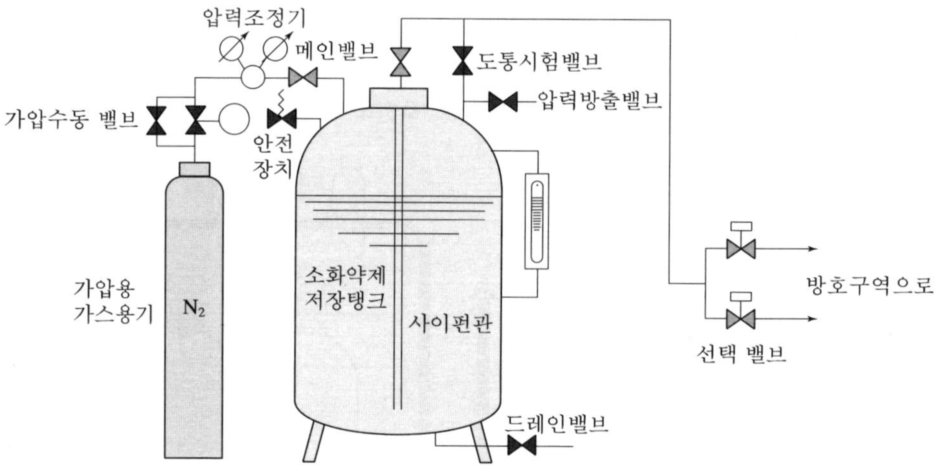

▮그림 2.163 용기의 설치 예(가압식)

3 축압식 계통도

(1) 작동원리

할론소화설비의 축압식 계통도는 [그림 2.164]와 같다.

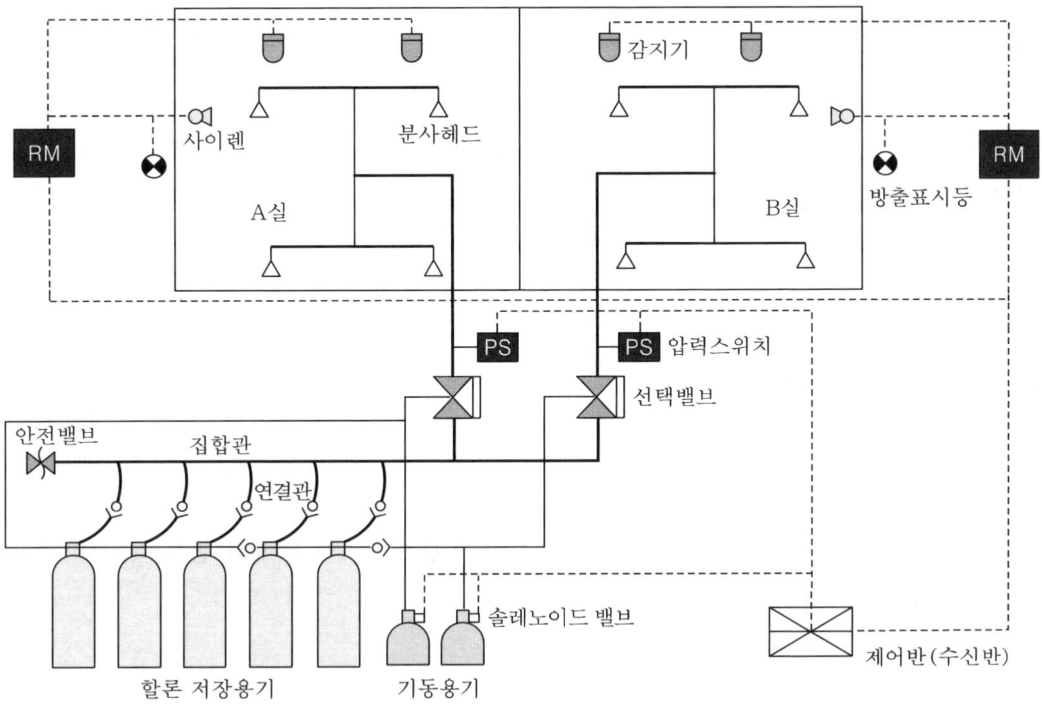

■그림 2.164 할론소화설비 계통도

(2) 작동원리

할론소화설비의 작동원리는 이산화탄소소화설비 작동원리와 같다.

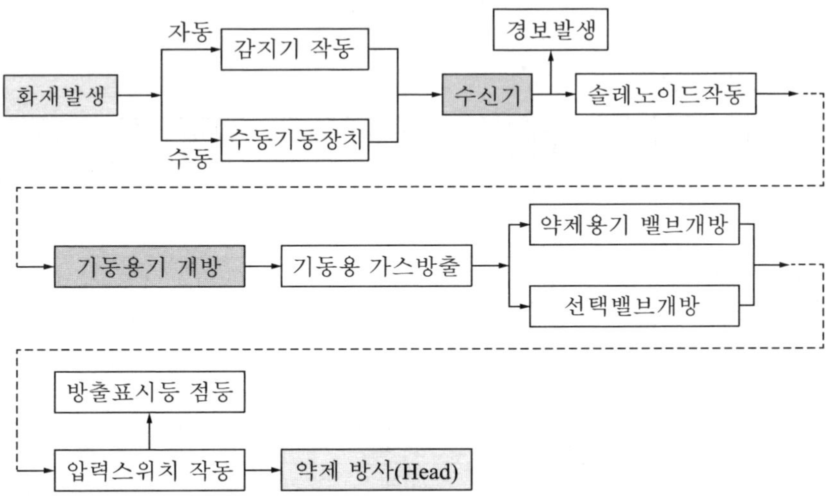

■그림 2.165 할론소화설비의 작동체계

4 적용대상물

할론소화설비를 설치하여야 하는 특정소방대상물(가스시설 또는 지하구를 제외한다)은 물분무등소화설비 규정에 준용한다.

5 소화약제 저장용기

할론소화약제의 저장용기는 가압식과 축압식의 2종류가 있다. 용기는 가압식, 축압식이 같으나 축압식은 이동식 소화기와 마찬가지로 사전에 용기 본체에 약제와 함께 축압시키는 것이고, 가압식은 따로 가압된 방출용 가스용기를 연결 설치하는 방식이다.

(1) 설치장소

저장용기의 설치장소는 이산화탄소소화설비 설치장소 기준과 같다.

(2) 저장용기 기준

① 축압식 저장용기의 압력은 온도 섭씨 20℃에서 할론 1211을 저장하는 것에 있어서는 1.1 MPa 또는 2.5 MPa, 할론 1301을 저장하는 것에 있어서는 2.5 MPa 또는 4.2 MPa이 되도록 질소가스로 축압할 것

표 2.41 용기압력과 충전비

가압방식	가압식	축압식		
소화약제	2402	2402	1211	1301
압력(20℃, MPa)			1.1 또는 2.5	2.5 또는 4.2
충전비(L/kg)	0.51 이상 0.67 미만	0.67 이상 2.75 이하	0.7 이상 1.4 이하	0.9 이상 1.6 이하

주) 국내의 경우 일반적으로 68 L 용기에 이 기준의 충전비를 적용하여 할론 1301의 최대 및 최소 충전량을 산출하면 다음과 같다.

이 기준에 의한 충전비 상한 및 하한

용기부피	충전비	충전량
68 L	0.9	68 L/0.9 = 75.5 kg
68 L	1.6	68 L/0.9 = 42.5 kg

② 저장용기의 충전비는 할론 2402를 저장하는 것 중 가압식 저장용기는 0.51 이상 0.67 미만, 축압식 저장용기는 0.67 이상 2.75 이하, 할론 1211은 0.7 이상 1.4 이하, 할론 1301은 0.9 이상 1.6 이하로 할 것

③ 동일한 집합관에 접속되는 용기의 소화약제 충전량은 동일 충전비의 것이어야 할 것

(3) 가압용 가스용기는 질소가스가 충전된 것으로 하고, 그 압력은 21℃에서 2.5 MPa 또는 4.2 MPa가 되도록 해야 한다.

(4) 할론소화약제 저장용기의 개방밸브는 전기식·가스압력식 또는 기계식에 따라 자동으로 개방되고 수동으로도 개방되는 것으로서 안전장치가 부착된 것으로 해야 한다.

(5) 가압식 저장용기에는 2.0 MPa 이하의 압력으로 조정할 수 있는 압력조정장치를 설치해야 한다.

(6) 하나의 구역을 담당하는 소화약제 저장용기의 소화약제량의 체적합계보다 그 소화약제 방출시 방출경로가 되는 배관(집합관 포함)의 내용적이 1.5배 이상일 경우는 해당 방호구역에 대한 설비별로 독립방식으로 해야 한다.

※ 독립배관방식 기준

저장용기의 약제 체적합계보다 하나의 구역에 대해 집합관을 포함한 방출경로의 배관 내용적이 1.5배 이상이 되는 경우는 회로구역을 별도로 분리하라는 의미로 이를 보통

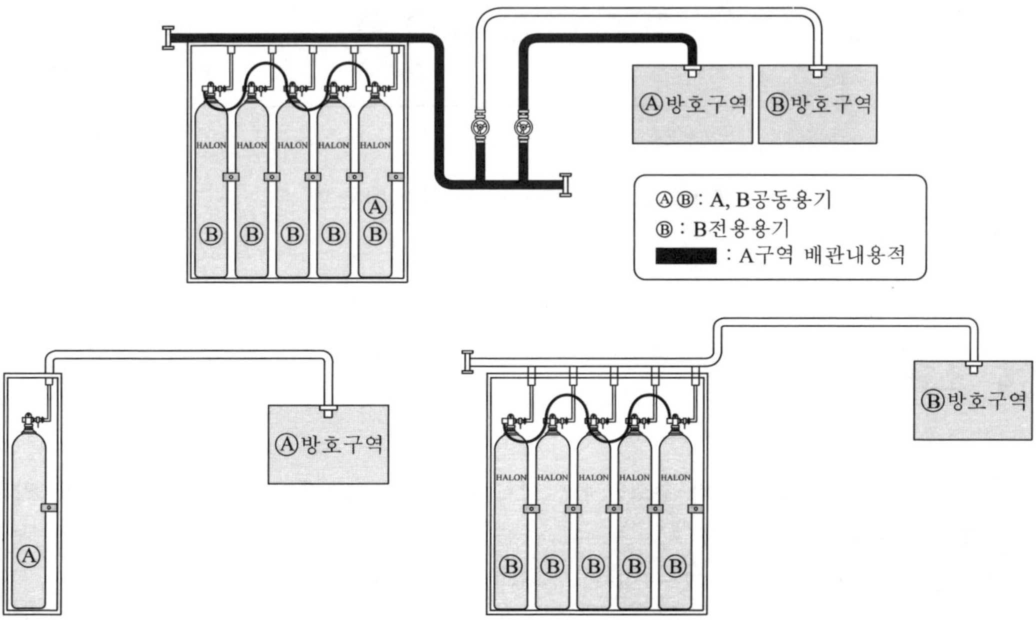

▮그림 2.166 독립배관방식 구성(예)

배관비(配管比)라고 부른다. 이때 소화약제의 체적이란 상온(20℃)에서 소요약제량(kg)을 액밀도로 환산한 체적(m^3)을 의미한다.

(7) 저장용기의 배열은 [표 2.42]와 같으며, 배치 예는 [그림 2.167]과 같다.

표 2.42 저장용기의 배열

용기 수										
	1렬식	2	3	4	5	6	7	8	9	10
	2렬식	4	6	8	10	12	14	16	18	20
L (mm)		750	1,050	1,350	1,650	1,950	2,250	2,250	2,850	3,150

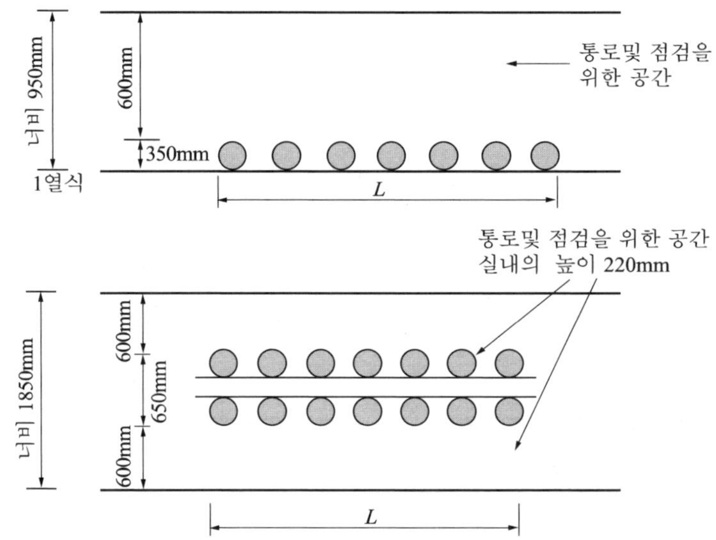

그림 2.167 약제 저장용기의 배치 예

6 소화약제

할론소화약제는 탄화수소의 수소원자를 할로겐원소(F · Cl · Br · I)로 치환한 것으로 약제의 명칭은 Halon번호로 한다.

Halon번호는 C → F → Cl → Br의 순서대로 원자수만큼 숫자를 부여한다.

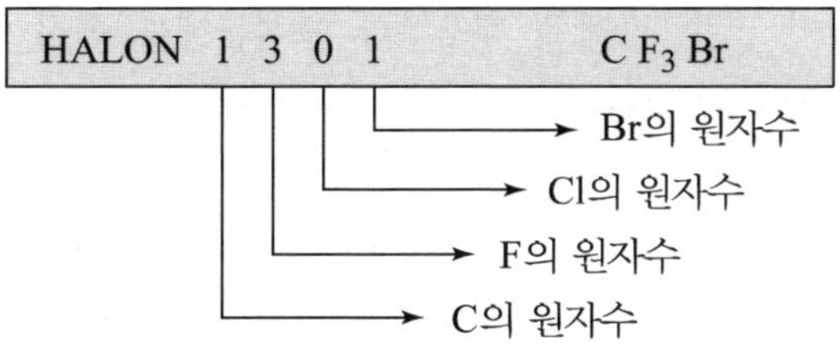

(1) 설계농도의 적용

① 최소설계농도(Minimum design concentration)

할론 1301은 농도 측정시 표준시료로서 노말햅탄(n-Heptane)을 사용하며 1기압, 25℃에서 불꽃소화시험을 한 결과 4.1%이고, 4.1% × 1.2 = 4.9%이므로 5%를 표면 화재에서의 최소설계농도로 한다. 설계농도가 5% 미만일 경우는 최소설계농도를 5%로 적용하여야 하며 컵버너시험(Cup burner test) 시 기체연료의 경우는 25℃와 150℃의 2가지 온도에서 시험하고 있다.

② 최대설계농도(Maximum design concentration)

가. 최대설계농도는 소화작용에 따른 분해 부산물로부터 인체의 안전성 확보하는 것보다는 화재가 아닌 오동작에 의한 방출 시 인체에 미치는 영향을 판단하여 설계농도의 최대치를 정하고 그 이상 설계할 수 없도록 농도를 제한하고 있다.

나. CO_2의 경우는 질식소화이므로 실내의 산소농도가 15% 이하인 연소한계농도가 되어 질식 상태가 되어야 소화가 가능하므로 소요 소화약제량의 상한값을 제한하는 것이 무의미하다. 그러나 할론 1301은 산소농도를 낮추는 질식소화가 아니라, 연쇄반응을 차단하는 억제소화이므로 최소설계농도가 5%일 경우 이때의 실내의 산소농도가 20%가 된다.

다. 국가화재안전기준에서 할론 1301의 방출량 (0.32～0.64) kg/m^3은 설계농도 5～10%를 의미하며, 이때 5%가 최소설계농도, 10%가 최대설계농도가 된다.

라. 이로 인하여 할론 1301 전역방출방식에서 정상 거주 지역(Normally Occupied Area)은 10% 농도를 초과하지 못하도록 규정하고 있다. "정상 거주 지역"이란 NFPA의 용어로서 사람들이 상시 근무하는 장소를 의미하며 변전실, 펌프실, 위험물저장소 등과 같이 가끔씩 사람이 출입하는 곳은 정상 거주 지역에 해당되지 않는다.

(2) 설계농도 계산방법

할론소화설비의 경우는 CO_2 설비에 비해 가스가 방출될 경우, 소화약제농도가 저농도(5%)

이며 분사헤드 방출압이 낮은 관계로 개구부나 누설틈새를 통하여 미세하게 누설이 되나 CO_2와 같은 자유유출(Free efflux) 상태로 적용하지 않는다.

물론 할론의 경우도 특히 농도가 높을수록 누설이 더 커지게 되나 10초라는 매우 짧은 시간 동안 저 농도로 방출이 되므로 이렇게 누설된 할론 1301과 공기 혼합 상태는 방호구역으로부터 정상누설에 대한 허용오차를 포함하는 것으로 하여 적용한다. 따라서 할론 설비의 경우는 CO_2 설비와 달리 무 유출(No efflux) 상태로 적용하여 농도계산을 한다.

[무유출상태(No efflux)의 계산]

$$\text{농도 } C(\%) = \frac{\text{방사한 약제부피}(v)}{\text{방호구역체적}(V) + \text{방사한 약제부피}(v)} \times 100$$

이때 단위체적당 소화약제량인 Flooding factor (kg/m^3)를 f, 비체적을 S (m^3/kg), 방호구역의 체적을 V(m^3)라 하자. 그러면 방출한 소화약제체적 v (m^3)은 "방호구역 내의 소화약제량($V \times f$)과 비체적(S)을 곱한 값이 된다. 즉, 소화약제 체적 v (m^3) = V (m^3) $\times f$ (kg/m^3) × S(m^3/kg)가 되며 이를 정리하면 다음과 같다.

$$C(\%) = \frac{v}{V+v} \times 100$$

여기서, $v = V \times f \times S$

$$C(\%) = \frac{VfS}{V + VfS} \times 100 = \frac{f \times S}{1 + (f \times S)} \times 100$$

여기서, C : 설계농도(Vol%)(%)

v : 방출한 소화약제체적(m^3)

V : 방호구역의 체적(m^3)

f : 단위체적당 소화약제량(kg/m^3)

S : 할론 1301 비체적(m^3/kg) = (0.162)

그런데 할론의 비체적 S는 NFPA 12A에서 S = 0.14781 + 0.000567 t (℃)를 제시하고 있으므로 할론의 불꽃소화시험 측정 기준인 25℃의 경우에는 비체적 S = 0.14781 + 0.000567 × 25 = 0.162 m^3/kg가 된다.

7 소화약제 저장량

(1) 전역방출방식

① 방호구역의 체적(불연재료나 내열성의 재료로 밀폐된 구조물이 있는 경우에는 그 체적을 제외한다) 1 m^3에 대하여 다음 [표 2.43]에 의한 양

표 2.43 방호구역의 소화약제량

<table>
<tr><th colspan="2">소방대상물 또는 그 부분</th><th>소화약제의 종별</th><th>방호구역의 체적 1세제곱미터당 소화약제의 양</th></tr>
<tr><td colspan="2">차고·주차장·전기실·통신기기실·전산실 기타 이와 유사한 전기설비가 설치되어 있는 부분</td><td>할론 1301</td><td>0.32 kg 이상 0.64 kg 이하</td></tr>
<tr><td rowspan="7">「화재의 예방 및 안전관리에 관한 법률 시행령」 별표 2의 특수가연물을 저장·취급하는 소방대상물 또는 그 부분</td><td rowspan="3">가연성 고체류
가연성 액체류</td><td>할론 2402</td><td>0.40 kg 이상 1.1 kg 이하</td></tr>
<tr><td>할론 1211</td><td>0.36 kg 이상 0.71 kg 이하</td></tr>
<tr><td>할론 1301</td><td>0.32 kg 이상 0.64 kg 이하</td></tr>
<tr><td rowspan="2">면화류·나무껍질 및 대팻밥·넝마 및 종이부스러기·사류·볏짚류·목재가공품 및 나무부스러기를 저장·취급하는 것</td><td>할론 1211</td><td>0.60 kg 이상 0.71 kg 이하</td></tr>
<tr><td>할론 1301</td><td>0.52 kg 이상 0.64 kg 이하</td></tr>
<tr><td rowspan="2">합성수지류를 저장·취급하는 것</td><td>할론 1211</td><td>0.36 kg 이상 0.71 kg 이하</td></tr>
<tr><td>할론 1301</td><td>0.32 kg 이상 0.64 kg 이하</td></tr>
</table>

② 방호구역의 개구부에 자동폐쇄장치를 설치하지 아니한 경우에 "①"항에 의하여 산출한 양에 다음 [표 2.44]에 의하여 산출한 양을 가산한 양

표 2.44 소화약제 가산량

<table>
<tr><th colspan="2">소방대상물 또는 그 부분</th><th>소화약제의 종별</th><th>가산량(개구부의 면적 1제곱미터당 소화약제의 양)</th></tr>
<tr><td colspan="2">차고·주차장·전기실·통신기기실·전산실 기타 이와 유사한 전기설비가 설치되어 있는 부분</td><td>할론 1301</td><td>2.4 kg</td></tr>
<tr><td rowspan="7">「화재의 예방 및 안전관리에 관한 법률 시행령」 별표 2의 특수가연물을 저장·취급하는 특정소방대상물 또는 그 부분</td><td rowspan="3">가연성 고체류
가연성 액체류</td><td>할론 2402</td><td>3.0 kg</td></tr>
<tr><td>할론 1211</td><td>2.7 kg</td></tr>
<tr><td>할론 1301</td><td>2.4 kg</td></tr>
<tr><td rowspan="2">면화류·나무껍질 및 대팻밥·넝마 및 종이부스러기·사류·볏짚류·목재가공품 및 나무부스러기를 저장·취급하는 것</td><td>할론 1211</td><td>4.5 kg</td></tr>
<tr><td>할론 1301</td><td>3.9 kg</td></tr>
<tr><td rowspan="2">합성수지류를 저장·취급하는 것</td><td>할론 1211</td><td>2.7 kg</td></tr>
<tr><td>할론 1301</td><td>2.4 kg</td></tr>
</table>

(2) 국소방출방식

국소방출방식에 있어서는 다음의 기준에 의하여 산출한 양에 할론 2402, 1211에 있어서는 1.1을 할론 1301에 있어서는 1.25를 각각 곱하여 얻은 양 이상으로 할 것

① 윗면에 개방된 용기에 저장하는 경우와 화재시 연소면이 1면에 한정되고 가연물이 비산할 우려가 없는 경우에 다음 [표 2.45]에 의한 양

표 2.45 국소방출방식의 소화약제 양

소화약제의 종별	방호대상물의 표면적 1 m^2에 대한 소화약제의 양
할론 2402	8.8 kg
할론 1211	7.6 kg
할론 1301	6.8 kg

주) 위험물의 용기가 윗면이 개방되고 그 표면적이 60 m^2인 경우 할론 2402를 사용할 시 계산의 예 60 m^2 (표면적) × 8.8 kg (1 m^3당 약제) × 1.1(가산량) = 580.8 kg (저장량)

② ① 외의 경우에는 방호공간(방호대상물의 각 부분으로부터 0.6 m의 거리에 따라 둘러싸인 공간을 말한다)의 체적 1 m^3에 대하여 다음의 식에 의하여 산출한 양

$$Q = X - Y\frac{a}{A}$$

여기서, Q : 방호공간에 1 m^3에 대한 할로겐화합물 소화약제의 양(kg/m^3)

a : 방호대상물의 주위에 설치된 벽의 면적이 합계(m^2)

A : 방호공간의 벽면적(벽이 없는 경우에는 벽이 있는 것으로 가정한 해당 부분의 면적)의 합계(m^2)

X 및 Y : [표 2.46]의 수치

표 2.46 X, Y의 수치

소화약제의 종별	X의 수치	Y의 수치
할론 2402	5.2	3.9
할론 1211	4.4	3.3
할론 1301	4.0	3.0

(3) 호스릴방식

하나의 노즐에 대하여 [표 2.47]에 의한 소화약제 양 이상으로 할 것

표 2.47 호스릴 소화약제량

소화약제의 종별	소화약제의 양
할론 2402 또는 1211 할론 1301	50 kg 45 kg

8 배관

① 배관은 전용으로 할 것
② 강관을 사용하는 경우의 배관은 압력배관용 탄소강관(KS D 3562) 중 스케줄 40 이상의 것 또는 이와 동등 이상의 강도를 가진 것으로서 아연 도금 등에 의하여 방식처리된 것을 사용할 것
③ 동관을 사용하는 경우에는 이음이 없는 동 및 동합금관(KS D 5301)의 것으로서 고압식은 16.5 MPa 이상, 저압식은 3.75 MPa 이상의 압력에 견딜 수 있는 것을 사용할 것
④ 배관부속 및 밸브류는 강관 또는 동관과 동등 이상의 강도 및 내식성이 있는 것으로 할 것

9 분사헤드

(1) 전역방출방식

① 방출된 소화약제가 방호구역의 전역에 균일하게 신속히 확산할 수 있도록 할 것
② 할론 2402를 방출하는 분사헤드는 해당 소화약제가 무상으로 분무되는 것으로 할 것
③ 분사헤드의 방출압력은 할론 2402를 방출하는 것에 있어서는 0.1 MPa 이상, 할론 1211을 방출하는 것에 있어서는 0.2 MPa 이상, 할론 1301을 방출하는 것에 있어서는 0.9 MPa 이상으로 할 것
④ 저장된 소화약제는 10초 이내에 방출할 수 있는 것으로 할 것

(2) 국소방출방식

① 소화약제의 방출에 의하여 가연물이 비산하지 아니하는 장소에 설치할 것
② 할론 2402를 방출하는 분사헤드는 해당 소화약제가 무상 분무되는 것으로 할 것
③ 분사헤드의 방출압력은 할론 2402를 방출하는 것에 있어서는 0.1 MPa 이상, 할론 1211을 방출하는 것에 있어서는 0.2 MPa 이상, 할론 1301을 방출하는 것에 있어서는 0.9 MPa 이상으로 할 것
④ 기준저장량의 소화약제를 10초 이내에 방출할 수 있는 것으로 할 것

(3) 호스릴방식

① 화재시 현저하게 연기가 찰 우려가 없는 장소로서 다음에 해당하는 장소는 호스릴 할론 소화설비를 설치할 수 있다. 다만, 차고·주차장의 용도로 사용되는 장소는 제외한다.
가. 지상 1층 및 피난층에 있는 부분으로서 지상에서 수동 또는 원격조작에 따라 개방할 수 있는 개구부의 유효면적의 합계가 바닥면적의 15% 이상이 되는 부분
나. 전기설비가 설치되어 있는 부분 또는 다량의 화기를 사용하는 부분(해당 설비의 주위 5 m 이내의 부분을 포함한다)의 바닥면적이 해당 설비가 설치되어 있는 구획의 바닥면적의 5분의 1 미만이 되는 부분
② 호스릴 할론소화설비 설치기준
가. 방호대상물의 각 부분으로부터 하나의 호스 접결구까지의 수평거리가 20 m 이하가 되도록 할 것
나. 소화약제의 저장용기의 개방밸브는 호스릴의 설치장소에서 수동으로 개폐할 수 있는 것으로 할 것
다. 소화약제의 저장용기는 호스릴을 설치하는 장소마다 설치할 것
라. 노즐은 20℃에서 하나의 노즐마다 1분당 다음 [표 2.48]의 소화약제를 방출할 수 있는 것으로 할 것

표 2.48 노즐당 소화약제 방출량

소화약제의 종별	1분당 방출하는 소화약제의 양
할론 2402	45 kg
할론 1211	40 kg
할론 1301	35 kg

마. 소화약제 저장용기의 가까운 곳의 보기 쉬운 곳에 적색의 표시등을 설치하고, 호스릴 할론소화설비가 있다는 뜻을 표시한 표지를 할 것

(4) 오리피스 구경, 방출율, 크기 등

① 분사헤드에는 부식방지조치를 하여야 하며 오리피스의 크기, 제조일자, 제조업체가 표시 되도록 할 것

② 분사헤드의 갯수는 방호구역에 방출시간이 충족되도록 설치할 것

③ 분사헤드의 방출율 및 방출압력은 제조업체에서 정한 값으로 할 것

④ 분사헤드의 오리피스의 면적은 분사헤드가 연결되는 배관구경면적의 70%를 초과하지 않을 것

출제 및 예상문제

01 CO_2소화설비와 할론소화설비의 소화원리상 차이점을 쓰시오.

정답 ① CO_2 소화설비 : 실내의 산소농도를 21%에서 15% 이하로 희석시키면서 공기 중의 산소를 차단하여 소화하므로 소화원리는 희석 또는 질식 등이다.
② 할론소화설비 : 소화약제가 고온의 화염에 접할 시에 그 일부가 분해되어 유리되고 유리된 할로겐이 가연물의 활성기와 산소와의 반응을 억제하며, 스스로 가연성 활성기와 결합하여 산소에 의한 발열을 방지시키면서 소화하는 것이므로 소화원리는 연쇄반응차단이다.

02 할론소화설비를 방출방식에 따라 3가지로 구분하시오.

정답 ① 전역방출방식
② 국소방출방식
③ 호스릴방식(이동식)

03 할론소화약제의 저장용기 설치 장소의 기준을 쓰시오.

정답 ① 방호구역 외의 장소에 설치한다. 다만, 방호구역 내에 설치할 경우에는 피난 및 조작이 용이하도록 피난구 부근에 설치해야 한다.
② 온도가 40℃ 이하이고, 온도변화가 적은 곳에 설치한다.
③ 직사광선 및 빗물의 침투 우려가 없는 곳에 설치한다.
④ 갑종 또는 을종 방화문으로 구획된 실에 설치한다.
⑤ 용기의 설치 장소에는 해당 용기가 설치된 곳임을 표시하는 표지를 설치한다.
⑥ 용기간의 간격은 점검에 지장이 없도록 3 cm 이상의 간격을 유지한다.
⑦ 저장용기와 집합관을 연결하는 연결배관에는 체크밸브를 설치한다.

04 할론 1301 약제 저장용기의 내용적이 65 L이다. 이 용기에 할론 1301 약제 충전량을 45 kg 저장하였을 경우 충전비는 얼마인가?

정답 1.44

해설 $\text{충전비} = \dfrac{\text{용기 내용적}}{\text{약제 무게}} = \dfrac{65}{45} = 1.44$

05 다음은 할론소화약제 저장용기 설치기준이다. (　) 안에 알맞은 답을 쓰시오.

(가) 축압식 저장용기의 압력은 얼마인가? (단 20℃이다)
　① 할론 1211 (㉠) 또는 (㉡)
　② 할론 1301 (㉢) 또는 (㉣)
(나) 저장용기 충전비 [L/kg]
　① 할론 2402 가압식 (㉠) 이상 (㉡) 미만
　　　　　　　축압식 (㉢) 이상 (㉣) 이하
　② 할론 1211 (㉤) 이상 (㉥) 이하
　③ 할론 1301 (㉦) 이상 (㉧) 이하
(다) 동일 집합관에 접속되는 용기의 소화약제 충전량은 (　　)의 것이어야 한다.

정답 (가) ㉠ 1.1 MPa　㉡ 2.5 MPa
　㉢ 2.5 MPa　㉣ 4.2 MPa
(나) ㉠ 0.51　㉡ 0.67
　㉢ 0.67　㉣ 2.75
　㉤ 0.7　㉥ 1.4
　㉦ 0.9　㉧ 1.6
(다) 동일 충전비

06 할론 소화약제의 저장용기가 일정기준 이상의 압력을 유지할 수 있도록 용기 내부에 축압시켜 두는 물질을 쓰시오.

정답 질소

해설 분말소화설비와 할론소화설비는 저장용기에 별도의 가스를 충전하지 않으면 소화약제를 유효하게 방출시킬 수 없기 때문에 질소가스(N_2) 또는 이산화탄소(CO_2)를 충전하여 사용한다.

07 가압식 할론소화설비는 (①) 이하의 압력을 조정할 수 있는 (②)(을)를 설치해야 한다. (　) 안에 알맞은 답을 쓰시오.

정답 ① 2.0 [Mpa]
② 압력조정장치

08

다음은 할론소화설비의 배치도이다. 그림의 조건에 적합하도록 점선으로 배관을 그리고 체크밸브를 도시하시오. (2023년 출제)

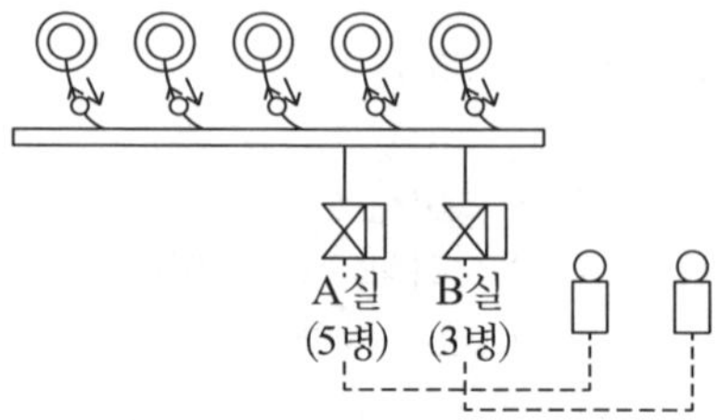

[조건]

① 체크밸브 3개를 사용하며 도시기호는  과  를 사용할 것

[범례]  할론저장용기 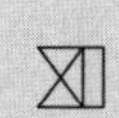 선택밸브  기동용기

② A실 5병, B실 3병이 적용되도록 할 것

정답

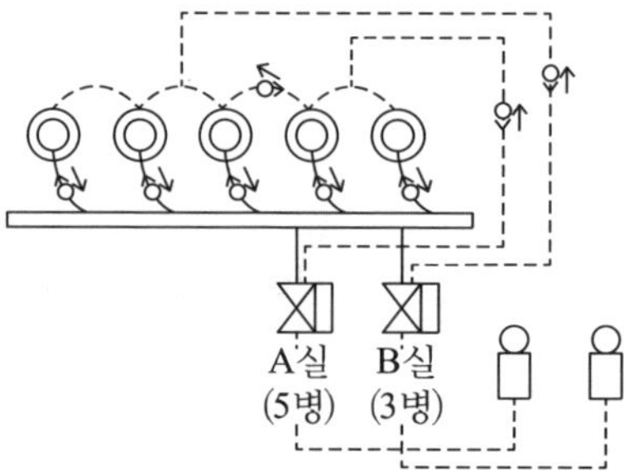

- 역류방지를 목적으로 할론저장용기와 선택밸브 사이에는 반드시 체크밸브를 1개씩 설치해야 한다.

09

할론소화설비에서 분사 헤드의 방출압력과 방출시간에 대하여 ( ) 안에 알맞은 답을 쓰시오.

종류	전역방출방식		국소방출방식		호스릴방식
	방출압력	방출시간	방출압력	방출시간	1분당(노즐당) 방출량(20℃)
할론 2402	①	④	⑦	⑩	⑬
할론 1211	②	⑤	⑧	⑪	⑭
할론 1301	③	⑥	⑨	⑫	⑮

정답

① 0.1 MPa 이상	② 0.2 MPa 이상	③ 0.9 MPa 이상
④ 10초 이내	⑤ 10초 이내	⑥ 10초 이내
⑦ 0.1 MPa 이상	⑧ 0.2 MPa 이상	⑨ 0.9 MPa 이상
⑩ 10초 이내	⑪ 10초 이내	⑫ 10초 이내
⑬ 45 kg	⑭ 40 kg	⑮ 35 kg

10 다음 할론소화설비가 화재시 각 방호구역당 소화약제를 원활하게 방출할 수 있도록 기동용기와 저장용기 사이에 설치된 동관에 가스 체크밸브 5개를 도시하시오(단, 체크밸브 기호로 넣는다).

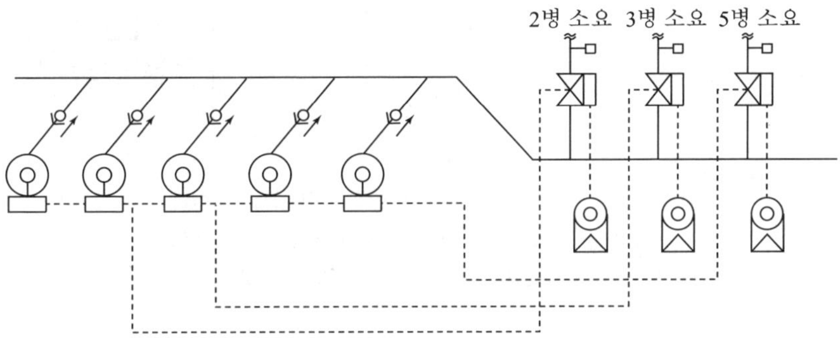

정답

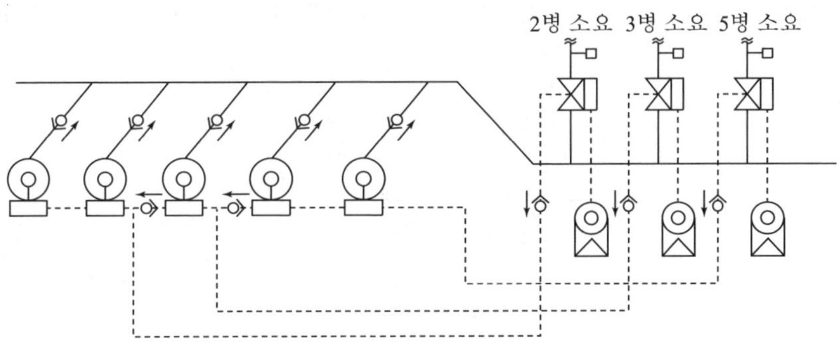

11 다음 도면은 할론소화설비의 계통도이다. 화재가 발생하였을 때의 작동원리를 요약하여 설명하시오.

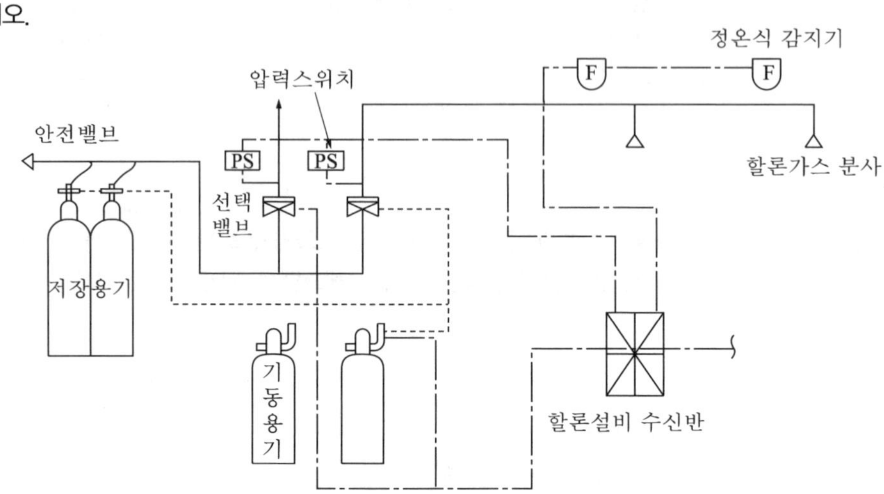

정답 화재감지(정온식 감지기) 경보 → 할론설비 수신반(화재신호 수신) → 기동용기 밸브 개방 → 저장용기 밸브 개방 → 선택밸브 개방 → 소화약제, 가스 방출 → 압력스위치 → 방출표시등 작동, 방출경보 → 헤드로 약제 방출

12 할론소화설비에서 그림의 방출방식 종류의 명칭을 쓰고, 해당 방식에 대하여 설명하시오. (2023년 출제)

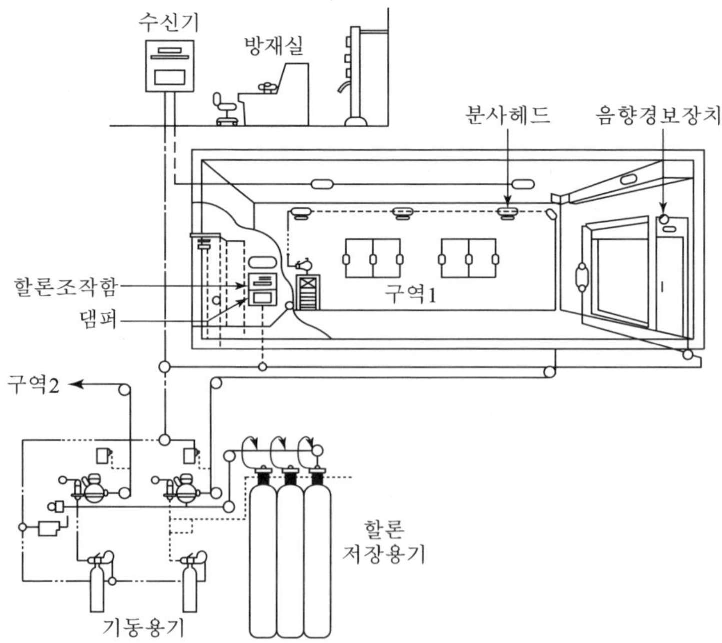

정답 ① 명칭 : 전역방출방식
② 설명 : 고정식 할론공급장치에 배관 및 분사헤드를 고정 설치하여 밀폐방호구역 내에 할론을 방출하는 설비

해설 할론소화설비의 방출방식

방출방식	설 명
전역방출방식	고정식 할론공급장치에 배관 및 분사헤드를 고정 설치하여 밀폐방호구역 내에 할론을 방출하는 설비
국소방출방식	고정식 할론공급장치에 배관 및 분사헤드를 설치하여 직접 화점에 할론을 방출하는 설비로 화재 발생부분에만 집중적으로 소화약제를 방출하도록 설치하는 방식
호스릴방식	① 분사헤드가 배관에 고정되어 있지 않고 소화약제 저장용기에 호스를 연결하여 사람이 직접 화점에 소화약제를 방출하는 이동식 소화설비 ② 국소방출방식의 일종으로 릴에 감겨 있는 호스의 끝단에 방출관을 부착하여 수동으로 연소부분에 직접 가스를 방출하여 소화하는 방식

13 할론 1301을 사용하는 할론소화설비의 저장용기의 내용적은 68 L이다. 저장용기 1병당 최대저장량[kg]을 구하시오.

정답 $\frac{68}{0.9} = 75.555 \fallingdotseq 75.56\,\text{kg}$

$\therefore$ 75.56 kg

해설 저장용기의 설치기준

구분		할론 1301	할론 1211	할론 2402
저장압력		2.5 MPa 또는 4.2 MPa	1.1 MPa 또는 2.5 MPa	-
방출압력		0.9 MPa	0.2 MPa	0.1 MPa
충전비	가압식	0.9～1.6 이하	0.7～1.4 이하	0.51～0.67 미만
	축압식			0.67～2.75 이하

14 가로 8m × 세로 7m × 높이 4m인 면화류창고에 전역방출방식의 할론 1301 소화설비를 설치하려고 한다. 저장용기의 내용적[L]을 구하시오(단, 개구부 면적은 4 m^{2}이며, 자동폐쇄장치가 설치되어 있다. 충전비는 0.98이다).

정답 할론저장량 = 8 × 7 × 4 × 0.52 = 116.48 kg

충전비 $C = \frac{V}{G}$

$V = 0.98 \times 116.48 = 114.1 \fallingdotseq 114\,\text{L}$

$\therefore$ 114 L

15 할론 1301 소화설비를 설계하고자 한다. 소화약제량 450 kg, 약제 방출 노즐 12개, 1개 노즐에서의 방출압력이 18 kg/cm^{2}일 때의 방출량이 1.25 kg/cm^2·s라고 할 때 다음 물음에 답하시오.

(가) 노즐 1개당 약제 방출량은 얼마인가?
(나) 방출 노즐의 등가분구면적은 얼마인가?

정답 (가) 37.5 kg/개
(나) 3 cm^2

해설 (가) $\frac{\text{약제량}}{\text{노즐수}} = \frac{450\,\text{kg}}{12\text{개}} = 37.5\,\text{kg/개}$

(나) $\text{오리피스 면적} = \frac{\text{약제량}}{\text{방출량} \times \text{방출시간} \times \text{헤드 수}}$

$= \frac{450\,\text{kg}}{10\,\text{s} \times 1.25\,\text{kg/cm}^2\cdot\text{s} \times 12}$

$= 3\,\text{cm}^2$

16 할론소화약제를 사용하는 주차장에 방호구역 1 m^{3}당 체적약제량은 0.52 [kg/m^3]이고, 약제의 비체적은 0.162 [m^3/kg]일 때 방호구역 내의 약제농도[%]를 구하시오.

정답 7.77%

해설 $\text{약제체적} = 1\,\text{m}^3 \times 0.52\,\text{kg/m}^3 \times 0.162\,\text{m}^3/\text{kg} = 0.0842\,\text{m}^3$

$\text{약제농도}\ C\,\% = \frac{\text{방출가스체적}}{\text{방호구역체적} + \text{방출가스체적}} \times 100 = \frac{V_g}{V + V_g} \times 100$

$= \frac{0.0842}{1 + 0.0842} \times 100 = 7.77\%$

17 체적이 400 m^{3}인 통신기기실에 설계농도 5%의 할론 1301 소화설비를 전역방출방식으로 적용하였다. 68 L의 내용적을 가진 축압식 저장용기의 수를 3병으로 할 경우 저장용기의 충전비는 얼마인가? (단, 최소 약제량으로 한다)

정답 1.59

해설 ▮ 할론 1301 약제량 및 개구부 가산량

방호대상물	1 m^{3}당 약제량	개구부 가산량 (자동폐쇄장치 없음)
차고, 주차장, 전기실, 전산실, 통신기기실	0.32~0.64 kg/m^3	2.4 kg/m^2

전역방출방식은

할론 저장량 $=$ 방호구역의 체적$(m^3) \times$ 약제량(kg/m^3)

$+$ 개구부 면적$(m^2) \times$ 개구부 가산량(kg/m^2)

$= 400\ m^3 \times 0.32\ kg/m^3 = 128\ kg$

$$1병\ 약제\ 저장량 = \frac{저장량}{병수} = \frac{128\ kg}{3병} = 42.7\ kg$$

$$\therefore C = \frac{V}{G} = \frac{68}{42.7} = 1.59\left(충전비 = \frac{용기\ 내\ 용적}{약제\ 무게}\right)$$

18 그림과 같은 전산실에 할론 1301 소화설비를 하고자 한다. 법정 최소 소요약제는 몇 (kg) 이상으로 하여야 하는가? (단, 4 m^2 개구부가 1개소 있으며, 전역방출방식이다)

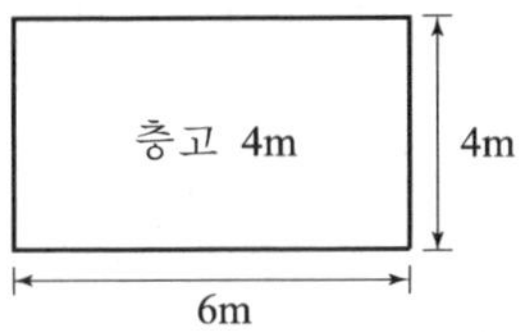

정답 40.32 kg

해설 ▌할론 1301의 약제량 및 개구부 가산량

방호대상물	약제량	개구부 가산량 (자동폐쇄장치 없음)
차고, 주차장, 전기실, 전산실, 통신기기실	$0.32\ kg/m^3$	$2.4\ kg/m^2$
사류, 면화류	$0.52\ kg/m^3$	$3.9\ kg/m^2$

위의 표에서 전산실의 약제량은 $0.32\ kg/m^3$, 개구부 가산량은 $2.4\ kg/m^2$이므로

할론 저장량 $=$ [방호구역의 체적$(m^3) \times$ 약제량(kg/m^3)]

$+$ [개구부 면적$(m^2) \times$ 개구부 가산량(kg/m^2)]

$= (6 \times 4 \times 4 \times 0.32) + (4 \times 2.4) = 40.32\ kg$

19 할론 1301 고압식 전역방출방식 소화설비의 출발압력은 다음 식에 의하여 산출한다.

$$출발압력(kg/cm^2) = 42 - \frac{(저장용기의\ 저장압력 - 할론\ 1301\ 증기압) \times 배관\ 내용적}{저장용기의\ 기체부\ 용적 + 배관\ 내용적}$$

이때 60 L의 내용적을 가지며, 고압식의 저장용기 1개의 할론 1301 소화약제의 용적을 40 L라 하고 배관의 내용적을 45 L라 할 때, 출발압력은 얼마인가? (단, 할론 1301의 증기압은 1.4 MPa (14 kg/cm^2)이고, 저장압력은 4.2 MPa (42 kg/cm^2)이다. 할론 1301 저장용기수는 2병이다)

정답 2.72 MPa

해설 출발압력

$$= 42 - \frac{(\text{저장용기의 저장압력} - \text{할론 1301 증기압}) \times \text{배관 내용적}}{\text{저장용기의 기체부 용적} + \text{배관 내용적}}$$

$$= 42 - \frac{(42\ \text{kg/cm}^2 - 14\ \text{kg/cm}^2) \times 45\ \text{L}}{(60\ \text{L} - 40\ \text{L}) \times 2\text{병} + 45\ \text{L}}$$

$$= 27.2\ \text{kg/cm}^2 = 2.72\ \text{MPa}$$

20 할론 1301 소화설비의 분사 헤드 1개의 유량이 초당 2 kg이다. 노즐 방출압력에서의 방출압을 4 MPa(40 kg/cm^2)라 할 때 분사 헤드의 오리피스 구경은 얼마인가? (단, 분사 헤드의 오리피스 구멍은 5개, 방출시간은 30초이다)

정답 0.62 cm

해설 방출률 $= 40\ \text{kg/cm}^2 \div 30\ \text{s} = 1.333\ \text{kg/cm}^2 \cdot \text{s}$

※ 방출률의 단위(kg/cm^2 · s)를 기억한다.

오리피스의 분구면적 A

$$A = \frac{\text{유량}(\text{kg/s})}{\text{방출률}(\text{kg/cm}^2 \cdot \text{s}) \times \text{오리피스의 구멍 개수}}$$

$$= \frac{2\ \text{kg/s}}{1.33\ \text{kg/cm}^2 \cdot \text{s} \times 5\text{개}} = 0.3\ \text{cm}^2$$

$$A = \frac{\pi d^2}{4}$$

따라서 오리피스의 구경 d

$$d = \sqrt{\frac{4A}{\pi}} = \sqrt{\frac{4 \times 0.3\ \text{cm}^2}{\pi}} = 0.618 \fallingdotseq 0.62\ \text{cm}$$

21 방호구역의 체적이 200 m^{3}인 소방대상물에 전역방출방식으로 할론 1301을 분사했을 때 O_2의 농도를 측정하여 보니 14%였다. 이때 방출된 할론 1301의 무게(kg)는 얼마인가? (단, 원자량은 C 12, F 19, Br 79.9이며, 온도는 20℃, 압력은 2기압이다)

정답 1,239 kg

해설 할론 1301의 분자식은 CF_3Br이므로

분자량 $= 12 + (19 \times 3) + 79.9 = 148.9$

① 할론 방출량 $= \dfrac{21 - O_2}{O_2} \times V$ (심부화재, 체적이 주어진 경우)

② 할론 농도 $= \dfrac{21 - O_2}{21} \times 100$ (표면화재, 조건없이 O_2의 양을 구할 때)

여기서, G_V : 방출된 할론 1301의 가스량(m^3)

O_2 : 물질의 연소한계 산소농도(%) 또는 측정된 산소농도(%)

V : 방호구역의 체적(m^3)

∴ 할론 방출량$= \dfrac{21-14}{14} \times 200 = 100\ m^3$

이를 무게로 환산하면 $PV = \dfrac{W}{M}RT$(이상기체 상태방정식)

∴ 방출된 할론 1301의 무게 $W = \dfrac{PVM}{RT} = \dfrac{2 \times 100 \times 148.9}{0.082 \times (273+20)} = 1{,}239\ kg$

22 다음 그림과 같은 변전실에 할론 1301 소화설비를 설치하고자 한다. 용기 저장소에 저장하여야 할 용기의 최소개수는 몇 개인가? (단, 전역방출방식이며 저장용기는 축압식이고 최소량으로 한다. 충전비는 1.5, 자동폐쇄장치는 설치되지 않았으며, 용기 내용적 60 L이다)

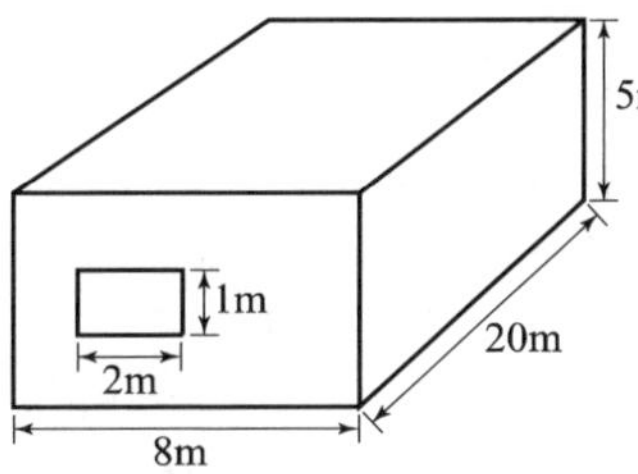

정답 7병

해설 방호 체적에 대한 저장량$= (8 \times 20 \times 5)\ m^3 \times 0.32\ kg/m^3 = 256\ kg$

개구부에 대한 저장량$= (2 \times 1)\ m^2 \times 2.4\ kg/m^2 = 4.8\ kg$

∴ 저장량$= 256 + 4.8 = 260.8\ kg$

또한 충전비가 1.5이고 내용적이 60 L이므로

$$C = \frac{V}{G}$$

여기서, G : 약제 무게(kg)

V : 용기 체적(L)

C : 충전비

$$G = \frac{V}{C} = \frac{60}{1.5} = 40\ kg$$

∴ 용기의 개수$= \dfrac{260.8}{40} = 6.52 = 7$병

23 방호구역체적 500 m^3인 특정소방대상물에 전역방출방식의 할론 1301 소화약제를 방사 후 방호구역 내 산소농도가 15 vol%이었다. 다음 조건을 참고하여 할론 1301 소화약제의 양(kg)을 구하시오. (2024년 출제)

[조건]
① 할론 1301의 분자량은 148.9 kg/kmol, 이상기체상수는 0.082 atm · m^3/kmol · K
② 실내온도는 15℃이며, 실내압력은 1.2 atm (절대압력)이다.
③ 소화약제를 방사하기 전과 후의 대기상태는 동일하다.

정답 1513.21 kg

해설 $방출가스량 = \frac{21 - O_2}{O_2} \times 방호구역 = \frac{21 - 5}{15} \times 500\,m^3 = 200\,m^3$

$PV = \frac{m}{M}RT$

여기서, P : 기압(atm)
V : 방출가스량(m^3)
m : 질량(kg)
M : 분자량($CO_2 = 44$)
R : 0.082 atm · m^3/kmol · K
T : 절대온도(273 + ℃) [K]

$할론\ 1301의\ 양(m) = \frac{PVM}{RT} = \frac{1.2\,atm \times 200\,m^3 \times 148.9\,kg/mol}{0.082\,atm \cdot m^3/kmol \cdot K \times (273 + 15)K}$

$= 1513.211 \fallingdotseq 1513.21\,kg$

24 할론소화설비를 다음 조건에 맞도록 설치하고자 한다. 다음 조건을 참고하여 물음에 답하시오.

[조건]
- 할론 약제량은 500 kg이다.
- 방출율은 1.3 kg/cm^2·s·개, 방출압은 0.9 MPa이다.
- 헤드 수 14개이다.

(가) 헤드 1개의 초당 방출량[kg/s]을 계산하시오.
(나) 오리피스의 분구면적[mm^2]을 계산하시오.
(다) 오리피스의 직경[mm]을 계산하시오.

정답 (가) 3.57 kg/s
(나) 274.73 mm^2
(다) 18.7 mm

해설 (가) 방출량 $= \dfrac{\text{약제량}}{\text{방출시간} \times \text{헤드수}} = \dfrac{500\,\text{kg}}{10\,\text{s} \times 14\text{개}} = 3.5714\,\text{kg/s}$

(나) 오리피스 분구면적 $= \dfrac{\text{약제량}}{\text{방출율} \times \text{시간} \times \text{개수}}$

$$= \frac{500\,\text{kg}}{10\,\text{s} \times 1.3\,\text{kg/cm}^2 \cdot \text{s} \cdot \text{개} \times 14\text{개}} \times 100$$

$$= 274.73\,\text{mm}^2$$

(다) $d = \sqrt{\dfrac{4 \times 274.73}{\pi}} = 18.7\,\text{mm}$ (분구면적 $A = \dfrac{\pi}{4} d^2$)

25 다음의 혼합물에 대하여 답하시오.

구 분	농도[%]	연소하한계	연소상한계
수 소	5	4	75
메 탄	10	5	15
에틸렌	10	2.7	29
프로판	5	2.1	9.5
공기농도	70		
전 체	100		

(가) 혼합물의 연소범위 하한계[%]는 얼마인가?
(나) 혼합물의 연소범위 상한계[%]는 얼마인가?
(다) 혼합물의 연소 가능 여부를 판정하여 설명하시오.

정답 (가) 3.2%
(나) 18.7%
(다) 연소범위가 3.21～18.7%이므로 이 혼합가스는 농도 30%에서는 연소하지 않는다.

해설 (가) $\text{LFL} = \dfrac{\text{농도합계}}{\dfrac{\text{농도}}{\text{연소하한계}}} = \dfrac{30}{\dfrac{5}{4} + \dfrac{10}{5} + \dfrac{10}{2.7} + \dfrac{5}{2.1}}$

$= 3.213\%$

(나) $\text{UFL} = \dfrac{\text{농도합계}}{\dfrac{\text{농도}}{\text{연소상한계}}} = \dfrac{30}{\dfrac{5}{75} + \dfrac{10}{15} + \dfrac{10}{29} + \dfrac{5}{9.5}}$

$= 18.697\%$

26 가로 20 m, 세로 15 m, 높이 5 m인 전산실에 할론소화설비를 전역방출방식으로 설치할 경우 다음 각 물음에 답하시오[단, 자동폐쇄장치가 설치되지 아니한 개구부(가로 2 m, 세로 1.2 m)가 3면에 1개씩 설치되어 있으며, 저장용기의 내용적은 68 L이다].

(2022년 출제)

(가) 가장 안정성이 있는 할론소화약제를 쓰시오.
(나) 저장할 수 있는 최소소화약제량(kg)을 구하시오.
(다) 저장용기 한 병당 저장할 수 있는 최대량(kg)을 구하시오.
(라) 약제저장용기는 몇 병이 필요한지 구하시오.

정답 (가) 할론 1301 (나) 497.28 kg
(다) 75.56 kg (라) 7병

해설 (가) 할론소화약제 중 가장 안정성이 있는 소화약제는 할론 1301이다.

구 분	설 명
적응화재	① A급 화재(일반화재) : 밀폐된 장소에서 방출파는 전역방출방식인 경우 가능 ② B급 화재(유류화재) ③ C급화재(전기화재)
사용 가능한 소화대상물	① 기상, 액상의 인화성물질 ② 변압기, 오일스위치(Oil switch) 등과 같은 전기위험물 ③ 가솔린 또는 다른 인화성 연료를 사용하는 기계 ④ 종이, 목재, 섬유 같은 일반적인 가연물질 ⑤ 위험성 고체 ⑥ 컴퓨터실, 통신기기실, 전산실, 제어룸(Control room) 등 ⑦ 도서관, 자료실, 박물관 등

(나) 할론 1301의 약제량 및 개구부가산량

방호대상물	약제량	개구부가산량 (자동폐쇄장치 미설치시)
차고, 주차장, 전기실, 전산실, 통신기기실	0.32 kg/m^3	2.4 kg/m^2
사류, 면화류	0.52 kg/m^3	3.9 kg/m^2

할론저장량(kg) = 방호구역체적(m^3) × 약제량(kg/m^3)
+ 개구부면적(m^2) × 개구부가산량(kg/m^2)

$$전산실 = (20 \times 15 \times 5)\,m^3 \times 0.32\,kg/m^3 + (2 \times 1.2)\,m^2 \times 3면 \times 2.4\,kg/m^2$$
$$= 497.28\,kg$$

(다) 할론 1301 충전비는 0.9～16 이하

구분		할론 1301	할론 1211	할론 2402
저장압력		2.5 MPa 또는 4.2 MPa	1.1 MPa 또는 2.5 MPa	–
방출압력		0.9 MPa	0.2 MPa	0.1 MPa
충전비	가압식	0.9～1.6 이하	0.7～1.4 이하	0.51～0.67 미만
	축압식			0.67～2.75 이하

충전비 $C = \frac{V}{G}$

여기서, C : 충전비(L/kg) (단위 생략 가능)

V : 내용적(L)

G : 저장량(충전량) (kg)

1병당 충전량 $G = \frac{V}{C} = \frac{68\,\text{L}}{0.9\,\text{L/kg}} = 75.555 ≒ 75.56\,\text{kg}$

(라) 저장용기 병수 $= \frac{\text{소화약제량}}{\text{저장량}} = \frac{497.28\,\text{kg}}{75.56\,\text{kg}} = 6.5 ≒ 7$병

27 다음 그림과 같이 배관을 통하여 할론 1301의 정상흐름(steady flow)이 일어나고 있다. 이 흐름이 1차원 유동이라 할 때 ②지점에서의 할론 1301의 밀도[g/cm³]는 얼마인가?
(단 ①, ②지점에서의 내부 단면의 직경은 각각 50 mm, 30 mm이다)

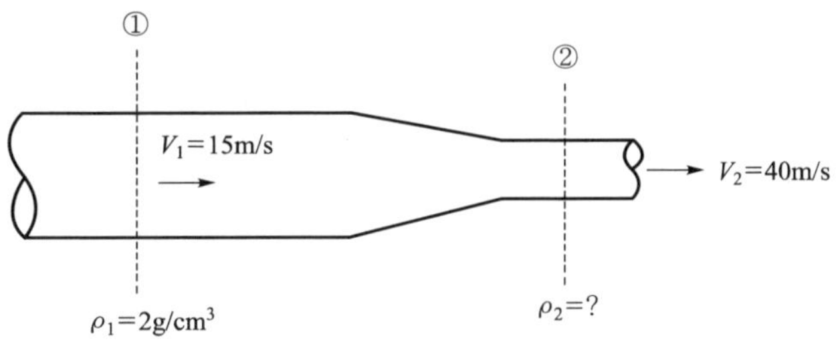

정답 2.083 g/cm³

해설 $A_1 \cdot V_1 \cdot \rho_1 = A_2 \cdot V_2 \cdot \rho_2$ (질량유량 $M = \rho A V$)

$$\therefore \rho_2 = \frac{A_1 \cdot V_1}{A_2 \cdot V_2} \times \rho_1 = \frac{\frac{\pi \times 0.05^2}{4} \times 15}{\frac{\pi \times 0.03^2}{4} \times 40} \times 2 = 2.083\,\text{g/cm}^3$$

28 가로 40 m, 세로 10 m, 높이 4 m이고 출입구가 상호 반대방향으로 2개인 어느 전기실에 고압 용기식의 할론 1301 설비를 전역방출방식으로 설치하고자 한다. 사용할 약제용기는 내용적 60 L에 약제가 1.2의 충전비로 충전된 것을 사용하며, 약제 저장용기의 밸브개방방식은 기체압식(뉴메틱식)이다. 다음의 각 물음에 답하시오.

(가) 소방법규상 최소약제 산출기준량은 실내공간 1 m^3당 몇 kg인가?
(나) 이 전기실에 필요한 최소 소요약제량은 몇 kg인가? (단, 약제 방출시 모든 개구부는 틀림없이 완전 자동 밀폐된다고 가정한다)
(다) 소요약제의 용기는 몇 병인가?
(라) (나)의 산출기준량에 따라 산출된 약제량을 방출할 때 실내의 할론 농도가 5 %가 된다고 하면 (다)의 모든 용기로부터 방출된 약제의 실내농도(%)는 얼마가 되겠는가?
(마) 방출표시등은 몇 개가 필요한가?
(바) 이 설비상 설치될 압력스위치는 최소 몇 개가 필요한가?

정답 (가) 0.32 kg/m^3
(나) 512 kg
(다) 11병
(라) 5.37%
(마) 2개
(바) 1개

해설 (나) 소요약제량 $Q\,\text{kg} = (40\times10\times4)\,m^3 \times 0.32\,kg/m^3 = 512\,kg$

(다) 충전비 $C = \dfrac{V(\text{용기의 내용적}L)}{G(\text{용기내 약제량kg})}$

$1.2 = \dfrac{60}{G}$ (여기서, G = 용기 1개의 약제 저장량 = 50 kg)

$G = \dfrac{60}{1.2} = 50\,\text{kg}$

∴ 소요 약제용기 = 512 kg ÷ 50 kg = 10.24 = 11병

(라) 512 : 5 = 550 : x

$\therefore\ x = \dfrac{550\times5}{512} = 5.37\%$

(마) 방출표시등은 출입구당 1개씩 설치하므로 2개 필요
(바) 압력스위치는 방호구역당 1개씩 설치하므로 1개 필요

29 다음 그림과 같은 건물에 할론 1301을 설치하고자 한다. 그림과 조건에 맞도록 물음에 답하시오.

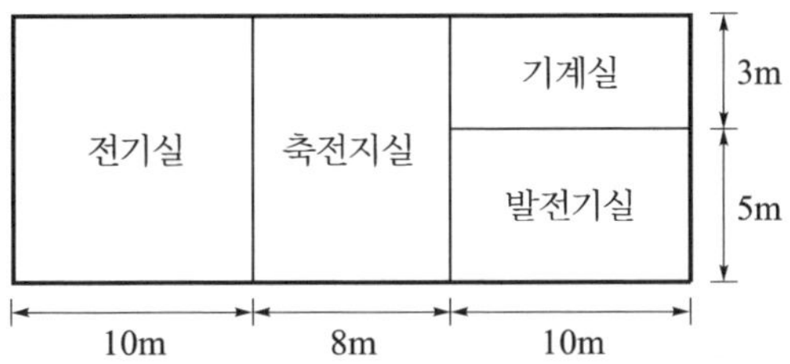

[조건]
- 체적당 약제량은 0.4 kg/m^{3}으로 한다.
- 전기실에 폐쇄되지 않은 개구부는 8 m^{2}이고, 개구부[m^2]당 약제량은 3 kg으로 한다.
- 건물의 층고는 4 m이다.
- 저장용기는 68 L, 50 kg이다.

(가) 전기실에 필요한 약제량은 얼마인가?
(나) 전기실에 필요한 저장용기는 몇 병인가?
(다) 저장용기의 충전비는 얼마인가?
(라) 선택밸브는 몇 개가 필요한가?
(마) 할론 1301의 화학식을 쓰시오.
(바) 저장용기를 개방하는 기동용 용기의 가스는 무엇인가?

정답 (가) 152 kg
(나) 4병
(다) 1.36
(라) 4개
(마) CF_3Br
(바) 이산화탄소(CO_2)

해설 (가) 소화약제량 $=[(8\times10\times4)\ \text{m}^3\times0.4\ \text{kg/m}^3]+[8\ \text{m}^2\times3\ \text{kg/m}^2]=152\ \text{kg}$
(나) 병수 $=152\ \text{kg}\div50\ \text{kg/병}=3.04=4$병
(다) 저장용기 충전비 $=\dfrac{68\ \text{L}}{50\ \text{kg}}=1.36$
(라) 선택밸브 개수는 방호구역당 1개이므로 총개수는 4개이다.

30 다음 도면은 전역방출방식의 할론 1301 소화설비의 계통도이다. 자동폐쇄장치가 설치된 개구부를 ①, 자동폐쇄장치가 설치되지 않은 개구부를 ②라 할 때 다음 물음에 답하시오.

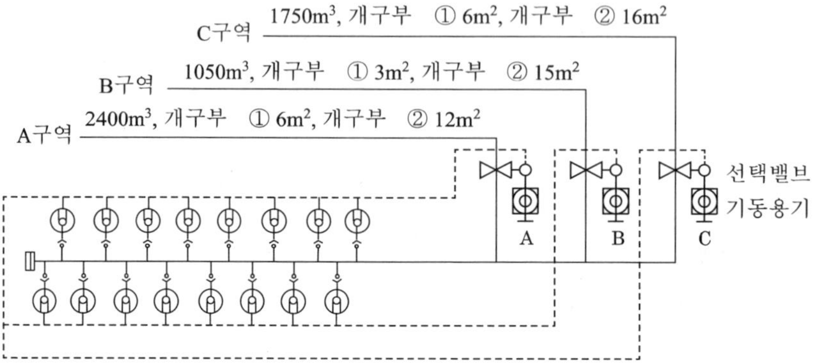

(가) 각 방호구역별로 필요한 ㉠ 최소소화약제량 및 ㉡ 50 kg 용기의 필요한 병수는 얼마인가?

(나) 기동용 가스의 관로상 가스체크밸브 (—⊘—) 5개를 설치하여 방호구역별 방출병 수를 조정하시오.

정답 (가) A구역 : ㉠ 796.8 kg ㉡ 16병
B구역 : ㉠ 372 kg ㉡ 8병
C구역 : ㉠ 598.4 kg ㉡ 12병

(나)

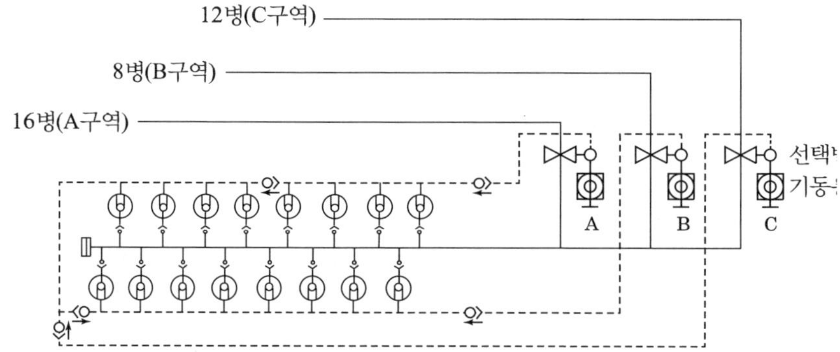

해설 (가) A구역 : ㉠ $2400\ m^3 \times 0.32\ kg/m^3 + 12\ m^2 \times 2.4\ kg/m^2 = 796.8\ kg$

㉡ $796.8\ kg \div 50\ kg/병 = 15.936병 \fallingdotseq 16병$

(나) B구역 : ㉠ $1050\ m^3 \times 0.32\ kg/m^3 + 15\ m^2 \times 2.4\ kg/m^2 = 372\ kg$

㉡ $372\ kg \div 50\ kg/병 = 7.44병 \fallingdotseq 8병$

(다) C구역 : ㉠ $1750\ m^3 \times 0.32\ kg/m^3 + 16\ m^2 \times 2.4\ kg/m^2 = 598.4\ kg$

㉡ $598.4\ kg \div 50\ kg/병 = 11.968병 \fallingdotseq 12병$

31 할론 1301 소화설비를 설계시 조건을 참고하여 다음 각 물음에 답하시오. (2023년 출제)

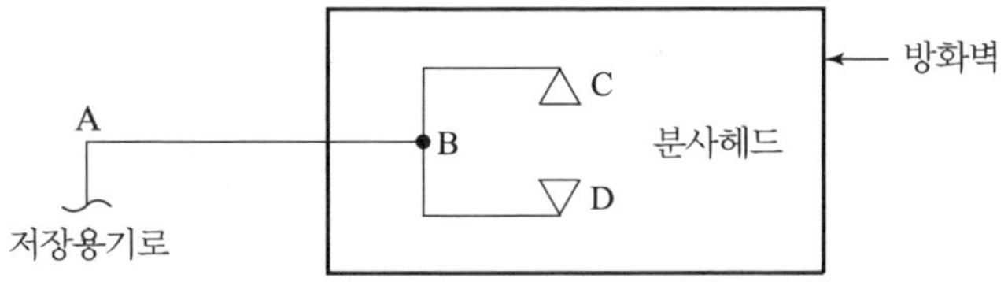

[조건]

① 방호구역의 체적은 420 m^3이다(출입구에 자동폐쇄장치 설치).

②

소방대상물 또는 그 부분	소화약제의 종류	방호구역 체적 1 m^3당 소화약제의 양
차고・주차장・전기실・통신기기실・전산실 기타 이와 유사한 전기설비가 설치되어 있는 부분	할론 1031	0.32 kg 이상 0.64 kg 이하

③ 초기 압력강하는 1.5 MPa이다.

④ 고저에 따른 압력강하는 0.06 MPa이다.

⑤ A~B 간의 마찰저항에 의한 압력손실은 0.06 MPa이다.

⑥ B~C, B~D 간의 각 압력손실은 0.03 MPa이다.

⑦ 저장용기 내 소화약제 저장압력은 4.2 MPa이다.

⑧ 저장용기 1병당 충전량은 45 kg이다.

⑨ 작동 10초 이내에 약제 전량이 방출된다.

(가) 소화약제의 최소 저장용기의 수(병)를 구하시오.

(나) 설비가 작동하였을 때 A~B 간의 배관 내를 흐르는 소화약제의 유량(kg/s)을 구하시오.

(다) C점 노즐에서 방출되는 소화약제의 방사압력[MPa]을 구하시오(단, D점에서의 방사압력도 같다)

(라) C점에서 설치된 분사헤드에서의 방출율이 3.75 kg/cm^2 · s이면 분사헤드의 등가 분구면적(cm^2)을 구하시오.

정답 (가) 3병 (나) 13.5 kg/s
(다) 2.55 MPa (라) 1.8 cm^2

해설 (가) 소화약제량(kg) = 방호구역체적(m^3) × 약제량(kg/m^3) + 개구부면적(m^2) × 개구부가산량(kg/m^2) = 420 m^3 × 0.32 kg/m^3 = 134.4 kg

$$\text{저장용기수} = \frac{\text{소화약제량(kg)}}{\text{1병당 저장량(kg)}} = \frac{134.4\,\text{kg}}{45\,\text{kg}} = 2.98 \fallingdotseq 3\text{병(절상)}$$

(나) $$\text{유량} = \frac{\text{약제소요량}}{\text{약제방출시간}} = \frac{45\,\text{kg} \times 3\text{병}}{10\,\text{s}} = 13.5\,\text{kg/s}$$

(다) C점의 방사압력 = 약제저장압력 − (초기 압력강하 + 고저에 따른 압력손실 + A-B 간의 마찰손실에 따른 압력손실 + B-C 간의 압력손실)
= 4.2 MPa − (1.5 + 0.06 + 0.06 + 0.03) MPa = 2.55 MPa

(라) A-B 간의 유량은 B-C 간과 B-D 간으로 나누어 흐르므로 B-C 간의 유량은 A-B 간의 유량을 나누면 된다.

$$\text{B-C 간의 유량} = \frac{13.5\,\text{kg/s}}{2} = 6.75\,\text{kg/s}$$

$$\text{등가 분구면적} = \frac{\text{유량(kg/s)}}{\text{방출량(kg/cm}^2\cdot\text{s)} \times \text{오리피스 구멍개수}}$$

$$= \frac{6.75\,(\text{kg/s})}{3.75\,(\text{kg/cm}^2\cdot\text{s}) \times 1\text{개}} = 1.8\,\text{cm}^2$$

32 다음 도면과 같이 방호대상물에 할론 1301 소화설비를 설계하고자 한다. 설계조건을 참조하여 각 물음에 답하시오.

[조건]
- 건물의 층고는 5 m이다.
- 약제 방출방식은 전역방출방식이다.
- 개구부는 자동폐쇄장치가 설치되어 있다.
- 약제 저장용기는 50 kg/병이다.
- A, C실의 기본 약제량은 0.33 kg/m^3, B, D실의 기본약제량은 0.52 kg/m^{3}이다.

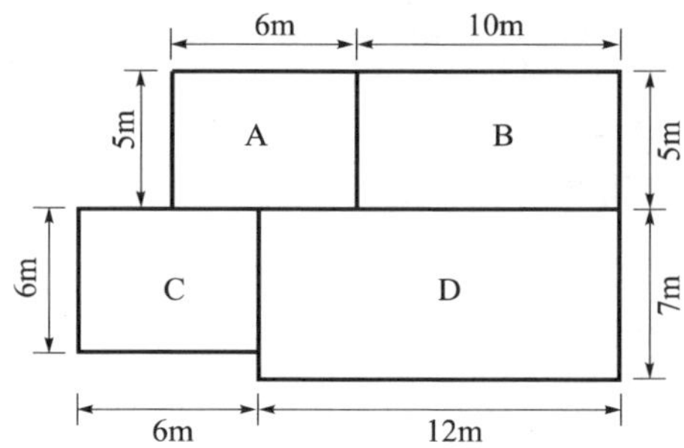

(가) 각 실의 약제소요량과 용기 수를 구하시오.
(나) 할론 1301 소화설비의 Isometric Diagram을 설계하시오.

정답 (가) ① 각 실의 약제소요량

A실 : 6 m×5 m×5 m×0.33 kg/m^3 = 49.5 kg

B실 : 10 m×5 m×5 m×0.52 kg/m^3 = 130 kg

C실 : 6 m×6 m×5 m×0.33 kg/m^3 = 59.4 kg

D실 : 12 m×7 m×5 m×0.52 kg/m^3 = 218.4 kg

② 각 실의 용기수

A실 : 49.5 kg ÷ 50 kg/병 = 0.99 ≒ 1병

B실 : 130 kg ÷ 50 kg/병 = 2.6 ≒ 3병

C실 : 59.4 kg ÷ 50 kg/병 = 1.19 ≒ 2병

D실 : 218.4 kg ÷ 50 kg/병 = 4.37 ≒ 5병

(나)

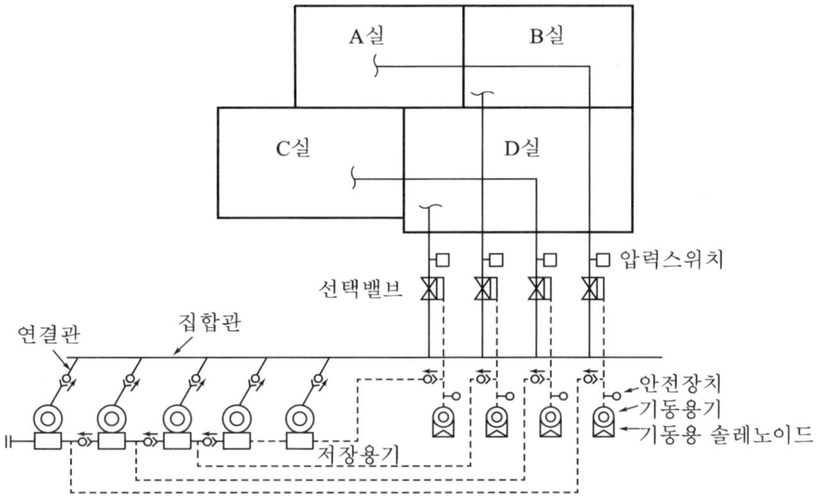

33 다음과 같은 조건이 주어질 때 할론 1301의 소화설비를 설계하는 데 필요한 다음 각 물음에 답하시오.

[조건]
- 약제소요량은 120 kg(출입구 자동폐쇄장치 설치)이다.
- 초기 압력강하는 1.6 MPa이다.
- 고저에 의한 압력강하는 0.04 MPa이다.
- A~B간 마찰저항에 의한 압력손실은 0.04 MPa이다.
- B~C, B~D간의 각 압력손실은 0.02 MPa이다.
- 약제 저장압력은 4.2 MPa이다.
- 작동 10초 이내에 약제는 전량 방출된다.

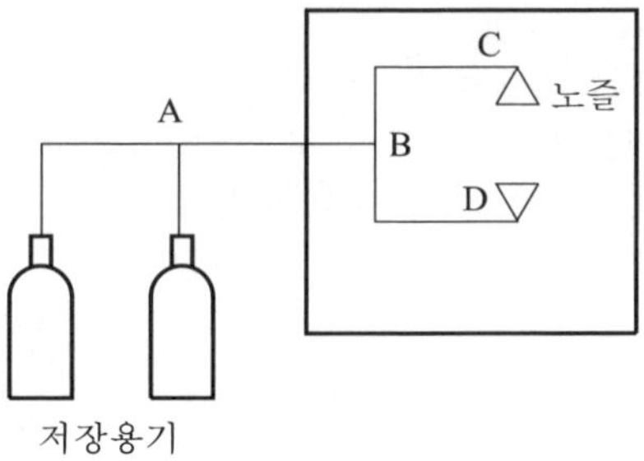

(가) 소화설비가 작동하였을 경우 A~B간의 배관 내를 흐르는 유량은 얼마인가?
(나) B~C간의 약제의 유량[kg/s]은 얼마인가? (단, B~D간 약제유량과 같다)
(다) C점 노즐에서 방출되는 약제의 압력[MPa]은 얼마인가?
(라) 노즐 1개의 방출량[kg/개]은 얼마인가?
(마) C점 노즐에서 방출율이 2.5 kg/cm^2 · s이면 헤드의 등가 분구면적[cm^2]은 얼마인가?

정답 (가) 12 kg/s

(나) 6 kg/s

(다) 2.5 MPa

(라) 60 kg/개

(마) 2.4 cm2

해설 (가) 유량 $= \dfrac{\text{방출량}}{\text{시간}}$

$\therefore Q = 120\text{ kg}/10\text{ s} = 12\text{ kg/s}$

(나) A~B의 유량이 두 배관으로 분기하여 흐르고 1/2이므로

$Q = \dfrac{A \sim B\text{량}}{2} = \dfrac{12\text{kg/s}}{2} = 6\text{kg/s}$

(다) P = 저장압력−전 손실압력(초기 압력강하+압력손실)

$\therefore\ P = 4.2 - (1.6 + 0.04 + 0.04 + 0.02) = 2.5\text{ MPa}$

(라) 약제 소요량 120 kg, 노즐 2개로 방출하므로

$\dfrac{120\text{kg}}{2\text{개}} = 60\text{kg/개}$

(마) 헤드의 등가 분구면적[cm^2] $= \dfrac{Q(\text{kg/s})}{\text{방출율}[\text{kg/cm}^2 \cdot \text{s}]} \left(= \dfrac{\text{약제량}}{\text{방출율} \times \text{시간} \times \text{개수}}\right)$

$= \dfrac{6\text{kg/s}}{2.5\text{kg/cm}^2 \cdot \text{s}} \left(= \dfrac{120\text{kg}}{2.5\text{kg/cm}^2 \cdot \text{s} \times 10\text{s} \times 2}\right)$

$= 2.4\text{cm}^2$

34 다음은 건물 내에 할론 1301 소화설비를 설치하기 위한 설계 자료이다. 설계과정 중의 ( )을 채우시오(단, 단서가 없는 한 계산과정을 제시해야 한다).

[조건]
- 방호공간은 창고(면적 12 × 7 m)이다.
- 창고높이는 3 m이다.
- 개구부에는 자동 폐쇄장치가 설치되어 있다.
- 수용품은 아세톤(체적당 약제량 0.35 kg/m^3)이다.
- 설비의 배관은 Sch No. 80 사용한다.
- 약제 저장압력은 42 kg/cm^2, 저장 용기는 60 L형 50 kg이다.
- 저장용기와 노즐간의 위치에 의한 낙차는 2.5 m이다.
- 관경과 각 구간의 실관장은 다음과 같다.

구 간	관경[mm]	관장[m]
A~B	40	49.7
B~C	32	4.3
C~D	20	4.6
B~E	20	8.1

• 관장 10 m당의 내용적은 다음 표와 같다.

관 경	내용적[L]	
	Sch No. 40	Sch No. 80
15	2.40	1.61
20	3.60	2.96
25	5.81	4.91
32	9.90	8.50
40	13.33	11.58
50	21.81	19.24
65	34.11	30.48
80	47.91	42.89
90	63.90	57.28
100	82.19	74.05
123	125.88	114.61
150	179.08	161.06

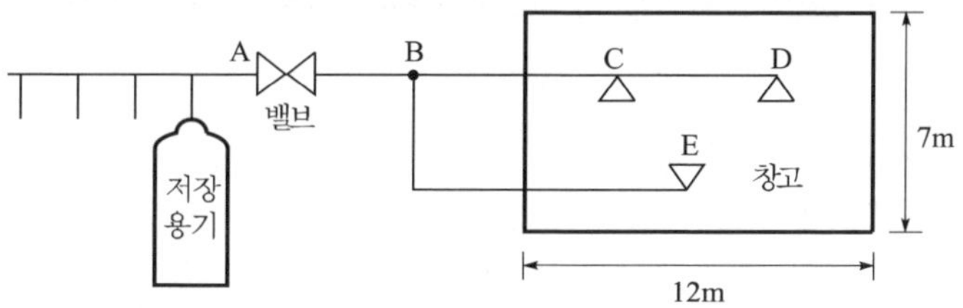

[설계과정]

(가) 방호공간 (창고)의 용적 (　) m^3이다.

(나) 소화약제 소요량은 (　) kg이므로 조건에서 주어진 약제 저장용기를 2병 비치하는 것으로 한다.

(다) 배관 내부의 전 내용적(A점 밸브로부터 노즐 D와 노즐 E까지의 전체 내부용적) V_p는 (　　) L 이다.

(라) 초기 압력강하(저장용기로부터 분출시) ΔP는 (　) MPa이다.

$$\Delta P = \frac{(P-14)\,V_P}{55.33+V_P}$$

여기서, ΔP : 초기압력강하[kg/cm²]

P : 용기 내 저장압력[kg/cm²]

V_P : 배관의 전 내용적[L]

(마) 낙차에 의한 압력손실 P_h는 (　) MPa이다.

$P_h = 0.15 \times H$

여기서, H : 낙차[m]

정답 (가) $252\ m^3$

(나) 88.2 kg

(다) 64.97 L

(라) 1.512 MPa

(마) 0.0375 MPa

해설 (가) 방호공간의 용적 $= 12\ m \times 7\ m \times 3\ m = 252\ m^3$

(나) 소화약제의 소요량 $= 252\ m^3 \times 0.35\ kg/m^3 = 88.2\ kg$

(다) 배관 내부의 전 내용적 $= 49.7 \times \dfrac{11.58}{10} + 4.3 \times \dfrac{8.5}{10} + (4.6 + 8.1) \times \dfrac{2.96}{10} = 64.97\,L$

(라) 초기 압력강하$= \dfrac{(42-14) \times 64.97}{55.33 + 64.97} = 15.12\ kg/cm^2 = 1.512\,MPa$

(마) 낙차에 의한 압력손실 $= 0.15 \times 2.5 = 0.375\,kg/cm^2 = 0.0375\,MPa$

35 도면은 어느 전기실, 발전기실, 방재반실 및 배터리실을 방호하기 위한 할론 1301설비의 배관평면도이다. 도면과 주어진 조건을 참고하여 다음 각 물음에 답하시오.

[조건]

① 약제용기는 고압식이다.

② 용기의 내용적은 68 L, 약제충전량은 50 kg이다.

③ 용기실 내의 수직배관을 포함한 각 실에 대한 배관내용적은 다음과 같다.

A실(전기실)	B실(발전기실)	C실(방재반식)	D실(배터리실)
198 L	78 L	28 L	10 L

④ A실에 대한 할론 집합관의 내용적은 88 L이다.

⑤ 할론용기밸브와 집합관 간의 연결관에 대한 내용적은 무시한다.

⑥ 설계기준온도는 20℃이다.

⑦ 20℃에서의 액화할론 1301의 비중은 1.6이다.

⑧ 각 실의 개구부는 없다고 가정한다.

⑨ 소요약제량 산출시 각 실 내부의 기둥과 내용물의 체적은 무시한다.

⑩ 각 실의 바닥으로부터 천장까지의 높이는 다음과 같다.

- A실 및 B실 : 5 m
- C실 및 D실 : 3 m

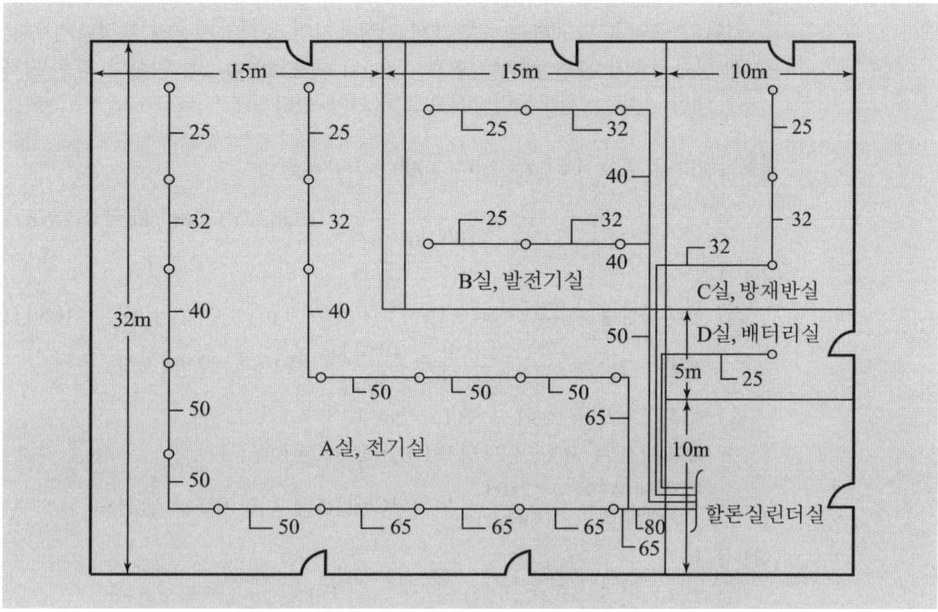

(가) A실 : ① 병수 ② 별도독립방실 필요여부
(나) B실 : ① 병수 ② 별도독립방실 필요여부
(다) C실 : ① 병수 ② 별도독립방실 필요여부
(라) D실 : ① 병수 ② 별도독립방실 필요여부

정답 (가) A실 : ① 22병 ② 불필요
(나) B실 : ① 8병 ② 불필요
(다) C실 : ① 3병 ② 불필요
(라) D실 : ① 1병 ② 필요

해설 할론 1301의 약제량 및 개구부가산량

방호대상물	약제량	개구부가산량 (자동폐쇄장치 미설치시)
차고, 주차장, 전기실, 전산실, 통신기기실	0.32 kg/m^3	2.4 kg/m^3
사류, 면화류	0.52 kg/m^3	3.9 kg/m^3

위의 표에서 전기실, 발전기실, 방재반실, 배터리실의 약제량은 0.32 kg/m^{3}이다.

할론저장량(kg) = 방호구역체적(m^3) × 약제량(kg/m^3)
+ 개구부면적(m^2) × 개구부가산량(kg/m^2)

액화할론 1301의 밀도 $\rho = s \times \rho_w = 1.6 \times 1000\,\text{kg/m}^3 = 1600\,\text{kg/m}^3$

비체적 $V_s = \dfrac{1}{\rho} = \dfrac{1}{1600\,\text{kg/m}^3} = 0.625 \times 10^{-3}\,\text{m}^3/\text{kg} = 0.625\,\text{L/kg}$

※ 할론소화설비 화재기준
하나의 구역을 담당하는 소화약제 저장용기의 소화약제량의 체적합계보다 그 소화약제 방출경로가 되는 배관(집합관 포함)의 내용적이 1.5배 이상일 경우 당해 방호구역에 대한 설비는 별도독립방식으로 하여야 한다.

별도독립방식 필요여부 $\rho = 1.6 \times 1000 = 1600\,\text{kg/m}^3$

$$V_s = \frac{1}{1600\,\text{kg/m}^3} = 0.625 \times 10^{-3}\,\text{m}^3/\text{kg} = 0.625\,\text{L/kg}$$

(가) A실

① $\text{할론저장량} = [(30 \times 30 - 15 \times 15)\ \text{m}^2 \times 5\ \text{m}] \times 0.32\ \text{kg/m}^3 = 1080\ \text{kg}$

$\text{저장용기수} = \dfrac{\text{할론저장량}}{\text{약제충전량}} = \dfrac{1080\ \text{kg}}{50\ \text{kg}} = 21.6 \fallingdotseq 22\text{병 (절상)}$

② $\text{배관내용적} = 198\ \text{L} + 88\ \text{L} = 286\ \text{L}$

$\text{약제체적} = 50\ \text{kg} \times 22\text{병} \times 0.625\ \text{L/kg} = 687.5\ \text{L}$

$\dfrac{\text{배관내용적}}{\text{약제체적}} = \dfrac{286\,\text{L}}{687.5\,\text{L}} = 0.416\text{배}$(1.5배 미만이므로 불필요)

(나) B실

① $\text{할론저장량} = [(15 \times 15)\ \text{m}^2 \times 5\ \text{m}] \times 0.32\ \text{kg/m}^3 = 360\ \text{kg}$

$\text{저장용기수} = \dfrac{\text{할론저장량}}{\text{약제충전량}} = \dfrac{360\ \text{kg}}{50\ \text{kg}} = 7.2 \fallingdotseq 8\text{병 (절상)}$

② $\text{배관내용적} = 78\ \text{L} + 88\ \text{L} = 166\ \text{L}$

$\text{약제체적} = 50\ \text{kg} \times 8\text{병} \times 0.625\ \text{L/kg} = 250\ \text{L}$

$\dfrac{\text{배관내용적}}{\text{약제체적}} = \dfrac{166\,\text{L}}{250\,\text{L}} = 0.664\text{배}$(1.5배 미만이므로 불필요)

(다) C실

① $\text{할론저장량} = [(15 \times 10)\ \text{m}^2 \times 3\ \text{m}] \times 0.32\ \text{kg/m}^3 = 144\ \text{kg}$

$\text{저장용기수} = \dfrac{\text{할론저장량}}{\text{약제충전량}} = \dfrac{144\ \text{kg}}{50\ \text{kg}} = 2.88 \fallingdotseq 3\text{병 (절상)}$

② $\text{배관내용적} = 28\ \text{L} + 88\ \text{L} = 116\ \text{L}$

$\text{약제체적} = 50\ \text{kg} \times 3\text{병} \times 0.625\ \text{L/kg} = 93.75\ \text{L}$

$\dfrac{\text{배관내용적}}{\text{약제체적}} = \dfrac{166\,\text{L}}{93.75\,\text{L}} = 1.237\text{배}$(1.5배 미만이므로 불필요)

(라) D실

① $\text{할론저장량} = [(10 \times 5)\ \text{m}^2 \times 3\ \text{m}] \times 0.32\ \text{kg/m}^3 = 48\ \text{kg}$

$\text{저장용기수} = \dfrac{\text{할론저장량}}{\text{약제충전량}} = \dfrac{48\ \text{kg}}{50\ \text{kg}} = 0.96 \fallingdotseq 1\text{병 (절상)}$

② $\text{배관내용적} = 10\ \text{L} + 88\ \text{L} = 98\ \text{L}$

$\text{약제체적} = 50\ \text{kg} \times 1\text{병} \times 0.625\ \text{L/kg} = 31.25\ \text{L}$

$\dfrac{\text{배관내용적}}{\text{약제체적}} = \dfrac{98\,\text{L}}{31.25\,\text{L}} = 3.136\text{배}$(1.5배 이상이므로 필요)

36 주어진 도면과 조건을 참조하여 방호대상 구역별로 소요되는 전역방출방식의 할론소화설비에서 각 실의 분사헤드당 방출량[kg/s]을 구하시오.

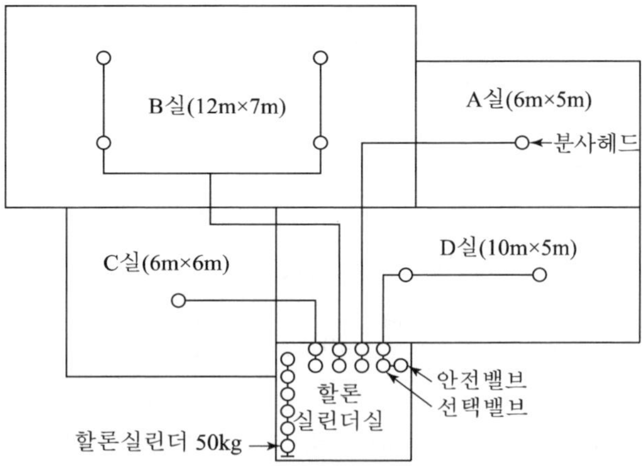

[조건]
① 각 실의 층고는 5 m이다.
② 저장용기 1본에 대한 소화약제의 저장량은 50 kg이다.
③ A, C실의 기본약제량은 0.33 kg/m^3이다.
④ B, D실의 기본약제량은 0.52 kg/m^3이다.
⑤ 개방 방식은 가스압력식이다.
⑥ 방호구역은 4개 구역으로서 개구부는 무시한다.
⑦ 분사헤드의 수는 도면 수량기준으로 한다.
⑧ 설계방출량(kg/s) 계산시 약제용량은 적용되는 용기의 용량기준으로 한다.

정답 ① 5 kg/s
② 6.25 kg/s
③ 10 kg/s
④ 7.5 kg/s

해설 할론저장량[kg] = 방호구역체적[m^3] × 약제량[kg/m^3] + 개구부면적[m^2] × 개구부가산량[kg/m^2]

$$용기수 = \frac{할론저장량}{1본의\ 약제량}$$

$$방출량 = \frac{1본의\ 약제량 \times 병수}{헤드개수 \times 약제방출시간[s]}$$

① A실

$$할론저장량 = [(6 \times 5)m^2 \times 5m] \times 0.33\ kg/m^3 = 49.5\ kg$$

$$용기수 = \frac{49.5\ kg}{50\ kg} = 0.99 ≒ 1병$$

방출량 $= \dfrac{50\text{ kg} \times 1\text{병}}{1\text{개} \times 10\text{ s}} = 5\text{ kg/s}$

② B실

할론저장량 $= [(12 \times 7)\text{m}^2 \times 5\text{m}] \times 0.52\text{ kg/m}^3 = 218.4\text{ kg}$

용기수 $= \dfrac{218.4\text{ kg}}{50\text{ kg}} = 4.3 ≒ 5\text{병}$

방출량 $= \dfrac{50\text{ kg} \times 5\text{병}}{4\text{개} \times 10\text{ s}} = 6.25\text{ kg/s}$

③ C실

할론저장량 $= [(6 \times 6)\text{m}^2 \times 5\text{m}] \times 0.33\text{ kg/m}^3 = 59.4\text{ kg}$

용기수 $= \dfrac{59.4\text{ kg}}{50\text{ kg}} = 1.18 ≒ 2\text{병}$

방출량 $= \dfrac{50\text{ kg} \times 2\text{병}}{1\text{개} \times 10\text{ s}} = 10\text{ kg/s}$

④ D실

할론저장량 $= [(10 \times 5)\text{m}^2 \times 5\text{m}] \times 0.52\text{ kg/m}^3 = 130\text{ kg}$

용기수 $= \dfrac{130\text{ kg}}{50\text{ kg}} = 2.6 ≒ 3\text{병}$

방출량 $= \dfrac{50\text{ kg} \times 3\text{병}}{2\text{개} \times 10\text{ s}} = 7.5\text{ kg/s}$

37 다음 조건에 따라 각 물음에 답하시오.

[조건]

- 주차장의 층고는 4 m, 전산실 및 저장창고의 높이는 5 m로 한다.
- 사용하는 소화약제는 할론 1301로 한다.
- 방호구역의 체적 1 m^3당의 소요 약제량은 다음 표와 같다.

소방대상물 또는 그 부분	소화약제의 종별	방호구역의 체적 1 m^3당의 소화약제량(kg)
차고, 주차장, 전기실, 통신기기실, 전산실 기타 이와 유사한 설비가 설치되어 있는 부분	할론 1301	0.32
특수가연물을 저장 취급하는 소방대상물 또는 그 부분	할론 2402 할론 1211 할론 1301	0.40 0.36 0.34

- 설계가스 농도는 다음 식으로 산출한다.

$$\text{농도}(\%) = \frac{\text{소화약제량} \times 0.16}{\text{방호구역의 체적}} \times 100$$

(단, 소화약제량은 방호구역 내에 방출된 실제량을 기준으로 한다)

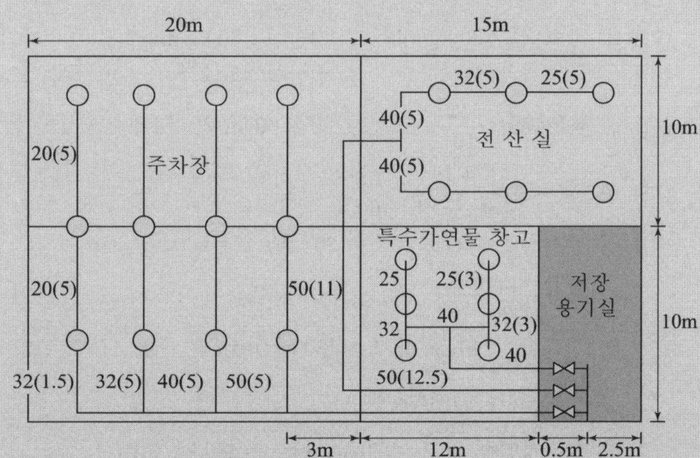

- 모든 계산은 소수점 넷째자리에서 반올림하여 소수점 셋째자리까지 계산한다.
- 저장용기실에 저장하는 용기수는 10병이다.
- 저장용기의 내용적은 68 L형으로 한다(다만, 저장용기의 충전가스는 40 kg형, 50 kg형, 60 kg형 등으로 사용).
- 방출시간은 30초로 한다.

(가) 각 실의 할론 소화약제량을 계산하시오.

구분	주차장	전산실	특수가연물 창고
체적	$20\times20\times4=1{,}600\ m^3$	$15\times10\times5=750\ m^3$	$12\times10\times5=600\ m^3$
체적당 소요가스량	(　)	(　)	(　)
소요가스량	(　)	(　)	(　)
저장용기수	10병	(　)	(　)

(나) 저장용기의 충전량(kg/병)은 얼마인가?
(다) 저장용기의 충전비는 얼마인가?
(라) 각 실의 분사 헤드의 분당 방출량(kg/min)은 얼마인가?
(마) 각 실의 설계가스 농도(%)는 얼마인가?

정답 (가)

구분	주차장	전산실	특수가연물 창고
체적	1,600	750	600
체적당 소요가스량	0.32 (kg/m^3)	0.32 (kg/m^3)	0.34 (kg/m^3)
소요가스량	$1{,}600\times0.32=512$	$750\times0.32=240$	$600\times0.34=204$
저장용기수	10병	4병	4병

(나) 60 kg/병
(다) 1.13
(라) ① 주차장 : 100 kg/min ② 전산실 : 80 kg/min ③ 특수가연물 창고 : 80 kg/min
(마) ① 주차장 : 6% ② 전산실 : 5.12% ③ 특수가연물 창고 : 6.4%

해설 (나) 충전약제량$=\dfrac{512}{10}=51.2$ kg/병 $=60$ kg/병 사용

(다) 충전비$=\dfrac{\text{내용적}}{\text{약제 무게}}=\dfrac{68}{60}=1.13$

(라) ① 주차장 : 600 kg/30초 = 20 kg/s = 1,200 kg/min

$\dfrac{1{,}200\ kg/min}{12\text{개}}=100$ kg/min · 개

② 전산실 : 240 kg/30초 = 480 kg/min

$\dfrac{480}{6}=80$ kg/min · 개

③ 특수가연물 창고 : 240 kg/30초 = 480 kg/min

$\dfrac{480}{6}=80$ kg/min · 개

(마) 농도$=\dfrac{\text{소화약제량}\times0.16}{\text{방호구역의 체적}}\times100$이고 실제사용가스량으로 계산한다.

① 주차장 : $\dfrac{600\times0.16}{1{,}600}\times100=6\%$

② 전산실 : $\dfrac{240\times0.16}{750}\times100=5.12\%$

③ 특수가연물 창고 : $\dfrac{240\times0.16}{600}\times100=6.4\%$

38 다음 그림은 어느 할론 1301설비(고압 용기식) 기기장치의 구성이다. 다음 각 물음에 답하시오.

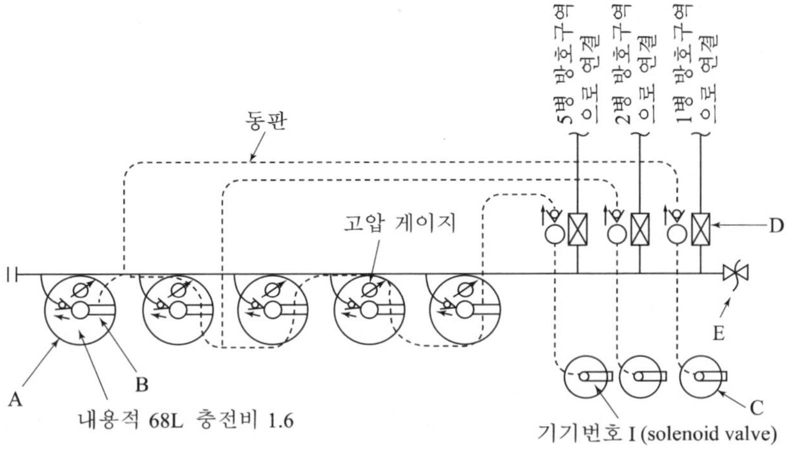

(가) 구성장치(A, B, C, … 등)의 명칭을 쓰시오.
(나) 할론 저장용기 1개의 할론 충전량은 얼마인가?
(다) 기기번호 I의 기기를 설치하는 이유를 쓰시오.
(라) 동관에 설치해야 할 역지밸브(non-return valve)의 최소 개수는 몇 개인가?
(마) 고압용 게이지를 설치하는 이유를 쓰시오.
(바) 연결관에 역지밸브를 설치한 이유를 쓰시오.
(사) 소방법규상의 기준 방출기간과 동일한 시간 동안 방출된다면 연결관을 흐르는 약제의 양(kg)은 매 초 얼마인가? (단, 전역방출방식이다)

정답 (가) A : 약제 저장용기　　B : 저장용기 개방장치　　C : 기동용 가스용기
D : 선택밸브　　E : 안전밸브
(나) 42.5 kg
(다) 화재 발생시 감지기의 동작에 의하여 전기적으로(또는 수동조작에 의하여) 작동하여 기동용기밸브를 개방하고 기동용 가스를 방출시키기 위하여 설치한다.
(라) 2개(3번, 4번 용기 사이와 4번, 5번 용기 사이에 1개씩 각각 설치한다)
(마) 약제 저장용기의 규정압력을 확인하고 저장용기의 규정약제 충전 여부를 판단하기 위하여 설치한다.
(바) 먼저 용기에서 방출된 가스가 다른 방호구역의 용기밸브를 열어 필요 없는 약제 방출은 물론 방호구역의 내압강도에도 영향을 미치기 때문에 체크밸브를 설치해야 한다.
(사) 4.25 kg/s

해설 (나) 충전비 $C = \dfrac{V(\mathrm{L})}{G(\mathrm{kg})}$

$$G = \frac{68\ \mathrm{L}}{1.6} = 42.5\ \mathrm{kg}$$

(라) 각 방출구역에 설치된 선택밸브 출구에는 체크밸브가 설치되어 있으므로 2병(방호구역과 연결되는 앞부분과 1병 방호구역의 앞부분이 빠져 있다.)
(사) 방출시간은 10초 이내이므로 42.5 kg/10초 = 4.25 kg/s

2.11 할로겐화합물 및 불활성기체소화설비

1 개요

오존층 보호를 위한 몬트리올 의정서가 1987년 9월 16일 조인됨에 따라 개도국 조항으로 가입한 우리나라는 1999년 7월 1일부터 할론소화약제(할론 1301, 할론 1211)의 생산량이 동결되고 2005년부터는 이 양의 50%를 감축해야 하며, 2010년부터는 할론소화약제의 생산 및 수입이 필수용도를 제외하고는 금지되었다.

따라서 국내 관련부처에서는 이에 대한 대비책으로 1994년 8월 18일 할로겐화합물 및 불활성기체소화약제 종류 및 기술기준(내무부고시 제1994-9호)을 고시하여 할로겐화합물 및 불활성기체소화약제를 사용할 수 있도록 하였고 2004년 6월 4일 할로겐화합물 및 불활성기체소화설비의 화재안전기준을 제정하여 13종류의 할로겐화합물 및 불활성기체소화약제를 사용할 수 있도록 하고 있다.

할론대체물질인 할로겐화합물 및 불활성기체소화설비는 선진국에서 개발한 것을 그대로 국내에 도입·사용하고 있어 선진외국과 시스템 구성 등에 대한 상이함을 고려하지 않고 적용함에 따라 많은 문제점이 나타나고 있는 것이 사실이다.

미국 등 외국에서는 방호구역 마다 소화약제를 저장하는 독립배관방식으로 대부분 설치하나 국내에서는 다수의 방호구역에 대하여 소화약제를 공용하는 집합배관방식으로 설치함으로서 동일 설계프로그램 및 매뉴얼 적용에 대한 기술적인 검증이 요구되고 있다.

할로겐화합물 및 불활성기체소화설비의 구성은 할로겐화합물 및 불활성기체소화약제, 약제저장용기, 기동장치, 제어반, 배관 및 관부속품들, 분사헤드, 선택밸브, 화재감지기, 음향경보장치, 자동폐쇄장치, 비상전원, 과압배출구 등으로 할론소화설비와 동일하다.

(1) 할로겐화합물 및 불활성기체소화약제의 종류

국내고시로 제정하여 소화설비에 적용되는 할로겐화합물 및 불활성기체소화약제는 [표 2.49]에서 정하는 것에 한한다.

(2) 작동원리

이산화탄소소화설비 및 할론소화설비와 작동원리는 동일하다.

표 2.49 소화약제의 종류

소 화 약 제	화 학 식
퍼플루오로부탄(이하 "FC-3-1-10"이라 한다)	C_4F_{10}
하이드로클로로플루오로카본혼화제 (이하 "HCFC BLEND A"라 한다)	HCFC-123($CHCl_2CF_3$) : 4.75% HCFC-22($CHClF_2$) : 82% HCFC-124($CHClFCF_3$) : 9.5% $C_{10}H_{16}$: 3.75%
클로로테트라플루오르에탄 (이하 "HCFC-124"라 한다)	$CHClFCF_3$
펜타플루오로에탄(이하 "HFC-125"라 한다)	CHF_2CF_3
헵타플루오로프로판(이하 "HFC-227ea"라 한다)	CF_3CHFCF_3
트리플루오로메탄(이하 "HFC-23"이라 한다)	CHF_3
헥사플루오로프로판(이하 "HFC-236fa"라 한다)	$CF_3CH_2CF_3$
트리플루오로이오다이드(이하 "FIC-13I1"이라 한다)	CF_3I
도데카플루오로-2-메틸펜탄-3-원(이하 "FK-5-1-12"라 한다)	$CF_3CF_2C(O)CF(CF_3)_2$
불연성・불활성기체혼합가스(이하 "IG-01"이라 한다)	Ar
불연성・불활성기체혼합가스(이하 "IG-100"이라 한다)	N_2
불연성・불활성기체혼합가스(이하 "IG-541"이라 한다)	N_2 : 52%, Ar : 40%, CO_2 : 8%
불연성・불활성기체혼합가스(이하 "IG-55"라 한다)	N_2 : 50%, Ar : 50%

2 적용대상물

할로겐화합물 및 불활성기체소화설비를 설치하여야 하는 특정소방대상물(가스시설 또는 지하구를 제외한다)은 물분무등소화설비 규정에 준용한다.

3 설치 제외

할로겐화합물 및 불활성기체소화설비는 다음에 정한 장소에는 설치할 수 없다.

① 사람이 상주하는 곳으로서 최대허용설계농도를 초과하는 장소

② 제3류위험물(자연발화성 물질 및 금수성 물질) 및 제5류위험물(자기반응성 물질)을 사용하는 장소. 다만, 소화성능이 인정되는 위험물은 제외한다.

4 소화약제 저장용기

(1) 설치장소

할로겐화합물 및 불활성기체소화약제의 저장용기는 다음의 기준에 적합한 장소에 설치해야 한다.

① 방호구역외의 장소에 설치할 것. 다만, 방호구역 내에 설치할 경우에는 피난 및 조작이 용이하도록 피난구 부근에 설치해야 한다.
② 온도가 55℃ 이하이고 온도의 변화가 작은 곳에 설치할 것
③ 직사광선 및 빗물이 침투할 우려가 없는 곳에 설치할 것
④ 저장용기를 방호구역 외에 설치한 경우에는 방화문으로 구획된 실에 설치할 것
⑤ 용기의 설치장소에는 해당 용기가 설치된 곳임을 표시하는 표지를 할 것
⑥ 용기간의 간격은 점검에 지장이 없도록 3 cm 이상의 간격을 유지할 것
⑦ 저장용기와 집합관을 연결하는 연결배관에는 체크밸브를 설치할 것. 다만, 저장용기가 하나의 방호구역만을 담당하는 경우에는 그렇지 않다.

(2) 저장용기 기준

① 저장용기의 충전밀도·충전압력 및 최소사용설계압력은 [표 2.50]에 따를 것
② 저장용기는 약제명·저장용기의 자체중량과 총중량·충전일시·충전압력 및 약제의 체적을 표시할 것
③ 동일 집합관에 접속되는 저장용기는 동일한 내용적을 가진 것으로 충전량 및 충전압력이 같도록 할 것
④ 저장용기에 충전량 및 충전압력을 확인할 수 있는 장치를 하는 경우에는 해당 소화약제에 적합한 구조로 할 것
⑤ 저장용기의 약제량 손실이 5%를 초과하거나 압력손실이 10%를 초과할 경우에는 재충전하거나 저장용기를 교체할 것. 다만, 불활성기체소화약제 저장용기의 경우에는 압력손실이 5%를 초과할 경우 재충전하거나 저장용기를 교체해야 한다.

표 2.50 할로겐화합물 및 불활성기체소화약제 충전비·충전압력 및 최소사용설계압력

1. 할로겐화합물소화약제

항목 \ 소화약제	HFC-227ea				FC-3-1-10	HCFC BLEND A	
최대충전밀도(kg/m³)	1,265	1,201.4	1,153.3	1,153.3	1,281.4	900.2	900.2
21℃ 충전압력(kPa)	303**	1,034*	2,482*	4,137*	2,482*	4,137*	2,482*
최소사용설계압력(kPa)	2,868	1,379	2,868	5,654	2,482	4,689	2,979

항목 \ 소화약제	HFC-23					
최대충전밀도(kg/m³)	865	768.9	720.8	640.7	560.6	480.6
21℃ 충전압력(kPa)	4,198**	4,198**	4,198**	4,198**	4,198**	4,198**
최소사용설계압력(kPa)	12,038	9,453	8,605	7,626	6,943	6,392

항목 \ 소화약제	HCFC-124		HFC-125		HFC-236fa		
최대충전밀도(kg/m³)	1,185.4	1,185.4	865	897	1,185.4	1,201.4	1,185.4
21℃ 충전압력(kPa)	1,655*	2,482*	2,482*	4,137*	1,655*	2,482*	4,137*
최소사용설계압력(kPa)	1,951	3,199	3,392	5,764	1,931	3,310	6,068

항목 \ 소화약제	FK-5-1-12					
최대충전밀도(kg/m³)	1,441.7	1,441.7	1,441.7	1,441.7	1,441.7	1,121
21℃ 충전압력(kPa)	1,034*	1,344*	2,482*	3,447*	4,206*	6,000*
최소사용설계압력(kPa)	1,034	1,344	2,482	3,447	4,206	6,000

비고 1. "*" 표시는 질소로 축압한 경우를 표시한다.
2. "**" 표시는 질소로 축압하지 않은 경우를 표시한다.
3. 소화약제 방출을 위해 별도의 용기로 질소를 공급하는 경우 배관의 최소사용설계압력은 충전된 질소압력에 따른다. 다만, 다음 각 목에 해당하는 경우에는 조정된 질소의 공급압력을 최소사용설계압력으로 적용할 수 있다.
가. 질소의 공급압력을 조정하기 위해 감압장치를 설치할 것
나. 폐쇄할 우려가 있는 배관 구간에는 배관의 최대허용압력 이하에서 작동하는 안전장치를 설치할 것

2. 불활성기체소화약제

항목 \ 소화약제		IG-01			IG-541			IG-55			IG-100		
21℃ 충전압력(kPa)		16,341	20,436	31,097	14,997	19,996	31,125	15,320	20,423	30,634	16,575	22,312	28,000
최소사용설계압력(kPa)	1차 측	16,341	20,436	31,097	14,997	19,996	31,125	15,320	20,423	30,634	16,575	22,312	28,000
	2차 측	"[비고] 2" 참조											

비고 1. 1차 측과 2차 측은 감압장치를 기준으로 한다.
2. 2차 측 최소사용설계압력은 제조사의 설계프로그램에 의한 압력 값에 따른다.
3. 저장용기에 소화약제가 21℃ 충전압력보다 낮은 압력으로 충전되어 있는 경우에는 실제 저장용기에 충전되어 있는 압력 값을 1차 측 최소사용설계압력으로 적용할 수 있다.

(3) 하나의 방호구역을 담당하는 저장용기의 소화약제의 체적합계보다 소화약제의 방출시 방출경로가 되는 배관(집합관을 포함한다)의 내용적의 비율이 할로겐화합물 및 불활성기체 소화약제 제조업체의 설계기준에서 정한 값 이상일 경우에는 해당 방호구역에 대한 설비는 별도 독립방식으로 해야 한다.

(4) 할로겐화합물 및 불활성기체소화약제 저장용기와 선택밸브 또는 개폐밸브 사이에는 배관의 최소사용설계압력과 최대허용압력 사이의 압력에서 작동하는 안전장치를 설치해야 하며, 안전장치를 통하여 나온 소화가스는 전용의 배관 등을 통하여 건축물 외부로 배출될 수 있도록 해야 한다. 이 경우 안전장치로 용전식을 사용해서는 안 된다.

5 저장용기의 충전밀도(충전비), 충전압력 및 최소사용설계압력

할론 및 CO_2의 충전비는 충전비 $= \dfrac{V(\mathrm{L})}{W(\mathrm{kg})}$ 로 약제량에 대한 용기의 내용적으로 용기의 비체적이다. 이는 용기 체적이 일정한 경우 $y = \dfrac{a}{x}$ 의 곡선이다. 그러나 할로겐화합물 및 불활성기체소화약제의 경우는 충전비 $= \dfrac{W(\mathrm{kg})}{V(\mathrm{m}^3)}$ 로 일종의 충전밀도(Fill density)의 개념이다.

(1) 충전밀도(충전비)

최대충전밀도는 소화약제를 사용하는 최대온도(약 50℃ 또는 55℃)에서 소화약제를 충전해도 저장용기 내의 압력이 최소사용 설계압력을 넘지 않는 충전밀도를 의미한다.

① 할로겐화합물소화약제(액화 압축가스)

액화압축가스로 분류되는 할로겐화합물소화약제의 용기 내 압력은 충전밀도와 온도에 따라 크게 좌우된다. 같은 용량의 저장 용기에 많은 양의 소화약제를 저장하기 위해서는 충전밀도를 높게 해야 한다. 이 경우 충전밀도가 커지면 온도상승에 따라 압력이 급격히 상승하는 현상이 발생할 수 있다. 따라서 할로겐화합물소화약제별로 규정된 최대충전밀도를 초과하지 않도록 하고 있다.

② 불활성기체소화약제(고압 압축가스)

고압압축가스이므로 원하는 압력까지 임의로 저장할 수 있으나 기체상태로서의 충전이므로 충전밀도(충전비)를 적용하지 않는다.

(2) 충전압력

할로겐화합물소화약제는 저장용기 내에서 액체와 기체가 분리되어 저장된다. 액화 고압가스의 용기 내 소화약제의 압력은 각 소화약제의 증기압에 의해 정해진다.

① HFC-23은 자체증기압이 21℃에서 4,198 kPa로 충분히 높기 때문에 실제 소화약제 방출시 저장용기에서 이 압력으로 방출시켜도 방출시간이 지연이 되지 않는다.

② HFC-227ea, FC-3-1-10, HCFC BLEND A, HCFC-124, HFC-125, HFC-236fa, FK-5-1-12 등의 소화약제는 자체 증기압이 낮아 이 압력에서는 방출시간이 법적 규정보다 길어지므로 방출시간을 낮추기 위해 소화약제를 질소와 같은 불활성가스로 축압하여 사용한다.

불활성기체소화약제는 고압 압축가스이므로 원하는 압력까지 임의로 저장할 수 있다. 다만, 압력이 할로겐화합물소화약제보다 고압이므로 두 단계로 감압하여 사용한다. 일반적으로 1차측 압력은 저장용기압력과 같거나 약간 낮게 사용하며 2차측 압력은 방호구역까지 소화약제를 이송하는 배관의 허용압력을 감안하여 설정되며 제조사의 설계프로그램에 의한 압력 값에 따른다.

(3) 최소사용설계압력

각 할로겐화합물 및 불활성기체소화약제의 최소사용설계압력은 소화약제를 사용하는 최대온도(약 50℃ 또는 55℃)에서 용기가 안전하게 견딜 수 있는 압력이다.

6 소화약제량 계산

(1) 할로겐화합물소화약제

① 약제량 산정

$$W = \frac{V}{S} \times \left[\frac{C}{100 - C} \right]$$

여기서, $W(\text{kg})$: 소요 약제량

$V(\text{m}^3)$: 방호구역의 체적

S : 소화약제별 선형상수($K_1 + K_2 \times t$) (m^3/kg)

C : 체적에 따른 소화약제 설계농도(%)

t : 방호구역의 최소예상온도(℃)

할로겐화합물소화약제의 소화약제량 산정식은 다음과 같이 유도할 수 있다. 일정한 방호구역에 할로겐화합물소화약제를 방출할 경우 방호구역 내 소화약제의 농도 C는 다음 식으로 계산할 수 있다.

$$\text{농도 } C = \frac{\text{방사한 소화약제부피}}{\text{방호구역 부피} + \text{방사한 소화약제부피}} \times 100$$

이므로

$$\text{농도 } C = \frac{v}{V + v} \times 100$$

이다. 이 식에서 소화약제부피 $v = S$(소화약제 비체적)$\times W$(소화약제 무게)이므로

$$\text{농도 } C = \frac{W \times S}{V + W \times S} \times 100$$

이다. 따라서

$$W = \frac{V}{S} \times \frac{C}{100 - C}$$

S는 소화약제의 비체적으로 밀도의 역수이며, 다음과 같은 선형상수로 나타낼 수 있다.

$$S = K_1 + K_2 \times t$$

이 식에서 t는 온도(℃)이다.

표 2.51 선형상수의 값

소화약제	K_1	K_2	소화약제	K_1	K_2
FC-3-1-10	0.094104	0.00034455	HFC-23	0.3164	0.0012
HCFC BLEND A	0.2413	0.00088	HFC-236fa	0.1413	0.0006
HCFC-124	0.1575	0.0006	FIC-1311	0.1138	0.0005
HFC-125	0.1825	0.0007	FK-5-1-12	0.0664	0.0002741
HFC-227ea	0.1269	0.0005			

(2) 불활성가스(Inergen 약제)

① 약제량 산정

$$X = 2.303 \times \frac{V_s}{S} \times \log_{10}\left(\frac{100}{100-C}\right)$$

여기서, X : 공간체적당 더해진 소화약제의 부피(m^3/m^3)

S : 소화약제별 선형상수($K_1 + K_2 \times t$) (m^3/kg)

C : 체적에 따른 소화약제의 설계농도(%)

V_s : 20℃에서 소화약제 비체적(m^3/kg)

t : 방호구역의 최소예상온도(℃)

V_s는 상온(20℃)기준의 비체적으로 0.707 m^3/kg이 되며, S는 비체적으로 일반식으로 V_s/S는 온도가 상온 이상이면 1보다 작게 되며, 상온 미만이면 1보다 크게 된다. S의 K_1 및 K_2를 선형상수라 하며, [표 2.52]를 적용한다.

표 2.52 선형상수의 값

소화약제	K_1	K_2
IG-01	0.5685	0.00208
IG-100	0.7997	0.00293
IG-541	0.65799	0.00239
IG-55	0.6598	0.00242

(3) 체적에 따른 소화약제의 설계농도(%)는 상온에서 제조업체의 설계기준에 따라 인증받은 소화농도(%)에 다음 표의 안전계수를 곱한 값 이상으로 할 것

설계농도	소화농도	안전계수
A급	A급	1.2
B급	B급	1.3
C급	A급	1.35

(4) 산출한 소화약제량은 사람이 상주하는 곳에서는 [표 2.53]에 따른 최대허용설계농도를 초과할 수 없다.

표 2.53 최대허용설계농도

소화약제	최대허용설계농도(%)	소화약제	최대허용설계농도(%)
FC-3-1-10	40	FIC-13I1	0.3
HCFC BLEND A	10	FK-5-1-12	10
HCFC-124	1.0	IG-01	43
HFC-125	11.5	IG-100	43
HFC-227ea	10.5	IG-541	43
HFC-23	50	IG-55	43
HFC-236fa	12.5		

(5) 방호구역이 둘 이상인 경우에 가장 큰 방호구역에 대하여 소화약제 산출한 양 이상이 되도록 해야 한다.

7 기동장치

수동식 기동장치의 부근에는 소화약제의 방출을 지연시킬 수 있는 비상스위치(자동복귀형 스위치로서 수동식 기동장치의 타이머를 순간 정지시키는 기능의 스위치를 말한다)를 설치해야 한다.

(1) 수동식 기동장치

① 방호구역마다 설치할 것
② 해당 방호구역의 출입구부근 등 조작을 하는 자가 쉽게 피난할 수 있는 장소에 설치할 것
③ 기동장치의 조작부는 바닥으로부터 0.8 m 이상 1.5 m 이하의 위치에 설치하고, 보호판 등에 따른 보호장치를 설치할 것
④ 기동장치에는 가깝고 보기 쉬운 곳에 "할로겐화합물 및 불활성기체소화설비 기동장치"라는 표지를 할 것
⑤ 전기를 사용하는 기동장치에는 전원표시등을 설치할 것
⑥ 기동장치의 방출용스위치는 음향경보장치와 연동하여 조작될 수 있는 것으로 할 것
⑦ 5 kg 이하의 힘을 가하여 기동할 수 있는 구조로 설치
⑧ 기동장치에는 보호장치를 설치해야 하며, 보호장치를 개방하는 경우 기동장치에 설치된 부저 또는 벨 등에 의하여 경고음을 발할 것

⑨ 기동장치를 옥외에 설치하는 경우 빗물 또는 외부 충격의 영향을 받지 아니하도록 설치할 것

(2) 자동식 기동장치

자동화재탐지설비의 감지기의 작동과 연동하는 것으로서 다음 기준에 따라 설치해야 한다.

① 자동식 기동장치에는 수동으로도 기동할 수 있는 구조로 할 것
② 전기식 기동장치로서 7병 이상의 저장용기를 동시에 개방하는 설비는 2병 이상의 저장용기에 전자 개방밸브를 부착할 것
③ 가스압력식 기동장치는 다음의 기준에 따를 것
  가. 기동용가스용기 및 해당 용기에 사용하는 밸브는 25 MPa 이상의 압력에 견딜 수 있는 것으로 할 것
  나. 기동용가스용기에는 내압시험압력의 0.8배부터 내압시험압력 이하에서 작동하는 안전장치를 설치할 것
  다. 기동용가스용기의 체적은 5 L 이상으로 하고, 해당 용기에 저장하는 질소 등의 비활성기체는 6.0 MPa 이상(21℃ 기준)의 압력으로 충전할 것. 다만, 기동용가스용기의 체적을 1 L 이상으로 하고, 해당 용기에 저장하는 이산화탄소의 양은 0.6 kg 이상으로 하며, 충전비는 1.5 이상 1.9 이하의 기동용가스용기로 할 수 있다.
  라. 질소 등의 비활성기체 기동용가스용기에는 충전 여부를 확인할 수 있는 압력게이지를 설치할 것
④ 기계식 기동장치는 저장용기를 쉽게 개방할 수 있는 구조로 할 것

※ 참고
  가. 기계식(Mechanical type) : 레버나 와이어 등의 기계적 작동으로 가스저장 용기를 직접 개방하는 방식
  나. 전기식(Electronic type) : 가스정장용기의 솔레노이드 밸브를 전기적으로 개방하는 방식
  다. 가스압력식(Pneumatic type) : 기동용기의 압축가스를 이용하여 각 저장용기에 있는 니들밸브를 작동시켜 용기를 개방하는 방식

(3) 할로겐화합물 및 불활성기체소화설비가 설치된 구역의 출입구에는 소화약제가 방출되고 있음을 나타내는 표시등을 설치해야 한다.

8 배관

(1) 배관의 설치기준

① 배관은 전용으로 할 것

② 배관·배관부속 및 밸브류는 저장용기의 방출내압을 견딜 수 있어야 하며 다음의 기준에 적합할 것. 이 경우 설계내압은 최소사용설계압력 이상으로 해야 한다.

가. 강관을 사용하는 경우의 배관은 압력배관용 탄소강관(KS D 3562) 또는 이와 동등 이상의 강도를 가진 것으로서 아연도금 등에 따라 방식처리된 것을 사용할 것

나. 동관을 사용하는 경우의 배관은 이음이 없는 동 및 동합금관(KS D 5301)의 것을 사용할 것

다. 배관의 두께는 다음의 계산식에서 구한 값(t) 이상일 것. 다만, 방출헤드 설치부는 제외한다.

$$\text{관의 두께}(t) = \frac{PD}{2SE} + A$$

여기서, P : 최대허용압력(kPa)

D : 배관의 바깥지름(mm)

SE : 최대허용응력(kPa) (배관재질 인장강도의 1/4값과 항복점의 2/3값 중 적은 값 × 배관이음효율 × 1.2)

A : 나사이음, 홈이음 등의 허용값(mm) (헤드설치부분은 제외한다)
[나사이음 : 나사의 높이, 절단홈이음 : 홈의 깊이, 용접이음 : 0]

※ **배관이음효율**

이음매 없는 배관 : 1.0, 전기저항 용접배관 : 0.85, 가열맞대기 용접배관 : 0.60

③ 배관부속 및 밸브류는 강관 또는 동관과 동등 이상의 강도 및 내식성이 있는 것으로 할 것

(2) 배관과 배관, 배관과 배관부속 및 밸브류의 접속은 나사접합, 용접접합, 압축접합 또는 플랜지접합 등의 방법을 사용해야 한다.

(3) 배관의 구경은 해당 방호구역에 할로겐화합물소화약제는 10초 이내에, 불활성기체소화약제는 A·C급 화재 2분, B급 화재 1분 이내에 방호구역 각 부분에 최소설계농도의 95% 이상 해당하는 약제량이 방출되도록 해야 한다.

할로겐화합물소화약제는 불소, 염소, 요오드 등의 원소로 구성되어 있어 화재의 불꽃과 접촉하면 HF, HCl, HI, COF_2, Hbr, HCN, CO 등의 독성물질이 생성되어 인체에 악영향을 미치게 된다.

방출시간이 10초 이내일 경우 독성물질의 생성량이 인체에 영향을 미치지 않는 농도에 도달하지 않으므로 이 시간을 할로겐화합물소화약제의 방출시간으로 정하였다. 불활성기체소화약제는 할로겐화합물소화약제와 달리 독성물질이 생성되지 않으므로 방출시간을 1분 및 2분으로 정하였다.

9 분사헤드

① 분사헤드의 설치 높이는 방호구역의 바닥으로부터 최소 0.2 m 이상 최대 3.7 m 이하로 하여야 하며 천장높이가 3.7 m를 초과할 경우에는 추가로 다른 열의 분사헤드를 설치할 것. 다만, 분사헤드의 성능인정 범위 내에서 설치하는 경우에는 그렇지 않다.

② 분사헤드의 갯수는 방호구역의 방출시간에 충족되도록 설치할 것

③ 분사헤드에는 부식방지조치를 하여야 하며 오리피스의 크기, 제조일자, 제조업체가 표시 되도록 할 것

④ 분사헤드의 방출율 및 방출압력은 제조업체에서 정한 값으로 한다.

⑤ 분사헤드의 오리피스의 면적은 분사헤드가 연결되는 배관구경면적의 70%를 초과하여서는 안 된다.

출제 및 예상문제

01 할로겐화합물 및 불활성기체 소화약제소화설비의 분사 헤드 기준 3가지를 쓰시오.

정답 (1) 분사헤드의 설치 높이는 방호구역의 바닥으로부터 최소 0.2 m 이상 최대 3.7 m 이하로 해야 하며 천장높이가 3.7 m를 초과할 경우에는 추가로 다른 열의 분사헤드를 설치할 것. 다만, 분사헤드의 성능인정 범위 내에서 설치하는 경우에는 그렇지 않다.

(2) 분사헤드의 갯수는 방호구역의 방출시간에 충족되도록 설치할 것

(3) 분사헤드에는 부식방지조치를 해야 하며 오리피스의 크기, 제조일자, 제조업체가 표시 되도록 할 것

(4) 분사헤드의 방출율 및 방출압력은 제조업체에서 정한 값으로 한다.

(5) 분사헤드의 오리피스의 면적은 분사헤드가 연결되는 배관구경면적의 70%를 초과해서는 안 된다.

02 할로겐화합물 및 불활성기체 소화설비에서 불활성가스 청정소화약제의 종류 4가지를 쓰시오.

정답 ① IG-01

② IG-55

③ IG-100

④ IG-541

03 할로겐화합물 및 불활성기체 소화약제소화설비의 수동식 기동장치 기준 5가지를 쓰시오.

해설 수동식 기동장치의 부근에는 소화약제의 방출을 지연시킬 수 있는 비상스위치(자동복귀형 스위치로서 수동식 기동장치의 타이머를 순간 정지시키는 기능의 스위치를 말한다)를 설치해야 한다.

① 방호구역마다 설치할 것

② 해당 방호구역의 출입구부근 등 조작을 하는 자가 쉽게 피난할 수 있는 장소에 설치할 것

③ 기동장치의 조작부는 바닥으로부터 0.8 m 이상 1.5 m 이하의 위치에 설치하고, 보호판 등에 따른 보호장치를 설치할 것

④ 기동장치에는 가깝고 보기 쉬운 곳에 "할로겐화합물 및 불활성기체소화설비 기동장치"라는 표지를 할 것

⑤ 전기를 사용하는 기동장치에는 전원표시등을 설치할 것

⑥ 기동장치의 방출용스위치는 음향경보장치와 연동하여 조작될 수 있는 것으로 할 것

⑦ 50 N 이하의 힘을 가하여 기동할 수 있는 구조로 설치

⑧ 기동장치에는 보호장치를 설치해야 하며, 보호장치를 개방하는 경우 기동장치에 설치된 부저 또는 벨 등에 의하여 경고음을 발할 것
⑨ 기동장치를 옥외에 설치하는 경우 빗물 또는 외부 충격의 영향을 받지 아니하도록 설치할 것

04 할로겐화합물 및 불활성기체 소화설비에서 할로겐화합물 및 불활성기체 소화약제의 저장용기의 기준에 관한 설명이다. 다음 ( ) 안에 알맞은 내용을 보기에서 골라서 쓰시오. (2023년 출제)

[보기]
5, 10, 15, 할로겐화합물, 불활성기체

• 저장용기의 약제량 손실이 (①)%를 초과하거나 압력손실이 (②)%를 초과할 경우에는 재충전하거나 저장용기를 교체할 것. 다만, (③) 소화약제 저장용기의 경우에는 압력손실이 (④)%를 초과할 경우 재충전하거나 저장용기를 교체하여야 한다.

정답 ① 5
② 10
③ 불활성기체
④ 5

해설 할로겐화합물 및 불활성기체 소화약제의 저장용기 적합기준
(1) 저장용기는 약제명・저장용기의 자체중량과 총중량・충전일시・충전압력 및 약제의 체적을 표시할 것
(2) 동일 집합관에 접속되는 저장용기는 동일한 내용적을 가진 것으로 충전량 및 충전압력이 같도록 할 것
(3) 저장용기에 충전량 및 충전압력을 확인할 수 있는 장치를 하는 경우에는 해당 소화약제에 적합한 구조로 할 것
(4) 저장용기의 약제량 손실이 5%를 초과하거나 압력손실이 10%를 초과할 경우에는 재충전하거나 저장용기를 교체할 것(단, 불활성기체 소화약제 저장용기의 경우에는 압력손실이 5%를 초과할 경우 재충전하거나 저장용기 교체)

05 할로겐화합물 및 불활성기체 소화설비의 소화약제인 할로겐화합물 소화약제와 불활성기체 소화약제의 정의를 쓰시오.

정답 ① 할로겐화합물 소화약제 : 불소, 염소, 브롬 또는 요오드 중 하나 이상의 원소를 포함하고 있는 유기화합물을 기본성분으로 하는 소화약제를 말한다.
② 불활성기체 소화약제 : 헬륨, 네온, 아르곤 또는 질소가스 중 하나 이상의 원소를 기본성분으로 하는 소화약제를 말한다.

06 할로겐화합물 및 불활성기체 소화설비의 화재안전기술기준을 적용하여 다음 각 물음에 답하시오. (2024년 출제)

(가) 할로겐화합물 및 불활성기체 소화약제의 방사시간과 방사량 기준에 대한 다음 표의 빈칸을 완성하시오.

소화약제		방출시간	방출량
할로겐화합물		(　)초 이내	각 방호구역 최소설계농도의 (　) 이상
불활성기체	A급	(　)분 이내	
	B급	(　)분 이내	
	C급	(　)분 이내	

(나) 불활성기체 소화약제보다 할로겐화합물 소화약제의 방사시간이 더 짧은 이유를 쓰시오.

정답 (가)

소화약제		방출시간	방출량
할로겐화합물		10초 이내	각 방호구역 최소설계농도의 95% 이상
불활성기체	A급	2분 이내	
	B급	1분 이내	
	C급	2분 이내	

(나) 소화시 발생하는 유독가스의 발생량을 줄이기 위해

해설 할로겐화합물 소화약제의 방사시간이 짧은 이유

① 소화시 발생하는 유독가스의 발생량을 줄이기 위해

② 약제와 불꽃의 접촉시간을 제한하여 독성물질(유독가스)의 생성을 조절하기 위해

07 할로겐화합물 및 불활성기체 소화약제 중 IG－541은 질소(N_2), 아르곤(Ar), 이산화탄소(CO_2)로 구성되어 있다. 각각의 농도(%)는 얼마인가?

정답 ① N_2 : 52%

② Ar : 40%

③ CO_2 : 8%

해설 할로겐화합물 및 불활성기체 소화약제의 종류(NFSC 107A④)

소화약제	상품명	화학식	방출시간	주된 소화원리
불연성, 불활성 기체 혼합가스(IG－541)	Inergen	N_2 : 52%, Ar : 40%, CO_2 : 8%	60초 이내	질식효과
불연성, 불활성 기체 혼합가스(IG－55)	아르고나이트	N_2 : 50%, Ar : 50%		
불연성, 불활성 기체 혼합가스(IG－100)	Nitrogen	N_2		
불연성, 불활성 기체 혼합가스(IG－01)	Argon	Ar		

08

다음 조건을 참조하여 각 구간별 송액 배관경을 구하시오.

[조건]

- 소화약제의 유속 V는 4 m/s이다.
- 헤드로의 방출량 Q는 각 40 L/min이다.
- 다음의 공식을 이용한다.

$d = 10\sqrt{\dfrac{2Q}{3\pi V}}$ 여기서, V(m/s), Q(L/min), d(mm)

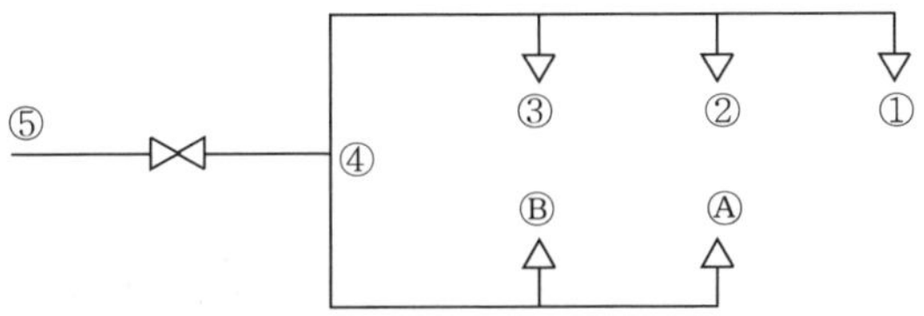

(가) ①~② 또는 Ⓐ~Ⓑ 사이는 얼마인가?
(나) ②~③ 또는 Ⓑ~④ 사이는 얼마인가?
(다) ③~④ 사이는 얼마인가?
(라) ④~⑤ 사이는 얼마인가?

정답 (가) $d = 10\sqrt{\dfrac{2 \times 40 \times 1}{3\pi \times 4}} = 14.6\ \text{mm}$

(나) $d = 10\sqrt{\dfrac{2 \times 40 \times 2}{3\pi \times 4}} = 20.6\ \text{mm}$

(다) $d = 10\sqrt{\dfrac{2 \times 40 \times 3}{3\pi \times 4}} = 25.2\ \text{mm}$

(라) $d = 10\sqrt{\dfrac{2 \times 40 \times 5}{3\pi \times 4}} = 32.6\ \text{mm}$

09 할로겐화합물 및 불활성기체 소화설비에 다음 조건과 같은 압력배관용 탄소강관(SPPS 420, Sch No.40)을 사용할 때 관두께(mm)를 구하시오. (2022년 출제)

[조건]
① 압력배관용 탄소강관(SPPS 420)의 인장강도는 400 MPa, 항복점은 인장강도의 80%이다.
② 이음 등의 허용값(mm)은 무시한다.
③ 배관은 가열맞대기 용접배관을 한다.
④ 배관의 최대허용응력(SE)은 배관재질 인장강도 1/4값과 항복점의 2/3 중 작은 값(σ_t)을 기준으로 다음의 식을 적용한다.
$SE = \sigma_t \times$ 배관이음효율 $\times 1.2$
⑤ 적용되는 배관의 바깥지름은 65 mm이다.
⑥ 최대허용압력은 15 MPa이다.
⑦ 헤드 설치부분은 제외한다.

정답 $400 \times \dfrac{1}{4} = 100\,\text{MPa}$

$(400 \times 0.8) \times \dfrac{2}{3} = 213.333 \fallingdotseq 213.33\,\text{MPa}$

$SE = 100 \times 0.6 \times 1.2 = 72\,\text{MPa}$

$t = \dfrac{15 \times 65}{2 \times 72} = 6.77\,\text{mm}$

$\therefore$ 6.77 mm

해설 $t = \dfrac{PD}{2SE} + A$

여기서, t : 관의 두께(mm)
P : 최대허용압력(MPa)
D : 배관의 바깥지름(mm)
SE : 최대허용응력(MPa)
(배관재질 인장강도의 $\dfrac{1}{4}$값과 항복점의 $\dfrac{2}{3}$값 중 작은 값 × 배관이음효율 × 1.2)

배관이음효율
• 이음매 없는 배관 : 1.0
• 전기저항 용접배관 : 0.85
• 가열맞대기 용접배관 : 0.6

A : 나사이음, 홈이음 등의 허용값(mm) (헤드설치부분 제외)

배관이음효율
• 나사이음 : 나사의 높이
• 절단홈이음 : 홈의 깊이
• 용접이음 : 0

(1) 배관재질 인장강도의 $\frac{1}{4}$값 $= 400\,\text{MPa} \times \frac{1}{4} = 100\,\text{MPa}$

(2) 항복점의 $\frac{2}{3}$값 $= 400\,\text{MPa} \times 0.8 \times \frac{2}{3} = 213.333 ≒ 213.33\,\text{MPa}$

(3) 최대허용응력

$SE =$ 배관재질 인장강도의 $\frac{1}{4}$값과 항복점의 $\frac{2}{3}$값 중 작은값 × 배관이음효율 × 1.2

$= 100\,\text{MPa} \times 0.6 \times 1.2 = 72\,\text{MPa}$

(4) 관의 두께 $t = \frac{PD}{2SE} + A = \frac{15\,\text{MPa} \times 65\,\text{mm}}{2 \times 72\,\text{MPa}} + 0 = 6.77\,\text{mm}$

10 200 m^3의 방호구역에 할로겐화합물 및 불활성기체 소화약제소화설비를 설치하고자 한다. 할로겐화합물 및 불활성기체 소화약제로는 HCFC－124 (Halogen 계열)를 사용한다고 할 때 그 무게(kg)는 얼마인가? (단, 방호구역의 온도는 20℃이다)

[조건]

• K_1과 K_2의 값은 다음 표와 같다.

소화약제	K_1	K_2
FC－2－1－8	0.11712	0.00047
FC－3－1－10	0.094104	0.00034455
HCFC blend A	0.2413	0.00088
HCFC－124	0.1575	0.0006
HFC－125	0.1825	0.0007
HFC－227ea	0.1269	0.0005
HFC－23	0.3164	0.0012
HFC－236fa	0.1413	0.0006
FIC－1311	0.1138	0.0005

• 최대허용 설계농도는 다음과 같다.

소화약제의 종류	최대허용 설계농도(%)
FC－3－1－10	40
HFC－23	50
HFC－125	7.5
HFC－227ea	9.0
HCFC－124	1
HCFC blend A	10
IG－541	43

정답 12 kg

해설 소화약제별 선형상수 $S = K_1 + K_2 t = 0.1575 + 0.0006 \times 20℃ = 0.1695$

∴ 소화약제의 무게 $W = \frac{V}{S} \times \left(\frac{C}{100 - C}\right) = \frac{200\,\text{m}^3}{0.1695} \times \left(\frac{1}{100 - 1}\right) = 12\,\text{kg}$

11 8 m×10 m×4 m의 축전지실에 할로겐화합물소화설비를 설치하고자 한다. 다음 조건과 국가화재안전기준을 참고하여 다음 물음에 답하시오.

[조건]
① 방호구역의 온도는 상온 21℃이다.
② FK-5-1-12 용기는 80 L이고 최대충전밀도는 1441 kg/m^{3}이다.
③ FK-5-1-12의 설계농도는 12%이다.
④ K_1과 K_2값

약제	K_1	K_2
FK-5-1-12	0.0664	0.0002741

(가) FK-5-1-12의 최소 약제용기는 몇 병이 필요한가?
(나) 집합관에서의 유량[kg/min]을 구하시오.

정답 (가) 6병
(나) 3426.42 kg/min

해설 (가) FK-5-1-12

$$W = \frac{V}{S} \times \frac{C}{100 - C}$$

$S = k_1 + k_2 \times t = 0.0664 + 0.0002441 \times 21 = 0.0721$

$C = 12\%$

$V = 8 \times 10 \times 4 = 320\,\text{m}^3$

$$W = \frac{320}{0.0721} \times \frac{12}{100 - 12} = 605.22\,\text{kg}$$

병당 약제량 $= 1441\,\text{kg/m}^3 \times 0.08\,\text{m}^3 = 115.28\,\text{kg}$

$$\text{병수} = \frac{605.22}{115.28} = 5.25 = 6\text{병}$$

(나) 집합관에서의 유량[kg/min]

$$W = \frac{V}{S} \times \frac{C \times 0.95}{100 - C \times 0.95} = \frac{320}{0.0721} \times \frac{12 \times 0.95}{100 - (12 \times 0.95)} = 571.07\,\text{kg}$$

$$\text{유량} = \frac{571.07\,\text{kg}}{10\,\text{s}} = 57.107\,\text{kg/s} = 3426.42\,\text{kg/min}$$

소화약제 방출시간 이내에 최소설계농도 95% 이상 약제량 방출

12 가로 20 m, 세로 8 m, 높이 3 m인 발전기실에 할로겐화합물 및 불활성기체 소화약제 중 IG-100을 사용할 경우 조건을 참고하여 다음 각 물음에 답하시오. (2023년 출제)

[조건]
① IG-100의 소화농도는 35.85%이다.
② IG-100의 전체 충전량은 100 kg, 충전밀도는 1.5 kg/m^{3}이다.
③ 소화약제량 산정시 선형상수를 이용하도록 하며 방사시 기준온도는 10℃이다.

소화약제	K_1	K_2
IG-100	0.7997	0.00293

④ 발전기실은 전기화재로 가정한다.

(가) IG-100의 저장량은 몇 m^{3}인지 구하시오.
(나) 저장용기의 1병당 저장량(m^3)을 구하시오.
(다) IG-100의 저장용기수는 최소 몇 병인지 구하시오.
(라) 배관의 구경 산정조건에 따라 IG-100의 약제량 방사시 유량은 몇 m^3/s인지 구하시오.

정답 (가) 328.85 m^3
(나) 66.67 m^3
(다) 5병
(라) 2.55 m^3/s

해설 불활성기체 소화약제

설계농도	소화농도	안전계수
A급(일반화재)	A급	1.2
B급(유류화재)	B급	1.3
C급(전기화재)	C급	1.35

(가) 설계농도(%) = 소화농도(%) × 안전계수 = 35.85% × 1.35 = 48.397%
- IG-100 : 불활성기체 소화약제
- 발전기실 : 전기화재(C급 화재)이므로 1.35 적용

소화약제별 선형상수 $S = K_1 + K_2 t = 0.7997 + (0.00293 \times 10℃) = 0.829\,\text{m}^3/\text{kg}$

20℃에서 소화약제의 비체적

$V_s = K_1 + K_2 \times 20℃ = 0.7997 + (0.00293 \times 20℃) = 0.8583\,\text{m}^3/\text{kg}$

IG-100의 저장량 X

$$X = 2.303\left(\frac{V_s}{S}\right) \times \log10\left[\frac{100}{(100-C)}\right] \times V$$

$$= 2.303\left(\frac{0.8583\,\text{m}^3/\text{kg}}{0.829\,\text{m}^3/\text{kg}}\right) \times \log10\left[\frac{100}{(100-48.397)}\right] \times (20 \times 8 \times 3)\,\text{m}^3$$

$$= 328.846 ≒ 328.85\,\text{m}^3$$

(나) $1\text{병당 저장량(충전량)}\,(\text{m}^3) = \dfrac{\text{전체 충전량(kg)}}{\text{충전밀도}(\text{kg/m}^3)} = \dfrac{100\,\text{kg}}{1.5\,\text{kg/m}^3}$

$$= 66.666 ≒ 66.67\,\text{m}^3$$

(다) 용기수 $= \dfrac{\text{저장량}(\mathrm{m}^3)}{\text{1병당 저장량}(\mathrm{m}^3)} = \dfrac{328.85\,\mathrm{m}^3}{66.67\,\mathrm{m}^3} = 4.9 \fallingdotseq 5$병

(라) $X = 2.303\left(\dfrac{V_s}{S}\right)\times \log 10\left[\dfrac{100}{(100-(C\times 0.95)}\right]\times V$

$= 2.303\left(\dfrac{0.8583\,\mathrm{m}^3/\mathrm{kg}}{0.829\,\mathrm{m}^3/\mathrm{kg}}\right)\times \log 10\left[\dfrac{100}{(100-(48.397\times 0.95)}\right]\times(20\times 8\times 3)\,\mathrm{m}^3$

$= 306.067\,\mathrm{m}^3$

약제량 방사시 유량(m^3/s) $= \dfrac{306.067\,\mathrm{m}^3}{120\,\mathrm{s}} = 2.55\,\mathrm{m}^3/\mathrm{s}$

• 배관의 구경은 해당 방호구역에 할로겐화합물 소화약제가 10초(불활성기체 소화약제는 AC급 화재 2분, B급 화재 1분) 이내에 방호구역 각 부분에 최소설계농도의 95% 이상 해당하는 약제량이 방출되도록 해야 한다.

13 가로 10 m, 세로 15 m, 높이 5 m인 발전기실에 할로겐화합물 및 불활성기체 소화약제 중 IG-541을 사용할 경우 조건을 참고하여 다음 각 물음에 답하시오. (2023년 출제)

[조건]

① IG-541의 소화농도는 23%이다.

② IG-541의 저장용기는 80 L용을 적용하며, 충전압력은 15 MPa (게이지압력)이다.

③ 소화약제량 산정시 선형 상수를 이용하도록 하며 방사시 기준온도는 15℃이다.

소화약제	K_1	K_2
IG-541	0.65799	0.00239

④ 발전기실은 전기화재에 해당한다.

(가) IG-541의 저장량은 몇 m^3인지 구하시오.

(나) IG-541의 저장용기 수는 최소 몇 병인지 구하시오.

(다) 배관구경 산정조건에 따라 IG-541의 약제량 방사시 유량은 몇 m^3/s인지 구하시오.

정답 (가) $283.7\,\mathrm{m}^3$

(나) 24병

(다) $2.22\,\mathrm{m}^3/\mathrm{s}$

해설 불활성기체 소화약제

(가) 소화약제별 선형상수 S는

$S = K_1 + K_2 t = 0.65799 + 0.00239\times 15℃ = 0.69384\,\mathrm{m}^3/\mathrm{kg}$

20℃에서 소화약제의 비체적 V_s는

$V_s = K_1 + K_2 \times 20℃ = 0.65799 + 0.00239\times 20℃ = 0.70579\,\mathrm{m}^3/\mathrm{kg}$

IG-541의 저장량 X는

$$X = 2.303\left(\frac{V_s}{S}\right) \times \log_{10}\left[\frac{100}{(100-C)}\right] \times V$$

$$= 2.303\left(\frac{0.70579\,m^3/kg}{0.69384\,m^3/kg}\right) \times \log_{10}\left[\frac{100}{(100-31.05)}\right] \times (10 \times 15 \times 5)\,m^3$$

$$= 283.695 ≒ 283.7\,m^3$$

▌ABC 화재별 안전계수

설계농도	소화농도	안전계수
A급(일반화재)	A급	1.2
B급(유류화재)	B급	1.3
C급(전기화재)	C급	1.35

※ 설계농도(C) = 소화농도(%) × 안전계수 = 23% × 1.35 = 31.05%

(나) 충전압력(절대압) = 대기압 + 게이지압 = 0.101325 MPa + 15 MPa

$$1병당\ 저장량(m^3) = 내용적(L) \times \frac{충전압력(kPa)}{표준대기압(101.325\,kPa)}$$

$$= 80\,L \times \frac{(0.101326+15)\,MPa}{0.101325\,MPa}$$

$$= 0.08\,m^3 \times \frac{(0.101325+15)\,MPa}{0.101325\,MPa}$$

$$= 11.923\,m^3$$

$$용기수 = \frac{저장량(m^3)}{1병당\ 저장량(m^3)} = \frac{283.7\,m^3}{11.923\,m^3} = 23.79 ≒ 24병$$

(다) $X = 2.303\left[\frac{V_s}{S}\right] \times \log_{10}\left(\frac{100}{100-(C \times 0.95)}\right) \times V$

$$= 2.303\left(\frac{0.70579\,m^3/kg}{0.0.69384\,m^3/kg}\right) \times \log_{10}\left[\frac{100}{100-(31.05 \times 0.95)}\right] \times (10 \times 15 \times 5)\,m^3$$

$$= 266.704\,m^3$$

$$약제량\ 방사시\ 유량(m^3/s) = \frac{266.704\,m^3}{120\,s} = 2.222 ≒ 2.22\,m^3/s$$

- 배관의 구경은 해당 방호구역에 할로겐화합물 소화약제가 10초(불활성기체 소화약제는 AC급 화재 120s, B급 화재 60s) 이내에 방호구역 각 부분에 최소 설계농도의 95% 이상 해당하는 약제량이 방출되도록 해야 한다. 그러므로 설계농도 31.05%에 0.95 곱함.
- 바로 위 기준에 의해 0.95 (95%) 및 전기화재(C급 화재)이므로 120s 적용

14 어느 방호대상물에 할로겐화합물 및 불활성기체 소화설비를 설치하고자 한다. 조건을 참고하여 다음 각 물음에 답하시오.

[조건]
① 방출헤드 1개의 유량이 29.4 kg/s이다.
② 노즐방출압력에서의 방출률은 14.7 kg/s · cm^2이다.
③ 분사헤드에 접속되는 배관의 구경은 65 A이다.
④ 배관의 인장강도는 420 MPa, 항복점은 250 MPa이다.
⑤ 배관이음방법은 이음매 없는 배관으로 나사이음, 홈이음 등의 허용값[mm]은 무시한다.
⑥ 적용되는 배관의 바깥지름은 114.3 mm이고 두께는 6.0 mm이다.
⑦ 배관의 두께 계산 시 방출헤드 설치부는 제외한다.

(가) 방출헤드의 오리피스 구경[mm]을 다음 표에서 정하시오.

오리피스 구경 [mm]	10	15	20	25	30	35	40

(나) 배관의 최대 허용압력[MPa]을 구하시오.

정답 (가) 20 mm
(나) 13.23 MPa

해설 (가) 분구면적 $= \dfrac{\text{1개 헤드 유량}}{\text{1개 헤드 방출률}} = \dfrac{29.4\,\text{kg/s}}{14.7\,\text{kg/s}\cdot\text{cm}^2} = \dfrac{29.4\,\text{kg/s}\cdot\text{개}}{14.7\,\text{kg/s}\cdot\text{cm}^2\cdot\text{개}}$
$= 2\,\text{cm}^2 = 200\,\text{mm}^2$

오리피스 직경 $D = \sqrt{\dfrac{4\times 200}{\pi}} = 15.95\,\text{mm}$

방출헤드 오리피스 구경에서 20 mm로 산정한다.

(나) $420\times\dfrac{1}{4} = 105\,\text{MPa}$

$250\times\dfrac{2}{3} = 166.67\,\text{MPa}$

$\text{SE} = 105\times 1\times 1.2 = 126\,\text{MPa}$

두께$(t) = \dfrac{\text{PD}}{2\text{SE}}$

$P = \dfrac{2\times 126\times 6}{114.3} = 13.23\,\text{MPa}$

15 바닥면적 300 m^2, 높이 4 m 발전실에 할로겐화합물 및 불활성기체 소화약제설비를 설치하고자 한다. 다음의 조건을 이용하여 물음에 알맞은 답을 구하시오.

[조건]
- HCFC blend A의 설계농도는 8.6%로 한다.
- IG-541의 설계농도는 37.5%로 한다.
- 방출 시 온도는 20℃를 기준으로 한다.
- 다음 선형 상수표를 이용하도록 한다(상온에서 비체적은 선형상수와 같다).

할로겐화합물 및 불활성기체 소화약제	K_1	K_2
HCFC Blend A	0.2413	0.00088
IG-541	0.649	0.00237

- HCFC blend A 용기는 68 L용 50 kg으로 하며, IG-541 용기는 80 L용 12.4 m^3로 적용한다.

※ 약제량 산정시 IG-541은 부피(m^3)로 기타 할로겐화합물 및 불활성기체 소화약제는 무게(kg)로 계산한다.

(가) 필요한 HCFC blend A의 최소 용기수는 몇 병인가?
(나) 필요한 IG-541의 최소 용기는 몇 병인가?

정답 (가) 9병
(나) 46병

해설 (가) 발전실의 체적 $= 300 \times 4 = 1{,}200\ m^3$

선형 상수표에 따라 $S = 0.2413 + 0.00088 \times 20 = 0.2589$

$W = \frac{V}{S} \times \left(\frac{C}{100 - C}\right)$이므로

$W = \frac{1{,}200}{0.2589} \times \left(\frac{8.6}{100 - 8.6}\right) = 436\ kg$

$\therefore 436 \div 50 = 8.72 \rightarrow$ 68 L용 9병을 설치한다.

(나) 선형 상수표에 따라 V_s는 상온에서의 비체적이므로 $V_s = S$

$$x(m^3) = 2.303 \times \frac{V_s}{S} \times \left(\log\frac{100}{100 - C}\right) = 2.303 \times \left(\log\frac{100}{100 - C}\right)$$

약제량 $X = x \times$ 체적 $V(m^3)$이므로

$$X = 2.303 \times \left(\log\frac{100}{100 - 37.5}\right) \times 1{,}200 = 564.1\ m^3$$

$\therefore 564.1 \div 12.4 = 45.5 \rightarrow$ 80 L용 46병을 설치한다.

16 바닥면적 100 m^2이고 높이 3.5 m의 발전기실에 HFC-125 소화약제를 사용하는 할로겐화합물 소화설비를 설치하려고 한다. 다음 조건을 참고하여 각 물음에 답하시오.

(2022년 출제)

[조건]

① HFC-125의 설계농도는 8%, 방호구역 최소예상온도는 20℃로 한다.

② HFC-125의 용기는 90 L/60 kg으로 적용한다.

③ HFC-125의 선형상수는 다음 표와 같다.

소화약제	K_1	K_2
HFC-125	0.1825	0.0007

④ 사용하는 배관은 압력배관용 탄소강관(SPPS 250)으로 항복점은 250 MPa, 인장강도는 410 MPa이다. 이 배관의 호칭지름은 DN400이며, 이음매 없는 배관이고 이 배관의 바깥지름과 스케줄에 따른 두께는 다음 표와 같다. 또한 나사이음에 따른 나사의 높이(헤드설치부분 제외) 허용값은 1.5 mm를 적용한다.

호칭지름	바깥지름(mm)	배관두께(mm)					
		스케줄 10	스케줄 20	스케줄 30	스케줄 40	스케줄 60	스케줄 80
DN400	406.4	6.4	7.9	9.5	12.7	16.7	21.4

(가) HFC-125의 최소용기수를 구하시오.

(나) 배관의 최대허용압력이 6.1 MPa일 때, 이를 만족하는 배관의 최소 스케줄 번호를 구하시오.

정답 (가) $S = 0.1825 + 0.0007 \times 20℃ = 0.1965\,\text{m}^3/\text{kg}$

$$W = \frac{100 \times 3.5}{0.1965} \times \frac{8}{100 - 8} = 154.884\,\text{kg}$$

$$\text{용기수} = \frac{154.884}{60} = 2.5 \fallingdotseq 3\text{병}$$

∴ 3병

(나) $410 \times \frac{1}{4} = 102.5\,\text{MPa}$

$$250 \times \frac{2}{3} = 166.666\,\text{MPa}$$

$$SE = 102.5 \times 1.0 \times 1.2 = 123\,\text{MPa}$$

$$t = \frac{6.1 \times 406.4}{2 \times 123} + 1.5 = 11.57\,\text{mm}$$

∴ 스케줄 40

해설 (가) 할로겐화합물 소화약제

소화약제별 선형상수 S는

$$S = K_1 + K_2 t = 0.1825 + 0.0007 \times 20℃ = 0.1965\,\text{m}^3/\text{kg}$$

소화약제의 무게(소화약제량) W는

$$W=\frac{V}{S}\times\left(\frac{C}{100-C}\right)=\frac{100\,\mathrm{m}^2\times 3.5\,\mathrm{m}}{0.1965\,\mathrm{m}^3/\mathrm{kg}}\times\left(\frac{8\%}{100-8\%}\right)\fallingdotseq 154.88\,\mathrm{kg}$$

$$\text{용기수}=\frac{\text{소화약제량(kg)}}{\text{1병당 저장값(kg)}}=\frac{154.884\,\mathrm{kg}}{60\,\mathrm{kg}}=2.5\fallingdotseq 3\text{병}$$

(나) 관의 두께

$$t=\frac{PD}{2SE}+A$$

여기서, t : 관의 두께(mm)

P : 최대허용압력(MPa)

D : 배관의 바깥지름(mm)

SE : 최대허용응력(MPa) (배관재질 인장강도의 $\frac{1}{4}$값과 항복점의 $\frac{2}{3}$값 중 작은 값 × 배관이음효율 × 1.2)

> ※ 배관이음효율
> - 이음매 없는 배관 : 1.0
> - 전기저항 용접배관 : 0.85
> - 가열맞대기 용접배관 : 0.60

A : 나사이음, 홈이음 등의 허용값(mm) (헤드 설치부분 제외)

- 나사이음 : 나사의 높이
- 절단홈이음 : 홈의 깊이
- 용접이음 : 0

① 배관재질 인장강도의 $\frac{1}{4}$값 : $420\,\mathrm{MPa}\times\frac{1}{4}=102.5\,\mathrm{MPa}$

② 항복점의 $\frac{2}{3}$값 : $250\,\mathrm{MPa}\times\frac{2}{3}=166.666\,\mathrm{MPa}$

③ 최대허용응력 SE

$SE=$ 배관재질 인장강도의 $\frac{1}{4}$값과 항복점의 $\frac{2}{3}$값 중 작은 값 × 배관이음효율 × 1.2

$=102.5\,\mathrm{MPa}\times 1.0\times 1.2=123\,\mathrm{MPa}$

④ 최대허용압력

$t=\frac{PD}{2SE}+A$ 에서 관(배관)의 두께 t는

$$t=\frac{PD}{2SE}+A=\frac{6.1\,\mathrm{MPa}\times 406.4\,\mathrm{mm}}{2\times 123\,\mathrm{MPa}}+1.5\,\mathrm{mm}$$

$=11.57\,\mathrm{mm}$

호칭지름	바깥지름(mm)	배관두께(mm)					
		스케줄 10	스케줄 20	스케줄 30	스케줄 40	스케줄 60	스케줄 80
DN400	406.4	6.4	7.9	9.5	12.7	16.7	21.4

⑤ 최소스케줄번호는 40을 적용

17 할로겐화합물 및 불활성기체 소화약제 소화설비에 다음 조건과 같은 압력배관용 탄소강관(spps 420, sch 40)을 사용할 때 최대허용압력[MPa]을 구하시오.

[조건]
① 압력배관용 탄소강관(spps 420)의 인장강도는 420 MPa, 항복점은 250 MPa이다.
② 전기저항 용접이음에 따른 허용값[mm]은 무시한다.
③ 배관이음효율은 0.85로 한다.
④ 배관의 최대허용응력(SE)은 배관재질 인장강도 1/4값과 항복점의 2/3 중 작은 값(Q_t)을 기준으로 다음 식을 적용한다.
$SE = Q_t \times$ 배관이음효율 $\times 1.2$
⑤ 적용되는 배관의 바깥지름은 114.3 mm이고, 두께는 6.0 mm이다.
⑥ 헤드 설치부분은 제외한다.

정답 11.24 MPa

해설 $t = \frac{PD}{2SE} + A$

여기서, t : 관의 두께[mm]
P : 최대허용압력[MPa]
D : 배관의 바깥지름[mm]
SE : 최대허용응력[MPa]
(배관재질 인장강도의 $\frac{1}{4}$값과 항복점의 $\frac{2}{3}$값 중 작은 값 × 배관이음효율 × 1.2)

배관이음효율
· 이음매 없는 배관 : 1.0
· 전기저항 용접배관 : 0.85
· 가열맞대기 용접배관 : 0.60

A : 나사이음, 홈이음 등의 허용값[mm] (헤드설치부분은 제외한다)
· 나사이음 : 나사의 높이
· 절단홈이음 : 홈의 깊이
· 용접이음 : 0

(1) 배관재질 인장강도의 $\frac{1}{4}$값 $= 420\text{ MPa} \times \frac{1}{4} = 105\text{ MPa}$

(2) 항복점의 $\frac{2}{3}$값 $= 250\text{ MPa} \times \frac{2}{3} \fallingdotseq 166.67\text{ MPa}$

(3) 최대허용응력

SE = 배관재질 인장강도의 $\frac{1}{4}$값과 항복점의 $\frac{2}{3}$값 중 작은값 × 배관이음효율 × 1.2

$= 105\text{ MPa} \times 0.85 \times 1.2 = 107.1\text{ MPa}$

(4) 최대허용압력

$$P = \frac{2SEt}{D} = \frac{2 \times 107.1\text{ MPa} \times 6.0\text{ mm}}{114.3\text{ mm}} \fallingdotseq 11.24\text{ MPa}$$

18 바닥면적 150 m^2, 높이 3.5 m의 발전기실에 할로겐화합물 및 불활성기체 소화약제 소화설비를 설치하려고 한다. 다음 조건을 이용하여 물음에 답하시오.

[조건]
① 소화약제는 HCFC "Blend A"로 소화농도는 6.5%이다.
② 약제방출 시 온도는 20℃를 기준으로 한다.
③ 선형상수 : $K_1 = 0.2413$, $K_2 = 0.00088$
④ 저장용기는 내용적 68 L형 50 kg/병이다.
⑤ 방호대상물은 B급화재에 속한다.

(가) 최소필요약제량 및 필요용기수[병]를 계산하시오.
(나) 약제방출 후 방호구역 내 산소농도[%]를 계산하시오.
(다) 배관구경에 대한 구경 및 소화약제 방출시간을 10초 이내로 제한한 이유를 쓰시오.

정답 (가) ① 187.17 kg
② 4병
(나) 19.11%
(다) ① 배관구경에 대한 규정 : 해당 방호구역에 할로겐화물 소화약제가 10초(불활성가스소화약제는 A급 및 C급 2분, B급은 1분) 이내에 방호구역 각 부분에 최소설계 농도의 95% 이상 해당하는 약제량이 방출되도록 해야 한다.
② 소화약제 방출시간을 10초 이내로 제한한 이유
- 소화약제의 열분해생성물의 생성을 줄이기 위해
- 배관 내에서 액상과 기상의 균일한 흐름에 필요한 충분한 유속을 얻기 위해
- 방호구역 내의 공기와 확실한 혼합을 얻기 위해
- 화재의 신속한 소화를 위해

해설 (가) ① 최소필요약제량[kg]
방호공간의 체적[m^3] $= 150\,m^2 \times 3.5\,m = 525\,m^3$
약제선형상수[S] $= 0.2413 + (0.00088 \times 20) = 0.2589\,[m^3/kg]$
설계농도 : 체적에 따른 소화약제의 설계농도[%]는 소화농도[%]에 안전계수(A, C급화재 1.2, B급화재 1.3)를 곱한 값으로 할 것
설계농도 $= 6.5 \times 1.3 = 8.45\%$

$$약제량[W] = \frac{V}{S} \times \frac{C}{100-C} = \frac{525}{0.2589} \times \left(\frac{8.45}{100-8.45}\right)$$
$$= 187.1654\,[kg] = 187.17\,[kg]$$

② 필요용기수 : 187.7 [kg] ÷ 50 [kg/병] = 3.743병 = 4병

(나) ① 약제농도

$$W = \frac{V}{S} \times \frac{C}{100-C}$$
$$4 \times 50 = \frac{525}{0.2589} \times \frac{C}{100-C}$$
$$C = 8.98\%$$

② 산소농도

$$농도(\%) = \frac{21 - O_2}{21} \times 100$$

$$약제농도\ 8.98\% = \frac{21 - O_2}{21} \times 100$$

$$O_2 = 19.11\%$$

2.12 분말소화설비

1 개요

분말소화설비는 연소확대 위험이 크거나 열과 연기가 충만하여 소화기구로는 소화할 수 없는 방호대상물에 설치한다. 기동은 수동과 자동에 의한 작동이 가능하며 불연성가스의 압력을 이용하여 소화분말을 배관으로 압송시켜 분사헤드 또는 노즐을 통해 방호구역에 분말소화약제를 방출시키는 설비이다.

특히 급격히 확대되는 가연성 액체의 표면화재를 소화하는데 효과적일 뿐만 아니라 변전설비, 발전기 등 전기설비와 섬유나 종이화재에도 소화효과가 있다. 분말 소화약제의 유동성을 높여주기 위하여 입도가 작은 미분상태로 만들고 고압의 기체팽창을 이용하여 분말이 분산, 혼합되도록 하여 약제를 방출시킨다. 저장용기에 분말과 고압기체를 함께 충전시키는 축압식과 약제 저장용기를 별도로 설치하여 상호 연결시켜 두었다가 화재시 고압기체 용기의 기체가 분말용기 내로 들어가게 한 다음 방출되도록 하는 가스가압식이 있다.

이와 같이 액체의 수송 또는 이송에 사용되는 고압기체를 추진가스라 하며, 추진가스는 당연히 불연성가스이어야 하므로 주로 질소가스가 사용되나 이산화탄소도 사용한다.

탄산수소나트륨의 분말을 화원에 다량 방출하면, 먼저 분말이 연소면을 넓고 두껍게 덮음으로써 연소에 필요한 산소 차단으로 질식소화를 한다. 탄산수소나트륨의 경우는 화재시의 고열에 의해 가열분해되어 다량의 이산화탄소, 수증기를 발생하여 냉각효과를 발생함과 동시에 연소되는 것을 억제하는 억제효과로 소화를 하게 된다. 분말 소화약제의 종류는 탄산수소나트륨을 주성분으로 한 제1종 분말, 탄산수소칼륨을 주성분으로 한 제2종 분말, 인산염을 주성분으로 한 제3종 분말, 탄산수소칼륨과 요소가 화합된 제4종 분말약제가 사용된다.

표 2.54 분말 소화약제 종류

종별	주성분	적응화재	색상	비고
제1종 분말	탄산수소나트륨($NaHCO_3$)	B, C급 화재	백색	BC급 소형 소화기용
제2종 분말	탄산수소칼륨($KHCO_3$)	B, C급 화재	담자색	대형 소화기용
제3종 분말	인산염($NH_4 \cdot H_2PO_4$)	A, B, C급 화재	담홍색	ABC급 소화기용
제4종 분말	탄산수소칼륨과 요소가 화합된 분말 $[KHCO_3]+[CO(NH_2)_2]$	B, C급 화재	회색	국내 생산 안 됨

분말소화설비의 주요 구성요소는 약제저장용기, 정압작동장치, 압력조정기, 클리닝장치, 선택밸브, 분사헤드, 감지장치 등으로 구성되어 있다.

(1) 분말소화설비의 소화작용

① 질식소화

분말소화약제가 방출되면 분말이 가연물을 덮어 연소면을 차단하게 되고, 방출된 약제가 열분해될 때 발생하는 이산화탄소(CO_2)와 수증기(H_2O)가 산소의 공급을 차단하여 질식소화작용을 하게 된다.

② 냉각소화

분말소화약제는 방출 시 열분해되어 생성되는 반응식은 모두 흡열반응으로서 이로 인하여 연소면의 열을 빼앗게 되고 발생한 수증기(H_2O)의 증발로 냉각소화 작용을 하게 된다.

③ 억제(부촉매)효과

화염(불꽃)에 분말소화약제를 살포하면 약제가 열에 의해 분해되어 Na 원자, K 원자, NH_3^+ 등의 라디칼이 생성되며 이렇게 생성된 라디칼들이 연쇄반응을 일으키는 원인물질인 H^+나 OH^+와 같은 활성 라디칼(Free radical)과 화학적 반응을 하여 연쇄반응을 차단하는 부촉매 효과로 억제효과가 있다(Radical : 화학변화가 일어날 때 분해되지 않는 원자의 집단).

(2) 계통도

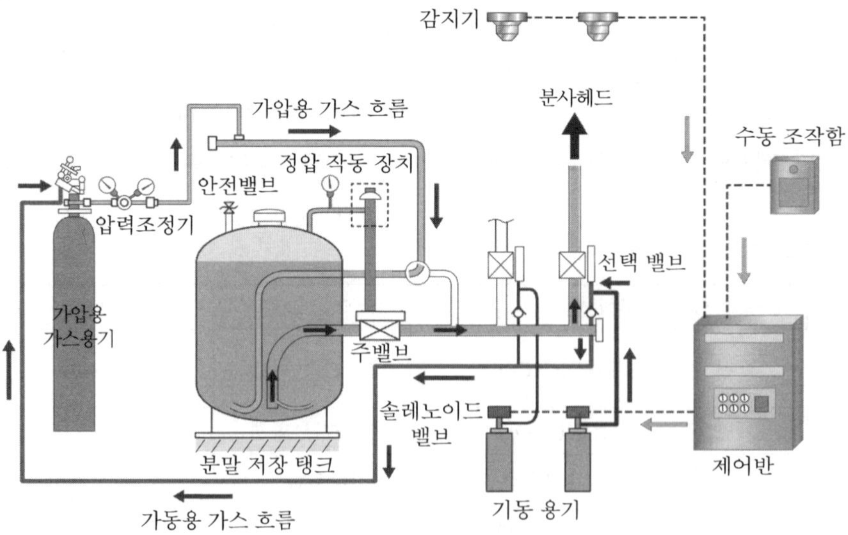

▮그림 2.168 분말소화설비 약제주변장치의 계통도

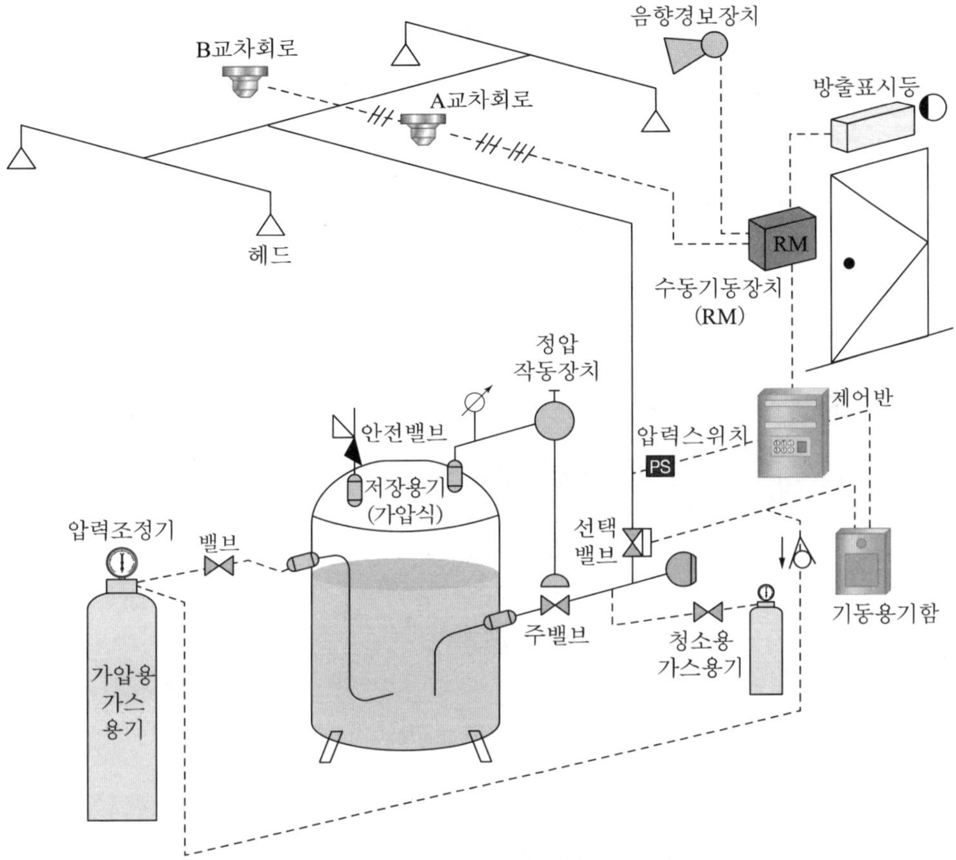

▮그림 2.169 분말소화설비의 계통도

(3) 작동원리

방호공간에 설치되어 있는 적응 감지기 동작에 의해 화재를 감지하면 감지기의 동작신호가 수신반에 통보와 동시에 음향장치의 작동으로 경보를 울리고 화세가 더욱 진전되면 교차회로에 의한 감지기 신호를 받아 솔레노이드 밸브의 작동으로 기동용기 내의 이산화탄산가스가 방출한다. 기동용기에서 방출된 가스에 의하여 가압용 질소용기밸브와 선택밸브를 개방시키며 가압용 가스인 질소가 압력조정기를 거쳐 분말약제 저장용기에 들어가 분말과 섞인 후 소정의 방출압력으로 조정되면 정압작동장치가 작동하여 분말약제 저장용기의 주밸브를 개방시킨 후 미리 개방된 선택밸브를 통하여 해당 방호구역으로 약제를 방출한다.

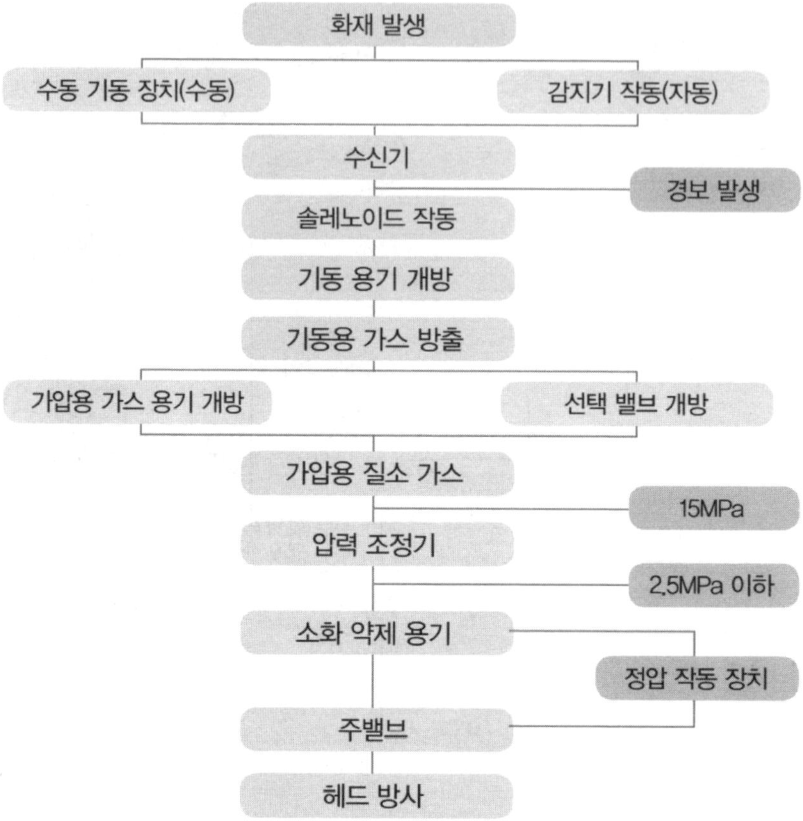

▮그림 2.170 분말소화설비의 작동체계

2 종류

(1) 방출방식에 의한 분류

① 전역방출방식

내화구조 또는 불연재로로 만든 벽, 기둥, 바닥, 천장, 지붕에 따라서 둘러싸이고 또 개구부에 자동폐쇄장치가 설치되어 있는 구획 내의 전공간을 방호대상으로 하는 것으로서 분사헤드에서 균일하게 소화분말을 방출하는 방식이다.

② 국소방출방식

방호대상물의 일부를 국부적으로 소화하려고 할 때 적용하는 방식으로서, 직접 연소면을 유효하게 커버할 수 있도록 분사헤드를 설치하여 소화분말을 방출하는 방식이다.

③ 호스릴방식

국소방출방식의 일종으로서 방호대상물의 규모에 상관없이 사용하며, 조작방식은 수동조작방식이고 설비방식은 이동방식과 반이동방식을 취하고 있다.

(2) 가압방식에 의한 분류

① 축압식

분말약제용기에 질소가스를 사전에 축압시켜 충전해 놓아 화재시 질소가스압력에 의하여 방출되는 것을 말한다.

② 가압식

분말약제용기와 가압용기가 따로 있어 화재시에는 고압의 가압용기 내 질소가스가 분말약제용기 내 약제를 밀어내어 방출하는 것을 말한다.

3 적용대상물

분말소화설비를 설치하여야 하는 특정소방대상물(가스설비 또는 지하구의 경우에는 제외한다)은 물분무등소화설비 규정에 준용한다.

4 소화약제 저장용기

(1) 설치장소

저장용기의 설치장소는 이산화탄소소화설비의 설치장소 기준과 같다.

(2) 저장용기 기준

① 저장용기의 내용적은 [표 2.55]에 의할 것

② 저장용기에는 가압식의 것에 있어서는 최고사용압력의 1.8배 이하, 축압식의 것에 있어서는 용기의 내압시험압력의 0.8배 이하의 압력에서 작동하는 안전밸브를 설치할 것

표 2.55 소화약제별 저장용기 내용적

소화약제의 종별	소화약제 1 kg당 저장용기의 내용적
탄산수소나트륨을 주성분으로 한 분말(제1종 분말)	0.80 L
탄산수소칼륨을 주성분으로 한 분말(제2종 분말)	1.00 L
인산염을 주성분으로 한 분말(제3종 분말)	1.00 L
탄산수소칼륨과 요소가 화합된 분말(제4종 분말)	1.25 L

③ 저장용기에는 저장용기의 내부압력이 설정압력이 되었을 때 주밸브를 개방하는 정압작동장치를 설치할 것

④ 저장용기의 충전비는 0.8 이상으로 할 것

⑤ 저장용기 및 배관에는 잔류 소화약제를 처리할 수 있는 청소장치를 설치할 것

⑥ 축압식의 분말소화설비는 사용압력의 범위를 표시한 지시압력계를 설치할 것

5 가압용 가스용기 및 조정장치

(1) 가압용 가스용기 설치기준

① 분말소화약제의 가스용기는 분말 소화약제의 저장용기에 접속하여 설치해야 한다.

② 분말 소화약제의 가압용 가스용기를 3병 이상 설치한 경우에 있어서는 2개 이상의 용기에 전자 개방밸브를 부착해야 한다.

③ 분말 소화약제의 가압용 가스용기에는 2.5 MPa 이하의 압력에서 조정이 가능한 압력조정기를 설치해야 한다.

(2) 가압용 또는 축압용 가스 설치기준

① 가압용 또는 축압용 가스는 질소가스 또는 이산화탄소로 할 것

② 가압용 가스에 질소가스를 사용하는 것에 있어서는 질소가스는 소화약제 1 kg마다 40 L (35℃에서 0.1 MPa의 압력상태에서 환산한 것) 이상, 이산화탄소를 사용하는 것에 있어서의 이산화탄소는 소화약제 1 kg에 대하여 20 g에 배관의 청소에 필요한 양을 가산한 양 이상으로 할 것

③ 축압용 가스에 질소가스를 사용하는 것에 있어서의 질소가스는 소화약제 1 kg에 대하여 10 L (35℃에서 0.1 MPa의 압력상태로 환산한 것) 이상, 이산화탄소를 사용하는 것에

있어서의 이산화탄소는 소화약제 1 kg에 대하여 20 g에 배관의 청소에 필요한 양을 가산한 양 이상으로 할 것

④ 배관의 청소에 필요한 양의 가스는 별도의 용기에 저장할 것

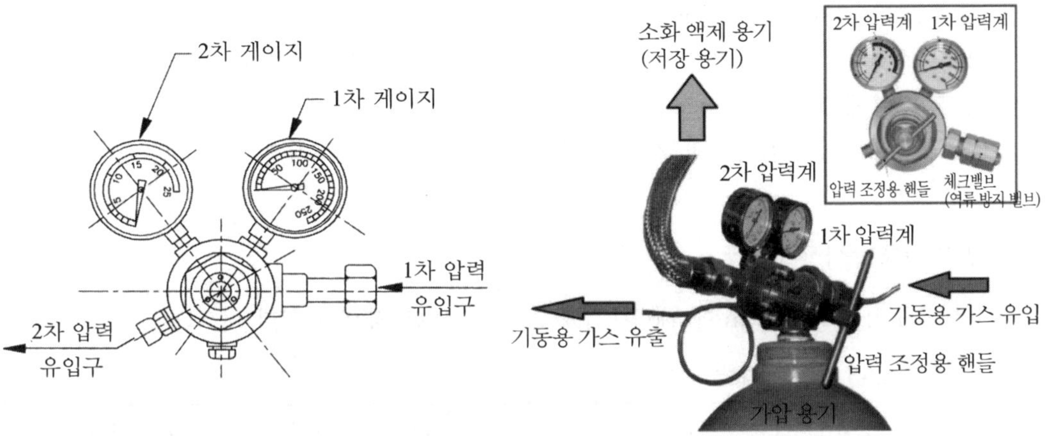

그림 2.171 가압용기에 설치된 압력조정장치의 예

(3) 압력조정장치

① 가압용의 질소가스는 용기 내 15 MPa의 고압으로 충전되어 있으므로 이를 2.5 MPa 이하로 감압하여 약제탱크에 보내기 위한 것으로 약제탱크의 내압이 낮을 때에는 질소가스를 공급하고 소정의 압력이 되면 공급을 정지한다.

② 1차는 15 MPa, 2차는 2.5 MPa용으로 사용하며, 질소 가압용기 1병마다 1개씩 설치한다.

(4) 정압작동장치

정압작동장치는 소화약제 저장용기와 방출 주밸브 사이에 있는 장치이다. 가압식 분말소화설비에서 소화약제 저장용기 내의 소화약제를 헤드로 방출하기 위해서는 소화약제 저장용기 내에 가압용가스(질소)가 들어와 적정한 방출압력이 되어야 배관 및 헤드로 분말 약제를 원활히 방출할 수 있다.

가압용가스가 저장용기 내에 들어가 적정 방출압력이 될 때까지 주 밸브를 폐쇄하고 있다가 가압용가스가 소화약제를 유동화하여 설정치의 방출압력이 되었을 때(통상 소요시간 10~20초) 주밸브를 개방하는 장치를 정압작동장치라 한다.

6 소화약제 저장량

분말 소화약제는 제1종 분말 · 제2종 분말 · 제3종 분말 또는 제4종 분말로 해야 한다. 다만, 차고 또는 주차장에 설치하는 소화약제는 제3종 분말로 해야 한다.

분말 소화약제의 저장량은 방출방식의 기준에 따라야 한다. 이 경우 동일한 특정소방대상물 및 그 부분에 2 이상의 방호구역 또는 방호대상물이 있는 경우에는 각 방호구역 또는 방호대상물에 대하여 방출방식의 기준에 의해 산출한 저장량 중 최대의 것으로 한다.

(1) 전역방출방식

① 방호구역의 체적 1 m^3에 대하여 [표 2.56]에 의한 양으로 한다.

표 2.56 소화약제별 약제량

소화약제의 종별	방호구역의 체적 1 m^3에 대한 소화약제의 양
제1종 분말	0.60 kg
제2종 분말 또는 제3종 분말	0.36 kg
제4종 분말	0.24 kg

② 방호구역의 개구부에 자동폐쇄장치를 설치하지 아니한 경우에는 ①에 의하여 산출한 양에 [표 2.57]에 의하여 산출한 양을 가산한 양으로 한다.

표 2.57 소화약제별 가산량

소화약제의 종별	가산량(개구부의 면적 1 m^2에 대한 소화약제의 양)
제1종 분말	4.5 kg
제2종 분말 또는 제3종 분말	2.7 kg
제4종 분말	1.8 kg

전역방출 소화약제량 = 방호구역체적 × 1 m^3 약제량 + 개구부가산량

(2) 국소방출방식

다음 기준에 의하여 산출한 양에 1.1을 곱하여 얻은 양 이상으로 해야 한다.

$$Q = X - Y\frac{a}{A}$$

여기서, Q : 방호공간에 1 m^3에 대한 분말 소화약제의 양(kg/m^3)

a : 방호대상물의 주변에 설치된 벽면적의 합계(m^2)

A : 방호공간의 벽면적(벽이 없는 경우에는 벽이 있는 것으로 가정한 해당 부분의 면적)의 합계(m^2)

▮표 2.58 X, Y 의 수치

소화약제의 종별	X의 수치	Y의 수치
제1종 분말	5.2	3.9
제2종 분말 또는 제3종 분말	3.2	2.4
제4종 분말	2.0	1.5

국소방출 소화약제량 = 방호공간체적 × Q × 1.1

(3) 호스릴방식

호스릴 분말소화설비에 있어서는 하나의 노즐에 대하여 [표 2.59]에 의한 양 이상으로 한다.

▮표 2.59 호스릴 약제량

소화약제의 종별	소화약제의 양
제1종 분말	50 kg
제2종 분말 또는 제3종 분말	30 kg
제4종 분말	20 kg

호스릴 소화약제량 = 노즐수 × 소화약제

7 배관

(1) 배관 설치기준

① 배관은 전용으로 할 것

② 강관을 사용하는 경우의 배관은 아연도금에 의한 KSD 3507이나 이와 동등 이상의 강도·내식성 및 내열성을 가진 것으로 할 것. 다만, 축압식 분말소화설비에 사용하는 것 중 20℃에서 압력이 2.5 MPa 이상 4.2 MPa 이하인 것은 압력배관용탄소강관(KSD 3562) 중 이음이 없는 스케줄 40 이상의 것 또는 이와 동등 이상의 강도를 가진 것으로서 아연 도금으로 방식처리된 것을 사용해야 한다.

③ 동관을 사용하는 경우의 배관은 고정압력 또는 최고사용압력의 1.5배 이상의 압력에 견

딜 수 있는 것을 사용할 것

④ 밸브류는 개폐위치 또는 개폐방향을 표시한 것으로 할 것

⑤ 배관의 관부속 및 밸브류는 배관과 동등 이상의 강도 및 내식성이 있는 것으로 할 것

⑥ 분기배관을 사용하는 경우에는 소방청장이 정하여 고시한 기술기준에 적합한 것으로 설치한다.

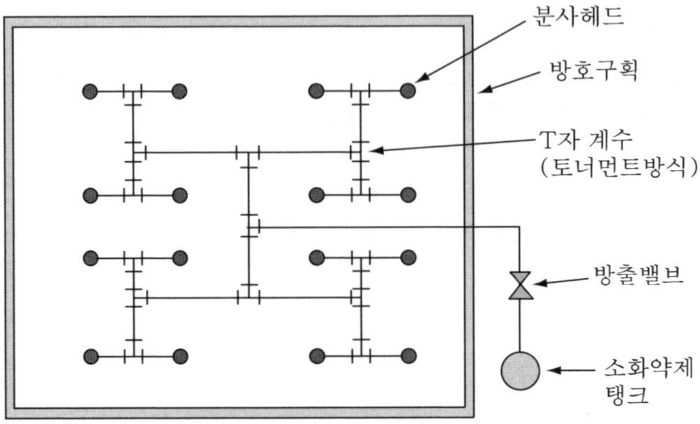

▮그림 2.172 토너먼트 배관의 설치 예

(2) 배관 설계기준

배관 내 유량에 따른 적정 관경을 선정해야 한다. 관경이 너무 작으면 마찰손실이 증가하며, 관경이 너무 크면 분말의 유속저하 때문에 가압용 가스와 분말이 완전히 혼합되지 못하고 가스와 분말이 분리하여 흐르게 된다.

① 가스와 분말의 분리를 방지하기 위하여 배관의 최소 굵기는 20 mm 이상으로 한다.

② 배관을 분기하는 경우 관경의 20배 이상 간격을 두고 분기한다.
분말이 엘보를 통하는 순간 외측부분이 밀도가 낮으며, 이 밀도의 불균일은 대략 관경의 20배 정도에서 균일하게 된다.

③ Tee를 사용하여 분기시에는 2방향은 대칭이 되도록 하여 배관 단면적의 합계가 일정하도록 한다.

④ 분사헤드를 설치한 가지배관에 이르는 배관의 분기는 토너먼트방식으로 한다.

⑤ 낙차는 50 m 이하로 제한한다.

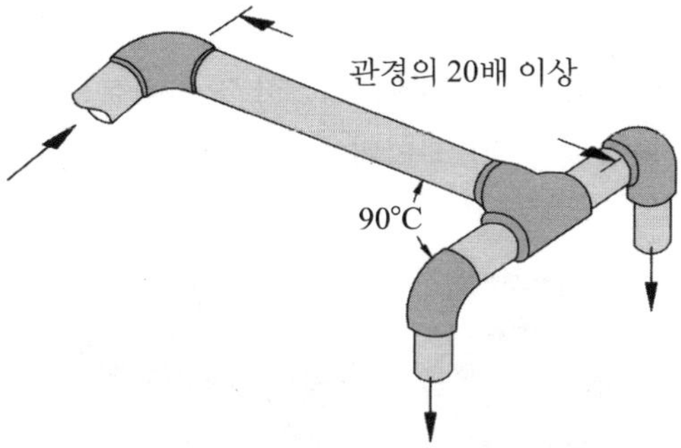

▮그림 2.173 관경의 분기

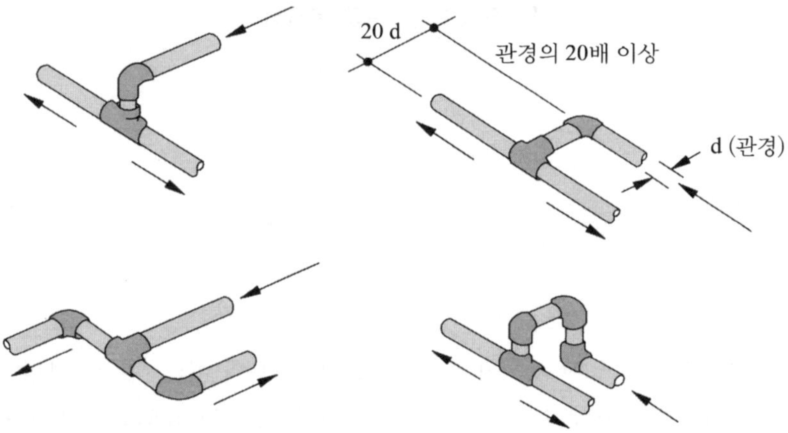

▮그림 2.174 토너먼트 배관 사용법

8 분사헤드

분사헤드는 내식성 재료로 만들어지며 방출방식, 특정소방대상물에 따라 헤드를 선정하여 사용한다.

(1) 전역방출방식

① 방출된 소화약제가 방호구역의 전역에 균일하고 신속하게 확산할 수 있게 한다.

② 약제저장기준에 의하여 산출된 분말 소화약제의 저장량을 30초 이내에 방출할 수 있어야 한다.

(2) 국소방출방식

① 소화약제의 방출에 의하여 가연물이 비산하지 아니하는 장소에 설치한다.
② 기준 저장량의 소화약제를 30초 이내에 방출할 수 있는 것으로 한다.

▮그림 2.175 분말 분사헤드

9 호스릴방식

(1) 설치장소

화재 시 현저하게 연기가 찰 우려가 없는 장소로서 다음의 어느 하나에 해당하는 장소에는 호스릴분말소화설비를 설치할 수 있다. 다만, 차고 또는 주차의 용도로 사용되는 장소는 제외한다.

① 지상 1층 및 피난층에 있는 부분으로서 지상에서 수동 또는 원격조작에 따라 개방할 수 있는 개구부의 유효면적의 합계가 바닥면적의 15% 이상이 되는 부분
② 전기설비가 설치되어 있는 부분 또는 다량의 화기를 사용하는 부분(해당 설비의 주위 5 m 이내의 부분을 포함한다)의 바닥면적이 해당 설비가 설치되어 있는 구획의 바닥면적의 5분의 1 미만이 되는 부분

(2) 설치기준

① 방호대상물의 각 부분으로부터 하나의 호스접결구까지의 수평거리가 15 m 이하가 되도록 할 것
② 소화약제 저장용기의 개방밸브는 호스릴 설치장소에서 수동으로 개폐할 수 있는 것으로 할 것
③ 소화약제의 저장용기는 호스릴을 설치하는 장소마다 설치할 것

④ 노즐은 하나의 노즐마다 1분당 [표 2.60]에 따른 소화약제를 방출할 수 있도록 할 것

표 2.60 약제별 분당 방출량

소화약제의 종별	1분당 방출하는 소화약제의 양
제1종 분말	45 kg
제2종 분말 또는 제3종 분말	27 kg
제4종 분말	18 kg

⑤ 저장용기의 가장 가까운 보기 쉬운 곳에 적색의 표시등을 설치하고, 이동식 분말소화설비가 있다는 뜻을 표시한 표지를 설치할 것

10 배관 클리닝장치

분말소화설비는 소화 후에 소화약제의 저장탱크 안에 가압용 가스가 남게 되므로 남아 있는 가스를 배출하기 위한 배출장치와 배관 내에 잔류되어 있는 분말 소화약제를 배출하기 위한 클리닝장치를 설치해야 한다. 그 이유는 분말약제를 그대로 방치하면, 배관 안의 흡습으로 굳어져 배관을 막아 재사용 시에 사용 불능 또는 기능저하로 인하여 소화설비로서의 효능을 상실하게 되므로 주의해야 한다. 작동방출 및 잔압방출, 클리닝에 관한 밸브 조작은 [그림 2.176]과 같다.

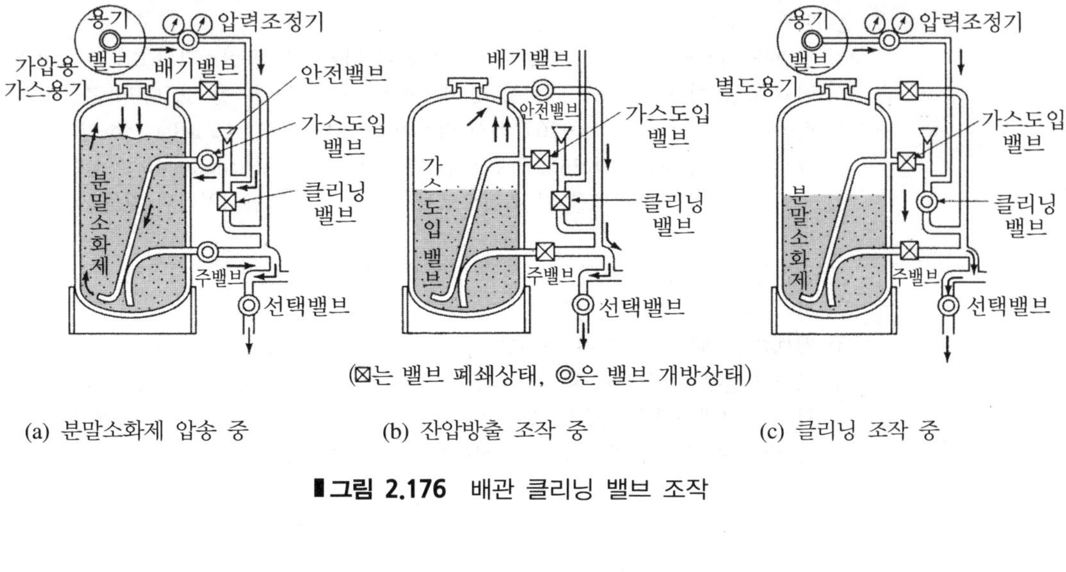

(⊠는 밸브 폐쇄상태, ◎은 밸브 개방상태)

(a) 분말소화제 압송 중 (b) 잔압방출 조작 중 (c) 클리닝 조작 중

그림 2.176 배관 클리닝 밸브 조작

출제 및 예상문제

01 분말소화설비에서 사용되는 소화약제의 종류를 쓰고 약제의 주성분을 기술하시오. (단, 종별로 구분하시오.

정답

종 류	주성분
① 제1종 소화분말	$NaHCO_3$ (탄산수소나트륨)
② 제2종 소화분말	$KHCO_3$ (탄산수소칼륨)
③ 제3종 소화분말	$NH_4H_2PO_4$ (제1인산암모늄)
④ 제4종 소화분말	$(NH_2)_2CO + KHCO_3$ (요소 + 탄산수소칼륨)

02 주차장에 전역방출방식으로 분말소화설비를 설치하고자 할 때 사용해야 하는 소화약제의 종류는 무엇인가?

정답 제3종 분말

해설 화재적응성

① 제1종 분말 : 식용유 및 지방질유의 화재에 적합

② 제3종 분말 : 차고, 주차장에 적합

03 분말소화설비의 배관 설치기준 5가지를 쓰시오.

정답 ① 배관은 전용으로 할 것

② 강관을 사용하는 경우의 배관은 아연도금에 따른 배관용탄소강관(KS D 3507)이나 이와 동등 이상의 강도 · 내식성 및 내열성을 가진 것으로 할 것. 다만, 축압식분말소화설비에 사용하는 것 중 20℃에서 압력이 2.5 MPa 이상 4.2 MPa 이하인 것은 압력배관용탄소강관(KS D 3562) 중 이음이 없는 스케줄(schedule) 40 이상인 것 또는 이와 동등 이상의 강도를 가진 것으로서 아연도금으로 방식처리된 것을 사용해야 한다.

③ 동관을 사용하는 경우의 배관은 고정압력 또는 최고사용압력의 1.5배 이상의 압력에 견딜 수 있는 것을 사용할 것

④ 밸브류는 개폐위치 또는 개폐방향을 표시한 것으로 할 것

⑤ 배관의 관부속 및 밸브류는 배관과 동등 이상의 강도 및 내식성이 있는 것으로 할 것

⑥ 확관형 분기배관을 사용할 경우에는 소방청장이 정하여 고시한 「분기배관의 성능인증 및 제품검사의 기술기준」에 적합한 것으로 설치한다.

04 분말소화설비에서 클리닝 장치를 설치하는 이유를 기술하시오.

정답 소화약제의 방출 후 송출배관 내에 잔존하는 분말약제를 배출시키기 위해서이다.

해설 클리닝 장치(청소장치)

소화약제의 방출 후 송출배관 내에 잔존하는 분말약제를 배출시켜 배관 내에 남아있는 약제가 수분을 흡수하여 굳어지는 것을 방지한다.

05 분말소화설비의 배관에 대한 다음 각 물음에 답하시오.

(가) 저장용기 등에서 배관의 굴절부까지의 거리는 배관 내경의 몇 배 이상으로 하여야 하는가?

(나) 주밸브에서 헤드까지의 배관 분기방식은?

정답 (가) 20배 이상

(나) 토너먼트 방식

06 분말소화설비의 화재발생에서부터 소화까지의 동작순서를 쓰시오.

정답 ① 화재 발생으로 화재감지기가 자동으로 작동되어 제어반에 화재신호를 보낸다. (수동일 경우 수동조작함의 누름스위치를 눌러 제어반으로 화재신호를 보냄)

② 제어반에서 개구부 폐쇄 및 경보를 발령하고 기동장치를 작동시킨다.

③ 기동장치 작동으로 기동용 가스가 선택밸브 및 가압용 용기밸브를 개방한다.

④ 가압용 가스가 압력조정기를 통하여 분말 저장용기에 유입되어 약제 유동화 및 가압한다.

⑤ 분말 저장용기의 압력 증가로 정압작동장치가 작동된다.

⑥ 주밸브를 개방시킨다.

⑦ 분말 소화약제가 배관 및 분사 헤드를 통하여 방출되어 소화한다.

07 분말소화설비의 'knock down 효과'에 대하여 설명하시오.

정답 분말 소화약제의 미세한 분말가루가 화염을 포위하고 가연물 표면에 흡착되는데, 이때 미세한 분말가루에 의한 자유 활성기의 흡착으로 부촉매작용에 의한 연쇄반응이 억제되어 순식간에 화염이 꺼지게 되는 것을 말한다. 일반적으로 분말약제 개시 후 10~20초 이내에 소화하며, 30초 경과 후에는 소화가 불가능한 상태로 만든다.

08 분말소화설비 배관시 배관방법을 토너먼트 방식으로 하는 이유를 간단히 설명하시오.

정답 각 분말 헤드에서 분말의 방출압력과 방출량을 일정하게 유지하기 위해서이다.

09 분말소화설비에서 배관을 분기하는 경우 분말용기 쪽에 있는 굴절부로부터 관지름의 20배 이상의 거리를 두고 분기하는 이유는 무엇인지 쓰시오.

정답 배관 내에서 가압가스와 분말약제가 분리되거나 분말약제가 정체하는 것을 방지하기 위해서이다.

10 하나의 소방대상물 또는 그 부분에 2개 이상의 방호구역 또는 방호대상물이 있는 경우의 분말소화설비 선택밸브의 설치 기준을 쓰시오.

정답 ① 방호구역 또는 방호대상물마다 설치할 것
② 각 선택밸브에는 그 담당방호구역 또는 방호대상물을 표시할 것

11 다음은 분말 소화설비에 관한 물음이다. 빈 칸에 알맞은 답을 쓰시오.

<table>
<tr><th colspan="2">소화약제 주성분</th><th colspan="3">기타 사항</th></tr>
<tr><td>제1종 분말</td><td>①</td><td rowspan="2">안전밸브 작동압력</td><td>가압식</td><td>⑤</td></tr>
<tr><td>제2종 분말</td><td>②</td><td>축압식</td><td>⑥</td></tr>
<tr><td>제3종 분말</td><td>③</td><td>제3종 저장용기 충전비</td><td colspan="2">⑦</td></tr>
<tr><td>제4종 분말</td><td>④</td><td>가압용 가스용기를 3병 이상
설치한 경우의 전자개방밸브수</td><td colspan="2">⑧</td></tr>
</table>

정답 ① 탄산수소나트륨
② 탄산수소칼륨
③ 인삼염
④ 탄산수소칼륨과 요소
⑤ 최고사용압력의 1.8배 이하
⑥ 내압시험압력의 0.8배 이하
⑦ 1 이상
⑧ 2개 이상

12 분말소화설비에서 분말약제 저장용기와 연결 설치되는 정압작동장치에 대한 다음 각 물음에 답하시오. (2023년 출제)

(가) 정압작동장치의 설치목적이 무엇인지 쓰시오.
(나) 정압작동장치의 종류 중 압력스위치 방식에 대해 설명하시오.

정답 (가) 저장용기의 내부압력이 설정압력이 되었을 때 주밸브를 개방시키는 장치
(나) 가압용 가스가 저장용기 내에 가압되어 압력스위치가 동작되면 솔레노이드밸브가 동작되어 주밸브를 개방시키는 방식

해설 (나) 정압작동장치의 종류

종류	설 명
봉판식	저장용기에 가압용 가스가 충전되어 밸브의 봉판이 작동압력에 도달되면 밸브의 봉판이 개방되면서 주밸브 개방장치로 가스의 압력을 공급하여 주밸브를 개방시키는 방식 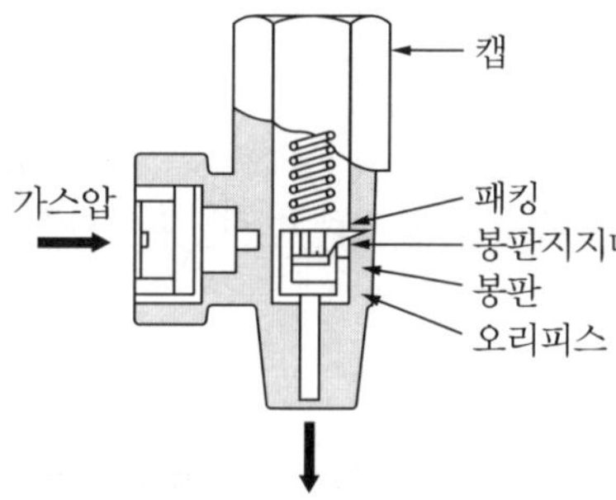
기계식	저장용기 내의 압력이 작동압력에 도달되면 밸브가 작동되어 정압작동레버가 이동하면서 주밸브를 개방시키는 방식 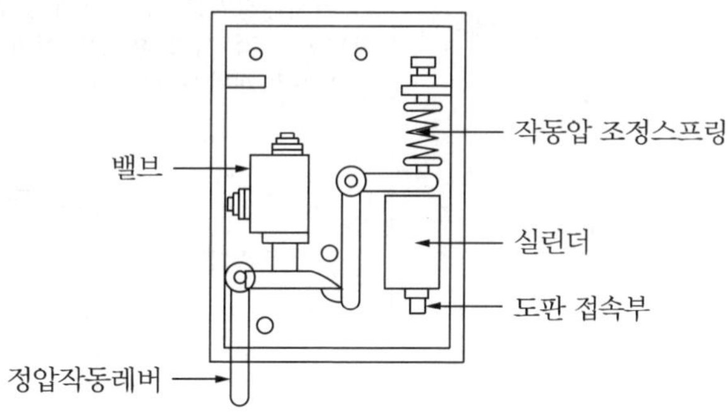

스프링식	저장용기 내의 압력이 가압용 가스의 압력에 의하여 충압되어 작동압력 이상에 도달되면 스프링이 상부로 밀려 밸브캡이 열리면서 주밸브를 개방시키는 방식 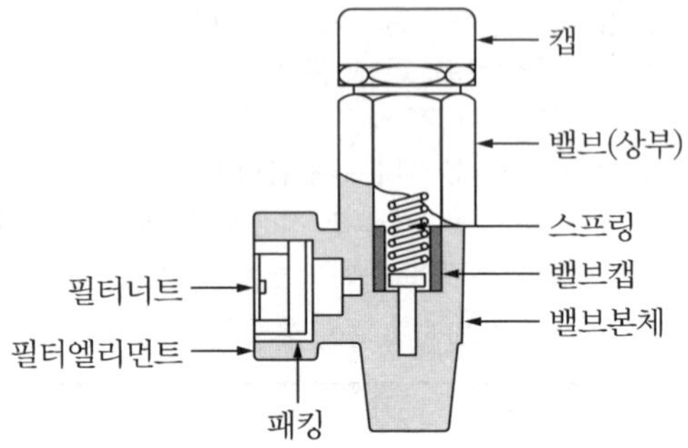
압력스위치식	가압용 가스가 저장용기 내에 가압되어 압력스위치가 동작되면 솔레노이드밸브가 동작되어 주밸브를 개방시키는 방식 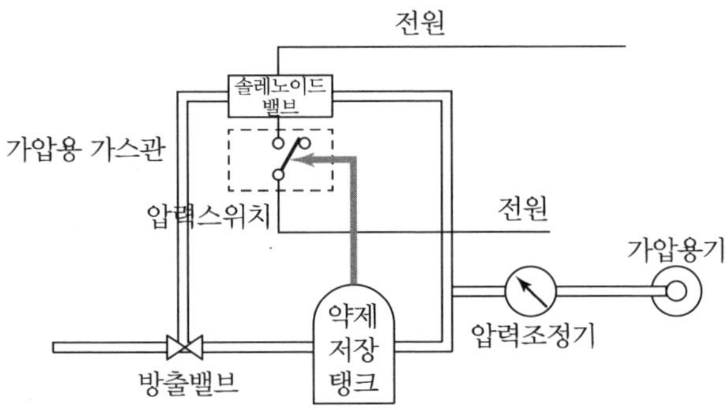
시한릴레이식	저장용기의 내압이 방출에 필요한 압력에 도달되는 시간을 미리 결정하여 한시계전기를 이 시간에 맞추어 놓고 기동과 동시에 한시계전기가 동작되면 일정 시한 후 릴레이의 접점에 의해 솔레노이드밸브가 동작되어 주밸브를 개방시키는 방식 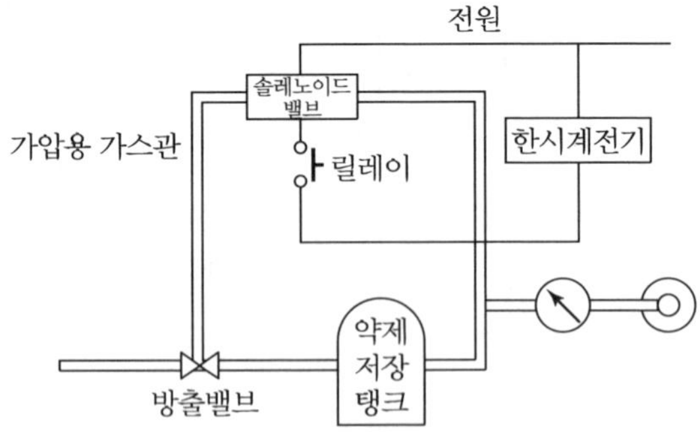

13 분말소화설비의 화재안전기술기준에 따른 분말소화약제 저장용기에 대한 설치기준이다. 주어진 보기에서 골라 빈칸에 알맞은 말을 넣으시오. (2023년 출제)

[보기]
방호구역 내, 방호구역 외, 1, 2, 3, 4, 5, 10, 20, 30, 40, 50, 게이트, 글로브, 체크밸브

- (①)의 장소에 설치할 것. 다만, (②)에 설치할 경우에는 피난 및 조작이 용이하도록 피난구 부근에 설치해야 한다.
- 온도가 (③)℃ 이하이고, 온도변화가 작은 곳에 설치할 것
- 용기 간의 간격은 점검에 지장이 없도록 (④) cm 이상의 간격을 유지할 것
- 저장용기와 집합관을 연결하는 연결배관에는 (⑤)를 설치할 것. 다만, 저장용기가 하나의 방호구역만을 담당하는 경우에는 그렇지 않다.

정답 ① 방호구역 외 ② 방호구역 내
③ 40 ④ 3
⑤ 체크밸브

해설 분말소화설비의 저장용기 적합장소 설치기준
(1) 방호구역 외의 장소에 설치할 것(단, 방호구역 내에 설치할 경우에는 피난 및 조작이 용이하도록 피난구 부근에 설치)
(2) 온도가 40℃ 이하이고, 온도변화가 작은 곳에 설치할 것
(3) 직사광선 및 빗물이 침투할 우려가 없는 곳에 설치할 것
(4) 방화문으로 방화구획 된 실에 설치할 것
(5) 용기의 설치장소에는 해당 용기가 설치된 곳임을 표시하는 표지를 할 것
(6) 용기 간의 간격은 점검에 지장이 없도록 3 cm 이상의 간격을 유지할 것
(7) 저장용기와 집합관을 연결하는 연결배관에는 체크밸브를 설치할 것(단, 저장용기가 하나의 방호구역만을 담당하는 경우는 제외)

14 가압용 가스용기에 대한 다음 물음에 답하시오.

(가) 가압용 가스용기의 기능을 쓰시오.
(나) 3본 이상의 가압용 가스용기 설치시 전자개방밸브는 몇 본 이상 설치하는가?
(다) 가압용 가스용기에 설치된 압력조정기의 압력조정 범위는 얼마인가?
(라) 압력조정기의 기능과 1차 게이지와 2차 게이지의 압력표시 범위를 쓰시오.

정답 (가) 분말약제 저장용기에 유입되면 약제와 혼합하면서 저장용기 내의 약제를 일정압력으로 방출시키는 역할을 한다.
(나) 2본 이상
(다) 2.5 MPa 이하
(라) ① 기능 : 가압용 가스를 2.5 MPa 이하로 감압하여 저장용기 내부로 들여보내는 기능
② 압력표시 범위 : 1차 압력계 15 MPa, 2차 압력계 2.5 MPa

15 다음 그림을 보고 그 작동상태를 쓰시오.(⊠ : 밸브폐쇄상태 ◎ : 밸브개방상태)

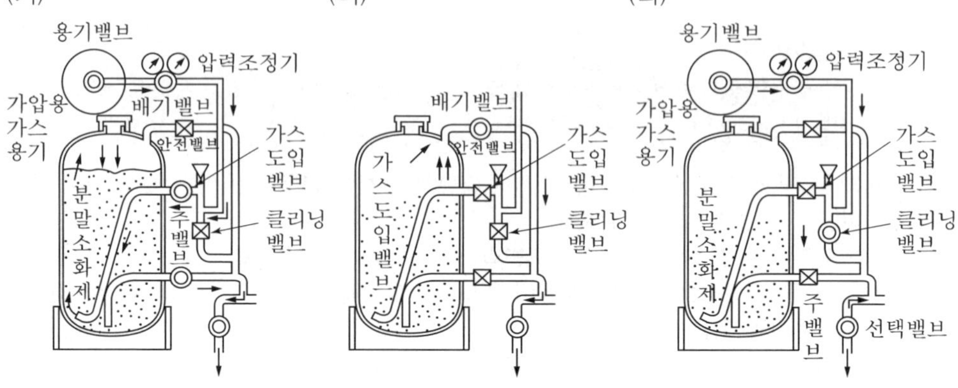

정답 (가) 분말약제 압송 중
(나) 잔압방출 조작 중
(다) 청소 조작 중

16 그림은 분말소화설비의 계통도이다. 각 번호에 대한 명칭과 기능을 설명하시오.

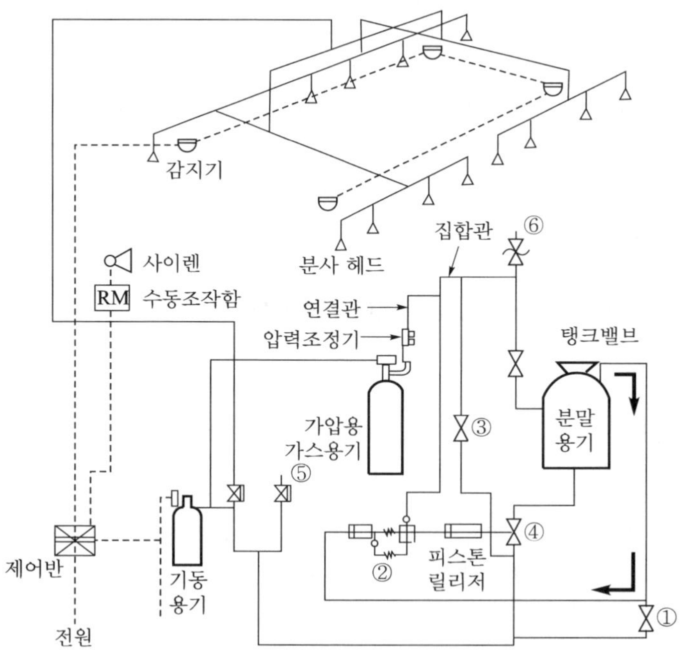

정답 ① 배기밸브 : 약제방출 후 저장용기 내의 잔압을 배출시키기 위한 밸브
② 정압작동장치 : 저장용기의 내부압력이 설정압력이 되었을 때 주밸브를 개방시키기 위한 장치
③ 청소밸브 : 소화약제의 방출 후 송출배관 내에 잔존하는 분말약제를 배출시키기 위한 밸브
④ 주밸브 : 가압된 분말약제를 방호구역으로 송출하기 위한 밸브
⑤ 선택밸브 : 방호구역이 여러 개로 구성될 때 해당 방호구역에 선택적으로 소화약제를 방출하기 위한 밸브
⑥ 안전밸브 : 분말용기에 과도한 압력이 걸렸을 때 과압을 방출시켜 주기 위한 밸브

17 제1, 2, 3, 4종 소화약제를 각각 300 kg씩 저장할 때 저장용기의 내용적은 몇 [L] 이상이 되어야 하는가?

정답 ① 제1종 분말 : 300 kg × 0.8 L/kg = 240 L
② 제2종 분말 : 300 kg × 1.0 L/kg = 300 L
③ 제3종 분말 : 300 kg × 1.0 L/kg = 300 L
④ 제4종 분말 : 300 kg × 1.25 L/kg = 375 L

해설

약제 종별	충전비(L/kg)
제1종 분말	0.8
제2, 3종 분말	1.0
제4종 분말	1.25

18 호스릴 분말소화설비로 제1종 소화분말 노즐 3개가 설치되어 있다. 약제 저장량은 얼마 이상인가?

정답 150 kg 이상

해설

노즐 1개당	약제 저장량(kg)
제1종	50
제2·3종	30
제4종	20

19 위험물을 저장하는 옥내저장소에 전역방출방식의 분말소화설비를 설치하고자 한다. 방호대상이 되는 옥내저장소의 용적은 3000 m^3이며, 자동폐쇄장치가 설치되지 않은 개구부의 면적은 20 m^2이다. 제2종 분말약제 소요량을 구하시오. (단 ① 방호구역의 체적 1 m^3에 대한 소화약제의 양은 0.36 kg으로 계산, ② 개구부의 면적 1 m^2에 대한 소화약제의 가스량은 2.7 kg으로 계산)

정답 1134 kg

해설 분말저장량[kg]

$$= \text{방호구역제적}[m^3] \times \text{약제량}[kg/m^3] + \text{개구부면적}[m^2] \times \text{개구부가산량}[kg/m^2]$$

$$= 3000\ m^3 \times 0.36\ kg/m^3 + 20\ m^2 \times 2.7\ kg/m^2 = 1134\ kg$$

20 분말소화설비의 전역방출방식에 있어서 방호구역의 체적인 400 m^3일 때 설치되는 최소분사헤드 수는 몇 개인가? (단, 분말은 제3종이며, 분사헤드 1개의 방출량은 10 kg/min이다)

정답 29개

해설 분말저장량[kg] = 방호구역체적[m^3] × 약제량[kg/m^3]

$$= 400\ m^3 \times 0.36\ kg/m^3 = 144\ kg$$

$$\text{헤드개수} = \frac{\text{소화약제량}[kg]}{\text{방출률}[kg/s] \times \text{방사시간}[s]}$$

$$= \frac{144\ kg}{10\ kg/min \times 0.5\ min} = 28.8 = 29\text{개}$$

21 다음은 분말소화설비에 관한 내용이다. 각 물음에 답하시오.

(가) 차고 또는 주차장에 설치하는 경우 ① 약제의 종별, ② 약제의 화학식, ③ 약제의 색상을 쓰시오.

(나) 주차장의 체적이 300 m^3이고 전역방출방식으로 분말소화설비를 설계하고자 하는 경우 필요한 약제량[kg]을 계산하시오(단, 개구부 면적은 10 m^2이고 자동폐쇄장치는 없다).

(다) 제3종 분말약제의 열분해 반응식을 쓰시오.

정답 (가) ① 제3종 분말

② $NH_4H_2PO_4$

③ 담홍색

(나) $\text{약제량} = (300m^3 \times 0.36\,kg/m^3) + (10\,m^2 \times 2.7\,kg/m^2) = 135\,kg$

(다) $NH_4H_2PO_4 \rightarrow HPO_3 + NH_3 + H_2O$

22 다음 조건에 따른 사무용 건축물에 제3종 분말소화설비를 전역방출방식으로 설치하고자 할 때 다음을 구하시오. (2024년 출제)

[조건]
① 건물크기는 길이 10m, 폭 20m, 높이 4m이고 개구부는 없는 기준이다.
② 방사헤드의 방출률은 20 kg/(min · 개)이다.
③ 소화약제 산정 및 기타사항은 화재안전기술기준에 따라 산정한다.

(가) 필요한 분말소화약제 최소 소요량(kg)을 구하시오.
(나) 설치에 필요한 방사헤드의 최소 개수를 구하시오.
(다) 가압용 가스(질소)의 최소 필요량(L) (35℃/1기압 환산리터)을 구하시오(단, 배관의 청소에 필요한 양은 제외한다).

정답 (가) 288 kg
(나) 29개
(다) 11520 L

해설 (가) 분말저장량(kg) = 방호구역체적(m^3) × 약제량(kg/m^3)
= (10m×20m×4m) × 0.36 kg/m^3 = 288 kg

자동폐쇄장치가 설치되어 있지 않은 경우	자동폐쇄장치가 설치되어 있는 경우 (개구부가 없는 경우)
분말저장량(kg) = 방호구역체적(m^3)×약제량(kg/m^3) + 개구부면적(m^2)×개구부가산량(kg/m^2)	분말저장량(kg) = 방호구역체적(m^3)×약제량(kg/m^3)

전역방출방식의 약제량 및 개구부가산량

약제종별	약제량	개구부가산량 (자동폐쇄장치미설치시)
제1종 분말	0.6 kg/m^3	4.5 kg/m^2
제2, 3종 분말	0.36 kg/m^3	2.7 kg/m^2
제4종 분말	0.24 kg/m^3	1.8 kg/m^2

(나) $$\text{헤드개수} = \frac{\text{소화약제량(kg)}}{\text{방출률(kg/min)} \times \text{방사시간(min)}} = \frac{288\,\text{kg}}{20\,\text{kg/(min · 개)} \times 0.5\,\text{min}}$$
$= 28.8 \fallingdotseq 29$개

방사시간이 주어지지 않았으므로 분말소화설비는 30초 적용

(다) 가압용 가스(질소)량(L) = 소화약제량(kg) × 40 L/kg = 288 kg × 40 L/kg = 11520 L

가압식과 축압식의 설치기준

사용가스 \ 구분	가압식	축압식
N_2 (질소)	40 L/kg 이상	10 L/kg 이상
CO_2 (이산화탄소)	20 g/kg + 배관청소 필요량 이상	20 g/kg + 배관청소 필요량 이상
※ 배관청소용 가스는 별도의 용기에 저장한다.		

23 국소방출방식으로 윗면이 개방된 제4류 위험물이 저장된 방호대상물에 제1종 분말소화약제를 저장하고자 한다. 약제의 저장량은 얼마인가?

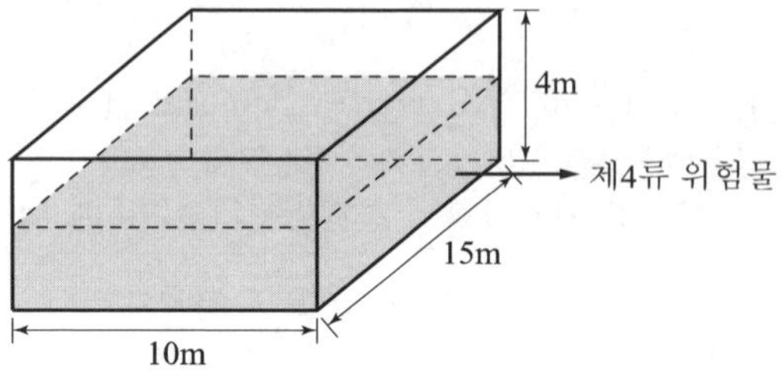

정답 1,452 kg

해설

약제 종별	방호대상물(m^2)당 약제의 양(kg)
제1종 분말	8.8
제2, 3종 분말	5.2
제4종 분말	3.6

∴ 약제저장량 = 방호 대상물 상부 표면적 × 단위 약제량 × 1.1
$= 150\ m^2 \times 8.8\ kg/m^2 \times 1.1 = 1{,}452\ kg$

24 건축물 내부에 설치된 주차장에 전역방출방식의 분말소화설비를 설치하고자 한다. 조건을 참고하여 다음 각 물음에 답하시오.

[조건]
① 방호구역의 바닥면적은 600 m^2이고 높이는 4 m이다.
② 방호구역에는 자동폐쇄장치가 설치되지 아니한 개구부가 있으며, 그 면적은 10 m^2이다.
③ 소화약제는 제1인산암모늄을 주성분으로 하는 분말소화약제를 사용한다.
④ 축압용 가스는 질소가스를 사용한다.

(가) 분말소화약제량[kg]을 구하시오.
(나) 필요한 축압용 가스의 최소량[m^3]을 구하시오.

정답 (가) 891 kg
(나) 8.91 m^3

해설 (가) 분말소화약제량[kg] = $(600 \times 4)\ m^3 \times 0.36\ kg/m^3 + 10\ m^2 \times 2.7\ kg/m^2 = 891\ kg$
(나) 축압용가스량[m^3] = $891\ kg \times 10\ L/kg = 8910\ L = 8.91\ m^3$

25 특정소방대상물에 분말소화설비를 설치하였다. 다음 조건을 참조하여 약제저장량[kg]을 구하시오.

[조건]
- 방호구역의 크기는 20m×15m× 4m이다.
- 개구부 크기는 2m×1m이며 자동폐쇄장치는 설치되어 있지 않다.
- 방호구역 중앙에 기둥이 있는데 기둥의 크기는 2m×1.5m×4m이다.
- 전역방출방식이며 제1종 분말을 사용한다.

정답 721.8 kg

해설 분말소화설비의 전역방출방식

약제 종별	약제량	개구부 가산량 (자동폐쇄장치 없음)
제1종 분말	0.6 kg/m³	4.5 kg/m²
제2, 3종 분말	0.36 kg/m³	2.7 kg/m²
제4종 분말	0.24 kg/m³	1.8 kg/m²

① 방호구역의 체적 $= (20m \times 15m \times 4m) - (2m \times 1.5m \times 4m)$
$= 1188m^3$

② 분말저장량[kg] = 방호구역체적[m^3] × 약제량[kg/m^3]
+개구부 면적[m^2] × 개구부 가산량[kg/m^2]
$= 1188m^3 \times 0.6kg/m^3 + (2m \times 1m) \times 4.5kg/m^2$
$= 721.8kg$

26 다음 그림과 같이 주차장에 설치하고자 하는 전역방출방식의 분말소화설비 설계도를 완성하시오(단, 배관 굵기, 전기회로는 기입하지 말고 소화약제량은 최소량으로 한다).

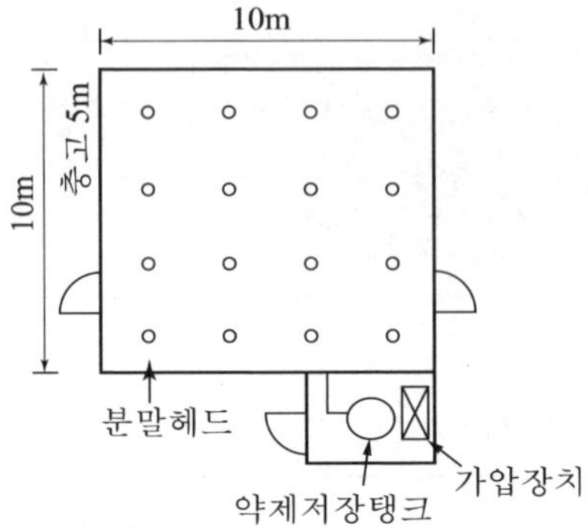

(가) 필요한 약제량(kg)은 얼마인가?
(나) 필요한 가압용 가스(N_2)의 양(L)은 얼마인가?
(다) 미완성 부분의 배관도를 완성하시오.
(라) 분출구 면적 2 cm^2, 방출률 0.4 $kg/cm^2 \cdot s$인 경우 방출시간은 얼마인가? (단, 소수점 셋째자리에서 반올림하여 둘째자리까지 기재한다)

정답 (가) 180 kg
(나) 7,200 L
(다)

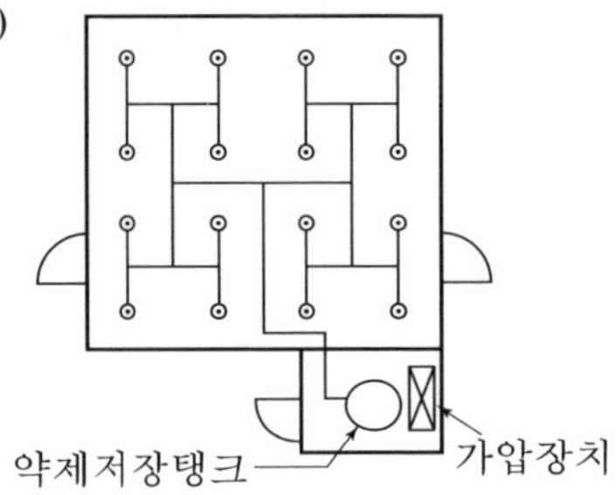

(라) 14.06 s

해설 (가) 약제량 $= 10\ m \times 10\ m \times 5\ m \times 0.36\ kg/m^3 = 180\ kg$
※ 주차장이므로 제3종 분말 소화약제로 한다.
(나) 가압식의 경우 N_2는 40 L/kg이므로 180 kg × 40 L/kg = 7,200 L
(라)
$$\text{방출시간} = \frac{\text{약제량(kg)}}{\text{방출률}(kg/cm^2 \cdot s) \times \text{헤드수} \times \text{분출구 면적}(cm^2)}$$
$$= \frac{180\ kg}{0.4\ kg/cm^2 \cdot s \times 16 \times 2\ cm^2} = 14.06\ s$$

27 다음 그림과 같은 방호대상물에 전역방출방식으로 제1종 분말소화설비를 설치하고자 한다. 다음 각 물음에 답하시오.

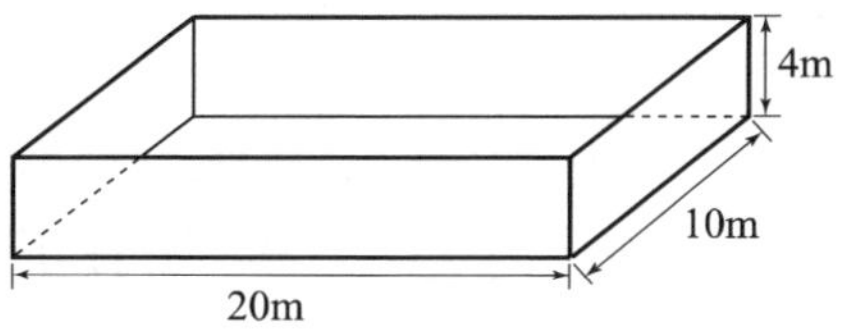

(가) 약제 저장량(kg)은 얼마 이상인가?
(나) 약제 방출방식이 가압식일 때 ① 질소를 사용할 때의 저장 가스량(L)과 ② CO_2를 사용할 때의 저장 가스량(kg)은 얼마인가?
(다) 약제 방출방식이 축압식일 때 ① 질소를 사용할 때의 저장 가스량(L)과 ② CO_2를 사용할 때의 저장 가스량(kg)은 얼마인가?

정답 (가) 480 kg 이상
(나) ① 19,200 L 이상
② (9.6 kg + 배관청소 필요량) 이상
(다) ① 4,800 L 이상
② (9.6 kg + 배관청소 필요량) 이상

해설 (가) $(20\times10\times4)\ m^3\times0.6\ kg/m^3=480\ kg$
(나) ① 질소 사용시 : $480\ kg\times40\ L/kg=19{,}200\ L$ (35℃, 0.1 MPa)
② CO_2 사용시 : $480\ kg\times20\ g/kg=9{,}600\ g$ + 배관청소 필요량
(다) ① 질소 사용시 : $480\ kg\times10\ L/kg=4{,}800\ L$ (35℃, 0.1 MPa)
② CO_2 사용시 : $480\ kg\times20\ g/kg=9{,}600\ g$ + 배관청소 필요량

28 다음과 같은 방호대상물에 전역방출방식으로 분말소화설비를 설치하고자 한다. 약제 저장량은 얼마인가? (단, 개구부의 면적은 $4\ m^2$이며 자동폐쇄장치는 설치되어 있지 않다)

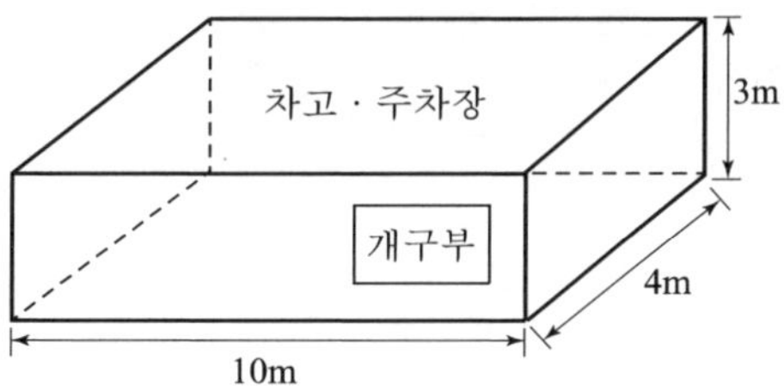

정답 54 kg

해설 방호대상물이 차고 · 주차장이므로 제3종 분말 소화약제를 사용해야 한다.
① 방호구역의 체적 저장량 : $(10\times4\times3)\ m^3\times0.36\ kg/m^3=43.2\ kg$
② 개구부 저장량 : $4\ m^2\times2.7\ kg/m^2=10.8\ kg$
∴ 약제량 $=43.2+10.8=54\ kg$

29 제4류 위험물로 화재시 연소면이 여러 면이고 비산할 우려가 있는 소방대상물(가로 6 m, 세로 6 m, 높이 6 m의 벽이 있음)이 있다. 이곳의 국소방출방식 제4종 분말 소화약제의 저장량[kg]은 얼마인가?

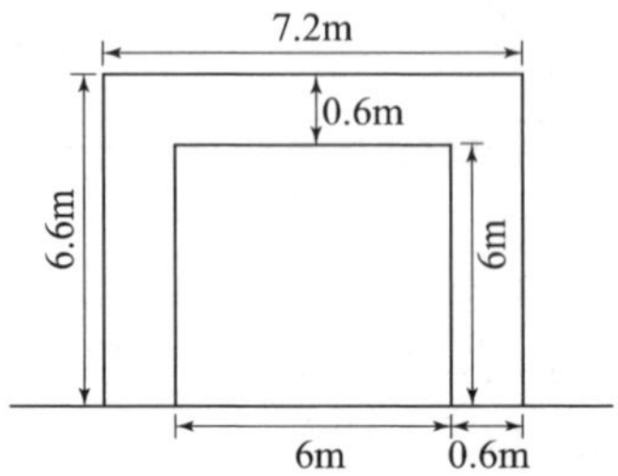

정답 325 kg 이상

해설 $Q = X - Y\dfrac{a}{A}$

여기서, a : 방호대상물 주위에 설치된 벽면적의 합계(m^2)

A : 방호공간 벽면적의 합계(m^2)

※ 방호공간이란 방호대상물 각 부분으로부터 0.6 m 연장하여 이루어진 공간

$a = 6\text{ m} \times 6\text{ m} \times 4\text{면} = 144\text{ m}^2$

$A = 7.2\text{ m} \times 6.6\text{ m} \times 4\text{면} = 190.08\text{ m}^2$

$Q = 2 - 1.5 \times \dfrac{144}{190.08} = 0.8636\text{ kg/m}^3$

방호공간의 체적 $= 7.2 \times 7.2 \times 6.6 = 342.144\text{ m}^3$

$\therefore 342.144\text{ m}^3 \times 0.8636\text{ kg/m}^3 \times 1.1 = 325\text{ kg}$

소화약제의 종별	X의 수치	Y의 수치	계수
제1종 분말	5.2	3.9	1.1
제2종, 제3종 분말	3.2	2.4	1.1
제4종 분말	2.0	1.5	1.2

30 어느 옥내 저장소에 제1종 분말소화설비를 다음 도면과 같이 설계하고자 한다. 조건을 참조하여 각 물음에 답하시오.

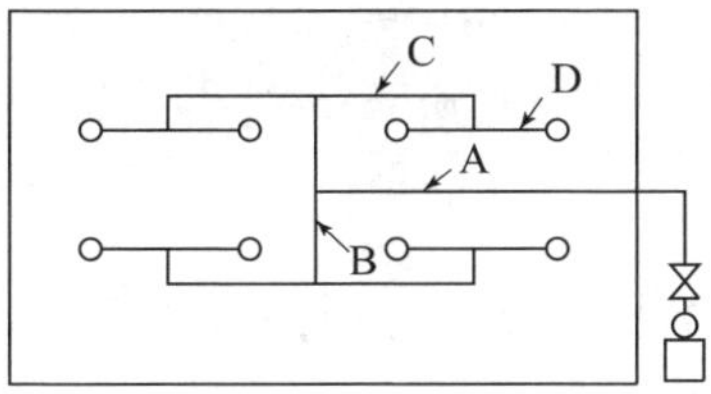

[조건]
- 저장실의 크기는 가로 10 m, 세로 10 m, 높이 4 m이다.
- 개구부 면적은 20 m^2(자동폐쇄장치 없음)이다.
- 1개 헤드 약제 유량은 0.7 kg/s이다.
- 방출압력은 0.2 MPa이다.

(가) 분말 소화약제량은 얼마인가?
(나) 약제 방출에 소요되는 시간은 몇 초인가?
(다) 각 배관 내 분말 소화약제의 유량은 얼마인가?

구분 / 배관별	관의 구경	배관 내 유량(kg/s)	30초간 방출유량
A배관	40A	①	②
B배관	32A	③	④
C배관	20A	⑤	⑥
D배관	15A	⑦	⑧

정답 (가) 330 kg
(나) 58.93초
(다) ① 5.6 kg/s ② 168 kg ③ 2.8 kg/s ④ 84 kg
⑤ 1.4 kg/s ⑥ 42 kg ⑦ 0.7 kg/s ⑧ 21 kg

해설 (가) 약제량 $= 10 \times 10 \times 4 \times 0.6 + 20 \times 4.5 = 330$ kg

(나) 약제 방출시간 $= \dfrac{330}{0.7 \times 8} = 58.93$ 초

(다) ① 0.7 kg/s × 8개 = 5.6 kg/s
② 0.7 kg/s × 8개 × 30초 = 168 kg
③ $0.7 \times 4 = 2.8$ kg/s
④ $0.7 \times 4 \times 30 = 84$ kg
⑤ $0.7 \times 2 = 1.4$ kg/s
⑥ $0.7 \times 2 \times 30 = 42$ kg
⑦ $0.7 \times 1 = 0.7$ kg/s
⑧ $0.7 \times 1 \times 30 = 21$ kg

31 다음 그림은 어느 주차장의 분말소화설비 계통도이다. 각 물음에 답하시오

[조건]
- 분말 저장용기의 최고 사용압력은 4 MPa로 한다.
- 밸브 ①의 구역에 설치된 헤드는 8개이고, 필요한 분말 소화약제량은 180 kg이며, 밸브 ②의 구역에 설치된 헤드는 6개이고, 필요한 분말 소화약제량은 135 kg이다.
- 분사 헤드 각 지점에서의 마찰손실은 균일하다고 가정한다.

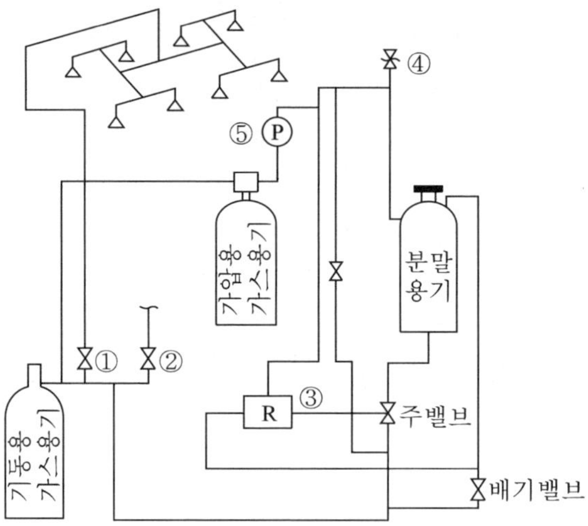

(가) ①과 ②에 설치하여야 할 바른 명칭을 쓰시오.
(나) ③의 R의 명칭을 쓰시오.
(다) ④의 밸브는 작동압력이 얼마이어야 하는지 쓰시오.
(라) ③에 의하여 작동하는 것은?
(마) 위의 배관방식의 명칭을 쓰시오.
(바) 위의 소방대상물에 설치하는 분말 소화약제의 종류를 쓰시오.
(사) 저장용기의 저장 약제량은 얼마 이상인가?
(아) 분말 헤드의 1개당 방출량은 최소 몇 (kg/s) 이상인가?
(자) ⑤로 표시된 Ⓟ의 명칭을 쓰시오.

정답 (가) 선택밸브
(나) 정압작동장치
(다) 가압식은 최고 사용압력의 1.8배 이하, 축압식은 용기 내압시험압력의 0.8배 이하
∴ 가압식이므로 안전밸브의 작동압력은 $4\ MPa \times 1.8 = 7.2\ MPa$ 이하이어야 한다.
(라) 주밸브
(마) 토너먼트 배관
(바) 제3종 분말 소화약제($NH_4H_2PO_4$)

(사) 180 kg 이상
(아) 1구역 : 180 kg ÷ 8개 = 22.5 kg/개
헤드 1개당 방출량 : 22.5 kg ÷ 30 sec = 0.75 kg/s
2구역 : 135 kg ÷ 6개 = 22.5 kg/개
헤드 1개당 방출량 : 22.5 kg ÷ 30 sec = 0.75 kg/s
(자) 압력조정기

32 다음 그림과 같은 설계도면에 제3종 소화분말을 사용하는 분말소화설비를 전역방출방식의 축압식으로 설치하려고 한다. 다음 조건을 참고로 하여 각 물음에 답하시오.

[조건]
- 층고는 4.3 m이다.
- 전기실, 보일러실에는 자동폐쇄장치가 설치되어 있다.
- 각 방호구력에 설치된 개구부의 크기는 다음과 같다.

방호구역의 명칭	개구부의 크기(m × m)
전기실	1.5 × 1.2
자동차 차고	2.1 × 1.3
보일러실	0.9 × 0.7

- 각 방호구역에 설치된 방출헤드 1개의 방출율은 8.03 kg/mm²·분이다.
- 방출헤드 1개의 분출구(오리피스) 면적은 0.36 cm²이다.
- 약제 저장용기 1개의 내용적은 65 L이다.

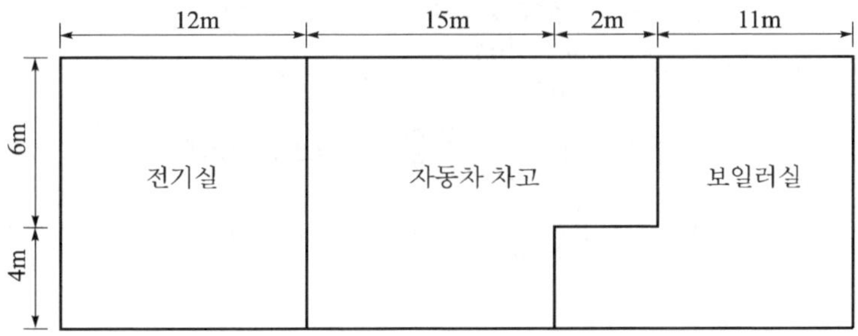

(가) 방호구역당 저장에 필요한 소화약제의 양[kg]은 얼마인가?
(나) 방호구역당 저장에 필요한 저장용기의 수는 얼마인가?
(다) 용기저장소에 저장하여야 하는 저장용기의 수는 얼마인가?
(라) 기동용기와 선택밸브의 설치 수는 얼마인가?
(마) 방호구역당 설치하여야 할 방출헤드 수는 얼마인가?
(바) 분출구(오리피스)의 면적이 0.27 cm²인 방출헤드를 설치한다면 방호구역당 설치하여야 하는 방출헤드의 수는 얼마인가?

정답 (가) ① 전기실 : 185.76 kg ② 자동차 차고 : 258.15 kg ③ 보일러실 : 182.67 kg

(나) ① 전기실 : 3병 ② 자동차 차고 : 4병 ③ 보일러실 : 3병

(다) 4병

(라) ① 기동용기 수 : 3개 ② 선택밸브 수 : 3개

(마) ① 전기실 : 2개 ② 자동차 차고 : 2개 ③ 보일러실 : 2개

(바) ① 전기실 : 2개 ② 자동차 차고 : 3개 ③ 보일러실 : 2개

해설 (가) ① 전기실 : $(12\times10\times4.3)\ m^3 \times 0.36\ kg/m^3 = 185.76\ kg$

② 자동차 차고 : $(17\times10-2\times4)\times4.3\ m^3 \times 0.36\ kg/m^3 + (2.1\times1.3)m^2 \times 2.7\ kg/m^2 = 258.15\ kg$

③ 보일러실 : $(11\times10+2\times4)\times4.3\ m^3 \times 0.36\ kg/m^3 = 182.67\ kg$

(나) 제3종 분말은 충전비가 1이므로 용기 1개당 약제량은 65 kg이다.

① 전기실 : $185.76\ kg \div 65\ kg = 2.86 = 3$병

② 자동차 차고 : $258.15\ kg \div 65\ kg = 3.97 = 4$병

③ 보일러실 : $182.67\ kg \div 65\ kg = 2.81 = 3$병

(다) 가장 많이 설치된 저장용기 수로 해야 한다.

(라) 방호구역의 수로 해야 한다.

(마) ① 전기실 : $\dfrac{195\,kg}{8.03\,kg/mm^2\cdot 분\cdot 개\times36\,mm^2\times0.5분} = 1.34 ≒ 2개$

② 자동차 차고 : $\dfrac{260\,kg}{8.03\,kg/mm^2\cdot 분\cdot 개\times36\,mm^2\times0.5분} = 1.79 ≒ 2개$

③ 보일러실 : $\dfrac{195\,kg}{8.03\,kg/mm^2\cdot 분\cdot 개\times36\,mm^2\times0.5분} = 1.34 ≒ 2개$

$\left(헤드수 = \dfrac{약제량}{방출율\times 분구면적\times 방출시간}\right)$

(바) ① 전기실 : $\dfrac{195}{8.03\times27\times0.5} = 1.79 = 2개$

② 자동차 차고 : $\dfrac{260}{8.03\times27\times0.5} = 2.39 = 3개$

③ 보일러실 : $\dfrac{195}{8.03\times27\times0.5} = 1.79 = 2개$

33 전기실에서 제1종 분말소화약제를 사용한 분말소화설비를 전역방출방식의 가압식으로 설치하려고 한다. 다음 조건을 참조하여 각 물음에 답하시오. (2023년 출제)

[조건]
① 소방대상물의 크기는 가로 11 m, 세로 9 m, 높이 4.5 m인 내화구조로 되어 있다.
② 소방대상물의 중앙에 가로 1 m, 세로 1 m의 기둥이 있고, 기둥을 중심으로 가로, 세로 보가 교차되어 있으며, 보는 천장으로부터 0.6 m, 너비 0.4 m의 크기이고, 보와 기둥은 내열성 재료이다.
③ 전기실에는 0.7m × 1.0m, 1.2m × 0.8m인 개구부 각각 1개씩 설치되어 있으며, 1.2m × 0.8m인 개구부에는 자동폐쇄장치가 설치되어 있다.
④ 방호공간에 내화구조 또는 내열성 밀폐재로가 설치된 경우에는 방호공간에서 제외할 수 있다.
⑤ 방사헤드의 방출률은 7.82 kg/mm^2 · min · 개이다.
⑥ 약제저장용기 1개의 내용적은 50 L이다.
⑦ 방사헤드 1개의 오리피스(방출구)면적은 0.45 cm^{2}이다.
⑧ 소화약제 산정기준 및 기타 필요한 사항은 국가화재안전기준에 준한다.

(가) 저장에 필요한 제1종 분말소화약제의 최소 양(kg)
(나) 저장에 필요한 약제저장용기의 수(병)
(다) 설치에 필요한 방사헤드의 최소 개수(개) (단, 소화약제의 양은 문항 (나)항에서 구한 저장용기 수의 소화약제 양으로 한다)
(라) 방사헤드 1개의 방사량(kg/min)

정답 (가) 265.16 kg (나) 5병
(다) 2개 (라) 312.48 kg/min

해설 (가) 전역방출방식

자동폐쇄장치가 설치되어 있지 않는 경우	자동폐쇄장치가 설치되어 있는 경우
분말저장식(kg) = 방호구역체적(m^3) × 약제량(kg/m^3) + 개구부면적(m^2) × 개구부가산량(kg/m^2)	분말저장량(kg) = 방호구역체적(m^3) × 약제량(kg/m^3)

▌전역방출방식의 약제량 및 개구부가산량

약제종별	약제량	개구부가산량(자동폐쇄장치 미설치시)
제1종 분말	0.60 kg/m^3	4.5 kg
제2종 분말 또는 제3종 분말	0.36 kg/m^3	2.7 kg
제4종 분말	0.24 kg/m^3	1.8 kg

$$
\begin{aligned}
\text{분말저장량[kg]} &= \text{방호구역체적}[m^3] \times \text{약제량}[kg/m^3] \\
&\quad + \text{개구부면적}[m^2] \times \text{개구부가산량}[kg/m^2] \\
&= [(11\ m \times 9\ m \times 4.5\ m) - (1\ m \times 1\ m \times 4.5\ m + 2.4\ m^3 + 1.92\ m^3)] \\
&\quad \times 0.6\ kg/m^3 + (0.7\ m \times 1.0\ m) \times 4.5\ kg/m^2 \\
&= 265.158 \fallingdotseq 265.16\ kg
\end{aligned}
$$

- 방호구역체적은 기둥(1m×1m×4.5m)과 보($2.4m^3+1.92m^3$)의 체적은 제외한다.
- 보의 체적
  가로보 : (5m×0.6m×0.4m) × 2개(양쪽) = 2.4 m^3
  세로보 : (4m×0.6m×0.4m) × 2개(양쪽) = 1.92 m^3

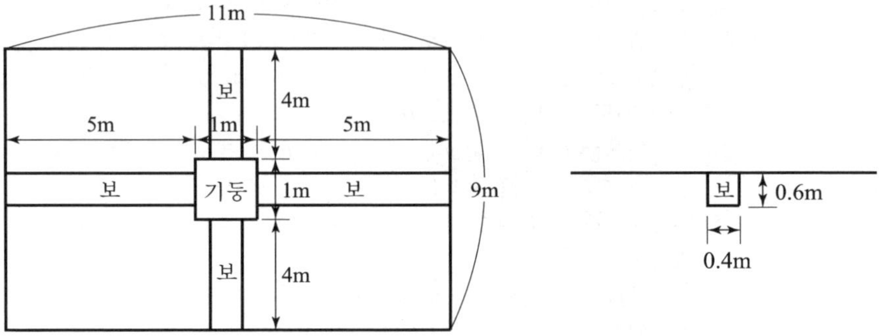

▌보 및 기둥의 배치

(나)

약제종별	충전비(L/kg)
제1종 분말	0.8
제2종 분말 또는 제3종 분말	1
제4종 분말	1.25

$$C=\frac{V}{G}$$

여기서, C : 충전비(L/kg)

V : 내용적(L)

G : 저장량(충전비) (kg)

충전량 G는

$$G=\frac{V}{G}=\frac{50\text{L}}{0.8\text{L/kg}}=62.5\text{kg}$$

$$\text{약제저장용기} = \frac{\text{약제저장량}}{\text{충전량}}=\frac{265.16\text{kg}}{62.5\text{kg}}=4.24 \fallingdotseq 5\text{병}$$

(다) $$\text{분구면적}(\text{mm}^2)=\frac{1\text{병당 충전량}(\text{kg})\times\text{병수}}{\text{방출률}(\text{kg/mm}^2\cdot\text{s}\cdot\text{개})\times\text{방사시간}(\text{s})\times\text{헤드 개수}}$$

$$\text{헤드 개수}=\frac{1\text{병당 충전량}(\text{kg})\times\text{병수}}{\text{방출률}(\text{kg/mm}^2\cdot\text{s}\cdot\text{개})\times\text{방사시간}(\text{s})\times\text{분구면적}(\text{mm}^2)}$$

$$=\frac{62.5\,\text{kg}\times5\text{병}}{7.82\,\text{kg/mm}^2\cdot\text{min}\cdot\text{개}\times30\text{s}\times0.45\,\text{cm}^2}$$

$$=\frac{62.5\text{kg}\times5\text{병}}{7.82\text{kg/mm}^2\cdot60\text{s}\cdot\text{개}\times30\text{s}\times45\text{mm}^2}$$

$$=\frac{62.5\text{kg}\times5\text{병}\times60}{7.82\text{kg/mm}^2\cdot\text{s}\cdot\text{개}\times30\text{s}\times45\text{mm}^2}$$

$$=1.776\fallingdotseq 2\text{개(절상)}$$

▌약제방사시간

<table>
<tr><th colspan="2">소화설비</th><th colspan="2">전역방출방식</th><th colspan="2">전역방출방식</th></tr>
<tr><td colspan="2">할론소화설비</td><td>10초 이내</td><td rowspan="2">30초 이내</td><td>10초 이내</td><td rowspan="4">30초 이내</td></tr>
<tr><td colspan="2">분말소화설비</td><td>30초 이내</td><td rowspan="3">30초 이내</td></tr>
<tr><td rowspan="2">CO_2소화설비</td><td>표면화재</td><td>1분 이내</td><td rowspan="2">60초 이내</td></tr>
<tr><td>심부화재</td><td>7분 이내</td></tr>
</table>

(라) $$방사량 = \frac{1병당\ 충전량(kg) \times 병수}{헤드수 \times 약제방출시간(s)}$$

$$= \frac{62.5\,kg \times 5병}{2개 \times 30\,s} = 5.208\,kg/s$$

$$= 312.48\,kg/min$$

34 다음 조건에 따른 위험물 옥내저장소에 제1종 분말소화설비를 전역방출방식으로 설치하고자 할 때 다음을 구하시오.

[조건]
① 건물크기는 길이 20 m, 폭 10 m, 높이 3 m이고 개구부는 없는 기준이다.
② 분말 분사헤드의 사양은 1.5 kg/초(1/2"), 방출시간은 30초 기준이다.
③ 헤드 배치는 정방형으로 하고, 헤드와 벽과의 간격은 헤드간격의 1/2 이하로 한다.
④ 배관은 최단거리 토너먼트배관으로 구성한다.

(가) 필요한 분말소화약제 최소 소요량[kg]을 구하시오.
(나) 가압용 가스(질소)의 최소 필요량(35℃/1기압 환산 리터)을 구하시오.
(다) 분말 분사헤드의 최소 소요수량(개)을 구하시오.
(라) 헤드배치도 및 개략적인 배관도를 작성하시오(단, 눈금 1개의 간격은 1 m이고, 헤드 간의 간격 및 벽과의 간격을 표시해야 하며, 분말소화배관 연결지점은 상부 중간에서 분기하며, 토너먼트 방식으로 한다).

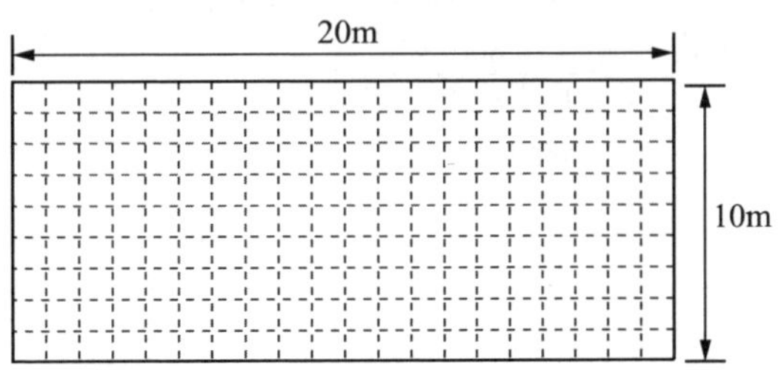

정답 (가) (20 × 10 × 3) × 0.6 = 360 kg

(나) 360 × 40 = 14,400 L

(다) $\frac{360}{1.5 \times 30}$ = 8개

(라)

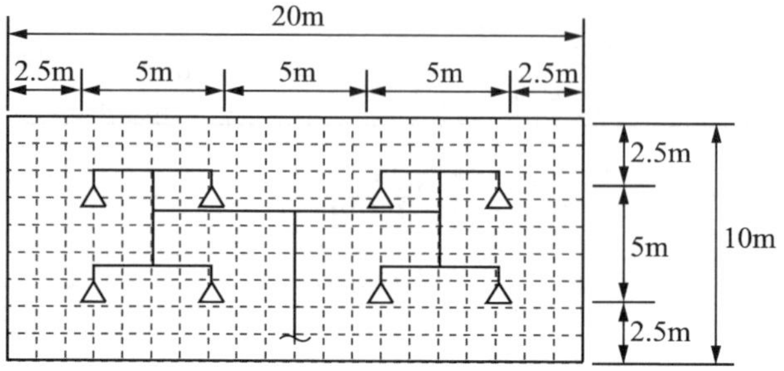

해설 (가) 전역방출방식

자동폐쇄장치가 설치되지 있지 않은 경우	자동폐쇄장치가 설치되지 있는 경우 (개구부가 없는 경우)
분말저장량[kg] = 방호구역체적[m^3]×약제량[kg/m^3]+개구부면적[m^2]×개구부가산량[kg/m^2]	분말저장량[kg] = 방호구역체적[m^3]×약제량[kg/m^3]

(나) 가압식과 축압식의 설치기준

사용가스 \ 구분	가압식	축압식
N_2(질소)	40 L/kg 이상	10 L/kg 이상
CO_2(이산화탄소)	20 g/kg + 배관청소 필요량 이상	20 g/kg + 배관청소 필요량 이상

※ 배관청소용 가스는 별도의 용기에 저장한다.

가압용 가스(질소)량[L] = 소화약제량[kg]×40 L/kg
= 360 kg × 40 L/kg
= 14,400 L

(다) 헤드 개수 $= \frac{\text{소화약제량[kg]}}{\text{방출량[kg/s]} \times \text{방사시간[s]}}$

$= \frac{360\,\text{kg}}{1.5\,\text{kg/초} \times 30\,\text{s}}$

= 8개

CHAPTER 03

피난설비

3.1 피난기구

1 피난기구의 개요

피난기구란 ① 피난사다리 ② 구조대 ③ 완강기 ④ 화재안전기준으로 정하는 것(미끄럼대·피난교·피난용트랩·간이완강기·공기안전매트·다수인피난장비·승강식피난기 등) 4가지로 구분한다. 특정소방대상물의 방호공간, 장치, 장비 등에서 화재가 발생한 경우 초기에 특정 다수인 및 불특정 다수인의 피난을 위한 기구로서 사람이 직접 조작하거나 무동력으로 작동하여 화재층에서 다른 층 및 외부로의 피난을 돕는 것으로 인명을 안전하게 보호하기 위한 기구이다.

피난기구는 화재가 발생하였을 때 화재실 또는 비화재실의 사람이 실외 계단 및 엘리베이터를 이용할 수 없는 상황에서 가장 손쉽게 사용할 수 있는 소방시설 가운데 하나다. 피난기구를 설치하는 목적은 화재 초기에 인명을 피난시켜 피해를 최소하고자 함이다.

대부분의 화재에서 피난이 얼마나 빨리 이루어지는지에 따라서 그 피해의 정도가 달라진다. 화재 초기 피난을 위하여서는 피난기구의 기능 및 구조를 단순하게 하여 누구나 쉽게 다룰 수 있도록 해야 한다. 신속하고 확실한 피난활동을 위하여 피난기구는 기본적으로 구조의 단순화로 빠른 사용을 할 수 있도록 구성요소 간의 결합이 있어야 한다. 피난기구에는 특정소방대상물에 부착 강도와 감당할 수 있는 무게가 중요하다.

2 피난기구의 종류

화재가 발생할 경우 피난하기 위하여 사용하는 기구 또는 설비로서 피난사다리, 구조대, 완강기, 미끄럼대, 피난교, 피난용트랩, 간이완강기, 공기안전매트, 다수인 피난장비, 승강식피난기 등을 말한다.

(1) 구조대

① 구조대의 개요

구조대는 포지 등을 사용하여 자루형태로 만든 것으로서 화재시 사용자가 그 내부에 들어가서 내려옴으로써 대피할 수 있는 것을 말한다. 화염과 연기로 건물 내의 계단을 사용할 수 없을 때 지상으로 직접 피난하기 위해 이용하는 것으로 섬유 포지로 만들어진 긴 자루로 양의 터널을 사용자가 내부에 들어가 자중에 의해 내려오는 피난기구이다.

② 구조대의 종류

구조대는 설치방법에 따라 경사강하식과 수직강하식으로 분류되며, 강하속도를 조절하기 위하여 섬유포지 마찰과 스판식 섬유포지를 사용하거나 조임스프링 등을 삽입시켜 강하 속도를 조절한다.

가. 경사강하식구조대

특정소방대상물에 비스듬하게 고정시키거나 설치하여 사용자가 미끄럼식으로 내려올 수 있는 구조대로서 단시간에 많은 인명을 구조할 수 있도록 설치된다.

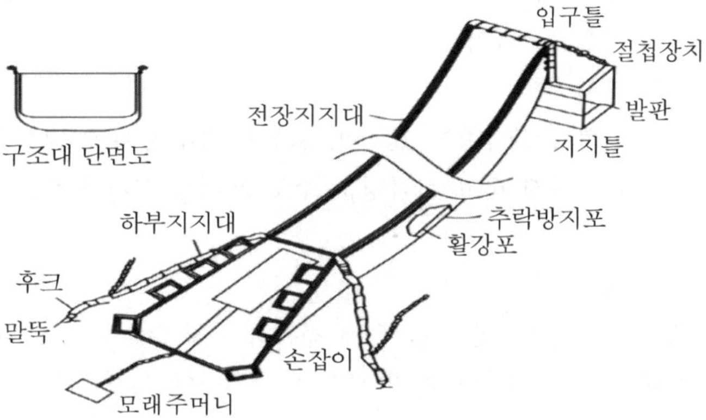

■그림 3.1 경사강하식 구조대

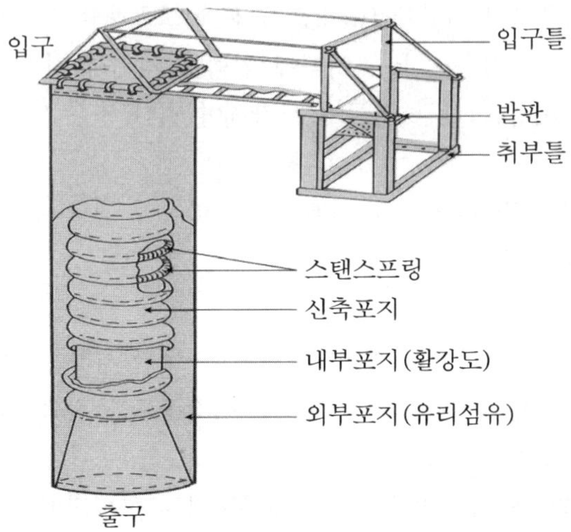

■그림 3.2 수직강하식 구조대

나. 수직강하식구조대

경사식을 사용할 수 없는 경우에 지상층에서 피난층으로 수직으로 미끄럼틀 방식으로 단시간에 많은 인명을 구조할 수 있도록 한 것으로서 건축물의 개구부에서 지상을 향하여 수직으로 설치한다. 일정한 간격으로 설치한 좁은 부분에 의한 마찰로 하강속도를 감속시키는 구조대이다.

③ 구조대의 구성

가. 경사강하식구조대

(가) 입구틀 및 취부틀

내식 처리를 한 강재로 만들어지고 건축구조물에 고정하는 대와 포대 상단을 결합하는 틀을 회전할 수 있도록 연결하고 평상시는 틀을 개구부 내측에 수납하고 사용할 때 일으켜서 포대를 설치한다. 입구틀의 크기는 50 cm의 원형물체가 통과할 수 있어야 한다.

(나) 구조대 본체

포대는 원형과 사각형이 있으며, 원형인 경우는 주로 포대를 구성하는 범포에 인장력을 지니게 하고 사각형은 주로 포대에 설치한 로프에 인장력을 지니게 하는 구조로 되어 있다.

(다) 낙하방지용 보호망

포대의 하부 끝단 및 창틀 등에 접속하는 부분에 받침을 위한 포나 매트 등을 장착해서 하강 시 피난자의 부상을 방지한다.

(라) 하부지지장치

하강 지면에 매설한 설치금구 또는 건축구조물 등 적당한 지지물에 연결하기 위한 것으로서 선단에 Hook를 중간에 도르래를 설치한 고정용 로프를 포대의 하단양측에 접속시킨다. 이외에 인력에 의해서 지지하기 위한 손잡이를 좌우 각 3개 이상을 출구 부근에 부착해야 한다.

(마) 포지

강하 시 직접마찰이 되는 부분으로 마찰에 견딜 수 있는 재료를 사용한다.

나. 수직강하식구조대

(가) 속도 감속 구조

건축물의 개구부에서 지상으로 수직으로 설치하는 것으로서 일정한 간격으로 설치한 좁은 부분에 의한 마찰로 하강속도를 감속시킨다.

(나) 내외부 포지

구조대의 포지는 외부포지와 내부포지로 구성되며, 구성은 포대 본체 취부틀 하부 캡슐로 되어 있다. 속도 조절을 포지의 협소정도로 하며 피난자가 팔을

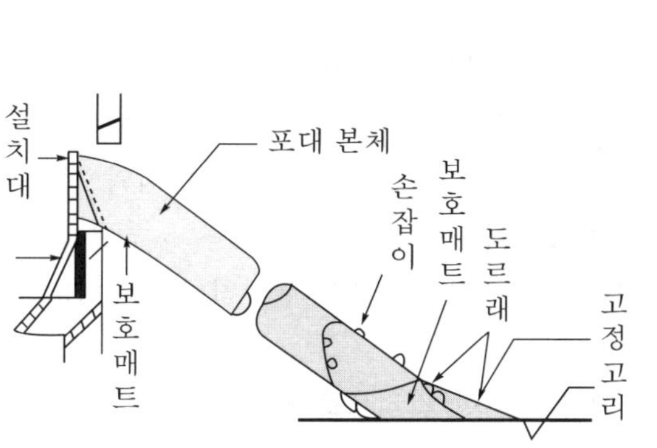

▮그림 3.3 원형의 구조대(환대)

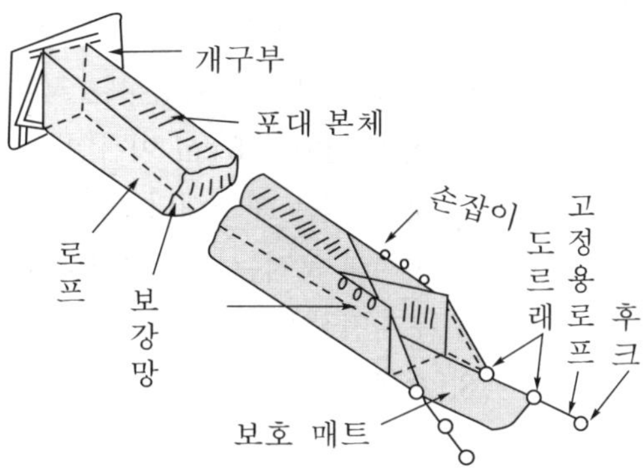

▮그림 3.4 사각형의 구조대(각대)

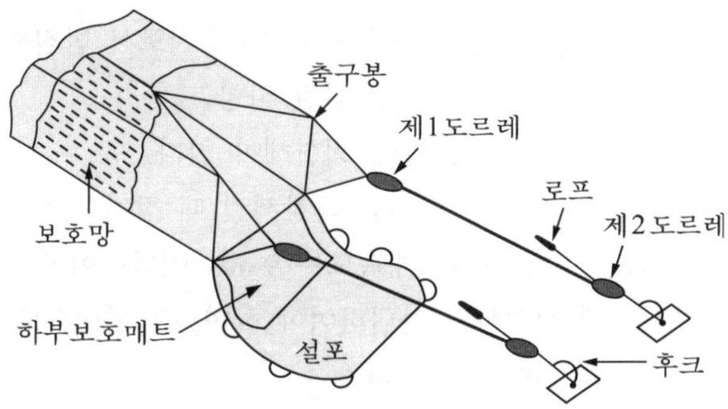

▮그림 3.5 하부지지장치 및 보호장치

포지에 걸어서 마찰을 높여서 조절한다.

④ 구조대의 점검

화재안전기준, 형식승인 및 제품검사의 기술기준을 참고한다.

구조대는 주재료가 섬유포지로 구성되어 있기 때문에 곰팡이, 얼룩 손상이 생기지 않도록 건조하고 통풍이 잘 되게 유지하고 쥐, 해충들이 갉아먹지 않도록 청결하게 주의 관리해야 한다. 특히 스판식구조대에 사용된 스판섬유는 오랜 기간이 경과되면 조임성이 현저히 떨어져 안전사고를 일으킬 우려가 있으므로 6개월에 한 번 정도 꺼내어 확인하는 것이 좋다.

가. 경사강하식구조대 구조를 통한 점검 사항

경사강하식구조대(아하 "구조대"라 한다)의 구조는 다음 각 호에 적합해야 한다.

1. 연속하여 활강할 수 있는 구조로 안전하고 쉽게 사용할 수 있어야 한다.
2. 입구틀 및 취부틀의 입구는 지름 50 cm 이상의 구체가 통과할 수 있어야 한다.
3. 포지는 사용 시 수직방향으로 현저하게 늘어나지 아니해야 한다.
4. 포지, 지지틀, 취부틀 그 밖의 부속장치 등은 견고하게 부착되어야 한다.

5. 구조대 본체는 강하방향으로 봉합부가 설치되지 아니해야 한다.
6. 구조대 본체의 활강부는 낙하방지를 위해 포를 2중 구조로 하거나 또는 망목의 변의 길이가 8 cm 이하인 망을 설치해야 한다. 다만, 구조상 낙하방지의 성능을 갖고 있는 구조대의 경우에는 그렇지 않다.
7. 본체의 포지는 하부지지장치에 인장력이 균등하게 걸리도록 부착하여야 하며 하부지지장치는 쉽게 조작할 수 있어야 한다.
8. 손잡이는 출구부근에 좌우 각 3개 이상 균일한 간격으로 견고하게 부착해야 한다.
9. 구조대본체의 끝부분에는 길이 4 m 이상, 지름 4 mm 이상의 유도선을 부착하여야 하며, 유도선 끝에는 중량 3 N (300 g) 이상의 모래주머니 등을 설치해야 한다.
10. 땅에 닿을 때 충격을 받는 부분에는 완충장치로서 받침포 등을 부착해야 한다.

나. 경사강하식구조대 작동시험을 통한 점검 사항

구조대의 작동시험을 다음 각 호에 적합해야 한다.

1. 구조대를 45°로 설치한 후 모형을 활강시킨 때 정지하지 아니하여야 하며, 그 평균속도는 8 m/s 이하, 순간최대속도는 9 m/s 이하이어야 한다.
2. 사람이 활강할 때 정지하지 아니하여야 하며, 그 평균속도는 7 m/s 이하, 순간최대속도는 8 m/s 이하이어야 한다.

다. 수직강하식구조대 구조를 통한 점검 사항

수직강하식구조대(이하 "구조대"라 한다)의 구조는 다음 각 호에 적합해야 한다.

1. 구조대는 안전하고 쉽게 사용할 수 있는 구조이어야 한다.
2. 구조대의 포지는 외부포지와 내부포지로 구성하되, 외부포지와 내부포지의 사이에 충분한 공기층을 두어야 한다. 다만, 건물 내부의 별실에 설치하는 것은 외부포지를 설치하지 않을 수 있다.
3. 입구틀 및 취부틀의 입구는 지름 50 cm 이상의 구체가 통과할 수 있는 것이어야 한다.
4. 구조대는 연속하여 강하할 수 있는 구조이어야 한다.
5. 포지는 사용 시 수직방향으로 현저하게 늘어나지 아니해야 한다.
6. 포지, 지지틀, 취부틀 그 밖의 부속장치 등은 견고하게 부착되어야 한다.

라. 수직강하식구조대 작동시험을 통한 점검 사항

구조대의 작동시험은 다음 각 호에 적합해야 한다.

1. 시험용 모험을 강하시킨 때 정지하지 아니하여야 하며, 그 평균 강하속도는 6 m/s 이하, 순간최대강하속도는 8 m/s 이하이어야 한다.
2. 사람이 정상적인 자세로 강하할 때 정지하지 아니하여야 하며, 평균 강하속도 4 m/s 이하, 순간최대강하속도 6 m/s 이하이어야 한다.

(2) 피난사다리

① 피난사다리의 개요

피난사다리는 수동 및 무동력식 등 화재 시 계단 등에 피난시설을 이용하여 피난할 수 없을 때에 화재층에서 다른 층으로 안전 신속하게 피난할 수 있도록 이용하는 기구로서 지상, 지하에 적용하는 기구이다.

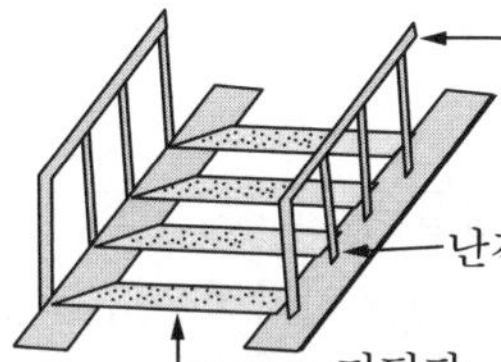

▮그림 3.6 고정식 사다리

② 피난사다리의 종류

가. 고정식 사다리

고정식사다리는 화재 등 재난 시 항상 사용 가능한 상태로 특정소방대상물의 벽면 등에 고정하여 사용하는 것으로 구조상 수납식, 접는식, 신축식으로 분류한다.

(가) 수납식

횡봉을 상시 종봉 내에 수납해 두었다가 사용할 때에 횡봉을 꺼내어 펼쳐서 사용할 수 있는 고정식사다리로 횡봉을 한 개 또는 두 개로 사용하여 종봉을 펼칠 수 있는 구조의 고정식사다리이다.

(나) 접는식

평상시는 사다리의 하부를 접어서 보관할 수 있도록 한 것으로 화재 등 재난 시 피난을 위해서 사용할 때는 사다리의 하부를 끌어 내리는 구조의 고정식사다리이다.

(다) 신축식

평상시에는 사다리의 하부를 겹쳐서 접는 방식으로 줄여서 보관하며, 화재 등 재난 시 피난을 위해서 사용할 때는 사다리를 펼쳐서 사용할 수 있는 구조의 고정식사다리이다.

[그림 3.7]은 금속제 피난사다리의 설치상태를 나타낸 것이다.

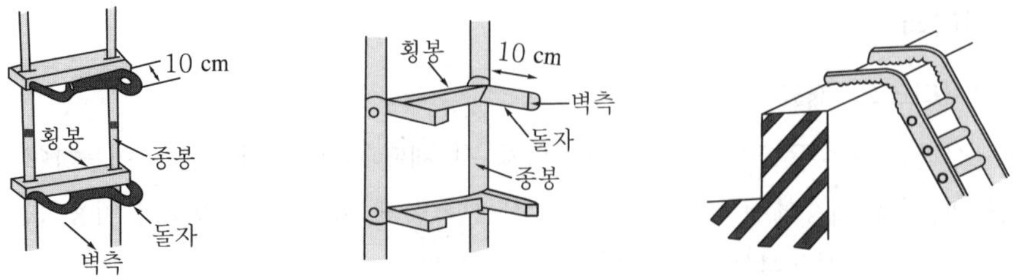

▮그림 3.7 금속제 피난사다리의 설치상태

나. 올림식사다리

올림식사다리는 특정소방대상물의 한 부분에 기대거나 걸쳐 세워서 사용하는 사다리로서 일반적으로 사다리의 상부 지지점을 건축물의 일부분에 걸어 고정하여 사용하며, 구조상 분류로 접는식, 신축식이 있다.

(가) 접는식

사다리를 겹쳐서 접어서 보관하며, 사용할 때 펼쳐서 여는 것으로 자동적으로 작동하는 접힘을 방지할 수 있는 장치를 설치해야 한다.

(나) 신축식

사다리를 겹쳐서 줄여 보관하며, 사용할 때에 펼치는 것으로 자동적으로 작동하는 수축을 방지할 수 있도록 방지장치를 설치해야 한다.

다. 내림식사다리

내림식사다리는 평상시에는 접어둔 상태로 두었다가 화재 등 재난시 사용하는 경우에는 특정소방대상물의 일부 견고한 부분에 걸쳐서 사다리를 내려 사용하는 것이다. 종봉의 재질 또는 구조에 따라 와이어로프식, 체인식, 하향식 피난구용 내림식사다리 등으로 분류한다.

(가) 와이어로프식

사다리의 종봉이 철심으로 되어 있는 것

(나) 체인식

사다리의 종봉이 체인으로 되어 있는 것

(다) 하향식 피난구용 내림식사다리

하향식 피난구 해치에 격납하여 보관하고 사용 시에는 사다리의 돌자 등이 특정소방대상물과 접촉되지 아니하는 내림식사다리를 말한다. 해치란 피난사다리를 항상 사용 가능한 상태로 넣어 두는 장치

■그림 3.8 하향식 피난구용 내림식사다리

③ 피난사다리의 점검

가. 피난사다리의 일반적인 구조는 다음 각 호에 적합해야 한다.

(가) 안전하고 확실하며 쉽게 사용할 수 있는 구조이어야 한다.

(나) 피난사다리는 2개 이상의 종봉 및 횡봉으로 구성되어야 한다. 다만, 고정식사다리인 경우에는 종봉의 수를 1개로 할 수 있다.

(다) 피난사다리(종봉이 1개인 고정식사다리는 제외한다)의 종봉의 간격은 최외각 종봉 사이의 안치수가 30 cm 이상이어야 한다.

(라) 피난사다리의 횡봉은 지름 14 mm 이상 35 mm 이하의 원형인 단면이거나 또는 이와 비슷한 손으로 잡을 수 있는 형태의 단면이 있는 것이어야 한다.

(마) 피난사다리의 횡봉은 종봉에 동일한 간격으로 부착한 것이어야 하며, 그 간격은 25 cm 이상 35 cm 이하이어야 한다.

(바) 피난사다리 횡봉의 디딤면은 미끄러지지 아니하는 구조이어야 한다.

나. 고정식사다리의 구조

- 종봉의 수가 2개 이상인 것(수납식·접는식 또는 신축식)

(가) 진동 등 그 밖의 충격으로 결합부분이 쉽게 이탈되지 아니하도록 안전장치가 설치되어야 한다.

(나) (가)의 안전장치 해제 동작을 제외하고는 두 번의 동작 이내로 그 사다리를 사용 가능한 상태로 할 수 있어야 한다.

- 종봉의 수가 1개인 것

(가) 종봉이 그 사다리의 중심축이 되도록 횡봉을 부착하고 횡봉의 끝 부분에 종봉의 축과 평행으로 길이 5 cm 이상의 옆으로 미끄러지는 것을 방지하기 위한 돌자를 설치해야 한다.

(나) 횡봉의 길이는 종봉에서 횡봉의 끝까지 길이가 안치수로 15 cm 이상 25 cm 이하이어야 하며 종봉의 폭은 횡봉의 축방향에 대하여 10 cm 이하이어야 한다.

다. 올림식 피난사다리 구조

(가) 안전하고 확실하며 쉽게 사용할 수 있는 구조이어야 한다.

(나) 사다리는 2개 이상의 종봉 및 횡봉으로 구성되어야 한다.

(다) 사다리의 종봉의 간격은 최외각 종봉 사이의 안치수가 40 cm 이상이어야 한다.

(라) 사다리의 횡봉은 지름 32 mm 이상의 원형인 단면이거나 또는 이와 비슷한 손으로 잡을 수 있는 형태의 단면이 있는 것이어야 한다.

(마) 사다리의 횡봉은 종봉에 동일한 간격으로 부착한 것이어야 하며, 그 간격은 25 cm 이상 35 cm 이하이어야 한다.

라. 내림식 피난사다리 구조

(가) 사용 시 특정소방대상물로부터 10 cm 이상의 거리를 유지하기 위한 유효한 돌자를 횡봉의 위치마다 설치해야 한다. 다만, 그 돌자를 설치하지 아니하여도 사용 시 특정소방대상물에서 10 cm 이상의 거리를 유지할 수 있는 것은 그렇지 않다.

(나) 종봉의 끝 부분에는 가변식 걸고리 또는 걸림장치(하향식피난구용 내림식사다리는 해치 등에 고정할 수 있는 장치를 말함)가 부착되어 있어야 한다.

(다) 제2호의 규정에 의한 걸림장치 등은 쉽게 이탈하거나 파손되지 아니하는 구조이어야 한다.

(라) 하향식피난구용 내림식사다리는 사다리를 접거나 천천히 펼쳐지게 하는 완강장치를 부착할 수 있다.

(3) 완강기

① 완강기의 개요

완강기는 화재 시 계단 등에 피난시설을 이용하여 피난할 수 없을 때에 화재실에서 건축물의 외부로 안전 신속하게 피난할 수 있도록 이용하는 기구로서 지상층에 적용하는 기구이다.

② 완강기의 종류

완강기는 완강기와 간이완강기로 분류되며, 지지대나 건물의 단단한 곳에 걸어서 사용하는 것으로 속도조절부에 따라 유성치차식, 치차식, 원심식, 유압식 등이 있고 속도조절부에서 강하속도를 제어하고 있으며 국내 제품들은 대부분 유성치차식과 치차식으로 제작되고 있다.

가. 완강기

지지대에 걸어서 사용자의 가슴에 안전벨트를 조이고 자중에 의하여 자동적으로 내려올 수 있는 기구로 사용자가 교대하여 연속적으로 사용할 수 있다.

나. 간이 완강기

지지대 또는 단단한 물체에 걸어서 사용자의 자중에 의하여 자동적으로 내려올 수 있는 기구이며, 일회용인 것을 말한다.

[그림 3.9]는 피난설비에 사용되는 완강기, [그림 3.10]은 간이 완강기를 나타낸 것이다.

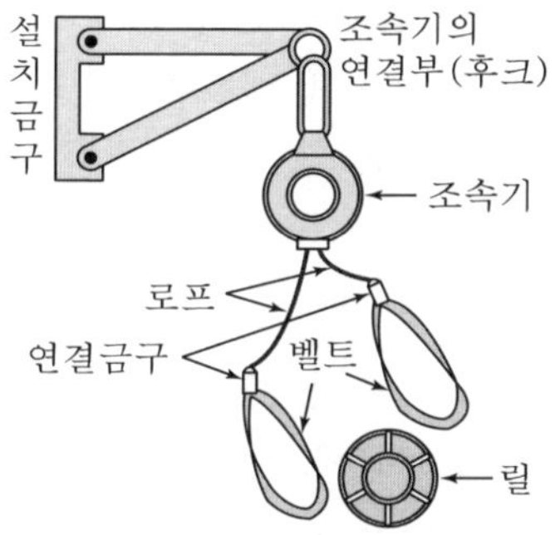

▮그림 3.9 완강기 구조

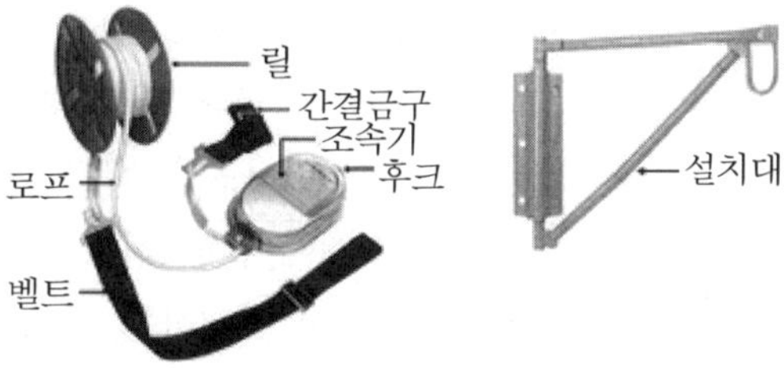

▮그림 3.10 간이 완강기

③ 완강기의 구성

완강기는 사용자의 체중으로 자중에 의해 자동적으로 하강할 수 있는 것으로서 속도조절기, 연결후크, 완강기 지지대, 로프, 벨트 등으로 구성되어 있다.

가. 속도조절기

속도조절기는 피난자의 체중을 이용하여 하강속도를 한정된 범위로 조정하는 것이다.

나. 로프

로프는 직경 3 mm 이상의 와이어로프를 사용하거나 와이어로프를 외장하여 사용하며 외장은 면사나 나일론사를 사용한다. 와이어로프는 KS D 3514 (와이어로프), KS D 7010 (항공기용와이어로프)에 적합한 것으로 내식가공된 것으로 한다.

다. 벨트

로프의 양단에 피난자의 가슴을 감아서 몸을 지지하는 것으로서, 재료는 로프와 같이 면사나 나일론사로 되어 있다. 사용자의 가슴둘레에 맞도록 벨트길이를 조정할 수 있는 고리가 있으며, 강하 시 사용자가 감시하거나 동작하는 데 지장이 생기지 아니해야 한다.

라. 연결 후크

완강기 본체와 사용자의 체중을 금속연결구로 지지하는 것으로서, 건축물에 설치한

완강기 지지대에 용이하게 결합할 수 있으며, 재료는 KS D 3503 (일반 구조용 압연강재)로 적용한다.

마. 완강기 지지대

천장·벽 또는 바닥 등에 완강기를 고정 설치해 주는 부분으로 천장부착형·(내·외)벽부착형·바닥부착형 등으로 구분한다.

④ 완강기의 점검

가. 일반구조를 통한 점검 사항

완강기 및 간이완강기의 구조 및 성능은 다음에 적합해야 한다.

1. 속도조절기는 속도조절기의 연결부·로프·연결금속구 및 벨트로 구성되어야 한다.
2. 강하 시 사용자를 심하게 선회시키지 아니해야 한다.
3. 속도조절기는 다음 각 목에 적합해야 한다.
   (가) 견고하고 내구성이 있어야 한다.
   (나) 평상시에 분해 청소 등을 하지 아니하여도 작동할 수 있어야 한다.
   (다) 강하 시 발생하는 열에 의하여 기능에 이상이 생기지 아니해야 한다.
   (라) 속도조절기는 사용 중에 분해·손상·변형되지 아니하여야 하며, 속도조절기의 이탈이 생기지 아니하도록 덮개를 해야 한다.
   (마) 강하 시 로프가 손상되지 아니해야 한다.
   (바) 속도조절기의 풀리 등으로부터 로프가 노출되지 아니하는 구조이어야 한다.
4. 기능에 이상이 생길 수 있는 모래나 기타의 이물질이 쉽게 들어가지 아니하도록 견고한 덮개로 덮어져 있어야 한다.
5. 로프는 와이어로프이어야 하며 다음 각 목에 적합해야 한다.
   (가) 와이어로프는 지름이 3 mm 이상 또는 안전계수(와이어 파단하중(N)을 최대사용하중(N)으로 나눈 값) 5 이상이어야 하며, 전체 길이에 걸쳐 균일한 구조이어야 한다.
   (나) 와이어로프에 외장을 하는 경우에는 전체 길이에 걸쳐 균일하게 외장을 해야 한다.
6. 벨트는 다음 각 목에 적합해야 한다.
   (가) 쉽게 착용하고 쉽게 벗을 수 있을 것
   (나) 사용할 때 벗겨지거나 풀어지지 않고 또한 벨트가 꼬이지 않아야 한다.
   (다) 벨트의 너비는 45 mm 이상이어야 하고 벨트의 최소원주길이는 55 cm 이상 65 cm 이하이어야 하며, 최대원주길이는 160 cm 이상 180 cm 이하이어야 하고 최소원주길이 부분에는 너비 100 mm 두께 10 mm 이상의 충격 보호재를 덧씌워야 한다.

(라) 강하 시 사용자가 감시하거나 동작하는 데 지장이 생기지 아니해야 한다.

(마) 사용자의 가슴둘레에 맞도록 벨트길이를 조정할 수 있는 고리가 있어야 하며 최대원주길이 벨트의 중앙이 고리에 고정되어야 하고 최소원주길이벨트의 고리는 원형이 되어야 한다.

(바) 표면은 매끄럽고 감촉이 좋으며, 조직의 얼룩·흠 등이 없고, 끝에는 올풀림 방지처리를 해야 한다.

7. 연결금속구는 각 항목에 적합해야 한다.

(가) 연결금속구는 사용 중 분해, 손상 또는 변형이 생기지 아니하여야 하며, 사용 중 흔들림·충격 등으로 연결후크가 풀리지 않도록 풀림방지조치를 해야 한다.

(나) 사용하는 리벳이나 부품 그 밖의 이와 유사한 것은 사용자를 다치게 하여서는 안 된다.

(다) 지지대에 거치하고자 사용되는 연결금속구는 장축 150 mm, 단축 50 mm 이상 타원형 모양으로 쉽게 연결할 수 있는 구조이어야 한다.

(라) 로프, 벨트에 사용되는 연결금속구는 가공버를 제거하여야 하며 그 접촉부위에는 연질재로 보호조치를 해야 한다.

8. 부품 및 덮개를 나사로 체결할 경우 풀림방지조치를 해야 한다.

9. 지지대의 작동부분은 완강기 또는 간이완강기를 설치하여 사용 시 고정될 수 있는 구조이어야 한다. 지지대는 특정소방대상물과 4개 이상의 앵커볼트로 고정시킬 수 있어야 하며, 지지대의 표면은 매끄러워야 하며, 사용상 유해한 흠이 없어야 한다.

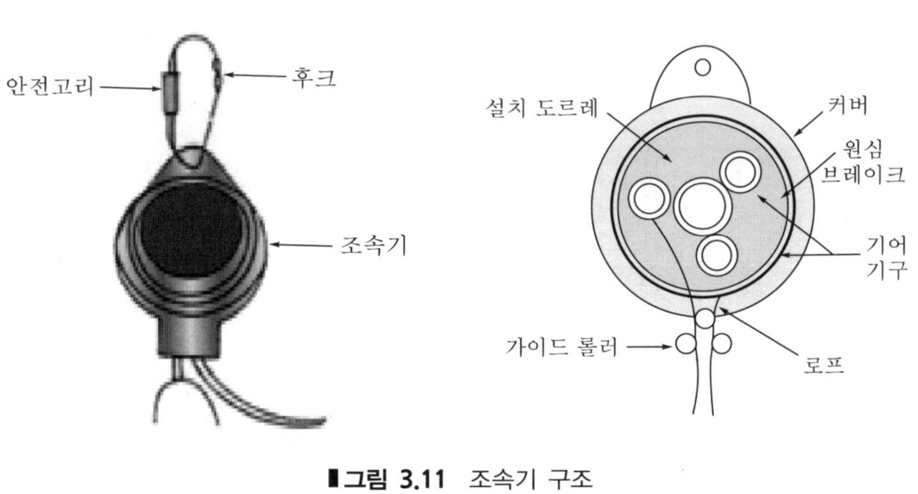

그림 3.11 조속기 구조

(4) 피난교

① 피난교의 개요

건축물의 옥상층 또는 그 이하의 층에서 화재 발생시 옆 건축물로 피난하기 위해 설치하는 피난기구이다. 평상시에는 건축물 내에 접어두었다가 화재가 발생하면 신속하게 옆 건축물에 설치하여 이웃 건축물로 안전하게 피난할 수 있도록 가교 역할을 해 주는 피난기구이다.

② 피난교의 종류

피난교는 건축물에 가설하는 방법에 따라 신장식·회전식 및 전도식 피난교로 구분된다.

③ 피난교의 규격

피난교의 규격은 일반적으로 폭 60 cm 이상, 폭목 10 cm 이상, 난간높이 110 cm, 구배 1/5 미만, 난간의 간격 18 cm 이하, 가교길이 5 m 미만, 적재하중 330 kg/m^{2}로 되어 있다. [그림 3.12]는 피난교를 나타낸 것이다.

(5) 미끄럼봉

특정소방대상물 2층 이상의 층에 설치하여 피난하는 데 사용되는 피난기구로서 피난용 로프와 사용조건이 동일하므로 사용이 불편한 사람들에게는 사용상 주의가 요구된다.

[그림 3.13]은 피난기구인 미끄럼봉을 나타낸 것이다.

가. 미끄럼 봉은 외경 35∼60 m 정도로 이음쇠가 없고 마찰이 적어야 한다.

나. 강제 또는 이와 동등 이상의 내구성을 갖는 재질로 390 kg의 압축하중시험에서 변형이 없어야 한다.

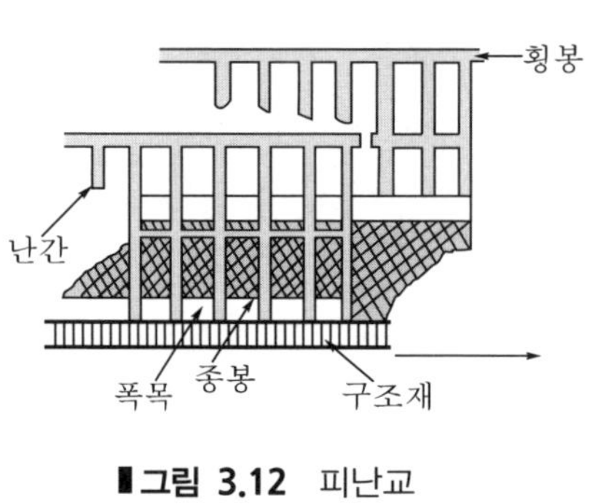

▮그림 3.12 피난교

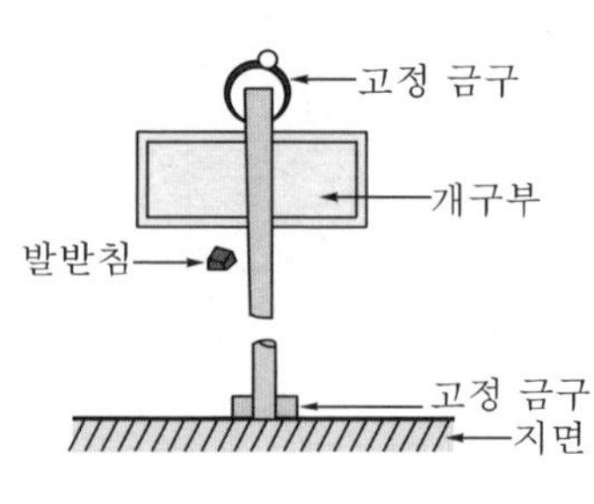

▮그림 3.13 미끄럼봉

(6) 미끄럼대

2층 또는 3층의 특정소방대상물에 설치하여 화재발생시 신속하게 지상으로 피난할 수 있도록 제조된 피난기구로서 장애인 복지시설, 노약자 수용시설, 병원 등에 적합하다. 미끄럼대는 평상시 사용하지 않을 경우에는 위로 접어 올렸다가 유사시 지면으로 내려서 사용할 수 있도록 되어 있는 것이 대부분이다. 미끄럼면은 25～35°의 구배를 가지며 직선상 또는 나선상의 형상이 있다. 금속제 또는 철근 콘크리트로 자중, 적재하중, 중압, 지진 등에 대해 안전해야 한다. 적재하중은 미끄럼면의 길이 1 m당 130 kg 이상이어야 한다.

[그림 3.14]는 피난기구인 미끄럼대를 나타낸 것이다.

(7) 피난용 밧줄

2층 이상의 특정소방대상물에 설치하는 피난기구로서 화재발생시 신속하게 피난 또는 대피할 수 있도록 특정소방대상물의 개구부인 창·발코니 등에 설치해야 한다. 또한 피난용 로프에는 특정소방대상물에 고정시킬 수 있도록 후크가 부착되어 있어 이것을 특정소방대상물에 설치하여 지면으로 내려뜨려 피난하도록 되어 있다. 밧줄의 굵기는 14～18 mm 정도가 적당하여, 나일론 등의 화학섬유나 마닐라 로프가 주로 사용되고 있다.

이것은 노약자에게 피난상 어려움이 초래되므로 부적합하여 사용할 때 주의가 필요하다.

[그림 3.15]는 피난기구인 피난용 로프를 나타낸 것이다.

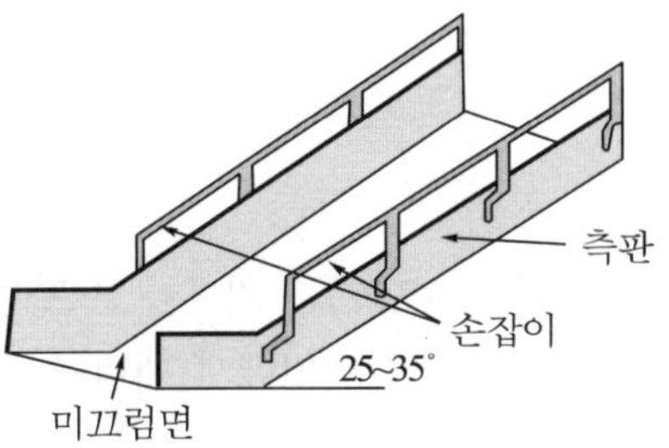

▌그림 3.14 미끄럼대

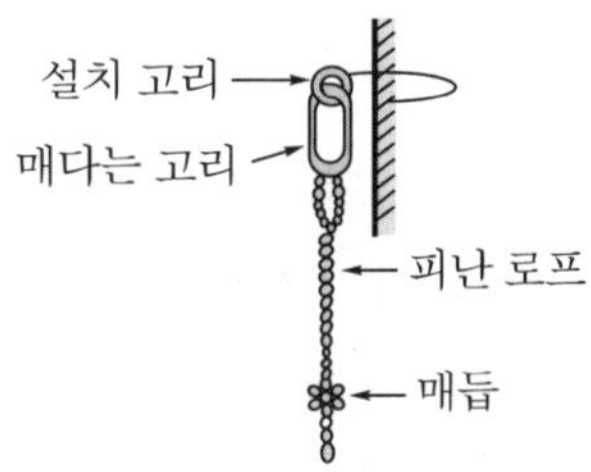

▌그림 3.15 피난용 로프

(8) 피난용 트랩

특정소방대상물의 지하층, 2층 및 3층에서 피난하기 위해서 특정소방대상물의 개구부에 설치하는 피난기구로서 도난을 방지하기 위해서 옥외에 설치하는 경우에는 피난용 트랩을 위로 접어 올려 두고 있다.

특정소방대상물의 외벽 또는 내벽에 설치하는 고정식과 사용하지 않을 시에는 하단을 들어 올려놓는 반고정식이 있다.

발판(디딤판)의 폭 1.2 m 이상, 난간 사이의 유효폭 50~60 cm 정도, 한 단의 높이 30 cm 이하로 하고, 발판은 미끄럼 방지의 조치가 이루어져야 하며, 강재 또는 알루미늄재 등의 내구성이 있는 재질을 사용한다.

트랩은 내화구조로 구획하고 갑종방화물을 설치하여 피난구로 사용하는 것이 좋다. 적재하중은 각 발판마다 130 kg/m^2 이상의 하중에 견딜 수 있어야 한다.

[그림 3.16]은 피난기구인 피난용 트랩을 나타낸 것이다.

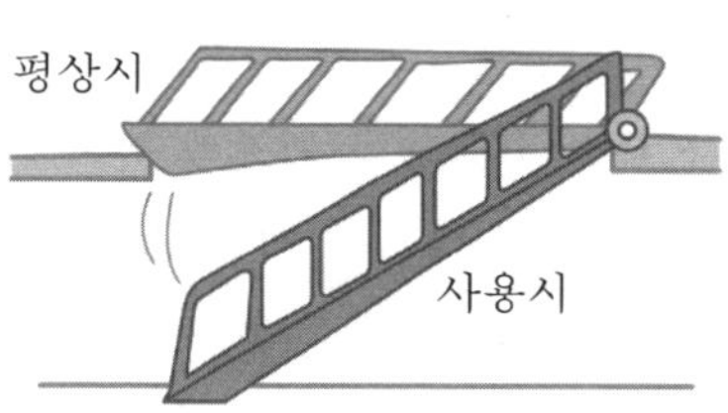

▮그림 3.16 피난용 트랩

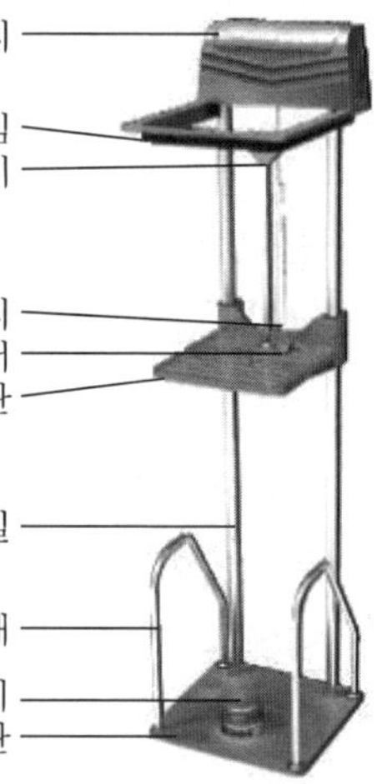

▮그림 3.17 승강식피난기

(9) 승강식피난기

① 승강식 피난기의 개요

승강식 피난기는 대피공간 내에 설치하여 승강식 피난기는 기어나 스프링에 의해 피난자가 올라타면 자중으로 하강하며 탑승자가 승강식 피난기에서 내리면, 즉 무동력으로 화재로 인한 정전이 발생하여도 탑승자 사용가능 무게는 20~120 kg과 중력으로 하강하며, 무게를 가하지 않으면 재복귀하는 피난기구이다.

② 승강식 피난기의 구조

승강식 피난기는 탑승판, 손잡이 막대, 하강 시 속도를 조절할 몸체의 3부분으로 구성된 간단한 완강기와 비슷한 구조이다. 완강기는 피난자가 벨트를 몸에 걸고 내려오는데 반해 승강식 피난기는 피난자가 탑승판에 올라서면 자신의 몸무게에 따라 서서히 아래층으로 내려가는 구조이다.

승강식 피난기는 맨 아래층부터 위층으로 설치하며, 하강구프레임, 하부고정판, 승강판, 가이드레일 등으로 구성한다.

(10) 공기안전매트의 개념

① 공기안전매트의 개요

화재 발생 시 사람이 건축물 내에서 외부로 긴급히 뛰어내릴 때 충격을 흡수하여 안전하게 지상에 도달할 수 있도록 포지에 공기 등을 주입하는 구조로 되어있는 피난기구이다. 공기안전매트는 대부분 2층의 구조로 되어 있으며 낙하하는 물체의 충격량에 따라 사면의 공기배출구를 통해 적당하게 공기를 자동 배출하여 낙하하는 물체에 가해지는 충격을 최소화하여 안전성을 확보한다.

② 공기안전매트의 종류

공기주입방식에 따라 실린더를 이용하는 방식과 송풍기를 이용하는 방식으로 구분할 수 있다.

가. 실린더를 이용하는 방식

화재 등 재난발생 시 건축물의 상층부에서 낙하하는 피난자를 구조하고자, 압축공기를 이용한 공기기둥을 형성하여 신속하게 낙하지점에 펼쳐지게 하는 피난기구

나. 송풍기를 이용하는 방식

화재 등 재난 발생 시 고층에서 낙하하는 피난자를 구조하고자, 전기팬에 의해 바람을 불어넣어 형성되어지는 피난기구

③ 공기안전매트의 점검

공기안전매트(이하 "매트"라 한다)의 구조는 다음에 적합해야 한다.

1. 사용시 신속하게 설치할 수 있고 연속하여 사용할 수 있어야 한다.
2. 상용전원을 사용하지 아니하는 장치에 의해 공급되는 공기를 사용하며 사용시 보조자가 필요하지 아니해야 한다. 다만, 비상전원 등이 설치되어 항상 전원이 공급되는 아파트구역에서 사용하는 매트에 "전원이 항상 공급되는 아파트 구역에서만 사용가능" 표시를 한 경우에는 그렇지 않다.
3. 포지는 사용 중 물·기름 또는 소화약제 등에 견디는 재질로서 내화성이 있어야 한다.
4. 낙하시 충격을 완화하여 낙하자에게 손상을 주지 않고 낙하면의 반동에 의하여 튕기거나 매트외부로 미끄러지지 아니해야 한다.
5. 매트는 사용상태에서 설치장소를 자유롭게 이동시킬 수 있어야 한다.
6. 사용시 매트 내의 압력은 일정하게 유지할 수 있으며 초과압은 자동배출되는 구조이어야 한다.
7. 매트 상부의 색상은 안전색이어야 하며 낙하목표 위치를 표시해야 한다.

그림 3.18 공기안전매트

3 피난기구의 설치

(1) 피난기구의 설치기준

피난기구는 다음 각 호의 기준에 따라 설치해야 한다.

① 피난기구는 계단·피난구 기타 피난시설로부터 적당한 거리에 있는 안전한 구조로 된 피난 또는 소화활동상 유효한 개구부(가로 0.5 m 이상 세로 1 m 이상인 것을 말한다. 이 경우 개부구 하단이 바닥에서 1.2 m 이상이면 발판 등을 설치하여야 하고, 밀폐된 창문은 쉽게 파괴할 수 있는 파괴장치를 비치해야 한다)에 고정하여 설치하거나 필요한 때에 신속하고 유효하게 설치할 수 있는 상태에 둘 것

② 피난기구를 설치하는 개구부는 서로 동일직선상이 아닌 위치에 있을 것. 다만, 피난교 · 피난용트랩 · 간이완강기 · 아파트에 설치되는 피난기구(다수인 피난장비는 제외한다) 기타 피난 상 지장이 없는 것에 있어서는 그렇지 않다.

③ 피난기구는 특정소방대상물의 기둥 · 바닥 · 보 기타 구조상 견고한 부분에 볼트조임 · 매입 · 용접 기타의 방법으로 견고하게 부착할 것

④ 4층 이상의 층에 피난사다리(하향식 피난구용 내림식사다리는 제외한다)를 설치하는 경우에는 금속성 고정사다리를 설치하고, 해당 고정사다리에는 쉽게 피난할 수 있는 구조의 노대를 설치할 것

⑤ 완강기는 강하 시 로프가 특정소방대상물과 접촉하여 손상되지 아니하도록 할 것

⑥ 완강기로프의 길이는 부착위치에서 지면 기타 피난상 유효한 착지 면까지의 길이로 할 것

⑦ 미끄럼대는 안전한 강하속도를 유지하도록 하고, 전락방지를 위한 안전조치를 할 것

⑧ 구조대의 길이는 피난 상 지장이 없고 안정한 강하속도를 유지할 수 있는 길이로 할 것

⑨ 다수인 피난장비는 다음 각 목에 적합하게 설치할 것

가. 피난에 용이하고 안전하게 하강할 수 있는 장소에 적재 하중을 충분히 견딜 수 있도록 「건축물의 구조기준 등에 관한 규칙」 제3조에서 정하는 구조안전의 확인을 받아 견고하게 설치할 것
나. 다수인피난장비 보관실은 건물 외측보다 돌출되지 않고, 빗물·먼지 등으로부터 장비를 보호할 수 있는 구조일 것
다. 사용 시에 보관실 외측 문이 먼저 열리고 탑승기가 외측으로 자동으로 전개될 것
라. 하강 시에 탑승기가 건물 외벽이나 돌출물에 충돌하지 않도록 설치할 것
마. 상·하층에 설치할 경우에는 탑승기의 하강경로가 중첩되지 않도록 할 것
바. 하강 시에는 안전하고 일정한 속도를 유지하도록 하고 전복, 흔들림, 경로이탈 방지를 위한 안전조치를 할 것
사. 보관실의 문에는 오작동 방지조치를 하고, 문 개방 시에는 해당 특정소방대상물에 설치된 경보설비와 연동하여 유효한 경보음을 발하도록 할 것
아. 피난층에는 해당 층에 설치된 피난기구가 착지에 지장이 없도록 충분한 공간을 확보할 것
자. 한국소방산업기술원 또는 성능시험기관으로 지정받은 기관에서 그 성능을 검증받은 것으로 설치할 것

⑩ 승강식피난기 및 하향식 피난구용 내림식사다리는 다음과 같이 적합하게 설치할 것
가. 승강식피난기 및 하향식 피난구용 내림식사다리는 설치경로가 설치층에서 피난층까지 연계될 수 있는 구조로 설치할 것. 단, 건축물의 구조 및 설치 여건상 불가피한 경우는 그러하지 아니한다.
나. 대피실의 면적은 2 m^2 (2세대 이상일 경우에는 3 m^2) 이상으로 하고, 「건축법시행령」 제46조 제4항의 규정에 적합하여야 하며 하강구(개구부) 규격은 직경 60 cm 이상일 것. 단, 외기와 개방된 장소에는 그러하지 아니한다.
다. 하강구 내측에는 기구의 연결 금속구 등이 없어야 하며 전개된 피난기구는 하강구 수평투영면적 공간 내의 범위를 침범하지 않는 구조이어야 할 것. 단, 직경 60 cm 크기의 범위를 벗어난 경우이거나, 직하층의 바닥 면으로부터 높이 50 cm 이하의 범위는 제외한다.
라. 대피실의 출입문은 갑종방화문으로 설치하고, 피난방향에서 식별할 수 있는 위치에 "대피실" 표지판을 부착할 것. 단, 외기와 개방된 장소에는 그러하지 아니한다.
마. 착지점과 하강구는 상호 수평거리 15 cm 이상의 간격을 둘 것
바. 대피실 내에는 비상조명등을 설치할 것
사. 대피실에는 층의 위치표시와 피난기구 사용설명서 및 주의사항 표지판을 부착할 것
아. 대피실 출입문이 개방되거나, 피난기구 작동 시 해당층 및 직하층 거실에 설치된 표시등 및 경보장치가 작동되고, 감시 제어반에서는 피난기구의 작동을 확인할 수 있

어야 할 것

자. 사용 시 기울거나 흔들리지 않도록 설치할 것

차. 승강식피난기는 한국소방산업기술원 또는 성능시험기관으로 지정받은 기관에서 그 성능을 검증받은 것으로 설치할 것

⑪ 피난기구를 설치한 장소에는 가까운 곳의 보기 쉬운 곳에 피난기구의 위치를 표시하는 발광식 또는 축광식표지와 그 사용방법을 표시한 표지를 부착하되, 축광식표지는 소방청장이 고시한 「축광표지의 성능인증 및 제품검사의 기술기준」에 적합해야 한다. 다만, 방출성물질을 사용하는 위치표지는 쉽게 파괴되지 아니하는 재질로 처리할 것

(2) 피난기구의 설치 개수

피난기구는 다음의 기준에 의하여 산출된 개수 이상을 설치해야 한다.

① 층마다 설치하되 숙박 시설·노유자 시설 및 의료 시설로 사용되는 층에 있어서는 그 층의 바닥 면적 500 m^2마다, 위락 시설·문화 집회 및 운동 시설·판매 시설로 사용되는 층 또는 복합 용도의 층에 있어서는 그 층의 바닥 면적 800 m^2마다, 계단실형 아파트에 있어서는 각 세대마다, 그 밖의 용도의 층에 있어서는 그 층의 바닥면적 1,000 m^2 마다 1개 이상을 설치할 것

② "①"의 규정에 따라 설치한 피난기구 외에 숙박시설(휴양콘도미니엄을 제외한다)의 경우에는 추가로 객실마다 완강기 또는 2 이상의 간이완강기를 설치할 것

③ "①"의 규정에 따라 설치한 피난기구 외에 4층 이상의 층에 설치된 노유자시설 중 장애인 관련 시설로서 주된 사용자 중 스스로 피난이 불가한 자가 있는 경우에는 층마다 구조대를 1개 이상 추가로 설치할 것

(3) 특정소방대상물의 용도에 따른 층별 피난기구의 적응성

피난기구인 구조대·완강기·피난사다리·미끄럼대·피난용 트랩·피난 밧줄·공기안전매트 등을 소방 대상물에 설치할 때에는 특정소방대상물의 용도·층수·면적·수용인원 등을 고려하여 가장 사용하기 쉽고 편리한 피난기구를 설치해야 한다.

[표 3.1]은 특정소방대상물의 용도에 따른 층 별 피난기구의 적응성을 나타낸 것이다.

표 3.1 특정소방대상물의 설치장소별 피난기구의 적응성

층별 설치장소별 구분	1등	2층	3층	4층 이상 10층 이하
1. 노유자시설	• 미끄럼대 • 구조대 • 피난교 • 다수인피난장비 • 승강식 피난기	• 미끄럼대 • 구조대 • 피난교 • 다수인피난장비 • 승강식 피난기	• 미끄럼대 • 구조대 • 피난교 • 다수인피난장비 • 승강식 피난기	• 구조대 [1)] • 피난교 • 다수인피난장비 • 승강식 피난기
2. 의료시설·근린생활시설 중 입원실이 있는 의원·접골원·조산원			• 미끄럼대 • 구조대 • 피난교 • 피난용트랩 • 다수인피난장비 • 승강식 피난기	• 구조대 • 피난교 • 피난용트랩 • 다수인피난장비 • 승강식 피난기
3. 「다중이용업소의 안전관리에 관한 특별법 시행령」 제2조에 따른 다중이용업소로서 영업장의 위치가 4층 이하인 다중이용업소		• 미끄럼대 • 피난사다리 • 구조대 • 완강기 • 다수인피난장비 • 승강식 피난기	• 미끄럼대 • 피난사다리 • 구조대 • 완강기 • 다수인피난장비 • 승강식 피난기	• 미끄럼대 • 피난사다리 • 구조대 • 완강기 • 다수인피난장비 • 승강식 피난기
4. 그 밖의 것			• 미끄럼대 • 피난사다리 • 구조대 • 완강기 • 피난교 • 피난용트랩 • 간이완강기 [2)] • 공기안전매트 • 다수인피난장비 • 승강식 피난기	• 피난사다리 • 구조대 • 완강기 • 피난교 • 간이완강기 [2)] • 공기안전매트 • 다수인피난장비 • 승강식 피난기

[비고] 1) 구조대의 적응성은 장애인 관련 시설로서 주된 사용자 중 스스로 피난이 불가한 자가 있는 경우 추가로 설치하는 경우에 한한다.
2) 간이완강기의 적응성은 숙박시설의 3층 이상에 있는 객실에 추가로 설치하는 경우에 한한다.

4 적용대상물

피난기구는 특정소방대상물의 모든 층에 화재안전기준에 적합한 것으로 설치해야 한다. 다만, 피난층, 지상 1층, 지상 2층(노유자시설 중 피난층이 아닌 지상 1층과 피난층이 아닌 지상

2층은 제외한다) 및 층수가 11층 이상인 층과 위험물 저장 및 처리시설 중 가스시설, 지하가 중 터널 또는 지하구의 경우에는 그렇지 않다.

5 피난기구의 설치 제외

피난구조설비의 설치 면제 요건의 규정에 따라 다음에 해당하는 특정소방대상물 또는 그 부분에는 피난기구를 설치하지 않을 수 있다. 다만, 숙박시설(휴양 콘도미니엄은 제외한다)에 설치되는 완강기 및 간이완강기는 그렇지 않다.

① 다음의 기준에 적합한 층
　가. 주요 구조부가 내화구조로 되어 있어야 할 것
　나. 실내의 면하는 부분의 마감이 불연재료·준불연재료 또는 난연재료로 되어 있고, 방화 구획이 「건축법 시행령」 제46조의 규정에 적합하게 구획되어 있어야 할 것
　다. 거실의 각 부분으로부터 직접 복도로 쉽게 통할 수 있어야 할 것
　라. 복도에 2 이상의 특별 피난계단 또는 피난계단이 「건축법 시행령」 제35조의 규정에 적합하게 설치되어 있어야 할 것
　마. 복도의 어느 부분에서도 2 이상의 방향으로 각각 다른 계단에 도달할 수 있어야 할 것

② 다음의 기준에 적합한 특정소방대상물 중 그 옥상의 직하층 또는 최상층(관람 집회 및 운동 시설 또는 판매 시설은 제외)
　가. 주요 구조부가 내화구조로 되어 있어야 할 것
　나. 옥상의 면적이 1,500 m^2 이상이어야 할 것
　다. 옥상으로 쉽게 통할 수 있는 창 또는 출입구가 설치되어 있어야 할 것
　라. 옥상이 소방 사다리차가 쉽게 통행할 수 있는 도로(폭 6 m 이상의 것) 또는 공지(공원 또는 광장)에 면하여 설치되어 있거나 옥상으로부터 피난층 또는 지상으로 통하는 2 이상의 피난계단 또는 특별 피난계단이 「건축법시행령」 제35조에 적합하게 설치되어 있어야 할 것

③ 주요 구조부가 내화 구조이고, 지하층을 제외한 층수가 4층 이하이며, 소방 사다리차가 쉽게 통행할 수 있는 도로 또는 공지에 면하는 부분에 "영 제2조 제1호"에서 정하는 기준에 적합한 개구부가 2 이상 설치되어 있는 층(문화집회 및 운동시설·판매시설·영업시설·노유자 시설의 용도로 사용되는 층으로서 그 층의 바닥면적이 1,000 m^2 이상인 것은 제외)

④ 갓복도식 아파트 또는 「건축법 시행령」 제46조 제5항에 해당하는 구조 또는 시설을 설치하여 인접(수평 또는 수직)세대로 피난할 수 있는 아파트
⑤ 주요 구조부가 내화 구조로서 거실의 각 부분으로부터 직접 복도로 피난할 수 있는 학교(강의실 용도로 사용되는 층)
⑥ 무인 공장 또는 자동 창고로서 사람의 출입이 금지된 장소(관리를 위하여 일시적으로 출입하는 장소를 포함)
⑦ 건축물의 옥상부분으로서 거실에 해당하지 않고 「건축법 시행령」 제119조 제1항 제9호에 해당하여 층수로 산정된 층으로 사람이 근무하거나 거주하지 않는 장소

6 설치감소 기준

(1) 다음 기준에 적합한 층에는 피난기구 설치개수 규정에 의한 피난기구의 2분의 1을 감소할 수 있다. 이 경우 설치하여야 할 피난기구에 있어서 소수점 이하의 수는 1로 한다.
① 주요 구조부가 내화구조로 되어 있을 것
② 직통계단인 피난계단 또는 특별피난계단이 2 이상 설치되어 있을 것

(2) 주요구조부가 내화구조이고 다음의 기준에 적합한 건널복도가 설치되어 있는 층에는 피난기구 설치개수 규정에 의한 피난기구의 수에서 해당 건널복도의 수의 2배의 수를 뺀 수로 한다.
① 내화구조 또는 철골구조로 되어 있을 것
② 건널복도 양단의 출입구에 자동폐쇄장치를 한 60분+ 방화문 또는 60분 방화문(방화샷다를 제외한다)이 설치되어 있을 것
③ 피난, 통행 또는 운반의 전용 용도일 것

(3) 다음의 기준에 적합한 노대가 설치된 거실의 바닥면적은 피난기구의 설치개수 산정을 위한 바닥면적에서 이를 제외한다.
① 노대를 포함한 특정소방대상물의 주요구조부가 내화구조일 것
② 노대가 거실의 외기에 면하는 부분에 피난상 유효하게 설치되어 있어야 할 것
③ 노대가 소방사다리차가 쉽게 통행할 수 있는 도로 또는 공지에 면하여 설치되어 있거나, 거실부분과 방화구획되어 있거나 또는 노대에 지상으로 통하는 계단 그 밖의 피난기구가 설치되어 있어야 할 것

3.2 인명구조기구

1 개요

인명구조기구라 함은 방열복, 방화복, 공기호흡기 및 인공소생기로 화재 시 소방 활동을 수행하거나 인명을 안전하게 보호 또는 구조하는 데 사용되는 기구를 말한다.

방열복 및 방화복은 고온의 복사열에 가까이 접근하여 소방활동을 수행할 수 있는 내열 및 내화 피복을 말한다. 공기호흡기는 소화활동 시에 화재로 인하여 발생하는 각종 유독가스 중에서 일정 시간 사용할 수 있도록 제조된 압축공기식 개인호흡장비(보조마스크를 포함)를 말한다. 인공소생기는 호흡 부전 상태인 사람에게 인공호흡을 시켜 환자를 보호하거나 구급하는 기구를 말한다.

2 인명구조기구의 종류

(1) 방열복

① 방열복의 정의

고온의 복사열에 가까이 접근하여 소방활동을 수행할 수 있는 내열피복이다. 방열복은 방열상의·방열하의·방열장갑, 방열두건, 방열화로 구분된다.

대형화재로 인하여 복사열이 강한 경우에 소방관이 화재 속에서 인명구출 또는 소화 활동 시 착용하는 옷을 말한다. 방열복은 내열성이 강한 아라미드 섬유의 표면에 알루미늄으로 특수 코팅한 겉감과 내열섬유의 중간층, 안감 등 여러 겹으로 되어 있어 열을 반사시키고 차단하여 화재로부터 보호해 준다. 기름이나 약품이 묻은 상태 또는 습기가 많은 곳에 방치하면 직물표면이 손상될 우려가 있으므로 사용 후에는 반드시 세탁하여 그늘에서 건조한 후에 보관해야 한다.

② 방열복의 종류

가. 방열상의 : 소화활동을 위하여 사람의 상체에 입는 옷을 말한다.

나. 방열하의 : 소화활동을 위하여 사람의 하의에 입는 옷을 말한다.

다. 방열장갑 : 소화활동을 위하여 사람의 손에 끼는 장갑을 말한다.
라. 방열두건 : 소화활동을 위하여 사람의 머리에 쓰는 두건을 말한다.
마. 방열화 : 소화활동을 위하여 발에 신는 것을 말한다.

방열상의 방열하의 방열장갑 방열두건 방열화

그림 3.19 인명구조기구인 방열복

(2) 공기호흡기

① 공기호흡기의 정의

소화활동 시에 화재로 인하여 발생하는 각종 유독가스 중에서 일정시간 사용할 수 있도록 제조된 압축공기식 개인호흡장비(보조마스크를 포함한다)를 말한다. 또한 공기호흡기는 유독성 가스 중에서도 순수한 공기만을 공급하여 소화활동을 하는 사람이 유독성 가스에 질식하거나 실명·중독 등의 방지를 위해 고압의 공기압축용기·공기공급밸브·배기밸브·감압밸브·급기호스·압력계·면체·경보 장치 등으로 구성되어 있으며, 양압형 공기호흡기와 음압형 공기호흡기로 구분된다.

② 공기호흡기의 종류

가. 양압식 공기호흡기(Positive air respirator)
면체 내부(사람의 얼굴면)에 작용하는 압력이 면체 외부에 작용하는 압력보다 항상 일정한 압력만큼 높은 공기호흡기로서 면체 내부의 압력이 일정 압력 이하로 되면 작동되는 압력 디멘드 밸브가 부착되어 있다.

나. 음압식 공기호흡기(Negative air respirator)
공기를 흡입할 때 개방되고, 공기를 배기하거나 정지할 때에 폐지되는 디멘드 밸브가 부착된 공기호흡기이다.

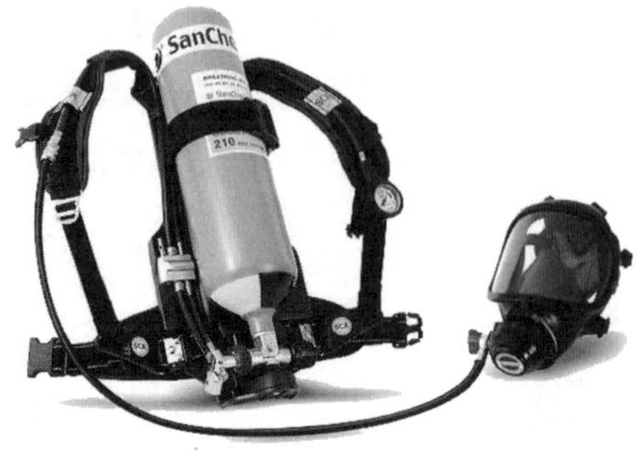

그림 3.20 공기호흡기

③ 공기호흡기의 규격

가. 최고 충전압력 150 kg/cm^2 이상으로 충전하여 분당 40 L씩 호흡시 용기별로 30분, 40분, 50분 이상 사용할 수 있는 물량이어야 한다.

나. 총중량(공기량 제외)은 30분용 7 kg 이하, 40분 및 50분용 8 kg 이하이어야 한다. 단, 보조마스크의 중량은 총중량에서 제외한다.

(3) 인공소생기

① 인공소생기의 정의

호흡부전상태인 사람에게 인공호흡을 시켜 환자를 보호하거나 구급하는 기구를 말한다.

가. 호기 : 사람의 허파(폐)에서 가스가 나오는 것을 말한다.

나. 흡기 : 사람의 허파(폐)에 가스가 들어가는 것을 말한다.

다. 송기 : 환자에게 인공호흡시 환자의 입 또는 기관지를 통하여 허파(폐)로 보낼 수 있는 공기량을 말한다.

[그림 3.21]은 인명구조기구인 인공소생기를 나타낸 것이다.

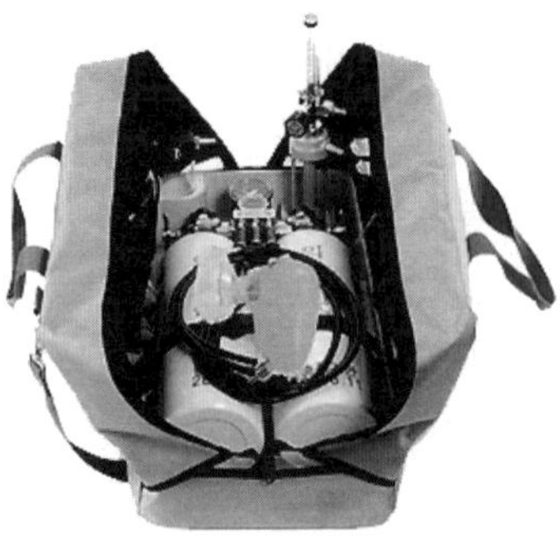

그림 3.21 인명구조기구인 인공소생기

② 인공소생기의 종류

인명구조기구인 인공 소생기는 흡인기능, 자동인공호흡기능 및 산소흡입기능을 가지고 있다.

가. 흡인기능

인공호흡 전에 기관지에 남아있는 점액·혈액·오물 등을 흡인시켜 기관지를 정상적으로 유지시켜 주는 기능이다.

나. 자동인공호흡기능

사람의 호흡이 정지된 직후 또는 자발적인 호흡이 곤란한 환자 발생 시 자동 전환기에 의해 인공호흡을 시켜 소생하도록 하는 기능이다.

다. 산소흡인기능

자발적인 호흡이 가능한 환자 및 산소 결핍에 의한 청색증 환자에게 투명 마스크를 연결하여 가습병을 통한 습윤 산소를 공급하는 기능이다.

(4) 방화복

화재진압 등의 소방활동을 수행할 수 있는 피복을 말한다.

(5) 그 밖의 인명구조기구

① 방열 마스크(구조용·피난용)

② 파괴기구

가. 손도끼

나. 갈고리

③ 휴대용 로프(15 m)

④ 산소 발생기

3 인명구조기구의 설치기준

(1) 특정소방대상물의 용도 및 장소별로 설치하여야 할 인명구조기구는 [표 3.2]에 따라 설치할 것

(2) 화재시 쉽게 반출 사용할 수 있는 장소에 비치할 것

(3) 인명구조기구가 설치된 가까운 장소의 보기 쉬운 곳에 “인명구조기구”라는 축광식표지와 그 사용방법을 표시한 표시를 부착하되, 축광식표지는 소방청장이 고시한 「축광표지의 성능인증 및 제품검사의 기술기준」에 적합한 것으로 할 것

(4) 방열복은 소방청장이 고시한 「소방용 방열복의 성능인증 및 제품검사의 기술기준」에 적합한 것으로 설치할 것

(5) 방화복(헬멧, 보호장갑 및 안전화를 포함)은 「소방장비 표준규격 및 내용연수 규정」에 적합한 것으로 설치할 것

표 3.2 특정소방대상물의 용도 및 장소별로 설치하여야 할 인명구조기구

특정소방대상물	인명구조기구의 종류	설치 수량
• 지하층을 포함하는 층수가 7층 이상인 관광호텔 및 5층 이상인 병원	• 방열복 또는 방화복(헬멧, 보호장갑 및 안전화를 포함) • 공기호흡기 • 인공소생기	• 각 2개 이상 비치할 것. 다만, 병원의 경우에는 인공소생기를 설치하지 않을 수 있다.
• 문화 및 집회시설 중 수용인원 100명 이상의 영화상영관 • 판매시설 중 대규모 점포 • 운수시설 중 지하역사 • 지하가 중 지하상가	• 공기호흡기	• 층마다 2개 이상 비치할 것. 다만, 각 층마다 갖추어 두어야 할 공기호흡기 중 일부를 직원이 상주하는 인근 사무실에 갖추어 둘 수 있다.
• 물분무등소화설비 중 이산화탄소소화설비를 설치하여야 하는 특정소방대상물	• 공기호흡기	• 이산화탄소소화설비가 설치된 장소의 출입구 외부 인근에 1대 이상 비치할 것

4 적용대상물

(1) 방열복 또는 방화복(안전모, 보호장갑 및 안전화를 포함), 인공소생기 및 공기호흡기를 설치해야 하는 특정소방대상물 : 지하층을 포함하는 층수가 7층 이상인 것 중 관광호텔용도로 사용하실 층

(2) 방열복 또는 방화복(안전모, 보호장갑 및 안전화를 포함) 및 공기호흡기를 설치해야 하는 특정소방대상물 : 지하층을 포함하는 층수가 5층 이상인 것 중 병원 용도로 사용하는층

(3) 공기호흡기를 설치해야 하는 특정소방대상물은 다음의 어느 하나에 해당하는 것으로 한다.

① 수용인원 100명 이상인 문화 및 집회시설 중 영화상영관

② 판매시설 중 대규모점포

③ 운수시설 중 지하역사

④ 지하가 중 지하상가

⑤ 물분무등소화설비 및 화재안전기준에 따라 이산화탄소소화설비(호스릴이산화탄소소화설비는 제외)를 설치해야 하는 특정소방대상물

출제 및 예상문제

01 피난기구의 종류 7가지를 쓰시오.

정답
① 완강기 ② 피난교
③ 피난사다리 ④ 미끄럼대
⑤ 피난용트랩 ⑥ 구조대
⑦ 공기 안전 매트 ⑧ 간이완강기
⑨ 피난밧줄 ⑩ 다수인 피난장비
⑪ 승강식 피난기

02 피난과 관련하여 무창층의 정의를 쓰고 유효한 개구부의 조건을 5가지 쓰시오.

정답
(1) 정의 : '무창층'이란 지상층 중 다음 '(2)'에 해당하는 개구부 면적의 합계가 그 층 바닥면적의 30분의 1 이하가 되는 층을 말한다.
(2) 유효한 개구부
① 개구부의 크기는 지름 50 cm 이상의 원이 내접할 수 있어야 한다.
② 그 층의 바닥면적으로부터 개구부 밑부분까지의 높이가 1.2 m 이내이어야 한다.
③ 도로 또는 차량의 진입이 가능한 공지에 면해 있어야 한다.
④ 화재 시 건축물로부터 쉽게 피난할 수 있도록 창살 또는 그 밖의 장애물이 설치되지 않아야 한다.
⑤ 내부 또는 외부에서 쉽게 파괴 또는 개방이 가능해야 한다.

03 구조대의 고정고리를 점검하는 경우 착안점에 대해서 4가지만 쓰시오.

정답
① 고정고리 박스 내에 토사나 물이 고여 있지 않은가
② 보호 덮개는 용이하게 개방할 수 있는가
③ 보호 덮개반 상면의 층수 표시를 확인할 수 있는가
④ 건축구조물에 고정하는 대와 포의 상단을 연결하는 틀을 회전할 수 있도록 연결하였는가
⑤ 부식, 느슨함, 변형, 파손된 곳은 없는가
⑥ 회전부 등의 움직임에 이상이 없는가
⑦ 건출물에 부착하는 볼트, 너트 등에 이상이 없는가
⑧ 포대 본체와의 결합에 느슨함, 흠집은 없는가

04 수직하강식 구조대에는 협축부와 비협축부를 두고 있다. 협축부를 두는 이유는 무엇인가?

정답 피난자의 하강속도를 조절하여 안전한 피난을 하도록 하기 위해서

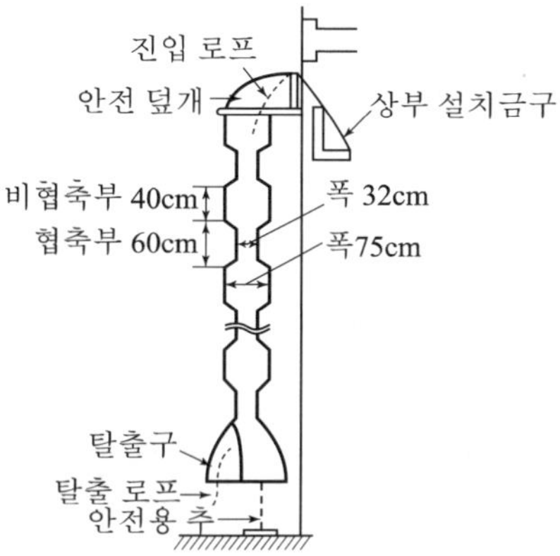

05 완강기를 매어다는 갈고리의 위치는 바닥면에서 어느 정도의 거리가 적당한지 설명하시오.

정답 1.5～1.8 m인 곳

06 4층 이상의 층에 고정사다리를 설치하는 경우의 방법에 대해서 설명하시오.

정답 ① 사다리는 발코니 등에 설치한다.
② 발코니에 설치하는 하강구는 바로 밑에 층의 하강구와 동일 수직선상이 되지 않도록 한다.

07 완강기의 구성부분 5가지를 구분하여 기술하시오.

정답 ① 조속기 연결부
② 연결금속구
③ 조속기
④ 로프
⑤ 벨트

08 소방대상물이 노유자시설이고 2층일 경우 설치 가능한 피난기구를 3가지 쓰시오.

정답 ① 피난교
② 구조대
③ 미끄럼대

해설 특정소방대상물의 설치장소별 피난기구의 적응성

설치장소별 구분 \ 층별	1층	2층	3층	4층 이상 10층 이하
1. 노유자시설	• 미끄럼대 • 구조대 • 피난교 • 다수인피난장비 • 승강식 피난기	• 미끄럼대 • 구조대 • 피난교 • 다수인피난장비 • 승강식 피난기	• 미끄럼대 • 구조대 • 피난교 • 다수인피난장비 • 승강식 피난기	• 구조대 1) • 피난교 • 다수인피난장비 • 승강식 피난기
2. 의료시설 · 근린생활시설 중 입원실이 있는 의원 · 접골원 · 조산원			• 미끄럼대 • 구조대 • 피난교 • 피난용트랩 • 다수인피난장비 • 승강식 피난기	• 구조대 • 피난교 • 피난용트랩 • 다수인피난장비 • 승강식 피난기
3. 「다중이용업소의 안전관리에 관한 특별법 시행령」 제2조에 따른 다중이용업소로서 영업장의 위치가 4층 이하인 다중이용업소		• 미끄럼대 • 피난사다리 • 구조대 • 완강기 • 다수인피난장비 • 승강식 피난기	• 미끄럼대 • 피난사다리 • 구조대 • 완강기 • 다수인피난장비 • 승강식 피난기	• 미끄럼대 • 피난사다리 • 구조대 • 완강기 • 다수인피난장비 • 승강식 피난기
4. 그 밖의 것			• 미끄럼대 • 피난사다리 • 구조대 • 완강기 • 피난교 • 피난용트랩 • 간이완강기 2) • 공기안전매트 • 다수인피난장비 • 승강식 피난기	• 피난사다리 • 구조대 • 완강기 • 피난교 • 간이완강기 2) • 공기안전매트 • 다수인피난장비 • 승강식 피난기

[비고] 1) 구조대의 적응성은 장애인 관련 시설로서 주된 사용자 중 스스로 피난이 불가한 자가 있는 경우 추가로 설치하는 경우에 한한다.
2) 간이완강기의 적응성은 숙박시설의 3층 이상에 있는 객실에 추가로 설치하는 경우에 한한다.

② 피난기구의 종류

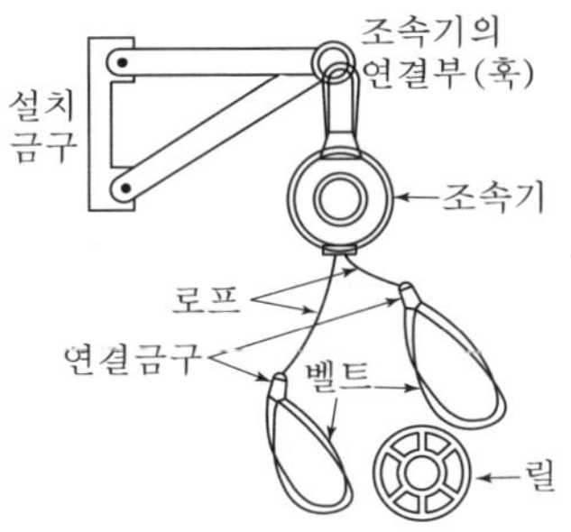

완강기

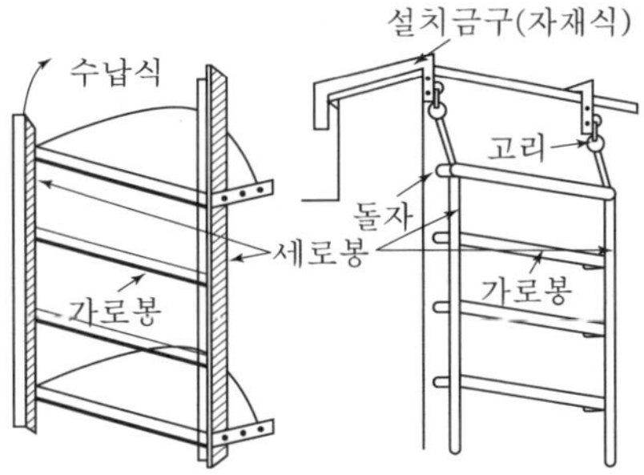

피난사다리

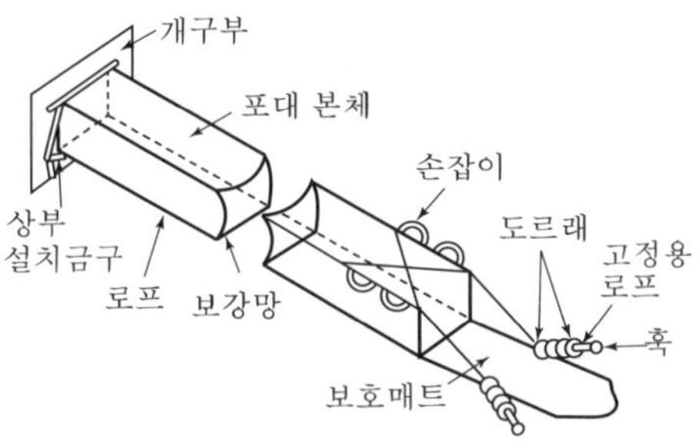

사강식 구조대

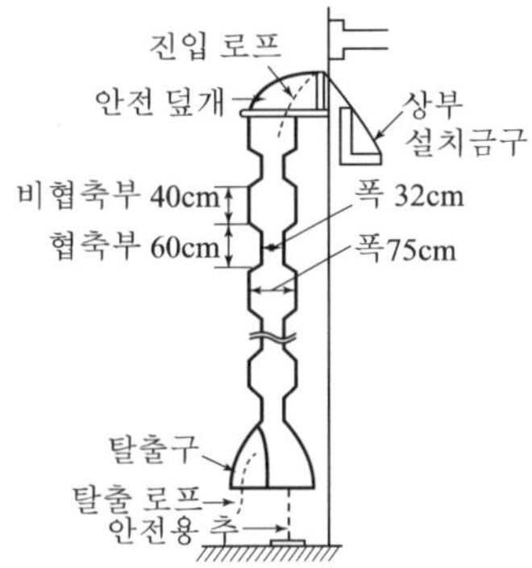

수직강하식 구조대

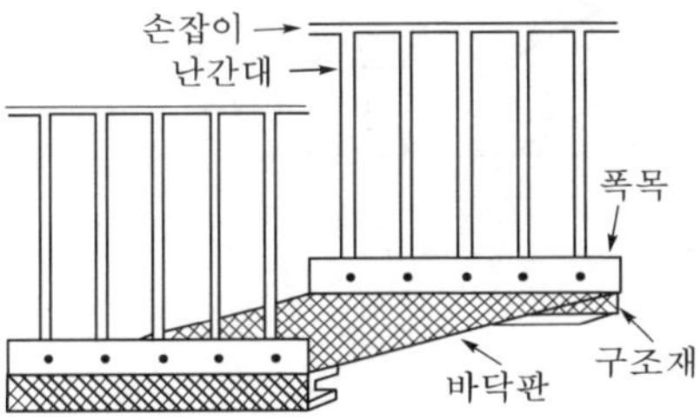

피난교

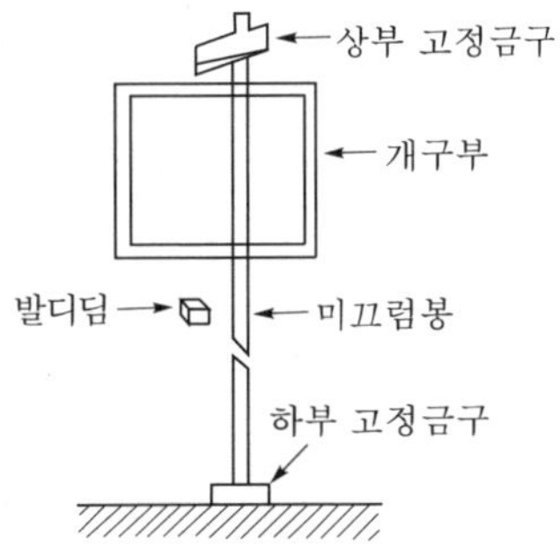

미끄럼봉

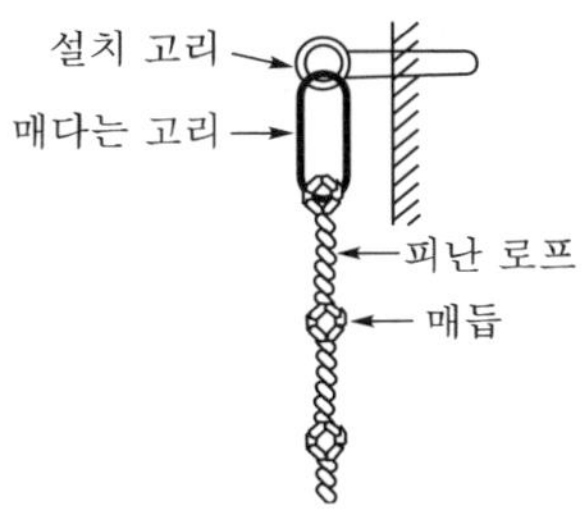

피난로프

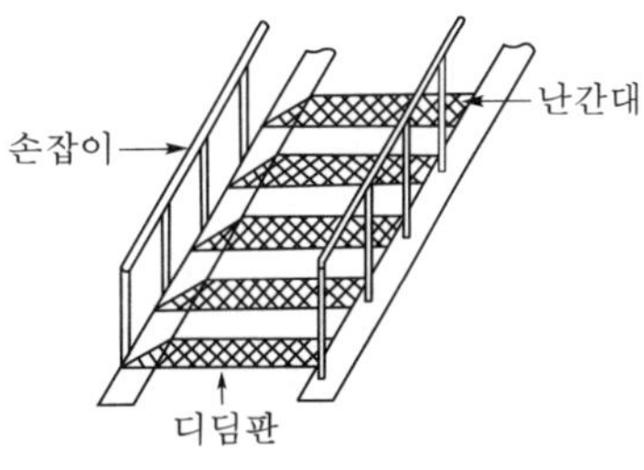

피난용 트랩

09 완강기의 설치구 선단은 벽면(외면)에서 어느 정도의 거리가 필요한지 설명하시오.

정답 15～30 cm 정도

10 구조대 유도 로프의 사용 목적에 대해서 설명하시오.

정답 구조대를 하강할 경우 포대가 전선, 수목 등의 장애물에 걸리지 않도록 유도하는 것

11 사강식 구조대의 구성요소는 무엇인가? (5가지)

정답 ① 포대 본체
② 설치금구
③ 하부 지지장치
④ 부상방지장치
⑤ 유도 로프
⑥ 수납함

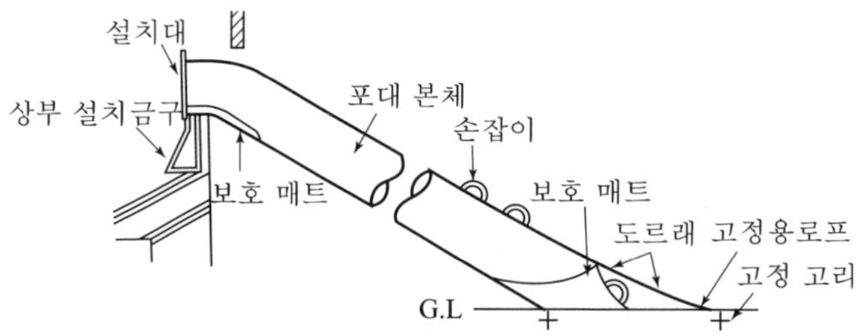

12 경사하강식 구조대의 외관점검에 대해서 설명하시오.

정답 경사강하식구조대 구조를 통한 점검 사항

① 연속하여 활강할 수 있는 구조로 안전하고 쉽게 사용할 수 있어야 한다.
② 입구틀 및 취부틀의 입구는 지름 50 cm 이상의 구체가 통과할 수 있어야 한다.
③ 포지는 사용 시 수직방향으로 현저하게 늘어나지 아니해야 한다.
④ 포지, 지지틀, 취부틀 그 밖의 부속장치 등은 견고하게 부착되어야 한다.
⑤ 구조대 본체는 강하방향으로 봉합부가 설치되지 아니해야 한다.
⑥ 구조대 본체의 활강부는 낙하방지를 위해 포를 2중구조로 하거나 또는 망목의 변의 길이가 8 cm 이하인 망을 설치해야 한다. 다만, 구조상 낙하방지의 성능을 갖고 있는 구조대의 경우에는 그렇지 않다.
⑦ 본체의 포지는 하부지지장치에 인장력이 균등하게 걸리도록 부착하여야 하며 하부지지장치는 쉽게 조작할 수 있어야 한다.
⑧ 손잡이는 출구부근에 좌우 각 3개 이상 균일한 간격으로 견고하게 부착해야 한다.
⑨ 구조대본체의 끝부분에는 길이 4 m 이상, 지름 4 mm 이상의 유도선을 부착하여야 하며, 유도선 끝에는 중량 3 N (300 g) 이상의 모래주머니 등을 설치해야 한다.
⑩ 땅에 닿을 때 충격을 받는 부분에는 완충장치로서 받침포 등을 부착해야 한다.

13 구조대의 상부 하강구 크기를 점검할 때의 기준은 얼마로 하는가?

정답 상부 하강구의 크기는 0.5 m 이상의 구체가 통과할 수 있는 크기로 해야 한다.

14 피난설비 중 인명구조기구의 종류를 3가지 쓰시오.

정답 ① 방열복 또는 방화복(헬멧, 보호장갑 및 안전화 포함)
② 공기호흡기
③ 인공소생기

15 4층 이상 10층 이하의 의료시설(의료시설의 부수시설로 설치한 장례식장 제외)에 설치하여야 할 피난기구 3가지를 쓰시오.

정답 구조대, 피난교, 피난용트랩, 다수인피난장비, 승강식피난기

16 완강기에 대한 다음 질문에 답하시오.

(가) 완강기 벨트의 폭, 길이는 각각 얼마인가?
(나) 완강기에 사용하는 로프의 구비조건을 쓰시오.
(다) 속도조절기(조속기)의 구조와 성능상 구비조건을 쓰시오.
(라) 완강기의 구조상 구성부품을 모두 쓰시오.
(마) 완강기의 최대사용하중이 260 kg일 때 동시에 사용할 수 있는 사람은 최대 몇 명인가?
(바) 완강기의 강도시험은 최대사용자 수에 몇 [kg]을 곱하여 얻은 값의 정하중을 가하는 시험에 적합하여야 하는가?
(사) 완강기는 −20∼50℃ 상태에서 최대사용자수에 최대하중을 각각 가한 경우 어느 경우에도 어느 범위의 하강속도이어야 하는가?
(아) 완강기와 간이완강기의 차이점을 쓰시오.

정답 (가) ① 폭 : 45 mm
② 길이 : 160∼180 cm

(나) 완강기에 사용하는 로프는 와이어 로프이어야 하며 다음 사항에 적합해야 한다.
① 와이어 로프의 지름은 3 mm 이상이어야 하며 전체 길이에 걸쳐 균일한 구조이어야 한다.
② 와이어 로프에 외장을 하는 경우에는 전체 길이에 걸쳐 균일하게 해야 한다.
③ 강하시 사용자를 심하게 선회시키는 일이 생기지 않아야 한다.
④ 양끝은 이탈되지 않도록 벨트의 연결장치에 연결되어야 한다.

(다) 속도조절기(조속기)는 다음 사항에 적합해야 한다.
① 견고하고 내구성이 있어야 한다.
② 평상시에는 분해 청소 등을 하지 않아도 작동할 수 있어야 한다.
③ 강하시 발생하는 열에 의하여 기능에 이상이 생기지 않아야 한다.
④ 기능에 이상이 생길 수 있는 모래나 기타 이물질이 쉽게 들어가지 않도록 견고한 덮개로 덮여 있어야 한다.

(라) ① 속도조절기 ② 속도조절기의 연결부
③ 로프 ④ 연결금속구
⑤ 벨트

(마) 3명
(완강기 최대 사용자수

$$= \frac{\text{최대하중}}{80\text{ kg}} = \frac{260}{80} = 3.25\text{명})$$

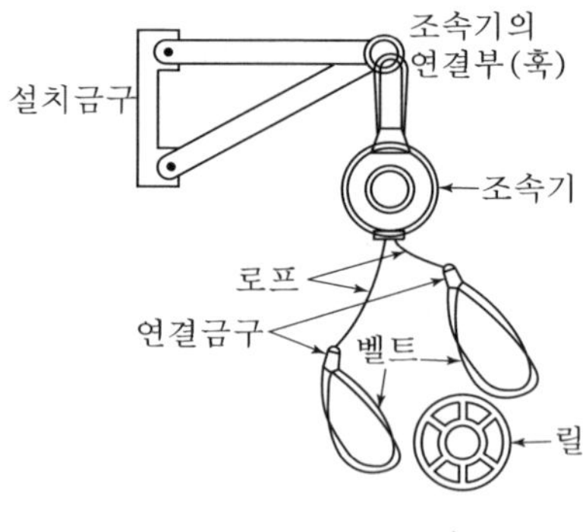

(바) 390 kg

(사) 16 cm/s 이상 150 cm/s 미만

(아) ① 완강기 : 지지대에 걸어서 사용자의 몸무게에 의하여 자동적으로 내려올 수 있는 기구 중 사용자가 교대하여 연속적으로 사용할 수 있는 것
② 간이완강기 : 지지대 또는 단단한 물체에 걸어서 사용자의 몸무게에 의하여 자동적으로 내려올 수 있는 기구 중 사용자가 교대하여 연속적으로 사용할 수 없는 1회용의 것

17 지상 10층, 각 층의 바닥면적 4000 m^2인 사무실 건물에 완강기를 설치하고자 한다. 건물에는 직통계단인 2 이상의 특별피난계단이 적합하게 설치되어 있다. 또한, 주요구조부는 내화구조로 되어 있다. 완강기의 최소개수를 구하시오. (2024년 출제)

정답 $\frac{4000}{1000} = 4$개

$4 \times \frac{1}{2} = 2$개

∴ 2개 × 8 = 16개

해설 (1) 피난기구의 설치대상[소방시설법 시행령(별표4)]

특정소방대상물의 모든 층에 화재안전기준에 적합한 것으로 설치(단, 피난층, 지항 1층, 지상 2층(노유자시설 중 피난층이 아닌 지상 1층과 피난층이 아닌 지상 2층은 제외) 및 층수가 11층 이상인 층과 위험물 저장 및 처리시설 중 가스시설, 지하가 중 터널 또는 지하구의 경우는 제외)

∴ 지하층에서 10층까지 총 8개층 설치

(2) 피난기구의 설치조건

조건	설 치 대 상
500 m^2마다(층마다 설치)	숙박시설, 노유자시설, 의료시설
800 m^2마다(층마다 설치)	위락시설, 문화 및 집회시설, 운동시설, 판매시설, 복합용도의 층
1000 m^2마다	그 밖의 용도의 층(사무실 등)
각 세대마다	계단실형 아파트

(3) 피난기구에 $\frac{1}{2}$을 감소할 수 있는 경우

① 주요구조부가 내화구조로 되어 있을 것

② 직통계단인 피난계단 또는 특별피난계단이 2 이상 설치되어 있을 것

- 사무실이므로 바닥면적 1000 m^2마다 설치
- 위 조건에 따라 $\frac{1}{2}$ 감소기준에 해당됨.

$\frac{4000\,m^2}{1000\,m^2} = 4$개

$4 \times \frac{1}{2} = 2$개

2개 × 8개층 = 16개

18 피난사다리에 대한 다음 물음에 답하시오.

(가) 피난사다리의 종류를 들고 용어의 정의를 쓰시오.
(나) 피난사다리의 적합한 구조를 쓰시오.
(다) 고정식 사다리의 구조를 쓰시오.
(라) 올림식 사다리의 구조를 쓰시오.
(마) 내림식 사다리의 구조를 쓰시오.

정답 (가) 피난사다리의 종류

① 고정식 사다리 : 항시 사용이 가능한 상태로 소방대상물에 고정시켜 사용하는 사다리(수납식, 접는식, 신축식을 포함)
② 올림식 사다리 : 소방대상물에 올려 받쳐서 사용하는 사다리
③ 내림식 사다리 : 평상시에는 접어둔 상태로 두었다가 사용시에 소방대상물에 달아매어서 사용하는 사다리

(나) 피난사다리의 적합한 구조

① 피난사다리는 2개 이상의 세로봉(내림식 사다리에 있어서는 이에 상당하는 와이어 로프, 체인 그 밖에 금속제의 봉이나 관) 및 가로봉으로 구성되어야 한다. 다만, 고정식 사다리인 경우에는 세로봉의 수를 1개로 할 수 있다.
② 피난사다리(세로봉이 1개인 사다리는 제외) 세로봉의 간격은 안치수가 30 cm 이상 50 cm 이하이어야 한다.
③ 피난사다리의 가로봉은 지름 14 mm 이상 35 mm 이하의 원형인 단면이거나 또는 이와 비슷한 손으로 잡을 수 있는 형태의 단면이 있는 것이어야 한다.
④ 피난사다리의 가로봉은 세로봉에 동일한 간격으로 부착한 것이어야 하며, 그 간격은 25 cm 이상 35 cm 이하이어야 한다.
⑤ 피난사다리 가로봉의 디딤면은 미끄러지지 않는 구조이어야 한다.

(다) 고정식 사다리의 구조

① 세로봉의 수가 2개 이상인 것(수납식, 접는식 또는 신축식)
㉠ 진동 또는 그 밖의 충격으로 결합부분이 쉽게 이탈되지 않도록 안전장치를 설치해야 한다.
㉡ '㉠'의 안전장치에 사다리를 넣는 동작을 제외하고는 사다리를 두 동작 이내로 사용가능한 상태로 만들 수 있어야 한다.

② 세로봉의 수가 1개인 것
㉠ 세로봉이 사다리의 중심축이 되도록 가로봉을 부착하고, 그 끝부분에 세로봉의 축과 평행으로 길이 5 cm 이상의 옆으로 미끄러지는 것을 방지하기 위한 돌자를 설치해야 한다.
㉡ 가로봉의 길이는 세로봉에서 가로봉의 끝까지 길이가 안치수로 15 cm 이상 25 cm 이하이어야 하고, 세로봉의 폭은 가로봉의 축방향에 대하여 10 cm 이하이어야 한다.

(라) 올림식 사다리의 구조

① 상부지지점(끝부분으로부터 60 cm 이내의 임의 부분)에 미끄러지거나 넘어지지 않도록 하기 위한 안전장치를 설치해야 한다.
② 하부지지점에는 미끄러짐을 막는 장치를 설치해야 한다.

③ 신축하는 구조인 것은 사용할 때 자동적으로 작동하는 접힘방지장치를 설치해야 한다.

(마) 내림식 사다리의 구조

① 사용시 소방대상물로부터 10 cm 이상의 거리를 유지하기 위하여 유효한 돌자를 가로봉의 위치마다 설치해야 한다. 다만, 그 돌자를 설치하지 않더라도 사용 시 소방대상물에서 10 cm 이상의 거리를 유지할 수 있는 것은 제외한다.

② 세로봉의 끝부분에는 가변식 걸고리 또는 걸림장치를 부착해야 한다.

③ 걸림장치는 쉽게 이탈하지 않는 구조이어야 한다.

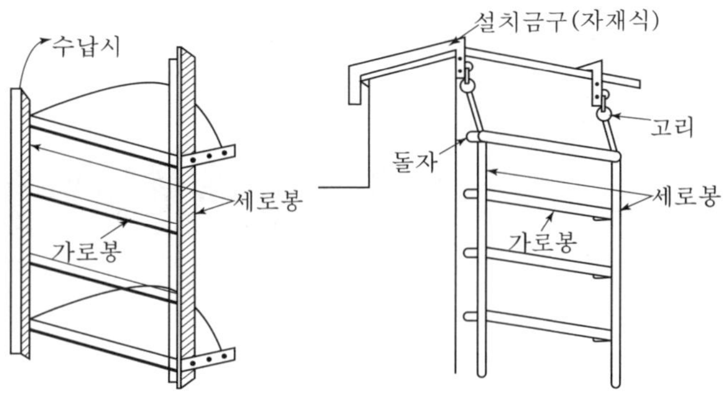

19 다음은 피난기구에 관한 사항이다. 각 물음에 간단히 답하시오.

(가) 피난사다리의 횡봉은 부착면과 일정 간격을 유지하도록 규정되어 있다. 그 간격과 그 이유를 설명하시오.

(나) 수직구조대에는 일정 간격으로 협축부를 설치하는데 그 이유는 무엇인가?

(다) 조속기의 하강속도범위는 몇 [cm/sec]인가?

(라) 조속기의 기능점검사항 5가지를 쓰시오.

정답 (가) ① 소방대상물의 간격 : 10 cm

② 이유 : 사용자의 발디딤을 용이하게 하기 위해서

(나) 하강속도를 조정하기 위해서

(다) 16 cm/s 이상 150 cm/s 미만

(라) ① 분해 청소할 수 없도록 되어 있는가

② 강하시 발생하는 열에 의하여 기능이 저하되지는 않는가

③ 강하시 로프가 쉽게 손상되지는 않는가

④ 강하시 벨트에 연결된 로프가 쉽게 풀리지는 않는가

⑤ 가동장치에 모래 또는 이물질이 들어가지 않도록 덮개로 견고하게 덮어져 있는가

20 피난기구에 대하여 다음 각 물음에 답하시오. (2022년 출제)

(가) 병원(의료시설)에 적응성이 있는 층별 피난기구에 대해 (A)~(H)에 적절한 내용을 쓰시오.

3층	4층 이상 10층 이하
• (A) • (B) • (C) • (D) • 피난용 트랩 • 승강식 피난기	• (E) • (F) • (G) • (H) • 피난용 트랩

(나) 피난기구를 고정하여 설치할 수 있는 소화활동상 유효한 개구부에 대하여 ( ) 안의 내용을 쓰시오..

> 개구부의 크기는 가로 (①) m 이상, 세로 (②) m 이상인 것을 말한다. 이 경우 개구부 하단이 바닥에서 (③) m 이상이면 발판 등을 설치하여야 하고, 밀폐된 창문은 쉽게 파괴할 수 있는 파괴장치를 비치하여야 한다.

정답 (가) • A : 미끄럼대
- E : 구조대
- B : 구조대
- F : 피난교
- C : 피난교
- G : 다수인 피난장비
- D : 다수인 피난장비
- H : 승강식 피난기

(나) ① 0.5
② 1
③ 1.2

해설 (가) 피난기구의 적응성

층별 설치장소별 구분	1층	2층	3층	4층 이상 10층 이하
노유자시설	• 미끄럼대 • 구조대 • 피난교 • 다수인피난장비 • 승강식피난기	• 미끄럼대 • 구조대 • 피난교 • 다수인피난장비 • 승강식피난기	• 미끄럼대 • 구조대 • 피난교 • 다수인피난장비 • 승강식피난기	• 피난교[1] • 다수인피난장비 • 승강식피난기
의료시설 · 입원실이 있는 의원 · 접골원 · 조산원	–	–	• 미끄럼대 • 구조대 • 피난교 • 피난용트랩 • 다수인피난장비 • 승강식피난기	• 구조대 • 피난교 • 피난용트랩 • 다수인피난장비 • 승강식피난기
영업장의 위치가 4층 이하인 다중이용업소	–	• 미끄럼대 • 피난사다리 • 구조대 • 완강기 • 다수인피난장비 • 승강식피난기	• 미끄럼대 • 피난사다리 • 구조대 • 완강기 • 다수인피난장비 • 승강식피난기	• 미끄럼대 • 피난사다리 • 구조대 • 완강기 • 다수인피난장비 • 승강식피난기
그 밖의 것	–	–	• 미끄럼대 • 피난사다리 • 구조대 • 완강기 • 피난교 • 피난용트랩 • 간이완강기[2] • 공기안전매트[2] • 다수인피난장비 • 승강식피난기	• 피난사다리 • 구조대 • 완강기 • 피난교 • 간이완강기[2] • 공기안전매트[2] • 다수인피난장비 • 승강식피난기

※ 비고

1) 구조대의 적응성은 장애인관련시설로서 주된 사용자 중 스스로 피난이 불가한 자가 있는 경우 추가로 설치하는 경우에 한한다.
2) 간이완강기의 적응성은 숙박시설의 3층 이상에 있는 객실에, 공기안전매트의 적응성은 공동주택에 추가로 설치하는 경우에 한한다.

(나) 피난기구를 설치하는 개구부

① 가로 0.5 m 이상 세로 1 m 이상인 것을 말한다. 이 경우 개부구 하단이 바닥에서 1.2 m 이상이면 발판 등을 설치하여야 하고, 밀폐된 창문은 쉽게 파괴할 수 있는 파괴장치 비치

② 서로 동일직선상이 아닌 위치에 있을 것. 피난교 · 피난용 트랩 · 간이완강기 · 아파트에 설치되는 피난기구(다수인 피난장비는 제외). 기타 피난상 지장이 없는 것은 제외

21 다음 그림의 방화대상물에 사강식(斜降式) 구조대를 설치하는 경우의 개구부 위치를 도시하시오.

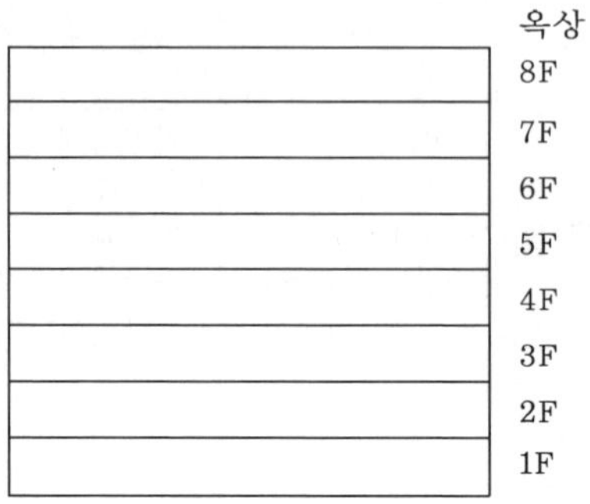

정답

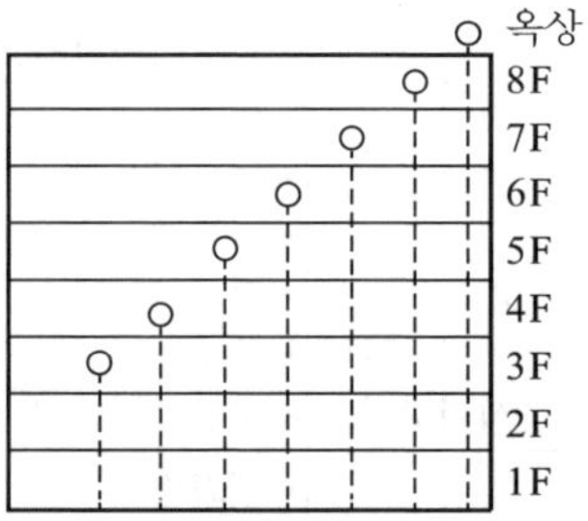

해설 사강식 구조대를 동시에 사용할 경우 사고 발생을 방지하기 위하여, 각 층이 동일 수직선상이 되지 않는 위치를 선정해야 한다. 또한 규정상 피난층과 2층은 피난기구를 설치하지 않도록 되어 있다.

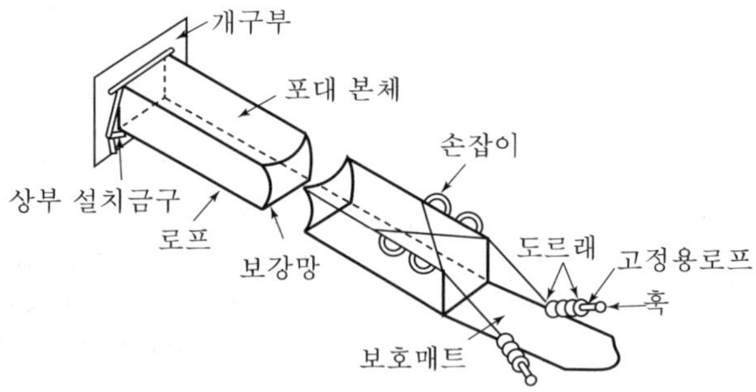

22 다음 보기 및 조건을 참고하여 각 물음에 답하시오. (2024년 출제)

[보기]
① 지하 2층, 지상 5층인 관광호텔
② 바닥면적 500m^2 영화상영관
③ 할로겐화합물 및 불활성기체 소화설비가 설치된 곳

(가) 보기 ②에 적합한 수용인원을 구하시오. (단, 소방시설 설치 및 안전관리에 관한 법령을 기준으로 하고, 고정식 의자와 긴 의자는 제외한다)
(나) 조건을 참고하여 특정소방대상물별로 설치해야 할 인명구조기구의 종류와 설치수량을 구하시오.
[조건] ㉠ 설치해야 할 인명구조기구의 종류를 모두 쓸 것
㉡ 설치해야 할 인명구조기구가 없는 경우는 인명구조기구란에만 "X" 표시할 것
㉢ (가)에서 구한 값을 기준으로 보기 ②의 값을 구할 것

특정소방대상물	인명구조기구의 종류	설치수량
보기 ①		
보기 ②		
보기 ③		

정답 (가) 109명
(나) 인명구조기구의 종류와 설치수량

특정소방대상물	인명구조기구의 종류	설치수량
보기 ①	방열복, 방화복(안전모, 보호장갑, 안전화 포함), 공기호흡기, 인공소생기	각 2개 이상
보기 ②	공기호흡기	층마다 2개 이상
보기 ③	×	×

해설 (가) 수용인원의 산정방법
문화 및 집회시설(바닥면적 200m^2 이상 영화상영관) $= \dfrac{\text{바닥면적 합계}(\text{m}^2)}{4.6\,\text{m}^2}$
(관람석이 있는 경우 고정식 의자를 설치한 부분은 그 부분의 의자 수로 하고, 긴 의자의 경우에는 의자의 정면너비를 0.45m로 나누어 얻은 수)
• 수용인원의 산정방법

특정소방대상물		산정방법
강의실, 교무실, 상담실, 실습실, 휴게실		$\dfrac{\text{바닥면적 합계}}{1.9\text{m}^2}$
숙박시설	침대가 있는 경우	종사자수+침대수
	침대가 없는 경우	종사자수+ $\dfrac{\text{바닥면적 합계}}{3\text{m}^2}$
기타(근린생활시설 등)		$\dfrac{\text{바닥면적 합계}}{3\text{m}^2}$

강당, 문화 및 집회시설(바닥면적 300m² 이상 영화상영관), 운동시설, 종교시설	$\frac{\text{바닥면적 합계}}{4.6\,\text{m}^2}$

- [보기 ②] 바닥면적 500m² 영화상영관은 바닥면적이 300m² 이상이므로 문화 및 집회시설에 해당

바닥면적 300m² 미만	바닥면적 300m² 이상
근린생활시설	문화 및 집회시설

$$\text{문화 및 집회시설(바닥면적 500m}^2\text{ 영화상영관)} = \frac{\text{바닥면적 합계}(\text{m}^2)}{4.6\,\text{m}^2} = \frac{500\,\text{m}^2}{4.6\,\text{m}^2} = 108.6 \fallingdotseq 109\text{명(반올림)}$$

(나) 인명구조기구의 설치대상

특정소방대상물	인명구조기구의 종류	설치수량
지하층을 포함하는 층수가 7층 이상인 관광호텔 및 5층 이상인 병원	방열복, 방화복(안전모, 보호장갑, 안전화 포함), 공기호흡기, 인공소생기	각 2개 이상 비치할 것 (단, 병원은 인공소생기 설치 제외)
문화 및 집회시설 중 수용인원 100명 이상의 영화상영관, 대규모 점포, 지하역사, 지하상가	공기호흡기	층마다 2개 이상 비치할 것
이산화탄소 소화설비를 설치하여야 하는 특정소방대상물	공기호흡기	이산화탄소 소화설비가 설치된 장소의 출입구 외부 인근에 1대 이상 비치할 것

23 침대가 없는 숙박시설의 바닥면적 합이 600 m^2이고, 준불연재료 이상의 것을 사용한다. 이때의 수용인원을 구하시오(단, 바닥에서 천장까지 벽으로 구획된 복도 30 m^2가 포함되어 있다). (2023년 출제)

정답 190명

해설 수용인원의 산정방법

특정소방대상물		산정방법
강의실, 교무실, 상담실, 실습실, 휴게실		$\frac{\text{바닥면적 합계}}{1.9\,\text{m}^2}$
숙박시설	침대가 있는 경우	종사자수 + 침대수
	침대가 없는 경우	종사자수 + $\frac{\text{바닥면적 합계}}{3\,\text{m}^2}$
기타		$\frac{\text{바닥면적 합계}}{3\,\text{m}^2}$
강당, 문화 및 집회시설·운동시설, 종교시설		$\frac{\text{바닥면적 합계}}{4.6\,\text{m}^2}$

- 바닥면적 산정시 복도(준불연재료 이상의 것을 사용하여 바닥에서 천장까지 벽으로 구획한 것), 계단 및 화장실의 바닥면적은 제외
- 소수점 이하는 반올림 한다.

※ 바닥면적 산정시 복도(준불연재료 이상의 것을 사용하여 바닥에서 천장까지 벽으로 구획한 것), 계단 및 화장실의 바닥면적은 제외해야 하므로

$$\text{숙박시설(침대가 없을 경우)} = \frac{600\,\text{m}^2 - 30\,\text{m}^2}{3\,\text{m}^2} = 190\text{명}$$

CHAPTER 04

소화용수설비

4.1 소화수조(저수조)

1 개요

소화수조(저수조) 설비란 대규모의 부지 위에 축조된 건축물·고층건축물 등과 같이 많은 양의 소화용수를 필요로 하는 특정소방대상물의 인근에 설치하여 특정소방대상물의 화재 발생시 소화약제로 사용되는 물을 유효적절하게 사용할 수 있도록 소화수조·저수조 등에 저장하여 두는 설비이다. 또한, 소화용수설비의 소화수조 또는 저수조는 해당 특정소방대상물에 따라 지하에 설치하는 지하수조와 건축물의 옥상 또는 옥탑에 설치하는 지상수조로 구분된다.

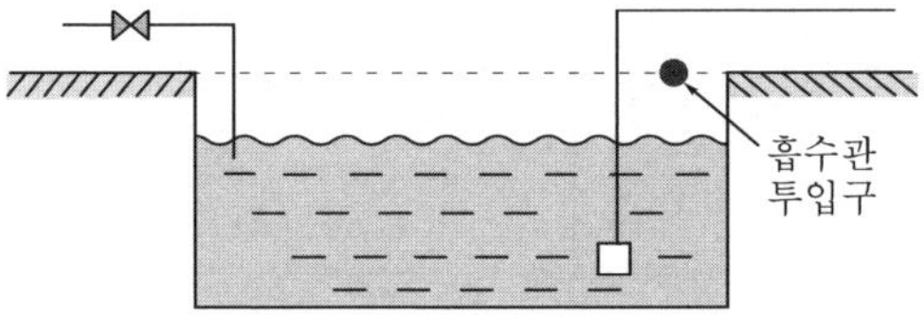

▮그림 4.1 소화수조(저수조)

2 소화수조 등

(1) 설치위치

소화수조, 저수조의 채수구 또는 흡수관투입구는 소방펌프자동차의 채수구로부터 2 m 이내의 지점까지 접근할 수 있는 위치에 설치해야 한다.

(2) 설치기준

① 소화수조 또는 저수조를 지하에 설치하는 경우 소화용수설비의 흡수관 투입구는 [그림 4.2]와 같이 그 한 변이 0.6 m 이상이거나 직경이 0.6 m 이상인 것으로 하고, 소화약제인 물의 소요수량이 80 m^3 미만인 것에 있어서는 1개 이상, 80 m^3 이상인 것에 있어서

는 2개 이상을 설치해야 한다. 흡수관 투입구에는 “흡수관 투입구”라고 표시한 표지를 해야 한다.

그림 4.2 흡수관 투입구

② 소화용수설비에 설치하는 채수구에는 다음의 [표 4.1]의 기준에 의하여 소방용 호스 또는 소방용 흡수관에 사용하는 구경 65 mm 이상의 나사식 금속결합구를 설치해야 한다.

표 4.1 소화용수설비의 소요 수량에 따른 채수구의 수

소요수량	20 m^3 이상 40 m^3 미만	40 m^3 이상 100 m^3 미만	100 m^3 이상
채수구의 수	1개	2개	3개

③ 채수구는 지면으로부터 높이가 0.5 m 이상 1.0 m 이하의 위치에 설치하고, “채수구”라고 표시한 표지를 해야 한다.

(3) 소화수조의 설치면제

소화수조설비를 설치하여야 할 특정소방대상물에 있어서 상시 흐르는 물인 유수(流水)의 양이 0.8 m^3/min 이상인 유수를 사용할 수 있는 경우에는 소화수조의 설치를 면제할 수 있다.

3 수원의 양

소화수조 또는 저수조의 저수량은 특정소방대상물의 연면적을 다음의 [표 4.2]에 의한 기준면적으로 나누어 얻은 수(소수점 이하의 수는 1로 본다)에 20 m^3을 곱하여 얻은 양 이상으로 해야 한다.

그러므로 지상 1층 및 2층의 바닥 면적의 합계가 15,000 m^2 이상인 특정소방대상물은 다음의 식에 의해서 산출한 양 이상을, 그 밖의 소방 대상물은 다음의 식에 의해서 산출된 양 이

상을 저장에 필요한 수원의 양으로 해야 한다.

특히, 특정소방대상물의 연면적을 기준면적으로 나누어 얻은 값은 반드시 정수로 계산해야 한다.

① 지상 1층 및 2층의 바닥면적의 합계가 15,000 m^2 이상인 특정소방대상물

$$Q = [\text{바닥면적의합계}(m^2) \div 7,500\ m^2] \times 20\ m^3$$

② 그 밖의 특정소방대상물

$$Q = [\text{연면적}(m^2) \div 12,500\ m^2] \times 20\ m^3$$

표 4.2 특정소방대상물별 기준면적

특정소방대상물의 구분	면 적
지상 1층 및 2층의 바닥 면적의 합계가 15,000 m^2 이상인 특정소방대상물	7,500 m^2
그 밖의 소방대상물	12,500 m^2

4 가압송수장치

(1) 가압송수장치의 설치

소화수조(저수조)설비의 소화용수가 지면으로부터의 깊이(수조내부바닥까지의 깊이)가 4.5 m 이상인 지하에 설치되어 있는 경우에는 [표 4.3]에 의한 가압송수장치를 설치해야 한다.

펌프를 이용한 가압송수장치 설치기준은 옥내소화전설비에 준용한다.

저수량을 지표면으로부터 4.5 m 미만인 지하에서 확보할 수 있는 경우에는 소화수조 또는 저수조의 지표면으로부터의 깊이에 관계없이 가압송수장치를 설치하지 않을 수 있다.

표 4.3 소요수량에 따른 가압송수장치의 양수량(L/분)

소요수량	20 m^3 이상 40 m^3 미만	40 m^3 이상 100 m^3 미만	100 m^3 이상
가압송수장치의 1분당 양수량	1,100 L 이상	2,200 L 이상	3,300 L 이상

(2) 소화수조가 옥상 또는 옥탑 부분에 설치된 경우

소화수조(저수조)설비의 소화수조가 옥상 또는 옥탑 부분에 설치된 경우에는 지상에 설치된 채수구에서의 압력이 0.15 MPa 이상이 되게 해야 한다.

[그림 4.3]은 특정소방대상물의 옥상 또는 옥탑 부분에 설치된 소화수조와 지상에 설치된 채수구를 나타낸 것이다.

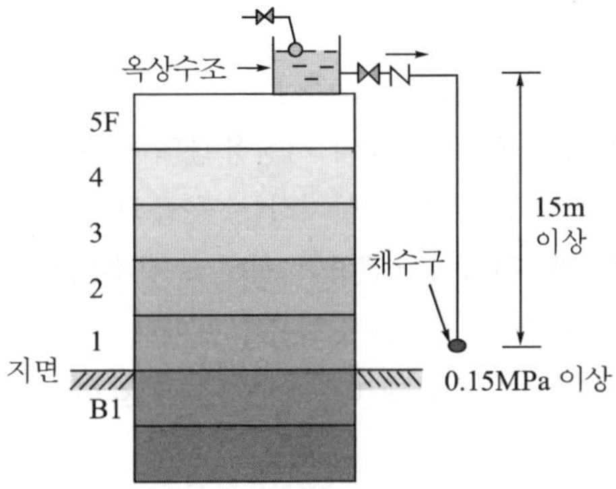

▮그림 4.3 특정소방대상물의 옥상에 설치된 소화수조와 채수구

4.2 상수도소화용수설비

1 개요 및 특징

소화용수설비의 소화수조 또는 저수조를 설치하는 특정소방대상물의 규모보다 작은 연면적 5,000 m^2 이상인 특정소방대상물 또는 지상에 노출된 탱크의 저장용량의 합계가 100톤 이상인 가스시설에 설치하는 소화용수설비로서 상수도 배관에 설치하는 공공의 소화전(지상식·지하식 옥외소화전)·급수탑 등을 말한다. 또한, 행정자치부령이 정하는 상수도가 설치되지 아니한 지역에 있어서는 채수구를 부착한 소화수조를 상수도소화용수설비로 인정하고 있다.

상수도소화용수설비는 「수도법」의 규정에 의한 기준 외에 다음의 기준에 적합하게 설치해야 한다.

① 호칭지름 75 mm 이상의 수도배관에 호칭지름 100 mm 이상의 소화전을 접속해야 한다.
② 소화전은 소방자동차 등의 진입이 쉬운 도로변 또는 공지에 설치해야 한다.
③ 소화전은 특정소방대상물의 수평투영면의 각 부분으로부터 140 m 이하가 되게 설치해야 한다.
④ 지상식 소화전의 호스접결구는 지면으로부터 높이가 0.5 m 이상 1 m 이하가 되도록 설치할 것

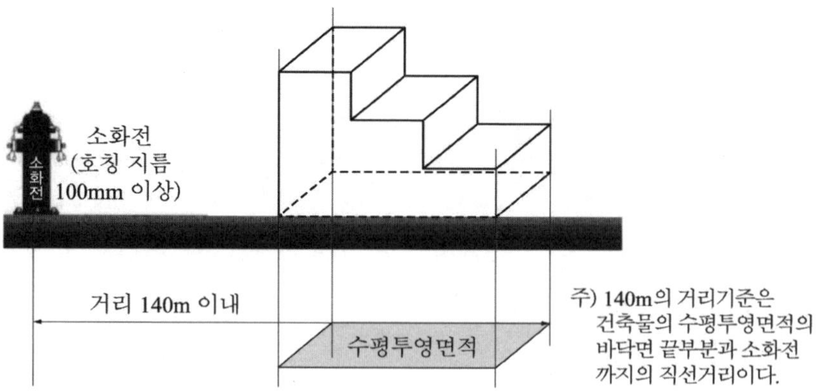

그림 4.4 수평투영면 및 거리 기준

2 적용대상물

상수도소화용수설비를 설치해야 할 특정소방대상물은 다음과 같다.

다만, 상수도소화용수설비를 설치해야 하는 특정소방대상물의 대지 경계선으로부터 180 m 이내에 구경 75 mm 이상인 상수도용 배수관이 설치되지 않은 지역에 있어서는 화재안전기준에 따른 소화수조 또는 저수조를 설치해야 한다.

① 연면적 5,000 m^2 이상인 것. 다만, 위험물 저장 및 처리시설 중 가스시설, 지하가 중 터널 또는 지하구의 경우에는 제외한다.

② 가스시설로서 지상에 노출된 탱크의 저장용량의 합계가 100 ton 이상인 것

③ 자원순환 관련 시설 중 폐기물재활용시설 및 폐기물처분시설

3 상수도소화용수설비 면제

(1) 상수도소화용수설비를 설치하여야 하는 특정소방대상물의 각 부분으로부터 수평거리 140 m 이내에 공공의 소방을 위한 소화전이 화재안전기준에 적합하게 설치되어 있는 경우에는 설치가 면제된다.

(2) 소방본부장 또는 소방서장이 상수도소화용수설비의 설치가 곤란하다고 인정하는 경우로서 화재안전기준에 적합한 소화수조 또는 저수조가 설치되어 있거나 이를 설치하는 경우에는 그 설비의 유효범위에서 설치가 면제된다.

출제 및 예상문제

01 어느 소방대상물 저수조의 바닥면적이 20 m^2인 것에 4000 L/min의 물이 공급되고 있다. 화재가 발생하여 진화를 위해 6000 L/min의 물을 소방차로 취수한다면 이 저수조의 물로 몇 분간 진화작업을 할 수 있겠는가? (단, 화재 전 수위는 4 m이었고, 물은 완전히 소모된다고 가정한다)

정답 40 min

해설
- 물의 유입량 : 4 m^3/min
- 물의 유출량 : 6 m^3/min
- 물의 유출유입량의 차 : 6 m^3/min − 4 m^3/min = 2 m^3/min

저수조 수면이 20 m^2이므로 물이 내려가는 속도는

$$\frac{2\ m^3/min}{20\ m^2} = 0.1\ m/min$$

수심이 4 m이므로 물이 완전히 소모되려면

4 m ÷ 0.1 m/min = 40 min

02 소화수조 또는 저수조가 지표면으로부터 깊이 얼마 이상인 지하에 있는 경우에 가압송수장치를 하는가? 또 그 이유를 쓰고, 다음 표에 가압송수장치의 양수량을 기재하시오.

소요수량[m^3]	20 이상~40 미만	40 이상~100 미만	100[m^3] 이상
가압송수장치의 1분당 양수량			

정답 (1) 깊이 : 4.5 m 이상

(2) 이유 : 소방펌프차에 설치된 흡수펌프의 흡입양정이 4.5 m 미만이므로

소요 수량(m^3)	20 m^3 이상 40 m^3 미만	40 m^3 이상 100 m^3 미만	100 m^3 이상
가압송수장치의 1분당 양수량	1,100 L 이상	2,200 L 이상	3,300 L 이상

03 소화용수설비에 대한 다음 각 물음에 답하시오.

(가) 소화수조 또는 저수조가 지표면으로부터의 깊이가 몇 [m] 이상인 지하에 있는 경우에 가압송수장치를 설치하여야 하는가?
(나) 가압송수장치의 설치 이유는 무엇인가?

정답 (가) 4.5 m
(나) 소화수조 또는 저수조가 지표면으로부터의 깊이가 4.5 m 이상인 경우 소방차가 소화용수를 흡입하지 못하기 때문이다.

04 내화건축물로 지상 10층이며, 각 층의 바닥면적은 각각 4,000 m^2이고 건물높이는 45 m, 부지면적은 23,000 m^2이다. 다음 각 물음에 답하시오.

(가) 소화용수설비의 유효저수량[m^3]을 계산하시오.
(나) 소화용수설비용 소화수조를 설치할 경우 흡수관 투입구 및 채수구 수는 몇 개씩 설치해야 하는가?

정답 (가) 80 m^2 이상
(나) ① 흡수관 투입구 : 2개
② 채수구 : 2개

해설 (가) Q=[소방대상물 연면적 ÷ 기준면적] (소수점 이하의 수는 1로 본다)×20 m^3 이상

소방대상물의 구분	면 적
① 1, 2층의 바닥면적 합계가 15,000 m^2 이상인 소방대상물	7500 m^2
② '①'에 해당하지 않는 그 밖의 소방대상물	12,500 m^2

$$\frac{10 \times 4000}{12500} = 3.2 = 4$$

∴ 저수량 $4 \times 20 = 80\ m^3$

(나) ① 소요수량과 흡수관 투입구

소요수량	흡수관 투입구수
80 m^3 미만 80 m^3 이상	1개 이상 2개 이상

② 소요수량과 채수구 수

소요수량	20 m^3 이상 40 m^3 미만	40 m^3 이상 100 m^3 미만	100 m^3 이상
채수구 수	1개	2개	3개

05 소화용수설비를 설치하는 지하 2층, 지상 3층의 특정소방대상물의 연면적이 38500 m^2이고, 각 층의 바닥면적이 다음과 같을 때 물음에 답하시오. (2022년 출제)

층수	지하 2층	지하 1층	지상 1층	지상 2층	지상 3층
바닥면적	2500 m^2	2500 m^2	13500 m^2	13500 m^2	6500 m^2

(가) 소화수조의 저수량(m^3)을 구하시오.
(나) 저수조에 설치하여야 할 흡수관 투입구, 채수구의 최소설치수량을 구하시오.
(다) 저수조에 설치하는 가압송수장치의 1분당 양수량(L/min)을 구하시오.

정답 (가) 120 m^3
(나) 흡수관 투입구 : 2개, 채수구수 : 3개
(다) 3300 L

해설 (가) 소화수조 또는 저수조의 저수량 산출

특정소방대상물의 구분	기준면적(m^2)
지상 1층 및 2층의 바닥면적 합계 15000 m^2 이상	7500
기 타	12500

지상 1,2층의 바닥면적 합계 = 13500 m^2 + 13500 m^2 = 27000 m^2
∴ 15000 m^2 이상이므로 기준면적은 7500 m^2이다.
소화용수의 양(저수량)

$$Q = \frac{\text{연면적}}{\text{기준면적}} \times 20\ m^3 = \frac{38500\ m^2}{7500\ m^2} \times 20\ m^3 = 120\ m^3$$

(나) ① 흡수관 투입구 수

소요수량	80 m^3 미만	80 m^3 이상
흡수관 투입구수	1개 이상	2개 이상

- 저수량이 120 m^3로서 80 m^3 이상이므로 흡수관 투입구의 최소개수는 2개

② 채수구의 수

소화수조 용량	20～40 m^3 미만	40～100 m^3 미만	100 m^3 이상
채수구수	1개	2개	3개

- 저수량이 120 m^3로서 100 m^3 이상이므로 채수구의 최소개수는 3개

(다) 가압송수장치의 양수량

저수량	20～40 m^3 미만	40～100 m^3 미만	100 m^3 이상
1분당 양수량	1100 L 이상	2200 L 이상	3300 L 이상

- 저수량이 120 m^3로서 100 m^3 이상이므로 3300 L/min

06

지하 5 m 아래에 있는 소화수조의 소요수량이 40 m^3일 때 가압송수장치의 분당 토출량(L/min)을 계산하시오.

정답 $\frac{40000}{20} = 2000\,\text{L/min}$(최소 2200 L/min)

∴ 2200 L/min

해설 소화수조 또는 저수조

$$\text{가압송수장치의 분당 토출량[L/min]} = \frac{\text{소요수량(저수량)[L]}}{20\,\text{min}}$$

$$\text{가압송수장치의 분당 토출량} = \frac{40\,\text{m}^3}{20\,\text{min}} = \frac{40000\,\text{L}}{20\,\text{min}} = 2000\,\text{L/min}(\text{최소 } 2200\,\text{L/min})$$

문제에서 소요수량의 40m^3이므로 최소토출량은 다음 표에서 2200 L/min이므로 계산값은 2000 L/min이지만 답은 2200 L/min이 된다.

[가압송수장치의 양수량(토출량)]

저수량	20～40 m^3 미만	40～100 m^3 미만	100 m^3 이상
양수량(토출량)	1100 L/min 이상	2200 L/min 이상	3300 L/min 이상

07

그림을 참고하여 소화용수로 유효한 수량[m^3]을 구하시오(단, 수조의 단면적은 30 m^2이다).

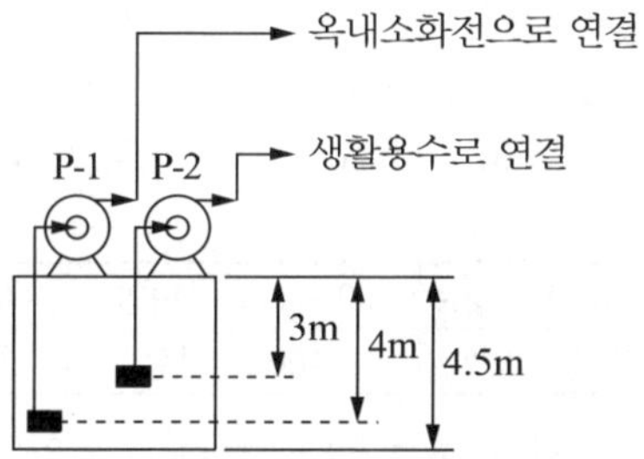

[조건]
① P–1 : 옥내소화전펌프
② P–2 : 공업용수펌프
③ ■ : 풋밸브

정답 $30 \times (4-3) = 30\text{m}^3$

∴ 30m^3

해설 유효수량 = 수조의 단면적[m^2] × 옥내소화전과 공업용수의 풋밸브 높이차[m]

$= 30\ \text{m}^2 \times (4-3)\ \text{m} = 30\ \text{m}^3$

08 소화용수를 설치하는 지상 1~4층의 특정소방대상물의 각 층 바닥면적이 6000 m^2일 때, 다음 물음에 답하시오(단, 소화수조는 지표면으로부터의 깊이가 5 m인 곳에 설치되어 있다). (2024년 출제)

(가) 소화수조의 저수량(m^3)을 구하시오.
(나) 저수조에 설치하여야 할 흡수관 투입구의 최소 설치수량을 구하시오.
(다) 저수조에 설치하는 가압송수장치의 1분당 최소 송소량(L)은?

정답 (가) 40 m^3
(나) 1개
(다) 2200 L

해설 (가) 소화수조 또는 저수조의 저수량 산출

특정소방대상물의 구분	기준면적[m^2]
지상 1층 및 2층의 바닥면적 합계 15000 m^2 이상	7500
기 타	12500

지상 1, 2층의 바닥면적 합계 = 6000 m^2 + 6000 m^2 = 12000 m^2
∴ 15000 m^2 미만이므로 기타에 해당되어 기준면적은 12500 m^2이다.

- 소화용수의 양(저수량)

$$Q = \frac{\text{연면적}}{\text{기준면적}}(\text{절상}) \times 20\,\text{m}^3$$

$$Q = 2 \times 20\,\text{m}^3 = 40\,\text{m}^3$$

(나) 흡수관 투입구 수

소요 수량	80 m^3 미만	80 m^3 이상
흡수관 투입구 수	1개 이상	2개 이상

- 저수량이 40 m^3로서 80 m^3 미만이므로 흡수관 투입구의 최소개수는 1개

(다) 가압송수장치의 양수량

저수량	20~40 m^3 미만	40~100 m^3 미만	100 m^3 이상
1분당 양수량	1100 L 이상	2200 L 이상	3300 L 이상

- 저수량이 40 m^3로서 40~100 m^3 미만이므로 2200 L/min

09 다음은 건축물 등의 신축 · 증축 · 개축 · 재축 · 이전 · 용도변경 또는 대수선의 허가 · 협의 및 사용승인에 따른 건축물의 동의를 받기 위한 양식이다. 건축개요 현황을 참고하여 건축물에 설치하여야 할 소방시설을 표 안에 작성하시오.

[설계 개요]

구분		내용	비고
사업명		○○건물 신축공사	
대지위치		서울특별시 ○○○	
대지면적		751255.00 m^2	
지역지구		일반주거지역, 최저고도지구	
용도		복합건축물	
건축면적		1904.79 m^2	
연면적	지하층	5000 m^2	
	지상층	20000 m^2	
	소계	25000 m^2	
건축규모		지하 1층, 지상 4층 (아래 표 참조)	
건폐율		18.22%	
용적률		61.87%	
최고높이		25.6 m	
주요구조		철근콘크리트조	
주차대수		신설 12대 (장애인주차 2대 포함) / 전체 주차대수 : 2590대	시설면적 : 200 m^3/1대
외부마감		THK30 화강석 잔다듬/THK3 AL쉬트/아연도철판거멀접기/THK8 고밀도목재패널/붉은벽돌치장물기/노출콘크리트제물치장/THK24 로이복층유리	
기타		신재생에너지 – 태양광	

[건축규모]

건축규모	층별 구성	면적
지하층	5000 m^2	판매시설
지상 1층	5000 m^2	근린생활시설
지상 2층	5000 m^2	교육연구시설
지상 3층	5000 m^2	숙박시설
지상 4층	5000 m^2	판매시설
옥탑층	100 m^2	
합계	25100 m^2	

구분	설비	종 류
지하층	소화설비	(①), 스프링클러설비, 소화기구
지상 1층	경보설비	자동화재탐지설비, 비상경보설비
지상 2층	소화용수설비	(②)
지상 3층	피난설비	(③), (④)
지상 4층	소화활동설비	(⑤), 연결살수설비

①	②	③	④	⑤

정답

①	②	③	④	⑤
옥내소화전설비	상수도 소화용수설비	피난기구	휴대용 비상조명등	제연설비

해설 지하층 : 판매시설 5000 m^2

[판매시설 설치대상]

옥내소화전설비	스프링클러설비	소화기구
연면적 1500m^2 이상	바닥면적 합계 5000m^2 이상	연면적 33m^3 이상

지상 1층 : 근린생활시설 5000m^2

[근린생활시설 설치대상]

자동화재탐지설비	비상경보설비
연면적 600m^2 이상	연면적 400m^2 이상

지상 2층 : 교육연구시설 5000m^2

[교육연구시설 설치대상]

상수도소화용수설비
연면적 5000m^2 이상

지상 3층 : 숙박시설 5000m^2

[숙박시설 설치대상]

피난기구	휴대용 비상조명등
피난층, 지상 1층, 지상 2층 및 11층 이상 이외의 장소	숙박시설 모두

지상 4층 : 판매시설 5000m^2

[판매시설 설치대상]

제연설비	연결살수설비
바닥면적 합계 1000m^2 이상	바닥면적 합계 1000m^2 이상

CHAPTER 05

소화활동설비

5.1 제연설비

1 개요

특정소방대상물 내에 화재가 발생하면 건물 내부의 가연물질로부터 연소생성물인 연기, 일산화탄소, 기타 여러 가지 유독가스 및 상당한 고열이 발생하게 된다. 더욱이 소화활동이 늦어지면 여러 가지 유독가스와 고열, 시계를 막는 연기까지 충만하여 소화활동은 물론 피난에도 크나 큰 장애요인이 되고 있다.

제연설비는 소화활동설비의 일종으로 건축물의 화재 초기단계에서 발생하는 연기 등을 감지하여 화재실(거실)의 연기는 배출하고 피난경로인 복도, 계단 등에는 연기가 확산되지 않도록 함으로써 거주자를 연기로부터 보호하고 안전하게 피난할 수 있도록 함과 동시에 소방대가 소화활동을 할 수 있도록 연기를 제어하는 설비이다.

2 제연설비란

(1) 제연설비

자연 또는 기계적인 방법(송풍기, 배출기)을 이용하여 연기의 이동 및 확산을 제한하기 위해 사용되는 설비로서 단순히 연기만 배출시키는 배연설비와 구분되어 사용되며, 송풍기로 가압시켜 가압공간 내로 연기가 들어오지 못하도록 하는 방연(smoke defense)설비와 배출기로 화재실의 연기를 배출시키는 배연(smoke ventilation)설비로 구분할 수 있다.

(2) 제연설비의 종류

제연설비는 설치된 장소에 따라 거실제연설비와 특별피난계단의 계단실 및 부속실제연설비로 구분한다.

① 거실제연설비

거실은 화재가 발생하는 화재실이므로 해당 화재실에서 연기와 열기를 직접 배출시켜야 하므로 급기와 배기를 동시에 실시해야 한다. 따라서 급기송풍기와 배기송풍기가 동시에 필요하며 배출시킨 배기량 이상으로 급기를 하여 피난과 소방활동을 할 수 있도록 해야 한다.

② 특별피난계단의 계단실이나 부속실(비상용 승강기 승강장 포함)

화재가 발생하는 화재실이 아니며 거실에서 화재가 발생할 경우 거주자가 일시적인 피난을 하거나 소방대가 대기하는 공간으로 볼 수 있다. 따라서 이 공간에는 급기만을 실시하여 거실보다 압력을 높게 함으로써 거실의 연기가 침투하지 않도록 해야 한다.

(3) 제연의 원리

제연의 원리는 화재실의 개구부로부터 비화재실이나 피난로에 연기가 침입·확산되어 연기로 채워지는 것을 막기 위해 다음 그림의 점선으로 나타낸 것과 같이 연기의 압력분포를 개구부에 유지하도록 하는 것이다. 이를 위해 화재실에서 배연으로 연기를 배출하거나 또는 피난로에 신선한 공기를 급기하여 가압하면 다음 그림의 점선과 같이 압력분포가 형성되어 화재실에서 비화재실 및 그 밖의 부분으로 연기의 유출을 방지하거나 연기의 침입·확산을 막을 수 있다.

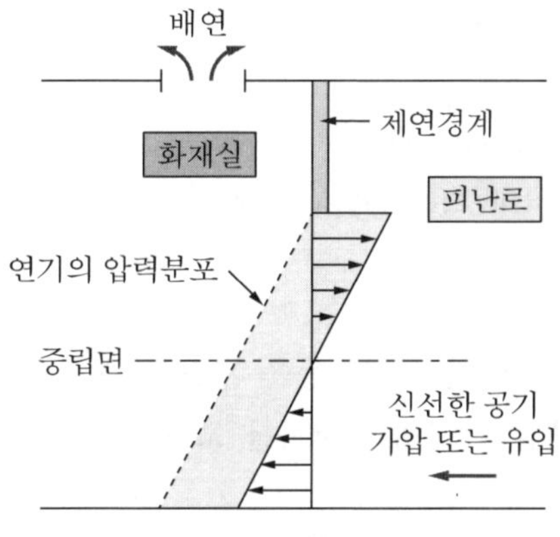

그림 5.1 제연의 원리

3 제연설비의 목적 등

제연설비는 화재시 연기가 피난경로인 복도, 계단, 거실 등에 침입하는 것을 방지하고 거주자를 유해한 연기로부터 보호하여 안전하게 피난시키는 동시에 소화활동을 유리하게 할 수 있도록 돕는데 그 목적이 있다.

(1) 제연의 기본 개념

① 화재시 건물 내에서 발생된 연기를 배출, 유동 또는 확산되지 않도록 제어하는 것을 제연이라 한다.

② 제연의 원리는 발생된 연기를 희석(dilution), 배출(exhaust), 차단(confinement) 등의 조합에 의한다.

③ 제연설비는 화재실(fire area)의 연기와 열기를 직접 배출시켜야 하며, 피난 및 소화활동을 위하여 배출시킨 배기량만큼 급기를 실시한다.

가. 연기침투를 방지하기 위하여 외기를 주입하며, 연기를 배출시키는 경우 배기량은 면적이 아닌 높이(제연경계의 수직거리)의 함수이다.

나. 하부층(lower layer)은 피난 및 소화활동의 공간으로서 연기의 침투가 없거나 연기 농도를 낮추어 청결층을 유지하도록 해야 하며, 급기량은 배기량 이상이어야 한다.

(2) 제연구역

"제연구역"이란 연기의 유동이 구획되어질 수 있도록 기둥·벽·보·바닥·천장 또는 제연경계벽에 의해 밀폐된 건물 내의 공간을 말하며, 일종의 구역화(zoning)이다.

① 제연구역 범위

가. 거실 : 직경 60 m의 원에 내접

나. 통로 : 보행 중심선의 길이 60 m 이내

② 제연설비의 일부인 천장

제연설비의 일부인 천장이란 연기유동을 차단할 수 있는 구역의 천장으로 개방 천장, 메쉬천장과 달대에 매달려 폐쇄된 반자를 포함한다.

(3) 제연경계

"제연경계"란 제연구역의 경계를 구성하는 벽, 보와 같은 수직부분과 바닥, 천장과 같은 수평부분을 말한다.

① 제연경계의 재질은 내화재료, 불연재료 또는 제연경계벽으로 성능을 인정받은 것으로서 화재시 쉽게 변형·파괴되지 않고 연기가 누설되지 않는 기밀성 있는 재료로 할 것

② 제연경계는 제연경계의 폭이 0.6 m 이상이고, 수직거리는 2 m 이내이어야 한다. 다만, 구조상 불가피한 경우는 2 m를 초과할 수 있다.

③ 제연경계벽은 배연시 기류에 따라 그 하단이 쉽게 흔들리지 않아야 하며, 또한 가동식

의 경우에는 급속히 하강하여 인명에 위해를 주지 않는 구조일 것

(4) 제연방법

① 방연막(Smoke varrier) 설치
연기를 차단하기 위한 벽, 문의 설치로 연기 이동을 제어한 것이다.

② 급기가압(Pressurization)
연기 차단벽에 의하여 구획된 보호공간을 화재실로부터 연기의 유입을 막는 기능이며, 미국의 NFPA에서 제시하는 차압은 스프링클러설비가 거실에 설치된 건물에서의 압력차는 거실의 경우 12.5 Pa이다.

③ 공기흐름에 의한 제어
화재실로부터 개구부를 통한 연기의 유입을 반대로 흐르게 함으로써 막는 방법이다.

④ 강제배연(Smoke forced venting, Forced ventilation system)
배출기를 사용하여 강제적으로 연기를 외부로 배출하고 환기하기 위한 것이다.

⑤ 자연배연
공간의 상부에 배연구를 만들어 축적된 연기를 배연[스모크타워(smoke tower), 배연창, 무동력 팬 등]하는 것이다.

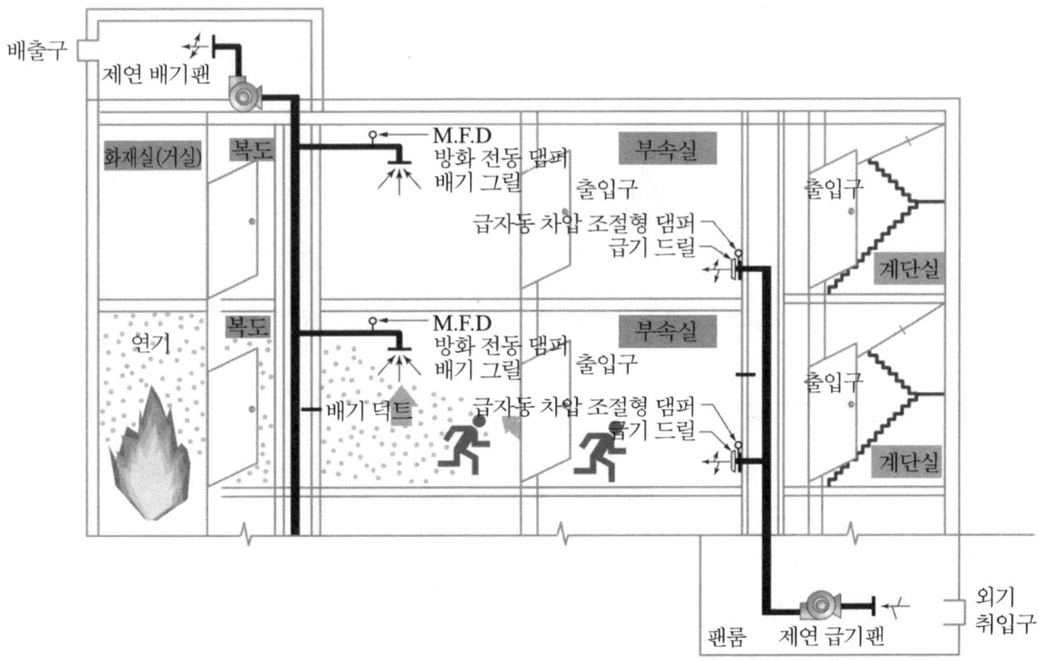

그림 5.2 급기가압 제연설비 계통도

(5) 예상제연구역

예상제연구역이란 화재발생이 예상되는 구역을 서술하기 위하여 만든 용어로 화재시 연기제어를 실시해야 하는 대상이 되는 제연구역을 의미한다.

(6) 제연경계의 폭

제연경계의 폭이란 예상제연구역에 설치한 제연구획을 하기 위한 제연경계벽 등에 대해 반자(반자가 없는 경우는 천장)에서 보(beam)나 제연경계벽의 하단부까지의 수직거리(H-Y)를 의미한다.

제연경계의 폭은 화재시 연기를 배출한 후 배출되지 못한 연기는 위로 상승하여 체류하게 되는 공간으로서 폭은 최소 60 cm 이상이어야 한다.

(7) 수직거리

화재시 급기량이 체류하는 공간으로 상기 그림에서 Y를 말하며, 통상 2 m 이하로 하며, 2 m를 초과할 경우 배출량을 증가시켜야 한다.

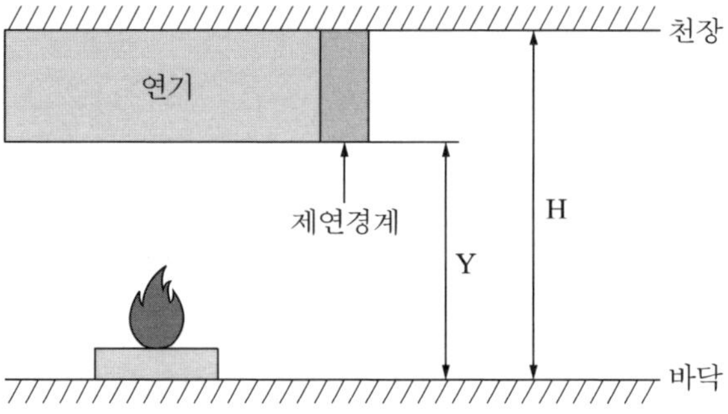

그림 5.3 제연경계 폭 및 수직거리

(8) 공동예상제연구역

[그림 5.4]에서와 같이 벽이나 제연경계로 구획된 2개 이상의 예상제연구역으로서 화재발생시 동시에 연기제어(제연)가 요구되는 구역이나 제연설비의 설계목적상 화재가 발생할 것으로 예상하는 실이나 구역이 2개 이상으로 동시에 제연을 해야 하는 구역을 말한다.

따라서 다음 [그림 5.4]의 경우, 예상제연구역 1에서 화재가 발생할 경우 예상제연구역 2와 예상제연구역 3 모두에게 급배기가 실시되어 구역 1에 대한 화재를 동시에 대비할 수 있게 하는 것이다.

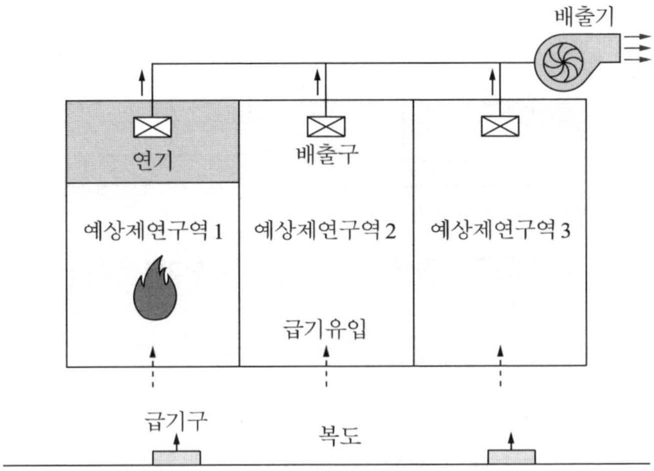

그림 5.4 예상 제연구역 및 공동예상 제연구역

4 제연설비 설계

(1) 제연설비 설치장소

① 제연구역의 구획기준

제연설비의 설치장소는 다음의 기준에 따른 제연구역으로 구획해야 한다.

가. 하나의 제연구역의 면적은 1,000 m^2 이내로 할 것

나. 거실과 통로(복도를 포함)는 상호 제연구획 할 것

다. 통로상의 제연구역은 보행 중심선의 길이가 60 m를 초과하지 않을 것

라. 하나의 제연구역은 직경 60 m의 원내에 들어갈 수 있을 것

마. 하나의 제연구역은 2개 이상의 층에 미치지 않도록 할 것. 다만, 층의 구분이 불분명한 부분은 그 부분을 다른 부분과 별도로 제연구획해야 한다.

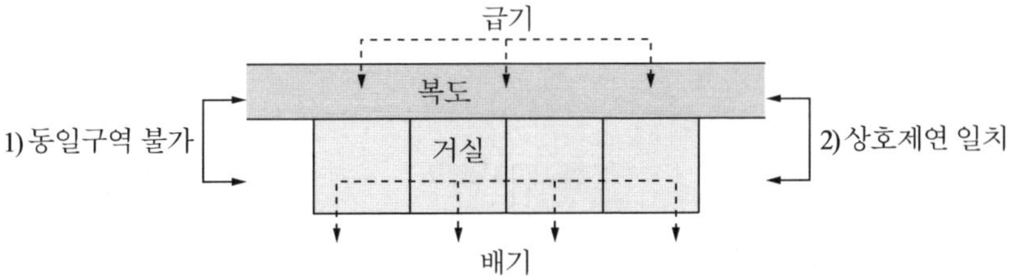

그림 5.5 거실과 통로의 상호 제연구역

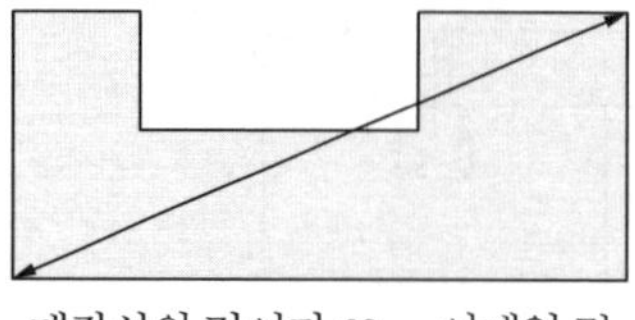

▮그림 5.6 하나의 제연구역 적용

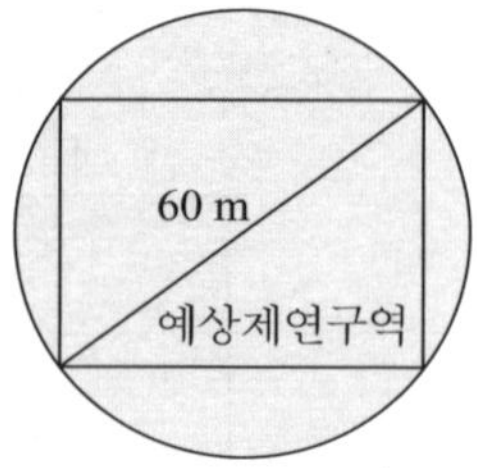

▮그림 5.7 제연구역의 범위

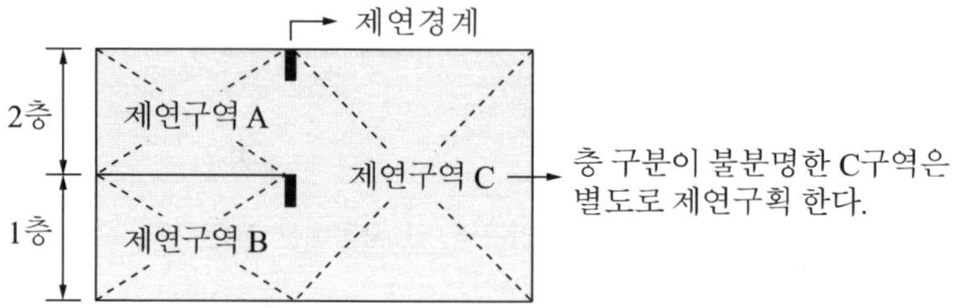

▮그림 5.8 층 구분이 불분명 시 제연구역

② 제연구역의 구획은 보·제연경계벽 및 벽의 설치

제연구역의 구획으로 사용되는 보·제연경계벽(제연경계) 및 벽(화재시 자동으로 구획되는 가동벽·샷다·방화문 포함)으로 하되, 다음의 기준에 적합해야 한다.

가. 재질은 내화재료, 불연재료 또는 제연경계벽으로 성능을 인정받은 것으로서 화재시 쉽게 변형·파괴되지 않고 연기가 누설되지 않는 기밀성 있는 재료로 할 것

나. 제연경계는 제연경계의 폭이 0.6 m 이상이고, 수직거리는 2 m 이내이어야 한다. 다만, 구조상 불가피한 경우는 2 m를 초과할 수 있다.

다. 제연경계벽은 배연시 기류에 따라 그 하단이 쉽게 흔들리지 않고, 가동식의 경우에는 급속히 하강하여 인명에 피해를 주지 않는 구조일 것

[그림 5.9]는 방호대상물의 천장에 설치한 가동벽을 나타낸 것이다.

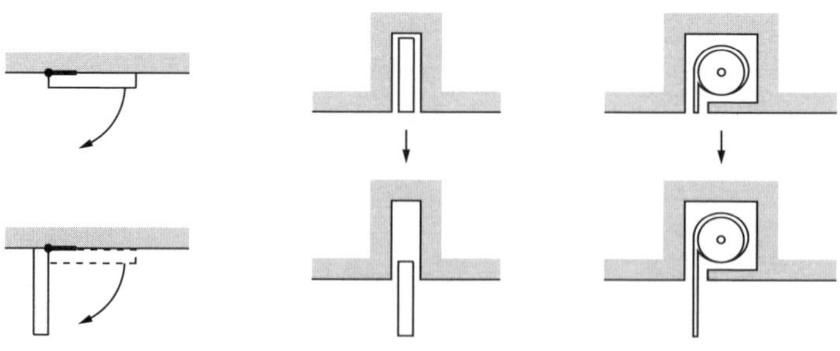

▮그림 5.9 가동식 경계벽

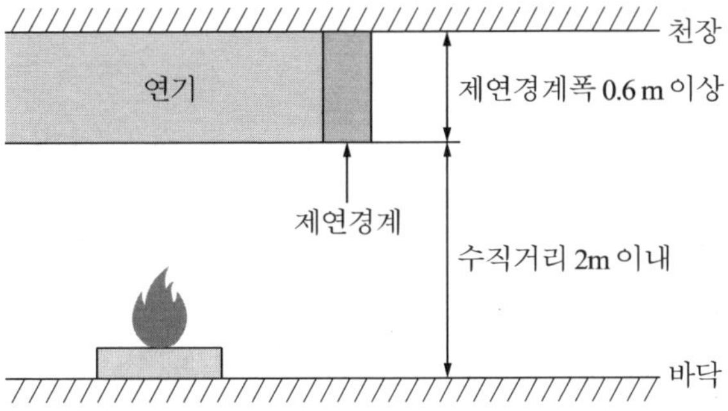

▮그림 5.10 경계폭 및 수직거리

(2) 제연방식

① 예상제연구역에 대하여는 화재시 연기배출(이하 "배출"이라 한다)과 동시에 공기유입이 될 수 있게 하고, 배출구역이 거실일 경우에는 통로에 동시에 공기가 유입될 수 있도록 해야 한다.

② "①"의 규정에도 불구하고 통로와 인접하고 있는 거실의 바닥면적이 50 m^2 미만으로 구획(제연경계에 따른 구획은 제외한다. 다만, 거실과 통로와의 구획은 그렇지 않다)되고 그 거실에 통로가 인접하여 있는 경우에는 화재시 그 거실에서 직접 배출하지 아니하고 인접한 통로의 배출로 갈음할 수 있다. 다만, 그 거실이 다른 거실의 피난을 위한 경유거실인 경우에는 그 거실에서 직접 배출해야 한다.

③ 통로의 주요 구조부가 내화구조이며 마감이 불연재료 또는 난연재료로 처리되고 가연성 물질이 없는 경우에 그 통로는 예상제연구역으로 간주하지 않을 수 있다. 다만, 화재발생시 연기의 유입이 우려되는 통로는 그렇지 않다.

(3) 배출량 및 배출방식

① 배출량

가. 거실의 바닥면적이 400 m^2 미만으로 구획(제연경계에 따른 구획을 제외한다. 다만, 거실과 통로와의 구획은 그렇지 않다)된 예상제연구역의 배출량

㉮ 바닥면적 1 m^2 당 1 m^3/min 이상의 배출량으로 하되, 예상제연구역 전체에 대한 최저 배출량은 5,000 m^3/hr 이상으로 해야 한다.

[그림 5.11]은 예상제연구역으로만 구성된 거실을 나타낸 것이며, [그림 5.12]는 예상 제연구역이 거실과 경유거실로 사용되고 있는 것을 나타낸 것이다.

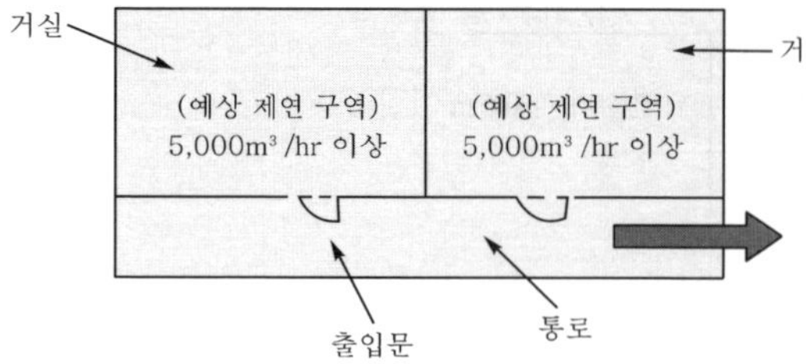

그림 5.11 예상제연구역이 거실로만 사용된 경우

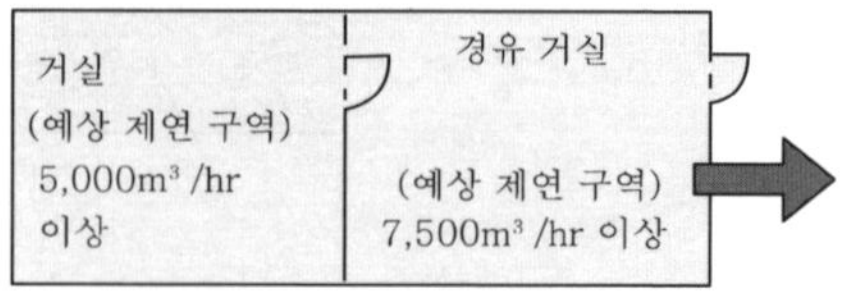

그림 5.12 예상제연구역이 거실과 경유 거실로 사용된 경우

㉯ 바닥면적이 50 m^2 미만인 예상제연구역을 통로 배출방식으로 하는 경우에는 통로 보행 중심선의 길이 및 수직거리에 따라 [표 5.1]에서 정하는 기준량 이상으로 해야 한다.

표 5.1 통로길이 및 수직거리에 따른 배출량

통로길이(m)	수직거리(m)	배출량(m^3/hr)	비고
40 이하	2 이하 2 초과 2.5 이하 2.5 초과 3 이하 3 초과	25,000 30,000 35,000 45,000	벽으로 구획된 경우 포함
40 초과 60 이하	2 이하 2 초과 2.5 이하 2.5 초과 3 이하 3 초과	30,000 35,000 40,000 50,000	벽으로 구획된 경우 포함

나. 거실의 바닥면적이 400 m^2 이상 거실의 예상제연구역의 배출량

㉮ 예상제연구역이 직경 40 m인 원의 범위 안에 있을 경우에는 배출량이 40,000 m^3/hr 이상으로 할 것. 다만, 예상제연구역이 제연경계로 구획된 경우에는 그 수직거리에 따라 배출량은 [표 5.2]에 의한다.

표 5.2 수직거리에 따른 배출량

수직거리(m)	배출량(m^3/hr)
2 이하 2 초과 2.5 이하 2.5 초과 3 이하 3 초과	40,000 이상 45,000 이상 50,000 이상 60,000 이상

㉯ 예상제연구역이 직경 40 m인 원의 범위를 초과할 경우에는 배출량이 45,000 m^3/hr 이상으로 할 것. 다만, 예상제연구역이 제연경계로 구획된 경우에는 그 수직거리에 따라 배출풍량은 [표 5.3]에 의한다.

표 5.3 수직 거리에 따른 배출량

수직거리(m)	배출풍량(m^3/hr)
2 이하	45,000 이상
2 초과 2.5 이하	50,000 이상
2.5 초과 3 이하	55,000 이상
3 초과	65,000 이상

다. 예상제연구역이 통로인 경우의 배출량은 45,000 m^3/hr 이상으로 할 것. 다만, 예상제연구역이 제연경계로 구획된 경우에는 그 수직거리에 따라 배출량은 [표 5.3]에 따른다.

라. 배출은 각 예상제연구역별로 가, 나, 다에 따른 배출량 이상을 배출하되, 2개 이상의 예상제연구역이 설치된 특정소방대상물에서 배출을 각 예상지역별로 구분하지 아니하고 공동예상제연구역을 동시에 배출하고자 할 때의 배출량은 다음에 따라야 한다. 다만, 거실과 통로는 공동예상제연구역으로 할 수 없다.

㉮ 공동예상제연구역 안에 설치된 예상제연구역이 각각 벽으로 구획된 경우(제연구역의 구획 중 출입구만을 제연경계로 구획한 경우를 포함한다)에는 각 예상제연구역의 배출량을 합한 것 이상으로 할 것. 다만, 예상제연구역의 바닥면적이 400 m^2 미만인 경우 배출량은 바닥면적 1 m^2 당 1 m^3/min 이상으로 하고 공동예상구역 전체배출량은 5,000 m^3/hr 이상으로 할 것

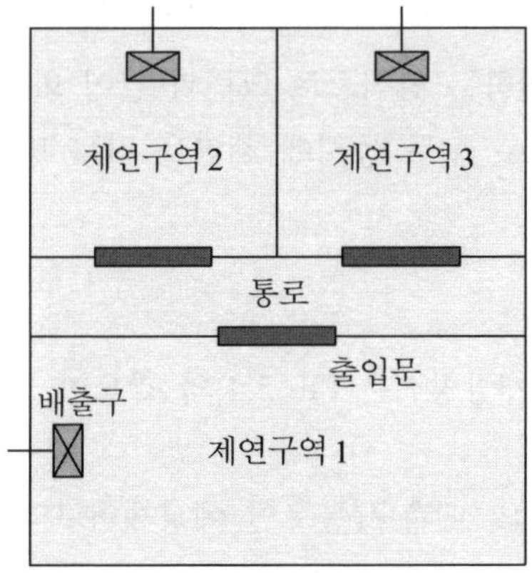

그림 5.13 제연구역이 벽과 출입구로 구획

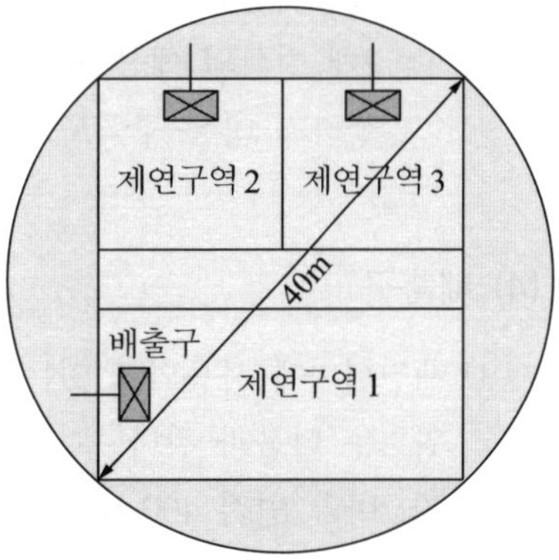

그림 5.14 제연구역이 제연경계로 구획

㉯ 공동예상제연구역 안에 설치된 예상제연구역이 각각 제연경계로 구획된 경우(예상제연구역의 구획 중 일부가 제연경계로 구획된 경우를 포함하나 출입구부분만을 제연경계로 구획한 경우를 제외한다)에 배출량은 각 예상제연구역의 배출량 중 최대의 것으로 할 것. 이 경우 공동제연예상구역이 거실일 때에는 그 바닥면적이 1,000 m^2 이하이며, 직경 40 m 원 안에 들어가야 하고, 공동제연예상구역이 통로일 때에는 보행중심선의 길이를 40 m 이하로 해야 한다.

마. 수직거리가 구획부분에 따라 다른 경우는 수직거리가 긴 것을 기준으로 한다.

② 배출방식

가. 단독제연방식

하나의 예상제연구역만 단독으로 제연하는 방식으로 그림과 같이 화재시 화재가 발생한 제연구역(거실이나 통로)에서만 제연이 이루어지는 방식이다.

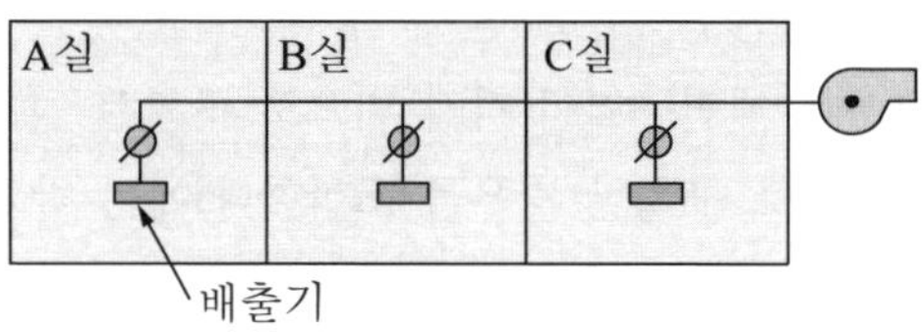

▮그림 5.15 단독 제연방식

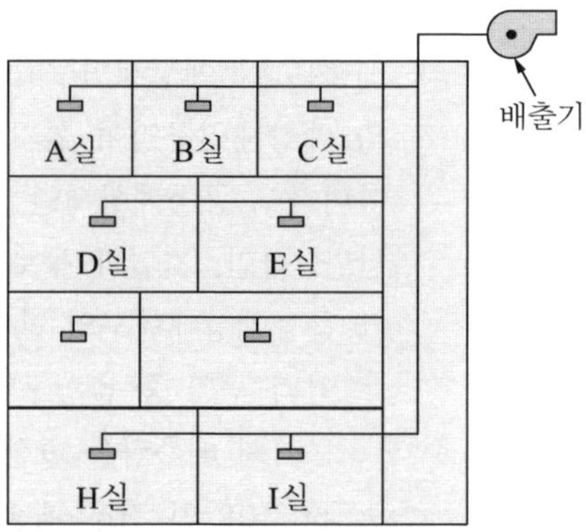

▮그림 5.16 공동 제연방식

나. 공동제연방식

2개 이상의 예상제연구역을 동시에 제연하는 방식으로 그림과 같이 화재시 화재발생하지 않은 구역도 공동제연구역인 경우 모두 동시에 제연을 하는 방식이다.

(4) 배출구

① 제연설비에 사용되고 있는 배출구 형식 및 개방방식은 [표 5.4]와 같으며, 배출구 설치위치는 다음과 같다.

가. 바닥 면적 400 m^2 미만인 예상제연구역의 배출구(통로인 예상제연구역 제외)

㉮ 예상제연구역이 벽으로 구획되어 있는 경우의 배출구는 천장 또는 반자와 바닥 사이의 중간 윗부분에 설치할 것

㉯ 예상제연구역 중 어느 한 부분이 제연경계로 구획되어 있는 경우에는 천장·반자 또는 이에 가까운 벽의 부분에 설치할 것. 다만, 배출구를 벽에 설치하는 경우에는 배출구의 하단이 해당 예상제연구역에서 제연경계의 폭이 가장 짧은 제연경계의 하단보다 높이 되도록 해야 한다.

표 5.4 배출구의 형식 및 개방방식

	형 식	로크 방식	원격 개방 방식
미닫이식	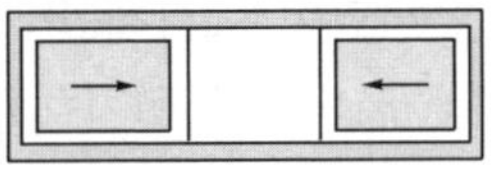	개방에 스프링을 쓸 때는 누르개 핀	
회전식	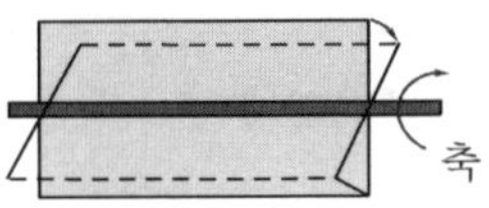	누르개 핀 또는 모터, 공기식 모터에 의한 개폐	모터나 솔레노이드에 의해 누르개 핀을 이동시킴으로써 로크를 해제하여 스프링의 힘 또는 모터나 공기식 모터로서 개방한다.
	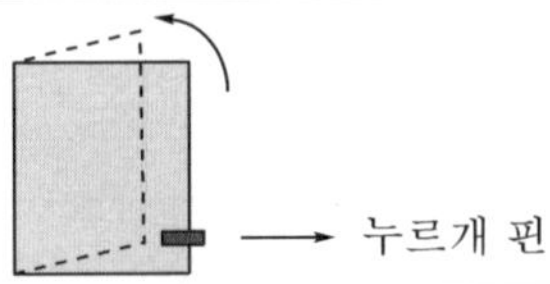	누르개 핀 또는 전자력	솔레노이드나 모터에 의해 누르개 핀을 이동시킴으로서 로크를 해제하여 스프링의 힘으로 개방 또는 전자력에 의해 로크를 풀고 스프링으로 개방한다.
낙하식	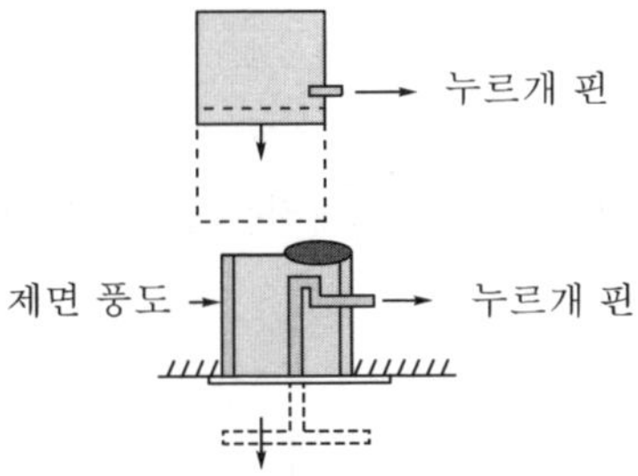	누르개 핀	솔레노이드나 모터에 의해 누르개 핀을 이동시켜 로크를 해제하여 중력에 의해 개방한다.

주) 1. 상시 통전형의 솔레노이드를 사용할 경우에는 과열 및 정전기의 작동에 주의한다.
2. 수동식의 개방 장치로는 와이어와 레버의 조합, 핸들·치차·축의 조합 등이 생각될 수 있으나 와이어의 늘어짐이나 발청에 주의한다. 어느 경우나 보수·점검이 용이한 것이 요구된다.
3. 개방 시험 후 복귀가 용이한 것이 바람직하다.

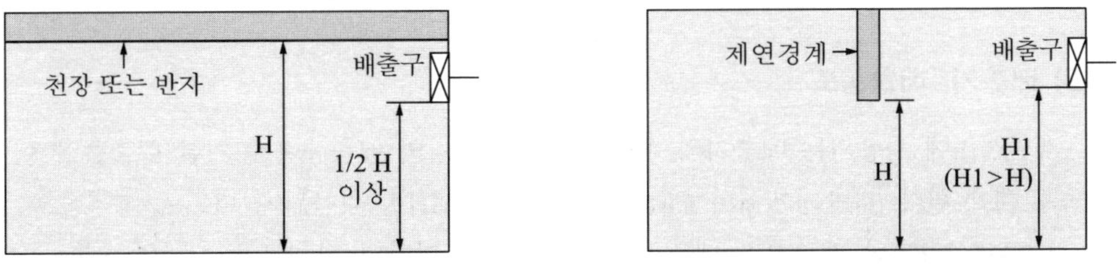

벽으로 구획된 배출구(400 m^2 미만)　　제연경계로 구획된 배출구(400 m^2 미만)

그림 5.17 예상제연구역

나. 통로인 예상제연구역과 바닥면적이 400 m^2 이상인 통로 외의 예상제연구획에 대한 배출구 설치위치는 다음과 같다.

㉮ 예상제연구역이 벽으로 구획되어 있는 경우의 배출구는 천장·반자 또는 이에 가까운 벽의 부분에 설치할 것. 다만, 배출구를 벽에 설치한 경우 배출구 하단과 바닥간의 최단거리는 2 m 이상이어야 한다.

㉯ 예상제연구역 중 어느 한 부분이 제연경계로 구획되어 있을 경우에는 천장·반자 또는 이에 가까운 벽의 부분(제연경계를 포함)에 설치할 것. 다만, 배출구를 벽 또는 제연경계에 설치하는 경우 배출구의 하단이 예상제연구역에서 제연경계의 폭이 가장 짧은 제연경계의 하단보다 높게 되도록 설치해야 한다.

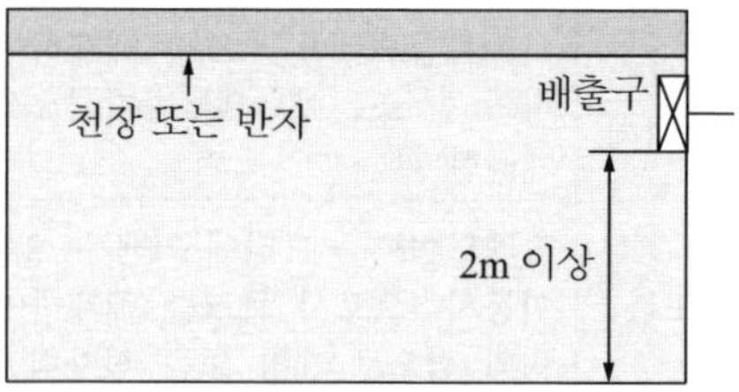

벽으로 구획된 배출구(400 m^2 이상)

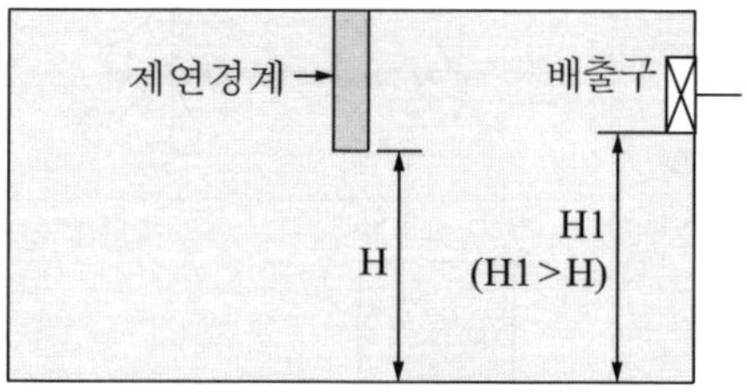

제연경계로 구획된 배출구(400 m^2 이상)

그림 5.18 예상제연구역

② 제연설비 예상제연구역의 각 부분으로부터 배출구까지의 수평거리는 10 m 이내가 되게 해야 하며, [그림 5.19]와 같다.

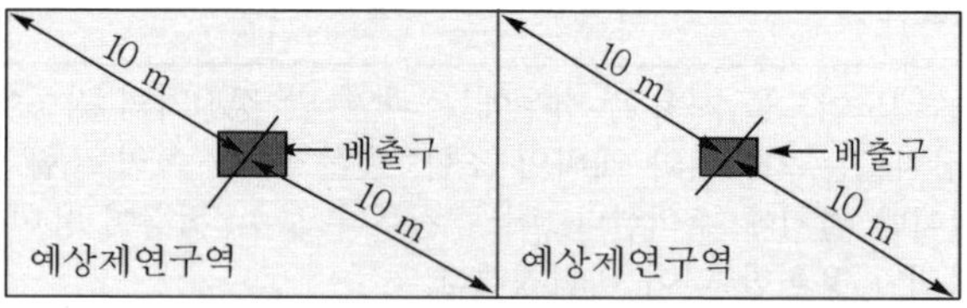

그림 5.19 예상제연구역에 설치한 배출구

(5) 배출기, 배출풍도

제연설비에 사용되는 배출기의 배출능력은 배출기의 배출풍량에 의한 배출풍량 이상이 되도록 해야 한다. 배출기에서의 CMS·CMM 및 CMH는 다음과 같다.

- CMS : 1초당 배출기가 배출하는 배출풍량을 말하며 단위로 표시하면 m^3/sec이다.
- CMM : 1분당 배출기가 배출하는 배출풍량을 말하며 단위로 표시하면 m^3/min이다.
- CMH : 1시간당 배출기가 배출하는 배출풍량을 말하며 단위로 표시하면 m^3/hr이다.

① 배출기 설치기준

㉮ 배출기의 배출능력은 기준 배출량 이상이 되도록 할 것

㉯ 배출기와 배출풍도의 접속부분에 사용하는 캔버스는 내열성(석면재료는 제외)이 있는 것으로 할 것

㉰ 배출기의 전동기 부분과 배풍기 부분은 분리하여 설치해야 하며, 배풍기 부분은 유효한 내열처리를 할 것

② 배출풍도의 기준

㉮ 배출풍도는 아연도금강판 또는 이와 동등 이상의 내식성·내열성이 있는 것으로 하며, 불연재료(석면재료는 제외)인 단열재로 풍도 외부에 유효한 단열 처리를 하고, 강판의 두께는 배출풍도의 크기에 따라 [표 5.5]에 의한 기준수치 이상으로 할 것

▮표 5.5 풍도단면의 긴 변 또는 직경의 크기에 따른 강판의 두께

풍도단면의 긴 변 또는 직경의 크기(mm)	450 이하	450 초과 750 이하	750 초과 1,500 이하	1,500 초과 2,250 이하	2,250 초과
강판 두께(mm)	0.5 이상	0.6 이상	0.8 이상	1.0 이상	1.2 이상

㉯ 배출기의 흡입측 풍도 안의 풍속은 15 m/s 이하로 하고, 배출축 풍속은 20 m/s 이하로 할 것

(6) 유입풍도 · 공기유입방식 및 유입구

① 유입풍도

가. 유입풍도는 아연도금강판 또는 이와 동등 이상의 내식성 · 내열성이 있는 것으로 하며, 풍도 안의 풍속은 20 m/s 이하로 하고 풍도의 강판 두께는 배출풍도의 기준에 따라 설치해야 한다.

나. 옥외에 면하는 배출구 및 공기유입구는 비 또는 눈 등이 들어가지 않도록 하고, 배출된 연기가 공기유입구로 순환유입 되지 않도록 해야 한다.

② 공기유입방식 및 유입구

가. 예상제연구역에 대한 공기유입은 유입 풍도를 경유한 강제유입 또는 자연유입방식으로 하거나, 인접한 제연구역 또는 통로에 유입되는 공기(가압의 결과를 일으키는 경우를 포함)가 해당 제연구역으로 유입되는 방식으로 할 수 있다.

나. 예상제연구역에 설치되는 공기유입구 기준

㉮ 바닥면적 400 m^2 미만의 거실인 예상제연구역(제연경계에 따른 구획을 제외한

다. 다만, 거실과 통로와의 구획은 그렇지 않다)에 대해서는 공기유입구와 배출구간의 직선거리는 5 m 이상 또는 구획된 실의 장변의 2분의 1 이상으로 할 것. 다만, 공연장 · 집회장 · 위락시설의 용도로 사용되는 부분의 바닥면적이 200 m^2를 초과하는 경우의 공기유입구는 "㉯" 항의 기준에 따른다.

㉯ 바닥면적이 400 m^2 이상의 거실인 예상제연구역(제연경계에 따른 구획을 제외. 다만, 거실과 통로와의 구획은 그렇지 않다)에 대해서는 바닥으로부터 1.5 m 이하의 높이에 설치하고 그 주변은 공기의 유입에 장애가 없도록 할 것

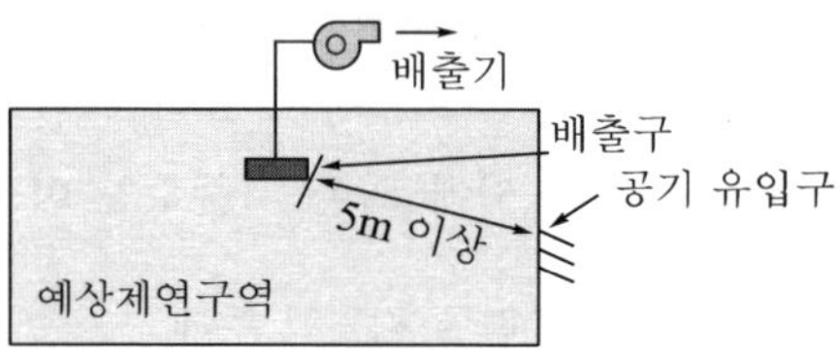

▮그림 5.20 공기유입구와 배출구와의 직선거리

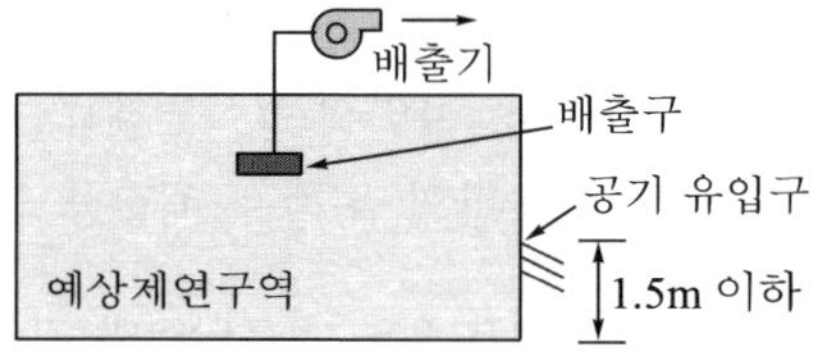

▮그림 5.21 공기유입구의 설치 위치

㉰ "㉮"와 "㉯"에 해당하는 것 외의 예상제연구역(통로인 예상제연구역을 포함)에 대한 유입구는 다음의 기준에 따를 것. 다만, 제연경계로 인접하는 구역의 유입공기가 해당 예상제연구역으로 유입되게 한 때에는 그렇지 않다.

a. 유입구를 벽에 설치할 경우에는 "㉯"의 기준에 따를 것
b. 유입구를 벽 외의 장소에 설치할 경우에는 유입구 상단이 천장 또는 반자와 바닥 사이의 중간 아랫부분보다 낮게 되도록 하고, 수직거리가 가장 짧은 제연경계 하단보다 낮게 되도록 설치할 것

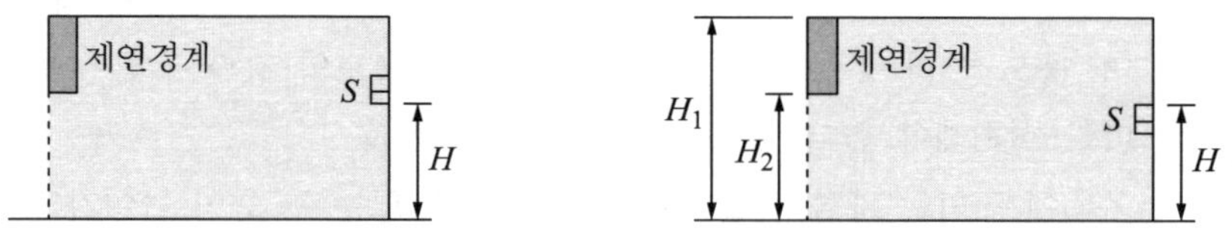

S : 유입구
H : 유입구의 높이 ≤ 1.5 m

S : 유입구
H : 유입구의 상단높이
H_1 : 실 높이
H_2 : 제연경계 수직거리

▮그림 5.22 유입구 위치 : (좌) 급기구를 벽에 설치, (우) 급기구를 벽 이외에 설치

다. 공동예상제연구역에 설치되는 공기유입구 설치기준

㉮ 공동예상제연구역 안에 설치된 각 예상제연구역이 벽으로 구획되어 있을 때에는 "나"의 "㉮", "㉯" 규정에 의하여 설치해야 한다.

㉯ 공동예상제연구역 안에 설치된 각 예상제연구역의 일부 또는 전부가 제연경계로 구획되어 있을 때에는 공동예상제연구역 안의 1개 이상의 장소에 "나"의 "㉰" 규정에 의하여 설치해야 한다.

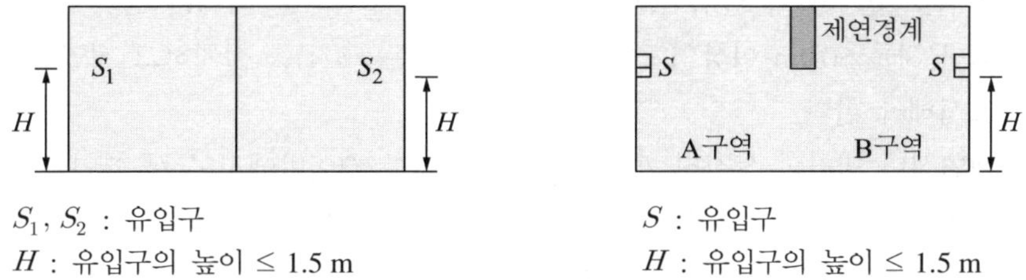

그림 5.23 유입구 위치 : (좌)벽으로 구획된 공동제연 (우)제연경계로 구획된 공동제연ㄴ

라. 인접한 제연구역 또는 통로에 유입되는 공기를 해당 예상제연구역에 대한 공기유입으로 하는 경우에는 그 인접한 제연구역 또는 통로의 유입구가 제연경계하단보다 높은 경우에는 그 인접한 제연구역 또는 통로의 화재시 그 유입구는 다음의 기준에 적합해야 한다.

㉮ 각 유입구는 자동폐쇄 될 것

㉯ 해당 구역 내의 설치된 유입풍도가 해당 제연구획 부분을 지나는 곳에 설치된 댐퍼가 자동으로 폐쇄될 것

마. 예상제연구역에 공기가 유입되는 순간의 풍속은 5 m/s이하가 되도록 하고, 유입구의 구조는 유입공기를 상향으로 분출하지 않도록 설치해야 한다. 다만, 유입구가 바닥에 설치되는 경우에는 상향으로 분출이 가능하며 이때의 풍속은 1 m/s 이하가 되도록 해야 한다.

바. 예상제연구역에 대한 공기유입구의 크기는 해당 예상제연구역 배출량 1 m^3/min에 대하여 35 cm^2 이상으로 해야 한다.

사. 예상제연구역에 대한 공기유입량은 배출량의 배출에 지장이 없는 양으로 해야 한다.

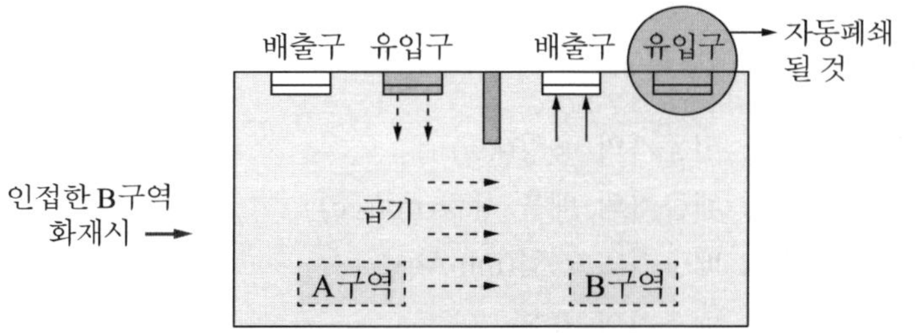

그림 5.24 인접구역 유입방식

(7) 댐퍼

제연설비에 설치되는 댐퍼는 다음의 기준에 따라 설치해야 한다.

① 제연설비의 풍도에 댐퍼를 설치하는 경우 댐퍼를 확인, 정비할 수 있는 점검구를 풍도에 설치할 것. 이 경우 댐퍼가 반자 내부에 설치되는 때에는 댐퍼 직근의 반자에도 점검구(지름 60 cm 이상의 원이 내접할 수 있는 크기)를 설치하고 제연설비용 점검구임을 표시해야 한다.

② 제연설비 댐퍼의 설정된 개방 및 폐쇄 상태를 제어반에서 상시 확인할 수 있도록 할 것

③ 제연설비가 공기조화설비와 겸용으로 설치되는 경우 풍량조절댐퍼는 각 설비별 기능에 따른 작동 시 각각의 풍량을 충족하는 개구율로 자동 조절될 수 있는 기능이 있어야 할 것

5 동력장치

(1) 전동기

① 전동기의 개요

제연설비에 사용되는 배출기에 동력을 공급하는 동력장치로서 동력의 단위로는 킬로와트(kW), 마력(HP)을 사용한다

그 밖의 전동기의 구조 · 기능 등에 관해서는 "옥내소화전설비"를 참고하도록 한다.

② 전동기의 용량(kW)

제연설비의 배출기에 동력을 공급하는 전동기의 용량은 다음 식에 의해서 산출된 수치 이상으로 한다.

$$P = \frac{Q \times P_r}{102 \times E} \times K$$

여기서, P : 전동기의 용량(kw)
Q : 배출기의 배출 풍량(m^3/sec)
P_r : 배출기의 정압(mmAq)
E : 배출기의 효율
K : 여유율

$$P = \frac{Q \times P_r}{6,120 \times E} \times K$$

여기서, P : 전동기의 용량(kw)
Q : 배출기의 배출 풍량(m^3/min)
P_r : 배출기의 정압(mmAq)
E : 배출기의 효율
K : 여유율

$$P = \frac{Q \times P_r}{367,200 \times E} \times K$$

여기서, P : 전동기의 용량(kw)
Q : 배출기의 배출 풍량(m^3/hr)
P_r : 배출기의 정압(mmAq)
E : 배출기의 효율
K : 여유율

6 제연설비의 전원 및 기동

(1) 비상전원은 자가발전설비, 축전지설비 또는 전기저장장치(외부 전기에너지를 저장해 두었다가 필요한 때 전기를 공급하는 장치)로서 다음의 기준에 따라 설치해야 한다. 다만, 2 이상의 변전소(「전기사업법」 제67조 및 「전기설비기술기준」 제3조 제2호에 따른 변전소를 말한다)에서 전력을 동시에 공급받을 수 있거나 하나의 변전소로부터 전력의 공급이 중단되는 때에는 자동으로 다른 변전소로부터 전원을 공급받을 수 있도록 상용전원을 설치한 경우에는 그렇지 않다.

① 점검에 편리하고 화재 및 침수 등의 재해로 인한 피해를 받을 우려가 없는 곳에 설치할 것
② 제연설비를 유효하게 20분 이상 작동할 수 있도록 할 것
③ 상용전원으로부터 전력의 공급이 중단된 때에는 자동으로 비상전원으로부터 전력을 공급받을 수 있도록 할 것
④ 비상전원의 설치장소는 다른 장소와 방화구획 할 것. 이 경우 그 장소에는 비상전원의 공급에 필요한 기구나 설비 외의 것(열병합발전설비에 필요한 기구나 설비는 제외)을 두어서는 아니 된다.
⑤ 비상전원을 실내에 설치하는 때에는 그 실내에 비상조명등을 설치할 것

(2) 제연설비의 작동은 해당 제연구역에 설치된 화재감지기와 연동되어야 하며, 예상제연구역(또는 인접장소)마다 설치된 수동기동장치 및 제어반에서 수동으로 기동이 가능하도록 해야 한다.

(3) "(2)"에 따른 제연설비의 작동에는 다음의 사항이 포함되어야 하며, 예상제연구역(또는 인접장소)마다 설치되는 수동기동장치는 바닥으로부터 0.8 m 이상 1.5 m 이하의 높이에 문 개방 등으로 인한 위치 확인에 장애가 없고 접근이 쉬운 위치에 설치해야 한다.

① 해당 제연구역의 구획을 위한 제연경계벽 및 벽의 작동
② 해당 제연구역의 공기유입 및 연기배출 관련 댐퍼의 작동
③ 공기유입송풍기 및 배출송풍기의 작동

[그림 5.25]는 특정소방대상물에 설치한 배출기(배풍기와 전동기), 배출풍도, 방화댐퍼, 자동화 재감지기, 비상전원, 수동기동장치, 제어반 등을 나타낸 것이다.

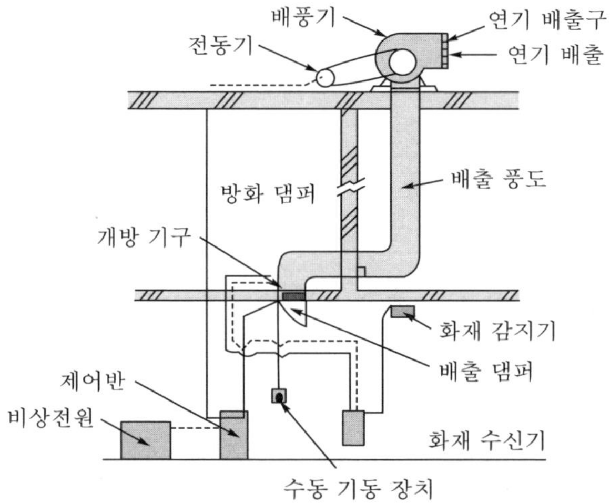

▮그림 5.25 특정소방대상물에 설치한 제연설비

7 성능확인

① 제연설비는 설계목적에 적합한지 검토하고 제연설비의 성능과 관련된 건물의 모든 부분(건축설비를 포함)이 완성되는 시점에 맞추어 시험・측정 및 조정(이하 "시험 등"이라

한다)을 해야 한다.

② 제연설비의 시험 등은 다음 각 호의 기준에 따라 실시해야 한다.

가. 송풍기 풍량 및 송풍기 모터의 전류, 전압을 측정할 것

나. 제연설비 시험시에는 제연구역에 설치된 화재감지기(수동기동장치를 포함한다)를 동작시켜 해당 제연설비가 정상적으로 작동되는지 확인할 것

다. 제연구역의 공기유입량 및 유입풍속, 배출량은 모든 유입구 및 배출구에서 측정할 것

라. 제연구역의 출입문, 방화셔터, 공기조화설비 등이 제연설비와 연동된 상태에서 측정할 것

③ 제연설비 시험 등의 평가는 이 기준에서 정하는 성능 및 다음의 기준에 따른다.

가. 배출구별 배출량은 배출구별 설계 배출량의 60% 이상이어야 하며, 제연구역별 배출구의 배출량 합계는 배출량 및 배출방식에 따른 설계배출량 이상일 것

나. 유입구별 공기유입량은 유입구별 설계 유입량의 60% 이상이어야 하며, 제연구역별 유입구의 공기유입량 합계는 예상제연구역에 대한 공기유입량에 따른 설계유입량을 충족할 것

다. 제연구역의 구획이 설계조건과 동일한 조건에서 "가"에 따라 측정한 배출량이 설계배출량 이상인 경우에는 "나"에 따라 측정한 공기유입량이 설계유입량에 일부 미달되더라도 적합한 성능으로 볼 것

8 적용대상물

① 문화 및 집회시설, 종교시설, 운동시설 중 무대부의 바닥면적이 200 m^2 이상인 경우에는 해당 무대부

② 문화 및 집회시설 중 영화상영관으로서 수용인원 100명 이상인 경우에는 해당 영화상영관

③ 지하층이나 무창층에 설치된 근린생활시설, 판매시설, 운수시설, 숙박시설, 위락시설, 의료시설, 노유자 시설 또는 창고시설(물류터미널로 한정한다)로서 해당 용도로 사용되는 바닥면적의 합계가 1000 m^2 이상인 경우 해당 부분

④ 운수시설 중 시외버스정류장, 철도 및 도시철도 시설, 공항시설 및 항만시설의 대기실 또는 휴게시설로서 지하층 또는 무창층의 바닥면적이 1000 m^2 이상인 경우에는 모든 층

⑤ 지하가(터널은 제외)로서 연면적 1000 m^2 이상인 것

⑥ 지하가 중 예상 교통량, 경사도 등 터널의 특성을 고려하여 행정안전부령으로 정하는

터널

⑦ 특정소방대상물(갓복도형 아파트 등은 제외)에 부설된 특별피난계단, 비상용 승강기의 승강장 또는 피난용 승강기의 승강장

9 제연설비의 설치 제외

제연설비를 설치하여야 할 특정소방대상물 중 화장실・목욕실・주차장・발코니를 설치한 숙박시설(가족호텔 및 휴양콘도미니엄에 한한다)의 객실과 사람이 상주하지 아니하는 기계실・전기실・공조실・50 m^2 미만의 창고 등으로 사용되는 부분에 대하여는 배출구・공기유입구의 설치 및 배출량 산정에서 이를 제외한다.

10 제연설비 면제

① 제연설비를 설치해야 하는 특정소방대상물(지하가 중 예상 교통량, 경사도 등 터널의 특성을 고려하여 행정안전부령으로 정하는 터널은 제외)에 다음의 어느 하나에 해당하는 설비를 설치한 경우에는 설치가 면제된다.

가. 공기조화설비를 화재안전기준의 제연설비기준에 적합하게 설치하고 공기조화설비가 화재 시 제연설비기능으로 자동전환되는 구조로 설치되어 있는 경우

나. 직접 외부 공기와 통하는 배출구의 면적의 합계가 해당 제연구역[제연경계(제연설비의 일부인 천장을 포함)에 의하여 구획된 건축물 내의 공간을 말한다] 바닥면적의 100분의 1 이상이고, 배출구부터 각 부분까지의 수평거리가 30 m 이내이며, 공기유입구가 화재안전기준에 적합하게(외부 공기를 직접 자연 유입할 경우에 유입구의 크기는 배출구의 크기 이상이어야 한다) 설치되어 있는 경우

② 지하가 중 예상 교통량, 경사도 등 터널의 특성을 고려하여 행정안전부령으로 정하는 터널에 따라 제연설비를 설치해야 하는 특정소방대상물 중 노대(露臺)와 연결된 특별피난계단, 노대가 설치된 비상용 승강기의 승강장 또는 「건축법 시행령」 제91조 제5호의 기준에 따라 배연설비가 설치된 피난용 승강기의 승강장에는 설치가 면제된다.

5.2 특수장소에 부설된 특별피난계단 및 비상용 승강기의 승강장의 제연설비

1 개요

피난로는 특정소방대상물 내의 체류자의 안전대피뿐만 아니라 현장에 출동한 소방대원을 비롯하여 필요 관계자들이 화재층 또는 화재장소에 도달하기 위한 접근경로와 피난공간의 안전성 확보에도 기여한다. 피난로는 화재 시 피난전용의 동선을 제공할 수 있는 공간구조로서 내화구조의 벽체를 위주로 구획된 것을 말한다. 피난로에는 피난계단(특별피난계단 포함), 내화구획된 복도, 승강기(상용 또는 비상용 포괄)의 승강장(lobby)과 그 샤후트 등을 들 수 있다.

특수장소에 부설된 특별피난 계단의 계단실 및 특별피난계단의 부속실에 설치하는 제연설비는 급기가압방식을 이용한다. 급기가압은 가압하고자 하는 공간에 대해 공기를 공급하여 그 공간의 기압을 주위공간의 기압보다 높게 함으로써, 즉 차압(pressure differential)을 형성하게 하는 것을 말한다.

일반적으로 건물화재시의 제연(smoke control)에는 배연(smoke ventilation) 및 방연(smoke defence)의 두 가지 개념이 단독으로 또는 병용하여 적용되는데, 급기가압에 의한 제연은 전형적인 방연의 개념에 속한다. 급기가압 제연설비는 건물의 화재 시 내부의 피난로에 대해 화열 및 연기의침투를 방지하여 대피하고자 하는 체류자가 해당 피난로를 경유하여 여유 있게 대피할 수 있도록 안전한 분위기를 형성시켜주기 위한 설비이다.

2 적용대상물

특정소방대상물(갓복도형 아파트 등은 제외한다)에 부설된 특별피난계단, 비상용 승강기의 승강장 또는 피난용 승강기의 승강장

3 제연방식

제연설비는 다음의 기준에 적합해야 한다.

① 제연구역에 옥외의 신선한 공기를 공급하여 제연구역의 기압을 제연구역 이외의 옥내보다 높게 하되 일정한 기압의 차이(차압)를 유지하게 함으로써 옥내로부터 제연구역 내로 연기가 침투하지 못하도록 할 것
② 피난을 위하여 제연구역의 출입문이 일시적으로 개방되는 경우 방연풍속을 유지하도록 옥외의 공기를 제연구역 내로 보충·공급하도록 할 것
③ 출입문이 다시 닫히는 경우 제연구역의 과압을 방지할 수 있는 유효한 조치를 하여 차압을 유지하도록 할 것

4 제연구역의 선정

① 계단실 및 그 부속실을 동시에 제연하는 것
② 부속실만을 단독으로 제연하는 것
③ 계단실 단독제연하는 것

5 설계

제연설비는 차압, 공기량(누설량과 보충량), 방연풍속, 과압방지조치, 누설틈새의 면적 등의 조건을 고려하여 설계한다.

(1) 차압

① 제연구역과 옥내와의 사이에 유지해야 하는 최소차압은 40 Pa 이상(옥내에 스프링클러설비가 설치된 경우에는 12.5 Pa)으로 해야 한다.
② 제연설비가 가동되었을 경우 출입문의 개방에 필요한 힘은 110 N 이하로 해야 한다.

③ 출입문이 일시적으로 개방되지 않는 제연구역과 옥내와의 차압은 "①" 기준차압의 70% 이상이어야 한다.

④ 계단실과 부속실을 동시에 제연하는 경우 부속실의 기압은 계단실과 같게 하거나, 계단실의 기압보다 낮게 할 경우에는 부속실과 계단실의 압력차는 5 Pa 이하가 되도록 해야 한다.

(2) 급기량

급기량은 다음의 양을 합한 양 이상이 되어야 한다.

① 차압을 유지하기 위하여 제연구역에 공급해야 할 공기량. 이 경우 제연구역에 설치된 출입문(창문을 포함한다. 이하 "출입문등"이라 한다)의 누설량과 같아야 한다.

② 보충량

(3) 누설량

누설량은 제연구역의 누설량을 합한 양으로 한다. 이 경우 출입문이 2개소 이상인 경우에는 각 출입문의 누설틈새면적을 합한 것으로 한다.

(4) 보충량

공기의 보충량은 부속실의 수가 20 이하는 1개층 이상, 20을 초과하는 경우에는 2개층 이상의 보충량으로 한다.

(5) 방연풍속

방연풍속은 제연구역의 선정방식에 따라 다음 [표 5.6]의 기준에 따라야 한다.

표 5.6 제연구역의 방연풍속

제 연 구 역		방연풍속
계단실 및 그 부속실을 동시에 제연하는 것 또는 계단실만 단독으로 제연하는 것		0.5 m/s 이상
부속실만 단독으로 제연하는 것	부속실 또는 승강장이 면하는 옥내가 거실인 경우	0.7 m/s 이상
	부속실이 면하는 옥내가 복도로서 그 구조가 방화구조(내화시간이 30분 이상인 구조를 포함한다)인 것	0.5 m/s 이상

(6) 과압방지조치

제연구역에서 발생하는 과압을 해소하기 위해 과압방지장치를 설치하는 등의 과압방지조치를 해야 한다. 다만, 제연구역 내에 과압발생의 우려가 없다는 것을 시험 또는 공학적인 자료로 입증하는 경우에는 과압방지조치를 하지 않을 수 있다.

(7) 누설틈새의 면적

제연구역으로부터 공기가 누설하는 틈새면적은 다음의 기준에 따라야 한다.

① 출입문의 틈새면적

$$A = \left(\frac{L}{l}\right) \times A_d$$

여기서, A : 출입문의 틈새면적(m^2)
L : 출입문 틈새의 길이(m)
(단, L의 수치가 l의 수치 이하인 경우에는 l 수치로 할 것)
l : 표준 출입문의 틈새길이(m)
A_d : 표준 출입문의 틈새면적(m^2)

출입문의 유형에 따른 표준 틈새길이와 표준 틈새면적은 [표 5.7]과 같다.

표 5.7 출입문의 유형에 따른 표준 틈새길이 및 틈새면적

출입문의 유형		틈새길이 L (m)	틈새면적 A_d (m^2)
외여닫이문	제연구역의 실내 쪽으로 열리도록 설치하는 경우	5.6	0.01
	제연구역의 실외 쪽으로 열리도록 설치하는 경우		0.02
쌍여닫이문		9.2	0.03
승강기의 출입문		8.0	0.06

② 창문의 틈새면적 기준

가. 여닫이식(pivot) 창문으로 창틀에 방수패킹이 없는 경우
틈새면적[m^2] = 2.55×10^{-4} × 틈새의 길이(m)

나. 여닫이식(pivot) 창문으로 창틀에 방수패킹이 있는 경우
틈새면적[m^2] = 3.61×10^{-5} × 틈새의 길이(m)

다. 미닫이식(sliding) 창문이 설치되어 있는 경우

틈새면적[m^2] = $1.00 \times 10^{-4} \times$ 틈새의 길이(m)

③ 제연구역으로부터 누설하는 공기가 승강기의 승강로를 경유하여 승강로의 외부로 유출하는 유출면적은 승강로와 승강로 상부의 기계실 사이의 개구부 면적을 합한 것을 기준으로 할 것

④ 제연구역을 구성하는 벽체(반자 속의 벽체 포함)가 벽돌 또는 시멘트 블록 등의 조적구조이거나 석고판 등의 조립구조인 경우에는 불연재료를 사용하여 틈새를 조정할 것

⑤ 제연설비의 완공시 제연구역의 출입문 등은 크기 및 개방방식이 해당 설비의 설계 시와 같도록 할 것

(8) 유입공기의 배출 기준

① 유입공기는 화재층의 제연구역과 면하는 옥내로부터 옥외로 배출되도록 해야 한다. 다만, 직통계단식 공동주택의 경우에는 그렇지 않다.

② 유입공기의 배출은 다음의 기준에 따른 배출방식 중 하나 이상의 방식으로 해야 한다.

가. 수직풍도에 따른 배출 : 옥상으로 직통하는 전용의 배출용 수직풍도를 설치하여 배출하는 것으로서 다음에 해당하는 것

㉮ 자연배출식 : 굴뚝효과에 따라 배출하는 것

㉯ 기계배출식 : 수직풍도의 상부에 전용의 배출용 송풍기를 설치하여 강제로 배출하는 것. 다만, 지하층만을 제연하는 경우 배출용 송풍기의 설치위치는 배출된 공기로 인하여 피난 및 소화활동에 지장을 주지 않는 곳에 설치할 수 있다.

나. 배출구에 따른 배출 : 건물의 옥내와 면하는 외벽마다 옥외와 통하는 배출구를 설치하여 배출하는 것

다. 제연설비에 따른 배출 : 거실제연설비가 설치되어 있고 해당 옥내로부터 옥외로 배출해야 하는 유입공기의 양을 거실제연설비의 배출량에 합하여 배출하는 경우 유입공기의 배출은 해당 거실제연설비에 따른 배출로 갈음할 수 있다.

(9) 수직풍도에 따른 배출 기준

① 수직풍도는 내화구조로 하되「건축물의 피난·방화 구조 등의 기준에 관한 규칙」제3조 제1호 또는 제2호의 기준 이상의 성능으로 할 것

② 수직풍도의 내부 면은 두께 0.5 mm 이상의 아연도금강판 또는 동등 이상의 내식성·내열성이 있는 것으로 마감하되, 강판의 접합부에 대하여는 통기성이 없도록 조치해야 한다.

③ 각 층의 옥내와 면하는 수직풍도의 관통부에는 다음 기준의 댐퍼(배출댐퍼)를 설치해야 한다.

가. 배출댐퍼는 두께 1.5 mm 이상의 강판 또는 이와 동등 이상의 강도가 있는 것으로 설치해야 하며 비내식성 재료의 경우에는 부식방지조치를 할 것

나. 평상시 닫힌 구조로 기밀상태를 유지할 것

다. 개폐여부를 해당 장치 및 제어반에서 확인할 수 있는 감지기능을 내장하고 있을 것

라. 구동부의 작동상태와 닫혀 있을 때의 기밀상태를 수시로 점검할 수 있는 구조일 것

마. 풍도의 내부마감상태에 대한 점검 및 댐퍼의 정비가 가능한 이·탈착구조로 할 것

바. 화재 층에 설치된 감지기의 동작에 따라 해당 층의 댐퍼가 개방될 것

사. 개방 시의 실제 개구부(개구율을 감안한 것을 말한다)의 크기는 수직풍도의 내부단면적의 기준에 따른 수직풍도의 최소 내부단면적 이상으로 할 것

아. 댐퍼는 풍도 내의 공기흐름에 지장을 주지 않도록 수직풍도의 내부로 돌출하지 않게 설치할 것

④ 수직풍도의 내부 단면적 기준

가. 자연 배출식

다음 식에 의하여 산출한 수치 이상으로 할 것. 다만, 수직풍도의 길이가 100 m을 초과하는 경우 산출수치의 1.2배 이상의 수치를 기준으로 해야 한다.

$$A_p = Q_N / 2$$

여기서, A_p : 수직풍도의 단면적(m^2)

Q_N : 수직풍도가 담당하는 1개 층의 제연구역의 출입문(옥내와 면하는 출입문을 말한다) 1개의 면적(m^2)과 방연풍속(m/s)을 곱한 값(m^3/sec)

나. 기계 배출식

송풍기를 이용한 기계 배출식인 경우 풍속 15 m/s 이하로 할 것

⑤ 기계배출식에 따라 배출하는 경우 배출용 송풍기의 기준

가. 열기류에 노출되는 송풍기 및 그 부품들은 250 ℃의 온도에서 1시간 이상 가동상태를 유지할 것

나. 송풍기의 풍량은 "가"의 기준에 따른 Q_N에 여유량을 더한 양을 기준으로 할 것

다. 송풍기는 화재감지기의 동작에 따라 연동하도록 할 것

라. 송풍기의 풍량을 실측할 수 있는 유효한 조치를 할 것

마. 송풍기는 다른 장소와 방화구획되고 접근과 점검이 용이한 장소에 설치할 것

바. 수직풍도의 상부의 말단(기계배출식의 송풍기도 포함)은 빗물이 흘러들지 않는 구조로 하고, 옥외의 풍압에 따라 배출성능이 감소하지 않도록 유효한 조치를 할 것

(10) 배출구에 따른 배출 기준

① 배출구에는 다음의 기준에 적합한 장치(개폐기)를 설치할 것
가. 빗물과 이물질이 유입하지 않는 구조로 할 것
나. 옥외 쪽으로만 열리도록 하고 옥외의 풍압에 의하여 자동으로 닫히도록 할 것
다. 그 밖의 설치기준은 "댐퍼(배출댐퍼)의 기준"을 준용할 것

② 개폐기의 개구면적은 다음 식에 의해 산출한 수치 이상으로 할 것

$$A_0 = Q_N / 2.5$$

여기서, A_0 : 개폐기의 개구면적(m^2)
Q_N : 수직풍도가 담당하는 1개 층의 제연구역 출입문(옥내와 면하는 출입문) 1개 면적과 방연풍속을 곱한 값(m^3/sec)

(11) 제연구역의 급기 기준

① 부속실을 제연하는 경우 동일 수직선상의 모든 부속실은 하나의 전용수직풍도를 통해 동시에 급기할 것. 다만, 동일수직선상에 2대 이상의 급기송풍기가 설치되는 경우에는 수직풍도를 분리하여 설치할 수 있다.
② 계단실 및 부속실을 동시에 제연하는 경우 계단실에 대하여는 그 부속실의 수직풍도를 통해 급기할 수 있다.
③ 계단실만 제연하는 경우에는 전용 수직풍도를 설치하거나 계단실에 급기풍도 또는 급기 송풍기를 직접 연결하여 급기하는 방식으로 할 것
④ 하나의 수직풍도마다 전용의 송풍기로 급기할 것
⑤ 비상용승강기 또는 피난용승강기의 승강장을 제연하는 경우에는 해당 승강기의 승강로를 급기풍도로 사용할 수 있다.

(12) 제연구역의 급기구 기준

① 급기용 수직풍도와 직접 면하는 벽체 또는 천장(수직풍도와 천장 급기구 사이의 풍도 포함)에 고정하되, 급기되는 기류흐름이 출입문으로 인하여 차단되거나 방해받지 않도록 옥내와 면하는 출입문으로부터 가능한 한 먼 위치에 설치할 것
② 계단실과 그 부속실을 동시에 제연하거나 또는 계단실만을 제연하는 경우 급기구는 계단실 매 3개층 이하의 높이마다 설치할 것. 다만, 계단실의 높이가 31 m 이하로서 계단실만을 제연하는 경우에는 하나의 계단실에 하나의 급기구만 설치할 수 있다.

③ 급기구의 댐퍼 설치기준

가. 급기댐퍼의 재질은 「자동차압급기댐퍼의 성능인증 및 제품검사의 기술기준」에 적합한 것으로 할 것

나. 자동차압급기댐퍼는 「자동차압급기댐퍼의 성능인증 및 제품검사의 기술기준」에 적합한 것으로 설치할 것

다. 자동차압급기댐퍼가 아닌 댐퍼는 개구율을 수동으로 조절할 수 있는 구조로 할 것

라. 화재감지기에 따라 모든 제연구역의 댐퍼가 개방되도록 할 것. 다만, 둘 이상의 특정소방대상물이 지하에 설치된 주차장으로 연결되어 있는 경우에는 특정소방대상물의 화재감지기 및 주차장에서 하나의 특정소방대상물의 제연구역으로 들어가는 입구에 설치된 제연용 연기감지기의 작동에 따라 해당 특정소방대상물의 수직풍도에 연결된 모든 제연구역의 댐퍼가 개방되도록 하거나 해당 특정소방대상물을 포함한 둘 이상의 특정소방대상물의 모든 제연구역의 댐퍼가 개방되도록 할 것

마. 댐퍼의 작동이 전기적 방식에 의하는 경우 수직풍도에 따른 배출 기준을, 기계적 방식에 따른 경우에도 수직풍도에 따른 배출 기준 사항을 준용할 것

바. 그 밖의 설치기준에 대하여도 수직풍도에 따른 배출 기준을 준용할 것

(13) 급기풍도(이하 풍도) 설치기준

① 수직풍도의 구조는 "수직풍도에 따른 배출기준"에 따른다.

② 수직풍도 이외의 풍도로서 금속판으로 설치하는 풍도는 다음 기준에 적합할 것

가. 풍도는 아연도금강판 또는 이와 동등 이상의 내식성·내열성이 있는 것으로 하며, 「건축법 시행령」 제2조에 따른 불연재료(석면재료를 제외한다)인 단열재로 풍도외부에 유효한 단열처리를 하고, 강판의 두께는 풍도의 크기에 따라 다음 [표 5.8]에 따른 기준 이상으로 할 것. 다만, 방화구획이 되는 전용실에 급기송풍기와 연결되는 풍도는 단열이 필요 없다.

나. 풍도에서의 누설량은 급기량의 10%를 초과하지 않을 것

③ 풍도는 정기적으로 풍도 내부를 청소할 수 있는 구조로 할 것

④ 풍도 내의 풍속은 15 m/s 이하로 할 것

표 5.8 강판두께에 따른 배출풍도 크기

풍도단면의 긴변 또는 직경의 크기	450 mm 이하	450 mm 초과 750 mm 이하	750 mm 초과 1,500 mm 이하	1,500 mm 초과 2,250 mm 이하	2,250 mm 초과
강판두께	0.5 mm	0.6 mm	0.8 mm	1.0 mm	1.2 mm

(14) 급기 송풍기 설치기준

① 송풍기의 송풍능력은 송풍기가 담당하는 제연구역에 대한 급기량의 1.15배 이상으로 할 것. 다만, 풍도에서의 누설을 실측하여 조정하는 경우에는 그렇지 않다.
② 송풍기에는 풍량조절장치를 설치하여 풍량조절을 할 수 있도록 할 것
③ 송풍기에는 풍량을 실측할 수 있는 유효한 조치를 할 것
④ 송풍기는 인접장소의 화재로부터 영향을 받지 않고 접근 및 점검이 용이한 곳에 설치할 것
⑤ 송풍기는 옥내의 화재감지기의 동작에 따라 작동하도록 할 것
⑥ 송풍기와 연결되는 캔버스는 내열성(석면재료를 제외)이 있는 것으로 할 것

(15) 외기취입구 기준

① 외기를 옥외로부터 취입하는 경우 취입구는 연기 또는 공해물질 등으로 오염된 공기를 취입하지 않는 위치에 설치해야 하며, 배기구 등(유입공기, 주방의 조리대의 배출공기 또는 화장실의 배출공기 등을 배출하는 배기구를 말한다)으로부터 수평거리 5 m 이상, 수직거리 1 m 이상 낮은 위치에 설치할 것
② 취입구를 옥상에 설치하는 경우에는 옥상의 외곽 면으로부터 수평거리 5 m 이상, 외곽 면의 상단으로부터 하부로 수직거리 1 m 이하의 위치에 설치할 것
③ 취입구는 빗물과 이물질이 유입하지 않는 구조로 할 것
④ 취입구는 취입공기가 옥외의 바람속도와 방향에 의하여 영향을 받지 않는 구조로 할 것

6 제연구역 및 옥내의 출입문

(1) 제연구역 출입문의 기준

① 제연구역의 출입문(창문을 포함한다)은 언제나 닫힌 상태를 유지하거나 자동폐쇄장치에 의해 자동으로 닫히는 구조로 할 것. 다만, 아파트인 경우 제연구역과 계단실 사이의 출입문은 자동폐쇄장치에 의하여 자동으로 닫히는 구조로 해야 한다.
② 제연구역의 출입문에 설치하는 자동폐쇄장치는 제연구역의 기압에도 불구하고 출입문을 용이하게 닫을 수 있는 충분한 폐쇄력이 있을 것
③ 제연구역의 출입문 등에 자동폐쇄장치를 사용하는 경우에는 「자동폐쇄장치의 성능인증 및 제품검사의 기술기준」에 적합한 것으로 설치할 것

(2) 옥내 출입문의 기준

옥내 출입문은 방화구조의 복도가 있는 경우로서 복도와 거실사이의 출입문에 한한다.

① 출입문은 언제나 닫힌 상태를 유지하거나 자동폐쇄장치에 의하여 자동으로 닫히는 구조로 설치할 것

② 거실 쪽으로 열리는 구조의 출입문에 자동폐쇄장치를 설치하는 경우에는 출입문의 개방 시 유입공기의 압력에도 불구하고 출입문을 용이하게 닫을 수 있는 충분한 폐쇄력이 있는 것으로 할 것

7 수동기동장치

(1) 배출댐퍼 및 개폐기의 직근 또는 제연구역에는 다음의 기준에 따른 장치의 작동을 위하여 수동기동장치를 설치하고 스위치는 바닥으로부터 0.8 m 이상 1.5 m 이하의 높이에 설치해야 한다. 다만, 계단실 및 그 부속실을 동시에 제연하는 제연구역에는 그 부속실에만 설치할 수 있다.

① 전 층의 제연구역에 설치된 급기댐퍼의 개방

② 해당 층의 배출댐퍼 또는 개폐기의 개방

③ 급기송풍기 및 유입공기의 배출용 송풍기(설치한 경우에 한함)의 작동

④ 개방 또는 고정된 모든 출입문(제연구역과 옥내사이의 출입문에 한함)의 개폐장치의 작동

(2) "(1)"의 각 항 기준에 의한 장치는 옥내에 설치된 수동 발신기의 조작에 따라서도 작동할 수 있도록 해야 한다.

8 제어반

제연설비의 제어반은 다음 기준에 적합하도록 설치해야 한다.

(1) 제어반에는 제어반의 기능을 1시간 이상 유지할 수 있는 용량의 비상용 축전지를 내장할

것. 단, 해당 제어반이 종합방재 제어반에 함께 설치되어 종합방재 제어반으로부터 이 기준에 의한 용량의 전원을 공급받을 수 있는 경우에는 그렇지 않다.

(2) 제어반의 기능

① 급기용 댐퍼의 개폐에 대한 감시 및 원격 조작기능
② 배출댐퍼 또는 개폐기의 작동여부에 대한 감시 및 원격조작 기능
③ 급기송풍기와 유입공기의 배출용 송풍기(설치한 경우에 한함)의 작동여부에 대한 감시 및 원격조작기능
④ 제연구역의 출입문의 일시적인 고정개방 및 해정에 대한 감시 및 원격조작 기능
⑤ 수동기동장치의 작동여부에 대한 감시 기능
⑥ 급기구 개구율의 자동조절장치(설치하는 경우에 한함)의 작동 여부에 대한 감시기능. 다만, 급기구에 차압표시계를 고정·부착한 자동차압급기댐퍼를 설치하고 해당 제어반에도 차압표시계를 설치한 경우에는 그렇지 않다.
⑦ 감시선로의 단선에 대한 감시기능
⑧ 예비전원이 확보되고 예비전원의 적합여부를 시험할 수 있어야 할 것

9 비상전원

비상전원은 자가발전설비 또는 축전지설비 또는 전기저장장치로서 다음 각호의 기준에 따라 설치해야 한다. 다만, 둘 이상의 변전소(전기사업법 제67조의 규정에 따른 변전소를 말한다)에서 전력을 동시에 공급받을 수 있거나 하나의 변전소로부터 전력의 공급이 중단되는 때에는 자동으로 다른 변전소로부터 전원을 공급받을 수 있도록 상용전원을 설치한 경우에는 그렇지 않다.

(1) 점검에 편리하고 화재 및 침수 등의 재해로 인한 피해를 받을 우려가 없는 곳에 설치할 것

(2) 제연설비를 유효하게 20분 이상 작동할 수 있도록 할 것

(3) 상용전원으로부터 전력의 공급이 중단된 때에는 자동으로 비상전원으로부터 전력을 공급받을 수 있도록 할 것

(4) 비상전원의 설치장소는 다른 장소와 방화구획 할 것. 이 경우 그 장소에는 비상전원의 공급에 필요한 기구나 설비 외의 것(열병합발전설비에 필요한 기구나 설비는 제외한다)을 두어서는 안 된다.

(5) 비상전원을 실내에 설치하는 때에는 그 실내에 비상조명등을 설치할 것

10 성능확인

(1) 제연설비는 설계목적에 적합한지 검토하고 제연설비의 성능과 관련된 건물의 모든 부분(건축설비를 포함한다)이 완성되는 시점에 맞추어 시험·측정 및 조정(이하 "시험 등"이라 한다)을 해야 한다.

(2) 제연설비의 시험 등은 다음의 기준에 따라 실시해야 한다.

① 제연구역의 모든 출입문 등의 크기와 열리는 방향이 설계 시와 동일한지 여부를 확인하고, 동일하지 아니한 경우 급기량과 보충량 등을 다시 산출하여 조정가능여부 또는 재설계·개수의 여부를 결정할 것

② 제연구역의 출입문 및 복도와 거실(옥내가 복도와 거실로 되어 있는 경우에 한한다) 사이의 출입문마다 제연설비가 작동하고 있지 아니한 상태에서 그 폐쇄력을 측정할 것

③ 층별로 화재감지기(수동기동장치를 포함한다)를 동작시켜 제연설비가 작동하는지 여부를 확인할 것. 다만, 둘 이상의 특정소방대상물이 지하에 설치된 주차장으로 연결되어 있는 경우에는 특정소방대상물의 화재감지기 및 주차장에서 하나의 특정소방대상물의 제연구역으로 들어가는 입구에 설치된 제연용 연기감지기의 작동에 따라 해당 특정소방대상물의 수직풍도에 연결된 모든 제연구역의 댐퍼가 개방되도록 하거나 해당 특정소방대상물을 포함한 둘 이상의 특정소방대상물의 모든 제연구역의 댐퍼가 개방되도록 하고 비상전원을 작동시켜 급기 및 배기용 송풍기의 성능이 정상인지 확인할 것

④ "③"의 기준에 따라 제연설비가 작동하는 경우 다음의 기준에 따른 시험 등을 실시할 것

가. 부속실과 면하는 옥내 및 계단실의 출입문을 동시에 개방할 경우, 유입공기의 풍속이 방연풍속의 규정에 따른 방연풍속에 적합한지 여부를 확인하고, 적합하지 아니한 경우에는 급기구의 개구율과 송풍기의 풍량조절댐퍼 등을 조정하여 적합하게 할 것. 이 경우 유입공기의 풍속은 출입문의 개방에 따른 개구부를 대칭적으로 균등 분할하는 10 이상의 지점에서 측정하는 풍속의 평균치로 할 것

나. "가"에 따른 시험 등의 과정에서 출입문을 개방하지 않은 제연구역의 실제 차압의 기준에 적합한지 여부를 출입문 등에 차압측정공을 설치하고 이를 통하여 차압측정기구로 실측하여 확인·조정할 것

다. 제연구역의 출입문이 모두 닫혀 있는 상태에서 제연설비를 가동시킨 후 출입문의 개방에 필요한 힘을 측정하여 개방력에 적합한지 여부를 확인하고, 적합하지 아니한 경우에는 급기구의 개구율 조정 및 플랩댐퍼(설치하는 경우에 한한다)와 풍량조절용댐퍼 등의 조정에 따라 적합하도록 조치할 것. 이때 제연구역의 출입문과 면하는 옥내에 거실제연설비가 설치된 경우에는 이 기준에 따른 제연설비와 해당 거실제연설비를 동시에 작동시킨 상태에서 출입문의 개방력을 측정할 것

라. "가"에 따른 시험 등의 과정에서 부속실의 개방된 출입문이 자동으로 완전히 닫히는지 여부를 확인하고, 닫힌 상태를 유지할 수 있도록 조정할 것

출제 및 예상문제

01 제연설비에서 제연구역을 구획하는 기준을 3가지 쓰시오.

정답 ① 제연구역 하나의 면적은 1000 m^2 이내로 한다.
② 거실과 통로는 상호 제연구획한다.
③ 통로상의 제연구역은 보행중심선의 길이가 60 m를 초과하지 않아야 한다.

해설 제연구역의 기준(NFSC 501)
① 제연구역 하나의 면적은 1000m^2 이내로 한다.
② 거실과 통로는 상호 제연구획한다.
③ 통로상의 제연구역은 보행중심선의 길이가 60m를 초과하지 않아야 한다.
④ 하나의 제연구역은 지름 60m의 원 내에 들어갈 수 있도록 한다.
⑤ 하나의 제연구역은 2개 이상의 층에 미치지 않도록 한다(단, 층의 구분이 불분명한 부분은 다른 부분과 별도로 제연구획할 것).

02 예상제연구역에 설치하는 공기유입구의 설치기준에 대하여 쓰시오.

정답 ① 바닥면적 400 m^2 미만의 거실인 예상제연구역(제연경계에 따른 구획을 제외한다. 다만, 거실과 통로와의 구획은 그렇지 않다)에 대하여서는 바닥외의 장소에 설치하고 공기유입구와 배출구간의 직선거리는 5 m 이상으로 할 것. 다만, 공연장・집회장・위락시설의 용도로 사용되는 부분의 바닥면적이 200 m^2를 초과하는 경우의 공기유입구는 제2호의 기준에 따른다.
② 바닥면적이 400 m^2 이상의 거실인 예상제연구역(제연경계에 따른 구획을 제외한다. 다만, 거실과 통로와의 구획은 그렇지 않다)에 대하여는 바닥으로부터 1.5 m 이하의 높이에 설치하고 그 주변 2m 이내에는 가연성 내용물이 없도록 할 것
③ ①과 ②에 해당하는 것 외의 예상제연구역(통로인 예상제연구역을 포함한다)에 대한 유입구는 다음 각 목에 따를 것. 다만, 제연경계로 인접하는 구역의 유입공기가 해당 예상제연구역으로 유입되게 한 때에는 그렇지 않다.
가. 유입구를 벽에 설치할 경우에는 제2호의 기준에 따를 것
나. 유입구를 벽 외의 장소에 설치할 경우에는 유입구 상단이 천장 또는 반자와 바닥사이의 중간 아랫부분보다 낮게 되도록 하고, 수직거리가 가장 짧은 제연경계 하단보다 낮게 되도록 설치할 것

03 제연구획의 구획은 보, 제연경계벽 및 벽으로 한다. 그 기준에 대하여 기술하시오.

정답 ① 재질은 내화재료, 불연재료 또는 제연경계벽으로 성능을 인정받은 것으로서 화재시

쉽게 변형・파괴되지 않고 연기가 누설되지 않는 기밀성 있는 재료로 할 것

② 제연경계는 제연경계의 폭이 0.6 m 이상이고, 수직거리는 2 m 이내이어야 한다. 다만, 구조상 불가피한 경우는 2 m를 초과할 수 있다.

③ 제연경계벽은 배연 시 기류에 따라 그 하단이 쉽게 흔들리지 아니하여야 하며, 또한 가동식의 경우에는 급속히 하강하여 인명에 위해를 주지 아니하는 구조일 것

04

제연설비의 화재안전기준에 관한 다음 ( ) 안을 완성하시오. (2022년 출제)

> 제연설비를 설치해야 할 특정소방대상물 중 화장실・목욕실・(①)・(②)를 설치한 숙박시설[가족호텔 및 (③)에 한한다]의 객실과 사람이 상주하지 않는 기계실・전기실・공조실・(④) m^2 미만의 창고 등으로 사용되는 부분에 대하여는 배출구, 공기유입구의 설치 및 배출량 산정에서 이를 제외할 수 있다.

정답 ① 주차장 ② 발코니
③ 휴양콘도미니엄 ④ 50

해설 제연설비의 설치제외장소

제연설비를 설치해야 할 특정소방대상물 중 화장실・목욕실・주차장・발코니를 설치한 숙박시설(가족호텔 및 휴양콘도미니엄에 한함)의 객실과 사람이 상주하지 아니하는 기계실・전기실・공조실・50 m^2 미만의 창고 등으로 사용되는 부분에 대하여는 배출구・공기유입구의 설치 및 배출량 산정에서 이를 제외할 수 있다.

05

다음 보기는 제연설비에서 제연구역을 구획하는 기준을 나열한 것이다. ㉮~㉲까지의 빈칸을 채우시오.

> [조건]
> ① 하나의 제연구역의 면적은 (㉮) 이내로 한다.
> ② 거실과 통로는 (㉯)한다.
> ③ 통로상의 제연구역은 보행중심선의 길이가 (㉰)를 초과하지 않아야 한다.
> ④ 하나의 제연구역은 직경 (㉱) 원 내에 들어갈 수 있도록 한다.
> ⑤ 하나의 제연구역은 (㉲)개 이상의 층에 미치지 않도록 한다(단, 층의 구분이 불분명한 부분은 다른 부분과 별도로 제연구획할 것).

정답 ㉮ 1000 m^2 ㉯ 상호제연구역
㉰ 60 m ㉱ 60 m
㉲ 2개

06 제연설비에서 주로 사용하는 솔레노이드댐퍼, 모터댐퍼 및 퓨즈댐퍼의 작동원리를 쓰시오.
(2024년 출제)

(가) 솔레노이드댐퍼 :
(나) 모터댐퍼 :
(다) 퓨즈댐퍼 :

정답 (가) 솔레노이드댐퍼 : 솔레노이드에 의해 누르게핀을 이동시켜 작동
(나) 모터댐퍼 : 모터에 의해 누르게핀을 이동시켜 작동
(다) 퓨즈댐퍼 : 덕트 내의 온도가 일정온도 이상이 되면 퓨즈메탈의 용융과 함께 작동

07 제연설비의 화재안전기준에서 다음 각 물음에 답하시오.
(2022년 출제)

(가) 하나의 제연구역의 면적은 몇 m^2 이내로 하여야 하는가?
(나) 예상제연구역의 각 부분으로부터 하나의 배출구까지의 수평거리는 몇 m 이내로 하여야 하는가?
(다) 유입풍도 안의 풍속은 몇 m/s 이하로 하여야 하는가?

정답 (가) 1000 m^2
(나) 10 m
(다) 20 m/s

해설 제연설비의 화재안전기준
(1) 하나의 제연구역의 면적은 1000 m^2 이내로 할 것

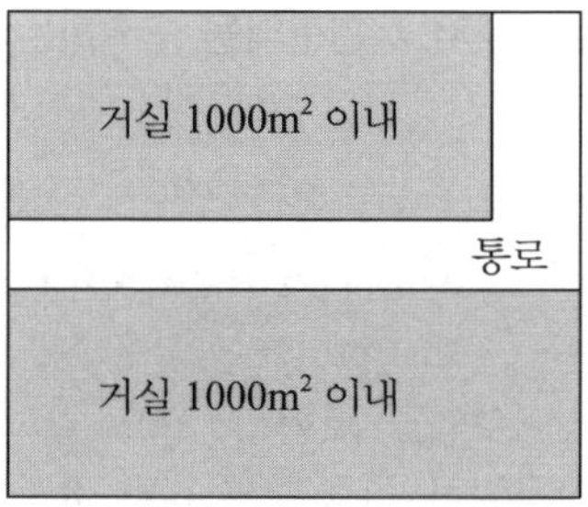

(2) 예상제연구역의 각 부분으로부터 하나의 배출구까지의 수평거리는 10 m 이내로 할 것
(3) 제연설비의 풍속

조 건	풍 속
• 배출기의 흡입측 풍속	15 m/s 이하
• 배출기의 배출측 풍속 • 유입풍도 안의 풍속	20 m/s 이하

08

특별피난계단의 계단실 및 부속실 제연설비에서 차압 등에 관한 다음 ( ) 안을 완성하시오.

- 제연구역과 옥내와의 사이에 유지하여야 하는 최소차압은 (㉮) Pa[옥내에 스프링클러설비가 설치된 경우에는 (㉯) Pa] 이상으로 해야 한다.
- 제연설계가 가동되었을 경우 출입문의 개방에 필요한 힘은 (㉰) N 이하로 해야 한다.
- 계단실과 부속실을 동시에 제연하는 경우 부속실의 기압은 계단실과 같게 하거나 계단실의 기압보다 낮게 할 경우에는 부속실과 계단실의 압력 차이는 (㉱) Pa 이하가 되도록 해야 한다.

㉮	㉯	㉰	㉱

정답

㉮	㉯	㉰	㉱
40	12.5	110	5

해설 특별피난계단의 계단실 및 부속실 제연설비의 차압 등

(1) 제연구역과 옥내와의 사이에 유지하여야 하는 최소차압은 40 Pa(옥내에 스프링클러설비가 설치된 경우에는 12.5 Pa) 이상으로 해야 한다.

(2) 제연설비가 가동되었을 경우 출입문의 개방에 필요한 힘은 110 N 이하로 해야 한다.

(3) 계단실과 부속실을 동시에 제연하는 경우 부속실의 기압은 계단실과 같게 하거나 계단실의 기압보다 낮게 할 경우에는 부속실과 계단실의 압력 차이는 5 Pa 이하가 되도록 해야 한다.

09

다음 도면에 제연댐퍼 2개를 설치하고 A, B 두 구역 중 각각 화재 시 댐퍼의 개방 등에 대하여 설명하시오(단, 댐퍼는 ⌀로 직접 도면에 표시할 것).

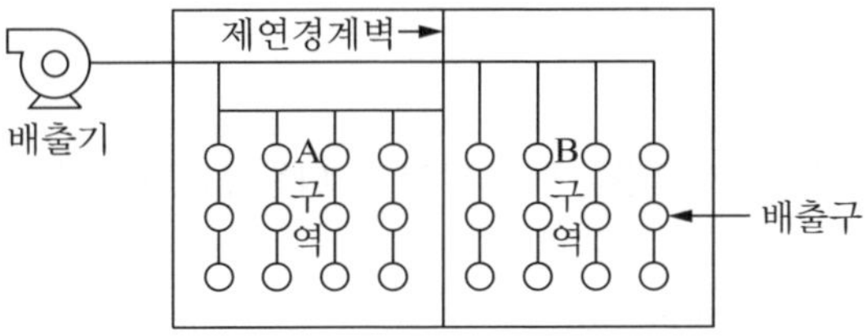

정답

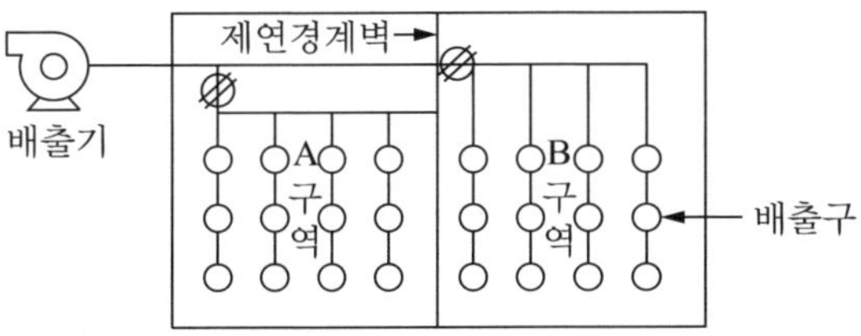

① A구역 화재 시 : A구역 댐퍼 개방, B구역 댐퍼 폐쇄

② B구역 화재 시 : B구역 댐퍼 개방, A구역 댐퍼 폐쇄

해설 (가) 실수하기 쉬운 도면을 제시하니 참고하기 바란다. 아래와 같이 댐퍼를 설치하면 A구역 댐퍼 폐쇄 시 B구역까지 모두 폐쇄되어 효과적인 제어를 할 수 없다.

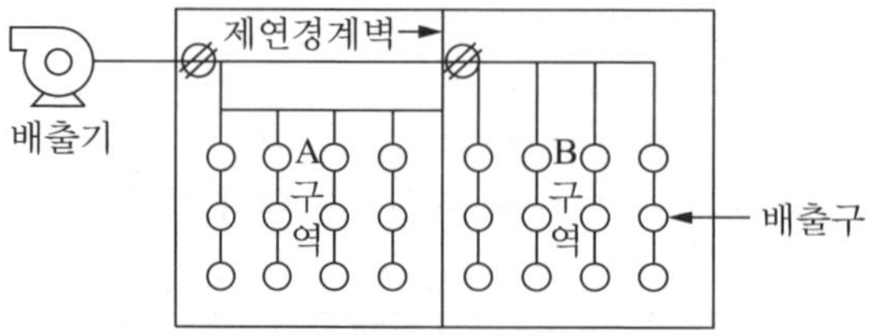

(나) (1) A구역 화재 : A구역 댐퍼를 개방하고, B구역 댐퍼를 폐쇄하여 A구역의 연기를 외부로 배출시킨다.

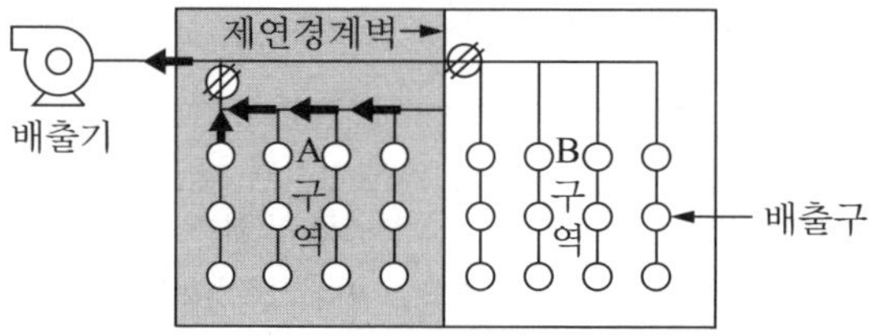

(2) B구역 화재 : B구역 댐퍼를 개방하고, A구역 댐퍼를 폐쇄하여 B구역의 연기를 외부로 배출시킨다.

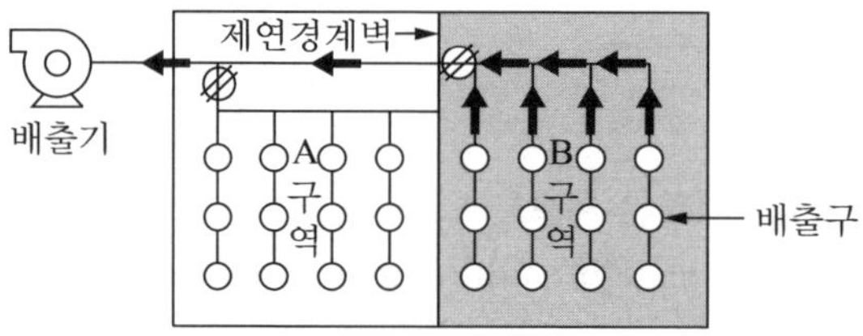

10 다음은 제연설비에 관한 내용 중 일부이다. 다음 물음에 답하시오.

(가) 연돌효과(stack effect)의 정의를 쓰시오.
(나) 연돌효과가 제연설비에 미치는 영향을 쓰시오.

정답 (가) 연돌효과의 정의 : 고층빌딩 내부의 계단 등 수직공간에서 실의 내부와 외부 공기의 온도차이에 의해 공기가 건물의 수직방향으로 이동하는 현상

(나) 연돌효과가 제연설비에 미치는 영향 : 계단 등 수직부의 연기의 빠른 이동·확산 등으로 피난 및 소화활동의 장애가 되며, 제연구역 출입문 개방력이 증가되어 연기제어에 어려움을 줄 수 있다.

11 어떤 예상제연구역의 바닥면적이 50 m × 12 m인 경우 배출기의 배출량[m^3/h]은 얼마 이상으로 하여야 하는가?

정답 45,000 m^3/h

해설 바닥면적 = 50 × 12 = 600 m^2

바닥면적 400 m^2 초과 거실

① 예상제연구역 지름 40 m 범위 내 → 배출량 40,000 m^3/h

② 예상제연구역 지름 40 m 범위 초과시 → 배출량 45,000 m^3/h

12 피난구의 계단실에서 0.5 m^3/min으로 급기 가압할 경우 플랩 댐퍼의 날개면적[cm^2]을 구하시오.

정답 14.25 cm^2

해설 $A[m^2] = \dfrac{Q[m^3/min]}{5.85\,m/s} = \dfrac{0.5/60}{5.85} = 0.001425\,m^2$

$0.001425\,m^2 \times 10^4 = 14.25\,cm^2$

▌ 플랩 댐퍼(Flap damper)의 기준

① 차압이 40 Pa을 초과할 경우 자동으로 개방될 것

② 배출은 제연구역에서 옥내(거실이나 복도)로 할 것

③ 댐퍼의 날개면적 $Q/5.85\,m^2$ 이상으로 철판의 두께는 1.5 mm 이상일 것

※ 플랩 댐퍼의 날개면적은 보충량에 따라 변화되어야 하며 기준압력을 50 P 기압차를 유지시켜주는 것으로 한다.

13 다음 제연설비의 기계제연방식에 대하여 간단히 설명하시오. (2024년 출제)

(가) 제1종 기계제연방식 :

(나) 제2종 기계제연방식 :

(다) 제3종 기계제연방식 :

정답 (가) 송풍기와 배출기를 설치하여 급기와 배기를 하는 방식

(나) 송풍기만 설치하여 급기와 배기를 하는 방식

(다) 배출기만 설치하여 급기와 배기를 하는 방식

해설 제연방식의 종류

- 제연방식
  - 밀폐제연방식
  - 자연제연방식
  - 스모크타워 제연방식
  - 기계제연방식
    - 제1종 기계제연방식(송풍기+배출기)
    - 제2종 기계제연방식(송풍기)
    - 제3종 기계제연방식(배출기)

제연방식	설 명
밀폐제연방식	밀폐도가 높은 벽 또는 문으로서 화재를 밀폐하여, 연기의 유출 및 신선한 공기의 유입을 억제하여 제연하는 방식으로, 집합되어 있는 주택이나 호텔 등 구획을 작게 할 수 있는 건물에 적합하다.
자연제연방식	개구부를 통하여 연기를 자연적으로 배출하는 방식 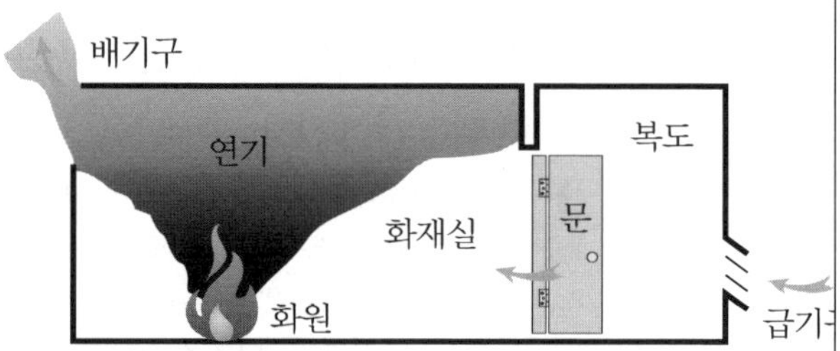
스모크타워 제연방식	루프모니터를 설치하여 제연하는 방식으로 고층빌딩에 적당하다. 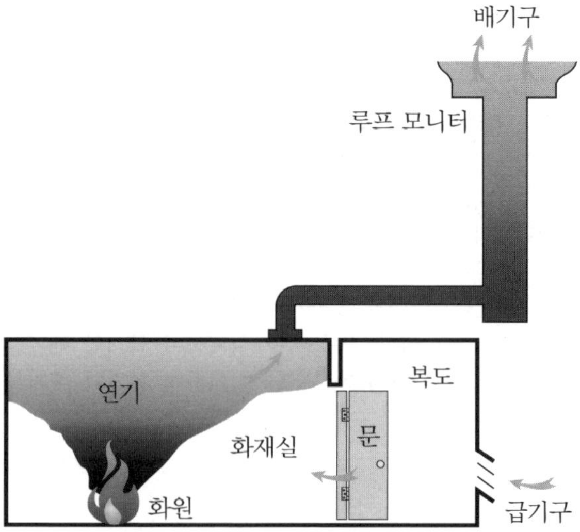

제연방식		설 명
기계제연방식	제1종 기계제연방식	송풍기와 배출기(배연기, 배풍기)를 설치하여 급기와 배기를 하는 방식으로, 장치가 복잡하다. 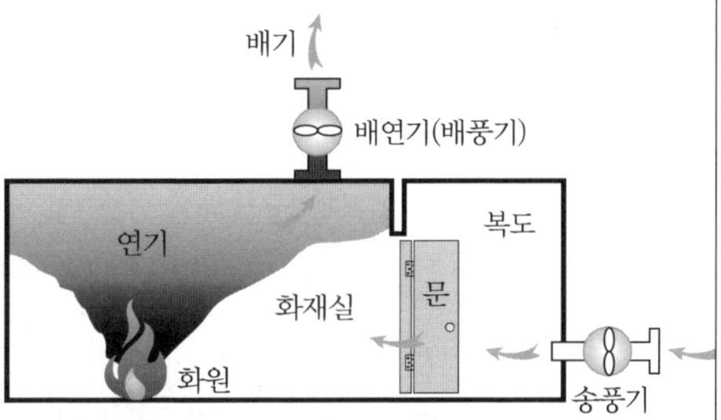
	제2종 기계제연방식	송풍기만 설치하여 급기와 배기를 하는 방식으로, 역류의 우려가 있다. 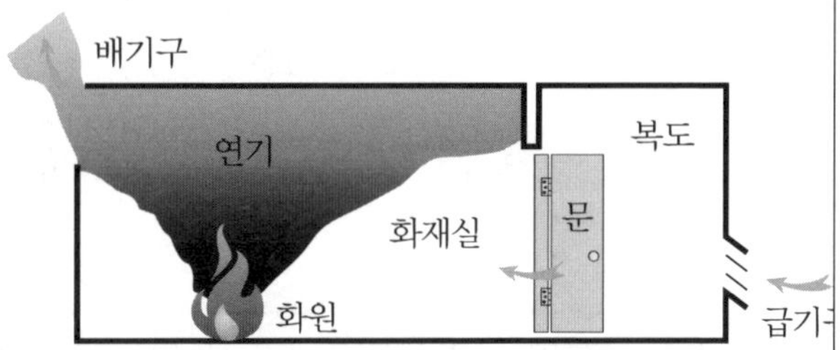
기계제연방식	제3종 기계제연방식	배출기(배연기, 배풍기)만 설치하여 급기와 배기를 하는 방식으로, 가장 많이 사용된다. 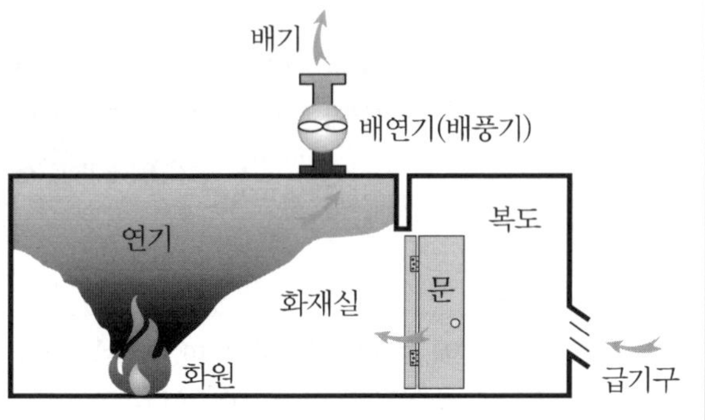

14 제연설비에 관한 다음 각 물음에 답하시오.

(가) 제연방식의 종류 3가지는 무엇인가?
(나) 풍량이 1500 m^3/min, 소요전압이 4 mmHg일 때 배출기의 소요동력[kW]은 얼마인가? (단, 효율은 60%이고 여유율은 없다)

정답 (가) ① 자연제연방식
② 스모크타워 제연방식
③ 기계제연방식

(나) $\frac{4\,\text{mmHg}}{760\,\text{mmHg}} \times 10.332\text{mH}_2\text{O} ≒ 0.0543\text{mH}_2\text{O} = 54.3\text{mmH}_2\text{O}$

$$P = \frac{P_T Q}{102 \times 60E} K$$

여기서, P : 배연기 동력[kW]
P_T : 전압(풍압)[mmAq]
Q : 풍량(배출량)[m^3/min]
K : 여유율
E : 효율

∴ 송풍기의 동력 $P = \frac{54.3\text{mmH}_2\text{O} \times 1500\text{m}^3/\text{min}}{102 \times 60 \times 0.6} = 22.181 ≒ 22.18\text{kW}$ 이상

15 어느 건물에 계단 전실을 급기 가압방식으로 배연설비를 한 다음 시운전하면서 그 실내의 기압을 측정해보니 수두로 6 mmAq이었다. 이 실내의 기압은 계기압으로 몇 [MPa]인가?

정답 0.00006 MPa

해설 10332 mmAq = 1.0332 kgf/cm^2 = 101.325 KPa
10332 mmAq : 101.325 KPa = 6 mmAq : x

$$\therefore x = \frac{6\,\text{mmAq}}{10332\,\text{mmAq}} \times 101.325\,\text{KPa} = 0.06\,\text{KPa} = 0.00006\,\text{MPa}$$

16 한 개의 실에 누설틈새가 0.01 m^2인 출입문이 2개가 설치된 경우의 실내외 기압차가 50 Pa인 경우에 누설량[m^3/s]을 구하시오.

정답 0.12 m^3/s

해설 $A = 0.01 + 0.01 = 0.02\ \text{m}^2$

$$\therefore Q = 0.827AP^{\frac{1}{2}} = 0.827 \times 0.02 \times 50^{\frac{1}{2}} = 0.1169\,\text{m}^3/\text{s}$$

17 다음 조건을 참조하여 거실제연설비에 제연을 하기 위한 전동기 Fan의 동력(kW)을 구하시오. (2024년 출제)

[조건]
① 거실의 바닥면적 : $850m^2$
② 예상제연구역 : 직경 50m 범위 안
③ 예상제연구역의 수직거리 : 2.7m
④ 덕트길이 : 165m
⑤ 저항은 다음과 같다.
㉠ 덕트저항 : 0.2mmAq/m　　㉡ 배기구저항 : 7.5mmAq
㉢ 배기그릴저항 : 3mmAq　　㉣ 관부속품의 저항 : 덕트저항의 55% 적용
⑥ 펌프효율은 50%이고, 전달계수는 1.1로 한다.
⑦ 예상제연구역의 배출량 기준

수직거리	배 출 량	
	직경 40m의 범위 안에 있을 경우	직경 40m의 범위를 초과할 경우
2m 이하	40000 m^3/h	45000 m^3/h
2m 초과 2.5m 이하	45000 m^3/h	50000 m^3/h
2.5m 초과 3m 이하	50000 m^3/h	55000 m^3/h
3m 초과	55000 m^3/h	60000 m^3/h

정답 $P = 20.31\,\text{kW}$

해설 거실의 배출량

(1) 바닥면적 400 m^2 미만(최저치 5000 m^3/h 이상)

배출량(m^3/min) = 바닥면적(m^2) × 1 $m^3/m^2 \cdot min$

(2) 바닥면적 400 m^2 이상

① 직경 40 m 이하 : 40000 m^3/h 이상

수직거리	배출량
2 m 이하	40000 m^3/h
2 m 초과 2.5 m 이하	45000 m^3/h
2.5 m 초과 3 m 이하	50000 m^3/h
3 m 초과	60000 m^3/h

② 직경 40 m 초과 : 45000 m^3/h 이상

수직거리	배출량
2 m 이하	45000 m^3/h
2 m 초과 2.5 m 이하	50000 m^3/h
2.5 m 초과 3 m 이하	55000 m^3/h
3 m 초과	65000 m^3/h

※ m^3/h = CMH (Cubic Meter per Hour)

정압 P_T = 덕트저항 + 배기구저항 + 배기그릴저항 + 관부속품의 저항

$$= (165\text{m} \times 0.2\text{mmAq/m}) + 7.5\text{mmAq} + 3\text{mmAq} + (165\text{m} \times 0.2\text{mmAq/m}) \times 0.55$$

$$= 61.65\text{mmAq}$$

$$P = \frac{P_T Q}{102 \times 60\eta} K$$

여기서, P : 송풍기 동력(kW)

P_T : 전압 또는 정압(mmAq, mmH_2O)

Q : 풍량(배출량) (m^3/min)

K : 여유율

η : 효율

송풍기의 전동기동력 P는

$$P = \frac{P_T Q}{102 \times 60\eta} K = \frac{61.65\,\text{mmAq} \times 55000\,\text{m}^3/600\,\text{min}}{102 \times 60 \times 0.5} \times 1.1 \fallingdotseq 20.31\,\text{kW}$$

18 다음 그림과 같은 제연구역에 배연기를 설치할 경우 배연기의 배출량은 몇 [m^3/h]인지 계산하시오.

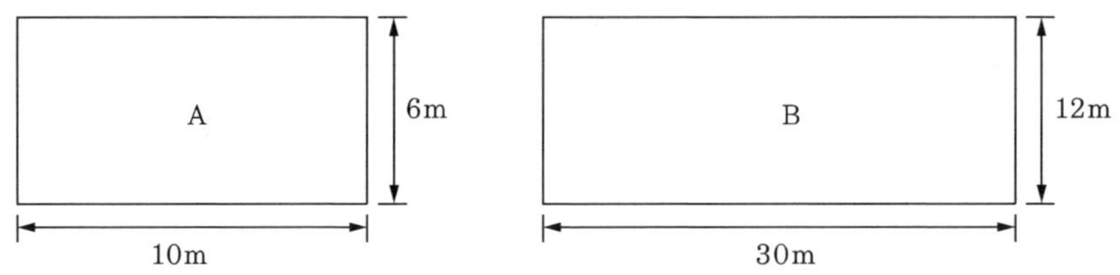

정답 ① A실 : 5,000 m^3/h

② B실 : 21,600 m^3/h

해설 예상제연구역의 배출량 기준(거실 바닥면적이 400 m^2 미만인 경우)

: 바닥면적 1 m^2당 1 m^3/min 이상(단, 최저 배출량은 5,000 m^3/h 이상)으로 한다.

① A실 : 바닥면적 $10\,\text{m} \times 6\,\text{m} = 60\,\text{m}^2$(400 m^2 미만)

$60\,\text{m}^2 \times 1\,\text{m}^3/\text{min} \cdot \text{m}^2 \times 60\,\text{min/h} = 3{,}600\,\text{m}^3/\text{h}$

∴ 최저배출량은 5,000 m^3/h 이므로 5,000 m^3/h

② B실 : 바닥면적 $30\,\text{m} \times 12\,\text{m} = 360\,\text{m}^2$(400 m^2 미만)

$\therefore 360\,\text{m}^2 \times 1\,\text{m}^3/\text{min} \cdot \text{m}^2 \times 60\,\text{min/h} = 21{,}600\,\text{m}^3/\text{h}$

19 특별피난계단의 부속실에 설치하는 제연설비에 관한 다음 물음에 답하시오.(2023년 출제)

(가) 옥내의 압력이 740 mmHg일 때 화재 시 부속실에 유지하여야 할 최소 압력은 절대압력으로 몇 kPa인지 구하시오(단, 옥내에 스프링클러설비가 설치되지 않은 경우이다).

(나) 부속실만 단독으로 제연하는 방식이며 부속실이 면하는 옥내가 복도로서 그 구조가 방화구조이다. 제연구역에는 옥내와 면하는 2개의 출입문이 있으며 각 출입문의 크기는 가로 1 m, 세로 2 m이다. 이때 유입공기의 배출을 배출구에 따른 배출방식으로 할 경우 개폐기의 개구면적은 최소 몇 m^2인지를 구하시오.

정답 (가) 98.7 kPa　　(나) 0.4 m^2

해설 부속실에 유지하여야 할 최소압력 : 스프링클러설비가 설치되지 아니한 경우

부속실 최소압력 = 옥내압력(절대압력) + 40 Pa = 740 mmHg + 40 Pa

(가) 760 mmHg = 101.325 kPa = 101325 Pa

부속실 최소압력 = 옥내압력(절대압력) + 차압

= 98658.55 Pa + 40 Pa = 98698.55 Pa

= 98.69855 kPa ≒ 98.7 kPa

제연구역과 옥내와의 사이에 유지하여야 하는 최소차압은 40 Pa (옥내에 스프링클러설비가 설치된 경우에는 12.5 Pa) 이상으로 해야 한다.

※ 절대압

(1) 절대압 = 대기압 + 게이지압(계기압)

(2) 절대압 = 대기압 − 진공압

(나) 특별피난계단의 계단실 및 부속실 제연설비 화재안전기준

- 배출구에 따른 배출방식

$$A_0 = \frac{Q_n}{2.5}$$

여기서, A_0 : 개폐기의 개구면적(m^2)

Q_n : 수직풍도가 담당하는 1개층의 제연구역의 출입문(옥내와 면하는 출입문) 1개의 면적(m^2)과 방연풍속(m/s)을 곱한 값(m^3/s)

▌방연풍속

제 연 구 역		방연풍속
계단실 및 그 부속실을 동시에 제연하는 것 또는 계단실만 단독으로 제연하는 것		0.5 m/s 이상
부속실만 단독으로 제연하는 것	부속실 또는 승강장이 면하는 옥내가 거실인 경우	0.7 m/s 이상
	부속실이 면하는 옥내가 복도로서 그 구조가 방화구조(내화시간이 30분 이상인 구조 포함)인 것	0.5 m/s 이상

- 문제에서 '부속실만 단독제연', '옥내가 복도로서 방화구조'이므로 위 표에서 0.5 m/s 적용

$$Q_n = (1 \times 2)\,m^2 \times 0.5\,m/s = 1\,m^3/s$$

$$\text{개폐기의 개구면적 } A_0 = \frac{Q_n}{2.5} = \frac{1\,m^3/s}{2.5} = 0.4\,m^2$$

- 문제에서 2개의 출입문이 있지만 Q_n은 출입문 1개의 면적만 적용

20 6층 이상의 건축물에 제연설비를 설치하였다. 다음 제연설비에 관한 물음에 답하시오.

(가) 배출구에서 측정한 평균풍속이 300 cm/s, 제연구의 유효면적이 1.25 m^2이고 실내온도가 20℃일 때 풍량[m^3/min]을 구하시오.

(나) 전압이 60 mmHg이고 효율이 60%이며 전압력 손실과 제연량 누연도 고려한 여유율을 10% 증가시킨 것으로 할 때 문제 (가)의 풍량을 송풍할 수 있는 배출기의 동력[kW]을 구하시오.

정답 (가) 225 m^3/min

(나) 54.98 kW

해설 (가) $Q = A \cdot V = 1.25\,\text{m}^2 \times 3\,\text{m/s} \times 60\,\text{s} = 225\,\text{m}^3/\text{min}$

(나) 전압$(P_T) = \dfrac{60\,\text{mmHg}}{760\,\text{mmHg}} \times 10.332\,\text{mAq} = 0.81568\,\text{mAq} = 815.68\,\text{mmAq}$

$\therefore$ 배출기동력 $P = \dfrac{P_T Q}{102 \times 60\eta} \times K = \dfrac{815.68 \times 225}{102 \times 60 \times 0.6} \times 1.1 = 54.98\,\text{kW}$

21 제연설비의 공기유입 덕트 내에 분당 180 m^3의 공기가 유입될 때 그림의 "①, ②, ③" 각 부분에서의 이론공기유속은 각각 얼마인가? (단, 덕트 내의 마찰손실은 무시한다)

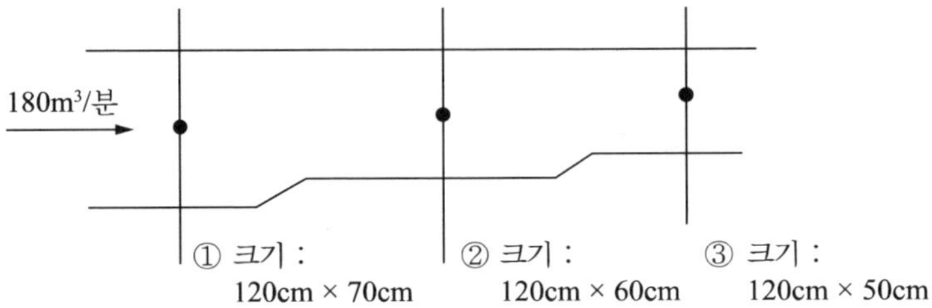

정답 ① 3.57 m/s

② 4.17 m/s

③ 5 m/s

해설 ① $V = \dfrac{Q}{A} = \dfrac{(180/60)\text{m}^3/\text{s}}{(120 \times 70 \times 10^{-4})\text{m}^2} = 3.57\,\text{m/s}$

② $V = \dfrac{Q}{A} = \dfrac{(180/60)\text{m}^3/\text{s}}{(120 \times 60 \times 10^{-4})\text{m}^2} = 4.17\,\text{m/s}$

③ $V = \dfrac{Q}{A} = \dfrac{(180/60)\text{m}^3/\text{s}}{(120 \times 50 \times 10^{-4})\text{m}^2} = 5\,\text{m/s}$

22 소요전압이 50 kgf/m², 풍량이 24,000 m³/h인 제연설비용 송풍기를 설치하였다. 송풍기의 동력[kW]을 구하시오(단, 송풍기 효율 60%, 여유율 10%로 한다).

해설 $1.0332\,\text{kgf/cm}^2 = 10.332\,\text{mH}_2\text{O}$ 이므로

$$50\text{kgf/m}^2 = \frac{50\text{kgf/m}^2 \times 10^{-4}\,\text{m}^2/\text{cm}^2}{1.0332\text{kgf/cm}^2} \times 10.332\text{mH}_2\text{O} = 0.05\text{mH}_2\text{O} = 50\,\text{mmH}_2\text{O}$$

$$P = \frac{P_T Q}{102 \times 60E} K$$

∴ 송풍기의 동력

$$P = \frac{50\text{mmH}_2\text{O} \times 24000\text{m}^3/\text{h}}{102 \times 3600 \times 0.6} \times 1.1 = 5.991 ≒ 5.99\,\text{kW}$$

23 제연구역의 소요배출량을 측정한 결과 A실은 6000 CMH, B실은 7000 CMH, C실은 5000 CMH, D실은 13,000 CMH, E실은 15,000 CMH로 측정되었다. A, B, C실은 공동제연방식으로, D, E실은 독립제연방식으로 설치할 경우 배출 FAN의 소요풍량을 계산하시오.

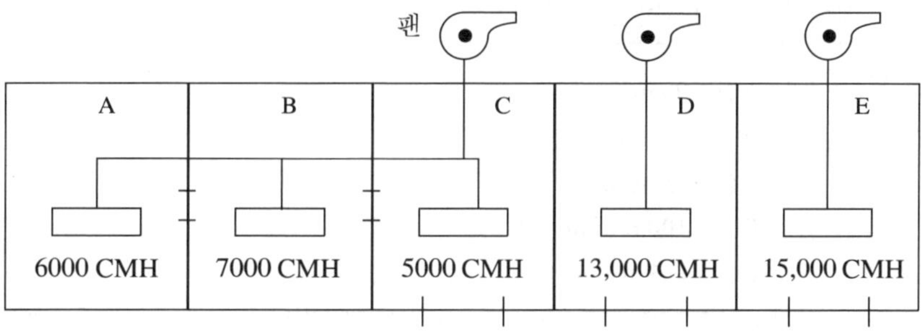

정답 ① A, B, C실 : 18,000CMH
② D실 : 13,000CMH
③ E실 : 15,000CMH

해설 ① A, B, C실의 제연량 합인 경우 : 6,000 + 7,000 + 5,000 = 18,000CMH
② D실 : 13,000CMH
③ E실 : 15,000CMH
※ 공동 제연구역 안에 설치된 예상제연구역이 각각 제연경계로 구획된 경우(제연구역의 구획 중 출입구만을 제연경계로 구획된 경우 포함)에는 각 예상제연구역의 배출량을 합한 것 이상으로 한다.

참고 CMH (Cubic Meter Hour) = m³/h, CMM = m³/min, CMS = m³/s

24 다음 도면은 제연설비의 예상제연구역을 나타낸 것이다. 각 물음에 답하시오(단, 배출기의 효율은 60%이고, 전압은 35 mmAq이다).

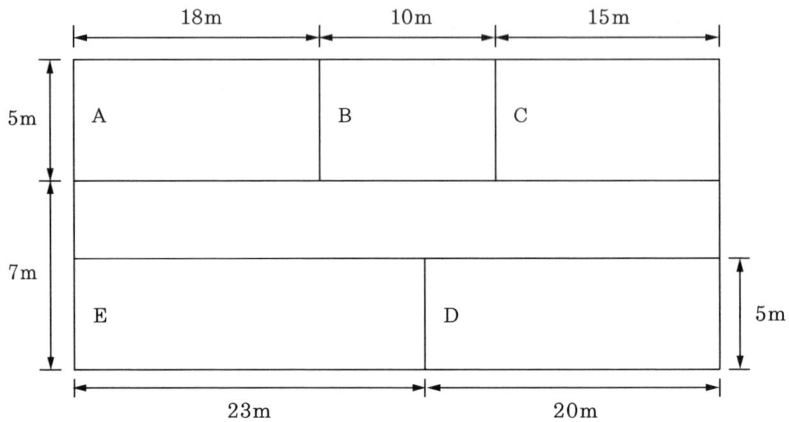

(가) 각 실의 배출량[CMM]을 산출하시오.
(나) 각 실의 배출구를 작도하고 필요한 위치에 댐퍼를 도시하시오.
(다) 배출기 전동기 용량을 산출하시오.

정답 (가) A실 : 90 m^3/min
B실 : 50 m^3/min
C실 : 75 m^3/min
D실 : 100 m^3/min
E실 : 115 m^3/min

(나)

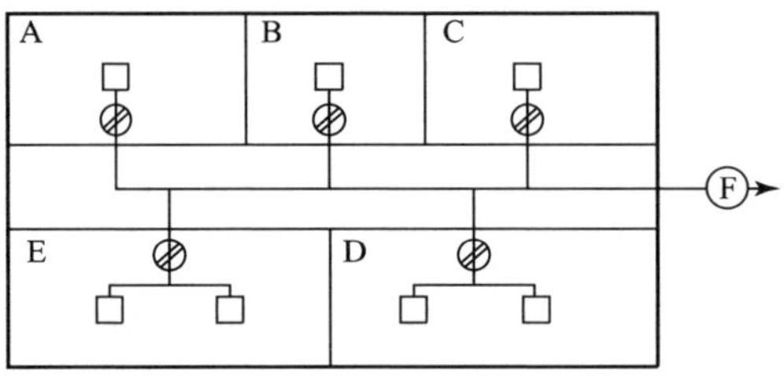

(다) 1.1 kW

해설 (가) A실 : $5\text{ m}\times 18\text{ m}\times 1\text{ m}^3/\text{min}\cdot\text{m}^2 = 90\text{ m}^3/\text{min}$
B실 : $5\text{ m}\times 10\text{ m}\times 1\text{ m}^3/\text{min}\cdot\text{m}^2 = 50\text{ m}^3/\text{min}$
C실 : $5\text{ m}\times 15\text{ m}\times 1\text{ m}^3/\text{min}\cdot\text{m}^2 = 75\text{ m}^3/\text{min}$
D실 : $5\text{ m}\times 20\text{ m}\times 1\text{ m}^3/\text{min}\cdot\text{m}^2 = 100\text{ m}^3/\text{min}$
E실 : $5\text{ m}\times 23\text{ m}\times 1\text{ m}^3/\text{min}\cdot\text{m}^2 = 115\text{ m}^3/\text{min}$

※ 바닥의 면적이 400 m^2 미만으로 보행중심선이 40 m 원을 초과하지 않으므로 법정 제연량은 5,000 m^3/hr 이상이어야 한다. 그러므로 최소 제연량은 5,000 m^3/h ÷ 60 min/h = 83.33 m^3/min 이상이어야 한다.

(나) 배출구는 각 부분으로부터 10 m 이내이어야 하므로 산출하여 1 미만이면 1개, 1 이상 2 미만이면 2개를 설치해야 한다.

A, B, C 1개

E실 : 23 m ⇒ 2개

D실 : 20 m ⇒ 2개

(다) 동력(P) $= \frac{Q \cdot P_T}{102 \times 60E} K = \frac{115 \times 35}{102 \times 60 \times 0.6} = 1.1\,\text{kW}$

여기서, P_T : 소요압(mmAq)

Q : 풍량(m^3/min)

K : 전달계수

E : 펌프효율

25 제연설비 제연구획 ①실, ②실의 소요풍량 합계[m^3/min]와 축동력[kW]을 구하시오. (단, 송풍기전압은 100mmAq, 전압효율은 50%이다)

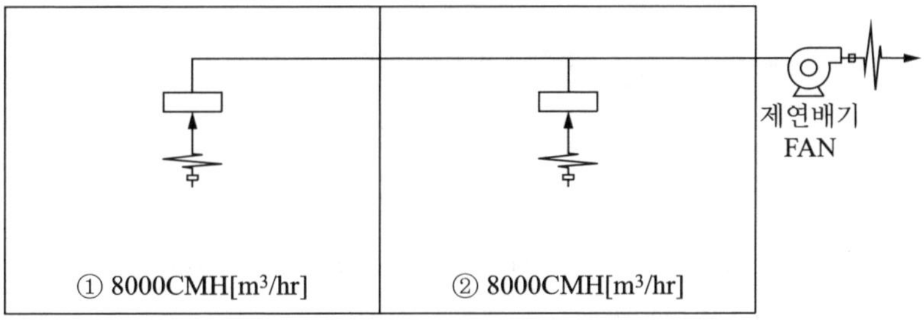

(가) 소요풍량[m^3/min] 합계

(나) 축동력[kW]

정답 (가) 소요풍량 합계

$8000 + 8000 = 16000\ m^3/hr ≒ 266.666 ≒ 266.67\ m^3/min$

∴ 266.67 m^3/min

(나) 축동력

$P = \frac{P_T Q}{102 \times 60\eta} = \frac{100 \times 266.67}{102 \times 60 \times 0.5} = 8.714 ≒ 8.71\,\text{kW}$

∴ 8.71 kW

해설 (가) 공동예상 제연구역이므로(각각 벽으로 구획된 경우)

소요풍량 합계[CMH] = 각 배출풍량[CMH]의 합

①실 + ②실 = 8000 m^3/hr + 8000 m^3/hr = 16000 m^3/60min ≒ 266.666 m^3/min

≒ 266.67 m^3/min

참고 공동예상 제연구역(각각 제연경계로 구획된 경우)

소요풍량[CMH] = 각 배출풍량 중 최대 풍량[CMH]

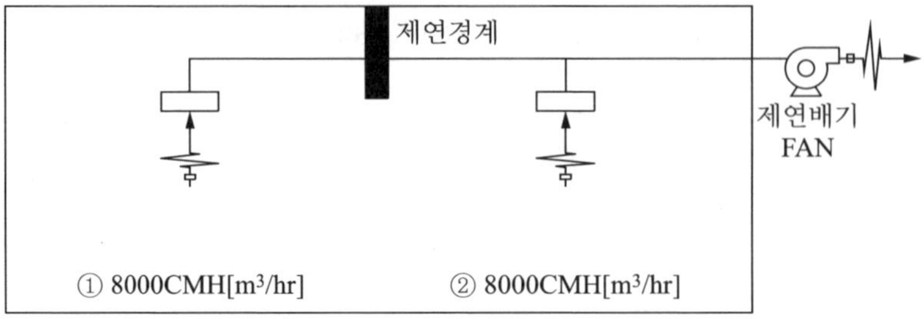

26 조건을 참조하여 제연설비에 대한 다음 각 물음에 답하시오.

[조건]
① 배연기의 풍량은 50000 CMH이다.
② 배연 Duct의 길이는 120 m이고 Duct의 저항은 1 m당 0.2 mmAq이다.
③ 배출구저항은 8 mmAq, 배기 그릴저항은 4 mmAq, 관부속품의 저항은 Duct저항의 40%이다.
④ 효율은 50%이고, 여유율은 10%로 한다.

(가) 배연기의 소요전압[mmAq]을 구하시오.
(나) 배출기의 이론소요동력[kW]을 구하시오.

정답 (가) $(120 \times 0.2) + 8 + 4 + (120 \times 0.2) \times 0.4 = 45.6$ mmAq

$\therefore$ 45.6 mmAq

(나) $\dfrac{45.6 \times 50000/60}{102 \times 60 \times 0.5} \times 1.1 = 13.66\,\text{kW}$

$\therefore$ 13.66 kW

해설 (가) 소요전압 P_T는

P_T = Duct저항 + 배출구저항 + 배기 그릴저항 + 관부속품저항

$= (120\text{ m} \times 0.2\text{ mmAq/m}) + 8\text{ mmAq} + 4\text{ mmAq} + (120\text{ m} \times 0.2\text{ mmAq/m}) \times 0.4$

$= 45.6$ mmAq

(나) 배출기의 이론소요동력 P는

$$P = \frac{P_T Q}{102 \times 60 \times \eta} K = \frac{45.6\,\text{mmAq} \times 50000\,\text{CMH}}{102 \times 60 \times 0.5} \times 1.1$$

$$= \frac{45.6\,\text{mmAq} \times 50000\,\text{m}^3/\text{h}}{102 \times 60 \times 0.5} \times 1.1 = \frac{45.6\,\text{mmAq} \times 50000\,\text{m}^3/60\,\text{min}}{102 \times 60 \times 0.5} \times 1.1$$

$= 13.66$ kW

27 그림은 서로 직렬된 2개의 실 I, II 평면도이다. A_1, A_2의 누설틈새면적은 각각 0.02 m^{2}이고 압력차가 50 Pa로 판정되었을 때 누설량을 구하시오.

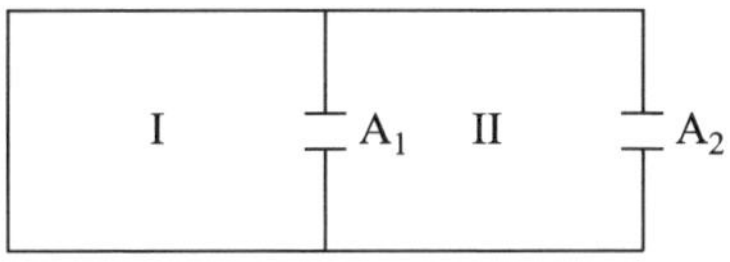

정답 $A_1 \sim A_2 = \dfrac{1}{\sqrt{\dfrac{1}{0.02^2}+\dfrac{1}{0.02^2}}} = 0.014\,\mathrm{m}^2$

$Q = 0.827A\sqrt{P} = 0.827 \times 0.014 \times \sqrt{50} = 0.081 \fallingdotseq 0.08\,\mathrm{m}^3/\mathrm{s}$

$\therefore$ 0.08 m^3/s

해설 $A_1 \sim A_2$는 직렬상태이므로

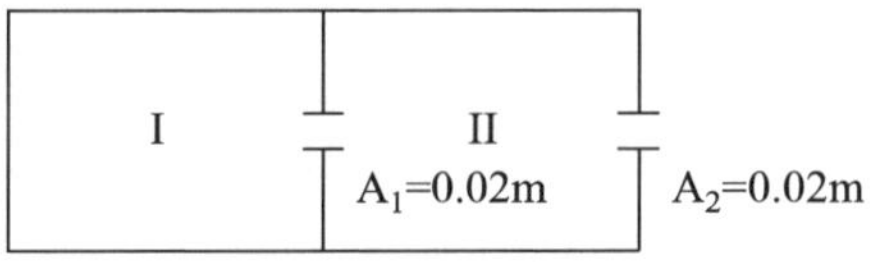

$$A_1 \sim A_2 = \frac{1}{\sqrt{\dfrac{1}{0.02^2}+\dfrac{1}{0.02^2}}} = 0.014\,\mathrm{m}^2$$

위의 내용을 정리하면 다음과 같이 변환시킬 수 있다.

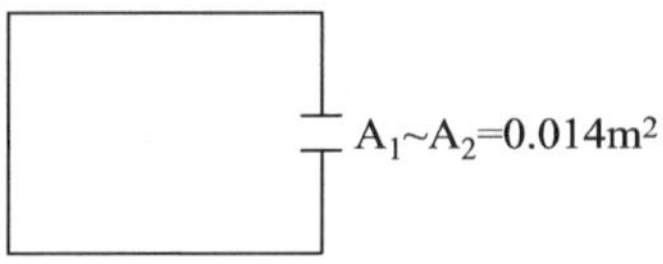

$$Q = 0.827A\sqrt{P}$$

여기서, Q : 누설량[m^3/s]

A : 누설틈새면적[m^2]

P : 차압[Pa]

누설량 Q는

$$Q = 0.827A\sqrt{P} = 0.827 \times 0.014\,\mathrm{m}^2 \times \sqrt{50}\,\mathrm{Pa} = 0.081 \fallingdotseq 0.08\,\mathrm{m}^3/\mathrm{s}$$

28 ㉮실을 급기 가압하여 옥외와의 압력차가 50 Pa이 유지되도록 하려고 한다. 다음 항목을 구하시오.

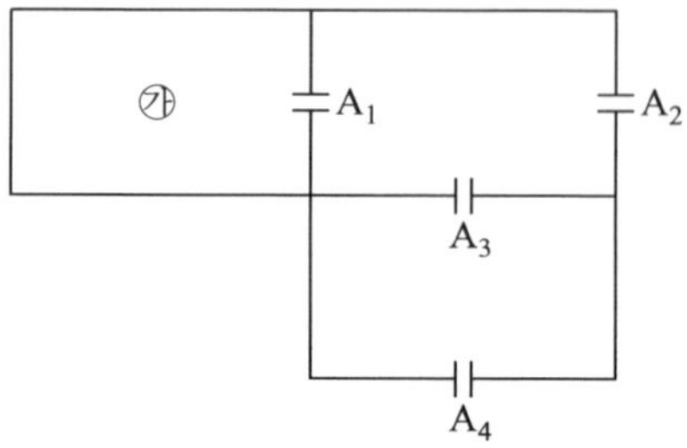

[조건]
① 급기량(Q)은 $Q=0.827\times A\times \sqrt{P_1-P_2}$ 로 구한다.
② A_1, A_2, A_3, A_4는 닫힌 출입문으로 공기 누설틈새면적은 0.01 m^2로 동일하다.
여기서, Q : 급기량[m^3/s]
A : 전체 누설면적[m^2]
P_1, P_2 : 급기 가압실 내외의 기압[Pa]

(가) 전체 누설면적 A[m^2]를 구하시오(단, 소수점 아래 7자리에서 반올림하여 소수점 아래 6자리까지 구하시오).
(나) 급기량[m^3/min]을 구하시오.

정답 (가) $A_3\sim A_4=\dfrac{1}{\sqrt{\dfrac{1}{0.01^2}+\dfrac{1}{0.01^2}}}=0.007071\,\text{m}^2$

$A_2\sim A_4=0.01+0.007071=0.017071\,\text{m}^2$

$A_1\sim A_4=\dfrac{1}{\sqrt{\dfrac{1}{0.01^2}+\dfrac{1}{0.017071^2}}}=0.0086285 ≒ 0.008629\,\text{m}^2$

∴ 0.008629 m^2

(나) $Q=0.827\times 0.008629\times \sqrt{50}=0.0504604 ≒ 0.05046\,\text{m}^3/\text{s}$

$0.05046\times 60=3.027 ≒ 3.03\,\text{m}^3/\text{min}$

∴ 3.03 m^3/min

해설 (가) [조건 ②]에서 각 실의 틈새면적은 0.01 m^2이다.

$A_3\sim A_4$는 직렬상태이므로

$$A_3\sim A_4=\frac{1}{\sqrt{\dfrac{1}{A_3^2}+\dfrac{1}{A_4^2}}}=\frac{1}{\sqrt{\dfrac{1}{0.01^2}+\dfrac{1}{0.01^2}}}=0.007071\,\text{m}^2$$

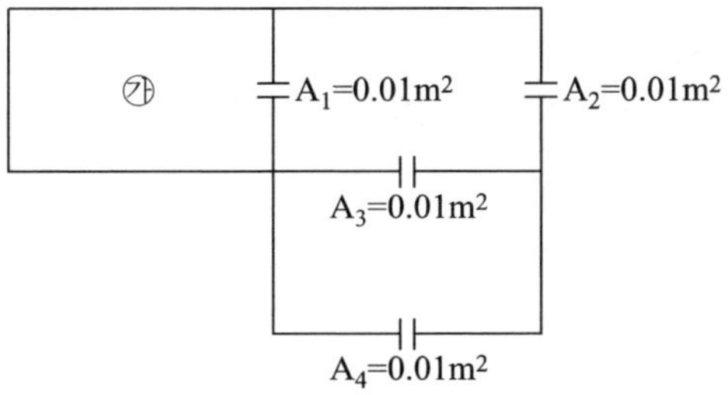

위의 내용을 정리하면 다음과 같이 변환시킬 수 있다.

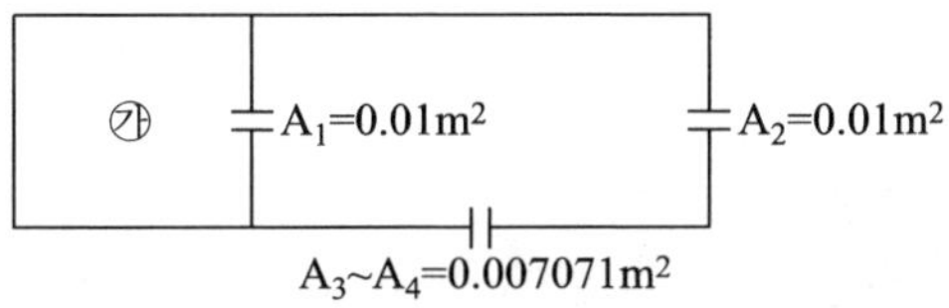

$A_2 \sim A_4$는 병렬상태이므로

$A_2 \sim A_4 = A_2 + (A_3 \sim A_4) = 0.01 + 0.007071 = 0.017071\,\text{m}^2$

위의 내용을 정리하면 다음과 같이 변환시킬 수 있다.

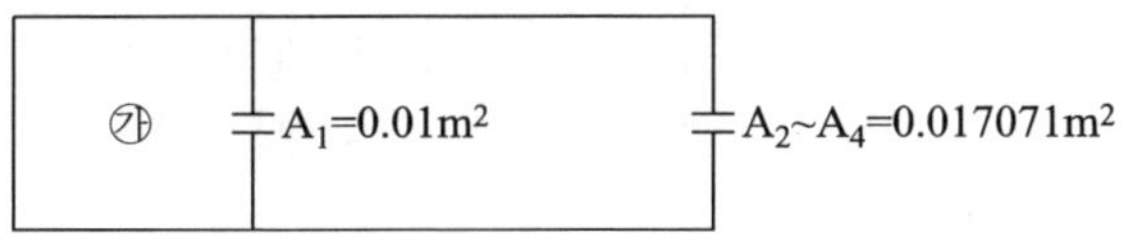

$A_1 \sim A_4$는 직렬상태이므로

$$A_1 \sim A_4 = \frac{1}{\sqrt{\frac{1}{A_1^2} + \frac{1}{(A_2 \sim A_4)^2}}} = \frac{1}{\sqrt{\frac{1}{0.01^2} + \frac{1}{0.017071^2}}}$$

$$= 0.0086285 \fallingdotseq 0.008629\,\text{m}^2$$

(나) 누설량 Q는

$Q = 0.827A\sqrt{P} = 0.827 \times 0.008629\,\text{m}^2 \times \sqrt{50}\,\text{Pa} = 0.0504604 \fallingdotseq 0.05046\,\text{m}^3/\text{s}$

$0.05046\ \text{m}^3/\text{s} \times 60\ \text{s}/\text{분} = 3.027 \fallingdotseq 3.03\ \text{m}^3/\text{min}$

29 그림의 평면도에 나타난 각 실 중 A실에 급기가압하고자 한다. 주어진 조건을 이용하여 전체 유효등가누설면적(m^2)을 구하고, A실에 유입시켜야 할 풍량(m^3/s)을 구하시오.

(2024년 출제)

[조건]

① 실외부 대기의 기압은 101.3 kPa이다.
② A실에 유지하고자 하는 기압은 101.47 kPa이다.
③ 각 실의 문(door)들의 틈새면적은 0.01 m^2이다.
④ 어느 실을 급기가압할 때 그 실의 문의 틈새를 통하여 누출되는 공기의 양(m^3/s)은 다음의 식을 따른다.

$Q = 0.827\,AP^{1/2}$

여기서, Q : 누출되는 공기의 양(m^3/s)
A : 문의 전체 유효등가누설면적(m^2)
P : 문을 경계로 한 실내외의 기압차(Pa)

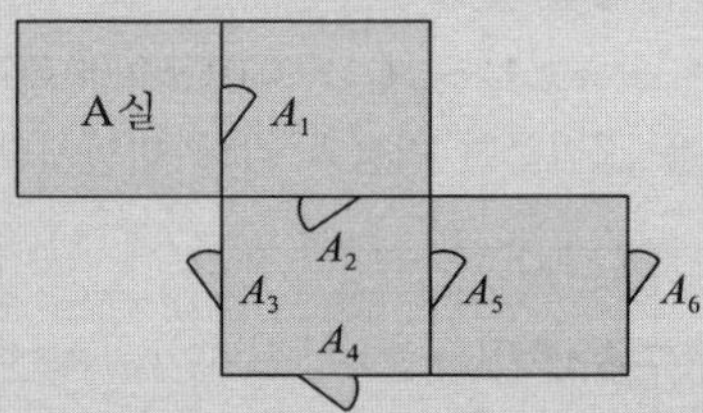

(가) 문의 전체 유효등가누설면적 A (m^2) (단, 유효등가누설면적(A)은 소수점 6째자리에서 반올림하여 소수점 5째자리까지 나타내시오.)
(나) A실에 유입시켜야 할 풍량 Q (m^3/s) (단, 풍량 Q는 소수점 5째자리에서 반올림하여 소수점 4째자리까지 나타내시오.)

정답 (가) 조건 ③에서 각 실의 틈새면적은 0.01 m^2이다.

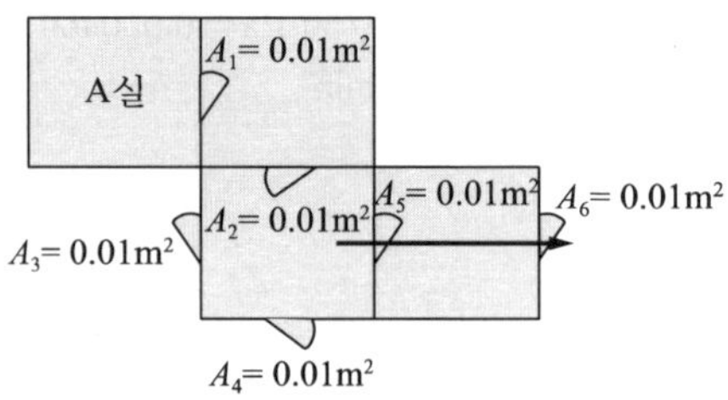

$A_5 \sim A_6$은 직렬상태이므로

$$A_5 \sim A_6 = \frac{1}{\sqrt{\dfrac{1}{0.01^2} + \dfrac{1}{0.02^2}}} = 0.00707\,m^2$$

위의 내용을 정리하면 다음과 같이 변환시킬 수 있다.

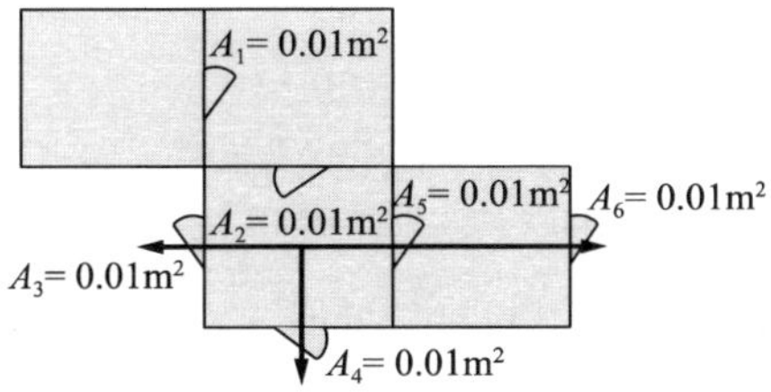

$A_3 \sim A_6$ 은 병렬상태이므로

$A_3 \sim A_6 = 0.01 + 0.01 + 0.00707 = 0.02707\,\mathrm{m}^2$

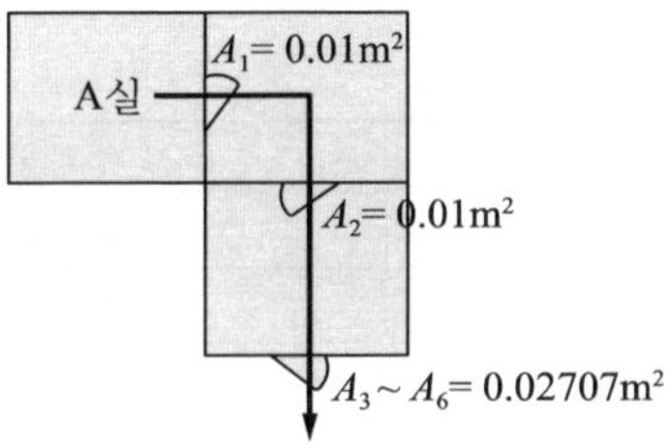

$A_1 \sim A_6$ 은 직렬상태이므로

$$A_1 \sim A_6 = \frac{1}{\sqrt{\dfrac{1}{0.01^2} + \dfrac{1}{0.02^2} + \dfrac{1}{0.02707^2}}} = 0.006841 \fallingdotseq 0.00684\,\mathrm{m}^2$$

(나) 유입풍량 Q는

$$Q = 0.827 A \sqrt{P} = 0.827 \times 0.00684\,\mathrm{m}^2 \times \sqrt{100\,\mathrm{Pa}} = 0.05656 \fallingdotseq 0.0566\,\mathrm{m}^3/\mathrm{s}$$

30 제연설비 설계에서 아래의 조건으로 다음 각 물음에 답하시오. (2024년 출제)

[조건]

① 바닥면적은 390 m^2이고, 다른 거실의 피난을 위한 경유거실이다.

② 제연덕트 길이는 총 80 m이고, 덕트저항은 단위길이(m)당 1.96 Pa/m로 한다.

③ 배기구저항은 78 Pa, 그릴 저항은 29 Pa, 부속류저항은 덕트길이에 대한 저항의 50%로 한다.

④ 송풍기는 다익(multiblade)형 Fan (또는 sirocco fan)을 선정하고 효율은 50%로 한다.

(가) 예상제연구역에 필요한 최소 배출량(m^3/h)을 구하시오.

(나) 송풍기에 필요한 최소 정압(Pa)은 얼마인지 구하시오.

(다) 송풍기를 작동시키기 위한 전동기의 최소 동력(kW)을 구하시오(단, 동력전달계수는 1.1로 한다).

(라) (나)의 정압이 발생될 때 송풍기의 회전수는 1750 rpm이었다. 이 송풍기의 정압을 1.2배로 높이려면 회전수(rpm)는 얼마로 증가시켜야 하는지 구하시오.

정답 (가) $23400\ m^3/h$

(나) 342.2 Pa

(다) 4.89 kW

(라) 1917.06 rpm

해설 (가) 배출량(m^3/min) = 바닥면적(m^2) × $1\ m^3/m^2 \cdot min$

$= 390\ m^2 \times 1\ m^3/m^2 \cdot min = 390\ m^3/min = 23400\ m^3/h$

[참고] 거실의 배출량

(1) 바닥면적 $400\ m^2$ 미만(최저치 $5000\ m^3/h$ 이상)

배출량(m^3/min) = 바닥면적(m^2) × $1\ m^3/m^2 \cdot min$

(2) 바닥면적 $400\ m^2$ 이상

① 직경 40 m 이하 : $40000\ m^3/h$ 이상

수직거리	배출량
2 m 이하	$40000\ m^3/h$ 이상
2 m 초과 2.5 m 이하	$45000\ m^3/h$ 이상
2.5 m 초과 3 m 이하	$50000\ m^3/h$ 이상
3 m 초과	$60000\ m^3/h$ 이상

② 직경 40 m 초과 : $45000\ m^3/h$ 이상

수직거리	배출량
2 m 이하	$45000\ m^3/h$ 이상
2 m 초과 2.5 m 이하	$50000\ m^3/h$ 이상
2.5 m 초과 3 m 이하	$55000\ m^3/h$ 이상
3 m 초과	$65000\ m^3/h$ 이상

※ m^3/h = CMH (Cubic Meter per Hour)

(나) 정압 P_T = 덕트저항 + 배기구저항 + 그릴저항 + 부속류저항

$= (80\ m \times 1.96\ Pa/m) + 78\ Pa + 29\ Pa + [(80m \times 1.96\ Pa/m) \times 0.5]$

$= 342.2\ Pa$

(다) $P = \dfrac{P_T Q}{102 \times 60\eta} K$

여기서, P : 송풍기 동력(kW)

P_T : 정압 또는 전압(mmAq, mmH_2O)

Q : 풍량(배출량)(m^3/h)

K : 여유율

η : 효율

10.332 mAq = 101.325 kPa

10332 mmAq = 101325 Pa

$$342.2\,Pa = \frac{342.2\,Pa}{101325\,Pa} \times 10332\,mmAq = 34.893\,mmAq$$

$$\text{송풍기의 전동기동력 } P = \frac{P_T Q}{102 \times 60\eta} K = \frac{34.893\,mmAq \times 390\,m^3/min}{102 \times 60 \times 0.5} \times 1.1$$

$$= 4.891 \fallingdotseq 4.89\,kW$$

(라) $\frac{H_2}{H_1} = \left(\frac{N_2}{N_1}\right)^2$

$$N_2 = N_1\sqrt{\frac{H_2}{H_1}} = 1750\,\text{rpm}\,\sqrt{1.2\text{배}} \fallingdotseq 1917.028 \fallingdotseq 1917.03\,\text{rpm}$$

[참고] 유량, 양정, 축동력

유량	양정(정압 또는 전압)	축동력(동력)
회전수에 비례하고 직경(관경)의 세제곱에 비례한다.	회전수의 제곱 및 직경(관경)의 제곱에 비례한다.	회전수의 세제곱 및 직경(관경)의 오제곱에 비례한다.
$Q_2 = Q_1\left(\frac{N_2}{N_1}\right)\left(\frac{D_2}{D_1}\right)^3$	$H_2 = H_1\left(\frac{N_2}{N_1}\right)^2\left(\frac{D_2}{D_1}\right)^2$	$P_2 = P_1\left(\frac{N_2}{N_1}\right)^3\left(\frac{D_2}{D_1}\right)^5$
또는	또는	또는
$Q_2 = Q_1\left(\frac{N_2}{N_1}\right)$	$H_2 = H_1\left(\frac{N_2}{N_1}\right)^2$	$P_2 = P_1\left(\frac{N_2}{N_1}\right)^3$

31 바닥면적이 380 m^{2}인 다른 거실의 피난을 위한 경유거실의 제연설비에 대해 다음 물음에 답하시오.

(가) 소요배출량[m^3/h]을 구하시오.
(나) 배출기의 흡입측 풍도의 높이를 600 mm로 할 때 풍도의 최소 폭[mm]을 구하시오.
(다) 송풍기의 전압이 50 mmAq, 회전수는 1200 rpm이고 효율이 55%인 다익송풍기 사용시 전동기동력[kW]을 구하시오(단, 송풍기의 여유율은 20%이다).
(라) 송풍기의 회전차 크기를 변경하지 않고 배출량을 20% 증가시키고자 할 때 회전수[rpm]를 구하시오.
(마) (라)의 계산결과 회전수로 운전할 경우 송풍기의 전압[mmAq]을 구하시오.
(바) (마)에서의 계산결과를 근거로 15 kW 전동기를 설치 후 풍량의 20%를 증가시켰을 경우 전동기 사용 가능 여부를 설명하시오(단, 전달계수는 1.1이다).

정답 (가) 380×1×1.5 = 570 m^3/min

570×60 = 34200 m^3/h

∴ 34200 m^3/h

(나) $Q = 34200/3600 = 9.5\,\text{m}^2/\text{s}$

$$A = \frac{9.5}{15} \fallingdotseq 0.633\,\text{m}^2$$

$$L = \frac{0.633}{0.6} = 1.055\,\text{m} = 1055\,\text{mm}$$

∴ 1055 mm

(다) $\frac{50 \times 570}{102 \times 60 \times 0.55} \times 1.2 \fallingdotseq 10.16\,\text{kW}$

∴ 10.16 kW

(라) 1200 × 1.2 = 1440 rpm

∴ 1440 rpm

(마) $50\times\left(\frac{1440}{1200}\right)^2=72\,\text{mmAq}$

∴ 72 mmAq

(바) $\frac{72\times(570\times1.2)}{102\times60\times0.55}\times1.1=16.094\fallingdotseq16.09\,\text{kW}$

∴ 15 kW를 초과하므로 사용 불가능

해설 (가) 문제에서 경유거실이므로

$$\begin{aligned}\text{배출량}[\text{m}^3/\text{min}]&=\text{바닥면적}[\text{m}^2]\times1\,\text{m}^3/\text{m}^2\cdot\text{min}\times1.5\\&=380\text{m}^2\times1\text{m}^3/\text{m}^2\cdot\text{min}\times1.5\\&=570\text{m}^3/\text{min}\end{aligned}$$

$570\ \text{m}^3/\text{min} = 570\ \text{m}^3/\text{min}\times60\ \text{min/h} = 34200\ \text{m}^3/\text{h}$

(나) $Q = 34200\ \text{m}^3/\text{h} = 34200\ \text{m}^3/3600\ \text{s} = 9.5\ \text{m}^3/\text{s}$이다.

배출기 흡입측 풍도 안의 풍속은 15 m/s 이하로 하고
배출측 풍속은 20 m/s 이하로 한다.

흡입측 단면적 $A=\frac{Q}{V}=\frac{9.5\,\text{m}^3/\text{s}}{15\,\text{m/s}}\fallingdotseq0.633\,\text{m}^2$

흡입측 풍도의 폭 $L=\frac{\text{단면적}[\text{m}^2]}{\text{높이}[\text{m}]}=\frac{0.633\,\text{m}^2}{0.6\,\text{m}}=1.055\,\text{m}=1055\,\text{mm}$

(다) 송풍기의 전동기동력 P는

$$P=\frac{P_TQ}{102\times60\eta}K=\frac{50\,\text{mmAq}\times570\,\text{m}^3/\text{min}}{102\times60\times0.55}\times1.2\fallingdotseq10.16\,\text{kW}$$

(라) $Q_2=Q_1\left(\frac{N_2}{N_1}\right)$

$\frac{Q_2}{Q_1}=\frac{N_2}{N_1}$

$N_2=N_1\left(\frac{Q_2}{Q_1}\right)$ = 1200 rpm × 1.2 = 1440 rpm

32 ㉮실을 급기가압 하고자 할 때 주어진 조건을 참고하여 다음 각 물음에 답하시오.

(2023년 출제)

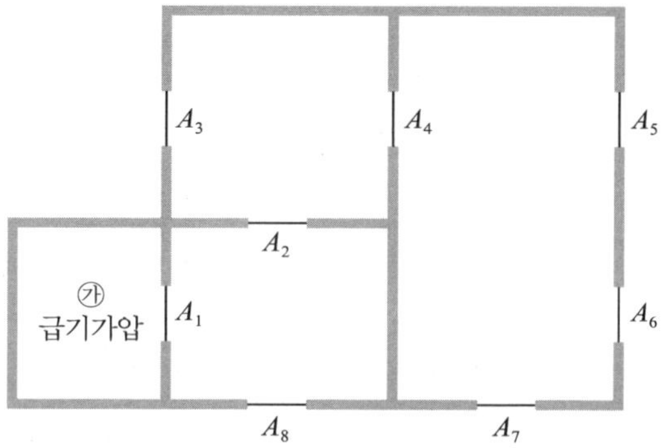

[조건]

① 실 외부대기의 기압은 101.38 kPa로서 일정하다.

② A실에 유지하고자 하는 기압은 101.55 kPa이다.

③ 각 실 문의 틈새면적은 $A_1 = A_2 = A_3 = 0.01\,\text{m}^2$, $A_4 = A_5 = A_6 = A_7 = A_8 = 0.02\,\text{m}^2$이다.

④ 어느 실을 급기가압 할 때 그 실의 문 틈새를 통하여 누출되는 공기의 양은 다음의 식에 따른다.

$$Q = 0.827A \cdot P^{\frac{1}{2}}$$

여기서, Q : 누출되는 공기의 양(m^3/s)

A : 문의 전체 누설틈새면적(m^2)

P : 문을 경계로 한 기압차(Pa)

(가) ㉮실의 전체 누설틈새면적 $A\,(\text{m}^2)$를 구하시오(단, 소수점 아래 6째자리에서 반올림하여 소수점 아래 5째자리까지 나타내시오).

(나) ㉮실에 유입해야 할 풍량(m^3/s)을 구하시오(단, 소수점 아래 4째자리에서 반올림하여 소수점 아래 3째자리까지 나타내시오).

정답 (가) $0.00947\ \text{m}^2$

(나) $0.102\ \text{m}^3/\text{s}$

해설 (가) 각 실의 틈새면적은 $A_1 \sim A_3$: $0.01\ \text{m}^2$, $A_4 \sim A_8$: $0.02\ \text{m}^2$이다.

$A_5 \sim A_7$은 병렬상태이므로

$A_5 \sim A_7 = 0.02\,\text{m}^2 + 0.02\,\text{m}^2 + 0.02\,\text{m}^2 = 0.06\,\text{m}^2$

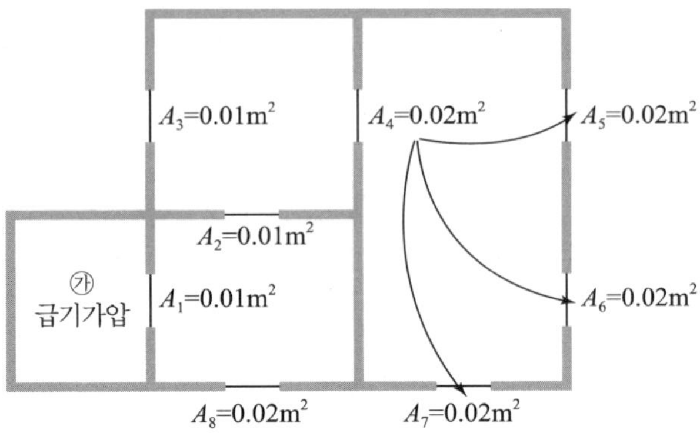

위의 내용을 정리하면 다음과 같이 변환시킬 수 있다.

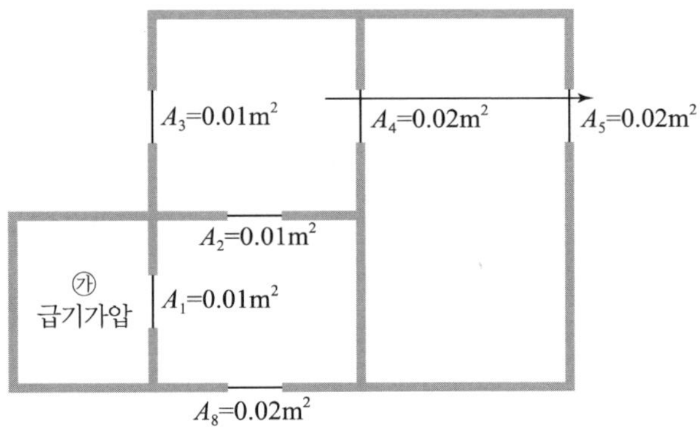

A_4 와 $A_5 \sim A_7$ 은 직렬상태이므로

$$A_4 \sim A_7 = \frac{1}{\sqrt{\frac{1}{(0.02\,\text{m}^2)^2} + \frac{1}{(0.06\,\text{m}^2)^2}}} = 0.01897\,\text{m}^2$$

위의 내용을 정리하면 다음과 같이 변환시킬 수 있다.

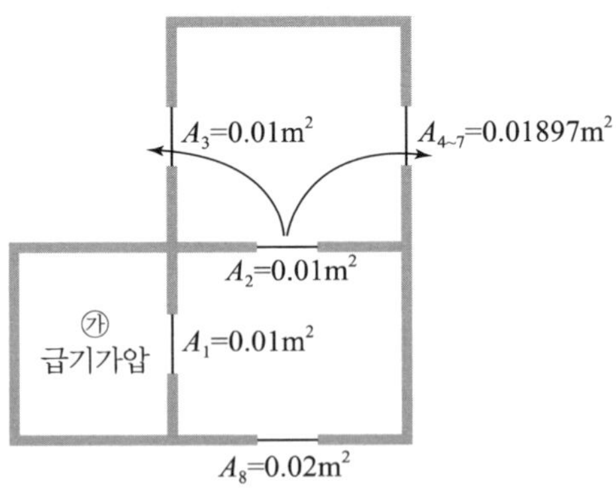

A_3 와 $A_4 \sim A_7$ 은 병렬상태이므로

$A_3 \sim A_7 = 0.01\,\text{m}^2 + 0.01897\,\text{m}^2 = 0.02897\,\text{m}^2$

위의 내용을 정리하면 다음과 같이 변환시킬 수 있다.

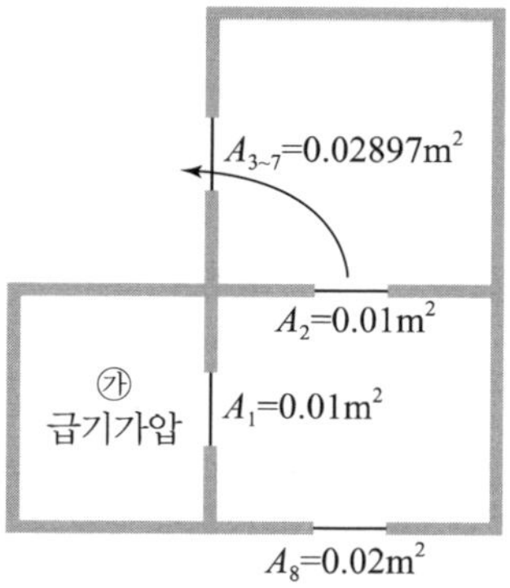

A_2와 $A_3 \sim A_7$은 직렬상태이므로

$$A_2 \sim A_7 = \frac{1}{\sqrt{\dfrac{1}{(0.01\,\text{m}^2)^2} + \dfrac{1}{(0.02897\,\text{m}^2)^2}}} = 0.00945\,\text{m}^2$$

위의 내용을 정리하면 다음과 같이 변환시킬 수 있다.

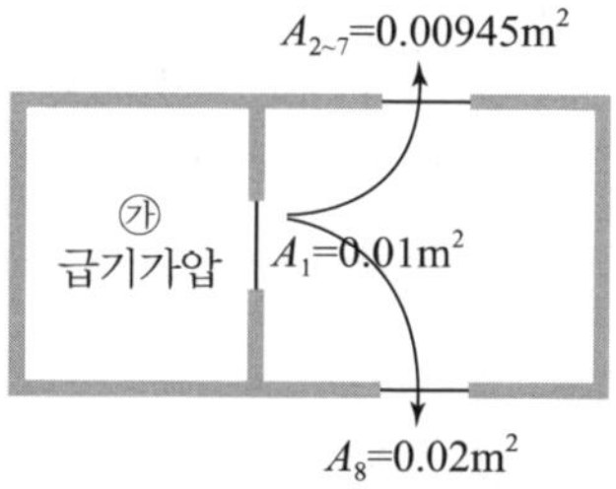

$A_2 \sim A_7$와 A_8은 병렬상태이므로

$A_2 \sim A_8 = 0.02\,\text{m}^2 + 0.00945\,\text{m}^2 = 0.02945\,\text{m}^2$

위의 내용을 정리하면 다음과 같이 변환시킬 수 있다.

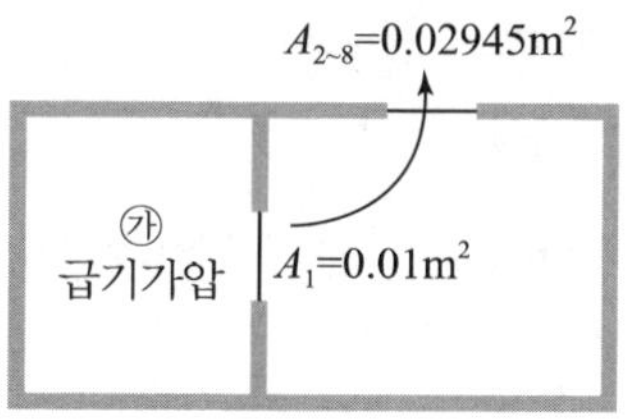

A_1와 $A_2 \sim A_8$은 직렬상태이므로

$$A_1 \sim A_8 = \frac{1}{\sqrt{\dfrac{1}{(0.01\,\text{m}^2)^2} + \dfrac{1}{(0.02945\,\text{m}^2)^2}}} = 0.009469 \fallingdotseq 0.00947\,\text{m}^2$$

위의 내용을 정리하면 다음과 같이 변환시킬 수 있다.

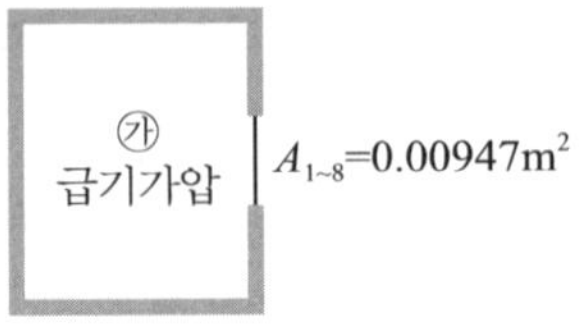

(나) 누설량 $Q = 0.827AP^{\frac{1}{2}} = 0.827A\sqrt{P}$

$= 0.827 \times 0.00947\,\text{m}^2 \times \sqrt{170}\,\text{Pa}$

$= 0.1021 ≒ 0.102\,\text{m}^3/\text{s}$

- P(170 Pa) : 조건 ①, ②에서 주어진 값
  101.55 kPa − 101.38 kPa = 0.17 kPa = 170 Pa

33 다음은 어느 실들의 평면도이다. 이 중 A실을 급기가압 하고자 할 때 주어진 조건을 이용하여 다음을 구하시오.

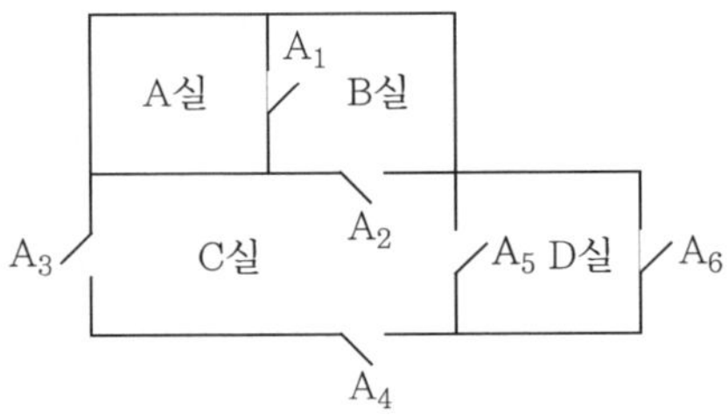

[조건]
① 실 외부대기의 기압은 101300 Pa로서 일정하다.
② A실에 유지하고자 하는 기압은 101500 Pa이다.
③ 각 실의 문들의 틈새면적은 0.01 m²이다.
④ 어느 실을 급기가압 할 때 그 실의 문 틈새를 통하여 누출되는 공기의 양은 다음의 식에 따른다.

$$Q = 0.827A \cdot P^{\frac{1}{2}}$$

여기서, Q : 누출되는 공기의 양[m²/s]
A : 문의 전체 누설틈새면적[m²]
P : 문을 경계로 한 기압차[Pa]

(가) A실의 전체 누설틈새면적 A[m²]를 구하시오(단, 소수점 아래 여섯째자리에서 반올림하여 소수점 아래 다섯째자리까지 나타내시오).
(나) A실에 유입해야 할 풍량[m³/s]을 구하시오.

정답 (가) $A_5 \sim A_6 = \dfrac{1}{\sqrt{\dfrac{1}{0.01^2}+\dfrac{1}{0.01^2}}} = 0.00707\,\text{m}^2$

$A_3 \sim A_6 = 0.01 + 0.01 + 0.00707 = 0.02707\,\text{m}^2$

$A_1 \sim A_6 = \dfrac{1}{\sqrt{\dfrac{1}{0.01^2}+\dfrac{1}{0.01^2}+\dfrac{1}{0.02707^2}}} = 0.006841 \fallingdotseq 0.00684\,\text{zm}^2$

$\therefore\ 0.00684\ \text{m}^2$

(나) $0.827 \times 0.00684 \times \sqrt{200} = 0.08\,\text{m}^3/\text{s}$

$\therefore\ 0.08\ \text{m}^3/\text{s}$

해설 (가) [조건 ③]에서 각 실의 틈새면적은 0.01 m^{2}이다.

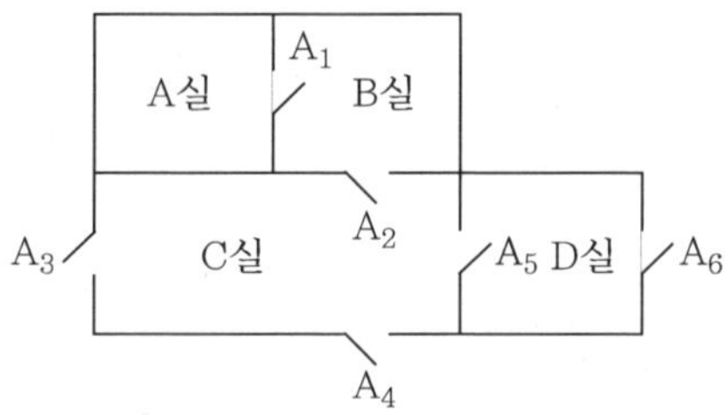

$A_5 \sim A_6$은 직렬상태이므로

$A_5 \sim A_6 = \dfrac{1}{\sqrt{\dfrac{1}{(0.01\,\text{m}^2)^2}+\dfrac{1}{(0.01\,\text{m}^2)^2}}} = 0.00707\,\text{m}^2$

위의 내용을 정리하면 다음과 같이 변환시킬 수 있다.

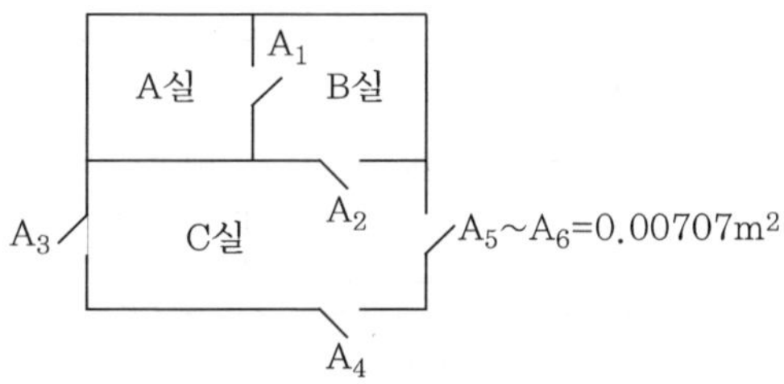

$A_3 \sim A_6$은 병렬상태이므로

$A_3 \sim A_6 = 0.01\,\text{m}^2 + 0.01\,\text{m}^2 + 0.00707\,\text{m}^2 = 0.02707\,\text{m}^2$

위의 내용을 정리하면 다음과 같이 변환시킬 수 있다.

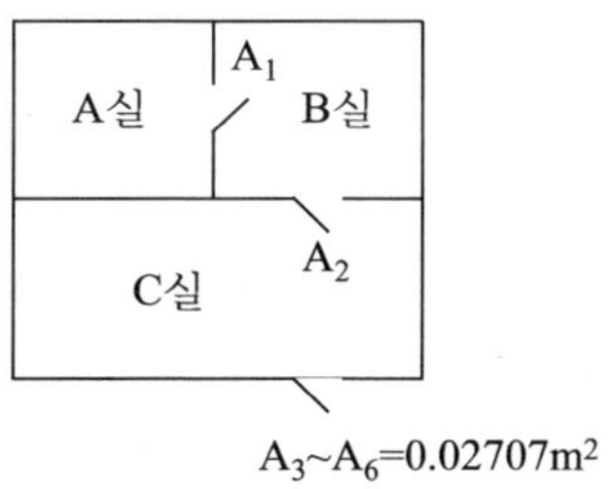

$A_1 \sim A_6$은 직렬상태이므로

$$A_1 \sim A_6 \frac{1}{\sqrt{\frac{1}{(0.01\,\text{m}^2)^2}+\frac{1}{(0.01\,\text{m}^2)^2}+\frac{1}{(0.02707\,\text{m}^2)^2}}} = 0.006841 \fallingdotseq 0.00684\ \text{m}^2$$

(나) 유입풍량 Q는

$$Q=0.827A\cdot P^{\frac{1}{2}}=0.827A\sqrt{P}=0.827\times 0.00684\,\text{m}^2\times\sqrt{200\,\text{Pa}}=0.08\,\text{m}^3/\text{s}$$

참고 누설틈새면적

직렬상태	병렬상태
$A=\frac{1}{\sqrt{\frac{1}{A_1^2}+\frac{1}{A_2^2}+\cdots}}$ 여기서, A : 전체 누설틈새면적[m^2] A_1, A_2 : 각 실의 누설틈새면적[m^2] 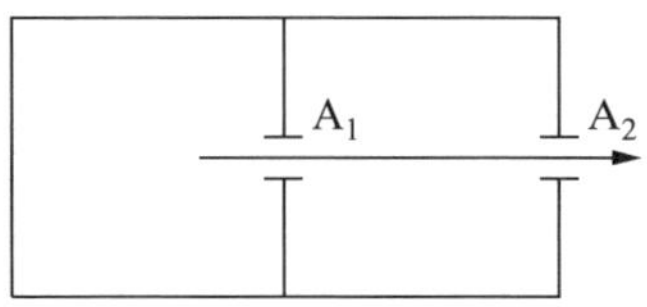 	$A=A_1+A_2+\cdots$ 여기서, A : 전체 누설틈새면적[m^2] A_1, A_2 : 각 실의 누설틈새면적[m^2] 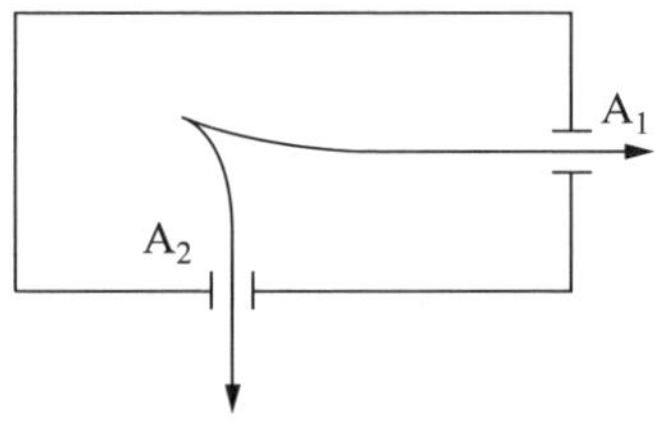

34 다음 그림과 같은 제연구역에 배연기를 설치할 경우 각 실의 배연기 배출량[m^3/h]을 계산하시오(단, A1, A2, A3는 출입문이다).

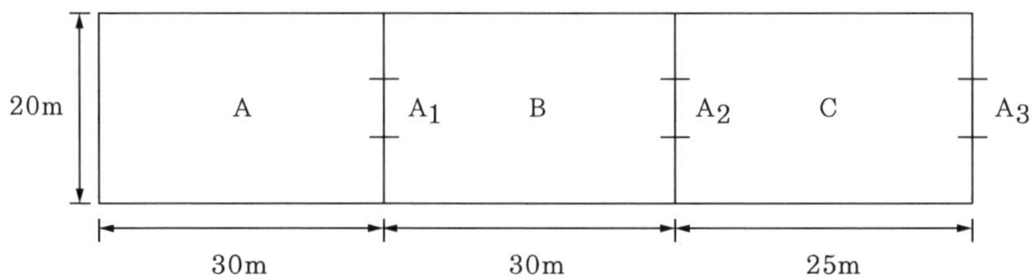

정답 (1) A실 : 40,000 m^3/h

(2) B실 : 40,000 m^3/h

(3) C실 : 40,000 m^3/h

해설 예상제연구역의 배출량 기준(거실 바닥면적이 400 m^2 이상인 경우)

(1) 예상제연구역이 지름 40 m인 원의 범위 안에 있을 경우에는 배출량을 40,000 m^3/h 이상으로 한다.

(2) B실, C실은 피난 외의 실로 볼 수 있으나 400 m^2 이상이므로 관계가 없다.

① A실 : $30\ \text{m}\times 20\ \text{m}\times 1\ \text{m}^3/\text{min}\cdot\text{m}^2=600\ \text{m}^3/\text{min}=36{,}000\ \text{m}^3/\text{h}$

∴ 최저배출량은 40,000 m^3/h이므로 40,000 m^3/h

② B실 : $30\text{ m} \times 20\text{ m} \times 1\text{ m}^3/\text{min}\cdot\text{m}^2 = 600\text{ m}^3/\text{min} = 36{,}000\text{ m}^3/\text{h}$

$\therefore$ $40{,}000\text{ m}^3/\text{h}$ 이상

③ C실 : $25\text{ m} \times 20\text{ m} \times 1\text{ m}^3/\text{min}\cdot\text{m}^2 = 500\text{ m}^3/\text{min} = 30{,}000\text{ m}^3/\text{h}$

$\therefore$ $40{,}000\text{ m}^3/\text{h}$ 이상

35 실의 크기가 가로 20 m, 세로 15 m, 높이 5 m인 공간에서 큰 화염의 화재가 발생하여 t초 시간 후의 청결층 높이 y [m]의 값이 1.8 m가 되었을 때 다음 조건을 이용하여 각 물음에 답하시오.

[조건]

① $Q = \dfrac{A(H-y)}{t}$

여기서, Q : 연기 발생량[m^3/min]

A : 화재실의 면적[m^2]

H : 화재실의 높이[m]

② 위 식에서 시간 t초는 다음의 Hinkley식을 만족한다.

$t = \dfrac{20A}{P \times \sqrt{g}} \times \left(\dfrac{1}{\sqrt{y}} - \dfrac{1}{\sqrt{H}}\right)$

여기서, g : 중력가속도 9.81 m/s^2

P : 화재경계의 길이[m]로서 큰 화염의 경우 12 m, 중간화염의 경우 6 m, 작은 화염의 경우 4 m를 적용한다.

③ 연기생성률 M [kg/s]에 관한 식은 다음과 같다.

$M = 0.188 \times P \times y^{\frac{3}{2}}$

(가) 상부의 배연구로부터 얼마의 연기를 배출[m^3/min]하여야 청결층의 높이가 유지되는지 구하시오.

(나) 연기생성률[kg/s]을 구하시오.

정답 (가) 1210.2 [m^3/min]

(나) 5.45 [kg/s]

해설 (가) $t = \dfrac{20 \times (20 \times 15)}{12 \times \sqrt{9.81}} \times \left(\dfrac{1}{\sqrt{1.8}} - \dfrac{1}{\sqrt{5}}\right) = 47.594 = 47.59\text{s}$

$Q = \dfrac{300(5-1.8)}{47.59} = 20.172 \fallingdotseq 20.17\text{m}^3/\text{s} = 20.17 \times 60\text{m}^3/\text{min} = 1210.2\text{m}^3/\text{min}$

(나) $0.188 \times 12 \times 1.8^{\frac{3}{2}} = 5.448 \fallingdotseq 5.45\text{kg/s}$

36 제연설비의 예상제연구역에 대한 문제이다. 도면과 조건을 참고하여 다음 각 물음에 답하시오. (2023년 출제)

[조건]
① 건물의 주요구조부는 모두 내화구조이다.
② 각 실은 불연성 구조물로 구획되어 있다.
③ 통로의 내부면은 모두 불연재이고, 통로 내에 가연물은 없다.
④ 각 실에 대한 연기배출방식은 공동배출구역방식이 아니다.
⑤ 각 실은 제연경계로 구획되어 있지 않다.
⑥ 펌프의 효율은 60%, 전압 40 mmAq, 정압 20 mmAq, 동력전달계수는 1.1이다.

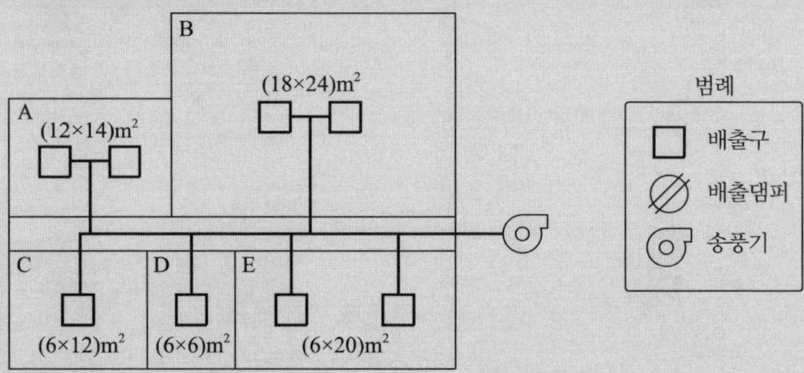

(가) 각 실별 최소배출량(m^3/min)

실	계산식	배출량
A실		
B실		
C실		
D실		
E실		

(나) 범례를 참고하여 배출댐퍼의 설치위치를 그림에 표시하시오(단, 댐퍼의 위치는 적당한 위치에 설치하고 최소 수량으로 한다.).

(다) 송풍기의 동력(kW)을 구하시오.

정답 (가)

실	계산식	배출량 (m^3/min)
A실	$(12\times14)\times1\times60=10080\,m^3/h$, $10080\div60=168\,m^3/min$	168
B실	$18\times24=432\,m^2$, $\sqrt{18^2+24^2}=30\,m$ $40000\div60=666.637\,m^3/min$	666.67
C실	$(6\times12)\times1\times60=4320\,m^3/h$, $5000\div60=83.33\,m^3/min$	83.33
D실	$(6\times6)\times1\times60=2160\,m^3/h$, $5000\div60=83.33\,m^3/min$	83.33
E실	$(6\times20)\times1\times60=7200\,m^3/h$, $7200\div60=120\,m^3/min$	120

(나)

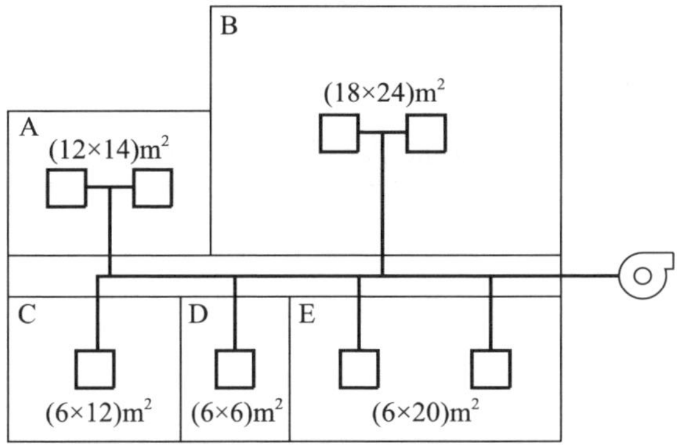

(다) 7.99 kW

해설 (가) 바닥면적 400 m^2 미만이므로 A실, C～E실은 다음 식 적용

배출량(m^3/min) = 바닥면적(m^2) × 1 m^3/m^2 · min

실	계산식	배출량 (m^3/min)
A실	$(12\times14)\times1\times60=10080\text{m}^3/\text{h}$, $10080\div60=168\text{m}^3/\text{min}$	168
B실	$18\times24=432\text{m}^2$, $\sqrt{18^2+24^2}=30\text{m}$ $40000\div60=666.637\text{m}^3/\text{min}$	666.67
C실	$(6\times12)\times1\times60=4320\text{m}^3/\text{h}$, $5000\div60=83.33\text{m}^3/\text{min}$	83.33
D실	$(6\times6)\times1\times60=2160\text{m}^3/\text{h}$, $5000\div60=83.33\text{m}^3/\text{min}$	83.33
E실	$(6\times20)\times1\times60=7200\text{m}^3/\text{h}$, $7200\div60=120\text{m}^3/\text{min}$	120

• B실 : 바닥면적 400 m^2 이상이고 직경 40 m 원의 범위 안에 있으므로 직경 40 m 이하 표 적용, 수직거리가 주어지지 않았으므로 최소인 2 m 이하를 적용하면 최소소요배출량은 40000 m^3/h가 된다.

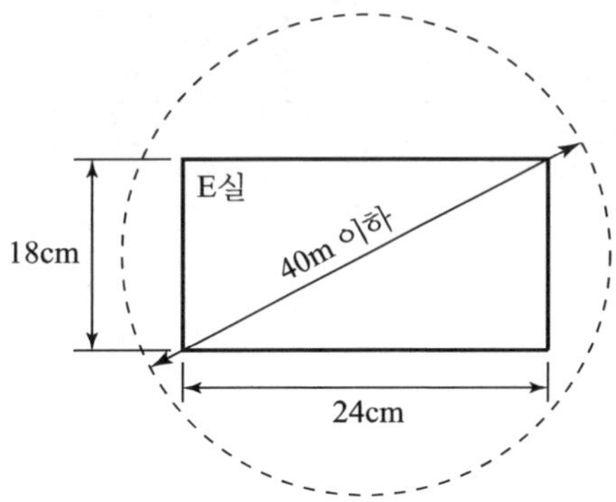

$$직경 = \sqrt{가로길이^2+세로길이^2} = \sqrt{(18\text{m})^2+(24\text{m})^2} ≒ 30\text{m}\ (40\text{m 이하})$$

※ 참고

거실의 배출량

(1) 바닥면적 400 m^2 미만(최저치 5000 m^3/h 이상)

배출량(m^3/min) = 바닥면적(m^2) × 1 m^3/m^2 · min

(2) 바닥면적 400 m^2 이상

① 직경 40 이하 : 40000 m^3/h 이상

▌예상제연구역이 제연경계로 구획된 경우

수직거리	배 출 량
2 m 이하	40000 m^3/hr 이상
2 m 초과 2.5 m 이하	45000 m^3/hr 이상
2.5 m 초과 3 m 이하	50000 m^3/hr 이상
3 m 초과	60000 m^3/hr 이상

② 직경 40 초과 : 45000 m^3/h 이상

▌예상제연구역이 제연경계로 구획된 경우

수직거리	배 출 량
2 m 이하	45000 m^3/hr 이상
2 m 초과 2.5 m 이하	50000 m^3/hr 이상
2.5 m 초과 3 m 이하	60000 m^3/hr 이상
3 m 초과	65000 m^3/hr 이상

(나) 조건 ④에서 각 실이 모두 공동배출구역이 아닌 독립배출구역이므로 위와 같이 댐퍼를 설치하여야 하며 A, C구역이 공동배출구역이라면 다음과 같이 설치할 수 있다.

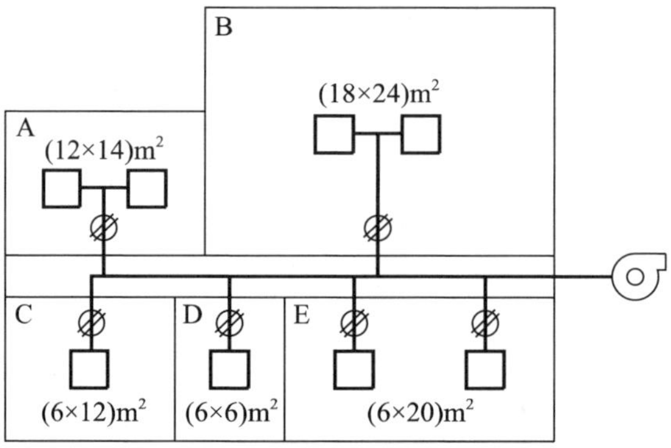

(다) 송풍기동력

송풍기의 전동기동력 $P = \frac{P_T Q}{102 \times 60 \eta} K = \frac{400\,\text{mmAq} \times 666.67\,\text{m}^3/\text{min}}{102 \times 60 \times 0.6} 1.1$

$= 7.988 \fallingdotseq 7.99\,\text{kW}$

37 특별피난계단의 계단실 및 부속실 제연설비이다. 다음 조건을 참고하여 각 물음에 답하시오.

[조건]
① 거실과 부속실의 출입문 개방에 필요한 힘 $F_1 = 60\,N$이다.
② 화재시 거실과 부속실의 출입문 개방에 필요한 힘 $F_2 = 110\,N$이다.
③ 출입문 폭(w)=1 m, 높이(h)=2.1 m
④ 출입문은 손잡이 끝에 달렸다고 가정한다.
⑤ 스프링클러는 설치되어 있지 않다.

(가) 제연구역 선정기준 3가지를 쓰시오.
(나) 제시된 조건을 이용하여 부속실과 거실 사이의 차압[Pa]을 구하고, 국가화재안전기준에 의한 최소차압기준을 비교하여 적합여부를 설명하시오.

정답 (가) 제연설비의 선정기준
① 계단실 및 그 부속실을 동시에 제연하는 것
② 부속실만을 단독으로 제연하는 것
③ 계단실 단독 제연하는 것
④ 비상용 승강기, 승강장 단독 제연하는 것

(나) 제연구역의 방화문을 개방하기 위한 힘

$$F = F_{de} + F_P$$

$$F = F_{de} + \Delta P \cdot A \cdot \frac{W}{2(W-d)}$$

여기서, F : 문을 개방하는데 필요한 전체 힘[N]
F_{de} : 도어체크의 저항력[N]
F_P : 차압에 의해 방화문에 미치는 힘[N]
A : 방화문면적[m^2]
W : 문의 폭[m]
d : 손잡이에서 문의 끝까지의 거리
ΔP : 비제연구역과의 차압[Pa]

$$110 = 60 + \Delta P \cdot (1 \times 2.1) \cdot \frac{1}{2(1-0)}$$

$$\Delta P = 47.62\,[\text{Pa}]$$

∴ 조건에 따라 계산된 차압은 47.62 [Pa]로서 화재안전기준에 의한 최소차압 40 [Pa]보다 크므로 적합하다.

38 다음은 제연설비에 대한 설명이다. 다음 물음에 답하시오.

(가) 화재실의 바닥면적이 350 m^2, FAN의 효율은 65%, 전압이 75 mmAq일 때 필요한 동력 [kW]을 구하시오(단, 동력의 여유율은 10%로 한다)

(나) 유입공기의 배출방식 3가지를 쓰시오.

(다) 다음은 옥내로부터 제연구역 내로 연기의 유입을 유효하게 방지할 수 있는 풍속인 방연풍속의 기준표이다. 빈 칸을 채우시오.

<table>
<tr><th colspan="2">제연구역</th><th>방연풍속</th></tr>
<tr><td colspan="2">• 계단실 및 그 부속실을 동시에 제연하는 것
• 계단실만 단독으로 제연하는 것</td><td>( ) [m/s] 이상</td></tr>
<tr><td rowspan="2">• 부속실만 단독으로 제연하는 것
• 비상용승강기의 승강장만 단독으로 제연하는 것</td><td>부속실 또는 승강장이 면하는 옥내가 거실인 경우</td><td>( ) [m/s] 이상</td></tr>
<tr><td>부속실 또는 승강장이 면하는 옥내가 복도로서 그 구조가 방화구조인 것</td><td>( ) [m/s] 이상</td></tr>
</table>

정답 (가) $P = \frac{P_t\,[\mathrm{mmAq}] \times Q\,[\mathrm{m^3/s}]}{\eta} \times K = \frac{75 \times 350}{102 \times 60 \times 0.65} \times 1.1 = 7.26\,\mathrm{kW}$

(나) ① 수직풍도에 따른 배출 : 옥상으로 직통하는 전용의 배출용 수직풍도를 설치하여 배출

② 배출구에 따른 배출 : 건물의 옥내와 면하는 외벽마다 옥외와 통하는 배출구를 설치하여 배출

③ 제연설비에 따른 배출 : 거실제연설비가 설치되어 있고 해당 옥내로부터 옥외로 배출하여야 하는 유입공기의 양을 거실제연설비의 배출량에 합하여 배출하는 경우 유입공기의 배출은 해당 거실제연설비에 따른 배출로 갈음할 수 있다.

(다)

<table>
<tr><th colspan="2">제연구역</th><th>방연풍속</th></tr>
<tr><td colspan="2">• 계단실 및 그 부속실을 동시에 제연하는 것
• 계단실만 단독으로 제연하는 것</td><td>0.5 [m/s] 이상</td></tr>
<tr><td rowspan="2">• 부속실만 단독으로 제연하는 것
• 비상용승강기의 승강장만 단독으로 제연하는 것</td><td>부속실 또는 승강장이 면하는 옥내가 거실인 경우</td><td>0.7 [m/s] 이상</td></tr>
<tr><td>부속실 또는 승강장이 면하는 옥내가 복도로서 그 구조가 방화구조인 것</td><td>0.5 [m/s] 이상</td></tr>
</table>

39 특별 피난계단의 계단실 및 부속실 제연설비에 대한 주어진 조건을 참고하여 화재안전기준에 따른 개방력에 적합하도록 부속실과 거실 사이의 최소차압[Pa]을 구하시오.

[조건]

① 거실과 부속실의 출입문 개방에 필요한 힘은 $F_1 = 80\,\mathrm{N}$이다.

② 출입문 폭(W)은 0.9 m이고 높이(H)는 2.1 m이다.

③ 손잡이는 출입문 끝부분까지의 거리는 0.1 m이다.

④ 스프링클러설비는 설치되어 있지 않다.

⑤ 차압에 의해 방화문에 미치는 힘(F_P)

$$F_P = \frac{K_d \times W \times A \times \Delta P}{2(W-d)}$$

여기서, F_P : 차압에 의해 방화문에 미치는 힘[N]

K_d : 상수

W : 방화문의 폭[m]

A : 방화문의 면적[m^2]

ΔP : 비제연구역과의 차압[Pa]

d : 문의 손잡이에서 문의 가장자리까지의 거리[m]

정답 최소차압

$$\Delta P = \frac{F_P \times 2(W-d)}{K_d \times W \times A} = \frac{80 \times 2(0.9-0.1)}{1 \times 0.9 \times 0.9 \times 2.1}$$

$$= 75.25\,\mathrm{Pa}$$

40 다음 조건을 보고 예상제연구역을 산정하시오.

[조건]

① 각 실의 크기는 가로 28 m, 세로 30 m이며 각 실별로 급기구와 배기구가 1개씩 있다.

② 예상제연구역에 대한 공기유입구의 크기는 해당 예상구역 배출량 1 m^3/min에 대하여 35 cm^2 이상으로 한다.

③ 급기덕트의 풍속은 15 m/s이며, 배기덕트의 풍속은 20 m/s이다.

④ 송풍기동력 산출과 관련하여 덕트의 손실은 24 mmAq, 덕트부속류의 손실은 13 mmAq, 배출구 손실은 8 mmAq, 송풍기 효율은 65%, 여유율은 20%로 한다.

⑤ 층고는 4.3 m이고 바닥으로부터 반자까지의 높이가 3 m이며 폭이 0.8 m이다.

⑥ 제연방식은 상호제연이며, 각각의 제연구역은 제연경계로 구획되어 있다. 제연경계벽은 천장으로부터 0.8 m이다.

⑦ 예상제연구역의 배출량은 다음을 기준으로 한다.

㉮ 예상제연구역이 바닥면적 400 m^2 미만일 경우 : 바닥면적 1 m^2당 1 m^3/hr 이상으로 하되, 예상제연구역 전체에 대한 최저배출량은 5000 m^3/hr로 할 것

㉯ 예상제연구역이 바닥면적 400 m^2 이상으로 직경 40 m인 원 안에 있을 경우

수직거리	배 출 량
2 m 이하	40000 m^3/hr
2 m 초과 2.5 m 이하	45000 m^3/hr
2.5 m 초과 3 m 이하	50000 m^3/hr
3 m 초과	60000 m^3/hr

㉰ 예상제연구역이 바닥면적 400 m^2 이상으로 직경 40 m인 원의 범위를 초과할 경우

수직거리	배 출 량
2 m 이하	45000 m^3/hr
2 m 초과 2.5 m 이하	50000 m^3/hr
2.5 m 초과 3 m 이하	60000 m^3/hr
3 m 초과	65000 m^3/hr

⑧ 배출풍도 강판의 최소두께기준은 다음과 같다.

풍도단변의 긴변 또는 지름의 크기	450 mm 이하	450 mm 초과 750 mm 이하	750 mm 초과 1500 mm 이하	1500 mm 초과 2250 mm 이하	2250 mm 초과
강판 두께	0.5 mm	0.6 mm	0.7 mm	1.0 mm	1.2 mm

(가) 예상제연구역에 대한 배출기의 배출량[m^3/hr]을 구하시오.

(나) 배기덕트의 높이가 700 mm인 경우 배기덕트의 폭[m]을 구하시오.

(다) 배기덕트의 두께(t)[mm]를 구하시오.

(라) FAN의 동력[kW]을 구하시오.

(마) 도면을 기반으로 급기 및 배기 댐퍼의 번호를 표기한 후에 B구역 화재시 배출 및 급기 댐퍼의 개폐를 구분하여 쓰시오.

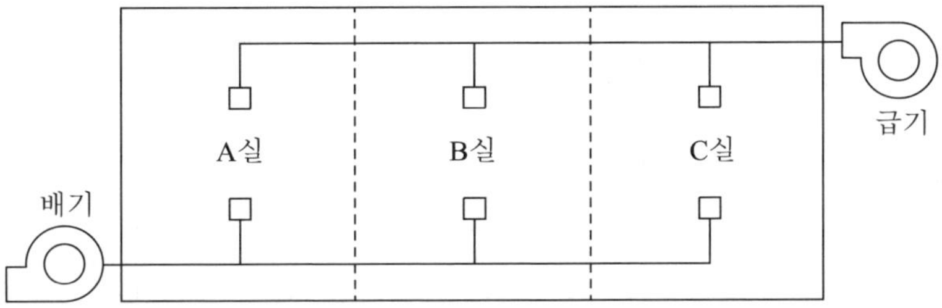

정답 (가) 50,000 m^3/hr

(나) 0.99 m

(다) 0.7 mm

(라) 11.31 kW

(마)

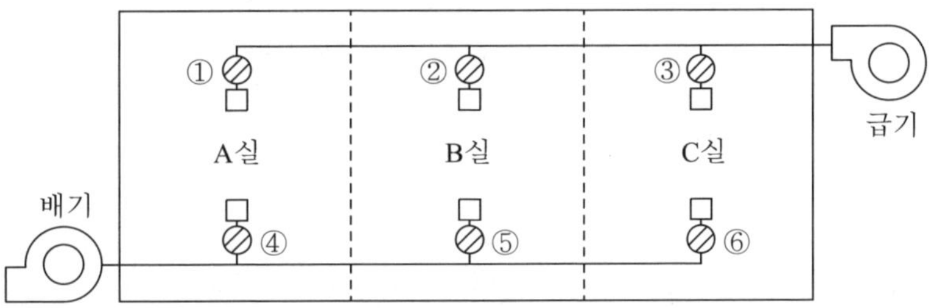

[B구역 화재시] 배기열림 : ⑤, 배기닫힘 : ④, ⑥
급기열림 : ①, ③, 급기닫힘 : ②

해설 (가) 바닥면적 $= 28 \times 30 = 840\,m^2$, $\sqrt{28^2 + 30^2} = 41.04\,m$

기본 배기량 45,000 m^3/hr → 수직거리 $3 - 0.8 = 2.2$ m → 50,000 m^3/hr

(나) $Q = AV$, $\dfrac{50{,}000\,m^3/h}{3600\,s} = 0.7\,m \times x \times 20\,m/s$, $x = 0.99\,m$

(라) $P\,[kW] = \dfrac{P_t\,[mmAq] \times Q\,[m^3/s]}{102 \times \eta} \times$ 여유율($K \neq$ 여유율)

$P_t = 24 + 13 + 8 = 45\,mmAq$

$P = \dfrac{45 \times 50{,}000}{102 \times 3{,}600 \times 0.65} \times 1.2 = 11.31\,kW$

41 다음은 거실제연설비를 설치한 어느 건물의 도면을 나타낸 것이다. 각 실은 공동제연구역으로 별도의 칸막이로 구획되어 있다. 또한 각 거실에서 배기를, 통로에서 급기를 실시한다. (단, 바닥으로부터 천장까지의 높이는 2.3 m이다)

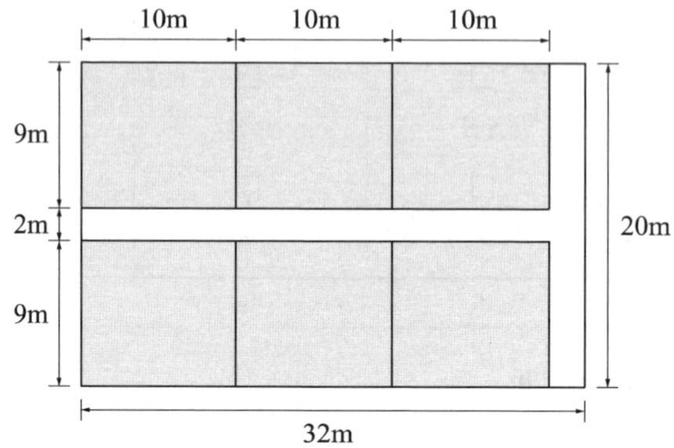

(가) 배출기 소요풍량의 합계[m^3/h]를 구하시오.
(나) 배출기의 흡입측 주덕트의 최소면적[m^2]을 구하시오.
(다) 배출기의 배출측 주덕트의 최소면적[m^2]을 구하시오.

정답 (가) 32400 m^3/h
(나) 0.6 m^2
(다) 0.03 m^2

해설 (가) 각 실별 배기량 $90\,m^3 = 90\,m^3/min = 5400\,m^3/hr$
송풍기 풍량 → 벽(별도의 칸막이)으로 구획된 공동제연방식이므로 합산값
$Q = 5400 \times 6 = 32400\,m^3/hr$

(나) $Q = AV$
$\frac{32400}{3600} = A \times 15$

(다) $Q = AV$
$\frac{32400}{3600} = A \times 20$

42 다음은 제연설비에 관한 도면 그림이다. 조건을 참조하여 다음 각 물음에 답하시오.

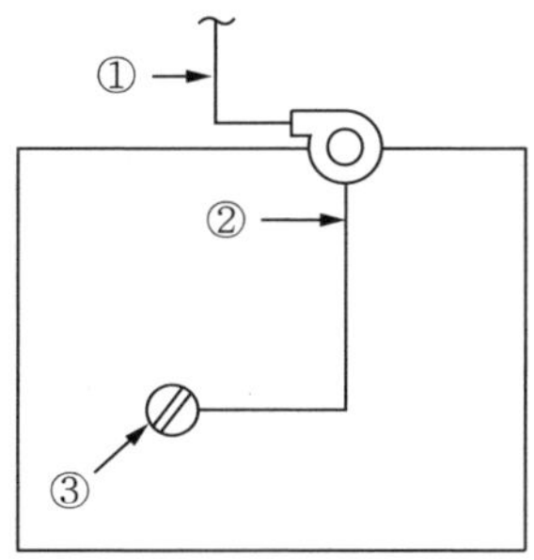

[조건] 건물현황
① 제연구역의 바닥면적은 350 m^2이다.
② 전압은 30 mmHg이고, 효율이 60%이다.
③ 전압력 손실과 배연량 누수도 고려한 여유율을 10% 증가시킨 것으로 한다.

(가) 도면의 제연설비방식은?
(나) 기호 ①~②의 풍속[m/s]은?
(다) 기호 ③에 MD라고 표시되어 있다면 무엇을 의미하는가?
(라) 공기유입구의 크기[m^2]는?
(마) 제연설비의 풍량을 송풍할 수 있는 배연기의 동력[kW]을 구하시오.

정답 (가) 제3종 기계제연방식
(나) ① 20 m/s 이하
② 15 m/s 이하
(다) 모터 댐퍼(Motor Damper, MD)
(라) $350\times1=350\ m^3/min$
$350\times35=12250cm^2=1.225m^2\fallingdotseq1.23m^2$
$\therefore$ $1.23m^2$ 이상
(마) $\dfrac{30}{760}\times10.332=0.40784\ mH_2O=407.84\ mmH_2O$
$\dfrac{407.84\times350}{102\times60\times0.6}\times1.1=42.761\fallingdotseq42.76\ kW$
$\therefore$ 42.76 kW 이상

해설 (가) 배출기(배풍기)만 설치되어 있으므로 제3종 기계제연방식이다.

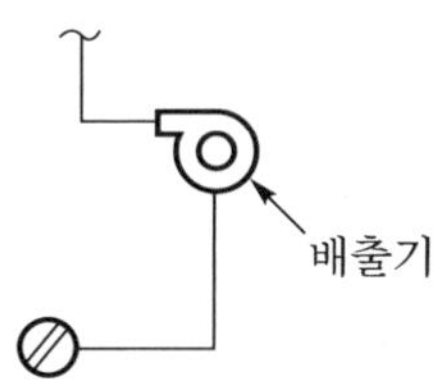

43 다음 제연설비 관련 도면을 보고 각 물음에 답하시오.

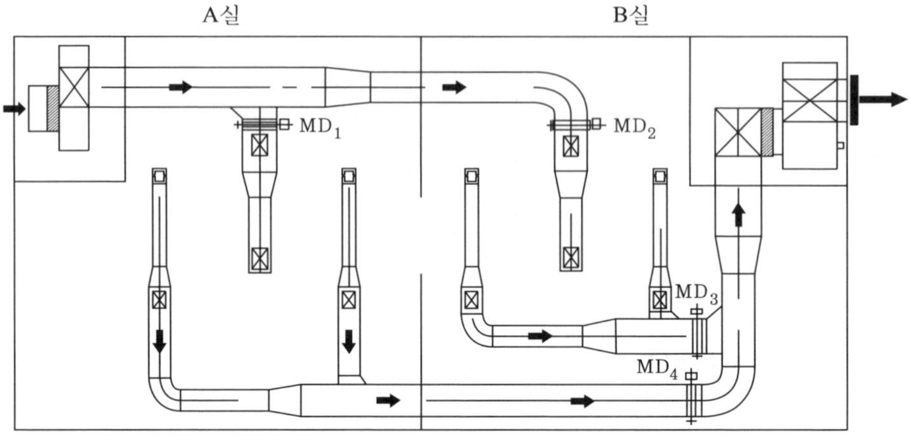

(가) 상기 제연방식은 무엇인가?
(나) 상호제연이란 무엇인가?
(다) 댐퍼의 상태를 보았을 때 open, close로 표시하시오.
① 동일실로 본 경우

구 분	급 기	배 기
A실 화재시	MD_1 :	MD_4 :
	MD_2 :	MD_3 :
B실 화재시	MD_2 :	MD_3 :
	MD_1 :	MD_4 :

② 인접 상호제연으로 본 경우

구 분	급 기	배 기
A실 화재시	MD_2 :	MD_4 :
	MD_1 :	MD_3 :
B실 화재시	MD_1 :	MD_3 :
	MD_2 :	MD_4 :

정답 (가) 제1종 기계제연방식
(나) 화재구역에서 배기하고 인접구역에서 급기 가압하는 방식
(다) ① 동일실로 본 경우

구 분	급 기	배 기
A실 화재시	MD_1 : open	MD_4 : open
	MD_2 : close	MD_3 : close
B실 화재시	MD_2 : open	MD_3 : open
	MD_1 : close	MD_4 : close

② 인접 상호제연으로 본 경우

구 분	급 기	배 기
A실 화재시	MD_2 : open	MD_4 : open
	MD_1 : close	MD_3 : close
B실 화재시	MD_1 : open	MD_3 : open
	MD_2 : close	MD_4 : close

44 제연설비에 대하여 다음 조건 및 도면을 보고 각 물음에 답하시오(단, 경유거실이 없으며 각 실은 독립배연방식이다).

[조건]
① 여유율은 10%를 적용한다.
② 효율은 60%이다.
③ 전압은 40 mmAq이다.
④ 각 실마다 제어댐퍼가 설치되어 있다.

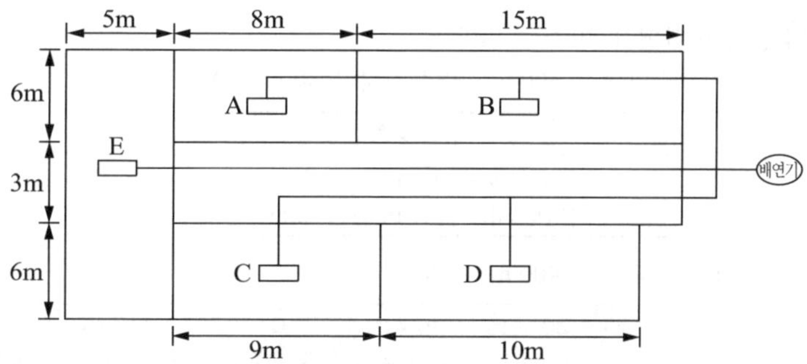

(가) 각 방호구역의 배출량[m^3/min]을 구하시오.
(나) 제연댐퍼의 설치위치를 도면에 기입하시오(단, 댐퍼는 ∅로 표시할 것).
(다) 배연기의 동력[kW]은 얼마인지 구하시오.

정답 (가) ① A실

$(8 \times 6) \times 1\ m^3/m^2 \cdot min \times 60\ min = 2880\ m^3/h$

(최저치 $5000\ m^3/h \fallingdotseq 83.33\ m^3/min$)

$\therefore\ 83.33\ m^3/min$

② B실

$(15 \times 6) \times 1 \times 60 = 5400\ m^3/h = 90\ m^3/min$

$\therefore\ 90\ m^3/min$

③ C실

$(9 \times 6) \times 1 \times 60 = 3240\ m^3/h$ (최저치 $5000\ m^3/h \fallingdotseq 83.33\ m^3/min$)

$\therefore\ 83.33\ m^3/min$

④ D실

$(10 \times 6) \times 1 \times 60 = 3600\ m^3/h$ (최저치 $5000\ m^3/h \fallingdotseq 83.33\ m^3/min$)

∴ $83.33\ m^3/min$

⑤ E실

$(5 \times 15) \times 1 \times 60 = 4500\ m^3/h$ (최저치 $5000\ m^3/h \fallingdotseq 83.33\ m^3/min$)

∴ $83.33\ m^3/min$

(나)

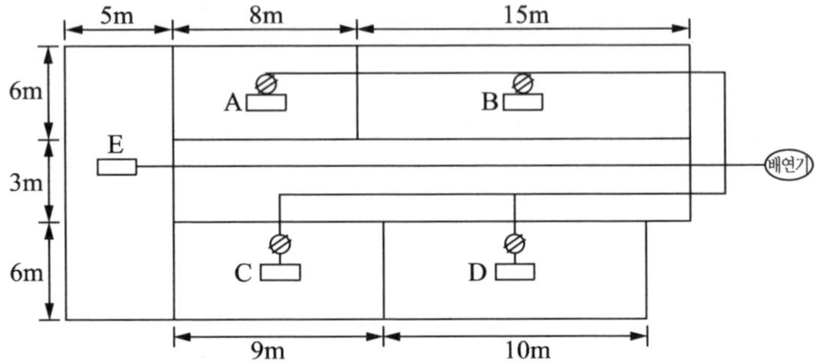

(다) $\dfrac{40 \times 90}{102 \times 60 \times 0.6} \times 1.1 = 1.078 \fallingdotseq 1.08\,kW$

∴ 1.08 kW

해설 (가) 바닥면적 $400\ m^2$ 미만

(1) 바닥면적 $400\ m^2$ 미만(최저치 $5000\ m^3/h$ 이상)

일반적인 경우
배출량$[m^3/min]$ = 바닥면적$[m^2] \times 1\ m^3/m^2 \cdot min$

(2) 바닥면적 $400\ m^2$ 이상

직경 40 이하 : 40000m³/h 이상 (예상제연구역이 제연경계로 구획된 경우)		직경 40 초과 : 45000m³/h 이상 (예상제연구역이 제연경계로 구획된 경우)	
수직거리	배출량	수직거리	배출량
2 m 이하	$40000\ m^3/h$ 이상	2 m 이하	$45000\ m^3/h$ 이상
2 m 초과 2.5 m 이하	$45000\ m^3/h$ 이상	2 m 초과 2.5 m 이하	$50000\ m^3/h$ 이상
2.5 m 초과 3 m 이하	$50000\ m^3/h$ 이상	2.5 m 초과 3 m 이하	$55000\ m^3/h$ 이상
3 m 초과	$60000\ m^3/h$ 이상	3 m 초과	$65000\ m^3/h$ 이상

(다) 배출기의 이론소요동력 P는

$$P = \frac{P_T Q}{102 \times 60\eta} K = \frac{40\,mmAq \times 90\,m^3/min}{102 \times 60 \times 0.6} \times 1.1$$

$= 1.078 \fallingdotseq 1.08\,kW$

45 자연제연방식에서 주어진 조건을 참고하여 다음 각 물음에 답하시오.

[조건]
① 연기층과 공기층의 높이차 : 3 m
② 화재실온도 : 707℃
③ 외부온도 : 27℃
④ 공기 평균 분자량 : 28
⑤ 연기 평균 분자량 : 29
⑥ 화재실기압 : 101.325 kPa
⑦ 옥외기압 : 101.325 kPa
⑧ 동력의 여유율 : 10%

(가) 연기의 유출속도[m/s]를 구하시오.
(나) 외부풍속[m/s]을 구하시오.
(다) 현재 일반적으로 많이 사용하고 있는 제연방식의 종류 3가지만 쓰시오.
(라) 상기 자연제연방식을 변경하여 화재실 상부에 배연기를 설치하여 배출한다면 그 방식을 쓰시오.
(마) 화재실 바닥면적 300 m^2, FAN 효율 0.6, 전압이 70 mmAq일 때 필요동력[kW]을 구하시오.

정답 (가) $\rho_s = \dfrac{1\times 29}{0.082\times(273+707)} \fallingdotseq 0.36\,\text{kg/m}^3$

$\rho_s = \dfrac{1\times 28}{0.082\times(273+27)} = 1.138 \fallingdotseq 1.14\,\text{kg/m}^3$

$V_s = \sqrt{2\times 9.8\times 3\times\left(\dfrac{1.14}{0.36}-1\right)} = 11.287 \fallingdotseq 11.29\,\text{m/s}$

∴ 11.29 m/s

(나) $\sqrt{\dfrac{0.36}{1.14}}\times 11.29 = 6.344 \fallingdotseq 6.34\,\text{m/s}$

∴ 6.34 m/s

(다) ① 자연제연방식
② 스모크타워제연방식
③ 기계제연방식

(라) 제3종 기계제연방식

(마) $P = \dfrac{70\times 300}{102\times 60\times 0.6}\times 1.1 \fallingdotseq 6.29\,\text{kW}$

∴ 6.29 kW

해설 (가) ① 밀도

$$\rho = \frac{PM}{RT}$$

여기서, ρ : 밀도[kg/m³]

P : 압력[atm]

M : 분자량[kg/mol]

R : 0.082 atm · m³/kmol · K

T : 절대온도(273 + ℃) [K]

화재실의 연기밀도 ρ_s 는

$$\rho = \frac{PM}{RT} = \frac{1\,\text{atm} \times 29\,\text{kg/mol}}{0.082\,\text{atm} \cdot \text{m}^3/\text{kmol} \cdot \text{K} \times (273+27)\text{K}}$$

$$= 1.138 ≒ 1.14\,\text{kg/m}^3$$

② 연기의 유출속도

$$V_s = \sqrt{2gh\left(\frac{\rho_a}{\rho_s} - 1\right)}$$

여기서, V_s : 연기의 유출속도[m/s]

g : 중력가속도(9.8 m/s²)

h : 연기층과 공기층의 높이차[m]

ρ_s : 화재실의 연기밀도[kg/m³]

ρ_a : 화재실 외부의 공기밀도[kg/m³]

연기의 유출속도 V_s는

$$V_s = \sqrt{2gh\left(\frac{\rho_a}{\rho_s} - 1\right)} = \sqrt{2 \times 9.8\,\text{m/s}^2 \times 3\,\text{m} \times \left(\frac{1.14\,\text{kg/m}^3}{0.36\,\text{kg/m}^3} - 1\right)}$$

$$= 11.287 ≒ 11.29\,\text{m/s}$$

(나) 외부풍속

$$V_0 = \sqrt{\frac{\rho_s}{\rho_a}} \times V_s = \sqrt{\frac{0.36\,\text{kg/m}^3}{1.14\,\text{kg/m}^3}} \times 11.29\,\text{m/s} = 6.344 ≒ 6.34\,\text{m/s}$$

(다), (라) 제연방식의 종류

- 제연방식
  - 자연제연방식
  - 스모크타워제연방식
  - 기계제연방식
    - 제1종 기계제연방식
    - 제2종 기계제연방식
    - 제3층 기계제연방식

(마) 배출량[m³/min] = 바닥면적[m²] × 1 m³/m² · min

$$= 300\,\text{m}^2 \times 1\,\text{m}^3/\text{m}^2 \cdot \text{min}$$

$$= 300\,\text{m}^3/\text{min}$$

배연기의 동력 P는

$$P = \frac{P_T Q}{102 \times 60\eta} K = \frac{70\,\text{mmAq} \times 300\,\text{m}^3/\text{min}}{102 \times 60 \times 0.6} \times 1.1 ≒ 6.29\,\text{kW}$$

46 다음 조건을 보고 예상제연구역을 산정하시오.

[조건]
① 배출기의 흡입측 풍속은 15 m/s이고, 배출측 풍속은 20 m/s이다.
② 전압은 40 mmAq이고, 효율은 65%이다.

(가) 예상제연구역에 대한 배출기의 배출량을 구하시오.
(나) 전동기 댐퍼의 동력을 구하시오.
(다) 다음 도면에 배기와 급기구를 설계하시오.

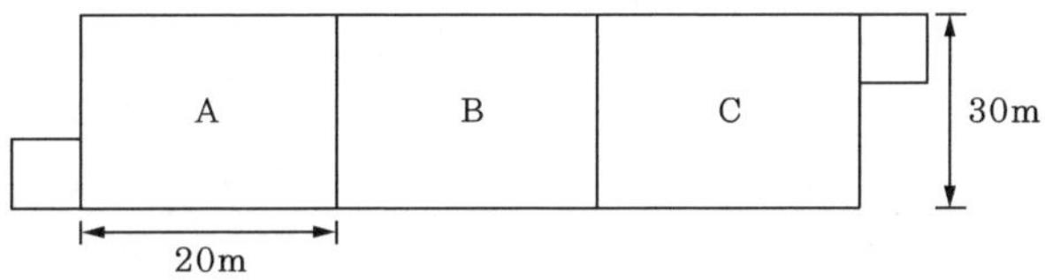

[조건]
① 덕트의 높이는 400 m이다.
② 각 실마다 각각 급기구는 3개, 배기구는 4개이다.
③ 예상제연구역에 대한 공기유입구의 크기는 해당 예상구역 배출량 1 m^2/min에 대하여 35 cm^2 이상으로 한다.

(라) 위 조건으로 급기구 면적, 배기구 면적, 덕트 지름, 급기량을 구하여 다음 빈칸을 채우시오.

실별 / 종목	A실	B실	C실	비고

(마) 인접 상호제연 구역으로 본 경우(OPEN ○, CLOSE ●)

구 분	급 기			배 기		
	A실	B실	C실	A실	B실	C실
A실 화재						
B실 화재						
C실 화재						

정답 (가) $30m \times 20m \times 1m^3/min \cdot m^2 \times 60min/h = 36000\ m^3/h$

바닥면적 $400m^2$ 이상으로 40m 원의 지름에 미달하므로 $40,000\ m^3/h$ 이상

(나) $$\frac{40000 m^3/h \times 40 mmAq}{102\ kg \cdot m \cdot s^{-1} \cdot kW^{-1} \times 3600 s/h \times 0.65} = 6.703 kW$$

(다)

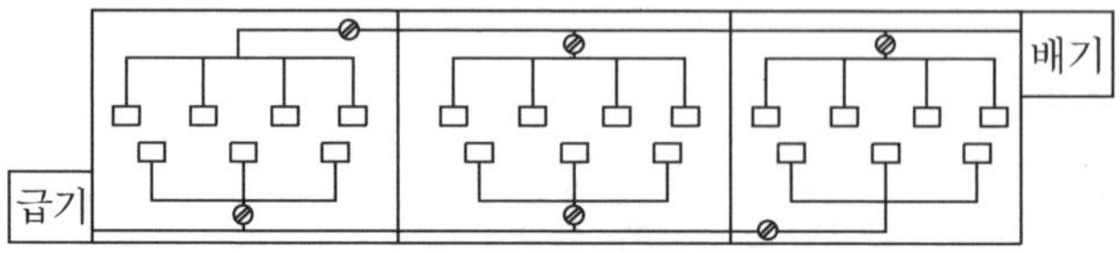

(라)

종목 \ 실별	A실	B실	C실	비 고
① 급기구 면적[m^2]	2.33	2.33	2.33	A, B, C실의 조건이 모두 동일함
② 배기구 면적[m^2] (흡입)	0.74	0.74	0.74	
③ 배기구 면적[m^2] (배출)	0.56	0.56	0.56	
④ 배기구 덕트 폭[m^2] (흡입)	1.85	1.85	1.85	
⑤ 배기구 덕트 폭[m^2] (배출)	1.4	1.4	1.4	
⑥ 급기량[m^2/h]	41490	41490	41490	
⑦ 급기구 덕트 지름[m]	1.45	1.45	1.45	

① 급기구 단면적[m^2]

재연량 $1m^3/min$당 $35cm^2$에 해당하므로

$40,000m^3/h \times 35cm^2/m^3/min \times 1h/60min \times 10^{-4}m^2/cm^2 = 2.333m^2$

② 배출구 흡입 단면적[m^2]

$40,000m^3/h \div (15m/s \times 3600s/h) = 0.7407m^2$

③ 배출구 토출 단면적

$40,000m^3/h \div (20m/s \times 3600s/h) = 0.555m^2$

④ 급기량[m^3/h]

$2.33m^2 \times 5m/s \times 3600s/h = 41940m^3/h$

⑤ 배출기 흡입쪽 덕트 길이[m]

$0.74m^2 \div 0.4m = 1.85m$

⑥ 배출기 배출쪽 덕트 길이[m]

$0.56m^2 \div 0.4m = 1.42m$

⑦ 공기유입구 덕트 길이[m]

$41,940m^3/h \div (20m/s \times 3600s/h) = 0.5825m^2$

$0.5825m^2 \div 0.4m = 1.45625\ m$

(마) B실 화재시 급기 댐퍼는 A실이나 C실 중 한 곳만 열면 된다.

구분	급 기			배 기		
	A실	B실	C실	A실	B실	C실
A실 화재	●	○	●	○	●	●
B실 화재	○	●	○	●	○	●
C실 화재	●	○	●	●	●	○

47 A실을 0.1 m^3/s로 급기가압 하였을 경우 다음 조건을 참고하여 외부와 A실의 차압(Pa)을 구하시오. (2023년 출제)

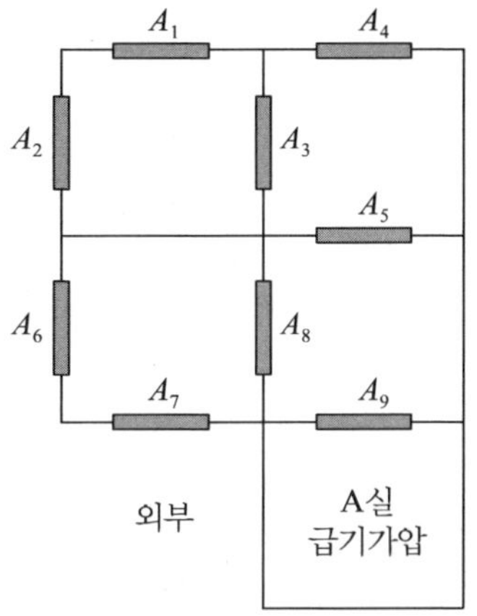

[조건]

① 급기량(Q)은

$Q = 0.827 \times A \times \sqrt{P}$

로 구한다.

여기서, Q : 급기량(m^3/s)

A : 전체 누설면적(m^2)

P : 급기 가압실 내외의 차압(Pa)

② A_1, A_4, 공기 누설틈새면적은 0.005 m^2, A_2, A_3, A_5, A_6, A_7, A_8, A_9는 0.02 m^{2}이다.

③ 전체 누설면적 계산시 소수점 아래 6째자리에서 반올림하여 소수점 아래 5째자리까지 구한다.

정답 $Q = 0.827 A \sqrt{P}$ 에서

$$P = \frac{0.1^2}{0.827^2 \times 0.017^2} = 50.593 \fallingdotseq 50.59\,\text{Pa}$$

$\therefore$ 50.59 Pa

해설 기호

- A_1, A_4 : $0.005\,m^2$
- A_2, A_3, A_5, A_6, A_7, A_8, A_9 : $0.02\,m^2$

$A_{1\sim2}$는 병렬상태이므로 $A_{1\sim2} = 0.005\,m^2 + 0.02\,m^2 = 0.025\,m^2$

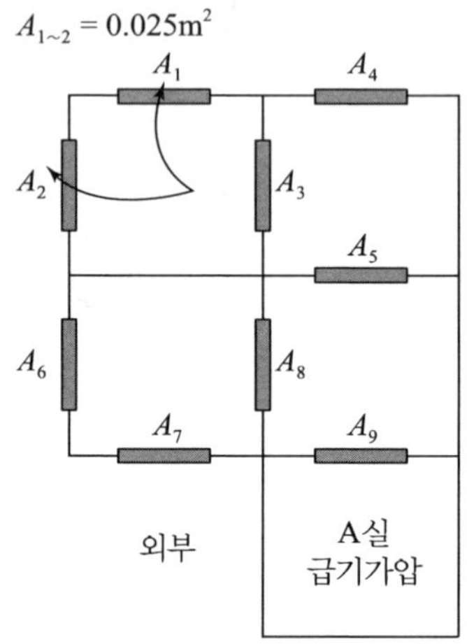

$A_{1\sim2}$와 A_3는 직렬상태이므로 $A_{1\sim3} = \dfrac{1}{\sqrt{\dfrac{1}{(0.025\,m^2)^2} + \dfrac{1}{(0.02\,m^2)^2}}} = 0.015617\,m^2$

위의 내용을 정리하면 다음과 같이 변환시킬 수 있다.

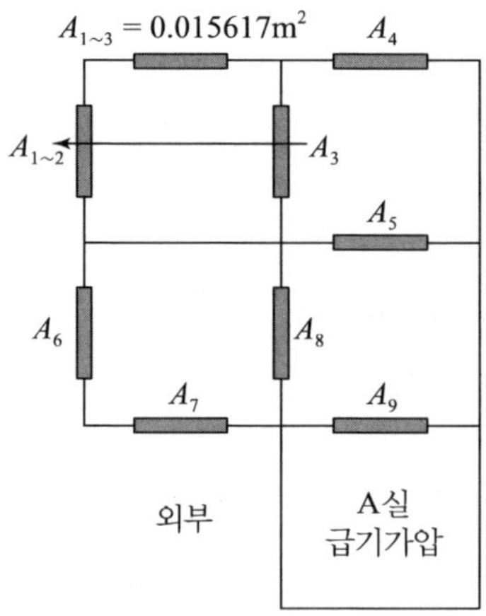

$A_{1\sim3}$와 A_4는 병렬상태이므로 $A_{1\sim4} = 0.015617\,m^2 + 0.005\,m^2 = 0.020617\,m^2$

위의 내용을 정리하면 다음과 같이 변환시킬 수 있다.

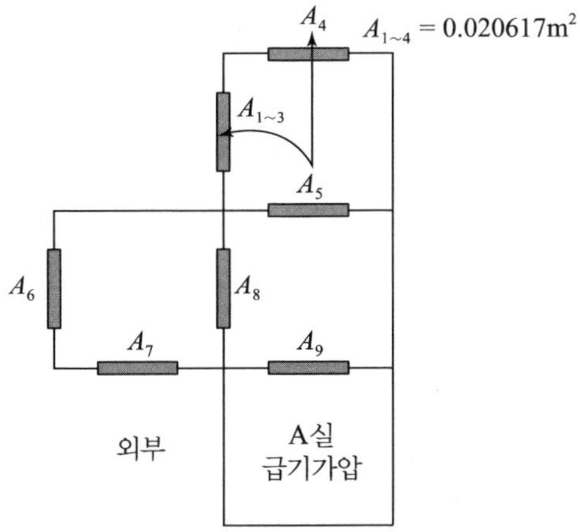

$A_{1\sim4}$와 A_5은 직렬상태이므로 $A_{1\sim5}=\dfrac{1}{\sqrt{\dfrac{1}{(0.020617\,\text{m}^2)^2}+\dfrac{1}{(0.02\,\text{m}^2)^2}}}$

$=0.014355\,\text{m}^2$

위의 내용을 정리하면 다음과 같이 변환시킬 수 있다.

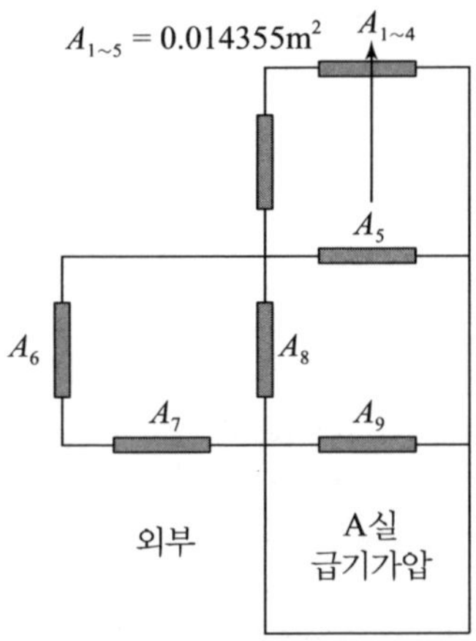

$A_{6\sim7}$은 병렬상태이므로 $A_{6\sim7}=0.02\,\text{m}^2+0.02\,\text{m}^2=0.04\,\text{m}^2$.

위의 내용을 정리하면 다음과 같이 변환시킬 수 있다.

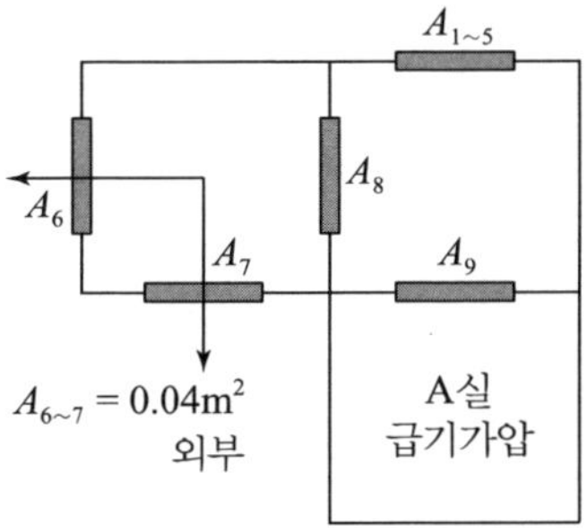

$A_{6\sim7}$과 A_8은 직렬상태이므로 $A_{6\sim8} = \dfrac{1}{\sqrt{\dfrac{1}{(0.04\,\text{m}^2)^2} + \dfrac{1}{(0.02\,\text{m}^2)^2}}} = 0.017888\,\text{m}^2$

위의 내용을 정리하면 다음과 같이 변환시킬 수 있다.

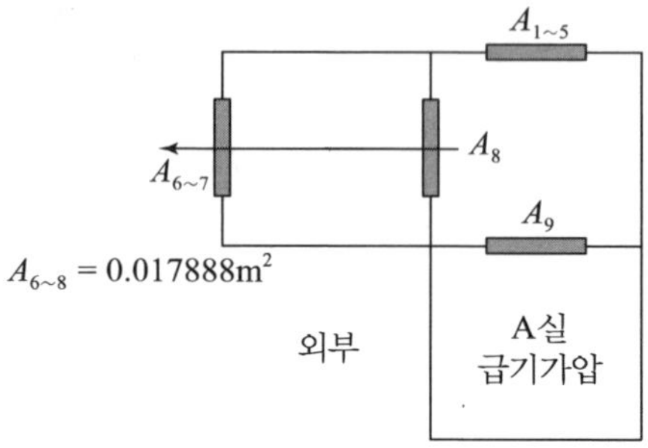

$A_{1\sim5}$과 $A_{6\sim8}$은 병렬상태이므로 $A_{1\sim8} = 0.014355\,\text{m}^2 + 0.017888\,\text{m}^2 = 0.032243\,\text{m}^2$

위의 내용을 정리하면 다음과 같이 변환시킬 수 있다.

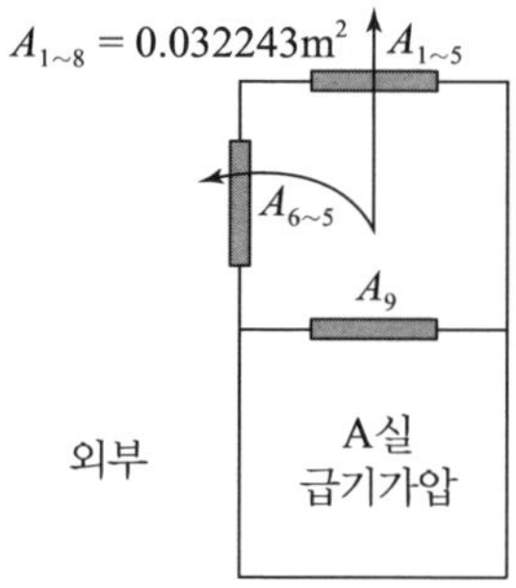

$A_{1\sim8}$과 A_9은 직렬상태이므로 $A_{1\sim9} = \dfrac{1}{\sqrt{\dfrac{1}{(0.032243\,\text{m}^2)^2} + \dfrac{1}{(0.02\,\text{m}^2)^2}}}$

$= 0.016995 \fallingdotseq 0.017\,\text{m}^2$

전체 누설면적은 소수점 아래 6째자리에서 반올림하여 구하므로 $0.016995 \fallingdotseq 0.017\,\text{m}^2$이다.

위의 내용을 정리하면 다음과 같이 변환시킬 수 있다.

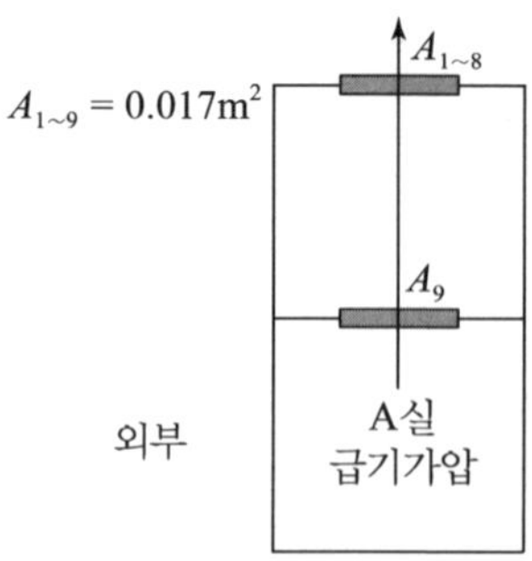

$$Q = 0.827A\sqrt{P}$$

$$P = \frac{Q^2}{0.827^2 \times A^2} = \frac{(0.1\,\mathrm{m^3/s})^2}{0.827^2 \times (0.017\,\mathrm{m^2})^2} = 50.593 \fallingdotseq 50.59\,\mathrm{Pa}$$

- 유입풍량 $Q = 0.827A\sqrt{P}$

  여기서, Q : 누출되는 공기의 양($\mathrm{m^3/s}$)

  A : 문의 전체 누설틈새면적($\mathrm{m^2}$)

  P : 문을 경계로 한 기압차(Pa)

5.3 연결살수설비

1 개요

연결살수설비는 지하층에서 화재가 발생할 경우 열기와 연기가 배출되지 않고 체류하여 소방대가 출동하여도 진입이 곤란하며, 소방활동이 매우 곤란한 장소인 관계로 소방대의 소방활동에 지장이 없도록 하기 위하여 바닥면적이 일정 규모 이상인 지하층에 설치하여 소방대가 화점에 접근하지 않은 상태에서도 소방차를 이용하여 살수가 가능하도록 조치하기 위한 소화활동을 지원하는 설비이다.

자체의 수원이 없어도 외부의 소방자동차 등으로부터 수원을 공급받아 화재를 소화할 수 있게 되어 있다는 특징과 송수구역마다 선택밸브(송수구역을 선택하는 밸브)가 설치되어 있어 선택밸브를 자동·수동으로 개폐하여 소화약제인 물을 화재가 발생된 장소(송수구역)에 설치된 살수헤드(연결살수전용헤드)로 송수할 수 있는 구조로서 되어 있다는 특징을 가지고 있다.

연결살수설비는 송수구·배관·살수헤드(연결살수전용헤드 또는 폐쇄형스프링클러헤드) · 선택밸브·수원(습식설비인 경우) 등으로 구성되어 있다.

2 종류

(1) 건식연결살수설비

연결살수설비가 설치되어 있는 특정소방대상물의 1층 벽면에 설치된 송수구로부터 소방자동차등에 의해서 수원을 공급받아 연결살수전용헤드로 물을 살수할 수 있게 설치된 연결살수설비를 말한다. 그러므로 개방형의 살수헤드로부터 연결송수관용 송수구까지의 배관 내부에는 소화용수인 물이 충전되어 있지 않다.

[그림 5.26]은 연결살수전용헤드인 개방형헤드를 사용하는 건식연결살수설비의 계통도를 나타낸 것이다.

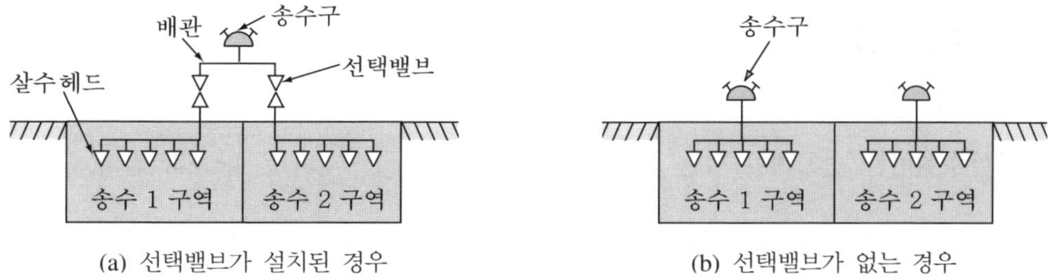

그림 5.26 건식연결살수설비

(2) 습식연결살수설비

옥내소화전설비용의 수원 또는 특정소방대상물의 옥상에 설치된 수조의 수원 및 수도배관을 사용하는 설비의 형태로서 송수구역에 설치된 폐쇄형스프링클러헤드가 화재의 발생을 감지하고 개방됨으로써 소화약제인 물을 살수하는 구조로 되어 있다.

[그림 5.27]은 옥내소화전설비용의 수원 또는 특정소방대상물의 옥상에 설치된 수조의 수원을 이용한 습식연결살수설비의 계통도를 나타낸 것이다.

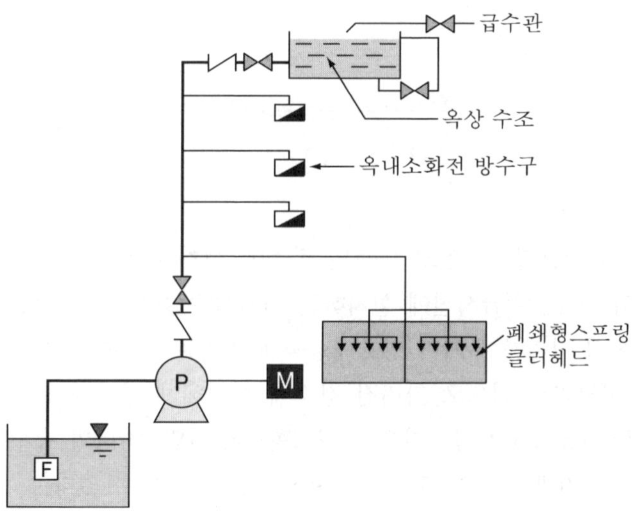

그림 5.27 옥내소화전설비의 배관에 연결한 습식연결살수설비

3 적용대상물

연결살수설비를 설치해야 하는 특정소방대상물(지하구는 제외)은 다음과 같다.

(1) 판매시설, 운수시설, 창고시설 중 물류터미널로서 해당 용도로 사용되는 부분의 바닥면적의 합계가 1000 m^2 이상인 것

(2) 지하층(피난층으로 주된 출입구가 도로와 접한 경우는 제외한다)으로서 바닥면적의 합계가 150 m^2 이상인 경우에는 지하층의 모든 층. 다만, 「주택법 시행령」 제46조 제1항에 따른 국민주택규모 이하인 아파트 등의 지하층(대피시설로 사용하는 것만 해당한다)과 교육연구시설 중 학교의 지하층의 경우에는 700 m^2 이상인 것으로 한다.

(3) 가스시설 중 지상에 노출된 탱크의 용량이 30톤 이상인 탱크시설

(4) (1) 및 (2)의 특정소방대상물에 부속된 연결통로

4 송수구 등

(1) 송수구의 설치기준

① 소방차가 쉽게 접근할 수 있고 노출된 장소에 설치할 것

② 가연성가스의 저장·취급시설에 설치하는 연결살수설비의 송수구는 그 방호대상물로부터 20 m 이상의 거리를 두거나 방호대상물에 면하는 부분이 높이 1.5 m 이상 폭 2.5 m 이상의 철근콘크리트 벽으로 가려진 장소에 설치해야 한다.

③ 송수구는 구경 65 mm의 쌍구형으로 설치할 것. 다만, 하나의 송수구역에 부착하는 살수헤드의 수가 10개 이하인 것은 단구형인 것으로 할 수 있다.

④ 개방형헤드를 사용하는 송수구의 호스접결구는 각 송수구역마다 설치할 것. 다만, 송수구역을 선택할 수 있는 선택밸브가 설치되어 있고 각 송수구역의 주요구조부가 내화구조로 되어 있는 경우에는 그렇지 않다.

⑤ 소방관의 호스연결 등 소화작업에 용이하도록 지면으로부터 높이가 0.5 m 이상 1 m 이하의 위치에 설치할 것

⑥ 송수구로부터 주배관에 이르는 연결배관에는 개폐밸브를 설치하지 않을 것. 다만, 스프링클러설비·물분무소화설비·포소화설비 또는 연결송수관설비의 배관과 겸용하는 경

우에는 그렇지 않다.

⑦ 송수구의 부근에는 "연결살수설비 송수구"라고 표시한 표지와 송수구역 일람표를 설치할 것. 다만, 선택밸브를 설치한 경우에는 그렇지 않다.

⑧ 송수구에는 이물질을 막기 위한 마개를 씌울 것

[그림 5.28]은 하나의 송수구역에 설치된 단구형 송수구와 쌍구형 송수구를 나타낸 것이다.

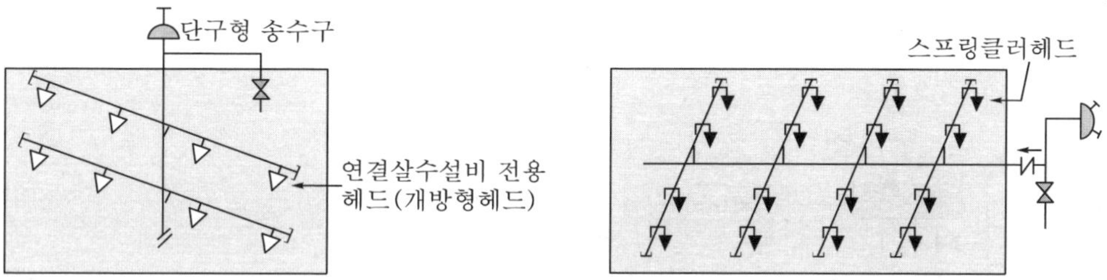

(a) 단구형 송수구 (b) 쌍구형 송수구

▮그림 5.28 단구형 송수구와 쌍구형 송수구

▮그림 5.29 연결살수설비송수구

(2) 연결살수설비의 선택밸브

선택밸브는 다음 기준에 의하여 설치하되, 송수구역마다 송수구를 설치한 때에는 그렇지 않다.

① 화재시 연소의 우려가 없는 장소로서 조작 및 점검이 쉬운 위치에 설치할 것

② 자동개방밸브에 의한 선택밸브를 사용하는 경우에 있어서는 송수구역에 방수하지 않고 자동밸브의 작동시험이 가능하도록 할 것

③ 선택밸브의 부근에는 송수구역일람표를 설치할 것

(3) 연결살수설비의 자동배수밸브 및 체크밸브

송수구의 가까운 부분에 자동배수밸브 및 체크밸브를 다음 기준에 따라 설치해야 한다.

① 폐쇄형헤드를 사용하는 설비의 경우에는 송수구 · 자동배수밸브 · 체크밸브의 순서로 설치할 것
② 개방형헤드를 사용하는 설비의 경우에는 송수구 · 자동배수밸브의 순서로 설치할 것
③ 자동배수밸브는 배관 안의 물이 잘 빠질 수 있는 위치에 설치하되, 배수로 인하여 다른 물건 또는 장소에 피해를 주지 않을 것

[그림 5.30]은 습식연결살수설비·건식연결살수설비의 배관에 설치한 자동배수밸브 및 체크밸브를 나타낸 것이다.

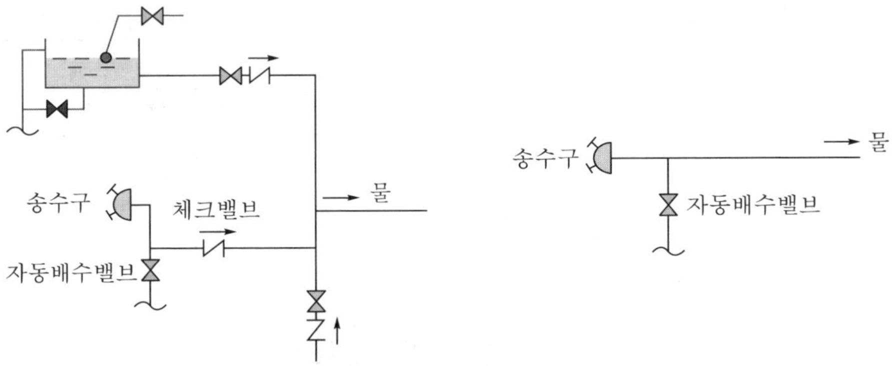

(a) 습식연결살수설비 (b) 건식연결살수설비

그림 5.30 자동배수밸브 및 체크밸브

(4) 살수헤드 수

개방형헤드를 사용하는 연결살수설비에 있어서 하나의 송수구역에 설치하는 살수헤드의 수는 10개 이하가 되도록 해야 한다.

5 배관

배관과 배관이음쇠는 다음의 어느 하나에 해당하는 것 또는 동등 이상의 강도 · 내식성 및 내열성을 국내 · 외 공인기관으로부터 인정받은 것을 사용해야 한다. 다만, 본 기준에서 정하지 않은 사항은 「건설기술 진흥법」 제44조 제1항의 규정에 따른 "건설기준"에 따른다.

① 배관 내 사용압력이 1.2 MPa 미만일 경우

가. 배관용 탄소강관(KS D 3507)

나. 이음매 없는 구리 및 구리합금관(KS D 5301). 다만, 습식의 배관에 한한다.

다. 배관용 스테인리스강관(KS D 3576) 또는 일반배관용 스테인리스강관(KS D 3595). 다만, 배관용 스테인리스강관(KS D 3576)의 이음을 용접으로 할 경우에는 텅스텐 불활성 가스 아크 용접(Tungsten Inertgas Arc Welding)방식에 따른다.

라. 덕타일 주철관(KS D 4311)

② 배관 내 사용압력이 1.2 MPa 이상일 경우

가. 압력배관용 탄소강관(KS D 3553)

나. 배관용 아아크용접 탄소강관(KS D 3583)

③ ①, ②에도 불구하고 다음 각 목의 어느 하나에 해당하는 장소에는 소방청장이 정하여 고시한 「소방용합성수지배관의 성능인증 및 제품검사의 기술기준」에 적합한 소방용 합성수지배관으로 설치할 수 있다.

가. 배관을 지하에 매설하는 경우

나. 다른 부분과 내화구조로 구획된 덕트 또는 피트의 내부에 설치하는 경우

다. 천장(상층이 있는 경우에는 상층바닥의 하단을 포함)과 반자를 불연재료 또는 준불연재료로 설치하고 소화배관 내부에 항상 소화수가 채워진 상태로 설치하는 경우

(1) 폐쇄형헤드를 사용하는 연결살수설비의 주배관

주배관은 다음의 어느 하나에 해당하는 배관 또는 수조에 접속해야 한다. 이 경우 접속부분에는 체크밸브를 설치하되 점검하기 쉽게 해야 한다.

① 옥내소화전설비의 주배관(옥내소화전설비가 설치된 경우에 한정한다)

② 수도배관(연결살수설비가 설치된 건축물 안에 설치된 수도배관 중 구경이 가장 큰 배관을 말한다)

③ 옥상에 설치된 수조(다른 설비의 수조를 포함한다)

(2) 연결살수설비의 배관 구경

① 연결살수설비전용헤드를 사용하는 경우에는 [표 5.9]에 의한 구경 이상으로 할 것

표 5.9 연결살수설비 전용헤드 수별 급수관의 구경

하나의 배관에 부착하는 연결살수설비 전용헤드의 수(개)	1	2	3	4 또는 5	6 이상 10 이하
배관의 구경(mm)	32	40	50	65	80

② 스프링클러헤드를 사용하는 경우에는 [표 5.10]에 의한 구경 이상으로 해야 한다.

▮표 5.10 스프링클러헤드수 별 급수관의 구경

구분 \ 급수관의 구경	25	32	40	50	65	80	90	100	125	150
가	2	3	5	10	30	60	80	100	160	275 이상
나	2	4	7	15	30	60	85	100	160	275 이상
다	1	2	5	8	15	27	40	55	90	275 이상

주) 폐쇄형스프링클러헤드를 설치하는 경우에는 "가" 란의 헤드 수에 의하며, 100개 이상의 헤드를 담당하는 급수배관(또는 밸브)의 구경은 100 mm로 할 수 있다.

(3) 폐쇄형헤드를 사용하는 연결살수설비의 시험배관

① 송수구에서 가장 먼 거리에 위치한 가지배관의 끝으로부터 연결하여 설치할 것
② 시험장치 배관의 구경은 25 mm 이상으로 하고, 그 끝에는 물받이 통 및 배수관을 설치하여 시험 중 방출된 물이 바닥으로 흘러내리지 않도록 할 것. 다만, 목욕실·화장실 또는 그 밖의 배수처리가 쉬운 장소의 경우에는 물받이 통 또는 배수관을 설치하지 않을 수 있다.

[그림 5.31]은 폐쇄형스프링클러헤드의 방수압력과 방수량을 측정하기 위해서 설치한 시험밸브함을 나타낸 것이다.

▮그림 5.31 시험밸브함

[그림 5.32]는 옥상에 설치된 수조(송수구가 부설된 옥내소화전 배관)에 접속하여 설치한 폐쇄형스프링클러헤드를 사용하는 습식연결살수설비의 계통도를 나타낸 것이다.

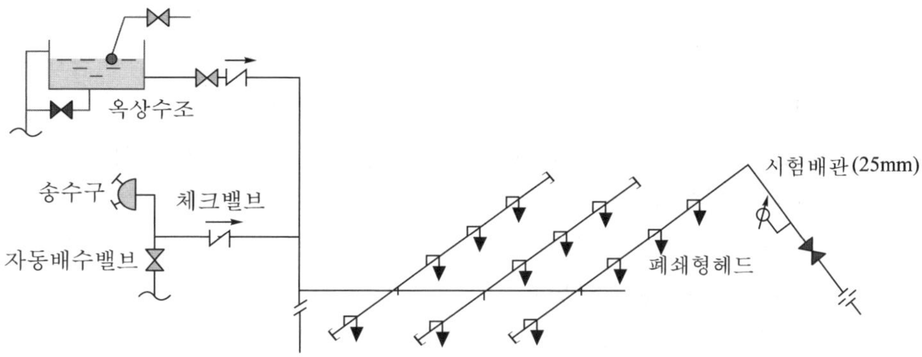

▮그림 5.32 옥상수조에 연결한 습식연결살수설비

(4) 연결살수설비의 수평주행배관

개방형헤드를 사용하는 연결살수설비에 있어서 수평주행배관은 헤드를 향하여 상향으로 1/100 이상의 기울기로 설치하고, 주배관 중 낮은 부분에는 자동배수밸브를 설치해야 한다.

(5) 연결살수설비의 가지배관 또는 교차배관

가지배관 또는 교차배관을 설치하는 경우에는 가지배관의 배열은 토너먼트방식이 아니어야 하며, 가지배관은 교차배관 또는 주배관에서 분기되는 지점을 기점으로 한쪽 가지배관에 설치되는 헤드의 개수는 8개 이하로 해야 한다.

(6) 그 밖의 배관의 설치에 관한 사항

① 습식 연결살수설비의 배관은 동결방지조치를 하거나 동결의 우려가 없는 장소에 설치해야 한다. 다만, 보온재를 사용할 경우에는 난연재료 성능 이상의 것으로 해야 한다.

② 급수배관에 설치되어 급수를 차단할 수 있는 개폐밸브는 개폐표시형으로 해야 한다. 이 경우 펌프의 흡입측배관에는 버터플라이밸브(볼형식의 것을 제외) 외의 개폐표시형밸브를 설치해야 한다.

③ 연결살수설비 교차배관의 위치·청소구 및 가지배관의 헤드설치는 다음의 기준에 따른다.

가. 교차배관은 가지배관과 수평으로 설치하거나 또는 가지배관 밑에 설치하고, 그 구경은 (2)의 규정에 따르되, 최소구경이 40 mm 이상이 되도록 할 것

나. 폐쇄형헤드를 사용하는 연결살수설비의 청소구는 주배관 또는 교차배관(교차배관을 설치하는 경우에 한한다) 끝에 40 mm 이상 크기의 개폐밸브를 설치하고, 호스접결

이 가능한 나사식 또는 고정배수 배관식으로 할 것. 이 경우 나사식의 개폐밸브는 옥내소화전 호스접결용의 것으로 하고, 나사보호용의 캡으로 마감해야 한다.

다. 폐쇄형헤드를 사용하는 연결살수설비에 하향식헤드를 설치하는 경우에는 가지배관으로부터 헤드에 이르는 헤드접속배관은 가지관상부에서 분기할 것. 다만, 소화설비용 수원의 수질이 「먹는물관리법」 제5조의 규정에 따라 먹는물의 수질기준에 적합하고 덮개가 있는 저수조로부터 물을 공급받는 경우에는 가지배관의 측면 또는 하부에서 분기할 수 있다.

④ 배관에 설치되는 행가는 다음 각호의 기준에 따라 설치해야 한다.

가. 가지배관에는 헤드의 설치지점 사이마다 1개 이상의 행가를 설치하되, 헤드간의 거리가 3.5 m를 초과하는 경우에는 3.5 m 이내마다 1개 이상 설치할 것. 이 경우 상향식헤드와 행가 사이에는 8 cm 이상의 간격을 두어야 한다.

나. 교차배관에는 가지배관과 가지배관 사이마다 1개 이상의 행가를 설치하되, 가지배관 사이의 거리가 4.5 m를 초과하는 경우에는 4.5 m 이내마다 1개 이상 설치할 것

다. 가, 나의 수평주행배관에는 4.5 m 이내마다 1개 이상 설치할 것

⑤ 확관형 분기배관을 사용할 경우에는 소방청장이 정하여 고시한 「분기배관의 성능인증 및 제품검사의 기술기준」에 적합한 것으로 설치해야 한다.

⑥ 배관은 다른 설비의 배관과 쉽게 구분이 될 수 있는 위치에 설치하거나, 그 배관표면 또는 배관 보온재표면의 색상은 식별이 가능하도록 「한국산업표준(배관계의 식별 표시, KS A 0503)」 또는 적색으로 소방용설비의 배관임을 표시해야 한다.

6 헤드

(1) 헤드의 종류

연결살수설비의 헤드는 연결살수설비전용헤드 또는 스프링클러헤드를 설치해야 한다. [그림 5.33]은 연결살수설비에 사용되는 연결살수설비전용헤드와 스프링클러헤드를 나타낸 것이다.

(2) 헤드의 설치

① 설치기준

가. 천청 또는 반자의 실내에 면하는 부분에 설치할 것

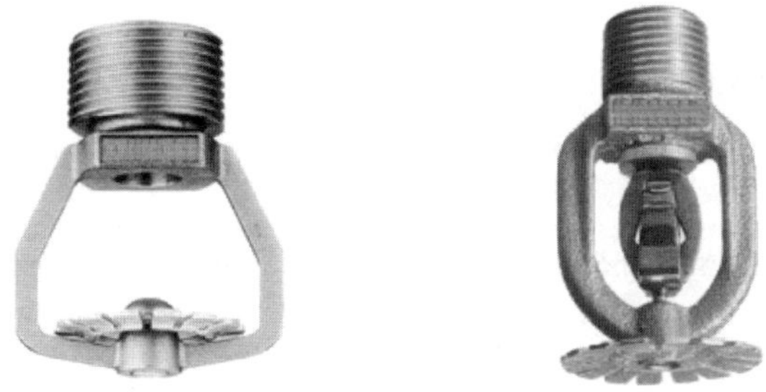

(a) 연결살수설비전용헤드 (b) 폐쇄형헤드

그림 5.33 연결살수설비의 헤드

나. 천장 또는 반자의 각 부분으로부터 하나의 살수헤드까지의 수평거리가 연결살수설비 전용헤드의 경우는 3.7 m 이하, 스프링클러헤드의 경우는 2.3 m 이하로 할 것. 다만, 살수헤드의 부착면과 바닥과의 높이가 2.1 m 이하인 부분에 있어서는 살수헤드의 살수분포에 따른 거리로 할 수 있다.

② 폐쇄형스프링클러헤드를 설치하는 경우에는 "①"의 규정 외에 설치기준

가. 그 설치장소의 평상시 최고 주위온도에 따라 [표 5.11]에 따른 표시온도의 것으로 설치할 것. 다만, 높이가 4 m 이상인 공장 및 창고(랙식 창고를 포함)에 설치하는 스프링클러헤드는 그 설치장소의 평상시 최고 주위온도에 관계없이 표시온도 121℃ 이상의 것으로 할 수 있다.

표 5.11 최고주위온도 및 표시온도

설치장소의 최고 주위온도	표 시 온 도
39℃ 미만	79℃ 미만
39℃ 이상 64℃ 미만	79℃ 이상 121℃ 미만
64℃ 이상 106℃ 미만	121℃ 이상 162℃ 미만
106℃ 이상	162℃ 이상

나. **그 외에 연결살수설비 스프링클러헤드의 설치방법은 스프링클러설비 설치방법에 준용한다.**

③ 연결살수설비헤드의 설치거리

가. 연결살수설비전용헤드(수평거리 : 3.7 m)

가연성 가스의 저장·취급시설에 설치하는 연결살수설비전용헤드를 특정소방대상물에 설치하는 방식에는 정방형과 장방형의 2가지가 있다.

(가) 정방형의 설치방식

$$S = 2r\cos 45^{\circ} = 2 \times 3.7 \times \frac{\sqrt{2}}{2} = 5.23\,\mathrm{m}$$

(나) 장방형의 설치방식

$$S = 2r = 2 \times 3.7 = 7.4\,\mathrm{m}$$

[그림 5.34]는 연결살수설비전용헤드를 정방형으로 설치할 경우, [그림 5.35]는 연결살수설비전용헤드를 장방형으로 설치할 경우를 나타낸 것이다.

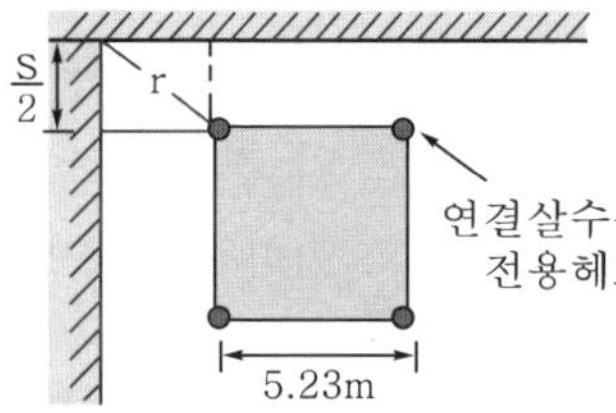

▮그림 5.34 정방형의 설치방식

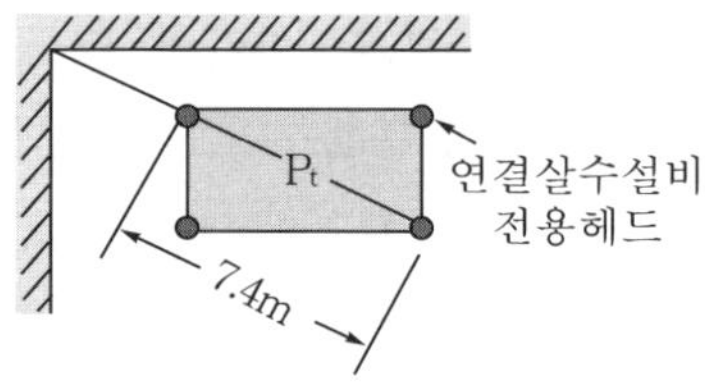

▮그림 5.35 장방형의 설치방식

나. 폐쇄형스프링클러헤드(수평거리 : 2.3 m)

스프링클러헤드를 연결살수설비의 살수헤드로 설치하는 경우에도 연결살수설비전용헤드의 설치방식과 같이 정방형과 장방형의 2가지의 방법이 있다.

[그림 5.36]은 스프링클러헤드를 정방형으로 설치할 경우, [그림 5.37]은 장방형으로 설치할 경우를 나타낸 것이다.

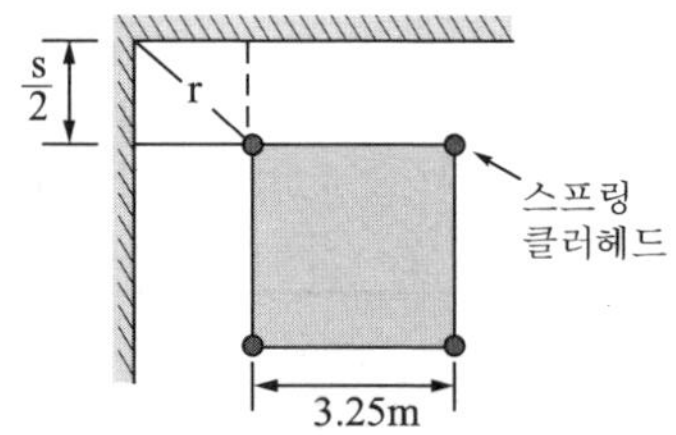

▮그림 5.36 정방형의 설치방식

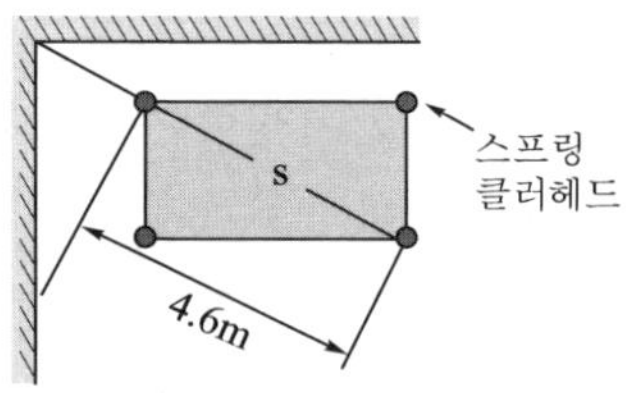

▮그림 5.37 장방형의 설치방식

④ 가연성가스의 저장·취급시설에 설치하는 연결살수설비의 헤드

가연성 가스의 저장・취급시설에 설치하는 연결살수설비의 헤드는 다음의 기준에 따라 설치해야 한다. 다만, 지하에 설치된 가연성가스의 저장・취급시설로서 지상에 노출된 부분이 없는 경우에는 그렇지 않다.

가. 연결살수설비전용의 개방형헤드를 설치할 것

나. 가스저장탱크·가스홀더 및 가스발생기의 주위에 설치하되, 헤드상호간 거리는 3.7 m 이하로 할 것

다. 헤드의 살수범위는 가스저장탱크·가스홀더 및 가스발생기의 몸체의 중간 윗부분의 모든 부분이 포함되도록 하고 살수된 물이 흘러내리면서 살수 범위에 포함되지 않은 부분에도 모두 적셔질 수 있도록 할 것

[그림 5.38]은 가연성가스인 액화석유가스(LPG)를 저장하는 원형저장탱크를 나타낸 것이다.

▮그림 5.38 액화석유가스 저장탱크

7 헤드의 설치 제외

연결살수설비를 설치해야 할 특정소방대상물 또는 그 부분으로서 다음에 해당하는 장소에는 연결살수설비의 헤드를 설치하지 않을 수 있다.

(1) 상점(판매시설 및 운수시설을 말하며, 바닥면적이 150 m^2 이상인 지하층에 설치된 것을 제외)으로서 주요구조부가 내화구조 또는 방화구조로 되어 있고 바닥면적이 500 m^2 미만으로 방화구획되어 있는 특정소방대상물 또는 그 부분

(2) 그 외 연결살수설비의 헤드 설치제외 장소는 스프링클러설비 헤드의 설치제외 장소에 준용한다.

8 소화설비의 겸용

연결살수설비의 송수구를 스프링클러설비·간이스프링클러설비·화재조기진압용 스프링클러설비·물분무소화설비·포소화설비와 겸용으로 설치하는 경우에는 스프링클러설비의 송수구 설치기준에 따르고, 옥내소화전설비의 송수구와 겸용으로 설치하는 경우에는 옥내소화전설비의 송수구의 설치기준 따르되 각각의 소화설비의 기능에 지장이 없도록 해야 한다.

9 연결살수설비 면제

(1) 연결살수설비를 설치해야 하는 특정소방대상물에 송수구를 부설한 스프링클러설비·간이스프링클러설비, 물분무소화설비 또는 미분무소화설비를 화재안전기준에 적합하게 설치한 경우에는 그 설비의 유효범위에서 설치가 면제된다.

(2) 가스관계법령에 따라 설치되는 물분무장치 등에 소방대가 사용할 수 있는 연결송수구가 설치되거나 물분무장치 등에 6시간 이상 공급할 수 있는 수원이 확보된 경우에는 설치가 면제된다.

5.4 연결송수관설비

1 개요

연결송수관설비는 화재 시 소화기, 옥내소화전설비 등을 이용하여 거주자들에 의한 초기 화재진압이 실패하거나 건축물 내에 시설된 자동소화설비 등에 의한 화재진압이 실패한 경우 소방관에 의해 본격적인 화재진압이 이루어지는 소화활동설비이다.

건축물의 옥외에 설치된 송수구에 소방차로부터 가압수를 송수하고 화재 층에서 소방관이 방수구 인근 또는 3개 층마다 설치된 방수기구함에 내장된 호스와 노즐을 연결하여 소화수를 화재부분에 방수하여 소방대에 의해 화재를 진압하는 소화활동설비이다. 설비의 구성은 송수구, 배관, 방수구, 호스 및 노즐 등으로 구성된다.

연결송수관설비는 특정소방대상물 내의 화재가 초기 화재단계를 지나 본격화재로 성장되어 초기 소화설비로는 소화하기 어려운 경우 원활한 소화활동을 수행하기 위해서 사용되는 설비이며, 대부분 자체소방대나 소방관에 의해서 화재의 소화활동에 사용되므로 해당 층의 계단으로부터 가까운 복도벽에 설치하거나 옥내소화전함 내에 설치한다. 또한 방수구에는 평상시 이물질의 투입이나 화재시 소화활동에 지장을 초래할 수 있는 기능저하 현상 등이 발생될 경우 보호캡 등을 설치하여 화재시 사용에 이상이 없도록 한다.

2 구성 및 종류

(1) 연결송수관설비의 구성

연결송수관설비는 송수구(쌍구형 또는 단구형 송수구)·배관·방수구·소방용 호스·방출용 관창·방수기구함 등으로 구성되어 있다.

[그림 5.39]는 습식연결송수관설비의 계통도이고, [그림 5.40]은 건식연결송수관설비의 계통도를 나타낸 것이다.

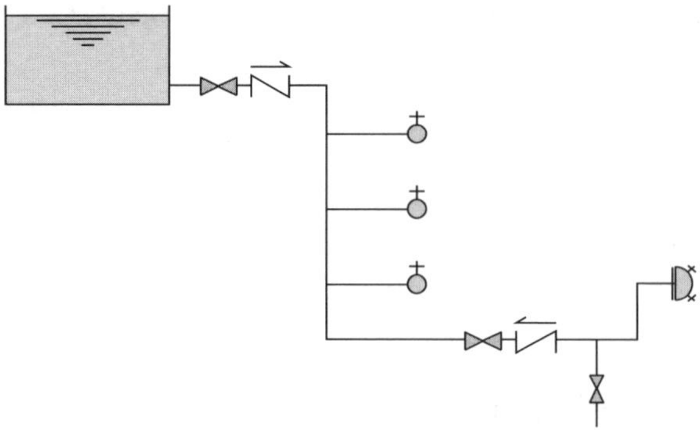

▮그림 5.39 습식연결송수관설비

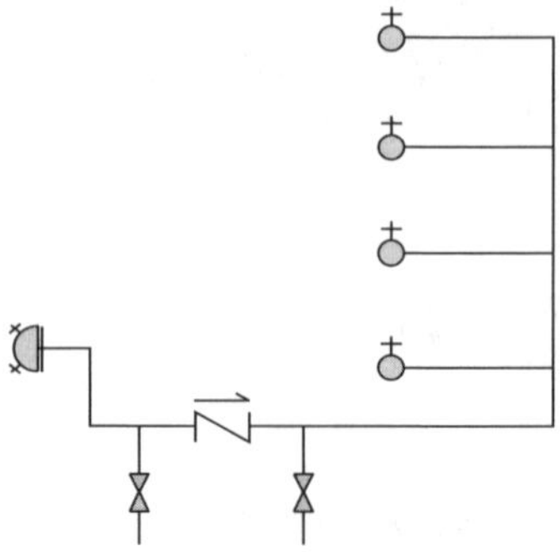

▮그림 5.40 건식연결송수관설비

(2) 연결송수관설비의 종류

① 습식연결송수관설비

높이가 31 m 이상 되는 특정소방대상물과 11층 이상의 특정소방대상물에 설치하는 연결송수관설비의 형태로서 특정소방대상물의 옥상에 고가수조를 설치하여 고가수조의 자연낙차압력을 이용하거나 옥내소화전설비의 배관(배관 구경이 100 mm 이상인 경우)을 겸용함으로써 지하수조로부터 소방대나 소방펌프자동차 등에 의해 수원을 공급받는 송수구 방향에 설치된 체크밸브에 이르는 배관 내에 항상 물이 충만되어 있도록 설치한 본격 소화용의 설비이다.

연결송수관설비를 습식배관방식으로 하는 목적은 고층 특정소방대상물인 높이가 31 m 이상 되는 특정소방대상물과 11층 이상인 특정소방대상물의 외부에 설치된 송수구로 수원을 공급받을 경우 배관 내에 건식상태로 되어 있게 되면 물이 배관 내를 흐르는 동안 마찰손실이 상당히 증가하므로 마찰손실을 감소시키기 위해서이다.

특히, 연결송수관설비를 습식배관방식의 설비로 하려면 옥내소화전설비의 급수 주배관과 겸용하거나 특정소방대상물의 옥상층에 설치된 고가수조를 사용하는 자연낙차방식에 의한 배관방식이 있으며, 특정소방대상물의 높이가 70 m 이상이 되는 경우에는 특정소방대상물의 중간층에 가압송수장치를 설치하여 최상층에 설치된 노즐선단에서의 압력이 규정방수압력인 0.35 MPa 이상이 되게 해야 한다.

② 건식연결송수관설비

특정소방대상물의 1층 벽면 또는 화단벽면에 설치된 송수구로부터 특정소방대상물의 최상층에 설치된 방수구까지의 배관 내에 소화약제로 사용되는 물이 충전되어 있지 않는 연결송수관설비이다. 건식배관방식에 의한 연결송수관설비는 특정소방대상물의 화재시 특정소방대상물 화단벽 또는 입구에 설치된 송수구(쌍구형 또는 단구형 송수구)를 통하여 소방대 또는 소방자동차 등으로부터 소화약제인 물을 공급받아 화재를 소화하도록 되어 있다. 그러므로 이러한 건식배관방식에 의한 연결송수관설비는 고층 특정소방대상물이 아닌 10층 이하의 특정소방대상물 또는 높이 31 m 미만의 특정소방대상물에 설치하도록 되어 있지만, 특정소방대상물의 최상층에서의 규정방수압은 습식의 연결송수관설비에서와 같이 0.35 MPa 이상이 되게 해야 한다.

특히, 건식배관방식의 연결송수관설비는 평상시 배관내부에 소화약제인 물이 가압・충전되어 있지 않고 비워져 있으므로 송수구를 통하여 물을 가압송수하는 경우 배관벽 또는 관 부속품류 등에 의해서 많은 마찰손실수두가 발생될 우려가 있으므로 물을 송수구로 송수할 때에는 특정소방대상물의 최상층에서의 압력이 규정방수압력인 0.35 MPa 이상이 될 수 있도록 가압해야 한다.

3 적용대상물

연결송수관설비를 설치하여야 할 특정소방대상물은 다음과 같다. 다만, 가스시설 또는 지하구의 경우에는 그렇지 않다.

(1) 층수가 5층 이상으로서 연면적 6,000 m^2 이상인 것

(2) "(1)"에 해당하지 아니하는 특정소방대상물로서 지하층을 포함한 층수가 7층 이상인 것

(3) "(1)" 및 "(2)"에 해당하지 아니하는 특정소방대상물로서 지하층의 층수가 3개층 이상이고 지하층의 바닥면적의 합계가 1,000 m^2 이상인 것

(4) 지하가 중 터널로서 길이가 1,000 m 이상인 것

4 가압송수장치

(1) 지표면에서 최상층 방수구의 높이가 70 m 이상의 특정소방대상물에는 다음의 기준에 따라 연결송수관설비의 가압송수장치를 설치해야 한다.

① 쉽게 접근할 수 있고 점검하기에 충분한 공간이 있는 장소로서 화재 및 침수 등의 재해

로 인한 피해를 받을 우려가 없는 곳에 설치할 것

② 동결방지조치를 하거나 동결의 우려가 없는 장소에 설치할 것

③ 펌프는 전용으로 할 것. 다만, 각각의 소화설비의 성능에 지장이 없을 때에는 다른 소화설비와 겸용할 수 있다.

④ 펌프의 토출측에는 압력계를 체크밸브 이전에 펌프토출측 플랜지에서 가까운 곳에 설치하고, 흡입측에는 연성계 또는 진공계를 설치할 것. 다만, 수원의 수위가 펌프의 위치보다 높거나 수직회전축 펌프의 경우에는 연성계 또는 진공계를 설치하지 않을 수 있다.

⑤ 가압송수장치에는 정격부하운전 시 펌프의 성능을 시험하기 위한 배관을 설치할 것. 다만, 충압펌프의 경우에는 그렇지 않다.

⑥ 펌프의 성능시험을 위한 전용의 수조를 설치할 것. 다만, 성능시험에 지장을 주지 않는 경우 다른 설비의 수조와 겸용할 수 있다.

⑦ 수조의 유효수량은 펌프 정격토출량의 150%로 5분 이상 방수할 수 있는 양 이상이 되도록 해야 한다.

⑧ 펌프의 성능시험 시 방수되는 물로 침수피해가 발생하지 않도록 배수설비가 되어 있을 것

⑨ 가압송수장치에는 체절운전 시 수온의 상승을 방지하기 위한 순환배관을 설치할 것. 다만, 충압펌프의 경우에는 그렇지 않다.

⑩ 펌프의 토출량은 2,400 L/min (계단식 아파트의 경우에는 1,200 L/min) 이상이 되는 것으로 할 것. 다만, 해당 층에 설치된 방수구가 3개를 초과(방수구가 5개 이상인 경우에는 5개)하는 것에 있어서는 1개마다 800 L/min (계단식 아파트의 경우에는 400 L/min)를 가산한 양이 되는 것으로 할 것

[표 5.12]는 동일층에 설치하는 방수구의 수(개)에 따른 가압송수장치인 펌프의 토출량 [L/min]을 설명한 것이다.

표 5.12 동일층에 설치하는 방수구의 수에 따른 펌프의 토출량

동일층의 방수구 수(개)	1~2	3	4	5
펌프의 토출량(L /min)	2,400	3,200	4,000	4,800

⑪ 펌프의 양정은 최상층에 설치된 노즐선단의 압력이 0.35 MPa 이상의 압력이 되도록 할 것

⑫ 가압송수장치는 방수구가 개방될 때 자동으로 기동되거나 수동스위치의 조작에 따라 기동되도록 할 것. 이 경우 수동스위치는 2개 이상을 설치하되, 그중 1개는 다음의 기준에 따라 송수구의 부근에 설치해야 한다.

가. 송수구로부터 5 m 이내의 보기 쉬운 장소에 바닥으로부터 높이 0.8 m 이상 1.5 m 이하로 설치할 것

나. 1.5 mm 이상의 강판함에 수납하여 설치하고 "연결송수관설비 수동스위치"라고 표시한 표지를 부착할 것. 이경우 문짝은 불연재료로 설치할 수 있다.

다. 「전기사업법」 제67조에 따른 「전기설비기술기준」에 따라 접지하고 빗물 등이 들어가지 않는 구조로 할 것

⑬ 기동장치로는 기동용수압개폐장치 또는 이와 동등 이상의 성능이 있는 것으로 설치할 것. 다만, 기동용수압개폐장치 중 압력챔버를 사용할 경우 그 내용적은 100 L 이상인 것으로 할 것

⑭ 수원의 수위가 펌프보다 낮은 위치에 있는 가압송수장치에는 다음의 기준에 따른 물올림장치를 설치할 것

가. 물올림장치에는 전용의 수조를 설치할 것

나. 수조의 유효수량은 100 L 이상으로 하되, 구경 15 mm 이상의 급수배관에 따라 해당 수조에 물이 계속 보급되도록 할 것

⑮ 기동용수압개폐장치를 기동장치로 사용할 경우에는 다음의 기준에 따른 충압펌프를 설치할 것. 다만, 소화용 급수펌프로도 상시 충압이 가능하고 다음 "가"의 성능을 갖춘 경우에는 충압펌프를 별도로 설치하지 않을 수 있다.

가. 펌프의 토출압력은 그 설비의 최고위 호스접결구의 자연압보다 적어도 0.2 MPa이 더 크도록 하거나 가압송수장치의 정격토출압력과 같게 할 것

나. 펌프의 정격토출량은 정상적인 누설량보다 적어서는 안 되며, 연결송수관설비가 자동적으로 작동할 수 있도록 충분한 토출량을 유지할 것

⑯ 내연기관을 사용하는 경우에는 다음의 기준에 적합한 것으로 할 것

가. 내연기관의 기동은 기동장치의 기동을 명시하는 적색등을 설치할 것

나. 제어반에 따라 내연기관의 자동기동 및 수동기동이 가능하고, 상시 충전되어 있는 축전지설비를 갖출 것

다. 내연기관의 연료량은 펌프를 20분 이상 운전할 수 있는 용량일 것

⑰ 가압송수장치에는 "연결송수관펌프"라고 표시한 표지를 할 것. 이 경우 그 가압송수장치를 다른 설비와 겸용하는 때에는 그 겸용되는 설비의 이름을 표시한 표지를 함께 해야 한다.

⑱ 가압송수장치가 기동이 된 경우에는 자동으로 정지되지 않도록 할 것. 다만, 충압펌프의 경우에는 그렇지 않다.

⑲ 가압송수장치는 부식 등으로 인한 펌프의 고착을 방지할 수 있도록 다음의 기준에 적합한 것으로 할 것. 다만, 충압펌프는 제외한다.

가. 임펠러는 청동 또는 스테인리스 등 부식에 강한 재질을 사용할 것

나. 펌프축은 스테인리스 등 부식에 강한 재질을 사용할 것

(2) 펌프의 양정

$$H = h_1 + h_2 + h_3 + 35\,\mathrm{m}$$

여기서, H : 전양정(m)

h_1 : 실양정(m)

h_2 : 배관 및 관부속품 마찰손실수두(m)

h_3 : 호스의 마찰손실수두(m)

35 m : 노즐선단의 방수압 환산수두

5 배관

(1) 연결송수관설비의 배관은 다음의 기준에 따라 설치해야 한다.

① 주배관의 구경은 100 mm 이상의 것으로 할 것. 다만, 주 배관의 구경이 100 mm 이상인 옥내소화전설비의 배관과는 겸용할 수 있다.

② 지면으로부터의 높이가 31 m 이상인 특정소방대상물 또는 지상 11층 이상인 특정소방대상물에 있어서는 습식설비로 할 것

(2) 배관과 배관이음쇠는 다음의 어느 하나에 해당하는 것 또는 동등 이상의 강도・내식성 및 내열성을 국내・외 공인기관으로부터 인정받은 것을 사용해야 한다. 다만, 본 기준에서 정하지 않은 사항은 「건설기술 진흥법」 제44조 제1항의 규정에 따른 "건설기준"에 따른다.

① 배관 내 사용압력이 1.2 MPa 미만일 경우

가. 배관용 탄소강관(KS D 3507)

나. 이음매 없는 구리 및 구리합금관(KS D 5301). 다만, 습식의 배관에 한한다.

다. 배관용 스테인리스강관(KS D 3576) 또는 일반배관용 스테인리스강관(KS D 3595). 다만, 배관용 스테인리스강관(KS D 3576)의 이음을 용접으로 할 경우에는 텅스텐 불활성 가스 아크 용접(Tungsten Inertgas Arc Welding)방식에 따른다.

라. 덕타일 주철관(KS D 4311)

② 배관 내 사용압력이 1.2 MPa 이상일 경우

가. 압력배관용 탄소강관(KS D 3562)

나. 배관용 아크용접 탄소강강관(KS D 3583)

(3) (2)에도 구하고 다음의 어느 하나에 해당하는 장소에는 소방청장이 정하여 고시한 「소방용합성수지배관의 성능인증 및 제품검사의 기술기준」에 적합한 소방용 합성수지배관으로 설치할 수 있다.

① 배관을 지하에 매설하는 경우

② 다른 부분과 내화구조로 구획된 덕트 또는 피트의 내부에 설치하는 경우

③ 천장(상층이 있는 경우에는 상층바닥의 하단을 포함한다. 이하 같다)과 반자를 불연재료 또는 준불연재료로 설치하고 소화배관 내부에 항상 소화수가 채워진 상태로 설치하는 경우

(4) 성능시험배관은 펌프의 토출측에 설치된 개폐밸브 이전에서 분기하여 설치하고, 유량측정장치를 기준으로 전단에 개폐밸브를 후단에 유량조절 밸브를 설치해야 한다.

(5) 성능시험배관에 설치하는 유량측정장치는 성능시험배관의 직관부에 설치하되, 펌프 정격토출량의 175% 이상을 측정할 수 있는 것으로 해야 한다.

(6) 연결송수관설비의 수직배관은 내화구조로 구획된 계단실(부속실을 포함한다) 또는 파이프덕트 등 화재의 우려가 없는 장소에 설치해야 한다. 다만, 학교 또는 공장이거나 배관주위를 1시간 이상의 내화성능이 있는 재료로 보호하는 경우에는 그렇지 않다.

(7) 확관형 분기배관을 사용할 경우에는 소방청장이 정하여 고시한 「분기배관의 성능인증 및 제품검사의 기술기준」에 적합한 것으로 설치해야 한다.

(8) 배관은 다른 설비의 배관과 쉽게 구분이 될 수 있는 위치에 설치하거나, 그 배관표면 또는 배관 보온재표면의 색상은 「한국산업표준(배관계의 식별 시, KS A 0503)」 또는 적색으로 식별이 가능하도록 소방용설비의 배관임을 표시해야 한다.

6 송수구 · 방수구 등

(1) 송수구의 설치기준

① 소방차가 쉽게 접근할 수 있고 잘 보이는 장소에 설치할 것

② 지면으로부터 높이가 0.5 m 이상 1 m 이하의 위치에 설치할 것

③ 송수구는 화재층으로부터 지면으로 떨어지는 유리창 등이 송수 및 그 밖의 소화작업에 지장을 주지 않는 장소에 설치할 것

④ 송수구로부터 연결송수관설비의 주배관에 이르는 연결배관에 개폐밸브를 설치한 때에

는 그 개폐상태를 쉽게 확인 및 조작할 수 있는 옥외 또는 기계실 등의 장소에 설치할 것. 이 경우 개폐밸브에는 그 밸브의 개폐상태를 감시제어반에서 확인할 수 있도록 급수개폐밸브 작동표시 스위치(탬퍼스위치)를 다음의 기준에 따라 설치해야 한다.

가. 급수개폐밸브가 잠길 경우 탬퍼 스위치의 동작으로 인하여 감시제어반 또는 수신기에 표시되어야 하며 경보음을 발할 것

▮그림 5.41 연결송수관 송수구

나. 탬퍼 스위치는 감시제어반 또는 수신기에서 동작의 유무확인과 동작시험, 도통시험을 할 수 있을 것

다. 탬퍼스위치에 사용되는 전기배선은 내화전선 또는 내열전선으로 설치할 것

⑤ 구경 65 mm의 쌍구형으로 할 것

⑥ 송수구에는 그 가까운 곳의 보기 쉬운 곳에 송수압력범위를 표시한 표지를 할 것

⑦ 송수구는 연결송수관의 수직배관마다 1개 이상을 설치할 것. 다만, 하나의 건축물에 설치된 각 수직배관이 중간에 개폐밸브가 설치되지 않은 배관으로 상호 연결되어 있는 경우에는 건축물마다 1개씩 설치할 수 있다.

⑧ 송수구의 부근에는 자동배수밸브 또는 체크밸브를 다음의 기준에 따라 설치할 것. 이 경우 자동배수밸브는 배관안의 물이 잘빠질 수 있는 위치에 설치하되, 배수로 인하여 다른 물건이나 장소에 피해를 주지 않아야 한다.

가. 습식의 경우에는 송수구·자동배수밸브·체크밸브의 순으로 설치할 것

나. 건식의 경우에는 송수구·자동배수밸브·체크밸브·자동배수밸브의 순으로 설치할 것

⑨ 송수구에는 가까운 곳의 보기 쉬운 곳에 "연결송수관설비송수구"라고 표시한 표지를 설치할 것

⑩ 이물질을 막기 위한 마개를 씌울 것

[그림 5.42]는 배관 내의 물을 자동으로 배수하는 자동배수밸브를 나타낸 것이다.

▮그림 5.42 자동배수밸브

(2) 방수구의 설치기준

① 연결송수관설비의 방수구는 그 특정소방대상물의 층마다 설치하되, 다음에 해당하는 층에는 설치하지 않을 수 있다.

가. 아파트의 1층 및 2층

나. 소방자동차의 접근이 가능하고, 소방대원이 소방자동차로부터 각 부분에 쉽게 도달

할 수 있는 피난층

다. 송수구가 부설된 옥내소화전이 설치된 특정소방대상물(집회장·관람장·백화점·도매시장·소매시장·판매 시설·공장·창고 시설 또는 지하가는 제외)로서 다음에 해당하는 층

(가) 지하층을 제외한 층수가 4층 이하이고 연면적이 6,000 m^2 미만인 특정소방대상물의 지상층

(나) 지하층의 층수가 2층 이하인 특정소방대상물의 지하층

② 특정소방대상물의 층마다 설치하는 방수구는 다음의 기준에 따를 것

가. 아파트 또는 바닥면적이 1,000 m^2 미만인 층에 있어서는 계단(계단이 둘 이상 있는 경우에는 그중 1개의 계단을 말한다)으로부터 5 m 이내에 설치할 것. 이 경우 부속실이 있는 계단은 부속실의 옥내 출입구로부터 5 m 이내에 설치할 수 있다.

나. 바닥면적 1,000 m^2 이상인 층(아파트를 제외한다)에 있어서는 각 계단(계단의 부속실을 포함하며 계단이 셋 이상 있는 층의 경우에는 그중 두 개의 계단을 말한다)으로부터 5 m 이내에 설치할 것. 이 경우 부속실이 있는 계단은 부속실의 옥내 출입구로부터 5 m 이내에 설치할 수 있다.

다. "가", "나"에 따라 설치하는 방수구로부터 그 층의 각 부분까지의 거리가 다음의 기준을 초과하는 경우에는 그 기준 이하가 되도록 방수구를 추가하여 설치할 것

(가) 지하가(터널은 제외한다) 또는 지하층의 바닥면적의 합계가 3,000 m^2 이상인 것은 수평거리 25 m

(나) (가)에 해당하지 않는 것은 수평거리 50 m

③ 11층 이상의 부분에 설치하는 방수구는 쌍구형으로 할 것. 다만, 다음의 어느 하나에 해당하는 층에는 단구형으로 설치할 수 있다.

가. 아파트의 용도로 사용되는 층

나. 스프링클러설비가 유효하게 설치되어 있고 방수구가 2개소 이상 설치된 층

④ 방수구의 호스접결구는 바닥으로부터 높이 0.5 m 이상 1 m 이하의 위치에 설치할 것

⑤ 방수구는 연결송수관설비의 전용방수구 또는 옥내소화전방수구로서 구경 65 mm의 것으로 설치할 것

⑥ 방수구의 위치표시는 표시등 또는 축광식표지로 하되 다음의 기준에 따라 설치할 것

가. 표시등을 설치하는 경우에는 함의 상부에 설치하되, 소방청장이 고시한 「표시등의 성능인증 및 제품검사의 기술기준」에 적합한 것으로 설치할 것

나. 축광식표지를 설치하는 경우에는 소방청장이 고

▮그림 5.43
연결송수관설비의 방수구

시한 「축광표지의 성능인증 및 제품검사의 기술기준」에 적합한 것으로 설치할 것

⑦ 방수구는 개폐기능을 가진 것으로 설치해야 하며, 평상시 닫힌 상태를 유지할 것

[그림 5.43]은 연결송수관설비의 방수구를 나타낸 것이다.

7 방수기구함

(1) 방수기구함의 설치기준

① 방수기구함은 피난층과 가장 가까운 층을 기준으로 3개층마다 설치하되, 그 층의 방수구마다 보행거리 5 m 이내에 설치할 것

② 방수기구함에는 길이 15 m의 호스와 방출형 관창을 다음의 기준에 따라 비치할 것

가. 호스는 방수구에 연결하였을 때 그 방수구가 담당하는 구역의 각 부분에 유효하게 물이 뿌려질 수 있는 개수 이상을 비치할 것. 이 경우 쌍구형 방수구는 단구형 방수구의 2배 이상의 개수를 설치해야 한다.

나. 방출형 관창은 단구형 방수구의 경우에는 1개, 쌍구형 방수구의 경우에는 2개 이상 비치할 것

③ 방수기구함에는 "방수기구함"이라고 표시한 축광식 표지를 할 것. 이 경우 축광식 표지는 소방청장이 고시한 「축광표지의 성능인증 및 제품검사의 기술기준」에 적합한 것으로 설치해야 한다.

[그림 5.44]는 연결송수관설비의 방수기구함 내에 비치하는 소방용 호스와 방출형 관창을 나타낸 것이다.

(a) 소방용 호스 (b) 방출형 관창

▮그림 5.44 방수기구함에 비치하는 소방용기계·기구

[그림 5.45]는 특정소방대상물에 층별로 설치한 연결송수관설비의 구성도를 나타낸 것이다.

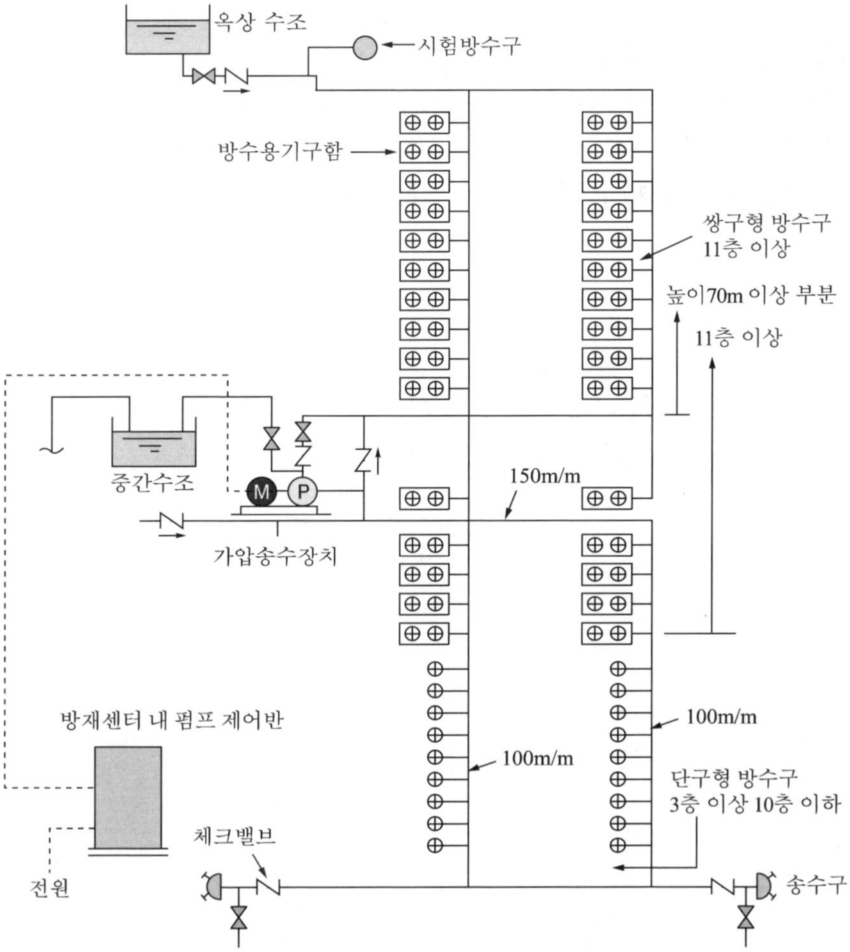

▮그림 5.45 연결송수관설비의 구성도

8 송수구의 겸용

연결송수관설비의 송수구를 옥내소화전설비와 겸용으로 설치하는 경우에는 연결송수관설비의 송수구 설치기준에 따르되 각각의 소화설비의 기능에 지장이 없도록 해야 한다.

9 연결송수관설비 면제

연결송수관설비를 설치해야 하는 소방대상물에 옥외에 연결송수구 및 옥내에 방수구가 부설된 옥내소화전설비, 스프링클러설비, 간이스프링클러설비 또는 연결살수설비를 화재안전기준에 적합하게 설치한 경우에는 그 설비의 유효범위에서 설치가 면제된다. 다만, 지표면에서 최상층 방수구의 높이가 70 m 이상인 경우에는 설치해야 한다.

5.5 지하구

1 개요

지하구는 도시생활을 영위하는 데 필요한 전기, 가스, 상·중수도, 전화, 통신, 냉난방, 쓰레기 수송 등의 공공시설물을 가공선이나 지하매설물 형태로 설치함에 따라 발생되는 여러 문제점들을 해결하기 위해 지하 구조체에 수용함으로써 도로의 이중 굴착방지로 도로구조의 보전과 원활한 교통소통을 기하고 도로공간의 효율적 이용을 통한 도시미관을 향상시키며 건설투자비 및 유지관리비의 절감 등을 목적으로 지하에 설치하는 도로의 부속물을 말한다.

오늘날 지하구에 수용하는 시설물로는 상·중수도관, 가스관, 전력케이블, 통신케이블, 하수관, 지역 냉난방 열공급관, 쓰레기 수송관 및 정보통신케이블 등으로 시민생활에 필수적인 시설물들을 수용하고 있으며 주요시설내용은 구조체, 부대설비(수배전설비, 조명설비, 환기설비, 배수설비, 소방설비 등), 관리실 및 관리시스템으로 구성되어 있다.

(1) 지하구의 구분

지하에 설치된 공작물은 수용시설물의 종류 및 관리주체에 따라 3가지 형태로 구분할 수 있다.

① 공동구 : 「국토의 계획 및 이용에 관한 법률」 제2조 제9호에 따른 공동구
② 단독구 : 전력구 및 통신구와 같이 단일 종류의 시설만을 설치한 지하공작물
③ 일반구 : 공동주택, 학교, 병원 등의 건축주가 건축허가를 받아 지하에 시설한 지하공작물

냉난방관 단독구

전력 단독구

그림 5.46 단독구 예

공동구(전기, 통신, 냉난방, 상수도)

공동구(전기, 통신, 상수도)

▮그림 5.47 공동구 예

(2) 용어의 정의

① "지하구"란

가. 전력·통신용의 전선이나 가스·냉난방용의 배관 또는 이와 비슷한 것을 집합수용하기 위하여 설치한 지하 인공구조물로서 사람이 점검 또는 보수를 하기 위하여 출입이 가능한 것 중 다음의 어느 하나에 해당하는 것

(가) 전력 또는 통신사업용 지하 인공구조물로서 전력구(케이블 접속부가 없는 경우에는 제외한다) 또는 통신구 방식으로 설치된 것

(나) (가) 외의 지하 인공구조물로서 폭이 1.8미터 이상이고 높이가 2미터 이상이며 길이가 50미터 이상인 것

② "제어반"이란 설비, 장치 등의 조작과 확인을 위해 제어용 계기류, 스위치 등을 금속제 외함에 수납한 것을 말한다.

③ "분전반"이란 분기개폐기·분기과전류차단기 그밖에 배선용기기 및 배선을 금속제 외함에 수납한 것을 말한다.

④ "방화벽"이란 화재 시 발생한 열, 연기 등의 확산을 방지하기 위하여 설치하는 벽을 말한다.

⑤ "분기구"란 전기, 통신, 상하수도, 난방 등의 공급시설의 일부를 분기하기 위하여 지하구의 단면 또는 형태를 변화시키는 부분을 말한다.

⑥ "환기구"란 지하구의 온도, 습도의 조절 및 유해가스를 배출하기 위해 설치되는 것으로 자연환기구와 강제환기구로 구분된다.

⑦ "작업구"란 지하구의 유지관리를 위하여 자재, 기계기구의 반·출입 및 작업자의 출입을 위하여 만들어진 출입구를 말한다.

⑧ "케이블접속부"란 케이블이 지하구 내에 포설되면서 발생하는 직선 접속 부분을 전용의

접속재로 접속한 부분을 말한다.

⑨ "특고압 케이블"이란 사용전압이 7,000 V를 초과하는 전로에 사용하는 케이블을 말한다.

2 지하구의 소방시설

(1) 소화기구 및 자동소화장치

① 소화기구는 다음 기준에 따라 설치한다.

가. 소화기의 능력단위는 A급 화재는 개당 3단위 이상, B급 화재는 개당 5단위 이상 및 C급 화재에 적응성이 있는 것으로 할 것

나. 소화기 한대의 총중량은 사용 및 운반의 편리성을 고려하여 7 kg 이하로 할 것

다. 소화기는 사람이 출입할 수 있는 출입구(환기구, 작업구를 포함한다) 부근에 5개 이상 설치할 것

라. 소화기는 바닥면으로부터 1.5 m 이하의 높이에 설치할 것

마. 소화기의 상부에 "소화기"라고 표시한 조명식 또는 반사식의 표지판을 부착하여 사용자가 쉽게 인지할 수 있도록 할 것

② 지하구 내 발전실・변전실・송전실・변압기실・배전반실・통신기기실・전산기기실・기타 이와 유사한 시설이 있는 장소 중 바닥면적이 300 m^2 미만인 곳에는 유효설치 방호체적 이내의 가스・분말・고체에어로졸・캐비닛형 자동소화장치를 설치해야 한다. 다만, 해당 장소에 물분무등소화설비를 설치한 경우에는 설치하지 않을 수 있다.

(주) 지하구 내 발전실 등의 시설이 있는 장소 중 바닥면적이 300 m^2 미만인 곳에는 유효설치 방호체적 이내의 가스・분말・고체에어로졸・캐비닛형 자동소화장치를 설치해야 한다. 발전실 등의 시설이 있는 장소 중 바닥면적이 300 m^2 이상인 장소는 물분무등소화설비를 설치해야 하는 대상이고 300 m^2 미만은 자동식소화설비 설치 대상이라는 의미이다.

③ 제어반 또는 분전반마다 가스・분말・고체에어로졸 자동소화장치 또는 유효설치 방호체적 이내의 소공간용 소화용구를 설치해야 한다.

가. 소공간용 소화용구

(가) 패드형 : 분전반 등 내부 판넬 상단에 부착

(나) 용기형 : 분전반 등 상단에 부착

(다) 줄형 : 줄을 배선에 부착

용기형　　　　　패드형　　　　　줄형

▮그림 5.48 소공간용 소화용구 종류

④ 케이블접속부(절연유를 포함한 접속부에 한한다)마다 다음의 어느 하나에 해당하는 자동소화장치를 설치하되 소화성능이 확보될 수 있도록 방호공간을 구획하는 등 유효한 조치를 해야 한다.

가. 가스·분말·고체에어로졸 자동소화장치

나. 중앙소방기술심의위원회의 심의를 거쳐 소방청장이 인정하는 자동소화장치

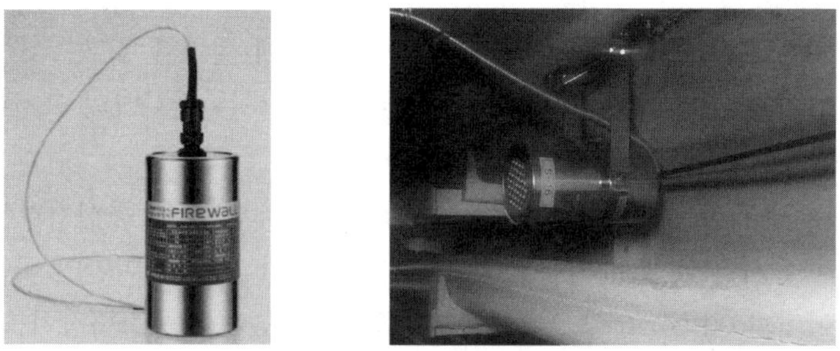

▮그림 5.49 소공간용 자동소화장치

(2) 자동화재탐지설비

① 감지기

가. 「자동화재탐지설비 및 시각경보장치의 화재안전기술기준(NFTC 203)」 감지기 중 먼지·습기 등의 영향을 받지 않고 발화지점(1 m 단위)과 온도를 확인할 수 있는 것을 설치할 것

나. 지하구 천장의 중심부에 설치하되 감지기와 천장 중심부 하단과의 수직거리는 30 cm 이내로 할 것. 다만, 형식승인 내용에 설치방법이 규정되어 있거나, 중앙기술심의위원회의 심의를 거쳐 제조사 시방서에 따른 설치방법이 지하구 화재에 적합하다고 인정되는 경우에는 형식승인 내용 또는 심의결과에 의한 제조사 시방서에 따라 설치할 수 있다.

다. 발화지점이 지하구의 실제거리와 일치하도록 수신기 등에 표시할 것
라. 공동구 내부에 상수도용 또는 냉・난방용 설비만 존재하는 부분은 감지기를 설치하지 않을 수 있다.

② 발신기, 지구음향장치 및 시각경보기는 설치하지 않을 수 있다.

(3) 유도등

사람이 출입할 수 있는 출입구(환기구, 작업구를 포함한다.)에는 해당 지하구 환경에 적합한 크기의 피난구유도등을 설치해야 한다.

(4) 연소방지설비

① 연소방지설비의 배관 설치기준

가. 배관용 탄소강관(KS D 3507) 또는 압력배관용 탄소강관(KS D 3562)이나 이와 동등 이상의 강도・내부식성 및 내열성을 가진 것으로 할 것
나. 급수배관(송수구로부터 연소방지설비 헤드에 급수하는 배관을 말한다. 이하 같다)은 전용으로 할 것
다. 배관의 구경은 다음의 기준에 적합한 것이어야 한다.

표 5.13 연소방지설비전용헤드를 사용시 배관 구경

하나의 배관에 부착하는 연소방지설비 전용헤드의 개수(개)	1	2	3	4~5	5 이상
배관의 구경(mm)	32	40	50	65	80

표 5.14 개방형 스프링클러헤드 사용시 배관 구경

구분 \ 급수관의 구경	25	32	40	50	65	80	90	100	125	150
가	2	3	5	10	30	60	80	100	160	161 이상
나	2	4	7	15	30	60	65	100	160	161 이상
다	1	2	5	8	15	27	40	55	90	91 이상

주) 1. 폐쇄형스프링클러헤드를 사용하는 설비의 경우로서 1개층에 하나의 급수배관(또는 밸브 등)이 담당하는 구역의 최대면적은 3,000 m^2를 초과하지 않을 것
2. 폐쇄형스프링클러헤드를 설치하는 경우에는 "가"란의 헤드 수에 따를 것. 다만, 100개 이상의 헤드를 담당하는 급수배관(또는 밸브)의 구경을 100 mm로 할 경우

에는 수리계산을 통하여 규정한 배관의 유속에 적합하도록 할 것
3. 폐쇄형스프링클러헤드를 설치하고 반자 아래의 헤드와 반자속의 헤드를 동일 급수관의 가지관상에 병설하는 경우에는 “나”란의 헤드 수에 따를 것
4. 무대부·「화재의 예방 및 안전관리에 관한 법률 시행령」 별표 2의 특수가연물을 저장 또는 취급하는 장소의 경우로서 폐쇄형스프링클러헤드를 설치하는 설비의 배관구경은 “다”란에 따를 것
5. 개방형스프링클러헤드를 설치하는 경우 하나의 방수구역이 담당하는 헤드의 개수가 30개 이하일 때는 “다”란의 헤드수에 의하고, 30개를 초과할 때는 수리계산 방법에 따를 것

라. 교차배관은 가지배관과 수평으로 설치하거나 또는 가지배관 밑에 설치하고, 최소구경이 40 mm 이상이 되도록 할 것

마. 배관에 설치되는 행가는 다음 각 목의 기준에 따라 설치해야 한다.

(가) 가지배관에는 헤드의 설치지점 사이마다 1개 이상의 행가를 설치하되, 헤드간의 거리가 3.5 m을 초과하는 경우에는 3.5 m 이내마다 1개 이상 설치할 것. 이 경우 상향식헤드와 행가 사이에는 8 cm 이상의 간격을 두어야 한다.

(나) 교차배관에는 가지배관과 가지배관 사이마다 1개 이상의 행가를 설치하되, 가지배관 사이의 거리가 4.5 m을 초과하는 경우에는 4.5 m 이내마다 1개 이상 설치할 것

(다) 수평주행배관에는 4.5 m 이내마다 1개 이상 설치할 것

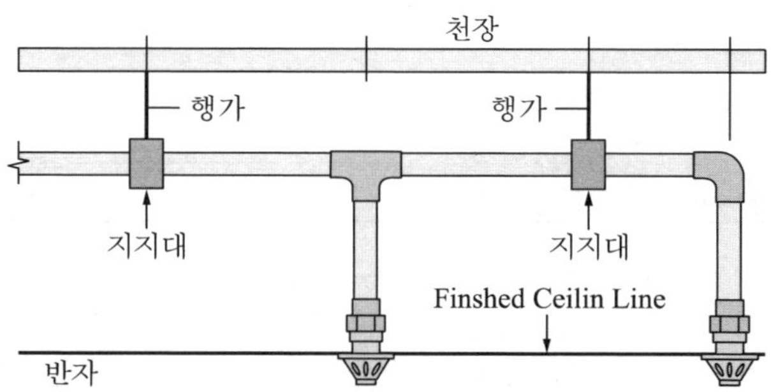

그림 5.50 행가의 고정방법

바. 확관형 분기배관을 사용할 경우에는 소방청장이 정하여 고시한 「분기배관의 성능인증 및 제품검사의 기술기준」에 적합한 것으로 설치해야 한다.

② 연소방지설비의 헤드 설치기준

가. 천장 또는 벽면에 설치할 것

나. 헤드간의 수평거리는 연소방지설비 전용헤드의 경우에는 2 m 이하, 스프링클러헤드의 경우에는 1.5 m 이하로 할 것

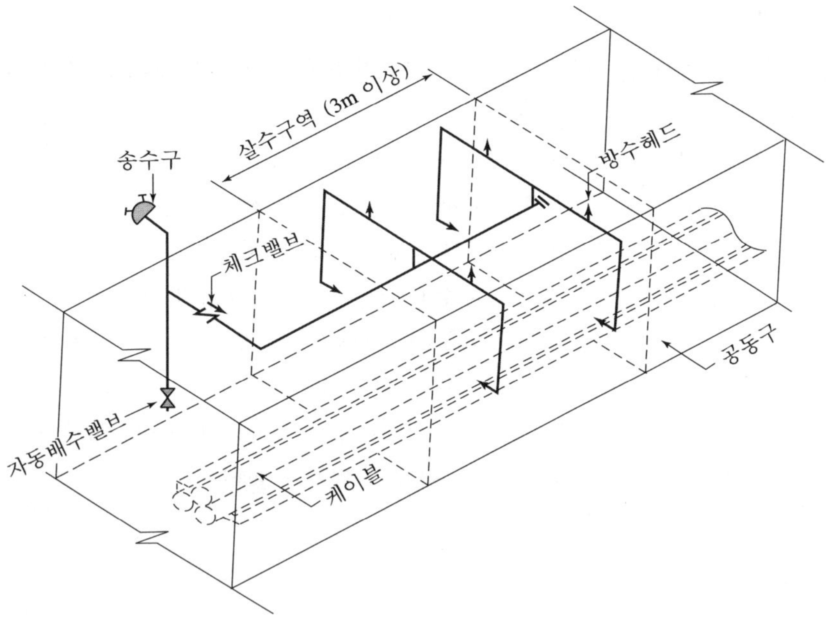

▮그림 5.51 연소방지설비의 계통도

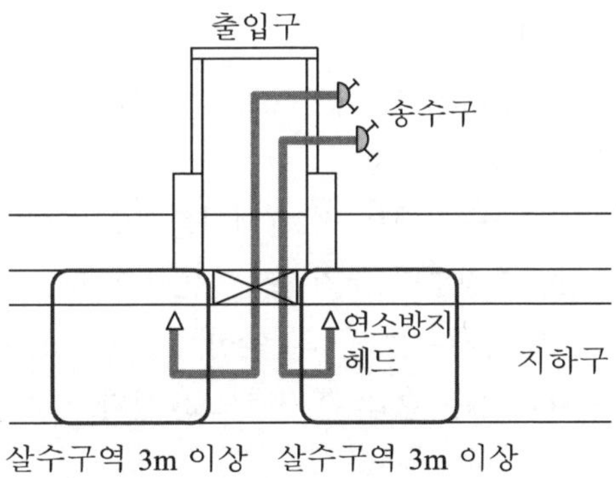

▮그림 5.52 지하구에 연소방지설비 설치 예

다. 소방대원의 출입이 가능한 환기구·작업구마다 지하구의 양쪽방향으로 살수헤드를 설정하되, 한쪽 방향의 살수구역의 길이는 3 m 이상으로 할 것. 다만, 환기구 사이의 간격이 700 m를 초과할 경우에는 700 m 이내마다 살수구역을 설정하되, 지하구의 구조를 고려하여 방화벽을 설치한 경우에는 그렇지 않다.

라. 연소방지설비 전용헤드를 설치할 경우에는 「소화설비용헤드의 성능인증 및 제품검사 기술기준」에 적합한 '살수헤드'를 설치할 것

③ 송수구의 설치기준

가. 소방차가 쉽게 접근할 수 있는 노출된 장소에 설치하되, 눈에 띄기 쉬운 보도 또는 차도에 설치할 것

나. 송수구는 구경 65 mm의 쌍구형으로 할 것

다. 송수구로부터 1 m 이내에 살수구역 안내표지를 설치할 것

라. 지면으로부터 높이가 0.5 m 이상 1 m 이하의 위치에 설치할 것

마. 송수구의 가까운 부분에 자동배수밸브(또는 직경 5 mm의 배수공)를 설치할 것. 이 경우 자동배수밸브는 배관안의 물이 잘 빠질 수 있는 위치에 설치하되, 배수로 인하여 다른 물건 또는 장소에 피해를 주지 않아야 한다.

바. 송수구로부터 주배관에 이르는 연결배관에는 개폐밸브를 설치하지 않을 것

사. 송수구에는 이물질을 막기 위한 마개를 씌어야 한다.

(5) 연소방지재

지하구 내에 설치하는 케이블·전선 등에는 다음의 기준에 따라 연소방지재를 설치해야 한다. 다만, 케이블·전선 등을 다음 “가”의 난연성능 이상을 충족하는 것으로 설치한 경우에는 연소방지재를 설치하지 않을 수 있다.

가. 연소방지재는 한국산업표준(KS C IEC 60332-3-24)에서 정한 난연성능 이상의 제품을 사용하되 다음의 기준을 충족할 것

(가) 시험에 사용되는 연소방지재는 시료(케이블 등)의 아래쪽(점화원으로부터 가까운 쪽)으로부터 30 cm 지점부터 부착 또는 설치할 것

(나) 시험에 사용되는 시료(케이블 등)의 단면적은 325 mm^2로 한다.

(다) 시험성적서의 유효기간은 발급 후 3년으로 한다.

그림 5.53 지하구에 설치된 연소방지재 예

나. 연소방지재는 다음의 기준에 해당하는 부분에 난연성능 이상의 시험성적서에 명시된 방식으로 시험성적서에 명시된 길이 이상으로 설치하되, 연소방지재 간의 설치 간격은 350 m를 넘지 않도록 해야 한다.

(가) 분기구

(나) 지하구의 인입부 또는 인출부

(다) 절연유 순환펌프 등이 설치된 부분

(라) 기타 화재발생 위험이 우려되는 부분

(6) 방화벽

가. 방화벽은 다음에 따라 설치하고, 방화벽의 출입문은 항상 닫힌 상태를 유지하거나 자동폐쇄장치에 의하여 화재 신호를 받으면 자동으로 닫히는 구조로 해야 한다.

(가) 내화구조로서 홀로 설 수 있는 구조일 것

(나) 방화벽의 출입문은 방화문+60분 또는 60분 방화문으로 설치할 것

(다) 방화벽을 관통하는 케이블·전선 등에는 국토교통부 고시(내화구조의 인정 및 관리기준)에 따라 내화충전 구조로 마감할 것

(라) 방화벽은 분기구 및 국사(局舍)·변전소 등의 건축물과 지하구가 연결되는 부위(건축물로부터 20 m 이내)에 설치할 것

(마) 자동폐쇄장치를 사용하는 경우에는「자동폐쇄장치의 성능인증 및 제품검사의 기술기준」에 적합한 것으로 설치할 것

나. 방화벽의 구조

(가) 내화구조로서 홀로 설 수 있는 구조

(나) 방화벽의 양쪽 끝과 위쪽 끝을 건축물의 외벽면 및 지붕면으로부터 0.5 m 이상 튀어나오게 할 것

(다) 방화벽에 설치하는 출입문의 너비 및 높이는 각각 2.5 m 이하로 하고, 해당 출입문에는 방화문+60분 또는 60분 방화문을 설치

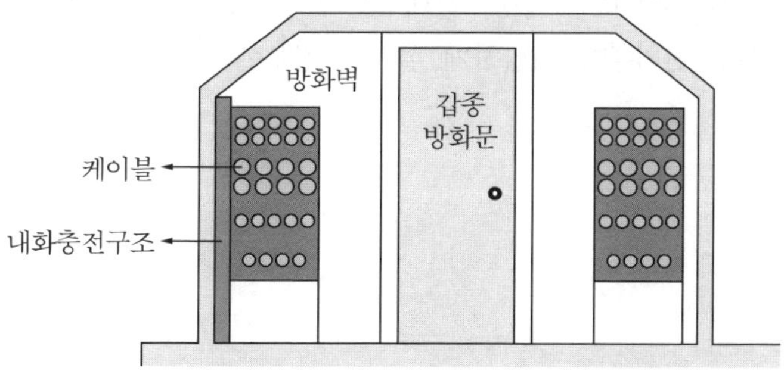

그림 5.54 지하구에 내화충전구조 설치 예

(7) 무선통신보조설비

무선통신보조설비의 무전기접속단자는 방재실과 공동구의 입구 및 연소방지설비 송수구가 설치된 장소(지상)에 설치해야 한다.

(8) 통합감시시설

가. 소방관서와 지하구의 통제실 간에 화재 등 소방활동과 관련된 정보를 상시 교환할 수 있는 정보통신망을 구축할 것
나. 정보통신망(무선통신망을 포함한다)은 광케이블 또는 이와 유사한 성능을 가진 선로일 것
다. 수신기는 지하구의 통제실에 설치하되 화재신호, 경보, 발화지점 등 수신기에 표시되는 정보가 「통합감시시설의 구성 표준 프로토콜」에 적합한 방식으로 119상황실이 있는 관할 소방관서의 정보통신장치에 표시되도록 할 것

3 다른 화재안전기준과의 관계

지하구에 설치하는 소방시설 등의 설치기준 중 기준에서 규정하지 않은 소방시설 등의 설치기준은 개별 화재안전기준에 따라 설치해야 한다.

4 연소방지설비 면제

연소방지설비를 설치해야 하는 특정소방대상물에 스프링클러설비, 물분무소화설비 또는 미분무소화설비를 화재안전기준에 적합하게 설치한 경우에는 그 설비의 유효범위에서 설치가 면제된다.

출제 및 예상문제

01 연결송수관설비의 종류 2가지를 쓰고 두 방식을 간단히 설명하시오.

정답 ① 건식 : 평상시에는 배관 내에 물이 없으며, 화재 시에 소방자동차로부터 송수구를 통해 물을 받아 방수시키는 방식이다.
② 습식 : 평상시에도 고가수조에 의하여 배관 내에 물이 차 있으며, 소방자동차로부터 송수구로 물을 송수 받으면 수격작용을 방지할 수 있고, 즉시 방수가 가능한 방식이다(지면에서 31 m 이상의 건축물 또는 11층 이상의 건축물에 이용된다).

02 다음은 연결송수관설비에 관한 설명이다. 다음 물음에 답하시오.

(가) 가압송수장치를 설치하는 높이와 그 이유를 간단히 설명하시오.
(나) 연결송수관설비의 방수구가 6개 설치된 경우 펌프의 토출량[L/min]을 구하시오.
(단, 해당 특정소방대상물은 계단식 아파트가 아니다)
(다) 계단식 아파트의 경우 연결송수관설비의 방수구가 2개 설치되어 있다. 이때 펌프의 토출량[L/min]을 구하시오.
(라) 소방펌프의 흡입측에 연성계 또는 진공계를 설치하지 아니할 수 있는 2가지를 쓰시오.
(마) 최상층 노즐선단의 방수압력[MPa]은 얼마 이상인지 쓰시오.
(바) 11층 이상의 건축물의 방수구를 단구형으로 설치할 수 있는 경우 2가지를 쓰시오.

정답 (가) ① 중계펌프 설치 기준 : 지면에서 최상층 방수구의 높이가 70 m 이상의 특정소방대상물에 설치
② 이유 : 소방펌프차와 직렬로 연결하여 최상층 연결송수관 방수구에서 법적 방출량 및 방출압력을 토출하기 위해 설치

(나) 2400 L/min + 800 L/min + 800 L/min = 4000 L/min
방수구 3개까지는 2400 L/min으로 방수구 1개 추가 시 800 L/min 합산하며, 최대개수는 5개이다(계단실 아파트는 방수구 3개까지 1200 L/min 방수구 1개 추가 시 400 L/min 합산하며, 최대개수는 5개이다).

(다) 1200 L/min

(라) ① 수원의 위치가 펌프보다 높을 경우
② 수직회전축펌프를 사용하는 경우

(마) 0.35 MPa

(바) ① 아파트 용도로 사용되는 층
② 스프링클러설비가 유효하게 설치되어 있고 방수구가 2개소 이상 설치된 층

03 연결송수관설비의 송수구 설치기준을 쓰시오.

정답 ① 소방차가 쉽게 접근할 수 있고 잘 보이는 장소에 설치할 것
② 지면으로부터 높이가 0.5 m 이상 1 m 이하의 위치에 설치할 것
③ 송수구는 화재층으로부터 지면으로 떨어지는 유리창 등이 송수 및 그 밖의 소화작업에 지장을 주지 않는 장소에 설치할 것
④ 송수구로부터 연결송수관설비의 주배관에 이르는 연결배관에 개폐밸브를 설치한 때에는 그 개폐상태를 쉽게 확인 및 조작할 수 있는 옥외 또는 기계실 등의 장소에 설치할 것. 이 경우 개폐밸브에는 그 밸브의 개폐상태를 감시제어반에서 확인할 수 있도록 급수개폐밸브 작동표시 스위치를 다음 각 목의 기준에 따라 설치해야 한다.
가. 급수개폐밸브가 잠길 경우 탬퍼 스위치의 동작으로 인하여 감시제어반 또는 수신기에 표시되어야 하며 경보음을 발할 것
나. 탬퍼 스위치는 감시제어반 또는 수신기에서 동작의 유무확인과 동작시험, 도통시험을 할 수 있을 것
다. 급수개폐밸브의 작동표시 스위치에 사용되는 전기배선은 내화전선 또는 내열전선으로 설치할 것
⑤ 구경 65 mm의 쌍구형으로 할 것
⑥ 송수구에는 그 가까운 곳의 보기 쉬운 곳에 송수압력범위를 표시한 표지를 할 것
⑦ 송수구는 연결송수관의 수직배관마다 1개 이상을 설치할 것. 다만, 하나의 건축물에 설치된 각 수직배관이 중간에 개폐밸브가 설치되지 않은 배관으로 상호 연결되어 있는 경우에는 건축물마다 1개씩 설치할 수 있다.
⑧ 송수구의 부근에는 자동배수밸브 및 체크밸브를 다음 각 목의 기준에 따라 설치할 것. 이 경우 자동배수밸브는 배관안의 물이 잘빠질 수 있는 위치에 설치하되, 배수로 인하여 다른 물건이나 장소에 피해를 주지 않아야 한다.
가. 습식의 경우에는 송수구 · 자동배수밸브 · 체크밸브의 순서로 설치할 것
나. 건식의 경우에는 송수구 · 자동배수
⑨ 송수구에는 가까운 곳의 보기 쉬운 곳에 "연결송수관설비송수구"라고 표시한 표지를 설치할 것
⑩ 송수구에는 이물질을 막기 위한 마개를 씌울 것

04 연결송수관설비에서 높이 70 m 이상의 경우에는 가압송수장치를 설치하는 이유를 쓰시오.

정답 소방펌프차의 송수압력은 일반적으로 1～1.1 MPa이므로 마찰을 무시하면 100～110 m까지 송수가 가능하지만 마찰손실로 인하여 100 m 전후 밖에 송수할 수가 없다. 또한 연결송수관의 방출압력은 옥외소화전과 같이 65 mm 구경이므로 0.35 MPa가 된다. 즉, 실제로는 최대 110 − 35 = 65 m 지점까지만 송수가 가능하다. 따라서 높이 70 m가 넘는 건물은 중간에 수조와 펌프를 설치하여 증압해야 한다.

05

연결살수설비 설치 시 개방형 헤드를 설치할 경우와 폐쇄형 헤드를 설치할 경우의 송수구역당 설치하여야 할 헤드의 개수는?

정답 (1) 개방형헤드 설치 시 : 10개 이하
(2) 폐쇄형헤드 설치 시 : 스프링클러설비 헤드 설치기준에 준용한다.

06

연결살수설비의 가지배관은 (①) 방식이 아니어야 하고 한쪽 기지배관에 설치하는 헤드 수는 (②) 이하이어야 한다. 그리고 개방형 헤드 사용 시 수평배관의 기울기는 헤드를 향하여 상향으로 (③) 이상으로 해야 한다. 또한 폐쇄형 헤드 사용 시 시험배관의 구경은 (④)이다.

정답 ① 토너먼트
② 8개
③ $\frac{1}{100}$
④ 25 mm

07

다음은 연결살수설비 전용 헤드를 사용하는 경우의 배관 기준이다. ①~⑤를 완성하시오.

하나의 배관에 부착하는 살수 헤드의 수	1개	2개	3개	4개 또는 5개	6개 이상 10개 이하
배관의 구경[mm]	①	②	③	④	⑤

정답 ① 30
② 40
③ 50
④ 65
⑤ 80

해설 스프링클러설비

구분 \ 급수관의 구경	25mm	32mm	40mm	50mm	65mm	80mm	90mm	100mm
폐쇄형헤드 수	2개	3개	5개	10개	30개	60개	80개	100개
개방형헤드 수	1개	2개	5개	8개	15개	27개	40개	55개

08 연결송수관설비에서 주배관 구경은 얼마 이상인가?

정답 100 m 이상

09 다음은 연결살수 헤드의 설치기준이다. (   ) 안에 알맞은 답을 기술하시오.

천장 또는 반자의 각 부분으로부터 하나의 살수헤드까지의 수평거리가 연결살수설비 전용인 경우는 (①) 이하, 스프링클러헤드인 경우에는 (②) 이하로 해야 한다. 단, 살수헤드의 부착면과 바닥의 높이가 (③) 이하인 부분에 있어서는 살수헤드의 살수분포에 따른 거리로 할 수 있다.

정답 ① 3.7 m
② 2.3 m
③ 2.1 m

10 연결송수관설비를 습식으로 해야 하는 경우는?

정답 ① 지면으로부터 높이가 31 m 이상인 소방대상물
② 지상 11층 이상인 소방대상물

11 다음 그림과 같이 소방대 연결송수구의 체크 밸브 사이에 자동 배수장치(auto drip)를 설치하는 이유를 간단히 설명하시오.

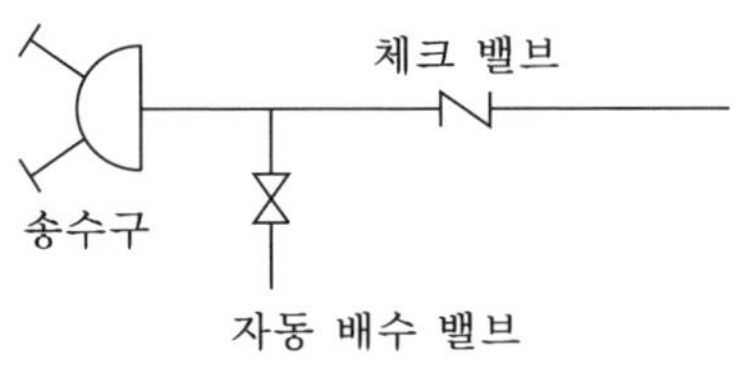

정답 배관 내에 고인물을 자동으로 배수시켜 배관의 동파 및 부식을 방지하기 위해서이다.

해설 소방대 연결송수구 부분은 노출되어 있으므로 배관에 물이 고여 있을 경우 배관의 동파 및 부식의 우려가 있으므로 자동 배수장치(auto drip)를 설치하여 본 설비를 사용한 후에 배관 내에 고인 물을 자동으로 배수시키도록 되어있다.

12 그림과 같이 연결송수관설비를 설치하려고 한다. 다음 각 물음에 답하시오.

(2023년 출제)

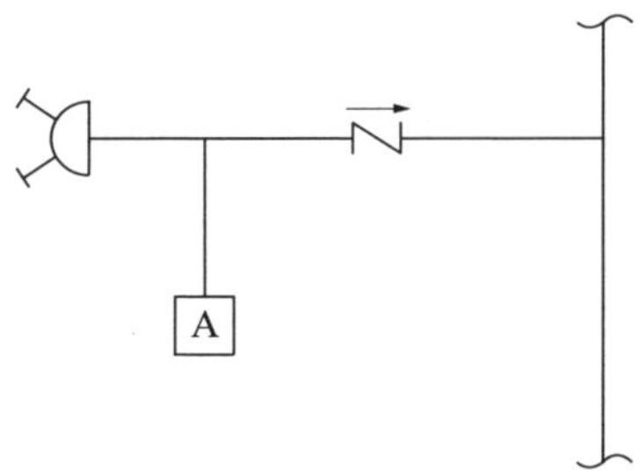

(가) 연결송수관설치는 습식, 건식 중 어떤 것에 해당하는지 고르시오.
(나) A부분의 명칭과 도시기호를 그리시오.
(다) A의 설치목적을 쓰시오.

정답 (가) 습식

(나) 명칭 : 자동배수밸브

도시기호 : 

(다) 배관의 동파 및 부식 방지

해설 (가) 자동배수밸브()가 1개만 있으므로 습식, 자동배수밸브가 2개 있으면 건식

- 연결송수관설비의 송수구 설치기준

송수구의 부근에는 자동배수밸브 및 체크밸브를 다음의 기준에 따라 설치할 것. 이 경우 자동배수밸브는 배관 안의 물이 잘빠질 수 있는 위치에 설치하되, 배수로 인하여 다른 물건이나 장소에 피해를 주지 않아야 한다.

㉠ 습식의 경우에는 송수구·자동배수밸브·체크밸브의 순으로 설치할 것
㉡ 건식의 경우에는 송수구·자동배수밸브·체크밸브·자동배수밸브의 순으로 설치할 것

습 식	건 실
송수구 → 자동배수밸브 → 체크밸브	송수구 → 자동배수밸브 → 체크밸브 → 자동배수밸브
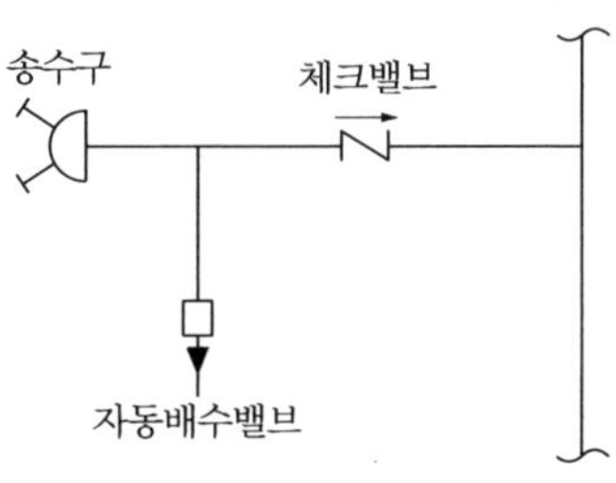	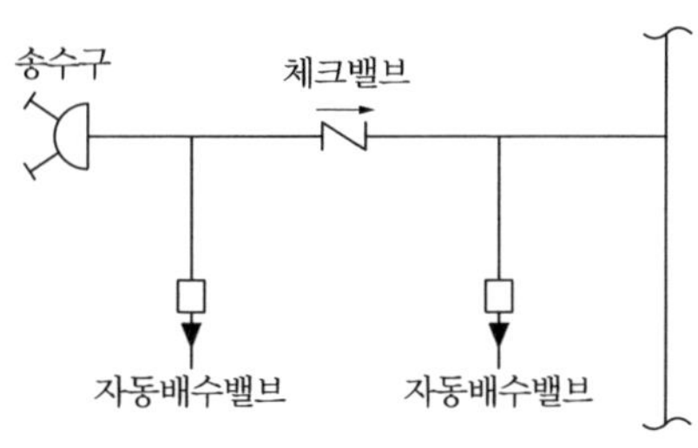

(나) 밸브류 도시기호

명칭	도시기호	명칭	도시기호
솔레노이드밸브		볼밸브	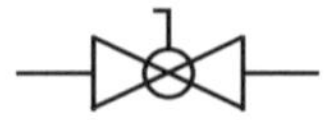
모터밸브	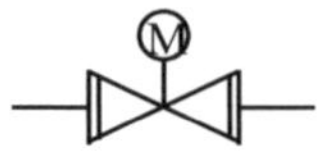	배수밸브	
릴리프밸브 (이산화탄소용)		자동배수밸브	
릴리프밸브 (일반)		여과망	
동체크밸브	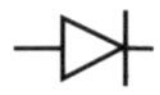	자동밸브	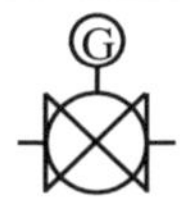
앵글밸브	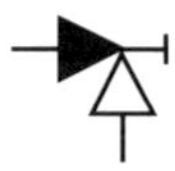	감압밸브	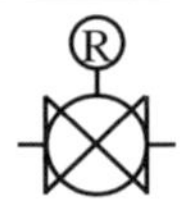
풋밸브		공기조절밸브	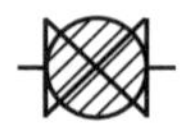

(다) 연결송수구 부분은 노출되어 있으므로 배관에 물이 고여 있을 경우 배관의 동파 및 부식의 우려가 있으므로 자동배수밸브(auto drip)를 설치하여 설비를 사용한 후에는 배관 내에 고인 물을 자동으로 배수시키도록 되어 있다.

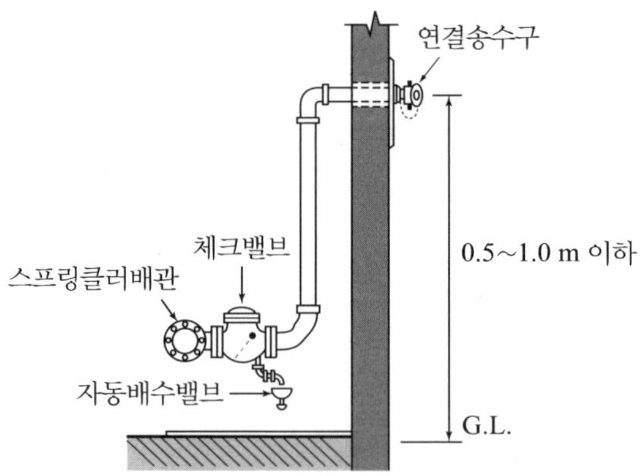

13 연결송수관설비에 가압송수장치를 높이 120 m의 계단식 아파트에 설치하였다. 다음 각 물음에 답하시오.

(가) 가압송수장치의 설치이유를 간단히 설명하시오.
(나) 방수구가 3개일 때 펌프의 토출량[L/min]은?
(다) 최상층에 설치된 노즐선단의 방수압력[MPa]은?

정답 (가) 높이 70 m 이상인 건물이므로 소방차에서 공급되는 수압만으로는 규정노즐 방수압력을 유지하기 어려우므로
(나) 1200 L/min 이상
(다) 0.35 MPa 이상

해설 (가) 연결송수관설비는 지표면에서 최상층 방수구의 높이 70 m 이상인 건물의 경우 소방차에서 공급되는 수압만으로는 규정노즐 방수압력(0.35 MPa)을 유지하기 어려우므로 추가로 가압송수장치를 설치해야 한다.

14 연결송수관설비 송수구 부근에 설치하는 밸브의 종류를 습식 설비와 건식 설비로 구분하여 설치 순서대로 쓰시오(단, 송수흐름방향 순서대로 쓴다).

(가) 습식 설비
(나) 건식 설비

정답 (가) 습식 설비 : 송수구 → 자동배수밸브 → 체크밸브
(나) 건식 설비 : 송수구 → 자동배수밸브 → 체크밸브 → 자동배수밸브

15 가로 20 m, 세로 10 m의 어느 건물에 연결살수설비 전용헤드를 사용하여 연결살수설비를 설치하고자 한다. 다음 각 물음에 답하시오. (2022년 출제)

(가) 연결살수설비 전용헤드의 최소설치개수를 구하시오.
(나) 배관의 구경을 쓰시오.

정답 (가) 8개
(나) 80 mm

해설 (가) 수평헤드간격(헤드의 설치간격) S는

- 전용헤드 사용시 수평거리는 3.7 m

$S = 2R\cos 45^\circ = 2 \times 3.7\,\text{m} \times \cos 45^\circ = 5.232\,\text{m}$ (전용헤드)

$$\text{가로헤드개수} = \frac{\text{가로길이}}{S} = \frac{20\,\text{m}}{5.232\,\text{m}} = 3.8 \fallingdotseq 4\text{개}$$

$$\text{세로헤드개수} = \frac{\text{세로길이}}{S} = \frac{10\,\text{m}}{5.232\,\text{m}} = 1.9 \fallingdotseq 2\text{개}$$

총 개수 = 가로헤드개수 × 세로헤드개수 = 4개 × 2개 = 8개

16 연결송수관설비의 방수구에 대한 다음 물음에 답하시오.

(가) 방수구로부터 그 층 각 부분까지의 수평거리는 얼마인가?
(나) 호스접결구의 높이는 얼마인가?
(다) 쌍구형으로 설치하는 경우는 언제인가?
(라) 구경은 얼마인가?
(마) 시험방수구의 방수압력은 얼마인가?
(바) 방수구 기구함은 방수구로부터 얼마의 거리에 두는가?
(사) 방수구 기구함에 비치하는 기구는 무엇인가?

정답 (가) ① 50 m 이하
② 지하가, 지하층의 바닥면적 합계 3,000 m^2 이상 시 25 m 이하
(나) 바닥으로부터 0.5 m 이상 1 m 이하
(다) 11층 이상의 부분(단, 아파트 용도와 스프링클러설비가 유효하게 설치되어 있고 방수구가 2개소 이상 설치된 층에는 단구형으로 함)
(라) 65 mm
(마) 0.35 MPa 이상
(바) 보행거리 5 m 이내
(사) ① 호스 : 구경 65 mm, 길이 15 m, 유효 개수
② 노즐 : 2개 이상(단구형은 1개 이상)

17 그림과 같이 연결살수설비에서 살수설비 전용 헤드를 사용할 경우 필요한 배관 관경 및 송수구 주위에 설치하는 밸브를 표시하시오.

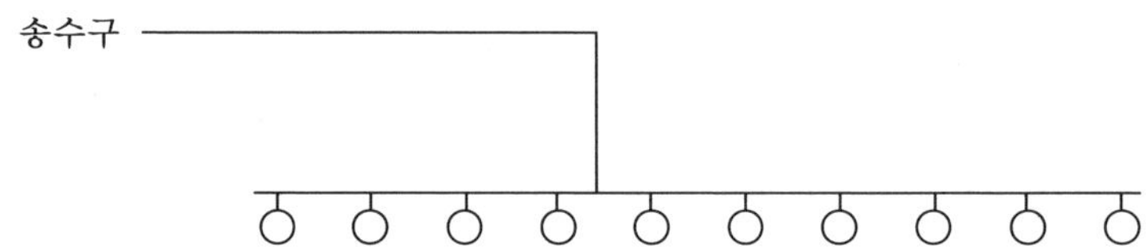

정답

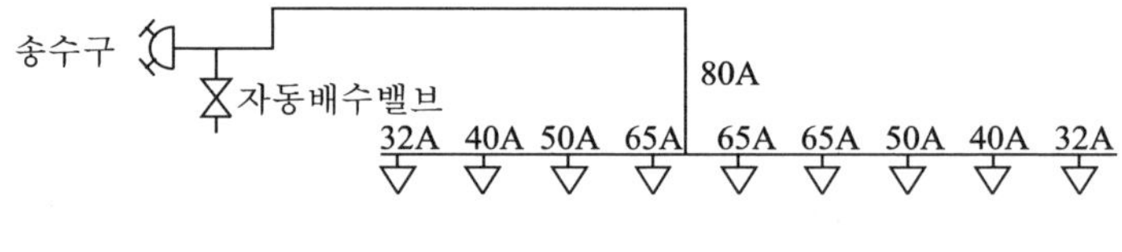

18 다음 그림은 어느 15층 건물의 12층에 연결송수관설비의 방수구가 설치되어 있는 모습을 나타낸 것이다. 이 그림에서 잘못된 구조를 2가지만 지적하고 올바르게 고치는 방법을 설명하시오.

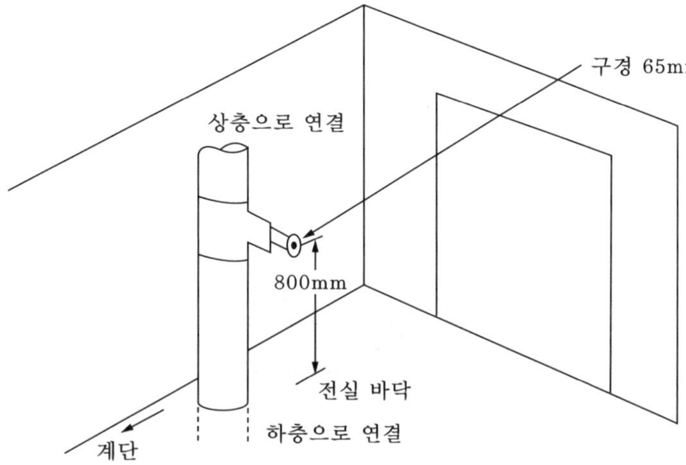

정답 (1) 잘못된 곳

① 11층 이상이지만 방수구가 단구형이다.
② 개폐표시기능이 있는 장치가 없다.
③ 위치표시등이 없다,

(2) 올바르게 고치는 방법

① 11층 이상인 부분의 방수구는 쌍구형으로 한다.
② 방수구는 개폐기능을 가진 것으로 한다.
③ 10 m의 거리에서 쉽게 식별할 수 있는 위치표시등을 방수구의 상부에 설치한다.

19 다음 각각의 최대 수평거리 또는 보행거리를 쓰시오.

(가) 옥내소화전의 방수구　(나) 옥외소화전의 방수구
(다) 소형소화기　(라) 대형소화기
(마) 포 호스릴　(바) 연결송수관의 방수구(지하가)

정답 (가) 수평거리 25m
(나) 수평거리 40m
(다) 보행거리 20m
(라) 보행거리 30m
(마) 수평거리 15m
(바) 수평거리 25m

20 다음 도면은 연결송수관설비(습식)의 계통도이다. 틀린 부분을 번호에 따라 지적하고 국가화재안전기준에 맞도록 기재하시오.

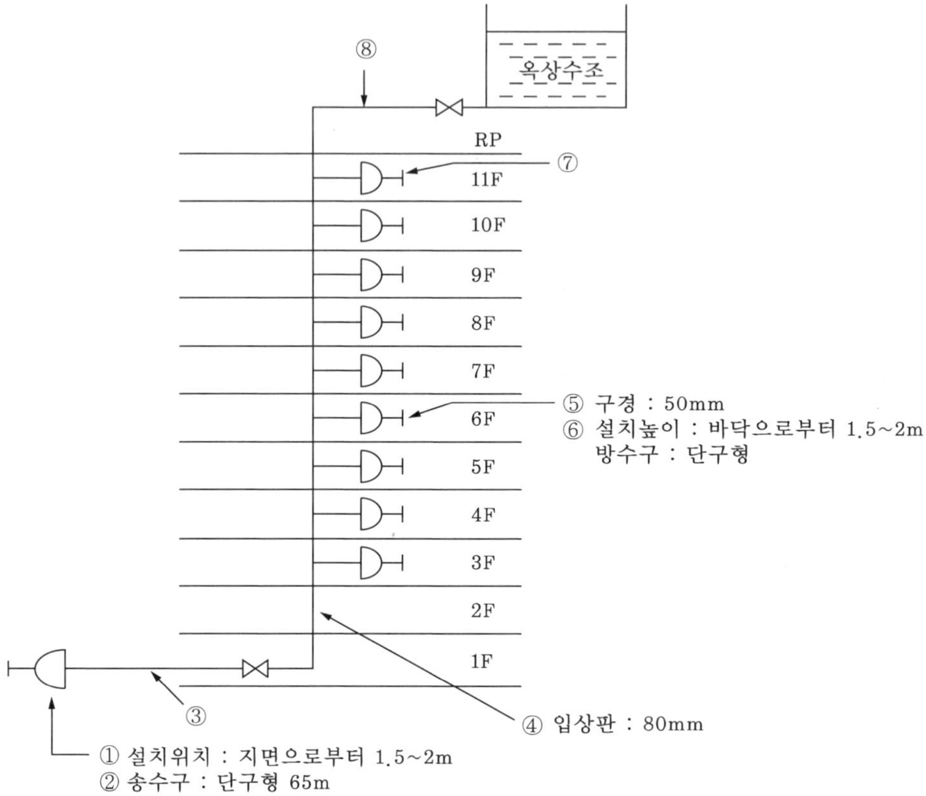

정답

번호	기재된 문제	화재안전기준
①	설치위치 : 지면으로부터 1.5～2 m	설치위치 : 지면으로부터 0.5～1 m
②	송수구 : 단구형	송수구 : 쌍구형
③	배관상 체크 밸브 및 자동 배수밸브 누락	배관상 체크 밸브 및 자동 배수밸브 설치
④	입상관 80 mm	입상관 100 mm 이상
⑤	방수구 구경 50 mm	방수구 구경 65 mm
⑥	방수구 설치높이 : 바닥으로부터 1.5～2 m	방수구 설치높이 : 바닥으로부터 0.5～1 m
⑦	방수구 : 단구형	방수구 : 쌍구형(11층 이상)
⑧	배관상 체크 밸브 누락	배관상 체크 밸브 설치

21 지하구의 길이가 1000 m인 곳에 연소방지설비를 설치하고자 한다. 방수헤드를 연소방지설비 전용헤드를 사용할 경우 살수구역수, 살수헤드수, 배관의 구경을 구하시오.

정답 (가) 3개

(나) 500개

(다) 80 mm

해설 (가) $\text{살수구역수} = \dfrac{\text{지하구의 길이[m]}}{350\text{ m}}\ (\text{절상}) = \dfrac{1000\text{ m}}{350\text{ m}} = 2.85 \fallingdotseq 3\text{개}$

(나) 연소방지설비 전용헤드 살수헤드수

$$\text{살수헤드수} = \frac{\text{살수구역의 지하구 길이[m]}}{2\text{ m}}$$

$$1\text{구역} = \frac{350\text{ m}}{2\text{ m}} = 175\text{개}$$

$$2\text{구역} = \frac{350\text{ m}}{2\text{ m}} = 175\text{개}$$

$$3\text{구역} = \frac{300\text{ m}}{2\text{ m}} = 150\text{개}$$

$\therefore$ 1구역+2구역+3구역 = 175개+175개+150개 = 500개

(다) 배관구경 : 연소방지설비 전용헤드 6개 이상 80 mm 적용

22 지하층에 설치되는 연결살수배관 도면이다. 가장 먼 헤드인 A와 D에서 요구되는 최소방출량 및 방출압력을 보장할 수 있는 ㉮지점에서의 송수량[L/min] 및 압력[MPa]을 표와 같이 산출하라.

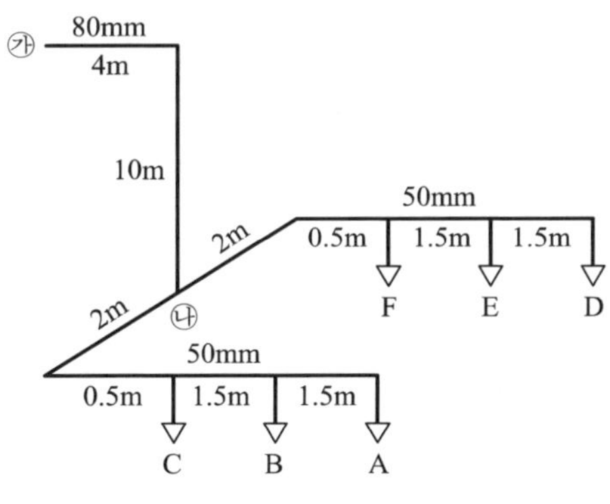

[조건]

① 설치된 개방형 연결살수헤드 A의 유량은 100 L/min, 방수압은 0.25 MPa이다.

② 배관부속 및 밸브류의 마찰손실은 무시한다.

③ 수리계산시 속도수두는 무시한다.

방출	배관	유량 [L/min]	관길이 [m]	마찰손실[MPa]		낙차 [m]	요구압력 [MPa]
				1 m당	총계		
A헤드		100					0.25
	A－B	100	1.5	0.02	0.03		①
B헤드		②					
	B－C	③	1.5	0.04	④		⑤
C헤드		⑥					
	C－㉯	⑦	2.5	0.06	⑧		⑨
	㉯－㉮	⑩	14	0.01	⑪		⑫

정답 $Q = K\sqrt{10 \times P}$

$$K = \frac{100}{\sqrt{10 \times 0.25}} = 63.25$$

① $0.25 + 0.03 = 0.28\,\text{MPa}$

② $Q = 63.25\sqrt{10 \times 0.28} = 105.84\,\text{L/min}$

③ $100 + 105.84 = 205.84\,\text{L/min}$

④ $1.5 \times 0.04 = 0.06\,\text{MPa}$

⑤ $0.28 + 0.06 = 0.34\,\text{MPa}$

⑥ $Q = 63.25\sqrt{10 \times 0.34} = 116.63\,\text{L/min}$

⑦ $205.84 + 116.63 = 322.47\,\text{L/min}$

⑧ $2.5 \times 0.06 = 0.15\,\text{MPa}$

⑨ $0.34 + 0.15 = 0.49\,\text{MPa}$

⑩ $322.47 \times 2 = 644.94\,\text{L/min}$

⑪ $14 \times 0.01 = 0.14\,\text{MPa}$

⑫ $0.49 + 0.14 - 0.1 = 0.53\,\text{MPa}$

23 전력통신 배선 전용 지하수(폭 2.5m, 높이 2m, 길이 1000m)에 연소방지설비를 설치하고자 한다. 다음 각 물음에 답하시오. (2024년 출제)

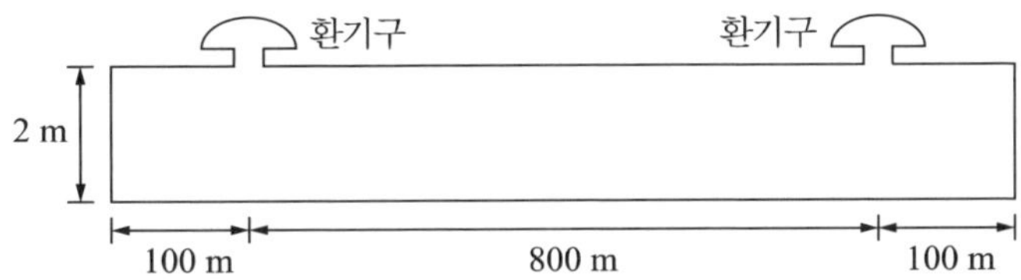

[조건]
① 소방대원의 출입이 가능한 환기구는 지하구 양쪽 끝에서 100m 지점에 있다.
② 지하구에는 방화벽이 설치되지 않았다.
③ 환기구마다 지하구의 양쪽방향으로 살수헤드를 설정한다.
④ 헤드는 연소방지설비 전용헤드를 사용한다.

(가) 살수구역은 최소 몇 개를 설치하여야 하는지 구하시오.
(나) 1개 구역에 설치되는 연소방지설비 전용 헤드의 최소 적용수량을 구하시오.
(다) 2개 구역의 연소방지설비 전용 헤드 전체 수량에 적합한 최소 배관구경은 얼마인지 쓰시오(단, 수평주행배관은 제외한다).

정답 (가) 5개
(나) 벽면 살수구역헤드수 = 2×2×1 = 4개
천장 살수구역헤드수 = 2×2×1 = 4개
(다) 65 mm

해설 연소방지설비
소방대원의 출입이 가능한 환기구·작업구마다 지하구의 양쪽 방향으로 살수헤드를 설정하되, 한쪽 방향의 살수구역의 길이는 4 m 이상으로 할 것(단, 환기구 사이의 간격이 700 m를 초과할 경우에는 700 m 이내마다 살수구역을 설정하되, 지하구의 구조를 고려하여 방화벽을 설치한 경우는 제외).
이 설비는 700 m 이하마다 헤드를 설치하여 지하구의 화재를 진압하는 것이 목적이 아니고 화재확산 방지를 주목적으로 한다.

(가) 살수구역수

· 환기구 사이 간격 700 m 이하 · 환기구 사이 간격 700 m 초과(방화벽 설치)	· 환기구 사이 간격 700 m 초과(방화벽 미치)
살수구역수 = 환기구 및 작업구 개수×2	살수구역수 = 환기구 및 작업구 개수×2 $+ \frac{\text{환기구 사이 간격(m)}}{700\,\text{m}} - 1$ (절상)

- 조건 ②에서 방화벽 미설치
- 문제의 그림에서 환기구 사이 간격이 800 m로 700 m 초과

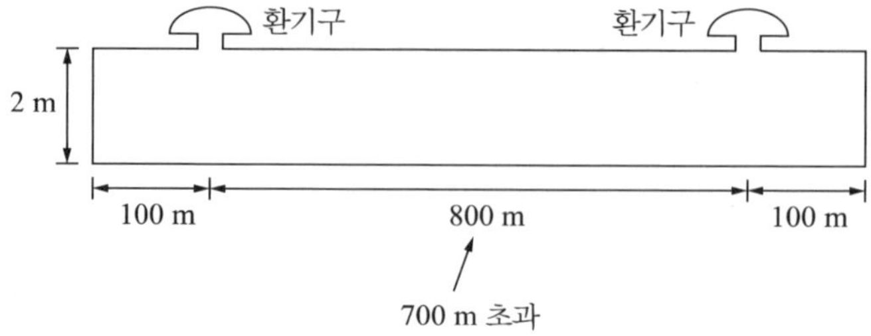

$$\text{살수구역수} = \text{환기구 및 작업구 개수} \times 2 + \frac{\text{환기구 사이 간격(m)}}{700\text{m}} - 1 \text{ (절상)}$$

$$= 2\text{개} \times 2 + \frac{800\,\text{m}}{788\,\text{m}} - 1 = 4.14 \fallingdotseq 5\text{개}$$

(나) 연소방지설비 전용 헤드 살수헤드수

- h (높이) : 2 m
- W(폭) : 2.5 m
- L (살수구역길이) : 3 m
- S (헤드 간 수평거리＝헤드 간의 간격) : 연소방지설비 전용 헤드 2 m 또는 스프링클러헤드 1.5 m

벽면개수 $N_1 = \frac{h}{S}(\text{절상}) = \frac{2\text{m}}{2\text{m}} = 1\text{개}$

$N_1' = N_1 \times 2(\text{벽면이 양쪽이므로}) = 1\text{개} \times 2 = 2\text{개}$

천장면개수 $N_2 = \frac{W}{S}(\text{절상}) = \frac{2.5\text{m}}{2\text{m}} = 1.25 \fallingdotseq 2\text{개(절상)}$

길이방향개수 $N_3 = \frac{L}{S}(\text{절상}) = \frac{3\text{m}}{2\text{m}} = 1.5 \fallingdotseq 2\text{개(절상)}$

벽면 살수구역헤드수＝벽면개수 × 길이방향개수 × 살수구역수 ＝ 2개 × 2개 × 1개 ＝ 4개
천장 살수구역헤드수＝천장면개수 × 길이방향개수 × 살수구역수 ＝ 2개 × 2개 × 1개＝4개
(둘 중 작은 값 적용)

(다) 살수헤드수가 4개이므로 배관의 구경은 65 mm 사용

- 연소방지설비의 배관구경
  - 연소방지설비 전용 헤드를 사용하는 경우

배관의 구경	32 mm	40 mm	50 mm	65 mm	80 mm
살수헤드수	1개	2개	3개	4개 또는 5개	6개 이상

CHAPTER 06

방재안전

6.1 도로터널 소방시설

1 개요

도로터널은 일 방향으로 긴 형상으로 입 출구만 개방되어 있는 반 밀폐구조 특성상 화재가 발생하면 단시간 내 온도가 급상승하게 되고 누출된 액체 가연물과 화물차량에 실려 있는 적재화물 등이 유독가스와 고열의 연기 등 연소생성물을 발생시킨다. 게다가 터널은 높은 산이나 하천을 관통하는 형태로 건설되기 때문에 소방차 출동시간이 길고 접근이 어려워 인명피해가 크고 화재진압이 어렵다. 도로터널의 화재안전기술기준(NFTC 603)은 터널 내에서 발생할 수 있는 화재를 효과적으로 제어하고 피난 안전성을 향상시키기 위한 규정으로 소화기, 옥내소화전, 물분무소화설비, 비상경보설비, 자동화재탐지설비, 비상조명등설비, 제연설비, 무선통신보조설비, 비상콘센트설비 등에 대한 설치기준을 규정하고 있다.

2 용어의 정의

① "도로터널"이란 「도로법」 제10조에 따른 도로의 일부로서 자동차의 통행을 위해 지붕이 있는 구조물을 말한다.

② "설계화재강도"란 터널 내 화재 시 소화설비 및 제연설비 등의 용량산정을 위해 적용하는 차종별 최대열방출률(MW)을 말한다.

③ "횡류환기방식"이란 터널 안의 배기가스와 연기 등을 배출하는 환기방식으로서 기류를 횡방향(바닥에서 천장)으로 흐르게 하여 환기하는 방식을 말한다.

④ "대배기구방식"이란 횡류환기방식의 일종으로 배기구에 개방/폐쇄가 가능한 전동댐퍼를 설치하여 화재 시 화재지점 부근의 배기구를 개방하여 집중적으로 배연할 수 있는 제연방식을 말한다.

⑤ "종류환기방식"이란 터널 안의 배기가스와 연기 등을 배출하는 환기방식으로서 기류를 종방향(출입구 방향)으로 흐르게 하여 환기하는 방식을 말한다.

⑥ "반횡류환기방식"이란 터널 안의 배기가스와 연기 등을 배출하는 환기방식으로서 터널에 수직배기구를 설치해서 횡방향과 종방향으로 기류를 흐르게 하여 환기하는 방식을

말한다.

⑦ "양방향터널"이란 하나의 터널 안에서 차량의 흐름이 서로 마주보게 되는 터널을 말한다.

⑧ "일방향터널"이란 하나의 터널 안에서 차량의 흐름이 하나의 방향으로만 진행되는 터널을 말한다.

⑨ "연기발생률"이란 일정한 설계화재강도의 차량에서 단위 시간당 발생하는 연기량을 말한다.

⑩ "피난연결통로"란 본선터널과 병설된 상대터널 또는 본선터널과 평행한 피난대피터널을 연결하는 통로를 말한다.

⑪ "배기구"란 터널 안의 오염공기를 배출하거나 화재 시 연기를 배출하기 위한 개구부를 말한다.

⑫ "배연용 팬"이란 화재 시 연기 및 열기류를 배출하기 위한 팬을 말한다.

⑬ 이 기준에서 사용하는 용어는 위에서 규정한 것을 제외하고는 관계법령 및 개별 기술기준에서 정하는 바에 따른다.

3 설치기준

(1) 소화기

① 소화기의 능력단위는 A급 화재는 3단위 이상, B급 화재는 5단위 이상 및 C급 화재에 적응성이 있는 것으로 할 것

② 수동식소화기의 총중량은 사용 및 운반의 편리성을 고려하여 7 kg 이하로 할 것

③ 수동식소화기는 주행차로의 우측 측벽에 50 m 이내의 간격으로 2개 이상을 설치하며, 편도 2차선 이상의 양방향 터널과 4차로 이상의 일방향 터널의 경우에는 양쪽 측벽에 각각 50 m 이내의 간격으로 엇갈리게 2개 이상을 설치할 것

④ 바닥면(차로 또는 보행로를 말한다. 이하 같다)으로부터 1.5 m 이하의 높이에 설치할 것

⑤ 소화기구함의 상부에 "소화기"라고 조명식 또는 반사식의 표지판을 부착하여 사용자가 쉽게 인지할 수 있도록 할 것

(2) 옥내소화전설비

① 소화전함과 방수구는 주행차로 우측 측벽을 따라 50 m 이내의 간격으로 설치하며, 편도

2차선 이상의 양방향 터널이나 4차로 이상의 일방향 터널의 경우에는 양쪽 측벽에 각각 50 m 이내의 간격으로 엇갈리게 설치할 것

② 수원은 그 저수량이 옥내소화전의 설치개수 2개(4차로 이상의 터널의 경우 3개)를 동시에 40분 이상 사용할 수 있는 충분한 양 이상을 확보할 것

③ 가압송수장치는 옥내소화전 2개(4차로 이상의 터널인 경우 3개)를 동시에 사용할 경우 각 옥내소화전의 노즐선단에서의 방수압력은 0.35 MPa 이상이고 방수량은 190 L/min 이상이 되는 성능의 것으로 할 것. 다만, 하나의 옥내소화전을 사용하는 노즐선단에서의 방수압력이 0.7 MPa을 초과할 경우에는 호스접결구의 인입측에 감압장치를 설치해야 한다.

④ 압력수조나 고가수조가 아닌 전동기 및 내연기관에 의한 펌프를 이용하는 가압송수장치는 주펌프와 동등 이상인 별도의 예비펌프를 설치할 것

⑤ 방수구는 40 mm 구경의 단구형을 옥내소화전이 설치된 벽면의 바닥면으로부터 1.5 m 이하의 높이에 설치할 것

⑥ 소화전함에는 옥내소화전 방수구 1개, 15 m 이상의 소방호스 3본 이상 및 방수노즐을 비치할 것

⑦ 옥내소화전설비의 비상전원은 40분 이상 작동할 수 있을 것

(3) 물분무소화설비

① 물분무 헤드는 도로면에 1 m^2당 6 L/min 이상의 수량을 균일하게 방수할 수 있도록 할 것

② 물분무설비의 하나의 방수구역은 25 m 이상으로 하며, 3개 방수구역을 동시에 40분 이상 방수할 수 있는 수량을 확보할 것

③ 물분무설비의 비상전원은 40분 이상 기능을 유지할 수 있도록 할 것

(4) 비상경보설비

① 발신기는 주행차로 한쪽 측벽에 50 m 이내의 간격으로 설치하며, 편도 2차선 이상의 양방향터널이나 4차로 이상의 일방향터널의 경우에는 양쪽의 측벽에 각각 50 m 이내의 간격으로 엇갈리게 설치하고, 발신기는 바닥면으로부터 0.8 m 이상, 1.5 m 이하의 높이에 설치할 것

② 음향장치는 발신기 설치위치와 동일하게 설치할 것. 「비상방송설비의 화재안전기술기준(NFTC 202)」에 적합하게 설치된 방송설비를 비상경보설비와 연동하여 작동하도록 설치한 경우에는 비상경보설비의 지구음향장치를 설치하지 않을 수 있다.

③ 음향장치의 음량은 부착된 음향장치의 중심으로부터 1 m 떨어진 위치에서 90 dB 이상이 되도록 하고, 음향장치는 터널 내부 전체에 동시에 경보를 발하도록 설치할 것
④ 시각경보기는 주행차로 한쪽 측벽에 50 m 이내의 간격으로 비상경보설비의 상부 직근에 설치하고, 설치된 전체 시각경보기는 동기방식에 의해 작동될 수 있도록 할 것

(5) 자동화재탐지설비

① 터널에 설치할 수 있는 감지기의 종류는 다음의 1과 같다.
가. 차동식분포형감지기
나. 정온식감지선형감지기(아날로그식에 한한다. 이하 같다)
다. 중앙기술심의위원회의 심의를 거쳐 터널화재에 적응성이 있다고 인정된 감지기
② 하나의 경계구역의 길이는 100 m 이하로 해야 한다.
③ "①"의 규정에 의한 감지기의 설치기준은 다음 각호와 같다. 다만, 중앙기술심의위원회의 심의를 거쳐 제조사 시방서에 따른 설치방법이 터널화재에 적합하다고 인정되는 경우에는 다음 각호의 기준에 의하지 않고 심의결과에 의한 제조사 시방서에 따라 설치할 수 있다.
가. 감지기의 감열부(열을 감지하는 기능을 갖는 부분을 말한다. 이하 같다)와 감열부 사이의 이격거리는 10 m 이하로, 감지기와 터널 좌·우측 벽면과의 이격거리는 6.5 m 이하로 설치할 것
나. "가"의 규정에 불구하고 터널 천장의 구조가 아치형의 터널에 감지기를 터널 진행 방향으로 설치하고자 하는 경우에는 감열부와 감열부 사이의 이격거리를 10 m 이하로 하여 아치형 천장의 중앙 최상부에 1열로 감지기를 설치해야 하며, 감지기를 2열 이상으로 설치하고자 하는 경우에는 감열부와 감열부 사이의 이격거리는 10 m 이하로 감지기 간의 이격거리는 6.5 m 이하로 설치할 것
다. 감지기를 천장면(터널 안 도로 등에 면한 부분 또는 상층의 바닥 하부면을 말한다. 이하 같다)에 설치하는 경우에는 감기기가 천장면에 밀착되지 않도록 고정금구 등을 사용하여 설치할 것
라. 형식승인 내용에 설치방법이 규정된 경우에는 형식승인 내용에 따라 설치할 것. 다만, 감지기와 천장면과의 이격거리에 대해 제조사의 시방서에 규정되어 있는 경우에는 시방서의 규정에 따라 설치할 수 있다.
④ "②"의 규정에도 불구하고 감지기의 작동에 의하여 다른 소방시설 등이 연동되는 경우로서 해당 소방시설 등의 작동을 위한 정확한 발화위치를 확인할 필요가 있는 경우에는 경계구역의 길이가 해당 설비의 방호구역 등에 포함되도록 설치해야 한다.
⑤ 발신기 및 지구음향장치는 비상경보설비의 규정을 준용하여 설치해야 한다.

(6) 비상조명등

① 상시 조명이 소등된 상태에서 비상조명등이 점등되는 경우 터널안의 차도 및 보도의 바닥면의 조도는 10럭스 이상, 그 외 모든 지점의 조도는 1럭스 이상이 될 수 있도록 설치할 것

② 비상조명등은 상용전원이 차단되는 경우 자동으로 비상전원으로 60분 이상 점등되도록 설치할 것

③ 비상조명등에 내장된 예비전원이나 축전지설비는 상용전원의 공급에 의하여 상시 충전상태를 유지할 수 있도록 설치할 것

(7) 제연설비

① 제연설비는 다음의 기준을 만족하도록 설계해야 한다.

가. 설계화재강도 20 MW를 기준으로 하고, 이 때 연기발생률은 80 m^3/s로 하며, 배출량은 발생된 연기와 혼합된 공기를 충분히 배출할 수 있는 용량 이상을 확보할 것

나. "가"의 규정에도 불구하고 화재강도가 설계화재강도보다 높을 것으로 예상될 경우 위험도분석을 통하여 설계화재강도를 설정하도록 할 것

② 제연설비는 다음의 기준에 따라 설치해야 한다.

가. 종류환기방식의 경우 제트팬의 소손을 고려하여 예비용 제트팬을 설치하도록 할 것

나. 횡류환기방식(또는 반횡류환기방식) 및 대배기구 방식의 배연용 팬은 덕트의 길이에 따라서 노출온도가 달라질 수 있으므로 수치해석 등을 통해서 내열온도 등을 검토한 후에 적용하도록 할 것

다. 대배기구의 개폐용 전동모터는 정전 등 전원이 차단되는 경우에도 조작상태를 유지할 수 있도록 할 것

라. 화재에 노출이 우려되는 제연설비와 전원공급선 및 제트팬 사이의 전원공급장치 등은 250℃의 온도에서 60분 이상 운전상태를 유지할 수 있도록 할 것

③ 제연설비의 기동은 다음의 어느 하나에 의하여 자동 또는 수동으로 기동될 수 있도록 해야 한다.

가. 화재감지기가 동작되는 경우

나. 발신기의 스위치 조작 또는 자동소화설비의 기동장치를 동작시키는 경우

다. 화재수신기 또는 감시제어반의 수동조작스위치를 동작시키는 경우

④ 비상전원은 60분 이상 작동할 수 있도록 해야 한다.

(8) 연결송수관설비

① 방수노즐 선단에서 방수압력은 0.35 MPa 이상, 방수량은 400 L/ min 이상을 유지할 수 있도록 할 것

② 방수구는 50 m 이내의 간격으로 옥내소화전함에 병설하거나 독립적으로 터널출입구 부근과 피난연결통로에 설치할 것

③ 방수기구함은 50 m 이내의 간격으로 옥내소화전함 안에 설치하거나 독립적으로 설치하고, 하나의 방수기구함에는 65 mm 방수노즐 1개와 15 m 이상의 호스 3본을 설치하도록 할 것

(9) 무선통신보조설비

① 무선통신보조설비의 무전기접속단자는 방재실과 터널의 입구 및 출구, 피난연결통로에 설치해야 한다.

② 라디오 재방송설비가 설치되는 터널의 경우에는 무선통신보조설비와 겸용으로 설치할 수 있다.

(10) 비상콘센트설비

① 비상콘센트설비의 전원회로는 단상교류 220 V인 것으로서, 그 공급용량은 1.5 KVA 이상인 것으로 할 것

② 전원회로는 주배전반에서 전용회로로 할 것. 다만, 다른 설비의 회로의 사고에 따른 영향을 받지 않도록 되어 있는 것에 있어서는 그렇지 않다.

③ 콘센트마다 배선용 차단기(KS C 8321)를 설치해야 하며, 충전부가 노출되지 않도록 할 것

④ 주행차로의 우측 측벽에 50 m 이내의 간격으로 바닥으로부터 0.8 m 이상 1.5 m 이하의 높이에 설치할 것

6.2 고층건축물

1 개요

30층 이상 또는 높이 120 m 이상인 고층건축물에 설치해야 하는 소방시설 등의 설치유지 및 안전관리에 관하여 필요한 사항을 규정하고 있다. 고층건축물에는 일반건축물에 설치해야 하는 모든 소방시설을 설치해야 하며, 설치기준은 각각의 화재안전기준에 따라야 한다.

고층건물을 분류하면 준초고층 건축물인 30층에서 49층(120 m에서 200 m 미만)까지의 특정소방대상물 기준과 초고층건축물인 50층 이상(200 m 이상)의 특정소방대상물에서의 기준을 구분하여 규정하고 있다. 예를 들면, 소화설비의 수원을 일반건축물에서는 20분이고, 준초고층 건축물에서는 40분 그리고 초고층건축물에서는 60분으로 강화한 것이다. 이 기준에서 특이한 것은 피난안전구역에 어떠한 소방시설을 어떻게 설치해야 하는지를 규정한다.

2 정의

① "고층건축물"이란 층수가 30층 이상이거나 높이가 120 m 이상인 건축물을 말한다.
② "급수배관"이란 수원 및 옥외송수구로부터 옥내소화전 방수구 또는 스프링클러헤드, 연결송수관 방수구에 급수하는 배관을 말한다.
③ "준초고층 건축물"이란 층수가 30층 이상 49층 이하(120 m에서 200 m 미만)까지의 건축물을 말한다.
④ "초고층 건축물"이란 층수가 50층 이상 또는 높이가 200미터 이상인 건축물을 말한다.

3 설치기준

(1) 옥내소화전설비

① 수원은 그 저수량이 옥내소화전의 설치개수가 가장 많은 층의 설치개수(5개 이상 설치

된 경우에는 5개)에 5.2 m^3(호스릴옥내소화전설비를 포함한다)를 곱한 양 이상이 되도록 해야 한다. 다만, 층수가 50층 이상인 건축물의 경우에는 7.8 m^3을 곱한 양 이상이 되도록 해야 한다.

② 수원은 ①에 따라 산출된 유효수량 외에 유효수량의 3분의 1 이상을 옥상(옥내소화전설비가 설치된 건축물의 주된 옥상을 말한다. 이하 같다)에 설치해야 한다.

※ 참고 : 옥내소화전설비(호스릴옥내소화전 포함) 수원의 저수량

가. 수원의 양

Q = 층 방출계수 × 설치된 소화전의 수(최대 5개)

- 30~49층 : $5.2\,\text{m}^3 = 130\,\text{L/min} \times 40\,\text{min} \times \dfrac{1\,\text{m}^3}{1{,}000\,\text{L}}$
- 50층 이상 : $7.8\,\text{m}^3 = 130\,\text{L/min} \times 60\,\text{min} \times \dfrac{1\,\text{m}^3}{1{,}000\,\text{L}}$

나. 옥상수조 수원양 = 수원의 양 × $\dfrac{1}{3}$

③ 전동기 또는 내연기관에 의한 펌프를 이용하는 가압송수장치는 옥내소화전설비 전용으로 설치해야 하며, 주펌프와 동등 이상의 성능이 있는 별도의 펌프로서 내연기관의 기동과 연동하여 작동되거나 비상전원을 연결한 예비펌프를 추가로 설치해야 한다.

④ 내연기관의 연료량은 펌프를 40분(50층 이상인 건축물의 경우에는 60분) 이상 운전할 수 있는 용량일 것

⑤ 급수배관은 전용으로 해야 한다. 다만, 옥내소화전설비의 성능에 지장이 없는 경우에는 연결송수관설비의 배관과 겸용할 수 있다.

⑥ 50층 이상인 건축물의 옥내소화전 주배관 중 수직배관은 두 개 이상(주배관 성능을 갖는 동일 호칭배관)으로 설치해야 하며, 하나의 수직배관의 파손 등 작동 불능 시에도 다른 수직배관으로부터 소화용수가 공급되도록 구성해야 한다.

⑦ 비상전원은 자가발전설비, 축전지설비 또는 전기저장장치로서 옥내소화전설비를 유효하게 40분(50층 이상인 건축물의 경우에는 60분) 이상 작동할 수 있어야 한다.

(2) 스프링클러설비

① 수원은 스프링클러설비 설치장소별 스프링클러헤드의 기준개수에 3.2 m^3을 곱한 양 이상이 되도록 해야 한다. 다만, 50층 이상인 건축물의 경우에는 4.8 m^3을 곱한 양 이상이 되도록 해야 한다.

② 스프링클러설비의 수원은 "①"에 따라 산출된 유효수량 외에 유효수량의 3분의 1 이상

을 옥상(스프링클러설비가 설치된 건축물의 주된 옥상을 말한다. 이하 같다)에 설치해야 한다.

※ 참고 : 스프링클러설비 수원의 저수량

가. 준초고층건축물인 경우(30~49층)의 수원 계산

특정소방대상물별 스프링클러헤드의 기준개수에 3.2 m^3를 곱한 양 이상의 수원을 보유해야 한다.

스프링클러헤드 기준개수가 30개인 경우 96 m^3가 된다.

- $Q = N \times 3.2\,m^3(80\,L/min \times 40\,min)$ 이상

  여기서, $Q\,(m^3)$: 수원의 저수량

  N (개) : 폐쇄형스프링클러헤드 기준개수(기준개수보다 적은 경우 그 설치개수)

- 옥상수조 수원양 = 수원의 양 × $\frac{1}{3}$

나. 초고층건축물인 경우(50층 이상)의 수원 계산

특정소방대상물별 스프링클러헤드의 기준개수에 4.8 m^3를 곱한 양 이상의 수원을 보유해야 한다.

스프링클러헤드 기준개수가 30개인 경우 144 m^3가 된다.

- $Q = N \times 4.8\,m^3(80\,L/min \times 60\,min)$ 이상

  여기서, $Q\,(m^3)$: 수원의 저수량

  N (개) : 폐쇄형스프링클러헤드 기준개수(기준개수보다 적은 경우 그 설치개수)

- 옥상수조 수원양 = 수원의 양 × $\frac{1}{3}$

③ 전동기 또는 내연기관에 의한 펌프를 이용하는 가압송수장치는 스프링클러설비 전용으로 설치해야 하며, 주펌프와 동등 이상의 성능이 있는 별도의 펌프로서 내연기관의 기동과 연동하여 작동되거나 비상전원을 연결한 예비펌프를 추가로 설치해야 한다.

④ 내연기관의 연료량은 펌프를 40분(50층 이상인 건축물의 경우에는 60분) 이상 운전할 수 있는 용량일 것

⑤ 급수배관은 전용으로 설치해야 한다.

⑥ 50층 이상인 건축물의 스프링클러설비 주배관 중 수직배관은 2개 이상(주배관 성능을 갖는 동일 호칭배관)으로 설치하고, 하나의 수직배관이 파손 등 작동 불능 시에도 다른 수직배관으로부터 소화수가 공급되도록 구성해야 하며, 각각의 수직배관에 유수검지장치를 설치해야 한다.

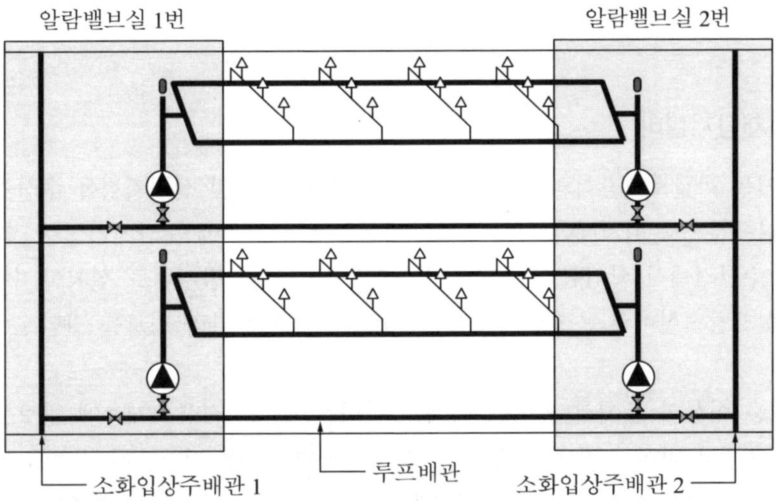

▮그림 6.1 50층 이상 건축물 스프링클러헤드에 소화수 공급

⑦ 50층 이상인 건축물의 스프링클러 헤드에는 2개 이상의 가지배관으로부터 양방향에서 소화수가 공급되도록 하고, 수리계산에 의한 설계를 해야 한다.

⑧ 스프링클러설비의 음향장치는 「스프링클러설비의 화재안전기술기준(NFTC 103)」에 따라 설치하되, 다음의 기준에 따라 경보를 발할 수 있도록 해야 한다.

가. 2층 이상의 층에서 발화한 때에는 발화층 및 그 직상 4개 층에 경보를 발할 것
나. 1층에서 발화한 때에는 발화층·그 직상 4개 층 및 지하층에 경보를 발할 것
다. 지하층에서 발화한 때에는 발화층·그 직상층 및 기타의 지하층에 경보를 발할 것

⑨ 비상전원은 자가발전설비, 축전지설비(내연기관에 따른 펌프를 사용하는 경우에는 내연기관의 기동 및 제어용 축전지를 말한다) 또는 전기저장장치로서 스프링클러설비를 유효하게 40분 이상 작동할 수 있을 것. 다만, 50층 이상인 건축물의 경우에는 60분 이상 작동할 수 있어야 한다.

(3) 비상방송설비

① 비상방송설비의 음향장치는 다음 각호의 기준에 따라 경보를 발할 수 있도록 해야 한다.

가. 2층 이상의 층에서 발화한 때에는 발화층 및 그 직상 4개층에 경보를 발할 것
나. 1층에서 발화한 때에는 발화층·그 직상 4개층 및 지하층에 경보를 발할 것
다. 지하층에서 발화한 때에는 발화층·그 직상층 및 기타의 지하층에 경보를 발할 것

② 비상방송설비에는 그 설비에 대한 감시상태를 60분간 지속한 후 유효하게 30분 이상 경보할 수 있는 축전지설비(수신기에 내장하는 경우를 포함한다) 또는 전지저장장치를

설치할 것

(4) 자동화재탐지설비

① 감지기는 아날로그방식의 감지기로서 감지기의 작동 및 설치지점을 수신기에서 확인할 수 있는 것으로 설치해야 한다. 다만, 공동주택의 경우에는 감지기별로 작동 및 설치지점을 수신기에서 확인할 수 있는 아날로그방식 외의 감지기로 설치할 수 있다.

② 자동화재탐지설비의 음향장치는 다음 각호의 기준에 따라 경보를 발할 수 있도록 해야 한다.

가. 2층 이상의 층에서 발화한 때에는 발화층 및 그 직상 4개층에 경보를 발할 것

나. 1층에서 발화한 때에는 발화층·그 직상 4개층 및 지하층에 경보를 발할 것

다. 지하층에서 발화한 때에는 발화층·그 직상층 및 기타의 지하층에 경보를 발할 것

③ 50층 이상인 건축물에 설치하는 통신·신호배선은 이중배선을 설치하도록 하고 단선(斷線) 시에도 고장표시가 되며 정상 작동할 수 있는 성능을 갖도록 설비를 해야 한다.

가. 수신기와 수신기 사이의 통신배선

나. 수신기와 중계기 사이의 신호배선

다. 수신기와 감지기 사이의 신호배선

④ 자동화재탐지설비에는 그 설비에 대한 감시상태를 60분간 지속한 후 유효하게 30분 이상 경보할 수 있는 축전지설비(수신기에 내장하는 경우를 포함한다) 또는 전지저장장치를 설치해야 한다. 다만, 상용전원이 축전지설비인 경우에는 그렇지 않다.

(5) 특별피난계단의 계단실 및 부속실 제연설비

특별피난계단의 계단실 및 부속실 제연설비는 「특별피난계단의 계단실 및 부속실 제연설비의 화재안전기술기준(NFTC 501A)」에 따라 설치하되, 비상전원은 자가발전설비, 축전지설비, 전기저장장치로 하고 제연설비를 유효하게 40분 이상 작동할 수 있도록 해야 한다. 다만, 50층 이상인 건축물의 경우에는 60분 이상 작동할 수 있어야 한다.

(6) 피난안전구역의 소방시설

「초고층 및 지하연계 복합건축물 재난관리에 관한 특별법시행령」에 따라 피난안전구역에 설치하는 소방시설의 설치기준은 [표 6.1]과 같다. 이 기준에 정하지 아니한 것은 개별 기술기준에 따라 설치해야 한다.

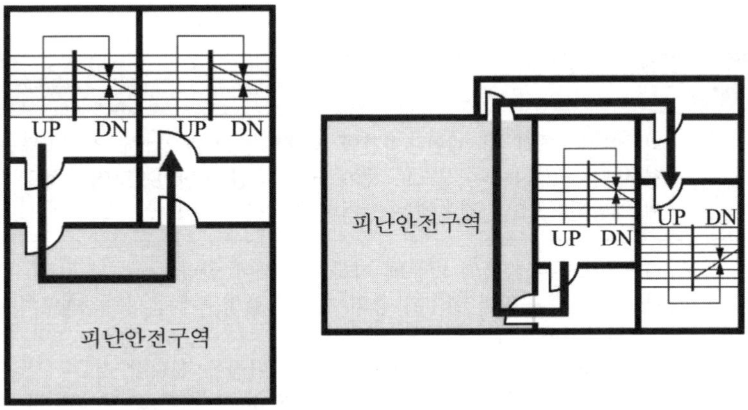

▮그림 6.2 피난안전구역 계단의 구조 예

(7) 연결송수관설비

① 연결송수관설비의 배관은 전용으로 한다. 다만, 주배관의 구경이 100 mm 이상인 옥내소화전설비와 겸용할 수 있다.

② 내연기관의 연료량은 펌프를 40분(50층 이상인 건축물의 경우에는 60분) 이상 운전할 수 있는 용량일 것

③ 연결송수관설비의 비상전원은 자가발전설비, 축전지설비(내연기관에 따른 펌프를 사용하는 경우에는 내연기관의 기동 및 제어용 축전지를 말한다), 전기저장장치로서 연결송수관설비를 유효하게 40분 이상 작동할 수 있어야 할 것. 다만, 50층 이상인 건축물의 경우에는 60분 이상 작동할 수 있어야 한다.

▮표 6.1 피난안전구역에 설치하는 소방시설 설치기준

구 분	설 치 기 준
1. 제연설비	피난안전구역과 비 제연구역간의 차압은 50 Pa (옥내에 스프링클러설비가 설치된 경우에는 12.5 Pa) 이상으로 해야 한다. 다만 피난안전구역의 한쪽 면 이상이 외기에 개방된 구조의 경우에는 설치하지 않을 수 있다.
2. 피난유도선	피난유도선은 다음의 기준에 따라 설치해야 한다. 가. 피난안전구역이 설치된 층의 계단실 출입구에서 피난안전구역 주 출입구 또는 비상구까지 설치할 것 나. 계단실에 설치하는 경우 계단 및 계단참에 설치할 것 다. 피난유도 표시부의 너비는 최소 25 mm 이상으로 설치할 것 라. 광원점등방식(전류에 의하여 빛을 내는 방식)으로 설치하되, 60분 이상 유효하게 작동할 것
3. 비상조명등	피난안전구역의 비상조명등은 상시 조명이 소등된 상태에서 그 비상조명등이 점등되는 경우 각 부분의 바닥에서 조도는 10럭스 이상이 될 수 있도록 설치할 것
4. 휴대용비상조명등	가. 피난안전구역에는 휴대용비상조명등을 다음의 기준에 따라 설치해야 한다. 1) 초고층 건축물에 설치된 피난안전구역 : 피난안전구역 위층의 재실자수(「건축물의 피난·방화구조 등의 기준에 관한 규칙」 별표 1의2에 따라 산정된 재실자 수를 말한다)의 10분의 1 이상 2) 지하연계 복합건축물에 설치된 피난안전구역 : 피난안전구역이 설치된 층의 수용인원(영 별표 7에 따라 산정된 수용인원을 말한다)의 10분의 1 이상 나. 건전지 및 충전식 건전지의 용량은 40분 이상 유효하게 사용할 수 있는 것으로 한다. 다만, 피난안전구역이 50층 이상에 설치되어 있을 경우의 용량은 60분 이상으로 할 것
5. 인명구조기구	가. 방열복, 인공소생기를 각 2개 이상 비치할 것 나. 45분 이상 사용할 수 있는 성능의 공기호흡기(보조마스크를 포함한다)를 2개 이상 비치해야 한다. 다만, 피난안전구역이 50층 이상에 설치되어 있을 경우에는 동일한 성능의 예비용기를 10개 이상 비치할 것 다. 화재시 쉽게 반출할 수 있는 곳에 비치할 것 라. 인명구조기구가 설치된 장소의 보기 쉬운 곳에 "인명구조기구"라는 표지판 등을 설치할 것

6.3 건설현장(임시소방시설)

1 목적

임시소방시설이란 건축물의 공사 중(건축・대수선・용도변경 또는 설치 등을 위한 공사)에 발생하는 화재를 대비하여 사용되는 설비로 소화설비와 피난설비가 있으며, 소화설비에는 소화기와 간이소화장치, 피난설비에는 비상경보장치와 간이피난 유도선이 있다. 또한 건물 준공 이후에는 철거되는 임시시설이다.

임시소방시설 설치 이유는 신축공사 등의 공사현장은 준공 이전의 건축물로 소방 관련 법상 특정소방대상물이 아니므로 공사 중 화재가 발생하여도 해당 신축현장 등에는 이에 대응하는 소방시설이 없는 실정이다. 최근 공사현장에서 지속적으로 화재가 발생하여 재산 및 인명피해가 늘어나자 공사현장에도 화재예방을 위한 근본적인 안전대책의 필요성이 대두되었다. 이에 화재위험이 높은 공사현장에 국한하여 준공 이후에는 시설물을 철거할 것을 감안하여 설치 및 철거가 쉬운 최소한의 소방시설 위주로 설치한다.

2 용어의 정의

(1) "임시소방시설"이란 「소방시설 설치 및 관리에 관한 법률」 제15조 제1항에 따른 설치 및 철거가 쉬운 화재대비시설을 말한다.

(2) "소화기"란 「소화기구 및 자동소화장치의 화재안전성능기준(NFPC101)」 제3조 제2호에서 정의하는 소화기를 말한다.

(3) "간이소화장치"란 건설현장에서 화재발생 시 신속한 화재 진압이 가능하도록 물을 방수하는 형태의 소화장치를 말한다.

(4) "비상경보장치"란 발신기, 경종, 표시등 및 시각경보장치가 결합된 형태의 것으로서 화재위험작업 공간 등에서 수동조작에 의해서 화재경보상황을 알려줄 수 있는 비상벨 장치를 말한다.

(5) "가스누설경보기"란 건설현장에서 발생하는 가연성가스를 탐지하여 경보하는 장치를 말한다.

(6) "간이피난유도선"이란 화재발생 시 작업자의 피난을 유도할 수 있는 케이블형태의 장치를 말한다.

(7) "비상조명등"이란 화재발생 시 안전하고 원활한 피난활동을 할 수 있도록 계단실 내부에 설치되어 자동 점등되는 조명등을 말한다.

(8) "방화포"란 건설현장 내 용접·용단 등의 작업 시 발생하는 금속성 불티로부터 가연물이 점화되는 것을 방지해주는 차단막을 말한다.

3 임시소방시설의 종류

(1) 소화기

(2) 간이소화장치 : 물을 방출하여 화재를 진화할 수 있는 장치로서 소방청장이 정하는 성능을 갖추고 있을 것

(3) 비상경보장치 : 화재가 발생한 경우 주변에 있는 작업자에게 화재사실을 알릴 수 있는 장치로서 소방청장이 정하는 성능을 갖추고 있을 것

(4) 가스누설경보기 : 가연성 가스가 누설되거나 발생된 경우 이를 탐지하여 경보하는 장치로서 법 제37조에 따른 형식승인 및 제품검사를 받은 것

(5) 간이피난유도선 : 화재가 발생한 경우 피난구 방향을 안내할 수 있는 장치로서 소방청장이 정하는 성능을 갖추고 있을 것

(6) 비상조명등 : 화재가 발생한 경우 안전하고 원활한 피난활동을 할 수 있도록 자동 점등되는 조명장치로서 소방청장이 정하는 성능을 갖추고 있을 것

(7) 방화포 : 용접·용단 등의 작업 시 발생하는 불티로부터 가연물이 점화되는 것을 방지해주는 천 또는 불연성 물품으로서 소방청장이 정하는 성능을 갖추고 있을 것

4 임시소방시설을 설치해야 하는 공사의 종류와 규모

(1) 소화기 : 법 제6조 제1항에 따라 소방본부장 또는 소방서장의 동의를 받아야 하는 특정소방대상물의 신축・증축・개축・재축・이전・용도변경 또는 대수선 등을 위한 공사 중 법 제15조 제1항에 따른 화재위험작업의 현장(이하 이 표에서 "화재위험작업현장"이라 한다)에 설치한다.

(2) 간이소화장치 : 다음의 어느 하나에 해당하는 공사의 화재위험작업현장에 설치한다.

가. 연면적 3천 m^2 이상

나. 지하층, 무창층 또는 4층 이상의 층. 이 경우 해당 층의 바닥면적이 600 m^2 이상인 경우만 해당한다.

(3) 비상경보장치 : 다음의 어느 하나에 해당하는 공사의 화재위험작업현장에 설치한다.

가. 연면적 400 m^2 이상

나. 지하층 또는 무창층. 이 경우 해당 층의 바닥면적이 150 m^2 이상인 경우만 해당한다.

(4) 가스누설경보기 : 바닥면적이 150 m^2 이상인 지하층 또는 무창층의 화재위험작업현장에 설치한다.

(5) 간이피난유도선 : 바닥면적이 150 m^2 이상인 지하층 또는 무창층의 화재위험작업현장에 설치한다.

(6) 비상조명등 : 바닥면적이 150 m^2 이상인 지하층 또는 무창층의 화재위험작업현장에 설치한다.

(7) 방화포 : 용접・용단 작업이 진행되는 화재위험작업현장에 설치한다.

(8) 임시소방시설과 기능 및 성능이 유사한 소방시설로서 임시소방시설을 설치한 것으로 보는 소방시설

가. 간이소화장치를 설치한 것으로 보는 소방시설 : 소방청장이 정하여 고시하는 기준에 맞는 소화기(연결송수관설비의 방수구 인근에 설치한 경우로 한정한다) 또는 옥내소화전설비

나. 비상경보장치를 설치한 것으로 보는 소방시설 : 비상방송설비 또는 자동화재탐지설비

다. 간이피난유도선을 설치한 것으로 보는 소방시설 : 피난유도선, 피난구유도등, 통로유도등 또는 비상조명등

5 설치기준

(1) 소화기

사람이 수동으로 조작하여 소화하는 것으로 소형과 대형 소화기에 대한 성능 및 설치기준은 다음과 같다.

① 소화기의 소화약제는 「소화기구의 화재안전기술성능(NFPC101)」에 따른 적응성이 있는 것을 설치해야 한다.
② 소화기는 각층마다 능력단위 3단위 이상인 소화기 2개 이상을 설치하고, 작업종료 시까지 작업지점으로부터 5 m 이내 쉽게 보이는 장소에 능력단위 3단위 이상인 소화기 2개 이상과 대형소화기 1개를 추가 배치해야 한다.
③ "소화기"라고 표시한 축광식 표지를 소화기 설치장소 보기 쉬운 곳에 부착하여야 한다.

(2) 간이소화장치

공사현장에서 화재위험작업 시 신속한 화재 진압이 가능하도록 물을 방수하는 이동식 또는 고정식 형태의 소화장치를 말하며 성능 및 설치기준은 다음과 같다.

① 20분 이상의 소화수를 공급할 수 있는 수원을 확보해야 한다.
② 소화수의 방수압력은 0.1메가파스칼 이상, 방수량은 분당 65리터 이상이어야 한다.
③ 영 제18조 제1항에 해당하는 작업을 하는 경우 작업종료 시까지 작업지점으로부터 25미터 이내에 배치하여 즉시 사용이 가능하도록 해야 한다.

▮그림 6.3 간이소화장치

④ 간이소화장치는 소방청장이 정하여 고시한 「간이소화장치의 성능인증 및 제품검사의 기술기준」에 적합한 것으로 해야 한다.

⑤ 영 제18조 제2항 별표 8 제3호 가목에 따라 해당 특정소방대상물에 설치되는 다음 각 목의 소방시설을 사용승인 전이라도 「소방시설공사업법」 제14조에 따른 완공검사(이하 "완공검사"라 한다)를 받아 사용할 수 있게 된 경우 간이소화장치를 배치하지 않을 수 있다.

가. 옥내소화전설비

나. 연결송수관설비와 연결송수관설비의 방수구 인근에 대형소화기를 6개 이상 배치한 경우

① 이동식

이동이 용이하도록 바퀴 등을 설치하며 바퀴의 이동이 용이하도록 바닥이 정비된 층이나 대형공간에 주로 설치된다.

② 고정식

설치위치에 따라 바닥에 고정하는 방식과 벽체에 고정하는 방식이 있다.

(3) 비상경보장치

화재위험작업 공간 등에서 수동조작에 의해서 화재경보상황을 알려줄 수 있는 설비(비상벨, 사이렌, 휴대용확성기 등)를 말하며 성능 및 설치기준은 다음과 같다.

① 피난층 또는 지상으로 통하는 각 층 직통계단의 출입구마다 설치해야 한다.

② 발신기를 누를 경우 해당 발신기와 결합된 경종이 작동해야 한다. 이 경우 다른 장소에 설치된 경종도 함께 연동하여 작동되도록 설치할 수 있다.

③ 경종의 음량은 부착된 음향장치의 중심으로부터 1미터 떨어진 위치에서 100데시벨 이상이 되는 것으로 설치해야 한다.

④ 발신기의 위치표시등은 함의 상부에 설치하되, 그 불빛은 부착 면으로부터 15도 이상의 범위 안에서 부착지점으로부터 10미터 이내의 어느 곳에서도 쉽게 식별할 수 있는 적색등으로 할 것

⑤ 시각경보장치는 발신기함 상부에 위치하도록 설치하되 바닥으로부터 2미터 이상 2.5미터 이하의 높이에 설치하여 건설현장의 각 부분에 유효하게 경보할 수 있도록 할 것

⑥ 발신기와 경종은 각각 「발신기의 형식승인 및 제품검사의 기술기준」과 「경종의 형식승인 및 제품검사의 기술기준」에 적합한 것으로, 표시등은 「표시등의 성능인증 및 제품검사의 기술기준」에 적합한 것으로 설치해야 한다.

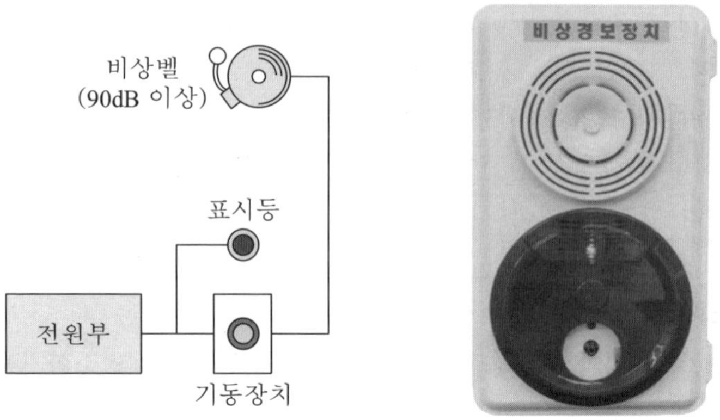

▌그림 6.4 비상경보장치

⑦ "비상경보장치"라고 표시한 표지를 비상경보장치 상단에 부착해야 한다.
⑧ 비상경보장치를 20분 이상 유효하게 작동시킬 수 있는 비상전원을 확보해야 한다.
⑨ 영 제18조 제2항 별표 8 제3호 나목에 따라 해당 특정소방대상물에 설치되는 자동화재 탐지설비 또는 비상방송설비를 사용승인 전이라도 완공검사를 받아 사용할 수 있게 된 경우 비상경보장치를 설치하지 않을 수 있다.

(4) 가스누설경보기

① 영 제18조 제1항 제1호에 따른 가연성가스를 발생시키는 작업을 하는 지하층 또는 무창층 내부(내부에 구획된 실이 있는 경우에는 구획실 마다)에 가연성가스를 발생시키는 작업을 하는 부분으로부터 수평거리 10미터 이내에 바닥으로부터 탐지부 상단까지의 거리가 0.3미터 이하인 위치에 설치해야 한다.
② 가스누설경보기는 소방청장이 정하여 고시한 「가스누설경보기의 형식승인 및 제품검사의 기술기준」에 적합한 것으로 설치해야 한다.

(5) 간이피난유도선

간이피난유도선은 공사현장에 화재발상 시 또는 정전 시에 안전하고 원활한 피난을 유도할 수 있도록 연속된 띠 형태로 피난통로 등에 설치하는 것으로 작업자의 피난을 유도하는 설비로 상시 점등되어 난안정성을 확보한다.

① 영 제18조 제2항 별표 8 제2호 마목에 따른 지하층이나 무창층에는 간이피난유도선을 녹색 계열의 광원점등방식으로 해당 층의 직통계단마다 계단의 출입구로부터 건물 내부로 10미터 이상의 길이로 설치해야 한다.

■그림 6.5 간이피난유도선

② 바닥으로부터 1미터 이하의 높이에 설치하고, 피난유도선이 점멸하거나 화살표로 표시하는 등의 방법으로 작업장의 어느 위치에서도 피난유도선을 통해 출입구로의 피난방향을 알 수 있도록 해야 한다.
③ 층 내부에 구획된 실이 있는 경우에는 구획된 각 실로부터 가장 가까운 직통계단의 출입구까지 연속하여 설치해야 한다.
④ 공사 중에는 상시 점등되도록 하고, 간이피난유도선을 20분 이상 유효하게 작동시킬 수 있는 비상전원을 확보해야 한다.
⑤ 영 제18조 제2항 별표 8 제3호 다목에 따라 해당 특정소방대상물에 설치되는 피난유도선, 피난구유도등, 통로유도등 또는 비상조명등을 사용승인 전이라도 완공검사를 받아 사용할 수 있게 된 경우 간이피난유도선을 설치하지 않을 수 있다.

(6) 비상조명등의 성능 및 설치기준

① 영 제18조 제2항 별표8 제2호 바목에 따른 지하층이나 무창층에서 피난층 또는 지상으로 통하는 직통계단의 계단실 내부에 각 층마다 설치해야 한다.
② 비상조명등이 설치된 장소의 조도는 각 부분의 바닥에서 1럭스 이상이 되도록 해야 한다.
③ 비상조명등을 20분(지하층과 지상 11층 이상의 층은 60분) 이상 유효하게 작동시킬 수 있는 비상전원을 확보해야 한다.
④ 비상경보장치가 작동할 경우 연동하여 점등되는 구조로 설치해야 한다.
⑤ 비상조명등은 소방청장이 정하여 고시한 「비상조명등의 형식승인 및 제품검사의 기술기준」에 적합한 것으로 해야 한다.

(7) 방화포의 성능 및 설치기준

① 용접·용단 작업 시 11미터 이내에 가연물이 있는 경우 해당 가연물을 방화포로 보호하여야 한다. 다만, 「산업안전보건기준에 관한 규칙」 제241조 제2항 제4호에 따른 비산방지조치를 한 경우에는 방화포를 설치하지 않을 수 있다.

② 소방청장이 정하여 고시한 「방화포의 성능인증 및 제품검사의 기술기준」에 적합한 것으로 설치해야 한다.

(8) 소방안전관리자의 업무

건설현장에 배치되는 소방안전관리자는 다음 각 호의 업무를 수행해야 한다.

① 방수·도장·우레탄폼 성형 등 가연성가스 발생 작업과 용접·용단 및 불꽃이 발생하는 작업이 동시에 이루어지지 않도록 수시로 확인해야 한다.

② 가연성가스가 발생되는 작업을 할 경우에는 사전에 가스누설경보기의 정상작동 여부를 확인하고, 작업 중 또는 작업 후 가연성가스가 체류되지 않도록 충분한 환기조치를 실시해야 한다.

③ 용접·용단 작업을 할 경우에는 성능인증 받은 방화포가 설치기준에 따라 적정하게 도포되어 있는지 확인해야 한다.

④ 위험물 등이 있는 장소에서 화기 등을 취급하는 작업이 이루어지지 않도록 확인해야 한다.

6.4 공동주택

1 목적

이 기준은 「소방시설 설치 및 관리에 관한 법률」 제12조 제1항에 따라 소방청장에게 위임한 사항 중 공동주택에 설치해야 하는 소방시설 등의 설치 및 관리에 관하여 필요한 사항을 규정함을 목적으로 한다.

2 적용범위

「소방시설 설치 및 관리에 관한 법률 시행령」(이하 "영"이라 한다) 제11조에 의한 소방시설을 설치해야 할 공동주택 중 아파트 등 및 기숙사에 설치하는 소방시설 등은 이 기준에서 정하는 규정에 따라 설비를 설치하고 관리해야 한다.

3 용어의 정의

① "공동주택"이란 영 [별표2] 제1호에서 규정한 대상을 말한다.
② "아파트 등"이란 영 [별표2] 제1호 가목에서 규정한 대상을 말한다.
③ "기숙사"란 영 [별표2] 제1호 라목에서 규정한 대상을 말한다.
④ "갓복도식 공동주택"이란 「건축물의 피난·방화구조 등의 기준에 관한 규칙」 제9조 제4항에서 규정한 대상을 말한다.

4 다른 화재안전성능기준과의 관계

공동주택에 설치하는 소방시설 등의 설치기준 중 이 기준에서 규정하지 아니한 소방시설 등의 설치기준은 개별 화재안전기준에 따라 설치해야 한다.

5 설치기준

(1) 소화기구 및 자동소화장치

① 소화기는 다음 각 호의 기준에 따라 설치해야 한다.

가. 바닥면적 100제곱미터 마다 1단위 이상의 능력단위를 기준으로 설치할 것

나. 아파트 등의 경우 각 세대 및 공용부(승강장, 복도 등)마다 설치할 것

다. 아파트 등의 세대 내에 설치된 보일러실이 방화 구획되거나, 스프링클러설비 · 간이 스프링클러설비 · 물분무등소화설비 중 하나가 설치된 경우에는 「소화기구 및 자동소화장치의 화재안전성능기준(NFPC 101)」 제4조 제1항 제3호를 적용하지 않을 수 있다.

라. 아파트등의 경우 「소화기구 및 자동소화장치의 화재안전성능기준(NFPC 101)」 제5조의 기준에 따른 소화기의 감소 규정을 적용하지 않을 것

② 주거용 주방자동소화장치는 아파트등의 주방에 열원(가스 또는 전기)의 종류에 적합한 것으로 설치하고, 열원을 차단할 수 있는 차단장치를 설치해야 한다.

(2) 옥내소화전설비

① 호스릴(hose reel) 방식으로 설치할 것

② 복층형 구조인 경우에는 출입구가 없는 층에 방수구를 설치하지 아니할 수 있다.

③ 감시제어반 전용실은 피난층 또는 지하 1층에 설치할 것. 다만, 상시 사람이 근무하는 장소 또는 관계인이 쉽게 접근할 수 있고 관리가 용이한 장소에 감시제어반 전용실을 설치할 경우에는 지상 2층 또는 지하 2층에 설치할 수 있다.

(3) 스프링클러설비

① 폐쇄형스프링클러헤드를 사용하는 아파트 등은 기준개수 10개(스프링클러헤드의 설치개수가 가장 많은 세대에 설치된 스프링클러헤드의 개수가 기준개수보다 작은 경우에는 그 설치개수를 말한다)에 1.6세제곱미터를 곱한 양 이상의 수원이 확보되도록 할 것. 다만, 아파트 등의 각 동이 주차장으로 서로 연결된 구조인 경우 해당 주차장 부분의

기준개수는 30개로 할 것

② 아파트 등의 경우 화장실 반자 내부에는「소방용 합성수지배관의 성능인증 및 제품검사의 기술기준」에 적합한 소방용 합성수지배관으로 배관을 설치할 수 있다. 다만, 소방용 합성수지배관 내부에 항상 소화수가 채워진 상태를 유지할 것

③ 하나의 방호구역은 2개 층에 미치지 아니하도록 할 것. 다만, 복층형 구조의 공동주택에는 3개 층 이내로 할 수 있다.

④ 아파트 등의 세대 내 스프링클러헤드를 설치하는 경우 천장·반자·천장과 반자사이·덕트·선반등의 각 부분으로부터 하나의 스프링클러헤드까지의 수평거리는 2.6미터 이하로 할 것.

⑤ 외벽에 설치된 창문에서 0.6미터 이내에 스프링클러헤드를 배치하고, 배치된 헤드의 수평거리 이내에 창문이 모두 포함되도록 할 것. 다만, 다음 각 목의 어느 하나에 해당하는 경우에는 그렇지 않다

가. 창문에 드렌처설비가 설치된 경우

나. 창문과 창문 사이의 수직부분이 내화구조로 90센티미터 이상 이격되어 있거나,「발코니 등의 구조변경절차 및 설치기준」 제4조 제1항부터 제5항까지에서 정하는 구조와 성능의 방화판 또는 방화유리창을 설치한 경우

다. 발코니가 설치된 부분

⑥ 거실에는 조기반응형 스프링클러헤드를 설치할 것

⑦ 감시제어반 전용실은 피난층 또는 지하 1층에 설치할 것. 다만, 상시 사람이 근무하는 장소 또는 관계인이 쉽게 접근할 수 있고 관리가 용이한 장소에 감시제어반 전용실을 설치할 경우에는 지상 2층 또는 지하 2층에 설치할 수 있다.

⑧「건축법 시행령」 제46조 제4항에 따라 설치된 대피공간에는 헤드를 설치하지 않을 수 있다.

⑨「스프링클러설비의 화재안전기술기준(NFTC 103)」의 기준에도 불구하고 세대 내 실외기실 등 소규모 공간에서 해당 공간 여건상 헤드와 장애물 사이에 60센티미터 반경을 확보하지 못하거나 장애물 폭의 3배를 확보하지 못하는 경우에는 살수방해가 최소화되는 위치에 설치할 수 있다.

(4) 물분무소화설비

물분무소화설비의 감시제어반 전용실은 피난층 또는 지하 1층에 설치해야 한다. 다만, 상시 사람이 근무하는 장소 또는 관계인이 쉽게 접근할 수 있고 관리가 용이한 장소에 감시제어반 전용실을 설치할 경우에는 지상 2층 또는 지하 2층에 설치할 수 있다.

(5) 포소화설비

포소화설비의 감시제어반 전용실은 피난층 또는 지하 1층에 설치해야 한다. 다만, 상시 사람이 근무하는 장소 또는 관계인이 쉽게 접근할 수 있고 관리가 용이한 장소에 감시제어반 전용실을 설치할 경우에는 지상 2층 또는 지하 2층에 설치할 수 있다.

(6) 옥외소화전설비

① 기동장치는 기동용수압개폐장치 또는 이와 동등 이상의 성능이 있는 것을 설치할 것.

② 감시제어반 전용실은 피난층 또는 지하 1층에 설치할 것. 다만, 상시 사람이 근무하는 장소 또는 관계인이 쉽게 접근할 수 있고 관리가 용이한 장소에 감시제어반 전용실을 설치할 경우에는 지상 2층 또는 지하 2층에 설치할 수 있다.

(7) 자동화재탐지설비

① 감지기는 다음 각 호의 기준에 따라 설치해야 한다.

가. 아날로그방식의 감지기, 광전식 공기흡입형 감지기 또는 이와 동등 이상의 기능·성능이 인정되는 것으로 설치할 것

나. 감지기의 신호처리방식은 「자동화재탐지설비 및 시각경보장치의 화재안전성능기준(NFPC 203)」 제3조의2에 따른다.

다. 세대 내 거실(취침용도로 사용될 수 있는 통상적인 방 및 거실을 말한다)에는 연기감지기를 설치할 것

라. 감지기 회로 단선 시 고장표시가 되며, 해당 회로에 설치된 감지기가 정상 작동될 수 있는 성능을 갖도록 할 것

② 복층형 구조인 경우에는 출입구가 없는 층에 발신기를 설치하지 아니할 수 있다.

(8) 비상방송설비

① 확성기는 각 세대마다 설치할 것

② 아파트 등의 경우 실내에 설치하는 확성기 음성입력은 2와트 이상일 것

(9) 피난기구

① 피난기구는 다음 각 호의 기준에 따라 설치해야 한다.

가. 아파트 등의 경우 각 세대마다 설치할 것

나. 피난장애가 발생하지 않도록 하기 위하여 피난기구를 설치하는 개구부는 동일 직선

상이 아닌 위치에 있을 것. 다만, 수직 피난방향으로 동일 직선상인 세대별 개구부에 피난기구를 엇갈리게 설치하여 피난장애가 발생하지 않는 경우에는 그렇지 않다.

다. 「공동주택관리법」 제2조 제1항 제2호(마목은 제외함)에 따른 "의무관리대상 공동주택"의 경우에는 하나의 관리주체가 관리하는 공동주택 구역마다 공기안전매트 1개 이상을 추가로 설치할 것. 다만, 옥상으로 피난이 가능하거나 수평 또는 수직 방향의 인접세대로 피난할 수 있는 구조인 경우에는 추가로 설치하지 않을 수 있다.

② 갓복도식 공동주택 또는 「건축법 시행령」 제46조 제5항에 해당하는 구조 또는 시설을 설치하여 수평 또는 수직 방향의 인접세대로 피난할 수 있는 아파트는 피난기구를 설치하지 않을 수 있다.

③ 승강식 피난기 및 하향식 피난구용 내림식 사다리가 「건축물의 피난·방화구조 등의 기준에 관한 규칙」 제14조에 따라 방화구획된 장소(세대 내부)에 설치될 경우에는 해당 방화구획된 장소를 대피실로 간주하고, 대피실의 면적규정과 외기에 접하는 구조로 대피실을 설치하는 규정을 적용하지 않을 수 있다.

(10) 유도등

① 소형 피난구 유도등을 설치할 것. 다만, 세대 내에는 유도등을 설치하지 않을 수 있다.

② 주차장으로 사용되는 부분은 중형 피난구유도등을 설치할 것

③ 「건축법 시행령」 제40조 제3항 제2호 나목 및 「주택건설기준 등에 관한 규정」 제16조의 2 제3항에 따라 비상문자동개폐장치가 설치된 옥상 출입문에는 대형 피난구유도등을 설치할 것

④ 내부구조가 단순하고 복도식이 아닌 층에는 「유도등 및 유도표지의 화재안전성능기준(NFPC 303)」 제5조 제3항 및 제6조 제1항 제1호 가목 기준을 적용하지 아니할 것

(11) 비상조명등

비상조명등은 각 거실로부터 지상에 이르는 복도·계단 및 그 밖의 통로에 설치해야 한다. 다만, 공동주택의 세대 내에는 출입구 인근 통로에 1개 이상 설치한다.

(12) 특별피난계단의 계단실 및 부속실 제연설비

특별피난계단의 계단실 및 부속실 제연설비는 「특별피난계단의 계단실 및 부속실 제연설비의 화재안전기술기준(NFTC 501A)」의 기준에 따라 성능확인을 해야 한다. 다만, 부속실을 단독으로 제연하는 경우에는 부속실과 면하는 옥내 출입문만 개방한 상태로 방연풍속을 측정

할 수 있다.

(13) 연결송수관설비

① 방수구는 다음 각 호의 기준에 따라 설치해야 한다.

가. 층마다 설치할 것. 다만, 아파트등의 1층과 2층(또는 피난층과 그 직상층)에는 설치하지 않을 수 있다.

나. 아파트 등의 경우 계단의 출입구(계단의 부속실을 포함하며 계단이 2 이상 있는 경우에는 그 중 1개의 계단을 말한다)로부터 5미터 이내에 방수구를 설치하되, 그 방수구로부터 해당 층의 각 부분까지의 수평거리가 50미터를 초과하는 경우에는 방수구를 추가로 설치할 것

다. 쌍구형으로 할 것. 다만, 아파트 등의 용도로 사용되는 층에는 단구형으로 설치할 수 있다.

라. 송수구는 동별로 설치하되, 소방차량의 접근 및 통행이 용이하고 잘 보이는 장소에 설치할 것

② 펌프의 토출량은 분당 2,400리터 이상(계단식 아파트의 경우에는 분당 1,200리터 이상)으로 하고, 방수구 개수가 3개를 초과(방수구가 5개 이상인 경우에는 5개)하는 경우에는 1개 마다 분당 800리터(계단식 아파트의 경우에는 분당 400리터 이상)를 가산해야 한다.

(14) 비상콘센트

아파트 등의 경우에는 계단의 출입구(계단의 부속실을 포함하며 계단이 2개 이상 있는 경우에는 그 중 1개의 계단을 말한다)로부터 5미터 이내에 비상콘센트를 설치하되, 그 비상콘센트로부터 해당 층의 각 부분까지의 수평거리가 50미터를 초과하는 경우에는 비상콘센트를 추가로 설치해야 한다.

CHAPTER 07

부 록

1. 고체에어로졸소화설비의 화재안전성능기준(NFPC 110)
2. 소방시설용 비상전원수전설비의 화재안전성능기준 (NFPC 602)
3. 전기저장시설의 화재안전성능기준(NFPC 607)
4. 창고시설의 화재안전성능기준(NFPC 609)
5. 소방시설의 내진설계 기준
6. 소방시설
7. 특정소방대상물
8. 특정소방대상물의 소방시설 설치의 면제기준
9. 특정소방대상물에 갖추어야 할 소방시설의 종류
10. 소방시설도시기호

1. 고체에어로졸소화설비의 화재안전성능기준(NFPC 110)

1. 목적

이 기준은 「소방시설 설치 및 관리에 관한 법률」(이하 "법"이라 한다) 제2조 제1항 제6호 가목에 따라 소방청장에게 위임한 사항 중 소화설비인 물분무등소화설비 중 고체에어로졸소화설비의 성능기준을 규정함을 목적으로 한다.

2. 적용범위

이 기준은 「소방시설 설치 및 관리에 관한 법률 시행령」(이하 "영"이라 한다) 별표 5 제1호 바목에 따른 물분무등소화설비 중 고체에어로졸소화설비의 설치 및 관리에 대해 적용한다.

3. 용어의 정의

① "고체에어로졸소화설비"란 설계밀도 이상의 고체에어로졸을 방호구역 전체에 균일하게 방출하는 설비로서 분산(Dispersed)방식이 아닌 압축(Condensed)방식을 말한다.
② "고체에어로졸화합물"이란 과산화물질, 가연성물질 등의 혼합물로서 화재를 소화하는 비전도성의 미세입자인 에어로졸을 만드는 고체화합물을 말한다.
③ "고체에어로졸"이란 고체에어로졸화합물의 연소과정에 의해 생성된 직경 10마이크로미터 이하의 고체 입자와 기체 상태의 물질로 구성된 혼합물을 말한다.
④ "고체에어로졸발생기"란 고체에어로졸화합물, 냉각장치, 작동장치, 방출구, 저장용기로 구성되어 에어로졸을 발생시키는 장치를 말한다.
⑤ "소화밀도"란 방호공간 내 규정된 시험조건의 화재를 소화하는데 필요한 단위체적(m^3)당 고체에어로졸화합물의 질량(g)을 말한다.
⑥ "설계밀도"란 소화설계를 위하여 필요한 것으로 소화밀도에 안전계수를 곱하여 얻어지는 값을 말한다.
⑦ "비상주장소"란 짧은 기간 동안 간헐적으로 사람들이 출입할 수는 있으나 일반적으로 사람들이 거주하지 않는 장소 또는 공간을 말한다.
⑧ "방호체적"이란 벽 등의 건물 구조 요소들로 구획된 방호구역의 체적에서 기둥 등 고정적인 구조물의 체적을 제외한 체적을 말한다.
⑨ "열 안전이격거리"란 고체에어로졸 방출 시 발생하는 온도에 영향을 받을 수 있는 모든 구조·구성요소와 고체에어로졸발생기 사이에 안전확보를 위해 필요한 이격거리를 말한다.

4. 일반조건

이 기준에 따라 설치되는 고체에어로졸소화설비는 다음 각 호의 기준을 충족해야 한다.
① 고체에어로졸은 전기 전도성이 없을 것
② 약제 방출 후 해당 화재의 재발화 방지를 위하여 최소 10분간 소화밀도를 유지할 것
③ 고체에어로졸소화설비에 사용되는 주요 구성품은 소방청장이 정하여 고시한 「고체에어로졸자동소화장치의 형식승인 및 제품검사의 기술기준」에 적합한 것일 것
④ 고체에어로졸소화설비는 비상주장소에 한하여 설치할 것
⑤ 고체에어로졸소화설비의 소화성능이 발휘될 수 있도록 방호구역 내부의 밀폐성을 확보할 것
⑥ 방호구역 출입구 인근에 고체에어로졸 방출 시 주의사항에 관한 내용의 표지를 설치해야 한다.

⑦ 이 기준에서 규정하지 않은 사항은 형식승인 받은 제조업체의 설계 매뉴얼에 따를 것

5. 설치제외

고체에어로졸소화설비는 산화성 물질, 자기반응성 금속, 금속 수소화물 또는 자동 열분해를 하는 화학물질 등을 포함한 화재와 폭발성 물질이 대기에 존재할 가능성이 있는 장소 등에는 사용할 수 없다.

6. 고체에어로졸발생기

고체에어로졸발생기는 다음 각 호의 기준에 따라 설치한다.

① 밀폐성이 보장된 방호구역 내에 설치하거나, 밀폐성능을 인정할 수 있는 별도의 조치를 취할 것
② 천장이나 벽면 상부에 설치하되 고체에어로졸 화합물이 균일하게 방출되도록 설치할 것
③ 직사광선 및 빗물이 침투할 우려가 없는 곳에 설치할 것
④ 고체에어로졸발생기는 인체 또는 가연물과의 최소 열 안전이격거리를 준수하여 설치할 것
⑤ 하나의 방호구역에는 동일 제품군 및 동일한 크기의 고체에어로졸발생기를 설치할 것
⑥ 방호구역의 높이는 형식승인 받은 고체에어로졸발생기의 최대 설치높이 이하로 할 것

7. 고체에어로졸화합물의 양

방호구역 내 소화를 위한 고체에어로졸화합물의 최소 질량은 설계밀도와 방호체적 등을 고려하여 다음 공식에 따라 산출한 양 이상으로 산정해야 한다.

$$m = d \times V$$

여기서, m : 필수소화약제량(g)

d : 설계밀도(g/m^3) = 소화밀도(g/m^3) × 1.3 (안전계수)

소화밀도 : 형식승인 받은 제조사의 설계 매뉴얼에 제시된 소화밀도

V : 방호체적(m^3)

8. 기동

① 고체에어로졸소화설비는 화재감지기 및 수동식 기동장치의 작동과 연동하여 기계적 또는 전기적 방식으로 작동해야 한다.
② 고체에어로졸소화설비 기동 시에는 1분 이내에 고체에어로졸 설계밀도의 95퍼센트 이상을 방호구역에 균일하게 방출해야 한다.
③ 고체에어로졸소화설비에는 수동식 기동장치를 제어반마다 설치하되, 조작, 피난 및 유지관리가 용이한 장소에 설치해야 한다.
④ 고체에어로졸의 방출을 지연시키기 위해 방출지연스위치를 설치해야 한다.

9. 제어반 등

① 고체에어로졸소화설비의 제어반은 수동기동장치 또는 화재감지기에서의 신호를 수신하여 음향경보장치의 작동, 소화약제의 방출 또는 기타의 제어기능을 가진 것으로 하고, 제어반에는 전원표시등을 설치해야 한다.
② 고체에어로졸소화설비의 화재표시반은 제어반에서 신호를 수신할 경우 방호구역별 경보장치, 수동식 기동장치 및 화재감지기의 작동 등을 표시등으로 명시하도록 설치해야 한다.
③ 고체에어로졸소화설비가 설치된 구역의 출입구에는 고체에어로졸의 방출을 명시하는 표시등을 설치해야 한다.
④ 고체에어로졸소화설비의 오작동을 제어하기 위해 제어반 인근에 설비정지스위치를 설치해야 한다.

10. 음향장치

고체에어로졸소화설비의 음향장치는 다음 각 호의 기준에 따라 설치해야 한다.

① 화재감지기가 작동하거나 수동식 기동장치가 작동할 경우 음향장치가 작동할 것
② 음향장치는 방호구역마다 설치하되 해당 구역의 각 부분으로부터 하나의 음향장치까지의 수평거리는 25미터 이하가 되도록 할 것
③ 음향장치는 경종 또는 사이렌(전자식 사이렌을 포함한다)으로 하되, 주위의 소음 및 다른 용도의 경보와 구별이 가능한 음색으로 할 것
④ 주 음향장치는 화재표시반의 내부 또는 그 직근에 설치할 것
⑤ 음향장치는 다음 각 목의 기준에 따른 구조 및 성능의 것으로 할 것
  가. 정격전압의 80퍼센트 전압에서 음향을 발할 수 있는 것으로 할 것
  나. 음량은 부착된 음향장치의 중심으로부터 1미터 떨어진 위치에서 90데시벨 이상이 되는 것으로 할 것
⑥ 고체에어로졸의 방출 개시 후 1분 이상 경보를 계속 발할 것

11. 화재감지기

고체에어로졸소화설비의 화재감지기는 광전식 공기흡입형 감지기, 아날로그 방식의 광전식 스포트형 감지기 또는 고체에어로졸소화설비에 적응성이 있다고 인정된 감지기를 설치해야 한다.

12. 방호구역의 자동폐쇄장치

고체에어로졸소화설비가 설치된 방호구역은 고체에어로졸소화설비가 기동할 경우 자동적으로 폐쇄되어야 한다.

13. 비상전원

고체에어로졸소화설비에는 자가발전설비, 축전지설비 또는 전기저장장치에 따른 비상전원을 다음 각 호의 기준에 따라 설치해야 한다.

① 점검에 편리하고 화재 및 침수 등의 재해로 인한 피해를 받을 우려가 없는 곳에 설치할 것
② 고체에어로졸소화설비에 최소 20분 이상 유효하게 전원을 공급할 것
③ 상용전원으로부터 전력의 공급이 중단된 때에는 자동으로 비상전원으로부터 전력을 공급받을 수 있도록 할 것
④ 비상전원의 설치장소는 다른 장소와 방화구획 할 것
⑤ 비상전원을 실내에 설치하는 때에는 그 실내에 비상조명등을 설치할 것

14. 배선 등

① 고체에어로졸소화설비의 배선은 「전기사업법」 제67조에 따른 「전기설비기술기준」에서 정한 것 외에 다음 각 호의 기준에 따라 설치해야 한다.
  가. 비상전원으로부터 제어반에 이르는 전원회로 배선은 내화배선으로 할 것
  나. 상용전원으로부터 제어반에 이르는 배선, 그 밖의 고체에어로졸소화설비의 감시·조작 또는 표시등 회로의 배선은 내화배선 또는 내열배선으로 할 것
  다. 화재감지기의 배선은 「자동화재탐지설비 및 시각경보장치의 화재안전성능기준(NFPC 203)」 제11조의 기준에 따른다.
② 제1항에 따른 내화배선 및 내열배선은 「옥내소화전설비의 화재안전성능기준(NFPC 102)」 제10조 제2항에 따른다.
③ 고체에어로졸소화설비의 과전류차단기 및 개폐기에는 "고체에어로졸소화설비용"이라고 표시한 표지를 해야 한다.

④ 고체에어로졸소화설비용 전기배선의 양단 및 접속단자에는 식별이 용이하도록 표지 또는 표시를 해야 한다.

15. 과압배출구

고체에어로졸소화설비가 설치된 방호구역에는 소화약제 방출 시 과압으로 인한 구조물 등의 손상을 방지하기 위하여 과압배출구를 설치해야 한다.

16. 설치 · 유지기준의 특례

소방본부장 또는 소방서장은 기존 건축물이 증축 · 개축 · 대수선되거나 용도변경 되는 경우, 이 기준이 정하는 기준에 따라 해당 건축물에 설치해야 할 고체에어로졸소화설비의 배선 등의 공사가 현저하게 곤란하다고 인정되는 경우에는 해당 설비의 기능 및 사용에 지장이 없는 범위 안에서 이 기준의 일부를 적용하지 않을 수 있다.

2. 소방시설용 비상전원수전설비의 화재안전성능기준(NFPC 602)

1. 목적

이 기준은 「소방시설 설치 및 관리에 관한 법률」(이하 "법"이라 한다) 제2조 제1항 제6호 가목에 따라 소방청장에게 위임한 사항 중 소방시설의 비상전원인 비상전원수전설비의 성능기준을 규정함을 목적으로 한다.

2. 적용범위

이 기준은 「소방시설 설치 및 관리에 관한 법률 시행령」(이하 "영"이라 한다) 별표 4의 소방시설에 설치해야 하는 비상전원수전설비의 설치 및 관리에 대해 적용한다.

3. 용어의 정의

이 기준에서 사용하는 용어의 정의는 다음과 같다.

① "과전류차단기"란 「전기설비기술기준의 판단기준」 제38조와 제39조에 따른 것을 말한다.
② "방화구획형"이란 수전설비를 다른 부분과 건축법상 방화구획을 하여 화재 시 이를 보호하도록 조치하는 방식을 말한다.
③ "변전설비"란 전력용변압기 및 그 부속장치를 말한다.
④ "배전반"이란 전력생산시설 등으로부터 직접 전력을 공급받아 분전반에 전력을 공급해주는 것으로서 다음 각 목의 배전반을 말한다.
　가. "공용배전반"이란 소방회로 및 일반회로 겸용의 것으로서 개폐기, 과전류차단기, 계기와 그 밖의 배선용기기 및 배선을 금속제 외함에 수납한 것을 말한다.
　나. "전용배전반"이란 소방회로 전용의 것으로서 개폐기, 과전류차단기, 계기와 그 밖의 배선용기기 및 배선을 금속제 외함에 수납한 것을 말한다.
⑤ "분전반"이란 배전반으로부터 전력을 공급받아 부하에 전력을 공급해주는 것으로서 다음 각 목의 분전반을 말한다.
　가. "공용분전반"이란 소방회로 및 일반회로 겸용의 것으로서 분기개폐기, 분기과전류차단기와 그 밖의 배선용기기 및 배선을 금속제 외함에 수납한 것을 말한다.
　나. "전용분전반"이란 소방회로 전용의 것으로서 분기 개폐기, 분기과전류차단기와 그 밖의 배선용기기 및 배선을 금속제 외함에 수납한 것을 말한다.
⑥ "비상전원수전설비"란 화재 시 상용전원이 공급되는 시점까지만 비상전원으로 적용이 가능한 설비로서 상용전원의 안전성과 내화성능을 향상시킨 설비를 말한다.
⑦ "소방회로"란 소방부하에 전원을 공급하는 전기회로를 말한다.
⑧ "수전설비"란 전력수급용 계기용변성기·주차단장치 및 그 부속기기를 말한다.
⑨ "옥외개방형"이란 건물의 옥외 또는 건물의 옥상에 울타리를 설치하고 그 내부에 수전설비를 설치하는 방식을 말한다.
⑩ "인입개폐기"란 「전기설비기술기준의 판단기준」 제169조에 따른 것을 말한다.
⑪ "인입구배선"이란 인입선의 연결점으로부터 특정소방대상물 내에 시설하는 인입개폐기에 이르는 배선을 말한다.
⑫ "인입선"이란 「전기설비기술기준」 제3조 제1항 제9호에 따른 것을 말한다.
⑬ "일반회로"란 소방회로 이외의 전기회로를 말한다.

⑭ "전기사업자"란 「전기사업법」 제2조 제2호에 따른 자를 말한다.
⑮ "큐비클형"이란 수전설비를 큐비클 내에 수납하여 설치하는 방식으로서 다음 각 목의 형식을 말한다.
　가. "공용큐비클식"이란 소방회로 및 일반회로 겸용의 것으로서 수전설비, 변전설비와 그 밖의 기기 및 배선을 금속제 외함에 수납한 것을 말한다.
　나. "전용큐비클식"이란 소방회로용의 것으로 수전설비, 변전설비와 그 밖의 기기 및 배선을 금속제 외함에 수납한 것을 말한다.

4. 인입선 및 인입구 배선의 시설

① 인입선은 특정소방대상물에 화재가 발생할 경우에도 화재로 인한 손상을 받지 않도록 설치해야 한다.
② 인입구 배선은 내화배선으로 해야 한다.

5. 특별고압 또는 고압으로 수전하는 경우

① 일반전기사업자로부터 특별고압 또는 고압으로 수전하는 비상전원 수전설비는 방화구획형, 옥외개방형 또는 큐비클(Cubicle)형으로서 다음 각 호에 적합하게 설치해야 한다.
　가. 전용의 방화구획 내에 설치할 것
　나. 소방회로배선은 일반회로배선과 불연성의 격벽으로 구획할 것
　다. 일반회로에서 과부하, 지락사고 또는 단락사고가 발생한 경우에도 이에 영향을 받지 않고 계속하여 소방회로에 전원을 공급시켜 줄 수 있어야 할 것
　라. 소방회로용 개폐기 및 과전류차단기에는 "소방시설용"이라 표시할 것
　마. 전기회로는 별표 1같이 결선할 것
② 옥외개방형은 옥외개방형이 설치된 건축물 또는 인접 건축물에 화재가 발생한 경우에도 화재로 인한 손상을 받지 않도록 설치해야 한다.
③ 큐비클형은 다음 각 호에 적합하게 설치해야 한다.
　가. 전용큐비클 또는 공용큐비클식으로 설치할 것
　나. 외함은 두께 2.3밀리미터 이상의 강판과 이와 동등 이상의 강도와 내화성능이 있는 것으로 제작해야 하며, 개구부(제3호에 게기하는 것은 제외한다)에는 「건축법 시행령」 제64조에 따른 방화문으로서 60분+ 방화문, 60분 방화문 또는 30분 방화문으로 설치할 것
　다. 다음 각 목(옥외에 설치하는 것에 있어서는 가목부터 다목까지)에 해당하는 것은 외함에 노출하여 설치할 수 있다.
　　가) 표시등(불연성 또는 난연성재료로 덮개를 설치한 것에 한한다)
　　나) 전선의 인입구 및 인출구
　　다) 환기장치
　　라) 전압계(퓨즈 등으로 보호한 것에 한한다)
　　마) 전류계(변류기의 2차측에 접속된 것에 한한다)
　　바) 계기용 전환스위치(불연성 또는 난연성재료로 제작된 것에 한한다)
　라. 외함은 건축물의 바닥 등에 견고하게 고정할 것
　마. 외함에 수납하는 수전설비, 변전설비 그 밖의 기기 및 배선은 다음 각 목에 적합하게 설치할 것
　　가) 외함 또는 프레임(Frame) 등에 견고하게 고정할 것
　　나) 외함의 바닥에서 10센티미터(시험단자, 단자대 등의 충전부는 15센티미터) 이상의 높이에 설치할 것
　바. 전선 인입구 및 인출구에는 금속관 또는 금속제 가요전선관을 쉽게 접속할 수 있도록 할 것

사. 환기장치는 다음 각 목에 적합하게 설치할 것

가) 내부의 온도가 상승하지 않도록 환기장치를 할 것

나) 자연환기구의 개부구 면적의 합계는 외함의 한 면에 대하여 해당 면적의 3분의 1 이하로 할 것. 이 경우 하나의 통기구의 크기는 직경 10밀리미터 이상의 둥근 막대가 들어가서는 안 된다.

다) 자연환기구에 따라 충분히 환기할 수 없는 경우에는 환기설비를 설치할 것

라) 환기구에는 금속망, 방화댐퍼 등으로 방화조치를 하고, 옥외에 설치하는 것은 빗물 등이 들어가지 않도록 할 것

아. 공용큐비클식의 소방회로와 일반회로에 사용되는 배선 및 배선용기기는 불연재료로 구획할 것

자. 그 밖의 큐비클형의 설치에 관하여는 제1항 제2호부터 제5호까지의 규정 및 한국산업표준에 적합할 것

[별표1] 고압 또는 특별고압 수전의 경우

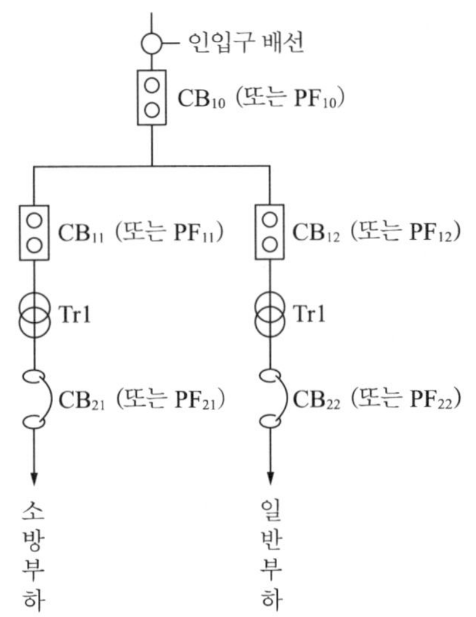

(가) 전용의 전력용변압기에서 소방부하에 전원을 공급하는 경우

주 1. 일반회로의 과부하 또는 단락사고시에 CB10 (또는 PF10)이 CB12 (또는 PF12) 및 CB22 (또는 F22)보다 먼저 차단되어서는 안 된다.

2. CB11 (또는 PF11)은 CB12 (또는 PF12)와 동등 이상의 차단용량일 것

약호	명 칭
CB	전력차단기
PF	전력퓨즈(고압 또는 특별고압용)
F	퓨즈(저압용)
Tr	전력용변압기

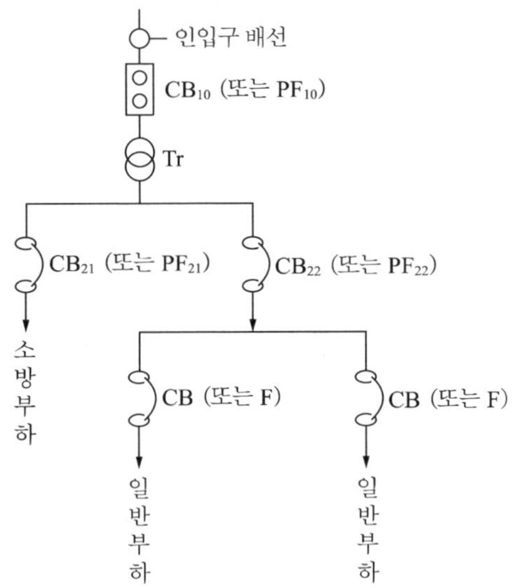

(나) 공용의 전력용변압기에서 소방부하에 전원을 공급하는 경우

주 1. 일반회로의 과부하 또는 단락사고시에 CB10 (또는 PF10)이 CB22 (또는 F22) 및 CB (또는 F)보다 먼저 차단되어서는 안 된다.

2. CB21 (또는 F21)은 CB22 (또는 F22)와 동등 이상의 차단용량일 것

약호	명 칭
CB	전력차단기
PF	전력퓨즈(고압 또는 특별고압용)
F	퓨즈(저압용)
Tr	전력용변압기

6. 저압으로 수전하는 경우

전기사업자로부터 저압으로 수전하는 비상전원수전설비는 전용배전반(1・2종)・전용분전반(1・2종) 또는 공용분전반(1・2종)으로 해야 한다.

① 제1종 배전반 및 제1종 분전반은 다음 각 호에 적합하게 설치해야 한다.
  가. 외함은 두께 1.6밀리미터(전면판 및 문은 2.3밀리미터) 이상의 강판과 이와 동등 이상의 강도와 내화성능이 있는 것으로 제작할 것
  나. 외함의 내부는 외부의 열에 의해 영향을 받지 않도록 내열성 및 단열성이 있는 재료를 사용하여 단열할 것. 이 경우 단열부분은 열 또는 진동에 따라 쉽게 변형되지 않아야 한다.
  다. 다음 각 목에 해당하는 것은 외함에 노출하여 설치할 수 있다.
    가) 표시등(불연성 또는 난연성재료로 덮개를 설치한 것에 한한다)
    나) 전선의 인입구 및 입출구
  라. 외함은 금속관 또는 금속제 가요전선관을 쉽게 접속할 수 있도록 하고, 해당 접속부분에는 단열조치를 할 것
  마. 공용배전판 및 공용분전판의 경우 소방회로와 일반회로에 사용하는 배선 및 배선용 기기는 불연재료로 구획되어야 할 것

② 제2종 배전반 및 제2종 분전반은 다음 각 호에 적합하게 설치해야 한다.
  가. 외함은 두께 1밀리미터(함 전면의 면적이 1,000제곱센티미터를 초과하고 2,000제곱센티미터 이하인 경우에는 1.2밀리미터, 2,000제곱센티미터를 초과하는 경우에는 1.6밀리미터) 이상의 강판과 이와 동등 이상의 강도와 내화성능이 있는 것으로 제작할 것
  나. 제1항 제3호 각목에 정한 것과 섭씨 120도의 온도를 가했을 때 이상이 없는 전압계 및 전류계는 외함에 노출하여 설치할 것
  다. 단열을 위해 배선용 불연전용실내에 설치할 것
  라. 그 밖의 제2종 배전반 및 제2종 분전반의 설치에 관하여는 제1항 제4호 및 제5호의 규정에 적합할 것

③ 그 밖의 배전반 및 분전반의 설치에 관하여는 다음 각 호에 적합해야 한다.
  가. 일반회로에서 과부하・지락사고 또는 단락사고가 발생한 경우에도 이에 영향을 받지 않고 계속하여 소방회로에 전원을 공급시켜 줄 수 있어야 할 것
  나. 소방회로용 개폐기 및 과전류차단기에는 "소방시설용"이라는 표시를 할 것
  다. 전기회로는 별표 2와 같이 결선할 것

[별표 2] 저압수전의 경우

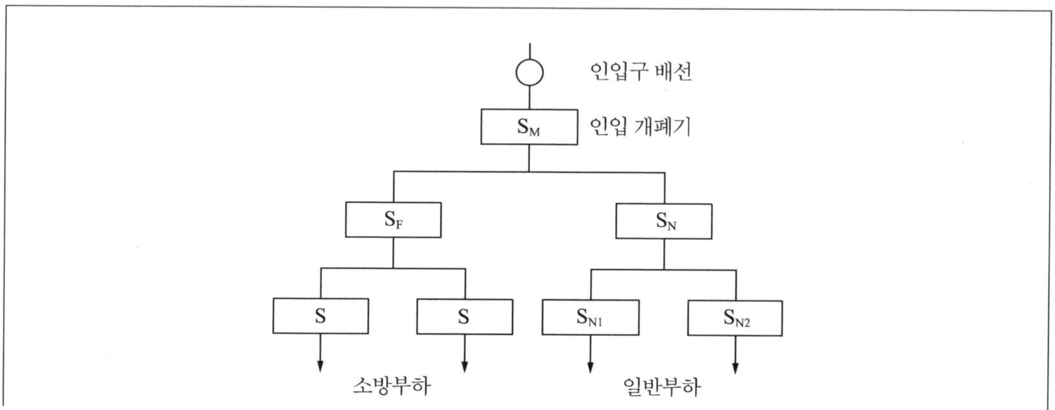

주 1. 일반회로의 과부하 또는 단락사고시 S_M이 SN, SN1 및 SN2보다 먼저차단 되어서는 안 된다.
2. SF는 SN과 동등 이상의 차단용량일 것

약호	명 칭
S	저압용개폐기 및 과전류차단기

7. 설치 · 유지기준의 특례

소방본부장 또는 소방서장은 기존건축물이 증축 · 개축 · 대수선되거나 용도변경 되는 경우에 있어서 이 기준이 정하는 기준에 따라 해당 건축물에 설치해야 할 비상전원수전설비의 배관 · 배선 등의 공사가 현저하게 곤란하다고 인정되는 경우에는 해당 설비의 기능 및 사용에 지장이 없는 범위 안에서 이 기준의 일부를 적용하지 않을 수 있다.

3. 전기저장시설의 화재안전성능기준(NFPC 607)

1. 목적

이 기준은 「소방시설 설치 및 관리에 관한 법률」(이하 "법"이라 한다) 제2조 제1항 제6호 가목에 따라 소방청장에게 위임한 사항 중 전기저장시설에 설치해야 하는 소방시설 등의 성능기준을 규정함을 목적으로 한다.

2. 적용범위

이 기준은 「소방시설 설치 및 관리에 관한 법률 시행령」(이하 "영"이라 한다) 제11조 제1항에 따라 전기저장시설에 설치해야 하는 소방시설 등의 설치 및 관리에 대해 적용한다.

3. 용어의 정의

① "전기저장장치"란 생산된 전기를 전력 계통에 저장했다가 전기가 가장 필요한 시기에 공급해 에너지 효율을 높이는 것으로 배터리(이차전지에 한정한다. 이하 같다), 배터리 관리 시스템, 전력 변환 장치 및 에너지 관리 시스템 등으로 구성되어 발전・송배전・일반 건축물에서 목적에 따라 단계별 저장이 가능한 장치를 말한다.

② "옥외형 전기저장장치 설비"란 컨테이너, 패널 등 전기저장장치 설비 전용 건축물의 형태로 옥외의 구획된 실에 설치된 전기저장장치를 말한다.

③ "옥내형 전기저장장치 설비"란 전기저장장치 설비 전용 건축물이 아닌 건축물의 내부에 설치되는 전기저장장치로 '옥외형 전기저장장치 설비'가 아닌 설비를 말한다.

④ "배터리실"이란 전기저장장치 중 배터리를 보관하기 위해 별도로 구획된 실을 말한다.

⑤ "더블인터락(Double-Interlock) 방식"이란 준비작동식스프링클러설비의 작동방식 중 화재감지기와 스프링클러헤드가 모두 작동되는 경우 준비작동식유수검지장치가 개방되는 방식을 말한다.

4. 다른 화재안전성능기준과의 관계

전기저장시설에 설치하는 소방시설 등의 설치 및 관리기준 중 이 기준에서 규정하지 않은 것은 개별 화재안전성능기준에 따른다.

5. 소화기

소화기는 부속용도별로 소화기의 능력단위를 고려하여 구획된 실 마다 추가하여 설치해야 한다.

6. 스프링클러설비

스프링클러설비는 다음 각 호의 기준에 따라 설치해야 한다.

① 스프링클러설비는 습식스프링클러설비 또는 준비작동식스프링클러설비(신속한 작동을 위해 더블인터락 방식은 제외한다)로 설치할 것

② 전기저장장치가 설치된 실의 바닥면적(바닥면적이 230제곱미터 이상인 경우에는 230제곱미터) 1제곱미터에 분당 12.2리터 이상의 수량을 균일하게 30분 이상 방수할 수 있도록 할 것

③ 스프링클러헤드의 방수로 인해 인접 헤드에 미치는 영향을 최소화하기 위하여 스프링클러헤드 사이의 간격을 1.8미터 이상 유지할 것. 이 경우 헤드 사이의 최대 간격은 스프링클러설비의 소화성능에 영향을 미치지 않는 간격 이내로 해야 한다.

④ 준비작동식스프링클러설비를 설치할 경우 제8조 제2항에 따른 감지기를 설치할 것

⑤ 스프링클러설비를 유효하게 일정 시간 이상 작동할 수 있는 비상전원을 갖출 것
⑥ 준비작동식스프링클러설비의 경우 전기저장장치의 출입구 부근에 수동식기동장치를 설치할 것
⑦ 소방자동차로부터 전기저장장치 설비에 송수할 수 있는 송수구를 「스프링클러설비의 화재안전성능기준(NFPC 103)」 제11조에 따라 설치할 것

7. 배터리용 소화장치

다음 각 호의 어느 하나에 해당하는 경우에는 6.에도 불구하고 법 제18조에 따른 중앙소방기술심의위원회의 심의를 거쳐 소방청장이 인정하는 시험방법으로 제13조 제2항에 따른 시험기관에서 전기저장장치에 대한 소화성능을 인정받은 배터리용 소화장치를 설치할 수 있다.

① 옥외형 전기저장장치 설비가 컨테이너 내부에 설치된 경우
② 옥외형 전기저장장치 설비가 다른 건축물, 주차장, 공용도로, 적재된 가연물, 위험물 등으로부터 30미터 이상 떨어진 지역에 설치된 경우

8. 자동화재탐지설비

① 자동화재탐지설비는 「자동화재탐지설비 및 시각경보장치의 화재안전성능기준(NFPC 203)」에 따라 설치해야 한다.
② 화재감지기는 공기흡입형 감지기, 아날로그식 연기감지기 또는 중앙소방기술심의위원회의 심의를 통해 전기저장장치의 화재에 적응성이 있다고 인정된 감지기를 설치해야 한다.

9. 배출설비

배출설비는 화재감지기의 감지에 따라 작동하고, 바닥면적 1제곱미터에 시간당 18세제곱미터 이상의 용량을 배출할 수 있는 용량의 것으로 설치해야 한다.

10. 설치장소

전기저장장치는 소방대의 원활한 소방활동을 위해 지면으로부터 지상 22미터 이내, 지하 9미터 이내로 설치해야 한다.

11. 방화구획

전기저장장치 설치장소의 벽체, 바닥 및 천장은 「건축물의 피난·방화구조 등의 기준에 관한 규칙」에 따라 건축물의 다른 부분과 방화구획 해야 한다.

12. 화재안전성능

① 소방본부장 또는 소방서장은 중앙소방기술심의위원회의 심의를 거쳐 소방청장이 인정하는 시험방법에 따라 제2항에 따른 시험기관에서 화재안전성능을 인정받은 경우에는 인정받은 성능 범위 안에서 제6조 및 제7조를 적용하지 않을 수 있다.
② 전기저장시설의 화재안전성능과 관련된 시험은 다음 각 호의 시험기관에서 수행할 수 있다.
가. 한국소방산업기술원
나. 한국화재보험협회 부설 방재시험연구원
③ "①"에 따른 소방청장이 인정하는 시험방법으로 화재안전성능을 시험할 수 있는 비영리 국가 공인시험기관(「국가표준기본법」 제23조에 따라 한국인정기구로부터 시험기관으로 인정받은 기관을 말한다)

4. 창고시설의 화재안전성능기준(NFPC 609)

1. 목적

이 기준은 「소방시설 설치 및 관리에 관한 법률」 제2조 제1항 제6호 가목에 따라 소방청장에게 위임한 사항 중 창고시설에 설치해야 하는 소방시설 등의 성능기준을 규정함을 목적으로 한다.

2. 적용범위

이 기준은 「소방시설 설치 및 관리에 관한 법률 시행령」(이하 "영"이라 한다) 제11조 제1항에 따라 창고시설에 설치해야 하는 소방시설 등의 설치 및 관리에 대해 적용한다.

3. 용어의 정의

① "창고시설"이란 영 별표2 제16호에서 규정한 창고시설을 말한다.
② "한국산업표준규격(KS)"이란 「산업표준화법」 제12조에 따라 산업통상자원부장관이 고시한 산업표준을 말한다.
③ "랙식 창고"란 한국산업표준규격(KS)의 랙(rack) 용어(KS T 2023)에서 정하고 있는 물품 보관용 랙을 설치하는 창고시설을 말한다.
④ "적층식 랙"이란 한국산업표준규격(KS)의 랙 용어(KS T 2023)에서 정하고 있는 선반을 다층식으로 겹쳐 쌓는 랙을 말한다.
⑤ "라지드롭형(large-drop type) 스프링클러헤드"란 동일 조건의 수압력에서 큰 물방울을 방출하여 화염의 전파속도가 빠르고 발열량이 큰 저장창고 등에서 발생하는 대형화재를 진압할 수 있는 헤드를 말한다.
⑥ "송기공간"이란 랙을 일렬로 나란하게 맞대어 설치하는 경우 랙 사이에 형성되는 공간(사람이나 장비가 이동하는 통로는 제외한다.)을 말한다.

4. 다른 화재안전성능기준과의 관계

창고시설에 설치하는 소방시설 등의 설치 및 관리기준 중 이 기준에서 규정하지 않은 것은 개별 화재안전성능기준에 따른다.

5. 소화기구 및 자동소화장치

창고시설 내 배전반 및 분전반마다 가스자동소화장치・분말자동소화장치・고체에어로졸자동소화장치 또는 소공간용 소화용구를 설치해야 한다.

6. 옥내소화전설비

① 수원의 저수량은 옥내소화전의 설치개수가 가장 많은 층의 설치개수(2개 이상 설치된 경우에는 2개)에 5.2세제곱미터(호스릴옥내소화전설비를 포함한다)를 곱한 양 이상이 되도록 해야 한다.
② 사람이 상시 근무하는 물류창고 등 동결의 우려가 없는 경우에는 「옥내소화전설비의 화재안전성능기준(NFPC 102)」 제5조 제1항 제9호의 단서를 적용하지 않는다.
③ 비상전원은 자가발전설비, 축전지설비(내연기관에 따른 펌프를 사용하는 경우에는 내연기관의 기동 및 제어용 축전지를 말한다) 또는 전기저장장치(외부 전기에너지를 저장해 두었다가 필요한 때 전기를 공급하는 장치)로서 옥내소화전설비를 유효하게 40분 이상 작동할 수 있어야 한다.

7. 스프링클러설비

① 스프링클러설비의 설치방식은 다음 각 호에 따른다.

가. 창고시설에 설치하는 스프링클러설비는 라지드롭형 스프링클러헤드를 습식으로 설치할 것. 다만, 다음 각 목의 어느 하나에 해당하는 경우에는 건식스프링클러설비로 설치할 수 있다.

가) 냉동창고 또는 영하의 온도로 저장하는 냉장창고

나) 창고시설 내에 상시 근무자가 없어 난방을 하지 않는 창고시설

나. 랙식 창고의 경우에는 "가"에 따라 설치하는 것 외에 라지드롭형 스프링클러헤드를 랙 높이 3미터 이하마다 설치할 것. 이 경우 수평거리 15센티미터 이상의 송기공간이 있는 랙식 창고에는 랙 높이 3미터 이하마다 설치하는 스프링클러헤드를 송기공간에 설치할 수 있다.

다. 창고시설에 적층식 랙을 설치하는 경우 적층식 랙의 각 단 바닥면적을 방호구역 면적으로 포함할 것

라. "가"~"다"에도 불구하고 천장 높이가 13.7미터 이하인 랙식 창고에는 「화재조기진압용 스프링클러설비의 화재안전성능기준(NFPC 103B)」에 따른 화재조기진압용 스프링클러설비를 설치할 수 있다.

② 수원의 저수량은 다음 각 호의 기준에 적합해야 한다.

가. 라지드롭형 스프링클러헤드의 설치개수가 가장 많은 방호구역의 설치개수(30개 이상 설치된 경우에는 30개)에 3.2 (랙식 창고의 경우에는 9.6)세제곱미터를 곱한 양 이상이 되도록 할 것

나. 화재조기진압용 스프링클러설비를 설치하는 경우 「화재조기진압용 스프링클러설비의 화재안전성능기준(NFPC 103B)」 제5조 제1항에 따를 것

③ 가압송수장치의 송수량은 다음 각 호의 기준에 적합해야 한다.

가. 가압송수장치의 송수량은 0.1메가파스칼의 방수압력 기준으로 분당 160리터 이상의 방수성능을 가진 기준 개수의 모든 헤드로부터의 방수량을 충족시킬 수 있는 양 이상인 것으로 할 것. 이 경우 속도수두는 계산에 포함하지 않을 수 있다.

나. 화재조기진압용 스프링클러설비를 설치하는 경우 「화재조기진압용 스프링클러설비의 화재안전성능기준(NFPC 103B)」 제6조 제1항 제9호에 따를 것

④ 교차배관에서 분기되는 지점을 기점으로 한쪽 가지배관에 설치되는 헤드의 개수(반자 아래와 반자속의 헤드를 하나의 가지배관 상에 병설하는 경우에는 반자 아래에 설치하는 헤드의 개수)는 4개 이하로 해야 한다. 다만, 제1항제4호에 따라 화재조기진압용 스프링클러설비를 설치하는 경우에는 그렇지 않다.

⑤ 스프링클러헤드는 다음 각 호의 기준에 적합해야 한다.

가. 라지드롭형 스프링클러헤드를 설치하는 천장・반자・천장과 반자사이・덕트・선반 등의 각 부분으로부터 하나의 스프링클러헤드까지의 수평거리는 「화재의 예방 및 안전관리에 관한 법률 시행령」 별표2의 특수가연물을 저장 또는 취급하는 창고는 1.7미터 이하, 그 외의 창고는 2.1미터(내화구조로 된 경우에는 2.3미터를 말한다) 이하로 할 것

나. 화재조기진압용 스프링클러헤드는 「화재조기진압용 스프링클러설비의 화재안전성능기준(NFPC 103B)」 제10조에 따라 설치할 것

⑥ 물품의 운반 등에 필요한 고정식 대형기기 설비의 설치를 위해 「건축법 시행령」 제46조 제2항에 따라 방화구획이 적용되지 아니하거나 완화 적용되어 연소할 우려가 있는 개구부에는 「스프링클러설비의 화재안전성능기준(NFPC 103)」 제10조 제7항 제2호에 따른 방법으로 드렌처설비를 설치해야 한다.

⑦ 비상전원은 자가발전설비, 축전지설비(내연기관에 따른 펌프를 사용하는 경우에는 내연기관의 기동 및 제어용 축전지를 말한다) 또는 전기저장장치(외부 전기에너지를 저장해 두었다가 필요한 때 전

기를 공급하는 장치를 말한다. 이하 같다)로서 스프링클러설비를 유효하게 20분(랙식 창고의 경우 60분을 말한다) 이상 작동할 수 있어야 한다.

8. 비상방송설비

① 확성기의 음성입력은 3와트(실내에 설치하는 것을 포함한다) 이상으로 해야 한다.
② 창고시설에서 발화한 때에는 전 층에 경보를 발해야 한다.
③ 비상방송설비에는 그 설비에 대한 감시상태를 60분간 지속한 후 유효하게 30분 이상 경보할 수 있는 축전지설비(수신기에 내장하는 경우를 포함한다. 이하 같다) 또는 전기저장장치를 설치해야 한다.

9. 자동화재탐지설비

① 감지기 작동 시 해당 감지기의 위치가 수신기에 표시되도록 해야 한다.
② 「개인정보 보호법」 제2조 제7호에 따른 영상정보처리기기를 설치하는 경우 수신기는 영상정보의 열람·재생 장소에 설치해야 한다.
③ 영 제11조에 따라 스프링클러설비를 설치하는 창고시설의 감지기는 다음 각 호의 기준에 따라 설치해야 한다.
  가. 아날로그방식의 감지기, 광전식 공기흡입형 감지기 또는 이와 동등 이상의 기능·성능이 인정되는 감지기를 설치할 것
  나. 감지기의 신호처리 방식은 「자동화재탐지설비 및 시각경보장치의 화재안전성능기준(NFPC 203)」 제3조의2에 따를 것
④ 창고시설에서 발화한 때에는 전 층에 경보를 발해야 한다.
⑤ 자동화재탐지설비에는 그 설비에 대한 감시상태를 60분간 지속한 후 유효하게 30분 이상 경보할 수 있는 비상전원으로서 축전지설비 또는 전기저장장치를 설치해야 한다. 다만, 상용전원이 축전지설비인 경우에는 그렇지 않다.

10. 유도등

① 피난구유도등과 거실통로유도등은 대형으로 설치해야 한다.
② 피난유도선은 연면적 1만 5천제곱미터 이상인 창고시설의 지하층 및 무창층에 다음 각 호의 기준에 따라 설치해야 한다.
  가. 광원점등방식으로 바닥으로부터 1미터 이하의 높이에 설치할 것
  나. 각 층 직통계단 출입구로부터 건물 내부 벽면으로 10미터 이상 설치할 것
  다. 화재 시 점등되며 비상전원 30분 이상을 확보할 것
  라. 피난유도선은 소방청장이 정해 고시하는 「피난유도선 성능인증 및 제품검사의 기술기준」에 적합한 것으로 설치할 것

11. 소화수조 및 저수조

소화수조 또는 저수조의 저수량은 특정소방대상물의 연면적을 5,000제곱미터로 나누어 얻은 수(소수점 이하의 수는 1로 본다)에 20세제곱미터를 곱한 양 이상이 되도록 해야 한다.

12. 설치·유지기준의 특례

소방본부장 또는 소방서장은 기존건축물이 증축되거나 용도변경 되는 경우에 있어서 이 기준이 정하는 기준에 따라 해당 창고시설에 설치해야 할 소방시설의 배관·배선 등의 공사가 현저하게 곤란하다고 인정되는 경우에는 해당 설비의 기능 및 사용에 지장이 없는 범위 안에서 이 기준의 일부를 적용하지 않을 수 있다.

5 소방시설의 내진설계 기준

제1조(목적) 이 기준은 「화재예방, 소방시설 설치 · 유지 및 안전관리에 관한 법률」 제9조의2에 따라 소방청장에게 위임한 소방시설의 내진설계 기준에 관하여 필요한 사항을 규정함을 목적으로 한다.

제2조(적용범위) ① 「화재예방, 소방시설 설치 · 유지 및 안전관리에 관한 법률 시행령」(이하 "영"이라 한다) 제15조의2에 따른 옥내소화전설비, 스프링클러설비, 물분무등소화설비(이하 이 조에서 "각 설비"라 한다)는 이 기준에서 정하는 규정에 적합하게 설치해야 한다. 다만, 각 설비의 성능시험배관, 지중매설배관, 배수배관 등은 제외한다.

② 제1항의 각 설비에 대하여 특수한 구조 등으로 특별한 조사 · 연구에 의해 설계하는 경우에는 그 근거를 명시하고, 이 기준을 따르지 않을 수 있다.

제3조(정의) 이 기준에서 사용하는 용어의 정의는 다음과 같다.

1. "내진"이란 면진, 제진을 포함한 지진으로부터 소방시설의 피해를 줄일 수 있는 구조를 의미하는 포괄적인 개념을 말한다.
2. "면진"이란 건축물과 소방시설을 지진동으로부터 격리시켜 지반진동으로 인한 지진력이 직접 구조물로 전달되는 양을 감소시킴으로써 내진성을 확보하는 수동적인 지진 제어 기술을 말한다.
3. "제진"이란 별도의 장치를 이용하여 지진력에 상응하는 힘을 구조물 내에서 발생시키거나 지진력을 흡수하여 구조물이 부담해야 하는 지진력을 감소시키는 지진 제어 기술을 말한다.
4. "수평지진하중(F_{pw})"이란 지진 시 흔들림 방지 버팀대에 전달되는 배관의 동적지진하중 또는 같은 크기의 정적지진하중으로 환산한 값으로 허용응력설계법으로 산정한 지진하중을 말한다.
5. "세장비(L/r)"란 흔들림 방지 버팀대 지지대의 길이(L)와, 최소단면2차반경(r)의 비율을 말하며, 세장비가 커질수록 좌굴(buckling)현상이 발생하여 지진 발생 시 파괴되거나 손상을 입기 쉽다.
6. "지진거동특성"이란 지진발생으로 인한 외부적인 힘에 반응하여 움직이는 특성을 말한다.
7. "지진분리이음"이란 지진발생시 지진으로 인한 진동이 배관에 손상을 주지 않고 배관의 축방향 변위, 회전, 1° 이상의 각도 변위를 허용하는 이음을 말한다. 단, 구경 200 mm 이상의 배관은 허용하는 각도변위를 0.5° 이상으로 한다.
8. "지진분리장치"란 지진 발생 시 건축물 지진분리이음 설치 위치 및 지상에 노출된 건축물과 건축물 사이 등에서 발생하는 상대변위 발생에 대응하기 위해 모든 방향에서의 변위를 허용하는 커플링, 플렉시블 조인트, 관부속품 등의 집합체를 말한다.
9. "가요성이음장치"란 지진 시 수조 또는 가압송수장치와 배관 사이 등에서 발생하는 상대변위 발생에 대응하기 위해 수평 및 수직 방향의 변위를 허용하는 플렉시블 조인트 등을 말한다.
10. "가동중량(W_p)"이란 수조, 가압송수장치, 함류, 제어반등, 가스계 및 분말소화설비의 저장용기, 비상전원, 배관의 작동상태를 고려한 무게를 말하며 다음 각 목의 기준에 따른다.
    가. 배관의 작동상태를 고려한 무게란 배관 및 기타 부속품의 무게를 포함하기 위한 중량으로 용수가 충전된 배관 무게의 1.15배를 적용한다.
    나. 수조, 가압송수장치, 함류, 제어반등, 가스계 및 분말소화설비의 저장용기, 비상전원의 작동상태를 고려한 무게란 유효중량에 안전율을 고려하여 적용한다
11. "근입 깊이"란 앵커볼트가 벽면 또는 바닥면 속으로 들어가 인발력에 저항할 수 있는 구간의 길이를 말한다.

12. "내진스토퍼"란 지진하중에 의해 과도한 변위가 발생하지 않도록 제한하는 장치를 말한다.
13. "구조부재"란 건축설계에 있어 구조계산에 포함되는 하중을 지지하는 부재를 말한다.
14. "지진하중"이란 지진에 의한 지반운동으로 구조물에 작용하는 하중을 말한다.
15. "편심하중"이란 하중의 합력 방향이 그 물체의 중심을 지나지 않을 때의 하중을 말한다.
16. "지진동"이란 지진 시 발생하는 진동을 말한다.
17. "단부"란 직선배관에서 방향 전환하는 지점과 배관이 끝나는 지점을 말한다.
18. "S"란 재현주기 2400년을 기준으로 정의되는 최대고려 지진의 유효수평지반가속도로서 "건축물 내진설계기준(KDS 41 17 00)"의 지진구역에 따른 지진구역계수(Z)에 2400년 재현주기에 해당하는 위험도계수(I) 2.0을 곱한 값을 말한다.
19. "Ss"란 단주기 응답지수(short period response parameter)로서 유효수평지반가속도 S를 2.5배한 값을 말한다.
20. "영향구역"이란 흔들림 방지 버팀대가 수평지진하중을 지지할 수 있는 예상구역을 말한다.
21. "상쇄배관(offset)" 이란 영향구역 내의 직선배관이 방향전환 한 후 다시 같은 방향으로 연속될 경우, 중간에 방향전환 된 짧은 배관은 단부로 보지 않고 상쇄하여 직선으로 볼 수 있는 것을 말하며, 짧은 배관의 합산길이는 3.7 m 이해야 한다.
22. "수직직선배관"이란 중력방향으로 설치된 주배관, 교차배관, 가지배관 등으로서 어떠한 방향전환도 없는 직선배관을 말한다. 단, 방향전환부분의 배관길이가 상쇄배관(offset) 길이 이하인 경우 하나의 수직직선배관으로 간주한다.
23. "수평직선배관"이란 수평방향으로 설치된 주배관, 교차배관, 가지배관 등으로서 어떠한 방향전환도 없는 직선배관을 말한다. 단, 방향전환부분의 배관길이가 상쇄배관(offset) 길이 이하인 경우 하나의 수평직선배관으로 간주한다.
24. "가지배관 고정장치"란 지진거동특성으로부터 가지배관의 움직임을 제한하여 파손, 변형 등으로부터 가지배관을 보호하기 위한 와이어타입, 환봉타입의 고정장치를 말한다.
25. "제어반등"이란 수신기(중계반을 포함한다), 동력제어반, 감시제어반 등을 말한다.
26. "횡방향 흔들림 방지 버팀대"란 수평직선배관의 진행방향과 직각방향(횡방향)의 수평지진하중을 지지하는 버팀대를 말한다.
27. "종방향 흔들림 방지 버팀대"란 수평직선배관의 진행방향(종방향)의 수평지진하중을 지지하는 버팀대를 말한다.
28. "4방향 흔들림 방지 버팀대"란 건축물 평면상에서 종방향 및 횡방향 수평지진하중을 지지하거나, 종·횡 단면상에서 전·후·좌·우 방향의 수평지진하중을 지지하는 버팀대를 말한다.

제3조의2(공통 적용사항) ① 소방시설의 내진설계에서 내진등급, 성능수준, 지진위험도, 지진구역 및 지진구역계수는 "건축물 내진설계기준(KDS 41 17 00)"을 따르고 중요도계수(I_p)는 1.5로 한다.

② 지진하중은 다음 각 호의 기준에 따라 계산한다.

1. 소방시설의 지진하중은 "건축물 내진설계기준" 중 비구조요소의 설계지진력 산정방법을 따른다.
2. 허용응력설계법을 적용하는 경우에는 제1호의 산정방법 중 허용응력설계법 외의 방법으로 산정된 설계지진력에 0.7을 곱한 값을 지진하중으로 적용한다.
3. 지진에 의한 소화배관의 수평지진하중(F_{pw}) 산정은 허용응력설계법으로 하며 다음 각호 중 어느 하나를 적용한다.

   가. $F_{pw} = C_p \times W_p$

   여기서, F_{pw} : 수평지진하중

   W_p : 가동중량

C_p : 소화배관의 지진계수(별표 1에 따라 선정한다)

나. 제1호에 따른 산정방법 중 허용응력설계법 외의 방법으로 산정된 설계지진력에 0.7을 곱한 값을 수평지진하중(F_{pw})으로 적용한다.

4. 지진에 의한 배관의 수평설계지진력이 0.5 W_p을 초과하고, 흔들림 방지 버팀대의 각도가 수직으로부터 45도 미만인 경우 또는 수평설계지진력이 1.0 W_p를 초과하고 흔들림 방지 버팀대의 각도가 수직으로부터 60도 미만인 경우 흔들림 방지 버팀대는 수평설계지진력에 의한 유효수직반력을 견디도록 설치해야 한다.

③ 앵커볼트는 다음 각 호의 기준에 따라 설치한다.

1. 수조, 가압송수장치, 함, 제어반등, 비상전원, 가스계 및 분말소화설비의 저장용기 등은 "건축물 내진설계기준" 비구조요소의 정착부의 기준에 따라 앵커볼트를 설치해야 한다.
2. 앵커볼트는 건축물 정착부의 두께, 볼트설치 간격, 모서리까지 거리, 콘크리트의 강도, 균열 콘크리트 여부, 앵커볼트의 단일 또는 그룹설치 등을 확인하여 최대허용하중을 결정해야 한다.
3. 흔들림 방지 버팀대에 설치하는 앵커볼트 최대허용하중은 제조사가 제시한 설계하중 값에 0.43을 곱해야 한다.
4. 건축물 부착 형태에 따른 프라잉효과나 편심을 고려하여 수평지진하중의 작용하중을 구하고 앵커볼트 최대허용하중과 작용하중과의 내진설계 적정성을 평가하여 설치해야 한다.
5. 소방시설을 팽창성·화학성 또는 부분적으로 현장타설된 건축부재에 정착할 경우에는 수평지진하중을 1.5배 증가시켜 사용한다.

④ 수조·가압송수장치·제어반등 및 비상전원 등을 바닥에 고정하는 경우 기초(패드 포함)부분의 구조안전성을 확인해야 한다.

제4조(수원) 수조는 다음 각 호의 기준에 따라 설치해야 한다.

1. 수조는 지진에 의하여 손상되거나 과도한 변위가 발생하지 않도록 기초(패드포함), 본체 및 연결부분의 구조안전성을 확인해야 한다.
2. 수조는 건축물의 구조부재나 구조부재와 연결된 수조 기초부(패드)에 고정하여 지진 시 파손(손상), 변형, 이동, 전도 등이 발생하지 않아야 한다.
3. 수조와 연결되는 소화배관에는 지진 시 상대변위를 고려하여 가요성이음장치를 설치해야 한다.

제5조(가압송수장치) ① 가압송수장치에 방진장치가 있어 앵커볼트로 지지 및 고정할 수 없는 경우에는 다음 각 호의 기준에 따라 내진스토퍼 등을 설치해야 한다. 다만, 방진장치에 이 기준에 따른 내진성능이 있는 경우는 제외한다.

1. 정상운전에 지장이 없도록 내진스토퍼와 본체 사이에 최소 3 mm 이상 이격하여 설치한다.
2. 내진스토퍼는 제조사에서 제시한 허용하중이 제3조의2 제2항에 따른 지진하중 이상을 견딜 수 있는 것으로 설치해야 한다. 단, 내진스토퍼와 본체사이의 이격거리가 6 mm를 초과한 경우에는 수평지진하중의 2배 이상을 견딜 수 있는 것으로 설치해야 한다.

② 가압송수장치의 흡입측 및 토출측에는 지진 시 상대변위를 고려하여 가요성이음장치를 설치해야 한다.

제6조(배관) ① 배관은 다음 각 호의 기준에 따라 설치해야 한다.

1. 건물 구조부재간의 상대변위에 의한 배관의 응력을 최소화하기 위하여 지진분리이음 또는 지진분리장치를 사용하거나 이격거리를 유지해야 한다.
2. 건축물 지진분리이음 설치위치 및 건축물 간의 연결배관 중 지상노출 배관이 건축물로 인입되는 위치의 배관에는 관경에 관계없이 지진분리장치를 설치해야 한다.

3. 천장과 일체 거동을 하는 부분에 배관이 지지되어 있을 경우 배관을 단단히 고정시키기 위해 흔들림 방지 버팀대를 사용해야 한다.
4. 배관의 흔들림을 방지하기 위하여 흔들림 방지 버팀대를 사용해야 한다.
5. 흔들림 방지 버팀대와 그 고정장치는 소화설비의 동작 및 살수를 방해하지 않아야 한다.

② 배관의 수평지진하중은 다음 각 호의 기준에 따라 계산해야 한다.

1. 흔들림 방지 버팀대의 수평지진하중 산정 시 배관의 중량은 가동중량(W_p)으로 산정한다.
2. 흔들림 방지 버팀대에 작용하는 수평지진하중은 제3조의2 제2항 제3호에 따라 산정한다.
3. 수평지진하중(F_{pw})은 배관의 횡방향과 종방향에 각각 적용되어야 한다.

③ 벽, 바닥 또는 기초를 관통하는 배관 주위에는 다음 각 호의 기준에 따라 이격거리를 확보해야 한다. 다만, 벽, 바닥 또는 기초의 각 면에서 300 mm 이내에 지진분리이음을 설치하거나 내화성능이 요구되지 않는 석고보드나 이와 유사한 부서지기 쉬운 부재를 관통하는 배관은 그렇지 않다.

1. 관통구 및 배관 슬리브의 호칭구경은 배관의 호칭구경이 25 mm 내지 100 mm 미만인 경우 배관의 호칭구경보다 50 mm 이상, 배관의 호칭구경이 100 mm 이상인 경우에는 배관의 호칭구경보다 100 mm 이상 커야 한다. 다만, 배관의 호칭구경이 50 mm 이하인 경우에는 배관의 호칭구경 보다 50 mm 미만의 더 큰 관통구 및 배관 슬리브를 설치할 수 있다.
2. 방화구획을 관통하는 배관의 틈새는 「건축물의 피난·방화구조 등의 기준에 관한 규칙」 제14조 제2항에 따라 인정된 내화충전구조 중 신축성이 있는 것으로 메워야 한다.

④ 소방시설의 배관과 연결된 타 설비배관을 포함한 수평지진하중은 제2항의 기준에 따라 결정해야 한다.

제7조(지진분리이음) ① 배관의 변형을 최소화하고 소화설비 주요 부품 사이의 유연성을 증가시킬 필요가 있는 위치에 설치해야 한다.

② 구경 65 mm 이상의 배관에는 지진분리이음을 다음 각 호의 위치에 설치해야 한다.

1. 모든 수직직선배관은 상부 및 하부의 단부로 부터 0.6 m 이내에 설치해야 한다. 다만, 길이가 0.9 m 미만인 수직직선배관은 지진분리이음을 설치하지 아니할 수 있으며, 0.9~2.1 m 사이의 수직직선배관은 하나의 지진분리이음을 설치할 수 있다.
2. 제6조 제3항 본문의 단서에도 불구하고 2층 이상의 건물인 경우 각 층의 바닥으로부터 0.3 m, 천장으로부터 0.6 m 이내에 설치해야 한다.
3. 수직직선배관에서 티분기된 수평배관 분기지점이 천장 아래 설치된 지진분리이음보다 아래에 위치한 경우 분기된 수평배관에 지진분리이음을 다음 각 목의 기준에 적합하게 설치해야 한다.
   가. 티분기 수평직선배관으로부터 0.6 m 이내에 지진분리이음을 설치한다.
   나. 티분기 수평직선배관 이후 2차측에 수직직선배관이 설치된 경우 1차측 수직직선배관의 지진분리이음 위치와 동일선상에 지진분리이음을 설치하고, 티분기 수평직선배관의 길이가 0.6 m 이하인 경우에는 그 티분기된 수평직선배관에 가목에 따른 지진분리이음을 설치하지 아니한다.
4. 수직직선배관에 중간 지지부가 있는 경우에는 지지부로부터 0.6 m 이내의 윗부분 및 아랫부분에 설치해야 한다.

③ 제6조 제3항 제1호에 따른 이격거리 규정을 만족하는 경우에는 지진분리이음을 설치하지 않을 수 있다.

제8조(지진분리장치) 지진분리장치는 다음 각 호의 기준에 따라 설치해야 한다.

1. 지진분리장치는 배관의 구경에 관계없이 지상층에 설치된 배관으로 건축물 지진분리이음과 소화배관이 교차하는 부분 및 건축물 간의 연결배관 중 지상 노출 배관이 건축물로 인입되는 위치에 설치해야 한다.

2. 지진분리장치는 건축물 지진분리이음의 변위량을 흡수할 수 있도록 전후좌우 방향의 변위를 수용할 수 있도록 설치해야 한다.
3. 지진분리장치의 전단과 후단의 1.8 m 이내에는 4방향 흔들림 방지 버팀대를 설치해야 한다.
4. 지진분리장치 자체에는 흔들림 방지 버팀대를 설치할 수 없다.

제9조(흔들림 방지 버팀대) ① 흔들림 방지 버팀대는 다음 각 호의 기준에 따라 설치해야 한다.
1. 흔들림 방지 버팀대는 내력을 충분히 발휘할 수 있도록 견고하게 설치해야 한다.
2. 배관에는 제6조 제2항에서 산정된 횡방향 및 종방향의 수평지진하중에 모두 견디도록 흔들림 방지 버팀대를 설치해야 한다.
3. 흔들림 방지 버팀대가 부착된 건축 구조부재는 소화배관에 의해 추가된 지진하중을 견딜 수 있어야 한다.
4. 흔들림 방지 버팀대의 세장비(L/r)는 300을 초과하지 않아야 한다.
5. 4방향 흔들림 방지 버팀대는 횡방향 및 종방향 흔들림 방지 버팀대의 역할을 동시에 할 수 있어야 한다.
6. 하나의 수평직선배관은 최소 2개의 횡방향 흔들림 방지 버팀대와 1개의 종방향흔들림 방지 버팀대를 설치해야 한다. 다만, 영향구역 내 배관의 길이가 6 m 미만인 경우에는 횡방향과 종방향 흔들림 방지 버팀대를 각 1개씩 설치할 수 있다.

② 소화펌프(충압펌프를 포함한다. 이하 같다) 주위의 수직직선배관 및 수평직선배관은 다음 각 호의 기준에 따라 흔들림 방지 버팀대를 설치한다.
1. 소화펌프 흡입측 수평직선배관 및 수직직선배관의 수평지진하중을 계산하여 흔들림 방지 버팀대를 설치해야 한다.
2. 소화펌프 토출측 수평직선배관 및 수직직선배관의 수평지진하중을 계산하여 흔들림 방지 버팀대를 설치해야 한다.

③ 흔들림 방지 버팀대는 소방청장이 고시한 「흔들림 방지 버팀대의 성능인증 및 제품검사의 기술기준」에 따라 성능인증 및 제품검사를 받은 것으로 설치해야 한다.

제10조(수평직선배관 흔들림 방지 버팀대) ① 횡방향 흔들림 방지 버팀대는 다음 각 호의 기준에 따라 설치해야 한다.
1. 배관 구경에 관계없이 모든 수평주행배관·교차배관 및 옥내소화전설비의 수평배관에 설치하여야 하고, 가지배관 및 기타배관에는 구경 65 mm 이상인 배관에 설치해야 한다. 다만, 옥내소화전설비의 수직배관에서 분기된 구경 50mm 이하의 수평배관에 설치되는 소화전함이 1개인 경우에는 횡방향 흔들림 방지 버팀대를 설치하지 않을 수 있다.
2. 횡방향 흔들림 방지 버팀대의 설계하중은 설치된 위치의 좌우 6 m를 포함한 12 m 이내의 배관에 작용하는 횡방향 수평지진하중으로 영향구역내의 수평주행배관, 교차배관, 가지배관의 하중을 포함하여 산정한다.
3. 흔들림 방지 버팀대의 간격은 중심선을 기준으로 최대간격이 12 m를 초과하지 않아야 한다.
4. 마지막 흔들림 방지 버팀대와 배관 단부 사이의 거리는 1.8 m를 초과하지 않아야 한다.
5. 영향구역 내에 상쇄배관이 설치되어 있는 경우 배관의 길이는 그 상쇄배관 길이를 합산하여 산정한다.
6. 횡방향 흔들림 방지 버팀대가 설치된 지점으로부터 600 mm 이내에 그 배관이 방향전환되어 설치된 경우 그 횡방향 흔들림방지 버팀대는 인접배관의 종방향 흔들림 방지 버팀대로 사용할 수 있으며, 배관의 구경이 다른 경우에는 구경이 큰 배관에 설치해야 한다.
7. 가지배관의 구경이 65 mm 이상일 경우 다음 각 목의 기준에 따라 설치한다.
   가. 가지배관의 구경이 65 mm 이상인 배관의 길이가 3.7 m 이상인 경우에 횡방향 흔들림 방지 버

팀대를 제9조 제1항에 따라 설치한다.

나. 가지배관의 구경이 65 mm 이상인 배관의 길이가 3.7 m 미만인 경우에는 횡방향 흔들림 방지 버팀대를 설치하지 않을 수 있다.

8. 횡방향 흔들림 방지 버팀대의 수평지진하중은 별표 2에 따른 영향구역의 최대허용하중 이하로 적용해야 한다.
9. 교차배관 및 수평주행배관에 설치되는 행가가 다음 각 목의 기준을 모두 만족하는 경우 횡방향 흔들림 방지 버팀대를 설치하지 않을 수 있다.

가. 건축물 구조부재 고정점으로부터 배관 상단까지의 거리가 150 mm 이내일 것

나. 배관에 설치된 모든 행가의 75% 이상이 가목의 기준을 만족할 것

다. 교차배관 및 수평주행배관에 연속하여 설치된 행가는 가목의 기준을 연속하여 초과하지 않을 것

라. 지진계수(C_p) 값이 0.5 이하일 것

마. 수평주행배관의 구경은 150 mm 이하이고, 교차배관의 구경은 100 mm 이하일 것

바. 행가는 「스프링클러설비의 화재안전기준」 제8조 제13항에 따라 설치할 것

② 종방향 흔들림 방지 버팀대는 다음 각 호의 기준에 따라 설치해야 한다.

1. 배관 구경에 관계없이 모든 수평주행배관·교차배관 및 옥내소화전설비의 수평배관에 설치해야 한다. 다만, 옥내소화전설비의 수직배관에서 분기된 구경 50 mm 이하의 수평배관에 설치되는 소화전함이 1개인 경우에는 종방향 흔들림 방지 버팀대를 설치하지 않을 수 있다.
2. 종방향 흔들림 방지 버팀대의 설계하중은 설치된 위치의 좌우 12 m를 포함한 24 m 이내의 배관에 작용하는 수평지진하중으로 영향구역내의 수평주행배관, 교차배관 하중을 포함하여 산정하며, 가지배관의 하중은 제외한다.
3. 수평주행배관 및 교차배관에 설치된 종방향 흔들림 방지 버팀대의 간격은 중심선을 기준으로 24 m를 넘지 않아야 한다.
4. 마지막 흔들림 방지 버팀대와 배관 단부 사이의 거리는 12 m를 초과하지 않아야 한다.
5. 영향구역 내에 상쇄배관이 설치되어 있는 경우 배관 길이는 그 상쇄배관 길이를 합산하여 산정한다.
6. 종방향 흔들림 방지 버팀대가 설치된 지점으로부터 600 mm 이내에 그 배관이 방향전환되어 설치된 경우 그 종방향 흔들림방지 버팀대는 인접배관의 횡방향 흔들림 방지 버팀대로 사용할 수 있으며, 배관의 구경이 다른 경우에는 구경이 큰 배관에 설치해야 한다.

제11조(수직직선배관 흔들림 방지 버팀대) 수직직선배관 흔들림 방지 버팀대는 다음 각 호의 기준에 따라 설치해야 한다.

1. 길이 1m를 초과하는 수직직선배관의 최상부에는 4방향 흔들림 방지 버팀대를 설치해야 한다. 다만, 가지배관은 설치하지 않을 수 있다.
2. 수직직선배관 최상부에 설치된 4방향 흔들림 방지 버팀대가 수평직선배관에 부착된 경우 그 흔들림 방지 버팀대는 수직직선배관의 중심선으로부터 0.6 m 이내에 설치되어야 하고, 그 흔들림 방지 버팀대의 하중은 수직 및 수평방향의 배관을 모두 포함해야 한다.
3. 수직직선배관 4방향 흔들림 방지 버팀대 사이의 거리는 8 m를 초과하지 않아야 한다.
4. 소화전함에 아래 또는 위쪽으로 설치되는 65 mm 이상의 수직직선배관은 다음 각 목의 기준에 따라 설치한다.

가. 수직직선배관의 길이가 3.7 m 이상인 경우, 4방향 흔들림 방지 버팀대를 1개 이상 설치하고, 말단에 U볼트 등의 고정장치를 설치한다.

나. 수직직선배관의 길이가 3.7 m 미만인 경우, 4방향 흔들림 방지 버팀대를 설치하지 아니할 수 있고, U볼트 등의 고정장치를 설치한다.

5. 수직직선배관에 4방향 흔들림 방지 버팀대를 설치하고 수평방향으로 분기된 수평직선배관의 길이가 1.2 m 이하인 경우 수직직선배관에 수평직선배관의 지진하중을 포함하는 경우 수평직선배관의 흔들림 방지 버팀대를 설치하지 않을 수 있다.
6. 수직직선배관이 다층건물의 중간층을 관통하며, 관통구 및 슬리브의 구경이 제6조제3항제1호에 따른 배관 구경별 관통구 및 슬리브 구경 미만인 경우에는 4방향 흔들림 방지 버팀대를 설치하지 않을 수 있다.

제12조(흔들림 방지 버팀대 고정장치) 흔들림 방지 버팀대 고정장치에 작용하는 수평지진하중은 허용하중을 초과하여서는 안 된다.

제13조(가지배관 고정장치 및 헤드) ① 가지배관의 고정장치는 각 호에 따라 설치해야 한다.
1. 가지배관에는 별표 3의 간격에 따라 고정장치를 설치한다.
2. 와이어타입 고정장치는 행가로부터 600 mm 이내에 설치해야 한다. 와이어 고정점에 가장 가까운 행거는 가지배관의 상방향 움직임을 지지할 수 있는 유형이어야 한다.
3. 환봉타입 고정장치는 행가로부터 150 mm 이내에 설치한다.
4. 환봉타입 고정장치의 세장비는 400을 초과하여서는 안 된다. 단, 양쪽 방향으로 두 개의 고정장치를 설치하는 경우 세장비를 적용하지 아니한다.
5. 고정장치는 수직으로부터 45° 이상의 각도로 설치하여야 하고, 설치각도에서 최소 1340 N 이상의 인장 및 압축하중을 견딜 수 있어야 하며 와이어를 사용하는 경우 와이어는 1960 N 이상의 인장하중을 견디는 것으로 설치해야 한다.
6. 가지배관 상의 말단 헤드는 수직 및 수평으로 과도한 움직임이 없도록 고정해야 한다.
7. 가지배관에 설치되는 행가는「스프링클러설비의 화재안전기준」 제8조 제13항에 따라 설치한다.
8. 가지배관에 설치되는 행가가 다음 각 목의 기준을 모두 만족하는 경우 고정장치를 설치하지 않을 수 있다.
   가. 건축물 구조부재 고정점으로부터 배관 상단까지의 거리가 150 mm 이내일 것
   나. 가지배관에 설치된 모든 행가의 75% 이상이 가목의 기준을 만족할 것
   다. 가지배관에 연속하여 설치된 행가는 가목의 기준을 연속하여 초과하지 않을 것

② 가지배관 고정에 사용되지 않는 건축부재와 헤드 사이의 이격거리는 75 mm 이상을 확보해야 한다.

제14조(제어반등) 제어반등은 다음 각 호의 기준에 따라 설치해야 한다.
1. 제어반등의 지진하중은 제3조의2 제2항에 따라 계산하고, 앵커볼트는 제3조의2 제3항에 따라 설치해야 한다. 단, 제어반등의 하중이 450 N 이하이고 내력벽 또는 기둥에 설치하는 경우 직경 8 mm 이상의 고정용 볼트 4개 이상으로 고정할 수 있다.
2. 건축물의 구조부재인 내력벽·바닥 또는 기둥 등에 고정하여야 하며, 바닥에 설치하는 경우 지진하중에 의해 전도가 발생하지 않도록 설치해야 한다.
3. 제어반등은 지진 발생 시 기능이 유지되어야 한다.

제15조(유수검지장치) 유수검지장치는 지진발생시 기능을 상실하지 않아야 하며, 연결부위는 파손되지 않아야 한다.

제16조(소화전함) 소화전함은 다음 각 호의 기준에 따라 설치해야 한다.
1. 지진 시 파손 및 변형이 발생하지 않아야 하며, 개폐에 장애가 발생하지 않아야 한다.
2. 건축물의 구조부재인 내력벽·바닥 또는 기둥 등에 고정하여야 하며, 바닥에 설치하는 경우 지진하중에 의해 전도가 발생하지 않도록 설치해야 한다.

3. 소화전함의 지진하중은 제3조의2 제2항에 따라 계산하고, 앵커볼트는 제3조의2 제3항에 따라 설치해야 한다. 단, 소화전함의 하중이 450 N 이하이고 내력벽 또는 기둥에 설치하는 경우 직경 8 mm 이상의 고정용 볼트 4개 이상으로 고정할 수 있다.

제17조(비상전원) 비상전원은 다음 각 호의 기준에 따라 설치해야 한다.
1. 자가발전설비의 지진하중은 제3조의2 제2항에 따라 계산하고, 앵커볼트는 제3조의2 제3항에 따라 설치해야 한다.
2. 비상전원은 지진 발생 시 전도되지 않도록 설치해야 한다.

제18조(가스계 및 분말소화설비) ① 이산화탄소소화설비, 할론소화설비, 할로겐화합물 및 불활성기체소화설비, 분말소화설비의 저장용기는 지진하중에 의해 전도가 발생하지 않도록 설치하고, 지진하중은 제3조의2 제2항에 따라 계산하고 앵커볼트는 제3조의2제3항에 따라 설치해야 한다.
② 이산화탄소소화설비, 할론소화설비, 할로겐화합물 및 불활성기체소화설비, 분말소화설비의 제어반 등은 제14조의 기준에 따라 설치해야 한다.
③ 이산화탄소소화설비, 할론소화설비, 할로겐화합물 및 불활성기체소화설비, 분말소화설비의 기동장치 및 비상전원은 지진으로 인한 오동작이 발생하지 않도록 설치해야 한다.

[별표 1] 단주기 응답지수별 소화배관의 지진계수(제3조의2 제2항 제3호 관련)

단주기 응답지수(SS)	지진계수(C_p)
0.33 이하	0.35
0.40	0.38
0.50	0.40
0.60	0.42
0.70	0.42
0.80	0.44
0.90	0.48
0.95	0.50
1.00	0.51

1. 표의 값을 기준으로 SS의 사이값은 직선보간법 이용하여 적용할 수 있다.
2. SS : 단주기 응답지수(Short period response parameter)로서 최대고려 지진의 유효지반가속도 S를 2.5배한 값

[별표 2] 소화배관의 종류별 흔들림 방지 버팀대의 간격에 따른 영향구역의 최대허용하중(N) (제10조 제1항 제8호 관련)

1. KSD3507 소화배관의 흔들림 방지 버팀대의 간격에 따른 영향구역의 최대허용하중(N)

재료의 항복강도 F_y : 200 MPa

배관구경(mm)	횡방향 흔들림 방지 버팀대의 간격(m)				
	6	8	9	11	12
25	450	338	295	245	212
32	729	547	478	397	343
40	969	727	635	528	456
50	1,770	1,328	1,160	964	832
65	2,836	2,128	1,859	1,545	1,334
80	4,452	3,341	2,918	2,425	2,094
100	8,168	6,130	5,354	4,449	3,842
125	13,424	10,074	8,798	7,311	6,315
150	19,054	14,299	12,488	10,378	8,963
200	39,897	29,943	26,150	21,731	18,769

2. KSD3562 (#40) 소화배관의 흔들림 방지 버팀대의 간격에 따른 영향구역의 최대허용하중(N)

재료의 항복강도 F_y : 250 MPa

배관구경 (mm)	횡방향 흔들림 방지 버팀대의 간격(m)				
	6	8	9	11	12
25	597	448	391	325	281
32	1,027	771	673	559	483
40	1,407	1,055	922	766	661
50	2,413	1,811	1,581	1,314	1,135
65	5,022	3,769	3,291	2,735	2,362
80	7,506	5,663	4,920	4,088	3,531
100	13,606	10,211	8,918	7,411	6,400
125	22,829	17,133	14,962	12,434	10,739
150	34,778	26,100	22,794	18,943	16,360
200	70,402	52,836	46,143	38,346	33,119

3. KSD3576 (#10) 소화배관의 흔들림 방지 버팀대의 간격에 따른 영향구역의 최대허용하중(N)

재료의 항복강도 F_y : 205 MPa

배관구경 (mm)	횡방향 흔들림 방지 버팀대의 간격(m)				
	6	8	9	11	12
25	415	311	272	226	195
32	687	515	450	374	323
40	909	682	596	495	428
50	1,462	1,097	958	796	688
65	2,488	1,867	1,630	1,355	1,170
80	3,599	2,701	2,359	1,960	1,693
100	6,052	4,542	3,966	3,296	2,847
125	9,884	7,418	6,478	5,383	4,650
150	13,958	10,475	9,148	7,602	6,566
200	29,625	22,233	19,417	16,136	13,936

4. KSD3576 (#20) 소화배관의 흔들림 방지 버팀대의 간격에 따른 영향구역의 최대허용하중(N)

재료의 항복강도 F_y : 205MPa

배관구경 (mm)	횡방향 흔들림 방지 버팀대의 간격(m)				
	6	8	9	11	12
25	443	332	290	241	208
32	736	552	482	401	346
40	943	708	618	514	443
50	1,738	1,304	1,139	946	817
65	2,862	2,148	1,876	1,559	1,346
80	4,635	3,479	3,038	2,525	2,180
100	7,635	5,730	5,004	4,158	3,592
125	14,305	10,736	9,376	7,792	6,729
150	20,313	15,245	13,314	11,064	9,556
200	46,462	34,870	30,453	25,307	21,857

5. KSD3595 소화배관의 흔들림 방지 버팀대의 간격에 따른 영향구역의 최대허용하중(N)

재료의 항복강도 F_y : 205 MPa

배관구경 (mm)	횡방향 흔들림 방지 버팀대의 간격(m)				
	6	8	9	11	12
25	123	92	81	67	58
32	216	162	141	117	101
40	316	237	207	172	148
50	850	638	557	463	399
65	1,264	948	828	688	594
80	2,483	1,864	1,627	1,352	1,168
100	4,144	3,110	2,716	2,257	1,949
125	5,877	4,410	3,852	3,201	2,764
150	12,433	9,331	8,149	6,772	5,849
200	22,535	16,912	14,770	12,274	10,601

6. CPVC 소화배관의 흔들림 방지 버팀대의 간격에 따른 영향구역의 최대허용하중(N)

재료의 항복강도 F_y : 55MPa

배관구경 (mm)	횡방향 흔들림 방지 버팀대의 간격(m)				
	6	8	9	11	12
25	113	85	74	61	46
32	229	172	150	125	108
40	349	262	229	190	164
50	680	510	445	370	277
65	1,199	900	786	653	564
80	2,200	1,651	1,442	1,198	1,035

[별표 3] 가지배관 고정장치의 최대 설치간격(m)
(제13조 제1항 제1호 관련)

1. 강관 및 스테인리스(KSD 3576)배관의 최대 설치간격(m)

호칭구경	지진계수(C_p)			
	$C_p \le 0.50$	$0.5 < C_p \le 0.71$	$0.71 < C_p \le 1.4$	$1.4 < C_p$
25A	13.1	11.0	7.9	6.7
32A	14.0	11.9	8.2	7.3
40A	14.9	12.5	8,8	7.6
50A	16.1	13.7	9.4	8.2

2. 동관, CPVC 및 스테인리스(KSD 3595)배관의 최대 설치간격(m)

호칭구경	지진계수(C_p)			
	$C_p \le 0.50$	$0.5 < C_p \le 0.71$	$0.71 < C_p \le 1.4$	$1.4 < C_p$
25A	10.3	8.5	6.1	5.2
32A	11.3	9.4	6.7	5.8
40A	12.2	10.3	7.3	6.1
50A	13.7	11.6	8.2	7.0

6 소방시설

1. 소화설비 : 물 또는 그 밖의 소화약제를 사용하여 소화하는 기계·기구 또는 설비로서 다음 각 목의 것
   가. 소화기구
      1) 소화기
      2) 간이소화용구 : 에어로졸식 소화용구, 투척용 소화용구, 소공간용 소화용구 및 소화약제 외의 것을 이용한 간이소화용구
      3) 자동확산소화기
   나. 자동소화장치
      1) 주거용 주방자동소화장치
      2) 상업용 주방자동소화장치
      3) 캐비닛형 자동소화장치
      4) 가스자동소화장치
      5) 분말자동소화장치
      6) 고체에어로졸자동소화장치
   다. 옥내소화전설비(호스릴옥내소화전설비를 포함한다)
   라. 스프링클러설비등
      1) 스프링클러설비
      2) 간이스프링클러설비(캐비닛형 간이스프링클러설비를 포함한다)
      3) 화재조기진압용 스프링클러설비
   마. 물분무등소화설비
      1) 물 분무 소화설비
      2) 미분무소화설비
      3) 포소화설비
      4) 이산화탄소소화설비
      5) 할론소화설비
      6) 할로겐화합물 및 불활성기체(다른 원소와 화학 반응을 일으키기 어려운 기체를 말한다. 이하 같다) 소화설비
      7) 분말소화설비
      8) 강화액소화설비
      9) 고체에어로졸소화설비
   바. 옥외소화전설비

2. 경보설비 : 화재발생 사실을 통보하는 기계·기구 또는 설비로서 다음 각 목의 것
   가. 단독경보형 감지기
   나. 비상경보설비
      1) 비상벨설비
      2) 자동식사이렌설비
   다. 시각경보기

라. 자동화재탐지설비
마. 비상방송설비
바. 자동화재속보설비
사. 통합감시시설
아. 누전경보기
자. 가스누설경보기

3. 피난구조설비 : 화재가 발생할 경우 피난하기 위하여 사용하는 기구 또는 설비로서 다음 각 목의 것
  가. 피난기구
    1) 피난사다리
    2) 구조대
    3) 완강기
    4) 그 밖에 법 제9조 제1항에 따라 소방청장이 정하여 고시하는 화재안전기준(이하 "화재안전기준"이라 한다)으로 정하는 것
  나. 인명구조기구
    1) 방열복, 방화복(안전모, 보호장갑 및 안전화를 포함한다)
    2) 공기호흡기
    3) 인공소생기
  다. 유도등
    1) 피난유도선
    2) 피난구유도등
    3) 통로유도등
    4) 객석유도등
    5) 유도표지
  라. 비상조명등 및 휴대용비상조명등

4. 소화용수설비 : 화재를 진압하는 데 필요한 물을 공급하거나 저장하는 설비로서 다음 각 목의 것
  가. 상수도소화용수설비
  나. 소화수조・저수조, 그 밖의 소화용수설비

5. 소화활동설비 : 화재를 진압하거나 인명구조활동을 위하여 사용하는 설비로서 다음 각 목의 것
  가. 제연설비
  나. 연결송수관설비
  다. 연결살수설비
  라. 비상콘센트설비
  마. 무선통신보조설비
  바. 연소방지설비

7 특정소방대상물

1. 공동주택

가. 아파트 등 : 주택으로 쓰이는 층수가 5층 이상인 주택

나. 기숙사 : 학교 또는 공장 등에서 학생이나 종업원 등을 위하여 쓰는 것으로서 공동취사 등을 할 수 있는 구조를 갖추되, 독립된 주거의 형태를 갖추지 않은 것(「교육기본법」 제27조 제2항에 따른 학생복지주택을 포함한다)

2. 근린생활시설

가. 슈퍼마켓과 일용품(식품, 잡화, 의류, 완구, 서적, 건축자재, 의약품, 의료기기 등) 등의 소매점으로서 같은 건축물(하나의 대지에 두 동 이상의 건축물이 있는 경우에는 이를 같은 건축물로 본다. 이하 같다)에 해당 용도로 쓰는 바닥면적의 합계가 1천 m^2 미만인 것

나. 휴게음식점, 제과점, 일반음식점, 기원(棋院), 노래연습장 및 단란주점(단란주점은 같은 건축물에 해당 용도로 쓰는 바닥면적의 합계가 150 m^2 미만인 것만 해당한다)

다. 이용원, 미용원, 목욕장 및 세탁소(공장이 부설된 것과 「대기환경보전법」, 「물환경보전법」 또는 「소음·진동관리법」에 따른 배출시설의 설치허가 또는 신고의 대상이 되는 것은 제외한다)

라. 의원, 치과의원, 한의원, 침술원, 접골원(接骨院), 조산원, 산후조리원 및 안마원(「의료법」 제82조 제4항에 따른 안마시술소를 포함한다)

마. 탁구장, 테니스장, 체육도장, 체력단련장, 에어로빅장, 볼링장, 당구장, 실내낚시터, 골프연습장, 물놀이형 시설(「관광진흥법」 제33조에 따른 안전성검사의 대상이 되는 물놀이형 시설을 말한다. 이하 같다), 그 밖에 이와 비슷한 것으로서 같은 건축물에 해당 용도로 쓰는 바닥면적의 합계가 500 m^2 미만인 것

바. 공연장(극장, 영화상영관, 연예장, 음악당, 서커스장, 「영화 및 비디오물의 진흥에 관한 법률」 제2조 제16호 가목에 따른 비디오물감상실업의 시설, 같은 호 나목에 따른 비디오물소극장업의 시설, 그 밖에 이와 비슷한 것을 말한다. 이하 같다) 또는 종교집회장[교회, 성당, 사찰, 기도원, 수도원, 수녀원, 제실(祭室), 사당, 그 밖에 이와 비슷한 것을 말한다. 이하 같다]으로서 같은 건축물에 해당 용도로 쓰는 바닥면적의 합계가 300 m^2 미만인 것

사. 금융업소, 사무소, 부동산중개사무소, 결혼상담소 등 소개업소, 출판사, 서점, 그 밖에 이와 비슷한 것으로서 같은 건축물에 해당 용도로 쓰는 바닥면적의 합계가 500 m^2 미만인 것

아. 제조업소, 수리점, 그 밖에 이와 비슷한 것으로서 같은 건축물에 해당 용도로 쓰는 바닥면적의 합계가 500 m^2미만이고, 「대기환경보전법」, 「물환경보전법」 또는 「소음·진동관리법」에 따른 배출시설의 설치허가 또는 신고의 대상이 아닌 것

자. 「게임산업진흥에 관한 법률」 제2조 제6호의2에 따른 청소년게임제공업 및 일반게임제공업의 시설, 같은 조 제7호에 따른 인터넷컴퓨터게임시설제공업의 시설 및 같은 조 제8호에 따른 복합유통게임제공업의 시설로서 같은 건축물에 해당 용도로 쓰는 바닥면적의 합계가 500 m^2 미만인 것

차. 사진관, 표구점, 학원(같은 건축물에 해당 용도로 쓰는 바닥면적의 합계가 500 m^2 미만인 것만 해당하며, 자동차학원 및 무도학원은 제외한다), 독서실, 고시원(「다중이용업소의 안전관리에 관한 특별법」에 따른 다중이용업 중 고시원업의 시설로서 독립된 주거의 형태를 갖추지 않은 것으로서 같은 건축물에 해당 용도로 쓰는 바닥면적의 합계가 500 m^2 미만인 것을 말한다), 장의사,

동물병원, 총포판매사, 그 밖에 이와 비슷한 것

카. 의약품 판매소, 의료기기 판매소 및 자동차영업소로서 같은 건축물에 해당 용도로 쓰는 바닥면적의 합계가 1천 m^2 미만인 것

타. 삭제 <2013.1.9>

3. 문화 및 집회시설

가. 공연장으로서 근린생활시설에 해당하지 않는 것

나. 집회장 : 예식장, 공회당, 회의장, 마권(馬券) 장외 발매소, 마권 전화투표소, 그 밖에 이와 비슷한 것으로서 근린생활시설에 해당하지 않는 것

다. 관람장 : 경마장, 경륜장, 경정장, 자동차 경기장, 그 밖에 이와 비슷한 것과 체육관 및 운동장으로서 관람석의 바닥면적의 합계가 1천 m^2 이상인 것

라. 전시장 : 박물관, 미술관, 과학관, 문화관, 체험관, 기념관, 산업전시장, 박람회장, 견본주택, 그 밖에 이와 비슷한 것

마. 동·식물원 : 동물원, 식물원, 수족관, 그 밖에 이와 비슷한 것

4. 종교시설

가. 종교집회장으로서 근린생활시설에 해당하지 않는 것

나. 가목의 종교집회장에 설치하는 봉안당(奉安堂)

5. 판매시설

가. 도매시장 : 「농수산물 유통 및 가격안정에 관한 법률」 제2조 제2호에 따른 농수산물도매시장, 같은 조 제5호에 따른 농수산물공판장, 그 밖에 이와 비슷한 것(그 안에 있는 근린생활시설을 포함한다)

나. 소매시장 : 시장, 「유통산업발전법」 제2조 제3호에 따른 대규모점포, 그 밖에 이와 비슷한 것(그 안에 있는 근린생활시설을 포함한다)

다. 전통시장 : 「전통시장 및 상점가 육성을 위한 특별법」 제2조 제1호에 따른 전통시장(그 안에 있는 근린생활시설을 포함하며, 노점형시장은 제외한다)

라. 상점 : 다음의 어느 하나에 해당하는 것(그 안에 있는 근린생활시설을 포함한다)

1) 제2호 가목에 해당하는 용도로서 같은 건축물에 해당 용도로 쓰는 바닥면적 합계가 1천 m^2 이상인 것

2) 제2호 자목에 해당하는 용도로서 같은 건축물에 해당 용도로 쓰는 바닥면적 합계가 500 m^2 이상인 것

6. 운수시설

가. 여객자동차터미널

나. 철도 및 도시철도 시설(정비창 등 관련 시설을 포함한다)

다. 공항시설(항공관제탑을 포함한다)

라. 항만시설 및 종합여객시설

7. 의료시설

가. 병원 : 종합병원, 병원, 치과병원, 한방병원, 요양병원

나. 격리병원 : 전염병원, 마약진료소, 그 밖에 이와 비슷한 것

다. 정신의료기관

라. 「장애인복지법」 제58조 제1항 제4호에 따른 장애인 의료재활시설

8. 교육연구시설

가. 학교

1) 초등학교, 중학교, 고등학교, 특수학교, 그 밖에 이에 준하는 학교 : 「학교시설사업 촉진법」 제2조 제1호 나목의 교사(校舍)(교실·도서실 등 교수·학습활동에 직접 또는 간접적으로 필요한 시설물을 말하되, 병설유치원으로 사용되는 부분은 제외한다. 이하 같다), 체육관, 「학교급식법」 제6조에 따른 급식시설, 합숙소(학교의 운동부, 기능선수 등이 집단으로 숙식하는 장소를 말한다. 이하 같다)

2) 대학, 대학교, 그 밖에 이에 준하는 각종 학교 : 교사 및 합숙소

나. 교육원(연수원, 그 밖에 이와 비슷한 것을 포함한다)

다. 직업훈련소

라. 학원(근린생활시설에 해당하는 것과 자동차운전학원·정비학원 및 무도학원은 제외한다)

마. 연구소(연구소에 준하는 시험소와 계량계측소를 포함한다)

바. 도서관

9. 노유자시설

가. 노인 관련 시설 : 「노인복지법」에 따른 노인주거복지시설, 노인의료복지시설, 노인여가복지시설, 주·야간보호서비스나 단기보호서비스를 제공하는 재가노인복지시설(「노인장기요양보험법」에 따른 재가장기요양기관을 포함한다), 노인보호전문기관, 노인일자리지원기관, 학대피해노인 전용쉼터, 그 밖에 이와 비슷한 것

나. 아동 관련 시설 : 「아동복지법」에 따른 아동복지시설, 「영유아보육법」에 따른 어린이집, 「유아교육법」에 따른 유치원[제8호 가목 1)에 따른 학교의 교사 중 병설유치원으로 사용되는 부분을 포함한다], 그 밖에 이와 비슷한 것

다. 장애인 관련 시설 : 「장애인복지법」에 따른 장애인 거주시설, 장애인 지역사회재활시설(장애인 심부름센터, 한국수어통역센터, 점자도서 및 녹음서 출판시설 등 장애인이 직접 그 시설 자체를 이용하는 것을 주된 목적으로 하지 않는 시설은 제외한다), 장애인 직업재활시설, 그 밖에 이와 비슷한 것

라. 정신질환자 관련 시설 : 「정신건강증진 및 정신질환자 복지서비스 지원에 관한 법률」에 따른 정신재활시설(생산품판매시설은 제외한다), 정신요양시설, 그 밖에 이와 비슷한 것

마. 노숙인 관련 시설 : 「노숙인 등의 복지 및 자립지원에 관한 법률」 제2조 제2호에 따른 노숙인복지시설(노숙인일시보호시설, 노숙인자활시설, 노숙인재활시설, 노숙인요양시설 및 쪽방삼담소만 해당한다), 노숙인종합지원센터 및 그 밖에 이와 비슷한 것

바. 가목부터 마목까지에서 규정한 것 외에 「사회복지사업법」에 따른 사회복지시설 중 결핵환자 또는 한센인 요양시설 등 다른 용도로 분류되지 않는 것

10. 수련시설

가. 생활권 수련시설 : 「청소년활동 진흥법」에 따른 청소년수련관, 청소년문화의집, 청소년특화시설, 그 밖에 이와 비슷한 것

나. 자연권 수련시설 : 「청소년활동 진흥법」에 따른 청소년수련원, 청소년야영장, 그 밖에 이와 비슷한 것

다. 「청소년활동 진흥법」에 따른 유스호스텔

11. 운동시설

가. 탁구장, 체육도장, 테니스장, 체력단련장, 에어로빅장, 볼링장, 당구장, 실내낚시터, 골프연습장,

물놀이형 시설, 그 밖에 이와 비슷한 것으로서 근린생활시설에 해당하지 않는 것
나. 체육관으로서 관람석이 없거나 관람석의 바닥면적이 1천 m^2 미만인 것
다. 운동장 : 육상장, 구기장, 볼링장, 수영장, 스케이트장, 롤러스케이트장, 승마장, 사격장, 궁도장, 골프장 등과 이에 딸린 건축물로서 관람석이 없거나 관람석의 바닥면적이 1천 m^2 미만인 것

12. 업무시설

가. 공공업무시설 : 국가 또는 지방자치단체의 청사와 외국공관의 건축물로서 근린생활시설에 해당하지 않는 것
나. 일반업무시설 : 금융업소, 사무소, 신문사, 오피스텔(업무를 주로 하며, 분양하거나 임대하는 구획 중 일부의 구획에서 숙식을 할 수 있도록 한 건축물로서 국토교통부장관이 고시하는 기준에 적합한 것을 말한다), 그 밖에 이와 비슷한 것으로서 근린생활시설에 해당하지 않는 것
다. 주민자치센터(동사무소), 경찰서, 지구대, 파출소, 소방서, 119안전센터, 우체국, 보건소, 공공도서관, 국민건강보험공단, 그 밖에 이와 비슷한 용도로 사용하는 것
라. 마을회관, 마을공동작업소, 마을공동구판장, 그 밖에 이와 유사한 용도로 사용되는 것
마. 변전소, 양수장, 정수장, 대피소, 공중화장실, 그 밖에 이와 유사한 용도로 사용되는 것

13. 숙박시설

가. 일반형 숙박시설 : 「공중위생관리법 시행령」 제4조 제1호 가목에 따른 숙박업의 시설
나. 생활형 숙박시설 : 「공중위생관리법 시행령」 제4조 제1호 나목에 따른 숙박업의 시설
다. 고시원(근린생활시설에 해당하지 않는 것을 말한다)
라. 그 밖에 가목부터 다목까지의 시설과 비슷한 것

14. 위락시설

가. 단란주점으로서 근린생활시설에 해당하지 않는 것
나. 유흥주점, 그 밖에 이와 비슷한 것
다. 「관광진흥법」에 따른 유원시설업(遊園施設業)의 시설, 그 밖에 이와 비슷한 시설(근린생활시설에 해당하는 것은 제외한다)
라. 무도장 및 무도학원
마. 카지노영업소

15. 공장

물품의 제조·가공[세탁·염색·도장(塗裝)·표백·재봉·건조·인쇄 등을 포함한다] 또는 수리에 계속적으로 이용되는 건축물로서 근린생활시설, 위험물 저장 및 처리 시설, 항공기 및 자동차 관련 시설, 분뇨 및 쓰레기 처리시설, 묘지 관련 시설 등으로 따로 분류되지 않는 것

16. 창고시설(위험물 저장 및 처리 시설 또는 그 부속용도에 해당하는 것은 제외한다)

가. 창고(물품저장시설로서 냉장·냉동 창고를 포함한다)
나. 하역장
다. 「물류시설의 개발 및 운영에 관한 법률」에 따른 물류터미널
라. 「유통산업발전법」 제2조 제15호에 따른 집배송시설

17. 위험물 저장 및 처리 시설

가. 위험물 제조소등
나. 가스시설 : 산소 또는 가연성 가스를 제조·저장 또는 취급하는 시설 중 지상에 노출된 산소 또

는 가연성 가스 탱크의 저장용량의 합계가 100톤 이상이거나 저장용량이 30톤 이상인 탱크가 있는 가스시설로서 다음의 어느 하나에 해당하는 것

1) 가스 제조시설

가) 「고압가스 안전관리법」 제4조 제1항에 따른 고압가스의 제조허가를 받아야 하는 시설

나) 「도시가스사업법」 제3조에 따른 도시가스사업허가를 받아야 하는 시설

2) 가스 저장시설

가) 「고압가스 안전관리법」 제4조 제3항에 따른 고압가스 저장소의 설치허가를 받아야 하는 시설

나) 「액화석유가스의 안전관리 및 사업법」 제8조 제1항에 따른 액화석유가스 저장소의 설치 허가를 받아야 하는 시설

3) 가스 취급시설

「액화석유가스의 안전관리 및 사업법」 제5조에 따른 액화석유가스 충전사업 또는 액화석유가스 집단공급사업의 허가를 받아야 하는 시설

18. 항공기 및 자동차 관련 시설(건설기계 관련 시설을 포함한다)

가. 항공기격납고

나. 차고, 주차용 건축물, 철골 조립식 주차시설(바닥면이 조립식이 아닌 것을 포함한다) 및 기계장치에 의한 주차시설

다. 세차장

라. 폐차장

마. 자동차 검사장

바. 자동차 매매장

사. 자동차 정비공장

아. 운전학원·정비학원

자. 다음의 건축물을 제외한 건축물의 내부(「건축법 시행령」 제119조 제1항 제3호 다목에 따른 필로티와 건축물 지하를 포함한다)에 설치된 주차장

1) 「건축법 시행령」 별표 1 제1호에 따른 단독주택

2) 「건축법 시행령」 별표 1 제2호에 따른 공동주택 중 50세대 미만인 연립주택 또는 50세대 미만인 다세대주택

차. 「여객자동차 운수사업법」, 「화물자동차 운수사업법」 및 「건설기계관리법」에 따른 차고 및 주기장(駐機場)

19. 동물 및 식물 관련 시설

가. 축사[부화장(孵化場)을 포함한다]

나. 가축시설 : 가축용 운동시설, 인공수정센터, 관리사(管理舍), 가축용 창고, 가축시장, 동물검역소, 실험동물 사육시설, 그 밖에 이와 비슷한 것

다. 도축장

라. 도계장

마. 작물 재배사(栽培舍)

바. 종묘배양시설

사. 화초 및 분재 등의 온실

아. 식물과 관련된 마목부터 사목까지의 시설과 비슷한 것(동·식물원은 제외한다)

20. 자원순환 관련 시설

가. 하수 등 처리시설
나. 고물상
다. 폐기물재활용시설
라. 폐기물처분시설
마. 폐기물감량화시설

21. 교정 및 군사시설

가. 보호감호소, 교도소, 구치소 및 그 지소
나. 보호관찰소, 갱생보호시설, 그 밖에 범죄자의 갱생·보호·교육·보건 등의 용도로 쓰는 시설
다. 치료감호시설
라. 소년원 및 소년분류심사원
마. 「출입국관리법」 제52조 제2항에 따른 보호시설
바. 「경찰관 직무집행법」 제9조에 따른 유치장
사. 국방·군사시설(「국방·군사시설 사업에 관한 법률」 제2조 제1호 가목부터 마목까지의 시설을 말한다)

22. 방송통신시설

가. 방송국(방송프로그램 제작시설 및 송신·수신·중계시설을 포함한다)
나. 전신전화국
다. 촬영소
라. 통신용 시설
마. 그 밖에 가목부터 라목까지의 시설과 비슷한 것

23. 발전시설

가. 원자력발전소
나. 화력발전소
다. 수력발전소(조력발전소를 포함한다)
라. 풍력발전소
마. 전기저장시설[20킬로와트시(kWh)를 초과하는 리튬·나트륨·레독스플로우 계열의 이차전지를 이용한 전기저장장치의 시설을 말한다. 이하 같다]
바. 그 밖에 가목부터 마목까지의 시설과 비슷한 것(집단에너지 공급시설을 포함한다)

24. 묘지 관련 시설

가. 화장시설
나. 봉안당(제4호 나목의 봉안당은 제외한다)
다. 묘지와 자연장지에 부수되는 건축물
라. 동물화장시설, 동물건조장(乾燥葬)시설 및 동물 전용의 납골시설

25. 관광 휴게시설

가. 야외음악당
나. 야외극장
다. 어린이회관
라. 관망탑

마. 휴게소
바. 공원・유원지 또는 관광지에 부수되는 건축물

26. 장례시설

가. 장례식장[의료시설의 부수시설(「의료법」 제36조 제1호에 따른 의료기관의 종류에 따른 시설을 말한다)은 제외한다]
나. 동물 전용의 장례식장

27. 지하가

지하의 인공구조물 안에 설치되어 있는 상점, 사무실, 그 밖에 이와 비슷한 시설이 연속하여 지하도에 면하여 설치된 것과 그 지하도를 합한 것
가. 지하상가
나. 터널 : 차량(궤도차량용은 제외한다) 등의 통행을 목적으로 지하, 해저 또는 산을 뚫어서 만든 것

28. 지하구

가. 전력・통신용의 전선이나 가스・냉난방용의 배관 또는 이와 비슷한 것을 집합수용하기 위하여 설치한 지하 인공구조물로서 사람이 점검 또는 보수를 하기 위하여 출입이 가능한 것 중 다음의 어느 하나에 해당하는 것
  1) 전력 또는 통신사업용 지하 인공구조물로서 전력구(케이블 접속부가 없는 경우에는 제외한다) 또는 통신구 방식으로 설치된 것
  2) 1) 외의 지하 인공구조물로서 폭이 1.8미터 이상이고 높이가 2미터 이상이며 길이가 50미터 이상인 것
나. 「국토의 계획 및 이용에 관한 법률」 제2조 제9호에 따른 공동구

29. 문화재

「문화재보호법」에 따라 문화재로 지정된 건축물

30. 복합건축물

가. 하나의 건축물이 제1호부터 제27호까지의 것 중 둘 이상의 용도로 사용되는 것. 다만, 다음의 어느 하나에 해당하는 경우에는 복합건축물로 보지 않는다.
  1) 관계 법령에서 주된 용도의 부수시설로서 그 설치를 의무화하고 있는 용도 또는 시설
  2) 「주택법」 제35조 제1항 제3호 및 제4호에 따라 주택 안에 부대시설 또는 복리시설이 설치되는 특정소방대상물
  3) 건축물의 주된 용도의 기능에 필수적인 용도로서 다음의 어느 하나에 해당하는 용도
    가) 건축물의 설비, 대피 또는 위생을 위한 용도, 그 밖에 이와 비슷한 용도
    나) 사무, 작업, 집회, 물품저장 또는 주차를 위한 용도, 그 밖에 이와 비슷한 용도
    다) 구내식당, 구내세탁소, 구내운동시설 등 종업원후생복리시설(기숙사는 제외한다) 또는 구내소각시설의 용도, 그 밖에 이와 비슷한 용도
나. 하나의 건축물이 근린생활시설, 판매시설, 업무시설, 숙박시설 또는 위락시설의 용도와 주택의 용도로 함께 사용되는 것

비고

1. 내화구조로 된 하나의 특정소방대상물이 개구부(건축물에서 채광·환기·통풍·출입 등을 위하여 만든 창이나 출입구를 말한다)가 없는 내화구조의 바닥과 벽으로 구획되어 있는 경우에는 그 구획된 부분을 각각 별개의 특정소방대상물로 본다.
2. 둘 이상의 특정소방대상물이 다음 각 목의 어느 하나에 해당되는 구조의 복도 또는 통로(이하 이 표에서 "연결통로"라 한다)로 연결된 경우에는 이를 하나의 소방대상물로 본다.
   가. 내화구조로 된 연결통로가 다음의 어느 하나에 해당되는 경우
      1) 벽이 없는 구조로서 그 길이가 6 m 이하인 경우
      2) 벽이 있는 구조로서 그 길이가 10 m 이하인 경우. 다만, 벽 높이가 바닥에서 천장까지의 높이의 2분의 1 이상인 경우에는 벽이 있는 구조로 보고, 벽 높이가 바닥에서 천장까지의 높이의 2분의 1 미만인 경우에는 벽이 없는 구조로 본다.
   나. 내화구조가 아닌 연결통로로 연결된 경우
   다. 컨베이어로 연결되거나 플랜트설비의 배관 등으로 연결되어 있는 경우
   라. 지하보도, 지하상가, 지하가로 연결된 경우
   마. 방화셔터 또는 갑종 방화문이 설치되지 않은 피트로 연결된 경우
   바. 지하구로 연결된 경우
3. 제2호에도 불구하고 연결통로 또는 지하구와 소방대상물의 양쪽에 다음 각 목의 어느 하나에 적합한 경우에는 각각 별개의 소방대상물로 본다.
   가. 화재 시 경보설비 또는 자동소화설비의 작동과 연동하여 자동으로 닫히는 방화셔터 또는 갑종 방화문이 설치된 경우
   나. 화재 시 자동으로 방수되는 방식의 드렌처설비 또는 개방형 스프링클러헤드가 설치된 경우
4. 위 제1호부터 제30호까지의 특정소방대상물의 지하층이 지하가와 연결되어 있는 경우 해당 지하층의 부분을 지하가로 본다. 다만, 다음 지하가와 연결되는 지하층에 지하층 또는 지하가에 설치된 방화문이 자동폐쇄장치·자동화재탐지설비 또는 자동소화설비와 연동하여 닫히는 구조이거나 그 윗부분에 드렌처설비가 설치된 경우에는 지하가로 보지 않는다.

8 특정소방대상물의 소방시설 설치의 면제기준

설치가 면제되는 소방시설	설치면제 기준
1. 스프링클러설비	스프링클러설비를 설치하여야 하는 특정소방대상물[별표 5 제1호 라목 13)은 제외한다]에 물분무등소화설비를 화재안전기준에 적합하게 설치한 경우에는 그 설비의 유효범위(해당 소방시설이 화재를 감지·소화 또는 경보할 수 있는 부분을 말한다. 이하 같다)에서 설치가 면제된다.
2. 물분무등소화설비	물분무등소화설비를 설치하여야 하는 차고·주차장에 스프링클러설비를 화재안전기준에 적합하게 설치한 경우에는 그 설비의 유효범위에서 설치가 면제된다.
3. 간이스프링클러설비	간이스프링클러설비를 설치하여야 하는 특정소방대상물에 스프링클러설비, 물분무소화설비 또는 미분무소화설비를 화재안전기준에 적합하게 설치한 경우에는 그 설비의 유효범위에서 설치가 면제된다.
4. 비상경보설비 또는 단독경보형 감지기	비상경보설비 또는 단독경보형 감지기를 설치하여야 하는 특정소방대상물에 자동화재탐지설비를 화재안전기준에 적합하게 설치한 경우에는 그 설비의 유효범위에서 설치가 면제된다.
5. 비상경보설비	비상경보설비를 설치하여야 할 특정소방대상물에 단독경보형 감지기를 2개 이상의 단독경보형 감지기와 연동하여 설치하는 경우에는 그 설비의 유효범위에서 설치가 면제된다.
6. 비상방송설비	비상방송설비를 설치하여야 하는 특정소방대상물에 자동화재탐지설비 또는 비상경보설비와 같은 수준 이상의 음향을 발하는 장치를 부설한 방송설비를 화재안전기준에 적합하게 설치한 경우에는 그 설비의 유효범위에서 설치가 면제된다.
7. 피난구조설비	피난구조설비를 설치하여야 하는 특정소방대상물에 그 위치·구조 또는 설비의 상황에 따라 피난상 지장이 없다고 인정되는 경우에는 화재안전기준에서 정하는 바에 따라 설치가 면제된다.
8. 연결살수설비	가. 연결살수설비를 설치하여야 하는 특정소방대상물에 송수구를 부설한 스프링클러설비, 간이스프링클러설비, 물분무소화설비 또는 미분무소화설비를 화재안전기준에 적합하게 설치한 경우에는 그 설비의 유효범위에서 설치가 면제된다. 나. 가스 관계 법령에 따라 설치되는 물분무장치 등에 소방대가 사용할 수 있는 연결송수구가 설치되거나 물분무장치 등에 6시간 이상 공급할 수 있는 수원(水源)이 확보된 경우에는 설치가 면제된다.

9. 제연설비	가. 제연설비를 설치하여야 하는 특정소방대상물(별표 5 제5호 가목 6)은 제외한다)에 다음의 어느 하나에 해당하는 설비를 설치한 경우에는 설치가 면제된다. 1) 공기조화설비를 화재안전기준의 제연설비기준에 적합하게 설치하고 공기조화설비가 화재 시 제연설비기능으로 자동전환되는 구조로 설치되어 있는 경우 2) 직접 외부 공기와 통하는 배출구의 면적의 합계가 해당 제연구역[제연경계(제연설비의 일부인 천장을 포함한다)에 의하여 구획된 건축물 내의 공간을 말한다] 바닥면적의 100분의 1 이상이고, 배출구부터 각 부분까지의 수평거리가 30 m 이내이며, 공기유입구가 화재안전기준에 적합하게(외부 공기를 직접 자연 유입할 경우에 유입구의 크기는 배출구의 크기 이상이어야 한다) 설치되어 있는 경우 나. 별표 5 제5호 가목 6)에 따라 제연설비를 설치하여야 하는 특정소방대상물 중 노대(露臺)와 연결된 특별피난계단, 노대가 설치된 비상용 승강기의 승강장 또는 「건축법 시행령」 제91조 제5호의 기준에 따라 배연설비가 설치된 피난용 승강기의 승강장에는 설치가 면제된다.
10. 비상조명등	비상조명등을 설치하여야 하는 특정소방대상물에 피난구유도등 또는 통로유도등을 화재안전기준에 적합하게 설치한 경우에는 그 유도등의 유효범위에서 설치가 면제된다.
11. 누전경보기	누전경보기를 설치하여야 하는 특정소방대상물 또는 그 부분에 아크경보기(옥내 배전선로의 단선이나 선로 손상 등으로 인하여 발생하는 아크를 감지하고 경보하는 장치를 말한다) 또는 전기 관련 법령에 따른 지락차단장치를 설치한 경우에는 그 설비의 유효범위에서 설치가 면제된다.
12. 무선통신보조설비	무선통신보조설비를 설치하여야 하는 특정소방대상물에 이동통신 구내 중계기 선로설비 또는 무선이동중계기(「전파법」 제58조의2에 따른 적합성평가를 받은 제품만 해당한다) 등을 화재안전기준의 무선통신보조설비기준에 적합하게 설치한 경우에는 설치가 면제된다.
13. 상수도소화용수 설비	가. 상수도소화용수설비를 설치하여야 하는 특정소방대상물의 각 부분으로부터 수평거리 140m 이내에 공공의 소방을 위한 소화전이 화재안전기준에 적합하게 설치되어 있는 경우에는 설치가 면제된다. 나. 소방본부장 또는 소방서장이 상수도소화용수설비의 설치가 곤란하다고 인정하는 경우로서 화재안전기준에 적합한 소화수조 또는 저수조가 설치되어 있거나 이를 설치하는 경우에는 그 설비의 유효범위에서 설치가 면제된다.
14. 연소방지설비	연소방지설비를 설치하여야 하는 특정소방대상물에 스프링클러설비, 물분무소화설비 또는 미분무소화설비를 화재안전기준에 적합하게 설치한 경우에는 그 설비의 유효범위에서 설치가 면제된다.
15. 연결송수관설비	연결송수관설비를 설치하여야 하는 소방대상물에 옥외에 연결송수구 및 옥내에 방수구가 부설된 옥내소화전설비, 스프링클러설비, 간이스프링클러설비 또는 연결살수설비를 화재안전기준에 적합하게 설치한 경우에는 그 설비의 유효범위에서 설치가 면제된다. 다만, 지표면에서 최상층 방수구의 높이가 70 m 이상인 경우에는 설치해야 한다.

16. 자동화재탐지설비	자동화재탐지설비의 기능(감지·수신·경보기능을 말한다)과 성능을 가진 스프링클러설비 또는 물분무등소화설비를 화재안전기준에 적합하게 설치한 경우에는 그 설비의 유효범위에서 설치가 면제된다.
17. 옥외소화전설비	옥외소화전설비를 설치하여야 하는 보물 또는 국보로 지정된 목조문화재에 상수도소화용수설비를 옥외소화전설비의 화재안전기준에서 정하는 방수압력·방수량·옥외소화전함 및 호스의 기준에 적합하게 설치한 경우에는 설치가 면제된다.
18. 옥내소화전설비	소방본부장 또는 소방서장이 옥내소화전설비의 설치가 곤란하다고 인정하는 경우로서 호스릴 방식의 미분무소화설비 또는 옥외소화전설비를 화재안전기준에 적합하게 설치한 경우에는 그 설비의 유효범위에서 설치가 면제된다.
19. 자동소화장치	자동소화장치(주거용 주방자동소화장치는 제외한다)를 설치하여야 하는 특정소방대상물에 물분무등소화설비를 화재안전기준에 적합하게 설치한 경우에는 그 설비의 유효범위에서 설치가 면제된다.

9 특정소방대상물에 갖추어야 할 소방시설의 종류

1. 소화설비

가. 화재안전기준에 따라 소화기구를 설치하여야 하는 특정소방대상물은 다음의 어느 하나와 같다.

1) 연면적 33 m^2 이상인 것. 다만, 노유자시설의 경우에는 투척용 소화용구 등을 화재안전기준에 따라 산정된 소화기 수량의 2분의 1 이상으로 설치할 수 있다.

2) 1)에 해당하지 않는 시설로서 가스시설, 발전시설 중 전기저장시설 및 지정문화재

3) 터널

4) 지하구

나. 자동소화장치를 설치하여야 하는 특정소방대상물은 다음의 어느 하나와 같다.

1) 주거용 주방자동소화장치를 설치하여야 하는 것 : 아파트 등 및 30층 이상 오피스텔의 모든 층

2) 캐비닛형 자동소화장치, 가스자동소화장치, 분말자동소화장치 또는 고체에어로졸자동소화장치를 설치하여야 하는 것 : 화재안전기준에서 정하는 장소

다. 옥내소화전설비를 설치하여야 하는 특정소방대상물(위험물 저장 및 처리 시설 중 가스시설, 지하구 및 방재실 등에서 스프링클러설비 또는 물분무등소화설비를 원격으로 조정할 수 있는 업무시설 중 무인변전소는 제외한다)은 다음의 어느 하나와 같다.

1) 연면적 3천 m^2 이상(지하가 중 터널은 제외한다)이거나 지하층·무창층(축사는 제외한다) 또는 층수가 4층 이상인 것 중 바닥면적이 600 m^2 이상인 층이 있는 것은 모든 층

2) 지하가 중 터널로서 다음에 해당하는 터널

가) 길이가 1천미터 이상인 터널

나) 예상교통량, 경사도 등 터널의 특성을 고려하여 총리령으로 정하는 터널

3) 1)에 해당하지 않는 근린생활시설, 판매시설, 운수시설, 의료시설, 노유자시설, 업무시설, 숙박시설, 위락시설, 공장, 창고시설, 항공기 및 자동차 관련 시설, 교정 및 군사시설 중 국방·군사시설, 방송통신시설, 발전시설, 장례시설 또는 복합건축물로서 연면적 1천5백 m^2 이상이거나 지하층·무창층 또는 층수가 4층 이상인 층 중 바닥면적이 300 m^2 이상인 층이 있는 것은 모든 층

4) 건축물의 옥상에 설치된 차고 또는 주차장으로서 차고 또는 주차의 용도로 사용되는 부분의 면적이 200 m^2 이상인 것

5) 1) 및 3)에 해당하지 않는 공장 또는 창고시설로서 「소방기본법 시행령」 별표 2에서 정하는 수량의 750배 이상의 특수가연물을 저장·취급하는 것

라. 스프링클러설비를 설치하여야 하는 특정소방대상물(위험물 저장 및 처리 시설 중 가스시설 또는 지하구는 제외한다)은 다음의 어느 하나와 같다.

1) 문화 및 집회시설(동·식물원은 제외한다), 종교시설(주요구조부가 목조인 것은 제외한다), 운동시설(물놀이형 시설은 제외한다)로서 다음의 어느 하나에 해당하는 경우에는 모든 층

가) 수용인원이 100명 이상인 것

나) 영화상영관의 용도로 쓰이는 층의 바닥면적이 지하층 또는 무창층인 경우에는 500 m^2 이상, 그 밖의 층의 경우에는 1천 m^2 이상인 것

다) 무대부가 지하층·무창층 또는 4층 이상의 층에 있는 경우에는 무대부의 면적이 300 m^2 이상인 것

라) 무대부가 다) 외의 층에 있는 경우에는 무대부의 면적이 500 m^2 이상인 것

2) 판매시설, 운수시설 및 창고시설(물류터미널에 한정한다)로서 바닥면적의 합계가 5천 m^2 이상이거나 수용인원이 500명 이상인 경우에는 모든 층

3) 층수가 6층 이상인 특정소방대상물의 경우에는 모든 층. 다만, 다음의 어느 하나에 해당하는 경우에는 제외한다.

가) 주택 관련 법령에 따라 기존의 아파트 등을 리모델링하는 경우로서 건축물의 연면적 및 층높이가 변경되지 않는 경우. 이 경우 해당 아파트 등의 사용검사 당시의 소방시설의 설치에 관한 대통령령 또는 화재안전기준을 적용한다.

나) 스프링클러설비가 없는 기존의 특정소방대상물을 용도변경하는 경우. 다만, 1)·2)·4)·5) 및 8)부터 12)까지의 규정에 해당하는 특정소방대상물로 용도변경하는 경우에는 해당 규정에 따라 스프링클러설비를 설치한다.

4) 다음의 어느 하나에 해당하는 용도로 사용되는 시설의 바닥면적의 합계가 600 m^2 이상인 것은 모든 층

가) 근린생활시설 중 조산원 및 산후조리원

나) 의료시설 중 정신의료기관

다) 의료시설 중 종합병원, 병원, 치과병원, 한방병원 및 요양병원(정신병원은 제외한다)

라) 노유자시설

마) 숙박이 가능한 수련시설

5) 창고시설(물류터미널은 제외한다)로서 바닥면적 합계가 5천 m^2 이상인 경우에는 모든 층

6) 천장 또는 반자(반자가 없는 경우에는 지붕의 옥내에 면하는 부분)의 높이가 10 m를 넘는 랙식 창고(rack warehouse)(물건을 수납할 수 있는 선반이나 이와 비슷한 것을 갖춘 것을 말한다)로서 바닥면적의 합계가 1천5백 m^2 이상인 것

7) 1)부터 6)까지의 특정소방대상물에 해당하지 않는 특정소방대상물의 지하층·무창층(축사는 제외한다) 또는 층수가 4층 이상인 층으로서 바닥면적이 1천 m^2 이상인 층

8) 6)에 해당하지 않는 공장 또는 창고시설로서 다음의 어느 하나에 해당하는 시설

가) 「소방기본법 시행령」 별표 2에서 정하는 수량의 1천 배 이상의 특수가연물을 저장·취급하는 시설

나) 「원자력안전법 시행령」 제2조 제1호에 따른 중·저준위방출성폐기물(이하 "중·저준위방출성폐기물"이라 한다)의 저장시설 중 소화수를 수집·처리하는 설비가 있는 저장시설

9) 지붕 또는 외벽이 불연재료가 아니거나 내화구조가 아닌 공장 또는 창고시설로서 다음의 어느 하나에 해당하는 것

가) 창고시설(물류터미널에 한정한다) 중 2)에 해당하지 않는 것으로서 바닥면적의 합계가 2천5백 m^2 이상이거나 수용인원이 250명 이상인 것

나) 창고시설(물류터미널은 제외한다) 중 5)에 해당하지 않는 것으로서 바닥면적의 합계가 2천5백 m^2 이상인 것

다) 랙식 창고시설 중 6)에 해당하지 않는 것으로서 바닥면적의 합계가 750 m^2 이상인 것

라) 공장 또는 창고시설 중 7)에 해당하지 않는 것으로서 지하층·무창층 또는 층수가 4층 이상인 것 중 바닥면적이 500 m^2 이상인 것

마) 공장 또는 창고시설 중 8)가)에 해당하지 않는 것으로서 「소방기본법 시행령」 별표 2에서 정하는 수량의 500배 이상의 특수가연물을 저장·취급하는 시설

10) 지하가(터널은 제외한다)로서 연면적 1천 m^2 이상인 것

11) 기숙사(교육연구시설·수련시설 내에 있는 학생 수용을 위한 것을 말한다) 또는 복합건축물로

서 연면적 5천 m2 이상인 경우에는 모든 층

12) 교정 및 군사시설 중 다음의 어느 하나에 해당하는 경우에는 해당 장소

가) 보호감호소, 교도소, 구치소 및 그 지소, 보호관찰소, 갱생보호시설, 치료감호시설, 소년원 및 소년분류심사원의 수용거실

나) 「출입국관리법」 제52조 제2항에 따른 보호시설(외국인보호소의 경우에는 보호대상자의 생활공간으로 한정한다. 이하 같다)로 사용하는 부분. 다만, 보호시설이 임차건물에 있는 경우는 제외한다.

다) 「경찰관 직무집행법」 제9조에 따른 유치장

13) 발전시설 중 전기저장시설

14) 1)부터 13)까지의 특정소방대상물에 부속된 보일러실 또는 연결통로 등

마. 간이스프링클러설비를 설치하여야 하는 특정소방대상물은 다음의 어느 하나와 같다.

1) 근린생활시설 중 다음의 어느 하나에 해당하는 것

가) 근린생활시설로 사용하는 부분의 바닥면적 합계가 1천 m^2 이상인 것은 모든 층

나) 의원, 치과의원 및 한의원으로서 입원실이 있는 시설

다) 조산원 및 산후조리원으로서 연면적 600 m^2 미만인 시설

2) 교육연구시설 내에 합숙소로서 연면적 100 m^2 이상인 것

3) 의료시설 중 다음의 어느 하나에 해당하는 시설

가) 종합병원, 병원, 치과병원, 한방병원 및 요양병원(정신병원과 의료재활시설은 제외한다)으로 사용되는 바닥면적의 합계가 600 m^2 미만인 시설

나) 정신의료기관 또는 의료재활시설로 사용되는 바닥면적의 합계가 300 m^2 이상 600 m^2 미만인 시설

다) 정신의료기관 또는 의료재활시설로 사용되는 바닥면적의 합계가 300 m^2 미만이고, 창살(철재·플라스틱 또는 목재 등으로 사람의 탈출 등을 막기 위하여 설치한 것을 말하며, 화재 시 자동으로 열리는 구조로 되어 있는 창살은 제외한다)이 설치된 시설

4) 노유자시설로서 다음의 어느 하나에 해당하는 시설

가) 제12조 제1항 제6호 각 목에 따른 시설(제12조 제1항 제6호 가목2) 및 같은 호 나목부터 바목까지의 시설 중 단독주택 또는 공동주택에 설치되는 시설은 제외하며, 이하 "노유자 생활시설"이라 한다)

나) 가)에 해당하지 않는 노유자시설로 해당 시설로 사용하는 바닥면적의 합계가 300 m^2 이상 600 m^2 미만인 시설

다) 가)에 해당하지 않는 노유자시설로 해당 시설로 사용하는 바닥면적의 합계가 300 m^2 미만이고, 창살(철재·플라스틱 또는 목재 등으로 사람의 탈출 등을 막기 위하여 설치한 것을 말하며, 화재 시 자동으로 열리는 구조로 되어 있는 창살은 제외한다)이 설치된 시설

5) 건물을 임차하여 「출입국관리법」 제52조 제2항에 따른 보호시설로 사용하는 부분

6) 숙박시설 중 생활형 숙박시설로서 해당 용도로 사용되는 바닥면적의 합계가 600 m^2 이상인 것

7) 복합건축물(별표 2 제30호 나목의 복합건축물만 해당한다)로서 연면적 1천 m^2 이상인 것은 모든 층

바. 물분무등소화설비를 설치하여야 하는 특정소방대상물(위험물 저장 및 처리 시설 중 가스시설 또는 지하구는 제외한다)은 다음의 어느 하나와 같다.

1) 항공기 및 자동차 관련 시설 중 항공기격납고

2) 차고, 주차용 건축물 또는 철골 조립식 주차시설. 이 경우 연면적 800 m^2 이상인 것만 해당한다.

3) 건축물 내부에 설치된 차고 또는 주차장으로서 차고 또는 주차의 용도로 사용되는 부분의 바닥

면적이 200 m^2 이상인 층

4) 기계장치에 의한 주차시설을 이용하여 20대 이상의 차량을 주차할 수 있는 것

5) 특정소방대상물에 설치된 전기실·발전실·변전실(가연성 절연유를 사용하지 않는 변압기·전류차단기 등의 전기기기와 가연성 피복을 사용하지 않은 전선 및 케이블만을 설치한 전기실·발전실 및 변전실은 제외한다)·축전지실·통신기기실 또는 전산실, 그 밖에 이와 비슷한 것으로서 바닥면적이 300 m^2 이상인 것[하나의 방화구획 내에 둘 이상의 실(室)이 설치되어 있는 경우에는 이를 하나의 실로 보아 바닥면적을 산정한다]. 다만, 내화구조로 된 공정제어실 내에 설치된 주조정실로서 양압시설이 설치되고 전기기기에 220볼트 이하인 저전압이 사용되며 종업원이 24시간 상주하는 곳은 제외한다.

6) 소화수를 수집·처리하는 설비가 설치되어 있지 않은 중·저준위방출성폐기물의 저장시설. 다만, 이 경우에는 이산화탄소소화설비, 할론소화설비 또는 할로겐화합물 및 불활성기체 소화설비를 설치해야 한다.

7) 지하가 중 예상 교통량, 경사도 등 터널의 특성을 고려하여 행정안전부령으로 정하는 터널. 다만, 이 경우에는 물분무소화설비를 설치해야 한다.

8) 「문화재보호법」 제2조 제3항 제1호 및 제2호에 따른 지정문화재 중 소방청장이 문화재청장과 협의하여 정하는 것

사. 옥외소화전설비를 설치하여야 하는 특정소방대상물(아파트 등, 위험물 저장 및 처리 시설 중 가스시설, 지하구 또는 지하가 중 터널은 제외한다)은 다음의 어느 하나와 같다.

1) 지상 1층 및 2층의 바닥면적의 합계가 9천 m^2 이상인 것. 이 경우 같은 구(區) 내의 둘 이상의 특정소방대상물이 행정안전부령으로 정하는 연소(延燒) 우려가 있는 구조인 경우에는 이를 하나의 특정소방대상물로 본다.

2) 「문화재보호법」 제23조에 따라 보물 또는 국보로 지정된 목조건축물

3) 1)에 해당하지 않는 공장 또는 창고시설로서 「소방기본법 시행령」 별표 2에서 정하는 수량의 750배 이상의 특수가연물을 저장·취급하는 것

2. 경보설비

가. 비상경보설비를 설치하여야 할 특정소방대상물(지하구, 모래·석재 등 불연재료 창고 및 위험물 저장·처리 시설 중 가스시설은 제외한다)은 다음의 어느 하나와 같다.

1) 연면적 400 m^2 (지하가 중 터널 또는 사람이 거주하지 않거나 벽이 없는 축사 등 동·식물 관련시설은 제외한다) 이상이거나 지하층 또는 무창층의 바닥면적이 150 m^2 (공연장의 경우 100 m^2) 이상인 것

2) 지하가 중 터널로서 길이가 500m 이상인 것

3) 50명 이상의 근로자가 작업하는 옥내 작업장

나. 비상방송설비를 설치하여야 하는 특정소방대상물(위험물 저장 및 처리 시설 중 가스시설, 사람이 거주하지 않는 동물 및 식물 관련 시설, 지하가 중 터널, 축사 및 지하구는 제외한다)은 다음의 어느 하나와 같다.

1) 연면적 3천5백 m^2 이상인 것

2) 지하층을 제외한 층수가 11층 이상인 것

3) 지하층의 층수가 3층 이상인 것

다. 누전경보기는 계약전류용량(같은 건축물에 계약 종류가 다른 전기가 공급되는 경우에는 그 중 최대계약전류용량을 말한다)이 100암페어를 초과하는 특정소방대상물(내화구조가 아닌 건축물로서 벽·바닥 또는 반자의 전부나 일부를 불연재료 또는 준불연재료가 아닌 재료에 철망을 넣어 만든 것만 해당한다)에 설치해야 한다. 다만, 위험물 저장 및 처리 시설 중 가스시설, 지하가

중 터널 또는 지하구의 경우에는 그렇지 않다.

라. 자동화재탐지설비를 설치하여야 하는 특정소방대상물은 다음의 어느 하나와 같다.

1) 근린생활시설(목욕장은 제외한다), 의료시설(정신의료기관 또는 요양병원은 제외한다), 숙박시설, 위락시설, 장례시설 및 복합건축물로서 연면적 600 m^2 이상인 것

2) 공동주택, 근린생활시설 중 목욕장, 문화 및 집회시설, 종교시설, 판매시설, 운수시설, 운동시설, 업무시설, 공장, 창고시설, 위험물 저장 및 처리 시설, 항공기 및 자동차 관련 시설, 교정 및 군사시설 중 국방·군사시설, 방송통신시설, 발전시설, 관광 휴게시설, 지하가(터널은 제외한다)로서 연면적 1천 m^2 이상인 것

3) 교육연구시설(교육시설 내에 있는 기숙사 및 합숙소를 포함한다), 수련시설(수련시설 내에 있는 기숙사 및 합숙소를 포함하며, 숙박시설이 있는 수련시설은 제외한다), 동물 및 식물 관련 시설(기둥과 지붕만으로 구성되어 외부와 기류가 통하는 장소는 제외한다), 분뇨 및 쓰레기 처리시설, 교정 및 군사시설(국방·군사시설은 제외한다) 또는 묘지 관련 시설로서 연면적 2천 m^2 이상인 것

4) 지하구

5) 지하가 중 터널로서 길이가 1천 m 이상인 것

6) 노유자 생활시설

7) 6)에 해당하지 않는 노유자시설로서 연면적 400 m^2 이상인 노유자시설 및 숙박시설이 있는 수련시설로서 수용인원 100명 이상인 것

8) 2)에 해당하지 않는 공장 및 창고시설로서 「소방기본법 시행령」 별표 2에서 정하는 수량의 500배 이상의 특수가연물을 저장·취급하는 것

9) 의료시설 중 정신의료기관 또는 요양병원으로서 다음의 어느 하나에 해당하는 시설
   가) 요양병원(정신병원과 의료재활시설은 제외한다)
   나) 정신의료기관 또는 의료재활시설로 사용되는 바닥면적의 합계가 300 m^2 이상인 시설
   다) 정신의료기관 또는 의료재활시설로 사용되는 바닥면적의 합계가 300 m^2 미만이고, 창살(철재·플라스틱 또는 목재 등으로 사람의 탈출 등을 막기 위하여 설치한 것을 말하며, 화재 시 자동으로 열리는 구조로 되어 있는 창살은 제외한다)이 설치된 시설

10) 판매시설 중 전통시장

11) 1)에 해당하지 않는 근린생활시설 중 조산원 및 산후조리원

12) 2)에 해당하지 않는 발전시설 중 전기저장시설

마. 자동화재속보설비를 설치하여야 하는 특정소방대상물은 다음의 어느 하나와 같다.

1) 업무시설, 공장, 창고시설, 교정 및 군사시설 중 국방·군사시설, 발전시설(사람이 근무하지 않는 시간에는 무인경비시스템으로 관리하는 시설만 해당한다)로서 바닥면적이 1천5백 m^2 이상인 층이 있는 것. 다만, 사람이 24시간 상시 근무하고 있는 경우에는 자동화재속보설비를 설치하지 않을 수 있다.

2) 노유자 생활시설

3) 2)에 해당하지 않는 노유자시설로서 바닥면적이 500 m^2 이상인 층이 있는 것. 다만, 사람이 24시간 상시 근무하고 있는 경우에는 자동화재속보설비를 설치하지 않을 수 있다.

4) 수련시설(숙박시설이 있는 건축물만 해당한다)로서 바닥면적이 500 m^2 이상인 층이 있는 것. 다만, 사람이 24시간 상시 근무하고 있는 경우에는 자동화재속보설비를 설치하지 않을 수 있다.

5) 「문화재보호법」 제23조에 따라 보물 또는 국보로 지정된 목조건축물. 다만, 사람이 24시간 상시 근무하고 있는 경우에는 자동화재속보설비를 설치하지 않을 수 있다.

6) 근린생활시설 중 다음의 어느 하나에 해당하는 시설

가) 의원, 치과의원 및 한의원으로서 입원실이 있는 시설
나) 조산원 및 산후조리원
7) 의료시설 중 다음의 어느 하나에 해당하는 것
가) 종합병원, 병원, 치과병원, 한방병원 및 요양병원(정신병원과 의료재활시설은 제외한다)
나) 정신병원 및 의료재활시설로 사용되는 바닥면적의 합계가 500 m^2 이상인 층이 있는 것
8) 판매시설 중 전통시장
9) 1)에 해당하지 않는 발전시설 중 전기저장시설
10) 1)부터 9)까지에 해당하지 않는 특정소방대상물 중 층수가 30층 이상인 것
바. 단독경보형 감지기를 설치하여야 하는 특정소방대상물은 다음의 어느 하나와 같다.
1) 연면적 1천 m^2 미만의 아파트 등
2) 연면적 1천 m^2 미만의 기숙사
3) 교육연구시설 또는 수련시설 내에 있는 합숙소 또는 기숙사로서 연면적 2천 m^2 미만인 것
4) 연면적 600 m^2 미만의 숙박시설
5) 라목 7)에 해당하지 않는 수련시설(숙박시설이 있는 것만 해당한다)
6) 연면적 400 m^2 미만의 유치원
사. 시각경보기를 설치하여야 하는 특정소방대상물은 라목에 따라 자동화재탐지설비를 설치하여야 하는 특정소방대상물 중 다음의 어느 하나에 해당하는 것과 같다.
1) 근린생활시설, 문화 및 집회시설, 종교시설, 판매시설, 운수시설, 운동시설, 위락시설, 창고시설 중 물류터미널
2) 의료시설, 노유자시설, 업무시설, 숙박시설, 발전시설 및 장례시설
3) 교육연구시설 중 도서관, 방송통신시설 중 방송국
4) 지하가 중 지하상가
아. 가스누설경보기를 설치하여야 하는 특정소방대상물(가스시설이 설치된 경우만 해당한다)은 다음의 어느 하나와 같다.
1) 판매시설, 운수시설, 노유자시설, 숙박시설, 창고시설 중 물류터미널
2) 문화 및 집회시설, 종교시설, 의료시설, 수련시설, 운동시설, 장례시설
자. 통합감시시설을 설치하여야 하는 특정소방대상물은 지하구로 한다.

3. 피난구조설비

가. 피난기구는 특정소방대상물의 모든 층에 화재안전기준에 적합한 것으로 설치해야 한다. 다만, 피난층, 지상 1층, 지상 2층(별표 2 제9호에 따른 노유자시설 중 피난층이 아닌 지상 1층과 피난층이 아닌 지상 2층은 제외한다) 및 층수가 11층 이상인 층과 위험물 저장 및 처리시설 중 가스시설, 지하가 중 터널 또는 지하구의 경우에는 그렇지 않다.
나. 인명구조기구를 설치하여야 하는 특정소방대상물은 다음의 어느 하나와 같다.
1) 방열복 또는 방화복(안전모, 보호장갑 및 안전화를 포함한다), 인공소생기 및 공기호흡기를 설치하여야 하는 특정소방대상물 : 지하층을 포함하는 층수가 7층 이상인 관광호텔
2) 방열복 또는 방화복(안전모, 보호장갑 및 안전화를 포함한다) 및 공기호흡기를 설치하여야 하는 특정소방대상물 : 지하층을 포함하는 층수가 5층 이상인 병원
3) 공기호흡기를 설치하여야 하는 특정소방대상물은 다음의 어느 하나와 같다.
가) 수용인원 100명 이상인 문화 및 집회시설 중 영화상영관
나) 판매시설 중 대규모점포
다) 운수시설 중 지하역사
라) 지하가 중 지하상가

마) 제1호 바목 및 화재안전기준에 따라 이산화탄소소화설비(호스릴이산화탄소소화설비는 제외한다)를 설치하여야 하는 특정소방대상물

다. 유도등을 설치하여야 할 대상은 다음의 어느 하나와 같다.

1) 피난구유도등, 통로유도등 및 유도표지는 별표 2의 특정소방대상물에 설치한다. 다만, 다음의 어느 하나에 해당하는 경우는 제외한다.

가) 지하가 중 터널

나) 별표 2 제19호에 따른 동물 및 식물 관련 시설 중 축사로서 가축을 직접 가두어 사육하는 부분

2) 객석유도등은 다음의 어느 하나에 해당하는 특정소방대상물에 설치한다.

가) 유흥주점영업시설(「식품위생법 시행령」 제21조 제8호 라목의 유흥주점영업 중 손님이 춤을 출 수 있는 무대가 설치된 카바레, 나이트클럽 또는 그 밖에 이와 비슷한 영업시설만 해당한다)

나) 문화 및 집회시설

다) 종교시설

라) 운동시설

라. 비상조명등을 설치하여야 하는 특정소방대상물(창고시설 중 창고 및 하역장, 위험물 저장 및 처리 시설 중 가스시설은 제외한다)은 다음의 어느 하나와 같다.

1) 지하층을 포함하는 층수가 5층 이상인 건축물로서 연면적 3천 m^2 이상인 것

2) 1)에 해당하지 않는 특정소방대상물로서 그 지하층 또는 무창층의 바닥면적이 450 m^2 이상인 경우에는 그 지하층 또는 무창층

3) 지하가 중 터널로서 그 길이가 500 m 이상인 것

마. 휴대용 비상조명등을 설치하여야 하는 특정소방대상물은 다음의 어느 하나와 같다.

1) 숙박시설

2) 수용인원 100명 이상의 영화상영관, 판매시설 중 대규모점포, 철도 및 도시철도 시설 중 지하역사, 지하가 중 지하상가

4. 소화용수설비

상수도소화용수설비를 설치하여야 하는 특정소방대상물은 다음 각 목의 어느 하나와 같다. 다만, 상수도소화용수설비를 설치하여야 하는 특정소방대상물의 대지 경계선으로부터 180 m 이내에 지름 75 mm 이상인 상수도용 배수관이 설치되지 않은 지역의 경우에는 화재안전기준에 따른 소화수조 또는 저수조를 설치해야 한다.

가. 연면적 5천 m^2 이상인 것. 다만, 위험물 저장 및 처리 시설 중 가스시설, 지하가 중 터널 또는 지하구의 경우에는 그렇지 않다.

나. 가스시설로서 지상에 노출된 탱크의 저장용량의 합계가 100톤 이상인 것

5. 소화활동설비

가. 제연설비를 설치하여야 하는 특정소방대상물은 다음의 어느 하나와 같다.

1) 문화 및 집회시설, 종교시설, 운동시설로서 무대부의 바닥면적이 200 m^2 이상 또는 문화 및 집회시설 중 영화상영관으로서 수용인원 100명 이상인 것

2) 지하층이나 무창층에 설치된 근린생활시설, 판매시설, 운수시설, 숙박시설, 위락시설, 의료시설, 노유자시설 또는 창고시설(물류터미널만 해당한다)로서 해당 용도로 사용되는 바닥면적의 합계가 1천 m^2 이상인 층

3) 운수시설 중 시외버스정류장, 철도 및 도시철도 시설, 공항시설 및 항만시설의 대기실 또는 휴

게시설로서 지하층 또는 무창층의 바닥면적이 1천 m^2 이상인 것
4) 지하가(터널은 제외한다)로서 연면적 1천 m^2 이상인 것
5) 지하가 중 예상 교통량, 경사도 등 터널의 특성을 고려하여 행정안전부령으로 정하는 터널
6) 특정소방대상물(갓복도형 아파트 등은 제외한다)에 부설된 특별피난계단, 비상용 승강기의 승강장 또는 피난용 승강기의 승강장

나. 연결송수관설비를 설치하여야 하는 특정소방대상물(위험물 저장 및 처리 시설 중 가스시설 또는 지하구는 제외한다)은 다음의 어느 하나와 같다.
1) 층수가 5층 이상으로서 연면적 6천 m^2 이상인 것
2) 1)에 해당하지 않는 특정소방대상물로서 지하층을 포함하는 층수가 7층 이상인 것
3) 1) 및 2)에 해당하지 않는 특정소방대상물로서 지하층의 층수가 3층 이상이고 지하층의 바닥면적의 합계가 1천 m^2 이상인 것
4) 지하가 중 터널로서 길이가 1천 m 이상인 것

다. 연결살수설비를 설치하여야 하는 특정소방대상물(지하구는 제외한다)은 다음의 어느 하나와 같다.
1) 판매시설, 운수시설, 창고시설 중 물류터미널로서 해당 용도로 사용되는 부분의 바닥면적의 합계가 1천 m^2 이상인 것
2) 지하층(피난층으로 주된 출입구가 도로와 접한 경우는 제외한다)으로서 바닥면적의 합계가 150 m^2 이상인 것. 다만, 「주택법 시행령」 제21조 제4항에 따른 국민주택규모 이하인 아파트 등의 지하층(대피시설로 사용하는 것만 해당한다)과 교육연구시설 중 학교의 지하층의 경우에는 700 m^2 이상인 것으로 한다.
3) 가스시설 중 지상에 노출된 탱크의 용량이 30톤 이상인 탱크시설
4) 1) 및 2)의 특정소방대상물에 부속된 연결통로

라. 비상콘센트설비를 설치하여야 하는 특정소방대상물(위험물 저장 및 처리 시설 중 가스시설 또는 지하구는 제외한다)은 다음의 어느 하나와 같다.
1) 층수가 11층 이상인 특정소방대상물의 경우에는 11층 이상의 층
2) 지하층의 층수가 3층 이상이고 지하층의 바닥면적의 합계가 1천 m^2 이상인 것은 지하층의 모든 층
3) 지하가 중 터널로서 길이가 500 m 이상인 것

마. 무선통신보조설비를 설치하여야 하는 특정소방대상물(위험물 저장 및 처리 시설 중 가스시설은 제외한다)은 다음의 어느 하나와 같다.
1) 지하가(터널은 제외한다)로서 연면적 1천 m^2 이상인 것
2) 지하층의 바닥면적의 합계가 3천 m^2 이상인 것 또는 지하층의 층수가 3층 이상이고 지하층의 바닥면적의 합계가 1천 m^2 이상인 것은 지하층의 모든 층
3) 지하가 중 터널로서 길이가 500 m 이상인 것
4) 「국토의 계획 및 이용에 관한 법률」 제2조 제9호에 따른 공동구
5) 층수가 30층 이상인 것으로서 16층 이상 부분의 모든 층

바. 연소방지설비는 지하구(전력 또는 통신사업용인 것만 해당한다)에 설치해야 한다.

비고
별표 2 제1호부터 제27호까지 중 어느 하나에 해당하는 시설(이하 이 표에서 "근린생활시설 등"이라 한다)의 소방시설 설치기준이 복합건축물의 소방시설 설치기준보다 강한 경우 복합건축물 안에 있는 해당 근린생활시설 등에 대해서는 그 근린생활시설 등의 소방시설 설치기준을 적용한다.

10 소방시설도시기호

분류	명 칭		도시기호
배관	일반배관		————
	옥내·외소화전		—— H ——
	스프링클러		—— SP ——
	물분무		—— WS ——
	포소화		—— F ——
	배수관		—— D ——
	전선관	입상	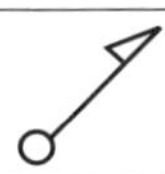
		입하	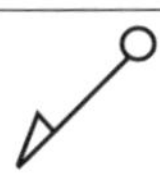
		통과	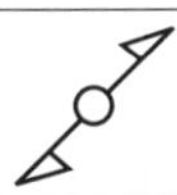
관이음쇠	후렌지		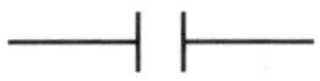
	유니온		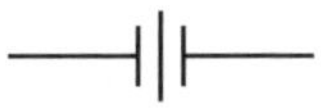
	플러그		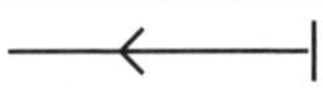
	90°엘보		
	45°엘보		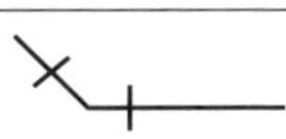
	티		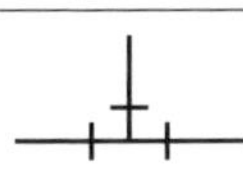
	크로스		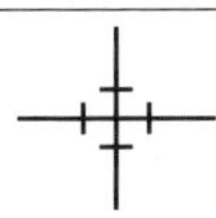
	맹후렌지		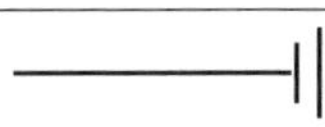
	캡		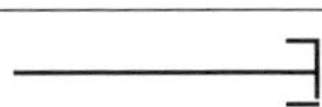

분류	명 칭	도시기호
헤드류	스프링클러헤드폐쇄형 상향식(평면도)	
	스프링클러헤드폐쇄형 하향식(평면도)	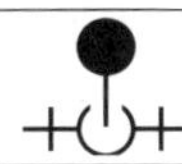
	스프링클러헤드개방형 상향식(평면도)	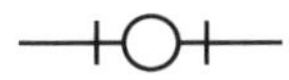
	스프링클러헤드개방형 하향식(평면도)	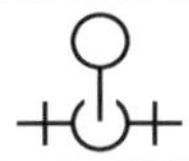
	스프링클러헤드폐쇄형 상향식(계통도)	
	스프링클러헤드폐쇄형 하향식(입면도)	
	스프링클러헤드폐쇄형 상·하향식(입면도)	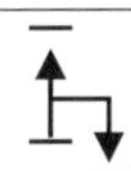
	스프링클러헤드 상향형(입면도)	
	스프링클러헤드 하향형(입면도)	
	분말·탄산가스·할로겐헤드	
	연결살수헤드	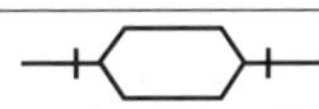
	물분무헤드(평면도)	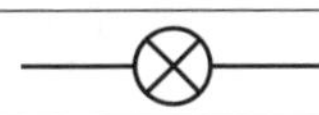
	물분무헤드(입면도)	
	드랜쳐헤드(평면도)	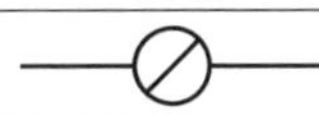
	드랜쳐헤드(입면도)	
	포헤드(평면도)	
	포헤드(입면도)	
	감지헤드(평면도)	

분류	명 칭	도시기호
헤드류	감지헤드(입면도)	
	할로겐화합물 및 불활성기체소화약제 방출헤드(평면도)	
	할로겐화합물 및 불활성기체소화약제 방출헤드(입면도)	
밸브류	체크밸브	
	가스체크밸브	
	게이트밸브(상시개방)	
	게이트밸브(상시폐쇄)	
	선택밸브	
	조작밸브(일반)	
	조작밸브(전자식)	
	조작밸브(가스식)	
	경보밸브(습식)	
	경보밸브(건식)	
	프리액션밸브	
	경보델류지밸브	
	프리액션밸브수동조작함	SVP
	플렉시블조인트	
	솔레노이드밸브	
	모터밸브	

분류	명 칭	도시기호
밸브류	릴리프밸브(이산화탄소용)	
	릴리프밸브(일반)	
	동체크밸브	
	앵글밸브	
	FOOT밸브	
	볼밸브	
	배수밸브	
	자동배수밸브	
	여과망	
	자동밸브	
	감압밸브	
	공기조절밸브	
계기류	압력계	
	연성계	
	유량계	
소화전	옥내소화전함	
	옥내소화전 방수용기구병설	
	옥외소화전	
	포말소화전	

분류	명 칭	도시기호
소화전	송수구	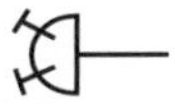
	방수구	
스트레이너	Y형	
	U형	
저장탱크류	고가수조 (물올림장치)	
	압력챔버	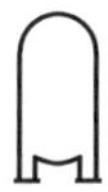
	포말원액탱크	 (수직) (수평)
레듀셔	편심레듀셔	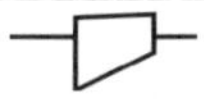
	원심레듀셔	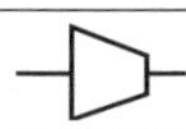
혼합장치류	프레져푸로포셔너	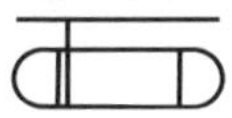
	라인푸로포셔너	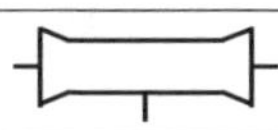
	프레져사이드 푸로포셔너	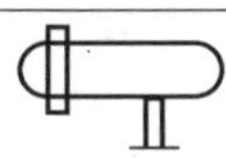
	기 타	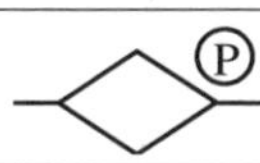
펌프류	일반펌프	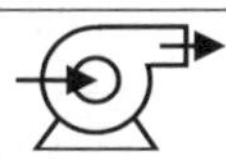
	펌프모터(수평)	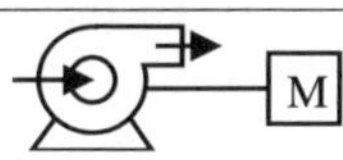
	펌프모토(수직)	
저장용기류	분말약제 저장용기	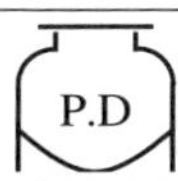
	저장용기	

분류	명 칭	도시기호
경보설비기기류	차동식스포트형감지기	
	보상식스포트형감지기	
	정온식스포트형감지기	
	연기감지기	
	감지선	
	공기관	
	열전대	
	열반도체	
	차동식분포형 감지기의 검출기	
	발신기세트 단독형	
	발신기세트 옥내소화전내장형	
	경계구역번호	
	비상용누름버튼	
	비상전화기	
	비상벨	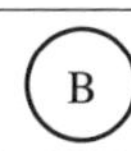
	사이렌	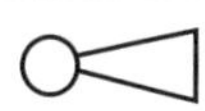
	모터사이렌	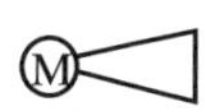
	전자사이렌	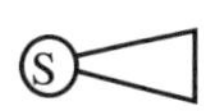
	조작장치	E P
	증폭기	AMP

분류	명 칭	도시기호
경보설비기기류	기동누름버튼	(E)
	이온화식감지기 (스포트형)	S I
	광전식연기감지기 (아나로그)	S A
	광전식연기감지기 (스포트형)	S P
	감지기간선, HIV1.2mm×4(22C)	— F ////
	감지기간선, HIV1.2mm×8(22C)	— F //// ////
	유도등간선 HIV2.0mm×3(22C)	—— EX ——
	경보부저	(BZ)
	제어반	
	표시반	
	회로시험기	
	화재경보벨	(B)
	시각경보기 (스트로브)	
	수신기	
	부수신기	
	중계기	
	표시등	
	피난구유도등	
	통로유도등	→
	표시판	
	보조전원	T R

분류	명 칭		도시기호
경보설비기기류	종단저항		Ω
제연설비	수동식제어		
	천장용 배풍기		
	벽부착용 배풍기		
	배풍기	일반배풍기	
		관로배풍기	
	댐퍼	화재댐퍼	
		연기댐퍼	
		화재/연기 댐퍼	
스위치류	압력스위치		(PS)
	탬퍼스위치		T S
방연·방화문	연기감지기(전용)		S
	열감지기(전용)		
	자동폐쇄장치		(ER)
	연동제어기		
	배연창기동 모터		(M)
	배연창수동조작함		
피뢰침	피뢰부(평면도)		
	피뢰부(입면도)		
	피뢰도선 및 지붕위 도체		——

분류	명 칭	도시기호	분류	명 칭	도시기호
제연설비	접 지		기타	비상콘센트	
	접지저항 측정용단자			비상분전반	
소화기류	ABC소화기	소		가스계소화설비의 수동조작함	RM
	자동확산 소화기	자		전동기구동	M
	자동식소화기			엔진구동	E
	이산화탄소 소화기	C자		배관행거	
	할로겐화합물 소화기			기압계	
기타	안테나			배기구	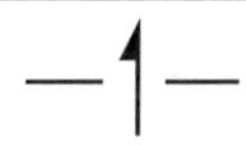
	스피커			바닥은폐선	- - - - -
	연기 방연벽			노출배선	———
	화재방화벽	———		소화가스패키지	PAC
	화재 및 연기방벽				

• 김 엽 래

한국화재소방안전연구원 원장/공학박사
경민대학교 소방안전관리과 교수 역임
(사)한국화재소방학회 회장 역임
전국대학소방학과교수협의회 회장 역임
서울시·경기도·인천시 사전재난 및 성능위주설계 위원
국민훈장(목련장), 녹조근정훈장 수훈

제5판 소방기계시설의 설계 및 시공실무

정가 42,000원

발 행 2025년 9월 10일 5판 1쇄
저 자 김엽래
발행인 정우용
발행처 도서출판 동화기술
경기도 파주시 광인사길 201(문발동, 파주출판도시)
Tel (031)955-4211~6 donghwapub@nate.com
Fax (031)955-4217 www.donghwapub.co.kr
(등록) 1977년 12월 19일/9-16호

ISBN 978-89-425-9735-2